U0946366

# 咸阳市科学技术志

贾钢涛 主编

中国社会科学出版社

图书在版编目（CIP）数据

咸阳市科学技术志／贾钢涛主编．—北京：中国社会科学出版社，2016.12

ISBN 978－7－5161－8345－8

Ⅰ．①咸…　Ⅱ．①贾…　Ⅲ．①科学研究事业—概况—咸阳市　Ⅳ．①G322.741.3

中国版本图书馆 CIP 数据核字(2016)第 133269 号

出 版 人　赵剑英
责任编辑　赵　丽
责任校对　董晓月
责任印制　王　超

出　　版　中国社会科学出版社
社　　址　北京鼓楼西大街甲 158 号
邮　　编　100720
网　　址　http://www.csspw.cn
发 行 部　010－84083685
门 市 部　010－84029450
经　　销　新华书店及其他书店

印刷装订　北京君升印刷有限公司
版　　次　2016 年 12 月第 1 版
印　　次　2016 年 12 月第 1 次印刷

开　　本　787×1092　1/16
印　　张　45.75
字　　数　858 千字
定　　价　168.00 元

中国工程院院士吴祖垲

小麦育种专家、中国科学院院士李振声

土壤学家、中国科学院院士朱显谟

旱地农业与作物抗旱生理学家、中国工程院院士山仑

国家科技发明二等奖、国家科技进步二等奖获得者马建中

首批国医大师张学文

小麦育种专家梁增基（左一）陪同咸阳市科技局局长沈毛平（左二）查看小麦长势

咸阳东郊污水处理厂

中国石油长庆分公司一角

咸阳彩色显像管总厂彩电生产线

延长石油集团 2000 万条子午轮胎项目

投资 5 亿元的泾阳县声威水泥一角

咸阳高新区医药生产车间

中国大地原点位于泾阳县永乐镇石际寺村

中国农业始祖后稷教民稼穑圣地

礼泉海螺水泥

泾阳县优质小麦主产区

彬县大佛寺

三原县城隍庙

投资千万元的国内一流地热换热站

彬县循环经济工业园区全景图

旬邑时代广场

# 乾县双矮苹果

自2005年起，乾县双矮苹果在北部旱腰带地区开始集约化栽植。双矮苹果具有易成花、挂果早、早丰产且省劳力、成本低、效益高等优点。截至2014年底，乾县双矮苹果已经发展到3．2万亩，建成千亩双矮苹果示范园区8个、百亩示范园22个。乾县双矮苹果集约化栽植技术先后荣获省级科技进步三等奖、市级科技进步一等奖，在陕西省推广。

陕西省科学技术奖

证　书

为表彰陕西省科学技术奖获得者，特颁发此证书。

项目名称：渭北旱塬红富士苹果双矮高细长纺锤形早丰产栽培技术研究及示范

奖励等级：叁等

获奖者：乾县果树技术服务站

陕西省人民政府

二〇一五年二月九日

证书号：14-3-8-D1

陕西迪泰克新材料有限公司以新一代辐射探测器件和模块为主要产品，可提供多种Ⅱ－Ⅵ族化合物单晶，包括衬底级CdZnTe单晶、探测器级CdZnTe单晶、CdTe单晶和CdMnTe单晶等，同时为客户提供辐射探测与成像领域的材料与器件产品和技术方案，是国内唯一一家能够提供探测器用CZT晶体材料的新材料企业，是全球第三家能够生产CZT晶体的制备企业。公司产品广泛应用于安全检查和工业检测、核医学和临床医学、核安全监控以及天文观测等领域。公司先后被评为“辐射探测材料与器件工业和信息化部重点实验室”“陕西省新材料应用技术国际联合研究中心”“陕西省新型辐射探测材料与器件工程研究中心”“咸阳市辐射探测材料与器件工程技术研究中心”等。

迪泰克
陕西迪泰克新材料有限公司

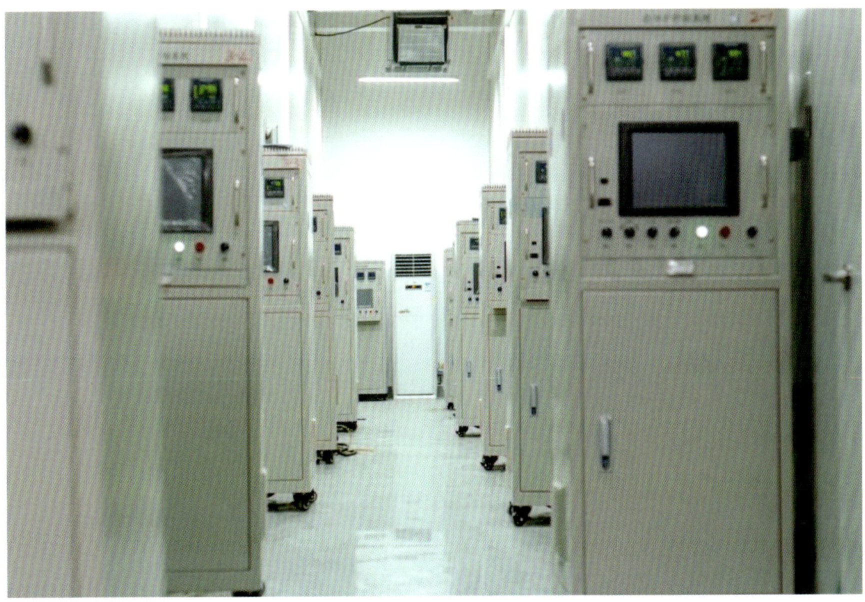

陕西华星电子集团有限公司（国营第795厂）是我国三大元器件生产基地之一。公司占地面积41.5万平方米，建筑面积20.11万平方米。资产总额5.27亿元。职工人数1200余人，其中各类专业技术人员500余人，高级以上职称89人。公司主要研制和生产以电子功能陶瓷为基础的电容器、压敏电阻和装置瓷及各类电阻器；以压电技术为基础的石英晶体谐振器、滤波器和SMD振荡器；以敏感技术为基础的红外光电器件、压力传感器；以电子产品制造为基础的工业窑炉、电子专用设备和仪器；以新兴产业为基础的锂电池正极材料、北斗天线用微波介质陶瓷材料、高导热铝基覆铜板等产品。公司拥有省级新型电子陶瓷材料与器件工程技术研究中心、省级企业技术中心、咸阳市工程技术研究中心、咸阳市电子陶瓷材料创新技术团队和国防三级计量实验室以及CNAS认证的检测实验室。

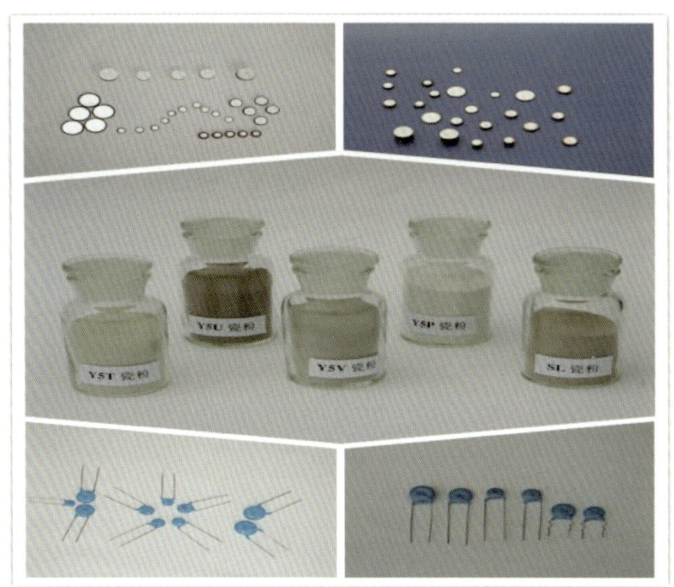


电子陶瓷材料及制品

大功率线绕电阻器及整机

步长制药是一家专注于中药专利药研发、生产、销售的国内知名企业，已发展成为中国中成药制药龙头企业，同时涉足高科技产业、健康产业等众多领域。在山东、陕西、河北、东北设有生产基地，营销网络遍布国内主要省份。

公司获“诚信纳税企业”“百姓放心药企业”“中国制药企业十佳品牌”等荣誉。公司创始人赵步长教授、山东步长总裁赵超博士双双当选第十一、十二届全国人大代表。丹红注射液荣获“中国首个中药专利金奖”，“步长脑心通”荣获“中药产品品牌十强”称号。2013年，步长荣膺“2013中国五星级企业公民”。2014年，步长制药荣获2014年度“中国慈善事业特别贡献奖”。

陕西省科学技术奖

证　书

为表彰陕西省科学技术奖获得者，特颁发此证书。

项目名称：咳露口服液的产业化研究及推广应用

奖励等级：叁等

获 奖 者：陕西步长制药有限公司

二〇一一年三月二日

证书号：2010-3-105-D1

陕西省科学技术奖

证　书

为表彰陕西省科学技术奖获得者，特颁发此证书。

项目名称：养正合剂的产业化及推广应用

奖励等级：叁等

获 奖 者：咸阳步长制药有限公司

二〇〇九年一月二十一日

证书号：08-3-1-D1

陕西省科学技术奖

证　书

为表彰陕西省科学技术奖获得者，特颁发此证书。

项目名称：龙生蛭胶囊的新药研究及推广应用

奖励等级：叁等

获 奖 者：咸阳步长制药有限公司

二〇〇七年二月八日

证书号：06-3-084-D1

陕西省科学技术奖

证　书

为表彰陕西省科学技术奖获得者，特颁发此证书。

项目名称：“脑心同治”基础理论与“脑心通胶囊”技术升级研究

奖励等级：贰等

获 奖 者：陕西步长制药

证书号：14-2-82-D1

陕西中医药大学是一所以中医药专业为主体，医、理、工、文、管多学科专业相互支撑、交叉融合的医学类院校。学校占地总面积 796675. 3 平方米，有南（新校区）、北两个校区；有基础医学院、第一临床医学院等 13 个教学院（系、部）；有 2 所直属附属医院、15 所非直属附属医院，另有陕西中医学院制药厂和陕西医史博物馆。学校坚持“科技强校”战略，不断加强科学研究工作，现有各级科研平台 34 个，其中国家级科研基地 2 个，国家中医药管理局中医药科研三级实验室 3 个、二级实验室 13 个，国家中医药管理局科研平台 2 个，省级重点实验室 3 个、省级科研基地 2 个、省级重点研究室 2 个、省级工程研究中心 4 个，陕西省 2011 协同创新中心——陕西中药资源产业化协同创新中心1个，针药结合创新研究中心1个，为科学研究的顺利开展提供了有力保障。近五年，学校承担了“973”计划、国家自然科学基金、国家科技重大专项、陕西省科技统筹创新工程计划等各级各类纵向科研项目600余项，获省部级及以上科技成果奖励47项。

三原石油钻头厂是一家集科研开发、生产经营于一体的“高新技术企业”，是我国北部地区最大的石油钻头生产基地，是国内油气煤勘探钻头品种最全的企业。主要产品有31/8—17 1/2 英寸等四十多种规格型号的钢齿、镶齿牙轮钻头和金刚石 PDC 全面钻进钻头及取芯钻头，年产钻头两万多只。产品广泛应用于石油、天然气、水文、地质、矿山等钻井工程，畅销全国并出口美国、俄罗斯、哈萨克斯坦等国家。2002 年，企业通过了美国石油学会 API 会标认证。企业获“陕西省名牌产品”及“陕西省著名商标”等光荣称号。

企业承担国家及省部级科研项目 15 个，26 项技术创新取得国家专利，多次获省、市科学技术奖。其中“双压力平衡浮动轴瓦式牙轮钻头”“多级塔式工程钻头”“阶梯螺旋刀翼式 PDC 金刚石钻头”3 个产品被国家科技部、商务部、环境保护部和质量监督检验检疫总局联合命名为“国家重点新产品”。企业研发制造的“气举反循环钻头”及“PDC 单牙轮钻头”填补了国内空白，能快速为国家勘探公司不断发现煤层气、油页岩、天然气水合物、页岩气等新型优质能源服务。

三牙轮钻头：2008 年获得国家重点新产品及咸阳市、陕西省科学技术奖。该产品经中国石油大学（华东）石油工程学院进行全面检测，产品的结构设计有多处创新，制造工艺简单，性价比高，整体技术居于国内领先水平。

PDC 复合片单牙轮钻头：2014 年获咸阳市科学技术一等奖。2015 年获陕西省科学技术三等奖。产品主要应用于石油天然气的勘探钻井工程，是钻井工程必备的破碎岩石工具。同时也广泛适用于煤层气、超低渗等钻探工程。

多级塔式工程钻头：获国家重点新产品奖及咸阳市科学技术一等奖。产品主要应用于煤矿瓦斯抽放井的钻井工程。同时也广泛适用于石油、天然气、煤层气、水文、地质、矿山、桥梁等领域多规格口径钻井工程。

陕西摩美得制药有限公司生产基地位于咸阳市高新技术开发区，两个规模化药品生产基地，占地 156 余亩，形成了中药前处理、提取、浓缩、精制，片剂、胶囊剂、颗粒剂、栓剂、滴丸剂、贴剂、浓缩丸剂、洗剂、搽剂九条 GMP 生产线。公司共开发出各具特色的中药 103 个，其中国家 6 类新药 7 个，独家剂型产品 8 个，国家医保产品 12 个，拥有国家发明专利 17 项，目前在研的药品项目 12 项，新产品储备的种类及数量均处行业领先水平。企业主导品牌产品“气血和胶囊”连续十多年畅销国内广大市场。

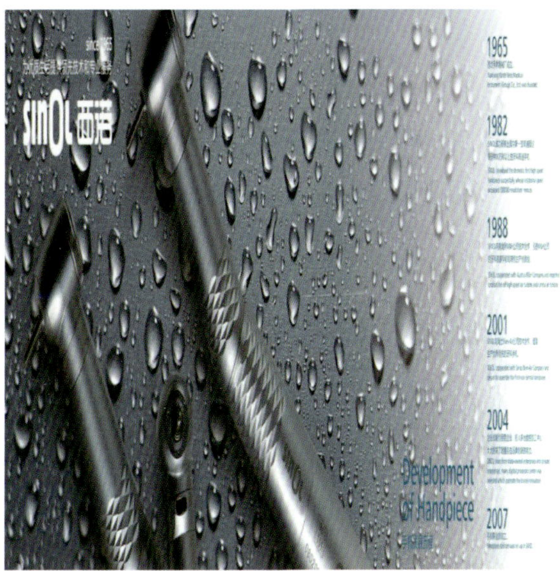


牙科高速手机

李爱国总经理组团参加德国 IDS 牙科国际展会

2002 年 11 月，成功实施全国地市级医院首例异体肝移植手术

2001 年 4 月，成功实施陕西省地市级医院首例肾脏移植手术

咸阳市中心医院 1953 年 1 月建院，是咸阳市政府所属的集医疗、急救、教学、科研、保健、康复于一体的国家三级甲等综合公立性医院、卫生部国际紧急授权网络医院、省文明单位标兵、省委组织部院士专家工作站设点医院、省卫生厅“百姓放心医院”、“咸阳市 120 急救中心”，开设床位 1381 张。有高级职称人员 190 余名，博士生 4 名，在读博士生 18 人，硕士研究生 190 余名，国家级突出贡献专家 2 名、省级“三五”人才和 215 人才各 2 名，省名老中医 1 名，市级有突出贡献专家 7 名，市级“三五”人才 41 名，访问学者 2 名。医院设有肝胆、神经外科等医学研究室 6 个，临床、医技、行政科室 99 个，其中有省级特色专科 1 个，省级优势学科 2 个，市级重点专科 14 个，市级科技创新团队 11 支。医院是陕西省第二个被批准成为国家自然科学基金依托单位的地市级医院，承担省级科研项目 5 项，市厅级项目 26 项，卫计委医药卫生科技发展研发中心等项目 4 项，获科学技术奖省级 7 项、市级 116 项，发表论文千余篇。2001 年 4 月，成功实施全省地市级医院首例肾脏移植手术；2002 年 11 月，成功实施全国地市级医院首例异体肝移植手术。

咸阳市农科院油菜育种中心是咸阳市油菜新品种选育技术创新团队，现有科技人员7人，其中副研究员1人、农艺师4人，研究生2人，咸阳市有突出贡献专家1人，市“三五”人才2人，拥有现代化的油菜实验配套设备。

2001年以来育成并通过审定秦优8、秦优9、秦优10、秦优11、秦优13、秦优17号、秦优507、秦优28共8个甘蓝型双低油菜新品种，其中秦优8、秦优9、秦优10、秦优11号4个品种通过国家审定，秦优10号为国家长江下游地区油菜区域试验对照品种和陕西省陕南灌区油菜区域试验对照品种。中心已完成科技部农业成果转化资金项目2项，农业部原种基地建设项目2项，目前承担省科技创新工程“13115”重大专项，咸阳市科学技术研究计划项目，国家现代农业油菜产业技术体系“十二五”咸阳综合试验站项目。中心获植物新品种保护权3项，陕西省科学技术一等奖1项，陕西省农业技术推广成果二等奖1项，咸阳市农村科技进步一等奖2项，咸阳市科学技术一等奖2项，咸阳市科学技术二等奖1项。

咸阳西北医疗器械（集团）公司致力于推进以口腔医疗设备的研发、制造、销售、服务为核心业务的专业化发展战略，形成了以“西诺（Sinol）”为核心品牌，以牙科综合治疗机和牙科手机为主导，涵盖口腔模拟教学系统、清洗消毒系统、临床产品系列、影像系统、集成服务等七大系列以及口腔材料等数百余种产品，已发展为行业的龙头企业。

公司建有陕西省省级企业技术中心、口腔医疗设备工程技术研究中心和创新研发中心。公司作为全国口腔材料和器械设备标准化技术委员会（SAC/TC99）和分技术委员会（SAC/TC99/SC1）的委员单位，负责起草了牙科治疗机、牙科病人椅、牙科手机等9项医疗器械行业技术标准，拥有核心技术专利50余项。牙科综合治疗机年生产能力超1万台套，牙科手机生产能力超10万支。公司通过了ISO9001国际质量体系认证、测量管理体系认证、德国TUV认证、美国FDA认证和欧盟的CE认证。西诺牌牙科综合治疗机和西诺牌牙科手机双双荣获“陕西省名牌产品”称号，已发展为国内口腔行业唯一持有中国名牌和中国驰名商标的企业。产品畅销全国，并远销欧洲、非洲、美洲、大洋洲、中东、东南亚等60多个国家或地区。

咸阳市科学技术奖

证　书

为表彰咸阳市科学技术奖获得者，特颁发此证书。

项目名称：蛭蛇通络胶囊研发应用

奖励等级：一等奖

获 奖 者：延安大学咸阳医院

二〇一五年四月十七日

证书号：14K01-05

延安大学咸阳医院（中铁二十局中心医院）位于咸阳市文林路中段，是一所集医疗、教学、科研、预防保健、康复于一体的三级综合性医院。医院设有内、外、妇、儿、精神心理等53个临床科室，13个医技科室，16个行政职能科室，开放床位1800张。医院现有职工2000人，卫技人员1608人。其中主任医师28名、副主任医师86名；教授18名、副教授28名；博士7名，硕士128名，硕士生导师10名。医院配有PET－CT、伽马刀、3．0T核磁共振诊断系统（MRI）、128排双源CT、ECT、大型C臂、800MAX光机、直线加速器、肿瘤全身热疗系统、全自动生化与光电生化分析仪、GE800MA数字胃肠机以及各种腔镜等大中型设备200多台件。医院年门诊量35万人次，年收治住院病人5万人次，开展各类普通手术5000余台次，开展各类介入手术近8000例。“蛭蛇通络胶囊研发应用”获得2014年咸阳市科学技术一等奖；世界首例基于谷歌眼镜远程指导下的急性缺血性卒中患者静脉溶栓得到成功实施。

**低速机缸套**

中国船舶重工集团第十二研究所是中国船舶行业唯一的热加工工艺研究所，致力于水中兵器、舰船动力和高端装备制造关键零部件的国产化攻关。近年来，先后开发了低速柴油机汽缸套、中间体、缸体、滑动轴承，中速柴油机缸盖、前端箱、活塞等系列新产品。

# 《咸阳市科学技术志》编纂委员会

# 目　　录



## 第一编　科技管理与服务

## 第三编　科学技术团体



## 第四编　农业科学技术

## 第五编 工业科学技术

## 第六编　高新技术与“一线两带”科技产业平台建设

## 第七编 医药卫生科学技术



## 第八编 公用服务科学技术

## 第九编　环境科学技术

## 第十编 自然科学技术



## 第十一编 科技人物

# 序

张璞波

（咸阳市科技局党组书记、局长）

《咸阳市科学技术志》历经五年多的广征博采，穷根溯源，去伪存真，精心编纂，即将付梓成书，可喜可贺。这是咸阳科技发展史上具有重要意义和深远影响的一件大事，也是两届咸阳科技局领导班子通力合作、齐心协力的重要成果。

科技的进步与文化的发展息息相关。科学技术推动文化的发展，文化又促进科学技术的进步。咸阳科技发展源远流长，早在新石器时代，生活在此地的先民就利用石、陶、骨等磨制斧、刀、凿、纺轮、网坠、箭头等工具从事农业、渔猎生产，以农为主的定居意识初步形成。曾隶属咸阳的杨陵区是中华农业始祖后稷教民稼穑之地，彬县更是公刘狩猎之所。至秦，咸阳冶铸工业大兴，陶艺造诣较深；举十余年之功的郑国渠修成；吕不韦著就《吕氏春秋》；秦国富民强，“卒并诸侯”，为秦帝国的建立奠定了坚实的基础。隋唐年间，咸阳造船、纺织、造纸、陶瓷等生产规模和质量在全国享有盛名。唐三彩备受喜爱，被视为珍宝。宋元以降，建筑、农业等得到进一步发展，涌现出泾阳王征、兴平杨屾、三原杨秀元等著名的科学家。其中以王征的《远西奇器图说》为标志，将西方科学技术传入咸阳，开对外技术交流之先河。但在漫长的封建社会以至民国时期，由于社会、经济、政治与诸多因素的影响和制约，境内科学技术水平发展的进程十分缓慢。

中华人民共和国成立后，咸阳市科技事业取得了长足进步。特别是中共十一届三中全会以后，邓小平提出“科学技术是第一生产力”的科学论断后，全党和全社会更加重视科学技术工作。

1989 年，咸阳市科委历时 5 年编写了第一部《咸阳市科学技术志》，于 1994 年付梓出版。但由于当时特定的历史背景，内容相对简略，没有全面反映咸阳有史以来尤其是改革开放以来科技发展的全貌。进入 21 世纪，世界科技发展日新月异，咸阳科技发展也出现了新的内容和时代特征，科技对经济社会发展的支撑和带动作用愈发显著。为了全面展示和记载 20 余年来咸阳科技发展概况，2005 年市科技局在时任沈毛平局长的主持下启动了第二轮科技志编写工作。2007 年完成大纲的撰写工作，开始编撰分工，并聘请陕西科技大学贾钢涛教授担任主编。

这部《咸阳市科学技术志》，运用辩证唯物主义和历史唯物主义的观点和方法，全面、系统地记录了咸阳有史以来科学技术发展的历史轨迹和现状。在追溯原始技术和萌芽状态的科学技术形成过程的同时，着重记述了 1949 年以来全市的科技发展状况，从科技管理机构、科学研究机构到科技队伍的成长，从科技政策的执行到科研计划的实施，从科技成果管理到科技成果的推广应用，从科技服务到科技交流与协作，真实地记录了广大科技人员在科技战线上默默无闻辛勤劳动所取得的成果，特别着重反映了 1989 年以后全市所取得的科技成就。

古人云："以铜为镜，可以正衣冠；以史为镜，可以知兴替；以人为镜，可以明得失。"该志书通过大量具体的科技史料和现代科技事例的记述，雄辩地说明了咸阳经济的发展，离不开科学技术的发展与进步。只有不断加大科技投入，不断提高全市的科学技术水平，提高广大干部群众的科学文化素质，积极营造有利于科技创新的社会环境氛围，走"科技兴咸"之路，咸阳经济才能腾飞。

该志以时为经、以事为纬，横排纵写，文约事丰，大事突出，要事不漏。它以翔实的资料，丰富的内容，严谨的结构，朴实的语言，简洁的叙述，突出时代特色和地方特点，如实地勾勒了全市科技发展史上的旧貌新颜。阅读此志，有助于了解咸阳科技事业发展的昨天和今天。

过去的业绩永载史册，未来的蓝图重新描绘。如今，全市广大科技工作者以党的"十八大"以及十八届三中全会精神为指导，以史为鉴，与时俱进，开拓创新，为全面建成小康咸阳，构建和谐社会，在科技战线的舞台上充分施展出自己的聪明才智，再谱"科技兴咸"新篇章！

# 凡　　例

一、本志坚持以毛泽东思想和中国特色社会主义理论体系为指导，坚持“实事求是、详今略古”的原则，全面、系统地记述咸阳市科学技术发生、发展的历史与现状，力求做到思想性、科学性和资料性的统一。

二、本志上起新石器时代，下限止于2011年。内容以反映1989年以来，尤其是新时期科技工作新成就为重点。

三、全志书分为篇、章、节3个层次，综合应用序、述、记、志、图、表、录诸体，以志为主。结构按照篇、章、节、目编排，横陈门类，综述始末。

四、选记科技成果主要以获得省部级以上的成果奖为前提条件，参照应用效果。

五、选记凡原籍在陕西，或籍属外省但在咸阳工作较久，具有正高技术职务的自然科学和社会科学人员，获得部、省级一等奖以上的科研课题负责人；获省以上政府机关授予荣誉称号的科技界劳动模范、先进工作者及科学技术能手；在科学技术上作出突出贡献的科学家、技术专家。

六、采用传统的历史纪年加注公元纪年的方法，中华人民共和国成立后，采用公元纪年。

七、计量按照当时相关专业通行的计量单位计算。

八、本志记述区域以当时科技活动实际发生所属咸阳行政管辖为限。如，杨陵区和陕西科技大学，分别记载1997年、2007年前的科技状况，其后不再列入。

九、本志图表以篇章为单位编号。

十、凡与正文有关且具有历史价值的重要文献资料编入附录。

# 概　述

咸阳市地处渭河中下游，关中腹地，东和东北与铜川市、渭南市、延安市接壤，南和东南与西安市毗邻，西接宝鸡市，北依甘肃省庆阳和平凉地区。地理坐标为东经 107°39′—109°11′，北纬 34°19′—35°34′。南北长 123—145 公里，东西宽 65—105 公里，总面积 10196 平方公里，约占全省总面积的 5%。嵯峨山、九嵕山、五凤山由东向西横贯中部，将市区分成南北两个具有不同特点的自然区：南部属关中平原，约占总面积的五分之二，是粮棉油主要产区；北部属黄土高原沟壑区，约占总面积的五分之三，宜林、宜牧。从总体上看，地势由东南向西北呈阶梯形，海拔 361—1855 米。地势特征可分为三：一是南部渭河、泾河平原，约占总面积的五分之一；二是中部台原区，约占总面积的五分之一；三是北部高原丘陵区，约占总面积的五分之三。境内大小 11 条土石山岭，集中在北部。东北边界地区子午岭余脉的石门山为最高点，海拔 1855 米。市区海拔 378—421 米。泾河从西北入境，向东南流出注入渭河。渭河自西向东沿南界流过，形成“人”字形水系。其余大大小小的河沟像毛细血管一样，分别注入泾、渭两条动脉。这种地形特征，使同属温带的全境又分为两个具有明显差异的气候区：南部平原地区气候温和，四季分明，年平均日照 2200 小时，平均气温 12℃，无霜期平均 213 天；北部高原沟壑区气候稍寒，冬春略长，年平均日照多于 2200 小时，平均气温不足 10℃，无霜期 180 天。全境年均降水量 500—600 毫米。

境内夏、商时有邰、豳、程、毕等封国，西周为京畿地。公元前350 年，秦孝公在此营建都城，因位于九嵕山之南、渭水之北，山水俱阳，故名咸阳。秦都咸阳历经七世 144 年，汉唐又属京辅重地，帝王陵寝，昭著于世。由于被山带河，地处险要，为四通八达之衢、丝绸必由之路，自古以来为兵家必争之地。中华人民共和国成立初设咸阳专区，以后几经分合，1984 年定为咸阳市。2011 年辖秦都、渭城 2 个区，兴平市，武功、泾阳、三原、礼泉、乾县、永寿、彬县、长武、旬邑、淳化 10 个县，共有 135 个镇，16 个街道办事处，3843 个行政村，163 个居委会。总面积 10196 平方公里，总人口 492.86 万，包括汉、回、蒙、藏等41个民族，其中汉族约占99.8%，全市非农业人口96万人。

改革开放以来，咸阳市不断推进经济建设和社会发展，各项工作取得显著成就。农业和农村工作不断加强，工业综合经济实力显著提升，第三产业加快发展，社会事业持续推进，人民生活明显改善，总体实现了从温饱到小康的历史性跨越。全市生产总值由1978年的9.8亿元增加到2011年的1359.1亿元；地方财政收入由1.9亿元增加到182.7亿元。截至2011年，城镇居民人均可支配收入和农民人均纯收入分别达到22224元和6401元。城市综合承载力持续增强，主城区、县域城镇建成区面积分别达到82.5平方公里、192.4平方公里。文化科技事业迅速发展，现有普通高等院校9所，民办普通高校6所，8所中等专业学校，22所部（省）属科研院所。“十一五”期间获得国家级科学技术奖项28项、省部级180项，获得国家专利4100件。文化信息资源共享试点工程、“两馆一站一室”、广播电视“村村通”等文化工程项目进展顺利，公共文化服务体系不断健全。咸阳先后获得首届“中国魅力城市”“中国十佳宜居城市”“浙商最佳投资城市”和“中国大陆最佳商业城市”的称号。

## 一 古代科技

考古发掘证实，早在新石器时代咸阳人就利用石、陶、骨、蚌等磨制斧、刀、锛、凿、纺轮、网坠、箭头等工具，从事农业和渔猎生产，原始农业比较发达，以农为主的定居意识基本形成。谷子是当时的主要粮食。随着存粮窖穴的应用，有效地防止了鼠、鸟、虫、潮害。麦草拌泥涂壁技术的发明，促进了建筑事业的发展。淳化县陈家嘴遗址发现距今4000多年的人工胶结材料，经化验与当今使用的水泥成分相似，堪为先民创造的一大奇迹。距今4300多年前，就已经饲养有狗、猪、牛等家畜。据历史考证，杨陵区是四千年前农业始祖后稷教民稼穑的地方；南部平原区的农业早期就有灌溉的先例，后稷之弟台玺和子叔均继承先辈事业，发明使用耕牛，建议除水道、通沟渎，以逐旱神，实为农田水利之始祖；北部彬甸高原是周族部落的发祥之地，后稷曾孙公刘在此既狩猎，又圈养牲畜，畜牧业生产成为当时社会经济生活中十分重要的内容之一。这一时期，在技术上的新突破是出现了形制准确合用和有锋利刃口的磨光石器，开始烧制陶器，后期还开始了金属的使用。这时科学与技术还没有真正分野，如在选择石料、打制和使用石器中，就蕴含有力学和矿物学、地质学知识的萌芽；在采集狩猎和原始农业中，包含着动植物学的初始知识；在火的使用、制陶和原始冶铜技术中，则有一些化学知识的萌芽；而农牧业发展的需要则促成了物候学、天文学以及数学等知识的早期积累。

公元前12世纪，古亶公父（周太

王）率领部族，由豳地迁于岐山周原，另建新都“岐邑”，定国号为周。周朝农业工具的基本材质仍以木石为主，保留了较多的原始特征。同时，也陆续发明了铜制礼器和铜镬、铜斧、铜锛、铜镰、铜刀等生产工具。青铜农具的推广应用，为后来农业工具的规范化、标准化、科学化生产奠定了基础。瓦当的使用也始于西周，从那时起，咸阳的建筑道路开始走上了规范化、标准化的轨道。在西周时期，结束了巫卜主宰一切的时代，医学开始走上了独立发展的道路，并产生了中医诊断治疗理论的萌芽；周代的纺织业以麻纺、丝纺为主，也有少量的毛纺织，朝廷设有典丝、典枲、典妇功和掌画缋之事的官吏，并出现了提花丝物。西周出现了间歇休耕的“轮荒制”，并注意到开春以后地温上升，土壤呈松懈状态，正是春耕的适宜时机。同时，园圃蚕桑在生产技术上达到了较高水平。“九月筑场圃，十月纳稼禾”，“春夏为圃，秋冬为场”。最早进入园圃栽培的蔬菜有瓜、瓠、韭、葵等类。果树有枣和山梨。在豳地蚕桑生产过程中，妇女们采繁催生、剪理桑枝、编织箔架、采桑饲蚕，缫丝织染等生产技术已相当完备。

秦是最早用铁具的部族之一。从出土的铁铲、铁钗、铁剑等生产工具和兵器来看，当时已经具有相当高的冶铸技术。为适应耕垦、整地、除草技术的需要，对生产工具的长短、宽狭甚为讲究。当时冶铁技术先后出现了3个重大发展，即生铁冶铸技术、中碳钢复锻技术和铸铁柔化技术，铁器的应用推广到了社会生活的许多方面。秦代高台建筑相当盛行，它是秦代宫殿建筑的主要形式。秦朝咸阳宫（在渭北）、兴乐宫（在渭南）都是在夯土台群上修建的庞大宫室殿群，极其华丽壮观。为使两宫通行方便，又修建了横桥（中渭桥）。秦统一天下后，曾“收天下兵器聚咸阳，销以为钟镰；铸金人十二，重各千石（折合30751千克），置庭宫中”。这样技术复杂的铸造工程在两千多年前能够完成，证明了当时人们的聪明和才智。秦陶瓷特别是陶俑是很有艺术造诣的，这是普天之下，人皆共识的。

随着秦国的发展，农具得到改进，耕作和作物栽培技术得到提高，度量衡、货币、文字、车轨得到统一，大规模移民于西北和五岭等地区，修筑堤防，疏浚河道，兴建驰道（当时以咸阳为中心，修有东方、西北、秦楚、川陕四大驰道），整治长城。这些措施对生产的发展和科学技术的交流产生了积极的影响。尤为重大的是在秦王嬴政元年（公元前246年）命郑国主持设计，积十余年之功建成了长约300多华里的郑国渠。郑国渠与芍陂、都江堰、漳河渠是久负盛名的古代四大水利工程之一。它引水灌溉了“四万余顷”良田，使盐碱不毛之地变为平畴沃野，使秦国富民强，“卒并诸侯”，为秦帝国的建立奠定了基础。秦始皇八年（公元前239年），吕不韦著成《吕氏春秋》（内含当时的农业生产技术），并将其公布于咸阳的城门。它要求“五耕五耨，必审以尽”，实行耕耨配合作业，谷麦轮作倒茬、条播；主张利用深耕改变土壤环境，消灭杂草和防止虫害，推广适时播种，以避虫害。《吕氏春秋·上农》篇讲的是农业理论和政策；《任地》《辩上》《审时》3篇则论述了从耕地、整地、播种、定苗、中耕除草、收获以及农时等一整套具体的农业生产技术和原则。在《吕氏春秋·十二纪》中已包括了24节气和72侯的大部分内容。24节气不但包含着对农业气候的精辟认识，而且准确地反映了由于地球公转而形成的日地关系，成为掌握农事季节的可靠依据。中国传统的阴阳合力，具有指导农业生产的作用，时至今日，在农业生产中仍然具有实用性。汉代铁铸农具生产基本达到标准化、系列化和商品化。当时的犁铧，特别是具有翻土、灭茬、开沟、作垄多种功能镢土的发明，宿麦（冬麦）种植技术的推广，以及六辅渠、白公渠、成国渠、樊惠渠的开掘，对咸阳及全国的农业生产具有巨大的促进作用。这时釉陶也开始大量发展。西汉时期（公元前206—公元25年），国都设在长安。在医事制度方面，比秦有所发展，健全了组织，招聘了医药人员，充实了医疗机构。咸阳虽不再是国都所在地，但民间的医疗卫生却在普及和发展，安丘望之是咸阳很有名望的民间医生，他不肯做官，只在民间治病，著有《老子章句》。东汉史学家，咸阳人班固所著《汉书》，在记载自汉高祖元年至王莽地皇四年（公元前206—公元23年）共229年的断代史中，多涉及医史。其中记载了西汉时期的医事制度、医药活动、医林人物、病史、医药交流和药物，收录了有关医药文献。自西汉以来，小麦一直是咸阳地区的主要粮食作物。东汉时“禾—麦—豆”两年三熟开始形成，间作套种和混合作业已经萌芽。汉武帝时出现中国水利史上罕见的盛况，当时比较熟悉农业生产的赵过被任为搜粟都尉，推广三脚耧车和牛耕技术，还在旱地推广较为先进的“代田法”。他对县令长、乡村中的“三老”、力田和有经验的老农进行技术训练。这一系列措施，对当时农业生产和水利工程技术、农业科学技术水平的提高起到了重要的促进作用。公元132年，张衡首创的地动仪对世界地震学是一个重大的贡献。张骞出使西域，开辟了以长安为起点经咸阳的丝绸之路，大大促进了关中特别是咸阳地区蚕桑事业的发展。西域大宛马和乌孙马的引进、选育和改良，促使咸阳一带马种向骑乘型转化，曾任过陇西太守的茂陵人马援著有《铜马相法》。尤其是原生于中亚地区的优质草料苜蓿的引进推广，对咸阳以至内地畜牧业发展起到了促进作用。汉和帝永元四年（公元92年），平陵人贾逵通过对月球近地点和远地点的研究，发现了月球轨道的运行规律，并计算出其运用周期为“九岁九道一复”（即九年一周期，现代科学计算为8.85年，比西方同类发现早1500年）的规律。并据此规律改正了冬至点，定下了24节气的太阳所在位置及昏旦中性、昼夜漏刻和表影长度等新的数据；提出了历法以太阳的回归为基准，阴阳合历以阳为主的观点，为教授民时提供了比较准确的历法。这在科学技术上是一大突破，对后世影响颇深。三国魏时，扶风（今兴平）人马钧改进了织机，发明了翻车（即农业排灌用的龙骨水车），制成了失传已久的指南车，改进了连弩和发石车，大大提高了生产效率，减轻了劳动强度。

唐初，关中地区“禾下始拟种麦”，属冬麦与粟复种。农业向精细发展，朝廷鼓励复种，以小麦为中心的种植制度已在关中普及，沣河以西出产一种名叫重思的水稻。耙耱与早春防旱措施结合，实行“顶凌耙耱”，此技术一直沿用至今。自唐代始，咸阳就有机械耕具发明与使用，以泾阳产的代耕架最为著名。代耕架利用杠杆机械原理，以轮轴转动代替畜力耕作，对传统耕种来说是一次革新，在世界农业史上占有显著地位，对未来耕具改革仍具启示和借鉴意义。

隋唐时的手工业发展也很著名，如造船、纺织、造纸、陶瓷等生产规模和生产技术都有较大发展。唐三彩至今备受世人喜爱，视为珍宝。对人类文明作出重大贡献的一些科学发明，如雕版印刷术、火药，此时相继问世或初露端倪。唐时咸阳一带是以绵绢为庸绸绢的地区之一。唐中央政府和各地监坊牧场分别设有畜牧兽医官员和专业兽医师，规定了各种牲畜饲草、饲料的供应标准，以畜种、体型、年龄、使用、哺乳情况而各有等差；重视食盐的供给，以满足畜体生理要求；建立了马籍制度，李石的《司牧安骥集》就是当时一部系统的兽医教材。唐开元中期，三原县尉陈藏器撰写的《本草拾遗》不仅是对医学的贡献，而且发展了本草学。王方庆（唐代咸阳人，为朝官）所著《袖中备急要方》、药师李靖（唐初政治家、军事家，三原人）所著《侯气秘法》3 卷等是中国中医学珍贵资料的组成部分。

宋元时期，西北传统农具基本定型，后世所用旧式农具已出现。棉花已传入咸阳；水利业管理上更加精细，宋时修建了丰利渠，元时修建了王御史渠；元人李好文著《长安志图》中的下卷《泾渠图说》，内容包括泾渠总图、富平石川溉田图、渠堰田革、洪堰制度、用水则例、设立屯田、建言利病以及总论 8 部分，分别记载引泾灌区历代创建和维修情况、元代引泾灌区的渠系布置、平渠上的主要工程设施及维修工材、灌区的灌溉管理制度、元代泾渠屯田组织形式的演变以及维护管理泾渠的一些重要建设等，是中国现存的第一部引泾灌溉专史。

明成化元年（1465 年），由都御史项忠、余子俊、阮公勤主持，17 年间修成广惠渠。在修渠过程中采用“炭灸醋淬”法开凿石渠和隧洞，首创了中国水利史上的凿洞工程。

建筑业有所发展，其中最有代表性的是洪武八年（1375 年）三原修建的城隍庙、万历十八年（1590 年）修建的北杜镇佛塔、万历十九年（1591 年）泾阳永乐店修造的崇文塔、万历二十年（1592 年）修建的三原崇仁桥（龙桥）等。

农作物在选种方面更加精细，万历二十五年（1597 年）已有外国玉米传入三原县。稍后各县也陆续开始引种推广。

随着植棉业的兴起，纺织业得到进一步发展，泾阳、三原、礼泉、兴平等县成为关中的主产棉区之一。清中（1799—1801 年）还建立了花商会馆，立碑纪念。

这时期，涌现出泾阳王征、兴平杨屾、三原杨秀元等著名的科学家。他们著书立说，对推广普及科学知识做出了一定的贡献。王征的《远西奇器图学》《新制诸器图说》，杨屾的《蚕桑实效书》《豳风广义》《蚕政摘要》《知本提纲》，杨秀元的《农言著实》对后世科技，特别是农业科技起到了很大的推动作用。其中以王征的《远西奇器图学》为向导，西方科学技术传入咸阳，并逐渐得到传播。

## 二 近代科技

1840 年的鸦片战争揭开了中国近代史的序幕，在帝国主义侵略下，把一个延续了两千多年的封建社会逐步演变为半殖民地半封建社会。在这样的社会制度下，既不可能对传统农艺加以改革，更无条件全面改行西方现代农业科学技术。所以，只能沿用传统农业技术改造庄稼。

水利事业有所复兴。同治四年（1865 年），左宗棠帮办刘典复修泾水龙洞渠，并复明代利民渠；光绪三年（1877 年），陕西巡抚谭钟麟“劝谕民间多凿井泉以资灌溉”，时任陕甘总督的左宗棠提出每井奖银一两、开井数万的计划，在咸阳掀起凿井高潮。1931—1934 年由著名水利专家李仪祉主持开修泾惠渠，并成立泾惠管理局。

植棉技术有所提高。左宗棠任陕甘总督时，刊《种棉十要》和《棉书》，在咸阳掀起了一次前所未有的广种棉花的高潮。光绪二十二年（1896 年），仅泾阳县产棉就达 53.3 万斤，到光绪三十二年（1906 年）增加 3 倍。1934 年陕西省成立棉产改进所，正式开始棉种推广和研究工作。抗战初期，美国良种斯字棉四号试种成功，咸阳成为推广中心；1944 年金陵大学西北农场和泾阳农场分别从斯字棉中选育出“斯字 517 号”和“泾斯棉”，一直推广到中华人民共和国成立初期。

小麦育种和推广工作开始起步。1930—1947 年，咸阳在小范围内先后选育推广了兰花麦、陕农七号、兰芒麦、金大六〇号、金大一二九号、金大三〇二号、武功二十七号、泾惠三十号、西安二十七号、碧蚂一号、6028 号等优良品种，奠定了小麦现代育种的基础。

花生、烟草于清末引种到咸阳。自张鹏飞《修关中水利议》建议在关中种花生以布其利始，后来泾渭河滩地广种成为特产；泾阳鲁桥的柿子、韭菜，兴平、武功的辣椒，彬县、长武的晋枣，礼泉昭陵的梅杏、石榴，永寿的露仁核桃，旬邑土桥、清塬一带的小茴香等均已成为地方名特产。

家畜饲养以兴平、武功、乾县、礼泉等地的陕甘大骡、关中驴、秦川牛为主，广为饲养。

民国时期，随着社会的发展，国民教育引起人们的重视。1934 年 4 月 20 日，国立西北农林专科学校在武功张家岗举行奠基典礼，标志着中国西北第一所高等农业学府的成立。它为农业生产培养了一大批科学技术人才。至 20 世纪 40 年代后，在咸阳先后建立了中央和地区的农业试验研究机构，如农林部在武功设立农业推广繁殖站、中央大学农学院在泾阳建立农事试验场和泾阳配种站等科研机构，对咸阳市的科技发展起了一定的推动作用。

咸阳工业发端于民间。1937 年湖北省官布局的纺纱机迁入咸阳，将原来的打包厂改办为咸阳工厂。1940 年陕西省政府批准刘惠僧等利用渭惠渠的水力资源设立惠民水力面粉厂；批准姚相贤成立茂陵工厂，专营磨面、轧油、轧棉、弹花。1947 年，咸阳将面粉厂改为纺纱厂，使得纺织工业得以持续发展。尽管当初工业基础十分薄弱，工厂规模狭小，设备简陋，但终是咸阳现代工业的奠基之作。从此，现代工业作为一种新的生产力，逐步进入咸阳地区各经济部门和人民生活的各个领域，直接服务并促进农牧业生产。

## 三　现代科技

中华人民共和国成立后，科学技术的发展进入了一个新的历史时期。这一时期，咸阳的工业科技突飞猛进，农业科技成绩优异，医疗卫生科技快速普及，其他行业科技高速发展。新中国成立后的科技发展大体经历了 4 个阶段：

第一阶段（1949—1957 年）。新中国成立后各级政府十分重视农业机具改革，沿用千年的人力、畜力朝机械化、半机械化发展。1950 年 4—5 月间咸阳地区在泾阳、三原、武功建立首批马拉机站，负责新式农具的引进、示范、推广、管理等工作（此机站直属省农林厅领导）。从此，开始了农业机械化发展的新阶段。“一五”期间，咸阳地区主要进行旧式农具改良和推广工作。全地区广泛使用和推广五寸布犁、七寸布犁、双轮双铧犁、解放式水车、胶轮大车等新式畜力、半机械化农具。在改造私人手工业的基础上，国家投资 5580 万元兴建了国棉一厂、二厂和子棉加工厂，并围绕纺织工业由地方投资新建了建材、面粉、食品、酿造等行业工厂。同时大力推进公私合营，发展集体企业。1957 年，全民企业固定资产原值达到 7011.2 万元，工业产值 1.12 亿元，比 1952 年增长近 1.5 倍，年平均递增 27.3%，成为全国新兴的纺织工业基地之一。纺织工业的发展促进了传统的棉花生产，1957 年棉花生产面积比 1949 年增长 37.8%，使农林经济出现了一个较大的发展。

第二阶段（1958—1978年）。随着农村用电的普及，电动排灌设备及农副产品加工机械发展起来。在完成对农业、手工业和资本主义工商业社会主义改造后，国家和集体总投资3亿多元，用于纺织系列配套和技术改造。1958—1966年主要完成纺织系列配套，先后建设国棉七厂、陕棉一厂、省第二针织厂、陕毛一厂、省第二印染厂、3530军工被服厂、两家服装厂、咸阳纺织机械厂、省第一纺织机械厂、第二纺织机械厂、第三纺织机械厂、省纺织器材厂、咸阳纺织技工学校和省纺织器材研究所等，使纺织、印染、服装、机械、教育、科研相互配套。纺织生产的系列化带动了电力、建材、橡胶、机械、陶瓷、造纸等行业的发展。1966—1978年，主要对纺织工业进行技术改造。大部分企业更新了陈旧设备，进行技术革新，减轻了一线工人劳动强度；推广郝建秀工作法，开展学习赵梦桃活动，使纺织工业在稳定中逐步提高。这时虽处在“文化大革命”期间，地方五小工业仍然得到发展，咸阳铸字机械厂、空压机厂、汽车修配厂、通用机械厂、西北医疗器械厂、焦化厂等都是这一时期兴建的。至1978年，市区工业产值达到6.7亿元，比1957年增长近5倍。轻纺工业产值占市区全部工业总产值的64.7%。部门齐全的纺织工业成为咸阳地区工业的主要支柱。

第三阶段（1979—1998年）。在纺织工业科技向深度进军的同时，1979—1982年11月，国家先后投资7.5亿元建成陕西彩色显像管总厂。从此，咸阳市的电子工业科技迈入了新的发展时期。该厂具有20世纪70年代末期国际技术先进水平，年设计能力96万只。它的建成投产，改变了中国彩电生产长期依赖进口的局面。1984年生产各类彩色显像管96.4万只，产值3.3亿元，实现利润1亿元。在彩色显像管总厂的带动下，咸阳电子工业迅速发展，建成陕西广播电视设备厂，原有的4家电子企业得到扩展和完善。至1984年，市区电子工业产值3.44亿元，占全市工业产值的22.3%，是继纺织业之后咸阳工业的又一支柱产业。

农业科技成绩优异。农业机械发展较快，1979年农机总动力达到101.19万马力，机械耕作、机械播种面积分别达到15.37万亩和19.37万亩。1988年全市农业总产值46.12亿元，较1949年的5.64亿元增长7.18倍。粮食总产量192.37万吨，比1949年的51.63万吨增长2.72倍。亩产量由78.9千克提高到263千克，增长2.3倍。农村经济全面发展，科技助推作用明显。一是繁育与推广良种。在小麦生产中，先后试验、示范、推广了碧蚂一号、碧蚂四号、丰产三号、矮丰三号、咸农三十九号、咸农二号、咸农六十八号、长选一号、404、411、农矮一号、683、175、咸农151、乾农四号、官村一号、702、7125、秦麦四号、4732、陕农九号、小偃六号等36个优良品种。20世纪50年代推广的碧玛一号使亩产上升20%—30%，六七十年代南部灌区种植阿勃、咸农、小堰六号品种小麦，北部推广的华北、北京小麦品种和丰产三号以及当地培育的70、40系统小麦良种，加上其他措施，促使小麦亩产上升50—60千克。80年代更换部分品种，抗逆作用增强。在玉米生产中，先后引进推广了辽东白、金皇后、407、409、白双三号、双跃一五〇、陕玉六一一、白单四号、陕单七号、武单早、陕单一号、中单二号、户单一号、掖单二号、陕单九号等15个优良品种，逐步实现了杂交化，玉米亩产由110千克提高到220千克，高粱亩产由112千克提高到170千克。在棉花生产中，先后引进推广了泾斯棉、徐州棉209、124、1818、中棉三号、陕棉四〇一、陕棉1155、陕棉5254、陕棉7215、陕棉6083、秦棉一号等优良品种；在油菜生产中，先后推广了胜利油菜、跃进油菜、杂三七、上党油菜、陕油七一一、关油三号、秦油一号、秦油二号、秦油三号、74—1、2711和陕油110、7820、093等优良品种。二是推广间作套种、合理轮作等技术。农业科技部门通过试验，提出分地区不同作物的适宜期与播种量，改撒播为条播，改稀植为密植。尤其是推行间作套种，应用薄膜覆盖技术、大棚技术，深翻改土，规范化栽培技术的推广，挖掘了土地的生产潜力，对农业增产起到了重要作用。三是推广应用化肥。主要有氮、磷、钾肥料三要素和锌、锰、硼、磷酸二氢钾等微量元素肥料的使用，特别是配方施肥的推广应用，效果明显。四是推广植物保护技术和农作物与畜禽疫病防治技术。这两项技术使防治覆盖面积达到80%以上，初步控制了危害较大的害虫、疫病。先后推广了化学防治、生物防治、综合防治技术，开展了农作物天敌资源调查和地下害虫的调查研究，小麦全蚀病的发生规律及防治技术研究，野燕枯、新燕灵、燕变枯2号、燕麦灵防治麦田野燕麦使用技术研究，毒麦的检疫和防除、玉米黑穗病的防治、赤眼蜂种类调查及利用的研究，油菜病毒病防治技术的推广应用，弱毒疫苗（1、2免疫）防治番茄毒病的推广应用取得良好效果，使农作物得到了有效保护。

林业科技快速进步。新中国成立后，咸阳在植树造林、封山育林、平原绿化、保护森林、抚育改造等方面取得了显著的成效。在育苗及良种繁育推广方面，先后出现了间伐抚育、油松山地育苗、泡桐育苗、容器育苗、纸钵育苗、地膜育苗、塑料大棚育苗、小拱棚育苗等技术。1978年以后，国家相继支持的林业“三北”（西北、华北、东北）防护林工程、黄河中游水土保持工程、“德援”（德国援助造林）工程和平原绿化工程，累计投资3338万元，造林种草291.25万亩，“四旁”植树保存率7733万株。“七五”期间，全市林业系统共承担林业科技推广项目17项，其中有8项通过技术鉴定，辐射推广造林面积186.27万亩，市级项目辐射推广造林面积227.82万亩。在病虫害防治方面，从1980—1982年，对全市森林病虫害进行了全面普查。全市森林病虫害发生面积218万多亩，病害115种，害虫528种，天敌100种。对主要树木的害虫美国白蛾、柿蒂虫、桃小食心虫、油松幼林柱干害虫、杨毒蛾等，主要病害泡桐丛枝病、杨树溃疡病、油松散斑病、苗木立枯病等进行了药物防治，生物防治尚处于试验阶段。淳化、长武、兴平、秦都、渭城5个县（市、区）实现了平原绿化达标，受到了林业部和陕西省林业厅的表彰奖励。

畜牧兽医稳步发展。中华人民共和国成立以来，咸阳畜牧业生产管理、技术推广、畜疫防治、技术人员、机构设置、机械和技术装备等方面，都经历了从无到有的过程。截至1990年，有科技人员495名，市级畜牧兽医工作站、动物检疫站各1所；县（区）畜牧兽医站13所、国营兽医院5所、检疫站9所、配种站16所；乡（镇）畜牧兽医站217所、配种站114所。饲料加工机具400台，饲料加工车间36个，年生产配合饲料3.5万吨。大家畜存栏333438头，良种及改良奶牛12284头。在推广普及先进繁殖技术方面，从20世纪60年代以来主要推广了人工授精、冷冻精液配种、胚胎移植、奶牛不育、药物催奶等先进技术。与此同时，成功选育了肉用型关中黑猪、关中奶山羊等良种，绵羊、秦川牛的性能改良也取得了一定成果，还研制出提高母牛受胎率的人工催精技术；在畜禽疫病防治上，经过多年的努力，已扑灭了牛瘟，基本控制了炭疽、牛肺疫、羊肠毒血症、猪丹毒等重大疫病的流行。

水利科技快速发展。从“一五”开始，先后开展了农田基本建设，兴修了宝鸡峡引渭工程、羊毛湾水库及其他中小型水利工程，在泾、渭、清、冶等灌区推广了科学灌溉制度和用水方法。20世纪70年代末期开始推广应用喷滴灌和深井余压喷灌等节水先进灌溉技术；水土保持工作从点到面，由单一治理措施发展到按水土流失的状况和规律，采取坡面、塬面、沟头防护、沟底工程治理等工程措施，改顺坡耕作为横坡耕作、坑田种植、串堆子耕作、间作套种、草田轮作等耕作措施和封山育林、乔灌结合、植树种草、农田防护林等生物措施相结合的防治体系。1986年，全市水土保持治理面积3966.7平方公里，流失区新修水地43.38万亩，水保造林199.05万亩，种草34.27万亩，封山育林15.44万亩，共占流失面积8291.37平方公里的47.8%。建成防护堤172公里，保护耕地24万亩，保护人口48万；建成农村供水工程6711处，解决了239.53万人和29.49万头大家畜的饮水困难。

农业机械广为应用。中华人民共和国成立后，先后推广施用了新式农具双轮、单轮双铧犁、马拉收割机、电动水车、进口拖拉机、山地开沟犁、间作移栽机具、手扶拖拉机、小麦烘干机、推土机、200NQ8－100潜水电泵、小麦收割堆放机、简易养鸡笼、S195型柴油机、圆盘式铲抛机、喷雾器、乙型整地挖坑机、旋耕机、磨粉机、风机、粉碎机、脱粒机、机动喷粉机、谷物沟播机、喷灌机等农业机械，现已开展的机械作业有耕、耙、播、运、碾打、脱粒、铡草、碾米、磨面、饲料粉碎、排灌和多种经营等。1988 年，全市农机总动力 16.13 万千瓦，农机原值 7.73 亿元，分别比 1985 年增长 176% 和 314%。农业机械化已开始走向因地制宜、讲究实效、量力而行、稳步前进、有选择性的轨道。

医疗卫生科技快速普及。经过 50 年的发展，全市形成了遍布城乡的医疗卫生保健网。截至 1998 年年底，全市有医疗机构 566 个，比 1985 年增加 22 个；卫生技术人员 16617 人，增加 6946 人；千人均卫生技术人员 3.58 人，增加 0.87 人。危害人民的碘缺乏病、大骨节病、克山病、氟中毒、砷中毒 5 种地方病得到有效遏制，医院建设和医学教学有了新发展。

民营科技企业成绩突出。1987 年，咸阳市先后成立了 505 集团、羊毛资源开发公司、人体抗衰老研究所等 23 家民办科研机构。截至 1998 年，民营科技型企业 1730 家，涉及医药、电子、机械、化工等多个领域，总产值 45 亿元。

截至 1998 年，先后完成科研成果 3500 多个。有 205 项科技成果获市以上科技进步奖，其中国家级 22 项、省级 30 项、市级 153 项。

第四阶段（1999—2011 年）：是咸阳经济社会取得突破发展的重要时期。工业科技突飞猛进。咸阳市（地区）工业总产值（规模以上工业完成工业总产值）由 1949 年的 992.5 万元发展到 2010 年的 1334.5 亿元。农业科技迅猛发展。粮食生产连年丰收，果业以及蔬菜的面积、产量居于全省前列，畜牧业规模养殖水平有很大提升。粮食产量由 1950 的 51.63 万吨提高到 2011 年的 186.1 万吨，新增水果 15 万亩、设施蔬菜 4.4 万亩、杂果 25 万亩，肉、蛋、奶产量分别增长 10.8%、8.9%、7.2%。启动建设现代农业示范园区 82 个，新发展市级农业产业化龙头企业 40 家、专业合作社 241 家。咸阳市采取“良种引路、良法跟进、主攻单产、稳定总产”的措施，全市小麦良种覆盖率达到 95% 以上。通过试验推广地膜玉米、小麦，实行测土配方施肥技术及标准化生产技术，有效控制病虫害的大面积发生和流行，确保耕地减少不减产的目标。咸阳果业生产规模提升。以绿色果品基地建设为平台，以果品质量安全为核心，以推广新标准化技术为突破口，大力推广“大改形、强拉枝、巧施肥、无公害”4 项关键技术，推广“果、畜、沼、窖、草”5 配套生态果园建设模式，全市优果率达到 68% 以上。农机事业取得突破性进展，至 2011 年年底农机总动力 249.12 万千瓦，农业机械总值 18.32 亿元，位居全省第二，各类种植业机械、农村运输机械、农产品加工机械、果园机械和蔬菜畜牧机械总量达到 42 万台部，农机驾驶、维修、销售和管理推广技术人员 11.2 万人。

畜牧科技稳步前进。咸阳市按照“统一良种繁育、统一疫病防治、统一饲料供应、统一技术措施、统一产品销售”

的标准，建设畜牧养殖小区280个，存栏畜禽100多万头只，配套建设机械化挤奶站195个，管道奶数量占50%以上。实施“西部生猪、东部奶蛋、北部肉畜和牧草”战略，初步形成了以泾阳、乾县、武功、礼泉、渭城、三原为主的瘦肉型猪基地，旱腰带以北肉牛、肉羊基地，以北五县为主的肉兔基地及优质牧草基地。奶业成为西北地区最大的奶源基地。截至2011年大家畜存栏45万头，其中奶牛存栏23万头，猪存栏210万头。新建规模养殖场（小区）119个，配套建设机械化挤奶站30个，畜禽免疫密度及免疫标识率均达到100%。

林业科技成绩突出。“十一五”期间累计完成林业重点工程造林绿化165.59万亩，其中人工造林95.29万亩，飞播造林18万亩，封山育林52.3万亩。累计完成绿色家园生态示范村建设1238个，有500所学校、60多个乡镇政府所在地实现了全面绿化，共绿化国道、省道325公里，县、乡公路、进出村道路和农田防护林总里程1212公里。森林资源保护明显加强，森林案件明显减少，连续10多年没有发生大的森林火灾、森林病虫害和野生动物疫情。市区绿化力度大，档次高，特色突出。旬邑、淳化、彬县县城周围山坡绿化、渭河近堤绿化、昭陵景区绿化等均走在了全省前面。特别是绿色家园建设起步早，成效突出，特色明显，为林业在社会主义新农村建设中找准了位置和切入点，并在全省范围推广。

水利科技成就显著。2000年开始，举全市之力打造的渭河咸阳城区段综合治理工程（暨咸阳湖）已经竣工，蓄水面积1860亩，蓄水量240万立方米，做到渭河治理与城市建设的有机结合。截至2006年年底，全市堤防工程长度179.02公里，保护人口62.83万人，保护耕地1.93万公顷。其中渭河堤防工程长137.93公里，保护人口60.3万人，保护耕地1.729万公顷。截至2011年年底，全市水资源总量74300万立方米，新建、修复机井390眼，新建、修复抽水站22座。渭河综合整治完成投资8.8亿元，加宽整治堤防38公里，清滩整治河道17.5平方公里。

2000年以来，国家陆续投资进行水库整修，其中羊毛湾水库、冯村水库、黑森林水库、杨家河水库等工程已经竣工，三原西郊水库建设完毕。节水灌溉技术全面推广，灌溉面积135.91公顷；集雨水窖工程在北部地区广泛实施，有效地缓解了北部饮水困难。大力推广养殖新技术，养殖效益不断上升，2006年全市养殖水面已达2.9万亩，水产品总量8100吨，是1977年206.8吨的39倍。20世纪70年代后期，在乾县、永寿等地研究推广辐射井和水平钻实用技术、20世纪80年代小道口水库的“死库复活”技术、黑森林水库的“高渠拉沙、引浑淤灌”等水库泥沙处理新技术等，都有新的创新。在农田水利建设中，广泛采用中低产田改造技术、节水高效灌溉技术、灌区方田建设技术等，推广渠道防渗和

“U”形渠道标准化；在水土保持工作中，广泛推广小流域综合治理新技术，恢复生态良性发展；在渔业生产中，普遍推广高效精养和网箱养殖技术；在勘探设计中实现了计算机辅助设计的全面应用；在防洪安保上，建立了现代通信网络系统和计算机管理系统，做到了信息的快速准确传递。

工业科技率先发展。规模以上工业企业不断创新，民营科技成为科技发展的一支重要力量。“九五”以来，咸阳市启动实施制造业信息化和“数字咸阳”两大信息工程，已建成制造业信息化示范县（区）5个，机械电子示范行业2个，科技中介服务机构5个，行业服务平台5个，培训了5万多名信息化人才。咸阳市被科技部列入首批47个国家制造业信息化工程重点城市，2003年又被建设部立项列入全国“数字城市”建设专项计划。市政府及时出台制造业信息化“12345”工程，实现“十五”末80%以上制造业基本实现信息化目标；重点在电力、机械行业开展示范应用工作；启动30户重点示范企业；建立果业、食品、服装和医药4个行业信息化；搭建5个技术平台，引导民营科技企业申报国家级新产品计划、中小企业创新基金、火炬计划、星火计划、13115科技创新工程攻关项目。“十一五”期间在10个领域组织了30个科技重大专项，建立了100家产学研结合的工程技术研究中心，扶持了100个重大科技产业化项目，建设了50个科技产业园区。

“十一五”以来，全市科技创新投入力度不断加大，初步建立了多元化科技投融资体系，为科技创新提供了资金保障。市政府设立额度为1亿元的中小企业信用担保基金，成立了咸阳市中小企业信用担保公司，优先支持列入国家、省和市计划的高新技术产业化项目，优先支持科技型中小企业的科技成果转化项目；增设咸阳市科技型中小企业技术创新基金，资金额度200万元，同科技部科技型中小企业技术创新基金和省科技厅、财政厅科技专项及资金匹配，增加对咸阳市高新技术产业领域的投资，扶持科技型中小企业发展；加强对科技企业孵化机构、成果转化、技术转移、科技信息网络平台等科技创新载体建设投入，发挥其在企业技术创新中的服务支撑作用。继市生产力促进中心成为国家级示范中心之后，陕西省机械行业生产力促进中心进入国家级示范中心行列，清华（启迪）科技企业孵化器被科技部认定为国家级孵化器，市技术转移服务平台建设项目列入国家财政支持专项；启动实施多项科技创新工程，高新技术企业研发投入占销售收入的4%以上，科技项目年均增长20%，专利年申请量700多项，科技成果年均增加410多项。截至2011年，按照科技部、财政部新的高新技术企业认定办法，全市有通过省科技厅、省财政厅、省国税局、省地税局认定的高新技术企业53家。

卫生科技健康发展。卫生服务体系不断健全，卫生医疗条件得到明显改善。

截至2011年已有注册药品研究机构22家，药品生产企业45家，制药企业总量在全国地级市中排名第四，居西部地级市之首。2011年全市制药工业总产值达到60亿元，从业人员达到3万人，实现利税10亿元。医疗器械实现工业产值4亿元。医药经营企业1950家，年销售收入30亿元。保健用品生产企业100家，年产值达10亿元。此外还有各类医疗机构6692家。建立了“咸阳市中药现代化技术服务中心”和“咸阳市制药企业信息化服务中心”。截至2011年年底，共有医院、卫生院338个，疾病预防控制中心14个，医院、卫生院床位18905张，执业医师和执业助理医师6280人，注册护士8662人。农村孕产妇免费住院分娩项目全面实施。婴儿死亡率由2000年的23.26‰下降到2010年3.85‰；5岁以下儿童死亡率由2000年的27.04‰下降至4.6‰。孕产妇死亡率由2000年的44.78/10万下降至4.27/10万。出生缺陷发生率由2000年的105.36/万降低到42.1/万；低出生体重发生率逐年下降，由2000年的3.32%降低到2010年1.14%，已达到5%以下的指标要求；5岁以下儿童中、重度营养不良发病率由2000年的3.14%下降到2010年0.98%。7岁以下儿童保健管理率由2000年的85.11%上升至2010年95.49%，完成达80%的指标要求；新生儿破伤风发病率以县为单位控制在1‰以下，2010年发生率为0；6个月婴儿母乳喂养率保持在80%以上，2010年为92.67%。城市社区卫生服务中心覆盖率100%，建成社区卫生服务中心18个、站81个，建成规范化村卫生室3334个。

“十一五”以来，全市累计取得各类科技成果5000多项，有515项获得科技成果奖励，其中国家级2项，省部级126项，市级360项。

# 大事记

**约公元前23—前21世纪**

在今杨陵区为中心的武功、扶风一带，生活着一个勤劳智慧的原始部族，名叫有邰氏。其首领名弃。相地之宜播种五谷，教民稼穑。帝尧举为农师，帝舜任为后稷。弃弟台玺及子叔均继承先辈事业，发明使用牛耕，提高了生产力水平。

**约公元前18一前17世纪**

有邰氏首领公刘，为复兴后稷之业，迁豳定居。初居庐室，后建居邑和都邑。按河川流向将其族划为三单，筑道路，开沟洫，垦荒种植，驯养家畜，采掘矿石，“取砺取锻”，改进农具，生产得到发展，“行者有资居者有蓄”，“周道之兴自此始”。

**约公元前12世纪**

北方猃狁不断侵扰，掠夺财物，杀害族人。古公亶父（周太王）率领族众，扶老携幼，逾梁山，涉三水（杜水、沮水、漆水），由豳地迁于岐山下的周原（在今岐山县），另建新都“岐邑”，定国号为周。引水灌田，发展农桑，养蚕织绸，造舟为梁，向东发展到今武功、兴平、乾县地带。

**约公元前11世纪**

季历死后，其子姬昌（文王）继位，仍都程邑。他重农桑，开苑林之禁；通商贾，无关市之讯；敬贤礼士，日中不暇食以待士，大得民心。太颠、闳天、散宜生、南官适、辛甲、伊佚等有才之士，皆来归顺。

**秦孝公十八年（公元前344年）**

秦国下令统一度量衡。一是规定全国的度量衡必须统一进位；二是制造统一的标准度量衡器。现在考古发现的“商鞅方斗”，就是当时制造的标准量具。

**秦王政元年（公元前246年）**

韩国派水工郑国来到咸阳，劝秦兴修大型水利工程。目的是消耗秦国国力，使其无力东伐。后秦国发现郑国来秦筑渠是执行韩国的“疲秦”之计，问罪郑国，郑为己辩解，秦王政认为言之有理，免问其罪，让其继续主持工程。秦王政命郑国设计主持，用十余年修成“郑国渠”。渠首在今泾阳县上然村的泾河岸上。古称瓠口。渠道经今泾阳、三原、富平到渭南县境入洛河，长约 150 余公里。

**秦王政八年（公元前 239 年）**

吕不韦将《吕氏秦秋》公布于咸阳城门。这是中国最古老的农书，反映了秦国和其他国当时的生产、技术状况。

**秦王政二十七年（公元前 220 年）**

为通二宫（渭河北的咸阳宫和渭河南的兴乐宫），在今窑店镇南，扩修横桥（后称中渭桥），“桥广六尺，南北三百八十步，六十八间，七百五十柱，一百二十梁，南北有堤，垒石水中，或称石柱桥”。

**汉建元三年（公元前 138 年）**

在今咸阳市城东南里许兴建西渭桥。

**汉元光时期（公元前 134—前 129 年）**

修建成国渠。从今眉县引渭水，东北流，穿过漆水，至兴平入蒙笼渠，与现在的渭惠渠经行基本一致。灌溉今眉县、扶风、武功、兴平、咸阳一带田地，并为关中西部漕渠。

**元鼎六年（公元前 111 年）**

由左内史倪宽奏请武帝批准，在郑国渠上兴修 6 条小渠，灌溉郑国渠旁高仰之田，命名为六辅渠。倪宽“定水令，以广溉田”，限制用水量，扩大受益面积。这是中国有记载的最早的灌溉用水制度。

**太始二年（公元前 95 年）**

郑国渠竣已逾百年，多年失修，效益大减，长安粮荒严重。赵中大夫白公奏请在郑国渠以北再穿凿渠道灌溉农田，引泾水，起谷口（今王桥镇西北 5 公里处），入栎阳（今临潼县栎阳镇东北 10 公里处），注渭水，长 200 里，溉田 4 万余顷。为纪念白公功绩，该渠被命名为“白公渠”，后称“郑白渠”，本县百姓习称“白渠”。白公渠使用寿命从公元前 95 年到 1106 年，是引泾诸渠中使用最久的。

**永元四年（92 年）**

平陵人贾逵通过对月球近地点和远地点的研究，发现了月球轨道的运行规律，并计算出其运用周期为“九岁九道一复”，即九年一周期（现代科学计算为 8.85 年），比西方同类发现早 1500 年。

**三国魏青龙三年（235 年）**

博士马钧（陕西咸阳茂陵人）制作指南车，发明翻斗水车，抽水灌溉高坡地。

**唐贞观二十三年（649 年）**

李靖，陕西三原人，唐初的政治家和军事家，著有《候气秘法》三卷。

**唐长安元年（701 年）**

王方庆，名綝，以字显，关中咸阳

人，卒于武后长安三年。以《园庭草木疏》21卷著名于世。原书早已散佚，《说郛》里辑佚的花木不到10种。

### 唐太和二年（828年）

朝廷出水车样，令京兆府造水车，发给沿郑白渠百姓，以灌田地。

### 北宋崇宁五年（1106年）

三白渠堰与堤防圮坏，溉田之利，名存而实废者十居八九。穆京出使陕西后，上书倡议开凿丰利渠，引泾溉田，宋徽宗赵佶当即命他督管修渠事务。丰利渠渠首规模和艰巨程度比郑、白二渠大得多，是引泾史上第一座建立在岩石河岸上的工程。丰利渠修成后，效益大增。《侯可开渠记略》《泾渠故实》等记载："凡溉泾阳、礼泉、高陵、栎阳、云阳、三原、富平七县田三万五千九十三顷，赐名'丰利渠'。"

### 元延祐元年（1314年）

西台御史王琚主持重修丰利渠，在渠首上流，开凿新口，至五年渠成，俗名为王御史渠。渠道未变，使原渠灌溉得以恢复。两岸各凿闸槽一道，防止浊水淤淀渠道，洪水来时可以关闸停止引水，保护渠道。历时五年，用15.3万工，得以完工。

### 明洪武八年（1375年）

三原知县杜康祖主持修建城隍庙。东西宽52米，南北长212米，总面积11024平方米，是陕西现存最完整的明代建筑群之一。

长兴侯耿炳文主持疏浚泾阳洪口渠道十万余丈，灌泾阳、三原、醴泉、高陵、临潼五县二百里农田，水行二十三年后，又淤塞不通。耿炳文二次治理，疏浚渠道十万三千丈，水复通。

### 明成化二年（1466年）

项忠、余子俊、阮公勤三位都御史倡议并组织修建，相继17年主持修成广惠渠，把泾水再次引入王御史渠，复兴了被水冲毁的引泾渠首工程，开凿石渠和隧洞，采用"炭炙水淬"或"炭炙醋淬"之法，使岩石疏松易凿，首创了中国水利史上的凿洞工程，共凿两个隧洞，长482米，并开凿宽2.5米、深2—5米不等的石渠558米，灌溉面积7.5万亩。

### 明万历十八年（1590年）

太监杜茂主持，在咸阳北杜镇修建千佛塔（又称铁塔）。塔高10丈，有10层。四角各竖一金刚，每层有梯有窗。中层外嵌花环围铁佛，间以异禽怪兽，瑶草奇花，精巧绝伦。

### 明万历十九年（1591年）

由刑部尚书李世达主持，在泾阳县永乐店修造崇文塔，1605年竣工。塔系8角形，底层每边长9米，塔身13层，高87.218米。据1984年全国测绘，该塔为中国现存最高的砖塔。

工部尚书温纯倡议、三原知县高进

孝主持修建三原崇仁桥（即龙桥）。桥横跨于三原县南北二城之间的清水河上，设计采用三孔拱桥形式，桥长110米，宽11米，桥身用石条铁钳构成，桥面用青石筑铺。历时12年修成，曾抵御了4次大的洪水冲击。

**明万历二十五年（1597年）**

外国玉米传入三原，本境各县逐渐引种推广。

**明天启七年（1627年）**

泾阳王征同金尼阁合作完成《西儒耳目资》，用拉丁字母为汉字注音。次年王征同邓玉函合译《远西奇器图说录摄》，主要介绍西方物理学和机械工程。之后又创作《诸器图说》，将西方机械结合中国旧法加以革新，发明抽水机械“虹吸鹤饮”“转棍轮激”，农业机具“自转磨”“轮壶代耕”以及“计时器”等，均属中国较早的发明创造。

**清顺治元年（1644年）**

咸阳城内潘家巷（今法院街）张家创制“虎皮糖”。该糖制作技术经过不断改进，到清末，在关中地区负有盛名。八国联军侵入北京，慈禧太后逃到西安，吃此糖后异常惊奇，特命名为“琥珀糖”，沿用至今。

**清乾隆二年（1737年）**

渠道工程渐次衰败，效益锐减。泾阳县知县唐秉刚和淳化知县汪碧奉命负责维修渠道。工期两年，自乾隆二年（1737年）十一月起，四年（1739年）十月告竣。动用工日6万余个，石料18000余立方尺，花费白银5360余两。因以龙洞、筛珠、琼珠、鸣玉等泉水为水源，遂称龙洞渠。

**清乾隆十一年（1746年）**

陕西巡抚陈宏谋重视农桑，责令各县官员身先倡率，广植桑株，觅人养蚕，并置机寻匠，民获其利。

**清乾隆五十年（1785年）**

杨屾，兴平桑镇人，农学家，著有《豳风广义》4卷、《知本提纲》10卷、《经国五政纲目》8卷、《论蚕桑要法》10卷。

**清嘉庆十五年（1810年）**

礼泉人张振祥在咸阳城内创建祥盛永酱菜园。经过4代人的勤俭操办，酱菜风味独特，名扬西北，运销国外。

**清光绪元年（1875年）**

三原县知县刘青藜提倡种桑养蚕，编了《农桑备要》。

**清光绪十年（1884年）**

刘古愚，咸阳人，教育家，在“求友斋”开设“时务、天文、地理、算学”等课程，刊印《求友斋刻梅氏筹算》《求友斋刻求三角举要》《学计韵言》《借根演勾股细草》《火炮量算通法》等传播科学技术的书籍。

**清光绪十六年（1890 年）**

长安经咸阳、醴泉（今礼泉）、乾州（今乾县）、永寿、邠州（今彬县）、长武至甘肃泾州始设电报线路。

刘古愚在味经书院“复邠机馆”实验种桑、养蚕、缫丝、织绸。

**清光绪二十三年（1897 年）**

4 月　泾阳人杨凤轩等从上海购回铁制人力轧棉机一架，置于味经书院，刘古愚差泾阳人田某冶铁仿制，自此陕西始有轧棉机。

**清光绪二十四年（1898 年）**

长安经咸阳、兴平、武功至凤翔电报线路架通。

**清宣统二年（1910 年）**

12 月　长安经咸阳，泾阳至三原电报线路架通，三原、泾阳设立报房。

**民国二年（1913 年）**

泾阳三原至肤施（今延安）电报线路架通。

**民国十年（1921 年）**

乾县、兴平、醴泉设立行营报房，邠州设立报房。

**民国十二年（1923 年）**

三原报房升格为三等电报局。

**民国十七年（1928 年）**

武功设立电报局。

**民国二十年（1931 年）**

2 月　泾县开始办理省内长途电话业务。

4 月 1 日　陕西长途电话局在三原县设立分局，在咸阳地区设立第四分局，在邠县设立第五分局。

**民国二十二年（1933 年）**

三原、武功两县开始办理省内长途电话业务。

**民国二十三年（1934 年）**

4 月 20 日　国立西北农林专科学校在武功张家岗举行了奠基典礼，为中国西北第一所高等农业学府。

**民国二十四年（1935 年）**

5 月 1 日　咸阳、泾阳、醴泉分别成立报话营业处。

8 月 5 日　长武设立报话代办处，归邠县电报局管辖。

8 月 10 日　监军镇（永寿）设立报话代办处，归乾县电报局管辖。

9 月　咸阳报话营业处升格为三等电报局。

**民国二十六年（1937 年）**

8 月 12 日　三原环境管理处设立，辖 12 县电话管理所。

**民国二十七—三十三年（1938—1944年）**

金陵大学西北农业试验场、泾惠渠管理局进行棉苗灌溉试验研究，采用随机区集法。1938年英籍土壤肥料顾问利查逊博士来陕视察，因征得其对试验之意见，是年起均改用3×3×3混杂法，以研究各处间之相互关系。该项试验当时在国内鲜有先例。试验结果为磊花灌溉量以140毫米为最优，灌溉时期以生长期间每20日灌水一次为最佳；小麦灌溉量越大，则产量越高，灌溉时期以播种前休眠期和开花授粉之期为最优。

**民国二十八年（1939年）**

陕西省农业改进所泾阳农场奉令在泾惠渠区域的三原、泾阳、礼泉等县进行绿肥推广工作，以提倡在休闲麦田中栽种绿豆、黑豆作绿肥以增加土壤肥力，提高小麦产量。

4月　兴平设立四等电报局。

**民国二十九年（1940年）**

陕西省政府批准刘惠僧等人利用渭惠渠的水力资源设立惠民水力面粉厂。

同年，批准成立茂陵工厂，专营磨面、轧油、轧棉、弹棉花。

**民国三十年（1941年）**

6月　长武、栒邑（今旬邑）、淳化设立五等电报局。

**民国三十一年（1942年）**

全省牛瘟流行，为防治便利、易于奏效，将牛瘟流行各县划为六区，分别设一防治队，负责牛瘟防治工作。泾阳农场、兴平农业推广所均设防治队，负责泾阳、礼泉、三原、高陵、兴平、户县、周至、咸阳等疫区的牛瘟防治。

**民国三十二年（1943年）**

6月25日　农林部直辖第一役马繁殖场和陕西省农业改进所合办陕西直辖第一役马繁殖场陕西农业改进所泾阳配种站建立。

12月　监军镇电报局改名永寿电报局。

**民国三十三年（1944年）**

泾阳农场开始大豆区域试验，对由陕西省推广繁殖站、西北农学院共同育成之大豆品种在本区之内的适应性作对照试验，以便作为推广之参考。结果是武功509、414两品种比当地土种优良。同年9月陕西省农业改进所泾阳农场进行棉作推广工作，对棉花种子进行提纯复壮。

咸阳、三原、邠县、醴泉、武功、泾阳、永寿、长武、栒邑、淳化、兴平、乾县电报局更名为电信局。

**1945年**

5月16日　咸阳纺织厂工人举行罢工，要求增加工资，在厂方答应工人要求后复工。

**1946年**

8月　三原设立电信指挥区。

12月　西北工学院由陕西城固县迁咸阳县城。

**1947年**

8月6日　陕甘宁边区设在西安的秘密电台遭到破坏，改由咸阳县城凤凰台电台向中共中央发报。

在商界人士张子平倡议下，由工商界集资建设咸阳市内电话，装设100门磁石交换机一部，首次办理市内电话业务。

**1948年**

三原电信指挥区建立，辖三原、大荔、洛川、耀县、铜川、朝邑、淳化、澄城、泾阳、蒲城、富平、韩城、白水、黄陵、宜君、郃阳（今合阳）电信局。

**1949年**

2月12日　栒邑县解放，恢复邮电业务。

5月14日　三原县解放，三原分区宣告成立，领导机关驻三原县城。辖三原、泾阳、淳化、高陵、富平、耀县、铜川7县。人民政府接管邮、电两局。

5月17日　泾阳县解放，三原分区接管邮、电两局。

5月18日　咸阳解放。同时成立咸阳分区，辖咸阳、兴平、武功、长安、邠县、盩厔6县。同日，醴泉县解放，在军代表带领下开展邮电业务。

5月19日　兴平县解放。同日，武功县、乾县解放，人民政府接管三县邮、电两局。

5月20日　永寿县解放，6月1日，邮、电两局恢复业务，暂归陕甘宁青邮政管理局管理，9月1日，恢复由陕西邮政管理局领导。

12月　庆丰面粉厂在咸阳城内建成投产。

**1950年**

钓台区东张村农民、木工鲁德林设计研制德林式拉锄机、棉花条播机、冲沟机，一人一畜进行操作，锄草、播种、开沟均比人力提高工效三至五倍。德林式水车（即铁制辘轳），轻便省力。这些新型农具在当时推广普及于咸阳沣东、沣西、钓台等乡及长安、兴平部分地区，深受群众欢迎。1951年，鲁德林被评为陕西省劳动模范。《群众日报》以“鲁德林的事业会前进”为题，表彰了他的事迹。其被选为县人民代表。

**1951年**

1月3日　全区各级医疗机构开始有组织地免费给群众种牛痘，共种485660人。

同月　各县建立收音站（陕西省给每县发1台收音机，培训1名收音员），负责抄收、记录中央台、西北台的新闻，供领导干部阅读。

6月　西北水利学校（今武功水利学校）在杨陵建成。

9月13日　咸阳电信局与邮政局合并为邮电部咸阳邮电局。

**1952 年**

3 月 16 日　西北农业科学研究所在杨陵成立。

5 月 17 日　国营西北第一棉纺织厂在咸阳建成投产。

9 月 15 日　省政府命令成立咸阳市，归咸阳专署领导。

同月　中国人民解放军第十五航空学校在三原新庄建成。

10 月 1 日　兴平县劳模康玉林赴北京参加国庆观礼，代表西北 5 省 12 位劳模给毛泽东、周恩来敬酒。

12 月　兴平许敬章被授予全国劳模称号，并作为以宋庆龄、郭沫若为正副团长的中国代表团成员，参加在维也纳召开的世界和平大会。

**1953 年**

12 月 27 日　国营西北第二棉纺织厂在咸阳举行落成开工典礼。

是年　在市郊北原上兴建防洪渠，全长 10 公里。

在茂陵建成咸阳地区第一个国营农业机械拖拉机站，有进口拖拉机 3 台，职工 21 人。

西兰公路沣河桥建成。

**1954 年**

在陕西省武功县杨陵镇建成西北农科所（陕西省农业科学院的前身）。

**1955 年**

9 月 26 日　国营五一四厂建立。它是中国在第一个五年计划期间，由苏联援助建设的国家重点工程之一，是中国最大的航空机轮、刹车附件专业产品科研生产的大型骨干企业。

**1956 年**

5 月 12 日　苏联邮电先进生产者代表团在团长索罗金率领下来兴平县邮电局参观访问。

同月　咸阳县有线广播站建立，到年底全县农村基本通了广播，共架线路 270 杆公里，入户喇叭 4500 多只。其余各县市的有线广播站到 1958 年均已分批建立起来。

6 月 1 日　南斯拉夫友好代表团来西北国棉一厂参观访问。

**1957 年**

4 月 1 日　咸阳邮电局接办咸阳专署机要交通局办理的机要通信业务。

同月　咸阳变电站建成投运。

8 月　在三原清峪河上建成南王水库和小道口水库，两库共可灌地 2 万多亩。

12 月　航空工业部秦岭电器公司在兴平建成投产。

同月　在渭惠渠增设了排水襪，改造了渠系工程，灌溉面积扩大到 57 万亩。

**1958 年**

4 月　在泾阳县建成高庄抽水站，灌地 1.6 万亩，是全省第一个建成的电力抽水站。

5—11 月　建成渭惠渠高原抽水灌溉

工程，修筑高干渠（即今宝鸡峡原下北干渠）。

7月　在泾阳县建成官山水库，灌地2.9万亩。

8月　陕西纺织器材厂在咸阳市区建成投产。

8—12月　建成兴平县板桥抽水站，可灌地3.8万亩。

10月22日　第一机械工业部批准七九五厂建设计划。第二厂名西北无线电器材厂（后更名为咸阳无线电器材厂，即华星无线电器材厂）。

是年　纺织工业部在咸阳市区建成纺织机械厂。

**1959年**

1月初　陕西拖拉机配件厂在茂陵建成投产。

4月　陕西柴油机厂在兴平县建成投产。

6月1日　邮电体制下放，咸阳邮电局归咸阳市人民政府领导。

同月　在淳化县建成黑松林水库，可灌泾阳县农田8万多亩。

7月1日　西北国棉七厂在咸阳市区建成投产，时为陕西规模最大的棉纺织厂。

11月18日　咸阳石油钢管钢绳厂在咸阳市区建成投产。

12月　陕西省咸阳陶瓷厂在市区建成投产。

同月　咸阳通用机械厂在咸阳茂陵建成投产。

是年　邠县至麟游县的公路建成通车，全长75.5公里。三原县肖李村引泾过清倒洪工程竣工。

**1960年**

3月4日　核工业部在咸阳市区建成二一〇厂。

5月　在三原清峪河上游（耀县境内）建成前嘴子水库，可灌地3.6万亩。

10月1日　陕西省邮电管理局咸阳专区督察处成立。兴平、盩厔（今周至）、鄠县（今户县）、三原、泾阳、乾县、醴泉、永寿、邠县、淳化、栒邑和咸阳局划归咸阳专区邮电督察处管辖。

12月　陕西第二棉织厂由西安迁至咸阳市区。

**1961年**

5月　陕西中医学院由西安迁入市区渭阳路。

**1962年**

3月　秦代都城咸阳遗址（在长陵车站北）出土，故址内除有货币、壁画、铜铁器具和陶器外，还有一块首次发现的秦始皇统一全国度量衡的诏版。

7月1日　咸阳长途线务站成立。

同月　咸阳造纸厂在市区建成投产。

11月　咸阳市博物馆正式对外开放。它的前身是建于明代洪武年间的文庙。收藏文物1.5万件，展出4千余件，主要反映秦孝公至秦始皇完成六国统一的实物和汉代出土文物，特别是1965年出土的西汉 3 千彩绘兵马俑，威武雄壮，轰动海内外。

是年　咸阳市农业科学研究所于渭城区周陵建立。

**1963 年**

1 月 29 日　陕西省第一个现代化毛纺织企业——陕西第一毛纺织厂在市区建成投产。

3 月 22 日　中共中央政治局委员、国务院副总理兼外交部部长陈毅，由西北局第一书记刘澜涛、陕西省省长李启明陪同，到乾陵视察。

4 月 11 日　各国驻华大使来乾陵参观永泰公主墓。

6 月 1 日　茂陵霍去病墓石刻艺术陈列室正式开放，展出 16 件大型立体石刻。这是中国发现最早最完整的石刻艺术珍品。

11 月 12 日　朝鲜历史考古代表团一行 24 人来乾陵考察。

12 月　西川机械厂在武功县建成投产。

是年　三（原）栒（邑）公路建成通车，全长 80 公里。

**1964 年**

11 月　在三原建成玉皇阁水库，可灌地 7.9 万多亩。陕西纺织器材研究所于市区渭阳西路建立。

**1964 年**

中国船舶工业总公司第十二研究所建立，是中国造船行业唯一的热加工工艺研究所。

**1965 年**

10 月 1 日　咸阳制线厂建成投产。

同月　西北橡胶厂在茂陵华家寨建成投产。

12 月　华星无线电器材厂（七九五厂）在市区建成投产。

**1966 年**

8 月　陕西玻璃纤维总厂在兴平建成投产。

12 月　咸阳面粉厂建成投产。

同月　化学工业部西北橡胶工业制品研究所于市西郊建成。

**1967 年**

5 月　陕西省第二印染厂在市区建成。

7 月 1 日　西北医疗器械一厂在市区建成投产。

**1968 年**

9 月 1 日　在市东郊建成三五三〇厂。

**1969 年**

6 月　化工部第六设计院由北京迁至茂陵。

9 月 1 日　陇海铁路复线渭河大桥建成，通车咸阳。到 1988 年 12 月，复线修至宝鸡，境内陇海铁路双轨运行。

10月5日 咸阳汽车大修厂（原拖拉机大修厂）在乾县建成投产。

10月至1970年6月 修成北环公路，从三原县东的西包路起，经三原、泾阳、礼泉、乾县、武功5县，越渭河到达周至县城，全长100.8公里。

11月 陕西内燃机配件二厂在茂陵建成。

同月 在长武县建成朝阳水电站。

同月 在礼泉建成宝鸡峡原上西干二、三、四支渠和东干四、五、六支渠。可灌地32.57万亩。

12月1日 咸阳专区邮电局分设为咸阳专区电信局和咸阳专区邮政局，咸阳长途线务站并入咸阳专区电信局。

同月 机械电子工业部第二〇二研究所从包头市迁至咸阳市区。

是年 彬县建成枣渠水电站，年发电2800万度。陕西玻璃纤维厂完成科研成果：高硅氧玻璃纤维，被中央授予火箭模型纪念奖。

**1970年**

1月 商业部在长陵建成咸阳粮油机械厂。

同月 陕西第二纺织机械厂在市区建成。

同月 陕西省柴油机厂在三原建成。

同月 陕西省建筑工程机械厂在兴平县建成。

2月 郑州铁路局兴平机械厂建成。

6月15日 陕西塑料厂在市区建成投产。

6月18日 兴平化肥厂建成投产，该厂是陕西省最大的化肥综合企业。

8月 咸阳铸字机械厂由上海迁至咸阳市区。

9月 在三原清峪河上建成冯村水库，灌地3万亩。

10月 长城电工机械厂在市区窑店建成。

同月 西北医疗设备厂在三原建成。

11月 咸阳陶瓷研究设计院由北京迁至咸阳市区。

12月24日 在咸阳市区东北20公里的毕家嘴建成渭河发电厂。

12月31日 航天部在三原建成红原锻铸厂。

同月 北京轻工业学院迁至咸阳，改名为西北轻工业学院，为全国重点高等院校。

是年 兴平造纸厂（市属）建成投产。兴平油漆厂建成投产。陕西省咸阳白水泥厂在泾阳县口镇公社官道村建成。

**1971年**

7月15日 宝鸡峡引渭灌溉工程建成通水，总干渠长220公里。经宝鸡、眉县、岐山、扶风、武功、乾县、礼泉、兴平、咸阳、泾阳10个县市，灌渭北旱原农田170万亩（其中咸阳地区为143.6万亩，占84.5%）。

10月 陕西省渭原机械厂在武功建成，主要生产摩托发动机。

10月10日 淳化县史家原村村民许文芳在挖建窑洞时挖出西周大鼎，通高

122 厘米，耳高 28.6 厘米，口径 83 厘米，腹深 54 厘米，重 226 千克。

是年　陕西省石棉水泥制管厂在西兰公路沣河桥头建成。

**1972 年**

1 月　陕西第二针织厂在咸阳市茂陵建成。

同月　陕西第一纺织机械厂在茂陵建成。

3 月　陕西省机械研究所在咸阳市区毕原路建立。

同月　在泾阳建成党家堡抽水站，可灌地 11.5 万亩。

4 月 1 日　陕西内燃机配件一厂在茂陵建成。

3 月 18 日至 4 月 3 日　召开了咸阳地区科技座谈会。参加会议的有地区、科技部门、工厂、公社、大队的代表 110 多人。地委书记张逸之、省科技局领导小组组长刘抗、省农科分院、省计量局的人员到会做了重要讲话，王隆恩在座谈会上做了总结发言，要求各级都要建立健全相应的科技小组。市编制五人，各县（区）三人，地、县（市）的工业、农林、卫生、文教等部门要有一名领导分管科技工作，车间、大队、生产队都要建立三结合科研组织，厂矿公社要有一名副书记或副主任分管科技工作。

4 月 11 日　咸阳地区革委会同意并批转地区计委《关于我区科学技术机构的设置及人员编制意见的报告》。报告提出地、县两级科技行政机构设置，人员编制及科技行政管理机构的任务等意见。

7 月 1 日　咸阳市内电话人工交换机改装为 1000 门步进制自动电话交换机。

**1973 年**

3 月 13 日　成立咸阳地区农校（原仪祉农校旧址），开设农业、园林、畜牧 3 个专业。

9 月 15 日　咸阳专区电信局和咸阳专区邮政局合设成立咸阳地区邮电局。

是年　西北国棉一厂工人吴桂贤出席了中国共产党第十次全国代表大会，当选为中央委员、政治局候补委员。羊毛湾水库和灌区全部建成，灌乾县、武功、永寿 3 县农田 32 万亩，为全市最大的蓄水工程。

在三原建成陕西汽车标准件厂。

**1974 年**

1 月　在乾县建成南沟水库，可灌地 3.2 万亩。

3 月至 1975 年 11 月　在咸阳窑店公社牛羊村北原上发掘秦代咸阳宫一号遗址，面积 3100 平方米。

7 月　咸阳氮肥厂正式投产。

10 月　淳化县秦庄抽水站建成，灌地 1.5 万亩。

**1975 年**

5 月　陕西省武功氮肥厂建成投产。

9 月 20 日　咸阳无线电元件厂在乾县建成，该厂为电子工业部定点生产电容器的专业工厂。

10月13—19日　在咸阳市召开了咸阳地区技术革新、环境保护经验交流会议。

11月5日　咸阳地委转发《咸阳市委关于贯彻省沼气利用推广延川现场会议情况和意见的报告》。

是年　地区卫生学校由三原县城迁至咸阳市区毕原路。非金属矿研究所从北京迁至咸阳市区。

**1976年**

1月16日　成立地区推广沼气小分队。定编10名。工作任务是协助县、社举办技术学习班，培养技术人员；带领当地技术员检查、修理病态池子，传授技术，蹲点建池办沼气，协助树立典型。

3月26日　在兴平召开了由地区农林局、文教局、科技局主持的正交试验法经验交流会。会上请西北轻工业学院的教师做了正交试验的报告。

5月　永寿县邮电局试制成功240门准电子自动交换机，成为陕西省内第一个实现电话自动化的县城。

7月23—31日　在礼泉石潭公社召开了地区沼气工作经验交流会。

9月14日　咸阳地区科技局、农林局、粮食局共同制订了《咸阳地区1976—1980年农作物种子标准化规划》。

10月12日　地区革委会计委同意地区科技局建设科技事业中心，把计量所、科技情报所、科技电影放映队、地震工作队和科技交流总站等事业所需的住房合并建设在一起，建筑面积7000平方米，投资50万元，视国家投资情况分年安排。

**1977年**

4月13日　中共中央、国务院正式批准恢复彩色显像管成套设备和技术项目，并列为国家重点引进项目，定名为咸阳彩色显像管工程。

同月　永寿县邮电局被邮电部命名为“大庆式企业”。

7月4—9日　在咸阳市咸阳地区招待所召开了全省工业科技成果交流会。

8月24—28日　在泾阳县召开了全省沼气利用推广工作经验交流会。会上甄善亭同志做了总结发言。会议期间代表们参观了泾阳县太平公社孙家、开堡、柳村、插阳大队与燕王公社西乌四队和咸阳市大王公社北上召大队；交流了泾阳、延川等地的经验，表彰了沼气利用推广中做出优异成绩的3个公社22个大队2个生产小队。

10月27日　经地区革委会批准，成立陕西省咸阳地区革命委员会科学技术委员会（地区科协）。

11月2—4日　召开了咸阳地区科技工作会议。参加这次会议的有各县（市）主管科技工作的负责人，地区各局、各科研单位的负责人和各县（市）科技干部共60多人，听取了全国科学预备会议和省科技工作会议精神，讨论了咸阳地区科学技术发展规划。

11月23日　咸阳地区机械科技交流站召开了有关厂技术革新负责人及老师傅座谈会，地区科委负责同志参加了会议并讲了话。参加会议的同志总结了交流站以往的工作，并决定于1978年1月在地区召开群众性的“工业学大庆”先进刀具表演大会。

**1978 年**

2月28日至3月1日　由咸阳地区科学技术委员会、咸阳市科技局、咸阳地区机械加工技术交流队组办了全区“工业学大庆”先进刀具表演大会。参加表演的有17个单位的51位革新能手，表演54个项目。除本地区的各县代表外，还有西安、宝鸡、铜川、渭南、汉中5个兄弟地市也派代表出席参观，观众达4000多人。

5月15—19日　召开咸阳地区科学大会，表彰奖励了68个先进集体，95名先进工作者和235项优秀成果奖。同时，地区科协在大会上宣布成立，首届委员会由28人组成。主席、副主席分别由曾广寿、王远、张有良、陈克刚担任。

7月1日　咸阳地区邮电局纵横制2000门自动电话开通，原1000门步进制设备调出。

7月11—12日　召开了地直单位科技人员普查工作会议。

是年　中共陕西省委批准成立武功农业科学研究中心协调委员会。西北农大赵洪璋等先后育成“碧玛一号”“6028”“丰产三号”“矮丰三号”等小麦新品种。“碧玛一号”获全国科技大会奖。

**1979 年**

1—6月底　地区人事局和地区科委联合开展全区自然科学技术人员基本情况普查。全区登记科技人员14385人，其中从事科技工作的11983人。

4月29日　中国咸阳彩色显像管工程正式破土动工。

12月　咸阳至西安60路载波电路开通。

**1980 年**

1月8日　咸阳市常委会研究通过《咸阳地区科学技术成果试行奖励办法》。

1月14日　根据陕西省革命委员会1979年11月10日颁发的《关于国家行政机关和企业、事业单位印章的通知》，咸阳地区科学技术委员会新印章正式启用。

3月31日至4月3日　召开了咸阳地区科技工作会议，传达了省科技工作会议精神，安排本区1980年科技工作任务，奖励科技成果32项。其中一等奖1项、二等奖7项、三等奖15项、四等奖10项。

5月21日　咸阳陶瓷厂收到中共中央、国务院、中央军委的贺电，该厂科研成果：特种氧化铝陶瓷，为发射运载火箭成功作出了贡献。

11月　咸阳至西安试验开通意大利MH10－PEM120路载波设备。

**1981 年**

1月13日　咸阳地区成立科技人员

技术职称评定委员会。

3月21日 省委、省政府决定，把武功县列为全省农业现代化综合科学实验试点，工作由武功农业科学研究中心牵头负责。

7月 国家林业部“三北”（东北、华北、西北）局在淳化县召开黄土高原控制水土流失现场会，授予长武县、淳化县“黄土高原造林绿化先进县”称号。

同月 永寿县农科所编著的《油菜大面积高产技术》一书获国家农业委员会一等奖。

10月11日 中国第一只彩色显像管在咸阳陕西彩色显像管总厂（彩虹集团公司前身）诞生。

11月 英国农业部土壤保持局官员郑尼长等一行6人，对淳化县水土流失和泥沙控制工作进行考察。

**1982 年**

1月 咸阳地区行政公署奖励科技成果15项。其中一等奖1项、二等奖5项、三等奖6项、四等奖3项。

2月 咸阳地区行政公署召开了各县市技术职称评定委员会主任、科委主任、各有关委、办、局负责同志和中级科技人员代表会议，为全区自然科学方面的426名中级科技人员颁发证书。

3月5日 咸阳地区泡桐推广工作获陕西省农业委员会1979—1981年农业科技推广一等奖。

3月31日 根据省委（1981）84号文件精神，经地委研究原则同意地区科委党组关于改变地区科协领导关系问题的请示报告，将地区科协从地区科委中正式分出来，单独设立，归地委领导，科协党组的日常工作由地委宣传部管理。从4月15日起与科委正式分开办公。

7月 咸阳地区报务组、长武县邮政组出席全国邮电系统TQC代表会议。

10月12日 日本东京大学名誉教授、农学博士岭一三在北京林学院教授于政中陪同下，到淳化县林科所考察塑料大棚容器育苗和引种试验。

10月16日 中共中央、国务院、中央军委给西北橡胶厂发来贺电，对该厂参加运载火箭的研制工作表示祝贺。

是年 华星无线电器材厂研制成功的推拉开关电位器，填补了国家空白，年产量达42万只。

**1983 年**

10月5—9日 在咸阳彩虹宾馆，由中国科学院和农牧渔业部联合召开了全国蚯蚓养殖和综合利用经验交流、学术讨论会。

**1984 年**

6月1日 地区科委改为咸阳市科学技术委员会。

12月 礼泉县袁家村办起了全省第一个村办自动电话交换站，装设30门纵横制自动电话交换机1部。

**1985 年**

2月1日 咸阳市科委开始办理专业

技术干部农村家属户口迁移工作，截至1989年年底全市共迁转科技人员、中小学教师家属农转非2835户，迁转人口9656人。

同月　市科委筹办了陕西省杨陵农村科技市场洽谈会。

3月5日　咸阳市邮电局纵横制4000门自动电话扩容工程竣工。

是年　西北植物研究所李振声等用远缘杂交育种培育的“小偃六号”小麦良种，在全国10省（区）推广面积达5000万亩，获国家发明一等奖，1988年获首届陈嘉庚农业奖。

**1986年**

1月11日　经市委、市政府决定，成立咸阳市职称评定工作领导小组。领导小组下设办公室，由吕存祥兼任办公室主任，姜安宁任办公室副主任。

2月1日　经电子工业部和陕西省人民政府商议，正式将国营华星无线电器材厂下放由陕西省管理。

3月29日　中央绿化委员会授予长武县“全国绿化先进县”称号。

同日　国家计划生育委员会授予长武县人民政府和洪家乡人民政府“全国计划生育先进集体”称号。

5月　咸阳市政府决定成立咸阳市“星火计划”领导小组。

9月　三原县白鹿公司与西北农业大学联合进行的奶牛胚胎移植项目取得成功，填补了中国遗传工程中的一项空白，达到了世界先进水平，被评为陕西省1986年十大新闻之一。

12月23日　根据咸阳市政府颁布的《咸阳市科学技术进步奖励办法》要求，设立了咸阳市科学技术进步奖评审委员会，负责市级科学技术进步奖项目的评审和申报省级科学技术进步项目的初审。下设工业、农业、卫生、综合四个行业评审组。

**1987年**

4月28日　建立咸阳市科技成果公报制度。公报所公告的成果，均经过鉴定、验收、审定并上报登记，具有一定研究水平。

5月9日　首次咸阳市科学技术进步奖项目，经市科学技术进步奖评审委员会讨论通过，市人民政府批准，获奖项目共31项。其中：一等奖1项、二等奖6项、三等奖6项、四等奖17项。

8月26日　咸阳市政府发出关于《促进专业技术人员合理流动》的通知。

9月　《一组单向可控硅无触点开关》《微弧形阶梯式环锭纺纱绽带》《自动隔断液体压力传递减压阀》《支流隔膜龙头》《加工食疗彩蛋的药料液浸泡方法》5项科技发明参加了在长春举办的全国发明展览会展出。

12月15日　国家计委正式批准彩虹二期工程开工建设。

**1988年**

3月1日　咸阳市第一个民办科研机构——秦城农村科技开发研究所成立，

实行自主经营、独立核算、自负盈亏。

3月9日 咸阳市人民政府发出《关于进一步发展烤烟生产的决定》。《决定》要求，发展烤烟生产必须加强基地建设；推广生产技术；从物资和资金上给予扶持；实行烤烟税返还和灾害保险。

4月20日 咸阳市邮电局（72）线长途全自动电话开通。

7月24日 罗洪溪、华德钊、赵仲英三名同志被推荐为咸阳市有突出贡献的中青年专家。

8月 旬邑医院外科主任杨汉民《两组三胞胎的综合研究》论文，被第十六届国际遗传学大会所接受，应邀参加本届大会进行学术交流。

12月13日 举办了首届咸阳市技术人才交流交易会。

同月 陕西省“科技兴陕”工作会议在咸阳市召开。陕西省委书记张勃兴、陕西省省长侯宗宾在会议上做了发言。同时省人民政府对在经济建设中做出了突出贡献的科技工作者李立科等12名同志授予省劳动模范称号。

是年 咸阳市科学技术情报研究所受市科委委托，在海南举办了“咸阳市科技成果、工业产品海南交易会”。成交额达203万元。咸阳市技术市场成立。

中共咸阳市委组织部会同市科委、科协和劳人局分别制定了《关于搞活科技人员政策的若干规定》《关于搞活市、县科技群众团体的暂行规定》。

**1989 年**

1月8日 礼泉县赵镇邮电支局60门自动电话开通，为全市第一个由磁石改自动电话交换机的农村邮电分支机构。

1月11日 加拿大北方电信有限公司副总裁、高级顾问赵浩生来咸阳考察市邮电局。

2月2日 市政府召开常务会议讨论市邮电局引进万门程控自动电话工程问题，决定成立咸阳市通信建设领导小组。

3月13日 市通信建设领导小组办公室成立。

4月12日 彩虹电子集团公司成立。

9月7—9日 市政府召开科技兴咸工作会议，安排布置科技兴咸五年规划，拟订科技兴咸计划项目207项，向咸阳纺织机械厂等15个科技先进集体、罗洪溪等17个科技先进工作者颁发了奖状和奖品。

10月30日 陕西省计划委员会正式批准咸阳市邮电局引进加拿大程控交换机10000门，长话540路端，并将市话网的分布按中心局（容量7000门）、西郊分局（容量2000门）、东郊分局（容量1000门）建设工程总投资控制在1700万元以内。

是年 咸阳市科学技术进步奖（包括星火奖），在咸阳市专业评审委员会和综合评审委员会评审的基础上，经咸阳市政府审查正式通过。共评出科技进步奖32项。其中一等奖2项、二等奖6项、三等奖10项、四等奖14项。

市邮电局和西北轻工业学院自动控制研究所共同研制的《电报挂号处理系统》在咸通过鉴定。该系统采用微型计算机技术，具有完成电报挂号和业务管理的双重功能。

**1990 年**

4 月 27 日 市委、市政府与长庆油田勘探局签订协议书，商定在市区师家营建设“咸阳市长庆石油助剂厂”。原料由勘探局提供，资金由长庆石油勘探局和咸阳市共同筹措，于 1992 年 12 月建成投产。

9 月 咸阳涤纶纤维厂建成投产，总投资 4300 万元，设计年产涤纶纤维 7500 吨。

12 月 25 日 西北最大的面粉厂在市区建成投产，总投资 1800 万元，年产面粉 8 万吨。

**1991 年**

1 月 14 日 市区东风路立交桥建成，举行通车典礼。

1 月 27 日 “八六七 - Ⅱ期工程”长征二号捆绑火箭试验发射成功，机械电子工业部表彰华星厂在“八六七 - Ⅱ期工程”中做出的突出贡献，评为先进集体。

5 月 9—12 日 全国地级市科技兴市战略研讨会在咸阳举行。

5 月 19 日 咸阳市万门程控电话交换机正式开通使用。全市电话号码由原来的 4 位数升为 6 位数。

9 月 29 日 咸阳新火车站落成。

12 月 7 日 咸阳偏转线圈厂正式竣工验收。

**1992 年**

4 月 1 日 咸阳市第一家无线寻呼台（126 台）建成投入运营。

12 月初 咸阳市首次组织了一批轻工、电子、轻纺、针织产品、食品等，在莫斯科展销，与独联体的钢材、化肥、大型机械进行易货贸易。

12 月 11 日 咸阳渭河二号公路大桥工程开工。

**1993 年**

3 月 市区街头始设电话亭。

5 月初 中国咸阳保健品厂厂长来辉武和咸阳压缩机厂厂长张广仁获“五一劳动奖章”。

5 月 7 日 在陕西省第三届技术成果交易洽谈会上，咸阳市总成交额 4992 万元，位居全省各地市前列。

6 月 11 日 中共中央总书记、国家主席、中央军委主席江泽民来彩虹集团公司视察，并为公司写下了“深化改革，转换机制，努力发展彩管工业”的题词。

7 月 15 日 在北京人民大会堂召开首届咸阳医药保健节新闻发布会。

8 月 28 日 首届中国咸阳国际医药保健节在咸阳隆重开幕。

11 月 1 日 长武县 1000 门程控电话开通，标志着全市电话实现了自动化，终结了“摇把子”的历史。

**1994 年**

4 月 13 日 彩虹电子集团公司荣获

全国企业管理最高荣誉——全国优秀企业“金马奖”。

5月28日 咸阳市在全省范围内率先实现全市联网。

6月 西（安）—兰（州）—乌（兰巴托）光缆咸（阳）—杨（凌）段光缆开通。

12月 西（安）—兰（州）—乌（兰巴托）光缆咸阳段及咸（阳）—泾（阳）—三（原）、咸（阳）—彬（县）—长（武）光缆开通。

8月20日 旬邑县1000门程控电话开通，全市市话交换全部实现程控化。

8月中旬 市委书记李锦江率咸阳市友好代表团，对美国明尼苏达州的罗切斯特市进行访问并与之签订了建立友好城市的协议。

12月13日 白俄罗斯共和国最高苏维埃访华团一行40人，参观访问三原县东周村。

**1995年**

1月19—22日 中共中央政治局常委、中央书记处书记胡锦涛来咸阳视察。

8月18日 国家科委、国家技术监督局及省市领导出席中国第一条硫化自动生产线暨咸阳金属表面实业公司精焊工艺庆典。

12月19日 咸阳市举行西北地区最大的公路斜拉桥——咸阳渭城桥通车典礼。

12月26日 咸阳市开通GSM数字移动电话。

**1996年**

1月1日 彩虹电子集团公司正式更名为彩虹集团公司。

2月 彬（县）—旬（邑）、三（原）—淳（化）光缆开通，全市长途传输实现光缆数字化。

5月10日 咸阳市开通公用数据交换网。

6月14日 北周武德皇后“天元皇太后玺”在咸阳发现。经专家鉴定，这枚重800克的金印为中国目前发现最早的皇太后金印。

同月 彩虹集团“高清晰度彩色电视显像管的研制”项目获国家“八五”科技攻关重大科技成果奖。

12月25日 中国公用计算机互联网在咸阳开通。

**1997年**

7月 彩虹集团公司被国家科技奖评委会授予国家科学技术进步奖。

8月8日 29型偏转线圈在咸阳偏转集团研制成功，填补了中国大屏幕偏转线圈的空白。

11月18日 陕西彩色显像管总厂生产出中国首批40厘米显像管。

12月2日，咸阳偏转集团公司所属的偏转发展有限公司投资3.4亿日元，在日本长野市注册成立日本奥达株式会社，兼并日本竹下金属机械厂。

**1998年**

8月2日 陕西康佳电子有限公司在

咸阳正式成立。

9月7日 实现邮、电分营。根据《关于咸阳市邮电分营实施方案的批复》（陕邮局字［1998］第452号），撤销咸阳市邮电局，成立咸阳市邮政局和咸阳市电信局。

9月16日 亚热带地区水土保持协作网络ASOCON研讨会暨第十届协调小组会议代表团前往长武县洪家乡王东沟流域等地考察。代表团由来自印度尼西亚、菲律宾、几内亚、越南、老挝、泰国、澳大利亚、美国、马来西亚和中国10个国家的水土保持专家组成。

10月1日 实现寻呼剥离，咸阳无线寻呼业务从电信网络剥离。

**1999年**

6月24日 根据《关于“咸阳市电信局移动通信分离结果的报告”的批复》（陕管局字［1999］第192号）将移动通信业务从咸阳电信局分离出去，另行组建咸阳市移动通信分公司。

7月31日 咸阳移动通信分公司正式成立。

8月19日 中国联合通信有限公司咸阳分公司正式成立，正式开通GSM数字移动电话。

11月 华星厂产品参加中国第一艘航天载人飞船——“神舟”号的第一次飞行试验，圆满完成任务，受到中国载人航天工程办公室的表彰。

**2000年**

8月22日 中国电信集团陕西省电信公司咸阳市分公司正式挂牌成立。

9月15日 彩虹集团新改造成功的64厘米纯平彩管生产线顺利生产出第一只合格的彩虹牌64厘米纯平彩管。

8月31日 中共咸阳市委、咸阳市人民政府印发《关于吸引优秀人才来咸阳工作的优惠政策》的通知。

10月11—12日 第四届国际酒文化学术研讨会在咸阳召开，来自日本、美国及中国的专家就酿酒工业的新技术、新工艺进行探讨。

12月17日 市政府印发《关于退耕还林（草）工作实施办法》的通知。

同月 咸阳联通开通“10010”投诉、咨询热线，24小时受理业务。

**2001年**

1月10日 全国妇联“三下乡”活动——新世纪农村妇女科技大集启动仪式在三原县陵前镇举行。全国妇联副主席田淑兰及省市有关领导出席。

4月11日 咸阳市科技局组织参加了“中国东西部合作与投资贸易洽谈会”。

4月30日 世纪大道工程开工建设。工程全长8.1公里，红线宽度80米，沥青混凝土路面，总投资2.32亿元。

5月22日 华星压敏电阻器厂MYM1型压敏模块通过部级军品科研成果鉴定，认为该产品填补国内空白，处于国内领先水平。

同月 香菊胶囊、粉末冶金配流盘定子等18个科技产品获得国家级重点新产品称号，另外还有大功率水冷电阻器、引弧棉、碎焊丝等一大批具有国内先进水平的科技成果问世。

6月　咸阳市政府成立了咸阳市电子政务建设领导小组及其办公室，负责全市电子政务建设工作。

8月28—30日　咸阳市科技局组织参加了“第二届产学研合作洽谈会”。

同月　可充锂电池项目在咸阳试生产成功。

10月19日　科技局组织参加了“中国咸阳农业产业化经营项目招商引资洽谈会”。

11月　咸阳市电子政务一期工程完成，咸阳政务公众信息网开通。

是年　宽筘幅喷气织机、钻机气控制动刹车系统等26个工业科技项目，分别被列入国家火炬计划、国家科技型中小企业创新基金计划，陕西省火炬计划及省重大科技产业化计划，10个农业科技项目被列入陕西省星火计划及科研计划。咸阳市政府决定启动实施咸阳市数字化建设工程。

**2002年**

8月6—8日　由国家外国专家局主办的全国南非布尔山羊繁育推广技术培训班在咸阳举办。有190名来自全国各地的学员参加培训。

11月13日　咸阳市第二人民医院举行成功施行首例肝脏移植手术新闻发布会。

**2003年**

1月3日　咸阳电信分公司与彩虹集团社区宽带网电信服务合同签字仪式在彩虹宾馆举行。项目包括6000线的宽带网建设，总投资500万元，是陕西省当前最大的宽带项目。

1月6日　咸阳市政府与山东兖矿集团在秦宝宾馆签订经济开发与合作协议。山东兖矿集团计划用10年时间投资400亿元，与咸阳市合作开发建设彬长旬经济开发区。

1月19日　咸阳市人民政府、长武县人民政府与山东淄矿集团彬长矿区一期工程合作开发签字仪式在秦宝宾馆举行。一期工程总投资65亿元，分别建设装机容量为2×60万千瓦的马屋电厂、建设库容为3.03亿立方米的黑河亭口水库、建设年生产能力为400万吨的孟村矿井及甲醇装置。同时，适时投资，积极参与运煤公路、西平铁路和有关矿井的建设，实现长武县煤、电、路、化、水的综合开发。

1月21日　陕西省委宣传部、省文明办、省科技厅等12个部门联合在淳化举行2003年文化、科技、卫生“三下乡”示范活动启动仪式。

同月　海天制药、亚华电子、北方科技、绿世纪等科技企业被评为省级优秀民营科技企业。

2月12日　咸阳保健科学研究所所长曹赫扬研制的抗艾滋病新药——免疫力素，经国家药品监督管理局批准，正式成为临床用药。这也是中国首批用于临床的抗艾滋病药物之一。

2月16日 咸阳渭河三号大桥合资建设合同在秦宝宾馆签订。大桥位于市区西部，距渭河一号大桥约3公里，北与咸阳高新技术开发区长虹路、中华路相接，南至世纪大道西延段，全长1825米，桥面总宽度28米，设计通行能力为35000辆/日，总投资为1.2亿元。

2月26日 咸阳·杨陵农业产业一体化合作协议签字仪式暨项目推介会在杨陵国际会展中心举行。项目推介会推荐合作项目154个，签约项目40个，签约资金2.6亿元。

3月11日 由省妇联、省“妈妈环保”活动组委会、省“妈妈环保”志愿者协会以及咸阳市妇联共同举办的“妈妈环保——建设21世纪绿色家园”百万家庭义务植树绿染三秦活动在泾阳县龙泉乡麦秸沟生态综合治理示范区举行。

3月19日 咸阳市西区供热利用芬兰政府贷款360万欧元签约仪式在北京举行。

3月22日 咸阳市委、市政府在渭河一号桥南岸隆重举行纪念“世界水日”暨“咸阳湖”工程建设义务劳动动员大会，咸阳市“两河一区”规划建设及“咸阳湖”工程建设正式拉开序幕。

3月25—27日 陕西省、咸阳市“科技之春”组委会在市体育馆联手举办陕西省环境保护和生态建设教育展览暨咸阳市“保护生态环境、建设绿色咸阳”宣传活动。

3月27日 陕西高校与咸阳市实施“一线两带”建设项目对接及科研产业工作会在咸阳召开。

同日 咸阳机电科技企业孵化器在省机械院成立，成为咸阳市第一个专业性科技企业孵化器，在孵企业30多家。

3月28日 浙江声威建材（泾阳）有限公司在泾阳县蒋路乡水磨村开工建设。一期工程投资2.2亿元，预计2004年年初建成点火投产，日产熟料可达2500吨，年产高标号水泥100万吨。二期工程计划投资3.8亿元，日产熟料5000吨，年产高标号水泥200万吨。

3月29日 广东新晟环保有限公司以BOT方式投资建设、经营咸阳市东郊污水处理厂项目合同签字仪式在秦宝宾馆举行。项目建设规模为日处理城市污水20万吨。

4月9日 全市防治非典型肺炎工作会议召开。

4月22日 咸阳市召开非典型肺炎预防控制工作会议。会议要求要冷静应对，果断处理，坚决防止疫情传播蔓延。

4月24日 经陕西省预防与控制传染性非典型肺炎专家组确诊，咸阳市出现“非典”病例1例。

同月 “数字咸阳”工程项目被建设部正式批准立项。

5月8日 咸阳市人民政府发出《关于进一步加强传染性非典型肺炎防治工作的通告》。

6月3日 咸阳市东郊污水处理厂举行开工典礼。

6月10日　香港华润轻纺集团投资控股陕西天王兴业集团公司、全资收购陕西华昌印染服装有限公司协议签订。

6月12—17日　中共中央政治局委员、国务院副总理回良玉在陕西调研期间，到乾县陕西海升果业发展股份公司考察。

6月19日　咸阳市“防非”工作领导小组发布通告，通告明确咸阳市“防非”疫情缓解，在继续做好公共娱乐场所“防非”工作的同时，恢复群众正常的文化生活。

同月　市生产力促进中心通过ISO9000质量认证，是咸阳市科技中介服务机构第一家通过质量认证的单位。

7月3日　关中“一线两带”建设第三次市长联席会议在咸阳市财苑大厦召开。

7月13日　咸阳市数字化建设项目被列为国家数字城市示范项目，定名为“数字咸阳”。

7月20日　咸阳市“两河一区”建设工程安居小区在陈杨寨段家堡正式奠基动工。总投资4亿多元，可安置3400余户拆迁居民。

7月25日　咸阳市礼泉县政府与来自英国、深圳、广东、北京及省内的13位企业客商在咸阳签订合同，涉及羊毛绒深加工、高精尖药品开发、环保水泥技改等14个项目，合同金额4.75亿元。

8月1日　彬县大佛寺煤矿、县城公刘街中段基础设施建设、彬麟三级公路改建、彬县水帘多功能加油城四项重点工程同时奠基开工。

8月28日　陕西关中公路环线咸阳段礼泉至阎良段改建工程开工典礼在三原举行。

9月　咸阳市委办、咸阳市人民政府办制定下发了《关于我市电子政务建设的实施意见》，市政府办下发《数字化咸阳实施意见》。

9月11日　迎宾大道工程开工典礼举行。工程南起毕原路，北至西安咸阳国际机场，全长7800米，红线宽50米，计划总投资1.3亿元。

9月9—11日　咸阳市被列入国家优质小麦生产基地，总投资4500万元。

9月12—14日　世界银行官员、畜牧和园艺专家沃勒斯、世行中央项目办主任何清照一行4人来淳化县和旬邑县检查黄土高原水土保持二期世行贷款项目进展情况。

9月15日　礼泉县人民政府、北京汇源集团合作项目签约仪式在财苑大厦举行，涉及金额3亿元。项目引进世界先进的PET冷藏罐装生产线，主要生产果蔬汁饮料、奶制品以及纯净水等系列食品。

9月18日　西安咸阳国际机场新航站楼正式启用。新航站楼建筑面积8万平方米。机场的登机桥由原来的6部增至15部，停机位由原来的15个增至32个，年旅客吞吐量1000万人次、货邮吞吐量1.3万吨，飞机起降10万架次。

同日　全国棉纺织行业细纱操作工职业技能比赛在西北二棉举行。

同日 陕西科技大学皮革化学工程等3个学科被国务院学位委员会批准为博士授予点，彩虹集团等4户企业被人事部确定为咸阳市首批企业博士后科研工作站。

同月 咸阳市科技公关项目“秦优9号”油菜杂交种通过国家审定，其主要育种指标国内领先。复方沙棘籽油栓等17项优秀科技成果获得省科技进步奖。

10月27日 市政府与香港国中控股有限公司引石过渭供水工程净水厂特许经营权合同签字仪式在秦宝宾馆举行。

11月5—9日 咸阳市组团参加第十届中国杨陵农业高新科技成果博览会，共签约项目179个，涉及金额27.6亿元。有6种产品获“后稷金像奖”。

11月15日 由昌鑫钢铁制品有限公司、龙门钢铁集团等企业投资的三原县150万吨钢铁及制品生产基地建设正式启动。

11月18日 世纪西路开工建设。世纪西路东接世纪大道，西连渭河三号桥，是沣河新区东西向主干道之一，也是世纪大道向西的延伸。全长2618米，规划红线80米，总投资5498.2万元。

11月18—20日 全国中小城市基础地理信息系统建设演示交流会在咸阳召开。

11月21日 咸阳威力克能源有限公司、深圳康佳能源科技有限公司、香港客香村饭店有限公司共同签订咸阳威力克能源有限公司合资合同，投资总额1.26亿元。

同月 泾阳县被国家引智办确定为荷斯坦奶牛引智成果示范推广基地。永寿布尔山羊胚胎移植技术实现一次冲胚超过50枚，突破了国内单只产胚42枚的纪录。

12月1—5日 咸阳市经贸代表团应香港贸易发展局的邀请，专程访问了香港有关部门和机构，为咸阳市在香港地区的招商引资奠定了一定的基础。

**2004年**

1月5日 咸阳市2004年科技、文化、卫生、法律“四下乡”活动在乾县梁山乡启动。咸阳市“引石过渭”供水工程输水设施建设运营合同签订。

1月9日 沣河咸阳段综合治理工程可行性研究报告通过初审。

1月15日 彩虹集团公司超大屏幕彩管生产线扩建项目在彩虹彩色显像管总厂开工。

2月3日 咸阳市委、市人民政府决定，命名表彰咸阳市第六批有突出贡献专家43人。

2月4日 咸阳市高致病性禽流感防治工作紧急会议召开，会议要求坚决打赢防治高致病性禽流感的阻击战。

2月8日 咸阳市沣河综合治理工程开工。工程预计总投资9800万元。

2月14日 渭河咸阳城区段综合治理工程建设项目审查会在河南郑州召开，项目通过黄河水利委员会审批。

2月26日 咸阳市第四届人大常委会召开第三十一次会议，会议决定实施渭河和沣河咸阳城区段综合治理。

2月28日　咸阳湖建设工程开工典礼举行。

3月2日　“中国教育和科研计算机网（CERNET）咸阳城市节点”成立，这是西部地区首个城市节点。

3月6日，泾阳声威建材有限公司一期工程建成点火投产。一期工程投资2.2亿元，可达到日产2500吨水泥熟料生产能力。

同月　咸阳市提出建设西部科技强市的战略目标。

4月18日　陕西长庆专用车制造有限公司揭牌仪式暨专用车生产基地奠基仪式在清华科技园咸阳园区举行。

4月19日　咸阳市国家优质小麦生产基地建设项目开工仪式在羊毛湾水库灌区举行。总投资4500万元。

4月23—28日　在召开的市第四次党代会上，市委书记宋洪武在工作报告中明确提出建设西部科技强市工作意见。

同月　“隆玉5号”玉米新品种通过省级审定，秦优九号油菜、长武134小麦育种等科技成果达到国内先进水平，同意在关中地区大面积推广。

6月17日　全国农技推广先进工作者、陕西省著名农业专家、长武县植保植检站站长、高级农艺师巨粉娥因公殉职。

6月28日　咸阳联通CDMA移动通信网三期工程建成。工程投资2.5亿元，网络全面覆盖了市、县、乡和90%以上的行政村，全面覆盖了公路、铁路沿线和旅游景点，网络城区覆盖率接近100%，乡镇覆盖率超过98%。

7月　召开了“数字城市发展与信息技术应用报告会”和“城市地理信息技术应用研讨会”，初步建立了咸阳市城市地理信息系统数据库。

同月　市生产力促进中心被科技部评为国家级示范生产力中心。三原县、泾阳县等县区和机械建材等行业相继建立了13家生产力促进中心，建成科技企业孵化器（基地）9家。

同月　关中星火产业密集区咸阳段建设规划和实施方案通过省级验收，旬邑县、永寿县、武功县被命名为省中药现代化科技行动示范县，兴平市被命名为示范园区。

8月20日　陕西玻璃厂与山东蓝星集团威海蓝星玻璃股份有限公司合作协议签约仪式在陕西省政府综合楼举行。协议计划总投资2.7亿元，建设2条浮法在线镀膜玻璃生产线。

9月19日　渭河三号大桥暨世纪西路、玉泉西路和咸通路立交桥通车典礼隆重举行。

10月1日　渭河咸阳城区段综合治理主体工程开工。

10月13日　长武县四大重点工程（即亭南煤矿、长宁公路、陕西长润通达果汁有限公司长武分公司果汁生产线、陕西雍和牧业责任公司投建的千亩奶源基地）竣工投产。

10月25日　咸阳·杨陵农业产业一体化双方领导联席会议在秦宝宾馆举行。会议全面回顾了工作进展情况，审议通过了《咸阳市·杨陵区农业产业一体化2004—2008年计划》，签署了《备忘录》，签订了涉及总资金5.55亿元的15个科技推广示范和农业产业化项目。

10月28日　市长张立勇与法国勒芒市市长布拉尔签订了《中国咸阳·法国勒芒友好城市合作交流备忘录》。

10月29日17时30分　渭河成功完成导截流。

同月　娃哈哈集团在三原县投资2000万美元建设热罐饮品生产线。

11月5日　在信息产业部信息化推进司组织的2004年全国地方电子政务应用调查总结大会上，咸阳市荣获地市电子政务应用调查综合奖，秦都区、渭城区、彬县、泾阳县分别荣获综合奖、建设奖、应用奖、服务奖。

11月5—9日　第十一届中国杨陵农业高新技术成果博览会召开。咸阳市共签约项目182个，涉及金额29.6亿元。

11月7日　西部省际公路银（川）武（汉）线陕甘界至咸阳高速公路开工。项目线路全长164.1公里，为全封闭、全立交、双向四车道高速公路。

12月　兴平市、泾阳县、三原县、乾县被确定为全市首批制造业信息化示范区域。

**2005年**

1月6—7日　陕西省代省长陈德铭来咸就彬长煤田开发建设问题进行专题调研。

1月16日　陕西省山川集团在武功县举行万头良种秦川牛繁育中心奠基仪式。该项目被列为国家“863计划智能农业示范点”“国家农业科技跨越计划项目试验示范基地”“黄委会肉牛科学应用开发研究所试验示范基地”。

2月18日　《咸阳科技》正式创刊发行，咸阳科技信息网更新改版。

3月1日　咸阳市人民政府令《咸阳市科学技术奖励办法》经市政府第九次常务会议审议通过，自2005年4月1日施行。

3月24日　陕西省科协日本优质苹果示范园在淳化揭牌。

4月30日　咸阳市申报国家显示器件产业园获国家信息产业部批准。产业园由咸阳高新技术产业开发区进行建设与管理。

同月　新的“科学技术奖励办法”颁布，首次设立市最高科技成就奖，最高奖金10万元。

5月11日　咸阳市国家级显示器件产业基地开始建设。

同日　信息产业部发出《关于同意北京经济技术开发区等31个城市和地区为首批国家电子信息产业园的决定》，确定咸阳市为国家显示器件产业园。

5月17日　投资50万元的中国咸阳门户网站全面升级改版项目招标，北京方正数码有限公司中标。

5月18日　冰岛共和国雷克雅未克能源公司、冰岛银行和咸阳市城市建设投资公司、陕西中地能源公司就咸阳市地热合作协议签字，首期工程双方共投资2亿元，冰岛方占70%的股份。正在中国访问的冰岛共和国总统格雷姆松参加了签字仪式。

7月6日　咸阳湖试蓄水成功。

8月15日　秦都区政府与台湾玻璃工业公司玻璃生产项目签约仪式举行。项目首批投资5000万美元，年产量18万箱。

8月24日　咸阳市与西北农林科技大学、杨陵职业技术学院“市校（院）合作”协议签字仪式暨项目推介会在杨陵举行。分别签署了《咸阳市与西北农林科技大学开展农业产业一体化合作协议书》《咸阳市与杨陵职业技术学院开展农业产业一体化合作协议书》。共签约项目25个，总投资4.48亿元。

9月　“长旱58”旱地小麦、“池丰一号”双低油菜通过国家农作物新品种审定，获得农业部科技成果产业化专项资金支持；生物柴油、α－环糊精、黄姜综合利用工艺研究开发、高性能弧面凸轮换刀系统、黄豆苷元合成工艺等一批工业科技成果达到国内领先水平，填补国内空白。

10月1日　咸阳教育电视台节目有线传输和咸阳教育信息网开通。

11月5日　咸阳市组团参加第十二届杨陵农业高新科技成果博览会。

11月17日　咸阳市承担的“十五”国家重点科技攻关计划项目“制造业信息化关键技术及应用工程”通过科技部验收。

12月1日　旬邑县发现三枚恐龙脚印化石，距今约有1亿3000多万年历史。

12月15日　市委书记张立勇检查地热资源开发利用工作，要求加快创建“中国第一地热城”和国家级地热资源开发示范区。

**2006年**

1月1日　咸阳市政府门户网站（www. xianyang. gov. cn）升级改版并试运行。

1月9日　二〇三研究所科技成果《土哈盆地西南缘地浸砂岩铀矿勘查研究及区域资源评价》获国家科技进步二等奖，并在全国科技大会上受表彰。

1月11日　全市首次信息基础设施建设工作联席会议召开。

1月11—24日　国土资源部、中国矿业联合会专家考察组对咸阳市申报命名“中国地热城”实际情况进行现场考察评估，认为咸阳市具备命名“中国地热城”条件。

2月18日　咸阳市通过“中国地热城”评审。

2月27日　咸阳市被中矿联命名为全国首家“中国地热城”。

2月22日　全市互联网管理工作座谈会召开。

3月20日至4月10日　咸阳市举办第十四届“科技之春”宣传月活动，主题是“普及科学，和谐发展”。

3月25日　咸阳市委、市政府出台《关于加快建设工业强市的决定》。

3月31日　中国第一座现代化地下

遗址博物馆“汉阳陵外葬坑保护展示厅”正式对外开放。

4月 陕西红星软香酥食品有限公司和咸阳富安果汁有限公司分别获得农业部粮食加工示范企业和果品加工示范企业称号，三原县农产品综合加工基地、兴平市金阳农产品综合加工示范基地和咸阳市渭北苹果加工业示范基地被评为全国农产品加工业示范基地。

5月17日 咸阳市10万家庭上网活动启动。

5月20日 咸阳市最大的城市环保基础设施项目东郊污水处理厂竣工投运。

5月29日 咸阳市政府办公室下发《关于加快推动我市电子商务发展的意见》。

6月2日 咸阳市政府办公室印发《咸阳市网络与信息安全突发事件应急预案》。

7月9日 咸阳偏转股份有限公司在青岛举行的首届中国电子行业品牌万里行揭幕仪式暨首届中国电子企业品牌价值发布会上，以44.33亿元的品牌价值位列电子元件企业第6位。

7月11日 陕西蓝星玻璃有限公司浮法在线镀膜玻璃生产线和咸阳市天然气化工有限公司10万吨石油添加剂项目开工建设。

8月2日 彩虹集团与秦都区举行彩虹集团液晶玻璃基板项目签约仪式，项目一期工程投资6.88亿元。

8月13日 由陕西中化能源有限公司投资建设的彬长矿区100万吨二甲醚项目签约，项目总投资约60亿元。

8月15日 西咸电话并网启动仪式暨经济一体化领导联席会议召开，会上签署了《西安·咸阳产业合作战略框架协议》。16日零时36分，咸阳电话并入西安网，区号029，原7位电话号码前加3，升8位。

8月28日 咸阳市有线电视数字化整体转换工作全面启动。

同月 咸阳市获得中国电子政务应用示范奖。

9月 咸阳市启动实施“农村人才振兴计划”和“科技入户示范工程”。

9月16—20日 在河北省北戴河举办的中国电子政务高峰论坛会上，咸阳市获得电子政务政府上网工程应用示范奖。

同月 10千瓦锥面顶负荷中波天线等一批科技成果喜获应用。

10月9日 咸阳市农村数字化电影在泾阳县安吴堡开演。

10月23日 国家“863”科技攻关项目——“纳米碳酸钙”在咸阳市实现产业化。项目一期工程投资9亿元，产量10万吨，年产值4亿元，利税4600万元。二、三期工程将开工建设，整体建成后，预期产值达46亿元。

10月24日 国家图书文献中心咸阳工作站开通运行。

10月29日 咸阳市引石过渭供水工程开工。工程南起周至县马召镇，北至咸阳市北郊水厂，全长59.65公里，总投资6.136亿元，建设工期2年。工程设计水平为2015年日总供水能力34.5万吨，基本能满足咸阳市城区、兴平市和武功县经济发展和人民生活用水需要。

11月5日 咸阳市组团参加第13届杨陵农业高新科技成果博览会，组织征集、签订咸阳杨陵农业产业一体化招商引资及技术合作、产品销售等项目216个，涉及金额43.5亿元。

11月16日 咸阳市第一家国家级企业技术创新中心挂牌。“彩虹工程技术中心”获科技部等五部委认证挂牌，成为咸阳市首家国家级企业技术中心。

11月28—29日 由中国矿业联合会主办、中国地质矿产经济学会协办、咸阳市政府承办的城市地热源开发保护与经济评价论坛在咸阳市举行。

同月 咸阳市被国家发改委列为国家地热资源综合开发利用示范区。

12月3日 冰岛外交部部长斯维里斯多蒂尔和市长千军昌为中冰合资陕西绿源地热能源开发有限公司成立揭牌。

12月16日 咸阳威力克能源有限公司自主研发的“可用于电动汽车等领域的磷酸铁锂动力电池”项目通过省级科技成果鉴定。

12月17日 1-甲基环丙烯果蔬保鲜剂通过省级鉴定。项目由礼泉化工实业有限公司开发，国内首创，打破了美国的技术垄断，用于果蔬保鲜，普通冷库可达气调库水平。

**2007年**

4月18日 咸阳市委、市政府召开全市科学技术大会，发布了“关于坚持科技进步与创新，建设创新型咸阳的决定”和“关于印发咸阳市‘十一五’科技发展规划和长期科技发展纲要”的通知，确定了科技创新的指导思想、奋斗目标、政策措施及今后一个时期科技工作的重要任务。

6月 咸阳市全面创建农村科技信息化、科技特派员示范工程。旬邑等四县区被陕西省科技厅确定为科技110示范县，只需拨打96510电话或上网，就能直接同教授专家互动，咨询农业生产中遇到的困难问题。

同月 陕西省显示器件工程技术中心落户彩虹彩色显像管总厂。

8月17日 咸阳市政府下发了《关于加快推进农村信息服务体系建设的实施意见》。

10月10日 咸阳市政府办公室下发了《关于加强政府网站建设和管理工作的意见》。

11月6日 咸阳市科技企业协会及三精科工贸公司等3家企业获“全国民营科技发展贡献奖”。科技部、科技奖励办公室、中国民营科技企业促进代表团来咸阳市授奖及考察民营科技企业。

11月22日 组织“两院院士咸阳行”活动，请专家为咸阳市科技发展支招。

12月20日 陕西农产品加工技术研究院落户陕西科技大学。

同月 咸阳市生产力促进中心被国家科学部认定为国家级科技服务示范中

心。全市建立了20多家生产力促进中心，共建8户科技综合服务平台。

是年　咸阳市专利申请量达350余件；“乙烯基聚合物鞣剂组成与性能相关研究”获国家科技进步二等奖；55AH磷酸铁锂动力电池等2项成果获陕西省科技进步二等奖；全密封气氛保护回转炉等3项成果通过省级科技成果鉴定。

**2008 年**

2月14日　咸阳市科技局发出了“关于在全市范围内开展科技资源调查的通知”。目标任务是查清市域内大专院校、科研院所、企事业单位的科技型人才、产品、大型科研仪器设备、技术难题等，建立市科技资源项目库等。

5月6日　咸阳市二轮修志工作秦都现场会召开，市志办领导和13个县区市地方志办公室主任、副主任及主编80多人参加了会议。

5月24日　陕西延长石油有限责任公司年产2000万条子午线轮胎项目建设启动仪式在秦都区子午线轮胎项目建设现场隆重举行。

5月26日　袁纯清省长一行到西北二棉调研企业生产和抗震救灾产品生产情况。随后，来到彩虹集团，听取企业负责人企业生产情况汇报，了解企业经营情况。

同日　咸阳市被亚太地区城市信息化办公室、中国计算机用户协会评为2008中国城市信息化50强。

6月24日　陕西省信息产业厅在咸阳市举行了全省乡乡有网站工程建设试点启动仪式。

9月23—24日　国务院办公厅秘书一局刘智勇常务副局长调研咸阳市开展政府信息公开工作情况。

**2009 年**

1月　市科技局举办咸阳市科技企业峰会，为39家企业争取1.4168亿元贷款。

1月11日　由工业和信息化部主办、中国软件评测中心承办的“第七届（2008）中国政府网站绩效评估结果暨经验交流会”在北京举行。咸阳市政府门户网站位列全国地市级政府网站第65名，西北地区和全省第2名，跃升全国地市级政府网站百强。

5月　彩虹集团总投资17亿元彩虹液晶玻璃基板二期工程开工建设，建设3条5代液晶玻璃基板生产线。此举标志着彩虹集团已经成为国内第一家玻璃基板制造商和全球平板显示器件的重要参与者。

6月　国家人力资源和社会保障部、卫生部、国家中医药管理局授予张学文教授“国医大师”荣誉称号。全国仅有20名，西北地区仅此1名。

6月12日　陕西长武亭南煤业有限责任公司亭南煤矿、彬县煤炭有限责任公司下沟矿、旬邑虎豪黑沟煤业有限公司荣获2009年度国家级安全质量标准化煤矿荣誉称号。

8月　咸阳发展研究院成立。咸阳发

展研究院以咸阳师范学院为依托，有效利用市内外科教资源，发挥西咸一体化的区位优势，以项目为载体，研究咸阳经济社会发展中的重大问题，寻找有效的解决方案，是开放式运行的综合研究机构。

同月 彩虹集团公司被科学技术部、国务院国资委、中华全国总工会联合命名为国家级创新型企业；彬县被国家知识产权局批准为首批实施国家知识产权强县工程试点县。市科技局命名了48个市级农业科技示范基地并授牌。

同月 陕西天宏硅材料有限公司2500吨/年多晶硅生产线项目试车成功并正式启动，标志着中国第一条微电子级多晶硅生产线建设取得阶段性成果，填补了国内微电子级多晶硅材料规模化生产和技术的空白。

9月 陕西同心连铸管业科技有限公司首创的“铸铁空心型材连续铸造技术”，通过陕西省科技厅组织的专家鉴定，该成果填补国内外市场空白，已取得国家发明专利1项，实用新型专利2项，拥有自主知识产权，达到国家行业技术标准规范，标志着咸阳市在该领域进入研究前沿。

11月 陕西科技大学被科技部授予国家级“国际科技合作基地”。西北陶瓷研究设计院等36家企业获高新技术企业认定，这是国家科技部、财政部、地税总局、国家税务总局新的认定办法实施以来首批获准的高新技术企业。

12月 市科技局组织院士专家，深入全市机械装备制造企业，开展科技咨询和难题诊断服务活动。

同月 通过了科技部2007—2008年度科技进步考核，这是咸阳市首次通过国家科技进步考核，进入科技进步地级市行列。

是年 咸阳市承担的科技部创新基金中小企业公共技术服务补助资金项目“面向区域中小企业的技术服务平台”通过科技部验收。咸阳威迪机电科技有限责任公司承担的“多层线路板真空压合机”和咸阳三精科工贸有限公司承担的“多功能橡塑助剂间苯撑双马来酰亚胺”通过省级验收；首批科技型中小企业创新基金立项的陕西彩虹电子玻璃有限公司的“TFT－LCD玻璃基板熔解工艺开发及产业化”、陕西华夏粉末冶金有限责任公司的“粉末冶金摆线液压马达阀板”等9项创新基金项目通过市级验收。

**2010年**

2月9日 由彩虹集团投资建设的西北地区首条太阳能光伏玻璃生产线在陕西咸阳实现全线贯通，成功生产出第一块符合国家标准的太阳能光伏玻璃产品。

4月23日 咸阳奥星制药公司继2008年成功在美国创业板上市融资后，又成功在主板上市，这是咸阳市首家在美国成功上市的企业。

5月11日 中国目前单台处理能力最大的煤矿通风瓦斯氧化技术和装置在彬长矿业集团大佛寺煤矿通过国家鉴定。

同日 长武县小麦育种专家、研究员梁增基荣获第五届“发明创业奖”特等奖暨“当代发明家”荣誉称号。

5月20日 由渭城区登峰种业胡必德和三原县兴民种业有限公司刘兴民培育的登峰168小麦、荔高6号小麦通过国家审定。

7月7日 陕西生益科技有限公司主导制定的两项印制电路产品ICE国际标准获得通过，成为中国印制电路行业首家国际技术标准。

9月6日 陕西延长石油集团橡胶有限公司2000万条子午线轮胎项目一期60万条全钢子午轮胎顺利下线，这标志着陕西无汽车轮胎大型生产企业的历史宣告结束。

9月8—11日 第19届全国发明展览会在西安曲江国际展览中心举行。陕西健民制药有限公司“参龙宁心胶囊”、礼泉化工“1-甲基环丙烯稳定包结构物的制备”和陕西康惠制药股份有限公司“治疗呼吸系统及其制备工艺”项目荣获金奖；咸阳际华新三零印染有限公司的“防红外多功能迷彩系列产品”和陕西奉航橡胶密封件有限公司“重型汽车轮边油封”分获银奖。

10月5—6日 由陕西省农业厅组织的专家验收组，对旬邑县职田镇青村和照庄村等20个行政村共1.042万亩玉米高产示范片进行验收，结果显示：平均亩产868.1千克/亩，创造了陕西省旱作万亩连片春玉米800千克/亩以上的高产纪录。

10月29日 国营华星电子无线电器材厂资产重组后组建的陕西华星电子集团有限公司揭牌成立。

11月16日 咸阳四环工业装备有限公司研制成功的5.5米3×7锤72孔捣固焦成套设备投产，其对位精度优于国际标准，标志着咸阳市焦化设备处于国内领先水平。

11月17日 总投资16.3亿元，年产1000兆瓦多晶硅铸锭项目在咸阳秦都区开工建设。

是年 咸阳市共有64个科技创新项目获省科技计划支持，为历年最高。咸阳生益科技有限公司、陕西金刚石油机械有限公司等8家企业获2010年度国家创新基金立项支持。咸阳威迪机电科技公司等18家科技企业获陕西省重大科技创新专项支持。

**2011年**

5月28日 总投资16.5亿元的陕西泰丰百万只轮毂盘制动器生产线建成投产暨铸造项目开工仪式在乾县工业园区举行。

5月底 国家工业和信息化部批准西安—咸阳为国家级信息化工业化融合试验区，与长株潭城市群、广西柳（州）桂（林）、沈阳、合肥、兰州、昆明、郑州7个城市和地区一同晋级第二批国家级“两化融合”试验区。

7月27日 国内最大的石油专用钢丝绳制造基地在咸阳宝石钢管钢绳有限公司正式启用。

9 月 20 日　咸阳市召开“十二五”智慧城市建设思路及重点项目研讨会。

9 月 22 日　咸阳市中小企业公共科技服务平台初步建成运行。

9 月 22—24 日　2011 年全国色织布行业年会“创新产品评比”活动中，西北一棉纺织股份有限公司开发研制的棉涤三层导电布和棉麻高支强捻交织二重布获得产品创新设计“银奖”。

9 月 24 日　中国第一个高标准、清洁化紧压茶生产体系规模化成品茶生产线陕西泾渭茯茶生产线竣工投产。

10 月 15 日　在原咸阳市农业科学研究所的基础上，挂牌成立咸阳市农业科学研究院。

12 月 27 日　高科建材（咸阳）管道生产基地项目建成投产，填补了陕西省缺少大型管道企业的空白。

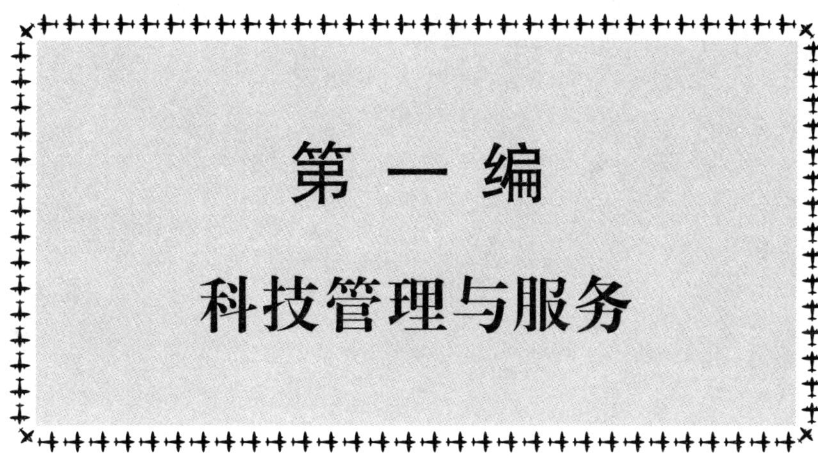

# 第一编

# 科技管理与服务

# 第一章

# 管理机构与队伍

## 第一节　管理机构

### 一　市级机构

中华人民共和国成立之前，咸阳境内没有专门的科技管理机构。中华人民共和国成立初期，科学技术改造仍然十分落后。在咸阳地区虽然有关部门配备了科技管理人员，但基本没有什么工作可做。

1972 年 4 月，咸阳地区计划委员会内设科技组，编制 5 人，管理科技工作。

1975 年 10 月，成立咸阳地区革命委员会科学技术局（以下简称科技局），编制 10 人。作为地区革命委员会的职能部门，并增设资料室。

1976 年 6 月，成立地区标准计量所，归地区科技局领导。8 月，科技局下设地震组，编制 3 人，与地区抗震救灾指挥部合署办公。1977 年 1 月，成立咸阳地区地震办公室。

1977 年 10 月，成立了地区革命委员会科学技术委员会（简称地区科委）、地区科学技术协会，取消地区革命委员会科技局。编制 30 人，其中事业编制 15 人，内设人秘科、综合计划科、科普宣传科、资料室。1979 年 4 月，在原资料室基础上成立地区科学技术情报研究所。

1981 年 2 月，地区科委将原人秘科改为办公室，负责人秘、后勤等项工作。增设科技干部管理科，协助地区人事、组织部门管理科技干部。

1982 年 4 月，地区科学技术协会独立，归地委领导，为群众团体组织。

1983 年年底，咸阳地区地震办公室改为市地震办公室，隶属地区科委。

1983 年 12 月，由于咸阳地区行政区域的变动，将周至、户县、高陵三县的科技、地震工作改归西安市科委管理。

1984 年 6 月，咸阳地区科学技术委员会改称咸阳市科学技术委员会。

1984 年 12 月，市科委科技干部科接管市劳动人事局有关科级干部管理的业务。

1985年2月，市人才交流服务公司归属科委领导，同年8月，市科委、市劳动人事局共同协商，将人才交流公司仍归市劳动人事局管理。

1985年3月，成立咸阳市专利管理处和专利事务所，编制10人，归市科委领导。

1988年1月，市情报所、专利事务所经费单列，独立核算。

1988年11月，成立咸阳市技术市场，归市科委领导。

2001年11月，咸阳市科学技术委员会改称咸阳市科学技术局。

2011年年底，市科技局编制19人，内设5个科室，下辖咸阳市科技信息研究所、咸阳市技术市场管理办公室、咸阳市知识产权局、咸阳市生产力促进中心等二级单位。

**表1-1-1 1972—2011年咸阳市（地区）科技局（组、委）领导成员一览表**

<table>
<tr><th>机构名称</th><th>负责人职务</th><th>姓名</th><th>任职时间（年/月）</th></tr>
<tr><td>咸阳地区计委科技组<br>（1972.04—1975.10）</td><td>副组长</td><td>胡光莹</td><td>1972.04—1975.10</td></tr>
<tr><td>咸阳地区革委会科技局<br>（1975.10—1977.10）</td><td>副局长</td><td>胡光莹</td><td>1975.10—1977.10</td></tr>
<tr><td rowspan="8">咸阳地区革委会科学技术委员会<br>（1977.10—1984.06）</td><td rowspan="2">主任</td><td>张洪斌</td><td>1979.08—1981.09</td></tr>
<tr><td>张鸿儒</td><td>1981.05—1984.06</td></tr>
<tr><td rowspan="6">副主任</td><td>胡光莹</td><td>1977.10—</td></tr>
<tr><td>陈克刚</td><td>1977.10—</td></tr>
<tr><td>张启民</td><td>1977.10—</td></tr>
<tr><td>王　龙</td><td>1979.08—</td></tr>
<tr><td>崔德志</td><td>1981.05—</td></tr>
<tr><td>张宗忠</td><td>1981.05—</td></tr>
<tr><td rowspan="10">咸阳市科学技术委员会<br>（1984.06—2001.12）</td><td rowspan="4">主任</td><td>黄燕京</td><td>1984.06—1985.12</td></tr>
<tr><td>吕存祥</td><td>1985.12—1998.09</td></tr>
<tr><td>张茂森（未到任）</td><td>1998.09—1999.07</td></tr>
<tr><td>沈毛平</td><td>1999.07—2001.12</td></tr>
<tr><td rowspan="6">副主任</td><td>吕存祥</td><td>1984.06—1985.12</td></tr>
<tr><td>毛占峰</td><td>1985.12—1989.08</td></tr>
<tr><td>王七一</td><td>1985.12—1995.10</td></tr>
<tr><td>沈毛平</td><td>1989.08—1998.07</td></tr>
<tr><td>郑宏科</td><td>1998.06—2001.12</td></tr>
<tr><td>高义辉</td><td>1998.06—2001.12</td></tr>
</table>

续表

| 机构名称 | 负责人职务 | 姓名 | 任职时间（年/月） |
|---|---|---|---|
| 咸阳市科学技术局（2001.12—2011.12） | 局长 | 沈毛平 | 2001.12— |
| | 副局长 | 郑宏科 | 2001.12— |
| | | 高义辉 | 2001.12— |
| | | 林胜利 | 2003.11— |
| | | 张璞波 | 2007.07— |
| | | 成胤 | 2010.04— |

另外，担任科技局顾问的有张鸿儒，担任总工的有杨克礼、张璞波，担任助理调研员的有陈宏谋、陈通信。

**表 1-1-2　1972—2011 年中共咸阳市（地区）科技局（委）党组成员一览表**

| 机构名称 | 负责人职务 | 姓名 | 任职时间（年/月） |
|---|---|---|---|
| 中共咸阳地区革委会（1977.10—1984.06） | 书记 | 张鸿斌 | 1979.08—1981.05 |
| | | 张鸿儒 | 1981.05—1984.06 |
| | 副书记 | 胡光莹 | 1977.10—1981.05 |
| | | 崔德志 | 1981.05—1984.06 |
| | 成员 | 张启民 | 1977.10—1979.08 |
| | | 张宗忠 | 1981.05—1984.06 |
| 中共咸阳市科学技术委员会党组（1984.06—2001.12） | 书记 | 黄燕京 | 1984.06—1985.12 |
| | | 吕存祥 | 1985.12—1998.09 |
| | | 张茂森（未到任） | 1998.09—1990.07 |
| | | 沈毛平 | 2001.12— |
| | 成员 | 吕存祥 | 1984.06—1985.12 |
| | | 毛占峰 | 1985.12—1989.08 |
| | | 王七一 | 1985.12—1998.06 |
| | | 沈毛平 | 1989.08—2001.12 |
| | | 郑宏科 | 1998.06—2001.12 |
| | | 高义辉 | 1998.06—2001.12 |
| | | 贾玉芳 | 1995.10—2001.12 |
| 中共咸阳市科技局党组（2001.12—2011.12） | 书记 | 沈毛平 | 2001.12—2011.12 |
| | 成员 | 郑宏科 | 2001.12— |
| | | 高义辉 | 2001.12— |
| | | 张璞波 | 2001.12— |

续表

| 机构名称 | 负责人职务 | 姓名 | 任职时间（年/月） |
|---|---|---|---|
| 中共咸阳市科技局党组（2001.12—2011.12） | 成员 | 贾玉芳 | 2001.12— |
| | | 林胜利 | 2003.11— |
| | | 王文生 | 2006.01— |
| | | 成胤 | 2010.04— |
| | | 樊波 | 2010.05— |

## 二 县（市、区）机构

中华人民共和国成立前，咸阳县（市、区）没有科学技术管理机构。新中国成立后，各县科学技术工作先后由各县人民政府第三科（文教卫生科）、第四科（建设科）、农林水牧局等部门管理。1961年八九月间，各县计划委员会内设科技股（组）。

1978年下半年，各县设立科学技术局。1979年上半年改称科学技术委员会，为县人民政府工作机构，承担科研计划管理、科学技术开发、科研成果鉴定、科技人才管理、地震测报、科技信息交流等工作。

1995年县级机构改革中，各县（市、区）科学技术委员会更名为科学技术局，为县人民政府直属事业机构。2002年上半年，各县（市、区）科学技术局改为县人民政府工作机构。2011年年底，全市13个县（市、区）科学技术局共有干部职工156人。

各县（市、区）科技局基本情况如下表：

**表1-1-3　县（市、区）科技局基本情况表**

| 基本名称 / 县区名称 | 建立年份 | 现有人数 | 现任领导（职务） | 备注 |
|---|---|---|---|---|
| 秦都区 | 1978 | 18 | 殷民政 局长 | |
| 渭城区 | 1987 | 18 | 陈红 局长 | |
| 武功 | 1978 | 5 | 魏昌 局长 | |
| 兴平 | 1978 | 10 | 李小平 局长 | |
| 三原 | 1978 | 10 | 李延随 局长 | |
| 泾阳 | 1978 | 13 | 白新昌 局长 | |
| 乾县 | 1978 | 14 | 韩养斌 局长 | |
| 礼泉 | 1978 | 8 | 董凤莉 局长 | |
| 永寿 | 1978 | 10 | 杨华山 局长 | |

续表

| 基本名称 / 县区名称 | 建立年份 | 现有人数 | 现任领导（职务） | 备注 |
|---|---|---|---|---|
| 彬县 | 1978 | 9 | 刘浩善　局长 | |
| 旬邑 | 1978 | 10 | 宫战胜　局长 | |
| 长武 | 1978 | 12 | 高亚民　局长 | |
| 淳化 | 1978 | 19 | 陈西京　局长 | |

### 三　市科技局内部管理机构

市科技局办公地址位于秦皇路六号，内设科书科、综合计划科、工业科技科、农业科技科4个科室。机关行政编制17名，其中局长1名，副局长4名，科级领导职数4名。下属单位有咸阳市科学技术信息研究所、咸阳市专利管理处、咸阳市技术合同管理办公室和咸阳市科技开发中心4个。

主要职能：编制市科学技术长远发展规划和年度计划。科学技术普及工作和监督管理工作。市科技专家顾问团日常联络和管理工作。高新技术企业和产品及出资入股高新技术成果的认定工作；科技型中小企业创新基金管理工作；科研单位和科技型企业自营出口权的初审和申报工作。

## 第二节　队伍

中华人民共和国成立前，咸阳经济文化落后，技术力量薄弱，没有稳定的科技队伍。中华人民共和国成立之后，随着工农业生产的发展，科技队伍逐渐壮大起来。1950年全地区共有各类科技人员6042人，1966年增加到26011人。1990年全市科技人员71656人，是1950年的11.9倍，2011年全市科技人员12万人，是1990的1.67倍。

### 一　科技人员管理变迁

1957—1978年，科技干部管理工作及理工农医大学毕业分配工作，由民政局管理。

1978年，地区革委会成立，兼管科技干部。

1981年2月，地区革委会人事局成立，兼管科技干部。

1984年12月至1989年，市科委科技干部科接管原人事局有关科技干部管理业务，负责科技干部培训、晋升、职务聘用和农业人口转非农业人口工作。科技人员的调配，大学生分配仍归人事局管理。

1995年5月，市科委的科技干部管理职能划归市人事局。

### 二　专业技术职称评定

20世纪50年代，咸阳地区专业技术

人员沿用中华人民共和国成立之前的职称。1954—1959 年对专业技术人员实行职务任命制和职称等级工资制，确认了一部分专业技术人员的技术职称。此后，很长一段时间没有进行相应技术职称认定工作。

1980 年 5 月，咸阳地区行署科委、人事局联合发出通知，根据国务院颁布的《工程技术干部技术职称暂行规定》《农业技术干部技术职称暂行规定》，在全市范围内开展了工程技术人员和农业技术干部职称的复查、套改和考核晋升工作。

1981 年 2 月，成立咸阳地区技术职称评定委员会。下设专业考核组，负责全市工程师、技师、高级工程师的考核评议和推荐工作。各县（市）、地区直属局、办和企事业单位也相继成立了评委会或临时评审组织，负责助理工程师和技术员的考核评定工作。

1982 年 2 月，咸阳地区召开各县（市）技术职称评定委员会主任、科委主任，各有关委、办、局负责人和中级科技人员代表会议，为自然科学方面的 426 名中级科技人员颁发证书，其中工程师 262 人、农艺师 117 人、畜牧师 17 人、兽医师 30 人。

1983 年起，根据国家有关政策，咸阳市科委简化审批程序，为各类科技人员办理家属“农转非”，仅 1984 年就办理了 855 户，2162 人。6043 人被批准享受山区津贴，8413 人享受浮动工资。同时，还积极争取市政府用当年招工指标解决了市直机关企事业单位部分技术干部的子女就业问题，解除了科技干部的后顾之忧。

1984 年，市科委从市劳动人事局接管有关科技干部管理业务，负责科技干部的培训、晋升、专业技术职务聘用和“农转非”等工作。

1985 年，咸阳市职称改革工作领导小组成立，在全市 29 个系列、4347 个部门开展了专业技术职务改革工作。

1986 年 1 月 11 日，新成立市职称评定工作领导小组，组长黄亚利，副组长李锦江、黄燕京、吕存祥，成员张首迅、陈鼎新、严光、劳坚、米明、李明辉、骆景茂、穆熙章、张国栋、黄志敏、姜安宁。下设办公室，吕存祥兼任主任，姜安宁任副主任。

1986 年 5 月，将市职称评定工作领导小组更名为市职称改革工作领导小组，组成人员不变。1987 年 6 月 17 日，对市职称改革工作领导小组人员作如下调整：组长黄亚利，副组长李锦江、吕存祥，成员陈鼎新、赵冰昆、高立志、马文杰、王克勇、李明辉、骆景茂、穆熙章、张国栋、黄志敏、姜安宁。设 4 个高级职称评定委员会，30 个中级职称评定委员会，137 个初级职称评定委员会，下设若干专业学科组。

20 世纪八九十年代，咸阳市出台了一系列人才交流的优惠政策，涌现出了来辉武、赵步长等著名科技人才创办企业的高潮。同时也引进了一大批科技人才，为咸阳的经济发展注入了活力。

1988年，为落实市政府《关于促进专业技术人员合理流动的通知》，市科委提出了本市专业技术人员破格晋升技术职称的条件，对自愿从城市到边远艰苦地区、山区工作的专业技术干部，评审后戴帽下达相应限额指标，当年就有20多名专业技术人员从城市人才集中的单位流动到县区工作。

1997年以来，先后对有关系列和专业的申报、评审条件进行了修订完善；区别不同系列特点，实行了以考代评、考评结合、直接认定、答辩评审相结合等多种评价形式。进一步改革完善专业技术职称聘任制度，继续坚持个人自由申报、社会公正评价、单位自主聘任、政府宏观调控的人才评价与使用的改革方向，建立“按需设岗、按岗聘任、竞争择优、优胜劣汰”的制度。拓展人才评价内涵，从重学历、重资历逐步向重能力、重业绩转变。扩大人才评价范围，制定出台了《民营企业专业技术人员职称评审办法》，把服务领域拓展到受聘于民营科技企业、外资企业的专门人才。

2000年（市科委改科技局前），为适应现代信息技术，把计算机考试合格作为评选职称的硬性条件，前后在全市范围举办了20多期成人计算机培训，培训人员大多来自企事业单位和政府部门工作人员，培训人数达3000多人，成为全市最早最全面的政府定点培训单位，为日后的办公和交流奠定了基础，从而推动了全市计算机普及应用和各单位的各项工作。

## 第三节　科技人员管理

1963年以前，国家没有一套适用于科技干部特点的管理制度。1964年3月，中共中央《科学技术干部管理工作条例试行草案》颁发后，咸阳地区建立相应的管理制度、管理方法和管理机构，科技干部被明确为国家干部中相对独立的组成部分，其管理工作开始有章可循。“文化大革命”期间，管理制度遭到破坏。中共十一届三中全会后，特别是1981年4月，中共中央办公厅印发了《关于加强科学技术干部管理试行条例》，使咸阳地区的科技干部管理工作重新走上正轨，在为知识分子办实事、办好事等方面做了大量的工作。

### 一　制定、落实知识分子政策

20世纪50年代初，中共咸阳地委、咸阳专区行政专员公署贯彻中共中央对知识分子“团结、教育、改造”的政策，在科技人员中开展思想改造运动。之后，吸收知识分子加入中国共产党，改善他们的工作、生活条件。1979年1月，按照“人尽其才，用其所长”的原则，咸阳地区开展科技人员调整归队工作，把用非所长的专业科技人员调整到合适岗位。通过调整，全地区117名在工人、营业员岗位的大专毕业生转入到人事部门按干部管理，分配到相关部门。1980年，按照中共陕西省委《关于加强科技人员若干问题的决定》，解决科技人员在政治、工作和生活上的一些问题，加强对科技干部的管理和培养。1988 年 7 月，按照陕西省人民政府《关于放活科技人员政策的若干暂行规定》，鼓励科技人员承包、租赁、领办企业或从事兼职活动。至 1989 年年底，全市共组建 14 个承包集团，3026 名科技人员参与承包了粮食、油料、棉花、畜牧等 250 个项目。1990 年后，咸阳市出台了一系列人才交流的优惠政策，使大批科技人员踊跃献身科技事业，同时引进一大批科技人才，为咸阳经济发展注入了活力。

## 二 平反冤假错案

1978—1987 年，咸阳市（地区）认真复查“文化大革命”前和“文化大革命”中的历史遗留问题，平反知识分子中的冤假错案。一大批历史遗留问题得到妥善的解决，使知识分子在政治上、生活上得到公正待遇。

## 三 解决农转非（农业户口转为非农业户口）

从 1987 年开始，对家在农村，分居两地，拖累大、精力分散的在全市山区县和平原县的山区乡工作、工龄满 10 年，具有中级职称或大学本科专科学历、工龄满 15 年、助理级职称或大专学历、教龄加工龄满 15 年的六级以上中学教师和四级以上小学教师，解决办理家属户口“农转非”问题。

## 四 浮动工资和增加地区津贴

1984 年，对在农村乡镇企业、事业单位和城乡集体所有制单位工作，具有中专毕业以上学历或有相当技术员以上职称的专业技术人员、中小学公办教师向上浮动一级工资。在山区县工作的，每人每月发给 10 元山区津贴；在平原县山区乡镇工作的，每人每月发给 5 元山区津贴。在山区县工作累计 20 年以上、退休后继续留在当地定居的，退休金标准提高 10%。同时按照规定安排一批科技干部的子女就业。

## 五 选拔有突出贡献专家

从 1984 年开始，国家逢双年选拔有突出贡献的中青年科学、技术、管理专家（亦称拔尖人才）。

截至 2011 年年底，全市科技人才达 28.89 万人，其中专业技术人才 13 万人，农村实用人才 11.6 万人。在专业技术人员中，高级职称人员有 2708 人。

# 第二章

# 科技计划

1972年前，科技项目由企业自选、自管。其内容有改革设备工艺、新产品试制、新技术推广、资源综合利用研究、新技术研究等。1972年地区计委科技组成立后，项目开始列入年度计划管理，由地区科技组根据国民经济计划、规划以及有关专家建议，结合实际情况制订计划。地区科技组协同各部门考察项目，审查结转项目的当年进度计划和经费申请，审查批准项目计划任务书，编制出科学技术研究计划草案。经计委审定后，纳入当年国民经济计划，统一下达各县（市）和各有关部门执行，年度计划下达后，新增加的项目可随时上报，经批准后陆续专项下达，以后再补充列入年度调整计划。计划项目完成后，进行工作总结、技术总结，对取得的科技成果由地区科技组或委托主管部门组织鉴定，并负责对应用技术成果提出推广应用。

1978年，全国科学大会后，科技计划项目管理列入国家和地方各级国民经济年度发展计划。管理方式采用：承担单位申报，科技局组织专家考察，确定年度计划项目和经费，编制出科学技术研究计划，经计委审定后纳入当年国民经济计划，统一下达各县（市）和各有关部门执行。项目完成后，对取得的科技成果，科委组织和委托相关部门组织鉴定。

1982年地区科委按照“专项管理，分级负责，同行评议，签订合同”的原则，对部分科技项目和新产品项目开始试行科技项目经费合同制管理，根据项目的性质、难易程度、效益情况、偿还能力实行无偿、部分有偿、全部偿还的办法，每年都安排一部分有偿项目。截至1989年共签订有偿合同52项。课题成功率由“六五”期间的78.5%提高到97%。

进入90年代后，围绕“科技兴咸”战略的实施，咸阳科技计划项目进行重大改革，对重点项目加大管理力度，规范结题验收程序。

2008年，为支持科技型中小企业技

术创新，提高自主创新能力，咸阳市出台科技型中小企业技术创新基金，并制定《咸阳市科技型中小企业技术创新基金管理办法（试行）》。从2008年起，每年专项经费200万元。同年，咸阳市出台制定了《咸阳市科技三项费管理办法》。

## 第一节　中长远规划

科技发展规划是科技方针政策的具体化，历来为国家和各级科技管理部门重视。自1978年以来，咸阳市（地区）制订过多次科技发展规划，对全市科技事业的发展起到了指导和推动作用。

《咸阳地区1978—1985年科学技术发展规划》　为贯彻全国科学大会精神而制订。规划提出，1985年年底工农业总产值达到26.6亿元，其中工业15亿元，农业11.6亿元。粮食总产量达到25亿千克，亩产413千克。工业总产值1980年比1975年增长182.9%，1985年比1980年增长150%。主攻方向为大幅度提高工农业生产技术水平，提高劳动生产率；以发展农业科学技术为重点，狠抓纺织工业和地方“五小”工业的技术改造。安排了12个方面的主要任务，即农业、机械、化工、环保、电子、轻工、交通、建筑、医卫、商业、气象和地震、科学普及。

《咸阳市“七五”科技攻关规划》（1986—1990年）　规划的指导思想是：“七五”期间要进一步贯彻经济建设必须依靠科学技术、科学技术必须面向经济建设的方针，抓好“星火计划”的实施，用先进的科学技术武装、改造乡镇企业，把科技引向农村，为振兴咸阳经济和工农业总产值在2000年翻两番作出贡献。农业方面加强适合咸阳栽培特点的农作物新品种的选育；进行肥料利用率的研究；重视农作物病、虫、草害防治的综合研究；应用推广灌溉新技术，进行泾河水系开发利用可行性的研究；开展以少耕、增产、配套、节能为中心的农业机械及机具的研究；畜牧业以畜禽疫病和配合饲料的研究为主；林业以培育优质、速生树种和防治病虫害为研究重点。工业方面，开展粮食、畜产品、农副产品、饲料加工机械、轻工机械及电子新技术应用的研究；加强适用于乡镇企业成套技术装备的研究。环保方面，开展大气预测和污水土地处理系统的研究，制定区域环境质量指标和环境管理措施。

《咸阳市科技发展长远规划》（1985—2000年）　根据中共十二大提出的在20世纪末要实现国民经济翻两番的战略目标并结合咸阳实际而制订的规划。共分为农牧业、水利水保、轻纺工业、文化、林业、公路交通、建设、卫生、食品工业9个方面，分阶段提出了主要科技任务，攻关项目及完成措施。

《科技兴咸“207”计划》（1989—1993年）　为进一步落实科技兴陕的决策而制订。该计划把科技攻关、星火计划等科技发展计划与技术改造、开发、引进结合起来，计划承包、开发新产品或技术开发项目207项，其中农业项目6

大类82项（含省上43项），工业8大类125项（含省上）。

《咸阳市“十一五”科技发展规划和中长期科技发展规划纲要》 2007年，根据国家、省科学技术“十一五”规划、中长期规划纲要和《咸阳市国民经济与社会发展“十一五”计划和2020年远景目标》对科技工作的总体要求，咸阳市颁布《咸阳市“十一五”科技发展规划和中长期科技发展规划纲要》。规划的指导思想是以邓小平理论和“三个代表”重要思想为指导，全面落实科学发展观，坚持“自主创新、重点跨越、支撑发展、引领未来”的科技工作方针，深入实施“科教兴市”和“人才强市”战略，以增强自主创新能力为核心，深化科技体制改革，整合优化科技资源，积极构建创新平台，促进科技成果转化，走出一条以企业为主体，以市场为导向，以科技进步与创新为主线，以产学研相结合为主要内容，以支柱产业和优势特色产业为重点的有咸阳特色的科技创新发展道路，努力建设创新型咸阳。规划分为工业、农业和社会发展3个方面。计划“十一五”末，基本建立符合咸阳经济社会发展特点的区域创新体系，科技综合实力明显增强。至2020年建立起科技信息畅通，科技服务体系完善，知识经济先导作用和高新技术产业主导作用显著增强的科技创新体系，实现科技经济一体化，进入创新型城市行列。

《咸阳市“十二五”科学和技术发展规划》 为了加快实现创新型咸阳建设的目标，全面提高自主创新能力，加速产业结构调整，转变经济发展方式，推动经济社会可持续发展，2011年，根据《陕西省2006—2020年科学和技术中长期发展规划纲要》《陕西省“十二五”科学技术发展规划》和咸阳国民经济和社会发展“十二五”规划纲要，结合咸阳科学和技术发展实际，制订《咸阳市“十二五”科学和技术发展规划》。规划到“十二五”末，形成良好的社会科技创新创业环境氛围，科技综合实力明显增强，高新技术产业显著增长。规划要求发挥科技资源优势，推动行业技术进步，促进技术转移，增强承接科技成果转化的能力。实施一批重大科技产业化项目，基本建立以企业为主体、市场为导向、科研院所为依托、产学研用相结合、符合全市经济社会发展特点的区域科技创新体系。实现科技经济一体化，进入创新型城市行列。

## 第二节 年度计划

从1973年起，咸阳地区正式编制年度科技计划，由地区科技局（委）编制，会同地区计委、财政局联合下达，地区科技局（委）组织实施，经费随计划项目拨给承担单位。地区科技局（委）逐年编制科技发展计划，根据“以农业为基础、以工业为主导”的方针，按照农、轻、重的次序，安排工农业生产中亟待解决的重大技术关键问题并在短期内取得成果的项目，选择安排较长远的重大科技项目和探索性课题。

1980年财政包干后，咸阳地区实行年度计划项目经费管理形式。先由科委牵头，有关部门协作，共同考察当年项目，报市计划委员会审批后下达科技计划。再由财政局按计划分批将项目经费划拨到市科委。最后由市科委将经费划拨到主管部门。1982年，项目合同制推行，项目承担单位和项目负责人必须与科技局签订实施合同，主管部门监督保证。

1986年5月，“星火计划”在咸阳开始实施。5月20日，成立了以市委常委、经济工作部部长李锦江为组长（后调整为以副市长黄亚丽为组长），市科委、乡镇企业局、农委领导为副组长，12名有关部门领导为成员的市“星火计划”领导小组，办公室设在市科委。“七五”期间，全市共安排市、省国家级“星火计划”项目90项，其中市级59项、省级17项、国家级14项。项目总投资5060万元，其中有偿拨款249.2万元（市拨180.2万元，省拨69万元），投放“星火计划”发展基金246.2万元（市投61.2万元，省投185万元）。到1990年年底，全市完成“星火计划”项目44项，基本完成21项，已取得阶段性进展24项，荣获市级以下（含市级）奖励32个。市县（区）科委会同有关部门完成“星火计划”培训项目46个，培训人员9360名；“星火计划”项目承担单位培训人员1万多人次。

2000年后，市科技计划项目管理逐步规范化。立项更加严格，先由市科技主管部门组织专家考察评估、综合打分、拟定计划项目，再经市财政局会审后按程序报批下达，最后在市科技局与项目承担单位签订科技项目经费合同后，由市财政局一次性将年度科技补助费下达到项目承担单位，避免经费中途截留、滞留，加快了项目实施。

2002年，为了提高科技项目的针对性，更好地为社会经济发展提供科技支撑，全市科技计划项目如科研计划、星火计划、火炬计划、科技兴咸计划等被统一整合为咸阳市科学技术研究发展计划，重点设置了农业高新技术研究、农业应用技术研究和示范推广、果蔬栽培技术研究、引进及产业化开发、高效水产规范化养殖技术研究与示范推广、农副产品储藏、保鲜、深加工综合利用研究与开发、农业科技示范工程、农业科技培训等发展现代农业急需的科技专项。同时，还设置了光机电一体化、电子信息技术、新材料研究及产业化、生物、食品、能化技术研究与开发等针对咸阳工业支撑发展的项目。经过几年实施，项目带动作用明显。“十五”期间，重大科技成果40厘米纯平显像管技术及CRT玻平生产技术、新型偏转线圈、隔离式安全栅等40余项成果投入应用，取得了显著的经济社会效益。

2006年，组织申报省级科技计划112个项目，其中多层线路板真空压合机组、聚苯乙烯泡沫塑料速成型及设备等19个项目列入陕西省2006年度科学研究发展计划；合成氨生产污水零排放技术、脱毒甘薯新栽培技术推广等4个项目列入省科技成果推广计划；参龙宁心胶囊产业化、喘泰颗粒产业化等4个项目获得陕西省重大科技创新专项资金计划支持；HXF－240环保型环氧粉末包封料、LED器件用红色和绿色荧光粉等15个项目列入2006年度陕西省火炬计划；五轴联动数控工具磨床、混凝土减量电子自动配料机等6个项目列入2006年国家火炬计划；29″纯平低噪声偏转线圈CDY－MT2921、可充电锂离子电池VLP163665AR等7个优秀项目获国家级重点新产品计划支持。全市推荐15个项目申报国家中小企业创新基金，其中采用工业现场总线的碱回收优化控制系统、驾驶员疲劳检测系统等4个项目得到国家资金支持；国家“863”科技攻关重点项目——纳米碳酸钙项目在乾县落户。新一代农村卫星电视系统工程和1－甲基环丙烯果蔬保鲜剂分别获得国家信息产业部及农业部认可，获得科技成果产业化专项资金支持。用于电动汽车等领域的磷酸铁锂动力电池、1－甲基环丙烯果蔬保鲜剂等一批工业科技成果达到国际同类产品先进水平，填补了国内空白。市级科技计划共安排135项，其中农业55项，工业59项，社会发展及其他领域14项，科技管理6项及科技奖励专项。

2007年，咸阳市科技局启动实施“6个1”科技创新工程，即在10个重点领域，攻关一批关键技术，培育100个科技创新项目，加强产学研合作，增强科技持续创新能力；实施100个重大科技产业化项目，形成全市一批新的经济增长点；重点培育100个重点科技创新企业，提升其科技创新能力和核心竞争力，成为技术创新的典范，引导带动广大中小企业开展自主创新；重点支持10个企业技术中心，建好10个科技园区，搭建科技创新服务平台，发挥产业聚集和辐射带动作用。积极实施项目带动战略，组织申报省级2007年度科技计划126项，其中省级以上重大科技创新项目67项，包括省级工业攻关计划、成果推广计划、国际合作计划、陕西省重点新产品计划、火炬计划重大科技创新专项等共计42项；“13115”重大科技创新工程12项；国家中小企业科技创新基金10项，申报国家农业科技成果转化资金项目2项，星火计划项目1项。苹果、梨优质高效生产技术研究与示范等28个项目被列入陕西省2007年度科学研究发展计划；液晶背光源用荧光粉开发与生产、回热原料预热法生产硫酸钾肥新工艺等9个项目获省2007年重大科技创新专项资金计划支持；TFT－LCD玻璃基板、MANB&WL32/40柴油机系列产品等8个项目被列入2007年度陕西省“13115”科技创新工程首批计划项目；黄姜加工皂素清洁化生产工艺、楔块式超越离合器等3个项目获国家科技型中小企业创新基金立项。

2008年，咸阳市对科技计划管理及实施进行重大改革。一是改以前由项目单位自行申报为从科技资源项目库中推介拟定申报；二是按经济社会发展提供科技支撑的类别，设定计划栏目，新增了节能减排专项；三是注重县、市、省和国家级项目的衔接，即申报上一级科技计划项目必须是本级科技计划重点支持培育的且已达到预期目标的项目；四是加大政府财政科技投入的监管力度。按照为建设西部强市的总体目标提供科技支撑和引领的宗旨，全年安排了126个专项。市级财政科技补助经费500万元。在市级科技计划编制中，注重市级科技计划与国家和省级科技计划的链接和协调，既有安排引领全市经济社会发展的科技攻关、科技推广、科技培训的项目，也有列入国家、省级计划的科技项目。另有“中药现代化”“社会统筹协调发展及其他领域”和“科技管理”等项目。

1978—1992年，市本级年度科技经费不足5.3万元。1993—2000年增加到200万元，2007年增加到450万元。2011年度咸阳市科学技术研究发展计划，共安排项目184项，其中农业61项，工业117项，以及社会发展5项及奖励专项，经费增加到800万元。

# 第三章

# 科技成果管理

## 第一节　管理

随着科学技术的迅速发展，咸阳市科技成果管理工作逐渐走上正轨。1972年，咸阳地区计委科技组成立后，开始对科技成果鉴定进行管理。根据国务院1961年4月制定的《关于新产品、新工艺技术鉴定暂行办法》，鉴定分地方级和基层级，由下达部门主持，技术人员参加进行。1978年后，依据《中华人民共和国国家科学技术委员会科学技术成果鉴定办法》及《科学技术鉴定办法若干问题的说明》，鉴定分检测鉴定、验收鉴定、专家评议3种形式，市科委主要负责对本委下达的项目主持鉴定，另外根据基层要求，对计划外项目亦帮助主持鉴定，并负责作出结论。鉴定委员会委员控制在11人左右（其中7—9名中级以上技术职务且具有良好职业道德的专业人员）。

1986年，咸阳市建立科技成果公报制度。公报所公布的科技成果需经过技术鉴定，验收审定并上报登记。每年9月15日前完成当年科技成果上报登记工作。截至2011年，在咸大专院校、科研单位，各县（市、区）科技局也有相应的管理人员或管理机构从事科技成果管理工作，初步建立了成果管理队伍。

## 第二节　奖励

1963年，国务院发布《技术改进奖励条例》后，咸阳有关部门和企业开始贯彻执行。

1978年5月，在咸阳市科学技术大会上表彰奖励优秀成果235项。

1979—1981年，根据国家经委、农林部、卫生部1978年制定的《技术改进奖励条例》，地区行署在每年科技工作会议上对科技成果进行奖励。全区工、农、医等系统共奖励科研成果56项，其中农业35项、工业14项、医疗卫生7项。1980年获省政府奖励5项，1981年获省政府奖励9项、获省主管局奖励2项。

1982年7月，地区行署颁布《咸阳地区科技成果奖励试行办法》，使科技成果奖励有了正式、规范的标准和办法。1983年3月，地区行署对1982年评出的15项成果给予奖励，其中一等奖1项、二等奖5项、三等奖6项、四等奖3项。

1986年12月，市人民政府《咸阳市科学技术进步奖励办法》颁布，市科委配套制定了实施细则。同年，成立市科学进步奖评审委员会，负责市级科技进步奖项的评审和申报省级奖项的初审。下设工业、农业、卫生、综合4个评审组。1987年5月，市人民政府批准了首次咸阳市科学技术进步奖项30项，其中一等奖1项、二等奖6项、三等奖6项、四等奖17项。达到国内先进水平的5项，达到省内先进水平的6项。这些获奖科技成果产生直接经济效益的22项，经济效益达到2300多万元。1987—1989年，市人民政府对94项科技成果进行奖励，其中一等奖4项、二等奖16项、三等奖38项、四等奖36项。

1986—1989年，市科委先后参加在北京、广州等地举行的第一、第二、第三届全国技术交易会，在西安举行的西北5省（区）技术交易会，陕西省第一届技术交易会，第四、第五届发明展览会和第二、第三届国际科技发明博览会，获金、银、铜奖30多枚。

2005年，市人民政府颁布《咸阳市科学技术奖励办法》，决定自4月1日起施行，1986年颁布的《咸阳市科学技术奖励办法》同时废止。新的“办法”和“细则”，突出了对技术创新、科技成果应用、技术发明和社会效益及基础应用、基础研究等奖励，首次设立了咸阳市最高技术成就奖，大幅度提高了奖金额度。科技奖励和优惠政策的实施，调动了科技人员技术创新的积极性，创新成果不断涌现。科技成果也从“七五”期间年均不足100项上升到“十五”期间的年均超过1000项。全市列入国家级科技项目50多项、省级计划160多项、市级计划700多项；培育了8个农作物新品种、研发了98个国家级重点新产品。科技成果奖励“十五”期间达到515项，比“九五”期间翻了将近一番。

2011年，咸阳市对63项科技成果进行奖励，一等奖6项、二等奖21项、三等奖36项，共有16项项目获得省科技成果奖励。其中，一等奖2项，二等奖3项，三等奖11项。顺利通过科技部2011年县市科技进步考核。在“创新产品评比”活动中，西北一棉纺织股份有限公司开发研制的棉涤三层导电布和棉麻高支强捻交织二重布获得产品创新设计“银奖”。

## 第三节　技术市场

1978年以前，人们不承认技术是商品，也没有技术市场。1985年3月，《中共中央关于科技体制改革的决定》公布以后，全市的技术市场发展很快，永寿、泾阳、礼泉、兴平、乾县、渭城、秦都、彬县等13个县（区）相继成立了技术开发贸易中心。这些开发中心建立后，立足当地资源，围绕商品生产开发新产品、新技术和开拓技术市场，使技术交易逐步从单项的技术成果转让、一般的技术服务发展到技术培训、技术承包、联合开发新产品等。

1989年，咸阳市技术市场建立，是咸阳市政府批准成立的自收自支事业性质非营利社会化科技中介服务机构，依托政府、面向企业，联合社会科技力量，按照企业化的模式运作。以转化科技成果、推动技术转移为目的，围绕企业需求开展相关技术转移、技术成果推广、技术合同认定登记、咨询、信息服务、合作交流等服务。承担着咸阳地区企事业单位签订的技术开发、技术转让、技术服务、技术咨询合同的认定登记工作。同时把咸阳市的高新技术企业作为技术交易合同登记的重点服务对象，合同登记量逐年稳步提升。

其具体职能为：①宣传贯彻和组织实施国家、省、市有关技术市场的法律、法规和政策，组织调查研究并实施技术市场发展与技术交易活动；②管理技术合同认定登记工作，管理技术贸易许可证的办理、年检事宜，审核、认定重大技术合同；③负责技术市场统计和分析，发布技术市场信息；④负责各类技术交易会的组织和技术市场的研究与交流工作；⑤负责技术交易统一发票的管理工作，落实技术市场税务优惠政策；⑥会同有关部门检查技术交易活动，依法处罚违法行为。

咸阳市技术市场本着“促进技术转移、繁荣技术市场”的宗旨，以咸阳地区科技资源为基础，加强与地方政府、科研院所和企业的沟通交流，通过资源整合，在技术卖方和买方之间不断发现技术转移的价值空间，在实践中探索出以企业需求为导向、大学和科研院所为源头、技术转移服务为纽带、产学研相结合的技术转移新途径，并建立起适合咸阳地区资源状况及企业本身发展要求的技术转移模式和特色经营项目，锻炼和培养出一支勤奋、敬业，有良好业务素质和技能的技术转移人才队伍。

自1990年以来，技术市场合同交易额逐年增加，技术合同的数量以及质量均有相对增长。其中2000年较高，当年咸阳彩虹集团技术引进合同的交易额较大。2005年，随着《陕西省技术市场管理条例》的废止，技术市场工作基本处于停滞状态。2009年，中共咸阳市委、市人民政府出台一系列相关的政策法规和明确鼓励技术转移、交易的优惠政策。咸阳市技术市场积极宣传贯彻《促进科技成果转化法》和《技术合同认定登记管理办法》等法律法规，大力宣传技术贸易优惠政策，及时将国家出台的有关技术开发和技术转让减免营业税的税收优惠政策传达到有关技术机构和企业。当年全市共签订技术合同71项，成交技术合同总金额2.36亿元，突破2亿元大关。技术市场在促进科技与经济结合，优化配置科技资源，推动科技成果转化等方面作出了重要贡献（见表1-3-1）。

**表1-3-1** **1990—2011年技术合同认定登记情况** 单位：项、万元

| 年份 | 合同数目 | 合同类别 | | | | 技术交易额 |
|---|---|---|---|---|---|---|
| | | 技术开发 | 技术转让 | 技术咨询 | 技术服务 | |
| 1990 | 11 | 8 | | | 3 | 380.00 |
| 1991 | 9 | 6 | | | 3 | 500.00 |
| 1992 | 15 | 10 | | 1 | 4 | 2000.00 |
| 1993 | 18 | 11 | | | 7 | 2800.00 |
| 1994 | 12 | 8 | | | 4 | 1300.00 |
| 1995 | 13 | 9 | | 1 | 3 | 1681.80 |
| 1996 | 8 | 6 | | | 2 | 704.70 |
| 1997 | 6 | 6 | | | | 720.00 |
| 1998 | 6 | 6 | | | | 320.00 |
| 1999 | 4 | 4 | | | | 280.50 |
| 2000 | 18 | 16 | | | 2 | 16500.00 |
| 2001 | 19 | 8 | 5 | 3 | 3 | 499.80 |
| 2002 | 39 | 9 | 4 | | 26 | 1527.52 |
| 2003 | 23 | 10 | 3 | | 10 | 938.90 |
| 2004 | 10 | 10 | | | | 400.00 |
| 2005 | 6 | 6 | | | | 470.00 |
| 2009 | 71 | 49 | | 2 | 20 | 23572.74 |
| 2010 | 108 | | | | | 21100.00 |
| 2011 | 181 | | | | | 31900.00 |

各交易主体集成创新能力不断增强，技术合同的构成越来越复杂，技术合同的交易规模越来越大，重大技术合同逐年增多，平均每项技术合同成交金额逐年递增。据统计，2005年以前为26.3万元，2009年除去几个交易额较大的合同外平均每项技术合同成交金额突破80万元，达到81.52万元，较2005年以前翻了两番。在技术开发、技术转让、技术咨询、技术服务4类技术合同中，技术开发、技术服务在交易活动中保持领先地位，成交金额分别居四类合同的第一、第二位，技术服务合同涨幅明显，技术开发合同逐年略有增长。总体来看，四

类技术合同均呈稳定的增长态势，占全市成交总金额的比例较往年略有变化，但总体构成相对稳定（见图1－3－1）。

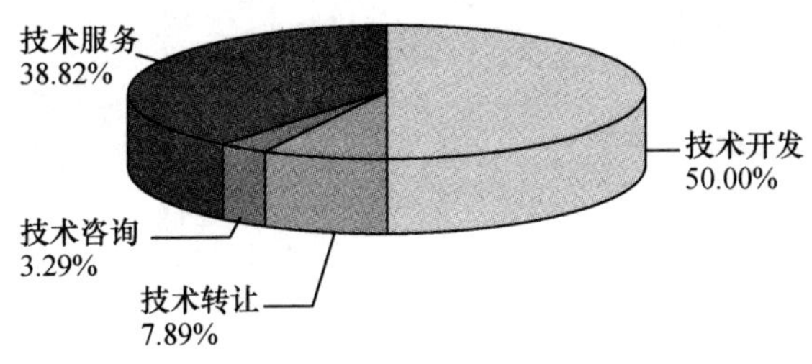


**图1－3－1　2009年咸阳市各类技术合同构成图**

企业参与技术创新、技术转移能力有了比较明显的提高。2009年企业输出技术交易额创下新高，接近吸纳技术交易额，位居各类技术交易主体之首，表明企业已由单纯的购买技术逐步参与到与科研机构、高等院校的合作研发中。这种产学研合作项目以市场需求为导向，使技术的转移、转化效率有了较大提高。新能源与高效节能技术的研发和转移成为技术交易的另一显著特点。

咸阳市技术市场还负责《陕西省技术贸易许可证》的审批、办理、变更、年检等事宜。截至2009年，给41家企业、大专院校、科研院所办理了《陕西省技术贸易许可证》，比2004年的29家增加了12家。

咸阳市技术市场牵线搭桥，促成了陕西科技大学造纸环保研究所与咸阳奥辉纸业集团公司合作实施造纸工业废水深度处理项目；推广陕西西微测控有限公司的工业现场总线的碱回收优化控制系统技术；促成陕西同心连铸管业科技有限公司与西安理工大学的联合技术开发、咸阳升跃机械有限公司与西安工程大学的产学研合作等。

咸阳技术市场先后组织百名专家团队与咸阳的企业特别是中小企业进行合作交流与考察调研，举办了多场科技成果推介会。如礼泉化工有限公司的1－甲基环丙烯推介会、咸阳德丰有限公司的益果灵产品推介会、粉末冶金技术对接会、咸阳机电行业共性技术推介会、咸阳中药创新产品推介会都取得了较好效果，促成科研单位与企业达成合作项目数十项。

组织中小企业参加深圳高交会（中国国际高新技术成果交易会）、上海国际新产品展览会、温州创新产品展览会、广州中小企业技术创新论坛暨科技产品展览会等大型展会，推动了高速节能型喷气织机、高致密零缺陷铸铁空心型材、无卤阻燃环保型环氧粉末包封料、复方沙棘籽油栓、参灵复康胶囊、羯蛭胶囊、千佛参产业化、口疮宁含片产业化、智能一体化断路器等多项地方重大项目的产学研实施。召开了中小企业清洁生产培训会、计算机控制系统的发展及行业应用培训会、粉末冶金技术对接会，机械行业先进加工技术应用培训会等。

# 第四章

# 科技交流与合作

## 第一节 国际科技交流与合作

中华人民共和国成立后，随着经济建设和科学技术的发展，咸阳境内的科学技术交流活动逐渐展开。特别是改革开放以来，咸阳科技外事活动频繁，科学技术交流活跃。至 1990 年，共接待外国科技团体 121 次，接待外籍专家学者 270 余人。

1974 年，陕西第八棉纺织厂组织人员到马里共和国学习纺织工艺、技术管理、色织等。20 世纪 80 年代，在中国科学院遗传所的介绍和配合下，来自美国波士顿大学的丁玉澄教授每年到西北植物研究所工作一段时间，同他们开展小麦研究方面的合作。同时，也主要是通过丁玉澄的介绍，李振声的文章被推荐给美国遗传学会主席 Sears。Sears 看了很高兴，后来推荐到一家杂志发表。也就是从这时开始，Sears 了解了李振声的工作，双方开始沟通与对话，并最终有了 1986 年第一届国际植物染色体工程学术会议在西安的召开。

进入 90 年代以后，咸阳对外科技交流更加活跃，政府与民间交流发展迅速。先后邀请加拿大世贸专家米切尔教授、美籍华人、得克萨斯大学教授陈皆明博士、台湾农业专家廖树宏等国外知名专家学者举办了 WTO 知识产权、农村城市化建设等学术交流报告会。

2005 年开始承担中国科协海外智力为中国服务行动计划活动，促使日本优质苹果栽培技术示范园工作在淳化、礼泉等县展开，日本青森县果树专家中田信雄多次来咸阳进行果树栽培技术培训工作。2005 年 2 月，市科协邀请台湾农协会农业管理专家廖树宏来咸做了台湾农业管理专题报告。主要内容为台湾农业发展经验、“三农”的意义、台湾休闲农业发展理念等。2007 年，市委宣传部、市科协联合举办城市生活质量与环境专题报告会，邀请加拿大专家路易斯·拉罗·莱庞特女士给咸阳市干部作专题报告。

## 第二节 国内科技交流与合作

民营科技企业是咸阳市改革开放中涌现的新生事物，已成为加速科技成果转化的有效途径，成为推动地方经济发展的主力军。咸阳市多次举办科技成果项目推介活动，邀请陕西科技大学、陕西省石油化工研究院等20多家大专院校、科研单位向民营企业专题发布科技信息，进行对口协作。编辑制作《蓬勃发展的咸阳民营科技企业》多媒体光盘，引导企业发展高新技术产业和应用新工艺技术，提升产品档次，展示民营科技企业在咸阳市经济发展中的重要作用。

市科技局等有关部门把项目推介和招商引资作为服务的切入点和突破口，先后组织民营科技企业参加东西部合作与贸易洽谈会、咸阳市第三届产学研洽谈会、威海（西安）科技项目推介会以及省、市银企合作洽谈会。帮助企业与高校、科研院所结成技术对子，开展产学研合作，实现产品升级。先后27次组织专家对企业的技术难题进行诊断，推广科技成果443项，帮助企业引进资金3400多万元。

中医药保健产业是咸阳市的特色产业。市生产力促进中心等单位抓住GMP和GAP认证这两个关键环节，帮助制药企业规范生产工艺流程和建设规范化种植基地。为企业采用新工艺技术和开发中药新品种牵线搭桥，加强产学研合作，发挥陕西中医学院、陕西科技大学和陕西中药研究所的技术优势。多次举办中药现代化研讨会和项目对接会，先后引进天津中医药研究院、西安交大天奎生物制药公司、黑龙江中药研究所、春晖药业有限公司、西北农林科技大学等单位与海天制药公司、健民制药公司、步长制药公司等企业进行项目合作，龙生蛭胶囊、喘泰颗粒、复方沙棘籽油栓等8个产品通过国家新药审批并投入市场。针对通过GMP认证的22家制药企业普遍存在的技术问题，组织专家进行难题诊断和专题培训。在GAP技术服务方面以旬邑、永寿两个省级中药材规范化种植基地县为重点，在旬邑县组织中药现代化种植基地招商会，邀请有关科研单位和制药企业在该县建立黄姜、黄芪、柴胡、板蓝根、冬花等GAP规范化种植基地；组织专家编印《咸阳市中药材规范化栽培技术》资料，推广无公害栽培技术，为中药产业提供科技支撑。

2000年，陕西科技大学联合陕西西凤酒公司、陕西太白酒厂等单位，在中国食文化研究会、陕西省食文化研究会的支持下，举办了第四届国际酒文化研讨会。来自日本、加拿大、美国等国家的60多位国际知名酒专家和国内160多位专家、学者、企业家共计200余人出席会议。国内知名酒业专家、国务院政府参赞秦含章，知名白酒专家、茅台酒专家薛恒刚，原农业部副部长、中国食文化研究会会长杜志端做了专题报告。

2006年，邀请中国工程院院士、第

四军医大学副校长樊代明在陕西科技大学举办了科学发展观专题学术报告。邀请陕西师范大学食品工程系主任陈锦屏来咸举办了营养与健康专题学术报告。

2007年，省、市“科技之春”组委会组织了“技术创新院士专家企业行”活动，邀请孙海鹰、侯洵、李鹤林与咸阳的企业界和科研院所的有关人员就深化产学研结合，加快提升企业技术创新能力进行交流。

2008年，市委宣传部、市委组织部、市国有资产委员会、市工业办、市政协经济科技委员会、市科协联合西安交通大学经济硕士生导师何雁明做了企业改制上市及其资本运作专题报告会。

2009年10月，市科协邀请陕西省信息中心主任、陕西省宏观经济学会秘书长李振平为咸阳市领导干部做了《积极贯彻落实〈关中天水经济区规划〉带动经济社会又好又快发展》专题报告，还邀请科技部高新司司长李健做了《制造业信息化是一场革命》、西北工业大学教授王俊彪做了《企业信息技术应用》、省质量认证咨询中心教授李振宇做了《质量管理体系认证》、陕西科技大学教授杨安琪做了《企业网络化管理》等专题报告。

在实施“东靠西联”战略中，咸阳市积极与西安市、杨陵示范区建立联系，推动了三地科技经济合作。2003年年初，组建咸阳市科技发展联合会，发挥咸阳市离退休科技专家作用，开展科技发展战略研究和技术标准服务。与西北墙材建筑节能协会建立了市建材行业生产力促进中心，开展建材建筑行业性技术服务，推广新型墙体材料、节能环保建材。编印《西北墙改信息》刊物，收录和推介新技术成果。推广重点孵化的企业咸阳德丰有限公司研制的、被列为国家级重点科技成果推广计划项目的新型植物生长调节剂“益果灵”。市园艺站和植保站在全市13个县（市）区进行布点推广。吸引中科院理化研究所、新疆吐鲁番市科技局等单位与咸阳德丰有限公司建立技术推广协议，在苹果、葡萄、大棚蔬菜等作物中得到了应用。市工程师协会和老科协推广生物菌剂AM，应用二次发酵技术在兴平市、泾阳市布点试验，使养牛、养猪及蔬菜种植质量得到提高。推广苹果栽培10大技术，选择淳化县十里源乡园艺场作为863/智能农业专家信息系统的示范基地。组织专家对示范区果农进行系统演示和培训，运用信息化手段推广农业先进实用技术，在实施优果工程中发挥作用。

针对一些中小企业对国家政策不了解、申报项目编写材料不规范的具体情况，制作《国家技术产业政策与申报科技项目须知》多媒体光盘，向企业免费发放。每年举办科技型中小企业技术创新基金培训班，指导中小企业申报，为企业包装项目资料。向基金管理中心推荐56项优秀科技项目，其中彩管热融胶材料、新型焊接材料、500吨/年绿化木纤维技术工艺以及广播发射机集群智能控制系统等18个项目被科技部立项，获资助经费1260万元。同时，帮助优秀科技项目申报国家火炬计划、新产品计划、科技兴贸计划及省重大科技产业计划，为中小企业的技术创新和科技产业化提供服务支持。

# 第五章

# 知识产权管理

## 第一节　管理机构

专利工作是科技工作的重要组成部分。随着《中华人民共和国专利法》的颁布，1985 年 3 月，咸阳市成立专利管理处和专利事务所，开展知识产权（专利）管理工作。专利管理处直属市科学技术委员会领导，编制 10 人。

市专利管理处主要职责是：贯彻执行国家有关知识产权的法律、法规和政策方针，研究拟定咸阳市相关的知识产权法规、规章和政策措施并组织实施，组织拟订专利工作发展规划；组织研究知识产权事业发展战略和有关知识产权方面的重大问题，协调指导知识产权保护和创新体系的建立；负责全市知识产权的保护工作，依法处理专利纠纷和侵权案件，查处假冒专利行为；贯彻落实专利优惠政策和措施，会同相关部门组织全市专利技术许可和重大专利技术实施，负责专利市场的规范和管理，参与无形资产的评估工作；负责有关知识产权法律、法规的宣传教育与培训工作，对专利代理机构和专利评估机构的设立进行初审，协调全市专利工作并进行业务指导；承办市人民政府和上级部门交办的其他知识产权事项。

## 第二节　专利申报和登记

咸阳市专利管理处下内设专利代理室、专利文献检索室、专利技术开发部，为专利申请人办理申请和审查请求，编写专利申请等工作。

表 1-5-1　　1991—2011 年咸阳市专利申请量和授权量情况表　　单位：件

| 年　份 | 申　请　量 | 授　权　量 |
| --- | --- | --- |
| 1991 | 99 | — |
| 1992 | 260 | — |
| 1993 | 339 | — |
| 1994 | 205 | — |
| 1995 | 191 | — |
| 1996 | 150 | — |
| 1997 | 153 | — |
| 1998 | 114 | — |
| 1999 | 123 | — |
| 2000 | 86 | — |
| 2001 | 104 | — |
| 2002 | 70 | — |
| 2003 | 370 | — |
| 2004 | 256 | — |
| 2005 | 450 | — |
| 2006 | 580 | — |
| 2007 | 370（因陕西科技大学主体搬迁西安，故该校数据没有统计） | 329 |
| 2008 | 634 | 292 |
| 2009 | 653 | 382 |
| 2010 | 335 | 218 |
| 2011 | 875 | 568（发明 364） |
| 合　计 | 6417 | 1789 |

# 第六章

# 科技体制改革

## 第一节　科研机构改革

### 一　搞活国有科研机构

1985年3月13日，中共中央发出《关于科学技术体制改革的决定》后，全市科学事业单位开始实行院、所（站）负责制，全面扩大了科研单位的自主权：除国家委托的研究课题，以及上级任命或聘任的院、所长外，计划、经费、人事的管理和内部组织机构的设置等，都由科研单位在国家政策法令规定的范围内自主决定；科研单位在上级拨给的事业费以外的纯收入，除按上级规定的比例用于事业发展外，其余部分由科研单位自主用于集体福利和职工奖励；事业费完全自立的科研机构，可以按照国家规定，自费发放奖金、改革工资制度。在运行机制上，科研单位对上实行承包，对外实行技术合同制，对内实行课题或任务目标责任制，并逐步推行了科技人员招聘制、劳动优化组合和课题承包制。

1988年起，大部分开放性科研机构同主管部门签订了承包经营合同，实行所长承包经营责任制和目标责任制。主管部门依据开放实体的社会经济效益、技术开发水平、技术咨询范围等内容确定承包指标任务，实行“四保一挂”。即保效益、保技术开发成果、保固定资产和科技开发基金增值、保开发实体的发展，指标完成情况与职工工资总额和奖励基金挂钩。其他科研机构对主管部门实行技术承包责任制，主管部门根据其研究和推广成果对其进行奖惩。一些企业对厂办研究所实行了新产品开发承包责任制、科技效益承包责任制。

### 二　发展民办科研机构

1. 民办科研站

1982年，咸阳地区实行联产承包责任制后，原来的县、公社、大队三级农科网逐步解体。之后，随着农村产业结构的调整和多种经营的发展，迫切需要科研机构为之提供科技服务。于是，民办科研站首先在农村产生。秦都区北杜乡邓村农民在农村产业结构调整中，为了解决粮食和经济作物套种中种子混杂老化和农药、化肥使用方面的技术问题，几户农民联合成立了科研站，为农民提供良种繁育、技术咨询等服务。之后，这个乡的其他11个村也相继成立了科研站。科研站的主要任务是：进行新品种作业试验和良种繁育，向农民进行技术咨询和作物指导，提供良种、农药等生产资料，并指导农民进行植物保护工作。

2. 专业技术研究会和专业技术协会

1984年，礼泉县新时乡的养奶牛专业户，为了解决技术等问题，便自发联合起来，成立了奶牛饲养协会。礼泉县随后将之推广到苹果、蔬菜等项目上，到1990年年底，礼泉县的专业技术协会（研究会）发展到83个。与此同时，全市各县（区）也都涌现出一批专业技术协会（或研究会）。1990年年底，全市拥有各种类型的专业技术协会（或研究会）276个。

3. 民办科研所与民办科技开发服务机构

1985年起，各级科技主管部门鼓励集体或个人建立科学研究技术服务机构，并在实践中给予指导和帮助。1986年10月，全市第一个民办科研所——泾阳县真菌研究所诞生。该所由泾阳县白王乡农民陈喜林任所长，共有12名工作人员组成，开展的科研项目有黑木耳、毛木耳、香菇、平菇、猴头菌、红灵芝、红茶菌7项。1987年2月26日，由科委登记的第一个民办研究所——咸阳新产品研制所成立。之后，市县（区）陆续成立了一些民办科研机构。到1990年年底，全市共成立民办科研机构63个，从业的离退休和兼职科技人员600多人，开放项目40个，引进项目30多个，积累资金近千万元。

为了加强对民办科技机构的管理，促使其健康发展，1990年1月，咸阳市科委制定了《关于民办科技机构管理的暂行规定（试行）》，建立了民办科技机构的审批、登记、注册制度。

随着社会的进一步发展，科研机构逐渐与经济相脱节、力量分散重复以及运行机制僵化等弊端逐步显现。1999年中共中央、国务院发布《关于加强技术创新，发展高科技，实现产业化的决定》，对不同类型科研机构明确了改革方向和要求。咸阳市结合实际，对科研院所也相应进行了改革。2001年3月，国务院转发科技部、中央编办、财政部、税务总局联合制定的《关于非营利性科研机构管理的若干意见（试行）》，咸阳市按照文件精神，对社会公益性科研机构进行了相应的改革。

## 第二节　科技人员管理改革

从1979年1月起，按照中央和国家合理使用科技人员的方针政策，根据“人尽其才，用其所长”的原则，地委组织部、地区人事局、科委、劳动局等部门在全市范围内开展了用非所学科技人员的调整归队工作。截至6月底，全地区共调整462名，占应调整人数的94.7%，报请省上调整的12名。

从1984年7月起，按照省委、省政府《关于鼓励人才合理流动，加强第一线科技队伍的若干规定》精神，全市当年批准各类专业技术干部家属“农转非”855户，批准实行山区津贴6043人，实行浮动工资8413人，从而促进了科技人员向边远山区和生产第一线的流动。当年8月，彬县乡镇企业局副局长、县煤炭公司副经理郑宏忠承包了已经倒闭了的新民镇清水沟煤矿。10月，省焦化厂技术科助理工程师梁西秦回乡领办了乡镇企业——礼泉县化工有限实业公司。

1987年8月，市政府下发《关于促进专业技术人员合理流动的通知》，制定了鼓励科技人员合理流动的优惠政策。当年，全市有410名科技人员到乡镇企业工作。1989年9月，咸阳市政府召开“科技兴咸”大会，并于会后下发《咸阳市科技承包暂行规定》，进一步制定了促进科技人员合理流动，推进科技承包的鼓励政策。咸阳市政府自1990年起设立“科技兴咸”特别奖励基金，每年拿出5万—10万元奖励在“科技兴咸”工作中做出特殊贡献的科技人员以及有关单位。

2000年，中共中央颁布了《深化干部人事制度改革纲要》，提出要建立与建设有中国特色的社会主义相适应的干部人事制度。咸阳市制定了《关于加强人才队伍建设的意见》，提出了加强党政人才队伍建设、企业经营人才队伍建设、专业技术人才队伍建设及人才的培养开发、吸引、使用等保障措施。2003年以来，咸阳市先后出台了《关于进一步加强高层次专业技术人才队伍建设的意见》《关于加强农村乡土人才队伍建设的意见》《关于吸引优秀人才来咸阳工作的优惠政策》等文件。市有关部门经常举办各类专业技术培训班，聘请国内外高层次专家、教授授课，提高专业科技人员的水平。选派学科带头人、拔尖人才等出国进修、考察和学术交流，学习和掌握国内外最新技术。依托大中专院校和科研单位建立开放式培训基地，定期选派专业人才脱产培训。同时以高层次人才培养为龙头，全面加强专业人才技术队伍建设，实施“三五人才”工程和“新世纪千百万人才”工程；选拔推荐国务院特殊津贴专家、在咸陕西省有突出贡献专家和中青年专家，培养优秀的学科学术带头人848名，市管专家52名、享受国务院特殊津贴专家和陕西省有突出贡献专家57名。

在吸引和集聚海内外人才方面，采取“户口不迁、关系不转、双向选择、来去自由”的原则，共引进各类人才3万多名，其中高层次人才836名，建立博士后流动站5个。

在人才培养上，改变“重使用、轻培养”的倾向，构建终身教育体系，注重培训。打破人才“部门所有”“单位所用”的旧观念，坚持引进人才与引进智力并重。在引进方式、资金扶持、创业环境、生活待遇等方面，制定具有竞争力的人才引进政策。市财政每年为人才市场和引智工作拨付100万元，作为人才开发的专项资金。2000年8月，中共咸阳市委、市人民政府制定《关于吸引优秀人才来咸阳工作的优惠政策》，进一步加大人才引进力度。

2010年，市人民政府拿出100万元专项资金对为全市经济建设、科教发展和文化繁荣作出突出贡献的优秀人才予以表彰奖励。授予张学文、张喜文、梁增基3人“特别贡献人才奖”，各颁发奖金5万元；授予王志海、王志杰、李小超、赵涛、王煜、郑刚6人咸阳市“特别贡献人才提名奖”，各颁发奖金4万元；授予李祥林、张卫华、张安静、刘松林、程国栋、何万盈、王延岭、陈康劳、左毅、汤伟10人“杰出贡献人才奖”，各颁发奖金3万元；授予郭俊炜、乔东虎、王永安、刘平社、赵晓平、廉万朝、段平均、殷夏阳、焦志学、彭晓红10人“杰出贡献人才提名奖”，各颁发奖金2万元。

# 第七章

# 科技服务

## 第一节　科技信息服务

### 一　科技信息网络

1998 年 2 月 18 日，由一条 64KDDN 专线、一台服务器、一部调制解调器和两台工作站构成的咸阳市首家政府工作部门信息网——咸阳科技信息网建成并开通。它的建成不仅仅是互联网上增加了一个节点，而且表明咸阳市信息化工作又上了一个新台阶。同时，在各区县设立信息工作分站，信息搜集工作落实到个人，在各个行业和企业中聘请信息员，形成了覆盖全市的科技信息组织网络。

### 二　科技信息传递

20 世纪 90 年代末，全市信息化工作处于起步阶段，计算机尚未普及，网络环境比较落后。咸阳科技信息网站承担了大量的科技信息传递工作。一方面为科技信息需求用户提供现场信息检索和咨询服务，同时将检索到的重要信息编印成《咸阳信息简报》发送给政府相关部门、各大院所和中小企业。另一方面将本地信息通过工作分站以电话传真和信函等形式汇集到咸阳科技信息网站上发布，每年信息传递量达数万条。

2002 年后，随着计算机的普及和网络的发展，科技信息传递方式迅速改善，至 2004 年基本实现网络化传递之后，信息传递量逐年攀升。截至 2011 年，咸阳科技信息服务越来越便捷，咸阳科技信息网成为沟通政府与企业的有效平台。

## 第二节　公共科技网络服务平台

### 一　生产力促进中心

1997 年咸阳市生产力促进中心成立后，相继成立各级各类生产力促进中心 18 家。其中国家级示范中心 2 家、县（区）中心 12 家、行业中心 5 家，分布在兴平、礼泉、乾县、永寿、彬县、长武、旬邑、淳化、三原、泾阳和渭城等县（市、区）以及机械、纺织、建材、印包等中小企业聚集的行业。全市生产力促进中心实现了组织网络化、功能社会化、服务产业化的发展目标，成为咸阳市科技创新服务体系建设的重要组成部分。

市生产力促进中心1997年6月12日由原省科委正式批准成立。2002年12月13日，经市政府批准在市科技信息研究所基础上整合改制，隶属咸阳市科学技术局。下设管理培训部、信息服务部、对外联络部和网络资讯部，在岗职工22人，其中大专以上文化程度20人。后对外联络部更改为农业服务部，增设项目服务部。组织编制了数字化咸阳建设的实施规划和技术方案，积极推进以宽带区域网和地理信息系统等为主的基础设施建设。2002年6月，通过了ISO9000管理体系认证。承担咸阳科技信息网的建设和运行工作。网站的信息内容按电子政务、科技服务和科技信息资源3大类将信息分为20多个一级栏目，内含50多个二级栏目，网页全部采用ASP+数据库，信息更新及时，方便用户浏览，点击率较高。

2002年9月，咸阳市被科技部认定为全国46个制造业信息化重点城市之一。2003年4月，被建设部列为国家级数字城市示范项目。2004年7月，被科技部评定为国家级生产力示范中心。组织实施的制造业信息化关键技术攻关及应用工程（咸阳市）课题，于2005年11月通过科技部专家组验收。先后举办了质量认证、实用技术应用、计算机知识、财会电算化、CAD技术、创新基金申报、营销策划等各类培训班150多期，涉及企业650多家，培训人员5500余人次。截至2010年6月，为企业申报科技部中小企业创新基金项目93个，已立项目34个，支持项目总金额达2175万元（其中贷款贴息80万元）。

## 二　公共科技企业孵化器

科技企业孵化器又称为企业创业中心，其作用在于提供一系列创业企业发展所需的管理支持和资源网络，包括研发、生产、经营场地、通信、网络与办公等方面的共享设施，系统的培训和咨询，政策、融资、法律和市场推广等方面的支持，帮助和促进创业企业成长和发展，降低创业企业的创业风险和创业成本，提高企业的成活率和成功率。科技企业孵化器作为专门的科技产业服务机构，在将科技资源迅速、高效地转变为社会生产力，培育中小科技企业成功创业和迅速成长，加速地区和国家产业结构调整，发展高新技术产业，改造传统产业，创造新的就业机会等方面已经显现出其独特的功能与潜力。清华科技园（咸阳园区）是咸阳唯一的国家级科技企业孵化器。

## 三　公共科技服务平台

咸阳市注重发挥境内科技资源丰富的比较优势，积极整合科技资源，服务中小企业技术创新，推进产学研合作。2008年，依托咸阳市生产力促进中心搭建面向中小企业的公共科技服务平台，成为对外宣传交流、促进知识流动、加速成果转化和服务中小企业的重要窗口，是咸阳区域科技创新体系建设的重要内容之一，也是近年来全市科技工作的重点。科技服务平台以整合境内科技资源，促进区域科技创新，推动行业科技进步，更好地为咸阳市中小企业创新创业提供专业性技术服务为宗旨，按照“整体规划、分步实施、有限目标、突出重点、共建共享、协作服务”的原则搭建、运用信息、网络，初步解决了咸阳市科技资源丰富，但利用率不高，与中小企业普遍存在“缺技术、缺人才、缺资源”的矛盾。在营造区域创新、创业环境氛围，服务和推动产学研合作等方面做了有益的探索。平台坚持公益性服务公众的方向，依托专业技术服务中心的技术支撑，利用社会科技创新资源，降低中小企业创新成本与风险，缩短科技成果转化周期，成为政府联系和服务中小企业的桥梁与纽带。它以机械、电子、医药、橡胶、能化、农业、食品、纺织、建材、印包10大行业的中小企业群体为重点服务对象，形成覆盖全市中小企业科技资源的互动平台。下设10个子平台，一期重点建设机械、电子、能化、医药、橡胶5个行业，主要包括大型仪器、申报中心、科技成果、特色园区、政策法规、最新快报、行业介绍、行业动态、科技企业、企业产品、技术合作、人力资源、投资融资、专家咨询、供需信息、土地房产、行业调查等相关栏目。通过在平台上开设多个专业信息服务窗口，提供建立服务对接与互动、建设大型仪器设备及服务企业信息技术资源中心、开展检测测试与标准、行业科技创新咨询、专业化培训、信息化、难题诊断、企业采购等服务。

# 第二编

# 科技资源

# 第一章

# 独立科学研究机构

咸阳市境内有14所普通高等院校、16所省属科研院所、23所中高级技工学校，全市共有科技人员21.7万人，其中专业技术人员18.2万人，国家级有突出贡献的专家和享受国务院特殊津贴专家50多人。

## 第一节　政府科学研究机构

### 一　部属科研机构

西北机电工程研究所　位于市区毕塬东路5号。1957年6月创建于北京，首任所长吴运铎被誉为“中国的保尔”。1966年3月迁至包头，1969年12月再迁至咸阳，1970年更名为第二〇二研究所，隶属中国兵器工业集团公司。历经半个世纪的艰苦创业，发展为集机械、电子、液压、自动控制、测试、光学、工程力学和计算机科学等多种学科于一体的大型综合应用技术研究所，拥有国家批准的博士后科研工作站与硕士研究生培养点。其优势学科为机电液一体化的大型生产设备的研制开发，如电力拖动、电站技术、生产线改造、自动测量、自动监控、电液自动系统的设计制造等。累计完成科研项目700余项，拥有科技成果600余项，其中获得国家级科技奖20余项、省部级科技奖150余项，获得国家专利30余项。截至2011年，专业技术人员900余人，其中国家级和省部级有突出贡献的专家6人，享受国务院特殊津贴专家30余人，研究员级高级工程师50余人、高级工程师300余人。有先进设备、仪器3250台（套），其中价值在30万元以上的设备36台（套），各种实验室、专用试验台50多个，固定资产1.28亿元。内设执行部、军品事业部、民品事业部、行政事业部和三产事业部5个部门。改革开放以来，西北机电工程研究所大力开发市场需求的民用产品，先后在机械、电子、冶金、石化、钢铁、航空等行业承担了多种非标设备研制、生产线建设与技术改造任务，逐步形成了机场地面设备、机电一体化设备、特种机械设备和彩管生产与检测设备4大系列主导产品，并面向国内外市场销售。其中智能型旅客登机桥产品多项技术居国际先进水平，阔幅提升式机库大门填补了国内空白，彩管生产与检测设备远销欧洲市场。被人事部确立为企业博士后科研工作站单位。

核工业二〇三研究所　位于市区渭阳西路48号。成立于1974年9月，隶属中国核工业集团公司。该所是以军工科研为主、民品为辅的多学科综合性研究机构，系中国西北地区铀矿科研找矿中心、放射性环境评价中心、放射性物质分析测试中心，在铀矿地质、分析测试、环境评价、数字制图等相关专业设备仪器方面处于国内先进水平。截至2011年年底，有职工409人，其中专业技术人员281人（研究员级高级工程师27人，高级工程师115人，中级人员84人），占职工总数的68.7%。优势学科为地质、水文、物探、遥感、分析测试、环境评价，其次为射线技术、电子技术、计算机软件开发等。建所以来，共完成各类项目（课题）480多项，其中获部级科技进步奖60多项。“新疆铀矿勘察”项目获国防科学技术一等奖、国家科技进步二等奖。先后与前苏联及俄罗斯、乌兹别克斯坦、哈萨克斯坦、巴基斯坦、澳大利亚、加拿大、捷克等国开展业务交流和技术合作。除完成国家战略任务外，还承接大型国土资源调查与勘察、固体矿产勘察、灾害与环境地质调查、工程施工、资源及环境评价、地矿样品分析、油田技术服务、彩色印刷、数字制图等任务，核力牌防冻液、车用抗石击PVC涂料、车用阻尼胶板等汽车材料有较强的市场竞争力。

中国船舶重工集团公司第十二研究所　位于兴平市。中国船舶行业唯一的热加工工艺研究所，设有铸造、锻造、热处理、理化检测、化工等研究室及生产试验车间。负责船舶行业和铸锻技术指导组的工作，并负责全国船舶行业热加工技术基础研究、铸锻技术指导组和热加工信息网的工作。先后为船用主机、船用辅机、船用增压器以及航空、航天、新型装备等进行了多项科研攻关，在金属材料及辅料、特殊热处理、精密成形、金属零件和构件的失效分析、精密复杂铸锻件的国产化研制等方面攻克了许多关键技术难题，开发了中速柴油机缸盖、缸套等复杂、耐压类铸件，高强度铝合金铸件，工程用耐磨件，铸造系列辅助材料，各种化学热处理、等离子喷涂及热喷涂技术、热处理用辅料，机车、船用压气叶轮、导风轮、转子主轴、VTR镦锻和铝合金等温模锻装置及技术，振动时效技术，智能测温仪等，其中部分产品打入国际市场。先后通过德国、英国、法国、挪威等船级社的认证，成为船舶行业热加工先进制造技术研究开发中心和中试基地。截至2011年年底，有职工366人，研究员及高级职称人员56人、其他专业技术人员133人。有专业研究室11个，专业研发人员170人。从事新产品开发，新工艺、新材料、新技术的科研、生产，设有精密铸造、精密锻造、特种热处理、构件失效分析和理化检测、精细化工、标准物质、机械加工等20个专业。具有从事国防科技预研，热加工先进制造技术应用研究，新工艺、新材料研制、引进产品国产化、船舶动力关键件的研发与中试能力。科研项目获省部级二等奖以上奖项60项；申请发明专利16项，其中已授权2项；计算机软件著作权登记2项；商标1项。

水利部西北水利科学研究所　位于杨陵区渭惠路。创建于1940年，时为西北农学院与中央水工试验所合办的武功水工实验室。1950年8月，由西北军政委员会水利部倡议，与西北农学院协商合作，在原武功水工实验室的基础上扩建成立西北水工试验所。1956年3月，国家水利部下达了“关于西北水工试验所改由水利部直接领导的决定”。1958年，机构下放陕西省，实行由水利电力部和陕西省双重领导体制，西北水工试验所相应改名为西北水利科学研究所和陕西省水利科学研究所，一套机构，两块牌子。1979年9月，国家科委与水利部决定，将原下放给陕西省的水利科学研究所实行由水利部与陕西省双重领导体制，以水利部为主。1996年4月，水利部与陕西省协商决定，西北水利科学研究所由水利部直接领导，不再实行部省共同管理的体制。为便于在陕开展业务，仍保留陕西省水利科学研究所的牌子。建所以来，结合生产实际编写出版《渠道防渗》《小麦灌溉》《U型渠道》《大口井及辐射井》等水利科普书籍50余种，其中《陕西省喷灌区划》《水库排沙清淤技术》获陕西省科技进步二等奖。1972年创办《陕西水利科技》专业技术刊物。1995年3月，全国渠库防渗科技信息网创办的网刊《防渗技术》经新闻出版署注册国内发行。该所自成立以来，以西北地区水利建设和黄河中上游水电开发为中心，开展了引水枢纽、河道渠系泥沙防治及利用、水力管道输送；水利枢纽优化布置及防冲消能；高速水流特性、黄土基本性质、矿化结构和粗粒材料填筑特性、大坝渗透变形与稳定分析；水工建筑材料基本性能、渠库工程防渗抗冻、结构应力分析与原型观测；高效、节水灌溉技术及盐碱化防治，水资源及环境评价、防灾减灾等各类试验研究项目1500多项，获国家、省部级以上科技成果奖、发明奖65项，获技术专利5项。

中国航空工业第四十六研究所　位于兴平市。陕西华兴航空机轮有限公司（原国营514厂）所属研究所。陕西华兴航空机轮有限公司是国家“一五”期间156项重点工程之一，是中国航空机轮和刹车系统研制、实验、生产的骨干企业，是国家航空机轮、轮胎等产品进出口检测及实验中心。第四十六研究所具有机械加工、冷热冲击、滚压、黑色、有色金属铸、锻造、粉末冶金、塑压橡胶产品的生产和各种工装、非标准设备的制造能力，主要从事飞机机轮和刹车系统液压、气压软件、防滑系统、大型镁合金铸件、民航飞机刹车系统及微（轻）型车、轿车和车轮、喷水织布机等研究。

西北橡胶塑料研究设计院　位于市区西华路，创建于1965年。原为化工部西北橡胶工业制品研究所，当时是国内唯一专门从事橡胶密封制品的研究单位。2011年有职工700多人，科技人员176人，其中教授级高级工程师58人。设有研究开发机构、生产机构、营销机构和国家军工配套生产基地、国家橡胶密封制品质量监督检验中心、全国特种橡胶制品信息中心站和全国橡胶密封制品检验实验室。

“六五”至“十一五”期间，承担了国家重点军工项目和“863”计划项目，取得重大科研成果540多项，为中国人造卫星、运载火箭、“神舟”系列载人飞船等的研制发射成功作出了重要贡献。先后有10项技术填补了国内空白，22项技术具有国内领先水平。在氟橡胶、硅橡胶、乙丙橡胶、丙烯酸酯橡胶、丁腈橡胶、氯丁橡胶、氯醇橡胶等特种橡胶的材料配合、应用和老化研究等方面处于国内领先水平，其中65项荣获国家、部、省级成果奖。制定、修订国家及行业标准77项。

咸阳非金属矿研究设计院　位于市区滨河路5号。1963年成立，前身为建筑工程部非金属矿研究所，1973年迁至兴平，更名为陕西非金属矿研究所。1983年更名为国家建筑材料工业局咸阳非金属矿研究所，1999年12月转制为企业，划归中国材料科工集团管理。是专门从事非金属矿工业技术开发、应用及工程设计的集科、工、贸于一体的科技型企业，下设粉体中心、非金属矿产品与制品质量检测中心、《中国宝玉石》杂志社、综合利用厂、设计院和制品开发部等单位，国家非金属矿制品质量监督检验中心设在该院。2011年有职工239人，其中具有中级以上技术职称的98人，学术带头人2人。其优势学科为非金属矿行业的基础理论研究及新技术、新工艺、新产品、新装备的研究、开发、设计等。共取得列入国家或部门行业计划的较大科研成果100多项，承建完成了横向技术服务、研究开发项目150余项。这些成果中填补国内空白、行业领先或国内领先、达到国际水平的有数十项，其中获国家科技进步奖3项，省、部级科技进步奖7项。

咸阳陶瓷研究设计院　位于市区渭阳西路35号。是中国新型建筑材料集团公司所属的科研设计单位。创建于1970年，名为陕西省工业陶瓷厂玻璃陶瓷研究室，1974年更名为陕西省建筑材料陶瓷研究所。1975年5月，与陕西省非金属矿研究所合并，成立陕西省陶瓷非金属矿研究所。1977年10月，更名为咸阳陶瓷非金属矿研究所。1999年转制为科技型企业，以科研设计、科技实业、行业服务为3大业务平台，面向建筑卫生陶瓷、粉体工程、材料工程三个技术领域进行新工艺、新技术、新装备、新产品研究开发和设计制造。2011年有职工200多人，其中科技人员占三分之二，高、中级专业技术职称人员占二分之一，内设陶瓷研究所、设计工程公司、标准室等，主要生产实体有机械厂、超细粉碎工厂、色釉料厂和特种密具厂等。设在该院的国家建筑卫生陶瓷质量监督检验中心在国家标准的制定、产品质量的监督检验、技术交流等方面对建筑卫生陶瓷行业的进步与发展起到了重要作用。累计完成国家级重大科研课题26项；鉴定各类科研项目100多项；填补国内空白和具有国内领先水平的科研成果30多项；获国家、省、部级奖约67项，行业进步奖37项，其他各类奖19项。完成了国家"十一五"科技支撑计划课题——陶瓷砖绿色制造关键技术与装备及环保型保温陶瓷砖，通过科技部验收。

中国石化集团华北石油局第三普查勘探大队　位于市区毕塬东路19号。始建于1955年2月。是一支以石油、天然气与地热资源勘探开发为主的专业性勘探队伍。2011年有职工408名，其中技术人员203名，高级职称28名。建队以来，为陕、甘、宁、青、新、京、津等省（直辖市、自治区）石油、天然气、地热资源的勘探开发作出了贡献。1978年，被全国科学大会授予"陕甘宁盆地新油气田的发现重大贡献奖"。2003年，又被中国石化集团华北石油局授予"鄂尔多斯盆地油气勘探功勋单位"称号。

中国科学院水利部水土保持研究所　位于杨陵区。1954年7月筹建，隶属中国科学院西北分院。1955年10月，中国科学院北京植物研究所西北工作站和南京土壤研究所武功黄土试验站并入。1956年2月，更名为中国科学院西北农业生物研究所。1958年5月，改称中国科学院西北生物土壤研究所。1964年，更名为中国科学院西北水土保持生物土壤研究所，其科研业务由黄河中游水土保持委员会领导。1970年7月，下放所在地省、市管理，先后由宝鸡市、省水电局、省科技局、省科学院领导。1979年6月，划归中国科学院领导，更名为中国科学院西北水土保持研究所。1988年12月，实行中科院和水利部双重领导，更名为西北水土保持研究所。1995年5月，改名为中国科学院水利部水土保持研究所。

水土保持研究所以黄土高原为重点，面向全国，针对水土流失区资源环境与可持续发展的重大理论与关键技术问题开展研究，为国家水土保持与生态建设宏观决策提供理论依据、配套技术和实体样板，形成了以水土保持为主导学科，以土壤学、生态学和农业工程学有关领域为支撑的总体学科框架。设有黄土高原土壤侵蚀与旱地农业国家重点实验室、国家节水灌溉杨陵工程技术研究中心、水利部水土保持生态工程技术研究中心、流域生态与管理研究室、区域水土保持与环境研究室、林草生态研究室6个研究单元。在黄土高原不同类型区建有安塞水土保持综合试验站、长武黄土高原农业生态试验站、固原生态试验站、神木侵蚀与环境试验站等野外站。建有人工模拟降雨大厅和人工干旱环境气候室等重要科研实验设施，形成了集应用基础研究、试验与示范、决策服务于一体的水土保持科研体系。截至2011年年底，有职工220人，其中中国科学院和中国工程院院士各1人，国际欧亚科学院院士1人，正高级职称50人。拥有土壤学、生态学、水土保持与荒漠化防治3个博士、硕士学位授权点，设立农业资源综合利用博士后流动站。

西北植物研究所　位于杨陵区。1965年建立中国科学院西北植物研究所。1970年7月下放陕西省管理。1982更名为西北植物研究所。1991年实行陕西省与中国科学院双重领导体制，更名为陕西省·中国科学院西北植物研究所。1999年9月并入西北农林科技大学。主要开展小麦远缘杂交育种及小麦遗传工程研究、秦巴山区植物多样性保护、生态环境与农业可持续发展研究，同时开展植物生物技术、植物化学、黄土高原植被恢复等研究。

## 二　省属科研机构

陕西省机械研究院　位于渭城区文汇西路13号。建于1958年。主要从事粉末冶金制品、纤维检测仪器、数控数显技术的研究、开发和生产销售，并承担陕西省机械产品的质量监督检验、陕西省机械行业生产力促进中心及咸阳市机电科技孵化器的任务。下设陕西华夏粉末冶金有限责任公司、陕西华斯特仪器有限责任公司两个控股公司和数控机床研究室、机电技术研发中心两个科研经济实体以及陕西省机械行业生产力促进中心、陕西省机械产品质量监督监测总站。

2011年年底有职工280余人，其中有享受国务院特殊津贴的专家、教授级高工及各类高级专业技术人才30多人，中级专业技术人才50多人，大中专以上学历人员占职工总数的65%。累计完成各类科研成果200余项，其中获国家、部、省级奖励50余项，取得专利成果10项。

陕西省农业机械研究所　位于渭城区毕塬西路9号。建于1958年4月。是省属唯一以农业机械为主的多学科综合性科研机构，主要从事各类农田作业机械的研究设计、推广应用，农副产品加工机械、排灌机具、自动化控制系统的研究开发设计，同时承担全省农机产品的质量检验和水利机械的测试任务。2011年有职工105人，其中科技人员85人，享受政府津贴的专家3人，高级工程师11人。下设陕西省包装食品机械研究所、农业工程研究室、陕西省水力机械检测中心、机电技术研发中心、陕西省农业机械产品质量监督检测总站。优势学科为机电一体化包装机械和畜牧机械，研制精密自动称量包装机械和挤奶机系列产品。包装容量为20—25000克、10多种规格的自动称量包装机达到国内领先水平，主要技术指标达到国际水平，并获得2000年国家级重点新产品和咸阳市重大科技产业化项目支持。累计完成主要科技成果170余项，获得省部级以上科研成果奖57项。在农业机械、畜牧机械、水力机械、农副产品加工机械、称量包装机械、机电一体化等领域进行了广泛深入的研究，创立了“精恒”商标品牌，DXDC 自动称量包装机获国家级新产品称号。

陕西中药研究所　位于渭城区毕塬西路 16 号。建于 1981 年，为陕西省省属公益类科研机构，主要从事中药研究与中药资源的开发利用，是西北地区唯一集科、工、贸于一体的综合性中药研究与开发的科研机构。2011 年有职工 174 人，其中专业技术人员 96 人。先后承担国家、省部级科研项目约 40 余项，获奖项目 10 余项。其中陕西中药资源普查与研究获陕西省科技进步二等奖，金银花同名异物系统研究获国家科技进步一等奖，甘草人工栽培技术系统研究获省部级科技进步一等奖、国家科技进步三等奖；太白山自然保护区综合考察与研究——中药部分获省级科技进步二等奖，林麝人工授精技术研究获省科技进步一等奖，倒卵叶五加茎开发研究获陕西省医药管理局科技进步一等奖，倒卵叶五加冲剂获省经委科技优秀新产品奖。通过省、部、市级科技成果鉴定，取得新药证书、临床批件、保健功能食品批准文号及其他产品文号 32 项。

陕西省农业科学院　位于杨陵区。1954 年 9 月成立西北农业科学研究所，由国家农业部领导。1958 年 3 月，成立陕西省农业科学研究所，与西北农科所合署办公，受中国农业科学院和陕西省农林厅双重领导。1983 年 10 月，更名为陕西省农业科学院，隶属省人民政府。主要对全省农、牧业生产中关键性科学技术问题组织研究攻关；接受国家下达的重点研究项目以及委托的区域性重大协作课题；负责全省农业科技干部的对口培训工作。设有粮食作物、特种作物、棉花、蔬菜、果树、蚕桑、土壤肥料、植物保护、畜牧兽医、农业经济、农业区划、黄土高原治理和黄土高原测试中心及 14 个研究所（中心），黄土高原科技交流培训站、全国土地肥力（黄土）监测站、陕西果品研究中心、国际农业科技情报体系（国家中心西北分中心）和小麦研究中心等机构。2011 年有职工 1650 人，其中科技人员 925 人；高级研究人员 180 人，中级 360 人。完成科研成果 671 项，其中获国家和省部级奖励 178 项，育成农牧良种 195 个，出版专著 151 部，发表论文 3000 余篇。小麦育种、玉米杂交育种、生物技术、大白菜不育系选育、黄土高原综合治理等一些研究项目居全国乃至世界先进水平。

陕西省棉花研究所　位于三原县。前身为于右任于 1934 年创办的泾阳斗口农事试验场。中华人民共和国成立后，随隶属关系数度易名，1958 年定名为现名。主要开展棉花新品种的选育和先进耕作栽培技术的研究及部分棉虫和棉花抗枯、黄萎病性能的研究。设育种、栽培两个研究室和试验场。

陕西省畜牧兽医研究所　位于渭城区窑店镇。建于 1958 年 10 月，由原中国科学院西北水土保持研究所畜牧研究室、陕西省兽医诊断实验室、马鼻疽治疗研究室合并而成，隶属陕西省农业科学院。2011年有职工147人，专业技术人员86人，高级研究人员23人，中级科技人员38人。在家畜家禽饲料、饲养，猪、鸡、肉山羊良种选育，家畜真菌中毒病，家畜微量元素代谢病，畜禽传染病和免疫诊断技术等学科方面，形成自己的特色与优势，也有与之相应的实验设备及场地。建筑总面积1.86万平方米，价值千元以上仪器165台（件），图书2.1万余册，中外文期刊300余种。取得科研成果80项，其中全国科学大会奖1项；国家科技进步三等奖1项；农牧渔业部技术改进一等奖2项、二等奖2项、三等奖1项；省科学大会奖1项；省人民政府科技进步、推广奖一等奖4项，二等奖8项、三等奖12项。出版专著5本。先后建立起祖代蛋鸡场、肉用布尔山羊原种场、肉用种鸽场、饲料厂、饲料添加剂厂，扩建了良种猪场、父母代蛋鸡场，基本形成年向社会提供良种新罗曼、特佳父母代种鸡30万套，商品鸡110万只，良种猪1100头，原种布尔山羊100余只，良种肉鸽1万对，饲料1万吨，添加剂1万吨的产业化体系。

陕西纺织器材研究所　位于秦都区渭阳西路37号。建于1965年。隶属纺织工业部，后下划陕西省。2011年有职工138人，其中各类专业技术人员63人，高级职称13人。主要生产塑料、化工设备、机械加工设备。目前承担全国纺织器材科技信息工作，是全国纺织器材标准化归口单位，负责行业标准的制定、修订工作；是陕西省纺织器材产品质量监督检验站挂靠单位，负责纺织器材行业产品质量监督检验工作。研究所以技术开发为主，面向全国纺织器材行业，开发生产新型纺织器材，生产和加工塑料产品、化工产品、机电产品。其中无梭织机钢筘胶黏剂1991年被国家科委、国家技术监督局等5部委评为国家级新产品，1994年获中国纺织总会科技进步三等奖。

陕西省地矿局区域地质矿产研究院　位于市区滨河西路7号。1956年4月成立陕西区调队，隶属陕西省地质矿产勘察开发局。其前身为中国和苏联合作组建的秦岭区域地质测量大队，是中华人民共和国成立以来从事区域地质调查最早、业绩最突出的区调专业队伍之一。2011年有职工316人，其中各类高级专业技术人员51人，拥有各类设备仪器200多台（套）。持有区域地质调查、固体矿产勘察、土地规划等甲级资质以及其他等级的水工环地质调查、地球物理、地球化学勘察、测量、地质灾害危险性评估、勘察、设计、施工、工程勘察等专业资质。长期承担国家基础性、公益性、战略性地质生产、科研任务，以区域地质调查、矿产勘察为主业，工作区域跨及豫、鄂、陕、甘、川、藏、新等省（区），完成1:20万、1:5万、1:25万区域地质调查和地球化学测量约60万平方公里。完成陕西省1:20万区域地质填图工作，出版了中华人民共和国成立后国内第一幅1:20万地质图和陕西省第一幅1:5万地质图，是国内最早运用“三新”开展1:5万区调填图的地勘队伍之一。先后发现了包括河南南泥湖钼钨矿、陕西公馆汞锑矿、湖北竹山庙垭铌稀土矿、陕西凤太和甘肃西成盆地铅锌矿等在内的100多个大、中、小型矿床。提交出版了《陕西区域地质志》《秦巴花岗岩》、四代《1:50万陕西省地质图》《1:50万陕西省铁、铜、硫、磷矿产分布规律与找矿远景图及说明书》等科研成果和地质学专著。曾多次参加部、省组织的重点地质科研项目攻关，填补了一系列基础地质研究空白，在新理论、新技术、新方法的推广应用方面做出了大量有益探索和富有成效的工作。累计向国家、地方政府和企业提交各类成果报告600余份，其中40余项达到国内领先水平，100多项获国家和省、部级奖励。曾多次受到国家和省、部嘉奖，被原地矿部授予“在地质找矿工作中做出重大贡献单位”的称号，在陕西省科学大会上被评为先进集体。

### 三　市属科研机构

咸阳发展研究院　位于渭城区文林路。成立于2009年8月。是咸阳市委、市人民政府为有效利用和整合咸阳市内外科教资源，发挥西咸一体化的区位优势，以咸阳师范学院为依托，以项目为载体，开放式运行的科研机构。主要研究咸阳社会经济发展战略和重大现实问题。

咸阳市林业科学研究所　位于市区金旭大道1号。成立于1982年。2011年有职工45人，其中专业技术人员20人（高级专业技术人员2人）。设有技术研究室、中心试验站和综合办公室。主要针对咸阳市渭北黄土高原沟壑面积大、水土流失严重、干旱少雨、造林成活率低的现状，开展抗旱造林、节水林业、适地适树、农田防护林网建设、森林病虫害防治等方面的研究和推广工作。重点从事林业实用技术研究、新技术推广、新成果中间试验和应用；林木名、优、新品种的引进、繁育和推广；林业科普宣传和林业技术培训。承担全市退耕还林工程，“三北”防护林四期工程、天然林保护工程、日元造林贷款项目、平原绿化“绿色通道”工程的规划设计、造林施工现场的技术指导和造林成果的检查验收工作。完成科研及推广课题18项，先后获得省科技进步一等奖1项、二等奖2项；市科技进步一等奖1项、二等奖1项、四等奖1项。引进推广各类名优树种110多种，繁育各类优质城镇绿化、荒山造林苗木1500多万株。引进推广的沙兰杨、截叶毛白杨、中林46、陕林一号和107、108中林美荷杨等名优品种在咸阳市得到了全面推广，成为咸阳市“四旁”和农田防护林网建设的主栽品种。中心试验站共有试验基地130余亩，全部采用管灌系统或喷灌系统，建成日光温室4座1600平方米、智能温室1座1200平方米。

咸阳市农业科学研究所　位于渭城

区。建于1962年，是咸阳市唯一的综合性农业科研单位。2011年有职工95人，其中专业技术人员47人；高级专业技术人员14人；省管专家3人、市管专家1人；省市“三五”人才4人，享受政府特殊津贴专家4人。设有小麦研究中心、油菜研究中心、玉米研究中心、蔬菜花卉研究中心、良种繁育中心、科技开发中心和种业有限公司。单位共占地265亩，其中生产、试验占地165亩。推广科研成果54项，其中省级成果22项（一等奖2项、二等奖7项），市级成果32项（一等奖9项、二等奖7项）。在作物育种方面，先后培育出10多个优良品种，部分达到国内先进水平。特别是在陕西省著名育种专家、第八届全国人大代表罗洪溪研究员和省第十届人大代表、省政协第四至七届委员华德钊研究员的主持下培育的小麦品种有咸农三十九号、咸农四号、咸矮一号、长选一号、404、33152、咸农68、咸农151、咸84加（79）等10多种，其中咸农三十九号是中国第一个矮秆小麦品种。培育的油菜品种有关油三号、秦油三号、单杂一号、秦优八号、秦优九号和秦优十号，其中秦优八号、秦优九号和秦优十号为“双低”油菜杂交品种，创造了陕西省“双低”油菜杂交品种单产最高纪录，平均亩产285.4千克。

咸阳农业气象科学研究所　位于渭城区。前身为建于1954年4月的泾阳斗口农业气象试验站，是中国最早建设的10个国家一级农业气象试验站之一。1979年更名为咸阳农业气象试验站，1987年更名为陕西省咸阳农业气象科学研究所，1990年迁至渭城区周陵镇。1999年与秦都区气象局、渭城区气象局合署办公。完成的棉花系列化农业气象技术推广应用项目，获陕西省人民政府1993年度农业技术推广成果三等奖；完成的固体$CO_2$气肥研究及推广应用项目解决了大棚蔬菜生产中二氧化碳匮乏问题，获1998年第五届中国杨陵农业博览会后稷金像奖。完成的棉花优质高产农业气象适用技术研究项目提高了移栽棉技术，使棉花生理生长发育进程与气候资源优势时段同步，达到高产稳产目的，该项目获陕西省人民政府1999年度科技进步二等奖。

咸阳市地方病防治研究所　位于市区滨河西路1号。1953年7月，咸阳地区卫生防疫站内设地方病科。1975年8月成立咸阳地区地方病防治所，1984年10月改为咸阳市地方病防治研究所。2011年有职工44名，内设4个科室，承担全市碘缺乏病、地方性氟中毒、大骨节病、克山病、布鲁氏菌病、麻风病的防治、监测、科研、信息管理工作，进行健康教育及技术培训工作。

咸阳市科技信息研究所　位于市区西兰路6号。1979年，在咸阳地区科技局资料室的基础上成立。主要代行咸阳市科技信息工作的管理职能；为市各级领导部门决策当好参谋；面向社会、面向经济、面向中小企业和乡镇企业，提供科技信息资料、信息调研、咨询等服务。内设科技信息资料室、调研室、编辑室、声像室、网络中心、微机室等。馆藏国内外文献资料6万余册。2011年有职工19人。完成科技调研课题6项，获市级科技进步奖3项。

咸阳市城市科学研究所　位于市区渭阳西路59号。成立于1958年8月。隶属咸阳市城市建设局，主要研究咸阳城市建设、规划，负责全市历史文化名城保护的日常工作。编辑出版内部刊物《咸阳城市科学》。

咸阳市环境科学研究所　位于市区思源南路中段。原为咸阳地区环境保护监测站，隶属咸阳市环境保护局。2011年有职工49人，其中高级工程师4人。内设办公室、综合业务室、环境评价室、水质分析室、大气分析室。主要承担全市环境科研任务及上级主管环保部门指令性科研项目；环境质量和污染源监测；环境影响评价及科研项目的调查与监测；负责建设项目及污染源治理工程竣工验收监测；污染纠纷调查及仲裁监测，建设项目环境影响评价及环境规划等工作。开展了渭河水质地方标准制定及主要污染物总量控制研究、陕西省咸阳市地面水域功能划分研究、咸阳市城市饮用水水源保护区划分综合报告、咸阳市城区环境空气功能区划分等10项科研课题，获国家、省、市环境保护科技进步一、二等奖。其实验室被省环保局评为省级优质实验室。先后11次被市委、市人民政府、市总工会、市环保局评为先进集体或优胜单位。

咸阳市建筑设计研究院　位于渭阳西路50号。始建于1964年，是中国工程勘察设计协会建筑分会在陕西的6个理事单位之一，也是咸阳市唯一的国家甲级建筑设计研究院，持有国家颁发的甲级设计资质证书和工程总承包资质证书、一类施工图审查资质证书、甲级岩土工程资质证书、场地抗震性能评价资质证书、市政设计资质证书、建筑装饰资质证书和工程监理资质证书。隶属于咸阳市城乡建设规划局。2011年有职工百余人，其中中、高级职称60余人，获得各类国家注册师资格37（人）项，享受有突出贡献专家待遇2人，市级“三五”人才6人。下设设计一所、设计二所、地基公司、装饰公司、工程监理公司、房地产开发公司。承担各类工业与民用建筑设计、建筑及市政工程施工图审查、工程咨询、岩土工程、市政设计、建筑装饰、工程监理等工作。

咸阳市规划设计研究院　位于市区胜利街4号。成立于1982年，是咸阳市唯一一个具有城市规划、市政设计、建筑设计3个资质的综合性设计单位，是咸阳市控制性详细规划编制及建筑日照分析指定单位。2011年有职工60人，其中高、中级职称30人。主要从事城市规划、市政工程设计、建筑工程设计及相关的科研、技术咨询等业务。下设规划室、市政室、建筑室、设备室、咨询公司等7个业务科室，设计手段全部达到计算机数字化标准，设计质量管理按照ISO9000质量管理体系运行。完成了咸阳城市空间发展战略研究、咸阳市城市总体规划修编、分区规划及专项规划，完成了三原、礼泉等20多个县城的总体规划。设计的咸阳市主要道路环境景观规划、两河四岸（渭河、沣河）生态环境景观规划设计等已经实施；完成了大量城镇及新农村规划设计工作；完成了多个住宅小区规划及其建筑设计。还承担了咸阳市90%以上的城市道路、给排水等市政工程设计任务，完成了市区人民路、金旭大道、西兰路、迎宾大道、阳光大道、中华路及延安市苑东路、永逸路，兴平市中心大街等数百条城市道路的市政工程设计。其中马庄镇建设规划、咸阳明清城保护利用规划、三原县城市总体规划先后获得陕西省城市规划设计评优二等奖、三等奖，咸阳市城市空间发展战略研究、旬邑县县域村庄布局规划等多项设计获得省级表彰。

## 四 县属科研机构

长武县农业技术推广中心 成立于1985年。属县人民政府事业单位，内设农技站、土肥站、园艺站、农技校、办公室、试验示范基地。2011年有职工26人，其中技术干部21人。主要推广新技术，如小麦、玉米、油菜地膜覆盖栽培技术，蔬菜大棚生产技术，立体、种植栽培技术等；发展优特小杂粮及经济作物，引进新品种。试验示范推广新技术、新成果1300项，完成上级下达的试验、示范项目1100项。共获得市级以上奖励43项，其中省、部级奖励19项。发表各类论文50余篇，其中刊登于国家核心期刊11篇；68人（次）受县级以上表彰奖励。先后培育出702、7125、秦麦四号、长武131、长武134、长旱58、长武521共7个小麦品种，其中国审品种3个。2006年获市科技进步一等奖；2007年获市科技进步创新先进集体，1人获全省农技推广先进工作者称号；2008年获省科技进步二等奖，1人获全省土肥推广先进工作者称号。

永寿县地方病防治研究所 成立于1978年1月。内设业务一科（大骨节病监测防治、健康教育与健康促进）、业务二科（碘缺乏病、克山病、麻风病防治监测）、后勤财务科、实验室、资料室、X线拍片室等科室。主要承担全县地方病防治、监测、科研、宣传教育及健康促进等工作。从20世纪50年代开始开展地方病的调查和防治工作。1979—1981年配合中央地方病领导小组进行的永寿大骨节的科学考察，通过论证、对比，总结归纳出“服硒、吃杂、改水、讲卫生”的综合防治方法，并在全国推广，被卫生部授予甲级科学技术成果奖。经过数十年的努力，全县儿童X线检出患病率由1989年的44.33%下降到0.58%，大骨节病病情得到基本控制，这一成果被载入《中国卫生年鉴》。永寿县《大骨节病科学考察报告》1983年被卫生部评为优秀学术论文，获得甲级成果奖。2005年被省地方病领导小组评为陕西省地方病防治示范县中的优秀县，并获得市地病办地病防治特等奖。

淳化县林业科学研究所 成立于1979年3月，隶属县林业局。2011年有干部职工17人，其中高级工程师1人、工程师2人。主要从事林业实用技术推广和示范，引进林业先进技术并做中间适应性试验工作。有试验基地50亩、育苗大棚3座、简易大棚2座，灌溉设施齐全。供应各类优质苗木1000多万株，先后获得省部科学技术进步奖2项；发表论文7篇，其中3篇获得中国林业科学院优秀论文一等奖，2篇获二等奖，2篇获三等奖。

旬邑县农技推广中心站 成立于1955年。隶属县农业局。现有职工37名，其中技术干部30名；高级农艺师2名。主要承担全县农技、植保、土肥、农村能源、蔬菜园艺等领域新品种、新技术、新器械的试验示范和推广应用工作。先后示范推广了玉米地膜覆盖、小麦地膜覆盖、苹果统防统治和配方施肥、荏籽育苗移栽、大棚蔬菜等实用技术，承担了农业部配方施肥补贴项目、农用沼气池建设、苹果非疫区建设、旱原节水灌溉等项目。在2009年实施的陕西渭北春玉米提升行动项目中，1412亩春玉米示范田亩产925.8千克，杨海升的3亩高产示范田亩产达到1113.8千克，创造了全省旱地春玉米千亩以上集中连片最高纪录。主持完成的渭北旱原春玉米坑条田地膜栽培技术的研究与推广获得农业部农牧渔业丰收奖三等奖，参与完成的渭北高原春玉米高产技术开发、苹果病虫害统防统治技术示范推广分获农业部农牧渔业丰收奖一等奖，春玉米高产技术开发、荏籽育苗移栽及主要作物平衡施肥技术推广与应用、苹果病虫害统防统治技术的示范推广分获2007年、2009年度旬邑县科技成果一、二等奖。其下属单位县农技站1998年4月被中国农技推广服务中心评为全国小麦地膜覆盖综合配套技术试验研究和推广工作先进集体，2009年被省农技站评为粮油作物高产创建活动先进单位。

## 第二节 高等院校科研机构

咸阳辖区有14所高等院校，包括陕西科技大学镐京学院、陕西中医学院、西藏民族学院、咸阳师范学院、陕西工业职业技术学院、解放军三原导弹学院、咸阳职业技术学院、陕西能源职业技术学院、陕西财经职业技术学院等，各高校拥有数量不等的科研机构。

中国人民解放军空军导弹学院 位于三原县。组建于1958年，隶属于中国人民解放军总政部，是全军唯一一所为空军地空导弹兵部队培养各类工程技术人才和初、中级指挥干部的综合性军事院校。1978年被国务院批准为全国重点高等院校。有副高级专业技术职务以上人员138人。1986年被批准为硕士学位授予单位。1996年，电磁场与微波技术、军事运筹2个学科和微波应用实验中心被确定为军队重点建设学科和实验室，被批准为博士学位授予单位。有电磁场与微波技术、军事运筹学2个博士点及电磁场与微波技术、通信与信息系统、计算机应用技术、信号与信息处理、机械电子工程、导航制导与控制、管理科学与工程、兵器发射理论与技术、军事运筹学、军事装备学和兵种战术学11个硕士学位授权点。

陕西中医学院 位于市区世纪大道。2011年有教职工1400余名，其中具有高级职称320余名。有国家中医药管理局中医药科研三级实验室3个、陕西省重点实验室2个。共取得科研成果114项，其中厅局级及以上科技成果97项；现有省部级在研科研课题89项。其三级实验室有：

（1）分子生物学实验室 2009年7月设立。以中医心脑疾病病理生理学基础、分子病理学机理研究、中医药抗消化系统肿瘤分子免疫病理学机理研究为主要研究方向，中医药抗消化系统肿瘤分子免疫病理学机理研究及心脑血管疾病、胃肠肿瘤研究方面的主要实验技术为主要研究内容。承担科研项目40项，其中国家自然科学基金4项、省部级项目10项、厅局级项目26项；发表研究论文70余篇，其中被科学引文索引收录6篇、工程索引和科技会议录索引收录3篇；出版学术专著16部；获省部级科技奖5项。

（2）中药药理实验室 2009年7月设立。以中草药抗炎免疫实验技术、防治老年病中医研究技术、中药抗肿瘤研究技术、分子细胞学与药物筛选技术和中医安全性评价技术为主要研究方向，以建立动物模型开展中药药效学及其作用机制研究、抗肿瘤中草药研究、中药新药安全性评价体系研究为主要研究内容。承担国家重大新药创制科技重大专项、自然科学基金和省级纵向科研项目13项，横向科研项目15项；发表研究论文127篇，出版学术专著30部，共获7项科技成果奖、新药证书和发明专利。

（3）中药制剂实验室 2009年7月设立。以中药新剂型与新技术研究及中药炮制工艺与质量标准的研究为主要研究方向，以固体分散技术、缓释制剂制备技术、中药材产地加工炮制一体化技术为主要研究内容。承担各级各类科研项目30项，其中国家级项目3项、省部级12项；发表学术论文120余篇，出版专著16部；获科技成果奖3项。

咸阳师范学院 位于市区文林路中段。2001年5月由咸阳师范专科学校和咸阳教育学院合并组建。2011年有教职工2900多人，其中高级职称129人，教授23人、副教授106人。有科研机构13人。共公开发表论文2836篇，其中被国内外主要文献数据库摘录和引用285篇；出版专著、教材363部；获省人民政府、省教委、科研奖37项；10人获高校曾宪梓教育基金会教师奖。

陕西工业职业技术学院 位于市区文汇西路。2011年有高级专业技术职务87人，有突出贡献专家2人。设有机械工程、电气工程、信息工程、材料工程、工商管理、人文社科6个系和基础部，开办32个高职专业。机械设计制造及自动化专业是教育部精品建设专业，模具设计与制造、计算机应用与维护专业是陕西省教改专业。校办产业实力雄厚，产教结合条件优越，是全国仅有的几家工具磨床定点生产厂之一。

陕西能源职业技术学院　位于市区文林路中段。设有能源工程系、机电工程系、电子信息工程系、经济管理系、医疗系、护理系、艺术师范系、基础部、继续教育与培训中心。所属地方煤矿设计院，为国家丙级设计院，所属陕西省职业技能鉴定站、培训中心、OSTA 计算机信息技术考试站等承担着陕西省煤炭行业的职业技能考核鉴定任务。

## 第三节　大中型企业研发机构

彩虹集团公司彩虹研究院　位于咸阳。2011 年有技术人员 2248 人，其中研究员 10 人；高级技术和管理人员 438 人。内设技术中心，开发有市场前景的显示器件新技术和玻璃基板、发光材料、金属部品等多元化新产品。自主研发成功的高清晰度彩色显像管、显示管用三色荧光粉等生产技术获科技部优秀火炬计划项目奖。TFT－LCD 玻璃基板项目获得国家工信部电子发展基金及科技部“863”计划等多项支持，液晶背光源 CCFL 用电极及荧光粉、高性能 PDP 荧光粉研发及工程化技术开发等多个项目获得国家科技部“863”计划、火炬计划及国家发改委平板专项等支持，先后获得国家和省部级科技成果 24 项。人事部在此设立企业博士后流动工作站和国家级企业技术中心。

咸阳偏转集团公司技术开发总公司　位于市区渭阳西路 70 号。从事各项高技术软件、模具及成套项目的开发。2011 年直接从事研究与开发的工程技术人员占公司总人数的 54%。多功能动态机、模具加工设备、自动会聚测试仪、计算机辅助设计、计算机辅助制造与统计过程控制系统软件等达到国内先进水平，先后被列入国家火炬计划、国家级新产品计划，被人事部和省经贸委认定为企业博士后科研工作站和省级企业技术中心。

航空起降制动系统工程研发中心　位于兴平市。隶属陕西华兴航空机轮有限公司，亦称第四十六研究所。是国家航空机轮、轮胎等产品进出口检测及实验中心。2011 年有职工 310 人，其中高级职称 37 人。主要承担国产军、民用飞机机轮刹车系统研发以及进口飞机航空机轮、防滑控制系统的国产化工作。新型炭/炭复合刹车材料、炭刹车机轮、钢刹车机轮、等温锻造轮毂、数字式防滑刹车系统、电传刹车系统等新产品已用于多种重点型号飞机，达到或接近世界先进水平。

陕西秦岭航空电气公司研究所　位于兴平市。亦称第四十七研究所。中国航空电源系统和航空发动机点火系统的科研中心。主要从事各型飞机的电源系统、发动机点火系统、民用电机电器产品的研究、设计、生产、试验等工作，具有机械加工、锻造、焊接、精密橡胶陶瓷、热表处理、电子元器制造和可靠性筛选等综合生产能力及非标准测试设备的制造能力。

陕西柴油机重工有限公司研发中心 位于兴平。隶属于中国船舶重工集团公司（CSIC）。研发部负责公司柴油机及相关产品的研发，产品性能改进提高、材料及结构优化设计等工作，并对其实行技术支撑。包括总体性能室、结构强度分析室和电控测试室。开发出缸径160—400毫米、转速390—1500转/分、单机功率550—5500千瓦的8个系列舰船用、陆用柴油机和440—12000千瓦船用、陆用柴油发电机组成套设备以及为柴油机配套的离合器、冷却器、油泵嘴等产品。

陕西宏远航空锻造有限责任公司技术中心 位于三原县。系中航工业陕西宏远航空锻造有限责任公司（中航工业宏远）企业技术中心。拥有中国最大的等温锻设备20000T等温锻液压机、10000T油压机、3150T油压机，7000T电动螺旋压力机和63TM、40TM、25TM、16TM对击锤等系列锻压设备；拥有中频、高频真空熔炼炉等精密铸造设备；拥有2.5M、2M、1.2M、0.35M等系列环轧设备；拥有高频低频疲劳试验机、高温持久蠕变试验机、拉力试验机、水浸探伤设备、光谱分析仪、气体分析仪、大型彩色金相显微镜、扫描电镜、显微硬度计、全自动布氏硬度试验机、低温处理箱等一系列先进的理化检测设备和与之配套的模具制造及热处理设备。可生产钛合金、高温合金、不锈钢、结构钢、铝合金、镁合金、铜合金，以及新兴的金属间化合物等不同材质的锻件。各类工程技术人员400余名，通过了中国新时代认证中心（XQC）的GJB9001质量管理体系认证、法国BV认证机构的AS9100质量管理体系认证；通过了美国PRI的无损检测及热处理特种工艺认证审核、北京兴原认证中心有限公司（XQCC）的EJ/T9001核工业质量管理体系认证、中航工业集团公司AVIC－QMS“生产和服务”及“认可实验室”质量管理体系达标现场评审等。

陕西省橡胶制品工程技术研究中心 位于市区西华路1号，隶属凯迪西北橡胶有限公司，由4个研究室和8个部门组成，具备较强的研究开发、检测、中试等科研能力。20多项科研成果获得化工部和陕西省科技进步奖，连续两届获得全国国防军工协作配套先进单位奖。

陕西金山电器集团有限公司技术中心 位于咸阳市金华路2号。该中心系陕西金山电器有限公司（国营四三九〇厂）技术中心。开发新产品320余项，获部级以上科技成果172项，部级以上优质产品15项，其中永磁铁氧体偏转磁芯，钕铁硼稀土永磁合金等产品获省优、国家级新产品等称号。有工程技术人员800余名，是目前中国最大的彩偏磁芯生产、科研基地。多年来，主导产品在国内市场占有率一直保持在50%以上，偏转磁芯已出口到日本、印度、韩国、马来西亚等国家和地区。

陕西华星电子集团有限公司研发中心　位于市区文汇东路16号。系原国营华星无线电器材厂（七九五厂）技术质量部。主要研制和生产石英晶体器件、敏感元器件及传感器、线绕电阻器、膜式电阻器、瓷介电容器、电位器、高性能电子陶瓷材料及零件、工业窑炉及无线电专用设备。有35项军、民新品通过部、省级鉴定，获25项部、省级科技成果奖；7种规格主导产品通过UL、长城安全认证；石英晶体获陕西省名牌产品称号；晶体器件、交流电容器、玻璃釉电阻器、压敏电阻器、线绕电阻器和钛酸锶系列电子陶瓷材料获部级优质产品及国家级重点产品称号。

陕西玻璃纤维总厂技术部　位于兴平市。该厂曾用陕西第一玻璃纤维厂，陕西省兴平玻璃纤维厂，先后开发了80余个品种、100多个规格的玻璃纤维制品。30多项产品荣获国优、部优、省优称号，并获得国家六部委颁发的“军工协作优秀单位”和“863”计划高科技开发先进单位等多项称号。

核工业西北二一〇厂研发中心　始建于1958年，隶属于陕西省核工业地质局。2011年有专业技术人员79人，高级工程师5人。已形成以自主研发生产经营地质勘探设备及其辅具为主，对外配套加工、三产经营为辅的产业运营结构模式。其中HX－500型钻机、HQJ－50浅钻分别荣获核工业部科技进步二等奖。

咸阳众鑫电子材料有限公司技术中心　位于秦都区渭滨镇香柏路中段。该研发中心前身为中国覆铜板行业最具实力的专业研究机构——国营第七〇四厂研究所。多年来一直承担国家军工和重大项目配套的电子绝缘材料的研制及国家标准和行业标准的制定任务，为覆铜板工业发展及覆铜板品种的系列化、型谱化作出了贡献。主要产品有：挠性覆铜箔薄膜、高频微波电路用覆铜箔层压板、覆铜箔复合基材层压板、覆铜箔环氧玻璃布层压板、绝缘板、半固化片、胶黏剂。

咸阳宝石钢管钢绳有限公司技术研发中心　位于市区玉泉西路西延段。隶属中国石油天然气集团公司。有中高级专业技术人员140名。拥有国内先进的钢丝绳、精密钢管、抽油泵、钢丝绳索具生产线，其工艺技术及产品质量达到国内领先水平。通过ISO9000质量体系认证，主要产品（石油用钢丝绳、录井钢丝、抽油泵）均获得美国API会标使用权。产品覆盖国内石油、港口、煤炭、海洋、机械工程等市场，并出口加拿大、美国、印度、印度尼西亚、巴西、南非、新加坡、中国香港等国家和地区。钢丝绳产品完成了从IPS级到EIPS级的全面升级，于2002年成为国内唯一一家成功替代进口而进入国内港口市场的钢丝绳制造厂家。

咸阳电工机械厂技术开发处　位于渭城区窑店。该厂始建于1969年，原名长城电工机械厂。开发产品有各种电阻炉、感应炉、电弧炉、精炼炉、矿热炉等，变压器用片式散热器、油箱，各种电工专用设备包括电机、绝缘、锅炉、变压器等，产品覆盖全国 24 个省、市和地区，并远销到越南、印度、菲律宾、马来西亚、巴基斯坦、中国香港等国家和地区。

咸阳经纬纺织机械制造有限公司研发中心 位于市区玉泉西路。咸阳经纬纺织机械有限公司是在原咸阳纺织机械厂的基础上，经主辅分离改制组建，生产经营纺织机械设备的企业。1986 年，与日本津田驹公司进行技术合作，同时与北京新技术公司、大专院校合作，使喷气织机产品的研发系列化。该中心为陕西省认定技术中心。工程技术人员使用具有多种功能的 3D 动态设计方式，能进行优化设计验证、装配演示、有限元分析，并能够通过网络构成 CAD 与 CAM 的无缝集成提高零部件加工质量、加快新产品试制验证周期。配备有主、辅喷嘴测试中心，空气动力测试实验室，电磁阀测试实验室，振动噪声测试站，功耗测试台，以及样机试验室。

陕西方圆汽车标准件有限责任公司技术部 位于三原县。1968 年由机械部投资，为承担陕西汽车制造总厂和陕西汽车齿轮总厂配套任务而同时兴建的西北地区规模最大的重型汽车高强度紧固件专业生产厂——陕西汽车标准件厂。工程技术人员有 60 人，可以同步开发国内最新引进的重型汽车高强度紧固件。开发产品有重型汽车高强度车轮螺栓、连杆螺栓、传动轴螺栓、飞轮螺栓等八大强力螺栓总成和螺纹直径为 6—24 毫米，长度为 12—300 毫米，强度为 8. 8—12. 9 级的高强度汽车标准紧固件、专用紧固件和异形紧固件等。

## 第四节 民营研发机构

1988 年 3 月 1 日，咸阳市第一个民办科研机构——秦城农村科技开发研究所成立。至 2011 年，咸阳市已有 57 家企业通过省级高新技术企业认定。国家级创新型企业 1 家，省级创新型企业 15 家；全市民营科技企业已发展到 1780 多家，生产力促进中心等科技创新服务机构以及科技园区等创新载体达到 45 家。陕西生益科技有限责任公司主导制定的 IEC61249 - 2 - 41“无铅组装用限定燃烧性环氧纤维素纸/玻纤布覆铜箔层压板”和 IEC61249 - 2 - 42“无铅组装用限定燃烧性环氧玻纤纸/玻纤布覆铜箔层压板”两项印制电路产品 IEC 国际标准获得通过，标志着咸阳市印制电路行业技术标准处于国际领先水平。咸阳市科技企业首创的铸铁空心型材连续铸造技术、焦炉机械自动控制技术等多项科技成果填补国内空白，达到国际先进水平。

咸阳市羊毛资源开发公司 位于市区毕塬路中段。组建于 1988 年年初，它是以解决陕西毛纺工业原料紧缺为宗旨，建立的“技、牧、工、贸”一体化，“产、供、销”一条龙民营科技企业。采取公司 + 农户的经营方式，为农户提供技术服务、咨询，为农户提供羊配种服务，建立农村科技服务网点。1998 年，公司名称变更为咸阳秦格实业有限公司。

咸阳抗衰老研究所　位于乐育北路19号。该所系来辉武1988年创建，集科研、生产、经营、医疗于一体。目前，以此为基础建立的五〇五集团公司已从当初单一的产品发展成为以505神功元气袋为龙头的505系列产品，包括安神药枕、神功健脑帽、神功护肩、神功护膝、神功健乳罩、神功洗乐、六味地黄胶囊、杞菊地黄胶囊、锂锶泉水等18种产品。

步长集团　总部位于西安。成立于1993年8月。是一家集医药研究、生产、销售和诊疗服务、教育于一体的高科技健康产业集团，有员工万余人。2011年，拥有2个医药研究院、10个药厂、1所大学、2家医院。每年销售收入10%的资金用于科研和产品开发，独立知识产权产品达50多种。

咸阳粘接防腐研究所　位于市区咸兴路。成立于1991年，隶属咸阳市科技局，专门从事粘接防腐工程技术研制开发的科技型企业，已经为许多单位成功地解决了生产、生活中的难题，填补了6项国内空白。1994年被陕西省科学技术委员会授予科技型企业称号，1998年被咸阳市科委和咸阳市工商局授予科技明星企业称号，2003年被陕西省科技厅评为陕西百强民营科技企业。

陕西中医肿瘤研究院　位于西兰路中段5号。1972年成立咸阳地区第二肿瘤研究组，1990年更名为咸阳中医肿瘤研究院。1993年咸阳中医肿瘤医院成立后，该所改称为陕西中医肿瘤研究院。其复方仙术口服液治疗癌症研究被列为陕西省重点科技攻关项目、国家“八五”攻关科技专项、国家新药基金项目、国家科技开发项目。2003年获得陕西省人民政府科学技术奖。

咸阳橡胶工业制品研究所　位于咸阳市高新技术产业开发区。独特的粉尘净化方式属行业独创；各类技术领先的生产、检测、试验设备166台（套）。2011年有职工236人，其中工程技术人员26人，具有高级职称任职资格9人；有国家发明专利权，获得部省级科学技术进步奖、国家级新产品研制功臣、国家级新产品证书、联合国技术信息促进系统颁发的发明创新科技之星奖等称号。

咸阳云华电子科技开发中心　位于市区金华路1号。成立于1993年。是陕西华电材料总公司（七〇四厂）唯一授权生产金属基覆铜板、陶瓷基覆铜板的二级法人公司。研制生产的金属基II型覆铜板已打入国际市场，远销日本、美国、马来西亚等国家。公司的主要产品有铝基覆铜板、铁基覆铜板、陶瓷基覆铜板系列产品及特种覆铜板和线路板产品。开发、研制的铝基覆铜板、铁基覆铜板、陶瓷基覆铜板通过了国家电子工业部部级鉴定。

咸阳兴华高精化工研究所　位于渭滨镇宝泉路。成立于1996年3月。是一所集科研、生产、销售于一体的民营科技型企业，主要从事各类高性能特种黏合剂的研究、开发与生产。从1996年起陆续开发并投向市场的产品有EX－77

型黏合剂（索尼胶、用于 HITACHI 系列 CRT 的 ITC 调整后粘接）、CMX－359 型黏合剂（快干胶、用于 TOSHIBA/Panasonic 系列 CRT 的 ITC 调整后粘接）、DYX－799 型黏合剂（金刚胶、包括 1603 型和 DN297A 型两个系列）、腹膜胶、压敏母胶（黑/白）、白底胶、水溶性压敏胶、HTX 型聚酰胺密封热熔胶（系列产品）。HTX 型聚酰胺密封热熔胶是 2000 年开发并投向市场，替代进口产品的高性能密封热熔胶。HTX 型聚酰胺密封热熔胶、DYX－799 型黏合剂、EX－77 型黏合剂等产品通过了美国 UL 安全认证以及 SGS 国际环保认证。

咸阳三星电源设备制造有限责任公司　位于彩虹二路一号。是市科技局下属的高新技术企业。2011 年有职工 86 人，具有大专以上学历占 60% 以上，其中高级工程技术人员 7 名、中级工程技术人员 19 名。先后获得陕西省科技明星企业、咸阳市十佳企业、咸阳市重点保护企业等称号。

咸阳华星特种元器件研究所　位于市区文汇东路 16 号。是原国营七九五厂华星高技术陶瓷材料研究所改制而成的科技型民营股份制企业。主要研制生产特种规格、特殊要求的电阻器、电容器、陶瓷结构件。运用于三峡、葛洲坝、贵广线等大型电力工程，兵器工业、航空航天单位的军工项目中。

咸阳坤宁微电子研究所　位于咸兴路中段 9 号。成立于 1994 年，是集科研、开发、生产于一体的专业化公司，主要生产各类薄、厚膜混合集成电路。主要产品为齐纳式、隔离式安全栅、防雷栅、安全栅厚膜机芯以及各类高精度、低漂移稳压电源、开关电源厚膜电路、高精度一体化厚膜集成两线制温度变送器、现场总线隔离栅等。

咸阳三精科工贸公司特种橡胶制品研究所　位于市区西华路 6 号。创建于 1986 年，专业生产特种工业胶辊、橡胶助剂等产品。有国家级橡胶专家 1 名，高级工程师 5 名，工程师 15 名。在特种橡胶材料开发、生产工艺及产品结构等方面的研究均居国内领先地位。在精密制品、精细化工及特种工业胶辊的研制方面，具有较强优势。2001 年 10 月通过 ISO9001－2000 国际质量体系认证。

咸阳威迪机电科技有限公司　位于金旭大道朝阳七路。2002 年成立。先后研发出拥有自主知识产权的国内首台多层线路板真空压合机、国内首套大幅面覆铜箔板真空压合机、国内首台挠性板真空压合机、国内首台高频微波基板高温真空压合机。其中，多层线路板真空压合机项目于 2004 年获国家实用新型专利；2006 年获国家科技型中小企业技术创新的支持；2007 年被科技部、商务部、国家质检总局、国家环境保护总局四部委联合评定为国家重点新产品；同年获咸阳市科学技术奖一等奖。高温真空压合机项目于 2009 年获国家实用新型专利；2009 年 9 月通过陕西省科技厅组织的科学技术成果鉴定；2010 年获咸阳市科学技术奖一等奖，同年获国家科技型中小企业技术创新的支持。

咸阳恒达机电科技有限公司 民营科技型非标机电设备制造企业，专业为PCB、FPC、CCL行业提供各种规格、型号的多层线路板真空层压机组、柔性板（真空）层压机组、覆铜板真空层压机组及其辅助设备。

# 第二章

# 科学研究基础

截至2011年年底，咸阳市有国家橡胶密封制品质量监督检验中心、国家建筑卫生陶瓷质量监督检验中心、国家非金属矿制品质量监督检验中心3个国家产品质量监督检验中心，陕西省机械产品质量监督检测总站、陕西省农业机械产品质量监督检测总站、陕西省橡胶产品质量监督检验站、咸阳宝石钢管钢绳有限公司中国钢丝绳研发检测中心4个省级产品质量检验中心，咸阳市产品质量监督检验所、咸阳市纤维检验所、咸阳市食品药品检验所、咸阳市环境监测站、咸阳市环境科学研究院、咸阳市种子质量检验站、咸阳市粮油质量检验所、咸阳市建设工程质量检测中心站、陕西省城市供水水质监测网咸阳监测站以及咸阳市建筑节能监测评估中心10个市级产品质量检验机构。还有彩虹集团公司技术中心等各类工程研究中心14个。

## 第一节　质量监督检验机构

国家橡胶密封制品质量监督检验中心　位于市区西华路2号。主要依托于西北橡胶塑料研究设计院，是中国橡胶行业第一个国家级产品质量监督检验中心，是由国家认证认可监督管理委员会授权的具有第三方公正地位的法定产品质量监督检验机构，也是唯一的国家级橡胶密封制品质量监督检验中心，全国工业产品生产许可证认可的橡胶制品产品生产许可证发放的承检单位。2012年通过了中国实验室国家认可委员会的三合一［国家授权（CAL）、计量认证（CAL）、实验室认可（CNAS）］评审。2011年有职工37人，其中高级工程师以上人员7人，包括教授级高工2人。主要从事十大类橡胶密封制品的质量检验工作，分别是O形橡胶密封圈、旋转轴唇形密封圈、往复运动橡胶密封圈、食品用橡胶密封制品、汽车制动气室橡胶隔膜、汽车液压制动橡胶皮碗、车辆门窗橡胶密封条、车辆用橡胶密封制品、医用橡胶密封制品、其他橡胶密封制品。

国家建筑卫生陶瓷质量监督检验中心　位于西安市长安区西咸新区沣东新城王寺街道红光大道南侧。中国唯一专业从事建筑陶瓷、卫生陶瓷和卫生洁具配件检验的国家级权威实验室。1985 年至今，一直承担着全国建筑卫生陶瓷行业的国家质量监督抽查任务、认证检验（CCC 认证、节水认证和其他国内外产品认证检验）、新产品鉴定检验、产品质量仲裁检验以及各类委托抽样检验和工程验货检验等业务，承担过 26 次国家监督抽查、12 次全国统检、22 次全国行检，为社会出具检验报告 30000 多份。还负责行业有关技术标准的制定、修订和标准的宣贯实施、监督工作，承担了 72 项国家标准和行业标准项目，承担了国家科技支撑计划陶瓷砖绿色制造关键技术与装备中《薄型陶瓷砖标准制订及检测设备开发》子项目，参加了国家科技支撑计划建筑材料绿色制造与共性技术研究课题。其中 GB6952—2005《卫生陶瓷》荣获中国标准创新贡献二等奖，GB/T4100—2006《陶瓷砖》荣获中国标准创新贡献三等奖。2011 年有职工 31 名，其中教授级高工 3 名，高级工程师 5 名，技术人员占中心总人数的 80%。

国家非金属矿制品质量监督检验中心　位于市区滨河路 5 号。是国家质量技术监督检验检疫总局及中国国家认证认可监督管理委员会授权的国家级质检中心，获得中国合格评定国家认可委员会（CNAS）认可，其检测结果国际互认。被中华人民共和国工业和信息化部授予工业（非金属矿制品）产品质量控制和技术评价实验室。同时是科技部授权的科技检测鉴定机构。授权承担汽车用制动器衬片、离合器片面、工业机械用摩擦片、石油钻机刹车块等摩擦材料及非金属密封衬垫材料、缠绕式垫片、密封填料（各种盘根）的产品质量监督检验工作。还承担各种非金属矿产品的质量监督检验工作，可进行矿物化学分析和微细粉粒度分析等测试。

陕西省机械产品质量监督检测总站　位于咸阳市文汇西路 13 号。是陕西省质量技术监督局依法授权的省级唯一的机械产品质量监督检验机构。从事各种机械产品的质量检验、标准制定验证检验等（检验报告具有计量认证标志 CMA 和审查认可标志 CAL 印章）；承担授权范围内的产品质量检测和仲裁检验任务，并受理社会各界委托的第三方公证检验，提供具有法律效力的检验报告。提供各类机床、刀具、砂轮、轴承、阀门、离合器、电焊条、标准（紧固）件、机械产品零配件及金属材料的机械性能、化学成分等 6 大类 52 个项目的检验。提供机械产品质量评价、标准咨询等技术服务，帮助企业建设实验室等。

陕西省橡胶产品质量监督检验站　位于市区西华路 1 号。隶属于延长石油西橡公司。主要从事橡胶制品的检测检验。

咸阳宝石钢管钢绳有限公司中国钢丝绳研发检测中心　位于市区玉泉西路西延段。2007年通过了陕西省技术监督局的认证，2010年通过计量认证复审，保持了计量认证资质。开展包括力学性能、化学实验、金相分析等检测分析工作，开展钢丝绳类产品的检验及失效分析工作，开展钢铁材料化学和金相分析等工作。2011年有技术人员9人。

咸阳市产品质量监督检验所　位于市区安定路7号。1985年3月成立，1987年1月对外开展工作，隶属于咸阳市质量技术监督局，是法定的综合产品质量监督检验机构。现有仪器设备共200多台（件），包括高效液相、原子荧光、原子吸收、离子色谱、气相色谱等大型精密仪器，开展7大类226个类别的产品检验工作，承担20类39种产品食品生产许可证发证检验。2011年有在职职工29名，其中高级工程师5名，工程师8名，助理工程师4名，技师1名，高级工3名，专业技术人员占全所职工的72%。

咸阳市纤维检验所　位于玉泉路泉北二巷1号。是集纤维质量监督管理和纤维产品质量检验于一体的事业单位。1995年设立。主要负责贯彻执行国家纤维、纺织品质量监督管理工作的方针、政策；制定咸阳市纤维检验事业发展规划及有关的规章制度。负责监督纤维国家和行业标准的贯彻实施；负责组织实施国家纤维质量检查制度，制订和组织实施咸阳市的纤维质量监督抽查计划；在纤维流通领域组织贯彻实施《产品质量法》《标准化法》等有关法律法规，依法查处纤维、纺织品质量违法案件。负责组织实施咸阳市纤维、纺织品监督检验、公证检验、复验、仲裁检验工作，调解纤维、纺织品质量纠纷，向社会提供技术服务。负责组织实施咸阳市有关纤维、纺织品质量监督和纤维、纺织品检验技术的宣传、教育、科研、信息、统计工作。

咸阳市食品药品检验所　位于市区渭阳西路陕西科技大学南校区。依法承担全市食品、药品、保健用品、生物制品、包装材料的检验及净化环境的洁净度检测工作；承担食品安全和风险评估所需的检测和评价研究；承担药品、保健食品等质量标准、质量控制的研发、咨询、技术服务工作；承担全市食品药品检验人员的培训工作。

咸阳市环境监测站　位于玉泉西路环保大厦8层。属国家二级监测站，2007年10月在原咸阳市环境监测站、咸阳市环境科学研究所的基础上合并成立，隶属于咸阳市环保局。下设办公室、综合业务科、水、土生物科、大气与噪声监测分析科、环评及清洁生产审核管理科。各类大中型仪器42套，具有国家颁发的计量认证资质和环评乙级证书，可从事8大类102个项目的监测分析。目前担负着全市环境要素的常规监测任务，对全市环境质量例行监测数据进行综合统计分析，并承担污染源监督性监测；新、扩、改建项目竣工验收的监测，生物、降水、土壤监测；参与环境污染事故应急监测调查，并承担环境污染案件的仲裁监测；负责全市的环境影响评价和清洁生产的审核工作；负责全市范围内环境监测质量保证管理工作，建立质量控制技术体系；和咸阳电视台、咸阳气象台联合发布环境空气质量日报和预报；对全市三级环境监测站进行技术指导和业务培训。2011 年有各类专业技术人员 96 人，其中正高 2 人，副高 8 人，工程师 24 人。有 10 余项科研成果获得环保局、省、市科委科技进步奖。

咸阳市环境科学研究院　位于市区玉泉西路环保大厦 13 层。隶属咸阳市环境保护局。2011 年有职工 25 人，其中国家注册环评工程师 6 人、环境影响评价资格人员 12 人。主要开展环境保护研究、环保科技成果推广与运用、环境影响评价、生态环境保护研究、环保咨询业务等工作。

咸阳市种子质量检验站　位于市区闻喜路 5 号。是陕西省技术监督局计量认证合格的具有社会法律效应的质量检验机构。2011 年有 2 名农艺师、5 名持证检验员。配备万分之一天平，人工气候室，电泳仪等大中小型精密仪器 40 多件台，具有检测玉米、小麦、棉花、瓜类、蔬菜等作物的纯度、净度、发芽率、水分四项指标的能力。

咸阳市粮油质量检验所　2004 年 6 月成立，隶属于咸阳市粮食局。拥有原粮、油脂、粮油卫生等 10 个实验室，总面积达 550$m^2$（其中恒温面积 300$m^2$），专用设备 42 台件，固定资产总值 126 万元。2007 年 7 月通过国家粮食局专家组考核评审，2007 年 10 月通过陕西省质量技术监督局计量认证，取得覆盖各类粮食及制品 53 个项目检测资质，2007 年 12 月被国家粮食局确定为国家粮食质量监测机构。主要职能有：承担国家布置的粮油质量调查、品质测报专项调查和原粮质量卫生监测；负责全市（十三县、区）国储、省储粮油质量的监督检验工作；负责系统内粮油经营网点粮油产品质量的监督检验工作；配合市质量技术监督局做好全市粮食购销加工企业粮油产品质量的监督检验工作；协调做好对陈化粮的鉴定等。

咸阳市建设工程质量检测中心站　位于市区渭阳西路 59 号。隶属市住房和城乡建设规划局。负责对市属以上建筑工程质量、施工安全及建设工程各方责任主体市场行为实施监督，并对所属县（市）区工程质量安全管理工作进行指导。

陕西省城市供水水质监测网咸阳监测站　位于市区水厂路 4 号。是陕西省城市供水水质监测网在咸阳设置的监测站，主管部门是陕西省建设厅和咸阳市自来水公司。主要承担咸阳市的水质监督检测工作，对城市供水进行公正、科学、准确的检测和评价。

咸阳市建筑节能监测评估中心　位于宝泉路丽彩高新工业园 6 号。主要从事节能建筑保温材料检测工作。

## 第二节　工程研究机构

彩虹集团公司技术中心　2006年10月，由国家发展和改革委员会、科技部、财政部、海关总署、税务总局5部委联合认定的国家企业技术中心资格。是经国家经贸委、国家税务总局、海关总署确认的第二批享受优惠政策企业（集团）技术中心之一，是经陕西省经贸委、陕西省国税局、陕西省地税局、西安海关确认的第一批省级企业（集团）技术中心之一。主要承担彩色等离子体显示器、投影电视、彩色显像管、彩色显示管等新产品的研制和开发工作。

轻工机械CAD/CAM工程研究中心　成立于1998年。依托单位为陕西科技大学。1998年12月，国家轻工业局批准组建。拥有多台数控机床和数控软件组成的CAM系统，并和CAD系统实现一体化，能高效而周密地完成凸轮模具的粗精加工。开发的凸轮分度传动装置获得1995年轻工业部优秀新产品一等奖，CAC/CAM技术1995年获陕西省科技进步二等奖。

陕西省平板显示技术工程研究中心　成立于2006年。依托单位为陕西科技大学。主要研究方向为TFT－LCD显示技术、OLED/PLED显示技术、柔性显示技术、有机TFT、高分辨率无缺陷LCD、新型铁电液晶取向与驱动方式、液晶与纳米技术结合的超高速液晶显示技术。承担国家、省及企业科研项目12项，已申请TFT－LCD、OLED/PLED专利10余项。

陕西省食品工程技术研究中心　成立于2001年。依托单位为陕西科技大学。主要研究方向为蛋白质工程，食品低温加工技术，西部地区食品野生原料资源的开发利用，天然资源有机成分提取分离新工艺、新技术，生物发酵制品及食用菌开发。研究成果获2项省部级成果奖。承担国家自然科学基金项目1项、科技部“十五”重大科技专项及攻关项目4项。

陕西省中药生物工程技术研究中心　成立于2005年。依托单位为陕西科技大学。主要研究方向为中药毛状根培养系统的研究，药用真菌生产新技术及新型药用真菌的开发研究，植物内生菌生产天然活性成分的研究，生物药用辅料开发与利用研究，适用于中药的新型给药系统的研究与开发，传统中成药新剂型的研究及其质量控制标准的研究。研究成果获省部级二等奖项目2项。承担国家自然科学基金项目1项、科技部“十五”重大科技专项及攻关项目4项、陕西省及咸阳市各类项目31项、企业横向项目6项。

陕西省中药饮片工程中心　成立于2004年。依托单位为陕西中医学院和步长集团陕西秦岭植物药业有限公司。主要研究方向为协助医药企业申报国家中药饮片批准文号，完成GMP认证；立足陕南地产道地中药材资源，开展常用中药饮片炮制工艺研究、中药饮片质量标准研究、新型中药饮片开发研究、中药饮片稳定性及包装储藏养护条件等基础研究。承担陕西省科技厅、教育厅、陕西省SFDA中药炮制规范、咸阳市科技局陕南中药产业等科研项目20余项，发表论文30余篇，出版学术专著6部，编写或参编国家级规划教材6部。2006年成功申报获批的国家“十一五”科技支撑计划——陕西道地中药材炮制工艺、储藏养护技术及质量标准研究项目，获得180万元经费资助。

陕西省秦岭中草药应用开发工程技术研究中心　成立于2008年。依托单位为陕西中医学院。主要研究方向：围绕秦岭特色资源开发与可持续利用研究，中药材、中药饮片、中药炮制的标准化研究，中草药化学成分提取分离研究，中药药效学、毒理学作用机理研究，秦岭中草药新药应用开发研究。

陕西省显示器件工程技术研究中心　成立于2007年。依托单位为彩虹集团和陕西科技大学。主要成果为建成电子浆料、发光材料、线路技术（含检测）、玻璃粉末等多个研发平台及配套的技术信息系统，研发了新型DBD平面光源，完成了CRT产品超薄型化、低成本化、高清数字化，开发出了白、绿、红光等PLED显示屏样品，研制出17英寸LED平面背光源样机，研发了多种规格的节能灯粉、CCFL荧光粉、PDP用荧光粉，研制了TFT-LCD基板玻璃。相关项目共申请专利173项，获得专利授权35项。

陕西省陶瓷工程技术研究中心　成立于2008年。依托单位为咸阳陶瓷研究设计院。主要从事陶瓷项目新建厂设计、老厂改造和建筑、钢结构、网架工程前期咨询和施工图设计及工程总承包。累计完成110多家企业的工程设计、工程总承包、非标设备设计制造、可行性报告的编制，获国家、省、部级优秀工程设计奖50多项。

陕西省橡胶制品工程技术研究中心　成立于2008年。依托单位为凯迪西北橡胶有限公司（西北橡胶总厂）。主要研究方向为子午线轮胎生产技术的引进、研究、消化及吸收，橡胶密封制品的研究与开发，特种胶管系列化研究与开发。主要研究成果为完成了橡胶防腐衬里胶版、地铁工程用橡胶抽拔棒、橡胶传送带等新产品的研制和开发，并形成产业化；完成了撒沙管、硅胶布、阻燃丁基胶布样品试制；完成了煤安胶管胶料配方、耐油胶管胶料配方、导电输油管配方改进、胶版系列研制等产品升级项目。

陕西省新型电子陶瓷材料与器件工程技术研究中心　成立于2008年。依托单位为陕西华星电子工业有限公司。主要研究方向为以压电技术为基础的石英晶体材料及器件，以陶瓷技术为基础的电子陶瓷材料、阻容元件、敏感元器件、陶瓷零件以及工业窑炉、无线电专用设备、仪表等。石英晶体获陕西省名牌产品称号；晶体器件、交流电容器、玻璃釉电阻器、压敏电阻器、线绕电阻器和钛酸锶系列电子陶瓷材料获部级优质产品及国家级重点产品称号。

陕西省非金属矿工程技术研究中心

成立于2009年。依托单位为咸阳非金属矿研究设计院。主要成果为建立了非金属矿超细粉碎提纯示范基地和200公斤/小时的高岭土示范生产线，研制建成了2000千克/小时大型对撞式超细粉末分级设备生产线，对陕西洋县膨润土进行超细提纯，并利用提纯产品研发出了生物改性复合膨润土大棚收蔬菜病虫害防治新产品，建立了一个非金属矿技术交流的开放平台，多个研发项目应用于陕西水泥矿山行业。

陕西省粉末冶金工程技术研究中心　成立于2009年。依托单位为陕西省机械研究院，协助单位为西安交通大学和陕西工业技术研究院。主要研究方向为在全省形成具有自主知识产权的产品，并形成具有极强使用价值、能够满足企业实际需要的工程应用技术；通过该平台，提炼和浓缩行业龙头企业的管理和技术经验，带动全省粉末冶金行业的技术发展和应用水平的提高。引进了美国250吨全自动液压机和国产800吨、630吨全自动粉末冶金成型压机；采用先进的网带式烧结炉，产品广泛用于汽车、摩托车、家电、机电、火车、石油等行业。生产的各类粉末冶金零件品种达300余种。

陕西省口腔医疗设备及器材工程技术中心　成立于2010年。依托单位为咸阳西北医疗器械（集团）有限公司。主要研究方向为新型数字化牙科治疗设备控制系统与制造平台的研制开发，氧化锆可加工牙科义齿材料及成型加工系统的设计开发与应用，口腔医疗器械高效灭菌系统的研发及量产。

## 第三节　重点实验室

咸阳市省部级重点实验室主要集中在陕西科技大学、陕西中医学院。陕西科技大学有教育部轻化工助剂化学与技术重点实验室、陕西省轻化工助剂化学与技术重点实验室、陕西省造纸技术及特种纸品开发重点实验室和制浆造纸工程实验室、皮革工程实验室、应用化学专业实验室。陕西中医学院有陕西省中药基础与新药研究重点实验室、陕西省中医体质与疾病防治重点实验室和国家药物临床试验机构。

陕西省轻化工助剂化学与技术重点实验室　成立于2004年。教育部重点实验室。依托单位为陕西科技大学。主要研究方向为轻化工助剂在造纸、皮革、陶瓷、纺织等传统产业现代化改造中的关键技术，新型高效造纸助剂开发、研究及应用，低污染制浆、漂白新技术研究和开发；新型皮革助剂开发、研究及应用，新型陶瓷添加剂的开发、研究及应用；各种动植物纤维原料综合利用技术研究和开发，新型工业变性淀粉开发以及在造纸、皮革、纺织、食品、水处理及油田行业中的应用技术。承担国家和省部级项目11项、横向合作开发项目11项，研制出国家级新产品2个。研究成果获国家级科技进步二等奖1项、省部级三等奖2项。

陕西省造纸技术及特种纸品开发重点实验室 成立于1999年。依托单位为陕西科技大学。主要研究方向为制浆造纸机理，造纸化学品与湿部化学，低污染制浆及环境保护，制浆造纸控制及新型装备。承担国家自然科学基金项目3项，国家攻关项目2项，省部级项目100余项。研究成果获得陕西省科学技术奖二等奖2项、三等奖2项。发表论文967篇，其中被SCI、EI和ISTP收录83篇。出版学术著作24部。

陕西省中药基础与新药研究重点实验室 成立于2008年。依托单位为陕西中医学院。主要研究方向为中药饮片炮制工艺及质量标准研究，中药药效学、毒理学作用机理研究，中药新药与新剂型的开发研究。承担科研项目103项，其中国家级科研项目5项、省部级项目26项。发表研究论文141篇，出版学术专著44部。

陕西省中医体质与疾病防治重点实验室 成立于2008年。依托单位为陕西中医学院。主要研究方向为体质与相关疾病的宏观规律研究、体质与相关疾病的微观机制研究、体质与相关疾病的中医药防治和新药开发，体质类型分布规律与疾病相关性研究、体质与相关疾病实验动物模型的建立，胃肠病、肿瘤和心脑血管疾病的生理病理和分子生物学机制研究，体质与相关疾病的中医药干预研究、中药寒热并用治疗胃肠病症的临床研究、肿瘤的中药治疗学研究、心血管疾病有效方剂的研究。承担科研项目70余项，其中国家级项目10余项、省部级项目50项。发表研究论文200余篇，其中被SCI收录6篇；出版学术专著50余部；获省部级科技奖10余项。

## 第四节 仪器装备与设施

陕西科技大学拥有各类教学科研仪器设备总价值1.08亿元。其中，德国—瑞士布鲁克公司生产的400兆赫兹核磁共振波谱仪用于有机化合物的结构确定，测定固体（只能测碳谱）及液体样品。日本HITACHI公司生产的偏振塞曼原子吸收光度计用于40多种无机元素定量分析，广泛应用于冶金、地质、化工、能源等领域。美国AGILENT公司生产的气相/质谱联用仪用于获得无机、有机和生物分子的结构信息，以及对复杂混合物的各种分析。德国NETZSCH公司生产的示差扫描热量分析仪用于测定各种无机、有机、高分子等材料进行程序、降温或恒温过程的物理量变化（如熔点、玻璃温度、分解温度、比热变化等）。美国TA公司生产的热重分析仪用来分析各种化合物的热稳定性，动态力学分析仪可用于各种无机、有机、高分子等材料进行程序、降温或恒温过程机械性能测试。美国WATERS公司生产的高效液相色谱仪，适用于未知物的定性分析和已知物的定量分析，也可对有机化合物进行分离、纯化及制备。日本SHIMADZU公司生产的紫外—可见分光光谱仪，可进行物质含量的测定、元素及成分分析、同分异构体的鉴别，傅立叶红外光谱仪，用于常规已知物的验证和纯度的定性鉴定、未知物的结构测定和分析、定量分析等。

陕西中医学院教学仪器设备总值6435.7万元，建有电子图书阅览室和校园文献网络化管理及服务系统。学校附设2所医院，设置床位1400余张。附属医院大型仪器设备主要有德国西门子公司生产的螺旋CT机。日本日立公司生产的全自动生化分析仪，同一项目可以设定在两个P分析模块进行测定。激光共聚焦扫描电镜可以进行细胞检测，标记荧光物质的亚细胞定位。流式细胞仪可以进行免疫表型分析。奥林巴斯电子肠镜为OLYMPUS内窥镜最新产品，具有高分辨率成像功能，为内镜检查及手术提供优质画质图像，增强了对毛细血管、黏膜结构和其他组织的观察力度（窄带成像功能）。同时具有电子放大，A/B强调，图像记录，自动测光等功能。手术显微镜，德国Carl Zeiss公司生产的手术显微镜具有复消色差变倍系统和平衡系统及完美的图像记录系统等；高效液相色谱仪用于对紫外线有吸收的可溶性有机化合物、生物化合物等样品的定性、定量分析，给出可靠数据。

咸阳师范学院有36个实验室，教学科研仪器设备总值10600余万元。图书馆现有馆藏图书文献177万册（其中电子图书69.5万册）。校园网建立了9022个信息点。

咸阳市第一人民医院固定资产6500多万元。有韩国三星磁共振仪、飞利浦亚秒双排螺旋CT、眼部OCT、准分子激光近视眼治疗仪、超声乳化玻璃体切割治疗机、眼底荧光造影机、法国狼牌腹腔镜和盆腔镜、7020全自动生化分析仪、瑞士800速度罗氏全自动生化分析仪、梅利艾ATB微生物鉴定暨药敏分析仪、BD－9050全自动细菌侦测系统、ATL大型彩色超声多普勒等设备。

咸阳市中心医院（第二人民医院）有西门子螺旋CT、核磁共振、血液透析机，奥林巴斯胃镜系统，飞利浦1250型大型“C”形臂高新设备260余台件，固定资产2.1亿元。

陕西中医学院第二附属医院有大型仪器设备100多台件，总价值9600余万元。先进设备主要有全新美国进口1250毫安大型“C”形臂DSA系统及PHL、IP－500毫安“C”形臂X光机数字减影系统两台，西门子低压环式ARC全身CT机及高档16排螺旋CT机，飞利浦MED3600型500毫安“C”形臂X光机及数字减影系统，瑞士AVL型全自动生化分析仪，美国惠普MT－1000经颅多普勒，德国狼牌电视腹腔镜，日本GLF－LOMPUS EVIS－140电子胃镜及OF－17201型电子结肠镜，美国结肠途径治疗仪、射频治疗仪，DP－500动态心电血压分析仪，XG－8000血液磁极化治疗仪，QD－Ⅱ气化电切仪、M903成人儿童两用麻醉机，全自动麻醉机，YLL0.5/1婴儿高压舱，病理图文分析系统，德国莱卡石蜡切片机，全自动石蜡包埋机，骨髓图像分析系统，丹麦气血分析仪，RFA血液流变测量仪，全自动电粒子生化分析仪，KH－D10红外线乳腺诊断治疗仪，日本东芝PV8000全身数字化高档彩色诊断仪，日本岛津XUD150B－30型630毫安全遥控胃肠X光机和FH－21HR型800毫安拍片造影X光机等。

陕西省核工业二一五医院有各类设备580余台件，其中万元以上的医疗设备200台件，包括螺旋CT、核磁共振、ECT、高档脑外和手外科手术显微镜、全进口大型C、小型C数字减影机、血管造影系统、CR、1000毫安和500毫安大型X线机、全自动生化分析仪、系列电子内窥镜、系列电视外科手术腔镜、大型彩超、黑白B超、运动平板、快速冰冻切片、体外碎石机、血液透析机、中心吸氧系统、高压氧舱等。

凯迪西北橡胶有限公司拥有数十台从国外引进的生产设备和检测仪器。长庆石化现有生产装置11套，其中500万吨/年常减压装置是西部第二套单系列大装置，正在建设的120万吨/年加氢裂化装置是西部第一套大装置。

# 第三章

# 科技信息

## 第一节　科技信息网建设

随着社会的发展，科技信息显得越来越重要。咸阳市注重科技信息的收集及整理，对大型企事业单位进行专门调研，摸清科技信息基本情况，有针对性地开展科技服务。

### 一　工作站

2006 年 10 月 24 日，开通了国家和陕西省图书文献中心咸阳工作站，为全市的科研院所和企业提供科技文献信息服务。可为用户提供科技查新和科技评估、信息咨询、科技期刊研究及服务，提供中外文文献资料的检索等服务，提供外文文献的翻译等服务。

### 二　科技声像

2004 年，在制作完成数字化咸阳建设演示、咸阳市制造业信息化演示、生产力促进中心工作展示、蓬勃发展的民营科技企业多媒体光盘的基础上，制做了咸阳科技中药现代化科技行动等多媒体光盘。在中小企业创新基金 5 周年来临之际，又完成制做了 10 家创新基金申办项目幻灯片。2005 年，制做了客户端录入软件光盘 100 张，录入科技项目 150 多项。2006 年，将《数字化咸阳》《辉煌的五年》《中药现代化行动在咸阳》《民营科技企业展示》《制造业信息化巡礼》《重大科技产业化项目巡礼》光盘转换成视频资料，丰富了咸阳科技信息网内容。

### 三　科技数据库

2004 年，利用咸阳科技信息网建立了数字化咸阳、中药现代化、农业信息网、制造业信息网和服装纺织产销网 5 个专业数据资源中心。国土资源地理信息系统框架已建成，涉及国土资源政务管理系统与信息系统和土地数据库、矿产资源与地质环境基础数据库、地质数据库 3 类 49 个数据库。

2005 年，对咸阳市科技项目申报系

统进行安装调试，修补了数据库，对项目申报系统进行打包处理，解决了客户端数据录入的部分问题。建立了咸阳市城市地理系统数据库，支撑了广电宽带城域网、电子政务和制造业信息化、教育网络、国土资源基础信息系统等26个重点项目的建设。

### 四　科技信息网站

1998年2月18日，面向公众的咸阳市公共信息网在咸阳市科委开通运行，2004年更名为咸阳市科技信息网。咸阳市科技信息网建成开通后，发挥了服务社会、服务科技、服务中小企业的优势，成为及时传递政策、法规、科技动态，推动产学研合作，链接政府、科研院所、企业的桥梁和实现科技与经济结合的有效载体。可提供的服务有科研单位、企业信息共享、交流互动的产学研合作，网上推广共性技术和推介科技成果，实现大型仪器、科技文献、科技成果、科技人才等科技资源共享，提供服务器托管、信息发布及信息化方案设计等增值化服务，科技项目网上申报等。

随着信息化的发展，咸阳市陆续建立了咸阳农业网、咸阳市水利网、咸阳市气象信息网、咸阳市科学技术协会网、咸阳卫生信息网、咸阳地震信息网等信息网站。

## 第二节　科技出版物

《咸阳科技》

创刊于2005年2月。咸阳市科学技术信息研究所主办、咸阳市科学技术局主管。每年出版3期。《咸阳科技》以市政府和局机关的科技工作为重点，为中小企业的发展服务。根据局机关和上级有关批示精神，及时充实相关内容。《咸阳科技》成为咸阳市科技宣传工作的阵地，成为农民政策的向导、致富的金桥、企业家的参谋和纽带。

《咸阳科技企业报》

咸阳市科技企业协会主办，挂靠咸阳市科技局。是连接科技企业与协会的桥梁，反映国家政策方针，报道企业先进技术。

《咸阳市中小企业公共科技服务平台快讯》

咸阳市生产力中心主办。2008年11月发行。主要收集行业发展的政策、技术发展趋势、中小企业存在问题及解决办法、行业技术专题论坛等相关信息。

《学会工作通讯》

咸阳市科学技术协会内部刊物。2002年年初创刊。主要反映市级学会工作动态，传播科技信息，展示学术、科研成果，交流工作经验，加强党委、政府与科技工作者之间的联系。

《科技工作者建议》

咸阳市科学技术协会内部刊物。1986年年初创刊。不定期出版。主要是加强科技工作者同党委、政府之间的联系，及时向党委和政府反映科技工作者对咸阳经济、科技、社会发展的意见、建议和要求，维护科技工作者的合法权益。

《咸阳城市科学》

创刊于1987年1月。咸阳市城乡建设规划局主办。每季度出版一期。

《陕西科技大学学报》（自然科学版）

前身为《西北轻工业学院学报》。1982年12月创刊，初期为半年刊。1984年起改为季刊，1986年经国家科委批准面向国内外公开发行，2002年起改为双月刊。主要刊载轻工行业各学科有独创性的科学研究论文，内容涵盖制浆造纸、材料工程、皮革及革制品、食品工程、机电工程、自动控制、计算机应用及信息科学、工业造型设计、化学工程、环境科学、基础科学等领域。1992年入选《中文核心期刊要目总揽》（第一版），1989年获得陕西省高教局期刊评比三等奖，1993年获陕西省科协期刊评比二等奖，2000年获陕西省新闻出版局期刊评比二等奖。2001年11月，被科技部、新闻出版总署选定为中国期刊方阵双效期刊。为《中国科学引文数据库》来源期刊，《中国期刊网》《中国学术期刊综合评价数据库》《万方数据库》全文收录期刊。

《西藏民族学院学报》

1980年创刊，内部发行，1985年向国内外公开发行。2003年改为双月刊。已成为《中国学术期刊综合评价数据库》《中国人文社会科学引文数据库》《中国核心期刊（遴选）数据库》来源期刊，被《中国学术期刊（光盘版）》《中国期刊网》以及《万方数据——数字化期刊群》全文收录。

《咸阳师范学院学报》

创刊于1986年1月。是陕西省教育厅主管、咸阳师范学院主办的面向国内外公开发行的综合性学术刊物。先后被《新华文摘》《中国人民大学复印报刊资料》《中国无机分析化学文摘》《地理科学文摘》《中国报刊索引》等权威性文摘类期刊列为固定收录对象，并于2000年被《中国学术期刊（光盘版）》《中国期刊网》收录，同年获陕西省优秀科技期刊三等奖。2003年被《中国核心期刊（遴选）数据库》和《万方数据——数字化期刊群》收录，同年被评为《CAJ—CD规范》执行优秀期刊。

《陶瓷》

创刊于1974年。是经国家科委批准由咸阳陶瓷研究设计院主办，面向国内外公开发行的建筑卫生陶瓷专业技术期刊，也是全国建材优秀期刊、中文核心期刊、《美国化学文摘（CA）》来源期刊、《中国学术期刊综合评价数据库》来源期刊。

《纺织器材》

创刊于1974年。是中国纺织信息中心、中国纺织机械器材工业协会和陕西纺织器材研究所共同主办，全国纺织信息中心、《纺织器材》杂志社编辑出版的全国纺织器材行业唯一的全国性科技类综合性期刊，国内外公开发行。主要栏目有《技术专论》《生产实践》《应用研究》《科学管理》《国外技术》《行业动态》《科技信息》等。

《中国宝石玉》

1984 年创刊。咸阳非金属矿研究设计院主办，国内外公开发行。1990 年获陕西省优秀科技期刊一等奖，1992 年、1997 年两次被评为全国建材优秀期刊，2002 年获得陕西省新闻出版局“九五”期刊优秀管理奖，2003 年获得陕西省新闻出版局期刊优秀奖。1998—2002 年连续 5 年获得国家新闻出版署出版印刷优质产品奖。

《陕西工业职业技术学院学报》

创刊于 2007 年。陕西省教育厅主管，陕西工业职业技术学院主办，季刊。2008 年获得全国高职高专优秀学报一等奖。

《覆铜板资讯》

创办于 1997 年。中国电子材料行业协会覆铜板材料分会 CCLA 主办，双月刊。是覆铜板及其上、下游产品业界技术交流、市场研究、开展行业工作的重要阵地，是行业信息交流的纸介平台。

《热加工工艺》

创刊于 1972 年。国内外公开发行。半月刊。是首批入选的中文核心期刊，并连续 5 次入选中文核心期刊；是国内外多家著名数据库的来源期刊。获得陕西省历届优秀科技期刊评比一等奖，中国船舶工业总公司优秀科技期刊评比二等奖，全国优秀国防科技期刊评比一等奖，全国第二届优秀科技期刊评比二等奖。2001 年入选中国期刊方阵（双百期刊）。内容涵盖铸造、锻压、焊接、金属材料及热处理等领域，栏目设置有《试验研究》《金属材料》《复合材料》《铸造技术》《锻压技术》《焊接技术》《热处理技术》《计算机应用》《失效分析》《模具设计》《设备开发与应用》《典型经验介绍》等。

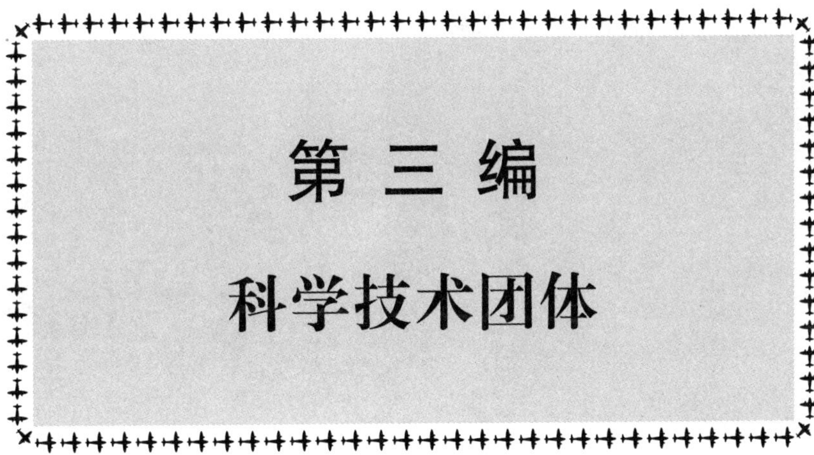

# 第三编

# 科学技术团体

# 第一章

# 机构

## 第一节 咸阳市(地区)科学技术协会

### 一 咸阳市科学技术协会

咸阳市科学技术协会，简称咸阳市科协，成立于1978年5月，是咸阳市科技工作者的群众组织，是中共咸阳市委领导下的人民团体，是党和政府联系科学技术工作者的桥梁和纽带，是咸阳市发展科学技术事业的重要力量。

咸阳市科协由全市自然科学、技术科学、工程技术及其与社会科学相交叉的边缘学科组建的学会、协会、研究会（以下简称学会）和县（市、区）科协及辖区中央、省、市企事业单位科协组成，是陕西省科协的地方组织，业务上接受省科协的指导，执行省科协的决议。科协主要任务是参与制订全市科普工作规划和年度计划；负责市级自然科学学会（协会、研究会）的审批、管理；参与科技政策、办法的制定和政治协商、民主监督工作；参与党和政府对重大科技、经济、社会问题的决策论证，提出政策性建议；开展技术咨询服务，兴办科技实体，接受委托承担项目评估、成果鉴定、技术开发、技术转让、技术职务资格评定等工作；指导县（市、区）科协及企事业单位科协、乡（镇）科普协会、农村专业技术研究会的科普工作；加速科技成果转化，开展科技人员继续教育和技术培训工作；开展国际科技交流，发展同国外科技团体和科技工作者的友好交往，负责向国外选派专业研修生、访问学者的选拔推荐工作。

1978年5月20日，咸阳地区科学技术协会举行第一次会议，协商产生了科协委员会，主席曾广寿，副主席陈克刚、王远、张友良，与咸阳地区科学技术委员会合署办公。市级学会有农学、地震、医学、中医、机械工程、畜牧兽医、种子、气象、水利及青少年辅导员协会。各县也相继成立了科协组织。

1982年3月31日，咸阳地区科学技

术协会机构独立办公，为县级建制。同年4月15日正式与科委分设。薛培厚为咸阳地区科协副主席。1984年5月，随咸阳机构改革，咸阳地区科协更名为咸阳市科协。市委委任庞民生、薛培厚为正、副主席。到1985年市级学会、协会、研究会达到35个，14个县区科协全部成立。

1987年1月8日，咸阳市科协第一次代表大会召开。选举赵仲英为市科协主席，薛培厚、冯树廉、沈廷石、韩声为副主席，选举常务委员会常委11名，卫本鹏为秘书长。到1993年年底，市级学会发展到49个，科协会员15万名。厂矿科协发展到19个，全市225个乡镇都设立了乡镇科普协会。

1993年年底，咸阳市科学技术协会第二次代表大会召开。会议选举产生委员41人，常委11人，刘力铭当选为主席，胡聪英、王七一当选为副主席。市科协机关内设立办公室、学会部、普及部，编制15名。1995年7月，胡聪英任市科协主席，张文亮、杜景信任副主席。

1999年11月，咸阳市科学技术协会第三次代表大会召开，选举常务委员15名，产生了咸阳市科学技术协会第三届委员会，胡聪英当选为主席，杜景信、王斌当选为副主席。

2001年11月，南素华担任咸阳市科学技术协会主席，王斌任副主席。咸阳市科学技术协会定编13人，设立办公室、学会工作部、普及工作部。2002年12月，祁虎威调任咸阳市科学技术协会副主席。

2004年7月，南素华调市委党校任常务副校长，刘百顺调任咸阳市科学技术协会主席。

2009年6月，刘百顺任咸阳市科学技术协会调研员，谭尊相调任咸阳市科学技术协会主席。

## 第二节　基层组织

### 一　县（市、区）科学技术协会

20世纪80年代初，咸阳地区下设咸阳市（县级市）和三原、泾阳、杨陵、周至、户县、兴平、乾县、礼泉、永寿、彬县、长武、旬邑、淳化13个县，分别召开科学技术协会第一次代表大会，选举产生了第一届委员会。县（市）科学技术协会受县（市）委领导，业务受市科协指导。

1987年下半年，咸阳市下辖的秦都、渭城、杨陵3个区和三原、泾阳、兴平、乾县、礼泉、永寿、彬县、长武、旬邑、淳化、武功11个县分别召开了县（区）科学技术协会第二次代表大会，选举产生了科协领导机构。

1990—2011年，咸阳市多县（市、区）又分别召开了4—5次科学技术协会代表大会。各次代表大会都听取了上届委员会工作报告，讨论、安排了本届委员会工作，选举产生了科协领导机构。

### 二　乡（镇）科普协会、农村专业研究会

20世纪80年代初，咸阳地区各县

（市）科协成立后，除抓好自身建设外，还筹备建立了各人民公社科普协会。1984 年 6 月改为乡镇科普协会。科普协会是县（市）科协的基层组织，受所在地区人民公社党委领导，受市科学技术协会业务指导。

在建立乡（镇）科普协会的同时，各县（市、区）又在广大农村建立农业专业研究会。农村专业研究会是在县（市、区）、镇（区）科协领导下，以农村中的能工巧匠、技术能手为骨干，以专业户和科技示范户为基础，农民自己组织起来学习技术、进行专业技术服务、发展商品生产的农民科技群众组织。

### 三 市、县级学会（协会、研究会）

XXXX 年，咸阳市及各县（市、区）开始组建专业学会、协会、研究会，这些组织按自然科学、技术科学及其他科普业务组建，具有跨部门、跨行业、横向联系的特点。其主要任务是开展国内外学术交流；编辑出版科技书刊；对全国、全省及本市的科技发展战略、政策和经济建设中的重大决策进行科技咨询；接受委托进行项目论证、科技成果鉴定、技术职务水平评定、科技标准的编审，为社会提供技术咨询和技术服务；开展对会员的科技教育，普及科技知识，传播先进技术；对青少年进行科技教育，培养科技后备人才；反映会员的意见、呼声，举办为会员服务的事业和活动；开展国际民间交流。

学会的会员为个人会员、团体会员、通信会员，还有少量的名誉会员。它的最高权力机关是会员代表大会。会员代表大会选举理事会（闭会期间的领导机构），理事会选举会长、副会长、秘书长及常务理事，组成常务委员会。理事会休会期间，常务理事会履行理事会的职责。

# 第二章

# 科技活动(市科协)

## 第一节　学术活动

全国36中小城市科协协作网会议　2001年8月，全国36中小城市科协协作网第18次会议在咸阳召开，出席这次会议的有来自福建、广东、安徽等11省30个中小城市及县（区）科协代表62人。省科协副主席薛一平、市委副书记强义、副市长张生朝到会讲话。会议以贯彻中国科协“六大”精神为指针，以探索新形势下如何发挥科协桥梁纽带作用、积极参与西部大开发为主题，进行了交流和研讨。会议对评选出的14篇优秀论文进行了表彰。

优秀学术论文评选活动与课题研究　2003年、2005年、2007年、2009年分别组织开展了咸阳市第一届、第二届、第三届、第四届优秀学术论文评选活动，共评选出优秀论文213篇、优秀科技建议12篇，并以市政府名义进行了表彰。在课题研究中，2002年、2003年先后召开了咸阳市畜牧产业发展研讨会、咸阳市优果工程研讨会等，其中《加快关中农区畜牧业发展率先建成省内畜牧大区》《加入WTO条件下中医院校科技工作的对策》等论文获得陕西省首届科技调研成果奖。同时，组织科技工作者参加中国科协学术年会，促进咸阳市科技工作者与国内外知名专家学者的交流。

## 第二节　科普宣传

“522141科普工程”　1991年下半年，市科协组织实施市人民政府的“522141”科普工程。其内容是5年内在厂矿科技人员中开展“讲理想、比贡献”活动，提科技建议5000条；完成技术攻关200项；在乡（镇）科协和农村专业技术研究会中开展“讲精神文明、比科技致富、创建科普文明村”，建立农函大教育网络活动，培训农民25万人次；评定1万名农民技术员；发展农村专业研究会400个，其中15%达到产前、产中、产后全程服务水平；在科技咨询中，开展“讲贡献、比效益”活动，帮扶100家中小企业和乡镇企业实现扭亏增盈。该项活动实施至1994年，取得了较好的社会、经济效益。

“701科普工程”　即抓好10个农技协试点；创建10个科普示范基地；培训10万名农民；推广10项新技术；评选10佳科普明星；抓好20项金桥工程项目，创造经济效益1亿元。从1993年10月到2008年年底，建立了咸阳市蔬菜技术协会、秦都区花卉苗木协会、兴平市果树协会、泾阳县奶牛协会等261个协会；创建了渭城区底张镇科普综合示范基地、泾阳县云阳镇大棚菜科普示范基地、旬邑县吕家村仿生态养蝎基地等60个市级科普示范基地。按照“实际、实用、实效”的原则，以乡（镇）科普协会、农村专业技术协会为阵地，举办各类技术培训班4826期，累计培训农民125万人次，其中80%参与培训的农民群众基本掌握了1—2门生产技术。推广了冬暖式大棚蔬菜栽培、旱作农业与节水灌溉、礼富一号苹果高接换头、优果工程技术、秸秆青储氨化技术等65项农业实用新技术。

咸阳市首届医疗保健品展销会　1993年3月6—9日，市“科技之春”组委会举办了咸阳医药保健品展销会，47户厂家的100多项医药保健产品参加展出。市委书记李锦江在举行的记者招待会上，向新闻单位介绍了咸阳医药保健事业发展情况。展销会共接待中外客人近万名，广东、海南、内蒙古及美国、新加坡等地区和国家的客商前来洽谈业务。

十佳科普明星评选工作　1998年、2002年、2005年、2008年4次进行“十佳科普明星”评选活动，共评选出咸阳市十佳科普明星40位。第一届：申健强等10位。第二届：刘平社等10位。第三届：徐志达等10位。第四届：雷岳峰等10位。

青年科技奖评选工作　咸阳市从2010年开始设立“青年科技奖”。2010年1月15日，在咸阳市首届青年科技奖评选中，黄剑锋等10名青年科技工作者，获得奖励，郭金虎等27名科技工作者获得优秀青年科技工作者称号。

社区科普活动　从2002年开始，市科协组织开展以“讲精神文明、比科学生活、建科普社区”为主题的活动，实施“三个一工程”，即在每个社区建立一支科普志愿者队伍、一处科普画廊、一个综合性科普活动中心（站），扩展科普阵地，完善科普网络，以福园小区和中华路小区为试点，秦都区被中国科协、省科协确定为国家、省级创建城区科普活动示范城区，秦都区科协主席崔景华被评为2004年全国科教进社区先进个人。

“科技之春”宣传月活动　从1992年开始，咸阳市每年春季都开展“科技之春”宣传月活动，宣传科学思想，普及科学知识，提高全民科技意识，增强劳动者素质，促进科技成果转化，推动陕西省社会、经济持续快速健康发展。

至2011年共举办了20届。

1997年、1998年，陕西省暨咸阳市“科技之春”三下乡活动启动仪式分别在咸阳市渭城区底张镇和泾阳县云阳镇举行。1999年3月10日晚，首届“科技之春”电视文艺晚会，在彩虹工人俱乐部举行。近600名专业和业余演员登场，从不同角度，以不同形式讴歌科学技术是第一生产力的思想。省科协主席梁琦、市委书记谈俊琪、市长李堂堂等领导同志观看了这场文艺演出，并为获奖优秀节目和赞助单位颁奖。

2002年春，陕西省暨咸阳市城区科普示范活动启动仪式在秦都区广场举行。2005年由陕西省第十四届“科技之春”宣传月活动组委会、咸阳市“科技之春”宣传月活动组委会联合组织的“科技下乡”科普示范活动在秦都区沣东镇胡家村举行了授牌仪式。2006年，省社科联、市委组织部、市科协、渭城区委、区政府主办的“科普知识进农家”科技下乡活动，在南朱刘村举行。

2010年3月25日上午，陕西省暨咸阳市第十八届“科技之春”宣传月“科技下乡助推新农村建设”科普示范活动在咸阳市礼泉县袁家村启动。省人大原副主任李天文，省科协纪检组组长任建斌、副主席王前进、党广录，市委常委、宣传部部长陈俊锋，省新闻出版局、省广电局、省农业厅负责人等出席启动仪式。咸阳“科技之春”宣传月活动组委会连续18次荣获陕西省“科技之春”宣传月活动组委会的表彰。

2010年，举办了为时两个多月的首届大学生科技节。本届大学生科技节，4月8日在咸阳师范学院开幕，6月24日落下帷幕。活动得到了市级领导的重视。此次活动以提高创新能力促进就业创业为主题，以开展科技活动为载体，以低碳生活为特色，组织开展了科技论文创作、科技发明、创业设计3项市级活动，共有13所高校近2万名学生参与。进入决赛作品共307件，经各高校选拔推荐和专家评审，其中《生态节能发电系统》科技发明等6件作品获得一等奖；《大学生信息服务周报报社》创业计划书等14件作品获二等奖；《在网络传播中还原一个更加真实的西藏》科技论文等27件作品获三等奖；咸阳中医学院等6所高校获得优秀组织奖。

“百万市民学科学，共建国际化大都市”活动　从2010年4月开展的“百万市民学科学，共建国际化大都市”活动，为农村送资料、送科技、送新项目、送新成果，进行农村实用技术培训。在城区开展科技、文化、卫生、法律“四进社区”活动，在机关开展“学科学、强素质”活动，在学校组织实施青少年科学素质行动，在企业开展“行业技能大比拼”活动，在全社会开展科普知识竞赛活动，提高公众科学素质，建设学习型城市。

这次行动建立了兵器工业部第二〇二研究所火炮展览馆、市气象台、西北轻院古陶瓷艺术研究所、茂陵博物馆、三原县鲁桥正谊中学、陕西中医学院人体解剖实验室、咸阳市地震台科普教育基地、乾县综合地震台科普教育培训基地、咸阳市职院人体科学教育科普基地9个青少年科普教育基地，其中兵器工业部二〇二研究所火炮展览馆被省委宣传部、省科委、科协命名为省级青少年科技教育基地。三原县鲁桥正谊中学教师申建强、永寿县科协主席张永发被授予全国优秀科技辅导员称号。

青少年科技活动　全市获得国家奖23项，省级奖289项。其中，鲁桥正谊中学张根学同学，运用物理知识“压差作用”，发明的“深井报石器”，使挖井工效提高了38倍，荣获1996年第八届全国发明比赛金奖和高士其青少年发明奖。李媛同学发明的“小型木工刨床多功能组合铣刀”简化了6道繁重的手工制作工序，提高工效10倍以上，获得第九届全国青少年发明比赛金奖。淳化县、永寿县分别实施联合国儿童基金会扶贫项目和社区非正规化教育合作项目，进展顺利。2006年7月，联合国非正规教育项目（2006—2010年度）签字仪式在永寿县举行。

科普惠农计划项目　从2006年起，中国科协和财政部开始实施“科普惠农兴村计划”。2006年，旬邑县北山果业协会获中国科协和财政部表彰奖励，奖励资金20万元人民币。2007年起，省科协实施了“科普惠农富民计划”。同年，礼泉县泾渭纯棉土织布工艺品协会、兴平市脱毒甘薯试验示范科普推广基地、三原县农村科普带头人孙小娟获中国科协和财政部表彰奖励，奖励资金集体20万元、个人5万元，共计45万元。永寿县三八果业协会、秦都区华荣园林科普示范基地、淳化县农村科普带头人武剑获省科协表彰奖励，奖励资金集体5万元，个人3万元，共计13万元。2008年，泾阳县长岭养猪协会、兴平市清水莲菜科普示范推广基地、礼泉昭陵绿色农业开发示范基地、永寿县农村科普带头人耿兴利、武功县农村科普带头人高云涛分别获中国科协和财政部表彰奖励，奖励集体20万元、个人5万元，共计70万元。咸阳市秦都区平陵果业协会、淳化县十里塬果农协会优果工程科普示范基地、咸阳市科普讲师团、长武县农村科普带头人李成兴、兴平科普示范带头人田兴顺获省科协表彰奖励，奖励资金集体5万元，个人3万元，共计21万元。2009年，渭城区底张镇奶牛协会等5个协会、武功县恒信农村科技培训基地等2个基地和马志勇等2个农村科普带头人获全国“科普惠农兴村计划”项目。彬县北极里村养猪协会等2个协会、兴平市大棚油桃科普示范基地等2个示范基地、秦都区科普培训基地等2个培训基地和农村科普带头人陈永成被列入全省“科普惠农富民”工程。中省项目共为咸阳市获得奖励资金183万元，受表彰奖励项目数和奖金数在全省名列榜首。2010年，淳化县食用菌协会等9个协会、武功永飞标准化良种繁育示范基地等2个基地和杜辉等3个农村科普带头人获全国“科普惠农兴村计划”项目，项目共获中国科协和财政部表彰奖励资金235万元。

科普系列教材编写 2003年开始组织专家编写《果品贮藏与加工》《奶牛常见病的防治》《桃杏李优质丰产栽培技术》《蔬菜的营养与配方施肥新技术》《特种经济动物养殖技术》《常见经济动物养殖技术与疾病防治》《露地花卉栽培管理技术》《食用菌栽培技术》《盆栽花卉简明生产与应用技术》《宠物犬饲养与疾病防治》《果树病虫害防治》农村科普系列教材11种，免费向基层群众发放。

2008年，组织陕西中医学院专家编写了《健康生活手册》一书，市委书记千军昌同志亲自为该书题词“健康工作、幸福生活”，本书共印刷1万本，免费发放给公众。2009年，印发《防治甲型H1N1流感手册》万余册。2010年，组织编印了《低碳生活手册》《安全用药100问》《市民健康200问》《养生经典谚语366条》《户外运动科普知识》《食品安全知识手册》等科普书籍，免费向全体市民发放。

科普示范县（市、区）创建工作 咸阳市有全国科普示范县（市、区）旬邑县、永寿县、兴平市、秦都区4个。全国科普示范县总数在全省各地市中最多。第二轮“全国科普示范县（市、区）”创建工作，从2010年拉开，有旬邑县、永寿县、兴平市、秦都区4县市区参与创建工作；乾县、渭城区2县区也参与了创建“省级科普示范县（市、区）”的工作。

《科普法》颁布纪念活动 《科普法》于2002年6月29日颁布实施。2003年，市科协与秦都区科协在中华小区举办了丰富多彩的纪念《科普法》颁布一周年的活动。

全国科普日活动 从2004年以来，全国科普日活动时间为9月的第三周公休日。2004年，以“科学普及——你我共参与”为主题，精心组织安排了形式多样的20项重点宣传活动。市科协在三原县陵前镇举行了“送农村科普系列丛书下乡”活动；在中华小区举行了全市“科普进社区启动仪式”；同时抽调人员积极参加全省学习《科普法》和科普知识电视大赛活动，取得了第3名，并被评为优秀组织单位。

2005年，市科协与市委610办公室联合，在全市13个县市区开展了“反邪教巡回演讲”宣传活动，近2万名干部群众参加了活动。与省科协联合，在礼泉县西张堡白村举办了“优果、优畜”专家农民面对面咨询活动，8名专家与1000多名群众面对面交流。

2006年，以“预防疾病、科学生活”为主题，全市精心安排重点示范活动20项，并积极动员医疗、卫生、环保、科技等部门广泛参与，形成合力。9月9日，在市中心广场举行了“健康教育进社区启动仪式”，组织8个医疗服务队深入全市48个社区开展巡回一周的健康知识宣传。

2007年，以“节约能源资源，保护生态环境，保障安全健康”为主题，全市精心安排重点示范活动30项。9月15

日，在市中心广场举行了启动仪式，全市25个市级学会、协会、研究会共800余名科技工作者为近万名群众进行了环保节约知识的宣传等。

2008年，以“节约能源资源、保护生态环境、保障安全健康”为主题，全市共组织开展了17项重点示范活动。活动期间对各县市区配发全国科普日宣传图书、挂图。

2009年，全市首次统一时间、统一主题、统一活动方式，共开展重点活动103项，于9月19日，在《咸阳日报》向全市市民发出了《节约能源保护环境健康生活倡议书》。9月27日上午，在咸阳教育电视台举办了首届公众科学素质电视大赛决赛，旬邑县等6支代表队通过预赛从全市13支代表队中脱颖而出，分获一等奖、二等奖、三等奖和1万元奖金，17个成员单位领导以及部分市级学会200多名干部职工观看了比赛。

咸阳市科技馆　1984年10月，市科协就集资筹建咸阳市科技馆成立了集资委员会，委员会向全市人民发出集资建馆倡议。后经市人大、市政协部分委员及广大科技人员呼吁建议，咸阳市计委以［2001］342号文件予以立项。随之，中共咸阳市委办公室、咸阳市人民政府办公室以咸办发［2001］9号文件成立了咸阳市科技馆建设筹备领导小组。市委副书记强义、副市长张生朝分别任正、副组长。领导小组办公室设在市科协。

# 第 四 编

# 农业科学技术

咸阳地区目前可考的最早包含农业生产的新石器时代早期文化遗存，首推属于老官台文化类型的长武县下孟村遗址下层。该遗址下层依次叠压着仰韶文化的半坡、庙底沟类型的遗迹、遗物，从地层上表明了彼此间的文化传承关系，对这一文化的深入研究有助于进一步追溯泾渭流域原始农业的起源问题。咸阳地处关中地区中部，属仰韶文化中心地域之一。武功县已确定的仰韶文化遗址就多达十余处，另在咸阳尹家村、长武下孟村等亦有发现。这些遗址介于著名的半坡、北首岭遗址之间，原始农业相当发达。武功游风遗址发掘的陶屋模型为了解仰韶文化的房屋形状、结构提供了比较具体的资料，表明以农为主的定居意识已反映到艺术创作题材之中。咸阳尹家村遗址，“就彩陶与磨光石器共存的现象来看，可能与西安半坡村遗址时代相当，但就发现的带孔石斧和制作极精致的石镰、石凿等观察，时代可能要晚一些”，农业发展水平似乎更高些。咸阳地区的龙山文化遗存，目前发掘的有武功浒西庄庙底沟二期文化遗址和赵家来客省庄二期文化遗址，这成为著名的先周农耕文化的重要渊源之一。

先周时期，上承原始农业之余脉，下开传统农业之先河，在中国农业发展史上占有十分重要的地位。周、秦、汉、唐等十一代王朝建都于长安，这里勤劳的人民对中国悠久的文化做出过许多贡献。自西周以来三千多年，历经多次历史变迁和无数次天灾人祸，但农业生产一直在缓慢发展。秦汉时期是中国传统农业较为成熟时期，有较先进的农业科学技术，出现过不少农学家。直到清代中后期，由于它地处内地，比较闭塞，经济文化远远落后于东南沿海一带，但这期间仍产生过具有丰富的实践经验和科学知识的农学家，如兴平的杨屾和三原的杨秀元，他们的著作受到农学史研究者的重视，是研究关中地区传统农业科学技术的宝贵资料。

近代百年余间，在半殖民地半封建的社会历史条件下，西方国家先进农业机械、优良品种、栽培技术、化肥农药等逐步传入，但在农业生产技术方面，传统农艺无甚发展，技术人员缺乏，牛耕、铁具、手工作业及古老相传的一整套生产技术，仍是当时农业生产的基本手段。新中国成立初期，咸阳地区只有咸阳和永乐两个农业技术推广站，有农技人员 19 人及一个科研教学单位——西北农学院。

1953 年，各县（市）开始创建农技站、畜牧兽医站、林业站、农场。到 1958 年，农、林、水、牧、机、气象等专业科技机构相继建立健全，以丰产田为重点的群众性科学种田活动蓬勃兴起。1961 年，成立了农林局。1962 年，咸阳地区相继成立了“农业科学研究所”“农机研究所”。

1966 年，少数公社也成立了农技站、畜牧兽医站、农机站，大队建立起试验农场，固定专人，配备了土地和牧畜，逐渐由搞丰产田转向试验、示范和推广。

“文化大革命”开始后，科研与技术推广工作受到一定的影响。地处咸阳地区的西北农学院，承担的科研课题能坚持进行或能基本上进行的项目仅为三分之一。

1971年起，科研工作开始逐渐恢复。1972年4月，咸阳地区科技组成立，组织并协调全地区的科学研究和技术成果应用、推广工作。

1978年科学大会召开，14个县（市）中有11个已建立科委，三原、淳化还分别成立了科技局、组。地区农业局成立了科技管理部门。全区各县（市）成立了农科所，建立了农村四级农科网，公社、大队、生产队三级机构和人员也得到了加强和充实。当时有专业研究机构40个，有38项科研成果获全国科学大会奖，70项科研成果获陕西省科学大会奖，51项科研成果获咸阳地区科学大会奖。

随着教育的发展和科学技术的进步，市农业生产依靠科技发展迅速。截至1989年，主要农作物基本实现了良种化，农业科研新成果、新技术得到了广泛应用，南八县（区）基本实现了水利化，市县两级有农技、植保、土肥、园艺等技术推广、科研专业机构85个，各类专业科技人员1763人，乡（镇）农技站218个，农民技术员23036人。

# 第一章

# 种植业

随着科学技术的进步，咸阳农业迅速发展，粮食、水果、蔬菜的产量和产值均居全省首位，畜牧综合生产能力位居全省第二，成为西北地区最大的优质粮生产基地和蔬菜生产基地、闻名全国的苹果生产基地、陕西省最大的奶源基地和肉畜基地。

## 第一节　良种繁育与推广

中华民族的农业生产起源很早，大约在一万年前的原始母系氏族的繁荣时代，就已经从采集、狩猎，开始发展到模仿野生谷物的生长，将种子撒到地里任其自然生长，到了成熟的收获季节采收谷粒，从事简单的农业生产。考古工作者曾在下孟村遗址“个别圆袋型和长方形坑中发现过粟壳的残迹”，显示出泾水流域以粟作为主要农作物的旱农生产特征。

周秦时期，咸阳地区的主要作物仍是黍稷，人们已经有了品种的概念。黍子有秬和秠两个品种，“秬，黑黍也；秠，一稃二米也”。稷的良种主要有糜、芑、粱。《豳风·七月》记载，“黍稷重穋”，开始出现早、晚熟种。良种选育标准亦已出现。《吕氏春秋·任地》提出的“使藁数节而茎坚”，“使穗大而坚均”，“使粟圜而薄糠”，“使米多沃而食之彊”，就是通过综合的农业措施使作物茎秆健壮，穗大饱满，籽粒出米率高，品质优良。这种要求已兼顾到农作物的产量、质量等方面了。考古工作者曾在长武县冉店乡碾子坡先周文化遗址中发现炭化粮食，经中国科学院植物研究所植物分类研究室刘亮同志鉴定，认为是未去皮的炭化高粱。麦类中的冬麦和春麦也在西周出现。豳地“十月纳禾稼……禾麻菽麦”，在秋冬之际登场的当是春麦。《诗经》中稻、稌二字六次出现，其中四次与陕西地区有关，“十月获稻”指的是地处咸阳北部的浅山地区；“滮池北流，浸彼稻田”就在咸阳附近。大豆古名菽。后稷教民稼穑，“好种树麻菽，麻菽美”。《豳风·七月》有“九月菽苴”。苴，即麻籽，或指雌性的大麻，是古代食物中构成油脂的主要来源，麻的茎秆韧皮经沤制后可经织纴，成为普通百姓的主要衣着原料。

汉代关中地区的宿麦（冬麦）种植受到重视。董仲舒建议汉武帝大司农“使关中民益种宿麦，令毋后时”。西汉末年，汜胜之“督三辅种麦，而关中遂穰”。冬麦作为秋种夏熟作物，在利用晚秋和早春生长季节，提高复种指数方面有重要意义。过去名菽或戎菽者，汜书正名为大豆、小豆。当时广种大豆的原因，《汜胜之书》曰：“大豆保岁易为，宜古之所以备凶年也。谨计家口数种大豆，率人五亩，此田之本也。”豆制副食品的发展，也是大豆生产发展的原因之一。荞麦的原产地诸说不一，从考古发现看，中国最早的荞麦标本，出土于咸阳杨家湾四号汉墓。魏晋南北朝时期，人们常借复种荞麦度荒。唐代，关中荞麦播种面积甚大，有“月明荞麦花如雪”“满山荞麦花”之誉。禾谷中的荞麦是无限花序，唐人认为有三分之二的子实硬化就应收获，否则“半已下黑子尽总落矣”。薏苡，一般认为是马援由交趾带回关中，咸阳马泉西汉墓有成层薏苡米出土，将这一说法提早了许多。

汉唐盛世，西北丝绸之路通畅繁荣，随着各民族、地区、国家间经济文化的交流、发展，先后形成两次引种高潮。丝路传入的良种一般总是“植之秦中，渐及东土”。引入作物多属园艺蔬菜、果树牧草及经济作物品种，汉时引种的计有胡葱、大蒜、胡瓜、胡豆、胡荽、苜蓿、石榴、葡萄、胡桃、胡麻、红兰花等。柑橘、荔枝、龙眼、甘蕉、枇杷、橙、槟榔、橄榄诸南方果木，则在皇家苑囿中利用优越的人工管理条件进行转植试验。苜蓿由于广泛种植，甚至出现地方俗称，“茂陵人谓之连枝草”。隋唐时期有菠菜、茄子、莴苣、浑提葱等传入，茂陵“苜蓿榴花遍近郊”。

宋清时期，咸阳农作物种类变化表现在：一些传统作物的品种、类型更为丰富；良种的引入和推广，改变了既有作物结构。

自西汉以来，小麦一直是关中地区的主要作物。唐京兆贡麦，“出关中者为上品”。元世祖时关中麦“盛于天下”。明三原马理曰：“关中有黑芒麦，有无芒者为和尚麦，色白者为白麦，色紫者为紫麦，紫麦面多。有色白而粒甚肥大者为御麦，可为饼及蒸食。早熟者为三月黄。”雍正《陕西通志》引《咸阳县志》“麦生毕原者上品”。《授时通考》卷二十六《乾州物产》：“小麦皮薄面多，佳于他处，每斗更重二斛。”至于黍、稷、菽、麻等杂粮，“关中处处有之”。咸阳谷之良者有青粱，其米青色，夏日食之清凉；有芝麻粱，其米白色，形如芝麻；另有黄粱，穗大毛长味美，谓之竹根黄。《宋史·地理志》载：“邠州靖难军贡毕豆（豌豆）。”金代以后，咸阳等地荞麦种植比较普遍，这种作物生长期短，春秋均可播种，其子粒供食用，茎叶青刈用作饲草、绿肥，成为一种优良的填闲补种求荒作物。麻，为棉花未传入前一般农民衣着原料主要来源。唐“邠州赋麻”，元修《长安志图》也反映出，在关中主要水利灌区，泾阳、三原、高陵一带水田中，麻的种植占有相当大的比重。农田灌溉用水，农民“计其所利，麻重于苗”。明清时期，关中不仅普遍种植苜蓿作为家畜饲料，而且在倒茬作物之中，亦一向被农民认为是谷类作物以及棉花的良好前茬作物。明初朱木肃《救荒本草》曰：“苜蓿出陕西。”三原杨秀元《农言著实》中记载了有关苜蓿的种、锄、收、挖，苜蓿成为主要农事活路之一。水稻种植虽见诸《知本提纲》等书，但显系抄自《王祯农书》，转抄中删去的部分却是重要技术环节，可知当时水稻栽培不多。康熙四十年（1701 年）《淳化县志》记载：“欲得稻米，必购自他邑，民鲜知味者。”

宋清间，棉花、玉米、番薯、马铃薯、花生、烟草等作物相继进入关中，是为汉、唐之后第三次引种高潮。棉花，“宋元之间，始传其种入中国，关陕闽广首得其利”。元初编纂的《农桑辑要》亦载：“木棉种于陕右，滋茂繁盛，与本土无异。咸阳植棉，至明乃盛。”明初，泾阳植棉面积达 110000 多亩，征收布匹 23000 多匹，礼泉植棉 7681 亩，三原征收布匹 6900 多匹，兴平征收布匹 1800 多匹，是关中主要产棉区之一。泾阳、三原在明朝都有相当繁盛的棉花种植。有人推算泾阳棉田约占全部耕地的三分之一。咸阳北部的邠州等地，虽地高天寒，“绵（棉）亦不少种”。清初，咸阳地区成了关中乃至西北地区重要的棉花集散中心。这里从事棉花买卖的商人共同商议，建立了花商会馆，并立碑纪念。碑文内称“花商集议每花一包，客主各除银三分，作建筑会馆之费”，议成。自嘉庆四至六年（1799—1801 年），即积银五千余两，兴工建筑，十年（1805 年）竣工。规模宏大壮丽，需费两万余两，可见棉花贸易量之巨。清末，棉花已成为咸阳地区最重要的输出品，泾阳棉花“多贩于外”，“光绪二十二年（1896 年）始，县境出棉五十三万三千有奇，三十二年（1906 年）增至三倍，今（宣统）又倍增矣”。左宗棠任陕甘总督时刊《种棉十要》并《棉书》，在陕西掀起了一次广种棉花的高潮，洋棉籽种的传播便是这次劝种的直接结果。泾阳“乡民习种布花，数亩数十亩不等，每亩俭者收十斤，丰亦不逾三十斤。（洋花）试一种之，较土花相倍蓰，若粪肥土润，有收及百斤者，于是贾客争购，布花为之减色”。礼泉一带，自美棉传入后，“种棉风气渐开”，所产之棉“质地颇佳”，深受客商喜爱，“遂有山棉之目”。为了解决棉花加工问题，咸阳刘古愚掌教味经书院时购置轧花机，“日出棉百数十觔，可抵寻常十数工”，于是“种棉者日益蓄，运售者日益广”，进一步促进了棉业发展。玉米、番薯，大约于乾隆年间传入咸阳地区，分别种植于三原、兴平、咸阳诸县。玉米始种南部浅山，且多春播，进入渭河平原，逐渐演变为夏播作物。官府的倡导，对于番薯的推广起了重要作用。陕西巡抚陈宏谋于乾隆初年发布《劝种甘薯檄》，兴平等县，各“从江浙豫蜀购觅薯种，并雇有善种之人到陕”。乾隆十六年（1751 年）《咸阳县志》载：“抚宪陈公奉发甘薯一种，……旧时土产之外，又增一利生之物矣。”玉米、蕃薯之种植，和关中人口增长同步，使民食问题暂得缓和，有利于农业资本主义萌芽的缓慢发展。花生、烟草大约于清末引种于咸阳。张鹏飞《修关中水利议》建议于关中种落花生等，以布其利，后来沿渭滩地种植甚广，成为特产。但近来有学者对花生外来说提出了质疑，尤其是 1993 年 1 月，咸阳汉阳陵考古发现了花生、谷子、糜子、小麦等粮食，证实花生在中国种植历史已有 4000 多年。

明清时期咸阳地区新增的蔬菜种类有胡萝卜、甜菜（著达）、辣椒等。《知本提纲·农则》曰：“凡杂粪不继，苗粪可代。黑豆、绿豆为上，小豆、脂麻（芝麻）、葫芦芭（胡萝卜）次之。”胡萝卜除作蔬菜之用，亦可充作绿肥。雍正《陕西通志》称辣椒为番椒，并曰“俗呼番椒为秦椒”。秦椒凡指花椒，辣椒传入后取而代之，清末辣椒成为咸阳地区特产。光绪十年（1884 年）《乾州志稿》曰：“秦椒，秦中多有之。产于乾州（者）老辣之性与芥姜争霸，悍尤过之。”光绪《兴平乡土志》曰：“辣子本地广产，自用外俱销售于省城、富平、耀州各县地约二十余万斤。”光绪《武功县乡土志》记载：“帷秦椒较他处多，亦甚良。”“由本境运地凤翔。宝鸡各县（陆运）每岁销行八、九万斤不等。”以上诸县至今仍为咸阳重要的辣椒产地。

近代以来，随着中西方经济文化的充分交流，农作物品种通过各种渠道互通有无。因 20 世纪 20 年代现代科学技术在中国已有初步发展，引种逐渐按照现代科学方式进行，引种思想、方法的科学性是汉、唐、明、清时不能相比的。引入种类极广，有农、林、果、蔬等。而真正在咸阳得以推广，并取得显著效益的有棉花、小麦两种农作物的优良品种。咸阳过去一直种植由东南传入本区的印度棉，通称中棉，民间又叫小洋花。此棉品质欠佳，而近代引进的美洲棉，纤维较长，可以精纺为细布，每百斤美洲籽棉比中棉起码多得十斤皮棉。1934 年，陕西成立棉产改进所，正式开始棉种推广和研究工作。抗战初期，美种斯字棉四号试种成功，咸阳成为推广中心，国民党政府更加重视陕西棉业。1936 年从美国购买棉种，拨给陕西斯字棉子万磅试种推广。1940 年由著名棉花种植专家冯泽芳带领的中央“棉花增产督导团”，在关中推广斯字棉，后来金陵大学西北农场和泾阳农场分别从斯字棉中选育“斯字 517 号”和“泾斯棉”，一直推广到新中国成立前夕。

小麦良种方面的成就不同于棉花，棉花以引进推广国外良种获得成功，小麦成就则在优良品种选育。这是因为小麦等粮作在中国栽培历史悠久，古代已积累了丰富的选种经验。两千多年前的

《氾胜之书》已记载存优去劣的穗选法，清代发展到采用“一穗传”。这种传统的选种方法已经包含着混合选种和系统选种等常规育种的部分原理和方法。民国时期，随着现代农业科学的发展，小麦育种得到重视。特别是30年代以来，国内外学者传入了现代生物统计和田间试验等理论及方法，改善了实验和分析手段，奠定了中国现代育种的基础。陕西西安西关农场王伯才等人，用混合法纯系选种育成了“兰花麦”，后又从“兰花麦”中选育出“陕农7号”在咸阳等地推广。1933年，立址于泾阳县的金陵大学西北农业分场，也开始小麦育种实验。几年后，霍席卿等也从“兰花麦”中选育出了新的品种，即30年代影响较大的“兰芒麦”，西北分场后又选育了金大“60号”“129号”“302号”等。国立西北农学院在陕、甘、宁、青等省采集小麦三万单穗，经体系选育得“武功27号”，因穗形酷似蚂蚱，又称蚂蚱麦，在咸阳得以广泛推广，并取得了较好效果。随后，选育出的新品种还有“泾惠30号”“西安27号”等。这些优良品种的选育，都是采用系统育种。40年代起，小麦杂交育种开始试行，从此现代小麦育种进入新阶段。杂交是运用遗传学原理，把两种或数种品种性状集中培育成一优良新品种的育种方法。其中，西北农学院育成的“碧蚂一号”和“6028”两个品种影响最大。“碧蚂一号”是西北农学院赵洪璋等在1942年用碧玉麦和蚂蚱麦杂交选育，至1947年育成的良种，具有粒大、皮薄、抗锈病等优良性状，比当时一般麦每亩多增产70多斤，1948年在关中地区进行区域试验，新中国成立后推广于山西、河南、山东、安徽、江苏等省，总种植面积曾达到九千万亩。年增产小麦约45亿斤，也是新中国成立后中国推广面积最大、增产量最多的小麦品种。西农“6028”是与“碧蚂一号”同期杂交育成的另一品种，粗茎矮秆，不易倒伏落粒，耐水肥、抗病虫，特别适宜在吸浆虫泛滥不能种麦的地区推广。

其他农作物品种没有像棉花、小麦那样进行系统的改良，但是采用良种的增产效果对人们已形成极大的吸引力，从国外和外省引入了各种作物优良品种。据文献记载，在抗日战争时期，国外的马齿玉米比较有名，西北农学院安汉等人在甘肃调查作物品种即发现“尚有一种有属于马齿种之可疑”。1946年，引进美国杂交马齿玉米在西北种植，后来陕西从中选出“红心黄马牙”和“白心黄马牙”等马齿新品种，以及“西农混选白玉米”等优良品种，在群众中自发推广，在咸阳普遍种植。

近代以来，园艺作物种类增多，民国初的《农学合编》仅蔬菜汇集了58种，其中既有传统菜种，也有近代以来国外新引蔬菜。在咸阳种植的主要有紫白甜萝卜、武功苞心白菜、农院大蒜等。

果树引种以苹果为主，成效显著。清末，洋苹果传入，西北农林专科学校成立后，直接或间接引入国外苹果良种，至新中国成立之前，咸阳种植较多的主要有国光、红玉、青香蕉等品种。

泾阳农场在民国三十二年（1943年），对大豆进行了区域性试验：

（1）试验目的：陕西省推广繁殖站、西北农学院共同育成之品种，试验在本区内之适应性如何，以便作为推广之参考。

（2）供试品种：武功509号、404号、502号、503号、506号及本地小寨村农家大粒土种共7种。

（3）试验田间布置：在本场第九区北端，随机区集排列每小区种3行。全试验重复6次。

（4）播种量及行长：行距1.5尺，行长15尺，每行用种子80粒。

（5）试验进行情形：5月1日播种后，出苗均很齐全，各品种间无甚差别；7月初进行中耕；生长期内无倒伏也无病害、虫害。11月1日，全试验完毕。

（6）产量结果：三行总收量克数以变量分析法统计，见表4－1－1、表4－1－2。

**表4－1－1　三行总收量比较表**　单位：克

| 品系名称 | 区集一 | 区集二 | 区集三 | 区集四 | 区集五 | 共计 |
|---|---|---|---|---|---|---|
| 武功406 | 960 | 955 | 1170 | 1026 | 1115 | 5226 |
| 武功404 | 913 | 1162 | 1162 | 1275 | 1050 | 5562 |
| 武功502 | 852 | 735 | 1055 | 1001 | 1010 | 4153 |
| 武功503 | 992 | 955 | 1130 | 1095 | 960 | 5132 |
| 武功506 | 863 | 1087 | 1060 | 1037 | 995 | 5042 |
| 武功509 | 842 | 1167 | 1402 | 1275 | 1005 | 5691 |
| 土　种 | 753 | 931 | 1086 | 1000 | 886 | 4656 |
| 共　计 | 6175 | 6992 | 8065 | 7709 | 7021 | 35962 |

**表4－1－2　变量分析表**

| 品种名称 | 总收量（克） | 百分数（%） |
|---|---|---|
| 武功509 | 5691 | 110.8 |
| 武功414 | 5562 | 108.3 |
| 武功406 | 5226 | 101.7 |
| 武功503 | 5132 | 99.9 |
| 武功506 | 5042 | 98.2 |
| 武功502 | 4653 | 90.6 |
| 土种（CK） | 4656 | 90.6 |
| 标差率5% | 582 | 11.3 |
| 标差率1% | 791 | 15.4 |

结论：从表中可以看出，以武功五〇九、四一四两种品质最优，应在本地区予以推广。

1950年，省农业厅技术推广科率先在咸阳专区繁殖、试种育种专家赵洪璋育出的“碧蚂一号”48亩，经生产试验、示范，到1953年全区推广种植，亩产增产10%，年增产粮食3000吨。到1956年种植面积7500余万亩，1959年种植面积9000余万亩。“碧蚂四号”1960年种植面积1644余万亩，比当地小麦品种增产10%—30%。丰产三号种植近5000万亩，成为20世纪60年代末至70年代初咸阳地区种植面积最大的品种，至今仍是主要的种植品种之一。赵洪璋选育的矮丰三号种植500多万亩，是中国首批矮秆冬小麦品种。碧蚂一号、碧蚂四号，1978年获全国科学大会奖和陕西省科学大会奖，矮丰三号1980年获陕西省科技成果一等奖。

1956年，国家制订了“全国十二年科学技术发展远景规划”，科研工作进入新阶段，如地处杨陵的西北农学院，增设科学研究科，使科研工作纳入计划，承担了国家委托的科研任务，结合生产实际，开展科学研究。

1963—1964年，全市承担国家项目220项，参加科研人员1232人。

1964年，咸阳地区农科所育成新中国成立后第一个短秆小麦——咸农39号，不但在国内首次突破小麦矮化育种难关，而且也受到国际育种界的高度重视。此后又相继育成咸农二号、咸农四号、咸农68、长选一号、404、411，农矮一号、683、175，咸农151、乾农四号、官村一号、702、7125、秦麦四号、4732等17个小麦品种。

截至1966年，全市共承担2321个科学研究项目，参加研究人员4361人次，取得284项科研成果。选育推广的小麦优良品种有碧蚂四号、6028、丰产三号、陕农九号小麦品种和1138、3102等大麦品种。

“文化大革命”期间，科研与技术推广工作受到一定的影响。但自1971年起，科研工作逐渐恢复，到1976年，承担科研项目138项，取得科研成果64项。良种繁育面积已达800多万亩，占农作物播种面积的94%。地区农科所培育出高产、优质、耐肥、抗倒单产千斤左右的“咸农68”与高产、优质、耐旱、耐冻单产700多斤的“404”小麦品种各推广10多万亩。小麦优良品种“矮丰三号”已推广到16个省市，种植面积达500多万亩。

1978年，改革开放以后，长武农科所培育的“7125”被评为全国高抗锈病优良小麦品种之一，深受群众欢迎。地区农科所培育的“咸农68”小麦品种，适宜于关中地区，比阿勃有明显增产趋势；选育出适宜于北部地区种植的亩产400斤左右小麦中矮秆，早熟适应性强的“335品系”繁殖9000千克；适应于南部种植的矮秆、早熟性、丰产性强的73－15－45品系繁殖27万千克。到1982年，咸阳地区农科所选育的小麦良种“咸农151”具有抗倒伏、抗病、抗吸浆虫、品质好的特性，适应于关中灌区水肥条件较好的地方种植，省农作物品种审定委员会已审定为优良小麦新品种，经6年品种多点对比试验，在关中灌区较阿勃增产9.2%—30%。1987年被评为省、市科技成果一等奖，在全省推广700多万亩，增产小麦3亿多斤，直接经济效益达7000多万元。同年，又选育出小麦良种——4732，经1978—1980年三年多点试验，平均较阿勃增产16.3%，1982年播种80多万亩以上。“秦丰十号”较延安17号增产5%—16%。大田一般亩产200—300千克，可在咸阳北部、铜川北部、延安南部及甘肃庆阳地区旱、肥地种植，1982年以来，已种植20多万亩，增产小麦725万千克。

1987年，示范推广小麦新品种“小偃六号”“秦麦四号”。经多年试验鉴定，“小偃六号”表现中早熟，分蘖力强，成穗率高，较抗倒伏，产量高而稳，品质优佳，综合适应性较好，是南部灌区推广种植的好品种，近几年采取了边试验、边示范、边加速种子的繁殖工作的方式，已成为宝鸡峡、渭惠、羊毛湾等灌区的骨干品种，中部旱原和北部川道也搭配种植。“秦麦四号”每亩平均产量280千克，较当时的骨干品种“404”平均亩产增产29.3%，较“702”平均亩产增产5.4%。

1988年，市土肥站大面积推广小麦锰肥拌种。从1984年开始在小麦上进行施用锰肥的试验、示范和推广工作，以拌种较为适宜。此后五年，共推广面积114.7万亩，纯收入994.4万元。其中1987—1988年度推广面积69.8万亩，平均亩产增产粮食24.3千克。

小麦亩产千斤标准化栽培技术规范，1989年在市灌区示范推广。规范要求按照当地自然资源，运用系统工程，通过协调土、肥、水的关系，调节合理的群体结构，限制群体，发展个体，稳定穗数，增加粒重，提出一定产量水平下的增产模式。

玉米是第二大粮食作物，新中国成立以来发展很快。注重提高玉米单产和质量，推广优良品种，革新栽培技术。南部地区玉米为夏播，生长在光、热、水配合较好时期，能够获得高产；北部地区为春播，生长期长，能促使玉米质量提高。

20世纪60年代，引进的玉米品种有辽东白、金黄后、407、409、白双三号、双跃150、陕玉611、白单四号、陕单七号、武单早、陕单一号、中单二号、户单一号、掖单二号、陕单九号共15个品种。陕西省农科院林季周等相继培育出武字号“武105”“武206”。玉米自交系和“陕玉661”“陕单一号”“陕单九号”“陕单七号”玉米杂交种，使关中地区的玉米种植实现了良种化，在陕、甘、川、豫等省推广面积达8000万亩，分别获全国科学大会奖和省科技成果奖。

1979年，开展了玉米丝黑穗病防治技术研究工作，通过对玉米丝黑穗病的发病规律与杂交种类型，杂交种与自交系抗病鉴定及其综合防治方面大量的调查研究，筛选出了高抗、丰产、优质的杂交种“中单二号”“陕单九号”和九大抗病自交系。采用“种、轮、拔、药、管”的综合措施，1979年平均发病株率下降到4.8%，挽回粮食损失635万千克。

“户单一号”玉米杂交种抗病、综合性好、高产稳产，是较为理想的夏播玉米杂交种。1980—1984年累计推广面积达772万亩，在全市农业生产中发挥了重要作用。

1988年，由市标准计量局、市种子公司协作完成了《玉米种子标样的制作与实施》技术选制工作。经过两年来的品种选定、征集、处理、包装等一系列工序，制作出附有简要文字说明的户单一号、中单二号和黄早四、武109等10个杂交种及亲本玉米种子标样320盒，在种子的产、供、销、用中起到了标准样本的作用。从1988年5月1日起，已推广到全市14个县（区）及市标准、种子部门应用。同年，又完成了夏玉米规范化栽培技术的研究与推广工作。夏玉米规范化栽培是市农技推广中心站在继承和借鉴传统丰产栽培经验的基础上，吸收现代科学理论、方法、手段及研究成果，选优组合配套，综合应用实施的一项指标化、模式化栽培技术。通过电子计算机综合模拟和寻优处理，建立了夏玉米主要栽培因子与产量的回归数学模型，确定了不同生产条件的较优组合方案，提出了规范化栽培技术指标，并组织南九县区农技站进行大面积示范推广。三年累计推广面积287.85万亩，增产玉米17843万千克，为促进全市玉米生产再上新台阶开辟了一条有效途径。同年，陕西省农业科学院，制定了亩产500千克的玉米品种、密度、NP配方施肥等规范、关中灌区粮食高产高效益技术，在扶风、三原、武功和渭南4县建立示范基地4900亩，平均亩产781.3千克，比一般大田两料亩产600千克，增产181.3千克，共增产粮食91.8万千克。

1989年，旬邑县农牧局推广地膜玉米栽培技术。当年示范推广10650亩，平均亩产654.5千克，创市玉米最高纪录，采用的主要措施是精细整地，挖沟埋肥，氮、磷配合及时追肥，规格播种，合理密植，适时早播等，为渭北旱原沟壑区的玉米种植开辟了新路子。

20世纪80年代，在境内推广种植的玉米品种有中单二号、户单一号、陕单七号、陕单九号、陕单十号、掖单二号、咸单一号、咸单二号玉米单交种和2-1×黄早4、8912×206单交组合，其中：中单二号、丹玉13号、陕单九号、掖单二号为市优势品种。

棉花是咸阳市主要经济作物，新中国成立以来，通过积极培育、引进适宜本市的早熟高产、抗病、优质的棉种，提高了棉花品质，恢复了优质棉的历史地位。

1897年，第一台日本小型轧花机引入关中棉区。50年代“泾斯棉”取代了农家老品种。60年代学习全国植棉能手张秋香的经验，认真贯彻农业“八字宪法”，在水位较高的渭河南岸地区，采用带状、高垄耕作法及多次整枝与及时防治病虫、保蕾保铃等一套栽培技术，解决了棉花的通风、透光、疯长、烂叶、烂铃等技术问题。1966年，选育推广的优良品种有徐州棉209、124、1818、中棉三号、陕棉401、1155等。

1976年，棉花的抗病育种突破了难关，选育出高抗枯黄萎病的品系十多个，特别是已初步培育出具有免疫和大铃特性的“73－2”“73－78”两个新品系。到1978年，育出的棉花抗病新品系“72153”已扩大繁殖，比“401”品种平均增产41.3%。陕西省农科院培育的“陕棉4号”“陕401”，获全国科学大会奖，还培育出高抗枯萎兼抗黄萎病的棉花品种“陕棉1155”，推广面积300万亩，获1986年国家发明三等奖。

1982年，在淳化县召开了咸阳地区科技工作座谈会，强调要以推广应用先进技术为主，抓新技术成果的推广应用。当年推广地膜棉7900多亩，获平均亩产65千克，比全区棉花单产高出一倍多。泾阳县6483亩地膜棉，平均亩产82千克，比移栽棉亩产高出18千克，比直播棉亩产高出38.3千克。

1987年，咸阳市农科所又选育出“秦棉一号”棉花品种，该品种原系号为“6083”，属陆地棉中早熟品种，生育期135天左右，株高85厘米左右，易出苗，蕾期长，墩实、不早衰、吐絮畅；平均成熟度、强度、细度、主体长度均达到了优质棉标准；丰产稳产兼抗棉花枯黄萎病，正常年份亩产皮棉150斤左右；已推广至关中中部、东部及同类棉区种植。目前境内种植的主要品种有：陕棉1155、陕棉401、5254、72153、6083品系。

油菜种植面积占油料作物面积的90%。1951年，随着永寿县永安油菜栽培技术经验的推广，又相继出现了胜利油菜、跃进油菜、杂三七、上党油菜、陕油110新品种。到1973年，由于宝鸡峡灌区通水和“陕油110”新品种的推广，使南部油菜面积扩大，全市油菜面积增加。1976年，选育出适合南部灌区种植的咸油“711油菜种”，较跃进油菜增产12%以上，推广5万多亩。1978年培育的“关油三号”油菜品种，不仅在陕西省大面积种植；而且河南、河北、山东、辽宁、四川等地也纷纷引种。

1985年，由咸阳市农科所与宝鸡市农科所、省特作所协作，培育出的丰产优质低芥酸油菜新品种——秦油三号，具有丰产、优质、中早熟、抗寒、抗病、抗倒伏等特点，芥酸含量1.2%（常规品种为45%—50%），1984—1985年参加省油菜区域试验，平均亩产180千克左右，最高达227.3千克；与黄淮兄弟省（市）育成的7个低芥酸油菜品种相比，丰产性有新的突破，已通过省农作物品种审定委员会审定，1986年推广40万亩。

2000年以来，咸阳市按照良种引路、良法跟进、主攻单产、稳定总产的思路，粮食生产呈现增收势头。全市小麦良种覆盖率达到95%以上，同时通过试验推广地膜玉米、小麦，实行测土配方施肥技术及标准化生产技术，有效控制重大病虫害的大面积发生和流行，使全市粮食生产在耕地面积和粮食播种面积大幅度减少的情况下，仍保持了单产较大幅度提高和总产持续提升。2011 年，咸阳市粮食生产总量 186.1 吨，成为西北地区最早的国家级大型商品粮生产基地。

从 2004 年起，咸阳市把小麦良种化作为发展粮食生产和增加农民收入的重大举措，市财政两年间共拿出百万元以奖代补小麦良种千亩示范点，除其他市县区实施省良种每千克 0.30 元补贴项目外，三原、泾阳两县实施国家良种每年补贴 550 万元补贴项目，每千克良种补贴 1 元。2009 年，旬邑县马栏镇春玉米 1412 亩千亩示范方，平均亩产 925.8 千克；2010 年旬邑县职田镇 10420 亩万亩示范片，平均亩产 868.1 千克；2010 年泾阳县中张镇的 10900 亩夏玉米万亩高产创建示范片，平均亩产 703.5 千克，在陕西省夏玉米区率先实现了万亩大面积玉米单产超过 700 千克。2011 年泾阳县桥底镇 19500 亩小麦万亩方示范片，平均亩产 603.72 千克，西王村 200 亩百亩核心攻关田平均亩产 660.35 千克，首次在陕西省实现了万亩过 600 千克，百亩过 650 千克的突破，成为陕西省小麦生产史上里程碑高产纪录；2011 年永寿县监军镇 10121 亩旱地小麦万亩方示范片，平均亩产 381.09 千克，西三村 279 亩百亩攻关田，平均亩产 453.78 千克，分别创陕西省小麦、玉米 7 项高产纪录。

小麦育种专家梁增基先后育成以抗锈、抗旱、抗倒伏、高产等方面有突破性的优质多抗国内先进品种：702、7125、秦麦四号、长武 131、长武 134、长旱 58，其中省审品种 4 个，国审品种 2 个。在关中和甘肃陇东等地区推广上亿亩，基本没有锈病、冻害、倒伏、雨涝等重大灾害，亩产水平由过去的 50 千克提高到 400 千克以上，品质也大为改观和提高。

旱作高产优质小麦品种“长旱 58”产业化开发项目，为长武县农技中心梁增基等选育，2004 年 10 月通过国家审定，2005 年 7 月—2008 年 1 月作为高产优质新品种列入农业部“863”计划和科技部“成果转化”项目作产业化开发。项目以“长旱 58”品种及其种植技术标准化为核心，与西北农林科大为合作体制，以种子繁育基地和技术推广体系建设为依托，联合粮食加工企业形成产业链，把品种优势转化为现实生产力，促进旱区建立粮食安全机制，促进经济发展。品种特点为：大穗大粒，茎叶青秀，光合效率强，抗青干力强，抗旱性中等，高抗条锈病和根腐病，成熟落黄好，增产相对高，为接近强筋的优质中筋麦。粒大白净，角质，黑胚率低，宜做馒头、面条等通用型的优质商品粮。适应地区主要为山东西南部、河南西北部、陕西中西部、山西东南部等区域 300—450 千克地力的旱肥地和非保灌地种植。该项目建立穗行繁育基地 3 个，“三种”（原原种、原种、良种）基地 25 个，年繁三种 3.87 万亩，建立示范样板 98 个，核心示范方田35.3万亩，累计推广面积193.2万亩，平均亩产370.7千克，亩净增产40千克，合计增产小麦7728.3万千克，增收1.2亿元。该成果获2008年度陕西省科学技术二等奖。

陕西省油菜育种专家华德钊主持育成的双低高产油菜——秦优8号和秦优9号2个杂交试验种，以亩产284.5千克创国内油菜产量最高纪录。该品种已在陕西省和黄淮地区、长江中下游地区大面积推广种植160多万亩。咸阳市农科所最新研制的秦优10号，系采用细胞质雄性不育三系法选育而成的甘蓝型油菜三系杂交种，具有产量高、品质优良、含油量高、抗性强等突出特点。经试验单产分别为2654.97—3058.5千克/公顷，较秦优7号增产5.39%—6.07%，较皖油14号增产13.47%。产油量1120.95—1137.9千克/公顷，较秦优7号和皖油14号分别增产8.48%和17.26%。经在江苏省示范最高单产5722.5千克/公顷，在安徽省示范最高单产3804千克/公顷，品质优良，芥酸含量0.1%—0.27%，含油量42.52%—42.8%，2004年和2006年分别通过陕西省和长江下游国家农作物品种审定。

蔬菜产业取得了长足发展，特别是“九五”期间，蔬菜产业异军突起，已由长期的副业从属地位成长为继粮食、果业、畜牧之后又一大优势产业，实现了质的飞跃。蔬菜种植大提速始于1995年，当时蔬菜种植面积2.911万公顷，到2007年已猛增至7.311万公顷，总产量由83.57万吨猛增到273.79万吨，增长327.6%。全市蔬菜种植面积过万亩的乡镇达23个，上千亩的重点村252个，户均3亩以上的种菜户10万余户。目前，全市蔬菜面积和产量均占全省的四分之一，连续4年位列全省首位，成为全省重要的蔬菜生产基地。

在蔬菜生产中，推行标准化生产，创建科技示范基地。市县各级把发展以日光温室大棚为主的设施蔬菜作为实现产业升级换代的重要途径和突破口，按照“因地制宜、突出重点、扩大规模、更新技术、规范管理、提高效益”的原则，以泾阳、三原、渭城、兴平和中北部地下水资源相对丰富的区域为重点，跟踪国内外先进栽培的发展方向，不断运用新技术、新材料，提升建棚档次和水平，在全市掀起了大棚建设热潮，实现了规模扩张。同时，还充分利用农广校、职业技术学校等阵地，定期对菜农进行科技培训。目前，全市半数以上的菜农基本掌握了主要蔬菜品种的设施栽培、无害化生产和产后处理等重点技术。

近年来，按照建成100万亩优质蔬菜基地的目标任务以及构建“V”字形蔬菜产业带的总体构想，市农业、蔬菜部门根据优势农产品向优势区域集中的原则，按照区域化布局、专业化生产的要求，采取“统一规划、分户经营、示范带动、整体推进”的方式，积极实施“一村一品、一乡一业”战略，大力推进蔬菜专业化生产，调整优化泾阳、三原、秦都等县区的反季节精细菜基地结构，巩固提高兴平、武功辣蒜基地和三原、泾阳等县的大路菜基地水平，不断扩大旬邑、淳化等县的马铃薯基地及兴平、秦都、三原的食用菌基地规模。截至 2010 年年底，全市蔬菜栽培面积达 113 万亩，其中设施菜面积近 40 万亩，基本上形成了沿 208 省道和西宝高速公路的“V”字形蔬菜产业带，建立了六大蔬菜种植基地，涌现出秦都区钓台镇、泾阳县云阳镇、三原县鲁桥镇、兴平市马嵬镇、三原县荆中村、泾阳县樊尧村、秦都区八里庄村、兴平市大通坊村等一批蔬菜生产重点乡村和种植大户。先后引进示范樱桃番茄、金皮西葫芦、无刺黄瓜、美国长茄、七彩椒、西芹、香椿、礼品西瓜等名特蔬菜品种 40 多个。重点推广了大拱棚双膜草帘覆盖早熟及秋延栽培模式、莴笋—西瓜—芹菜高效种植模式、“一膜两用三熟”高效栽培模式，彩膜覆盖、二氧化碳气肥施用、品种嫁接、立体栽培、节水灌溉、臭氧杀菌等 20 多项高新技术逐步得到普及应用。重点发展无公害蔬菜，创建了 13 个无公害基地，面积达 5.6 万亩。

咸阳立业食用菌有限公司主要经营业务范围为双孢菇种植销售与示范推广。利用农作物秸秆和畜粪发展种植双孢菇循环利用技术，是加强新农村建设与发展的重要举措。该项目技术包括种植、养殖、肥料三个独立部分的循环利用技术，各部分技术要求不一，但原料相同，即把种植发酵的培养料通过种养后，加工成有机肥料，再还原到农民大田中去，达到变废为宝、循环利用，这样一次进料、反复使用、节约成本、提高了效益。项目的技术关键是循环利用，要在循环利用上下工夫，把各独立的部分如种植、养殖（包括黄牛养殖）、肥料加工、沼气等应用有机的联系起来，以期达到最大限度的循环利用。

茜草为茜草科植物茜草（Rubia cordifolia L）的干燥根。因此，进行茜草的人工栽培研究是解决茜草资源短缺的关键所在，也是最有发展前景的中药材品种之一。近年来，陕西北方科技实业有限公司将发展方向扩展到农业中药材种植领域，在项目实施地通过拍卖方式获得近万亩土地使用权，目前已发展为咸阳市政府中药材种植示范基地。该项目在淳化，首次实现了茜草的人工种植，填补了国内此领域的空白。

## 第二节　耕作栽培

先周耕作制仍停留在原始撂荒阶段，至西周开始出现了间歇休耕的“轮荒制”。在农业生产上，耕作制度有了较大改进，人们根据土质的不同而实行不同的耕作方法，有轮荒制、休闲制、连耕制和轮作制，尤其轮荒制和休闲制是周人在农业生产中的两项创造。这两项耕作制度，可以保证土壤有足够的肥力，便于农作物的生长。秦孝公用商鞅制辕田。著名史学家、扶风安陵人班固在《汉书·食货志》释辕田谓：“民受田、上田夫夫二面亩；下田夫夫三百亩。岁耕种者为不易上田；休一岁为一易中田；

休二岁者为再易下田，三岁更耕之，自爰其处。”实为连种和轮荒并存的耕作制。《吕氏春秋》出现“今兹美禾，明兹美麦”的谷麦轮作倒茬记载，表明秦国耕作水平已发展到较高水平。

原始的耜耕一直延续到西周。周初兴起二耜相并的耦耕法，由两人各执一耜，结为一组，共同翻地，大大提高了耕作效率，京畿地区曾出现过“千耦其耘”之盛况。推行牛耕后，《吕氏春秋》谓“五耕五耨，必审以尽”，讲究耕耨配合作业，充分体现了西北传统旱作的基本思想和特征。《吕氏春秋·任地》明确提出土壤耕作五大基本原则：“凡耕作之大法，力者欲柔，柔者欲力；息者欲劳，劳者欲息；棘者欲肥，肥者欲棘；急者欲缓，缓者欲急；湿者欲燥，燥者欲湿。”因时因地耕作，西周时人们已注意到开春以后地温上升，正是春耕的适宜时机。《吕氏春秋·任地》以菖蒲始生，作为适耕期开始的标志。岗地耕作要注意防旱保墒；洼地耕作要注意排涝散墒；依土壤水分含量多寡，定耕地时宜。

《吕氏春秋》中所载畎亩法，对土地的利用包括“上田弃亩，下田弃吠”两种方式，比西周时代单纯排涝的垄作法更为先进，反映了当时技术的发展和土地利用范围的扩大。

周秦有关条播的最早记载见《诗·生民》之“禾役穟穟”。《吕氏春秋·辨土》认为撒播缺点是“概种而无行、生而不长”，条播则“茎生有行，帮速长；弱不相害，故速大”。在株行距上，要求“衡（横）行必得，纵行必术”，做到“正其行、通其风、尖心（必）中央，帅为冷风”，即使大田中间，亦能吹到和风，不致闭郁，表明已有等距全苗观念。在播种密度上，“慎其种，勿使数，亦无使疏”，“树肥无使扶疏，树硗不欲专生而族居”。肥地稀种，庄稼贪青多秕；薄地密种，庄稼因得不到足够的营养而死亡。合理密植之标准：在苗期应相互孤立分离，使其有充分的生长余地；长大后，使植株互相靠近；待成熟，使植株互相扶持，既可防止倒伏；又能最大限度地利用地力和阳光，从而保证获得最高的产量。

《吕氏春秋》主张利用深耕改变土壤环境，消灭杂草和防止虫害。掌握适宜的播种时期，以避免虫害。甚至连土地耕翻和各种农活也不应违背农时。“所谓今之耕也，营而无获者，其早者先时，晚者不及时，寒暑不节，稼乃多灾实。”《氾胜之书》提出“趋时、和土、务粪泽、早锄早获”，反映了农作物从耕种到收获的基本生产要求，这是对当时耕作栽培经验的高度概括。趋时，就是使各种农事活动都在适宜的农时季节里进行。氾书强调趋时，多以节气、物候为标志。至东汉时有感于“太初失天益远”，扶风平陵人贾逵等，改正了冬至点，定下了二十四节气的太阳所在位置及昏旦中星、昼夜刻和表影长度等新的数据。贾逵认为“月行当有迟疾”，提出了历法以太阳回归为基准，阴阳合历以阳为主的观点。为教授民时，提供了比较准确的历法。

西魏时，武功苏绰为发展关中农业，尤其强调不违农时。他指出春耕夏种，秋收之时，国家要尽量避免军事行动，不兴徭役。农业生产，要以“垦发以时，勿失其所。及布种既讫，嘉苗须理，麦秋在野，蚕停于室，若此之时，皆宜少长悉力，男女并功，若援溺、救火、寇盗之将至”。为及时收获，唐代关中西部地区出现大型麦收工具——钐，日收十倍，比之刈获，功过累倍。和土，是通过耕、锄、耱诸措施，使土壤疏松和泛。《氾胜之书》称，种大豆“土和无块，亩五升，土不和，则益之”，“区种麦……覆土厚二寸，足践之，令种土相亲”。汉代重视中耕锄草，“有草锄之，不厌其数”，除间苗、锄草外兼有和土、保墒之功。氾胜之认为春、夏、秋季都有适耕期，“以此时耕田，一而当五”，土壤疏松柔和。否则，便成“腊田”，土壤坚硌枯燥，历适不保泽。氾书强调平摩土地。“坚强硬地黑垆土”，勿令有块；轻土弱土，“重蔺之”，甚至“以牛羊践之”。魏晋隋唐间“耕—耙—耱”的旱作技术体系形成，“和土”措施进一步完善。“务粪泽”，是通过一整套的人工田间管理，保护土壤的水肥供应。关中地区有着比较发达的农田灌溉系统，基本可以保证灌区农作物的水分要求。同时也形成了比较精细的抗旱栽培措施：通过适时耕作以蓄墒；加强镇压以堤墒；积雪以补墒；区田代田以趋墒；雪骨溲种以吸墒。唐时出现顶凌耙耱，切断毛管水运行，保墒防旱，这是整地保墒技术的又一大重大发展。《氾胜之书》提到了使用“溷中熟粪”，据考古出土的猪圈模型看，多属所谓连厕圈，关中农村至今仍有形式相仿者。还有蚕矢（屎）、羊矢、麋鹿矢以及马、牛、羊、猪、麋鹿骨汁等不同种类的肥料。氾书反复强调要在耕地后使之“生草”，然后耕翻压青，可收“草秽烂，皆成良田”之效。施肥方式有种肥、基肥、追肥等。种肥，一种是以“原蚕矢杂禾种种之”；另一种是蚕矢经过处理，“和谷（如麦饭状）种之”。种肥主要用于种谷、麦。施用基肥的作物有：“粟、枲、芋、瓜、大豆等。一是漫撒法，一是空施法”。漫撒法“春草生，布粪田，夏耕，平摩之”，随着牛耕的普及，成为最基本的施肥方法。追肥，《氾胜之书》称：“麻生布叶，锄之。……树高一尺，以蚕矢粪之，相二升，无蚕矢，以溷中熟粪粪之亦善，树一升。”隋唐时期积制厩肥采用踏粪法，“凡人家秋收治田后，场上新有穰谷等，并须收储一处，每日布牛脚下，三寸厚，每平旦收聚堆积之，还依前布之，经宿即堆聚。计经冬，一具牛踏成三十车粪”。“早锄早获”，强调中耕除草与及时收获。氾书里有宿麦秋锄利于越冬；麦稠色黄锄而稀之；注雨时止锄在保墒；有草锄之有厌数多等记载。中耕的不同作用得以体现。《氾胜之书》总结了不同作物的成熟特点，以及时抢收，颗粒归仓。谷子“芒张叶黄”时收，大豆荚黑苍时收，否则反失之。《汉书·食货志》中有“收获知寇盗之至”的说法。另有植物保护及选种储种技术，在此一并叙之。《氾胜之书》记载：“植禾，夏至后八、九、十日，常夜半候之，天有霜若白露下，以平明时，令两人持长索相对，各持一端，以概禾中，去霜露，日出乃至。”这样可以使谷子不受旱霜危害。汉代以马骨、蚕矢、附子娄种，“令稼有蝗（惶）虫”，已经认识到小麦“早种则虫而有节”。汉代已开始田间选种，《氾胜之书》称：“取麦种，候熟可获，择穗大疆者，斩束立场中之高燥处，曝使极燥，无令有鱼白，有辄扬治之。”“取禾种，择高大者，斩一节下，把悬高燥处，苗则不败。”种子，储藏，“取干艾杂藏之，麦一石艾一把，藏以瓦器竹器”，利用艾叶所含挥发性芳香烃以杀虫灭菌。注意从湿度、温度、通风诸方面除虫，已知种子“伤、湿、郁、热则生虫也”。唐代《四时纂要》介绍“煞大小麦”法，在一年中选择太阳照射最强烈的六月中的晴朗天气，把地面晒得滚烫，然后迅速摊麦和碎苍耳拌晒，午后未时（1—3 时）趁热收麦入仓，“可以二年不蛀”。这些方法咸阳农村至今仍在使用。

耕作制度向多熟发展，促使作物的栽培管理技术不断发展，日趋精细，农业集约经营成为宋清年间作物栽培的突出特点。

宋清间陕西传统耕作技术不断发展，对土壤耕作理论与原理的认识进一步深入。兴平杨屾认为“耕为农事之首，食为生民之天，欲求足食之道，先明力耕之法”。他把天、地、水、火、气看作生长万物的环境因素，主张通过合理耕作“损其有余，益其不足”，以达“五行和而万物生”的境界。他在土壤耕作的时宜、地宜原则之外，进一步提出“物宜”原则，丰富了传统的土壤耕作知识。在耕作技术方面，杨屾、郑世铎总结了关中地区夏耕经验，形成了“浅—深—浅”基本模式。《知本提纲》提出“初耕宜浅，破皮掩草；次耕渐深，见泥除根，转耕勿动生土，频耖毋留纤草”。郑世铎的注解是：“转耕，返耕也。或地耕三次：初耕浅，次耕深，五耕返而同于初耕；或地耕五次：初耕浅，次耕渐深，三耕更深，四耕返而同于二耕，五耕返而同于初耕，故曰‘转耕’。”比《知本提纲·农则》晚一个世纪的《农言著实》也特别强调收麦后浅耕灭茬（柁地），然后用大犁揭地，种麦前耕地。以上措施归结起来就是夏收后抓紧浅耕灭茬，雨季来临及时深耕保水，秋播前及时浅耕收墒。杨屾主张春耕宜迟，秋耕宜早，耕麦田宜夏，从实践上认识到夏季曝晒，冬春冻融现象对土壤结构的改良作用。为了解决深耕问题，明清时期咸阳地区还出现了双犁结合的套耕法。《知本提纲》说：“山原土燥而阴少，加重犁以接其地阴。”郑世铎注曰：“耕时必前用双牛大犁，后即加一牛独犁以重之，然后有以下搂地阴，而生气始发矣。”关于耕作质量标准，杨屾要求“耕如象行，细如叠瓦，宁廉勿贪，宁燥勿湿”。郑世铎说：“象行至正，耕之正，当如象行；瓦叠鳞次至细，耕之细，当如瓦叠。”“廉，谓犁行之窄少也。犁廉则耕细而牛更不疲。犁若贪多，则隔生不熟而牛亦伤力。”“耕燥虽有土块，若得日暄阳亢；一经雨泽，则散漫如粉解；……若耕湿践踏，积成坚块，生机结滞，数年不畅。”为了避免隔生撂耕，杨屾甚至主张“纵横犁耖”，以使土壤熟细。

施肥技术，到清代达到更高水平。杨屾在《知本提纲》中提出，“垦田莫若粪田。”常加粪沃，瘠薄的土地可以变成良田，不仅可以“一岁数收”，而且“地力新壮，究不少减”，否则地力必然衰退，只能“间岁而易亩”。故当时有“积肥胜如积金”之说。有关肥料的种类，《知本提纲》将它们分为十类，称作“酿造十法”，计有人粪、牲畜粪、草粪、火粪、泥粪、骨蛤灰粪、苗粪、渣粪、黑豆粪、毛皮粪。从现代观点看，这些肥料包含着氮、磷、钾等作物生长所需的元素，营养成分齐全。其中既有有机肥，也有无机肥；既有植物性的，也有动物性的；肥效的迟速亦有差异。就中国传统的农业科学讲，肥料分类已相当完善。在施肥具体方法上，杨屾总结出“三宜”原则：时宜者，即根据春夏秋冬四时，使用不同的肥料，“春宜人粪、牲畜粪；夏宜草粪、泥粪、苗粪；秋宜火粪；冬宜骨蛤、皮毛粪之类是也”。土宜者，即因土施肥，达到改良土壤，提高地力从而获得高产的目的。郑世铎说，“随土用粪，如因病下药”一般来讲，阴湿之地宜用火粪，黄壤宜用渣粪，沙土宜用草粪、泥粪，水田宜用毛蹄角及骨蛤粪，高燥之处宜用猪粪。物宜者，即根据作物特性选用不同肥料。郑世铎指出，“物性不齐，当随其情”，稻田宜用骨蛤蹄角粪、皮毛粪；麦粟宜用黑豆粪、苗粪；菜蓏宜用人粪、油渣之类。明清时期，咸阳农区普遍重视基肥的施用，杨屾以为“胎肥始培祖气，浮沃徒长空叶”。杨秀元《农言著实》说：“麦后所有的粪，尽行上了底粪。……近年来雨水缺少，原上地高，兼之风多，日晒风吹，上浮粪者，岂不枉费工乎？”指出了影响北方追肥效果的主要原因。

良种选育，杨屾《知本提纲》有择种一段，反映了当时咸阳农区常用的选种方法。杨文指出，“择种尤谨谋始，母强则子良，母弱则子病”，择种不慎，殆误岁计亦非浅鲜。所以要种取佳穗，穗取佳粒，收藏得法，这样是“母气既强，入地秀而且实，其子必无不良也”。杨屾、郑世铎认为，“凡欲收择佳种者，必宜别种一地，不可瘠，亦不可过肥，务上底粪，多为耘耨，按期浇灌”。成熟之时继续进行穗选；收获之后再进行粒选。说明混合选种技术已臻完善。杨屾另在《豳风广义》中谈到棉子播种者进行温烫浸种和水选工作结合的处理方法，其法是“种地先取中熟青白好棉子，置滚水缸内，急翻转数次，即投以冷水，搅令温和，如有浮起轻秕不实棉子，务要捞净，只取沉底好子”。表明已经掌握了比重选种法。

播种移栽技术在明清时期进一步精细完善。《知本提纲》载，旱种有漫种、耧种、区种、点种四法。漫种本属比较粗放、落后的播种方式，但是由于复种面积增加，获播农时交错，漫种以其捷速仍被广泛应用，并且逐渐演变成一种高难农艺技术。《知本提纲》郑世铎注："漫种宜定其步数，谓先按亩计种，以斗盛之，挟左腋间，右手酌取而撒之。随撒随行，约行在步许即再酌取。每撒约宽一步，务要均匀。"漫种有浮撒、底撒两种，"其先犁后撒者为浮撒，苗生有行；先撒后犁者为底撒，苗生无行"。漫种技术由来已久，王祯《农书》记载："秦晋之间，皆用此法。"《农言著实》还介绍了一种干子寄种法，最能体现西北抗旱播种的技术水平。杨秀元说："收麦后先挖地，得雨就要种谷。……实在无雨，将前挖过之地，或用耧、或手撒，干种在地内候雨。"此法最大的优点在于比雨后再种出苗早，不耽误农时。干种的关键在于耕层土壤必须绝对干燥。若有墒气，种子萌发后常干死在土中。所以杨秀元说："地内些微有黄墒，万不可种，总要干地为妥。"《农言著实》主张根据墒情使用不同播量，采取不同播种深度，选择早晚熟品种，这些措施，现在仍有实用价值。移栽，农业上指自苗床挖起秧苗，移至大田或他处栽种的工作。杨屾的《知本提纲》对农作物的移栽方法、原则、论说颇详，认为"栽莳合法，倍加二土之精……生气积盛，异于初种"。现代科学认为移植可使秧苗有较大的营养面积，有利生长，并促使侧根发育，杨屾见解与此颇同。杨屾要求移栽作物，根株惟令自适，燥湿从乎本性，疏密顺其元情（生性），纵横成行，高下相均。这样，方能"苗盛而所获必多"。

田间管理，凡农作物从播种后到收获前在田间进行的一系列管理工作皆可谓之田间管理。宋清间，咸阳田间管理技术向精细化发展，有"经理不啻育婴"之说，谓其勤恳不已，如养育小孩，爱护可谓至矣。"锄治"是田间管理技术中最为重要的环节，明清咸阳有关农书无不强调中耕锄草。《知本提纲》还从理论上对中耕锄草等农事技术进行说明，认为"锄频则浮根去，气旺则中根深"，方能吸阴济阳，气旺而有收矣。"每岁之中，风旱无常。故经雨之后，必用锄土，耔壅禾根，遮护地阴，使湿不散耗，根深本固，常得滋养，自然禾身坚劲，风旱皆有所耐。是耔壅之功兼有益于风旱也。若不壅起皮土，一经风旱，附根而下，一气到底，阴亏而不能济阳矣"。以上说法，非常接近于现代栽培耕作学中的表土毛细管、作物根系生长理论。具体的锄治之方，大治分为四序："谓初次破荒，二次拨苗，三次耔壅，四次复锄其耔壅。……如有余力，愈锄愈佳。则入地又各有浅深之法，一次破皮，二次渐深，三次更深，四次又浅，同于二次。"锄治有间苗、培土、除草、保墒之用，明清时期，咸阳农学家对此论之甚多。间苗，"强弱必详去留"，善锄者必去其弱而留其强。除草，因"宿根难去，掘于未种之先。蔓草易生，拣于已锄之后”。要把握好锄草时机，“雨湿之阶，最忌薅草”，否则“草复生而地疆”。保墒，杨屾主张“日燥休停锄”，多锄则“土肥缓而苗长”。三原杨秀元也非常注意锄治的保墒功能，他说“谷要锄成，……即或无雨，也要叫人缓缓德之。天旱误锄谷，往往如此”。关中多伏旱，种植秋作物的成败和保墒关系极大。有雨要及时锄地保墒；无雨亦要常锄，使土壤“和壤”。促进作物吸收功能，增强其抗旱性，故有“锄头三寸泽”之谓。培土，古称耔壅，杨屾认为其功在于“使湿不散耗，根深本固，常得滋养，自然禾身坚劲，风旱皆有所耐”。至于作物保护方面，明清时期咸阳地区仍然继续沿用古老的“溲种”技术，并且出现用竹钓竿钓黄鼠，以烟火之防霜、驱赶虫鸟、撒灰治虫等植物保护措施。

汉代关中耕作制度的进步与冬麦的推广有直接关系。由于冬麦秋播夏熟，有“接绝继乏”之功用，所以《氾胜之书》区种麦条下有“禾收，区种”，即禾谷收后区种宿麦。郑玄曾就学茂陵马融。他曾在《周礼》的“稻人”和“雉氏”注中分别言及“芟刈其禾于下种麦”，“芟夷其麦以种禾豆”，并且认为是很常见的事。说明至东汉时“禾—麦—豆”两年三熟的情况是可能存在的。这一时期，间作、套种和混作业已经萌芽。《氾胜之书》中有瓜、薤、小豆之间的间作套种和桑黍之间的混作。

唐初，关中地区“禾下始拟种麦”，属冬麦与粟复种。文献中出现荞麦与早秋作物复种，黍子与稳麦复种，苜蓿与麦子混播等记载。当时关中地属狭乡，每丁授田约在30亩。朝廷鼓励复种，“其回种秋苗者，办不在收税限”。大历五年，“京兆府夏麦，上等每亩税三升”，夏税征额超过秋税，表明以小麦为主的种植制度已在关中普及。

汉唐间，关中渭水沿岸低隰之地稻作区仍有相当规模。汉武帝曾议减内史稻田租契，汉昭帝还在三辅地区设置稻田使者，专责征收稻税。唐代李华、郑谷诸人的诗篇中所反映的咸阳周围地区，是“蓼水弥弥接稻泥”，“万顷稻苗新”。沣河以西出产一种名叫重思的水稻，“其米如石榴子，粒稍大，味如菱”。唐时，关中稻作大概仍是一年一作，人们感到生产入不敷出，劳人费时。一些主要稻区竞相建造碾硙，灌溉面积大为缩小。

汉代，关中地区还出现了包含多种抗旱耕作技术的代田、区种法。代田法是在垄作的基础上，上田弃亩，禾生畎中；沟垄互换，用养兼顾；耕耨结合，防风防旱。加上有耦犁、耧车诸新田器相辅，劳动生产率较高，适宜规模经营，“用力少而得谷多”，“一岁之收，常过缦田亩一斛以上”。区种法的特点是，将农田作成若干宽幅或方形小区，在区内综合运用深耕细作，集约使用水肥，夺取高额丰产。且“诸山陵近邑高危倾阪及丘城上，皆可为区田”，能“不耕旁地，庶尽地力”。

宋清间，咸阳地区不同的作物结构与布局逐渐形成，传统的种植制度基本定型。其中水稻主要集中在泾渭沿岸，麦类分布在全区川原各地，北山广种黍稷，棉花主要产地为泾阳、三原、咸阳，蚕桑业颇有由豳南移之势。明清作物构成的变化，也引起咸阳种植制度的相应改变。棉花、烟草、花生、甘薯等进入换茬，轮作系列，经济作物之比重呈增大趋势。玉米则作为高产的复种秋作，开始与固有之黍稷荞菽并存，并且随着生产条件之改善，逐渐形成小麦、玉米两熟两种制，时至今日，玉米在咸阳地区成为仅次于小麦的粮食作物。

收获技术，明清时期在强调“穑得其时”的同时，似乎更强调早获。早获，除了可以防止风雨摧残、牲畜践踏、盗贼偷窃造成损失外，当时人们还较多地注意到早获对粮食品质的影响。郑世铎在《知本提纲》注中说，“凡诸谷必当七、八分成熟、秸干（秆）未至大黄之时，为收获，则元气自然不散。若迟待尽熟，秸干枯槁，生气已泄，子复脱落，渐次缩小，食必不美”。如“秦中麦收在芒种前后，必带青黄即收，则子粒坚实，槎青皮薄，面多味美；苟至焦黄头低方收，则子粒轻瘪，槎白皮厚，面少无味”。

现代科学认为，一般收获较早的小麦，因其蛋白质的含量较高，断面呈青白色；完熟期以后的小麦，由于蛋白质含量减少，淀粉含量相应增加，种皮增厚，故品质有所降低。酿造用的粮食，收获期似乎更应提前。从郑世铎所讲情况看，多以在乳熟后期或腊熟初期为好。这时的籽粒用来酿造，其产品芳香而味美。精打细收，颗粒归仓，以《农言著实》论述最详。

杨秀元不太赞成用麦钐，主要是考虑到钐麦落粒严重，留茬高，收草少，不如镰刀割得精细。杨秀元指出：“麦收以前，车路必先修平；装车不宜过载，防止颠簸散落；麦钯横櫨，无遗籽粒；收割带捆，避免散失；往麦收顶，以防漏雨；腾惜要细，避免裹麦；及时扬晒，尽快入仓。”所有这些都是精打细收的具体表现。

明清时期，咸阳地区耕地面积曾达6686200亩（光绪年间统计数字），除了周边沿山各县外，泾渭沿岸传统农业生产区土地垦殖率高达50%—70%，兴平、泾阳耕地亩数甚至超过现代土壤普查数字。在这些地区，以小麦为中心的三年四熟制或两年三熟制已普遍实行，向多熟制发展。《知本提纲》《农言著实》中反映的种植制度大致有以下两种基本类型：一种是冬小麦、油菜或豌扁豆收获后，秋季再种冬小麦。这中间的7—9月，有时土地夏闲，有时加入一茬生长期较短的黍、谷、荞等作物，从而组成“两年三熟”或“三年四熟”的制度。《秦疆治略》载：“（咸阳县）东南正南地沃饶，农民于麦收后复种秋谷，可望两收。”另一种是冬小麦加入苜蓿的长周期轮作，一般是种五六年苜蓿后，再连续种三四年小麦，以利用苜蓿茬的高肥力。在水肥条件优越的高产田块，杨屾等人综合运用轮作复种和间作套种等措施，实行粮食、蔬菜、饲料的复杂组合，创造出“一岁数收法”。《知本提纲·农则》记载了“岁皆三收”法，冬月，预将白地一亩上油渣一百五六十斤，治熟，春二月种大蓝，苗长四五寸，至四月间套栽小蓝于其空中，再上油渣一百五六十斤。五月挑去大蓝，又上油渣一百五六十斤；六月剪去小蓝，即种粟谷。秋收之后，犁治极熟，不用上粪，又种小麦。次年麦收，复栽小蓝；小蓝收，复种粟谷；粟谷收仍复犁治，留待春月种大蓝，是岁皆三收一。《修齐直指》更创“二年十三料”的多熟制，包括了菠菜、白萝卜、大蒜、小蓝、谷小麦等作物，可谓“种无虚日，收无虚月”。

永寿、彬县、三水（今旬邑）、淳化、长武诸县土地种植率较低。清雍正年间，五县耕地面积为1245390亩，光绪年间为1444870亩，约是现代耕地面积的30%—40%。《秦疆治略》指出，“（长武县）地土瘠薄，生产不丰，且风高气寒，不宜蚕桑，民间耕种者仅止二麦，别无土产”。邠州“夏麦秋禾，终岁收成仅能一熟”。咸阳县“东北地势尤高，土性硗确，汲水尤难，农民往往间岁播种”。黍稷高粱、玉米、豆类诸杂粮作物春季种植的比重较大，一年一收是主要的耕作制形式。

明清时期，咸阳传统农业技术已达很高水平。进入近代，传统耕作、栽培以至于碾打、收藏方法并无根本性改变，仅仅是在技术运用上愈趋熟练，生产环节更加完善。此时耕作制度已因地而异地形成各种合理的轮作方案，传统的倒茬方式多种多样，都有一定休养地力，防虫灭病，提高产量的作用。

农作物改良的中心内容还是传统的深耕、勤锄、多施肥，再配合以其他管理措施。关于深耕，由于传统动力耕具的限制，一般也不过七寸至一尺，无论是犁耕或镢挖，这时人们对深耕所具有的松土、蓄水、压青、抗寒等综合增产效能有了深刻认识。

农作物改良以棉花栽培成效较大，可以代表咸阳传统作物栽培技术的新水平。棉花播种，群众常根据下面两条农谚决定种棉适时，“谷雨前后好种棉”，“过了四月八，看花没圪塔”。但也注意按当年气温雨水情况作灵活安排。下种深度，亦考虑棉花品种和土壤肥力、墒情等因素，一般情况下深至一寸半即可，播法有撒、溜、点三种，通常采溜播和点播，这样出苗成行，便于田间管理。棉花作物，关键在田间管理，一般棉花要锄五遍。棉苗显行，即锄第一遍，目的在锄草间苗，棉花长出一对尖叶后第二次锄草，同时定苗。第三次在夏至时锄地并培土，此后每隔二十天左右再作第四次、第五次中耕。其他管理还有“抹腿”，即在棉株长到八九寸时，把下面两片胎叶芽抹掉；“剥油条”，即在棉株结花苞时，把不直接结桃的条子打去；“打头”，当棉株下部已经开花时，即将顶芽摘去，使棉花早结桃；“打拐枝”。摘掉顶芽之后，棉茎上还会长出拐枝，也要摘去；“打群尖”，部分棉桃已育成时，便将结桃的枝条上顶芽也摘去，使水分营养都集中在棉桃上；最后是收花，“花见花四十八”，是说从棉株开花到棉桃开花，约一个半月时间，即白露前后可摘收。与此同时，在棉花生长期始终要注意防治病虫害。

农业科学技术是近代农业发展的基础。20 世纪 30 年代起，近代农业科学教育事业进步很快，给农业生产带来了深刻的影响。当时兴起的农业技术改良运动的重点，主要是采用优良品种和进步农艺方法，即“良种”和“良法”两个方面。这时期，田间管理进一步加强，农民普遍重视了施肥，施肥方法较过去更讲究，特别注意使用各种追肥。例如：农家因不能广泛使用化肥，农民就用老墙土和炕土追施玉米等中耕作物，并根据雨水、灌溉等条件，把握施肥时机，充分发挥肥效。1946 年经陕西农业技术专家李国祯提议，调进 200 吨硝酸铵先在泾惠灌区使用，从此，化肥才在咸阳广泛使用。中耕锄草和田间灌水在现代农业知识指导下，基本做到合理适时。

新中国成立以来，随着品种的不断更新换代，耕作栽培技术的不断改革，为农业增产创造了条件。农业技术部门经过试验，分地区提出不同作物的适宜播期与播种量，改撒播为条播，改稀植为合理密植，尤其是推行各种形式的间作套种、合理轮作，促进了增产增收。

千百年来，广大人民群众积累了丰富的粮草轮作和间作套种经验。新中国成立后草地面积曾达 60 多万亩，占农田总面积的 8% 左右，不但广开了饲草来源，而且培肥了地力，促进了粮食增产。60 年代以后，由于单纯追求扩大粮田面积，使畜草面积大大减少。

从 80 年代开始，饲草工业得到重视。1986 年制定了“青贮饲料调制与利用技术规范”，规定了青贮容器、青贮原料的选择规格要求、青贮饲料的调制方法和步骤、青贮饲料的利用、品质鉴定等内容以及青贮原理、容积计算方法及青贮原料含水量的测定方法。为基本解决冬春季节奶畜青绿饲料不足的问题，大力推广青贮饲料提供了重要依据。

同年又开展了旬邑县种草场“万亩人工草场建设示范点”课题研究。按照开发研究的科学技术程序，结合生产开展边试验、边建设、边探索、边实践，经过三年努力，在渭北旱原沟壑区建成人工草场 10217 亩，实现了万亩草场的建设任务。通过牧草引种试验，确定适于本地种植的优良牧草达 20 多种，研制并总结了人工有效措施及混播比例，对稳定畜牧业生产的发展起了重要作用。轮牧试验结果：获得轮牧草地产草提高了 133%，禾本科草提高 126%，杂草减少 61.9%，解决了林牧矛盾，草地利用率由 30% 提高到 50%，体现了以牧为主、多种经营综合发展的优越性。

坡嘴瘠薄地实行粮草轮作。由于坡嘴区土地瘠薄，干旱较重，种植以小麦为主一年一熟。夏季多数耕地休闲裸露，土地面蚀加重，据西北水保所测定，在总降雨量 346 毫米条件下，农地的土壤冲刷量每亩238千克，草地、林地分别只有6.2千克和4千克。坡嘴地坡度较大，夏秋多雨季节休闲面积又多，这是坡嘴耕作地土壤流失量大的重要原因。改变这种状况的好办法是粮草套作，有1/4—1/3的耕地种苜蓿，不仅可以显著减少冲刷，而且能肥田改土。

根据各种作物对氮、磷、钾三要素和微量元素的需要量不同，及对土壤养分的摄取能力也不一样，合理地轮作倒茬，既可以充分利用土壤养分，又可不断改善和培肥地力。按照种植业结构和布局调整，对苜蓿、大豆、花生、油菜等养地作物和棉花、甘薯、马铃薯、瓜类等作物合理轮作倒茬，一般3—4年轮作一次，改变了长期连作、用养失调的状况。

北部一年一熟热量有余地区，推广早秋套豆类、马铃薯或小麦间作烤烟；南部一年两熟热量紧张地区，推广麦垄点播玉米、玉米套栽白菜、玉米套播油菜等；一年两熟地区推广麦棉、棉菜、棉蒜、棉薯、粮豆、粮菜间套。

轮作倒茬养地效益显著，据在永寿旱地测定，亩产100千克油菜子的田块，每百克土中含有碱解氮5.9毫克，速效磷42毫克，氮化细菌数1.716亿个，比绿肥茬、大麦茬都高，尤其是氮化细菌数高出1080倍。每斤菜子饼可增产小麦0.8—1千克，油菜茬再加饼肥，增产效果更大。

武功县台原地区的“小麦—玉米—套绿肥饲料—红薯、洋葱”轮作方式，既提高粮食产量，又能亩产鲜草500千克，可使生猪增重10.4千克，用猪粪肥田可增产15.5千克，形成农田生态良性循环。

地膜覆盖栽培是70年代引进的国外先进技术，目前已普遍应用于蔬菜、棉花、瓜类、烤烟、花生等覆盖栽培上，其增温保墒、早熟，丰产效果明显。据试验棉花地膜覆盖比不覆盖增产10%—15%，甜菜盖膜比露地栽培增产17%—18%，蔬菜早春覆盖地温提高1—3℃。

主要作物品种大都经过三四次更新换代，每更换一次，农作物的品质、产量和品种的抗逆性就提高一步。特别是小麦，经相关分析，小麦品种每更换一代，亩产平均提高43.33千克；玉米品种每更换一代，亩产提高37.1千克。远缘杂交和三系育种在生产中应用后，表现出强大的内涵增产潜力。如远缘杂交品种“小偃6号”，推广以后使小麦单产提高1—2成。不同形式的间作套种、合理轮作、深翻改土、地膜覆盖、规范化栽培技术的推广，挖掘了土地的生产潜力，对农业增产起到重要作用，也为化肥的应用与推广提供了良好的条件，使化肥使用量逐年增加。近几年化肥应用技术的推广，使每亩施化肥量由50年代的1千克增加到1978年的24千克，1985年，全市平均亩施化肥41.2千克，粮食耕地亩产提高到282.22千克。化肥的推广使用对提高土壤肥力水平和生产能力起到了重要作用。

农业生产中使用的化肥除氮、磷、

钾外，微量元素肥料也得到广泛应用。试验表明：油菜、玉米、豌豆等作物对锌肥都很敏感，施硼、锰和磷酸二氢钾都对小麦产量有不同程度的增产。据市农技站微肥协作组1981—1984年试验资料，玉米锌肥拌种后，出苗整齐、健壮、抗旱性增强，多点增产5%—12.6%；锌肥浸种增产11.6%—17.6%。小麦施锰（硫酸锰）平均增产10.4%。油菜施锌平均增产3.3%，最高达到12.8%。此外，微肥在棉花、花生、洋芋、苹果、辣椒等作物上施用，也表现出不同的增产效果。

“七五”期间，微量元素肥料及植物生产激素得到进一步推广。玉米用锌肥浸、拌种达150万亩；小麦施锰100万亩、小麦喷生物调节剂250万亩；油菜施硼锌30万亩；棉花喷缩节胺10万亩。

据旬邑县农科所在该县郑家乡调查，亩施有机肥与不施肥田块比较，有机质含量增加0.093%—0.222%，容量减轻0.05—0.16克/立方毫米，速效磷增加5.5—18.6ppm。

1986年，咸阳市微肥试验、示范、推广协作组大力开展全市玉米锌肥拌（浸）种推广工作。推广面积107万亩，占全市玉米总面积的53.3%。其中，春玉米21.5万亩，平均亩增产39千克，增产几率为81.25%；夏玉米85.6万亩，增产几率78.6%。当年全市共增产5880万斤玉米，总产值67万元。

1987—1988年，又大面积推广小麦锰肥拌种，推广面积为69.8万亩，增产几率为81%，平均亩增产粮食24.3千克。1989年，完成了氮、磷、锌肥配合施用技术的研究成果。该成果明确了缺乏微量元素的土壤和微肥施用的重点区域，提出了玉米有效施锌肥的条件及与磷肥配施的关系。证明磷、锌之间存在着相互作用，在供磷不足的土壤上，玉米要特别重视施磷肥，同时又要防止施磷过量，以免降低锌肥肥效。提出以施锌促增产的氮、磷肥最佳配比模式，为施锌提供依据。

目前，咸阳市农业推广使用的化肥分为单质肥料、复合肥及其他肥料三部分。单质肥料以其所含养分元素可分为氮肥、磷肥、钾肥，氮肥的品种主要有尿素、硝酸铵、碳酸氢铵和氯化铵，年使用量为54.01万吨（折纯16.56万吨）；磷肥的品种主要有过磷酸钙和重过磷酸钙，年使用量为38.22万吨（折纯4.59万吨）；钾肥的品种主要有硫酸钾和氯化钾，年使用量为6.39万吨（折纯3.19万吨）。复合肥料是指在成分中同时含有氮、磷、钾三要素或含其中任何两种元素的化学肥料，按含量高低可分为高含量、中含量、低含量三类，年使用量为13.68万吨（折纯6.84万吨）；其他肥料包括叶面肥、生物肥等，年使用量为4.43万吨（折纯1.52万吨）。

肥料施用中存在的问题主要表现为：农民施肥多为经验施肥，概括为“三多三少”，即化肥多，有机肥少；氮肥多，磷、钾肥少；三要素肥多，微量元素肥少。这也是造成土壤板结、土壤供肥能力下降、肥料利用率低、农业污染比较严重的主要原因。

2004年，农业部启动了测土配方施肥春季行动和秋季行动。自2006年武功县被列入部级测土配方施肥补贴项目县开始，到2008年市辖区内的13个县区全部被列为省部级补贴项目县，测土配方施肥工作在全市开展，争取项目资金3000万元。2009年，全市累计推广测土配方施肥面积500余万亩，其中小麦160余万亩，玉米230余万亩，苹果近100万亩，蔬菜近10万亩，累计减少化肥投入（折纯）2.48万吨，增产粮食12.6万吨，节本增效总额3000万元以上。

## 第三节　植物保护

古代农业只有作物虫害的防治，对作物病理无法认识。虫害防治过去仅以蝗虫为主，防治措施仅限人工捕捉。

近代农业科学以生物知识为指导，对病虫特性状态、生活规律、危害原理有一定认识，但因当时无力使用农药，国外农药多为有机氯类的农药，也仅在试验农场和少数重点产棉区有少量使用。农业科技人员经过试验，大田防治仍用浸泡某些草木液汁、烟叶水、肥皂水等代替，即用中草药防治虫害，棉花红铃虫只能依靠日晒和热炕杀死，地老虎用冬翻地和间作大麻等传统耕作技术驱除，还是收到一定的效果。据有关调查，新中国成立前全市每年因病虫危害损失粮食6400—9600吨，皮棉88—118吨，蔬菜1000—2000吨，因杂草损失粮食约300—320吨。

新中国成立以后，先后在全市推广了化防、生防、综合防治技术，进行了农作物天敌资源调查和地下害虫的调查研究，对玉米丝黑穗病、油菜病毒病的研究，也取得可喜成绩，农作物得到有效保护。

小麦全蚀病的发生规律及防治技术研究，研究出小麦全蚀病的侵染规律、被害麦株各生长阶段的病状表现及诊断方法，观察小麦全蚀病病原菌及生物学特性，开展5万亩防治示范区，把被害率由20%左右下降到1987年的0.29%，总结出大面积综合防治措施。

野燕枯、新燕灵、燕变枯2号、燕麦灵防治麦田野燕麦使用技术的试验研究于1979年完成。据调查，兴平县因野燕麦的危害而每年减产小麦500万千克。该项研究对野燕枯、新燕灵、燕麦枯2号、燕麦灵4种防治野燕麦药剂的浓度、施用时间及散布剂的选择方面进行了田间试验，为在麦田大面积推广使用化学除草剂防治、灭杀野燕麦取得了科学数据。1986年，推广化学除草186万亩，除草效果达90%以上，小麦增产30%以上。

毒麦的检疫和防除，1988年由乾县植保植检站完成。该县采取以拔除毒麦植株为主，结合轮作倒茬，更新种子，人工机械选种及建立无毒麦良种繁殖基地，加强植物检疫的综合防治措施，掌握了毒麦在本地区的传播规律。其研究成果，丰富了防除毒麦的技术资料，为毒麦的进一步研究提供了依据。

玉米丝黑穗病的防治取得良好效果。全区历年发病面积 50 万亩，占春播面积 94%，发病率 10%—20%，严重田块达到 60%—70%。1970 年组织力量，制订了玉米丝黑穗病发生规律及综合防治研究计划，成立了北七县协作组，开展了十二个项目共一百多个实验研究，基本摸清了一些栽培措施与发病趋势之间的关系。在单项试验的基础上，鉴定了一批抗病品种，7 个县共建立防治示范区 8190 亩，防治区发病率一般都降低 10% 上下。

赤眼蜂种类调查及利用的研究：查得区内有六种赤眼蜂，摸清了赤眼蜂在咸阳棉区越冬场所及全年发生消长、寄生转换、成蜂特性。周至、户县及其他地方利用拟澳洲赤眼蜂治虫面积达万亩以上。棉田试验证明，有良好防治效果。

油菜病毒病防治技术得到推广应用。在渭北旱源白菜型油菜产区，采取推广种植耐病、高产品种、适当推迟播期，播种时采用药剂拌种，苗期用化学药剂防治，定苗期拔除病株等综合防治措施，把油菜病毒病发病率由 1981 年的 21% 降低到 1986 年的 0.46%。

弱毒疫苗（人工免疫）防治番茄病的推广应用。引进番茄病毒病的弱毒株系，在苗床期浸根或喷雾，防治番茄病毒病，此法防治效果在 70% 以上，且能促进早熟，并对晚疫病、早疫病等真菌病害有抑制作用。

近年来，市植保站确定小麦重点做好“三病两虫”即条锈病、白粉病、叶锈病和红蜘蛛、蚜虫的防治；油菜重点做好“三虫”即蚜虫、兰跳甲和黑缝叶甲的防治。在病虫测报、病虫防治、植物检疫、农药管理、技术推广和宣传培训各项工作中，以及工作制度建设、网络体系建设、组织机构建设、项目建设等方面开展了卓有成效的工作。首先，把小麦条锈病、蝗虫、苹果棉蚜等 40 余种农作物重大病虫害和 30 种以上的主要检疫性有害生物作为系统监测对象，实行病虫周报制度、零汇报制度。同时，在病虫防治、调运检疫、行政执法、技术推广、宣传培训、药害处理等各个时期或关键期，由班子成员带队，采取分区包抓的形式，开展调研和督察，发现问题、解决问题、处理问题，从不同层面推动健康防治工作。全市共设立系统监测点 110 个，14 个（含市本级）重大病虫害系统监测中心已初具规模，固定专职测报人员 55 名，坚持系统调查和大田普查相结合，及时准确地发布重大病虫中、短期预报。全市 13 个县（市）区，均建立了检疫性有害生物监测中心，截至 2009 年，有固定专职检疫人员 320 余名，共设立疫情监测点 180 余个，从 90 年代的小麦全蚀病、苹果黑星病开始，到 2000 年后的苹果棉蚜、苹果蠹蛾，以粮食、果树为重点，陆续开展了苹果蠹蛾疫情监测和堵截、苹果棉蚜防控工作，对黑星病、小吉丁虫、黄瓜绿斑驳花叶病毒病、红火蚁、菟丝子等 18 种检疫性有害生物，常年进行地毯式普查，确保农业生产安全。全市13县市区植保植检站均获省间调运检疫授权，共设立检疫签证点24个，每年签发植物检疫证书10万份、调运果品150万吨。

截至2009年年底，在13个果品加工企业，开展库存原料果疫情复检工作，开通了长武、旬邑2个公路检查站，严防苹果蠹蛾传入陕西。“咸阳市蝗灾地面应急防治站”国债项目已建成，配备了专业车辆、机动喷雾器、GPS2、电脑、相机、小气候仪、虫情测报灯、工具箱等1000余台套仪器设备，基本满足了全市蝗灾地面应急防治和重大病虫害应急防治的工作需要。

小麦条锈病防治，采取对条锈病单片病叶及早摘除并深埋，对发病中心及虫量较大块及时组织统防统治。每县建立一个800—1000亩的统防统治示范区，千方百计把条锈病等小麦病虫害控制在初发阶段。2007年4月，武功出现小麦条锈病，兴平、秦都等7个区县也相继出现病情，亩发生严重度达40%—50%。市植保部门立即制定防治预案，启动重大病虫害应急防治专业队，并通过电视向全市发布病虫预报，做到打点保面、打川保塬，将防治主攻区域放在渭河、泾河流域。及时派出一批中高级农艺师，进村入户，控制小麦条锈病的发生危害，经过一个多月的奋战，小麦条锈病得到有效遏制。

小麦白粉病的防治，田间倒三叶病叶率达20%时用药防治。每亩选用15%三唑酮可湿性粉剂60—80克、12.5%烯唑醇可湿性粉剂20—30克或50%多菌灵可湿性粉剂100—150克，兑水40—50千克喷雾。

小麦赤霉病的防治，病情指数为2.3—2.7或病穗率为10%时，用药防治。每亩选用50%多菌灵可湿性粉剂100—150克或50%甲基硫菌灵可湿性粉剂100—150克，兑水40—50千克喷雾。小麦条锈病、小麦白粉病和麦穗蚜均达到防治指标时，每亩用15%三唑酮可湿性粉剂70克+1.8%阿维菌素乳油16.7毫升+磷酸二氢钾150克，兑水50千克进行喷雾。

红蜘蛛防治，主要针对其生活习性开展防治。红蜘蛛喜高湿，一天中以早、晚活动最盛，白天温度较高时则降至植株底部潜伏。该虫主要吸食小麦叶片汁液，造成叶片发黄干枯，特别是小麦孕穗—抽穗期为害，造成的产量损失最大，严重时可达3成以上。防治措施是，用水胺硫磷和石硫合剂两种农药配制成混合药液，效果十分显著。其具体方法如下：先用750—1000千克的水与石硫合剂原液调制成0.1—0.2波美度的石硫合剂，再混入45%水胺硫磷乳油500毫升，即成为1500—2000倍液的混合药液。喷药时间应在红蜘蛛虫整体的第一代幼螨发生期，约在晚熟苹果谢花后10—15天为宜，喷施时应均匀。喷药2小时后，幼螨即全部死亡。利用此法防治苹果红蜘蛛，每年仅需喷药1次即可根治，同时对苹果白粉病、轮纹病也有防治效果。所用的两种农药均为农村常用药。

蚜虫主要危害油菜和白菜、萝卜等十字花科植物。以成虫群集寄主叶背及幼嫩部分吸食汁液，在虫口密集时，常使菜叶卷曲发黄，发育迟缓，严重时外叶发软，内叶皱缩不长，使产量品质都显著下降。春末密集在角果上，常使角果发育不正常，对种子产量和质量有很大影响。油菜蚜虫的防治方法：菜蚜寄主多，在不同作物上转换的规律比较复杂，主要狠抓秋季早春及夏季虫源地的除治，并加强春秋两季虫情检查，及时将菜蚜消灭在萌芽阶段。①找冬寄主的防治：早春铲除田边、渠边路边杂草，同时在三树（花椒、石榴、木槿）上的蚜卵孵化基本结束时，喷用40%乐果乳剂稀释1000倍液，效果好。②以杀虫剂处理油菜子，预防菜蚜。③黄牌诱蚜：根据蚜虫的趋黄习性，菜苗出土返青蚜虫飞迁时，利用黄牌诱杀，可减轻对油菜的危害。每亩插8—10个上面涂抹机油的黄牌，3—5天更换涂抹一次机油。④结合间苗，剔除病虫苗，带出田外处理。⑤药剂防治：在菜蚜较多，天敌较少，不能控制蚜害时可喷低毒高效农药。如40%的乐果乳剂稀释1000倍液或用2.5%的敌杀死稀释2000倍液，蚜虫净等2000—3000倍液均可。

太阳能技术应用。广大果农积极实施果品无公害工程，利用太阳能杀虫灯、黏虫板等生态技术手段，进行果园病虫害防治，提高果品的商品率和市场竞争力。

# 第二章

# 畜牧业

咸阳畜牧业发展历史悠久，先农拥有十分丰富的养畜经验技术。考古发掘证实，仰韶时期关中地区已经犬、豕、牛、羊、鸡、马齐备，但经鉴定为家畜的仅狗、猪两种，数量不多，一般个体也不大。武功浒西庄、赵家来遗址出土的兽骨有家猪、家牛、马鹿、野猫等，其中以家猪骨骼最多，这反映了当时农业经济较为发达，因为只有粮食有剩余才有可能较多地饲养家畜。在赵家来遗址还发掘出栅栏遗址两处。它们都是先从地面向下挖出墙基槽，然后在槽内密集地立柱，再用土将木柱根部踩实或夯打，使木柱竖立牢固而建成的。平面均为长方形，其中一座为两间，一座为单间。栅栏内没有白灰草泥居住面和灶坑，亦未见草泥土、白灰面一类墙体涂抹材料的遗痕，因此，推测他们可能与西安半坡仰韶遗址所发现的栏圈是性质近同的遗迹，有可能是饲养家畜的处所。

新中国成立以来，咸阳在畜牧业生产管理、技术推广、畜疫防治、技术人员、机构设置、机械和技术装备等方面都经过了从无到有的过程。“十一五”以来，咸阳以畜产品加工、基地建设、标准化养殖、产业化经营为重点，围绕产、加、销一体化经营，实施“西部生猪、东部奶蛋、北部肉畜和牧草”战略，从而使该市由传统的农业大市一跃成为畜牧强市。2007 年，全市大家畜存栏 55.6 万头，比 1978 年增加 29 万头，增长 52.16%；奶牛存栏 19.1 万头，奶类产量 49.7 万吨。与 1978 年相比，奶牛增幅近 1000 倍，奶类产量则是 1978 年的 20708 倍，奶业综合生产能力位居全国第 6 位。

## 第一节　畜禽饲养

史载周祖后稷幼时曾因牛羊悖乳得以不死。此后，周人向西北方向迁徙，进入农牧交错地带。公刘居豳，既有“弓矢斯张，干戈戚扬”的狩猎场景，亦有“执豕于牢”的圈养用牲。《豳风·七月》中亦能窥出当时多种经济成分共存互补、协调发展的景象。古公亶父离开豳地之前，曾事狄人以犬、马、牛、羊易皮货、珠玉，多为畜牧产品。长武碾子坡先周遗址所提供的考古资料证明，周人当时的畜牧业生产十分发达，在社会经济生活中具有十分重要的地位。碾子坡居民食后残余中马、牛、羊、猪和狗的骨头数量特别多，已采集一百多小麻袋，至少还有四分之一的骨头因腐朽未能收集起来。兽骨中以牛骨为大宗，约占全部兽骨的一半以上。

畜牧业是秦人的传统经济，养马技术更为秦人之专长。其祖伯益，“为舜主畜，畜多息”。造父以善御幸于周穆王，得骥、温骊、骅骝、騄耳之驷，因其毛色以为名号。周孝王时，造父以善养马而“分土为附庸”。从已出土的秦铜马体型上判断，当属古种河曲马，其外观表现出挽用型马种的特征。据李斯《谏逐客书》言，非秦所生者尚有“纤离之马”“骏良駃騠”。有人以为此属北方蒙古马。张仪说“秦马之良，戎兵之众坆探前趹后，蹄间三寻腾者，不可胜数”，马蹄一跃可达三寻，当属骑乘型。文献记载，秦有“特祠”供秦牛神。惠公时，蜀嘲秦人曰：“东方牧犊儿。”秦人养牛不仅用作牺牲，而且用于挽车、耕田，赵豹把使用牛耕视为赵不可与秦战的一个重要原因。

秦有“厩苑律”，是中国已知最早的畜牧法。秦人牛马饲料征诸民间，每年都要按照田地亩数缴纳，“顷入刍三石，稿二石”。当时咸阳粟十万石一积，刍稿二万石一积，为咸阳畜牧业的发展奠定了基础。秦律规定每年各季度的头一个月作为对牛马诸畜的评比时期，不合格者惩罚饲养及管理人员。秦律对饲具及牲畜管理者有规定：“器识不当籍者，大者赀官啬夫一盾。”“马牛误职（识）耳、及物之不能相易者，赀官啬夫一盾。”秦代马牛都要打烙印或作标记，饲具必须刻记不能错乱，以防止疫疾传染。秦代养马还注意到定时定量，按照役使情况喂养。据关中出土的马厩资料证明，秦马实行分槽单养，每匹马前都有饲草用的大陶盆及供马饮水用的陶罐，十分重视水草调和。另从马厩陶灯看，秦已十分重视牲畜的夜间饲养。秦律中对偷窃牲畜者予以严惩，《盐铁论》记载：“秦之法，窃马者死，窃牛者枷。”秦由基层到中央设置一系列的官僚机构管理畜牧业，有比较完善的马政、牛政制度。

汉唐时代咸阳地区畜牧兽医进一步发展，体现在以下方面：

（1）汉唐诸陵墓地上石刻、石雕作品中的畜牧资料。霍去病陪葬茂陵，其墓前雄伟的成组石刻中有马踏匈奴，跃马、卧马、石猪、牯牛、猛兽食羊等石雕，是保存至今的一批时间最早、最完整的大型陵墓石刻艺术品。唐太宗不忘创业之艰，在修建昭陵时，特令将他征战骑过的六匹骏马雕刻成石，安置山陵之上，这就是举世文明的“昭陵六骏”。另有乾陵前的仗马、翼马，李责力墓前的石羊等。

（2）汉唐地下考古发掘中出土的畜

牧兽医资料。在近年发掘的汉唐墓葬中，多有陪葬的牛、马、羊、犬、鸡、豕、鸭或陶质、瓷质冥器出土，显示出当时畜牧业的兴旺。60 年代中期，考古工作者在咸阳杨家湾长陵陪葬墓中出土三千多陶人陶马。在祭祀坑中发现两只狗骨架，半个羊骨架及残留的马、牛、猪骨骼。在墓室口上封土底下发现被埋祭祀所置的羊骨架、鸡蛋等。在惠帝安陵陪葬墓的陪葬沟中发现由陶牛、陶猪、陶羊组合的“太牢”祭祀俑，据估计陶俑总数在三千件以上。1981 年，考古工作者对陪葬茂陵的阳信长公主墓陪葬坑进行勘察、发掘，出土了著名的西汉鎏金铜马。唐代考古发掘中有关畜牧的资料更多，考古工作者在咸阳张湾、礼泉烟霞、乾县永泰公主墓、礼泉赵镇、昭陵陪葬宫人墓、咸阳北原畦、临川公主墓(礼泉)、三原李寿墓中出土了大量的马、牛、羊、猪、鸡、鸭陶俑以及圈栏、饲养、耕播壁画，出土地点几乎遍布全咸阳各地，很有代表性。

(3) 文献中所见的畜牧兽医资料。汉朝规定“凡封君以下至三百石以上吏，以差出牝马”，促进了养马业的发展，以至“众庶街巷有马，阡陌间成群”。汉武帝力朔六年征伐匈奴，关中马夫不够，甚至要从临近郡国调用。汉代全力推广牛耕，《氾胜之书》强调耕耱，必须多养牛马。牛或用于运输。汉昭帝急症暴亡，为从便桥下的渭河滩往平陵拉河沙，雇用附近牛车三万辆。猪羊粪溺广泛用于肥田，家家都置栏饲养。扶风平陵儒生梁鸿，因家贫半牧半读：“学毕乃牧豕于上林。”茂陵人马援以屯田、畜牧致富。他总结历代经验，博取众家之长，具有十分丰富的畜牧知识，尤以相马成就最大。而诸陵邑豪富园林中旄牛逍遥、青兕出没。他们或轻骑妖服，追随于道路，或斗鸡寻欢，走狗取乐。鸡犬身价倍增。茂陵杨百年的青狡犬，售价高达百金。这些奢侈性欢娱的风行，在某种程度上刺激了马、犬、鸡优良品种的形成与引入。魏晋南北朝时期少数民族杂居关中，时人谓“率其多少，戎狄居半”。氐族集中屯聚在三原、九嵕、始平、咸阳及汧、雍一带。其人口如《苻坚载记》所记，至少在二十万户以上。他们“俗能织布，善田种，畜养豕、牛、马、驴、骡”，促进了畜牧业的发展。驴、骡由珍奇玩物变为常见役畜，广泛用于生产、运输。唐“自贞观至麟德，四十年间，马七十万六千，置八坊岐、豳、泾、宁间，地广千里”。其中六坊就在关中西部，五在岐、一在豳，咸阳西北部成为唐朝重要养马基地之一。郤昂《岐豳泾宁四州八马坊碑颂》序文说，“先是国家以岐山近甸、豳土晚寒、宁州壤甘、泾水流恶、泽茂丰草、地平鲜原，当古公走以马之郊，楼非子犬丘之野”，故设牧监于此。

牧养管理技术的提高和优质草料的引种及推广。苜蓿原生中亚地区，波斯语意为“最好的牧草”，张骞出使西域，开始引种于关中。“离宫别观旁，尽种蒲陶、苜蓿。”这种饲料作物不但产量高，而且含有大量可消化蛋白质和多种维生素，营养丰富，适口性强，为家畜生长、发育、繁殖和健康提供了物质基础，从根本上提高了饲养水平。汉唐时期，茂陵一带广种苜蓿，或已纳入农作制中，施行耕耘浇灌等大田栽培措施，产量品质不断提高，既肥田益稼又促进了畜牧业的发展。唐代京兆府在两税外，征收豌豆充饲料。德宗时由于虫灾豌豆产量锐减，乃折取大豆。豌豆原产中亚、西亚，子粒茎叶均为优质草料。

马籍制度发展完善。咸阳杨家湾汉墓出土骑兵马俑马的臀部、尾部和俑背上刻画有不同的数字记号。《新唐节·百官志》曰："马之驽良皆有籍。"与马籍制度相配合，还建立了马印制度。以此区别良驽、强弱、马种，既便于马匹征调，又为良种繁育提供了依据。

饲牧形式的多样化。咸阳地属农区，畜禽以饲养为主。汉代已经使用铡刀对舍饲牲口的刍藁进行加工。《氾胜之书》以瓠瓢喂猪致肥的方法，显然属于舍饲，不过也偶见"牧豕"的记载。三原唐李寿墓室"西壁上部绘马厩及草料库（已残），有五名牧夫牵着，赶着一群马从马厩内正向外出。马厩的对面绘草料仓库，墙内前后并列两排库房，有数名男仆肩扛沉重的草料袋正向房内搬运"，这是典型的舍饲场面。该墓第三天井顶部落下的壁画残片中有牛栏图，"一牧夫驱赶一群肥壮的牛正从牛栏内走出，似前往原野上放牧"。鸡、鸭等则在庭院的一角饲养、觅食。在咸阳西北部的国家牧场里，马匹冬季以藁谷舍饲，牧监群有草料生产基地，"寡民耕之，以及刍秣"。一般到四月中旬的第一天，诸马坊便"停料野放"，以尽地力、省精料。对于幼驹饲养，则讲究精料补充"三年内饲以米清粥汁"，对于内厩瘦、病、老、疲的马匹，则颁诸坊，餧（喂）之，艾之，行之，节之，加以精饲养和护理，非至康复，不得使役和乘骑。唐政府还规定了各种牲畜饲草、饲料的供应标准，以畜种、体型、年龄、役用、哺乳情况而各有等差。重视食盐的供给，以满足畜体生理要求。

相畜术是家畜外形鉴定学的发端。相畜术发明于周代，《周礼》有马质之官。秦著名的相马专家有伯乐和九方皋。伯乐能识千里马，传说著有《伯乐相马经》。伯乐好友九方皋的相马本领更在伯乐之上，其相畜特点是"得其精而忘其粗，在其内而忘其外"。即能去粗取精，通过观察马之外形，认识其品质和特性。战国时期相马术有了更进一步的发展，据《吕氏春秋》记载，当时的著名相马者有十人，已从相马之体形、毛色，发展到相马之口齿、颊、目、髭、月尻、脑肋、脉吻、股脚、前、后诸部位了。

有人认为，茂陵东侧出土的西汉鎏金铜马反映了宛马的外形特征，是当时专门用来鉴定大宛马的铜马式。东汉时，茂陵人马援曾任陇西太守，屯戍河湟地区，征伐、折冲于游牧民族间，积累了丰富的畜牧经验。据说他受学于著名相马家杨子阿，继承四代名师（子舆、仪长孺、丁君都、杨子阿）相马之法，兼采仪氏、中帛氏、谢氏、丁氏数家之长，在西汉相马家东门京铜马的基础上，利用从南方民族所获的铜鼓，创制铜马于洛阳宫中。铜马“高三尺五寸，围四尺五寸”，铸为马式。马援著有《铜马相法》，其要点是：“水火欲分明，水火在鼻两孔间也。上唇欲急而方，口中欲红而有光，此马千里。颔下欲深，下唇欲缓，牙欲前向。牙（欲）去齿一寸，则四百里；牙剑锋，则千里。目欲满而泽，腹欲充、膁欲小，季肋欲长。悬薄欲厚而缓，悬薄，股也。腹下欲平满，汗沟欲长，而膝本欲起，肘腋欲开，膝欲方，蹄欲厚三寸，坚如石。”马援相马式类似于近代马匹外形学中的良马标准型，西方国家直到 19 世纪方有类似模型。唐宗室李石《司牧安骥集》相马“由外以知内，由粗以有精”，对一些迷信的说法采取批判的态度，指出相马“当以形骨为先”。唐代的马籍制度，是在中国相马学不断发展的基础上建立起来的，《司牧安骥集》说“相马不看先代本，一似愚人信口传”，形象地说明了马籍制度和相马学之间的关系。

关于畜禽的牧养管理，清代农学家杨屾总结出爱养之道。他说：“畜者养也，牧者守也，养而守之，如郡县之亲民。”“蓄养如父母之育子，牧守同郡县之爱民；慈爱无已，尝以身测寒热，珍惜有加，还以腹量饥饱；按时投食，而用力更有其节，应期孕字，而护胎倍多其方。”杨的学生郑世铎则进一步将此总结为十六字诀：“身测寒热，腹量饥饱。时食节力，期孕护胎。”具体的牧养管理措施亦日趋精细。畜禽繁育技术，杨屾编著的《豳风广义》附录曰：“母猪唯取身长、皮松、耳大、嘴短、无柔毛者良。”“羊种以十二月、正月生者为上，十一月、二月生者次之，其余之月生羔，则皮毛焦卷，骨髓细小，不堪为种。”怀孕母猪不可喂以细食，以免体内脂肪沉积，阻碍孕仔发育，造成死胎或弱仔。《豳风广义》附录有鸡鸭“火抱法”，反映出关中传统人工孵化技术已经相当成熟，用这种方法每次可以孵化八千到一万个鸡蛋，为“欲广雏而取利者”所常用。畜禽饲养技术，大家畜的饲养是重要的农事活路之一。杨秀元《农言著实》讲到许多饲养经验。他说，正月用苜蓿根喂牛，既肯吃，又省料；冬月天喂牛，最好能用草。多草结合，省料又有营养；麦收前后，铡截苜蓿要根据老嫩取长短；九月秋收以后，正当农闲，要好好喂牲口，以增膘长力。俗语云：“草膔料力水精神。”又云：“牲口吃的好，夜草要塞饱。”“欲喂肥猪，先择佳种”，第一，小猪要择长大、皮松、嘴短、牙少、毛稀、共食乳时居下者最佳；第二，阉割去势，则骨细肉多，易长易肥；第三，限制运动，“每一小圈止容一猪，使不得闹转，则易长肥”；第四，驱虫，用贯众、苍术等中药加于料中饲喂；第五，饲以黄豆、芝麻、大麦等高蛋白和高能量饲料。这样，猪“不过半月即肥”。杨屾认为他的家乡一带“无湖滩旷土，不能广畜”羊只，故其肥羊法属于舍饲栈羊。至于放牧，杨屾说："羊必须老人及心性婉顺者放之，方得起居以时，调其宜适。"基本要领是"缓驱行，勿停息，春夏宜早放，秋冬宜晚出。每于羊群之中，择其肱而大者立之主，一出一入，使之倡先，则鱼贯而行，免践害路旁禾稼家禽"。"园放之法"记述了一种植物性饲料转化为动物性饲料的方法，其法是"将园中间顺界短墙一道，分为两院。先将糜子磨面，或穄、秫面皆可，煮成稀糊，泼于右边园内，以散草覆之。不过三四日，便可生虫，驱雏食之。又如上法，泼于左边，俟右尽而驱左，如此周而复始，不过一两月，便可货卖"。清代农学家杨秀元在《农言著实》中，特别强调要多积干土勤垫圈，认为夏天土多则牲口凉，冬天土多则牲口暖。现代科学证明，垫土的确可以调节圈内湿度与温度，控制微生物活动，防止病菌病毒寄生蔓延，减少疾病，使人畜两旺。杨屾在《豳风广义》中指出，养猪有六宜八忌：一宜冬暖夏凉；二宜窝棚小厂，以避风雨；三宜饮食臭浊，利用饲料发酵方法以改善饲料的适口性；四宜细筛拣柴，食粗者宜碾令极细；五宜除虱、去贼牙；六宜药饵避瘟。一忌牡同圈；二忌圈内泥泞；三忌猛惊挠乱；四忌急骤驱奔；五忌饲喂失时；六忌重击鞭打；七忌狼犬入圈；八忌误食酒毒。养羊治圈，必"与人居相连"，以防狼犬入圈。圈内须并墙树栅，常撒干土，毋令停水，勿使粪污，常居高燥，羊就不得腹胀、疥癣诸病。饲料积贮技术，明清时期在开辟饲料来源方面，已经积累了丰富的经验。

民国时期，咸阳农区，一般将畜舍设在后院或家址近旁，马、牛、驴等大家畜槽厩多在农家之内，对大家畜的喂养十分细致。牛、马饲料多用铡粹禾秸，配合以大麦、青稞和豆类精料等。农民有句谚语："寸节草，截三刀，不加料，也长膘。"多无青草时，马、驴、骡多加精料，牛料加棉子皮和粉碎的油渣，每天定时喂草喂水。饲喂方法：先喂水，次喂干草，然后将精料加水拌匀。拌料要少，但要勤，先少后多，搅拌均匀。

新中国成立后各县、区畜牧业发展比较迅速，特别是60年代后期起，畜牧业除为农业提供必要的使役外，已向社会提供肉、蛋、奶商品方面转化。

1982年，为改良提高奶羊、山羊生产能力，针对管理粗放，种性退化，产奶羊日平均产奶仅1.3斤的现状，邀集西农等单位对此课题进行了评议座谈，确定了品质改良、青贮饲料加尿素P15等饲料喂养管理方法及疾病防治措施，使三原等七个县被列为省奶山羊基地。

笼养鸡饲养技术在咸阳兴起于80年代，到90年代，养殖户数量、规模已得到空前发展，养殖技术也基本完善。蛋鸡业实现了良种化、专业化、设施化，形成了完善的产业分工体系，超前其他养殖行业近十年。

咸阳市畜牧兽医站张帆等人参加的《高产蛋鸡集约饲养规范化技术示范推广》项目在咸阳市实施，使全市养殖规模和养殖技术含量上了一个新台阶。在

1989—1995年七年间，全市笼养鸡累计饲养3541.6万只，较相同数量散养鸡多产蛋89404吨，多产肉8024吨，增加经济效益44886万元，初步建立了笼养鸡基地。

秦龙禽业养殖场现拥有大型现代化孵化场2座，拥有全电脑孵化机150台，20万羽种鸡饲料科技示范小区2座，宁夏盐池10万羽种鸡场1个，咸阳“公司+农户”养殖基地1个，内蒙古梅力更草原山鸡养殖场1个，专业从事麻羽肉种鸡的饲养和孵化，是中国中西部最大的家禽饲养、孵化企业。年饲养种鸡60万套，产种蛋6000万枚，孵化雏鸡5000万羽。

秦龙麻鸡属于优质黄羽肉鸡，是陕西咸阳秦龙禽业养殖场采用中国特有的地方优良品种精心选育的优良品种，遗传性也比较稳定。秦龙禽业养殖场通过扩大繁育种群，进行严格的选育，提高父母代产蛋率和均匀度。因为有更加充足的育种资源作保障，在提纯选育上可执行更加严格的标准，从而使生产出的父母代种鸡具有更加优异的整齐度和一致的遗传性能，使父母代种鸡的产蛋率由142枚增加到155枚（68周龄），全程平均授精率由90%增加到92%，商品代肉鸡70天出栏体重由1.7千克增加到1.8千克（公母平均）。培育出来的秦龙青脚麻鸡父母代具有早期增重快、料肉比低、性成熟早和产蛋率高的特征。其商品代肉鸡外貌美观、肉质鲜美、生长速度快、经济效益高，在市场上深受用户欢迎。

土洋结合的二元杂交仔猪育肥，90年代初在咸阳市已经推广，90年代末三元杂交仔猪育肥开始示范并局部推广，2000年后向面上推进。“咸阳市三元杂交商品瘦肉型猪生产技术推广”项目从2004年开始实施，历时两年，共推广三元杂交瘦肉型猪153.27万头，增加经济效益60787.38万元，新增纯效益12806.02万元，2007年获咸阳市农村科技进步二等奖，同年又获省政府农业技术推广成果二等奖，取得了重大的经济效益、社会效益和生态效益。其技术主要是：①确立三元杂交组合。咸阳地区适宜推广的最佳组合为：杜（公）×长·关（母）；杜（公）×约·关（母）；杜（公）×长·约（母）。②建立三元瘦肉型猪杂交繁育体系。建立原种场、繁育场和育肥场（户），其中包括建立瘦肉型种猪纯繁核心群、瘦肉型种猪扩繁群、杂交母猪生产群和猪的人工授精网络即“三群一网”母本繁育推广体系。③做好配合饲料的生产加工和饲喂技术。根据当地资源状况，结合不同品种、不同杂交组合、不同生长阶段和不同的饲料标准，考虑到饲料的消化性、适口性，合理搭配饲料，满足生猪营养需求。配合饲料应用率达90%以上，平均料肉比达1∶3.155。④加强科学的饲养管理。严把消毒关，育肥猪进新圈舍前十天，清扫清洗圈舍，用1%—2%烧碱彻底消毒；合理分群，饲养密度每群10头左右；耐心调教，帮助猪群建立群居秩序，促使猪养成固定地点排便、睡觉、进食的习惯；猪舍温度宜保持在18℃—20℃；饲喂方式采用阶段育肥法，注意饲料、饮水、圈舍、环境清洁卫生；适时出栏，上市猪体重在100千克左右为宜；缩短哺乳期，增加母猪生产胎数，推广仔猪补饲增重技术，提高仔猪断奶重和成活率。⑤推广猪病综合防治技术。推广规范化免疫程序，坚持春秋普防，常年补针，特殊情况突击防，始终保持应免猪密度100%。加强养殖场户的环境治理、圈舍消毒、杀虫、灭鼠工作。⑥推行规范化养殖技术。扶持养殖场户上规模，建养殖小区。制定和实施《猪无公害化生产规程》，做到养猪生产无公害化，提高商品猪的市场竞争力。

咸阳地区奶牛饲养时间较长，90年代初蓬勃发展，十几年来存栏量基本保持稳定增长状态，成为继笼养鸡发展之后发展时间较长且产业不断提升的又一个畜牧业亮点。全市奶牛存栏和奶产量平均以30%左右的速度快速增长，广大农民养殖热情高涨，规模大户、专业村和乡镇发展很快，已成为陕西最大的奶源基地。初步形成了以泾阳、乾县、武功、三原、秦都、渭城、礼泉、兴平南部八县市区为主的优质奶源基地。截至2007年年底，全市奶牛存栏19.1万头，建养殖小区280个，配套建设机械化挤奶站195个。泾阳、乾县、武功成为咸阳市三个奶业大县。

从1994年开始，市畜牧兽医站及各县市区站用了三年时间共同开展《咸阳市奶牛高产综合配套技术推广》，取得了可喜的成绩：全市奶牛存栏量由1993年年底的16610头发展到31244头，增长了88.1%。鲜奶产量大幅度增加，全市鲜奶总量已达65525吨，与1993年年底的29393吨相比增加了2.2倍。通过奶牛高产综合配套技术的推广，取得了巨大的经济效益。到1996年年底，全市奶牛业总产值已达1.75亿元，扣除各项生产成本，全市奶牛户共从饲养业中获得纯经济收入1.02亿元，投入与产出之比为1:1.79。与1993年相比，全市奶牛总产值增加了9514.62万元，纯收入增加了6084.06万元，投入与产出之比是1993年的1.2倍。由于采用了该项技术，全市三年共增加奶牛业总产值2.22亿元，养牛户共增加纯经济收入1.42亿元。

秸秆青贮、氨化技术在咸阳市应用较早，而秸秆微贮技术则出现于20世纪90年代。从1996年开始，《咸阳市秸秆“三贮”及养牛配套技术研究与应用》项目在全市实施，取得了优异的成绩：一是秸秆资源得到深度开发和合理利用。全市三年完成秸秆“三贮”139.8万吨，其中青贮74.7万吨，氨化58.4万吨，微贮6.7万吨，秸秆利用量占资源总量比率达23.1%。二是牛存栏量大幅增加。1998年年底全市牛存栏44.4万头，其中黄牛40.5万头，奶牛3.9万头，分别比1995年年底增长23.3%、19.6%和81.5%。三是出栏率迅速提高。全市1998年年底出栏牛11.1万头，出栏率29.1%，比1995年年底出栏牛7.1万头、出栏率 23.2% 提高 56.3% 和增加 5.9 个百分点。四是畜产品不断增加。1998 年全市牛肉产量 18353 吨，牛奶 94390 吨，比 1995 年年底的 11400 吨和 34532 吨分别增加 61.0% 和 173.3%。经过努力，全市发展秸秆养畜重点乡镇 27 个、专业村 34 个，以泾阳、乾县为重点的存栏过万头奶牛产业化基地县和以礼泉、三原、北部五县为主的秦川肉牛开发产业化基地县基本形成。该项目技术要点：一是制定了秸秆微贮、青贮、氨化技术操作规程，作为以后指导科学调制秸秆、发展秸秆养畜的规范性指南。二是搞好窖池建设，对原有的窖池设计提出了三项改进措施，即改土窖为砖窖，改直角窖为圆角窖，改单窖为双联窖。并在秸秆养畜重点乡、专业村采用了统一图纸设计、统一方法、统一集资、统一备料、统一收购、统一验收的“六统一”办法，高标准、高质量地完成窖池建设。三是抓好加工管理环节，确保“三贮”饲料质量。为了提高氨化秸秆消化率，采用尿素加氢氧化钙的复合处理方法；对因农忙收割较晚的半干秸秆的青贮，补救措施是在每吨原料中加入 5 千克大麦粉装窖。在冬季，为了缩短氨化时间，提高饲料品质，在秸秆原料中加入 4% 含脲酶丰富的豆饼粉；经过试验，总结出当地不同季节、不同环境温度条件下秸秆微贮开窖时间规律。四是改进饲养技术，提高利用效果。在以秸秆为主要粗饲料来源的饲养体系下，探索出一种适合当地农村实际情况的最佳饲养模式。对育肥牛，改养役用牛的传统方法为低精料直线育肥法；在奶牛方面，采用了多阶段曲线饲养法。在改进饲喂方法的基础上，对不同生产性能牛的日粮进行合理搭配，能极大地提高“三贮”秸秆饲料的利用率和牛群生产水平。另外，还着重抓人工授精技术、畜种改良技术、高效生态养殖技术、疫病防治技术等多项配套技术推广。

通过实施《咸阳市秸秆“三贮”及养牛配套技术研究与应用》项目，取得了巨大的经济效益。到 1998 年年底，全市“三贮”秸秆养牛总产值已达 6.11 亿元，纯收入 2.47 亿元，与 1995 年相比，分别增加了 2.88 亿元和 1.45 亿元。1996—1998 年，全市三年共增加养牛业总产值 4.61 亿元、纯收入 2.25 亿元，其中肉牛投入产出比 1∶1.45，奶牛投入产出比 1∶1.96。养牛已成为增加农民收入，加快农村经济建设，改善生态环境，带动农业经济可持续发展的支柱产业。

1. 秸秆微贮技术

秸秆发酵活干菌 3 克，可处理干秸秆 1 吨。将菌剂倒入 200 毫升 0.9% 蔗糖水中充分溶解，置常温下 1—2 小时，使菌种复活。复活好的菌剂要当日用完，不可隔夜使用。将复活的菌剂倒入充分溶解的 1% 食盐水中拌匀。

干秸秆一定要铡短，要求用于羊 3—5 厘米，牛 5—8 厘米，以便压实和提高窖的利用率。窖（池）要选在地势高、土质坚硬、向阳干燥、离畜舍近、取用方便的地方，要求永久性砖混结构，水泥抹面，其大小依家畜饲用量而定（每立方米窖（池）可容纳200千克左右干秸秆）。根据贮量挖一长方形窖，以宽1—1.5米，深2—3米为宜，窖口高出地面20厘米以上。秸秆入窖前，先在水泥地面上将秸秆与配制好的菌液和1.5%玉米粉搅拌均匀（贮料含水量在60%—70%）。在窖底部铺放一层30厘米干秸秆压实，随后分层装入20厘米经调制的秸秆，逐层压实。当贮料高出窖口40厘米时，在料面上每平方米均匀撒入250克食盐，盖上与窖口大小相等的塑料薄膜，再在上面铺撒30厘米柔软秸秆，然后盖上比窖口大20厘米塑料薄膜，覆土15—20厘米，密封。在常温下贮藏发酵40天后方可开窖（池）使用。取料从窖（池）一角开始，从上到下逐段取用。每次取出量应以当天能喂完为宜。取用后及时将暴露面盖好封严，尽量减少空气侵入。家畜日粮中应注意扣除贮料中加入的食盐比例。

2. 青贮技术

先挖好青贮窖，圆形或长方形均可，四周用砖砌好。再用水泥抹光底部及四周，四角做成圆弧形，以便将贮料压紧，窖边高出地面20厘米以上，防止雨水流入。专业户最好准备两个窖交替使用。作物成熟后应及时收割秸秆，装窖前使秸秆含水量控制在60%—70%。当秸秆水分含量过高时，要适当凉晒，水分含量偏低时，可加入适量水分。秸秆切短成2—3厘米。装窖、压实、密封等操作方法与微贮相同。在常温下贮藏40天后方可开窖使用。饲喂时要由少到多逐渐增加，每日喂多少取多少，取出后盖好塑料布。

秸秆青贮技术大面积推广在八九十年代，其主要原因是：①畜禽结构的调整，由过去的以猪为首向大力发展草食家畜过渡，牛、羊特别是奶牛的大发展，直接带动了青贮饲草的发展；②青贮技术的推广，包括青贮标准的制定，大型青贮机械的推广、青贮新技术的引进等；③青贮方式多样化，包括地下窖、半地下窖、地上青贮等多种方式并存，适应了不同地域、不同规模养殖场（户）的青贮需求。这里不得不提我市畜牧工作者研究推广的一种新的青贮方式。在奶牛业发展刚起步的八九十年代，当时农村奶畜饲养户一般规模都比较小，多为1—2头，多的也只有3—4头。户均青贮饲喂量相对较小，特别是当时奶牛多的地方，一般耕地紧张，大多数农户都在自己的住宅院内进行饲养，但奶牛饲养又离不开青贮，在这一现实情况下，我市畜牧科技工作者与广大养殖户共同研究，创造出一种新的青贮方法——地上农膜覆盖青贮。这种方法就是把切碎的玉米秸秆按一定的形状（多为长方形，长2—4米，高2米左右，长不限，根据地形确定），堆切压实，然后用农膜覆盖，四角用土压紧，不留空隙，形成一个密封的空间，秸杆在这一密封空间内的发酵原理与挖坑的青贮原理相同，一般40天左右即可成熟喂食，这种堆贮一般每堆5000斤左右，可以确保1—2头奶牛冬春补饲青绿饲草所需。由于青贮在养畜户家门前，养畜户也感到非常方便安全，所以很快在全市推广起来，当时用这种方法青贮的饲料约占当时全市青贮总量的三分之一，为我市奶牛规模化养殖和产业化发展打下了基础。此青贮法获1989年咸阳市科技进步三等奖，后在全省推广。随着奶牛养殖业的大发展，全市奶牛养殖逐渐规模化、小区化，青贮方法主要采取大型的地下或半地下青贮，单窖青贮量达到百吨以上。

3. 秸秆氨化技术

窖的大小根据家畜饲用量而定，一般每立方米的窖装切碎风干秸秆（麦秸、玉米秸）200千克左右。先将秸秆切至2厘米左右，每100千克切碎秸秆用4千克尿素、50千克水，把尿素溶于水中搅拌，待完全溶化后，分数次均匀地喷洒在秸秆上。装窖、压实、密封等操作方法与微贮、青贮相同。夏季密封7—10天，冬季1—2月，即可开封。饲喂前要充分晾晒，放走余氨。

2000年以来，市县乡各级畜牧技术推广机构积极推广生猪快速育肥技术、笼养鸡高产技术、奶牛高产综合配套技术、奶山羊公羔育肥技术、发酵床养猪技术等畜牧业实用技术，畜牧业逐步向区域化布局、规模化养殖、标准化生产、产业化经营的方向发展。截至2011年年底，全市生猪存栏192.4万头，禽蛋产量10.4万吨，奶类产量73.7万吨。其中，牛奶产量64.5万吨。

## 第二节　畜禽选育

周秦畜牧繁育技术方面有颁马执驹、攻特等措施。所谓颁马，即将公、母畜分饲，《吕氏春秋》：“仲夏之月，游牝别其群，则絷腾驹。”所谓执驹，是把发育尚未成熟的幼驹执缚别群，单独牧养。所谓攻特，即对公畜施行去势手术，周礼指出公母存留要“特居四之一”。秦律杂抄规定：“牛大牝十，其六毋（无）子，赀啬夫、佐各一盾，羊牝十，其四毋（无）子，赀啬夫、佐各一盾。”说明对牲畜繁殖非常重视。

在畜禽品种的繁育、引进方面，汉唐时期以良马引种成就最大，汉武帝时先后多次由西域引大宛马和乌孙马，进行了大规模的马匹选育和改良工作，促使内地马种向骑乘型转化。茂陵霍去病墓前的二匹石马，是宣帝地节二年（前68年）雕造的，具有乌孙马的特点。1981年出土于茂陵东侧的鎏金铜马，为研究汉代马的体型、来源提供了又一实证。该马高62厘米，长76厘米，通体鎏金，色泽鲜亮，外形清秀，两耳前竖，颈长鬃厚，四肢高细，肌肉和筋骨匀称合度，与发现的秦铜马、陶马迥然不同。鎏金铜马的体型特征接近现代阿哈马。阿哈马是土库曼斯坦南部沙漠绿洲上的古老马种。土库曼斯坦古属大宛。因此有人认为鎏金铜马可能就是西汉时代的大宛马。隋唐时期曾从康居、大宛、波斯多次引进良马。时谓“既杂胡种，马乃益壮”，表明对不同品种马匹杂交而产生的杂种优势已有所认识。“牛乃耕农之本”，从咸阳、礼泉出土犁铧情况看已普遍使用牛耕。南北朝时字书《玉篇》中出现“牛秦”，这是一种以地区命名的牛种。“其形环目竖角，肩负肉封，颈下裙垂，尾长若帚，其声远大，色有黄、黑、赤、白、斑、黎、苍褐”，咸阳考古资料中所见的汉唐耕牛形象大多如此。霍去病墓石刻牧牛，体壮头大，角前为圆形，跑卧地上，口作反刍状，犹似耕作已毕，关中老黄牛的形象跃然于石上。有人认为，近世的秦川牛很可能源于这种牛。咸阳应是牛秦牛的中心产地之一。汉唐间，“嬴（骡）、驴、马托驼衔尾入塞”，迅速成为中原地区的重要役畜，关中地区亦有汉唐双骡铜牌、三彩驴出土。猪，仪长孺相猪法曰：“短喙无柔毛者良。”汉唐咸阳考古资料中尚未发现猪骨，无法进行比较科学的测定。咸阳北原睦村唐墓出土陶猪12件，形制相同，伏卧状，通体黑色，嘴细长，颈高厚，头颈长度为通体长度的二分之一，体型比较落后。三原双盛村隋李和墓出土陶母猪，腹下有哺乳的仔猪7个，生殖力属中等水平。

宋清间，咸阳畜牧业的重大变化在于：养马业开始衰落；骡、驴、牛名优品种逐渐形成；猪、羊、家禽饲养比重逐渐增加，这是农区畜牧业进一步发展的结果。

农区畜牧业之功能在于“养体服劳”。服劳之畜，以马、牛、驴、骡为主，马虽有资军用，但农用性状不及他畜。咸阳地区有关养马业的资料甚少，近世仅见几条亦多与养骡有关。乾隆及光绪兴平县志载“邑俗、马多产骡”，乾县一带“马多畜牧、所产皆骡”。光绪三十三年（1907年）《兴平乡土志》曰：“马，本地产者甚少。一贩于甘肃洮洲；一贩于山西归化城，近贩于蒲邑黄麓山，每年约近二千匹。”驴和骡，原是西北少数民族骑畜。汉时传入内地，成为生产动力，骑乘、驾车、套磨、驮物、耕播均能适用。明清之际便有优良的驴、骡品种出现。著名的陕甘大骡、关中驴等大都出于此时。其体格高大通高四尺五寸至五尺，“可与世界上任何好骡子抗衡”。关中驴，中国大型驴的优良品种之一，原产关中平原，以兴平、武功、乾县、礼泉等为主要产地。关中驴体形高大，结构良好，头颈高举，姿态健美，性情温驯，力壮持久，耕磨挽驮无不适宜。陕甘大骡的父本便是这种大驴，由此不难推知关中驴培育历史不比陕甘大骡晚。清代陕甘大骡、关中驴生产除供本地役用外，还大量外销，乾隆年间，兴平骡子“岁售晋豫燕鲁，为数亦匹”，清末，“销售本地者三之一，余俱销售河南、山东、山西、直隶诸省，每年约二千余匹”。淳化、武功、乾县的驴、骡生产，“亦农家之副产也”。秦川牛在明清时代基本育成，至近代更臻完善，以兴平、武功、咸阳、长武一带所产最著名。“养体”之畜衣皮食肉，首推猪、羊、家禽。清初，杨屾在《豳风广义·附录》中说：“秦中人稠地狭，开垦无余，又无湖泊水滩闲旷之土，即有其法，而无其地，畜牧之道，亦难周详而悉备。莫若取其切于日用，家家可畜，人人易牧者力举而行之，则亦可驯致富饶而无难。……余因悉采农书，究心法制，只将畜牧猪、羊、鸡、鸭四条，已亲经实效，有裨农家日用者，一一详述而备载之。”“舍三畜（牛、马、驴）而专言猪、羊、鸡、鸭，亦资生之一法也。……为饮食之资，又多得粪壤以为肥田之本。”杨氏之论，基本上说明了关中猪羊家禽业发展的主要原因。杨屾在论猪、羊、鸡时，提到了关中农区的一些优良品种。他说：“秦中之猪甲天下，尤非他处可比。”羊有绵羊、羖羊历羊、同羊 3 种。绵羊“头小、身大、尾长、多脂、最美。其毛柔软，一岁三剪，以为毡物，临谓两岸，其毛更细，可作缎、氆氇、衣衫等物，绝佳”。羖羊历羊、同羊育成甚早，宋清间仍为关中优良羊种。鸡，关中有一种边鸡，“脚高而形大，重有十余斤者，不杷屋，不暴园，生卵甚稀，欲供肉者多养之”，为肉用鸡种；“又有一种柴鸡，形小而身轻，重一二斤，能飞，善暴园，生卵甚多，欲生卵者多养之”，是一种蛋用鸡种。

民国时期，传统的畜牧技术仍占统治地位。但随着西方现代科学技术逐渐传入后，国外现代畜牧兽医教育和科学研究在西北农业学校、院校、农业技术研究单位及畜牧场逐渐传播，农村受到影响，也开始零星采用一些力所能及的先进的畜牧兽医措施。如咸阳当时比较流行的杂交育种技术。虽然当时的杂交育种的过程不太科学，但经过长期选育，形成了一批地方优良品种，如关中奶山羊、关中驴等在当时都是比较有名的。1943 年，泾阳成立了配种站，负责泾惠渠灌区的牲畜配种工作。

新中国成立后，为迅速高效地提高畜禽繁殖技术和遗传改进质量，全面开展了家畜人工授精、冷冻精液配种、胚胎移植、奶牛不育药物催奶等先进技术，并育成了肉用型关中黑猪、关中奶山羊良种，绵羊、秦川牛的性能改良也取得了可喜成果，并研制出高母牛受胎率的人工催精技术。

1975 年，秦川牛冷冻精液的试验推广有了新发展。分别在礼泉、周至、乾县建点 20 个，配母牛 1030 多处，受胎率达 60%，秦川牛的优良性状得到恢复和保留。冷冻精液的推广带动了猪、羊人工授精的开展。同年，又开展了“关中黑猪”育种工作，由西北农业大学、咸阳市农牧局及兴平、周至、户县、蓝田县种猪场和草滩农场等单位组成协作组，根据现代遗传育种原理及关中黑猪主选性状的遗传特点，以泾川猪为母本，巴克夏为父本，适当吸收内江猪的血液，采用模式选育、快速建系的方法，杂交选育而成。经过 12 年的边选育边推广，已建立 6 个育种场，拥有核心群基代母猪 400 多头，并在 16 个县区繁殖推广纯种及杂种猪 10 万余头，可增产瘦肉 58 万千克，节约混合饲料 700 万千克，经济效益达 380 多万元，使商品猪的瘦肉率由

44%左右提高到52%以上。该项研究成果1986年获省、市科技进步一等奖。

1979年，长武县家畜配种站完成了提高马匹受胎率课题。摸清了种公畜精液品质的规律及科学饲喂，提高了精子活力，研究出种公畜精液稀释方法，摸索出畜卵巢发育成熟期适时配种，减少了空怀及母畜不孕症的比率，提高了马匹受胎率。

咸阳市畜牧兽医站针对农村牛群处女牛受胎率低，在1986年开展了“提高秦川处女牛受胎率初探”研究。从受胎率与母牛年龄的关系、牛的发情规律、排卵特征、生殖器官表征以及人工授精技术等方面进行了研究，总结出农村秦川处女牛普遍表现发情持续期较长、排卵时间偏晚的规律性，提出了相应的技术措施即一问、二看、三算、四验。由于采取了以上措施，使试验点722头处女牛受胎率由原来的50%提高到95.2%。1986年在秦都区10个乡镇对1076头处女牛进行生产性验证，使受胎率由原来的44.9%提高到92.3%。

奶山羊和绵羊胚胎移植研究，在省内尚无先例的情况下，在咸阳市绵羊和奶山羊生产中试用胚胎移植技术获得成功。胚胎移植成功率达66.6%，并在使用药物与操作技术方面做了改进，使超排卵子受精率由起初的39.5%提高到100%，冲卵成功率由63%提高到67%，采卵率由20%提高到51.7%。

1989年完成了秦川牛改良山地牛综合技术研究。该项研究采用秦川种公牛级进行杂交改奶山地牛的育种方法，通过施行冻精、配种、选种、选配、选育措施和科学饲养管理方法结合，使原山地牛在外貌、生长发育、肉用功能、繁殖性能、适应性能等方面都有了明显的改良。近十年采用边试验边推广的方式，使彬县、长武、永寿、旬邑、淳化五县的山地牛秦川化已达83.8%。改良牛质普遍提高，平均达到了秦川牛国际三级标准。共改良配种15.3万头，产犊成活9.7万头。

1. 地方良种

咸阳市畜禽良种主要有秦川牛、关中驴、八眉猪、同羊。秦川牛：是我国五大良种黄牛之一，本市各县区均有饲养，礼泉、乾县、武功、兴平、秦都五县区为中心产区。关中驴：是我国著名的大型驴种之一，属挽驮兼用型，主要分布在南部平原八个县（区）。关中驴种役用性能好，与马杂交所产的骡子，体大力强，役用价值高。驴肉细嫩，脂肪少，不油腻，是上等肉食，驴皮可制作名贵中医补药阿胶。八眉猪：该品种为全国九大地方品种之一，主产地为长武、彬县、旬邑等县。分为大八眉、二八眉、小伙猪三个类型。同羊：也叫同州羊，是驰名中外的肉毛兼用半细毛绵羊品种，主要分布于淳化、泾阳、三原、礼泉、乾县五个县的28个乡，25个村。

2. 育成品种

主要有关中奶山羊、西农奶山羊、关中黑猪、关中马。

（1）关中奶山羊：中国著名的奶山

羊品种之一。主要分布在三原、泾阳、礼泉、乾县、秦都区等平原县区。该品种耐粗饲，易管理，抗病能力强，适应性好，平原和山区均可饲养。

（2）西农奶山羊：在西北农业大学刘荫武教授主持下，经过四十多年的科学饲养、严格选择和定向培育而成。主要分布在杨陵、武功、三原、泾阳、秦都等县区，个大、体重、产奶量高。一个泌乳期（300 天）可产奶 9000 千克以上，个体产奶量最高曾超过 20 千克。目前已推广到全国 28 个省市。

（3）关中黑猪：是本市当前发展瘦肉猪比较理想的品种。主要分布在兴平、武功、乾县、秦都、泾阳、长武、三原、杨陵等县区。该品种为肉脂兼用型，具有生长快，瘦肉率高，肉质好，产仔多，饲料报酬高的特点。

（4）关中马：是新中国成立后经过近 30 年杂交培育而成的轻挽马品种。1988 年存栏 9116 匹。主要分布在南部平原县（区）。该品种为挽驮兼用，以挽为主的役用品种。体格高大，挽力大而速度快，役用性能好，遗传性能稳定。

3. 引进品种

新中国成立后，咸阳市从外地先后引进的优良畜禽品种有 40 个。主要有黑白花奶牛；伊犁马、俄罗斯重挽马；内江猪、苏白猪、长白猪、巴克夏猪、宁乡猪、杜洛克猪、约克夏猪；新疆细毛羊、德国美利奴羊、狗头白山羊、中卫山羊、白绒山羊；来航鸡、罗斯鸡、红育鸡、尼克鸡、芦花鸡、白洛克鸡、狼山鸡；日本大耳白兔、音紫兰兔、安哥拉长毛兔；意大利蜂等。这些品种在市各地区表现适应性强，生产水平高，与当地品种进行杂交改良效果良好，在生产中发挥着重要作用。目前已成为市畜牧业生产中的骨干品种有黑白花奶牛、长白猪、来皖鸡、日本大耳白兔、安哥拉长毛兔、意大利蜂等。

改革开放以来，咸阳狠抓畜禽业的品种改良，依靠科技完善畜禽良种繁育体系，加快人工授精、胚胎移植等生物技术在良种繁育中的应用。近年来，咸阳市畜牧先后开展了关中奶山羊品种培育、秦川牛改良山地牛综合技术的研究与推广、陕西省黄牛杂交改良选育方案等项目，促进了畜禽业发展。

随着生活水平的提高，人民对奶源、奶种的要求越来越高，需奶量也越来越大。从 2002 年开始，用了五年时间实施《咸阳市高产奶牛快速扩繁技术推广》项目。通过项目实施，咸阳市奶牛业得到较快发展。

一是存栏量增加。到 2006 年年底，全市奶牛存栏达 15.76 万头，比 2001 年年底项目实施前的 5.8 万头增加了 9.96 万头，增长了 1.72 倍。

二是奶牛群体质量明显增加。全市奶牛年平均单产由 2001 年的 3952 千克增加到 4709 千克，年单产 5500 千克以上的高产奶牛占适繁母牛总数的 77.6%。

三是鲜奶总产量大幅度增长。2006 年年底，全市奶牛年产奶总量为 36.61 万吨，与 2001 年的 10.81 万吨相比增长了

2.39 倍。

四是奶牛业产值迅猛增长。全市奶牛业总产值由 2001 年的 2.71 亿元增加到 2006 年的 10.24 亿元，增长了 3.78 倍。通过该项技术推广，取得了巨大经济效益。采用该项技术，扣除自然增长，五年新增产值 4.82 亿元，其中新增犊牛产值 2030.91 万元，奶牛品质提高增值 11337.08 万元，新增奶量产值 23031.83 万元，胚胎移植增值 131.84 万元，项目新增纯收入 3.68 亿元。

该项目技术要点是：①制定高产奶牛快速扩繁技术等规程，使奶牛扩繁程序化、规范化。②完善良繁体系建设，建立健全市、县、乡（镇）三级良种繁育网络，实现了全市奶牛统一供精。③建立高产奶牛核心群，对核心群内奶牛逐一登记、建立系谱、输入电脑，实行网络化管理。采用加拿大奶牛体型外貌鉴定新技术，对核心群内奶牛进行了体尺测量和外貌鉴定。对体重外貌有严重缺陷、受孕率低、年单产低于 3000 千克的低产牛进行了淘汰。实行针对性选配、目标化改良、良种化繁育、信息化管理的先进推广模式。采用 DHI 测定技术，为进一步指导改进饲养管理、预防疾病（特别是隐性乳房炎）提供科学依据。④在胚胎移植方面，把握精选受体牛、合理补饲、生殖道净化处理、巧用激素、适时移植、抓好保胎六个环节，使产犊率达到 47%。⑤推广针对性目标改良技术，在对适繁母牛鉴定的基础上，选用优秀公牛冷冻精液，采用人工授精技术，根据改良目标，按照适配母牛系谱和各项生产指标合理选种选配。在人工授精方面，制定冷冻精液使用技术规程，通过采用诱导发情、适时授精、净化子宫、抓好保胎等技术，提高母牛受孕率。并引进高产荷斯坦奶牛性控精液进行了配种。⑥强化饲养管理。选用含过瘤胃蛋白高的非动物性廉价原料研制出高效实用的饲料配方；推广优质牧草栽培技术、玉米带棒青贮技术、秸秆拉丝微贮技术；抓好围产期、泌乳早期的饲养管理，做好接产和产后护理工作。通过对围产期奶牛肌注 VD3、在泌乳前期精料中添加小苏打、产后 12 小时给母牛肌注垂体后叶腺素或催产素等技术，有效防止酸中毒、发情迟缓、产后瘫痪、胎衣不下等疾病的发生，提高奶牛繁殖率。⑦加强养殖场（小区）污染治理，制定奶牛场（小区）动物卫生管理规范，建立、健全兽医卫生管理制度，筛选高效安全的消毒剂。帮助养殖场制订治理方案，基本实现无污染排放。⑧搞好疫病防治。在搞好病源检测、免疫接种的基础上，重点抓了不孕症和乳房炎的防治。通过均衡日粮、抗菌消炎、调节内分泌、加强管理、抓好保胎等措施，对不孕牛进行综合防治。采取初期冷敷、后期热敷、封闭消炎、冲洗灌注、内服静注相结合的综合治疗办法，治疗各类乳房炎。

泾阳县畜牧产业服务中心“优质高产奶牛良种选育”项目，推广和应用的技术是目前世界奶牛繁育和奶牛生产中最为先进的技术之一。人工授精技术已在泾阳县得到普及，加拿大荷斯坦奶牛良种率达85%以上。项目实施中，运用美、加系荷斯坦奶牛冷冻精液细管改良本地奶牛，引进美、加系高产良种奶牛冷冻胚胎繁殖纯种奶牛，提高奶牛单产，改善奶牛饲养管理条件，加强现代化、科学化高新技术服务建设，建成高产、优质奶牛核心群。

关中奶山羊品种培育项目，1994年获省农牧厅科技进步一等奖，1996年又获省政府科技进步一等奖。该项目通过引入萨能奶山羊，对关中地区的百万只关中奶山羊进行改良，用组建核心群、选种选配、人工授精、饲喂优质饲草、饲料、控防疫病等技术，经过15年的群选群育工作，使产奶量由原始的0.3千克提高到3千克以上，该品种已在全国推广。

咸阳市狠抓畜禽业的品种改良，依靠科技完善畜禽良种繁育体系，加快人工授精、胚胎移植等生物技术在良种繁育中的应用。截至2009年年底，建成各种养殖小区和示范园230多个，各类养殖大户和专业户近2万户，存栏畜禽800多万头（只)。先后引进畜禽新品种16个。其中蛋鸡6个：迪卡、海兰、海赛克斯、罗曼、罗斯、伊沙褐；生猪5个：斯格、PIC、杜洛克、长白、约克；肉牛4个：英国短角红、西门达尔、夏洛来、安哥斯；肉羊1个：布尔山羊。地方培育品种有关中黑猪、关中奶山羊。全市人工草地保留面积83万亩，草场总面积180万亩。初步形成了以泾阳、乾县、武功、礼泉、渭城、三原为主的奶蛋基地；以兴平、武功、秦都、泾阳、三原为主的瘦肉型猪基地；旱腰带以北的肉牛、肉羊基地；以北部五县为主的肉兔基地和优质牧草基地。在品种繁殖改良上，奶牛、奶羊、生猪、肉牛、蛋鸡已全面推广人工授精技术。全市建设区域性供精中心1个，在8个奶牛基地县和8个秦川牛基地县的每个乡镇建冷冻精液配种站1个，使基地县奶牛冷冻精液配种普及率达100%，黄牛冷冻精液配种普及率达70%，在永寿县扩建肉羊繁育场1个，建设人工授精站24个。

## 第三节 疾病防治

“兽医”一词最早见于《周礼·天官》，“兽医掌疗兽病（内科)，疗兽疡(外科)”。还有专疗马病的“巫马”，以及为良马保健的“趣马”等。据说秦祖造父对兽医就很有造诣，后世人总结他的经验，写成《造父八十一难经》，成为中国中兽医宝库的重要遗产。著名相马专家伯乐也精于医道，古代兽医名著如《疗马经》《治马杂病经》等，均为伯乐著作以转世。秦律中有火熏诸侯马挽具，以防止病菌毒传染的规定。这是中国最早的马病预防记载，也是世界上最早关于牲畜入境检疫制的记载。汉武帝时卜式牧羊上林，“羊肥息”。他们的牧羊经验是“以日寸起居，恶者辄去，毋令败群”。唐对官牧马群，同样重视病马的去除。《岐豳泾宁四州八马坊碑颂》有“纲恶去害”之说，因为“害之不去，马之所亡也”。唐代中央政府和各地监坊牧场分别设有畜牧兽医官员和专业兽医师。太仆寺设配置兽医600人，尚乘局有兽医70人；太仆寺兽医博士4人、教授生徒百人。据说《司牧安骥集》就是太仆寺博士教授的兽医教材，该书对马病的诊断和治疗有比较系统的论述，特别是对五疗十毒，各种汗症、黄症、结症的论述甚为详尽，对后世兽医著作影响很大，是传统中兽医形成的标志。该书出于唐宗室子弟门下，在关中及西北牧监曾广泛传播。与兽医、药学相关的本草学在咸阳地区也发展很快。唐开元中三原县尉陈藏器撰《本草拾遗》，“以神农本经虽有陶、苏补集之说，然遗沉尚多，故别为序列一卷，拾遗六集，解说三卷，总曰《本草拾遗》”。李时珍认为，“其（陈藏器）所著述，博极群书，精核物类，订绳谬误，搜罗幽隐，自本草以来，一人而已”。

家畜传染病是影响家畜发展的一个重要原因，每逢瘟疫，牲畜必大量死亡。但随着西方现代畜牧兽医科学的传入，加之地方政府的有效指导，牲畜瘟疫在一定程度上得到了控制。

民国三十一年（1942年），陕西牛瘟现象严重，直接影响到了牲畜的数量，间接影响了国民之生计。牛瘟防治是当务之急。对此，陕西农改所组织了兽疫防治大队，但因人员有限，所以采取的办法是：东来东防，西来西治的原则，省防治大队曾先后派王怀顺、熊德邵技士、董运寰指导员来泾阳防治牛瘟。泾阳也专门成立了农场畜医部，主要负责泾阳、三原、高陵等县的牛瘟防治工作。

经多年努力，新中国成立后境内畜禽疫病防治取得重大进展，已消灭了牛瘟，炭疽、牛肺疫、羊肠毒血症、猪丹毒等重大疫病得到有效控制。

1951年3月，咸阳、兴平、礼泉等县发现牲畜口蹄疫，大量死亡。专署发出紧急指示，要求有疫病漫延的县成立防治口蹄疫协会，并对疫畜实行隔离，组织兽医集中防治，迅速控制了这种疫病。

20世纪60年代，畜禽疫三号、畜禽疫五号病就在市区流行。1982年，咸阳、兴平、武功、杨陵等地都有发生，由于加强了检、免、杀、消相结合的综合防治措施，疫情得到控制。

1979年，咸阳地区畜牧兽医站完成了“驱百虫”联合应用驱治绵羊蠕虫病的研究。该研究在进行了自然感染用“驱百虫”联合用药小型试验和大面积应用后，筛选出“驱百虫”注射液和“别丁”糊剂的联合应用，是一种驱治羊蠕虫病较为理想的剂型，驱虫效果显著，安全性大，使用方便。

1984年，永寿县畜牧兽医站根据陕西省《控制扑灭猪瘟考核验收标准》，积极落实防疫责任制，建立“五奖一定”考核制度，严格防疫程序，严格操作规程。几年来，防疫体系健全，防疫密度达97%，猪死亡率仅0.013%，对于养猪业的发展和猪病防治起到了积极作用。

1988年，渭城区良种鸡场和省畜牧兽医研究所完成了“鸡胚和雏鸡大肠杆菌病的危害性调查及其菌苗防治的研究”。项目组从500个死亡胚胎和300只同批死亡雏鸡中分离出282株病原微生物，进行了形态学、培养特征、生化特征、动物接种及血清学分型等鉴定。鉴定出227株埃希氏大肠杆菌。从而查明了其致病因子为“埃希氏大肠杆菌”。根据国外防治经验，研制出“埃希氏大肠杆菌”联合菌苗，免疫成年鸡和雏鸡，提高了鸡胚和雏鸡的抗病能力，使种蛋的孵化率（96.1%）和雏鸡的成活率（95.1%）分别比对照组提高了16.6%，已在咸阳、西安种鸡场推广应用。

咸阳曾是马鼻疽病的重疫区，1966年蔓延全市14个县区。为消灭该病，行政部门加强领导，业务部门全力配合，制定和认真贯彻“早、快、严、小”，“定期检疫，分群隔离，划地使役”和“检隔消杀管”等综合防制措施，经过数十年努力，共检马类家畜74.31万匹次，查出病畜3910匹，先后扑杀重病畜771匹，集中管制病畜1752匹，至1998年年底终于消灭了该病。该项目由孙涌涛、张帆主持，2000年获市科技进步二等奖。

十一届三中全会以来，畜牧科技力量和技术水平发生了重大变化，许多农户由过去以种植业为主兼养少量畜禽的生产结构向以畜牧业为主的专业化方向发展。畜牧业专业户发展到10577户，占总农户的1.5%。截至1989年年底，共取得科研成果103项，获奖的57项，其中获省级奖的32项（省科学大会奖6项、省级一等奖8项、二等奖8项、三等奖9项、四等奖1项），市级奖25项（市级一等奖2项、二等奖10项、三等奖13项）。

2000年以来，各级政府和主管部门高度重视动物疫病防治工作，以高致病性禽流感、牲畜口蹄疫等重大动物疫病防治为主，坚持以预防为主的原则，狠抓疫情监测、免疫注射、检疫监督等关键环节，应免畜禽免疫密度达到100%，挂标率和免疫建档率达到100%，上市肉品检疫率达到100%，确保了全市疫情稳定和肉食品安全。各级动物疫病预防控制机构通过开展畜禽疫病的流行病学调查、重大动物疫情的测报、预报和疫情信息的传输工作；重大动物疫病的临床检查、临床诊断和实验室检验检测工作，重大动物疫情预防控制的技术储备和物资储备工作；重大动物疫情处置与扑灭技术等工作，以及重大动物疫病预防控制技术的研究、开发与应用，提升了动物疫病防治水平。连续多年，全市未发生一起重大动物疫病。此外，有关部门开展了大规模的农民技术培训活动和畜牧实用技术推广活动，年培训农民在10万人次以上，使养殖户的科技素质显著提高。

武功恒信农林科技有限公司开展的自然养猪技术的引进与示范推广项目，采用自然养猪技术，以瘦肉型品种长白猪、大约克猪和杜洛克猪为亲本，利用高效杂交组合，繁育商品仔猪，采用“公司＋农户”的组织形式，对优质三元杂交商品瘦肉型猪进行快速育肥，带动了武功县生猪养殖业的发展。

陕西恒源食品有限责任公司无公害标准化养鸭基地及产业化项目，属陕西省现代农业的技术开发领域。目的是通过技术创新开发，选育和保护陕西省北部的适应鸭品种资源；探索和制定陕西省蛋鸭的现代化养殖生产标准，探索养鸭产业化的新模式，促进陕西省禽蛋业的跨越式发展。根据上述主体开发内容，该项目创新点：一是选育适于陕西省北纬度地区适养的优良鸭种；二是开发新型高效无残留专用鸭饲料；三是开发绿色全程中药疫病防控技术；四是探索和制定陕西省无公害、集成养殖技术标准；五是开发生态型循环经济养殖模式；六是以科技为支撑，以产、加、销一体化为产业链，完善和推行“公司＋基地＋农户”的产业发展模式。

# 第三章

# 果业

咸阳果业发展历史悠久，果业栽培历史长达4000多年。果蔬品种，明三原王恕《后乐亭记》中，记载了其西园东圃之内有梅、桃、李、梨、枣、杏、柿、羌桃、葡萄、榅桲、朱樱、石榴、木瓜等。由于实行园圃栽培，许多果蔬名优品种于此时出现、形成。明末诗人孙豹人久居扬州，犹留恋故乡三原的水果。他在回忆中说“里中桃味正美，大如碗口，少年所饱享，至今谈之口尚流涎”，“西阳村枣，长二寸许，堕地即碎，多水，食二三十枚，可以饱人”。雍正《陕西通志》卷43《物产》果属记载，“桃出（三原）张村里者佳”；咸阳县“李有赤青绿黄数色”；邠县“李异他处，供用颇多”，“犁异他处，土人善藏者仲春犹鲜”；三原县“柿出豆村者佳”；石榴，“近昭陵南山下多石榴，结实大而甘美，传为唐陵园种”。清末，泾阳鲁桥一带的柿子；彬县、长武的晋枣；礼泉照陵的梅杏、石榴；永寿等地的露仁核桃等，均已成为地方名特产品。清人杨屾在《知本提纲·农则》《豳风广义·附录》中分别设有树艺、园制二目。树艺条通论园圃栽培的理论、知识；园制条各论果蔬栽培的技术、方法，反映了很高的园艺科技水平。树艺条认为，“一切草木，经栽愈茂”。果木栽植要注意根枝比例间的平衡，“若栽植之时根多枝少，则上无招摄之力，而下阴不能上达其枝梢，恒多枯萎而死。枝多根少，则下无滋养之力，而上阳不能下贯其根头，亦多阻遇而死。故栽植之时，视其根少枝多者，剪去繁枝；根多枝少者，亦宜少剪旁根。是谓栽成之道，使根枝各得均平也”。杨屾强调，“种贵适宜，栽以趋时”“春栽切忌叶生，秋栽务令叶落”“区宽则根须易顺，干深则风气难摇，水满则泥附于根，土故则物安其性”“筑密则风气不入，面覆则水泽不出”“勤加爱护，宜防童折畜啃，勿求速生，谨戎动摇剥掐”“冬时沃粪以培本，秋月频浇以润燥”。若能依上法以栽植，自能栽无不活。杨屾还介绍了扦插、压条、嫁接法及其注意事项，诸论皆切实可用。杨屾曾“自制一园名日养素”，故《豳风广义·附录园制》是他园圃实践的记录与总结。文中从园圃设置到果、蔬、花、药的管理栽培技术都有具体详尽的记载，每事直指，叮咛至周，兹不详述。值得注意的是，杨屾提出了以距城郭远近而安排园圃规模的见解。他谈到，“负郭之间，得田十余亩，若去城市稍远者更益其数。负郭之间易于得粪，果蔬便于发卖，而且价高，故园田不待多。若离城市远者粪不可多得；果蔬之价之贱，故田不可少”。园圃经营因距城市远近而异，反映了明清时期咸阳园圃生产的市场化趋势。

近代，林果生产技术上，果树引种以苹果为主，成效显著。清末西洋苹果传入，西北农林专科学校成立后，开始引入国外苹果良种。至 1949 年前，在咸阳种植较多的苹果品种主要有国光、红玉、青香蕉等。

目前，苹果、梨、杏、李、桃、葡萄、石榴、柿子、猕猴桃、樱桃等水果生产都形成了区域规模。初步形成了北五县、乾县、礼泉北部及三原北部三镇部分区域海拔 800 米以上地区，以晚熟富士优系为主栽品种的 260 万亩晚熟苹果产业带；乾县、礼泉南部及三原、泾阳部分适生区以藤牧 1 号、美国 8 号、嘎啦、秦阳、玉华早富等为主栽品种的 58.88 万亩早中熟苹果产业带；泾阳、三原旱腰带的 5.2 万亩酿酒葡萄产业带；淳化、三原、泾阳、乾县、礼泉海拔 800 米以下地区的 11.29 万亩鲜食葡萄产业带；彬县泾河区域，礼泉、乾县海拔 800 米以下地区的 16 万亩梨产业带；三原、泾阳、礼泉北部旱腰带地区 3.4 万亩石榴产业带；武功渭河北岸以翠香、华优、徐香、海沃德为主栽品种的 7.5 万亩猕猴桃产业带；长武、彬县、淳化、永寿、乾县、三原山区 20 万亩柿子产业带；咸阳市城郊的桃、杏、樱桃等 27.45 万亩杂果产业带。

全市以绿色果品基地建设为平台，以果品质量安全为核心，以推广标准化技术为突破口，大力推广“大改形、强拉枝、巧施肥、无公害”四项关键技术，推广“果、畜、沼、窖、草”五配套生态果园建设模式，推广测土配方施肥和肥水一体化节肥节水技术，建设高标准示范园，太阳能诱虫灯、黏虫板、诱虫带等病虫害物理防治技术在项目区广泛推广应用。

## 第一节　苹果

咸阳苹果栽培历史悠久，礼泉、乾县、永寿、长武、旬邑、淳化等 7 个县被农业部列入优质苹果产业基地县，南部的泾阳、三原被列为时令水果基地。苹果主要种植在北纬 34°—36°、海拔 800—1200 米的黄土高原区，富含钾、钙、镁、磷、硒等多种对人体有益的微量元素，大部分苹果从开花后 40 天的幼果开始到采摘前全部套袋生长，保障了果品质量安全。

近年来，咸阳以绿色生产方式发展早红嘎啦、秦阳、丽嘎啦、蜜脆、嘎啦系、玉华早富等优质早中熟苹果品种，绿色有机果品产量占到全国的10.6%，优果率达70%以上。2003年，经国家质检总局批准，“陕西苹果”获国家原产地域产品保护，咸阳的7个苹果生产基地名列其中，保护面积180万亩。2006年，旬邑县荣获“全国优势农产品产业带建设示范县”称号。2007年，礼泉、彬县、乾县、淳化和旬邑5县荣获“中国苹果20强”称号。

在苹果生产中，实施“大改形”71.8万亩，推广“强拉枝”104万亩，“巧施肥”110万亩，病虫害防治180万亩，果实套袋116亿个，累计建成绿色苹果出口基地118万亩，苹果优果率达到65%。共组建专业服务队183个，确定示范园1517个。水果面积、产量、产值均居全省第一。

陕西文冠果业科技发展有限公司在淳化县秦河乡境内首次选育了“中淳一号”文冠果优良新品种，并对文冠果品种进行分类、研究其适生表现及各自特征。在此基础上，拟采用同龄、同地/异地、不同品种的对照组、实验组比对，进行差异性鉴定。从特大果型、大果型、中小果型、小果型4个品种中优选出被暂命名为“中淳一号”的优良文冠果新品种。研究、实验采用轻剪枝、疏花、抹芽、生物诱导技术与配方施肥的综合方法，使文冠果显著增产。

截至2011年年底，咸阳优质苹果生产地基包括彬县、长武、永寿、旬邑、淳化大部，以及礼泉、乾县北部山区。苹果种植面积319万亩，产量455万吨，面积和产量分别占全省的33%和42.8%，位居全省第一。苹果品种以红富士为主，占总面积的75.4%，秦冠、澳洲青苹、嘎啦分别占总面积的12.6%、3.9%和5.8%，红王将、乔纳金、美国8号、新红星等共占2.3%。早、中、晚熟品种比例为1∶3∶46。果园以乔砧为主，乔化苹果占总种植面积的90%，矮化砧苹果占7%，短枝型苹果占2%，矮化砧加短枝型占1%。“咸阳苹果”市场占有率逐年增长。生产的绿琪牌、旬宝牌、淳华牌、彬州牌、女皇牌绿色无公害苹果，在近几年举办的全国和区域果品展评会上，先后荣获中国国际农业博览会金奖，昆明世博会名牌产品奖，中国杨陵农高会金奖和陕西果品国际年会优质水果奖等奖项160多个。果品远销到泰国、越南、日本、德国、俄罗斯、美国等10多个国家和国内各地。

## 第二节 梨

梨在咸阳的种植历史悠久，主要分布在礼泉、乾县、彬县、秦都等区域，主要品种有早酥梨、砀山酥梨、水晶梨等。早酥梨，属早熟类梨。果实多呈卵圆形或长卵形，各地表现有所不同。果实大，平均单果重250克左右，大者可达475克。其中，以彬州梨为代表。

彬州梨，原名“老遗生”梨，有1000多年的栽培历史，在彬县分布广泛。50年代中期开始引进新品种，主栽品种以酥梨为主，到2003年全县彬州梨栽植面积2.3万亩，年产量2.8万吨。彬州梨单果重300—500克，最大的重500克以上，素以果面鲜黄、果皮薄、果肉白、果核小、汁多无渣、酸甜适口、香甜浓郁而驰名省内外，为历代贡品。经测定，彬州梨含可溶性固形物13%—14%，硬度13.5磅。1957年，彬县人民将彬州梨寄给毛泽东主席品尝，中共中央办公厅复信，鼓励发展彬州梨生产。1991年彬州梨参加陕西省果品评优会获得第一名。1995年彬州梨再次参加全省水果评优会，获得陕西省优质果品称号。彬州梨畅销全国10多个省市，深受广大消费者欢迎。

砀山酥梨，全市种植面积10.17万亩，产量16.24万吨，属晚熟类梨，以果大核小、黄亮形美、皮薄多汁、酥脆甘甜而驰名中外。其梨果营养丰富，含多种人体必需的氨基酸、维生素、矿物质，含糖量平均在13%左右。常食之，对消费者身心健康很有裨益。

水晶梨，全市种植面积0.09万亩，产量0.02万吨，属晚熟类梨。水晶梨是韩国从新高枝条芽变选育出果皮呈乳黄色的新品种。因其果型美观，品质极佳，耐储运，适应性强等特点，适应梨果生产的产业化发展趋势，发展潜力极大。具体表现特征如下：①果个大，果实圆形或扁圆形，平均单果重360克，最大重560克。②果实美观，品质极佳，9月底前后成熟。果实成熟时，果皮乳黄色，表面晶莹光亮，有透明感，外观漂亮诱人，果肉细腻，糖度13度，致密嫩脆，汁液、含糖量均高于日本品种，可溶性固形物含量14%，石细胞极少，果心小，味蜜甜，香味浓郁，品质特优，果实耐贮运，为目前国内品质表现最优良的梨品种之一。③抗逆性强，适应范围广，抗寒抗旱，没有黑星、轮纹病和炭疽病发生，尤其对黑星病抗性强，耐盐碱，在中国大部分地区均可栽植。

黄金梨，该品种果实扁圆形，单果重350克以上，最大果重500克；成熟时果皮黄绿色，稍贮后变为金黄色。果皮极洁净（套袋果实成熟时金黄色，呈透明状），果点大而稀，果肉稍软而多汁，果肉白色，石细胞极少，可食率达95%，糖度可达14.7度。味清甜而具有香气，风味独特，品质极佳，果实在9月上中旬成熟。不耐贮藏，冷藏两个月风味渐变。该品种市场广阔，售价很高，是一个很有发展前途的中熟品种。该品种结果早，丰产性好，以短果枝和腋花芽结果为主，幼树2年结果，3—4年丰产，改接树第2年单株最高产量可达60千克。

## 第三节　杂果

咸阳市按照一手抓苹果、梨等优势品种，一手抓杂果生产。核桃主要布局在中北部地区，以长武、淳化、旬邑、永寿、彬县、三原、乾县、礼泉为主；花椒主要布局在渭北旱腰带地区，以礼泉、乾县、泾阳、三原为主；红枣主要布局在泾河沿岸，以彬县、长武为主；柿子基地以彬县、乾县为主；石榴、葡萄、猕猴桃、杏、樱桃等其他杂果经济林基地以礼泉、泾阳、三原、秦都、渭城、兴平、武功为主。

近年来，咸阳各地大力发展核桃及红枣、花椒、柿子、石榴等杂果经济林产业，取得了明显成效。截至 2011 年，全市杂果经济林总面积达到 82 万亩，建成以彬县、永寿县为主的柿子基地 15 万亩，以礼泉县为主的花椒基地 4 万亩、石榴基地 2 万亩，以长武县、彬县等地为主的红枣基地 4 万亩，以长武县、永寿县、淳化县、旬邑县为主的核桃基地 33 万亩以及石榴、桃、杏、樱桃等基地 24 万亩。

礼泉县采取政府引导、项目支撑、资金扶持等方式，在北部旱腰带地区以栽植石榴、红地球葡萄等耐旱果品为重点，大力发展特色时令水果，加快杂果基地建设工程。一方面挖掘潜力使昭陵御石榴、烟霞梅杏、史德蜜桃等传统品种栽植面积扩大至 10 余万亩；一方面积极引进发展壮大红地球葡萄、樱桃等市场前景看好的新特品种。礼泉县特色杂果已发展到 16 万余亩，每年可为群众增收 3 亿多元。淳化县按照“调结构、大流通、深加工”的产业化发展方向，强势推进果业强县建设进程，努力延长产业链，促进产业升级，持续增加农民收入。全面推广“果、畜、草、沼、窖”五配套生态果园模式，推行果园管理“四大”关键技术，淘汰残败老化园和无人管理园，走“果畜结合、基地辐射、典型示范、互动发展”的综合管理路子。

## 第四节 果品储藏、保鲜与加工

随着果业生产的发展，果品储藏、保鲜与加工工作在咸阳也得到较大发展。各地（市、县）兴办或引进果品包装企业，形成了完整的果业产业链。淳化县支持萨尼威尔、恒兴、中富等果业龙头企业进行技术创新，引进农产品包装企业入驻工业园区，形成完善的果品包装、储藏、加工、运输体系，全面提升产业化水平。

咸阳西秦生物科技有限公司是在拥有 20 余年环糊精及其衍生物研发与生产经营经验的礼泉县化工实业有限公司的基础上组建而成的。公司形成了以 α－环糊精、β－环糊精、羟丙基环糊精为代表的工业用品类和以“鲜博士”1－MCP 果蔬保鲜剂、“林生”特效植物保叶剂为代表的农用产品类两大产品系列。“鲜博士”1－MCP 果蔬保鲜剂是固体粉末，主要有效成分为 1－MPC，根据所处理的水果、蔬菜和花卉等品种的不同，依据具体的环境条件，施以合理的剂量，以溶剂溶解释放有效成分，在密闭的空间中进行熏蒸处理即可。“1－甲基环丙烯果蔬保鲜剂”是一种新型乙烯受体抑制剂，通过与乙烯受体优先结合的方式，不可逆的作用于乙烯受体，阻止乙烯与乙烯受体结合，从而抑制乙烯诱导果品、蔬菜、花卉等园艺作物的后熟、衰老等一系列生理生化反应。项目获 2008 年国家重点新产品项目支持，获国家发明专利授权，被列入陕西省“13115”重大科技创新工程产业化项目，并获陕西省科学技术二等奖和咸阳市科学技术一等奖。

截至2011年年底，全市现有果品交易市场60个，果品营销企业76家，果业信息服务中介组织1456家。国家级重点龙头企业2家，省级龙头企业28家，市级龙头企业28家，年销售果品78万吨。果品加工企业12家，加工能力30万吨。拥有果品贮藏冷库145座，年贮藏能力近50万吨。果业协会和果业专业合作社1440多家。

# 第四章

# 林　业

改革开放以来，咸阳市实施了退耕还林、天然林保护、“三北”四期造林和日元贷款造林等国家林业重点工程。在林业重点工程造林绿化、退耕还林以及公益林建设方面取得新成绩，“三北”防护林工程建设深入开展。以核桃、红枣、花椒、柿子等为主的干杂果经济林发展22.6万亩，累计达到41.1万亩，年产值1.66亿元。木本中药材及生物质能源林健康发展。截至2010年，全市栽植木本中药材面积为1.265万亩。生物质能源林截至2009年发展到1.8万亩。

## 第一节　种苗培育

咸阳是陕西省的粮棉产地，轻纺工业和古陵园游览区。依靠科学发展林业生产，对改善生态、美化环境、促农保工、发展旅游、振兴咸阳有着十分重要的意义。

秦汉、唐时期，渭河两岸到处有茂密的丛林，曾长期作为封建王朝皇室的园囿禁地。园圃最早的文献记载见于《豳风·七月》，“九月筑场圃，十月纳稼禾”。可以肯定在咸阳地区栽培的果树有枣、山梨等。《七月》诗中将剥束与获稻并举，同属农事之列。《秦风·晨风》“隰有树”，即山梨。

《豳风·七月》记述了豳地的蚕桑生产过程，妇女们采蘩催生，剪理桑枝，编织箔架，采桑饲蚕，缫丝织染，各种技术都已相当完备，反映了豳地蚕桑的发达程度。

司马迁《史记·货殖列传》中的“燕、秦千树栗”“渭川千亩竹”及名国万家之城，带郭“千亩栀茜、千畦薹韭”，或能反映汉代关中园圃业之盛。当时的咸阳一带为帝陵邑区，“五陵”为繁华之最。茂陵松柏雨萧萧，苜蓿榴花遍近郊。《西京杂记》曰：“茂陵富人袁广汉，藏镪巨万，家僮九百人，于北芒岩筑园，东西四里，南北三里。激流注其内，构石为山，高十余丈，连延数里，养白鹦鹉、紫鸳鸯、旄牛、青兕。广汉后有罪，诛没入为官园。鸟兽草木皆从植上林苑。”西魏时，武功人苏绰所注农业范围非常广阔。他认为除百亩之田的春耕夏种秋收外，“三农之隙及阴雨之暇，又当教民种桑、植果，艺其菜蔬，修其园圃，畜育鸡豚，以备生生之资，以供养老之具”。唐人权德兴在咸阳有庄墅，自谓“荒蹊没古木”，放眼难尽。内有场圃可为农作；有沟壑可资灌溉，有桑柘可以养蚕，有精舍可供憩居。唐代关中地区园、邸、庄、墅星罗棋布。其中列植竹木，树艺果蔬，地尽上腴，既供游逸宴乐，又资日常食用，促进了园圃技艺的发展。

张骞通西域，开辟了以长安为起点的丝绸之路，促进了关中蚕桑业的发展。三辅地区“五谷垂颖、桑麻铺棻”。在《氾胜之书》中不仅可见先进的地桑栽培技术，而且蚕矢成为重要的溲种肥料，可见饲蚕量之大。三国扶风（郡汉槐里）人马钧，简化织机构造，将五十综者五十蹑、六十综者六十蹑的旧织机，改为十二蹑，效率提高四五倍，大大减轻了劳动强度。唐时咸阳一带“郁郁桑柘繁”，“漠漠桑柘烟”，乾陵地区“广川桑遍绿”，渭河沿岸“桑林摇落渭川西”，是以绵绢为庸调的地区之一。

随着园圃蚕桑业的发展，汉唐间园圃蚕桑栽培技术亦有长足进步。①温室温床栽培。《盐铁论》中有“冬葵温韭”。汉元帝时“太官园仲冬生葱韭菜菇，覆以屋庑，昼夜（燃）蕴火，待温气乃生”。孝哀帝“广四时之房”，也应是温室设施。《氾胜之书》，“种芋，区方深皆三尺，取豆萁内（纳）区中，足践之，厚尺五寸，取区上湿土与粪和之，内区中萁上，令厚尺二寸，以水浇之，足践，令保泽。取五芋子置四角及中央，足践之。萁烂，芋生子。皆长三尺，一区收三石”。利用豆蔓腐烂发热以提高地温，故要“旱数浇之”，和现代温床栽培很相似。②地桑培育。《氾胜之书》详细记载了汉代地桑培育的方法：“每亩以黍椹子各三升合种之，黍桑当俱生，锄之，桑令稀疏调适。黍熟获之，桑生正与黍高平，因以利廉摩地刈之，曝令燥；后有风调、放火烧之，常连风起火，桑至春生，一亩食三箔蚕。”地桑叶形较大，叶质鲜嫩，采摘省工省时，将中国桑树栽培技术推向一个新阶段。③果树嫁接。《四时纂要·正月》接树曰：“其实内子相类者，林檎、犁向木瓜砧上，粟向栋砧上，皆活，盖是类也。”亲缘关系较近的植物相互嫁接亲和力较强，容易成活，这是嫁接理论上的一个重要发展。“砧”这一术语出《四时纂要》，首用于嫁接，以形容嫁接复合体之基部。《四时纂要》指出劈接时，必须根据砧木粗细以留砧高低。如砧木甚粗而留砧较低，则“地力大（太）壮矣，夹煞所接之木”，“若砧小而高截，则地气难应”。砧木和接穗之间的紧密程度亦应“细意酌度”，“宽即阳气不应，急（紧）即力大夹煞”。④花卉盆景。1972 年，乾陵发掘的唐章怀太子墓中，在甬道东壁壁画里绘有侍女“双手托一盆景，中有假山和小树”。

园圃之制，昉自上古。帝王以之养圣聪而同民乐；富贵家以之识嫁穑而为游息之所；文人学士以之畅达襟怀，焕发神采；高人逸哲以之作助道之资，讬为隐处；农家以之树桑麻，布果蔬，为衣帛之薮，且逍遥其中，故称“田园之乐”。自宋以后，关中官家园圃之制衰落。除少数官僚、商贾仍设园制圃以为观赏游乐之所外，一般“分地作圃”是作为自然经济的补充出现的，“广植杂果，以继夫嫁穑；下布菜蔬，以佐其朝夕”。晚至明清，更有以获利为目的的“专务场圃者”出现，《春疆治略》载，咸阳“合县所食之菜皆贩之南乡”，园圃经营成为农村商品经济的重要组成部分。以资生为目的的园圃经营，促进了蔬菜、水果栽培技术的发展。

咸阳地区有着悠久的蚕桑养殖历史，然自唐宋以后呈渐衰之势。明清之间，一些志士仁人有感关中农道不全，意在恢弘豳风，振兴蚕桑。彬、旬故地因“地土瘠薄，出产不丰，且风高气寒，不宜蚕桑”，未能再现往世盛况。尽管如此，却在某种程度上促进了咸阳南部地区蚕桑业的发展。明正德十四年（1519年）武功县志载，“（武功）地东南大宜木棉、桑，故蚕织之业广焉”。清乾隆初年，兴平杨屾编著蚕桑专著《豳风广义》，并亲自在乡间实验和推广种桑养蚕技术。试行成功后，杨屾向陕西布政使帅念祖上《陈蚕桑实效书》，并以自家亲织的绸缎进献，恳请复兴陕西蚕业。当时官府颁发桑书，督导种桑蔚然成风。乾隆间兴平县令许维权“即屾之所为者，意在劝谕，一时养蚕抽丝之事风行远迩”。乔光烈在乾县，“初乾民农而不桑，光烈教之树蓄，桑木阴翳、家储蚕政编一册”。三原等地特设蚕局、蚕馆，负责技术指导和推广工作。清末，泾阳等地在刘古愚的推动下，蚕桑业再次出现高潮。刘为了在关中推广种桑养蚕，首先在自己家作示范，总结了从种桑养蚕到煮茧取丝以至织绸的实践经验，编著了《蚕桑备要》《养蚕歌括》二书。在泾阳创设求友斋并主讲于泾干书院、味经书院时，设立复豳机馆试办蚕丝织绸，制造新式农桑机器；设立刊书处，出版蚕桑等自然科学和时务新书。光绪、宣统年间泾阳县先后刊发《蚕桑简编》《豳风广义》等书多种，颁种吐鲁番、湖桑诸秧，购引浙湖蚕蚁良种，并且设蚕桑局，辟蚕桑园，为民督导。

柞蚕放养，清初只见于陕南宁羌等地。雍正三年（1725年）杨屾从山东买柞蚕蚕种，并招致善养之人以传其法。后来，杨屾将柞桑放养经验写成《养槲蚕法》《纺槲茧法》二文，收入《豳风广义·附录》，是为中国记述柞蚕放养技术的最早文献。

蚕桑科技分为栽桑、养蚕两方面。反映明清蚕桑科技成就的《豳风广义》《知本提纲农则·蚕桑》等书大都强调未蚕之先首事树桑。当时陕西桑树种类甚多，杨屾谓“其种皆在”，其中品质较佳的有柔桑，其“枝如藤蔓，叶如细帛，饲蚕多丝而坚韧”；紫藤桑，树干高大而叶肥厚，饲蚕最好；乌桑，“甚宜初蚕”；白桑，“其叶厚大，得茧重实，丝每倍常”；柿叶桑，其叶大肉厚，“坚茧而多丝”。杨屾另从新疆引得土鲁番白桑，“其（椹）形如马乳，色如珍珠。其味甘美异常。椹为佳果，叶可饲蚕，两有益也”，是一种果叶兼用型品种。桑种采收，杨屾主张早、晚熟之椹均去而不用，唯用中间一段时期成熟的才可采收作种。《豳风广义》介绍的培育桑苗方法，播种前苗床要三次耕耙，当年冬季再两次烧苗，故称“三耕二烧之法”。至于插杆、压条、嫁接、栽植、施肥、管护等，大致同于果木树艺之法。养蚕，“须于秋冬之隙之时，预置蚕具什物，自不至临时忙迫失措”。养桑之法，择种为先，杨屾主张“择簇中近上向阳坚实好茧，雌雄相间而收”，拣出苗蛾、末蛾、病娥不用。娥产子于帘，须记写日期，以免“混在一处生蚁同养”，造成眠起不齐。浴蚕种，明清时期通用石灰、盐卤、高温水浴诸法。《知本提纲农则·蚕桑》《豳风广义》二书则另用井华水（清晨初汲井水）去便溺毒气，院中天露浴一日，然后用韭叶、柳叶、桃花并菜子花合水浸浴之。杨屾等认为北方宜三卧之蚕，关中“气有寒热，桑有荣枯，其蚕一年二生”。养蚕要“视桑叶如茶匕（小勺）大”，方可下蚁，如此蚕需饲喂时，桑叶正好可用。要屋宇洁修，体察寒暖。初饲要细切、轻撤、匀拨。饲养要“明乎十体与三光……悉夫三稀并五广”之法，注意“时求八宜，日防十忌”。以上诸法虽大致转引自前代农书、蚕书，但精细程度皆已过之。现代蚕桑专家郑辟疆先生在《校注豳风广义序》中说：“这部书分三卷，以种桑、养蚕到缫丝、织缰，都钩玄提要地做了仔细的分析，反复叮咛地做了透彻的阐述，……总结出一套完整的经验，……卷末附说养槲蚕、缫槲茧，极力提倡资源的开发。最后还附畜牧大略，说明农业应结合副业，并可解决桑树的肥料。这部书，可说是杨氏的精心创作。其中有不少就是在今天也还有一定的价值。”郑氏此言，亦可看作是对明清咸阳蚕桑科技的评价与认识。

新中国成立之前，外来的树种引入不多。农村倡种的仍是椿、榆、杨、槐四大传统树种。近代农场及一些农户开辟苗圃，采用有性和无性繁殖技术秧育树苗，向一般农民出售。

中华人民共和国成立后，在保护森林、植树造林、封山育林、抚育改造等方面取得了显著成效。

从1958年起，部分国营林场开始采用间伐抚育技术。60年代各县普遍办起社队（乡村）林场，在群众造林中起了先锋骨干作用，推广了油松山地育苗和泡桐育苗技术；在马杉、石门、槐平等国营林场先后采用山地油松育苗技术，既省工、省地且栽植成活率高。

1978年以来，在森林资源调查、病虫防治、育苗等方面，推广了容器育苗、纸钵育苗、地膜育苗、塑料大棚、小拱棚育苗，均取得了较好的成绩。仅地膜育苗一项可年产良种泡桐102万株，使育苗技术水平有了显著的提高。推广了泡桐纸钵育苗，面积达5100亩，使泡桐出苗率从过去的30%提高到50%，南部地区一年可生产4—5米高大苗、壮苗，北部实现了一年育苗一年出圃。

1982年，礼泉县园艺站推广犁矮化、乔化密植栽培技术。该项成果获得省科技进步三等奖，已由点到面推广，经济效益显著。礼泉翁官寨5.8亩矮化密植园，连续三年亩产超过万斤。

农桐间作及纯桐林推广：长武县根据当地山坡台田种粮经济效益低和防护效益差的情况，大力推广农桐间作和纯桐林，为渭北旱原地区山坡台田提高经济效益和防护效益作出了样板，总结了一套有效的发展农桐间作和纯桐林的技术措施标准。已完成农桐间作10万亩，纯桐林3万亩，保存株数达105万株，对于改变小气候，促进农业发展发挥了一定作用。

主要造林树种最佳栽植期试验：1985—1988年，在渭北黄土高原区彬县进行。主要造林树种有油松、侧柏、刺槐、杨树、泡桐、枣树、君迁子等。从各树种不同栽植时间上，调查分析主要环境因子及造林成活率和生产量。摸清了主要环境因子及造林成活率和生长量的关系，确定出主要造林树种最佳栽植季节和最佳栽植期。试验与示范相结合，通过在彬县、长武、旬邑、淳化示范，推广20多万亩，造林成活率比以往提高23%以上。为渭北高原及同类地区造林提供了科学依据。其中“红枣丰产技术推广”，1988年获全国星火计划展览会铜奖。“油松人工幼林蛀干害虫及其防治研究”，获省政府科技进步三等奖。

获市政府1989年度科技进步二等奖的“渭北黄土高原造林立地条件类型划分及适树适地中间试验”，运用数理统计方法，分析确立了土壤水分是划分造林立地条件类型的主导因子，利用反映土壤水分的地形部位、坡间、土壤类型三个主要地貌因子进行组合，划分出渭北黄土高原十二个造林立地类型和适应树种，在不同地貌类型的永寿（沟壑）及旬邑（山地）基点进行了干旱季节土壤水分动态测定，再次验证了土壤水分是划分渭北黄土高原造林立地条件类型的主导因子，得到了国家林业部、三北局、省林业厅等部门的重视和支持。永寿县以此试验为典型，大面积推广了农桐间作，农田防护林已初具规模。

孙钦航负责的“幼林枣树旱作密植丰产试验”，实现第1年栽砧，第2年嫁接，第3年库存产377—1500千克，填补了西北地区空白，居国内领先地位。

截至2008年年底，全市有花卉面积1万多亩，已经形成秦都、渭城、兴平等主要产区，拥有花木苗圃近百个，其中百亩以上规模的苗圃10多个。同时出现了一批以“兴平一品红”为代表的知名品牌。西甜瓜作为当地市场主要果品，深受消费者欢迎。近年来，栽培面积一直稳定在15万亩左右，大棚、中小棚、地膜覆盖等多种栽培方式并存。

## 第二节　造林育林

为提高造林质量，咸阳市结合造林季节及时对林农和林业技术人员进行技术培训并编印发放有关科普资料，其中有苗木栽植技术、柿子栽培技术与加工、良种核桃栽培技术、优良花椒栽培技术等。根据咸阳干旱少雨实际情况，在苗木栽植上多采用苗木带土球栽植、ABT生根粉蘸根、地膜覆盖、及时浇水等技术提高造林苗木成活率。在育林上为了使造林苗木早成林早成材，积极推广了及时抚育、除草、间伐、病虫害防治等技术。在病虫害防治上根据咸阳市林木主要病虫害发生规律，重点对栽植的杨树烂皮病、溃疡病、红脂大小蠹、美国白蛾等病虫进行了防治，经过防治降低了虫口密度，危害面积减少，促进了林木生长。

在造林技术上，早在20世纪60年代，推广兴平县窄林带、小网格、一平三端。营建农田林网技术，咸阳地区大部分县市实现了农田林网化。到70年代初，荒山普遍推广了“反坡梯田、整地造林”，平原地区推广“四旁开沟植树”技术，分别比穴状整地建林成活率提高17%—30%、15%—20%，两项技术推广，为国家节约投资181万元。又先后引进水杉、兰考泡桐、15号杨、沙兰杨、新疆杨等良种，推广杨树、泡桐速生丰产林栽培技术，从1982年起至1984年春，共营造速生丰产林37000亩。

1975年，境内已有造林面积29.87万亩，四旁植树5375.4万株，育苗面积6.65万亩，林业总产值1438万元。1976年，全年造林面积34.87万亩。相当于新中国成立后27年造林总面积的六分之一；植树6436.6万株，也相当于27年植树总数的六分之一。1977年，基本上实现了林网化。1979年，开展了县级林业区划工作，并将区划成果用于林业生产。科学技术成果在林业生产中得到推广应用，取得了一定成绩。

20世纪80年代，在造林方法和林种结构上进行了一些改进，采用人工造林、封山育林、飞机播种相结合的方式，多林种、多树种相结合的方式，乔、灌、草相结合的方式，加快了造林速度，涌现出不少的绿化先进典型。如淳化、长武两县先后被评为全国荒山造林先进县；兴平县的农田林网化，曾受到全国平原绿化会议的表彰；永寿县的试验示范、旬邑县的工程造林、秦都区的平原绿化，都受到林业“三北”防护林建设局和省林业厅的好评。

随着林业建设的迅速发展，科技推广和林业生产相结合的林业生产体系初步形成。有国有林场、乡村林场、国有苗圃，市、县建立了林业技术推广站（原林业站），市成立了科研所、林种站和森防站。1958年起，陕西省林业科学研究所在杨陵成立，对咸阳林业生产的发展，起了促进作用。截至1996年，全市有林业职工1574人，其中科技人员370人。

近年来，咸阳市从实际出发，把“三北”四期工程建设重点由过去的荒山造林转向平原绿化、农田防护林和绿色通道建设上来，组织实施了以312国道、211省道、西宝高速、武陵源旅游路，环北绿化带和渭河河堤防护林为骨架的绿色通道工程，完成绿色通道总里程440.5公里。工程实施中，总结推广了“低槽大坑，大苗上路，带水栽植，地膜覆盖”的造林技术。选用良种壮苗，严格栽植工序，推广应用高效保水剂、ABT生根粉、容器苗等抗旱造林技术，收到较好的效果。“三北”四期工程咸阳区域平均造林成活率达到85%以上，面积核实率达到97.2%，造林合格率达到95.3%。2005年以来，淳化县、旬邑县先后被评为“全国造林绿化模范县”，市林业局被人事部、林业局表彰命名为“全国林业先进集体”。

咸阳的森林防护工作始于1980年。从这一年到1982年，对全市森林病虫害进行了全面普查。全市森林病虫害发生面积218多万亩，病害115种，害虫528种，天敌100种。主要树木害虫有美国白蛾、柿蒂虫、桃小食心虫、杨毒蛾等，主要病害有泡桐丛枝病、杨树溃疡病、油松散斑病、苗木立枯病等。普查期间防治面积22.5万亩，1983年防治10万亩，1984年防治5万亩，主要采用药物防治，生物防治尚处于试验阶段。

1983年，开展了“油松人工幼林蛀干害虫及其防治”研究。通过此项研究工作的开展，查明了油松A－72幼林死亡的正确原因，弄清了建庄油松梢小蠹一年三代的生活史，通过对300万株浸染木的消除，使发病率降低到3%以下。

1985年，在永寿对苹果实心虫进行了万亩综合防治样板工程，虫果率由30%—50%下降到4.2%。1986年8月在武功、兴平和杨陵区，用飞机喷药防治美国白蛾，飞行267架次，防治面积6万亩，杀虫效果87%。

泡桐丛枝病综合防治技术得到推广：1986年结合咸阳市泡桐生产实际，引进和筛选抗病品种，地膜育苗培育无病壮苗，采用“四大”（大坑、大肥、大水和大苗）浅栽、高培土、增施磷肥，以育代栽，晚秋带叶栽植方法，人工修除病枝，减轻丛枝病的发病率，使泡桐丛枝病的发病率由过去的50%控制在2.43%—11.26%之间。

随着林业发展，小范围的生态环境已取得了明显改善。市农田防护林效益定点观测结果表明：在林木全叶期，林网可降低风速48.3%，降低温度0.13%，相对空气湿度提高11.67%，防护效益十分明显，每亩地平均可增产11.9%。淳化县年均土壤侵蚀模数下降到5450吨/平方公里，比1949年减少了22.5%。长武县从1975—1982年，新增林地面积11.89万亩，年均增加1.7万亩，森林覆盖率由8.5%提高到21.3%，基本绿化了荒沟，成为渭北高原造林绿化的先进典型，受到国家表彰。永寿以“渭北黄土高原不同立地条件适地适树中间试验”为典型，大面积推广了农桐间作，农田防护林已初具规模。旬邑县认真推广“井”字坑整地造林经验，造林成活率达90%以上。

截至2005年年底，全市的农桐间作发展到100多万亩；营造防护林发展近200万亩，其中“三北”（长、彬、淳）南八县一期防护林体系工程造林，保护面积68万亩。有农田林网树1020.21万株，林网保护农田面积92.45万亩。其中，2005—2007年，完成营造农田防护林4.02万亩，建苗圃630亩。

截至2011年年底，全市共完成林业重点工程造林绿化165.59万亩，其中人工造林95.29万亩，飞播造林18万亩，封山育林52.3万亩。全市完成退耕还林工程营造林55.49万亩，完成投资51225万元。全市完成公益林建设73.3万亩，完成投资9792万元。“三北”防护林工程建设深入开展，共完成营造林36.8万亩，完成投资4035万元。

# 第五章

# 水 利

咸阳市境内河流属黄河流域渭河水系。渭河干流自西向东流经咸阳市，其最大支流泾河自西北入境斜贯其中由东南出界，两侧河流呈羽状分布，形成两大水系网络。据统计，全市有大小河流、沟道5400多条，河网密度在每平方公里0.86条以上。其中流域面积在10平方公里以上的有158条，100平方公里以上的有18条、1000平方公里以上的有9条、水系发育较为充分。境内自产地表径流量5.84亿立方米，地下水资源量7.67亿立方米，两者之间重复量为2.01亿立方米，其水资源总量（地表水资源+地下水资源-两者重复量）为11.5亿立方米。

“八五”以来，咸阳市围绕水利大发展，实施“科技兴水”战略，始终把水利科技的推广应用和转化普及工作摆在重要位置，大力推广农业节水灌溉新技术和企业用水管网改造，广泛应用中低产田改造技术和小流域综合治理新技术，建立防汛预警测报信息化网络和计算机管理系统，在工程施工中采用先进工作法和现代化机械设备，在渔业生产中推广低耗高产养殖技术。

2000年以来，咸阳水利科技发展迅速，大力开展先进水利科技的转化应用和推广工作，取得了显著成效和一批科技成果。在农田水利基本建设中，广泛应用中低产田改造技术、节水高效灌溉技术、方田建设技术、泵站改造技术等，大力推广渠道防渗和“U”形渠道标准化；在堤防工程、水土保持综合治理、生态环境保护、大坝安全检测等领域的新技术和施工方法等方面的使用也取得长足发展；在勘测设计上大力推广应用计算机辅助设计，CAD出图率达到100%；在防洪调度和决策指挥、灌区管理自动化、市县水利行政主管部门电子信息化建设等方面，广泛采用现代通信网络和计算机管理等高新技术，实现了信息的快速准确传递。

2006年，境内地表水源供水量60392万立方米，地下水源供水量60353万立方米，其他水源供水量555万立方米；按工程类型划分则蓄水工程为9425万立方米，引水工程43151万立方米，提水工程7854万立方米，机电井工程60317万立方米，其他供水工程555万立方米。境内堤防工程长度为179.02公里，保护耕地1.931万公顷、保护人口62.83万人，其中达标堤防长度53.26公里。有流域面积100平方公里以上的河流26条，1000平方公里以上的河流8条。

截至2010年年底，全市共建成各类水利工程3万多处，其中：万亩以上灌区21处，已注册水库58座，已建成取排水泵站1529处（座），各类机电井24206眼，农村供水工程8694处，小水电站8座。有效灌溉面积350.67万亩，修筑河道堤防196公里，累计治理水土流失面积5203平方公里。

## 第一节 水利工程

咸阳大型水利灌溉工程之兴，首推秦郑国渠。郑国渠渠首在中山、瓠口间，自秦汉以来至今谓泾惠渠，渠首始终在这一带上下移动。郑国渠干渠渠线布置在渭北平原二级阶地的最高线上，干渠自西向东，充分利用了关中地形的自然坡降，保证了整个渠系的自流引水，从而获得了尽可能大的灌溉面积，体现了较高的测量和引水技术。郑国渠沿途汇纳冶、清、浊诸水，横穿漆咀而注于洛，开创了所谓的“横绝”技术，颇类于后世之石棚、透槽、暗桥等工程设施。陕西境内河流泥沙含量大，长期淤灌可直接覆盖地表盐碱，灌水下渗可有效的洗溶盐碱。《吕氏春秋》称之为“畎浴土”，并将其列为农业生产的十大问题之一。郑国渠开修即以“注填阏之水溉泽卤之地”为目的，填阏之水即高含沙量的河水，泽卤之地即盐碱地。郑国渠灌溉，实际上超出了一般灌水的意义，而具有改良盐碱、施肥、灌水一举三得之效。

由于地处泾、渭之间，关中泾、渭诸渠水利多与咸阳有关。两汉期间引泾灌溉工程，有元鼎六年（公元前111年）倪宽主持兴修的六辅渠；武帝太始二年（公元前195年）赵中大夫白公建议兴建的白渠；东汉光和五年京兆尹樊陵在江水下游阳陵兴筑的樊惠渠。以上工程扩大了泾水的有效灌溉面积。六辅渠所灌，是在郑国渠旁高程较高而郑国渠又无法有效灌溉的农田，显示了较高的工程灌溉技术。六辅渠在灌溉用水制度方面也有新的创制，国内首次“定水令，以广溉田”。灌溉用水制度的制定是农田水利管理技术的重要进步。郑渠在北，走原上三百余里入洛；白渠在南，行原下二百里入渭。当时歌曰“泾水一石，其泥数斗，且粪且溉，长我禾黍”。唐代，郑白渠渠口出现拦河壅水设施，称为将军翣。将军翣是以块石砌筑，铟以铁，积之中流，类似灵渠铧咀。修广皆百步，捍水雄壮，谓之将军翣。郑白渠渠口是否有引水建筑物，有待研究。不过，樊惠渠已在泾水中修有坚固的分水堰。据蔡邕的《京兆樊惠渠颂》言，该堰“树柱累石，委薪积土，基跂功坚，体势强壮”。并且在引水渠中出现沉沙池类设施，“折湍流，款旷陂，会之于新渠”。分水渠道上有水门（闸门）、窬窦（涵洞）等建筑。樊惠渠规模并不很大，但整个工程布局紧凑，配套完整，工程坚固，是东汉时期小型农田灌溉工程的一个典型。大型引渭灌溉工程仍兴于汉武帝时期。渭北的成国渠在眉县引渭，过漆水河，东北至上林入蒙笼渠。渭河进入关中后河床平缓，地高水低，灌溉用水比较困难。成国渠从眉引水，灌田面积有限。曹魏青龙元年（233 年）该渠向西扩展，上引汉水，成国渠水量大增。晋唐间又多有堰堤、斗门之役，以障水激流，抬高水位。武则天时曾顺渠运岐陇木材到长安。唐咸通十三年（885 年）大修六门堰，汇合渭北的韦川、莫谷、香谷、武安四水以入成国渠，灌溉面积增至两万余顷，俗号渭 6 渠，言其利与泾白相上下。

宋代丰利渠是郑国渠的第三代工程。由于泾水河床下切，“年代湮远，泾河陡深，水势渐下，与渠口相悬，水不能至”。宋初，将军婁埸坏，灌溉水量骤减，后改用“梢穰笆篱，栈木截河为堰”。每年拆修，“遇署雨山水暴至，则堰辄坏”。为此将引泾渠上移，熙宁五年（1072 年）自石门开渠引泾。大观元年，穆京开丰利渠，“凡灌泾阳、礼泉、栎阳、云阳、三原、富平七县田三万五千九十三顷”。宋丰利渠节制水流的机构与防沙防洪的设备相当先进。该渠口以石筑成，设静浪、平流二闸，分为洪、澄水之用。90 年代曾在丰利渠口发现低、中、高测水水则，系根据进水闸口各种过水水文条件及结构尺寸所刻，用以了解水情，控制进水，确保渠道安全。丰利渠渠身有大王、小王、透沟三沟，“夏雨水集，每与大石俱下，壅遇渠水”，在沿途收纳溪流，或凿地陷木为柱，密布如椂，贯大木于其上，横当沟之冲，暑雨暴出，则水注而下，大石尽格，既可以通过水流，增加水量，又可以防止沙石；或埋石地中，中空如棚，平时水可以经棚中流到渠里，暴雨时水从棚上过，反映了相当高的技术水平。元延祐元年（1314 年），陕西行台监察御史王琚将泾渠渠首再次上移，并于河中兴建石囷，拥水入渠，王御史渠疏凿于上流窄处，“止用囷一百一十个，宜其省费而水通也”。泾渠在明为广惠、通济，除将引水渠口上移外，并凿大小龙山引用泉水，至清代完全拒泾用泉，专引渠首旁各洞泉水，并改称龙洞渠。泾渠用泉古已有之，明清时期成就最大。清同治四年（1865 年），左宗棠帮办刘典复修泾水龙洞渠，并复明代利民渠，然灌田不过三万亩。宣统《泾阳县志》记载，“泾渠者本引泾水为渠也，自宋凿石渠而制一变；明以泾水泉水并用而制再变；至清朝用泉不用泾而又一变”，反映了宋清间泾渠引水情况的历史变迁。

宋清间，农田水利主要集中在泾水流域。渭水有宋熙宁五年（1072 年）复武功六堰，溉田 340 里。兴平、武功一带引泉灌溉也很有成就。《宋史》载吕大防、刘几二人在永寿、邠州浚泉引水，导而入县，民大便利。

民国时期，国内战乱不止，但就水利科技而言，却取得了显著成绩。

民国泾惠渠：泾惠渠是郑国渠的第六代工程，也是中国采用现代科学技术建筑的第一个大型灌溉工程；是在陕西大旱以后，经杨虎城将军支持，由陕西省水利局局长李仪祉组织测量，详细测量了渭北数县地形，设计了周密计划，组织兴建的。

渠首工程，是泾惠渠全面建设的第一期工程，1930 年动工，1932 年完成。建有固定混凝土滚水坝拦河，三孔（1.5×1.75 米）进水闸自流引水；扩大所有隧洞并向上游延长一号洞为 326.4 米；扩宽石渠并改建所有排洪桥；石渠上增建节制闸和退水闸，设置了量水断面。所有引、节、退水闸门，均安装了机械启闭设施（人力），增强引、退水的主动性和引水量的准确程度。设计引水流量 16 立方米/秒，年引水量可达 1.6 亿立方米。

渠道工程，是第二期工程。1933—1935 年建成。泾惠渠的干支渠系统多是在原有古渠道的基础上改善和扩建的，将“三白”“刘四”的干支系统，改建成三条干渠，八条支渠，并进行了科学的命名。渠道改善有以下几个方面：①截湾取直。总干渠挖了十里长的大挖方，截直了郑、白二渠之间的大弯道；其他渠道也做了因地制宜的截直。②调整渠道比降。历代渠道没有准确调整比降的科学方法，大部分沿地面坡降开挖，比降极不统一，冲淤悬殊；遇到地面比降过陡时，把渠道修成弯曲形，以减缓比降叫“龙不行直道”。遇到这种情况，均建跌水调整为不冲不淤渠道。③扩大断面。按设计输水流量将龙洞渠已缩小了的渠道断面进行扩大。④建筑渠道建筑物，总干渠深挖方段建筑物采取钢筋混凝土和砌面结构，质量较好，其他渠道建筑物多就地取材，拆庙取材，节省投资。

斗渠系统。斗渠渠道由群众负担自建，斗门统一建设。泾惠渠建设中，将所有斗门都安装了控制设备，先为木质后为铁质。

灌溉管理。泾惠渠建成后，在灌溉管理上采取了一些科学的管理方法。第一期工程完成后，就建立了专业管理机构——泾惠渠管理局，健全了基层管理组织，干支渠分段设水老，斗设斗长，村设渠保，建成专管机构与基层组织相结合的管理体制。同时建立了按亩征收水费、地亩清丈注册、水文气象观测、水量调配、工程管护等规章制度，开展了灌溉试验，为科学管理奠定了基础。

泾惠渠修成之后，于 1937 年对棉、麦灌溉进行了大量的试验研究。棉作试验于 1942 年结束，小麦试验于 1944 年结束，试验结果如下：

棉作：棉作试验是用十分之一亩，行长二十尺，行距一尺五寸，区间均隔有三尺宽之小路。分三种情况灌溉，量为 $R_1=60$ 毫米；$R_2=100$ 毫米；$R_3=140$ 毫米，灌溉期为 T，播种前各处灌溉均相同，生长期间灌溉如下：$T_1=15$ 日/7 月、

14 日/8 月；$T_2$ = 5 日/7 月、25 日/7 月、14 日/8 月、3 日/9 月；$T_3$ = 10 月/7 月、20 日/7 月、30 日/7 月、9 日/8 月、19 日/8 月、29 日/8 月；氮肥施用量为：$N_1$ = 不施肥，$N_2$ = 每亩施 1 斤，$N_3$ = 每亩施 8 斤。根据多年试验结果，得悉灌溉量以 $R_3$（140 毫米者）为最优，灌溉时期以生长期间每二十日灌水一次者为最优，氮肥施用量越大则越佳。灌溉量与灌溉时期之相互关系，视灌溉时期相隔越久，灌溉量越大，则产量越高，反之，若灌溉时期相隔不远，则灌溉量之大小均不影响产量；灌溉量与氮肥施用量之相互关系，视不施肥区之灌溉量越大越佳，施肥之多寡与灌溉量之多寡没有多大影响。灌溉时期与氮肥施用量之相互关系，若不施肥，灌溉次数以多者为优，在施肥的情况下，不论施肥多少，均以每二十日灌溉一次，产量为最高。

小麦：麦作灌溉试验，仅三个主因素影响差异。小麦自播种至收获，以灌水四次为最佳，并以量大为好。氮肥施用量，亦每亩 8 斤者为优，其产量高出每亩 4 斤者 17.43%，超过不施肥者 42.53%，由此可知，在一定范围内施肥量越大，则产量越高。

泾惠渠为中国当时最现代化的水利工程。闻名中外，它的建成，奠定了西北水利之基石，因之西北成立了“泾洛工程局”，使西北水利得到了很大的发展，而泾惠渠的管理方法，不但树立了陕西省灌溉管理的楷模，且可为全国灌溉事业之参考。李仪祉先生当时还兼任泾惠渠建设的总工程师，为泾惠渠的顺利完成，建立了不朽的功绩。

渭惠渠：引渭灌田始于西汉成国渠，自宋以后，销声匿迹。民国年间，始以复苏。据民国二十五年（1936 年）《陕西水利概况》记述：“关中水道，渭为最大。”昔贤多有创议，民国二十二年（1933 年）五月，陕邦人士有以导谓议者，时值大灾之后，财力不济，一时决无余力及此，乃商请中央，先发测渭经费 5 万元，从事勘测设计。1934 年 4 月，宋子文来陕，亲往勘察，决定在眉县魏家堡建筑堰址，设计穿渠溉田，定名渭惠渠。1935 年春组建工程处，由李仪祉先生兼社长，孙工程师绍宗司其事，刘钟瑞为主任工程师、专司建筑。其建设规模和效益，据民国二十八年（1939 年）出版的《中国水利》一文中记：“民国二十四年（1935 年）乃分期施工，渠起眉县魏家堡渭河左岸，终于咸阳以西，首尾高差八十公尺，灌溉渭北眉县、扶风、武功、兴平、咸阳五县地，预计可达五十余万亩。”因经费不济，将全部工程，分为两期进行。自民国二十四年八月开工至民国二十五年十二月（1935—1936 年），第一期工程完竣。主要完成魏家堡至漆水河长 40 公里之干渠工程，完成土方 220 立方米，上工人数最高日达 2200 名，但一期灌溉因地域所限，仅有 17 万亩。自民国二十六年一月至十二月（1937 年），第二期工程竣工。主要完成拦河坝、进冲闸、桥涵、跌水等建筑物及五条支渠工程。民国二十七年（1938 年），成立了渭惠渠管理局，灌溉面积至新中国成立前夕为 27 万亩，仅占设计面积的 45%。

截至 1985 年年底，咸阳共建成大、中、小型水库 111 座，总库容 4.8 亿立方米，调节库容 2.4 亿立方米。其中大型水库 1 座，中型水库 102 座，小型水库 8 座，修建坡塘及涝池 463 处，总容积为 15367 万立方米；抽水站 1522 处，装机 11.51 万千瓦；修建水电站 8 处，装机 11010 千瓦，年发电量 4828 万度。新规划的水电站多在泾河及其支流上，计有彬县的程家川水电站，装机 4260 千瓦；永寿的石桥头水电站，装机 7500 千瓦；淳化的后洼水电站，装机 10420 千瓦，共计 20680 千瓦。

1958 年宝鸡峡引渭灌溉工程动工，1974 年整个灌区基本建成。扩大了受益县区，使咸阳市辖杨陵、武功、兴平、礼泉、乾县、秦都、泾阳 7 县区的渭河北原干旱地区变为平畴沃野，结束了“十年九旱”靠天吃饭的局面。但不久，水库泥沙淤积问题开始显现出来。例如黑松林水库，1957—1962 年运行仅 3 年时间，淤积泥沙高达 162 万立方米，淤积速率为每年 54 万立方米；以后虽采用了“蓄清排浑”技术，淤积速率仍为年 10 万立方米。官山水库自 1958 年冬运行以来，水库淤积速率为年 27 万立方米，采用“蓄清排浑”运行方式后，排沙效益也仅为 58% 左右。

泾阳县冶峪河管理局和西北水利科学研究所的同志，在 20 世纪 70 年代“蓄清排浑”研究成果的基础上，对入库浑水挟沙采用水沙调节的方式。其水沙调节主要方式为异重流排沙运行和滞洪排沙法运用，根据不同情况，分为年际、年内和一次洪水三种方式，尽量减少泥沙在库内的淤积。对库内已淤积的泥沙，则采取“高渠拉沙”技术予以消除，以恢复被淤库容。1980 年，黑松林水库利用高渠冲沙方式清淤 40 天，恢复库容 11 万立方米，黑松林水库在流量为 0.2 立方米/秒时冲沙，平均效率为 0.4 万吨/日，最高达 0.86 万吨/日。若水库每年能冲沙一个月，则年平均清淤量可达 12 万吨，水库即可保持冲淤平衡。官山水库两次高渠冲沙结果效果明显，平均效益为 0.35 万吨/日，两年来正式用于拉沙的时间仅一个多月，就恢复库容 9.1 万立方米。应用该项技术，社会经济效益显著。据对几座水库资料统计，高渠拉沙清淤成本，平均每恢复一立方米库容仅需 0.025 元左右投资，相当于水力吸泥装置的 1/6—1/9，相当挖泥船的 1/32—1/36，相当新建水库投资的 1/22—1/45。这种方法不需任何机械与动力设备，工程设施简单。用出库泥沙灌溉过的农田，比不淤灌的每亩可增产小麦 150—300 斤，对农业生产十分有利。黑松林水库利用高渠拉沙技术，每年只需投资 3100 元，即可使灌区减少 1000 多万元的经济损失（泥沙淤损一立方米有效库容，造成经济损失 107 元）。运用该技术后，使黑松林水库由老库“还童”，官山水库由死库也开始“复活”。该项研究成果还推动了中国水库清淤技术的发展，动摇了“死滩活槽”的理论，提出了“死滩不死”的新观点，受到国内外有关方面学者和泥沙科技工作者的重视。

1987 年，陕西省人民政府做出了治渭清障大会战的决定。市人民政府成立了由主管市长任指挥的“咸阳市治渭清障会战指挥部”，对渭河沿线的杨陵、武功、兴平、秦都等县区开展工作，拿出一定资金，发动群众投工投劳，连续开展了 8 期治渭清障大会战。经过 3 年的治理，累计新修防洪大堤 5.2 公里、加高培厚大堤 29.2 公里；新修护堤短坝 224 座、整修加固短坝 112 座；整理护岸 1.647 公里、新修砌石护岸 6.978 公里；清除违章丁字坝 3 座；碍洪林草 700 亩。共完成土方填挖 135 万立方米，石方 12.021 万立方米，动员群众投劳 294 万个，国家和地方投入资金 694.36 万元。

1989 年以后，全市夏季农田基本建设在各级人民政府重视下开始形成规模。南部各县（市、区）主抓灌区的挖潜配套和土地平整，大搞三修两清一绿化，突出节水增效工程建设，加大了灌区改造力度。北部各县坚持高起点、高标准、高质量的治理方针，采取集中领导、集中劳力、集中时间的方法，搞好水土保持综合治理和土地平整工作，使当地农业生产基本条件得到很大改善。

在羊毛湾灌区改造，渭河咸阳城区段综合治理，沣河生态保护工程，羊毛湾、黑松林和冯村水库除险加固，水土保持世行贷款、引石过渭供水工程等水利项目建设中，建立工程项目责任制，进行工程建设体制改革，引进公平竞争机制，实行项目法人负责制，工程招投标制和工程建设监理制，有效控制了建设费用，提高了工程质量，保证了工期。尤其在治理渭河方面，取得较大成效，沣河治理也拉开了序幕。

从 1991 年开始，咸阳市开展以工代赈治渭工程，历时 5 年到 1996 年 5 月全面完成。累计完成工程投资 711.39 万元，其中以工代赈资金 239 万元。新修防洪大堤 7.5 公里，加高培厚堤防 3 公里，新修护堤短坝 199 座，整修加固短坝 35 座，修复水毁堤防 1.5 公里。完成土方填挖 128.9 万立方米、石方 9.47 万立方米、群众投工 127 万个。

渭河自咸阳市城区穿境而过。长期以来，由于受自然条件特别是人为因素的影响，上游及市区大量工业废水和生活污水未经处理直接排入河道，导致河水污染严重，滩地杂草丛生，加上各类垃圾倾倒堆积，致使河道及周边生态环境急剧恶化。2000 年，咸阳市委、市政府提出实施渭河城区综合治理工程。2002 年 11 月，正式开始进行前期论证工作，市水利局为此专门成立了咸阳市渭河中游防洪工程及生态建设处，由水利部规划总院江河水利咨询中心承担该工程水工部分的规划设计任务。2004 年 2 月 14 日，黄河水利委员会认为该工程的建设符合现代治水思路，规划符合要求，并颁发了《审查同意书》。2 月 26 日，咸阳市第四届人大常委会召开，听取、审议并同意了《咸阳市人民政府关于渭河及沣河咸阳城区综合治理工程的报告》。2月27日，省计委正式对《渭河咸阳城区段综合治理工程可行性研究报告》做了批复。3月1日，《渭河咸阳城区段综合治理工程环境影响评价大纲》通过了国家环保总局的评审。9月，工程初步设计通过省水利厅审查。10月1日，渭河咸阳城区段综合治理工程水工部分动工建设。

1991年7月25日，永寿县石桥水电站机组启动一次试运转成功。同年12月23日，淳化县茨坪水电站开工，1999年11月并网发电。

1997年5月25日，泾惠渠渠首加坝加闸蓄水工程历经4年多建设全面竣工。1998年10月23日，渭河秦都区尹家段堤防工程开工建设。

1999年6月26日，羊毛湾水库引冯济羊输水工程全线贯通。

1999年12月，彬县程家川水电站全面竣工。同月24日通水运行。

1999年10月18日，省重点在建水利工程——三原西郊水库工程成功截流。

2000年5月15日，羊毛湾水库除险加固续建工程正式开工建设，开始对羊毛湾水库进行第二次除险加固。11月，由国家发改委、水利部组织实施的“国家农村饮水解困工程”在咸阳全面启动。

2002年5月27日，国家黄河水利委员会渭河综合考察组来咸阳考察。6月13日，黑松林水库除险加固工程开工建设。12月，羊毛湾水库第二次除险加固历时2年7个月完工，累计完成工程投资2371.57万元。

2003年9月，西郊水库通过省水利厅组织的蓄水阶段验收，顺利实现下闸蓄水。12月，三原冯村水库除险加固工程开工建设。

2004年1月8日，市沣河综合治理工程开工。工程预算总投资9800万元。10月1日，渭河咸阳城区段综合治理主体工程开工。

2005年5月，三原县玉皇阁水库、长武县马坊水库、彬县李家川水库、永寿县西沟水库除险加固初步设计通过黄河水利委员会审查。

2007年11月6日，黄河水利委员会正式发函，同意咸阳在泾河支流黑河上建设亭口水库。

引石过渭咸阳供水工程于2008年3月26日开工建设，2009年9月28日全线贯通，2010年2月开始向市区供水试运行。共铺设压力输水管道60.38公里，新建30万吨/日净水厂1座，完成投资7.3亿元。

亭口水库工程于2009年5月经国家发改委以发改农经［2009］1347号文批复立项，已完成了管理基地、移民安置、施工道路、枢纽泄洪排沙洞等工程建设任务，累计完成投资1.6亿元。

柏岭寺水库于2010年9月13日由省发改委以陕发改农经［2010］1474号文批复了工程可研，初步设计已通过省水利厅审查，开工在即；红岩河水库项目建议书于2008年7月通过省水利厅审查，工程可研设计已全面开展。

“十一五”期间，先后完成了兴平庄头、阜寨、武功韩家坎、郑家、秦都马家寨、渭城长兴等73处防洪工程建设，共新建加固堤防工程42.39公里；全市中小河流治理项目全面启动，淳化冶峪河治理项目已付诸实施；完成了玉皇阁、老鸦咀、贾河滩等18座病险水库除险加固任务，已全部竣工验收；修建抗旱应急水源工程138处，修复各类抗旱工程380多处；主要河流、水库、城市防洪设施与防汛抗旱非工程措施进一步完善，防洪抗旱减灾能力进一步增强。

## 第二节　地下水开发及水土保持

地下水资源的开采利用古来有之。井泉之水亦用诸农业。《诗经》中有关泉水之篇多在泾渭流域，并已有“槛泉”（上升泉）、“酒泉”（裂隙泉）、“百泉”（群泉）诸称。泉水有无成为周人定居的重要条件之一。考古工作者在咸阳长陵车站一带发现有渭河洪水冲堤及群众淘沙而暴露出的战国水井81口，大致可归纳为陶圈井、瓦井、上瓦下陶圈井三类六种，其中有的井底铺垫反滤粗沙层，显示了极高的造井技术。约有42口凿井深度达于沙层，采用陶圈、瓦砌有效地防止了沙、石流坍。在东西4125米、南北1750米范围内密布水井80余口（未发现者不计），有的甚至数井集中一处，颇类后世群井技术。

清雍正十年（1732年），户县王丰川著《井利说》，极力主张陕西应实行凿井救旱。乾隆二年（1737年）崔纪任陕西巡抚，奏请大兴井利。当年11月他奏报井数，其中咸阳3640口、兴平4590口、泾阳2190口、礼泉410口，乾州并所属之武功县除旧井外新开井5200余口，邠州并所属之三水（今旬邑）、长武二县新开井140余口。后据陈宏谋核实，以上井数大约只开成一半，“开而未成填塞者数亦约略相同”。陈宏谋继续执行井利政策，并谓“崔纪任内所开之井，来年已受其利”。“（咸阳）今年现开井710眼，灌溉大得其利”。光绪三年（1877年）陕西巡抚谭钟麟“劝谕民间多凿井泉以资灌溉”。时任陕甘总督的左宗棠，提出开数万井的计划，除实行以工代赈外，还“于赈粮之外，议加给银钱，每井一眼，给银一两，或钱一千数百文，验其大小深浅以增减”。时兴平、礼泉等县开井“数百面之多”，是为咸阳第二次凿井高潮。当时所凿之井大致可分为两类：水车大井，豁泉大井，每井皆可灌田二三亩。光绪十九年（1893年），陕西干旱，泾阳民谓“猴井”，其法：“度井深浅，如深四丈，则两井相去四丈。井各置一滑车，绠长八丈，两头各系桶，一桶入此头之井，一桶入彼头之井。绳之中间系牛马拽之中，行至此头则彼头桶汲水而出，行至彼头则此头之桶汲水而出。两头各立一人。泻水于田。一童子牵牛往来行走，较水车费人而价廉，仓猝可办。”这是一种双井连环辘轳，有利于提高灌井利用率。关于井利之效，《知本提纲·农则》曰，“平地井养而不穷”，

“或浇禾，或灌蔬，自能力致常捻，胜于旱田十倍”。《秦疆治略》载兴平“多有凿井灌田者，夏秋所获自较旱田颇胜”。明清年中农村商品经济相当发展，负郭之间多以圃田养素、代耕，“量地掘井以备灌溉”井养不穷，这是明清井利形成高潮的又一主要原因。

新中国成立以来，从20世纪50年代的解放水车、60年代的大锅锥、70年代的冲击钻以至深井钻机，井是越打越深，数量增加很快。尤其是60年代后，开始引进推广水利新技术，研究出“U”形渠道及轻型井。

1973年，在乾县大羊乡大羊村做了机井双泵清淤试验，取得了成功，曾普遍推广。工作原理是利用高压射流冲击井底淤泥，使水流在井底形成水跃而翻腾，冲击淀淤混合而浑水然后用水泵抽出井外，借以增加井下水深增大出水量。由于设备简单，操作方便，节约投资，对恢复旧井效果作用明显。

1975年，在渭北旱原兴起打辐射井。经过学习外地技术，革新机具，提高了打井质量和工效。首先改进延河-200型钻机运用回转和冲击两种钻机打井，将原机身长3米改成1.8米，每根钻杆长1米，配套1千瓦电动机，以齿轮传动加力，实现钻井和卸杆自动化，使操作者由原来5—6人，减少至1—2人。设备简单，操作方便，比人工打井提高工效3—5倍，减少投资2/3。此项打辐射井技术，获得1980年市科技成果二等奖。1976年西北农业大学水坠法筑坝技术的研究成果在北方的一些省（区）推广，与有关单位合作进行的高含沙引水淤灌技术的研究项目和自压喷灌技术的研究，解决了农业生产中的实际问题，黄土地区辐射井的研究将国外辐射井技术引用到黄土地区，可使每个井的出水量相当于一般筒井、管井的10倍。

1985年西北农业大学与咸阳市水利局合作，在乾县薛录乡试验成功一种新井型即一排灌两用轻型井。这种井采用塑料井壁管、滤水管为薄壁螺纹聚乙烯塑料管，具有工艺简单，施工方便，结构合理，经济实用等优点。一日可打成深度30—50米的成井，单井造价60余元，出水量30立方米/时左右，可单进开采。1986年12月通过省级技术鉴定，是当时地下水浅埋地区，排灌两用的一种较理想的井型。

咸阳山塬面积大，重力侵蚀活跃，生态环境脆弱，水土流失是境内主要自然灾害之一。水土流失区主要分布在北五县（长武、彬县、永寿、旬邑、淳化）和乾县、礼泉、泾阳、三原的北部地区。

为控制水土流失，在各级党委和人民政府重视和组织下，采取多种治理措施，从开始的治沟打坝，坡改梯田，到建设基本农田，植树造林，从先期的单项分散治理，发展到按山系、按流域进行综合治理、集中治理和连续治理，取得了显著成绩。1998年以来，全市利用世界银行贷款、国债资金、国家水土保持生态县建设资金和社会投入等多种资金，有计划地进行了较大规模的水土流失治理，仅重点项目就完成治理面积1200多平方公里，土壤侵蚀模数由20世纪80年代的2420.6吨/平方公里降至2020吨/平方公里。截至2006年，全市累计治理水土流失面积52.785万公顷，其中小流域治理面积15.97万公顷，建设“四田”13.801万公顷，其中建设水平埝地5.72万公顷，水平梯田7.781万公顷，坝地0.184万公顷，造田造地0.116千公顷，水土流失状况在咸阳市取得历史性改变。

“十一五”期间，全市共建成各类农村饮水工程1400多处，解决了139.23万农村群众的饮水安全问题，农村饮水安全和基本安全人数增加到337.55万人，自来水入户率达到了80%，广大农民群众饮水条件进一步改善。全市10个县城新增供水管网38公里，新增日供水能力4.5万吨，县城区供水覆盖率达到93%以上，初步建成达到了安全保障的县城供水体系。

## 第三节　水利灌溉

在殷商时代，咸阳人民就开始挖井取水用以灌溉。古代灌溉方式以漫灌为主，做不到水尽其用。随着农业生产的发展，西汉兴修的六辅渠灌溉用水首次“定水令，以广灌田”，提高了农田水利管理技术。

汉行代田法，清人刘古愚除了肯定它在耕作方法上的成就以外，认为代田法的另一显著特点就是“且易灌溉，为易行也”。至于“诸山陵近邑高危倾阪及丘城上，皆可为区田”，实行穴灌。渠线布置，自郑国始多就高仰。由于地形关系，亦有水下地高者，唐《水部式》规定：“诸灌溉大渠有水下地高者，不得当渠（造）堰，听于上流势高之处为斗门引取。”“其傍支渠有地高水下，须临时暂堰灌者听之。”

唐代规定，灌区“居上游者不得壅泉而专其腴”，“灌田自远始，先稻后陆”，并对诸渠口斗门入水分数、尺寸有严格规定。唐中叶以后，白渠水利为“泾阳入雍而专之，私开四窦，泽不及下，泾邑独肥，他邑为枯”。高陵县令刘仁师请求朝廷干预，获得胜诉。渠岸养护，唐时泾渠两涯已夹植杞柳。“下垂根以作固，上生材以备用。”唐《水部式》指出，“诸水碾硙，若擁水质泥塞渠，不自疏导，致令水溢渠坏，于公私有妨者，碾晓即令毁破”。每年停灌以后，即令受益户分别疏浚相应渠段，“泾渠自古穿淘，两岸堆积如山”。灌溉技术，从注、灌诸词看，古代灌溉方式以漫灌为主，同时结合区田种植，实行穴灌，集约使用水肥。《氾胜之书》中出现蔬菜渗灌技术，利用盛水粗陶瓷的渗透作用，既能保持瓜田温润又能节约用水。汉代，人们已知道用一定的灌溉措施调节水温。氾胜之教田三辅，主张“曝井水杀其寒气”以浇庄稼。水稻初植时节，苗小、水浅、气温低、灌水流速过大，田中水温会明显降低，“令水道相直”，积水牵动较少，容易保温，“夏至后大热”，“令水道错”，则有助于降低田块中的水温。唐《水部式》指出，“凡浇田，皆仰预知顷亩，依次取用。水遍，即令闭塞，务使均普，不得偏并”。灌溉制度及灌水技术都有重大进步。

宋清间，咸阳地区农田水利科技著述较多。元人李好文著《长安志图》，该书下卷为《泾渠图说》。全卷内容包括泾渠总图、富平石川溉田图、洪堰制度、用水则例、设立屯田、建言利病以及总论等八部分，分别记载引泾灌区历代创建和维修情况、元代引泾灌区的渠系布置、渠上的主要工程设施及维修工材、灌区的灌溉管理制度、元代泾渠屯田组织形式的演变以及维护管理泾渠的一些重要建议等，是中国现存的第一部引泾灌溉专史。《泾渠图说》规定“行水之序须自下而上”，并且已能通过过水断面面积和灌溉时间计算流量，标志着泾渠水利灌溉和管理技术已经相当精细。《泾渠志》，清直隶定兴人王太岳著。作者将灌区从秦代以来的兴修记录按时间顺序排列，叙述引泾渠道径行及灌溉范围的历史变化，记载清代拒泾引泉的实质性改变等，亦属引泾灌区专史。《后泾渠志》，清道光二十一年（1841 年）河南固始人蒋湘南修《泾阳县志》，末附《后泾渠志》三卷。其中，泾渠职官纪事表，记录了历代修治泾渠的主持人姓名、职位等，叙述了泾渠的历史并考证了泾渠各项设施和制度的始创年代。《龙洞渠志》记载了当时龙洞渠的渠系分布和各渠控制的灌溉面积。除此以外，明清之际泾阳王征潜心于水利工程及机具研究，传译西方先进的数字、力学以及以此为基础的各种机械技术著作。著《远西奇器图说录最》《新制诸器图说》，其中多农耕水利之器，是西北研究西方水利科技的最早著作之一。兴平杨屾在《知本提纲·农则》中有一节专言灌溉之利，认为农业“生成固赖于肥沃，长养尤籍乎水泽”。杨屾因地相水，各言灌溉之方。值得注意的是，他主张在“水淹下流之地”修围（圩）作柜，在高原“槌作大池沼”。杨屾反对漫灌及浇水过剩，并且指出“蔬忌夏日午浇，螟虫贷为患；禾畏深水受湮，腐心堪忧。木久湿，青黄萎。縻而不振；蔬频灌，根肥叶脆而生香”。夏日午浇，会突然降低地温，影响根部吸收机能，也容易造成翳热的田间小气候，遭致病虫害发生发展。深水浇稼，“致水宿禾心，必至腐坏”。杨屾以理学统摄农学，观察物理，在水利方面主张以灌溉培补雨雪之愆期，论皆详确。

从秦郑国渠至今泾惠渠，兴衰沿革两千多年。但在灌溉技术上，主要还是沿用大畦漫灌，以水代耕，以致沼泽化和盐碱化。新中国成立后，随着科学技术的普及发展，灌溉农业进一步发展。新老灌区把推广沟灌、小畦灌技术作为灌溉工作的一项改革，长期坚持，推广应用。泾惠老灌区普遍推广“一平、两全、三改”的灌水方法，改变传统的大畦漫灌旧习。一平：要求田块平整，坡降不陡于 1/400；两全：田块顺腰渠和地头路边埂齐全；三改：即改宽畦为窄畦、改长畦为短畦、改大畦漫灌为小畦沟灌。

20世纪70年代末期，开始推广应用喷滴灌等节水的先进灌溉技术。喷灌是一项新的灌溉技术，它利用有压力的水通过喷头射到空中，散成细小水滴，均匀地洒在田间，达到灌溉的目的。有省水省工、成本低、增产效果显著的特点。全市共建固定和半固定喷灌工程374处，总控制面积3.56万亩，拥有机组325台，容量3300千瓦。由于前期设计差，作物选择不当，加之农村体制改革水利管理未能跟上，不少设备遭到破坏。据1985年统计，仅存2100亩自压喷灌工程，其他工程已全部破坏。好的典型如淳化县园林场，1982年建成喷滴灌工程，喷滴面积100亩。喷滴灌苹果亩产达3000斤，比未喷灌亩产增产300斤，亩产增值81元。

深井余压喷灌：1978年，秦都区地下水工作队在窑店和柱家堡建成两处喷灌试点。利用原来深井泵余压改变为喷灌，结构形式是在深井机泵出水处连接固定管道系统，装上竖管和喷头，组成喷灌系统。喷头正方形排列，全园喷洒，每两个喷头为一组，同时工作喷头与地理伸缩竖管之间用喷头支架软管连接。井口及各支管安装闸阀控制，全喷灌系统共装“Y”头8个，可供全天作业，轮流使用。

渠首水库防渗：1974年，全国中小型水库安全问题座谈会后，咸阳市先后对18座险病水库做了补强处理。其病害类型有：一是施工质量差。全市约80%以上的水库出现沉陷、裂缝甚至滑坡，影响土坝安全。二是洪水标准设计偏低，溢洪道断面不足，边坡过陡或消能不彻底，防渗处理有问题，仓促筑坝，一经蓄水基础和绕坝渗漏严重，例如三原冯村泵库。由于在设计和施工上存在严重质量问题，坝址地基未作处理，坝体质量不高，导致水库蓄水低，坝后渗漏严重，一片沼泽。本着保坝安全第一，漏水处理第二的原则，决定浇注混凝防篓墙，共浇注混凝土量14320立方米，防渗面积17743平方米。采用了冲击钻造孔、泥浆固壁、直升导管法水下施工等新技术和工艺流程。使水库的总渗漏量由建库初期的151公升/秒降到防渗处理后的在高水位时不足20公升/秒，坝后沼泽随之消失。土渠输水损耗大，渠道防渗是一项投资少、见效快的节水措施。老灌区多采取凝土衬砌处理技术，不仅对干支渠衬砌，而且对斗、分、引渠也作矩形、梯形或“U”形断面衬砌防渗措施，防渗节水效果很好。特别是1980年后开展的灌区方田建设，为提高灌水技术创造了良好条件。据秦都区北杜乡方田建设调查，衬砌斗、分渠，固定引腰渠，做到建筑物配套齐全，量水有堰；过路有桥，实现渠路、林、田综合治理。经测试渠系利用系数提高到89.9%，防渗效果斗渠达到81%，分渠达到74%。平均万亩节水117万立方米，可扩灌3000多亩，节约水费1.2余万元。

机电抽水灌溉：自1957年首先在泾河干流建成泾阳县高庄抽水站和临泾抽

水站后，随着农业生产和农村电力事业的发展，在国家“蓄、引、堤”并举的水利方针指引下得到蓬勃发展。截至2006年年底，全市共有抽水站1601处，总装机容量11.306万千瓦，灌溉面积达到6.836万公顷。其中对党家堡抽水站、木梳湾抽水站、红旗抽水站、筛珠洞抽水站、高庄抽水站、云阳抽水站、双河抽水站、西徐抽水站、南沟抽水站、漠西抽水站、跃进抽水站进行了改造。截至2006年年底，全市共有机井24134眼，其中配套机井22864眼，装机容量21.106万千瓦，井灌面积达到8.328万公顷。全市除部分缺水地区农村人畜饮水仍采用当年的土井和砖井外，绝大部农村均采用大口井、辐射井和管井等形式，以机泵提水灌溉或做人饮之用。咸阳市现有700公顷以上灌区21处，主要分布在武功县、三原县、泾阳县、乾县、长武县、永寿县、礼泉县、彬县、旬邑县和淳化县。其中有蓄水工程9处，引水工程9处，提水工程2处，井水工程1处。分别对清惠渠灌区、冶峪河灌区、前嘴子灌区、七里川灌区、秦庄灌区进行了整治改造。

1996年，国家进一步加大了节水灌溉技术推广力度，在全国主抓了300个节水增效重点县项目建设，随后于1998年又安排了第二批300个节水增效重点县建设项目，咸阳市秦都区、渭城区、武功县、兴平市、礼泉县、乾县、泾阳县、三原县等县区均有项目名列其中。根据开源与节流并重，以节流为主；地表水与地下水并重，以地下水开发为主；建设与管理并重，以管理为主的工作思路，咸阳市市、县两级人民政府和水行政主管部门精心选点、精心设计、精心施工，并采用先进的节灌技术和设备，先后建成了一批技术新、起点高、效益好的节水示范项目。

1998年，全市安排兴平市南位乡、礼泉县昭陵镇、乾县乾陵镇、三原县大程镇4个节水项目。1999年，全市安排秦都区双照镇、渭城镇区北杜镇2个节水示范项目。

进入21世纪，咸阳市发展旱作节水技术，推广旱作节水农业工程，大力实施节水灌溉、土壤墒情监测、土壤养分监测等高效旱作节水农业新技术，逐步提高土壤的蓄水保墒能力，进一步提升农业生产综合水平。通过在长武、旬邑、淳化等县推广实施表明，在无灌溉条件下，通过该项技术降雨水分利用率提高30%，肥料利用率提高10%以上，粮食作物亩均增产10%以上，优果率提高15%，蔬菜亩均增效20%。

2000年，全市安排武功县普集镇、礼泉县双河村、泾阳县太平镇和云阳镇樊尧村、三原县陵前镇5个节水示范项目。2001年全市安排渭城区正阳乡、礼泉县裴寨乡和新时乡、乾县城关镇、兴平市田阜乡5个节水示范项目。2002年，全市安排礼泉县新时乡、泾阳县太平镇、泾阳农业示范园3个节水示范项目。2003年，全市安排乾县城关镇、三原县独立乡和农业示范园3个节水示范项目。2004

年，全市安排秦都区双照镇、马泉乡、旬邑县张洪塬区3个节水示范项目。2005年，全市安排长武县相公镇胡家河村、淳化县卜家乡孙家岭村2个节水示范项目。

全市实施的农田节水示范项目达到了节水增产的预期效果，起到了以点带面的作用。据统计，第一批节水增产重点县（兴平市、渭城区、礼泉县、三原县、泾阳县、淳化县）在“九五”期间共发展节水灌溉面积4.603万公顷，其中渠道衬砌控制面积2.137万公顷，管道输水控制面积1.547万公顷，喷灌控制面积0.07万公顷，微灌控制面积0.743万公顷。第二批节水增产重点县（礼泉县、三原县、泾阳县），截至2004年年底共发展节水灌溉面积1.333万公顷，其中渠道输水控制面积0.813万公顷，管道输水控制面积5000公顷，微灌控制面积0.061万公顷。据测算，已建节水灌溉工程水的利用率一般可提高20%，粮食增产幅度普遍达到15%左右，并且明显改善了农业生产基本条件，增加了农民收入。

集雨水窖属于微灌水利工程，但在严重缺水地区却起着“关键水”和“致命水”的作用，特别适合林果烟杂和蔬菜种植等小经济区的灌溉，也可解决一村一户的饮水困难，是促进农业增产的一项重要水利措施。1998年，根据省上“南塘、北窖、关中井”的战略决策，咸阳市结合北五县实际情况，作出了积极发展集雨窖灌节水农业，充分利用雨水资源，修建多种形式的集雨水窖的决定，开辟了渭北旱塬兴水治旱的新路子。截至2006年年底，全市利用集雨节灌项目、以工代赈、人畜饮水、扶贫开发、母亲水窖等多个项目资金，累计建成集雨水窖及土井16486眼（处），蓄水容积达231.66万立方米。

截至2011年年底，通过实施中央财政小型农田水利建设、省级小型农田水利基本建设补助资金项目和羊毛湾水库大型灌区、中型灌区续建配套与节水改造等项目，新增灌溉面积23.48万亩，发展节水灌溉面积69.1万亩，改善了农田水利工程设施，提高了水利工程设施的供水能力和灌溉保证率，促进农作物高产稳产。实施了国家水土保持重点建设工程、省级财政专项资金水土保持、黄河生态、坡改梯和坝系建设等项目，共治理水土流失面积1883平方公里，新修淤地坝100多座。

## 第四节　水产养殖

新中国成立前，咸阳的渔业生产，仅在天然河道进行捕捞，一直处于式微自发状态。新中国成立后，在农、林、牧、副、渔五业并举方针指引下，咸阳渔业生产逐渐兴起。1962年国家扶助养鱼，产量首获70余吨。1975—1980年发展较快，进入80年代以后，渔业生产普遍实行了各种形式的承包责任制和引用科学养鱼法，水产事业有了较大发展。截至1986年年底，全市共有养殖水产面24771亩，鱼种产量699.7万尾，成鱼年产量达到485吨。

1975年，咸阳市（今秦都区）渭滨乡留印村利用洼地喷水和胭脂河道排涝水源，开挖鱼种池25亩，改造成鱼池42亩，当年从湖北武汉空运50万尾鱼苗，初始放养，首次产鱼2200千克，揭开了本市水产养殖事业的开端。

1976年，户县热电厂建成温流水养鱼1.14亩，主要繁殖罗非鱼种。1979年礼泉县泔河一库，首次进行网箱养鱼试验获得高产。

从1979年开始，秦都区利用渭河堤北的滩地，建立起多种经营基地2000多亩，基地西片是以渔业为主的养殖基地，共养鱼300多亩。

1984年，秦都区渔场在成鱼池实行套养、混养鱼种，使表、中、底层鱼类充分利用，全面生长，亩产达到1000斤以上，年产2万余斤。1985年，从江西省兴国县引进红鲤鱼草胡子鲇，放养于1万亩的水面，年产达10万余斤；从广州引进草胡子鲇，于秦都渭滨渔场试养，当年3亩池塘产鱼1800多斤；从湖北武汉市引进武昌鱼，于礼泉渔场进行人工繁殖，年产鱼苗20万尾，全市年产量达5万多斤；从武汉市引进银鲫，比本地鲫鱼普遍生长快30%—40%。本市先后引进了罗非鱼、福寿鱼、银鲫、草胡子鲇、荷元鲤、园头鱼等新鱼种，这些鱼类都具有肉味鲜美，营养丰富，生长快，产量高，经济效益显著的特点。

利用轮虫培育水花技术：1984年5月，开始在三原渔场选用1.7亩鱼塘进行试验性生产，投放水花20万尾，密度为每亩11.8万尾，经用轮虫饲养12天，规格约达30厘米，达到夏花分塘标准，成活率70%，生产每万尾夏花仅消耗粪肥约300斤，降低成本28%。

1986年，首次在秦都区渭滨乡渔场进行颗粒饲料精产高产试验，池塘8.4亩，平均亩产达到510千克，优质鱼占61%，亩获纯利825元。

经过多年建设，初步形成一个具有中型规模的鱼苗孵化基地，鱼种培育能力已形成以国营渔场为骨干的生产网络，成为陕西省渔业基地之一。南部八县市区主要以池塘养殖为主，北部五县主要以水库养殖为主。养殖的品种有：鲤鱼、草鱼、鲢鱼、鳙鱼、鲂鱼、罗非鱼、乌鳢、虹鳟等。洋毛湾、泔河一库、大北沟水库还列入陕西省商品鱼基地库，冯村泔河二库列为商品鱼生产基地。

推广的渔业技术有：渔用颗粒饲料配制及使用技术、网箱养殖技术、池塘综合养殖技术、名优水产品养殖技术、池塘无公害水产品养殖技术等。

1986年在秦都区联盟渔场试验渔用颗粒饲料配制及使用技术，当年验收达标。第二年在周边县区开始推广，到90年代末，该项技术在全市普及率达到90%以上，2003年这项技术在全市得到全面普及，产生了较好的经济效益。

1990年在兴平市进行试验、推广池塘综合养殖技术，主要以池塘80∶20养殖模式进行试验及推广，经过10年的推广，这项技术在咸阳市重要渔业养殖县市区得到全面普及。

1992 年在礼泉县首先试验网箱养殖技术，通过宣传、培训、推广，该项养殖技术日趋成熟，到 90 年代末，网箱养殖技术普遍为养殖者掌握。

2002 年在兴平市开始试验名优水产品养殖技术，主要以引进名优水产品种、新技术为前提，以优化渔业养殖品种结构为重点，以提升渔业养殖经济效益为目的，先后引进罗氏沼虾、河蟹、斑点叉尾鮰、青虾等水产养殖新品种，进行试验、示范和推广，通过 3 年的试验、推广，到 2004 年年底，部分养殖品种得到了较好推广。

2005 年在兴平市和武功县首先开始试验池塘无公害水产品养殖技术，随后在泾阳县、三原县和秦都区进行逐步推广，到 2009 年末，在咸阳市渔业重点县市区得到大面积推广。从源头上加强渔业投入品，限用、禁用品监管，规范渔业生产管理，使水产品质量安全水平得到了明显提升。

2002 年省水产养殖病害防治中心在兴平市、礼泉县设立了两个省级渔业病害测报点，对 8 个主要养殖品种，39 种疾病进行监测。主要鱼类疾病有以下几种：草鱼出血病、细菌性肠炎病、小瓜虫病、指环虫病、车轮虫病、水霉病、鳃霉病、细菌性烂鳃病、细菌性败血症、打印病、赤皮病等。

养殖生产过程中，常用的渔用药物有：漂白粉、生石灰、二溴海因、二氧化氯、硫酸铜、硫酸亚铁、高锰酸钾、氯化钠、五倍子、大蒜、穿心莲等。

截至 2011 年年底，全市渔业养殖面积达到 3.16 万亩，推广无公害水产养殖面积 0.68 万亩，年水产品产量达 8600 吨，渔业年总产值 8200 万元。同时，市渔政站再次被农业部评为“全国渔业文明执法窗口单位”“全省渔业执法工作先进单位”，市渔政站获农业部“全国渔业文明执法窗口单位”荣誉称号。

**表 4－5－1　　市水利科技成果获奖一览表**

| 序号 | 成果名称 | 完成单位（主要参加人） | 奖励时间 | 获奖等级 |
|---|---|---|---|---|
| 1 | 市水利水保科技发展长远规划 | 市水利局 | 1987 | 市科技进步一等奖 |
| 2 | 市机井节水节能测试改造报告 | 市地下水工作队 | 1988 | 市科技进步一等奖 |
| 3 | 彬县香庙沟流域综合治理成果 | 市水土保持工作站 | 1988 | 市科技进步二等奖 |
| 4 | 市池塘精养高产试验成果报告 | 市水产工作站 | 1988 | 市科技进步二等奖 |
| 5 | 市水文手册 | 市局王尊让、孙随仓、王浩等 | 1989 | 省厅优秀二等奖 |
| 6 | 方田建设技术推广 | 市方田建设办公室 | 1990 | 市科技进步二等奖 |
| 7 | 黄土高原小流域治理示范成果报告 | 市水土保持工作站 | 1990 | 市科技进步一等奖 |

续表

| 序号 | 成果名称 | 完成单位<br>（主要参加人） | 奖励时间 | 获奖等级 |
|---|---|---|---|---|
| 8 | 市水利区划报告 | 市水利局 | 1990 | 市农业区划优秀成果一等奖 |
| 9 | 长武县鸦儿沟流域治理试验示范成果报告 | 市水土保持工作<br>长武水土保持工作站 | 1991 | 省科技进步二等奖 |
| 10 | 咸阳市农业区划资料集 | 王浩（副主编） | 1991 | 市科技进步一等奖 |
| 11 | 咸阳市地下水开发利用现状调查报告 | 王浩、和留宪 | 1992 | 市优秀调研成果一等奖 |
| 12 | 运用综合方法修复深机井技术推广 | 市水利机械工队 | 1994 | 市农村科技进步二等奖 |
| 13 | 地质与电探相结合在探测地下水中的应用 | 市水利机械工队 | 1995 | 市科技进步二等奖 |
| 14 | 市水中长期供求计划 | 市水资办董生荣、杨宣政、史玲等 | 1998 | 省厅优秀成果一等奖 |
| 15 | 基岩深管井结构与成井新工艺 | 市水利机械工队 | 2000 | 市科技进步二等奖 |
| 16 | 市地下水动态分析研究成果报告（1997—1999 年） | 市地下水工作队王意超、和留宪、王浩等 | 2001 | 市科技进步二等奖 |

# 第六章

# 农业机械科技

咸阳农业起源很早，与农业发展的农机具也源远流长。据考古资料及市境内出土文物考证，早在距今约七八千年前的老官台文化时期，先民就在这里繁衍生息，当时使用的生活及生产工具是以打制石器和木器等为主，也有不少磨制石器和细石器，如石铲、石镰、石凿、石锄、石斧等。

夏、商、周、春秋、战国时期，铁农具的使用已相当普遍，到了秦朝（公元前221年）农具有了很大改进，出现了犁。三国时期，兴平人马钧发明了翻车（亦名龙骨水车），对战胜干旱，扩大灌溉面积起了很大作用。

宋、元、明、清时期的农耕工具，从开垦、耕耘到收获用的犁、耙、耧车、锄、铲、碾、碓、砻等都很齐全。

1949年中华人民共和国成立后，各级人民政府十分重视农业机具的改革，采取了一系列政策措施发展农业机具。

1989年以后，咸阳农业科技发展迅速，无论是小麦跨区机收还是农具总动力，都在全省位居前列。

截至2005年年底，全市拥有各类农业机械29.6万台部，其中拖拉机2.15万台，小麦联合收割机3200台，农用运输车8.14万辆，畜牧业机械1.2万部，耕整地机械、收获播种机械增长较快，畜牧业机械、乡村运输机械、农用排灌及植保机械在农机总量中比重明显增加。全市完成机耕作业面积690万亩，机耕水平95%；完成机播面积520万亩，机播水平达90%；机收小麦面积300万亩，小麦机收水平82%，比“九五”末提高21个百分点；小麦、油菜、果树病虫害防治基本上实现了机械化；在农村运输总量中，90%以上由农业机械承担；农产品初加工、饲料加工已实现了机械化；奶牛挤奶、饲草加工等畜牧业机械化得到了突破性发展，2005年秋季完成玉米秸秆机械饲草100万亩，玉米秸秆利用率达70%以上。

截至2011年年底，各类种植业机械、农村运输机械、农产品加工机械、果园机械和蔬菜畜牧机械总量达到42万台部，农机驾驶、维修、销售和管理推广技术人员11.2万人。

## 第一节　农业机械

旧石器时代，人类把天然石块略加敲打而制成最简单、最原始的工具。新石器时代，根据考古资料，咸阳农业或已进入锄耕农业阶段。从属于老官台文化类型的邠县下孟村遗址出土的生产工具，石、陶、骨、蚌材质齐备，石质工具以磨制为主。80余件斧、刀、锛、铲、凿、纺轮、网坠、箭头中，农具占绝大多数。铲、锛类翻土工具的出现，表明下孟村农业或已进入锄耕农业阶段；石陶蚌刀较多，显示出谷物收获量较大；网坠、箭头的存在，反映了渔猎经济占一定比重。武功游风遗址的农业生产工具大都通体磨光。石斧已产生某种器型分化，以用于不同生产项目。石锛小型平刃，入土便捷。石刀穿孔弧刃，系绳方便，割穗省力。网坠为束腰式，不易脱落。尹家村石器石料有燧石、玉石等，一般硬度都在七度以上，需要较高的磨制、穿孔技术。尹家村制作的斧、锛凿之精致程度超过了半坡。武功浒西庄、赵家来遗址的各种生产工具中，斧、铲、刀、镰等农业生产工具分别约占45%和55%。人们已经注意到石料的取材与器具用途间的密切关系，如砍砸、翻土类器物常选用硅质岩等岩质坚硬的石料；石刀等则多以易磨的泥板岩制成。除了实物工具之外，浒西庄和赵家来遗址在一些灰坑和窑址火膛壁上还留有许多工具掘痕，这些掘痕均为单股，可能是平刃木棒类工具遗留的痕迹。

先周农业工具的基本材质仍以木石为主，保留了较多的原始特征，郑家坡典型的双孔曲刃石刀、长方形石铲、石斧、石锛、纺轮、陶拍（陶压锤）与客省庄二期同类器物没有多大差别，甚至制作骨铲的取料方法也完全一样。长武碾子坡先周遗址中除有少量铜制礼器、手工工具外，农业生产工具仍以石、骨器为主。商周青铜农具在咸阳多有出土，1959年在武功漳沱村出土晚商青铜钁一件、斧二件、锛一件。在彬县下孟村出土了西周铜镰。1969年、1972年分别在长武县张家沟、刘家河出土西周铜刀，1982年在淳化县出土商代铜削、刀、斧。青铜农具之发明，在农具发展史上具有十分重要的意义。青铜作为富有延展性与可铸性的金属材质，其制作性能比木石材质优异很多，为以后农业工具的规范、标准、科学化生产奠定了基础。西周时期见诸文献的农具有耜、钱、鎛、艾等，诗中有言耜者往往冠以表示锋利的形容词，反映了青铜耜的增加。钱类中耕青铜农具已有实物出土，形制多样。鎛、艾都是收获工具。秦是最早用铁的部族之一，《诗秦风》“驷驖孔阜”言马色若铁，铁当常见。近年来，考古工作者在关中西部的春秋墓葬中出土铁剑、铁铲、铁钗等生产工具多件，经化验为脱碳铸铁，冶铸技术甚高。战国铁农具种类有凹字形铁口锄、锸、空首布形铲，楔形长板铁䦆，弯月形铁镰等。秦人对生产工具的长短，宽狭甚为讲究，以适应耕垦、整地、除草技术的需要。《吕氏春秋》："是以六尺之耜，所以成亩地；其博八寸，所以成田川地；耨柄尺，此其度也；其耨六寸，所以间稼也。"人力耕具的出现，在世界农具史上占有一定的地位。周秦旧地，是最早推行牛耕的地区之一。《山海经·大荒经》载后稷之侄叔均"始作牛耕"。秦以牛耕积谷，水漕通粮，曾给赵国以很大威慑。秦国已普遍采用穿牛鼻法驯服耕牛。秦始皇陵出土的秦代铁铧，由其形状不同，可分为两种：一种铧体呈弧形筒状，即U形，铧尖为双面三角形，高17厘米，宽8—14.5厘米。另一种呈双翼形，亦称V形铧，两翅交叉处正面有峰者，便于破土。

汉行盐铁官营，在全国设铁官49处。咸阳漆地产铁。从已发掘的陕西汉代冶铁遗址看，基本上是以浇铸农具为主。1974年10月，在永寿县监军公社西村大队第九生产队平整土地时发现一批汉代铁器，其中铁农具有：V形铧冠、铧、铲形锄、凹口锸、刀形器等32件，还有正齿轮、铁钗、六角承器、钩形器、曲形器、环器、铁箍、锛辖形器和铁矛等16件；1975年，又在长武县丁家公社出土汉代农具40多件，其中镢形农具9件、铲12件、铧冠4件、锄1件、锄板6件、镰刀8件。这些铁农具许多都是成批成组出土，器具类型齐全，式样繁多，又规格统一。说明汉代铁农具生产的标准化、系列化和商品化，也反映了铁农具在当时农业生产中的广泛应用。

汉代犁铧，在陕西关中地区出土最集中。咸阳地区的兴平、礼泉、永寿、长武、咸阳等地都有发现。1960年，兴平县出土一汉铧，前端平齐，后端稍大，犁銎为扁圆形，两面突起。前端一侧锈有铧冠残片。1964年8月，礼泉县烽火公社出土铁器中有铁铧两种，一种长30.2厘米，后宽30厘米，高8.3厘米；一种较小，只是在突起面的中间距后面11.7厘米处有一道长7.5厘米、宽2.2厘米、高1.3厘米的凸脊，前低后高，像倒置的鼻梁，以放置僻土，铧长23.3厘米，后宽28厘米，高8.6厘米，均套有铧冠。辟土有两种：一种似菱形叶状，长45.5厘米，宽22.3厘米，有凹弧似板瓦，正面光素，背面弧起，有4个穿绳的鼻钮。另一种断面呈"V"形，似马鞍，高22厘米，宽23厘米，下面前端有一突尖，使用时插入小铧突脊小孔中，背面有穿绳的鼻钮。咸阳北杜镇与周陵公社赵家村也出土类似铁铧和僻土，背面铸有似"川""田"字样，拟或为铸地或铸工勒名。汉代犁多为平底长辕犁，犁床水平着地，前套犁铧，后竖手把，中有犁柱，上有犁辕，并与柱把、犁床结构成方框，犁辕长且直，前接横木，作为牛轭，以"二牛抬杠"形成牵引，耕作时要"二牛三人"结组。东汉时，似乎已可以通过犁箭以控制深浅，用牛环牛辔导牛。至西晋咸宁三年（277年），长安人杜预建议以单牛责谷，征诸西北等地屯垦。画像上所见之双长辕犁，可以肯定一牛一人的耕作方式已被普遍采用。唐代农具最大的成就是曲辕犁的出现。曲辕犁变直辕为曲辕，使犁辕长度缩短，淘汰了犁衡，使犁架变小，重量减轻。从三原唐李寿墓壁画之牛耕图可以看出，早在唐朝初期已经出现长曲辕犁。这时，犁和汉代的二牛抬杠式的犁一样，也是用两头牛牵引的，只是将长直辕改为长曲辕。辕向下曲，使犁辕末端和犁衡与牛肩的角度变小，从而减轻了牛的劳动强度，这种犁后来发展为短曲辕，辕之前端有盘可以转动，系绳索栓曲轭套在牛肩上，不但节省畜力而且转弯灵活。

耧车，是赵过任搜粟都尉时的一项发明。崔寔《政论》中说："三犁共一牛，一人将之，下种挽耧，皆取备焉。日种一顷，至今三辅就赖其利。"耧车是把开沟、下种、条播、覆盖诸工序一次完成，可谓巧便。唐李寿墓另有耧播图，一农夫手扶二脚耧把，前驱一牛，且行且种。牛肩着曲轭，轭连双辕，辕接于耧，耧上置种子箱。根据文献记载，还有一种一脚耧，最宜垄种。说明耧的种类明显增多，用途更加广泛。

氾胜之总结三辅地区农业生产经验，多次强调平摩土块。《氾胜之书》所提出的"凡耕之本，在于趣时，和土，务粪、泽，早锄，早获"的耕作栽培总原则，包括了"趋时""和土""务粪""务泽""早锄""早获"六个技术环节。

魏晋时期耙耱工具定型，形成了"耕—耙—耱"一整套以保墒防旱为主要内容的耕作体系。唐代，西北耙耱与早春防旱措施结合，实行"顶凌耙耱"，这一技术一直沿用至今。

宋元时期，西北传统农具基本定型，后世所用旧式农具均已出现；明朝时期，农具发展更趋于完整配套，农具的掌握与使用技术成为当时农具科技发展的新特点。在小农具全面发展的基础上，还出现了包含复杂机械原理的耕具发明。

宋代耕犁出现了挂钩和软套，结构更加轻巧、捷便。此后，金人占据关中，对农业发展也极为重视。金代犁具比较厚重，但部件完整，有铧、壁、镗头等，还有首次出现的比较灵活的犁牵引。关中西北部出土铡刀、垛铲等金代饲草加工工具，和今日农村通用形制相近。金代农书《韩氏直说》中有一种形如马镫的除草工具，名曰"镫锄"，颇类于明清时期关中所用之漏（露）锄，只不过是直柄而已。《种莳直说》中的中耕机械耧锄，"下仰锄刃，形如杏叶"，在关中地区则因地制宜，有所改进。使其锄刃如镫锄，中空如窗，除草又不翻动地表，有利于保墒防旱。金代关中等地荞麦种植比较普遍。荞麦熟时子易焦落，于是乎又有推镰之创制，"子既不损，又速于刀刈数倍"。元代，农业生产工具曾向高效率发展。唐时于关中出现了麦钐，至此钐、绰、笼结合为一整套的收麦器械。麦绰形似簸箕。麦笼为盛麦器，以竹木为之者下装四轮，可以滚动；以芦席为之者，置诸地上拖曳前进。以此芟麦，比之镰获手束，其功殆若神速。关中等地还出现四脚耧，但添一牛，功又速也。

自唐代始，陕西即有机械耕具发明与使用记载，其中以泾阳王徽制成的“代耕架”最为著名。王征运用西方自然科学知识改造传统农具，在泾阳乡间经过反复研究试制，制成“代耕架”，同时制图撰文，使古代机耕之法大白于天下。他运用轮轴原理，在田地两头分别设立一人字形木架，木架上各装一辘轳；两辘轳间绕一长索，中点结一小铁环，可与耕犁自如钩脱。耕作时，两人分别扳辘轳十字形橛木，索动而犁进，由一人扶犁往返耕翻，故有“一人一手之力，足抵两牛”之说，并且业已试之有效。代耕架利用杠杆机械原理，以轮轴传动替代畜力耕作，对传统牛耕来说是一次革新，在世界农业史上占有显著地位，对未来耕具改革仍具启示和借鉴意义。

明清时期，生产力发展的突破点转向耕作制度和耕作栽培技术方面，农具结构讲究轻巧，一器多用；因时因地因物而使用，掌握农具成为对农业劳动者的基本要求。杨屾在《知本提纲》中关于耕犁记载，“用犁大小，因土之刚柔。刚土宜大，柔土宜小。且其土有用一犁一牛者，有用一犁二牛者，有用三牛四牛者，有用二犁一牛者。有浅耕数寸者，有深耕尺余者，有甚深至二尺者。当各随其方土，相宜而耕，不可执一而论也”。反映耕犁种类甚多，唯应因土而用。用钐镰收麦，速度快、效率高，大忙季节非常管用。在地广人稀之地，钐镰被广泛应用，几乎为农家必备之具。然而人们往往忽略了使用钐镰造成的严重落粒和留茬过高问题。三原杨秀元详细计算了钐麦落粒造成的损失，主张关中农区除了旱原上的麦、长的不好的麦和“麦收后种谷之地”的麦，可用钐镰收割外，不到万不得已时，尽量不要使用钐镰。铡草，麦前苜蓿长短都以将就，麦后则宜铡短。“用碾子碾麦要细心，雨水过多不可碾，天气寒冷不可碾，如遇合时而碾。早饭时套牲口，午饭时卸牲口。”“十月天气耱麦，……且宜一早因潮气露气而耱，日头一晒，地皮硬矣。”关于耧播，杨秀元认为应视墒情而选用不同的耧铧子，他说：“麦秋二料，下种时看墒大小。墒若不足，耧的铧子总要以新的为妥，以其入地深，种子不至于放在干土上。”关于中耕锄具，杨秀元要求“总要有脚（角），无脚锄锄地不好”，锄柄不宜太长，以三尺五寸为度。

明清时期咸阳新出现的中耕农具名曰漏（露）锄，它大约是由金元时期的镫锄转化而来。《农言著实》中有记载。它比常锄小而有一窗形空间。此锄之特点在于间苗而不壅根，锄草而不翻土，锄后地面平整且有利于保墒防旱。至今仍在关中农村广泛使用。

明中叶以后，除犁铧、犁壁等仍用生铁铸造，铁搭一类耕垦工具仍钢铁制造以外，锄、镢、鏄、镰等小农具则多采用“生铁淋”技术，制成“擦渗”铁农具。这些熟铁制成的小农具，采用“生铁淋口”方法，使其刃口表面有一定厚度的生铁熔覆层和渗碳层，而渗碳层具有高碳钢的组织。这样就使得这些铁农具制作时不需要在刃部夹进炼好的钢条，而具有钢刃的性能。这种“生铁淋口”方法比较简单，造价又便宜许多，是铁农具广泛使用的原因之一，可谓铁农具发展史上的又一项重大改革。

明清时期，咸阳的传统农业技术已达较高水平。时值近代，在西方资本主义国家出现了以实验农业科学为基础，用先进的工业材料和技术装备起来的农业生产方式和手段，承替了传统的农业技术，这就是近代农业技术也称为“现代农业技术”。但是半封建半殖民地的中国农业并未能与其同步发展。在咸阳，只能见到现代农业技术的一些萌芽，牛耕、铁具等小农具仍是咸阳农业生产的基本手段。

新中国成立前，咸阳市农村没有机械化、半机械化的农机具。1934 年，苏联政府曾赠送给陕西一台拖拉机，机械运回到当时的西北农学院后，由于当时旧政府不重视农业，也没有懂得农业机械的技术人员，因此，这台机械一直没有使用。泾阳县虽然建立了省级农业改进所并附有农场，也没有用过大型机械，仅使用耕锄、喷雾器等一些较先进的半机械农机，而广大农村仍然沿用古老的旧式农具。

咸阳市农业机械化从新中国成立至今，经营体制经历了由国营到社营、社营到国营、再由国营到社营几个阶段。1978 年以来，已进入了稳步发展的新时期。

1978 年，乾县棉花办公室组织咸阳市植保厂和薛录公社农机厂协作，试验改革“丙 52 型”喷雾器挡片成功。喷雾工效提高 50%，每亩次用量比原来节约近 3 倍，而杀虫效果提高 7%。

中共十一届三中全会以来，随着农业生产责任制的建立，农机发展进入调整期。从 1978—1985 年，全市农机发展的特点：一是小拖拉机及小型农具成倍增长；二是农机多种经营形式并存，以户营为主；三是因地制宜，选择发展；四是农机服务领域扩大，作业量持续发展。农机总动力增大、中型拖拉机迅速增长，分别增长 59.3% 和 69.3%。

1981 年，乾县水保站引用西北林业机械厂生产的“Z”型整地挖坑机，在铁佛公社进行挖坑植树试验，共营造刺槐 903 亩，计试验时数 52 时，共挖坑 19408.5 个，平均每小时挖坑 371 个，耗油 1.75 千克，每亩按 300 株计，需时 48.6 分钟，耗油 1.35 千克。人力与机具配合每分钟植树 613 株，每亩费用 2.6 元，比人工植树提高工效 1.07 倍，每亩费用下降 1.3 元，成活率达到 86%—

95%，比人工提高33.4%。

1985年，全市农业机械化程度已发展到了新阶段。全市有县级农机修造厂11个，共有专业技术人员69人。科学研究、先进成果、新技术得到引进与推广。本市生产的农机产品有：植保机械、灌溉机械、机引农具（旋耕机农机具等）、中小农副产品加工机械（磨粉机、风机、粉碎机、脱粒机等），有力地促进了农业生产。

1985年，全市机耕面积389.95万亩（其中深耕8寸以上的有71.26万亩），占总耕地的52.6%；粮食作物机播面积，占粮食作物的32.9%；小麦脱粒碾打基本实现机械化，机收面积4.02万亩，机械排灌面积占全市有效灌溉面积、排灌面积49.7%。全市拥有农业机械总动力已达1245672马力，占全省的16.3%。每万亩耕地占有农机总动力1679马力。每个农田劳力拥有动力机械由1957年的0.003马力发展到1985年的0.87马力，提高了290倍。人、畜、机三者之比由1952年的1∶0.3∶0.19，也发展到1985年的1∶0.15∶0.87。

农村运输机械发展很快，全市有大、中型拖拉机3805台，手扶拖拉机220302台、胶轮大车8761辆，架子车556342辆，农用载重汽车1544辆（137725马力），农业生产和生活资料的运输基本实现了机械化。植保机械已遍及农村。全市有人力喷雾（喷粉）器105362台，机动喷雾机1072台，机动喷粉机14台，使防虫、灭草初步实现机械化。

（1）地膜覆盖机械化技术的推广。用机械铺膜比人工铺膜有以下优点：机械铺膜质量好、工效高；拉得紧、铺得平，四至五级大风也可正常作业。与人工铺膜工效比较，使用中型拖拉机牵引，可提高50倍，使用小型拖拉机和畜力牵引，可提高20倍。每亩可省膜0.5—1千克，价值4元。“七五”期间，咸阳市重点推广棉花地膜覆盖机械化，推广面积120万亩，占棉花播种面积的30%。

（2）抗旱作农业耕作机械化技术的引进推广。抗旱蓄水保墒等耕作技术是咸阳市北部旱原农业稳产增产的重要措施。“七五”期间，咸阳市永寿县农机修造厂，引进生产的旱地小麦“谷物沟播机具”，具有提高肥料利用率，有利于提高播种质量，增育壮苗等功效，一次可完成开沟、播种、深施种肥、播后镇压等4道工序。经沟播机播种的小麦，出苗快，苗全苗匀，沟播麦较条、耧播麦早出苗2天，出苗率提高1.5%—24.5%。经近几年在旱地大面积试播，平均较当地耧播麦增产20%左右，较条播机播麦增产15%。试验证明，采取这种技术措施，在相同条件下，使旱作小麦亩产增产90—150斤，化肥利用率提高30%，是提高旱地小麦播种质量较理想的播种机具。

（3）机械精少量播种技术的推广。机械精少量播种技术，包括平整土地、合理施肥、种子精选、精少量播种和药剂除草等，是一项先进的综合性技术。精少量播种技术，具有省种省工和苗壮的优点，一般每亩可省种子2—4斤，且有利于普及良种。机械精少量播种速度快、工效高，一机两人，每日可播120—150亩，其效率相当于250个劳动力，同时每亩可省间苗工0.5个。“七五”期间，在南部灌区有重点的引进少量精量播种机，主要用于玉米、棉花精量播种试验。在永寿等油菜产区引进试验油菜精量播种机。

（4）喷灌技术的引进推广。喷灌技术是农业生产上的一项先进技术，它具有促进作物增产、节约用水、少占耕地、保持水土、避免水土流失、节约能源等优点。截至1984年，咸阳市喷灌机械已经发展到185套。“七五”期间，引进推广喷灌机械500套，喷灌面积5万亩。

（5）烘干设备综合利用技术的引进推广。1984年，从四川三台和山西太原，引进5HDJ－7B型和5H－1型低温烘干机六台。在兴平、泾阳对玉米、小麦、辣椒等物料进行了烘干试验，取得了一定的效果。“七五”期间，在每个县已建立5个烘干点，重点是辣椒烘干工艺的研究。

（6）薯类加工机械化技术的推广。“七五”期间，延川县生产的6LF－150型通用漏粉机已在三原县设点试验推广，取得成功。

“八五”以来，在吸取过去经验教训的基础上，农业机械化开始走向因地制宜、讲究实效、量力而行、稳步前进、有选择化的轨道，因而充分调动了集体和个人两方面积极性，有力地促进了农村经济的发展。作业项目由少到多，现已开展的有耕、耙、播运、碾打、脱粒、铡草、碾米、磨面、饲料粉碎、排灌、多种经营等。

截至2011年年底，农机化事业已经有了突飞猛进的发展，小麦跨区机收在全国创出了“咸阳品牌”，拥有西北地区最大的农机集散地，全市农具总动力已发展到249.12万千瓦，农业机械总值18.32亿元，位居全省第二，各类种植业机械、农村运输机械、农产品加工机械、果园机械和蔬菜畜牧机械总量达到42万台部，农机驾驶、维修、销售和管理推广技术人员11.2万人。

## 第二节　农用机械管理

### 一　行政管理体制的历史沿革

1950年，咸阳行政专员公署成立后，由建设科分工管理新式农具的引进、示范、推广等工作。

1953年，成立茂陵国营拖拉机站后，各地陆续建站，当时是以国营为主的经营方式。

1958年后，拖拉机全部下放给人民公社经营，随着省农机站的成立，1959年合并大县，1960年咸阳市在农林局内成立了农机管理站。1961年大县、大市撤销，1962年国民经济调整、巩固、充实和提高，拖拉机收归国营，咸阳市农业机械仍归地区农林局领导。

1965 年，咸阳成立半机械化农具公司，统一管理研究、制造、修理、供应、使用、技术推广和租赁工作。同年 5 月，成立半机械化农业建设科。

1972 年，农林局内设农机管理站，管理农业机械化工作。翌年 10 月，在农林局内成立地区拖拉机管理站。

1974 年 8 月 31 日，咸阳地区革命委员会下发通知，成立地区农业机械化领导小组。

1974—1975 年间，全市有 12 个县相继成立农机局。

1976 年 7 月 16 日，成立咸阳地区农业机械管理局，王伟章任局长，余增贤、刘占齐、李延方任副局长，其业务范围按照咸阳地区革委会咸地革（1976）58 号文《关于地区农业机械管理局业务范围的通知》规定：主要是贯彻执行党的路线、方针、政策、负责全区农业机械化和半机械化的管理、供应、修配和人员培训工作，地区农业机械公司为局的下属单位，受农机局领导。

1979 年，咸地政发（1979）77 号文《关于划分农业机械管理归口的通知》，将咸阳拖拉机配件厂、陕西省内燃机配件一厂等 19 个厂（所）划归地区农机系统管理，同时将地区农机管理局改名为地区农业机械局。

1981 年 4 月 20 日，地区行政公署，将地区农机局管理的农机制造业务划归地区冶金局，同时改名为地区农机管理局。

1984 年 8 月 25 日，咸阳市政府决定，撤销咸阳地区农机管理局。在原来农机管理局基础上，分别成立咸阳市农机管理站、咸阳市农机安全监理所、咸阳市农业干部培训班，属事业单位，业务归咸阳市农牧局领导。

1996 年，《陕西省农机管理条例》颁布实施，标志农机管理进入依法管理的轨道。

1998 年 6 月 26 日，市人民政府组建咸阳市农业机械管理局，先后任命樊延平为农机局局长、党组书记，王安民、焦西为农机局副局长、党组成员。

2001 年 12 月 24 日，咸阳市农业机械管理局改名为咸阳市农机管理中心。2004 年《中华人民共和国农业机械化促进法》及《道路交通安全法》颁布实施后，农机法规进一步完善，农机管理进入发展的新阶段。截至 2007 年，全市建设平安农机示范村 110 个，农机专业户 2.6 万户，从业人员 5.2 万名，形成了依法管理与优质服务相结合的良好局面。

## 二　各个阶段的经营方式

（1）第一阶段 1952—1957 年为农业机械的起始时期。经营形式主要是国营，开始推广新式农具双轮、单轮双铧犁、马拉收割机、电动水车。1953 年，国家投资在茂陵建立了第一个国营农业机械拖拉机站，有职工 21 名，进口拖拉机 3 台，主要任务是为农民进行机械化作业示范，代耕、代种和对进口样机进行试验。1956年接着在秦都区窑店、泾阳县永乐、礼泉等地相继建立了国营拖拉机站。共有拖拉机农具48台件，有职工174人。机械从苏联及东欧一些国家引进，机站的经营管理采用苏联模式，国有国营。这一时期为全市培养了一批管理人员和技术人才。生产工具的改革，提高了耕作质量，强化了抗御自然灾害的能力，提高了农作物质量，据秦都区区划调查，机械耕作的田块比畜力耕作的田块产量提高20%。

（2）第二阶段 1958年4月至1962年11月为发展期。1958年随着人民公社的诞生，所有国营机械拖拉机站都移交人民公社所有，集体经营，这一时期，农业机械和拖拉机的增长量较快，1962年年底全市共有拖拉机226台，6203马力，拖拉机比1957年增长2.4倍。省、地、县都专门设立了农机管理机构和农机供应公司，各县都重新组建了国营农业机械拖拉机站，站下设机耕队、机务组、财务组、修配供应组，实行单车核算，由于从上到下加强对机站的领导，重视经营管理，机耕作业质量显著提高。机站大部分由亏损转为盈余。全市除乾县（一、二、三机耕队）、彬县国营机站保留外，其余全部下放至公社，这个时期国有国营和私营并存，以集体经营为主。

（3）第三阶段 1962年12月至1966年6月为稳定发展时期。1962年，开始将下放的拖拉机收归国有，大中型拖拉机几乎为国有国营，再次由国家办站，建立了一套完整的管、供、修、造、用五统一的管理制度。社营站仅有杨陵公社基站一家，这一时期国有国营和集体经营并存，但以国有国营为主。

1964年，省水保站引进辽宁省阜新山地开沟犁，在长武县芋园公社柳家大队进行方田筑埂修路试验。开沟犁自重2000千克，旋转式单向开沟结构，由东方红54型拖拉机牵引，据测定Ⅰ—Ⅱ速行驶，平均一次开沟深36厘米，幅宽38厘米，翻土距58厘米，壅土高25—30厘米，试验共历50天，完成面积960亩，平均每工日完成4.6亩，比人工提高工效10—18倍。1965年该机经过改进后，继续在彬县新民、北极两乡进行试验、示范和推广，受到群众的好评，是黄土原区培埂、深翻、修路较为理想的施工机具。

1965年，咸阳地区农业机械研究所成立。该研究所承担间作移栽机具、手扶拖拉机配套机具、小麦烘干机、200NQ80－100潜水电泵、小麦收割堆放机、JYl.5－14/28型潜水泵、简易养鸡笼等课题的研究。其中S195型柴油机润滑系统局部改装研究，获1982年咸阳地区科技成果二等奖、省人民政府1983年科技成果三等奖。对咸阳的农业机械推广、引进、研制上起到一定的推进作用。

（4）第四阶段 1966年6月至1969年属稳定时期的后阶段。这个时期开始下放机具，已建立了一套完整地管、供、修、造、用五统一的管理制度，地、县都专门设立了农机管理机械和供应公司，各县都进行社营试点，国社合营、队有队营试点，站下设机耕队、机务组、财务组、修配供应组，实行单车核算。由于从上到下加强对机站的领导，重视经营管理，机耕作业质量显著提高，机站大部分由亏损转为盈余，这个时期大、中型农机具的经营形式为国有国营、社有队营、国社合营、队有队营五种形式，但以国有国营为主。

（5）第五阶段 1970—1979 年为农业机械大发展时期。在经营形式上，国营机站的拖拉机和配套农具全部下放至人民公社集体经营，不少大队生产队也开始购置农机具，自管自营，出现了国家、集体同时经营农机的格局，以社营为主。与此同时，各县在国营机站的基础上相应的创建了农机修造厂、农机公司，服务于机械化。农业机械化和科学种田紧密结合，有力地促进了农业生产的发展。这一时期，国家对农机化发展非常重视，每年都投资一笔可观的农机化发展资金和无息、低息贷款。1979 年与 1970 年相比，农机总动力增长 5.6 倍，大、中型拖拉机增长 6.2 倍，手扶拖拉机发展到 7771 台，9274 马力。

1976 年，水枪冲土造田在乾县等八县试用，冲土造田 800 多亩。打辐射井的水平钻机试验 48 台，除本地区使用外，还支援了外区一部分。

同年，市水保站引进山西应县雄鹰牌园盘式铲抛机一台，1977 年先后在三原洪水、新兴、嵯峨公社，进行修梯田试验，1978 年后对该机进行了改制，通过鉴定，命名为渭源－1000 雁窝铲抛机，在全市进行推广，曾先后修水平梯田 527 亩。改制后的铲抛机，铲土平均深 10.4 厘米，抛土平均距 14 米，每小时最高抛土 288.8 立方，提高工效 1.03 倍，每小时耗油 6.1 千克，比改前降低 14.7%。与普通推土机比成本费低 3 倍，与人工平地相比相当于 140—150 人的工效。

（6）第六阶段 1980—1990 年为农业机械多元发展时期。在此期间，个体经营的农业机械逐年增加，1984 年全市农业机械总值 24086.53 万元，其中国营只有 283.5 万元，仅占 1%；村民小组 2571.53 万元；联户 1930.68 万元；独户 13824.55 万元，占 99%。全市农机总动力 1206527 马力，国营只有 19694 马力，占 2%；村有 237070 马力；村民小组 180474 马力；联户 79497 马力；独户 597246 马力。从 1984 年开始，个体经营在多种经营形式下开始处于主导地位。这一时期，市县先后开展了推行“五定一奖”和“向望奎县学习”的活动。

咸地行署农机（80）013 号文《关于推行长武县“五定一奖”暂行规定的通知》中指出，“五定一奖”办法对办好咸阳农机企业起到了积极推动作用，其具体内容如下：

五定，即定机具、定人员、定任务、

定消耗、定盈余。定机具：每台拖拉机配备一定数量的农具，固定专人负责。实行单车核算，车组未经站上同意，不得随意将机具调换、转让、互借、互驾，要认真搞好维修保养，经常保持机具技术状态良好。定人员：各机组人员要按技术力量强弱、思想、工作状况进行分配，不要轻易变动，保持相对稳定，机组人员要切实尽职尽责，严格执行岗位责任制，对机车的生产任务、经营效果、安全、保养等负有责任。定任务：根据上级部门下达的各项作业任务，结合本社的实际情况，按机型分别一次下达到机组，同类机型按技术状态配套农具多少、作业区域、自然条件等下达，按作业项目季节项目分别检查，机组在保证质量的前提下，努力超额完成分配的任务。定消耗：油料费、维修费、可变成本，在年初下达计划时，按机车技术状况，参考历年的消耗，具体分析，分别核定，亩耗成本要控制在规定的范围内，努力节约费用，降低成本，增加积累。定盈余：机车组的年盈余，通过年初预算要有明确的定额，机组要为增加盈余而努力，为企业提供利润而奋斗。一奖，即超任务、超盈余、节约费用奖励。

黑龙江望奎县由于重视农机机务管理，拖拉机和农具完好率都在90%以上，机具技术状态良好，基本实现了作业质量好、效率高、成本低、事故少、寿命长。旬邑县在全省推广望奎县机务管理以及省机务管理澄城现场会后，从推广机油、空气滤清加卫生纸过滤入手，为搞好拖拉机主附燃油的净化工作，实行三级过滤，两级沉淀，浮子取油密封加油，使机具完好率上升。地区农机局以农机大检查的方式推广旬邑经验。三原县在学习望奎县经验中，还承担了制造不拆卸查仪的任务，地区给予了资金支持。

（7）第七阶段 90 年代至今为农业机械健康发展时期。90 年代主攻小麦机械化收获，大力推广小麦联合收割技术；2000 年以来主攻玉米机械化播种，大力推广硬茬播种、带状旋播技术；2004 年以来主要抓玉米联合收获技术。

1990 年 1 月，永寿县农机修造厂，从 1988 年开始研制的谷物施肥沟播机获得成功，可使旱地小麦增产 15%—30%。在全国科技兴农展览会上，农业部副部长王连铮及原农牧渔业部部长何康都给予高度评价，并获大会铜牌奖。4 月 24 日，咸阳市成立 2BFC－6（S）型谷物施肥沟播技术推广小组。6 月 13 日，泾阳县崇文乡农民许立新自费购买联合收割机为群众服务，这也是该县农民个人购置的第一台中型联合收割机。购买的型号是桂林 2 号小麦收割机。同年 9 月，咸阳市开展 S195 柴油机改造节油技术。

1991 年 1 月 21 日，市农机部门组织近百台中小型联合收割机、近百台脱粒机前往永寿县店头、仪井、监军、蒿店、御驾宫、马坊和甘井七个乡镇进行收割和脱粒，加快了该县的夏收进度。

1994年7月3日，市农机管理站为提高小型拖拉机的技术水平，加大了S195柴油机改造技术推广力度。

1996年，农机部门围绕“吨粮田”“双千田”和“旱作业高产田”建设，以重点推广五项农机化作业技术为中心：一是在南部县（市）区继续推广小麦精少量播种技术。该技术深浅一致，出苗整齐，可节种30%，增产20%以上。二是在北部各县继续推广小麦沟播技术。该技术比常规播种的增产幅度一般在20%左右，在干旱的塬区尤为显著。三是结合农业“节本增效工程”，推广化肥机械深施技术。四是推广全方位土壤机械深松技术。五是推广玉米秸秆还田技术。采取粉碎还田、整秆开沟翻压还田、场上饲草粉碎机粉碎、人工抛撒还田等多种方式方法。1997年，增加了推广地膜穴播小麦技术。

2002年“三秋”期间，全市共推广各类农机新机具1906台，其中精少量播种机1513台，秸秆粉碎直接还田机188台，秸秆揉搓挤丝机134台，大中型拖拉机更新71台。

“两高一优”农业是由追求产品数量增长向高产优质并重，以提高经济效益的重大转折，是进入农村商品经济大发展时期后农业自身的一次革命，是改造传统农业、实现农业现代化的必由之路。“两高一优”机械化农业工程项目是以机械深翻、机械播种（沟播、精少量播种、山地水平沟播种）、秸秆综合利用、机械深施肥、机械化地膜覆盖、水稻机械化技术及机械化收获等十大项新技术新机具的应用推广为主，同时逐步提高养殖业和加工工业机械化水平。重点突破精少量播种、沟播、秸秆还田和农业机械化收获。

组织实施“六大工程”是实现农机、农艺的有机结合，推进农业科技进步，发展高产、优质、高效农业的一项重要举措，是提高农业机械化总体发展水平的一项基础性建设。

“节本增效工程”：重点是节种、节肥，在节种方面，大力推广小麦玉米精量、半精量播种技术，小麦、油菜沟播技术。在节肥方面，推广机械化深施化肥技术。

“旱地机械化农业工程”：在北部旱塬全面推广机械深耕、旱地沟播、小麦机械收获等先进成熟的机械化生产技术，引进推广小麦地膜穴播、土壤深松技术，提高农业生产的科技含量。

“玉米增产机械化工程”：在南部灌区大面积实施玉米硬茬播种、玉米秸秆还田技术，大力开发引进玉米机械化联合收割技术和地膜玉米机械铺膜技术。

“农、畜、特产品加工增值机械化工程”“果园生产机械工程”也取得了新的进展。礼泉、淳化等县已着手引进菜果采摘器，解决广大果农采摘果品疑难问题，兴平已建成大蒜生产、加工、贮藏基地，三原县薯类深加工生产基地也已初步建成。

“机械化‘菜蓝子’工程”：引进推广“工农－36”“工农－1”型喷洒农药机械15台。为配合蔬菜精耕细作的生产要求，秦都区自行设计制造了“秦都”牌开沟起垄机50台，提高了菜农的生产效率。

## 第三节 农用机具

民国二十三年（1934年）陕西省主席杨虎城出资，引进德国设备，聘请德国专家林期伯为顾问，在咸阳城里兴建尧山油厂，日加工棉子3万千克，生产油脂2500千克。

由于长期的封建专制制度，再加上交通不便和一家一户的小农经验，严重束缚了生产力的发展，农机只能是手工方式制出，直至清末，咸阳农具制造工业尚处于萌芽状态。

据1947年12月12日，陕西省农改所对农具制造调查表明，咸阳以前没有农具制造厂，仅有一家辅华翻砂厂，地址在今咸阳市中山街123号。

1958年由国家投资建立了泾阳永乐农机厂和陕西茂林拖拉机修理厂，咸阳农机生产正式拉开了序幕。同年，群众性的工具改革运动蓬勃发展，各县农机修理厂也逐步建立。

1965年2月，咸阳地区成立了半机械化农具公司，同时建立了地市级农机研究所，农具设计制造的能力开始初具规模。

1966年2月，毛泽东主席提出，为在中国基本实现农业机械化“要抓紧后十五年”。同年7月，国务院在武汉召开的农业机械化湖北现场会议（即第一次全国机械化会议）明确提出“1980年基本实现农业机械化”的要求。此后，咸阳的农机制造工业有了新发展，礼泉柴油机厂、永乐农机齿轮厂、茂陵省农机内配一厂、咸阳深井泵厂、三原县农具厂、泾阳县农械厂等陆续建成。到1979年，全地区农机系统管理的农机制造（修理）厂总数已达33家，已能生产8类、20个主要品种，200个型号规格的农机产品。

陕西省在《1970—1975年农工业、农机产品和农业机械规划》中，提出发展中型拖拉机的设想。为发展中型拖拉机，陕西省决定组织拖拉机会战。1975年1月，陕西省计委决定，将建在咸阳西郊的原长城电磁线厂改建为秦川拖拉机厂，生产陕西－60型拖拉机，计划年产3000台。同年3月，陕西省成立了以机械局贾晓东局长为主任的陕西省拖拉机会战办公室，组织30多个工厂进行会战，并进行秦川厂的改建工作，年底试制出样机一台。

1977年，咸阳市手扶拖拉机的生产任务越来越重，地区大修厂承担着许多手扶拖拉机的主要部件生产和整机总装任务。为了适应生产发展的需要，将建在乾县的咸阳地区大修厂改名为咸阳地区手扶拖拉机厂，同时进行南泥湾12A型手扶拖拉机会战。南泥湾12A型手扶拖拉机是在原12型的基础上改进设计的，该机为牵引—驱动兼用型，配套动力为华山牌8.8千瓦（12马力）S195型柴油机，前进六个挡，倒退两个挡，速度范围10—15.3公里/小时，额定牵引力为2085年吨（210千克/力）。该机结构简单，操作灵活，配有犁耕悬挂装置，适用于小块水田，旱地及坡度不大的丘陵山区使用。可以进行施耕、犁耕、播种、收割等田间作业和农村短途运输，当年组装50台。

（1）华山牌S195型柴油机　华山牌S195型柴油机是陕西省柴油机厂1969年参照常州柴油机厂产品图纸试制的。1970年投入生产，成为主导产品。

该机系卧式、单缸、四冲程、水冷式，功率8.8千瓦（12马力）。结构紧凑，安装使用方便、运转平稳。适宜手扶拖拉机，小四轮拖拉机，小型排灌机械及农副加工机械的动力机，亦可作山区照明发电的动力。

1980年质量达到一等品，1983年获陕西省优质产品称号，1988年被评为机电部优秀产品，主要技术指标达到国内先进水平。1970—1989年累计生产27.1万台，产品远销14个省、直辖市、自治区。

（2）华山牌S195Ⅱ型柴油机　该机是陕西省柴油机厂在充分进行市场调研的基础上，根据广大农村用户的要求，在S195型柴油机基础上改进设计的。该机功率提高到11千瓦（15马力）适宜做小四轮拖拉机、手扶拖拉机、小型排灌设备和农副加工机械等的动力机。1980年试产，1983年通过省级投产鉴定。1983—1989年累计生产43456台，畅销省内各地及几十个省、直辖市、自治区。

（3）华山牌1100DN型柴油机　华山牌1100DN型柴油机是陕西省柴油机厂在1981—1983年期间与上海内燃机研究所共同研制出的节能产品。该机功率为11—13.2千瓦（15—18马力），单缸、卧式、涡流室四冲程水冷柴油机，具有手摇启动和电启动两种方式，有较大的扭矩储备，油耗省、结构轻巧，运转平稳，操作方便。适用于11千瓦（15马力）级的小四轮拖拉机、机耕船、联合收割机、排灌、喷灌和农副产品加工机械的动力装置，亦可作凿岩机、空压机、1.5号级翻斗车和四轮运输车，内河和沿海小型船舶、小型发电机之动力机，也是高原地区手扶拖拉机之理想配套柴油机。1983年10月通过省级鉴定，1985年获省机械进步二等奖。

（4）拖拉机、内燃机配件制造　咸阳市的拖拉机、内燃机配件生产始于60年代。随着咸阳拖拉机配件厂，陕西省内燃机配件一厂及陕西省齿轮厂先后建成投产，咸阳成为陕西省生产拖拉机、内燃机配件的主要生产基地。其主要产品有进气门、排气门、链轨轴套、链轨板、支重轮、驱动轮、活塞、活塞销、连杆等15个品种，81个规格，进气门年产量达50多万件。1966年以后，为提高配件产品的自给率，全国第二次机械化会议提出“农机配件要求大多数省、直辖市、自治区尽快做到自给”。在这一方针的指导下，咸阳市拖拉机配件生产品种发展到近40多个，规格也有了数百种，已能批量地生产一些圆柱齿轮、花键轴、连杆总成等。1980年以后，南泥湾12型齿轮及花键轴获部级优质产品的称号，S195型柴油机齿轮、S195进气门、S195推杆、S195型活塞等10种产品获陕西省优质产品称号。

（5）排灌机械 咸阳排灌机械制造发源于1958年。咸阳地区是一个干旱频繁、中、小干旱威胁最严重的地区。据《咸阳市自然地理志》统计，全市1950—1988年（不包括三原、旬邑）共出现程度不同的干旱695次，平均每年有25次之多。随着农村用电条件的改善，为适应农田灌溉条件的需要，1958年“惠民铁工厂、机械器厂、电器社”三家先后合并建成“咸阳水利机械厂”，进行排灌机械生产。兴平将“利农、同兴涌、同茂、义顺兴、广发铁厂、协兴铁锅厂”合并成为“兴平农机修造厂”，生产蓄力水车。

（6）耕作机械 耕作农机按照工作部件的不同，可分为铧式犁、圆盘犁、旋耕机三种，其中铧式犁占的比重大，应用最普遍。铧式犁按铧数可分为单铧犁、双铧犁、三铧犁。新中国成立前，咸阳市有旧式步犁的生产。1962年10月，三原县农业机械厂开始生产13－B型步犁，当时生产了3060部。1966年11月，三原农机厂又开始生产蓄力山川犁，当年生产500台，并出口到了非洲几内亚。

到1952年，陕西省的新式步犁产量达9万多台。土改以后，农业合作化的发展，对耕作农具的需求量大增。1955年，西北农具研究所根据山区特点研究成功山地犁，很快投入市场。在1970年前，耕作机械主要还是蓄力步犁，有少量的机引耕作机械，如二铧犁、三铧犁等，全部由国家调拨。

1970年以后，全国农业机械化会议上提出“一般农业机械，大多数省、直辖市、自治区，应建立比较独立的、成套的加工能力”。在这一方针的指引下，扩建了三原农械厂、三原农具厂、泾阳县农业机械厂，这些厂成了陕西省机引犁、悬挂犁、水田犁、圆盘耙、旋耕机等机耕产品的定点生产厂家。

到1980年，与手扶拖拉机和小四轮拖拉机配套的牵引犁、旋耕机得到了快速发展。咸阳也能生产数十种耕作机械，形成了以小型耕作机械为主的生产行业，生产厂家除三原农具厂、泾阳农械厂等专业厂家以外，兴平、乾县、永寿、旬邑等县的农具修造厂也开始兼产耕作机械。永寿县农械厂生产的水平翻转犁，在市场上成为抢手货，远销到山西、河北、内蒙古等省（自治区）。泾阳县农业机械厂是咸阳耕作机械生产的主要厂家，1976年生产南泥湾－12A型旋耕机500

台，产值 68.56 万元，1978 年旋耕机的产量就增加到 6004 台，产值达 253 万元。1972 年三原县机械厂新产品悬挂二铧犁投入批量生产，当年生产 305 部。据 1979 年统计，三原机械厂生产双向铧犁 6000 部，悬挂二铧犁 1000 部，栅条二铧犁 4030 部，机引犁配件 3 万多件。

耕作机械一般不带动力，大多由拖拉机带动工作，按其与拖拉机的连接方式可分为：悬挂式、半悬挂式、牵引式三种。三原农械厂生产的悬挂犁结构简单，每米工作幅宽的重量比牵引犁轻 30%—50%，机动性高，地头转弯地带小，适应于小块地耕作，操作方便，生产率高。泾阳农械厂生产的旋耕犁，碎土能力强，耕后表土细碎平坦，土肥掺和好，一次作业可达一般铧式犁和耙几次作业的效果。

伴随着中国农业种植结构的进一步调整，农村经济类作物种植面积的不断增加，尤其是果园面积的迅猛发展，为农村多功能微型耕耘机械营造了一个巨大的潜在市场。成立于 2007 年 4 月的陕西东明农业科技有限公司，开发的 1YG－7.5 型多功能遥控微耕机获得国家专利，在世界上首创将遥控技术、液压技术、电控技术与通用技术融为一体。该机采用遥控手动两套操作系统，省时、省力，操作简单，转向灵活，用途广泛，功能多。解决了人机分离，手动一体的难题。遥控微耕机适应面广，广泛适用于稻田、果园、山坡、沟地、设施大棚等环境的作业，并适合于土地环境恶劣，不利于人员工作的环境。履带式结构，既降低了整机的高度，又实现了原地 180 度掉头，同时又加大了与地面的接触面积，既不压死土地，又增大了地面附着力，有效地解决了低矮环境作业、种植密集环境作业、土质松软环境作业的难题。该机械能同时完成深耕、除草、施肥、播种、打药、田间运输等作业，实现了一机多用，大大节约了农民生产工具的投入。

（7）播种机械　机械化播种效率高、质量好、能适时播种、增加产量，而且为田间管理、收获等作业机械创造了条件。

咸阳播种机的生产，是从引进苏联样机，进行仿制开始，然后到自行设计自行生产的一个过程。1956 年，三原县农业机械厂首次生产出了 50 架棉花播种机，提高了工作效率。60 年代，西北农学院与西安机械厂联合研制出 BYX－4 悬挂 4 行玉米播种机，同中国农机化研究院设计的通用机架播种机投入生产。70 年代初期，中国农机化研究院、陕西省农机研究所、西安农业机械厂等 16 个厂联合设计，定型了 2BL－12 型、2BL－1 型、2BL－24 型三种谷物播种机。1975 年武功县农机研究所、武功县农机第二修造厂研制出了 2BY－4 型玉米播种机，当年投入生产，获陕西省科技成果三等奖。

进入 20 世纪 80 年代，随着农业机械化程度的提高，播种机械的品种也不断增加。陕西省农机研究所参加了中国农机化研究院组织的播种机设计，研制了各种拖拉机配套的耕播联合作业机。至1987年，GBL－（6）型耕播联合作业机（与37—41千瓦拖拉机配套）、XB2（4）型耕播联合作业机（与8.8千瓦手扶拖拉机配套）、2BJ－4气力精密播种机（与41千瓦拖拉机配套）、XBL－3（5）旋耕播种机（与11千瓦拖拉机配套）及适合棉花、玉米地膜覆盖的播种联合机先后通过了鉴定。这一时期，咸阳生产播种机的主要厂家有武功农业机械厂、兴平农业机械厂、乾县农机修造厂、永寿农机厂、咸阳农机修造厂等。1985年，武功生产了播种机40台。1989年，永寿农机修造厂生产的587台谷物施肥沟播机，成为市场上抢手货，产品远销到山西、河北、内蒙古等7个省（自治区）。该机播种的小麦的好处是改善了旱地小麦生长发育的基本条件，沟内覆盖好、土壤蒸发少、冬季易积雪、土壤含水量相应增多，每亩比用其他播种机播种增产70多千克。永寿县农业机械厂研制的还有2BFGX3蓄力沟播机等15种型号的系列产品，销往18个省区350多个县。2BFL－61（5）谷物沟播机获国家“七五”星火成果奖，中国实用技术墨西哥展览会金奖，是省优质产品，是国家“八五”科技成果重点推广项目。

永寿县农机管理站开展推广沟播技术促进粮食生产活动，全县沟播机推广由1979年的58台增加到1992年的669台，沟播面积由250亩发展到16.65万亩，占全县小麦总面积的58%。1992年，在遭受特大干旱的灾害下，全县沟播小麦平均亩产108.9千克，比平播小麦平均产量95千克增产14.7%，沟播平均亩产178.5千克，比对照田133.5千克增产33.7%。实践证明，沟播小麦增产效果显著，特别是旱年豁干种湿、抗旱播种、丰水年侧深位集中施肥，提高化肥使用率等性能，在旱作农业上更具有独到之处，在处理解决旱地小麦“薄、旱、粗”三大限产因素中有突破性的进展。

淳化农机管理站开展“大力推广沟播技术促进粮油增产增收”活动，针对干旱缺水的自然条件和传统的耕作方式，坚持把推广沟播技术当作新技术推广工作的重点来抓，促进了粮油的增产增收，取得了显著的社会效益和经济效益。

（8）收获脱粒机械　咸阳生产收获脱粒机械的厂家主要有咸阳农机修造厂、兴平农机修配厂、淳化农业机械厂等。在70年代前，咸阳收获脱粒机械产品大部分靠国家调拨，没有生产厂家。1973年，咸阳地区农机所、淳化县机械厂联合研制的4GL－160型小麦收割晒机通过了地市级鉴定。咸阳农具厂也研制成功了秦川－120型小麦收割机。1979年8月，陕西省农机研究所、富平县农机所、西安雁塔区农机所、咸阳地区农机所和富平县农机修造厂参加的小麦割晒机联合设计组，设计出8.8千瓦（12马力）

手扶拖拉机配 4GL－130、4GL－160、4GL－190 型秦川系小麦割晒机，1980 年通过省级鉴定。1983 年又改进设计了与 11 千瓦（15 马力）四轮拖拉机配套的小麦割晒机，1988 年通过省级技术鉴定。1985 年，全市生产收割机 531 台。

1978 年，咸阳市农机修造厂、兴平农机修造厂分别生产出 5TB－50 型简易半腹式脱粒机和 5TX－35 型清选拖拉机，5TX－50 型清选拖拉机，5TX－50 型多用脱粒机，逐步取代支农系列 50 型、70 型简式拖拉机。1985 年，咸阳市农机修造厂生产了 5TX－50 型拖拉机 399 台，受到农民欢迎。

（9）植保机械　咸阳植保机械主要产品是喷雾器，主要生产厂家是咸阳植保机械厂。1964 年后，陕西省农机局决定将 552 丙型喷雾器的生产及生产设备调拨给咸阳市车辆厂。1965 年 11 月，咸阳市车辆厂正式改名为地方国营咸阳市植保机械厂，设计生产能力为 10 万架喷雾器。1966 年，咸阳植保厂试制并批量生产 WB－15 型背负式手动喷雾器、东风型背负式手动喷雾器。1974 年，咸阳植保厂成功研制东方红－18 型机动喷雾器，后来由于质量不合格而停产。

1980 年，植保厂将 552 丙型喷雾器改为银华牌 3WS－7 型压缩喷雾器，年产量 33 万架，1981 年获得省优产品称号。同年，该厂还试制生产了 WS－6 型全塑料喷雾器、WC－0.3 型手扶式塑料喷雾器。1982 年，喷雾器的产量达 40 万架，产值利润均创历史最高水平。1983 年 7 月 19 日，召开了 WS－6、WC－0.3 型塑料喷雾器样机鉴定会，专家一致认为该产品技术文件及图基本完整齐全，图纸清晰、尺寸标注标准、整体设计合理、操作方便、重量轻、耐腐蚀、安全可靠、实用性强，经鉴定各种性能指标达到了设计要求，同意投入生产。

1983 年，植保厂按南京农机所设计的图纸，试制生产的 3WBS－16 型背负式塑料喷雾器，于 1984 年通过了省级鉴定并批量生产，1985 年达到一等品水平。该机适用于防止水田、旱地、果园、茶林作物害虫，在国内销往 10 多个省、市，并出口到巴基斯坦、孟加拉国。

（10）畜牧机械　畜牧机械包括饲料粉碎机、铡草机、青饲料打浆机、配合饲料加工成套设备和家禽饲养机械。

咸阳市畜牧机械生产主要由农机修造厂承担，在 60 年代初期，主要生产 FSC－0.3、FSC－0.15 型锤片式饲料粉碎机。1966 年全国北方地区饲料粉碎机试验选型会在杨陵召开，经试验，FSW－0.3 型锤片式粉碎机被确定为推荐样机。同年 10 月通过鉴定，投入批量生产。该机适用于加工饲料、谷草、玉米秆、豆秸、豆饼等作业，一机多用，是生产性能较好的推广产品。

农机修造厂生产的 9SJ－0.5、9SJ－300 型配合饲料加工机组，被评为省优质产品，并获得省科技进步三等奖。乾县生产的多功能粉碎机，不但能粉碎青草饲料，还能剥玉米，进行小麦脱粒，深受群众欢迎。1980 年，经过技术改进，咸阳市机械修造厂生产了 GSJ－Ⅰ型饲料加工机组。

（11）农业运输机械 农业运输机械在咸阳有着悠久的历史。在 1949 年前，农业生产及农村生活运输主要依靠人力车辆和蓄力车辆。

木制独轮手推车，清朝以前就传入境内，独轮车轮小，车身底，两辕间系一布带，推者负于肩上。还有一种车轮较大的手推车，俗称“蚂蚱车”。

蓄力胶轮车，俗称“拉拉车”亦称“胶轮马车”，是在木轮、铁轮打车的基础上改造的。在 20 世纪五六十年代是咸阳农村的主要运输工具。50 年代，永寿农业机械厂就生产这种蓄力胶轮车，截至 1989 年末，共生产胶轮车底盘 6000 余台。

农用挂车。1973 年，陕西省机械局组织西安农械厂、宝鸡车辆厂、泾阳县农机修造厂、合阳县农机修造厂联合生产载重量为 3 吨的 7C－3 型农用拖车。随后，淳化、永寿、彬县、礼泉等县的农业机械厂都投入到了农用挂车的生产中。

（12）农副产品加工机械 农副产品加工机械主要为磨粉机和碾米机两种，其生产厂家为长武农业机械厂。长武县机械厂 1969 年进行 66 型磨粉机试制，当年生产 55 台。MF－66 型是单层磨粉机（当时称 10 寸磨粉机，现称 6F－1728 型磨粉机），是渭南通用机械厂 50 年代研制的新产品，该机结构简单、生产效率高，截至 1985 年共生产磨粉机 6868 台，其中 6F－1728 型方罗机 5735 台，6F－1728A 型元罗机 1133 台。

# 第五编

# 工业科学技术

# 第一章

# 纺织科学技术

咸阳纺织生产历史悠久：长武下孟村出土的陶制纺轮，表明先民们早在新石器时代就开始了纺织生产活动。秦孝公迁都咸阳后，奖励耕织，凡努力生产布帛和粮食者可免除徭役。待到宋元之际，随着棉花种植的传入，棉纺织生产日益兴旺，农村自种、自纺、自染处处可见。1729 年春，陕西兴平桑镇人杨双山制造了一套治丝和纺织的工具，织出了丝绸。他还把自家产的丝绸和蚕桑技术撰写成《豳风广义》一书，呈送给陕西布政使。此后，陕西设立了织局，促进了陕西丝织业发展。到民国时期，咸阳纺织只是在民间兴盛，工厂少，设备简单。据历史记载："咸阳原有石丸式织布机五千架，散布于乡村，若全县按一万六千余户计算，每三家就有织机一台，若每户织白布十二磅重、三十六英寸宽、四十码长计算，每机每日可织布一匹，但其出口精良不亚于机器出品。"1946 年，因棉纱供应缺乏，使一大部分机器停工。基于以上原因，1947 年，咸阳将原面粉厂改为纺纱厂，纺织业得以继续发展。同时，咸阳棉农能将棉花直接交给工厂，不受中间人的剥削，纺织厂可以直接获得原料，两得其便。

20 世纪 40 年代，开始兴办机器纺织工业，开启近代纺织业的先河。1943 年 3 月，三原西关棉毛纺织厂成立（纺织生产合作社成立），占地 3 亩，厂房 29 间，工人 50 名。厂内有弹毛机 2 台，价值 2.5 万元；弹棉机 2 台，价值 2 万元，清毛机 1 台，价值 5000 元；快式纺机 18 台，价值 5.2 万元；拉梭织毯机 2 台，价值 1 万元；石丸式织机 5 台，价值 4 万元。每年预估生产呢子 308 匹，毯子 1232 条，棉纱 10780 斤。制造程序分两步：①将毛进行整理，这包括：去脂、清检、弹纺、合股、复洗、漂染；②制造呢或者毯：包括设计、整经、织、起绒和压光等。

1947 年，在今泾阳永乐店建成了一家民营纱厂。当时市内只有咸阳打包厂和咸阳纺纱厂两家工厂。纺纱厂机器绝大部分由湖北纱布局投入，磨损严重，陈旧不堪。年产棉纱155件，棉布223万米。

咸阳工厂，即现在国棉八厂的前身，是咸阳较大的一个纺织厂。1937年“七七事变”爆发不久，武汉失守后，湖北省官布局被迫将纺纱机迁入咸阳。咸阳原来有个近300人的打包厂，收购棉绒，打包外运至上海、青岛等地。他们就利用打包厂的地址和厂房，改办为咸阳工厂。当时咸阳工厂只有400工人，1万纱锭，200台布机，机器全是清末西太后进口的，因没有电，只好用煤烧汽转动，多数机器不能启动，未能全部投产。

1949年5月咸阳解放，纺织工业得到了大发展，作为国家“一五”期间建设的西北纺织产业基地，先后建立了一批国有大厂，如国棉一厂、国棉二厂、国棉七厂。1949年10月，咸阳县政府成立了领导小组，接管了咸阳工厂改组为西北纺建第一棉纺织厂。

20世纪50年代初，咸阳纺织工业无专职科研机构。企业多在厂部、工务处或工程师室下设合理化建议委员会或技术革新委员会，或由工会生产工作委员会兼管。车间、部门设合理化建议小组或技术革新小组，负责本企业或本部门有关技术革新、设备改造、新技术应用及其他合理化建议项目的收集、整理、筛选并组织实施。

1951年对咸阳工厂进行了第一次全面改造，由原先落后的蒸汽传动改造为电力传动，将一部分集体传动改为单独传动。当年，全厂推行了郝建秀“五一织布工作法”，提高了生产效率，棉纱产量由1950年的7900件，提高到8500件，棉布产量由307万米提高到4030万米。并将西北纺建公司第三棉纺厂迁入该厂，改名为西北纺建公司第三棉纺织厂。1955年又改名为陕西第一棉纺织厂，并对工厂进行了第二次改造，淘汰了光绪年间的上打锁布机258台，新增国产1511型自动布机280台。后又陆续更换了一部分清花、梳棉并条、粗纱机器，并改善了工作环境。

1952年，国家投资5500多万元，在咸阳建立国营西北第一棉纺织厂和第二棉纺织厂，改变了咸阳棉花外省加工的局面。随后，国棉七厂、陕西第一毛纺织厂、陕西第八棉纺织厂等大、中型企业相继在咸阳建成投产，并建立了纺织工业学校、技工学校、纺织器材研究所，有力地推动了咸阳纺织工业的发展。

1956年，为响应毛泽东主席向科学进军的号召，陕西省纺织工业局下设科学研究组，后改研究室，1957年并入生产处仍称科学研究组，承担纺织工业部下达或本省提出的重大棉纺织印染研究课题，该室为陕西省纺织科学研究所前身。随着企业技术革新、改造的发展，纺织系统的国棉二厂、陕西第二印染厂、陕棉八厂、国棉七厂、第一毛纺织厂都先后成立了厂办科研所或科研室。

1958年8月，陕西省纺织科学研究

所成立。在此前后，企业也先后设科学技术研究室或技术革命办公室。在“超英赶美”和“土洋结合、大搞群众运动，大闹技术革命和文化革命”的口号下，提倡解放思想、破除迷信、敢想敢干。号召群众围绕“四化”（机械化、半机械化、自动化、半自动化）和高速提合理化建议。至1960年，已形成群众性的技术革新和技术革命运动。

20世纪60年代初，以开发原材料资源、节约代用及调整产品结构为主要内容，研究野杂纤维加工技术，化学浆料，以塑代木以及其他如针织、漂、染、翻布、轧光、验布一条龙漂洗生产线等生产技术。

1961年关中遭遇百日大旱，棉花产量普遍下降，造成纺织工业原料不足。西北国棉一厂带头创新路，该厂细纱车间女工赵梦桃，经过30多次实验，总结出抹锭脚回丝断头少的经验，创造“巡回清洁检查操作法”，丰富了“郝建秀工作法”的内容。用低级棉纺出了优质纱，头一个月就节约棉纱1200斤。这一年，全厂棉布、棉纱生产用电分别比国家规定降低了13.54%和3.9%。织布用纱全年节约24156千克，纺纱用棉全年节约70000千克，年利润比计划增加144.6万元。

西北国棉一厂在建厂时，细纱机是仿日东式牵伸装置，没有断头吸棉器，只有下绒辊，纱绒断头太多，接头困难，而且飘头打断针头多。针对这一问题，他们研制出了细纱机断头吸棉装置，即采用一多翼离心风扇装于机尾，用白铁管与全机相连，由高速回转的风扇产生气流，吸走断头须条。筒摇式车间的纱筒机，原为急行往复式，1965年将原急行往复式纺筒机全部改为简易槽筒机，利用老机机架和滚筒轴，改装了槽筒导纱，改后车速由500转/分钟提高到960—1400转/分，产量提高29.8%，耗电由原来百千克6.22度降低到3.13度，全车间可减少维修工和值车工40人。一厂原使用的包盖板机是冲刀式1722型，需用人员多，操作烦琐，生产效率低。1979年对原包盖板机进行了分析研究，经过半年多的努力，终于研制成功一台程序控制自动包盖板机。其特点是：①将包盖板的4个动作，实现了程序控制，改前需5人操作，每天只能包4台，改后只需2人，5分钟可包一台，改前每包一台盖板，需摇手轮正反3180转，改后只需按电钮106次，减轻了劳动强度。②改前压扣加压属人工操作，其根与根差异较大，据测定，其压力差最大可达155.55千克，而自动包盖板机，最大压力差只有43.7千克，其平整度改前80%在5英丝左右，改后80%在3英丝以内。这一革新项目，当时在全国纺织行业属首创。

1962年，陕西第一棉纺织厂与上海内迁来的康伟织袜厂、上海闸北手帕厂合建为咸阳针棉织厂，主产袜子、手帕、毛巾等。设备也更换为电动织袜机，成为陕西省第一家使用电动织袜机的工厂。

1974 年经卫生部门普查，陕毛一厂与原毛接触频繁的职工中“布鲁氏杆菌”感染患病率高达 50%。为解决这一问题，经调研于同年三季度提出钴 60 伽马射线进行羊毛消毒设想，并与西北水土保持生物土壤研究所及省、地防疫站协作进行灭菌试验，效果显著。1976 年被纺织工业部和陕西省列入重点科研项目及省劳动局重点劳保技改项目。由陕毛一厂承担，中国科学院原子能研究所、中国科学院西北水土保持生物土壤研究所等单位协作，对羊毛消毒的工业化设施当年设计，9 月开始土建。1979 年建成 606.64 平方米的辐射工场及辐照室，钴源总强度 10 万居里（1977 年年底），年可消毒原毛 3000 吨。钴 60 - γ 射线辐射羊毛消毒保证了选毛工人的身体健康，同年 6 月通过部级鉴定。该项目是全国纺织企业第一条核技术应用生产线。1978 年获全国科学大会奖，1980 年先后获陕西省科技成果二等奖和纺织工业部科技成果二等奖。

1965 年 3 月，在新建纺织器材厂的同时建立纺织器材研究室，由器材厂负责组建，隶属于纺织工业部，承担全国纺织器材科研任务。设有产品研究组、工艺设备研究组、技术情报研究组、理化试验组、实习工厂。1973 年，纺织器材研究室下放陕西省轻纺工业局领导。1976 年 8 月，纺织器材研究室和纺织器材厂分开，成立陕西纺织器材研究所，独立对外。

1975 年，著名数学家华罗庚来咸阳推广优选法、统筹法，进一步推动了咸阳市各系统、各行业的技术革新、技术改造、新产品试制的科学实验活动。国棉一厂制造出的铸铁炉胆，经济、耐用、装拆方便，进口价为 6000 元，自己生产价 180 多元，每台为国家节约 5000 多元。此外，陕棉八厂、咸阳市服装厂、针织厂，还在生产上采用电子提花机、电子控制自动回布机、可控硅自动柔棉机和光电感应全自动手套机等新技术，提高工效 10—30 倍。

1978 年，全国科学技术大会召开后，电子计算机、放射性同位素等新技术的应用被提上议事日程。喷气织机、电子提花、钴 60 伽马（γ）射线辐照羊毛消毒、光电导向坐车等项目先后提出并取得一定成效。此后几年，电子计算机逐步在工艺技术及各种管理如财务、劳动、科技档案等方面被广泛应用。在上述项目研制中，已突破企业自身科技力量或纺织系统内部协作的局限，开始与大专院校、专职科研机构及其他行业联合攻关。

1980 年后，企业科研机构除陕毛一厂科研所仍保留外，其他先后与设备科或其他科室合并为设备技术科、经济技术开发办公室或老厂改造办公室等，名称各异。纺织企业主要围绕产品开发与增加出口创汇，以改造老设备，引进并吸收消化国外先进技术与先进设备为主要内容。各种无梭织机、自由端纺纱、羊绒分梳机、经编机、钩编机、涤纶长丝生产线以及多种染色、整理技术被引进。

1979 年，陕西第二印染厂研制高速高效丝光机时，经科技人员反复设计，创造了直辊布铁结合国内独具的新型样机方案，充分利用现有设备，实现了老机改造。

陕西第一毛纺厂为了克服国产改良羊毛，长度短，匀度差，光泽暗，草杂多的缺点，长期派人驻在牧区，帮助牧民总结“剪毛工作法”，提高了原料品质，又试验成功“中性洗毛工艺”，降低毛条条干不匀率。1979—1980 年，从设备、工艺、操作入手，采取了 100 多项技术措施，攻克了 30 多个质量难关，成品质量有所提高。1981 年，22001 型国产全毛华达呢夺得全国质量银牌奖；1982 年，24233 型全毛花呢和 17510 型混纺精花呢，被评为全国优质名牌产品。

1978 年 4 月至 1979 年 12 月，由咸阳纺织机械厂研制的 B5 同步等离子喷涂微细粉送粉器及等离子喷涂机床，采用闭路电视、隔离遥控操作，较好地控制了涂层厚度和工件升温，有效地隔离了喷涂中产生的各种辐射、噪声及有害气体。1980 年，该设备获纺织工业部科技成果二等奖、陕西省科技成果二等奖，1983 年获国家发明三等奖。

截至 1985 年年底，国棉七厂将细纱机更新为国产新型的 FA502 型 66 台，其他老机牵伸装置改为摇臂加压牵伸装置，并基本淘汰了 42 寸布机，更新和改造为 44 寸、52 寸、56 寸、75 寸不同幅宽系列布机，可生产 91.44—160 厘米幅宽的纯棉、涤棉、涤粘中长的平纹、斜纹等多种类型织物，具备了多品种生产能力。1984 年，移植成功了电子计算机配棉管理系统、疵布分析系统，开发企业管理方面的应用软件 30 余个，企业管理科学化。

2006 年，咸阳市三户纺织企业获得财政部“纺织行业转变外贸增长方式专项资金”资助，用于调整产业结构和开发 3 个高科技项目，分别是陕西风轮纺织股份有限公司的新型纤维纺织生产线改造扩大高档面料出口项目、西北二棉集团有限公司开发生产差别化纤维面料和陕西永福祥纺织印染有限公司的新型牛奶蛋白纤维纺纱新产品研发一条龙生产线项目。“秦岭”“风轮”、杜克普西服等获得国家名牌产品称号。

截至 2011 年，经过多次重组，咸阳市拥有各类纺织企业 90 多家，规模以上纺织工业企业 28 户（其中市区国有纺织企业和金盾纺织 11 户），总资产 30.47 亿元，总负债 24.81 亿元，有从业人员 4.8 万人，占全市从业人员的 17.9%。年实现工业总产值 25 亿元（其中市区国有纺织企业和金盾纺织 19.11 亿元），占规模工业经济总量的 5.5%，实现利税 1.59 亿元。2007 年大、中型棉纺织企业使用原棉 60% 为进口（价格较低且质量较好），40% 为以新疆棉为主的国产棉，化纤原料基本上都使用国产原料。全市拥有纱锭 86.29 万枚（其中乾县 40 万枚），各类布机 7660 台、织机 2.5 万台，年产纱 48636.8 吨，年生产棉布、混纺交织布和交织布 25387.3 万米，印染布 9000 万米，年生产服装 91 万件，包括西服、休闲服、工服、衬衫、儿童服装、针织服装等，服装及床上用品等深加工产品占的比例还比较小。出口纺织品主要为坯布。在全国前 50 名纺织企业创汇大户中咸阳占 3 户，这 3 户企业都通过了 ISO9001 质量体系认证，坯布尤其是宽幅布获得出口免检。2007 年出口创汇 5167.2 万美元。目前，已形成礼泉“纤手”、乾县“秦彩”、武功“苏绘”、兴平“金梭子”等四大品牌。

## 第一节　棉纺织

棉纺织业是咸阳传统优势产业，也是咸阳市工业的重要支柱产业之一。咸阳的棉纺织工业，主要集中在市区的秦都区，产量、产值又主要集中在国有大中型棉纺织企业，泾阳、乾县也有一些规模较大的棉纺织企业，以民营居多。

（1）陕西风轮纺织股份有限公司：由原西北第一棉纺织厂按现代企业制度要求组建的大型棉纺织企业。从 1998 年公司创立到 2003 年通过前后三次改制，公司成为陕西省纺织行业首家由国有企业改制的股份制企业。拥有纺纱、织造技术和完善的开发、生产、试验、检测体系，通过了省级企业技术中心认定，每年开发、生产高质量、高档次、高附加值产品、特色产品、差异化产品上百个，产品风格以高、密、细、薄而著称，属中、高端产品，在日本、欧美等国际市场享有一定声誉，有两类产品获国家重点新产品称号，三类产品获陕西名牌产品称号，多项新产品填补了国内、省内空白，主导产品“风轮”牌坯布是海关认定的出口质量免检产品。自 2001 年以来，纱锭由 8.8 万枚增加到现在的 11.4 万枚，喷气织机由 435 台增加到现在的 666 台，销售收入由 2.84 亿元提高到 3.85 亿元，每股净资产由 1.45 元增加到 2.20 元，年均出口创汇 2000 万美元以上，风轮公司成为陕西省棉纺织行业出口创汇能力最强、经济效益最好的企业之一。

（2）西北二棉集团有限公司：始建于 1952 年，是集纺织生产、加工及进出口贸易于一体的国有大型棉纺织企业。集团公司拥有陕西欧亚纺织有限公司、陕西现代纺织有限公司、陕西西北二棉进出口有限公司等参股、控股子公司。截至 2011 年，有总资产 6.42 亿元，在职职工 6600 多人；拥有纱锭 12 万枚，各类织机 1300 余台，其中无梭织机 455 台；公司年产纱线 13000 吨，各类坯布 5500 万米，年销售收入 4 亿多元，出口创汇 2500 万美元，实现利税 4000 万元。1991 年 10 月，新上生产线主体工程（现纺纱车间、整理车间厂房），形成 21180 枚纱锭棉纺生产线。1992 年 12 月，12 台自动络筒机交付使用，成为陕西省首家实现经纬纱无接头的厂家。拥有目前国际最先进的日本津田驹 ZAX－190 型、ZAX－360 型喷气织机等各类进口设备及与之配套的纺纱设备和各类先进检测仪器。主要生产 47—130 英寸各种幅宽、门类齐全的纯棉、涤棉、特宽幅、防羽绒、英文边等产品，精梳纱比重达 80% 以上，无接头纱达 100%，无梭布比例达 51.66%。其中“翠华山”牌精梳纯棉系列细布、特宽幅精梳系列细布和雅迪丝牌涤粘中长系列布为陕西省名牌产品，翠华山牌商标被认定为陕西省著名商标。中长竹节平纹呢被评定为国家级新产品；天籁星、满天星衬衣面料、双面斜服装面料分别入围 2006 年、2007 年、2008 年春夏中国流行面料。产品出口欧洲、北美、日本、中国香港、东南亚等 50 多个国家和地区。1998 年，公司联合咸阳奥力化纤集团有限公司和陕西省纺织大元实业公司，共同出资组建陕西现代纺织有限公司。1999 年 3 月，陕西现代纺织有限公司举行了揭牌仪式。2001 年 8 月，西北二棉组建西北二棉进出口有限公司，实现了扩大出口外向型发展的战略转移。2002 年 9 月，西北二棉集团有限公司挂牌成立。同年 12 月，国债贴息技改项目开始实施。截至 2003 年，公司改造了 70 台喷气织机、15 台并条机、15 台梳棉机及 1 套精梳设备，淘汰落后技术设备，使企业工艺流程更加合理，产业升级和技术进步得到提升。2004 年 9 月，6 台德国倍捻机、1 台华岳 FA706A 并纱机投入使用，使公司的产品结构、产品档次均产生质的变化，结束了西北二棉不能生产高支合股纱、布的历史。

截至 2007 年，西北二棉新增细纱机 27 台，纱锭 10692 枚，公司纺纱能力达到 11.59 万枚，完成了提高纱线质量及保证布机效率的蒸纱机技改项目；6 套 FA320－40 并条机、FA497 电脑悬锭粗纱机正式投产。

（3）陕西八方纺织有限责任公司：成立于 1998 年 3 月，由陕西第八棉纺织厂整体改制而成。陕棉八厂筹建于 1937 年，1940 年 8 月建成投产，至今已有 70 余年历史，是陕西最早的纺织企业之一。这个厂最早在湖北，是张之洞办洋务的产物，后经宝鸡辗转迁来建在中国咸阳打包厂，更名为湖北官纱官布局咸阳工厂。新中国成立后，曾叫西纺一厂、国棉三厂，先后有棉纺织、色织、印染、针织、服装、汽车修理等，还生产过手套、轴线和精编产品。长期以来，陕棉八厂以色织为主导产品，20 世纪末，经过改制，职工入股，生产经营转移至陕西八方纺织有限责任公司，主导产品定格为棉纱及坯布产品，企业规模也相应得到了扩大。截至 2011 年，有职工 4123 人，环锭纺 78260 锭、气流纺 11 台 2344 头，各类布机 1603 台（其中喷气织机 306 台）。年生产棉纱 10000 多吨，坯布、牛仔布 7000 多万米。其主导产品有棉纱：21—120 支的精梳、普梳和 OE 纱；棉布有细布、贡缎、防羽布、竹节布、弹力布、牛仔布等，产品主要销往日本、韩国、美国、欧洲和中国香港。2006年四项经济效益排序中，出口创汇获棉纺织行业前50强排头兵企业（集团）荣誉称号。2007年实现盈利1145万元，全年工业总产值2.89亿元，实现销售收入2.71亿元，自营出口创汇1880万美元。

（4）咸阳华润纺织有限公司：香港华润纺织（集团）有限公司控股经营的大型棉纺织骨干企业，是2004年6月由华润纺织重组陕西天王兴业集团有限公司（原西北第七棉纺织厂）后组建的合资公司，前身是1958年建厂的国营西北第七棉纺织厂。现拥有环锭纺纱锭126300枚，布机1481台（其中喷气织机522台，片梭织机75台），年产纱线13000吨，坯布5500万米，年产值4亿元。主营业务：纱、线、坯布的生产、销售及出口。

该厂从20世纪90年代开始，企业经济效益一直位居陕西纺织行业前列，曾荣获“陕西省企业管理示范单位”“中国纺织企业管理优秀企业”“全国棉纺织行业经济效益排头兵企业”等称号。重组后，公司更是借助华润纺织先进的经营理念，跨入了快速发展的轨道。

2005年以来，企业共投入1.6亿元人民币进行技术改造，设备状况得到根本性改善。公司现拥有国际领先水平的清梳联、自动络筒机、双桨槽浆纱机、整经机和新型无梭布机等设备，技术力量雄厚，产品质量优良，能生产幅宽135英寸以内的纯棉、涤棉等各类高支、高密、高档服装面料及宽幅无梭家纺面料，其中精梳纯棉防羽布系列产品、精梳涤棉细布系列产品、纯棉特宽装饰布系列产品和纯棉细支高密贡缎产品获陕西省名牌产品称号。2005—2007年，公司分别实现利税4445万元、3792万元和2997万元，其中利润分别为2762万元、1524万元和411万元，取得了较好的经营业绩。

（5）陕西二棉有限责任公司：由原国营陕西第二棉织厂改制而成，前身是西安大兴织造厂，创建于1939年。新中国成立后，经过公私合营改造，1960年由西安迁往咸阳现址后成为国家投资的国营企业，称咸阳大兴棉织厂。1967年移交陕西省纺织工业局管理，改名为国营陕西第二棉织厂，1980年企业开始较大规模扩建，1984年总体竣工投产。1997年12月被西北二棉兼并，2000年改制为现陕西二棉有限责任公司至今。

20世纪七八十年代，该厂曾是西北地区棉纺织业主要厂家之一。1987年，企业工业总产值1713万元，实现利税384万元。主要生产金狮牌毛巾被、提花浴巾、提花枕巾，雁塔牌床单及提花线毯，以中国制造为印记的出口提花床单等。80年代企业鼎盛时期，产品出口几十个国家和地区。曾在1987年被陕西省人民政府认定为省级先进企业，位居全国棉纺织同行业前五名，为陕西的经济建设做出过一定的贡献。1997 年 12 月陕西第二棉织厂正式由西北二棉兼并。2000 年企业被陕西省经贸委认定为全停产企业。

（6）金盾纺织（泾阳）有限公司：2001 年 9 月由香港金盾国际投资公司独家出资在泾阳县成立的一家外商独资公司。2003 年投入 1300 万元，对原有两万锭纺纱设备进行技改，并新增了一万锭纺织设备及质量检测设施，主要用于生产高附加值产品，使产品档次大幅度提高，全面提升了公司的市场竞争力。2007 年，企业通过 ISO9000 质量管理体系认证；2008 年 1 月又通过陕西省企业标准化良好行为 AA 级认证；2008 年 6 月通过 ISO10012－1 测量管理体系认证。产品销往福建、江苏、浙江、四川以及省内。

（7）陕西伟达星光纺织有限公司：系陕西伟达企业集团所属的纺织企业，始建于 1997 年 9 月，现有生产规模为国产有梭 56 英寸织机 196 台，75 英寸布机 42 台共 238 台，年产各类纯棉和化纤混纺等坯布 600 多万米，年产值 1800 多万元，出口产品占 74%。

（8）乾县纺织集群：近年来，乾县政府坚持以经济建设为中心，按照“外招、内扶、上争三力并举，县域经济发展扩量、提质、增效”的工作思路，积极实施民营崛起战略，中小企业、非公有制经济发展势头强劲，发展较突出的是纺织工业。

截至 2010 年年底，乾县纺织企业发展到 30 户，固定资产 31.5 亿元，从业人员 1.6 万人，拥有纱锭 60 万枚，织机 4600 台，年加工棉花 15 万吨，产纱 10 万吨，年产坯布 1.2 亿米，年实现工业产值 16 亿元，实现增加值 3.8 亿元，年实现利税 1.7 亿元。

## 第二节　毛纺织

新中国成立后，咸阳先后兴办的毛纺织企业主要有陕西第一毛纺厂、陕西第二毛纺厂和陕西毛条厂。

（1）陕西第一毛纺织厂：始建于 1958 年，原是一个集毛条制造，精、粗纺织、染整，绒线、毛毯、服装生产于一体的综合性大型国有企业。经多次重组，2003 年 7 月组建陕西方圆实业集团股份有限公司。公司淘汰了陈旧落后的 3000 锭粗纺生产线，对设备先进、有市场前景的精纺生产线进行了优化整合，压缩了规模，保留了 7000 锭的生产规模，投入资金 1100 万元，恢复了停产数年的精纺呢绒、服装、毛条生产线，安置下岗职工 1098 名。先后合资组建了中美合资陕西咸阳杜克普服装有限公司、陕西方圆毛纺织有限责任公司、陕西咸阳方圆实业开发有限公司。

中美合资陕西咸阳杜克普服装有限公司已初具规模，生产的“杜克普”牌西服曾多次荣获“陕西名牌”产品、中国公认名牌产品、中国西部商品交易博览会金奖、陕西省质量信得过产品等称号。陕西方圆毛纺织有限责任公司年呢绒产量达 110 万米，已成为安置原陕毛一厂下岗职工的主要渠道。

陕西方圆实业集团股份有限公司多次被省企业信用协会评为“诚信建设先进单位”“诚信联盟 AAA 企业”，被陕西省重点行业市场调研活动组委会授予“2007 年度陕西最具创新力企业”。利用已征购的 200 亩生产用地，将现有毛条、精纺、服装在重新整合提高的基础上，整体搬入咸阳市工业园区，形成以毛条制造、羊绒面料和服装生产为一体的现代化毛纺织生产基地。

（2）陕西第二毛纺织厂：属国家中型粗梳毛纺织企业，原隶属于陕西省纺织工业总公司。2005 年 10 月划转咸阳市国资委。

陕西第二毛纺织厂于 1980 年始建于茂陵，1982 年整体迁建于咸阳，1991 年 5 月竣工验收。企业共有纱锭 2720 枚，年设计能力 102 万米，其中呢绒 76 万米，毛毯 26 万米（折合 13 万条）。企业主要产品呢绒有 9 大类，166 个系列、735 个品种、1165 个花色。主要品种有维罗呢、麦尔登、海军呢、制服呢、女士呢、大衣呢、法兰绒、粗花呢、大众呢、老板呢、提花呢、印花呢等。呢绒产品商标为“铜车马”牌。毛毯有 6 大类，7 个系列，47 个品种，55 个花色，商标为“六骏牌”。企业曾有 9 个品种分别获得部、省级金奖、银奖及其他奖励。

由于历史等多方面原因，企业尚未运营就背上了沉重的债务包袱，被迫于 1998 年 1 月全面停产。2000 年 9 月，根据国家经贸委经贸纺织［2000］521 号文件“关于下达 2000 年压缩淘汰落后毛纺锭计划的通知”精神，实施全额压锭。2006 年 8 月，经“国家企业兼并破产和职工再就业领导小组”［2006］16 号文件批准列入国家政策性破产计划名单。9 月 4 日，陕西省国资委以［2006］148 号文件正式下达了陕毛二厂政策性关闭破产项目。

（3）陕西毛条厂：原系省属企业。该厂是以 1979 年从陕西第一毛纺厂迁出的毛条车间为基础而新建的，1985 年建成投产，有职工 920 多人。2005 年，企业下划为市属企业，作为陕西第一毛纺织厂分厂，2008 年政策性破产。

## 第三节　针织

1966 年 7 月，省棉纺织公司上报省经委、计委，拟利用蔡家坡陕棉二厂厂内空地建蔡家坡针织厂，同年 10 月，经批复同意。翌年元月，国家计划会议确定在陕棉二厂扩建帆布车间，公司决定针织厂改建在泾阳永乐店，定名国营陕西第二针织厂，设计规模年用纱 5000 件，生产棉、汗两大类内衣 40 万打。同年 2 月 28 日成立筹建处，当即着手选点征地，先后以每亩 103 元地价征得 130 亩，又以 5 万元购得永乐店棉花公司旧址。经勘测，该地区地下水质硬度过大，1968 年 3 月决定移建咸阳茂陵。永乐店所征土地仍交农民耕种，棉花公司旧址移交陕棉十一厂家属工厂使用。由于受“文化大革命”干扰，上级决定筹建处暂时解散。同年12月筹建处恢复，随之着手购地、勘探等事宜。1969年3月破土动工，基建施工与设备安装交叉进行。1970年12月，生产车间、辅房等主要工程竣工。1971年元月，针织、成衣设备安装基本结束。1972年4月，漂染安装就绪，全面投产。1973年产品开始出口，当年出口36.34万件，约占年产总量的10%左右。

此后，屡经设备增补更新，引进先进技术，至1989年末，其主要工艺设备有台车71台、棉毛机86台、大圆纬编机16台及配套齐全的染整设备。产品有棉毛类衫裤、单面布类衫裤、腈纶运动衫裤、长丝针织面料四大类。年产各种针织服装670.28万件、合纤长丝针织面料20.265吨，工业总产值2092.51万元。

随着设备的更新与增补，出口产品也一改单一白色的状况，1988年色、花产品出口比重已占该厂出口产品的77.28%。综合出口产值率达30.7%，出口额955.31万元，总出口340万件，1989年达377.85万件，外贸收购总值1252.14万元。

2005年10月下划咸阳市管理，生产能力最高峰时年产针织内衣500余万件，涤纶面料400余吨。曾是陕西出口创汇大户，生产的“丝路”牌针织内衣畅销西南、西北地区。针织文化衫、腈纶衫裤曾获纺织工业部优质产品称号。

## 第四节　印染

目前，咸阳主要印染企业有陕西华润印染有限公司和咸阳际华新三零印染有限公司。

20世纪90年代，陕西第一纺织机械厂注重新产品开发，瞄准国际先进水平，主持了大型印染设备“低张力绳状练漂联合机”的研制工作，该机的研制成功，提高了企业经济效益。1992年，企业总产值达2600多万元，创历史最高水平，并为国家节约外汇1000多万美元，该机获纺织部科技进步二等奖，成为印染设备更新进口替代产品。

（1）陕西华润印染有限公司：是华润纺织（集团）有限公司全资子公司。现有员工700余人，其中，中高级职称技术人员25人。拥有2条染色线、2条印花线，主要设备从日本、荷兰、德国、意大利等国进口；拥有污水处理在线监测等先进环保设施，日处理污水能力达到4000吨。2007年，华润纺织集团向陕西华润投资900多万元进行设备技术改造，购置了三台主机设备：直辊布铗丝光机、显色皂洗机、立信MFS定型机。新设备的投入使用改善了企业生产环境，提高了产品档次和生产效率。同时完成了三项改造项目：集中空压改造、“三效”扩容蒸发改造、污水变频改造。主要从事纯棉、涤棉等织物的漂白、染色、印花加工，并能根据客户需要对织物进行超柔、杜邦三防、碳素磨毛、吸湿排汗、超防雨、抗菌防臭等整理，产品销往日本、欧美等国家和港澳地区。

(2) 咸阳际华新三零印染有限公司(原中国人民解放军第三五三零工厂)：始建于1950年。经过60多年的建设和发展，是国内军用迷彩产品的发源地，已成为西北地区规模最大的国内外颇具知名度的大中型印染企业。2007年工厂经过分立整合改制，翌年正式成立了咸阳际华新三零印染有限公司，隶属于中国新兴铸管集团有限公司际华轻工集团。现有三条涤棉、纯棉、锦棉染色生产线；两条圆网印花生产线；一条仿毛宽幅生产线；年生产能力3500万米，销售收入2亿多元。

主要产品有各种纯棉、涤棉、维棉、锦棉、色、花、漂布等；三防迷彩系列产品；中长仿毛系列产品；军港系列仿真产品；特种整理的阻燃、防水、拒油、抗静电、涂层等产品。其中，三五三零牌迷彩系列产品色泽鲜艳、饱满，具有防红外、防水、拒油、防霉抗菌、防碱防酸、阻燃抗皱、抗静电等特种功能，各项色牢度指标符合国家标准。多种产品先后荣获省优、市优、军优称号，产品远销欧美、中东、非洲、东南亚等数十个国家和地区，尤其是各种迷彩产品及帐篷帆布成为军队的重要装备。2008年研制的“际华3530牌”防红外系列产品被授予咸阳市科技二等奖，该产品获陕西省名牌产品称号。

目前国内防红外迷彩图案约800余种，该公司就开发60余种。“新特多功能迷彩系列”项目，采用分散/还原印染工艺，筛选防红外染料，产品具有防红外、防水、抗静电、透气等功能。从波长范围分为：700—860纳米、400—1200纳米、400—2380纳米；从花型上有林地、沙漠、荒漠等；从纤维材料上有涤/混棉纺、锦/棉混纺、纯棉等；从工艺上节能减排：前处理采用冷轧工艺，定型、焙烘热源采用油加热，丝光碱回收用于前处理，蒸化采用高速蒸化，还原液回收，打底采用短流程，不焙烘，不还原，不水洗。所有水洗采用倒流水。染化料上选择环保型染料，色牢度4级，其中干摩4级，湿摩3级，日晒5—6级，达到了国内先进水平。

## 第五节　纺织机械与纺织器材

咸阳是国家新型纺织机械加工基地之一，具有技术加工优势。20世纪50年代，随着国家大规模在咸阳投资兴办纺织企业，咸阳纺织机械与纺织器材等相关产业也随之发展起来。目前，主要有咸阳织机制造公司、咸阳升跃机械有限公司、陕西天王纺织印染机械制造有限公司、咸阳信合纺织器材有限公司、咸阳众合染整设备有限公司等大中型纺织机械企业。

1988年，吕仓等组建了咸阳秦都新型纺织机械配件厂和新型纺织机械研究所，担任厂长兼所长。为了开发研制具有高技术含量、高难度的新型纺织机械配件，他们把纺织部“八五”科技攻关项目作为自己的研究课题，于1990年成功研制PU型片梭（当时世界上仅瑞士可以生产）。这一成果，不仅填补了国内空白，而且技术上打破了国际封锁。1992年，研制电脑（电子）绣花机剑杆织机上的关键部件——导轨，不仅填补了国内空白，替代了进口，而且被国家科委、国家技术监督局、国务院引进国外智力领导小组、劳动部、中国工商银行联合议定为国家级新产品，进入全国八强行列。新型轻金属综框，于1994年6月研制成功，其性能超过日本同类产品。

咸阳织机制造公司是中国纺织机械（集团）有限公司直属全资子企业，是一个集科研、开发、营销、生产制造于一体的大型纺织机械骨干企业。通过国家“八五”喷气织机专项技改，目前拥有20世纪90年代先进水平的多条自动生产线、装配线。立式、卧式加工中心、钣金、喷涂等各类数控设备120台（套）。企业广泛应用了CAD辅助设计和MIS计算机管理系统。近年来根据市场的需求，不断推出各种新机型、新配置，陆续推出有：GA710型双喷喷气织机、GA710型四喷喷气织机；G1756型玻璃纤维喷气织机；GA710型双喷喷气织机配STAUBLI2700、STAUBLI2861 电子多臂机、GA710型四喷喷气织机配STAUBLI2700、STAUBLI2861电子多臂机；GA710型双喷喷气织机、GA710型四喷喷气织机配电子卷取等十余种产品。

GA710型喷气织机，在吸收津田驹机型优点的同时，对一些主要机构与零部件做了创新设计，使之更符合国情及满足用户的需要。16台该型号批量生产合同的完成，标志着国产喷气织机在宽筘幅配下置式电子多臂机的技术、加工生产能力已经逐渐成熟，将会极大地改善该种配置机型依赖进口的局面，降低棉织企业的成本，产品技术达到国际先进水平。

咸阳升跃机械有限公司成功研制开发出SW18－360型喷水织机，车速高、噪省低、筘幅宽、引纬率高、织物质量稳定，填补了国内喷水织机织造宽幅装饰布领域的空白。喷水织机在织造化纤产品方面具有独特的优势，国内生产及国外引进的喷水织机织造幅宽大部分在250厘米以内，受幅宽的限制主要生产化纤里料。随着市场竞争的日趋激烈，客户对宽幅喷水织机的需求不断增大。该公司于2000年年底投资30余万元，与大专院校和科研院所联合，共同研制开发360厘米筘幅喷水织机。通过多次试验，于2003年8月在国内首家研制成功筘幅为350厘米喷水织机，经使用厂家试织，基本满足了客户织造340厘米装饰布的要求。该公司于2003年10月投放市场的20台套该型号喷水织机，目前运转良好，转速达到320转/分，运转效率达到90%以上。

陕西天王纺织印染机械制造有限公司（原陕西省第二纺织机械厂）是为纺

织、印染行业生产部分主机、辅机、专件和配件的国有中型企业。建厂以来，在以人为本、技术立厂、不断创新的基础上不断发展壮大。截至2011年拥有固定资产5500万元，中高级技术人员30多名，各种机加设备250余台。产品品种、规格、型号已达12类、700余种，畅销国内27个省、直辖市、自治区，远销亚、非、欧、美13个国家和地区。主导产品棉纺钢领、锭子两大专件是原纺织部在西北地区的唯一定点生产厂家。钢领在全国同行多次质量抽检评比中均名列前茅，产品50%以上出口；棉纺锭子以其品种齐全、质量优良，市场占有率不断提高。棉纺四种辅机胶辊设备（A808型液压套皮辊机、FU245型和A812型皮辊压圆机、A817型测胶辊机、A818型胶圈测长仪）是全国唯一的生产厂家，畅销国内，部分出口。印染后整理设备——光电整纬机是在吸收消化国外先进技术基础上自行设计制造的，并曾被列为国家级重大新产品；丝光机、拷花机均获省、部更新产品奖，全国交易会多项表彰奖。新推出产品——TW聚合尼龙上销、锭子清洗加油设备等，技术水平均居全国同行前列。

咸阳信合纺织器材有限公司是原国家纺织部在西北地区唯一定点生产钢丝圈和钢领的专业生产企业，产品多次被评为省优、部优产品。钢丝圈采用优质碳素工具T9A，经多道工序制造而成，分别与PG1/2、PG1、PG2钢领配合使用，适用于棉、毛、丝、绢、化纤、混纺等纱支的高、低速纺纱捻线选用。公司生产的镀氟钢丝圈，自润滑性好，减少磨损，上车走熟期短，拎头轻，散热性能好，断头率减少2/3以上，降低毛羽30%左右。生产的纳米钢丝圈，采用多种单原子材料，经化学沉积，从而在钢丝圈表面形成纳米级复合薄膜。该产品具有良好的适纺性，走熟期短，防腐蚀性能优异，耐高温高湿，可延长使用寿命2—3倍。

咸阳众合染整设备有限公司先后研制开发了LMH176－180－340系列超拉幅全直辊丝光机（专利号：02114604.7）、LMH099－180－340系列退煮漂联合机、SPX180松式平幅皂洗联合机、LMH098－180－340高效平幅水洗、LP180－340冷堆练漂联合机及复合蒸箱、高效六筒水洗等多种科技含量高、性能稳定、先进可靠的新产品。企业成立以来，产品畅销全国，并出口十多个国家和地区。多项产品先后获省优产品奖、省技术成果交易洽谈会金奖、纺织工业部科技进步二等奖、国家科技进步三等奖等奖励。

# 第二章

# 电子信息技术

咸阳市电子工业是从1958年起步的，当时主要生产电子元器件。1959年建成了咸阳市第一个电子工业厂——华星无线电器材厂。随后，又相继建成了咸阳无线电元件厂、兴平激光器材厂。1960年，乾县科委罗兴中研制自控高速风力发动机，参加全国科技展览，拍成科教影片在南方推广。

20世纪70年代末，国家投资7.5亿元兴建了陕西彩色显像管总厂，成为中国第一只彩色显像管的诞生地，由此揭开了咸阳电子工业发展的序幕。咸阳偏转线圈厂、电视配件厂、陕西广播电视设备厂等配套企业相继建成，到1989年年底，咸阳市已有电子及通信设备制造企业13家。

华星无线电器材厂建成后，开始主要生产普通的碳膜电阻、金属膜电阻、线绕电阻和电容。现在该厂在原产品的基础上，还可以生产工艺难度较大的压敏电阻和光敏电阻，并成功研制出了推、拉开关电位器，填补了国内生产空白。

1975年，咸阳市无线电厂试制的电子喉头闪光镜，弥补了中国医疗仪器上的空白，生产的超声波治疗机居于国内先进水平。

由咸阳市长城电工机械厂研制生产的“全自动棉纤维测长仪”应用光电转换的测试原理、采用机电一体化的结构，在20秒左右即可完成试样、扫描计长显示、反转清理及水分补偿等功能。该仪器具有操作简单、维修方便、测量准确、速度快、精密度高和稳定性好等特点，与传统手扯尺量比较，相符率达95%以上，它为棉花流通过程中的质量检验、监督和仲裁工作，提供了科学依据，部分测试指标，优于国外同类产品，达到国内先进水平。

由乾县科委罗兴中等研制成功的JQ-80型全自动电子测记仪，是根据地震前电、磁、光、热、声、力等物理和化学现象变化及中国实际情况而研究成功的。该仪器是一种多功能、全自动检测和记录的仪器，可自动检测和记录地电、温度、湿度等多种项目的微弱缓变电信号的变化，它走时准确，可连续地自动检测和积累资料。改变了中国长期以来普遍检测采用的土地电、土地磁、土应力等土手段，填补了国内空白。

陕西北方科技实业公司研发的无线编码遥控收发器采用数字编解码无线调频技术，可使遥控距离达 20 米，30 万组不重复，形成一一对应关系。同过去的单纯无线收发器相比，该技术采用三态多位编码方式进行发射控制，较好地解决了一呼多应的问题。该产品已完成了德国 500 套样品的首期合同。

20 世纪 70 年代末，由日本引进的国内第一条彩管生产线落户咸阳，并在此基础上建成陕西彩色显像管总厂。彩色显像管总厂重视科研、新产品开发工作，使原材料、备品、备件以及工模具国产化，改变了中国彩电生产线长期依赖进口的局面。经过历次改革，彩虹电子逐步完成了从传统的彩管业务向蓬勃发展中的新兴产业的战略转移，初步形成了以显示器件、电子玻璃、发光材料、金属部品为主体的新型业务架构。2005 年 5 月 11 日，信息产业部确定咸阳市为国家显示器件产业园。

截至 2009 年，以彩色显像管、偏转线圈、覆铜板、黏结片、彩偏磁芯、电子元件等产品制造为主的电子信息产业，已成为咸阳市外贸出口的最大行业，全市规模以上电子信息产品制造企业 16 家，总资产达到 110 亿元。彩虹集团、偏转集团、陕西康佳公司、陕西生益华电科技有限公司等一批具有较强实力的电子制造重点企业分别居全国同行业之首或前列，形成彩色电视机、广播发射机、卫星接收机、显像管、偏转线圈、覆铜板、黏结片、彩偏磁芯、电子元件、电子材料等电子产品制造为主的产业链。

## 第一节 显示器

咸阳电子产业主要以显示器产业为主，以彩虹电子集团公司为代表。彩虹集团从 1997 年开始介入 PDP 显示器件技术的研究工作，并建立了中国第一条具有量产意义的 PDP 中试线，2004 年 10 月初通过了信息产业部的验收。随后，彩虹相继自主研发了 42 英寸等离子显示屏、50 英寸高清等离子显示器，其性能均达到国外同类产品水平，在国内处于领先地位。2005 年 12 月，彩虹 60 英寸等离子显示屏研制成功，标志着 PDP 研发又上了一个新台阶。以上产品的研制成功，分别填补了中国在该项技术的空白。到 2006 年年初，彩虹集团已经申请了相关专利 135 项，其中发明专利为 90 件、实用新型专利为 45 件。

液晶玻璃基板是液晶平板显示器的重要组成部分，具有十分广阔的发展前景，同时属于电子玻璃制造的高端技术。作为全球第三、中国第一的显示器件制造企业，彩虹集团具有多年电子玻璃生产研发经验。优秀的团队、强大的技术创新能力使彩虹建设液晶玻璃基板生产线具有得天独厚的人力优势、技术优势。彩虹公司依靠自我技术力量，成立了专门研究机构，研发料方和关键生产设备及工艺，坚持走自主研发的道路。在项目建设的全过程中，彩虹公司克服了重重困难，从无到有、从有到多、从多到精，不断积累和升华相关知识和经验。经过反复试验、不断改进、持续优化，不仅研发出了中国第一批拥有自主知识产权的玻璃料方和相关专利技术，而且培养出了一大批专业技术人才和技术工人。目前，在液晶玻璃基板生产技术方面，彩虹集团已形成了自己的知识产权群。

2007 年 1 月 16 日，彩虹液晶玻璃基板项目正式开工建设，同年 12 月 28 日如期成功点火。2008 年 5 月开始试生产，同年 9 月 8 日 11 时第一块合格产品正式下线。此条生产线的建成，打破了国外企业对该产品的垄断局面，结束中国液晶玻璃基板依赖进口的历史，这对于完善中国平板显示产业链具有重大意义，同时也标志着中国显示器件行业正在由传统产品向新型高端显示领域寻求突破。2010 年 12 月 21 日，从彩虹（佛山）平板显示有限公司传来捷报：第一款 OLED 产品成功点亮，这标志着有彩虹自主研发能力的 OLED 技术实现关键性的突破。

彩虹建成以来，累计完成各类新品与基础研究项目 300 多项，先后获得国家科技进步奖 5 项，省部级科技进步奖 20 多项，成果奖励金额逾千万元，与有关院校合作研发的第三代显示技术，在国内处于领先地位；自主研发的节能灯粉，产业规模已达到国内第一，自主研发成功的冷阴极灯粉，使彩虹集团成为国内唯一制造该产品的企业。

陕西如意广电科技有限公司是 2008 年 12 月 16 日经原陕西如意电气总公司改革改制、资产重组注册成立的国有独资企业，其前身是电子工业部七六二厂。现为中国广播电视设备工业协会副会长单位，国家广电设备定点生产企业。主要从事广播通信和卫星接收设备的研发和生产，是国家广播电视发射机研发、生产、销售定点企业、西北地区唯一具备卫星电视广播地面接收设备（含卫星数字电视接收机、卫星电视接收天线等产品）生产许可资质和内销资质的定点生产企业，是陕西省电子信息设备制造骨干企业之一。主要生产广播发射机、地面数字电视发射机、移动多媒体电视发射机、数字电视转发器、直播卫星接收机以及电视机、遥控器、变压器等产品和电视机配套加工等生产的专业厂家。产品先后获得国家、部、省级奖项 38 个，销往全国各省、市电台，并出口亚、非、澳地区，相关产品曾获 3 项国优、8 项部优、11 项省优。多项产品获得国家级重点新产品项目，2009 年中标国家广电总局“2009 年广播电视村村通卫星电视直播地面接收设备采购项目”。企业是陕西省确定的高新技术企业，并进入“中国市场十大名牌电子”阵容。研制了 DVB - S、

DVB－C、DVB－T、ABS－S（CA）数字电视机顶盒以及CMMB发射机等系列广播电视设备。

威海大宇电子公司于1995年建成，地处中国山东威海经济技术开发区，是上市公司咸阳偏转股份有限公司与韩国大宇电子株式会社合资兴办的中外合资企业。公司引进大宇电子技术和美国环球公司设备，主要生产各种规格型号计算机用彩色显示器，是韩国大宇电子株式会社授权的“大宇”显示器在中国地区唯一生产销售厂家。公司先后通过了ISO9001质量管理体系认证和ISO14001环境管理体系认证，产品通过UL、CSA、TUV、CE、SEMKO、SASO、CCC等多种安全认证。公司同国内名牌大学及韩国大宇电子研发机构联合进行新品研发，不断进行产品更新，率先采用最新显示技术，在原有CRT显示器的基础上，又推出具有国际先进水平的TFT－LCD及PDP显示器等新产品。

咸阳华清设备科技有限公司“等离子显示器（PDP）老炼系统”，针对电气及机械特点进行开发，系统装置包括：电气系统，加电夹具，冷却系统，机架。该项目关键技术在于电气系统和加电夹具。技术创新点：①采用并联—串联谐振回路能量恢复电路可提高能量恢复的效能，使驱动电路更接近于ZVS方式工作，降低能耗和电磁干扰。该方式不但适用于老炼电路，也适用于PDP电视机正常播放时的驱动电路。②采用双极性悬浮式IGBT驱动，使电路的工作更加稳定可靠。③机械夹具在PDP屏长短边上采用自适应弹性机械结构及柔性导电材料保证细密电极可靠导电并对屏实现无损伤接触。本装置在洁净间中使用，使用动能为单相AC220V、50A，无排放物，对环境无污染。

## 第二节 计算机及软件

20世纪80年代，咸阳市农牧局完成的通用数据库管理软件，是从实际需要出发编制的制表软件，其制表方便，查询灵活，打印格式随意，能满足不同用户的需要；计算统计方便，能直接打印出统计结果，用屏幕显字代码查询，速度快。该表对于初学者来说也可上机操作，加速了基础资料的输入工作。该表在宝鸡、渭南、咸阳等有关部门得到推广应用，效果较好。

1991年，西北轻工业学院李德环教授完成汉字系统有限元分析软件的项目研制，为国内首创。

1999年5月，咸阳偏转股份有限公司与西安电子科技大学合资成立了咸阳偏转西电科大环宇软件有限公司，其中咸阳偏转占70%股权。年底，环宇软件已有同辉SPC质量控制系统，同辉电子机械CAD系统，同辉多媒体相册，同辉交通信息管理系统和同辉多媒体网络教学系统5个产品实现了商品化，其中SPC统计过程控制软件被评为2000年国家级重点新产品项目、西安市重大科技成果转化项目；CAD 机械设计绘图系统被评为 2000 年国家级火炬计划项目、2000 年陕西省重大科技成果产业化项目。

## 第三节　声频、视频产品

1970 年，乾县科委的罗兴中研制便携式军用调频机，参加陕西军区和兰州军区举办的科技展览。其编写的《JSS－6 脉冲数字式播音程序控制》《有线广播自动控制》两书，由中央人民广播电台发行全国。

90 年代，咸阳视通科技有限公司开发的逐行/倍场扫描机芯，采用了两种先进的逐行扫描数字视频处理技术、行间插值技术，将电视的扫描方式由隔行变成逐行，同时并有 100 赫兹培场，消除了大屏幕电视粗糙的行结构，使画面清晰细腻，将电视与计算机巧妙地结合在一起。该产品具有标准的 VGA 接口，便于厂家降低成本，性能价值比高。

咸阳创新电视配件有限公司研发的 LCD 用扬声器减震垫，采用独特的设计配方，选择国产材料替代进口材料的配方体系，使产品具有一定的柔韧性、阻燃性和耐老化性；经过反复研究实验，使产品物理机械性能达到使用要求；根据特殊的产品结构，合理设计加工模具，采用一模多腔的复合模结构，进行产品成型工艺研究。

咸阳辰和电气有限公司成立于 1996 年 4 月，是从事工业控制器、电机驱动器、逆变电源、传感器等产品的研发、生产、销售服务的专业公司。该公司"数据设备专用逆变电源"，应用电力半导体器件，将直流电能变换成交流电能是一种静止逆变技术，在以直流发电机、蓄电池为主直流电源的二次电能变换和可再生能源（太阳能、风能等）的并网发电等场合，静止技术均有广泛的应用。该项目采用美国 ON 半导体公司新型 PWM 的控制，有效地解决了变压器的偏磁问题，保证了输出频率、电压的精度和稳定性；功率级交流波利用 MOSFET 开关管推挽方式产生，有效地避免了桥式电路中同一桥臂在硬启动时同时导通烧坏 MOSFET 管的危害，独创性的在输出部分设置了可调感抗元件，以确保与容性数据设备负载良好匹配，改善了输出波形。

## 第四节　仪器仪表

20 世纪 70 年代，咸阳机器制造学校的焦应龙对铸铁缺陷的研究造诣较深，1975 年华罗庚来咸阳推广优选法，他被任命为咸阳推广优选法分队副队长。1978 年秋，随华罗庚在内蒙古、四川推广优选法。他研制成功的停水自动关闭水龙头，经省级鉴定，一致认为该产品填补了国内空白，是处于国内领先水平的换代产品，1993 年获当代专利科技成果转让博览会金奖。研制的双锁头防盗井盖，1993 年获当代专利技术科技成果博览会银奖；家用保健水发生器，1993 年获长春火炬杯高新科技成果洽谈拍卖大会金奖；脚踏启闭阀门等也获得国家专利。同时期，咸阳陶瓷厂李如南独立构思研制的动圈放大式精密控温仪，控温精度1000℃≤0.1℃/16小时，达到国际先进水平，仪器结构是国际独创，1980年获陕西省重大科技成果三等奖。1986年，他研制陶瓷坯粉水分快速测定仪，首创“校正体”技术提高测量精度的系统，填补了国内空白，达到国际先进水平，1988年获得国家专利。

户县人梁挺，1986年被秦都区外协委聘任为咸阳智能仪表厂厂长，先后负责研制开发四大类十六种新、特产品。1989年，用半年时间完善了低压成套电器工艺、工装设备技术资料，试制的PGL-2型低压成套电器，经天水电器测试研究所进行型式试验，各项技术指标达到国家标准，通过能源部、机电部验收，取得合格证书。他设计的机床微机控制柜，出口伊拉克、中国香港等地，为国家创汇10余万美元。1991年5月，试制成功电子节能镇流器，同年6月经陕西省机械研究院、省质检所、国家电光源中心等30个单位的专家学者考察、测试，认为该产品的可靠性和节能效果均达到国内先进水平，符合“八五”期间节能产品发展方向。投产以来，已生产3万多只，成为该厂支柱产品之一，先后获得陕西省第二届科技洽谈会铜奖、首届中国青年科技发明博览会金奖、中国中小企业科技新产品展览会“最受欢迎奖”。研制开发的料封计量控制仪，采用全集成电路，为建材行业现代化管理提供了高新设备，1992年4月取得国家专利，1993年获全国星火计划成果金奖，产品畅销陕西、甘肃、宁夏、青海、广东、浙江等十几个省区。

咸阳华星特种元器件研究所是原国营七九五厂华星高技术陶瓷材料研究所改制而成的科技型民营股份制企业。主要生产特种规格、特殊要求的电阻器、电容器、陶瓷结构件。在三峡、葛洲坝、贵广线等大型电力工程，兵器工业、航空航天多家单位的军工项目中应用。产品适用于阻容吸收、变频启动、功率泄放、过压（流）保护等单元。

咸阳坤宁微电子研究所研发的隔离式安全栅是一种安装在安全场所的安全型仪表的关联设备，能把窜入危险场所的能量限制在安全值以内，从而确保生产场所设备及人身安全。该项目产品经《国家级仪器仪表防爆安全监督检验站》的严格检测，已全部取得《防爆合格证》，技术上达到国际先进水平，填补了国内空白。该所研发的内置汽车电子点火器是汽车点火系统的更新换代产品。具有点火能量高、燃油燃烧充分、节油5%—15%、尾气排放达标、提高动力、冷启动好等优点，是一种技术含量高的节能、环保产品。该产品经《国家汽车质量监督监测站》及国内有关大型汽车发动机厂严格检测，各项技术指标达到德国大众等公司同类产品标准，技术上居于国内先进水平，具有很强的市场竞争能力。

为了改善现有短波电台的通信质量，增强通信功能，咸阳恒大实业有限责任公司与西安电子科技大学共同研制开发了“短波自适应GPS数据传输控制器”。该控制器和短波电台、计算机一起可完成以下功能：上千公里GPS定位监控报警；自动线路建立；自适应变速数据传输；调频保密通话，填补了中国短波通信四种功能集为一体的技术空白。

咸阳亚华电子厂于1992年10月成立，主要致力于为电力机车上配套的大功率线绕电阻器和过电压吸收器的研制和生产。1993年研制的MYG过电压吸收器主要用于株洲电力机车厂电力机车中的过电压保护。1995年又自主开发了专利产品RXG800A铝外壳大功率线绕电阻器，用于韶山6型电力机车上，并于当年在陕西宝鸡段爬坡过程中该产品以过载能力强、可靠性高的优良特性，解决了多年未解决的“RC电路”易出故障的难题，从而大面积地取代传统的珐琅线绕电阻器。随后RXG800A铝外壳大功率线绕电阻器在各电力机车中广泛采用。1999年通过了ISO9002质量保证体系的认证，2002年通过ISO9001质量管理体系转版认证。2000年开发了RXS1型、RXS2型水冷电阻器，同年用于中国第一台交—直—交“中华之星”牌电力机车上，并于2002年获得国家级重点新产品奖。

1996年，咸阳崇光实业有限责任公司研制开发的防盗（寻呼）保险箱（柜）及报警系统，可与现代通信设施如电话、手机、BP机、110报警台等联网，实现了异地报警。报警系统也可以与居家所有门、窗连接，形成一个独立、全方位的报警网络，对居家进行外围整体监控，遇有盗情可以异地报警。技术水平处国内领先水平。该产品当年通过省级新品鉴定、科技成果鉴定和新产品投产鉴定。1997年被列入省“火炬”计划和国家级重点新产品项目，1998年通过了国家公安安防产品质量检测中心的国家质量标准检测，并获省级科学技术进步二等奖。

2002年7月成立的陕西奉航橡胶密封件有限责任公司，是一家专业制造高精度氟橡胶骨架油封密封件产品的高新技术企业。先后通过ISO9001国际质量体系认证，ISO/TS16949国际汽车质量管理体系认证。2006年6月新厂区建成并投入使用，2009年4月二期工程节臂及翻转器生产线项目正式建成投产。2009年10月1日，装配奉航公司产品的50辆坦克、30辆陕汽军车在天安门前接受了党和国家领导人及全国人民的检阅。公司被中国兵器工业部六一六厂授予“鼎力相助保阅兵，携手并肩铸辉煌”的锦旗。2008年，公司在西安成立技术研发中心和油封实验室。2008年5月，自主研制的旋转轴唇型密封圈被省政府授予陕西省名牌产品称号。

汽车变速箱中钢基树脂碳纤维同步器锥环是保证汽车变速换挡安全可靠的

关键零件，装配在变速箱的心脏部位。该零件形状设计独特，材料成分复杂，技术性能指标和几何尺寸精度要求十分严格。应用于重型汽车变速箱中的同步器锥环，是在粉末冶金制品基体上再黏结一层摩擦材料而制成的，属于国际上的一项先进技术。陕西省机械研究院研发的“钢基树脂碳纤维同步器锥环”，与进口的同类产品经过台架型式试验比较，在规定的转速下正常工作提高了5万次，达到了优等品的水平。

兴平关中建筑机械有限公司经过技术分析，使用了微电子减量显示系统，实现了减量配料技术，避免了增量配料机在称量过程中加料惯性对称量数据采集的影响，提高了计量精度，使计量准确，开创了混凝土配料的计量新方法，提高了机器的功能及运行可靠性。

陕西工业职业技术学院研发的新型摆线钢球减速器，有效地解决了减速器在运动过程中由于振动而产生的轴向松动问题，振动减少，摩擦也减少，由振动产生的热量自然也就减少。在摆线槽的底部增加了一圈截面形状为凹形的储油槽，用于存储油料，对啮合部分进行润滑，减小减速器发热。实验证明：在加载试验状态下，与现有技术相比油温降低了10摄氏度，噪声降低了5分贝。

## 第五节　电子元器件及电子材料

咸阳偏转是国内外偏转线圈行业中研发能力最强、生产规模最大的生产厂家，并在首届中国电子企业品牌价值发布会上，以44.33亿元的品牌价值位列中国电子元器件企业第6位、陕西省电子企业第1位。近年来，该公司投资了咸阳威力克能源有限公司和陕西捷盈电子科技有限公司涉足新能源和液晶显示器等产业新领域，形成了以偏转线圈、TFT－LCD驱动板、锂离子电池为支撑的三大产业发展格局。

咸阳华星无线电器材厂（国营第七九五厂），是第二个五年计划期间，自行设计建设的重点工程之一。有12个专业厂、3个子公司、6个高新技术研究所，是集技、工、贸于一体的集团化现代综合性企业，是国家航空产品元器件定点供应单位。曾与成都七一五厂、北京七一八厂并称为中国三大元器件生产基地，研制出中国第一只压敏电阻器，先后六次进入全国电子元器件百强企业，产品远销美国、印度、加拿大等国家和地区。2007年实现销售收入1.8亿元，实现产量18.8亿只。目前工厂有专业技术人员700人，中高级职称214人。

该厂主要研制和生产以电子陶瓷技术为基础的高性能陶瓷材料及电容器、电阻器；以敏感技术为基础的氧化锌压敏电阻器；以压电技术为基础的石英晶体元器件；以工业窑炉为主的电子专用设备和多种无线电测试仪器。建成了全国性的压敏陶瓷材料及陶瓷件开发生产基地，年生产各类压敏电阻器1亿只；硫化铅探测器、室温锑化红外探测器的生产规模、品种、产量均居全国首位。在三峡、葛洲坝、贵广线等大型电力工程，兵器工业、航空航天多家单位的军工项目中应用。

陕西金山电器有限公司创建于1969年，是债转股改制的大型电子行业磁性材料专业化企业。现有各类高精度磁性材料、专用设备及测量仪器666台套，主要生产软磁及永磁铁氧体及材料，锰锌磁芯，镍锌磁芯，稀土永磁，恒磁磁钢，各种表面贴装板卡，电子器件，冷凝器件，低压电器，电子专用设备等产品，其中彩电及显示器用偏转磁芯年生产能力达5000万件，是目前中国最大的偏转磁芯科研生产基地。多年来，公司开发新产品320余项，获部级以上科技成果172项，部级以上优质产品15项，公司生产的永磁铁氧体偏转磁芯、钕铁硼稀土永磁合金等产品获省优、国家级新产品等多项殊荣。1996年公司被评为全国电子行业十佳企业，荣获“金桥奖”，1997年被陕西省评为“质量效益型”十佳企业，被列为陕西省实施名牌战略发展计划，是陕西省现代企业制度试点单位之一，已连续十余年入选中国电子元器件百强企业。

在电子信息领域中广泛使用的开关电源变压器、功率变压器、行输变压器，因向小型化、高频化的方向发展，对铁氧体材料在提高频率的同时又提出了降低功耗的要求。这一类铁氧体材料称高性能功率铁氧体材料，它是在大电流情况下通过磁化来传递功率的，其主要特征是在高频（几百千赫）、高磁感应（几千高斯）的条件下，保持很低功耗，而且功耗随着磁芯的温升而下降，保证器件的温度不再升高。金山电器有限公司研发的高性能功率铁氧体JMP95材料，其参数类似于日本TDK的PC95材料。

咸阳金山益昕电子科技有限公司开发的“R18K高导磁新型软磁铁氧体材料”，通过选取高纯度、有害杂质少的原材料及在配方上通过选取不同的材料配比之间内在因子的关系进行科学配方，确定有效的工艺，采取科学的烧结曲线，以保证结构均匀、气孔小、尺寸大的晶体结构，该项目产品可制成宽带变压器、脉冲变压器、共模扼流圈等产品，广泛应用于IT产业、汽车工业、航空航天、交通运输等领域。

国营第七〇四厂20世纪50年代在山东济南成立，1966年搬迁至咸阳。20世纪60年代初，该厂在环氧－玻纤布基CCL、桐油改性酚醛树脂－纸基CCL、聚四氟乙烯树脂－玻纤布基CCL、聚苯醚树脂－玻纤布基CCL等方面做了大量研发工作，取得了一系列的科研成果。咸阳华电电子材料科技有限公司（国营第七〇四厂）是承续和整合了原陕西华电材料总公司及其子公司——陕西华电材料科技有限公司、陕西伟华电子封装材料有限公司的优势资源和核心业务，改制成立的具有现代企业经营管理模式的中型企业。专业生产军民领域各种覆铜箔层压板及相关电子材料，一直承担国家军工配套的特种电子绝缘材料研制、生产任务，是目前国内生产覆铜板品种最多的企业之一。公司产品包括8个系列：金属基覆铜板；耐高温高频电路基板；挠性覆金属绝缘材料；特种覆金属箔层压板；微波电路基板；黏结片；通用覆铜板及绝缘板。

陕西生益华电科技有限公司成立于2000年12月，是广东生益科技股份有限公司的全资子公司，专业从事覆铜板的研发、生产、经营的企业。公司主导产品为阻燃型环氧复合基覆铜板（CEM－1、CEM－3）及阻燃性环氧玻璃布基覆铜板（FR－4），现已成功开发并生产无卤型CEM－1产品，适合无铅化的高耐热性CEM－1、CEM－3产品。公司的产品广泛应用于通讯设备、监视器、精密仪器、游戏机、空调、洗衣机及各种中高档消费类电子产品中。企业产品质量达到美国IPC－4101标准并获UL认证。并先后获得ISO9001、ISO14001、ISO/TS16949管理体系认证，建立了ISO/IEC27001信息安全管理体系。目前是国内CEM－3规格品种最全、产销量最大的企业。

咸阳联智电子有限公司成立于2000年10月，是一家科技型民营企业，专门研制、生产各种电子元器件，产品广泛应用于电力机车、铁路信号控制系统，电力继电器系统，电焊机等电气设备中。近年来，又研制开发出大功率微带系列（平衡电阻、负载电阻及衰减器），替代了国外同类产品，并且广泛应用于广播电视发射设备中。公司主要产品为RX21、RX20、RXG1、RX24、RX28、RXGH等线绕电阻器系列；RE40、RM250、RW300、RM400、RL500、RM800等微带电阻、衰减器系列；还可根据客户要求定做各种电阻箱、负载柜。

陕西华星电子开发有限公司开发的Y5P－402（2B－402）陶瓷电容器介电材料是由该公司自主研发的新型瓷料，是一种介电常数高达4000的2B4瓷料，将2B4瓷料介电常数提高到4000，比起现在市场上主流2B4瓷料介电常数为2500—3000，提高了50%左右，技术水平处于国内领先地位，且不含铅、镉等有害物质，符合环保要求，适用于制作高精度低、中、高压陶瓷电容器及交流安全规格电容器，技术含量高，性能稳定，符合元器件小型化趋势。

咸阳昌佳电子股份有限公司研制的“双酚A线性酚醛树脂”，作为环氧树脂的固化剂可以从根本上提高板材的耐热性，以简单的工艺实现电子元器件的无铅化焊接，从而促使整机产品达到欧盟环保要求，它的使用将是电子产品无铅化的重大突破。

陕西凯特新材料有限公司研制的“用于叠层陶瓷电容器内电极浆料的超细镍粉”，采用贱金属超细镍粉制成镍电极浆料代替片式多层陶瓷电容器（MLCC）中的贵金属银、钯电极浆料，使成本下降30%以上。超细镍粉主要用于移动电话、计算机、笔记本电脑、电动工具以及其他电器设备中的多层陶瓷电容器（MLCC）中。

咸阳汇立丰电子有限公司成立于2002年4月，是一家专门从事新型大功率电阻生产和研发的科技型企业。主要研究和生产大功率金属管型电阻器，高功率无感模块电阻器和大功率液体冷却式电阻器等功率型、无感型、特殊型电阻器。产品主要应用于电力电子行业，是RC回路中的充、放电电阻，吸收电阻，负载电阻，斩波电阻，制动电阻等特殊高新电阻器产品，以及水冷电阻器用PVDF水接头和管路系统。目前已被超高压直流输电用换流阀和高速电力机车、大型船舶动力变速系统以及高压直流静补等国家重点领域采用。产品还出口美国等国家，并替代国外同类产品进口，填补了国内空白。该公司研发的SSTR1000型大功率线绕电阻器，因属外散热型电阻器，主要利用缩径技术将电阻体与导热填料紧密结合，使电阻体的热量最高效地传导至电阻器的外部，再由电阻体表面与散热器表面贴装面的接触，通过外部散热器将热量带走，使产品在小体积的状况下，达到最大的功率，并在热量被传导走以后，电阻体本身不承受高温状态，从而达到电阻器的电阻体长期使用安全可靠。

咸阳秦盾电器厂是一家专业研发、生产和销售过流保护开关，各种电子控制产品的企业。该公司“节电式过载保护开关研制与开发”，以现有的电子式保护器和DA47－60小型短路器为基础，开发具有自主知识产权的新产品，该产品保留原短路器短路动作快的优点，用电子式保护取代误差大、热稳定性差的保护，而且电流大小可以调节，保护开关更加可靠实用，对不频繁启动的设备最为实用。不但节约昂贵的配电柜，而且节约因接触器耗损的电费，单相、三相均可使用，手动、自动开关设备均可使用。此产品不但可降低企业用户的生产成本，而且可以减少用户不必要的能耗和潜在危险，具有良好的经济效益和社会效益。

# 第三章

# 机械工业

秦代咸阳是冶金、机械工业的重要基地。据《史记·秦始皇本纪》载，秦统一天下后，曾“收天下兵，聚之咸阳，销以为钟鐻，以为金人十二，重各千石，置廷宫中”。“销锋铸鐻”“以为金人十二”，是说把铜兵器熔化铸造成“钟鐻铜人”的形象。这样技术复杂的铸造工程，在两千多年前能够完成，说明当时工匠技艺高超。

秦始皇陵西侧出土的铜车马和御佣，以其金银细工见长，也是咸阳宫廷手工业的制品。二号铜车马总重1240千克，由3462个大小不同的铜、金、银零件组成，其中铜车高107厘米，长2867厘米，马高93.2厘米，体长114.8厘米。其制作方法采用了浑铸、焊接、镶嵌成型，表面加工后再经彩绘、拼接组装等各种工艺、交互并用的综合性技术，从而以青铜为主的大件同玲珑剔透的金银小件巧妙地组合成大型的金属工艺品。

兵器由中央和省一级直接管理的官府作坊生产。传世和出土的“相邦戟”，制作精良，锋利异常，从铭刻看，多是咸阳的产品。秦俑坑出土的青铜兵器有戈、矛剑弩机、镞等，成形规正，冶金成分也很符合实践的硬度要求。青铜剑由长（通常80多厘米，有长达94厘米）、薄（身厚不过0.34—9.91毫米）、窄（最宽处也只有3.65厘米）、尖（锋的夹角是51度的锐角）构成其造型特点。对力学原理的合理运用，增加了这个近战兵器自身的穿刺力量。青铜镞作三棱锥体，三个面或平或鼓，横截面作等边三角形，误差只有0.3厘米：装在70厘米长的箭杆上，在强弓劲弩的发送下，可远射千米左右。镞、殳的正面，戈、吴钩的侧面做等分切线所得的两个剖面不但全等，而且所得的几个几何体也相等。剑和镞的光洁度达到9—10花，内部没有气泡，弩机机件大体一致，枢孔同栓塞配合紧密，具有可换性。这些科技成就说明当时浇铸工艺水平高、加工精密，从而获得规整、强韧有力的特性。青铜兵器表面上乌黑发亮，有一层致密的含铬化合物氧化层，厚约1毫米，起到了防锈抗蚀的作用，这种对金属表面处理的技术，比西方早了两千年。

新中国成立之初，咸阳市仅有4家手工业机械厂，从业职工500余人，主要产品是铁锅、铁锨、马链子水车，总产值99.7万元，进入三年恢复时期，全市机械工业企业增加到11家，总产值147.6万元。

1956年，由十多个个体铁匠户组成的“惠民铁工厂”，凭借祖传的技艺和丰富的实践经验，对过去的生产工艺加以改进，生产的铁锅，底薄耐火，省时省煤，质量精良，畅销西北各省。1958年惠民铁工厂改为咸阳第一机械厂。

1958年，现代化大中型企业开始兴建，当年，机械工业厂家增加了15家。以平调升级的办法建立了两个地方机械厂（第二、第三机械厂）。1962年，第一机械厂和第三机械厂，调整合并为咸阳市车辆厂，产品为农业机械配件，有架子车、轴头、内外档、花箍筒和车圈，产品供不应求。1963年7月，该厂进行了扩建，并改产生产552型喷雾器。当年试产2156架，质量合格。1966年进入批量生产，并更名为咸阳市植保机械厂。

咸阳市第二机械厂，转产农用排水钢管，并恢复铁锅、犁铧生产。后又开辟新产品，从上海引进深井泵新技术，经过反复试制，获得成功，国家机械工业部批准改为生产深井泵的定点工厂，随后更名为咸阳市深井泵厂。

“三五”期间，本市中型机械工业企业得到迅速发展，在引进外地设备的同时，建成了西北医疗器械一厂、咸阳压缩机厂、汽车修配厂等23家机械厂。

1978年，咸阳市铸字机械厂研制的小型彩色印报机试制成功，1979年通过鉴定。铸字机械厂和其他几个单位联合研制的单镜头照象排字机，是中国当时现代新型印刷技术上的重大改革，现已投入生产。

泾阳铁厂技术革新小组，根据国外先进技术，大胆创新，在小高炉上采用多风眼进风，每小时吃焦量由原20吨提高到28吨，高炉利用系数由原来的1.68提高到2.087，焦比由897千克降为775千克，同时还改革了球式热风炉燃烧器，使原球式热风炉温度由1150摄氏度提高到1350摄氏度，废气由原来的350摄氏度以上降为150摄氏度，提高余热利用。

获轻工部重大发明奖的蒸汽连续式火柴烘梗机，由咸阳市轻工机械厂完成。该机是火柴行业烘梗工艺的更新换代设备，克服了“滚筒式烘梗机”存在的梗枝烧焦、断梗、木质变色、弯曲变形大等问题。梗枝合格率由原来的80%提高到95%。

深井泵扬水液压自动车床，采用机械液压电气控制，实现了九个工步自动循环。变六人的手工操作为三人按钮操作，降低了劳动强度。

1982年，西北医疗器械厂，针对国

内的各式油泵、牙科椅都有不同程度的漏油，致使设备瘫痪状况，对国外牙科椅经过四次改进设计，研制成了电动机械牙科椅，填补了国内空白。又同西安电机厂协作，生产出适应牙科椅的新型低噪声电机和小型俯仰电机，缩小了电机体积重量，降低了噪声。该产品受到国内外专家和客商的好评，并被北京科教电影制片厂拍成科技片。

红旗电器厂主要生产工业堵缝枪。1982年以前，因产品烤漆不好，且外形不美观，多次在港口返修，使成本加大，工时增加，亏损很大。1983年，该厂成立科技攻关小组，经过反复试验，烤漆技术有所提高。对其他生产工艺也进行了改进，使堵缝枪质量，超过了韩国的同类产品，成本也比同类产品下降0.2—0.4元，产品远销欧美和澳大利亚。

咸阳机械制造业经过60多年的建设，目前已经形成通用设备制造业、专用设备制造业、交通运输设备制造业、电气机械和器材制造业、仪器仪表及文化办公用机械制造业和金属制品业等6大门类。2009年实现产值143.52亿元，占规模工业的14.8%，同比增长36.7%；全市规模以上企业122户，骨干企业有陕西柴油机厂、华星航空机轮刹车系统有限责任公司、陕西航空电气有限公司、红原航空锻铸工业公司、咸阳宝石钢管钢绳有限公司等。主要产品有船舶发动机、汽车刹车系统、无缝钢管等。

## 第一节 铸造、锻造及热处理

中国船舶重工集团公司第十二研究所是中国船舶工业唯一的热加工工艺研究所，始建于1964年3月。全所现有10个专业研究机构，3个试制机构和《热加工工艺》杂志。主要从事复合材料及成型技术、表面强化技术、特种成型及工艺优化技术、失效分析及变形控制技术、理化检测及计量技术等专业领域的应用技术研究和产品开发。主要产品包括精密复杂铸锻件及辅助材料、高精系列轴瓦、新材料等。负责船舶工业铸锻指导组和船舶工业协会铸锻分会工作，协助编制船舶热加工行业中长远发展规划，协助企业解决热加工方面的重大技术问题。近年来，围绕军工预研、型号研制、引进船用新产品国产化开展了大量的热加工技术研究和产品试制工作，完成科研成果100多项，拥有多项国家发明专利，多数成果已获得推广应用，部分产品打入国际市场，现已发展成为船舶行业热加工先进制造技术研究开发中心和中试基地。通过了GJB9001A-2001和GB/T19001-2000产品质量体系认证，获得了武器装备科研生产许可证、国家二级保密资格认证、国家“国防检测实验室”认可证书和LR、GL、BV、DNV及中国船级社工厂认可。

20世纪70年代，西北橡胶工业制品研究所韩淑玉等负责研制的表面处理剂-1，是中国硅橡胶黏着用较早的表面处理剂，至今仍在生产使用。

咸阳蓝博机械有限公司创始于1988年，主要从事精密滚柱交叉导轨副、精密滚针交叉导轨副、机床导轨副、直线导轨副、电脑绣花机导轨等各类导轨的生产、销售。在公司起步阶段，市科技局联系市担保公司，为该企业从银行贷款400万元，为企业扩大再生产提供了资金支持。目前，该企业"蓝博"牌系列导轨广泛应用于数控机床、电子仪器、医疗设备等众多行业；在产品质量、性能、售后服务诸多方面均优于国内同类产品，产品出口美国、日本、韩国、中国台湾、香港等国家和地区。企业多次荣获省市级"重合同守信用单位"和"优秀企业"等称号。

咸阳超越离合器有限公司创建于1999年11月，主要生产单向超越离合器、电磁离合器、联轴器、装载机减速箱用楔块式大超越离合器、离心式离合器等产品。超越离合器获陕西省名牌产品称号。装载机减速箱用楔块式大超越离合器，将楔块式超越离合器应用于装载机减速箱二轴总成部分，在不改变装载机减速箱原设计的条件下替代滚柱式超越离合器。采用片簧控制每一个楔块，使楔块受力均匀、楔紧可靠、解脱容易，可抗较大的冲击力，能在高速重载条件下长时间工作。因楔块较滚柱曲率半径大、排列数量多，降低了零件的接触应力，承载力矩大，使用寿命长，制造工艺简单，用于整机可大幅度地延长其使用寿命，使国产装载机与进口装载机缩小了差距。2004年，装载机减速箱用非接触楔块式大超越离合器获科技部颁发的《国家级火炬计划项目证书》。

咸阳秦龙泵业有限责任公司（原咸阳深井泵厂）是1958年建厂的原国家机械工业部重点企业，中国农业机械协会排灌分会会员单位，是西北同行业首家获得ISO9001：2000版质量管理体系认证企业，定点生产长轴深井泵，井用潜水泵、小型潜水泵等排灌机械设备，是西北地区生产排灌机械最大的公司。公司生产的秦龙牌JC系列长轴深井泵（国家节能推广新产品）QJ系列井用潜水泵、QY、QS系列小潜泵，DL立式多级泵及与西安交通大学、科研院所联合开发的JCR、QJR、系列地热泵新增品种500JC900长轴深井泵200、250QJ10－1000米超深潜水电泵等10余个系列近300种规格，是水泵行业规格最全的生产厂家。产品多次荣获省优、部优称号，荣获全国水泵行业排灌机械专业协会等7家单位举办的用户评议最高奖——"九龙杯"大奖，连续3年获陕西省"八五"立功竞赛"质量杯"。

石油钻采钢管随着钻井深度的增加，对钢管的技术要求越来越严格，钢管的直径、壁厚及强度都大大的增加了。为了获得高强度的钢管，采用热处理的中频快速淬火回火零保温调质热处理工艺效果明显。咸阳恒通钻探设备制造有限公司开发的"厚壁石油钻采钢管中频快速淬火回火零保温调质热处理工艺”，采用现代科学的设计手段和加工方法，用镦粗+摩擦焊生产的钻杆，杆体采用美国APISD石油协会标准镦粗制造，使得焊缝处的壁厚和强度得到很大的提高，彻底解决了摩擦焊钻杆焊缝处易断的问题，接头采用优质合金钢通过高精度数控车床加工而成，丝扣部分经过气体渗氮处理，镦粗和焊接后都经过特定的热处理，使得整体钻杆具有强度高、弹性好的特点，提升了传统铸造行业的技术水平，并填补了国内外铸造技术的空白。

兴平机械设备有限公司主要从事高、新技术机械产品的开发与生产和销售，和大庆石油管理局共同研制开发了钻机绞车气动刹车装置，该装置极大地减轻了钻井工人的劳动强度，改善了工作环境，降低了工伤率故障。为石油机械厂及各地油田配套设计了多种陆地、海洋钻机用司钻控制房、配电控制房、气源房，司钻偏房等产品，还相继研制开发了SS系列死绳绞盘器、洗眼台、ZGY-1A钻机大钩高度仪、MG系列大钩模拟高度指示器、XFP系列防喷器地面移动装置等产品。该公司研制的石油钻机绞车采用气控操作带刹车作为钻机的主刹车，在世界上属首创，因此研制风险性很大，技术含量高，攻克的难度大。在制造过程中，严格控制热处理工艺，保证每个零件的质量，装配过程中精心装配，仔细调整，保证整体装配质量。

## 第二节　机床

陕西柴油机重工有限公司是中国船舶重工集团公司所属的国内规模最大的船用中、高速大功率柴油机和柴油发电机组制造商，也是海军舰船动力的主要研发企业和国家152家重点保军企业之一。其前身为陕西柴油机厂。作为中国“一五”期间156项重点建设工程之一，公司拥有各类先进的生产加工及计量检测设备1809台套，年生产铸锻件能力可达20000吨以上，机加、金属结构件、热处理门类齐全，设备精良，综合加工能力强，其中以从德国、意大利、瑞士等国引进的国际一流铸造、机械加工中心等设备为核心，构建了国内最先进的机身、曲轴、缸盖、连杆专业化流水生产线。公司规模化生产十一大系列四十余种规格柴油机及柴油发电机组，主导产品为法国热机协会PA6和PC2-5/6系列、德国MTU956/1163系列、德国MAN B&W L16/24、L21/31、L32/40系列、日本大发DK系列，缸径为160—400毫米、转速390—1500转/分钟、单机功率500—8800千瓦的船用柴油机和450—6000千瓦发电机组。产品广泛用于船舶主机、船用、陆用及核电等领域。公司自1998年起先后通过ISO9001质量体系认证、海军第二方认定注册和GJB9001A-2001质量体系认证，并取得了世界六大船级社认可。

1985年12月9日，该厂首台6PC2-5

型柴油机，装在国产5000吨货轮上，经过两次码头试车，四次航行，顺利完成了交船任务。1986年9月12日，举行6PA6柴油机装内燃机车首台机交付仪式。1987年5月30日，为胜利油田试制的SIB水里喷射泵试制成功。1992年7月18日，第一套燃重油PA6柴油机发电机组在深圳沙井电厂调试成功。1995年7月1日，陕西柴油机厂研制的CHF2500型柴油发电机组，由陕西省国防科工办评选、推荐，被评为1994年陕西省科技进步一等奖。2002年12月31日，首台8PC2-5型柴油机在陕西柴油机厂试制成功。2005年1月23日，陕西柴油机重工有限公司与大连造船重工有限责任公司、大连新船重工有限责任公司在北京共同签订了10艘4250TEU出口集装箱船主发电机组供货合同，创造了国内船舶辅机本土化配套一次签订合同额的最高纪录。2006年6月16日，陕西柴油机重工有限公司引进德国MAN公司专利技术的9L21/31柴油机研制生产成功。经过英国劳埃德船级社（LR）和用户认可，标志着该型柴油机研制生产取得圆满成功。2006年9月22日，陕西柴油机重工有限公司机具分厂成功制造出了5.5米捣固焦炉除尘拦焦机，该型机填补了国内，乃至亚洲地区这一型号拦焦机的空白。2012年5月11日，科技部组织专家组，通过了公司的大型远洋渔船动力系统关键技术开发项目的验收。

20世纪90年代初，针对市场的空气压缩机体积大、噪声大、寿命短的问题，泾阳县雪河机械厂主动挑起攻克国家"八五"科技攻关项目之一的"涡旋式微型空气压缩机生产制造技术"的重担，经过3个年头，1992年终于完成了这一高精尖科技攻关项目，填补了国内空白。所试制的样机，1993年获全国星火计划成果展示会金奖和陕西省第三届经贸洽谈会金奖。

咸阳台式机床厂建立于1984年，其前身为咸阳中山通用机械厂，主导产品为台式钻铣机床，万能刀具刃具磨床。经过近20多年的发展，从单纯的机械加工作坊式生产，发展到研制具有国际先进水平的五轴联动数控工具磨床，经历了从简单的机械加工、生产简易台式机床到研制数控工具磨床3个阶段的发展，实现了质的飞跃。

在国内，由于国产五轴联动数控工具磨床制造为一空白，影响了特型刀具的生产制造，使国产特型刀具性能差，质量不稳定，使用寿命低，所以众多企业在数控加工中为了解决生产急需，只好花巨资购买德国Walter公司的五轴联动数控工具磨床。该机床每台售价30万美元（合人民币240万元），价格昂贵，由于国内没有替代产品，所以Walter公司的五轴联动数控工具磨床售价一直居高不下，这对中国大力发展和促进数控技术的应用非常不利。为了振兴民族工业，用自己生产的数控磨床替代进口设备，使国产刀具早日走出国门迈向世界，咸阳台式机床厂和西安交通大学机械制造及自动化研究所联合开发了五轴联动CNC数控工具磨床。

咸阳机床厂成立于1950年，主要从事机床产品的开发、制造和经营，是国家定点的工具磨床生产厂家。主要产品有工具磨床、多用磨床、卡规磨床和模具磨床四大系列二十多个品种。其中，M6020A万能工具磨床、2M9120A多用磨床、MM9825精密卡规磨床荣获并继续保持着“部优”“省优”称号，被国家确定为替代进口产品。最新研制的MK6025数控工具磨床和MA6032万能工具磨床已投放市场，为汽车行业新开发的数控笼窗口铣床和数控球笼窗口磨床填补了国内空白。

咸阳威迪机电科技有限公司是主要从事多层线路板（PCB）行业、覆铜箔板（CCL）及绝缘材料行业压合设备的研发与制造的民营高科技企业。公司先后研发出拥有自主知识产权的国内第一台多层线路板真空压合机；国内第一套大幅面覆铜箔板真空压合机；国内第一台挠性板真空压合机；国内第一台高频微波基板高温真空压合机。主要产品为多层线路板真空压合机、覆铜箔板真空压合机、绝缘板真空压合机、挠性板真空压合机、高温高压机等系列产品。公司已通过ISO9001：2000国际质量管理体系认证，被陕西省科技厅认定为陕西省高新技术企业。威迪产品以其卓越的性价比和优良的服务受到业内客户的青睐，以威迪为标志的压合设备已成为民族电子装备业的著名品牌。

公司设有技术研发中心，拥有各类专业工程技术人员36名，其中专家级高工8名。另外公司还和8所高等院校、科研院所（西安交通大学、西北工业大学、陕西农林科技大学、陕西科技大学、陕西机械研究院、二一零所等）签有技术支持协议，特聘专家15名。公司和20余家军工及大型国企签有高精部件加工、测试协作协议。新增10米大型龙门铣刨床、10米大型车床、加工中心等10台套现代化设备，总装厂房内设有25吨行吊，大大地增强了公司的生产能力。生产的“多层线路板真空压合机”是专门用于压制高性能PCB的专业设备。采用高温、高压、高负压下的柱塞密封技术；高真空压合室的密封技术；计算机对大流量、高压力的液压压力和大流量、高温度的温度连续控制技术，提高真空压合机规模制造性能的稳定完善，其作为电子装备工业在信息电子制造业内广泛应用。该产品2003年获国家专利；2005年获“科技部科技型中小企业技术创新基金”支持；2007年获“陕西省重大科技创新项目专项资金”支持，同年被科技部、商务部、质监总局和环保总局等四部局共同认定为国家重点新产品。

咸阳和丰印刷包装机械有限公司（原咸阳铸字机械厂、咸阳印刷包装机械厂）始建于1926年，于1970年内迁咸阳，1971年3月正式投产。该公司是原机械工业部重点企业，全国印机行业13个重点骨干企业之一，定点生产印刷制版和包装装潢机械的专业厂家。截至2007年年底，企业资产总额为6600万元，占地35000平方米，建筑面积20090平方米。拥有主要生产设备234台，其中大精尖设备有20多台，如XH756A加工中心，X2010C龙门铣、轻型龙门铣、BX2012龙门刨铣床、AC-100卧式镗床、T4163单柱坐标镗床等。建厂初期，企业生产的“和丰涌”牌铸字机等系列产品，市场占有率85%以上。其中，D-201铸字机被评为部优免检产品。

印刷机械主要有：MWB-184型、MWB-300型卧式半自动商标模切机、YR1740型大四开单色单张纸柔性版印刷机；MBY-220型液压模切机；MQ-254型全自动商标模切机；MBJ-160型、MBJ-254型激光全息标识模压机；TR-420型、TR-254型系列热熔胶涂布机。包装机械主要有：WJ（A、B、C、E）-1600型、2000型系列单面瓦楞纸板生产线；KYO-1600型柔性单色、双色、三色纸板印刷分压机系列产品；MY-1000型、1600型、2000型、2500型园压平模切机，MY-880型、1200型、1400型、1600型、2000型园压园模切机系列、LFG-550型、780型、1200型系列轮转分格机及QKY-2100型纸箱压痕开槽切角机、TJ-1800型涂胶机等。

咸阳数控机床厂成立于1991年，其前身为咸阳台式机床厂，主导产品为台式钻铣机床，2MT6027万能刀具磨床等。在国内，由于数控技术起步较晚，用于刀具制造的专用数控机床试制工作长期进展不大，影响了特种刀具的生产制造，特种刀具只能由熟练的磨锋技工手动操作加工，一种类型的刀具就要订作一套专用的模具，而且加工速度慢、效率低、成本高。该厂“五轴光学曲线数控工具磨床及关键部件研制”项目，利用“刃点跟踪法”计算软件，实现了五轴联动，磨床采用工控机控制，广泛应用于航空、航天、机械、模具等行业，编程加工一次磨削完成曲面复杂的精密特型刀具。

咸阳三精科工贸有限公司自主开发研制的数控弧线车磨机，实现了以普通车床替代数控磨床、数控车床。数控弧线车磨机实现微电脑控制，人机对话，该设备安装在普通车床上后，可加工弧面，也可加工直面；可进行磨削，也可安装刀架进行车加工；可加工橡胶及非金属，也可加工金属；又可加工要求中间凸出或凹进的各类圆柱形工件。只要输入加工件的长度及凸凹数值或时间，数控装置便自动计算其弦的半径，在加工过程中自动按其轨迹加工，实现了数控自动加工。

咸阳移山压缩机有限公司与西安交通大学合作，先后开发了螺杆式空气压缩机和油田用气囊式空气压缩机等十几个系列六十余种规格的产品，其中两款“L”形空气压缩机填补了国内空白。传统的空气压缩机振动大、噪声大，影响环境。移山压缩机公司通过刻苦攻关，研发出与传统压缩机相比具有“平衡、环保、节能”三大优势的“艾尔维特”牌单螺杆压缩机。影响单螺杆压缩机性能的关键是螺杆—星轮啮合副的型线及其加工工艺；影响单螺杆压缩机运行可靠性的关键是星轮寿命。“艾尔维特”单螺杆空气压缩机采用了技术先进、高精度、高刚性的独特的螺杆和星轮加工专机，实现了螺杆在工作过程中的受力平衡和气动脉极小，达到了低噪声、低振动、低能耗、长寿命的要求，实现了无基础机组化安装。

## 第三节　装备制造业

西北轻工业学院赵文荣教授长期从事机械制造工艺、设备、缝纫机方面的教学和科研工作，承担轻工业部重大科研项目“单针双梭芯双线缝纫机研制”，1984年通过部级鉴定，填补了国内空白，在国际上也是独创。1985年获陕西省高教科研一等奖，1986年获全国第二届发明展览会铜奖，1987年获得国家发明专利权。承担国家经委、轻工业部“七五”攻关项目“服装一条龙”的“工业缝纫机机构图谱”的“工业包缝机系列机构图谱”，1988年通过部级鉴定，填补了国内空白，达到国际先进水平，1992年获轻工业部科技进步三等奖，被中国标准缝纫机公司等应用在包缝机设计上。承担西北轻工业学院建院以来最大科研项目“高速平缝纫机装配自动输线研制”。1992年通过部级鉴定，认为“该线技术先进，结构新颖，是机、电、液、气一体化的第一条国产现代化生产线，填补了国内空白，达到80年代中末期国际先进水平”，1993年获陕西省经委、教委、中国科学院西安分院联合颁发的陕西省技术开发成果一等奖。

西北轻工业学院詹启贤教授承担的“单针双梭缝纫机的设计与研究”，获陕西省高校科研成果一等奖，被列入国家首批专利；“XQ－100谐波减速器”，1978年获陕西省科委重要成果二等奖；“JES2型交流电动封闭式传动装置试验台”，1984年获陕西省优秀科技成果三等奖；“塑料磨盘的圆磨打浆机”，1993年获轻工业部科技成果三等奖。

陕西法士特集团公司是中国最大的以重型汽车变速器、汽车齿轮及其锻、铸件为主要产品的专业化生产企业和出口基地。各项经营指标连续六年名列齿轮行业第一，重型变速器产销量世界第一。已跻身全国齿轮行业纳税10强、中国汽车工业50强、中国机械工业100强、中国制造业企业500强、中国大型工业企业1000强行列。公司具有年产各型系列汽车变速器100万台、齿轮5000万只和汽车锻件10万吨的综合生产能力。重型变速器产品被国内150多家主机厂的上千种车型选为定点配套产品，8吨以上重型汽车市场占有率超过86%，15吨以上重型汽车市场占有率超过92%，并广泛出口美国、澳大利亚、东欧、南美、东南亚、中东等10多个国家和地区。

铸铁材料是机械装备制造业中最重要的结构材料之一。陕西同心连铸管业科技有限公司铸铁空心型材垂直上引无芯连铸技术项目产品，以“强韧兼备的内在性能，近终形的外观尺寸，高效的生产效率、清洁的生产过程”为优势，为机械装备制造业提供了高致密、高性能的铸铁结构基础材料。鉴定专家认为，该项目铸铁空心型材连续铸造技术总体处于国际先进水平，其中铸铁空心型材垂直上引连续铸造技术处于国际领先水平。首创了“铸铁空心型材垂直上引无芯连铸技术”；解决了“U”形通道、铁水液面稳定控制、冷却速度适时控制及管材在线切断等关键技术难题，并研制了相关设备；该技术项目所生产的产品铸态组织致密、共晶团数和石墨球数成倍增加，改善了强度和塑性，并提高了切削加工性能。

咸阳福华陶机研究所是一家民办企业，主持开发的混凝土砌块成型机，在广泛借鉴吸收国外成型设备优点的基础上，进行改进优化，成为最适合国内生产砌块等砼制品的新一代多功能成型机，设备已达国内同类成型机的领先水平。该成型机所生产的混凝土砌块抗压强度可达7.5—20毫帕，密实度高、抗冻、抗渗性好、隔音、隔热、保温性能优良，外形尺寸精确。免烧砖机在生产标砖及砌块时所用的原料为工业废渣、石灰、水泥、添加剂等，不用一粒黏土，符合国家相关产业政策。建材行业广泛推广和使用这种新型制砖机，可大面积保护耕地，有效地处理工业废料和建筑垃圾这些制约企业持续发展的老大难问题。

咸阳华光窑炉设备有限公司是一家专门从事工业窑炉、电子专用设备的设计和制造的生产厂，主要生产两大系列产品：电阻炉、燃烧炉。主要品种有全自动推板炉、双通道窑车炉、全自动辊道炉、网带炉、热处理生产线、回转炉、管式炉等，广泛应用于电子、陶瓷、玻璃、稀土化工、有色金属、粉体等行业。该公司主持的项目“太阳能级多晶体硅高纯石英坩埚烧结炉”，主要用于多晶体硅熔锭前坩埚涂层的烧结。本烧结炉采用钟罩炉式结构，由于多种新技术的开发应用，可实现坩埚摆放方向与铸锭使用的一致，消除了坩埚烧结应力，避免了坩埚的热态变形；蓄热小，保温效果好，升温快，电耗低；产品一致性好，产品质量高；有利于坩埚内表面致密碳化硅保护膜的形成等特点。对比传统的炉型已有本质的区别和飞跃，具有控温精度高、性能稳定、易于操作、节能显著、性价比高等优点，可以替代美国GT或德国纳泊热烧结炉。

咸阳蓝光热工有限责任公司研制的全密封气氛保护回转式烧结炉，主要应用于超细粉体材料的精加工烧制（如锂离子电池的材料——磷酸铁锂），技术的创新点为：①环形加热技术：烧制炉膛与回转炉管的尺寸相匹配，加热元件呈圆周分布，炉膛内无加热死角，炉温分布较为均匀，耐火材料蓄、散热效率高，节能效果显著；②气环密封技术：在炉管两端利用气氛气体形成局部高压，强制阻截炉内气体溢出及炉外空气的渗入，保证粉体材料完全处于保护气氛环境中进行高温反应；③气氛压力的动态平衡控制：主要通过压力闭环自动控制技术、气源的低扰动输送技术、高密封技术等来实现。该成果获2007年度咸阳市科学技术二等奖。该项目节能效果显著，工艺路线合理，设计和制造上的重大创新填补了国内空白，居国内同类产品领先水平。本项目产品在生产过程中无污染，同时在超细粉体材料的精加工烧制过程中，大大降低了能耗，符合节能降耗、清洁生产的国家产业政策。项目产品已在北京大学先行，清华大学、东北师范大学的实验室试用，其关键技术指标超过欧、美、日等同类型产品。

三原石油钻头厂研制的双压力平衡系统浮动轴瓦式牙轮钻头，创新性地采用三瓣浮动式轴瓦结构，增加了大轴直径，显著提高了轴承的承压能力；该产品采用内外两套压力平衡系统共同作用于一个轴承腔，内压力平衡系统采用具有自主知识产权的专利技术结构，使压力传递线性化，灵敏度高、安全可靠。将传统的外置压力平衡系统所用杯式储油囊改为波纹盘式储油囊，增强了膨胀和复位性，内外两套压力平衡系统均能独立工作，提高了压力平衡系统的可靠性；首次应用高饱和丁腈橡胶双联O形密封圈，降低了压缩率，有效减少了密封圈与密封轴径的摩擦热量，提高了密封效果和寿命。该成果获2008年度陕西省科学技术三等奖。

咸阳升跃机械有限公司开发的聚苯乙烯泡沫塑料快速成型技术及设备项目，将具有全新的加工理念的快速成型（Rapid Prototyping and Manufacturing－RP）技术引入聚苯乙烯泡沫塑料零件成形加工中，研究开发了一种聚苯乙烯泡沫塑料三维快速成型技术和设备。聚苯乙烯泡沫塑料三维快速成型技术的创新性体现在：点热源非接触加工技术，快速成型技术的成型工艺创新，真空实型铸造工艺实现无缝焊接，实现净成形铸造的低成本和高精度。该成果不仅能快速制作聚苯乙烯三维原型，大幅度缩短加工时间、降低加工成本、提高产品精度，达到能够快速组织产业化生产技术水平；还可以带动聚苯乙烯材料加工、制作、计算机三维实体造型服务、聚苯乙烯表面处理工程、模具设计制造中心等行业的发展，形成相应产业链；替代进口设备为国家节省外汇。

陕西秦航机电有限责任公司自主研发的平衡轴齿轮、里程表齿轮副和同步环是公司的主要产品，均已相继获国家技术专利，其中平衡轴齿轮在1999年和2004年荣获陕西省人民政府名牌产品称号，里程表齿轮和同步环在2005年均获得中国航空工业第一集团公司科技进步奖，2006年度里程表齿轮获得陕西省科技进步奖。里程表齿轮副项目是该公司利用平衡轴齿轮组件的专利技术研发成功的新产品，是专利技术的拓展和延伸。该项目主要应用于各类汽车里程计数传动，原为钢件，现采用高强度增强尼龙塑料和专利加工技术制造，具有成本低、耐磨性好、使用寿命长等特点，投放市场后备受用户青睐。与传统的里程表齿轮副相比较，具有如下优势：性能稳定、噪声低、寿命长、加工成本低，同时对变速箱系统具有预警及保护作用，可替代进口产品。

咸阳四环工业装备有限公司是一家从事机电一体化工业技术装备的研究、设计及制造的专业公司，目前主要是焦化行业的捣固焦炉成套机械设备的设计制作。先后为中国炼焦工业开发、研制了在国内具有领先技术的3.2米、3.8米、4.3米捣固焦炉成套设备。该公司开发的捣固焦炉成套设备，针对目前国内现有捣固机落后的现状，将捣固机作为捣固焦炉的心脏设备，紧跟国外捣固机械的发展技术，开发研制了具有当今先进水平的3—21锤捣固机，单锤任意可调是该设备的核心专利技术，满足了国内3.2—4.3米不同规模捣固焦炉的生产需求，将捣固焦炉的规模由30孔发展到50孔、65孔，特别是研制生产的国内第一台21锤固定捣固机使国内4.3米捣固技术迈上了一个新的台阶。

咸阳西北地勘机械有限公司是西北有色地质勘察局七一二总队投资的国有企业公司，是生产地质勘察设备的专业厂家。目前已形成一系列具有自主知识产权的新型地勘机械产品，其中7项已获得国家专利。

在地质勘探领域，有些工作环节还仍然处于手工操作的初级阶段，使用着比较原始简陋的工具，与当今科学技术的发展很不适应。多年来，研究人员一直盼望着装备落后的局面能得到改变，使用先进设备，以减轻劳动强度、提高效率，走安全、环保、高效的科学找矿之路。咸阳西北地勘机械有限公司研发的环保型全自动岩心切割机，属于地质矿石试样采集加工技术，它采用一套新型机轮棘爪式夹紧机构，很方便地把岩心夹紧；利用电机带动齿轮齿条机构，实现自动化切削进给，实现了岩心装夹方便，运行平稳安全，性能可靠，切割效率高，适应切割岩心种类范围广的功能，在环境保护方面做了切削液隔离、回收、沉淀再利用，实现了节能减排的目标，达到了国家环保标准。

全自动振动研磨机是借助于风力把试样引入研磨钵，进行高速旋转研磨，研磨好后，再借助风力把试样引出研磨钵，同时利用风速旋转的离心力再将料、风分离，在密闭的状态下把试样装入收料瓶内，无任何混料、污染现象。节约了劳动力，提高了工作效率，改善了工作环境，极大地实现了工业自动化。新型地勘机械项目，为地质找矿行业早日实现机械化、自动化、信息化奠定了基础，填补了空白。

陕西英华石油机械设备有限公司，在石油机械领域，已完成了 YC－205 型石油钻机钻盘和钻机滑动油车的设计，并成功制造了样机，通过了兰州炼油总厂的验收。在目前的制浆机械中，磨浆机一般用于低浓度纸浆的精磨。该公司研发的 HB－GN 环保型高能磨浆机，主要应用于造纸领域，以粗磨、精磨各种品质的造纸原料（如木本类和草本类）为主要用途，是一种符合目前造纸行业多原料品种、多样加工需求的生产设备。该磨浆机，对木本原料的加工，只需要合理设计磨片及磨齿的布局，正确选择工作参数，或根据需要串并使用，都能达到满意的效果。

咸阳力邦粮油机械设备有限公司是集油脂工程的技术开发、工艺设计、设备制造、安装调试、技术培训于一体的专业公司。该公司“花椒籽油酯化脱酸关键技术研究与开发”，是通过对花椒籽加工从原料、制油到精炼的系统研究，根据花椒籽的特性，采用特殊烘干设备和加工工艺，从而降低花椒籽原料的酸值和色泽，保证花椒籽精炼油的品质。

武功秦王锅炉厂是一家集科研、生产和销售于一体的锅炉定点生产厂家。目前，所生产的产品有燃煤常压锅炉、燃煤常压无烟锅炉、燃煤燃油（气）工业热水（蒸气）锅炉、燃油（气）常压锅炉等七大系列一百三十多个规格的产品，其中燃煤常压无烟锅炉获两项专利。

该厂生产的水煤浆锅炉是单、双锅筒自然循环，于室内布置，由炉堂、撞击式多级雾化喷嘴、锅筒部装置、旋流器、平台扶梯及炉墙、钢架等主要部件构成。其主要特点是：锅炉结构简单、紧凑，便于组装、加工和运输；对水煤浆煤质要求低，烟尘和硫浓度大大降低，锅炉不冒黑烟；水煤浆锅炉喷嘴雾化性能好，着炎及燃烧稳定，负荷调节方便，提温快，起停自如；水煤浆煤烬率达 99%，锅炉热效率达 90% 左右，达到了燃油同等水平；锅炉密封性能好，符合环保要求；自动控制，安全可靠，操作简便，易于管理。

# 第四章

# 轻工工业

## 第一节　造纸、印刷

新中国成立初，咸阳造纸业是个空白。1962 年，咸阳造纸厂建成投产，安装了一台 1575 双圆网双烘缸造纸机，三台 25 立方米的蒸球、两台 35 立方米的漂洗机、一台 10 立方米的荷兰式打浆等附属设备，日产白纸 5 吨。1965 年，进行了筛洗工段的搬迁改造，又安装了 35 立方米的漂洗机、10 立方米的伏特式打浆机和 1575 双圆网双烘缸造纸机各一台，使日产量扩大到 10 吨。主要生产有光纸和凸版印刷纸，1968 年首次试制生产了薄型凸版印刷纸，纸张定量从 52 克/平方米降为 40 克/平方米。

1970 年，咸阳造纸厂首次安装了两台长网造纸机，突破了西北地区无长网造纸机的历史，生产出陕西省最早的凸版压光印刷纸。1973 年，为了满足本省包装行业的要求，自制成卧式水力碎浆机等废纸制浆设备，在 1575 双网双缸造纸机上生产出陕西第一张再生水泥袋包装纸，为节约造纸原料开辟了新的途径。1975 年，西北地区唯一的一条磨石磨木浆生产线在咸阳建成投产，主要生产设备为日产 10 吨的单链式磨木机。咸阳造纸厂用此生产线生产出合格的杨木机械磨木浆。配以部分化学浆，生产出陕西省第一张新闻纸。

20 世纪六七十年代，兴平、礼泉、旬邑、淳化县造纸厂也相继建成。到 1985 年，全市市县造纸企业有 16 个，从业职工 2847 人，其中技术人员 35 人，固定资产原值 2641.7 万元，净值 1958.5 万元，总产值 2465.3 万元，实现利税 538 万元。全行业生产能力为 1.9 万吨，实际生产量为 1.6 万吨。主要产品有凸版纸、有光纸、书写纸、包装纸、出口卫生纸。咸阳造纸厂生产的鹤立牌 52 克凸版纸，兴平造纸厂生产的马头牌 3 号皱纹纸、出口卫生纸分别荣获省优质产品称号。

全市各县乡镇企业建成小型造纸厂 25 个，主要产品有有光纸、瓦楞纸、牛皮包装纸、拉面纸、油毡原纸、黄板纸、卫生纸等9个品种。泾阳县云阳造纸厂生产的泾阳牌35克有光纸获省、部优质产品称号。

“七五”期间，咸阳市造纸业依靠科技进步，发展很快，主要抓了企业的挖潜、革新、改造，增加了新品种，提高了产量质量。云阳造纸厂以麦草为原料，采用硫酸盐—亚钠法蒸煮，生产有光纸，自建厂以来一直采用1小时快速升温和2.5—3小时的保温蒸煮曲线，浆料得率低，能耗高，日产浆料满足不了日产10吨纸的需要。经和省轻工研究所杨素芬工程师合作研讨，进行了“缩短蒸煮时间”的试验。通过采用慢升温，减少保温时间的新工艺，严格控制切草装锅时间，缩短草片反应时间，保持原30分钟的空转时间不变，使草片同碱液充分混合，提高蒸煮均匀性，采取缓慢升温，用90分钟完成升温操作。此工艺的推广试用，有效蒸煮时间由原来的每球4.5小时缩短到2.5小时至2小时50分钟，粗浆得率由原来的45%提高到50%，增加了产量，节约了能源，降低了成本，减少了对环境的污染。

沣东造纸厂，采用新技术、新工艺、将原来的“亚铵—烧碱法”蒸煮工艺改为“亚铵—氨水法”蒸煮工艺，采用后吨纸成本降低100元，同时废水变为肥水。到1989年生产高强度瓦楞原纸2650吨，其中500吨出口孟加拉国及中国香港地区，实现产值331.25万元，出口创汇额近15万美元。

石灰液高温预浸球技术，在礼泉造纸厂首次试验成功，并得到推广应用。该厂聘请西北轻工业学院专家做现场技术指导，重点抓好配料和蒸汽升压两个环节，喷放量高达90%，喷放浆料质量好，纤维膨松度高，缩短了制浆时间，产品质量、产量得以提高。

半湿压光技术是中国造纸业技术的一个创新。专设五辊式七辊压光机作压光处理的传统工艺，使压光后的纸质达到超纸压光机的加工水平。轻工部“七五”科技攻关项目把此作为重点，委托西北轻工业学院负责设计实施。在轻工业学院专家及陕西轻机厂技术人员的努力下，新样机综合了多种先进成熟的经验和技术，优化了设备的工艺性能，在周至纸厂一次试车成功。

在碱法制浆生产中，每生产1吨纸浆约有1吨半的黑液圆形物（其中有机物占70%，无机物占30%），溶解在制浆废液中，若不进行回收处理，直接排入江河，既浪费国家资源，又污染水源。同时，在黑液中回收每吨碱成本仅有商品碱的15%—20%，不仅有很高的环境效益，且有较大的经济效益。为此，咸阳造纸厂在国家计委节能局、轻工业部造纸局，以及省市有关部门的大力支持下，投资1250万元，于1986年起在陕西省率先着手碱回收工程的设计、施工、安装、试车。

“八五”期间，任维羡负责进行的国

家“八五”重大科技攻关项目“红麻皮制高白度化学浆”，已取得小试成果，“GL特种纸”项目已完成小试。1992年，咸阳造纸厂用国产设备、国产原料，在没有技术借鉴的条件下，产品达到国际先进水平，填补国内空白，成为国家推广的进口替代产品，获陕西省政府科技进步奖，打破了日本人说除用日本原料、日本设备、中国不能生产这个产品的预言。1993年与西北轻工业学院造纸系联合，研制出国产热压垫板纸，填补了一项国内空白。1994年同中国制浆造纸科学研究所合作，试制出高光泽铸涂纸，成为国产高档包装印刷纸，经多家印刷厂试印，质量、效果达到国际同等水平。1994—1995年，又研制出造纸专用助剂，经试用后引起轰动。

1990年，在沣东造纸厂推广了“利用亚铵法生产高强度瓦楞原纸”项目，采用本地麦草资源和先进工艺，投入生产以来，产品畅销国内外，填补西北空白，创汇节汇96万美元。沣东造纸厂被市乡镇企业局授予先进企业称号。

陕西挚骋科技有限公司开发的“利用玉米秆、稻草等秸秆为主要原料的无污染造浆新工艺”，探索以北方主要农作物玉米秸秆作为造纸生产原料，通过工艺实验，对以玉米秆为主要原料的常规状态变量（纤维、纸浆种类）、被控状态变量（流量、浓度、pH值、温度）、大功率高能锥型磨浆机的设计过程变量（容量的几何形状、夹角、浆档、材质构造）以及操作过程变量包括力距（负荷变量）、转速（设计变量）进行系统的研究和开发，提高生产效率和制浆质量，实现生产工艺过程的合理布局，便于污水处理，初步实现年制浆能力10000吨，瓦楞原纸3000吨的示范线，近而实现年制成品浆能力30000吨的工业生产线。

造纸业的污染治理是渭河污染治理的关键。进入90年代，陕西省政府有关部门将造纸企业污染治理与污染物减排紧密结合，纳入各级政府的环保目标责任制，并根据不同情况，分别采取“关、转、治”三种措施，加大对造纸行业的整顿和清理。截至2010年年底，咸阳市累计关闭了180多家造纸企业，咸阳造纸企业仅剩4家。

陕西兴包企业集团有限责任公司是以生产中高档生活用纸为主的民营企业，年产生活用纸6万吨。公司建设了150吨漂白麦草浆碱回收工程和生化水处理二期工程，运行良好、环保治理、节能减排及绿化美化工作成效显著。公司已通过ISO9001－2000质量体系认证、清洁生产认证。公司自2000—2004年年底，对环保治理投资1600多万元，建成日处理造纸中段废水1.7万吨的生化水处理厂，并对公司6台锅炉的烟尘进行处理，修建了麻石水膜除尘设施，还对水治理厂和模塑厂的罗茨风机进行了噪声改造。2005年，再次投资2400万元承建日处理造纸中段废水24万吨的生化水治理厂。2006年，在一期污水治理厂的基础上，追加投资3600万元，建设占地120亩(7.3万平方米)、建筑面积100亩（近6.8万平方米)、日处理40000立方米的中段水处理二期工程。该工程采用生化法三级处理方案，通过物理处理、生化处理、深度处理3个环节，经过集水池（混合池）→混合反应池（加药）→一沉池→厌氧池→好氧池→二沉池→混合反应池→滤池→污泥沉淀池等流程，达到日产污泥量15立方米、日处理污水2.4万立方米的效果，现运行良好。

陕西西微测控工程有限公司“采用工业现场总线的碱回收优化控制系统”，针对国内普遍应用麦草制浆同国外木纤维制浆不同，其碱回收装置技术难度远大于国外这一世界性难题，成功开发出了一套采用工业现场总线的分布式控制系统（FCS)，并采用软测量和动态优化控制等先进技术，不仅使草浆碱回收过程实现实时优化控制，而且在国内首次使草浆碱回收生产过程不需喷油助燃、碱回收率高，从而实现安全、高效、低成本的运行状态。达到不但减排，而且节能，实现碱回收生产盈利；不但具有节能、环保、减排的社会效益，而且使生产企业实现经济效益，救活了许多纸厂。该项目集成以工业现场总线PROFIBUS为网络组成的分布式控制系统，ET-200M组成的远程I/O站，西门子最新研制开发的平台PCS-7等先进技术，开发了一系列具有自主知识产权的优化控制软件，实现了技术创新。

## 第二节　食品、饮料

新中国成立前，咸阳食品工业也与其他工业一样落后，发展缓慢。尧山油厂是杨虎城将军在1936年兴办的，当时为咸阳较大的食品加工厂，厂内有三台榨油机器，百名工人。“西安事变”后，尧山油厂被封停产。之后，西北军将领和咸阳开明人士纷纷投资，66家集股经营，将尧山油厂改名裕农油厂，得以继续开工生产。抗战期间，该厂担负着给西北军供应食油的光荣任务；解放战争时期，有的工人奔赴延安，有的当雇工，国民党一筹莫展，只好关闭了裕农油厂。新中国成立后，裕农油厂起死回生，新油机迅速安装，生产规模扩大，仅1952年的产量就比1949年增长14倍多。在1940年，咸阳胡菊人利用水力在渭惠局第一渠第十号跌水办起了磨面厂和植物油厂；咸阳姚相贤在第三渠十二号跌水南岸，利用水利技术办起了茂陵工厂，专营磨面、轧油、轧花、弹花等业务。1941年武功县、兴平县也利用水力相继办起磨粉厂，均属规模很小的作坊式企业。

新中国成立后，咸阳市先后兴办起肉联厂、面粉厂、食品加工厂、饮料厂、酒厂、乳品机械厂、糖厂等100多个企业。其中旬邑糖厂是陕西省以甜菜为原料的主要糖厂之一。三原县美乐公司乳品机械生产，也闻名全国。此外还有四个冷库，分布在秦都、兴平、彬县，可储鲜肉6000吨。

20世纪80年代，全市食品工业大多集中在三原县和秦都区。1985年三原县食品工业产值3600万元，占全市总产值的34.6%，被列为全国食品工业试点县。

从20世纪80年代开始，市食品工业通过抓科学技术研究、开发、引进、推广，得到较快发展。

三原县美乐公司重视技术改造，使美乐系列乳品机械研制开发已达到10类49种产品，并达到了配套系列化。该厂生产的美乐牌全脂羊奶粉1983年获国家银质奖，在全国食品展销会上被评为特级优质产品；1985年开始向泰国出口，年成交金额千万余元。高温杀菌脱臭技术，顺流立式干燥机均为市经委重大科技推广项目，1982年获省科技推广一等奖，畅销全国26个省市。目前三原县淀粉生产设备、奶粉生产设备、蛋粉生产设备、蓼花糖生产设备，以及啤酒、罐头生产设备等已向全国销售。

三原白鹿公司与西北农学院共同研制开发花粉系列产品，采用先进的提取技术，提取花粉中的营养成分，制成“花粉精”，进而加工成各种产品，使花粉中的营养成分得到综合利用，该产品含有多种维生素，具有提高器官组织再生及美容长寿作用，达到国内同类产品先进水平，荣获陕西省1986年科技成果一等奖和1987年优质产品称号。

1987年，黄小平在长武县乳品厂亏损的情况下，承包了奶粉车间，同西北轻工业学院（现陕西科技大学）食品系教授欧阳琨合作，共同研制出乳酸菌保健全脂牛奶粉。经过一年多时间，多次试制，终于研制出90Y牌乳酸菌牛奶粉。该产品1990年通过鉴定，专家一致认为“该产品填补了国内空白”。连续获得全国“七五”星火计划博览会金奖、中国食品工业十年新成就展览会优秀新产品奖、首届中国青年技术成果博览会金奖、陕西省优质产品奖、省技术成果交易洽谈会金奖、省优秀新产品奖、全国发明展览会优秀新产品奖等，该技术成果2004年获陕西省科学技术二等奖。

陕西省中药材研究所用大枣、茶叶、蜂蜜为原料混合加压灌装而成的“康乐”牌饮料，营养丰富，有消除疲劳、滋补等作用，无异味，突出了枣和茶的香味，为开发和利用本地天然资源开辟了新的途径。

1989年，由三原县轻工公司和县防疫站共同开发出奶片国产化系列产品。奶片系列产品是以优质牛奶粉为主要原料，加入微量元素、维生素，使其具有合理的蛋白质、脂肪、糖、磷、钙、铁、锌、维生素及乳酸菌等的分布。产品有多维奶片、丁维钙奶片、铁强化多维奶片、锌强化多维奶片、果味酸奶片等。1989年荣获市科技进步二等奖。

咸阳食品工业在不断开拓新产品的同时，还重视挖掘地方资源，发挥传统食品优势，开发名优产品。截至90年代，全市有20个产品荣获市级以上优质产品称号。其中三原龙桥牌羊奶粉、白鹿牌羊奶粉、泾阳泾塔牌羊奶粉先后获部、省优质产品称号。

名优产品有：三原的寥花糖、包仁紫酥、什锦南糖、核桃薄脆、糖罗、小磨香油。其中寥花糖早在明清之际就开始制作，距今已有四百多年历史，以香、脆、酥、甜为特点，被人们列为馈赠亲友的精美食品。此外，三原县的食品工业在解决了大量农村富余劳力的同时，也成为支撑县域经济发展的一大支柱产业。秦都区生产的琥珀糖；淳化县生产的果脯、杏酱；旬邑县生产的黄芪酒、野杂味罐头亦有很大发展。长武县的鹑觚大曲、万寿春白酒1988年荣获陕西省优质产品称号，55度和39度鹑觚大曲经省上推荐，参加了全国首届食品博览会评比展出。乾县酒厂年产高度白酒“乾县大曲”50吨，作为参观纪念礼品在人民大会堂陈列出售。

较有名气的地方风味小吃有：三原县泡泡油糕、金线油塔、乾县锅盔、白吉饼与肉夹馍。泡泡油糕由唐代佳点“见见消”（油浴饼）演变而来，糕面隆起，泡泡蓬松，其味芬芳，入口即消，形状玲珑剔透，犹如巧制凌花。金线油塔，俗称“千层饼”，形如缕缕金丝盘绕，层层塔楼相叠，松软绵润，清爽利口，制作精细，还有乾县豆腐脑、锅盔。其中锅盔是因为修筑乾陵时，工程浩大，民工甚众，烹食困难，监工士卒使用头盔烙馍而得名。此后多经改进，形成独具风味的食品。锅盔直径八寸，厚六分，形似菊花，内瓤起层，美味可口，至今盛名不减。白吉饼是咸阳特有的一种烤饼。制作好后，两面饼皮黏连较松，俗称“两张皮”。它皮薄松脆，内心软绵，可单独食用。夹上腊汁肉，则称“腊汁肉夹膜”，味道更为鲜美，因其经济实惠，很受欢迎。

此外，兴平云云馍、干馍，也是民间古老食品，均以精粉、植物油、鸡蛋、白糖等原料掺柔烘烙而成。云云馍呈扁形，两头反卷，似朵朵白云；干馍扁圆犹如淡黄色的象棋子，特点是干、酥、香、甜、便于携带，为待客送友、外出携带的佳品。礼泉的清真牛羊肉泡馍，制作考究，以肉烂汤香、味美、无膻腥、油而不腻被称为西兰路上“一枝花”。武功烧鸡，色味俱佳，肥而不腻，酥嫩可口。彬县冻牛肉久负盛名，大量出口。彬州麻花选料严谨，色泽金黄，口味鲜香，栈酥脆化渣（在咀嚼中不咽自化），易于消化，久食不腻，无防腐剂，老人、儿童可暖胃健脾，滋补元气，强身健体，增强记忆。1989年，彬州麻花参加全国优质食品评选赛，荣获中商部优质产品“金鼎奖”，1992年获咸阳市科技成果产品展销会“优秀新产品奖”。2003年4月，在“中国烹饪王国游·西安咸阳美食旅游周”活动中，获“西安咸阳旅游名品”称号。

陕西红星软香酥食品有限责任公司是一家集食品研制开发、生产经营于一体的科技型食品企业，创建于1998年。

公司设有总厂并在陕西省内外设有10多家生产分厂和近200个销售网点。公司主要产品有“红星软香酥”“强钙软香酥”“红星琥珀糖”等。主导产品“红星软香酥”是根据国际食品营养标准研制而成的国家专利产品，国内独家生产，属高蛋白、低脂肪营养产品，曾先后荣获省、市及中国杨陵农高会等10多项大奖。产品畅销全国各地，深受广大消费者的喜爱。

陕西候氏食品有限公司为陕西省食品行业20强企业，主要生产“麻花”系列糕点、月饼、绿豆糕、“爱焙尔”系列特色蛋糕、面包、西点等。产品多次荣获国家、省、市表彰奖励，麻花连续三届获得陕西省、咸阳市著名商标。

陕西娃哈哈食品有限公司是由杭州娃哈哈广盛投资公司和法国达能集团乐维投资公司共同投资兴建的中外合资企业，位于三原清河食品工业园（咸阳台资食品工业园）内，占地105亩。该项目一期投资1.6亿元，已于2005年8月正式投产。建有热罐装果汁、绿茶饮料生产线等，日产饮料2.5万箱、40万瓶、20吨。二期工程投资1亿元，改造原库房、新建厂房8000平方米，已于2006年9月正式投产，日产“娃哈哈AD钙奶”“爽歪歪”“乳娃娃”饮料4000余件。该项目年产值达3.5亿元，上缴税金1500万元，属高科技型农产品加工企业。杭州娃哈哈集团有限公司入驻三原后，名牌效应凸显，相继带动了河南白象、世纪明大、西安米旗等知名企业入驻园区投资建设，促进了清河食品工业园的发展壮大，提升了全县产业化经营水平。

咸阳海民面粉有限责任公司，2000—2006年期间先后进行两次大型厂房和设备更新，年加工小麦原粮达11万吨，主营“海民”牌系列面粉，远销18个省、市，解决了周围群众卖粮问题。同时，还带动当地粮食收购专业户260余户，种粮专业户2000多户，粮食种植面积达15000多亩，为当地及周边县区农业增效，农民增收作出了重要贡献。2008年，该企业被评为陕西省第三批农业产业化经营重点龙头企业。

五得利集团是全国最大的面粉加工企业，是国家农业产业化重点龙头企业。五得利集团咸阳面粉有限公司位于咸阳市秦都科技产业园，于2008年11月正式投入生产，该项目总投资1.2亿元，总占地120亩，是西北五省最大的面粉加工企业。已建设一座日处理小麦1000吨的面粉加工企业生产线，年加工小麦30万吨，年销售收入5.08亿元，上缴利税3230万元，解决就业500多人。

陕西咸阳荣昌科工贸有限公司，始建于1992年，1994年更名为陕西咸阳鑫泉科工贸有限公司。公司主要生产经营医保产品、农副土特产、食品和调味品等，加工、生产、销售“杜府牌”系列香辣酱，属消费者放心产品。近几年来，产品远销内蒙、山西、河北、甘肃、东北等地，带来了良好的经济效益和社会效益。

陕西海升果业发展股份有限公司乾县分公司，创建于1996年，加工能力为10吨/小时。经过2000年、2005年两次扩产，总加工能力扩大到90吨/小时，总资产达3亿多元。年生产浓缩苹果清汁约3万—6万吨，产品90%以上出口美、日、澳、欧洲、非洲等国家和地区。

该公司引进由瑞士布赫公司全线设计的全自动、全封闭式浓缩果汁生产线，集中了当今世界最先进的生产设备（由瑞士布赫、乌尼贝丁、德国GEA、意大利FBR等公司提供的榨机、超滤、蒸发器、无菌灌装等生产设备），能加工数十种浆果类水果及蔬菜。公司采用现代科学技术加工工艺生产的浓缩果汁，保持了原料固有的营养和风味，不含任何添加剂、防腐剂。公司化验室和分析实验室配置了日本岛津公司的气相色谱仪、美国安捷伦公司的高效液相色谱仪、日本ATAGO公司的折光仪、酸度计、分光光度计、浊度仪等一批当今世界一流的实验分析仪器，具备了从原料到产品成分检测分析及对有害物质残留量全面监测的能力。技术分析室与各国同行业及国外著名实验室保持密切的联系，随时掌握最新技术动态，为产品的质量控制提供了有力的支持。公司于2007年4月通过省环保局多品种果蔬汁加工项目竣工环境保护验收工作，并颁发了排放污染物许可证。

陕西蓝马啤酒有限公司是咸阳秦都区2000年招商引资的重点项目，也是全国啤酒四强之一的河南金星集团公司投身西部大开发，实施“资本市场外延，产品市场拓展”战略，投资1.5亿元兴建的第四个跨区域公司。占地7.6万平方米，年设计生产啤酒能力15吨。现拥有日产麦汁400吨糖化设备，月发酵能力14000吨，拥有24只锥形发酵罐和两条国内先进的24000瓶/时啤酒罐装生产线。主导产品有蓝马果啤、蓝马9°、征服08、红征服等。先后荣获“陕西省优秀龙头企业”“陕西省名牌产品”等称号。

鲁洲生物科技（陕西）有限责任公司属外商独资企业（其前身是陕西省兴平市鲁洲糖制品有限公司），是新加坡鲁洲生物科技公司在陕西投资270多万美元兴建的大型玉米深加工企业。公司年生产各类淀粉及淀粉糖12万吨，其中高麦芽糖浆、麦芽糊精、淀粉等产品，被广泛应用于食品、酿造、化工等各个行业领域，是目前中国西北部产品种类最多，市场占有率最高，发展前景较为广阔的大型玉米深加工企业。公司于2003年被陕西省人民政府评为“陕西省农业产业化龙头企业”，2004年4月公司所产高麦芽糖浆被陕西省名牌战略委员会评为“陕西省名牌名品”。

淳化恒兴有限公司是陕西恒兴果汁饮料有限公司下设的全资子公司，企业占地60亩，总投资2.16亿元，于2004年8月初正式投产。主要生产设备是由瑞典利乐工程有限公司引进的全自动浓缩果汁生产线，年消化原料苹果40万吨，年生产浓缩苹果汁5万吨。

张裕（泾阳）葡萄酿酒有限公司是烟台张裕集团有限公司投资1600万元建成的大型葡萄酒加工企业。2001年9月9日动工建设，2002年4月8日建成投产。一期工程年生产能力5000吨，主要产品有百年干红、赤霞珠干红、秦晋干红、多乐意甜酒、天然红葡萄酒等各种口味的葡萄酒，现已有20余种产品投放市场，产品覆盖全国14个省、直辖市、自治区。2004年上半年，生产各类葡萄酒1620吨，实现产值1500万元，上缴税金355万元。二期工程实施后，年生产干红葡萄酒能力达10000吨，实现产值2.7亿元，利税7000万元，带动形成1万亩酿造葡萄种植基地，增加农民收入2000万元。2009年，张裕公司再投资5000万元建成了3000吨榨汁生产线。

光明乳业（泾阳）有限公司是光明乳业股份公司独家投资的企业，公司占地面积40余亩，总投资1.2亿元，建筑面积10000平方米，2002年8月建成投产。其中一期工程投资7000万元，建筑面积7120平方米。2005年加工鲜奶2.5万吨，产值8000万元。同时，又投资1200万元对泾阳县乳品厂实行租赁经营，更新设备，进行技改，使企业年加工奶粉能力由原来的500吨提高到3000—4000吨。两项目达产达效后，年处理鲜奶可达25万吨，产值2.6亿元，利税5000多万元，带动形成10万头奶牛基地，增加奶农纯收入5亿元。目前公司已建立5条主要生产线，建成年处理鲜奶20万吨液态奶生产线。

陕西宴友思股份有限公司1996年12月经陕西省人民政府批准设立，位于陕西省三原县宴友思大街中段，注册资本8100万元，是一个集熟制品加工、农副产品深加工、畜牧养殖、肉制品精加工于一体的综合性大型企业，是畜牧产业化重点龙头企业、中国肉类企业50强、全国食品行业优秀龙头食品企业、全国“十五”科技创新型星火龙头企业、陕西省重点龙头食品企业、全国最大的中式风味熟肉制品生产基地，是陕西省政府确定的50户优势企业之一，是西北地区首家通过ISO9002质量体系认证的肉制品企业，拥有进出口权。吴邦国、温家宝、李建国、贾治邦等国家领导人和省市领导先后来企业视察并高度评价。宴友思产品主要有以“熏鸡、五香驴肉、秦川牛肉、五香猪蹄”为代表的熟肉制品系列。宴友思系列产品覆盖全国22个省、直辖市、自治区的各大中城市。产品先后获中国食品行业名牌、陕西省名牌、消费者信得过产品等40多项大奖。

该公司以畜牧产业化、农产品加工为主业，采取“种养加相结合、产供销一条龙”及“公司+基地+农户”的产业模式，形成了三大主导产业：

（1）熟肉制品加工：建成了全国最大的中式风味熟肉制品加工基地，达到年加工2万吨熟肉制品的能力，在陕西省及周边省区发展了年供应10万头驴、500万只鸡、800万头猪以及猪蹄等30多种肉品的养殖加工供应基地。

（2）秦川肉牛畜牧产业化：建成了西北地区规模最大、全国档次较高的年出栏2万头的秦川牛育肥基地及配套达出口标准的肉牛屠宰加工车间和3000吨冷库，在咸阳六县区建立起了种植养殖基地。

（3）奶牛养殖小区：实行集约化养殖，采用“公司+农户”的产业模式，统一饲养，统一防疫，分户管理，牛奶集中收购。

陕西神果股份有限公司于1997年正式被省政府批准改制成立，注册资金5000万元，其主导产业为乳制品、饮料的开发和生产。公司占地面积389亩，员工420人，各类高中级专业人员63人，拥有多功能生产线2条，年生产各类奶粉8000吨，企业曾被评为优秀龙头食品企业，全国食品行业质量效益型先进企业等。主要产品有神果全脂加糖奶粉、神果中老年高钙营养奶粉、神果加强AD钙奶粉、神果乳酸菌奶粉、神果学生加锌奶粉、神果保温养颜奶粉、神果幼童营养奶粉、神果中老年无糖高钙奶粉。公司曾与西北轻工业学院（现陕西科技大学）等多家科研单位成功研制开发了神果乳酸菌奶粉、神果锌维全奶粉，神果保湿养颜奶粉，并荣获全国食品工业科技进步优秀新产品奖，国家重点新产品奖。2000年被省科技厅认定为“高新技术企业”。

# 第五章

# 化工工业

化工产业在咸阳属新兴产业，具有较强的科技实力。无机产品有轻质碳酸钙、纯碱、电石、硫酸铝等。化工肥料主要有硝酸铵、碳酸氢铵、硫酸铵、磷酸二氢胺、30XT硝基复合肥等。化学农药有除草剂、噻苯隆原药及其复配制剂、无公害农药、杀菌剂和营养剂。有机产品有合成树脂、涂料产品、颜料、涂料等。专用化学品有炸药原料、“908”产品、造纸助剂、皮革助剂、纺织助剂、水泥添加剂、油田化学剂、无铅汽油抗爆剂、功能涂层、机加工辅助材料等。

咸阳市化工业具备较强的资源优势，知名企业有兴化集团、中石油长庆石化分公司、宝塔山油漆等。从全市石油、化工产品品种、产量及主要经济指标来看，石油、化学工业已基本形成以原油加工、石油制品、化肥轻钙、农药、油仪、橡胶制品以及小批量精细化工产品生产等门类齐全、产品多样、竞相发展的格局，企业规模及经营状况呈上升趋势。

## 第一节　无机化工

无机化工以天然资源和工业副产物为原料生产硫酸、硝酸、盐酸、磷酸等无机酸、纯碱、烧碱、合成氨、化肥以及无机盐等化工产品。包括硫酸工业、纯碱工业、氯碱工业、合成氨工业、化肥工业和无机盐工业。广义上也包括无机非金属材料和精细无机化学品如陶瓷、无机颜料等的生产。

陕西兴化化学股份有限公司，是全国最大的硝酸铵生产基地，拥有先进的技术和装置，公司生产的“羰基铁粉”具有自主知识产权。下属全资子公司陕西兴福肥业有限责任公司，拥有年产30万吨硝基复合肥的生产能力，公司产品具有种类多、成本低、结构合理、质量好等特点，公司是陕西省经济明星企业和高新技术企业。公司主导产品“珍珠牌”硝酸铵获“省优”“部优”称号，为陕西省“名牌产品”。该公司在陕西省化肥化工行业中，首家通过ISO9002质量管理体系认证，并通过ISO9001－2000换版审核。该公司德士古水煤浆气化技术成熟，适用煤种较宽，气化压力高，能耗低，安全可靠，三废处理简单，投资相对其他煤工艺节省。水煤浆加压气化的引进、消化和改造，解决了用煤造气的技术难题，使中国的煤制氨技术提高到国际先进水平。

玻璃和玻璃纤维生产是咸阳重要的建材工业，也是影响全市节能的重点行业之一。目前，咸阳玻璃生产厂家较多，包括玻璃加工厂，形成以蓝星玻璃、台湾玻璃和彩虹电子三大玻璃厂家为主导的玻璃产业，以及以陕西华特玻纤材料集团有限公司为主导的玻纤生产企业。

陕西蓝星玻璃有限公司是在陕西玻璃厂改制重组的基础上组建的，以生产优质浮法玻璃和浮法在线镀膜玻璃为主。公司引进威海蓝星先进的浮法成型工艺和在线镀膜技术，提升了工业技术水平，改善了产品结构，提高了产品档次。公司现有熔化量350吨/天、500吨/天在线镀膜浮法玻璃生产线各一条，年产10万吨的硅砂原料加工基地一个，形成了年产4—12毫米各类浮法玻璃、本体着色玻璃、镀膜玻璃520万重量箱的玻璃生产能力，年销售收入4亿元。

2006年通过了ISO9000质量体系认证，产品连续三年通过了国家玻璃质量检验中心及省质检站的检验，用户调查结果显示满意度达95%以上，省内市场占有率达80%以上，获得陕西省建材行业先进集体、咸阳市外商投资企业投资先进单位等十余项荣誉。

台玻咸阳玻璃有限公司位于兴平市，投资15亿元，建成1200吨/天在线Low－E浮法玻璃生产线项目，全面建成后将成为世界上单产量最大的玻璃生产线，预计年产值20亿元，年利税2亿元。一期投资6500万美元，拟建设一条1000吨/天优质浮法玻璃生产线，2013年5月开始正式投产生产，项目占地645亩，目前，公司日产优质浮法玻璃700多吨。

彩虹集团公司是国内致力于光伏玻璃的重要骨干企业。彩虹二期光伏玻璃项目总投资1.8亿元，建成一座250吨采用全氧燃烧技术的玻璃熔窑及两条设计年产太阳能电池超白钢化玻璃板500万平方米的压花玻璃生产线，产品完全按照国家太阳能电池封装玻璃标准制造。三期光伏玻璃项目总投资近3亿元，将建设一座日熔化能力为250吨的玻璃熔窑，并配套两条125吨/天的压延玻璃原片生产线和两条玻璃钢化生产线，建设期一年，项目达产后年产厚度为3.2毫米光伏玻璃原片702万平方米，年产相应厚度规格的钢化光伏玻璃653万平方米。

陕西华特玻璃纤维有限公司前身是陕西玻璃纤维总厂，拥有无碱、耐碱、高硅氧、湿法薄毡、贵金属加工，表面涂覆等专业化生产线，具有年产玻璃纤维纱6000吨、玻璃纤维布2000万平方米、湿法薄毡500万平方米的生产能力。是中国最大的特种玻纤生产企业，也是西北地区唯一的一家大中型玻纤生产企业。“E玻纤纸”项目通过调整玻纤拉丝浸润剂配方和E玻纤纸黏结剂配方，增加E玻纤纸与环氧树脂的结合强度，提高覆铜箔板行业CEM3复合型覆铜箔板绝缘性能和耐浸焊性能；通过调整短切玻纤长、短纤维的配合比例，改变E玻纤纸密度，降低CEM3复合型覆铜箔板热膨胀系数、尺寸收缩率和翘曲度，提高尺寸稳定性；通过增加除渣、除尘、过滤装置，改变供热方式，净化生产环境空气，减少和杜绝碳化颗粒、有机物颗粒和尘埃等杂物污染，提高E玻纤纸产品外观洁净程度。其主要产品有高硅氧玻璃纤维，多轴向织物，耐碱产品和各类玻璃纤维无纺制品，包括玻纤湿法毡、高硅氧针刺毡、玻纤缝编毡以及各类玻璃纤维工业技术织物。

近年来，咸阳市水泥企业在淘汰落后产能的同时，形成了以冀东海德堡（泾阳）水泥有限责任公司、礼泉海螺水泥有限责任公司、泾阳声威建材有限公司为骨干的水泥生产企业群。

冀东海德堡（泾阳）水泥有限责任公司2005年11月15日在泾阳县王桥镇投资6.3亿元建设一条新型干法水泥生产线，年产熟料180万吨，水泥230万吨，项目由冀东水泥股份有限公司投资50%和香港海德堡公司投资50%共同建造，生产能力为日产水泥5000吨。

礼泉海螺水泥有限责任公司成立于2009年，注册资本4.8亿元人民币，是安徽海螺水泥股份有限公司的全资子公司。公司位于咸阳市礼泉县烟霞镇下韩村。公司项目分期建设，一期两条4500吨/天熟料水泥生产线及18兆瓦纯低温余热发电机组已全部完成。二期规划建设日产12000吨新型干法水泥熟料生产系统、日消纳600吨城市生活垃圾处理系统、工业废渣综合利用系统、配套建设18兆瓦纯低温余热发电系统。公司运用旋风预分解窑新型干法生产工艺技术，采用集散式自动化控制系统和质量检测设备，生产过程能够实现中央控制室集中控制，现场无人操作。环保收尘设备配置齐全，达到国际先进标准，各项生产技术指标均达到国内先进水平。

泾阳声威建材有限公司，位于咸阳市泾阳县。公司拥有大型的自备矿山，探明的优质石灰石储量达2.8亿吨。已投产的一期工程投资2.2亿元，年产高标号低碱水泥100万吨，二期工程日产5000吨水泥熟料。公司采用当前国际先进的悬浮预热—窑外分解—干法煅烧型生产工艺，导入全自动化的DCS集散型过程控制系统与QCX在线质量检测与控制体系。生产线关键设备均选用进口产品，如荷兰PHILLIP公司X-Ray分析仪、德国PFISIER公司喂煤控制秤、BMH料流控制阀、SCHENCK仪表、瑞士ABB公司的DCS控制系统、美国ROSEMOUNT温压变送器、法国BERNARK执行器等。2012年，西北首家水泥企业脱硝工程在咸阳声威建材集团有限公司建成投产。

表 5-5-1　咸阳市三大骨干水泥企业

| 企业 | 日生产能力（吨） | 水泥品种 |
| --- | --- | --- |
| 冀东海德堡（泾阳） | 8000 | PO52.5R、PO42.5R、PO42.5、PO42.5（低碱）、PC32.5R 等 |
| 礼泉海螺 | 21000 | PO42.5 级袋装、散装水泥，PC32.5 级袋装、散装水泥 |
| 泾阳声威 | 5000 | PO32.5、PO32.5R、PO42.5、PO42.5R、PO52.5、PO52.5R、PO62.5、PO62.5R |

高岭土系煤炭伴生矿物，资源丰富，原料来源广，价格低廉。咸阳非金属矿研究设计院，针对橡胶中填料炭黑、白炭黑的价格提升，使得橡胶成本提高的情况利用咸阳煤炭开采过程中伴生产物煤系高岭土为主要原料，采用粉碎、分级、煅烧、改性等相关新工艺、设备，研制开发新型橡胶专用改性煅烧高岭土。由于高岭土等无机矿物表面固有的亲水疏油性，矿物在橡胶等有机聚合物中的浸润性差，不易分散，大量填充易导致材料机械性能下降。要提高高岭土在橡胶中的填充性能和补强效果，必须对填料进行增加表面活性的表面改性处理，使其表面的亲水性变为亲油性，以增强其与有机高聚物之间的界面相容性。在分析高岭土本身性质与补强性能的关系的基础上，采用钛酸醋耦合剂对高岭土进行表面处理，制得橡胶补强填料，并将该填料填充于橡胶中替代部分炭黑。

## 第二节　有机及高分子化工

咸阳石油化学工业主要分为原油加工业、化学原料及化学制品业、有机化工原料制造业、橡胶制品业、塑料制品业、专用化学品制造业 6 大类。主导产品有：90 号、93 号、95 号、97 号无铅车用汽油、优质轻柴油、航空煤油、液化石油气、“宝塔山”油漆、各种轮胎等。

陕西咸阳化学工业有限公司是陕西省投资集团（有限）公司的全资子公司，负责咸阳煤制甲醇项目的建设和生产经营。主要经营甲醇及衍生物的生产、批发、零售、代购、代销、发电、供热及投资开发。主要装置为 60 万吨/年单系列大型化煤制甲醇及 25 兆瓦发电装置。可向咸阳市东区热网提供 180 吨/小时的蒸汽。

长庆石化分公司（原咸阳长庆石油助剂厂）是中国石油天然气股份有限公司直属地区分公司，位于陕西省咸阳市化工工业区，始建于 1990 年，经过两次较大的技术改造，具有原油加工能力 500 万吨/年的规模。现有主要生产装置 11 套，产品有各种标号高清洁车用汽油、轻柴油、3 号喷气燃料、石脑油、化工轻油、丙烯和苯等。其中 3 号喷气燃料管输到西安咸阳国际机场，京Ⅳ柴油首家供应北京市场。完成了多项技改项目，主要包括20万吨/年气分装置建设，汽油降烯烃技术，催化气压机控制系统升级，稳高压消防水改造，催化低温热利用，HD法催化柴油精制，液化气、干气脱硫等。

聚丙烯是重要的合成材料和有机化工基本原料，具有质轻、耐热、电绝缘性、化学稳定性好、易加工等优越性能，广泛用于生产注塑制品（如汽车部件、医用设备等），以及合成纤维丙纶等的原料。长庆石化公司聚丙烯（CPP）生产线，具有国际先进水平的生产技术，生产附加值较高的聚丙烯。

陕西瑞莱科技实业有限公司开发的“脂肪族羟基磺酸盐水泥减水分散剂”，以萘和丙烯酸为单体，合成了聚合物分散剂（BNF），考察了新型分散剂BNF的分散性能。该产品的化学合成遵从亲电反应机理，在丙烯酸碳碳双键上形成碳正离子结合到萘磺酸分子上，再进行混聚与接枝形成高分子分散剂，同时避免了大量常用的有机链转移剂（如甲醇、巯基乙醇、异丙醇等）对环境造成的污染，且操作简单、耗能小、成本低。

咸阳三精科工贸有限公司开发的“多功能橡胶助剂HA-8洁净生产工艺”，主要用于高档热熔性油漆、涂料，可大幅提高产品的耐热性、光亮度和与金属的黏合牢度，仅汽车行业用油漆消耗本项目产品约500吨/年。项目产品用于胶黏剂，可大幅提高胶黏剂的耐热性和与金属的黏合牢度，每年的用量约300—500吨/年。由于该产品是优异的高分子耐热助剂，也可用于航空航天的耐热材料。采用新型催化剂以丙酮为溶剂，常温常压合成，实现无污染生产。废水处理采用无机陶瓷膜精密过滤，离子膜反渗透技术和精馏回收系统，组成工艺合理的废水处理系统，实现了水循环和丙酮的重复使用，醋酸作为副产品可作为其他产品的原料，实现清洁化生产和资源的循环利用。该项目获2006年陕西省科学技术三等奖。

咸阳富田工贸有限公司研发的“耐高电压绝缘橡胶型防腐胶液”，属于新材料/高分子材料/新型橡胶材料领域，是一种集阻燃、耐高电压（3000伏）、耐高温（150摄氏度以上）、密封、防腐为一体的橡胶型绝缘防腐胶液。项目的关键技术是以氯丁橡胶、氯磺化橡胶等为原料，通过将胶炼制并加入耐阻燃材料（含红磷不含欧盟指令禁止的PBDE）、H型耐高温材料、耐高电压材料（丙烯类材料），经过溶剂溶解并进行合成。项目产品防腐胶液应用新的生产工艺加工制成，与传统的防腐胶液相比，具有材质轻，耐高电压（3000伏）、耐高温（150摄氏度以上）、隔音、密封、阻燃等特点，改变了传统防腐胶液生产的复合板与复合板之间不密封，不耐高电压、防火防氧化性差等缺点，有“吃锈”功能，可广泛应用于现代汽车工业、高速列车、航空、轮船等领域。

咸阳兴华高精化工研究所研发的

HTX型聚酰胺密封热熔胶，采用了特殊的不含溴系列、溴氧阻燃剂及铅、镉、六价铬、汞等含量都在欧盟环保指标范围内的原材料，使产品在应用过程中对人体和环境无不良影响。其优异的电性能如击穿电压、表面电阻等，高温特性、耐寒性及柔韧性均达到或优于进口产品，是国内唯一将聚酰胺树脂经过接枝，改性而使其各种性能指标均符合彩管制造业用热熔胶的工艺使用要求的产品。

咸阳秦河复合材料有限公司先后成功研制出各种电子黏合剂，及彩色显示器，显像管偏转线圈热熔电子黏接剂，QH800B获得2002年科技部创新基金支持，环保型QH900B获得2004年国家重点新产品项目支持。该公司研制的Q-UV-8001型液晶显示器（LCD）用紫外光固化树脂，主要用于液晶显示器工业，该项目产品技术难度大、性能要求高，长期依赖进口。该成果经大型液晶显示器企业认证使用，性能稳定、质量可靠，达到了国外同类产品水平。

## 第三节 精细化工

陕西宝塔山油漆股份有限公司是致力于以油漆、涂料、树脂及脂肪酸等精细化工产品研究、开发、生产与销售为主的高新技术企业，也是陕西省首批制造业信息化优秀示范企业、中国涂料协会副理事长单位。公司年产油漆、涂料5万吨。公司始建于1958年，现销量和销售收入居西北第一。在全国拥有180多个营销网点和50多家专卖店，有“自营进出口权”，并控股陕西茂林大酒店、陕西宝塔山包装有限公司和新疆宝塔山油漆有限责任公司三个子公司。其中陕西宝塔山包装有限公司是陕西首家获得危险品包装许可证的包装类生产企业；新疆宝塔山油漆有限责任公司出口油漆规模居全国前十名，产品长期出口俄罗斯、哈萨克斯坦、吉尔吉斯斯坦、塔吉克斯坦、蒙古和东南亚、南非等国家和地区，现已累计创汇3000多万美金。

公司技术力量雄厚，有中高级职称技术人员46名，并与西北大学联合建立了涂料研发实验室，公司技术中心是陕西省涂料行业唯一的“省级企业技术中心”，拥有先进的产品生产检测设施，同时具有相应工程、设备的涂装设计、施工能力。企业已通过了ISO9001国际质量管理体系的换版认证、ISO14001环境管理体系认证和国家3C强制性标准认证。2001年公司与清华大学合作建设的6000吨/年脂肪酸项目建设投产，该项目是国家“九五”科技成果重点推广项目、陕西省2002年重大科技产业项目，并获得科技部、财政部国家级创新基金的支持。公司从航天工业部相关研究院引进的氟碳树脂涂料生产技术，被国家经贸委国经投［2001］1000号文件列为“双高一优”项目。公司生产的油漆、涂料产品在全国历届涂料产品质量评比中多次获奖。主营产品“宝塔山”牌油漆为“国家免检产品”“中国环境标志产品”“陕西名牌”“陕西著名商标”，中国涂料工业协会“涂料推荐品牌”、中国质量协会“全国用户满意产品”。

## 第四节 橡胶加工

咸阳橡胶加工工业始于20世纪50年代，拥有凯迪西北橡胶有限公司等中小型橡胶加工企业，胶布制品、橡胶制品、板材系列、密封制品、胶管和橡胶杂品等系列产品。60年代西北橡胶制品研究所研制的硅橡胶胶料及制品，其性能达到国外同类产品的先进水平，填补了国内空白，被纳入部级标准。该所参加研制的固体火箭发动机用烧蚀材料“○九工程”适配器、航空歼八、综合机械化采煤设备密封件、彩色电视机胶件等多种军用、民用产品，有的达到国际先进水平，有的填补了国内空白。

### 一 特种橡胶制品

1965年开始，西北橡胶所对具有优良耐高低温、耐油、耐天候老化、耐真空以及电绝缘性能的丁腈、氟、硅橡胶的胶料和应用，进行了一系列研究，为30余种尖端武器和常规武器配套。1965—1975年王宝永、丁文宾、王秀华等研制的火箭、导弹及“尖兵一号”卫星用特种橡胶件，1966—1977年苏贵荣、秦福英、刘玉华等研制的耐烧蚀柔性绝热材料，1965—1977年王秀华、刘吉昌、杨清芝等研制的飞机橡胶密封件分别获全国科学大会奖。范守敏、王宝永、李素琴等研制的YF－80橡胶贮囊，1985年获国家科技进步特等奖。丁文宾、赵本浩、王友芳等研制的“巨浪一号”橡胶密封制品，1985年获化工部科技进步二等奖。林生义、付文忠、苏贵荣等研制的JL－1号用D202人工自由脱黏材料和YJ－8主发动机用包复材料，分别于1985年和1987年获化工部科技进步二等奖。1981—1985年陈根度、王秀华、徐秉阶等完成了特种橡胶密封件的胶料、生产工艺、模具设计、设备、测试仪器、产品标准等成套技术开发研究，总体上达到国外70年代水平，居国内领先地位。该成果在应用推广中取得明显的经济效益，1986年获化工部科技进步一等奖，1988年获国家科技进步三等奖。

西北橡胶厂自1968年试制歼教五飞机用油箱以来，先后完成6种飞机用软体油箱的试制。1974—1977年采用新型材料和喷涂新工艺，试制成功喷涂法薄壁软油箱，具有体轻、壁薄、强力高、耐老化的优点，1978年获全国科学大会奖。1983年以后，孟昭武、姚渐逵、冯令孝等对歼七机Ⅰ、Ⅱ型5号和6号油箱进行了改质研究，经改进结构、生产工艺和骨架材料，完全达到使用要求，1986年获化工部科技进步二等奖。为改进飞机座舱口用密封胶带的生产工艺，1979年该厂姚渐逵、王岗田、冯令孝等研制成功针织法新工艺，与原工艺比较，产品结构合理，膨胀均匀，强度高，气密性好，寿命提高4倍左右。产品除国内使用外，曾出口巴基斯坦、约旦等国，

1985 年获化工部科技进步二等奖。此外，曹洪义、苏如福、王友龙等研制的航空用三元氯醇胶薄膜，王家芳、史春连等研制的导弹膜片分别获 1986 年化工部科技进步二等奖。

20 世纪 80 年代，西北橡胶塑料研究院工程师李昂，配合“〇九工程”、烧蚀材料、火箭推进剂、排囊等国家下达的重点科研项目，做了大量基础实验工作，负责橡胶原料分析方法研究，建立和完善了原料分析方法，制定了 2 项国家军用标准；负责橡胶、塑料、黏合剂组成测定方法的研究，建立系统的测定方法，可以剖析全部成分，推算原始配方；负责同上海有机所等单位研制成二氧化碳激光裂解器，组成裂解色谱仪，1983 年获机械工业部科技成果三等奖；开设裂解色谱应用研究等 11 个项目，对高分子材料的鉴定（单一或并用）、组成测定等，均为国内先进水平；发表学术论文 51 篇、译文 60 余篇，编写《裂解色谱在橡胶、塑料工业分析上的应用》一书，译俄文《弹性体组成的研究方法》一书。

## 二　专用橡胶制品

1972 年中国自行设计并制造成功第一个综合采煤机械化成套设备，但液压支架等设备的密封件不过关，严重漏液。1973 年 10 月，西北橡胶工业制品研究所开始研制综采设备用密封件和高压胶管，到 1977 年提供上万件样品，试产 30 多万密封件，经地面和井下试验，满足使用要求，密封性能达到国外同类产品水平，1978 年获全国科学大会奖。在此基础上，该所徐秉阶、王秀华、董成杰等从密封件结构、胶料配方、生产工艺和产品标准等方面进行研究，提供了成套生产技术，推广至冶金、石油、水电、机械等行业的液压设备上，实现了液压支架用密封件国产化，1983 年获煤炭部科技成果特等奖，1985 年获国家科技进步二等奖。此外，该所还为 10 多种车辆，50 多种机械配套，研制成各种橡胶密封制品和专用制品。在硅橡胶的应用方面，研制成功高抗撕硅橡胶胶辊、导热硅橡胶胶辊、医用硅橡胶制品等。

1980 年 9 月至 1984 年 5 月，西北橡胶厂姚渐逵、刘庆祯、徐宽亮等试制成功不同规格的纸浆过滤胶带。这种胶带是国内首创的水平带式真空洗浆机的关键部件，可将造纸废液的提取率提高到 95% 以上，大大减少了废液对环境的污染，1984 年获省科技成果二等奖。同时该厂将军用气胀式救生筏的技术转移到民用上，王丙午、薛栋等先后开发出渔业用多种气胀式救生筏，填补了中国渔业船舶捕捞作业安全装备的一项空白，也为黄河探险做过贡献，取得了较好的经济效益，其中渔用 QJF－20 型气胀式救生筏获 1986 年化工部科技进步二等奖。

凯迪西北橡胶有限公司是原西北橡胶总厂及其下属的西北凯迪公司资产重组而成立的国有独资公司，隶属于陕西延长石油（集团）有限责任公司。其中，工程技术人员 300 多人，辖有 1 个技术中心、1 个检测中心，3 个产品研究室，年综合加工能力以混炼胶计算达9000余吨。公司可生产胶布制品、橡胶制品、板材系列、密封制品、胶管五大系列产品，主要为石油、化工、钢铁、汽车、工程机械、煤炭等行业配套。近几年，新开发了防腐衬里、储油囊、输油管线、油井封隔器、泥浆泵用空气包气囊和石油钻机转盘防滑垫等系列新产品。公司具有先进的生产技术和检测手段，拥有数十台从国外引进的生产设备和检测仪器，技术中心为“省级科研技术中心”。2000年获得了进出口经营权，2002年获得武器装备科研生产许可证。2003年3月通过了ISO9001：2000和GJB9001A－2001质量体系认证，2006年获得二级保密资格，被中国石油和化工协会认证为A级质量检验机构。

钢丝缠绕胶管是石油工业、工程机械、农用机械等领域使用的主要胶管品种。近年来，有些煤矿液压支架的压力要求已经提高，一部分钢丝编织胶管已不能满足性能要求，因而改用钢丝缠绕胶管。凯迪西北橡胶有限公司“钢丝缠绕胶管”项目，产品主要由耐液体的内胶层、中胶层、2或4或6层钢丝缠绕增强层、外胶层组成，内胶层具有使输送介质承受压力，保护钢丝不受侵蚀的作用，外胶层保护钢丝不受损伤，钢丝（φ0.3—φ2.0增强钢丝）层是骨架材料起增强作用。主要用于矿井液压支架、油田开采，适宜于在工程建筑、起重运输、冶金锻压、矿山设备、船舶、注塑机械、农业机械、各种机床以及各工业部门机械化、自动化液压系统中输送具有一定压力（较高压力）和温度的石油基（如矿物油、可溶性油、液压油、燃油、润滑油）及水基液体（如乳化液、油水乳浊液、水）等和液体传动。

陕西西橡特种胶管有限公司是西北橡胶总厂控股的股份制企业，于2002年3月建立。公司主要生产以钢丝缠绕胶管和石油钻探胶管为主的特种超高压钢丝缠绕胶管系列产品。该产品具有承压高、变形孝抗脉冲、抗油类介质、耐屈扰疲劳、密封性能好的特点。产品有φ6—φ102多种规格，产品采用ISO6807－1984标准、GB10544－2003标准及美标SAE、EN、API 7K、API5B等标准，并且获得了煤炭行业生产许可证。石油钻探管通过了陕西省科技厅的技术鉴定并获得了石油总装备部一级网络G供应许可证书。公司于2003年1月获得了GB/T19001－2000质量体系认证证书。

西北橡胶塑料研究设计院开发的“地铁工程用EPDM橡胶密封垫”，是一种由三元乙丙橡胶密封条与遇水膨胀橡胶复合而成的一种新型结构的密封垫。在地铁隧道、铁路隧道中应用广泛。该产品以三元乙丙橡胶为主体材料，加入适当的配合剂，解决了三元乙丙橡胶胶料与遇水膨胀橡胶胶料及骨架材料的共挤出、共硫化复合技术问题，提高了密封垫的耐天候老化性能和止水效果，从而提高了密封垫的使用寿命。并利用微波连续硫化生产技术，提高了产品的生产能力和质量。该产品达到了国外同类产品先进水平，填补了国内空白。

咸阳乙化橡胶制品有限公司（原咸阳市秦都区乙化橡胶制品厂）是集生产、经营橡胶管材、板材、橡塑制品及各类规格密封件于一体的科技型企业。企业创建于1987年，占地面积3000平方米，建筑面积2000平方米，固定资产投资300万元，各类橡胶加工制造设备、检测设备40余台套，年产值500万元，现有员工30多名，专业技术人员10名。该公司产品广泛应用于军工、机械、电子、化工、矿山、石油、汽车制造等领域，硅胶产品配套出口到欧洲、美国、加拿大、日本、中国香港等国家或地区。

黄河轮胎橡胶有限公司是陕西化工企业新崛起的一颗新星，被陕西省科技厅认定为高新技术企业，是陕西省百强民营科技企业之一。该公司生产的大负荷海绵充填轮胎获国家专利证书，该产品荣获香港国际新技术新产品博览会金奖，伦敦国际专利技术博览会金奖，国家经济贸易委员会授予《新产品新技术鉴定验收证书》，陕西省政府授予《陕西省火炬计划项目证书》。该公司研发的大负荷无充气轮胎，是由外胎、海绵体、轮辋三部分组成，是将海绵橡胶充入外胎替代内胎，靠海绵橡胶发泡产生压力使外胎牢固地固着在轮辋上，承受车辆的载重负荷和工作负荷。它是一种低速高负荷工程车辆轮胎，主要使用在矿山、煤矿等工作环境苛刻场所，是2002年陕西省火炬计划重点项目之一，生产工艺在国内领先，技术水平达到国际水平。

咸阳科隆特种橡胶制品研究所成立于1996年，是主要从事于煤炭液压支架专用橡胶密封件的研制、开发及生产任务的集体股份制企业。该所“橡胶密封件切削机生产线”项目引进国际上最先进的密封件制造工艺流程，对环境无污染，全线采用微机管理、数控加工，自动化程度高。采用德国进口原料，专为矿用液压支架立柱千斤顶开发研制聚氨酯密封件，使其使用寿命为普通聚氨酯的3倍，产品具有优良的耐臭氧性、耐辐射性能。其特点是彻底改变国内传统密封件的加工工艺，无须炼胶、（进口型材）无须水源、无任何排放物、无须模具加工、无须耗大量电能、无须电热型的橡胶平板硫化机作业，产品是在冷加工的状态下完成的。产品具有耐磨性能好、使用寿命长；耐酸碱腐蚀性能好；硬度值稳定；高强力和高弹性；耐油性能优异；耐水解性能好等特征。

咸阳海龙复合材料有限责任公司开发的“金属软木橡胶复合密封板”，利用软木橡胶具有的高弹性和可压缩性、金属板高强度和抗挤出性能，将二者优点有机结合，试制高密封作用的金属软木橡胶复合密封板，填补了国内空白。工艺创新主要体现在胶料配方设计和硫化工艺参数设定合理；模具结构设计独特，保证钢板不变形和产品表面平整；解决了发泡、黏合、硫化一次性成型的关键技术。该成果获2007年咸阳市科学技术二等奖。

咸阳伟华绝缘材料有限公司开发的

"HXF－240 环保型环氧粉末包封料"，在保证新产品符合 Q/XA2002－2003 企业标准要求性能指标的前提下，解决了在配方中不含欧盟指令（RoHS2002/95/EC）中禁用的铅、汞、镉、六价铬、多溴联苯（PBB）和多溴联苯醚（PBDE）六种有害物质的关键技术难题。产品具有以下特点：采用新型阻燃剂替代多溴联苯醚（PBDE），使新产品具有良好阻燃性，阻燃性达到 94V－0 级，通过美国 UL 认证；而且符合欧盟的环保要求；找到一种无铅新型激光显色剂，首创了无铅激光打标技术；由于该产品采用特种交联剂，提高了产品防潮性，产品关键性能达到了国外先进水平，替代了进口产品。

咸阳科力橡胶制品有限公司成立于1999 年，主要从事橡胶制品的研发和生产。环形橡胶压熨毯是毛纺行业、特别是高档面料连续后整理压熨设备的关键橡胶配件和易损件。其价值约占整套设备的 1/3 强（约 1.5 万欧元）。长期以来，由于受材料、工艺等诸多因素限制，中国毛纺行业使用的橡胶毯一直依赖进口，不但价格高、周期长，而且生产厂家因此造成的停产待机现象时有发生，严重制约了行业发展和技术进步。该公司成功研制"高分子复合环行橡胶压熨毯"，通过生产工艺和产品结构创新，产品胶层的连续性、均一性得到保证，提高了经向强度和耐热性，且产品变形小，打破了国内行业用户长期依赖进口的局面。

# 第六章

# 能化技术

咸阳能源资源除以煤炭为主外，还有煤层气、石油天然气、水能、地热、生物质、风能等。全市探明煤炭资源储量110亿吨，预测储量约130亿吨；煤层气作为伴生资源，初步预测储量超过100亿立方米。在长武、旬邑、彬县一带含有一定油气资源，初步勘察预测具有2亿—2.5亿吨的油气当量；探明油页岩储量1.52亿吨，含油率7.26%—8.99%。地热水储量约为3450亿立方米，总资源量折合标煤约50亿吨。水能资源主要集中在泾河，已建水电站总装机81.76兆瓦，约占泾河水能的25%。全市生物秸秆资源量年生产约在300万吨。

能化工业是全市工业发展的龙头，规模以上企业68户，骨干企业有中石油长庆石化公司、渭河发电有限公司、兴化集团、彬县煤炭有限责任公司、宝塔山油漆股份有限公司等企业。年发电量125.8亿千瓦时，原油加工量291万吨，原煤产量1188万吨，合成氨、农用化肥、油漆等产品产量较大。规模口径产值197.1亿元，占全市规模工业总产值的43.6%，增速13.5%。“十一五”期间，以煤、油、气转化为重点，以煤综合开发利用为突破口，着力实施煤向电力转化、煤电向载能工业品转化、煤油气向化工产品转化，大力发展循环经济。

截至2010年年底，全市原煤产能达1700万吨，是2005年的2倍；电力总装机350万千瓦，是2005年的2.5倍多，其中煤矸石等资源综合利用发电装机44万千瓦；新增原油加工能力200万吨，原油加工能力达到500万吨；建成60万吨/年煤制甲醇装置。新建和扩建亭南、大佛寺等大型现代化煤矿。通过“上大压小”，新建了大唐彬长电厂、大唐渭河热电等项目。建成了泾阳文泾水电站，启动了礼泉生物质能发电项目。长庆石化完成了扩能改造，建成了延炼至西安成品油管线和兰郑长成品油管道长庆石化支线工程。

## 第一节　煤炭

咸阳煤炭资源分布于辖区北部的彬县、长武、旬邑、淳化、永寿五县，位于陕西渭北黄陇侏罗纪煤田中段，属凹陷盆地型陆相沉积煤田。在区域构造上位于鄂尔多斯盆地南缘，祁连山、吕梁山、贺兰山山字形构造前弧东翼内侧，含煤面积约1680平方公里。煤炭资源丰富，煤层赋存稳定，开采技术条件优越，煤质优良，属低硫、低磷、低灰、中高发热量的环保型优质动力用煤和民用煤。

改革开放30年来，咸阳市煤炭工业发挥资源优势，扩大原煤生产规模，着力打造关中新型能源化工基地，促进了煤炭工业跨越发展。“十一五”期间，产能300万吨以上的大型煤矿占煤矿总数的14%，产量占总产量的65%以上，煤矿回采率达到58%，煤矿百万吨死亡率下降至0.094人，低于全国和全省水平。新建大型煤矿全部采用大型综采设备和负压通风系统，并配套建设洗煤厂和环保设施，煤矿机械化程度和环保设施显著提高。

彬长旬东煤田探明煤炭储量110亿吨，2005年被国家列为全国13个重点煤炭生产基地之一，全市现有各类煤矿31处，建设规模达到3000万吨/年以上。至2006年年底，累计生产原煤1188.5万吨，同比增长40.2%；煤炭工业实现总产值24.76亿元，同比增长28.4%；共销售煤炭1210万吨，实现销售收入24.2亿元，实现产销率97%。2007年，全市原煤产量达到1600万吨，实现产值32亿元，比上年同期增长29%和44%；安全建设生产连续八年无重大伤亡事故，保持全省先进水平，彬长旬东煤田开发取得了显著的成效，能源产业已经成为咸阳市新的经济增长点。

改革开放以来，咸阳市先后投资约36亿元，完善煤矿安全生产设施，更新设备，改造煤矿安全生产系统，配备安全监测仪器仪表；经过连续煤矿安全生产专项整治、技术改造和改扩建，开采工艺不断改进，煤矿安全系数不断提高，生产规模逐步扩大。全市年产30万吨以上煤矿已经走上规范开采、正规经营的路子，大、中型矿井采用了综合机械化放顶煤采煤工艺，井下落煤—运输提升—计量监控全部实现机械化，在全省煤炭系统实现了“三个第一”和“一个第二”，即煤矿平均单井规模全省第一；煤矿生产机械化程度全省地市煤矿第一；安全生产最低控制指标全省第一；原煤产量全省第二。矿区实现了“花园式”管理，矿井实现了“人性化”管理，煤矿安全生产实现了跨越式发展。

彬县煤炭有限责任公司　彬县煤炭有限责任公司属地方煤矿、股份制企业，拥有年设计生产能力321万吨/年的下沟煤矿、百子沟五矿和正在建设中的蒋家河煤矿，资产总额14.06亿元，有职工2324人。公司始建于1956年，拥有50多年的煤炭开采历史，在煤炭开采加工方面积累了丰富的经验。公司坚持走科技兴企之路，把建设高产高效矿井作为企业的发展战略，1997年10月投资1.4亿元建成了年产45万吨的现代化矿井下沟煤矿，2001年与中国煤科总院北京开采研究所进行技术合作，投资3379.4万元，完成了下沟矿综合机械化放顶煤技术项目，使产量由45万吨提高到90万吨。2002年4月与中国煤科总院上海分院合作改造了下沟矿井提升系统，改8吨箕斗提升为30度大倾角皮带提升，生产能力提升到150万吨。2003年7月，投资3.54亿元实施了下沟煤矿300万吨综合机械化技改工程，在下沟矿装备一个年产210万吨的综采工作面、一个洗煤厂和一个污水处理站，2004年5月300万吨洗煤厂竣工投产，2005年5月整个项目建成投产，经过三次改造，矿井安全技术和经营管理水平迈上了新台阶。在地方煤矿中实现了三个第一：即第一个采用综合机械化放顶煤技术，第一个采用综合机械化掘进技术，第一个采用煤巷锚网支护技术。这种企院合作、改造传统产业的做法被全国煤炭科技大会誉为"陕西彬县模式"，在全国煤炭行业进行推广。通过先进技术对传统产业的改造，公司得到了快速发展，取得了丰厚的经济效益。2006年生产原煤420万吨，实现工业总产值80165.7万元，销售收91667.2万元，实现利税总额23040.5万元，实现利润10947.5万元，上缴国家税费18071.3万元，资产总额达到14.06亿元，职工人均年收入达到34564元，产值占到全县工业总产值的2/3，上缴税费占到全县财政收入的一半多。公司先后荣获全国煤炭工业优秀企业，部特级质量标准化矿井，全国高产高效矿井，全国依法生产先进煤矿，中国质量服务信誉AAA级企业，中国公益明星企业，先进企业，文明单位，荣誉称号及省级十大科技成果奖，中国煤炭工业科技一等奖、二等奖、三秦慈善奖，2003年跻身全国煤炭工业100强。

陕西彬长矿区开发建设有限责任公司　公司首期开发建设的大佛寺矿井是四座特大型现代化矿井中的第一座，位于彬县城关镇土沟村，东距彬县县城12公里，井田区域横跨彬县和长武县两县，面积86.3平方公里，可采储量7.6亿吨。煤层赋存条件好，构造简单，生产能力大，是优质动力煤炭。煤质为低中灰、低中硫、低中水、低磷、高热值的不黏煤。矿区内交通便利，312国道从矿井工业场区穿过，即将开工建设的西平铁路和正在建设的国家西部大通道银武高速公路从矿区穿过。矿井设计生产能力600万吨/年，矿井一期总投资8.5亿元，设计建设总工期35个月。8月28日，大佛寺矿井提升、运输、通风、供电、供排水、井下调度通信、瓦斯监测监控等系统已经形成，地面生产系统、辅助生产系统、生活后勤设施已经完工，矿井首采面设备安装调试完成，已经成功进行了联合试运转。大佛寺矿井的建成，无论是矿井装备水平、综合自动化程度、人力资源配置，还是经济运营模式，都达到了同行业先进水平。

旬邑虎豪黑沟煤业有限公司　先后投资1.2亿元，对煤矿各大系统进行了大刀阔斧的升级改造，由过去年产9万吨的小煤窑达到年产51万吨的中型矿井，使矿井成为总掘机械化、运输系统自动化、监测监控数字化的现代化矿井。针对软岩软底特殊地质结构采掘难、木棚支护不牢固、人员安全系数低、安全教育不深入等难题，该矿通过科学论证和大胆实践，进行技术创新，在全省煤炭行业创出了“六个”第一。改革支护方式，抛弃传统木棚支护，采用锚网带支护新工艺，引进大型综采机械，改写了软岩软底无法上综采装备的历史。投资700多万元，在全省第一个使用单轨吊机车，实现了矿井辅助运输方式的历史性跨越，消除了因底板软，底鼓严重，轨道变型造成的掉道隐患；之后，又引进使用柴油机钢轨车，取消架线电机车，消除了木棚下架线的安全隐患。建成陕西省第一家融“井上下监控、定位、通信、移动监视、工业控制、安全网站”为一体的定位管理系统，人员全部定位管理，为矿井安全管理提供了可靠保证；在陕西省煤炭行业第一个建成集网络视频监控、瓦斯监测监控、原煤运输自动化、主排水自动化、主通风机自动化、高低压供电自动化、网络广播于一体的矿井综合自动化系统，实现了13个岗位无人值守，在减员增效的同时，提高了预防和及时处理各种突发事故的能力；第一个将培训课堂搬到井下施工现场、进行安全教育的矿井；第一个运用双模手机进行隐患治理可视化剖析、可视化教育的矿井；第一个进行了区段小煤柱开采试验的矿井。

## 第二节　电力

改革开放以来，咸阳电力发展迅速。水力火力发电站12座，装机容量130万千瓦的陕西最大的火力发电厂渭河电厂就在市区东郊，装机总容量420万千瓦的马屋电厂已经开工建设。40座千伏以上的变电站、79条总长3310公里的10千伏及以上送电架空线路，可以随时满足任何企业的生产用电。“十一五”期间，新建火力发电厂全部采用超临界、空冷技术、中水回用技术和废水零排放技术，并配套建设烟气脱硫技术，发电煤耗明显下降。

咸阳供电局是陕西省电力公司直属的国家大型一类供电企业，负责咸阳市、杨陵农业高新技术产业示范区的电力规划、电网建设、电力营销和用电服务工作，以建设运营电网为核心业务，下辖市区、兴平电力局和杨陵供电分局，对省属地电系统的泾阳、三原、乾县、礼泉等十个县电力局实行趸售管理。截至2009年末，企业固定资产原值37.01亿元；拥有35千伏及以上变电站52座，变电总容量5801.84兆伏安；35千伏及以上输电线路125条，全长2290.841公里；配变2765台，总容量377223千伏安，10千伏配网架空线路共144条，全长1921.586公里；售电量完成65.52亿千瓦时，供电线损率4.06%，电压合格率99.416%，供电可靠率99.876%，年网供最高负荷117.12万千瓦；行风建设连续四年居当地测评第一，企业先后荣获“全国五一劳动奖状”“全国文明单位”“全国电力行业优秀企业”“全国电力行业用户满意企业”“陕西省模范职工之家”等多项荣誉。

咸阳秦能电力有限公司　咸阳秦能电力有限公司是1997年10月由原彬县朱家湾电厂和陕西地方电力发展公司改制而成的一家地方火力发电企业。2004年4月起，由银河发展集团控股，有12兆瓦发电机组3台，设计年发电量2.16亿千瓦时，年销售收入5000多万元，总资产1.78亿元，有职工498人。2006年完成发电量2.36亿千瓦时，占年计划的98.3%，较上年2.5亿千瓦时下降5.6%；售电量2.02亿千瓦时，占年计划的96.2%，较上年2.19亿千瓦时降低7.8%，其中上网电量1.545亿千瓦时，占年计划的96.9%，较上年增长1.27%，直售电量1.47亿千瓦时，占年计划的117.5%，比上年降低14.5%；销售收入5162万元，占年计划的97.7%，较上年5462万元减少300万元；利润总额177万元，占计划的87.8%。公司先后获得部级“安全文明生产双达标企业”“省级文明单位”“环境保护一控双达标企业”，市级电力系统单位“模范职工之家”“标准化锅炉房”“园林式单位”“花园式工厂”等20多项荣誉称号。

大唐渭河发电厂　1970年和1971年大唐渭河发电厂1号、2号机组分别建成投产，采用原东德发电机组，作为战备机组设计。20世纪末，随着大容量机组的投产，大唐渭河发电厂逐步担当起了繁重的调峰调频任务。每年实现上网电量约5亿多千瓦时。

2006年，大唐渭河发电厂以开展热电联产2×300兆瓦技改工程为突破口，发电量完成5.54亿千瓦时，较计划增发2780万千瓦时；上网电量完成4.91亿千瓦时，较计划增发1742万千瓦时；供电煤耗完成435克/千瓦时，与计划基本持平。

陕西渭河发电有限公司　陕西渭河发电有限公司是由香港中旅（集团）有限公司、西北电网公司、陕西省投资集团公司三方共同投资设立的中外合作经营企业，也是新中国成立以来陕西省最大的中外合作经营企业。公司位于咸阳市渭城区东郊，地处陕西电力负荷中心，交通运输便利。公司成立于1997年5月8日，实行董事会领导下的总经理负责制。公司资产总额为54亿元人民币，注册资本为18亿元人民币，公司主营生产和销售电力，现生产经营的发电装机规模为4台30万千瓦发电机组。

## 第三节　新能源开发与利用

进入20世纪90年代，咸阳市大力发展新能源，地热、电池、生物质能等发展迅速。“十一五”期间，新兴的太阳能光伏、风电装备等新能源装备产业具备一定发展基础。天宏多晶硅1250吨/年的生产线已建成生产，二期2500吨多晶硅、单晶硅、硅切片、太阳能电池组件等生产线项目已经启动，陕西风润新能源风力发电零部件、陕柴重工风电刹车系统项目、彩虹集团太阳能光伏玻璃生产线等新能源装备制造项目已建成投产。安装太阳能热水器20万平方米，LED、太阳能路灯快速推广，启动了旬邑风力发电前期工作等。冀东、升威等大型水泥生产企业全部配套建设余热电站。彬长大佛寺煤矿低浓度瓦斯发电和通风瓦斯发电受到国家表彰，燃煤电厂的粉煤灰、炉渣、脱硫石膏全部得到有效利用，能源资源综合利用水平明显提高。在彬长矿区初步形成了从煤矸石、煤层气（矿井瓦斯）、矿井水、煤泥到煤矸石电厂、瓦斯发电、粉煤灰、建材等的循环经济产业链。

咸阳市区处于渭河断陷盆地，具有良好的地热富集赋存条件，地热田得天独厚，具有分布面积广、热储条件好、水质佳、温度高、压力大、藏量丰沛和易于开采的资源赋存特点。早在1400多年前，咸阳境内杨贵妃安葬之地马嵬坡温泉就闻名于世。明清之际，“马跑泉矶”和“陆泉涌珠”就已列入“咸阳八景”和“渭阳十胜”，地热水被当地群众用于生活和灌溉。地热田分布范围东起泾渭交汇处，西至武功扶风县界，南临渭河和秦都区的沣东、沣西、钓台全境，北接宝鸡峡引渭工程北干渠，东西长近100公里，南北平均宽约8公里，总面积800平方公里，地跨武功、兴平、秦都和渭城的南部全境。咸阳地热田地处六七千万年前形成的渭河新生代断陷盆地西安凹陷北缘地带。由于渭河南北地下深处两条近东西走向的隐伏活动性大断裂引张拉伸的强烈影响，为地壳深部热能的释放和地热流体的深循环提供了良好的热源和通道条件。西安凹陷的基底南高北低，呈簸箕状倾斜，在渭河两侧的盆凹内堆积了厚达5000—7000米的新生界砂岩、泥岩类地层，为地下热水、热蒸气类地热流体的富集和保温提供了良好的热储和盖层。目前已钻遇到第三系高陵群并已钻穿的蓝田灞河组、张家坡组及第四系三门组地层，揭示咸阳地热田热储地层总厚达500米以上。热储层岩性较粗，空隙度大，渗透率高，单层厚度大，优于国内如北京、天津、白洋淀、西安等其他同类传导型地热田。

自1992年以来，地质勘探部门历经14年的普查论证和钻探施工，在咸阳市域的渭河两岸开凿了22口地热井，其中18口位于秦都、渭城的市区和近郊，井口水温最低60摄氏度，多数为90—100摄氏度。陕西国际商贸学院地热井井口水温最高达120摄氏度，创全省乃至全国同类传导型地热田井口水温的最高纪录。以井口出水量论，单井初始最低自流出水量55立方米/小时，如秦阳花园、七九五厂、陕西国际商贸学院地热井初始自流出水量分别高达306立方米/小时、303立方米/小时、280立方米/小时。据统计，全市22口地热井初始井口总出水量达3100立方米/小时，单井平均140立方米/小时，其出水量之高，为国内同类地热井之最。如按日统计，全市22口地热井初始日出水量达7.2万立方米，依30%的限定开采量计，每日可开采2万立方米。各地热井的井口压力达2.6—11.0个大气压，即井口静水位水头可高出地表26—110米，而且所有地热井成井时全部为自流井，这在全国同类地热田中是绝无仅有的。地热田各井的水质化验报告表明，水化学类型比较齐全，这在全国亦不多见。以水质论，咸阳市地热井热矿水中，含碘、溴、锂、铁、氟、氡，偏硅酸、偏硼酸、偏砷酸等多种微量元素和有益组分，大多数地热井中有5—7项指标达到有医疗价值浓度、矿水浓度和命名矿水浓度标准；有3—5项达到命名矿水浓度标准，均属复合型的热矿水。其微量元素和有益组分之丰与达标种类之多，在国内名列前茅，为发展温泉水疗和洗浴业提供了广阔的回旋余地。

1995年，咸阳市对咸阳城区177平方公里范围内的地热进行勘探、普查和测算，地下热水储量约373亿立方米，可折合标煤19.7亿吨，相当于彬长煤田热量的18.8%。同时地热资源质量优良，地热水赋存于深部地层中，经过长期运移，在较高的温度压力下与围岩相互作用、溶解了围岩中较多的化学元素，化学成分均达到优质医疗热矿水的标准。据1996年凿成的7口地热井和临区的钻孔地质资料估算：设包括杨陵区在内的面积为800平方公里，3000米以浅热储层厚度为500米，平均井口水位85摄氏度，孔隙率按0.25计，咸阳地热田远景地热能资源总量为8.4×1016千焦耳，折合标煤28.8亿吨或原煤40.3亿吨；资源回收率按25%计，可利用地热能资源总量为2.1×1016千焦耳，折合标煤7.2亿吨或原煤10.1亿吨。地热田地热流体总静储存量约1000亿立方米，如以最保守的1%的可利用率计，可利用地热流体（地下热水和水蒸气）可达10亿立方米之巨。

1998年7月，由陕西区域地质矿产研究院提交通过省级评审的《咸阳市区地热普查报告》显示，从市区177.1平方公里的地热田区块求得可采地热流体4.1亿立方米，相当1.3亿吨标煤。原地矿部颁标准《地热资源评价方法》（DZ40－85）设定的大型地热田规模，按折合标煤量年开采15万吨和服务100年计，为1500万吨标准煤。换言之，咸阳地热田仅市区部分就相当8.5个大型地热田。

2000年咸阳依据地热普查资料以及境内已打成地热井的资料，组织专家编制了咸阳市区地热开发利用总体规划，并经省国土资源厅和市政府组织专家进行评审通过，市政府正式发布实施。

1. 地热资源勘察现状

咸阳市地热资源利用历史悠久，据文史资料记载，沿塬边（即渭河北岸隐伏活动断裂带）分布有兴平马嵬坡、咸阳马跑泉、大泉、小泉、魏家泉等自然露头温泉10余处，水温18—26摄氏度，为当地人民日常生活带来了极大便利。

咸阳市有目的勘察开发地热资源始于20世纪80年代中期。

1985年，原地矿部第三石油普查大队受原秦都区政府委托，对辖区内的地热资源进行了较为详细系统的调查研究，对地热前景做了概略性评价，编写了《咸阳市地热调查研究专题报告》，这是咸阳市第一份地热研究资料。1995年，受省地矿厅和咸阳市政府委托，陕西区域地质矿产研究院开展了咸阳市区地热普查工作，该单位在充分收集前人资料和进行了大量野外地质工作的基础上，编写了《咸阳市区地热普查报告》，通过了省地矿厅和咸阳市人民政府共同主持的评审，该报告对咸阳市区的地热资源施行了较为系统的研究和评价，圈定了地热异常带，划分了热储层段，建立了热储模型，计算了资源量。

近年来，国土资源部门非常重视地热资源的勘察工作，坚持打探采结合井，通过电测、地震、钻探、监测记录等手段，为咸阳后续地热资源开发提供了翔实可靠的基础地质资料，为可持续开发利用地热资源提供了依据。

2. 地热资源开发现状

咸阳市地热资源的开发始于20世纪90年代初。1992年年底，兴平县人民政府在县城关棉绒厂内成功地开凿了咸阳市第一眼人工地热井，该井井深1564.69米，水温60摄氏度，水量55.34立方米/小时（自流量）。截至目前，咸阳共凿成地热井23眼，井深1464.69—3500米，水温60—130摄氏度，涌水量55.34—350立方米/小时。分布范围包括秦都、渭城、兴平、武功、三原五个县区市。其中规划区内地热井17眼，占已成地热井的77%，规划区外地热井4眼，占已成地热井的23%。已开发的地热井成井时均为自流井，最大关井压力达1.2毫帕（自喷高度120米）。目前仍处于自流状态的地热井有21眼，占已成地热井的91%。

3. 地热资源利用现状

确保地热这一宝贵资源得到合理开发，永续利用，咸阳在充分借鉴国内外地热资源开发经验的基础上，坚持把科学管理放在突出位置，理顺体制，合理规划，规范开发，确保了地热资源的可持续利用。

2007年，市政府成立了隶属咸阳市国土资源局的正县级机构——咸阳市地热资源开发管理办公室。同年，又修订完善了《咸阳市地热资源开发管理办法（试行）》，坚持利用市场机制进行资源配置，科学布井，分区块连片开发，积极进行新技术、新方法、新设备的推广与应用，将中央“在保护中开发，在开发中保护”的资源开发总方针落到了实处。

为了确保地热资源实现可持续利用，咸阳市在宣传各种法律法规的同时，还建立健全了各项规章制度，要求各地热开发单位必须具备专业知识人员持证上岗；完善了地热井审批及施工监理程序，对达不到综合开发利用要求的单位，坚决不予批准钻探地热井；每年在丰富监测资料的基础上，编制年度动态监测报告，这些报告为咸阳的地热开发研究提供了翔实的第一手资料。他们还和天津五洲自动化技术有限公司合作建立全市地热井远程联网自动化监控系统，实现全市地下热水水位、水温、水量、水压等变化监测的自动化。目前，全市地热井远程联网自动化监控系统中心监控室所有设备运行正常，已有10多眼地热井实现了与中心监控室的对接，数据实时传输。这将为咸阳科学决策、建立热储模型以及建立采灌均衡的地热资源开发利用模式，提供可靠依据。

咸阳市在将地热资源用于采暖、洗浴、医疗、游泳等方面，可谓独具匠心。他们将地热特有的医疗保健功能与当地的民俗风情、人文景观、历史遗迹相结合，拓宽了地热资源在休闲娱乐方面的应用领域，使带有地热特色的产业亮点纷呈。先后建起的天运温泉游泳馆、咸阳地热城、海泉湾温泉世界等一批项目。尤其是温泉足疗，成为咸阳一个产业亮点，不仅吸纳了当地和外地的万余名劳动力，许多下岗职工再就业，而且陆续向外地输送足疗技师600多名。地热采暖促进了咸阳房地产的飞速发展。用地热水采暖不烧煤，无污染，虽然初期投资较高，但运行费用低。截至2011年年底，咸阳主城区已经逐步形成了以集中供热为主导，以地热、天然气等清洁能源供热为补充的城市供热体系，咸阳主城区集中供热面积已经由1987年的18.7万平方米发展到目前的2000万平方米。其中，市政集中供热，即四户国有供热公司集中供热面积约1100万平方米，占全市集中供热面积的55%。单位自有锅炉集中供热约270万平方米，地热集中供热300万平方米，天然气锅炉集中供热约280万平方米，水、地源热泵供热约50万平方米。另外，还有以天然气壁挂炉为主的分散供热面积约500万平方米。

咸阳市还围绕地热供暖和温泉养生，策划包装了一批重点项目。主要有：咸阳地热温泉主题公园、周陵地热综合开发利用、地热发电项目、陕西步长国际健康旅游温泉城、咸阳去病温泉水疗中心、兰湖温泉度假酒店、咸阳地热城二期改造、泾阳县云阳蔬菜种植示范基地、地热水产养殖中心以及枫鹤湾地热综合开发利用项目等。

其中最吸引人们眼球的是地热发电项目和泾阳县云阳蔬菜种植示范基地。

（1）地热发电项目。美国地热公司已同咸阳华北地热公司签订地热发电合作意向书，这个项目的实施，引进了美国先进的地热开发、尾水回灌、中低温地热发电及管理理念，对加快咸阳建设“中国地热城”“全国地热资源综合开发利用示范区”步伐有重要意义。

（2）泾阳县云阳蔬菜种植示范基地项目。新建地热井1眼，占地150亩，建设温室大棚，进行蔬菜种植、种苗繁育以及花卉生产。地热尾水可用于发展第三产业。

（3）兴平市渭河北岸田阜村的地热水产养殖中心项目。该项目新打地热井1

眼，改造现有养殖池成地热温泉鱼池，占地100亩；新建以养殖热带鱼类、虾类等高附加值水产品为主的养殖中心，占地200亩；新建以珍稀热带鱼类养殖、种苗繁殖为主的育种中心，占地100亩。

破解地热尾水回灌这一世界性难题，是咸阳在利用地热资源中的一大亮点。他们始终将地热尾水回灌列入发展规划之中，在有关部门的帮助下，先后多次邀请和组织荷兰、冰岛等国外、国内专家进行专题研究。2008年，委托陕西绿源公司编制了咸阳地区文林路区域地热尾水回灌实验可行性分析报告，并于当年11—12月投资约700万元，在文林路区域钻凿了第一口深2452米的地热回灌实验井，并将该项目列为重点攻关项目，上报中国石化集团，投资约1260万元，分3年完成。为让地热这一清洁能源取代传统供暖方式的建设内容和先进技术，以符合联合国气候变化公约组织清洁能源发展机制项目的要求，他们又开发出适用地热项目的方法学，其设计文件已得到国家发改委批准，目前正向联合国气候发展委员会实施具体申报核准工作。这将是中国首家就地热开发利用申报清洁发展机制项目。

截至2011年年底，全市已成功开凿地热井40余眼，地热水年开采量为400万立方米，地热资源的利用也已逐渐扩展到地热采暖、洗浴、理疗、温泉旅游以及休闲娱乐等领域，其中地热采暖已成为咸阳市地热产业发展中的一个亮点。目前，全市地热供暖总面积已达210万平方米，约占全市供热总面积的30%，温泉入室1万余户。全市所有洗浴中心均采用温泉水洗浴，使来咸游客在不同场合均能享用到这一优质医疗热矿水。据测算，每年可减少燃煤20余万吨，减少废气排放1万多吨、粉尘1000多吨、灰渣约1500吨。地热资源的开发利用，不仅为咸阳带来了明显的生态效益、经济效益和环境效益，极大地提升了咸阳城市品位，也让全国首家“中国地热城”“全国地热资源综合开发利用示范区”的知名度和影响力进一步提升。

太阳能作为一种清洁能源，能够逐步改善我国能源消费结构，并在一定程度上保障能源安全，有着巨大的开发及应用潜力。多晶硅是晶体硅太阳能电池的基本材料，生产1兆瓦太阳能电池大约消耗8—10吨多晶硅。多晶硅产业是发展清洁、环保、永续利用太阳能的产业基础，是发展信息产业和新能源产业的基础。陕西天宏硅材料有限责任公司微电子级1000吨/年多晶硅生产线已于2009年建成投产，二期工程2750吨/年多晶硅项目正在建设中。该公司在引进吸收西门子多晶硅生产工艺技术的同时，自主创新废气废液处理环保节能综合利用技术，建成国内第一条废气废液燃烧干法处理生产线，回收高纯度气相二氧化硅以及盐酸、蒸气，为废气、废液处理找到一条有效途径。

光伏产业是国家大力支持和鼓励发展的绿色能源重点产业之一。2010年2月9日，经过5个月的建设投产，西北地区第一块太阳能光伏玻璃在彩虹集团顺利下线，创造了国内同行业的新速度。10 月 19 日上午，由彩虹集团公司旗下彩虹电子股份有限公司投资 3 亿元建设的彩虹三期光伏玻璃项目在咸阳市正式开工，投资近 2 亿元建设的二期光伏玻璃项目也成功点火，随着三期项目 2011 年年底的建成，彩虹集团以拥有年生产 1660 万平方米太阳能光伏钢化玻璃的能力成为西北最大的光伏产业基地。

风润新能源设备有限公司成立于 2007 年 9 月，注册资金 2.5 亿元人民币，是专业生产和销售 1.5 兆瓦级以上的风力发电设备零部件和矿用可移动式救生舱的大型企业。厂区设有铸造车间、铆焊车间、机加工车间、涂装车间、检测中心等。主要设备 320 余台套，其中包括全套树脂砂处理设备、50 吨/小时连续混砂机、10 吨中频感应熔化炉、6 × 26 米数控切割机、4 × 10 米数控龙门加工中心、数控落地镗铣床、数控双柱立式车床等大型高端数控加工设备、20—75 吨重型起重运输设备。一期达产后轮毂、机座等风电设备大型关键零部件生产能力为年产 1000 台套。二期生产能力为年产铸件 10 万吨，风电设备零部件 2000 台套。

中国重工下属的陕柴重工成为唯一获得国家核安全局颁发的设计、制造核级应急发电机组许可证的境内企业，已具备 PA6B 系列核电站应急柴油机组的国产化能力，将改写中国核电站应急柴油机组长期以来主要依靠进口 MAN B&W 的 PA6B 系列和 MTU 的 MTU956TB33 系列产品的局面。陕柴重工已经于 2009 年 1 月交付完成了巴基斯坦恰希玛项目，合同金额 0.66 亿元；2008 年 1 月已开工建设宁德和红沿河项目，合同金额 2.8 亿元；2009 年 7 月签署了宁德二期防城港项目合同，金额 5 亿元。

生物质能发电项目是中科院广州能源研究所“九五”期间完成的国家重点攻关项目，国家高新技术研究发展计划（863 计划）的科研成果，采用层燃 + 室燃的链条炉燃烧技术，利用在常温下压缩成块状的农作物秸秆作燃料，进行燃烧发电，达到可再生资源的综合利用。2010 年 6 月 18 日上午，总投资 10 亿元、总装机容量 3 × 3 万千瓦的陕西生物质能发电项目在礼泉开工建设，这是陕西省第一家环保节能发电项目，每年可将礼泉及周边 70 万吨果树枝条及秸秆“变废为宝”，成为可再生能源。该项目设计安装 3 台每小时 130 吨高温高压锅炉，配 3 台 30 兆瓦凝汽式汽轮发电机组，利用当地废弃的果树枝条和农作物秸秆作为燃料。建成投产后，年发电 6 亿千瓦时，为群众间接增收 2 亿多元，实现产值 3 亿元，利税 5000 万元以上。与同类型的煤电项目相比，每年可减排二氧化碳 20 万吨以上，既节省了资源，改善了农村环境，又增加了农民收入，促进地方经济发展。

中国石油和天然气储量分别占世界总储量的 2.43% 和 1.20%。随着中国经济的高速发展已经出现了石油供应的短缺，从 1996 年开始中国已经成为石油净进口国，且进口量逐年增加。陕西宝塔山油漆股份有限公司研发的“新型环保生物柴油（生物柴油）”项目，研究用泔水油（动、植物油脂）和酸化油生产脂肪酸甲酯的工业化合成路线，利用了油脂或酸化油中的脂肪酸与甲醇经化学合成得到的脂肪酸甲酯，再与石油柴油按1:1配比调兑，形成完全可以满足内燃机要求的燃料型生物柴油。

咸阳威力克能源有限公司是由咸阳偏转股份有限公司、深圳康佳能源科技有限公司及香港客香村饭店有限公司合资建立的，融开发、制造与销售为一体的高科技产业公司。主导产品四大类，30多种规格，主要为手机、笔记本电脑、动力及军用可充锂离子电池。2002年通过了ISO9001质量体系认证、ISO14001环境管理体系认证，2003年通过了UL安全认证。锂锰动力电池具有放电功率强、安全稳定、价格低、无污染等优点。该公司自主研发的“可用于电动汽车等领域的磷酸铁锂动力电池”，是集环保与节能为一体的一种新型能源，它具有安全性高及高倍率放电特性优异、循环寿命长等特点，因而被广泛用于电动小汽车、电动大巴车，还可应用于基站用的USP电源、军事应用等众多领域。该项目2006年11月16日通过陕西省科技成果鉴定，各项指标达到国内先进水平，并获得2007年省科技成果二等奖。

陕西德盛新能源有限公司是一家研发、生产太阳能硅片、太阳能电池组件、太阳能硅片切割液、碳化硅微粉、切割线、碳化硅制品的工业生产企业。咸阳博远金属新材料有限公司属于民营股份制高新技术产业，主要从事锂电电池材料及锂电电池材料前驱体的生产、研发、销售。拥有年生产四氧化三钴300吨，磷酸铁锂及磷酸铁锂专用草酸亚铁3000吨的生产能力和自主知识产权。

2010年10月，咸阳市投资规模最大的产业化项目——陕西有色集团新能源产业项目正式在渭城区开工建设，项目计划投资100亿元，年可实现利税25亿元。该项目占地1200亩，建设期为3年，具有投资规模大、科技含量高、产业链条长、带动能力强等特点。项目分两期建设每年1000兆瓦光伏电池组件生产线和每年200吨电子级单晶硅生产线。该项目是咸阳市迄今为止最大的新能源产业项目。

## 第四节　节能技术

“十一五”以来，咸阳市贯彻节约资源，保护环境的基本国策，大力实施节能重点工程，改造生产工艺，淘汰落后产能，转变经济增长方式，开展全民节能活动，节能工作取得了显著成效。据陕西省统计局和陕西省发改委公布的2005—2010年各市区单位GDP能耗等指标公报，2010年咸阳市单位GDP能耗为1.102吨标煤/万元，比上年下降3.59%，“十一五”累计下降20.14%，完成总进度的100.72%，累计节能174.75万吨标煤，五年的节能量相当于陕西渭河发电有限公司两年多的发电量（2010年发电量61.65亿千瓦时，折标量75.77万吨标煤）。

大唐彬长电厂、彩虹光伏玻璃、多晶硅、60万吨甲醇和冀东水泥等项目建成投产，2010年子午轮胎、兴平台玻、海螺水泥、兴化化工、胡家河煤矿等项目即将建成或正在加快建设，大部分项目产品的单位增加值能耗高于全市总水平，对节能构成了一定压力。咸阳市加大淘汰落后产能和设备力度，继续加大淘汰水泥、印染等行业的落后技术、工艺和设备，同时，积极鼓励计划外落后产能的淘汰。稳步推进兴华节能与综合利用技术改造、彬长通风瓦斯及煤层气抽采利用等一批余热余压利用、燃煤锅炉改造、区域热电联产、用能系统优化、煤矿瓦斯回收利用项目建设。

大力推进建筑、交通运输、公共机构和服务行业的节能管理。交通运输领域要严格执行营运车辆燃料消耗量市场准入制度。公共场所从“油、电、水”入手，在农村地区大力普及太阳能热水器、节能灯和节能家电。

建筑节能是建设领域节能减排工作的重中之重，也是咸阳近年来着力抓的主要任务。建设部《民用建筑节能管理规定》发布之后，咸阳市规划局依法加强对建筑节能质量的监督管理，及时下发了《关于进一步加强建筑节能工作的通知》，推行新的建筑节能标准，即一般建筑设计执行50%的节能标准，高层建筑和公共建筑设计执行65%的节能标准，并重点加强对建筑工程围护结构、供热采暖系统及关键环节的监督管理，推行建筑施工图节能审查备案、建筑节能产品确认登记、建筑节能专项验收和建筑节能公示四项制度，基本保证了设计、施工、监理、竣工验收等全过程的节能施工质量。咸阳市规划局还组织召开了地源热泵利用暨紫韵东城节能示范工程研讨会，进一步完善节能、节水方案，增设了雨水回收利用系统、太阳能光伏照明系统等节能措施。

2003年7月份，咸阳市开展了“咸阳市第一期新型节能建材认定”活动，对全市所有新型建材企业及产品通过申报、考察、评审等方式予以产品认定（外地企业实行登记备案制），认定后的产品向社会予以通告，并以咸政建发［2003］231号《关于在建设工程中进一步加强推广新型墙体材料与建筑节能产品的通知》要求建设和施工单位必须使用“通告”上的产品，否则，将按照有关规定予以处罚。在2006年“首届中国国际卡车节油大赛”上，法士特变速器分别荣获“省油成就奖”和“最省油变速器奖”两项大奖，成为汽车总成零部件行业唯一获得两项大奖的企业。

2010年，长庆石化通过实施炼化能量系统优化，加强电机变频和蒸气透平技术，全年加工吨原油的综合能耗降至64.9千克标油，降低了3.06个单位，折合万元产值耗能0.172吨标煤，全年累计节能1.9万吨标煤，节水33万立方米，超额完成“十一五”节能节水目标，荣获上海世博会联合国千年发展目标公益主题活动“中国节能减排优秀企业奖”。环保设施运行率平均 97.1%。完成了中水深度处理等减排项目，中水回用率达到 78.4%，同比提高 6.8 个百分点。与相邻单位实现资源互供，此一项减少天然气用量 840 万立方米，减少二氧化碳排放 4 万吨。加工吨原油化学耗氧物 COD 排放量同比下降 30.3%，二氧化硫排放量同比下降 20%。

淘汰落后产能是节能最直接、最有效的措施，对节能量的贡献达到 60%。“十一五”期间，咸阳共关闭小火电 2 户、水泥 8 户、焦化炉 2 户、电石 1 户，淘汰落后产能电力 12.4 万千瓦、水泥 150 万吨、焦炭 20 万吨和电石 1.7 万吨。

咸阳天成石化节能科技有限公司，是从事节能与环保产品开发研制生产、销售与售后服务一体化的事业型生产企业。公司开发研制的节能环保产品——“强力分散乳化机”荣获国家专利，2000 年列入省火炬计划，同时又被国家科技部、国家对外贸易经济合作部、国家质量技术监督局、国家环境保护局认可，属五部委联合推荐的项目，并向该项目颁发了国家重点新产品证书。

“乳化油新技术及其应用”，主要包括强力分散乳化机制造技术，乳化剂制造技术及乳化油系列产品生产工艺技术。可成功地将重油、柴油掺水 20%—30% 加工成乳化重油和乳化柴油，用于工业燃油窑炉，节油率达 15%—20%，还可把机油和脂油掺水 40%—100% 加工成乳化机油和乳化脂油，用于新型墙体材料加气混凝土和硅酸盐制品的脱模剂，同时应用于各类机床用油的润滑剂。其主要技术为：强力分散乳化机内部结构增加折流页片及反射板等方面的创新设计，利用强力切割、反射、折射、交叉分散原理将油水分散为颗粒直径 0.1—5 微米的高分散度的油水混合液，根据不同的油品加入不同的乳化剂，使已分散的油水混合液实现稳定的油水互包。

# 第七章

# 城乡建设技术

在今咸阳市区东北部的西汉安陵附近，有周文王迁都丰京前的宅基地——程邑。西周初年为毕公高的封邑。战国中期秦孝公“作为咸阳”，使为都城，西汉改为渭城，并在咸阳原建造5个陵邑城。东汉以后，受战争破坏和渭河河床摆动影响，城址不断西移。明、清时期，县城已移至秦咸阳宫西15公里渭河渡口（今渭城区）。

新中国成立前，市区内的多处明、清古城楼阁和秦汉建筑遗址展示了古都咸阳城市建设的风格。乡村居民聚族而住，山区或半山区居民多住地窑，平原居民多住厦房，除修桥补路外，城镇公共设施较少。

新中国成立后，尤其是改革开放以来，城镇建设步伐加快，在原咸阳城基础上，城市用地从1949年的3平方公里拓至2010年的95平方公里（已建成面积82.5平方公里），城区人口亦由1.85万增至76.1万人，咸阳已从一个以轻纺工业、电子工业和旅游业为主的城市，发展成为陕西最大的果品生产加工基地，畜产品生产加工基地、电子工业基地、能源化工基地，医药保健基地、纺织工业基地。

## 第一节　城市规划

从秦昭襄王开始，咸阳的城市功能逐步从以军事防御为主转向以发展经济为主。这种变化主要表现在市区不断扩大，城郭却没有增筑。秦始皇统一六国后，依然没有扩大城郭，只是修筑了以咸阳为中心，以“驰道”“直道”为干线，把首都与全国连为一体的交通网络，市的范围不断扩大，市井数量不断增多。从文献记载来看，咸阳市内的手工业作坊就有33里之多，城内有不少“千树栗”“千亩竹”“千畦姜韭”的富户。咸阳之外，有卓氏、寡妇清等“拟于人君”“抗礼万乘”的巨富。

秦都咸阳有一定的专业规划，由秦孝公至惠文王，咸阳位居渭北，大体以今渭城区窑店镇为界，东部为宫殿区，西南部为工商居民区，西北部为陵墓区。秦始皇除了扩大宫室、增广市井、修筑道路外，在都城北部修建了郑国渠，形成了农业灌溉区，为京都的建设提供了充足的经济保障。秦都咸阳的建筑布局，是以渭河为纬向轴线，以咸阳宫为经向轴线，以两线交点横桥为中心向四周扩散开去的。建筑物分布在两个同心圆范围之内。

唐武德元年（618 年），分泾阳县南部和始平县东部之地设置咸阳县，县城位于“便桥西北百步官路北”（乐史《太平寰宇记》），其中心区在今渭城区任家嘴附近。宋、金、元县治，均在此城。据宋敏求《长安志》记：“县城崇一丈五尺，壕深九尺，阔一丈二尺，周四里。”渭河南岸有“清渭楼”，《重修咸阳县志》记：“清渭楼，旧志在渭南，唐建安黄孝先建（此处经考证为宋代），今在治城东门外。”明景泰时咸阳知县黄公有“黄翁爱山不知休，每日不下清渭楼，为官落得官下隐，爱山不得山中游”的诗句。县城四周，有跨越渭河南北的正方形大城，名斗牛城，县城于元末废毁。

明洪武二年（1369 年），咸阳县丞孔文郁寄居废城区内（今渭城区东耳村）村民家，同时在城西 4 公里渭河北岸修筑新县城，清渭楼又被重建。从明代《张志》中所绘《咸阳县城图》上标示的位置看，这一次仍旧建在了渭河南岸，其具体位置在河南街的“渭阳古渡”渡口边上。洪武四年（1371 年），县治始迁新址，历经明中叶扩建和清代多次重修，沿至 1950 年。

到了清乾隆十四年（1749 年）县城再次重修时，清渭楼才最后迁建到东门外的咸阳古渡岸边；这在民国时期的《刘志》和《民志》中，都有同样的记载，即：“清渭楼，旧志在渭南，今在治城东门外。”

民国时期咸阳县政府对县城进行了首次规划，依托旧城北到原边，南至渭河，东西长约 4.8 公里，南北平均宽约 2.1 公里，总规划面积 10 平方公里。主要分为市中心的商业区、行政区、教育区、文化区和码头、住宅区、轻工业区、重工业区、堆栈区、驻兵区及飞机场等。道路系统为放射性与方块形相结合的路网格局，但道路间距太小，路网过密。

新中国成立后，结合经济社会发展实际，先后开展多次大规模的城市建设规划，城市建设越来越科学，布局越来越合理。

20 世纪 50 年代初期，随着经济建设的发展，“一五”期间国家拟在咸阳建设 8 个大工业项目和咸阳铁路枢纽站。1956 年以陕西省城市设计院为主，在中央城市设计院的支持和协助下，编制了咸阳第一个城市总体规划。规划范围是：北起原跟，南到渭河北岸，东起石油库，西到茂陵车站，共 58.5 平方公里，人口规模 25 万—30 万人，人均居住面积 76 平方米。城区分东西两个工业区，依托旧城，近期发展东工业区，即东、西防洪渠所包范围。铁路北为生活区，杂有工业、仓库和中等专业学校；铁路南至和平路划为工业区；和平路到渭河北岸划为居民区。在城市交通规划上，平行渭河设东西主要干道和平路、渭阳路 2 条，南北干道 7 条。远期发展西工业区，其范围是西防洪渠至留印村。西工业区主要有西北橡胶厂、纺织配件厂等，厂与厂之间设有 300 米、厂与住宅区设有 1000 米的绿化隔离带。对外交通有铁路枢纽站（今咸阳西站）引入陇海、咸铜等线，远期发展则由 7 个方向引入该站。渭河河港位于咸阳古渡，以货运为主，靠近车站，又与市区联系方便，物资能及时分散各地。

随着国民经济形势的变化，国家建委对工业项目做了一次调整。咸阳市委托中央城市设计院对 1957 年建设地段的详细规划做了修改，完成了纺织联合厂住宅区的详细规划和道路、排水、供电、防洪等初步设计。后因纺织工业的停建，规划未能全部实现。对近期建设地段做了第一号小区详细规划，规划面积 81 公顷，居住人数 2.8 万人，1958 年 10 月底完成。

1961 年，在“为生产服务，为生活服务”的城市建设方针指导下，测绘了各种比例的地形图，对西工业区进行了 21 平方公里的工程地质勘探。在省城市设计院的协助下，对七六七厂、橡胶厂生活区和茂陵地区几个学校和地段进行了 2.741 平方公里详细规划；还对旧城 1.57 平方公里的范围进行了现状调查和改建规划的设想，进一步修改了总体规划。按照“山、散、洞”的要求，重点做了 5 个农村人民公社的总体规划，确定了 19 个居民点，对 17 个居民点做了功能分区的粗线条规划。其中，详细规划了周陵、钓台两公社中心居民点，调查和制定了周陵公社中心居民点实施办法，使咸阳市的城市规划化整为零形成分散布局。

1963 年至 1964 年 9 月，对市区进行的调查表明，由于咸阳市已由小县城发展为工业城市，人口由新中国成立初的 1.85 万人发展到 1963 年末的 10.45 万人，用地由旧城区的 3.03 平方公里发展到 12.18 平方公里，但总体规划一直未正式批准，建设项目多变，指标偏高，使规划用地长期不能使用，造成工厂间间隙太大（空地及征而没用地约占工业总用地的 24%）。加之规划管理跟不上，各基建单位自成体系，习惯用围墙把单位圈在一起，居住小区形不成，小区公共建筑分布不合理，配套落不实，一些行政、经济、文教、卫生部门仍分布于旧城偏东，联系不便，而沿整个城市大动脉——主干道和平路两边残缺不全；市党政领导机关在中心区广场之后均为平房，新建的服务楼、新华书店、百货门市部规模较小，达不到新兴工业城市的要求，体现不出城市政治、经济、文化中心的面貌，同时在各居住小区内，各项公共设施也未随着居住建筑的兴建配套建设。

咸阳市根据“调整、巩固、充实、提高”的方针，作出了《咸阳市近期公共福利设施布点初步规划》。将市区（东到咸宋路，南沿渭河，西至防洪渠，北靠土原）12.18平方公里内，各项公共福利设施划分为全市性、小区级及生活单元级公共建筑三级，形成一个完整的商业服务网。全市性公共建筑服务半径在1—2公里，小区级或街坊性公共建筑服务半径为300—400米；生活单元级公共建筑服务半径为100—150米。

1965年、1973年、1976年咸阳市先后进行三次规划，城市建设逐步发展，布局日趋合理。1965年规划主要进行补充完善城市布局。1976年规划范围：东至任家嘴，西至防洪渠，南至渭河，北至防洪渠，面积19.4平方公里。在工业布局上，确定城市发展方向主要是上原。为减少占用耕地，新建工业区分布到茂陵与窑店工业区，非在市区新建的工业一般不占好地，原则上安排到头道原上。1976年规划期限为近期到1980年，远期到2000年，城市规模为近期人口25万，远期人口40万。城市功能分区，东工业点，长陵、窑店之间为化工区；西工业点为茂陵；仓库区范围是地区苗圃以西，东风路以东；文化区范围是东至乐育路，西到西兰路，南起渭河，北至胜利街；市中心区为乐育路南段，人民路东至国棉一厂、西至咸阳纺织机械厂，包括永绥街和西宁街；除现成的工业区外，咸阳机校以西为地方工业区。

1979年咸阳城建局成立，积极落实全国第三次城市工作会议确定的“控制大城市规模，多搞小城镇”的城市建设方针，着手新的咸阳城市规划。这次规划期限近期到1985年，远期到2000年，城市定位以纺织工业、电子工业为基础的新兴的工业和旅游城市。1984年城市规划进一步修改、论证，总体范围为东起西安—咸阳高速公路，西到茂陵工业区西界，北起科研文教区北界，南到渭河，东西长20公里，南北宽4公里，总面积约80平方公里。城市定位于以电子、轻纺、旅游业为主，科研文教事业发达，经济繁荣的现代化城市。同时，1984年还组织对杨陵区开展一次规划，将其定位为农业科学研究教育城。

“十一五”期间，咸阳围绕丰富咸阳历史文化名城内涵和建设工业强市这一重点，以建设历史文化咸阳、生态园林咸阳、产业基地咸阳为目标，创新建设理念，着力塑造城市特色。坚持规划立市，对城市进行高层次定位，高标准规划，高水平建设，全力打造精品城市。进一步深化西安咸阳经济一体化，加强与西安在土地、产业、交通、生态环保等方面的衔接，主动融入大西安城市群。以中心城市为主导，以县城和重点镇为基础，加快形成布局合理、功能完善的城镇体系。坚持外延扩张与内涵提升并重的原则，搞好城市综合性基础设施和生态环境建设，重点抓好城市路桥、园林绿化、城市供水、天然气化、集中供热、环境治理与保护、城市公交和旧城改造八个方面建设，增强城市服务功能。到2010年，力争市区建成面积达到100平方公里，城市人口达到100万人，努力把咸阳建设成“生态、人文、精致、宜居”的现代化城市。

## 第二节 市政工程

### 一 道路

公元前350年，秦国定都咸阳，开始了咸阳的城市道路建设。秦始皇统一六国后，大规模修筑驰道、直道，以咸阳为中心逐渐形成了陆地交通网。

明洪武四年（1371年），重建咸阳县城。街巷布局以3条东西街和4条南北街错落交叉而成。大街宽3.3米，泥土路面。嘉靖二十六年（1547年），拓宽咸阳城东、西、北三隅，“计广逾八里，雄踞渭岸，屈曲不方，以象斗杓”。设大小街巷30余条，排水沟36条，新扩城区面积0.91平方公里。

民国二十年（1931年），咸阳县政府主持将北大街、东大街、中街、西大街拓宽，由原来的4—5米拓至6—14米（包括人行道），多为砖碴基础、黄沙铺路面，其他街巷仍为泥土路。咸阳解放时，城内共有大街、小巷40多条。

20世纪50年代，主要对主城区进行改造。先后将新兴路、北大街、抗战路、建国路、人民路、民生路、中山街等改造为碎石级配路面，并新建了乐育路、东风路、文汇路、渭阳路等，为碎石级配路面或泥结碎石路面。

60年代，开始对原碎石级配路面进行沥青表面处理。由于受人力、物力、财力限制，只对主要道路的排水设施进行了建设。背街小巷仍为土路，坑洼不平，没有排水设施，污水横流，影响市容。

70年代后，城区小道逐步得到改造，全部铺筑沥青碎石路面。80年代开始修筑高等级路面——水泥混凝土路面。

随着城市道路交通量的激增和人们对路面行驶质量要求的不断提高和市政建设发展的潜在需求，平整、抗滑、耐久、减噪的路面已成为城市道路路面的基本要求。

截至2010年年底，咸阳主要的道路有人民路、世纪大道、迎宾大道等。

人民路　系渭河以北贯穿市区的主干道，东起铁路桥，西至彩虹路北转盘，全长6300米。始建于1953年，以后多次改建延伸。2000年3月，扩修东风路至七厂什字3700米，当年12月18日建成通车。设计道路红线50米，按46米实施，机动车道21米，双向6车道，非机动车道2×5.5米，人行道2×7米，含3处人行地下通道，配套11种管线采用地下敷设。2004年实施七厂什字以西路段，全长2322米，其中咸通路以东红线50米，车行道32米，咸通路以西40米，车行道30米。

世纪大道　是为适应西咸一体化发展趋势，加快沣河新区建设步伐，对312国道西安至咸阳段按城市道路拓宽改造。2001年5月8日动工兴建，同年12月18日建成通车。该项目西起陈杨寨什字，东至西安交界，全长8.1公里，道路红线80米，按70米实施，其中机动车道30

米，双向 8 车道，非机动车道 2 × 6 米，所有管线采用地下敷设，是一条现代化的城市主干道。

迎宾大道　南起文林路，北接西安咸阳国际机场，总长 7139 米，红线宽 50 米，其中车行道 23 米，两侧绿化带各 2.5 米，慢车道各 5 米，人行道各 6 米。2003 年 11 月 15 日正式开工，2004 年年底建成通车。

20 世纪中期，市内城市道路多为水泥混凝土路面。这一时期的水泥混凝土路面结构多采用 18—22 厘米厚的 C30 混凝土面层；20—30 厘米厚的 1∶4 灰土基层。2000 年修建的咸阳市东西向主干道——人民路，结构采用 22 厘米厚的 C30 混凝土面层；20 厘米厚的二灰碎石基层；20 厘米厚的二灰土。其设计标准明显高于同时期其他混凝土路面。

水泥混凝土路面既有抗腐蚀性强、抗压强度高、稳定性好、取材方便、施工工艺简单等优点，又有整体性差、抗冲击能力差、抗折强度低、维修成本高、养护周期长等缺点。在城市主干道以及其他车速快、交通量大的道路中不宜采用水泥混凝土路面，因为水泥混凝土路面在车辆频繁冲击下易产生推移、错台、断裂等损害。同时水泥混凝土路面三缝“施工缝、胀缝、缩缝”多，不利于车辆高速行驶。

基于水泥混凝土路面上述诸多缺点，90 年代后期全市逐渐开始修建一些沥青混凝土路面，这个时期的沥青混凝土路面结构层多采用 5 厘米厚热拌混合沥青碎石面层；7 厘米厚碎石基层；30 厘米厚1∶4灰土底基层。进入 21 世纪后，咸阳市新建、改建城市道路多采用沥青混凝土路面。其结构层多采用 3—5 厘米中粒式沥青混凝土上面层；4—7 厘米细粒式沥青混凝土下面层；喷洒乳化沥青（1—1.5 千克/平方米）；20—30 厘米二灰碎石基层；30 厘米石灰土底基层（含灰量 12%）。

目前，在城市道路中，由于交通流量大，行车速度低，刹车、启动频繁，交叉口多，普通沥青混凝土无法保证工程质量，在一些特殊市政建设重大项目中主要采用改性沥青及高性能沥青混合料。

20 世纪 90 年代初，咸阳市人行道多采用六棱砖等彩砖面层，基础设计强度也比较低，多采用 2 厘米厚河沙垫层、15 厘米厚 1∶4 灰土基层。90 年代末开始，人行道面层大量采用彩色釉面砖，基础强度也有所提高，多采用 3 厘米厚 M7.5 水泥砂浆座浆层；15—20 厘米石灰土基层（含灰量 12%）。

近几年的人行道改造工程中大量地采用步道石、大理石砖、透水砖等美观、耐用的新型主材。基层的设计标准也在逐年提高，目前多采用 3 厘米厚 M7.5 水泥砂浆座浆层；6—8 厘米厚 C15—C20 混凝土垫层；15 厘米厚石灰土基层（含灰量 10%—12%）。同时在一些主要路段人行道上铺设大理石浮雕，提升了道路形象。

## 二 供水、排水

20世纪60年代初，在长岭火车站附近，考古工作者发掘出有陶圈的古井70多眼。1979年，从咸阳宫三号遗址中又发掘出了井圈。在秦咸阳宫殿一号遗址中发现了4个排水系统，每个排水系统均由水池、漏斗、圆筒状排水管道等几个部分组成。尤其是北边的一个水池漏斗下面，水管呈弯形，最高点与落水口平行，从而形成虹吸，加快了水的流速，可防止沉淀和停滞。

清代，居民用水量增加。乾隆二年（1737年）五月，陕西巡抚崔纪令饬各县相地凿井，至十一月奏报凿井数目，全县有井3640口。

民国时期，居民仍以人工开挖的土井为主要饮水源，各条街道都有水井。多数居民还在自己院内打井。当时咸阳城内水井不少，但多数水质苦涩，不宜饮用，只能用来洗衣物或做他用。少数水质甘甜，可供饮用，“甜水巷”就因井水甘甜可口而得名。1946年，陕西酒精厂、咸阳纺织厂凿打机井，均利用浅层水，当时出现专售井水的水商60多家。

新中国成立初，市内无统一公用供水工程，居民大部分用井水，各新建单位发展自备水源，解决供水。1958年，市内建起了自来水厂，筹建统一供水工程，到1962年6月开始向各单位供水，10月份开始向居民供水。1965年，市自来水厂正式开始供水，城区绝大部分居民饮用上了水质洁净并经过杀菌处理的自来水，少数居民靠深井汲水饮用，不再直接饮用河水。

1990年，自来水公司有水源井29眼，日供水能力达到7.1万立方米；二水厂有水源井15眼，已形成2万立方米/日的简易供水能力；各单位有自备水井382眼，产水能力达28万立方米/日。

两千多年前，古咸阳就建有排水系统。秦三号宫殿遗址出土的五角形陶制组合排水管道，即其佐证。明嘉靖年间，巡军谢兰、道台刘志拓宽、修建的咸阳县城，设大街小巷30余条，排水沟36条。

民国时期，咸阳县城区北原各沟道水顺护城河排入渭河。主要街道大多利用阳沟排水。花店巷路南有一条4尺宽的排水阳沟，是城内主要排水渠道，污水经东明街城墙下暗沟排入护城河。

新中国成立后，市区排水设施加速发展。截至1990年年底，建成排水管道（渠）76公里，形成了较为完善的网络化排水系统。排水管道服务面积16平方公里，日排污量为30万吨，每条街道都铺设有排水管道。

截至2010年，咸阳已基本上形成了均匀布局、合理配置、管网纵横的城市排水体系。雨水有四个分区系统，受纳水体分别为渭河、防洪渠、白马河、沣河，最终归入渭河；污水有两个分区系统，西郊污水处理厂分区、东郊污水处理厂分区。在咸阳市制订的《给排水规划》（2007—2020年）中对排水进行了详细的规划，力争到2020年，污水管网普及率98%以上；雨水管网普及率90%以上；城市污水处理率95%以上；污水回用率63%以上。

20世纪90年代以前，咸阳市主要排水管多采用砖碹、陶管及水泥管。由于砖碹施工难度大，工程质量难以保证，后来逐渐被淘汰。

咸阳市城区地处渭河地区，生活用水和工业用水主要依靠提取地下水供给。截至2007年，城区建有集中水源地5处，另有1处备用水源地，共有机井69眼，设计日供水能力28万立方米，实际日供水量约为9.77万立方米，同时一些厂矿企业和单位建有自备水源井232眼，日供水能力约为20万立方米，城区自来水覆盖面积为45平方公里，供水管网长度228.5公里。截至2006年年底，全市各县区共有自来水厂17个，日供水能力达到68430立方米；共铺设输水管网122.5公里，配水管网319.4公里；年售水量达到907万立方米。“引石过渭”供水工程是一项跨流域调水工程，是省市“十一五”规划建设的重点水源工程。该项目地跨周至、兴平、秦都三个县市区，主要由60.3公里的输水管线和日处理30万吨原水的净水厂组成，工程总投资6.5亿元，是咸阳市近年来投资规模最大的引水工程。2009年10月28日，备受全市人民关注的“引石过渭”供水工程正式通水。

近年来，由于城市的发展，人口急剧增加，对排水管网的要求日益提高。2000年前后，在迎宾大道等主干道施工中，采用了玻璃钢夹砂管。在实际施工中，发现其工程造价相对较高，目前已不轻易采用。钢筋混凝土管由于其造价合理、施工技术成熟、维修方便、规格齐全等优点，目前在咸阳市的排水管网改造中普遍采用。

### 三　供气、供热

秦国迁都咸阳后，做饭仍以薪柴为主要燃料，并开始用壁炉取暖。考古工作者在秦咸阳宫一号宫殿二层第八室，发现了迄今为止最早的浴室，其中有设施讲究的壁炉供取暖用。

唐代，已有人用木炭烧火做饭。清末有人用煤做燃料，但薪柴仍是主要燃料。民国时期，城区开始出现了铁火炉。这种火炉以煤为主要燃料，可搬迁，便于使用，既可用来做饭，又可用来取暖，但数量很少。

新中国成立后，铁火炉得到推广，20世纪70年代得到普及。1985年开始了液化气供应业务，还建成了储量100吨的西郊液化气站。1990年，城区约有3万户居民用上了液化气，部分群众用上了暖气。

从20世纪60年代开始，咸阳市的一些厂矿、机关开展了内部供热。80年代前期，咸阳市集中供热还未发展起来，各单位供热基本上为自备独立锅炉房供热，一些经济困难的企事业单位和居民小区没有实施集中供热，而采取小炉具取暖。这些燃煤采暖锅炉大部分烟囱在30米以下，除尘设备陈旧，排烟均为低空排放，加上冬季逆温层的影响，市区粉尘、二氧化硫、氮氧化物污染严重。环境污染不但影响着市民的生活和健康，也影响着历史名城的声誉。

长期以来，咸阳市工农业生产及居民生活一直以煤炭作为主要燃料，而使用的煤种大多数是当地煤，此煤价格较低，但污染较大。1997 年，天然气工程实施后，市区居民生活以天然气作为主要燃料。从 2001 年后，市中心区域新建的锅炉房以天然气等清洁燃料为主，此项措施极大地改善了咸阳市区的大气环境。但因天然气锅炉的运行成本较高以及受天然气气源条件的限制，天然气锅炉的发展较为缓慢。而集中供热具有成本低、安全可靠等诸多优点，逐渐受到广大市民和社会的普遍认可。因此，大力发展集中供热是解决市广大居民冬季采暖问题最有效、最经济的途径。

经过多年的发展，先后已建成区域性供热公司四个，咸阳主城区已经逐步形成了以集中供热为主导，以地热、天然气等清洁能源供热为补充的城市供热体系，咸阳主城区集中供热面积已经由 1987 年的 18.7 万平方米发展到 2011 年的 2000 万平方米。其中，市政集中供热，即四家国有供热公司集中供热面积约 1100 万平方米，占全市集中供热面积的 55%。单位自有锅炉集中供热约 270 万平方米，地热集中供热 300 万平方米，天然气锅炉集中供热约 280 万平方米，水、地源热泵供热约 50 万平方米。另外，还有以天然气壁挂炉为主的分散供热面积约 500 万平方米。

## 第三节　建筑工程

古代，咸阳境内建筑工程甚多。渭城区聂家沟至山家沟一带的宫殿遗址及周围的手工业作坊，为秦都咸阳宫所在地。唐至明清，留有一批寺观建筑、塔楼，为古代建筑艺术的珍品。

咸阳地域大多属黄土高原，境内河流面积较大的仅有渭河和泾河，但因黄土层长期受山水切割，以致沟、小河支流较多，又为政治、经济、军事所需，故所建古桥为数不少。据史书记载，咸阳架设桥梁的历史从战国开始，历经了秦、汉、唐、明、清诸代，计境内共有古桥 50 座。由于历尽沧桑，秦汉古桥已荡然无存，仅留遗址，唐时的古桥梁亦多经改建，目前尚存在者多属明、清时期所建。例如闻名中外的渭河三桥：中渭桥、东渭桥、西渭桥，坐落在古城咸阳的渭河上，是三座比较古老的多跨木梁木柱桥。渭河三桥，是中国有史记载较早和较大的桥梁。

中渭桥：也叫横桥，遗址在今渭城区红旗乡左所村南。远在战国时期的秦昭王时代（公元前 306—前 251 年）秦昭王在渭河南修建了兴乐宫，在渭河北修建了咸阳宫。为了方便两宫间的往来而建造了这座桥梁，长 380 步（一步为六尺）。到了秦始皇时期，咸阳成了全国政治、经济、文化的中心，秦始皇为了将渭北与渭南联结在一起，又对中渭桥进行了大的扩建和维修。桥修好后，中渭桥全长约525米，宽约13.8米。属于多跨梁式桥。它由750根柱桩组成了67个桥墩，每墩由11—12根柱组成，68个桥孔，平均每孔跨径7.72米，中间桥孔跨径达9米。在木柱桩群上加盖横梁组成排架墩，再在排架上放置大木梁，然后铺上木桥面。中间桥孔高而大，两边桥孔低而小，呈“八”字形，既能使高大轮船顺利通过，又可以迅速排除桥面雨水，防止腐朽。另据史书记载，当时用渭河象征天上银河，架桥南渡以效法牵牛星座，以显赫天子超凡。

到了汉代，对桥进行了整修，名渭桥。东汉末年，董卓入关时焚毁了中渭桥。后来魏文帝曹丕重建时，将桥宽改为三丈六尺。东晋永和十二年（公元356年），前秦苻坚征调关中百姓，将中渭桥重加修整。南北朝时又被烧毁，北朝时又预修建。唐太宗贞观十年（公元636年）和玄宗开元年间（公元713—741年）中渭桥又经过两次重修，宋元以后，中渭桥虽亦屡加修整，但因京都东迁，长安城南移，加之有了西渭桥，中渭桥的重要地位逐渐丧失，至清乾隆年间桥废渡存，从此无桥。

东渭桥：位于今高陵县白家嘴村西一里处，始建于公元前152年，唐代曾大规模重修东渭桥，桥宽约20米，桥梁基础由青石砌成。青石一般长1米，宽0.5米，厚0.2米。青石之间有用铁水浇铸的铁柱板相连，石头之间打有松木桩。从发掘的情况看，此桥秦汉时为木结构，到了唐代以后为木石结构。唐代东渭桥选材讲究，结构复杂，规模宏大，较秦汉时，在桥梁的技术上有了很大的发展。

西渭桥：建于汉武帝时期（公元前138年），位于今秦都区渭滨乡吕村与文王嘴之间。唐玄宗天宝十五年（公元756年），安禄山叛乱，攻至长安，玄宗携杨贵妃经西渭桥西逃，杨国忠怕叛军追击就命人将桥焚烧。北宋乾德四年（公元966年）又重修西渭桥。西渭桥经历了汉、唐、宋几个朝代。明朝咸阳城迁今址，繁重的运输任务由咸阳古渡所代替。1954年春，现代的渭河大桥建成通车，又代替了咸阳古渡。

沣桥：在咸阳东南三里处，明永乐十二年（1414年）建小桥，弘治五年（1492年）知县赵琏叠石成岸，为桥阔二丈许，可容二轨。至清光绪八年（1882年），咸阳知县严书麟，张守峤始易石为柱，厚培坚筑，以能经久，又名碌碡桥。民国五年（1916年）知事陈云霖重修，邑绅张鼎荣督工，添筑桥底木桩，因本处土含沙难耐久，取渭北之土垫之桥上，其坚固为前所未有。该桥为石台木梁桥，俗称碌碡桥，东西共28孔，孔径4—6米，全长129米，桥面宽4.5米，底高3.6米，载重约6吨。1953年，原咸阳市人民政府在碌碡桥南约50米处修建了一座钢筋混凝土结构的沣河大桥，从此只剩下观瞻价值的碌碡桥便成为历史遗迹、时代的见证和新旧社会鲜明对比的缩影而闲置不用了。

三原龙桥：龙桥又名崇仁桥，横跨

于三原县南北城之间的清水河上。明万历十九年（1591 年）破土兴建，历时 12 年竣工。桥身长 110 米，宽 11 米，高 26 米，采用三孔拱桥形式，中间孔大两边孔小。大孔采用尖形拱顶，建筑全部用石钩铁钳，青石砌筑，石缝用糯米和石灰汁黏合，桥上两边石栏杆上雕刻有二十四孝图等。古龙桥宏伟壮观，坚固异常，虽久经劫难，现在仍然巍然屹立。

据《三原县志》载：北宋建隆四年（公元 963 年）以前，此处建有桥，桥毁后另建一新桥。后因河床逐年刷深，河谷刷宽，所建石桥、木桥屡建屡废。明正统初年（1486 年）以后，曾建一座大木桥，后又因大水冲毁，河床不断深切增宽，再要建桥已十分不便。明万历十九年（1591 年），在温纯（工部尚书）和县令高进孝的组织领导下，针对清峪河的地质、地形，找出历代旧桥毁坏的根源在于“桥基处理不当”。于是，四处考察，集思广益，然后由僧福登进行全面精心的设计，由僧性经负责建桥的后勤供应，先后参与负责建桥的有 34 人之多。施工中重视了基础工程，在深挖基槽的同时，以千根柳木打桩，扎于泥沙底，上砌以大石块，用糯米与石灰、沙子等混合做黏合剂，砌成桥基一丈多深。迎水坡及泄水坡深挖并以大石筑砌，防止水流冲刷桥基。在统一的桥基上，筑砌三个拱洞。筑砌的长方料石上凿有契开卯，用铁钩连接，使整个桥身固为一体。增大了桥体与河床的接触面积，克服了黄土层承载能力不足的弱点。三拱洞增大了排水量，且减少桥体对洪水的阻力，减轻桥梁本身重量。高大的中孔，采取了二心园尖拱顶，还有一重要作用：这就是对桥基的下沉做了充分的估计，即在桥基发生程度不大的沉隘情况下，不致产生落拱。这种科学的设计与运用曾引起国外学者注意。龙桥落成后，当年意大利传教士、学者利玛窦来三原视察龙桥，看到龙桥高大的中孔采用了二心圆尖顶拱，颇感惊异，以他之见这种技术起源于意大利，龙桥竟也运用了这个原理，可见，二心圆建筑这个原理的应用，不是由西方传入。

清末至民国时期，建筑多用木工掌墨、瓦工砌墙或掘地筑窑的传统技术和方法施工。但钢筋混凝土结构厂房、商号、官署等近代建筑已陆续出现。

咸阳古渡，本为汉唐时代的西渭桥遗址所在地。由于渭水冲刷淤塞，桥已早废。明代嘉靖以后，夏秋季只能以舟摆渡，一直延续到解放初期。因咸阳是通陇达蜀的要道，往来之客络绎不绝。但是，由于每隔几年渭水就要暴涨一次，不知有多少船只沉没于河底。新中国成立后在西安进入咸阳必经的天堑渭河上，先后建成了双行公路和铁路大桥。从此结束了“咸阳古渡几千年”和“尘埃不见咸阳桥”的漫长历史。

1982 年以来，咸阳市先后又修建了钢筋水泥结构的新兴路立交桥，工程全长 340 米，其中铁路桥涵长 47.9 米，南北行道长分别为 144.9 米和 147.18 米，车行道 9 米，纵坡 5%，慢行道宽 5.5

米；西兰路立交工程，全长462.5米，主桥23.3米，南北行道分别长198.21米、241.09米。

春秋战国以来，经济的发展，促进了计算技术水平提高，从而为建筑技术的提高奠定了基础。秦代的建筑技术是在充分总结和吸取前代及各国经验的基础上发展起来的。这时的建筑师已注意到群体建筑内的组合关系，使之有计划地编成一个总的构图。秦代的建筑，能够代表当时技术水平的，就是宫殿、陵墓、长城、道路和水利工程遗址等。

咸阳宫位于咸阳渭水之北，在今渭城区窑店乡东北，刘家沟一带。它是秦代的朝宫，内设殿堂、过厅、居室、浴室、回廊、仓库等殿堂，为两层楼阁，地平为朱色，光滑坚实。居室、浴室都有取暖的壁炉。该宫的各个建筑，对道路、采光、排水等方面都做了整个建筑形体和空间结构设计，表现了精密的设计思想和高超的建筑水平。

兴乐宫："咸阳宫在渭北，兴乐宫在渭南。秦昭王欲通两宫之间，作渭桥。"说明该宫至迟在昭王时代已经兴建。但《三辅旧事》和《三辅黄图》均作"秦始皇造，汉修饰之"，可见沿用时间也是较久的。

汉初，诸侯朝会都是在长乐宫，待未央宫建成后，就取其地位而代之，此后，长乐宫为太后常居，称之为"东宫"或"东朝"。汉世，不但兴乐宫改了名，而且范围也较前扩大，《三辅旧事》说它"周围二十里，前殿东西十九丈七尺，两序中三十五丈，深十二丈"。

兴乐宫中有鸿台。据《三辅黄图》载："秦始皇二十七年筑，高四十丈，上起观宇，帝射飞鸿于台上，故号'鸿台'。"宫中又有"秦酒池"。《庙记》载："长乐宫中有鱼池、酒池，池上有肉炙树，秦始皇造。汉武帝行舟池中。酒池北起台，天子于上观牛饮者三千人。"

汉长乐宫，至唐天宝以后废弃。其遗址在今汉长安故城东南隅。

自汉唐以来，在这漫长的历史长河中，由于封建势力的影响，加之军阀割据，战乱不息，争权夺利，建筑科技无从谈起，原有的一些古建筑也相继遭到破坏。

如秦都的雄伟建筑，因多年战争，也变成一堆废墟。直到新中国成立初，咸阳县城基本无大发展，仍是破烂不堪的小县城。市内建筑物多为砖木结构，施工沿用砖砌瓦盖传统，技术简单，结构单一。随着国民经济的发展，以及工程材料、工程机械、施工技术的进步，表现出明显的阶段性和地域性特征。

1953—1966年，这一时期市内建筑基本为手工操作，设备简陋。平原厦房为单层土木结构，土坯墙或土打墙和木桩、木梁、木椽组成的木构架共同构成承重结构。

西北国棉一厂在施工中试用钢筋混凝土现浇柱，钢木组合屋架，石棉水泥瓦坡屋面，住宅建筑中有砖混结构的简易2—3层小楼。

1966—1978年，这一时期由于高标

号水泥和特种水泥的生产、高强钢筋的生产，使钢筋混凝土的应用范围扩大，预应力钢筋混凝土技术有了突破发展。工业建筑施工，多为排架结构，开始由传统的现浇钢筋混凝土施工向预制构件吊装施工工艺转化。柱、梁、板、屋架预制件的设计开始定型化、标准化。在民用建筑施工中，开始将现浇楼板屋面改为预制楼板，采用砖墙承重，预制装配楼板施工工艺，加快了施工进度。随着技术革新的开展，各专业操作工具有了改进，简易的施工机械开始采用。譬如卷扬机、搅拌机、电锯、电刨、弯曲机、切断机、淋灰机、喷浆机、推土机、振动棒、电夯、汽车吊、履带吊、挖掘机的生产，大大提高了施工机械化程度，大幅度提高了劳动生产效率。

1976 年唐山大地震后，设计和施工有了重大突破，一方面对原有的楼房进行抗震加固，另一方面对新建的楼房，均按 8 级烈度进行抗震设计，增加圈梁和在楼房四角、楼梯间、一定长度的墙体中增设构造柱，以及在墙体的构造和施工造成的薄弱部位增加钢筋拉结措施，通过这些加固办法，楼房的整体抗震性能大大增强。

1978—1990 年，建筑业得到快速发展。80 年代后期，建成了诸如彩虹宾馆、秦宝宾馆、凌云楼、图书馆、体育馆、火车站、国际机场等一大批高层建筑和大型公共建筑。高层建筑的出现，促进了建筑结构、建筑材料、建筑机械、施工技术等一系列的突破性发展。高层结构的主体多采用钢筋混凝土框架—剪力墙体系，筒体结构体系。

经过 60 多年的建设，咸阳城已是旧貌换新颜。现在高楼林立，2001 年 11 月，横贯东西的主干道——世纪大道建成通车，标志着沣河新区开发正式拉开序幕。2007 年，在短短 40 多天完成了 256 亩的生态绿林建设任务，栽植各类树木花卉 80 多种 26 万多棵（株），培植草坪 14 万平方米，建成沣河生态绿林。2008 年仅大苗木移植工程一项，就在全市迎宾大道、宝泉路转盘等 11 处栽植各类乔木 6490 株，栽植灌木 2000 株，栽植色带造型面积约 14000 平方米。

截至 2011 年年底，先后建成文林公园、世纪广场、统一大道绿带等绿化工程 40 多项，改造 50 多项。咸阳湖水面面积达 1860 亩，两岸园林绿化面积 1920 亩，不但成为咸阳城市的景观带、市民休闲带，也成为改善城市环境的生态带。占地 256 亩的沣河生态绿林，形成了渭河沣河天然氧吧。除了咸阳湖绿化工程外，全市还对五陵塬生态工程进行再改造，已完成福银高速咸阳段两侧绿化和长陵、吕后陵、安陵等西汉帝陵绿化项目，绿化面积近 3000 亩。同时，西渭苑绿林、东防洪渠绿林、东河堤路绿化、望贤绿林、中五台绿化、中华西路绿化以及千亩绿林一期 850 亩绿化工程相继完成，渭河生物治污工程进展顺利，有力地提升了城市品质。城市绿化率达到 41%，较“十五”末提高了 4.1 个百分点；主城区人均绿地面积达到 9.8 平方米，较“十五”末增加2.7平方米。

大力实施背街小巷基本亮化、主要道路景观亮化、重要结点艺术亮化三大工程，在市区绿地、广场、立交及重要结点、重要路段，安装“中国结”、水晶灯笼等景观路灯300多组，形成了众星捧月、交相辉映，历史文化与现代文明相融合的城市亮化格局。咸阳国际机场新航站楼和邮电大楼成为新时期咸阳建设的标志性建筑。

咸阳国际机场新航站楼采用网架结构设计，工程被建设部列为新技术示范工程项目，并被评为新技术示范金牌工程，工程质量优良。2000年全面开工，2004年4月投入使用，建筑面积79000平方米。

秦隆步行街位于原水厂路，西起思源路，东至西兰路，全长400米，占地40亩，建筑面积46300平方米。项目由日本RIA规划设计，成都市建筑工程总公司承建。秦隆步行街建筑群以秦文化为背景，以咸阳地图为蓝本，设计出历史、过去、现在三个时段，突出历史纪念性广场、商业休闲广场、音乐喷泉广场三大主题。

## 第四节　建筑材料

早在新石器时代，武功县就有陶制品生产，在仰韶文化庙底沟的遗址中，发现了陶窑和大量的陶片。陶片以陶质、陶色可分为夹砂粗红灰陶和细泥红灰陶。夹砂粗红灰陶：颜色呈砖红，陶土内掺细砂，可辨认的器形有罐、灶等。细泥红陶片，颜色呈砖红，陶土细腻，可辨认的器形有罐、盆、钵、尖底瓶、器座等，泥质灰陶陶片数量极少，可辨认的器形有钵、纺轮和陶环等。武功县还发现了底庙沟Ⅱ期文化时期的陶窑两座，陶器主要是加砂灰陶和泥质灰陶。加砂红陶和泥质红陶只占10%。

秦朝时期，陶制工业已在咸阳广泛兴起，滩毛村南的渭河北岸，在丰富的文化层堆积中，有大量的陶窑、窑穴，及模印陶文的生活用品，还有为数较多的陶垫、陶拍等制陶工具伴出。从而确认这是当地的产品，并从发现三座陶窑并出土大量制陶工具中，证实这是一处重要的陶制作坊区。

在淳化县，铁王公社、铁王大队，两次发现汉代时期的陶棺十一具，陶壶九件，陶俑两件，陶马两件，陶熊一件，后经多方考证，这些应是东汉初之物。

初唐阶段所特有的彩绘釉陶俑，分大、小两种，大一点儿的质地坚硬，小一点儿的质地稍松脆，从质地上讲，与汉代以来的釉陶器、釉陶俑不同。它以陶土作胎，焙烧至1200摄氏度，成为素胎，然后施铅釉，再以氧化焰烧至800摄氏度，即成为釉陶俑。这种新型的釉陶俑，绝大多数还要经过敷彩描画，所以叫彩绘釉陶俑。它是在制瓷工艺的影响下发展起来的陶瓷新工艺。同时，它的出现，也为著名于世的唐三彩的出现奠定了基础。

唐三彩是从彩陶和釉陶的制作发展

而来的，咸阳则可以说是中国陶瓷工艺的发祥地。唐三彩是一种带釉的陶器，是用高岭土、黏土、巩县土做成胚体，阴干后，先入素窑烧至1000摄氏度左右，陶胚烧成后，再上釉彩，然后进行釉烧至900摄氏度而成。由于釉烧温度比素烧温度稍低，所以不易变形。三彩铅釉一律用氧化焰烧成，三彩釉色是铅釉，明亮光润，主要是把铅和石英配制成一种透明状的色釉，经过化学变化产生硅酸铅。釉料加进适量的氧化铜就变成绿色，加进适量的氧化铁就能变成黄褐色。加进氧化钴，就会成三色。在这些基础上，配成了浅黄、赭黄、翠绿、天蓝、褐红、茄紫等色彩，从这些制作过程可看出，唐代劳动人民具有熟练的工艺技巧和丰富的化学知识。在出土的唐三彩中，品种繁多新颖，有人、动物、器皿等。按形制上的要求，进行大量的制作时，如果一个个地采用手工塑造就很难在预定的期限内制作出来，从现出土的唐三彩来分析，其成型方式有以下三种：

（1）单个塑造：多见镇墓兽、武士俑等为数不多的物件造型，而且都是尺寸较大的形象。其做法是以木柱与草秸束成内胎，用泥抹成芯子，再用黏土就其上进行塑造。

（2）压模成型：与近代陶瓷制造业中的手工挤浆法有些类似。多用于制作形状简单的小件物品。供手直立俑以及小动物的成型。

（3）组合成型：是将整个三彩部件划分若干组成部分，按形状结构复杂程度选择分型面；制造模具，用挤压成型的方法做成各个局部的胚件，再进行对合黏土黏接。焙烧后，即烧成正体。

宋元时期，今旬邑县城关公社安仁村有一瓷窑群，规模不小，但因是民间窑场，所以产品多是一些民间生活用具，其瓷胎和式样也多粗糙，以烧青瓷为主，装烧方法以托器叠烧法为主，一钵一碗单烧法为辅；安仁窑址出土的瓷窑，设有良好的通风助燃设备，并在窑室后壁设置众多的排烟小孔，这为中国古窑炉史提供了新的资料。

在古代，瓷和陶两种工艺是沿着各自的道路作为两个系统发展着的。汉代及以后的釉陶，仍然在陶的系统中发展，与瓷的关系并不密切，只有在唐代，彩绘釉陶及后起的三彩陶出现，陶和瓷有了合流的趋势。用制瓷的原料、工艺程序来制釉陶，火候已接近于瓷。火候高者与瓷的素质几乎等同。昭陵陪葬墓出土的彩绘釉陶和当时的瓷器比较，胎较厚，不透明，釉质粗薄，不如瓷的光洁明净等。但郑仁泰墓出土的稍大一些的釉陶俑，因为火候较高，叩之有声，质地比较坚硬，与瓷相去无几。据此，更可看出釉陶的制作与瓷工艺的密切关系。

唐三彩的制作工艺随着时间的推移不断地改进和提高，乾县工艺美术厂制作的“唐三彩中贴花马”“唐三彩武则天像”在1986年分别获得省优质产品和第六届中国工艺美术百花奖创作设计二等奖。

新中国成立以后，咸阳陶瓷业发展

较快，1966年建成了西北第一个陶瓷厂（咸阳陶瓷厂），主要生产卫生陶瓷。他们运用现代科学技术不断对过去的制作工艺进行改革，提高了陶瓷制品的质量。1980年，咸阳陶瓷厂扩建了釉面砖生产线，1982年又从日本引进大型陶瓷饰面板生产线，1983年建成投产，填补了中国建筑陶瓷空白。当时，咸阳陶瓷厂是西北地区唯一生产建筑卫生陶瓷的中型企业，有卫生陶瓷、耐酸砖、釉面砖、大型陶瓷饰面板4条生产线，年生产卫生陶瓷20万件，釉面砖28.3万平方米，耐酸砖3500吨，大型陶瓷面板3万立方米。

据考古发掘资料看，咸阳的建筑用材有木、石、砖、瓦、管道、砂荆、箔等。“瓦当”是中国古代建筑物上的附属用材，是构成中国古代建筑物独特风格不可分割的组成部分。瓦当兴起于战国初期，至秦汉时极盛。秦汉时期的瓦当，泥质坚硬致密、体重、火候高，瓦色分为蔚蓝、灰、深灰色三种。在战国至秦汉时期，它的制作办法是将瓦当范成后，与瓦筒相接，用刀纵切将瓦筒分成两半至瓦当背面约2—4厘米处，然后再用木（竹）刀在此处横切一半而成。从西汉中期开始，制作程序简化。它是将范成的瓦当与筒相接，用手指将瓦当背面与瓦筒连接处抹牢固即可。

砖的使用，开始于战国晚期，空心砖又以大型长方形为特点，造型、孔洞设计合理，且具有自重轻、热工性能好、能源消耗低等优点，古代多数空心砖面刻以龙凤为主的多种纹饰，用于宫殿建筑的台阶、陵墓。而秦宫大量使用于宫殿建筑，这是中国古代建筑中的一个创举。

在历史上，虽然咸阳是砖瓦生产的发祥地之一。但在新中国成立前，只有一些季节性的私人砖瓦生产厂，且技术落后。新中国成立后，咸阳的建材工业才得以迅速发展，先后建成了咸阳建材一厂、兴平砖瓦厂、杨陵砖瓦厂、咸阳建材二厂、彬县建材厂、三原县砖瓦厂、乾县砖瓦厂、永寿县建材厂、淳化县砖瓦厂、泾阳县建材厂等，至1985年，咸阳市已有17个县以上砖瓦企业，137个乡镇砖瓦企业，拥有主要砖瓦设备551台，生产机砖25.5亿块，机瓦2.1亿页。其中，咸阳建材一厂是本市最大的砖瓦企业，现有固定资产原值466.9万元，净值293.3万元。共有3条主要生产线，其中，50型砖机2台，63型砖机2台，年设计生产能力1亿块，年产量7800万块，还新建中断面一次码烧隧道窑生产实验线，可生产小型空心砖（240mm × 115mm × 53mm），年生产能力4000万块。

咸阳沣东建材厂与陕西省建筑科学研究所在1988年共同研制成煤渣混凝土小型空心砌块机。它是利用工业废料和广泛的地方资源，在材性、工艺参数、热工性能和物理力学性能等方面，进行了较为深入的试验研究，提出砌块主要性能指标可靠，生产工艺参数适用，技术上较为成熟，已在渭南的大荔、华县和咸阳等地联办了煤渣砌块厂，并在框架工厂和农屋建筑中得到广泛应用。该项研究选用的配比合理，有利于提高砌块抗压强度，改善其密实性、抗渗性和节约水泥用量；采用的振动成型时间、养护方法等工艺参数，能提高生产效率，保证产品质量；生产出的砌块具有容重较轻、保温性能好、综合造价低的特征。研制和发展煤渣砌块，对消除污染、节约土地和能源，有明显的环境效益和社会效益。为陕西省建材工业增加了一个新品种，为墙体改革开辟了一条新途径。

咸阳市砖瓦厂，过去因靠手工作业，生产总是处于被动地位，而在 80 年代，应用科学技术成果，彻底翻了身。1977 年一年建成一条隧道窑，当年开工，当年投产，当年见效，年产砖由过去的 300 万块增加到 430 万块。1980 年用 10 个月又建成投产第二条隧道窑，年生产能力又由 430 万块提高到 560 万块。1981 年，又建成了两条砖瓦混烧的平顶隧道窑，年产机砖又增加到 800 万块。

1982 年砖瓦厂承担了建材部的“中断面一次码烧隧道窑生产线”的试验点工作。这条生产线是电气自动流水作业，不受季节气候变化的影响，比一般隧道窑生产能力提高 10 倍，设计年产机砖 4000 万块，既节约能源，又降低成本，质量还高，这条由西北建筑设计院设计，市砖瓦厂自己承担土建和安装的生产线于 1983 年建设成功，全部投产后，年产机砖由 1979 年的 360 万块增加到 1200 万块。

兴平县砖瓦厂在 1960 年升级为地方国营兴平砖瓦厂，1965 年改为咸阳地区砖瓦厂，1978 年被评为陕西省建材工业系统学大庆先进单位。1984 年改为陕西省兴平县农房建材成套供应公司，统一管理砖瓦、涂料和水磨石的生产。兴平县砖瓦厂同西安砖瓦研究所共同开发的半干压瓦成型工艺，是以陕西省的黄土为原料，经过测定、试验，找出了成型压力和含水量的关系，确定了合适的成型含水量的范围，并通过将整体瓦模改为装配瓦模，缩短了排气路程，增加了排气面积，基本上解决了瓦坯的分层问题。瓦坯经过干燥、焙烧，可使瓦的质量达到部颁标准，曾获陕西省人民政府科技成果三等奖。

1988 年，由陕西省建筑科学研究所、咸阳沣东建材厂等完成的煤渣混凝土小型空心砌块材性及工艺的研究，是利用工业废料和广泛的地方资源，在材性、工艺参数、热工性能和物理力学性能等方面，进行了较为深入地研究，提出的砌块主要指标可靠，技术较为成熟，为全省建材供应增加了一个新品种，为墙体改革开辟了新路径。

1989 年，咸阳陶瓷设计研究院蒋树堂承担的陶瓷劈裂墙地砖及生产线的研究项目，属国内首创，达到国外同类产品先进水平，获部级科技进步三等奖。并推广到 6 个企业，已新增利税 950 万元。他负责完成的挤压成型耐酸砖及生产线的研制，填补了国内空白，获省级科技进步三等奖。

2009 年 8 月，由咸阳陶瓷研究设计院承担的国家“十一五”科技支撑计划项目子课题“环保型保温陶瓷砖”通过国家住房和城乡建设部科技发展促进中心组织的专家鉴定。

由国内著名的陶瓷专家和建筑幕墙专家组成的专家组对子课题取得的成果给予了高度评价。专家组一致认为：由咸阳陶瓷研究设计院和福建华泰集团有限公司联合研制的环保型保温陶瓷砖，在技术上填补了国内技术空白，属国内首创并达到国际先进水平。它对促进中国建材业产业升级转型，促进节能减排具有重要意义。

环保型保温陶瓷砖子课题立项后，咸阳陶瓷研究设计院精心组织，联合福建华泰集团有限公司和武汉理工大学进行分工协作，发挥产学研优势，顺利完成了子课题要求的各项任务，并成功地将项目成果应用到生产中。目前已成功研发出规格500毫米×1200毫米×30毫米的保温陶瓷砖，导热系数≤0.47瓦/米·度，工业废渣用量≥10%，低质原料（页岩）用量≥80%，产品合格率≥90%。已建成的生产线的年产量达到100万平方米。

2003年，咸阳市墙改办严格依据陕西省政府第59号令及建设部76号令，积极促进新型墙体材料的开发和生产，加快产品结构调整步伐，大力推动新型墙体材料和节能产品的推广应用，带动节能建筑的发展，使全市墙改与建筑节能工作保持良好的发展势态。全市新型墙材产量为3.2亿块标砖，占墙材生产总量的33%，2002年在持续多雨的情况下，仍超额完成了省墙改办下达的年度目标任务。全市新型墙材推广应用比例为68%，其中市区内仍为100%，全年节约土地528亩，节约能源1.98万吨标煤，利用工业废渣15万吨。咸阳市围绕省办下达的目标任务，以新型墙材开发、生产和推广应用为重点，以“禁实”工作为突破口，带动和促使墙改与建筑节能整体工作向更深层次延伸和发展。

2003年4月，咸阳市制定出台了《咸阳市新型墙体材料与建筑节能产品认定管理办法》《咸阳市节能工程认定管理办法》《咸阳市专项基金扶持管理办法》等管理办法。10月15日，又以市政府第23号令颁布出台了《咸阳市墙体材料革新与建筑节能管理暂行办法》，并于11月1日起正式施行，进一步健全完善了该市墙改与建筑节能政策法规体系，增强了工作的可操作性，使该市墙改与建筑节能工作步入制度化、规范化、法制化轨道。咸阳市还明确要求在市区全面“禁实”，对现有黏土实心砖厂实行定点限产管理，所有开发建设工程必须使用新型墙体材料与建筑节能产品。

经过努力，咸阳帝都花园1—12号住宅楼和泾阳县国税局职工住宅楼通过了省、市专家节能评审会评审，被列为全市节能示范点，为全市的节能工程建设起到了较好的典型示范作用。尤其是泾阳县国税局节能住宅楼的建成，开创了该县无节能工程的先例，在当地起到了“现身说法”的作用。除依法进行“节能专项审查”外，还紧紧抓住“图纸设计”这一应用关。他们本着为新材企业服务的原则，组织市设计院20余名工程设计人员到兴平塑钢门窗厂、咸阳万国石膏砌块厂考察参观。通过座谈和实地考察，使设计人员更进一步了解塑钢门窗、石膏砌块在保温节能等各方面的优点和使用要求，也为产品在制作、安装工程中存在的问题提出了合理化意见和建议，从而加大了新型节能建材的推广应用力度，其中，秦都、渭城、泾阳、三原四县区年推广应用比例均达到了100%。

咸阳陶瓷业发展较快，1959年12月西北地区第一个陶瓷厂在咸阳建立，这就是后来的咸阳陶瓷厂，主要生产卫生陶瓷。咸阳陶瓷厂科研成果应用于航天航空领域，获得许多重大荣誉。1979年5月21日，咸阳陶瓷厂收到中共中央、国务院、中央军委的贺电，该厂科研成果：特种氧化铝陶瓷，为发射运载火箭成功作出了贡献。1980年，咸阳陶瓷厂扩建了釉面砖生产线，1982年又从日本引进大型陶瓷饰面板生产线，1983年建成投产，填补了中国建筑陶瓷空白。当时，咸阳陶瓷厂是西北地区唯一生产建筑卫生陶瓷的中型企业，有卫生陶瓷、耐酸砖、釉面砖、大型陶瓷饰面板4条生产线，年生产卫生陶瓷20万件，釉面砖28.3万平方米，耐酸砖3500吨，大型陶瓷面板3万立方米。

截至2012年，咸阳市建筑陶瓷行业共有7家企业，基本情况见表5－7－1：

**表5－7－1　　咸阳市主要建筑陶瓷企业基本情况**

| 序号 | 企业简称 | 生产线数（条） | 占地面积（亩） | 日产量（万平方米） | 备注 |
|---|---|---|---|---|---|
| 1 | 罗美亚陶瓷 | 2 | 150 | 2.5 | 内墙釉面砖 |
| 2 | 华达陶瓷 | 2 | 150 | 2 | 中档地板砖 |
| 3 | 赛博陶瓷 | 1 | 150 | 2 | 外墙砖 |
| 4 | 康美特陶瓷 | 3 | 160 | 5 | 外墙砖、哑光砖 |
| 5 | 西源陶瓷 | 2 | 150 | 3.2 | 内墙砖、耐磨砖 |
| 6 | 新奇陶瓷 | 2 | 120 | 5 | 外墙砖、广场砖 |
| 7 | 三洋陶瓷 | 1 | 120 | 2 | 水晶砖 |

# 第 六 编

# 高新技术与“一线两带”科技产业平台建设

# 第一章

# 高新技术

近年来，咸阳市高新技术发展迅速，已初步形成了以彩虹集团、长庆石化公司、步长制药等公司为龙头的电子信息、能源、生物制药、新材料等支柱产业，已成为陕西省重要的电子工业基地和新医药、新材料、能源化工基地。咸阳的高新技术产业主要集中在电子、机械、医药、新能源、化工、食品、纺织、新材料等领域。

## 第一节　工业高新技术

电子工业近年来发展迅速，主要产品涉及显示器、荧光粉、新型偏转磁芯、偏转线圈、覆铜箔层压板、电子材料、电子元器件、软件业等。围绕该产业一批民营科技企业崛起。例如：咸阳亚华电子厂、北方科技公司等企业的大功率水冷电阻器、暖气表等产品先后获国家重点新产品称号。

机械工业是咸阳市传统产业之一。主要涉及纺织机械、粮油机械、石油机械、化工机械、铸字机械、橡胶机械、航空机械、建筑机械、矿山机械、农业机械、食品机械、陶瓷机械、制药机械、医疗机械、粉体加工机械、农业机械、轻工机械和通用机械以及各类零部件加工等。主要优势行业有：纺织机械、造纸包装印刷机械、石油机械、医疗器械等。

医药保健产业是咸阳市近年来新兴的优势产业之一。目前，已有13家制药企业通过GMP认证。优势产品有：中成药、化学药、生物制药中间体、医药辅助材料等。

新能源产业是适应市场变化和社会发展的需求，本着节约和替代不可再生的石油资源，减少环境污染，提高农副产品转化增值能力，而进行科研攻关兴起的新领域。咸阳市优势产品有：乳化重油、乳化脂油、醇类汽油、乳化柴油、秸秆汽化技术、新型高效能量储存及转换技术包括锂离子电池、镍氢电池、燃料电池。

化工产业在咸阳属新兴产业，具有较强的科技实力。主要产品有纯碱、电石、硫酸铝、乙炔等。轻质碳酸钙有较大的科研、资源和生产优势。化学肥料主要是硝酸铵、碳酸氢铵、硫酸铵、磷酸二氢胺。化学农药有除草剂、噻苯隆原药及其复配制剂、无公害农药、杀菌剂和营养剂。有机化学有合成树脂、涂料产品、颜料、涂料用化工产品。专用化学有炸药原料、"908"产品、造纸助剂、皮革助剂、纺织助剂、水泥添加剂、油田化学剂、无铅汽油抗爆剂、功能涂层、机加工辅助材料等。

食品工业已成为全市一大支柱产业，包括乳制品、肉制品、粮油产品、方便食品、功能食品、调味品、白酒、啤酒、果汁。今后要积极采用国内外先进成熟的工艺技术，大幅度提升产品质量和技术水平。

纺织工业是咸阳市传统产业之一，也是出口优势产业之一。每年都有一批新产品问世，防静电布、包芯纱纺织布、防红外线布、高支高密织物，属国内首创或国家重点新产品，有较高的科技含量和产业优势。咸阳市在皮革科技方面有较大的优势，但制革工业尚不发达。

新材料主要产品包括新型陶瓷材料、高铝质电阻瓷基体及管棒类陶瓷制品，高频滑古瓷、75瓷、95瓷、99瓷等特种结构陶瓷；新型墙体材料有加气混凝土砌块、水泥刨花板、五防墙体材料、化学墙体材料等新型墙体材料。新型PVC管、PP－R管、新型橡胶材料以及新型焊接材料等。

## 第二节　农业高新技术

咸阳市近年来大力发展农业高新技术，建立农业高新技术农业科技园区。农业高新技术农业科技园区，指在一定区域内，以"三高"农业为目标，以调整农业结构为突破口，以先进适用技术为依托，以政府引导企业等社会力量广泛参与为手段，对区域农业与农村经济具有较强示范带动作用的现代农业科技示范区或现代农业科技企业的密集区。农业科技园区主要体现在在农业中采用先进适用技术上。按照省委、省政府《关于加快"一线两带"建设实现关中率先跨越式发展的意见》，咸阳市积极组织实施《关中星火产业带咸阳段实施方案》，不断加强星火技术密集区建设，对关中星火产业带咸阳段建设提出了明确的目标任务和产业布局，进一步强化了星火产业带建设的责任和措施。

经过多年来的建设，区内苹果生产加工、奶牛养殖、设施蔬菜生产、食品加工、杂果生产等支柱产业基本形成，成效显著。截至2008年年底，累计实施国家、省、市级星火计划项目1317项，总投资44亿元。这些项目中，有151项获得了国家、省、市级科技进步奖。有76家星火企业被省、市科技部门命名为"科技示范企业"和"高新技术企业"。据不完全统计，到2008年年底，这些项目累计新增产值416亿元，新增利税96亿元。

# 第二章

# “一线两带”科技产业平台建设

## 第一节　咸阳高新技术产业开发区

咸阳高新技术产业开发区（以下简称咸阳高新区）在省政府［1991］139号文件、［1992］19号文件和［1996］98号文件批准成立的咸阳电子出口工业区、咸阳高新技术产业开发试验区和咸阳化工工业区的基础上，经过两次大的重组合并后，于2003年7月正式组建。高新区下辖渭滨镇（以电子工业和医药工业为主），另在咸阳东郊设有化工工业园区，总行政区域面积45.75平方公里。其中土地面积28.5平方公里，河滩及水域面积17.25平方公里，已开发和居民用地14.6平方公里。经过十几年的发展，已形成一个基础设施完善，服务机构健全，投资环境宽松，有利于高新技术产业发展的投资区域。

截至2008年，咸阳高新区工业企业从业人员3万多人，其中高级职称人员320名，中级职称人员1268名，初级职称人员1528名，大专以上学历人数占职工总人数的30.6%，从事高新技术产品开发与研究的人员占职工总数的9.8%以上，拥有自主知识产权产品的销售收入占企业产品总销售收入的60%以上，企业研究与开发（R－D）经费逐年增加，2008年研发经费达1.2亿元，占总销售收入的9%以上。

咸阳高新技术产业开发区是关中高新技术产业开发带的核心层，有着明显的承东启西的区位优势。区内有各类工业企业474个，形成了电子制造业、橡胶制品加工业、装备制造业、医药保健业和粮食加工业五大主导产业群，初步形成了以彩虹集团、长庆石化公司、步长制药等公司为龙头的电子信息、能源、生物制药、新材料等支柱产业，已成为陕西省重要的电子工业基地和新医药、新材料、能源化工基地。五大产业群中，以生益科技和彩虹荧光粉为代表的电子制造业共有企业26家、以凯迪西北橡胶有限公司和西北橡胶塑料研究设计院为代表的橡胶制品加工业共有企业96家、以精诚铸造和华衡管业为代表的装备制造业共有企业84家、以步长制药和摩美得制药为代表的医药保健业共有企业15家，以陕西咸阳西郊国家粮食储备库和秦稷集团公司为代表的粮食加工业共有企业5家。引进生益牌覆铜板、黄河牌充填式轮胎、步长脑心通、气血和胶囊、消银颗粒、复方双花片、富强面粉等一批省内外知名品牌。2008年咸阳高新区全年累计签约招商引资合同10个（其中亿元以上项目6个），合同引进资金8.3亿元，实际到位资金5亿元（含续建项目，其中市级重点项目稀土电机项目完成投资2700万元，覆铜板项目完成投资9000万元）。2008年，咸阳高新区全区实现工业生产总值35.32亿元，高新区年经济增长率达17.7%，实现销售收入25.1亿元，实现工业增加值10.6亿元，上缴各类税金4.23亿元，出口创汇3949万美元。陕西秦稷集团食用油储备及加工、汉唐公司特殊石油管材制造、西电集团电力整流器生产线等一批过亿元招商引资项目相继开工建设，部分项目已建成投产并发挥效益。

咸阳高新区管委会为市政府的派出机构，享受市一级经济管理和部分行政管理职能，实行党政经一体化的管理体制，区内支撑服务体系比较健全。在管理体制建设方面，一是打破了机关传统的用人机制，建立了全新的聘任制。二是打破身份限制，不拘一格使用人才。咸阳高新区在机关内部打破了原有行政模式下公务员、事业人员和企业人员的身份界限，在管委会大家一律平等。三是咸阳高新区职能机构不断得到健全。没有独立封闭的开发区域和相应的职能政策是影响咸阳高新区发展的主要障碍。2003年咸阳市委、市政府出台的《关于加快咸阳高新技术产业开发区发展的决定》中明确赋予了咸阳高新区地市一级经济管理权限和相应行政管理职能，后经高新区多次申请请示，截至目前市财政局、城乡建设规划局、国土资源管理局、公安局和地税局已向高新区派驻了相应的分局，工商、质量技术监督、环保等部门也已建立共同协作关系。

2008年，咸阳高新区“13115”科技创新工程共立项2项，其中西北橡胶塑料研究设计院的“陕西省橡胶制品工程研究中心”项目获180万元资金支持，陕西康惠制药有限公司的“芪药消渴胶囊”项目获90万元资金支持。陕西蓝光科技有限公司获国家创新基金项目1项，扶持资金60万元。陕西天鹤生物技术有限公司的“生产线技术改造”项目获陕西中小企业发展专项资金贷款贴息30万元。陕西思壮药业有限公司的“固体生产线改造”项目获咸阳市工业发展专项资金贷款贴息40万元，西北橡胶塑料研究设计院的“地下工程用吸水膨胀聚氨酯弹性防水材料及制品”项目获咸阳市工业发展专项资金贷款贴息40万元。

咸阳高新区管委会经济发展局负责

高新区辖区内的科技管理工作，行使县区一级科技局的职能。经济发展局为正科建制，主要负责高新区产业发展布局、中长期发展规划的调研编写工作，辖区内企业日常管理与服务工作，高新技术企业、高新技术产品、科技创新基金、科技攻关、技改项目组织申报工作，区内民营企业职称评审与管理工作，区内经济统计工作，此外经济发展局还承担着区内县区一级发改委的职能。

## 第二节 星火技术密集区

“十一五”期间，工业园区基础设施不断完善，产业聚集效应明显。在重点打造咸阳高新区（国家显示器件产业园）、彬长旬能化基地、泾渭新区、沣渭新区基础上，加大县域园区建设力度，形成了兴平装备制造工业园、乾县纺织工业园、彬县循环经济工业园区等26个县域工业园区，入驻园区的规模企业300多户，完成工业产值超过600亿元。

1. 秦都密集区

咸阳市秦都区位于关中星火产业带腹地，辖6镇6个街道办事处，面积251平方公里，人口45.87万。区内自然条件优越，农业经济较为发达，陇海铁路、西宝高速公路、312国道、咸宋公路穿境而过。距咸阳国际机场15公里，通信发达，是国家传统纺织工业的重要出口基地和新兴的电子工业出口区。区内科研单位众多，科技力量雄厚。自1996年创建秦都国家级星火技术密集区以来，密集区先后组织实施项目100多项，总投资约1.8亿元，累计实现新增产值8亿多元，开发新产品近30种，完成项目近60项，形成了日光温室蔬菜种植、苗木花卉、医药保健和电子信息等支柱性产业。政府和企业的资金投入逐年增加，2006年，全区科技三项费达到180余万元，星火科技基金累计达到120万元，企业科技投入占销售投入的5%左右，科技进步对全区经济增长的贡献率达到50%以上，居咸阳市前列。密集区现有民营科技企业200余户，固定资产20多亿元，从业人员7000余人，年实现产值近20亿元，年上缴税金700多万元，有15户企业被认定为省级高新技术企业，10多个产品被认定为省级以上高新技术产品。农业科技示范基地建设稳步推进，无公害温室蔬菜、水果、苗木花卉、食用菌和特种养殖、种植面积6500余亩，全区新建养殖小区6个，发展日光温室近280个，建成永安堡奶牛场等3个奶牛养殖示范基地，科技对全区农业及农村经济的贡献份额达到50%以上，农产品良种覆盖率95.6%，推广普及实用农业新技术20多项，引进推广农作物和畜牧新品种10项，建成农业科技信息服务站20多个。农副产品深加工龙头企业群体进一步壮大，涌现出了月亮神、渭兴牧业等数十户骨干企业。密集区累计培训各类农技人员2万人次，举办各种实用技术培训班300期，评选农业技术拔尖人才12名，组织农村基层干部外出考察150余人次，通过区农业科技信息网发布农业科技信息10000余条，编印《科技致富信息》100余期。

“星火计划”从1986年起在区内实施20项，其中国家级2项，省级9项，市级4项，区级5项，总投资958万元，累计实现产值3353万元，利税838万元。开发新产品17种，先后有2项获国际奖，4项获国家奖，4项获市区级奖，有8.9万农民接受生产技术培训。“星火计划”促进了新技术、新成果的推广和应用。见表6-2-1。

**表6-2-1　　秦都区星火计划项目表**

| 项目名称 | 级　别 | 时　　间 | 达到水平 | 备　注 |
|---|---|---|---|---|
| 利用亚铵法生产高强度瓦楞纸原料 | 省　级 | 1987—1989 | 省内先进 | 1990年获市“星火”科技二等奖、省科技进步二等奖、泰国科技产品展览银奖 |
| 冷硬耐磨铸铁球产品开发 | 省　级 | 1988—1989 | 省内领先 | |
| 空气放电果蔬保鲜贮藏 | 市　级 | 1989—1990 | 市内先进 | |
| 辣椒红色素分离技术开发 | 省　级 | 1990 | 西北地区领先 | 1990年获泰国科技产品展览银奖 |
| 蔬菜保护地栽培及配套技术开发 | 国家、省、市级 | 1990 | 省内领先 | 1990年获国家“七五”星火科技成果展览优秀奖 |

2. 泾阳密集区

泾阳密集区是1995年经省科委批准设立、1998年通过省科委组织专家验收后正式命名的省级星火技术密集区，2008年被列入陕西省“13115”科技创新工程重点科技产业园区。密集区覆盖云阳、泾干等9个乡镇131个行政村，耕地面积40.4万亩，农业人口25.8万，分别占全县耕地面积和农业总人口的60%和57%。经过十多年的发展，密集区内已形成了以畜、菜、果三大产业为支柱，以龙头企业为支撑，蔬菜、奶畜、优特杂果、农副产品加工四大产业功能区强力拉动的良好格局。2008年，密集区设施蔬菜已发展到11.6万亩，占全县设施蔬菜总面积的86%，建成以泾云蔬菜批发市场为龙头的农副产品交易市场8个，建筑面积23万平方米，年交易蔬菜100多万吨。奶牛存栏4.4万头，占全县奶牛存栏总数的75%，奶山羊存栏12万只，年产鲜奶19万吨，建成奶牛养殖小区48个，机械化挤奶站120个。

区内拥有大中型乳品加工企业14个，年加工鲜奶50万吨。以葡萄、肉杏、大枣等为主的优特杂果面积达到5万亩，年产鲜果7.5万吨。先后引进了上海光明、山东张裕、西安银桥、怡科、蒙牛银华等一批国内外知名企业，极大地增强了密集区的科技实力。密集区实现GDP45.2亿元，占全县GDP的69.6%，区内农民人均纯收入达到4070元，比全县农民人均纯收入3840元高出230元。泾云吉元星火技术密集区的迅速崛起，有力地促进了县域经济的又好又快发展。2008年，全县GDP达到64.9亿元，实现财政总收入2.1亿元，农民人均纯收入3840元，同比分别增长16.3%、38.4%、23.1%，科技进步对经济增长的贡献率达到58%。目前，泾阳县已成为全国科技工作先进县、全国牛奶生产强县、西北最大的蔬菜基地县和陕西优质时令水果基地县。

3. 乾县星火技术密集区

乾县星火技术密集区是陕西省科技厅2007年批准的重点科技产业园区，园区涉及20个乡镇210个行政村及7个单位，占地面积约458平方公里。目前，区内已初步形成了果业、畜牧业、高效设施农业、中药材种植、苗木花卉五大产业，区内现有企业56家，年产值约10亿元，其中龙头企业3家，年产值约3.8亿元，农民人均纯收入达到了3800元。

乾县星火技术密集区建设按照“区内建小区，小区带基地，基地带产业，科技作支撑，服务作保障”的发展思路，重点抓了果业和畜牧业两大特色产业，扶持龙头企业带动区内产业发展，建立了比较完善的农业科技服务体系。该县已投资225万元建立了300亩优质富硒苹果标准化生产示范基地和300亩乾州红仙桃标准化生产示范园，促进了全县果业产业向现代化挺进；投资142万元建成了奶牛养殖、瘦肉型猪、良种鸡繁育3个标准化、规范化畜禽养殖示范小区，带动了全县畜牧产业的快速发展。截至2009年，全县奶牛存栏4.6万头，年产鲜奶30万吨，发展瘦肉型猪6万头，年出栏肉猪达到20万头，发展笼养鸡达50万只。

乾县橡胶密集区园区建立于2004年5月，位于乾县姜村镇，规划面积4平方公里，资金投入1.31亿元，其中基础建设1100万元，企业投资12000万元。目前，一期基础设施已基本完成，8家企业已建成投产，占地78亩，从业人员720人，年产值1450万元，利税1400万元，主要产品有橡胶密封件、环形输送带、防尘罩、气调袋和路桥系列产品40多种。生产经营的项目主要有炼胶、配料、骨架、模具加工、生产、销售六大行业。橡胶产品已形成18个系列，1200多个品种。有10个产品获后稷金像奖，有橡胶风隔器、路桥充气袋、抽拨棒等10多个产品获国家专利。产品销往全国20个省区和克拉玛依油田、胜利油田、中原油田、大庆油田和矿山铁路等180个单位，部分产品远销东南亚等10多个国家和地区，橡胶制品业已成为该县民营企业的主导产业和骨干行业。

## 第三节 科技产业园区

渭城民营科技产业园 成立于2000年7月，2003年更名为渭城区民营科技产业基地。产业基地供排水、路灯、天然气、供电、公交、通信、绿化、有线电视等基础设施实现了“八通一平”。产业基地位于咸阳市东部，朝阳四路以东，朝阳八路以西。东西长4000多米，南北宽1000米左右不等，土地总面积为6200亩。

截至2006年年底，签约项目累计68个，签约资金23亿多元，目前已有47家企业建成投产，形成以能源化工为龙头，电子、医疗、建材、制造等6大支柱产业。代表企业有彩虹商贸、光兆集团、金鼎钢构、西秦生物、金鼎混凝土、威迪电子等。目前建成47家企业中有6家科技型企业，拥有专利技术15项，2家企业拥有自主知识产权，拥有各类技术人员800多名，安置就业上万人。2006年产业基地非公经济总产值11.2亿元，完成规模工业总产值23500万元，实缴税金1360万元，区属固定资产投资达56360万元。

乾县纺织工业园区　建立于1988年，位于乾县县城东，现落户企业48户，资金投入11.1亿元，其中基础建设投入1.8亿元，企业投资9.3亿元，年产值7.3亿元，从业人员13000人，其中纺织企业19户，占园区企业总户数的40%。

园区主导产业以纺织业为主，初步形成纺纱、织布、服装加工及销售、批发一条龙生产。园区现有纺织企业19户，从业人员9600人，年产值4.2亿元，拥有各种型号织机3800台，其中有梭织机3410台，无梭织机390台；有纱锭40.8万枚，其中FA506纱锭25.5万枚，FA502纱锭8.4万枚，FA1508纱锭3.5万枚，其他型号设备的纱锭3.4万枚。年产纯棉、混纺、化纤白坯布2.1亿米，各种精、粗纱6.5万吨。园区重点企业有陕西福祥实业股份有限公司、咸阳恒丰诚信纺织有限责任公司、咸阳同润纺织有限责任公司等。

陕西福祥实业股份有限公司创建于1996年，注册资金7500万元，占地98亩，员工2000多人，拥有各种型号织机680台，纱锭3.2万枚，生产品种20多个，其中福祥牌47英寸45×45、110×76涤棉布获国家农博会“质量金牌”，年产值达8500万元。咸阳恒丰诚信纺织有限责任公司创建于2002年，总投资4300万元，占地40亩，职工680人，拥有中纺机GA61575吋布机372台，经纬纺机FA506纱锭2.3万锭，青岛宏达纺机产FA231梳棉机16台，年产各类坯布900多万米，年产值6000多万元。咸阳同润纺织有限责任公司于2003年5月9日注册成立，占地125亩，主要建设项目为高档服装面料和纺纱生产线，项目总投资1.1亿元。

咸阳留印工业园　由高新区渭滨镇留印村自主创办的工业发展园区。园区建成面积约3平方公里，现有企业85户，其中过亿元企业2户，知名企业有咸阳精诚铸造有限公司、咸阳格瑞斯石油机械加工制造有限公司、咸阳鸥海制衣有限公司等。留印工业园在产业发展上形成了集机械制造、医药、化工、服装、橡胶、建材、食品、农产品加工、仓储、饮食等于一体的多功能工业园区。留印工业园以村民为主体、以集体为核心，创造了工、农、贸并举发展的光辉典范，尤其是在招商引资、土地开发、企业建设方面积累了大量丰富的成功经验，曾被经济学界的专家学者称为经济发展的奇迹。“留印模式”成为在经济不发达地区发展工业经济时，如何突破发展资金、招商引资、土地开发、基础设施建设、企业服务等方面瓶颈制约的成功范例。

咸阳高新医药产业园　园区聚集了咸阳步长制药公司、三八妇乐集团公司、陕西摩美得制药有限公司、咸阳康惠制药有限公司、思壮药业公司、关爱制药、冯武臣大药堂和杜雨茂医院等一大批民营高新技术企业。目前医药保健企业几乎都集中在以步长公司为核心的3公里半径范围，这个范围是咸阳从事医药生产、研发与销售的核心，同时汇集了咸阳几乎60%以上的专业从事医药生产、管理、研发与营销的各类人才和一批知名专家、学者和教授，其中“神针”赵步长、“神脉”冯武臣和陕西中医学院著名教授杜雨茂分别在高新区创办了自己的企业和医院。目前在医药保健产业集群内聚集的医药企业全部为民营企业，规模以上企业中半数以上为高新技术企业，并都建立了现代企业管理制度。经过多年在生产经营中的摸索和市场宣传影响力的不断扩大以及营销能力、规模的提高，面对激烈的医药生产市场竞争以及国家对医药生产企业进行的高压调控管制，产业集群内的各企业始终能站稳脚跟，积极应对国内市场和国家宏观调控政策的变化，走出了一条依托各类专业技术人才，不断完善和规范内部管理，面对市场需求不断加大创新和新品研发的特色医药发展之路。

截至2006年年底，医药保健产业集群内共有各类企业32家，其中产值过亿元的企业1户，过千万元的企业7户，全区共拥有熟练的医药产业工人近1.5万名，医药科技人才3500多人，其中副高级以上专业技术人员248人，有突出贡献的科技专家8人，医药生产企业总资产规模达到5亿元，并创立了步长脑心通、摩美得胶囊、复方双花片等一批国内知名品牌。2006年医药保健产业集群实现销售收入6亿元，上缴各类税费约0.8亿元。

清华科技园是全国唯一的A类国家大学科技园，作为清华大学社会服务功能的有机外延，致力于为创业企业孵化、高新企业研发、创新人才培育、科技成果转化提供发展空间和卓越服务。清华科技园咸阳园区位于咸阳沣河新区世纪大道中段，规划占地620亩，建筑面积60万平方米，总投资9.6亿元。世纪大道横贯东西，将园区分为两部分：北区为产业区和研发区，南区为教育培训区和服务配套区。园区定位打造西部最大的数字医疗产业基地。

咸阳园区　紧邻世纪大道，毗邻国家级西安高新技术产业开发区、西安经济技术开发区、阎良航空产业基地、长安航天产业基地、杨陵高新农业示范区，距西安中心城区仅25公里，距咸阳国际机场15公里，距离咸阳市中心10分钟车程，距离火车站15分钟路程。周边机场高速、绕城高速、西宝高速、西兰公路、西汉公路、陇海铁路环绕，交通便利。地处“西咸一体化”建设的桥头堡和“一线两带”战略的核心地带，地缘优势无可替代。

西咸两市工业基础雄厚，两地在电子信息、装备制造、生物医药、新材料等领域具有极强的研发生产能力。园区周边咸阳中医学院、肿瘤医院、妇幼保健院、505集团、步长集团、海天制药、景丰制药等医药企业云集，彩虹集团、偏转集团、彬长集团、西电集团、法士特齿轮、远东公司、庆安公司、蓝马啤酒等国有大中型企业以及新兴高科技企业林立，形成了有利于企业创业和发展的浓厚产业氛围。

目前园区完成投资4.5亿元，入园企业20多家，包括中石油陕西长庆专用车制造有限公司、陕西西大华特科技实业有限公司、西安蓝港数字医疗科技股份有限公司、咸阳汇众仪器仪表有限公司、咸阳荷立医疗器材有限公司（台资）、咸阳三晋医疗器材有限公司（台资）、西安希莱沃科技发展有限公司（美资）、冰岛Bakkavor集团创造食品有限公司、咸阳四达安防技术研究所、咸阳公安科学技术研究所等企事业单位，以及咸阳市生产力促进中心、咸阳市专利事务处、咸阳市中小企业信用担保中心等科技服务机构，园区西部数字医疗产业基地初步成型。园区企业同时承担着省部多项科研项目，华特生物技术转化项目是“陕西省第十批国债重点支持项目”，蓝港医疗和咸阳公安科学技术研究所承担着“公安部十一五重点装备项目”。

园区1号孵化器9500平方米标准厂房已于2006年年底竣工投入使用，已有西安蓝港数字医疗科技股份有限公司、咸阳汇众仪器仪表有限公司、咸阳荷立医疗器材有限公司（台资）、咸阳三晋医疗器材有限公司（台资）、西安希莱沃科技发展有限公司（美资）、咸阳四达安防技术研究所、咸阳公安科学技术研究所等企事业单位，以及咸阳市生产力促进中心、咸阳市专利事务处等科技服务机构正式入驻。园区2号孵化器9500平方米标准厂房年竣工投入使用。2007年10月7日，冰岛Bakkavor集团创造食品有限公司正式签约入驻4号孵化器。2006年，园区企业累计完成产值3亿元，实现利税3000万元，园区目前已形成以医疗、电子、生物为主的产业发展格局。2006年12月，园区被咸阳市科技局授予市级“先进医疗设备企业孵化器”。2007年12月，被咸阳市秦都区政府授予“中小企业创业基地”。

入园企业除享受国家关于高新区、大学科技园的各项优惠政策外，还享受市、区两级政府关于中小企业发展的各项扶持政策，以及清华科技园“钻石计划”、AAMA商业领袖摇篮计划等创业企业优惠政策。此外清华科技园依靠清华大学和清华校友会所拥有的丰富的科研优势和人才优势，同时为入园企业提供企业注册、项目融资、技术支持、管理咨询、人才引进等一系列完善的配套服务，以及高新技术项目认定、基金项目申报等增值服务。

# 第七编

# 医药卫生科学技术

咸阳地区是周人的发祥之地。西周时期，医学开始走上了独立发展的道路，开始分科，并有了中医诊断治疗理论的萌芽。

秦始皇统一中国后，咸阳成为全国政治、文化中心。“有太医令丞，亦主医药，属少府一。另外，还有专门为帝王服务的侍医”。在医事政令方面，实行奖惩、任免制，对医药采取了一些保护的政策。例如“焚书”时，医书不在其列等。秦王朝为了充实医政机构和医疗机构，曾向全国“召文学方术之士甚众，欲以兴太平，方士欲以求奇药”。因此，在秦代曾出现了一些制丹药的方士。

汉代在医事制度方面，比秦代又有发展，健全了医政组织，招聘医药人员，充实医疗机构。同时，民间的医疗卫生技术也在普及和发展。安丘望之是西汉时期咸阳很有名望的医生，行医于民间，汉成帝欲召见之而未果。他收有门徒耿况、王汲等，撰有《老子章句》，乃道家之作品。东汉史学家班固，在所著《汉书》中记载了医史及西汉时期的医事制度，医药活动，医林人物，医药交流和药物，收录了有关医药文献。

从曹丕建魏至隋统一前，除了西晋王朝有过短暂的统一外，基本上处于分裂动乱的年代。在这长达361年的历史上，咸阳的军事制度基本上沿袭前代旧制，医学科学发展处于低潮阶段。

隋文帝时全国的政治文化中心又转移到陕西，使隋代的医学也出现了兴盛的景象。唐代是中华民族历史上的鼎盛时期，随着政治、经济、文化的发展，医药卫生事业达到一个新高峰，医事制度较为健全，各科技术全面发展。

五代十国（公元907—960年）时期，分裂战乱，给人民造成了严重的灾难，使得经济凋敝，文化落后，陕西的医学没有多大发展。从五代时期起，医药文化中心从关中又一次东移、南迁，因而比起前几个时期来，五代时期咸阳医学发展缓慢。

明清时期，咸阳的医药卫生已达到一定水平，对一些常见病已可随地治疗，对一些疑难杂症也有一定的治疗方法，医药卫生在各县得到了一定发展，同时也涌现出了一代名医，如三原人张征。张征是明代著名医生，曾任太医院医生，由于治病有经验，升为御医院院判。清代陈尧道“潜心岐黄，制方奇效，尤施药济贫困”，因而闻名全国，著有《伤寒辨证》《痘疹辨证》二书，成为宝贵的医学遗产。

民国时期，咸阳的医学发展缓慢。直至新中国成立初期，咸阳市只有礼泉县卫生院和23家私人诊所，医疗人员不到50人，两台1500倍的显微镜。1951年咸阳行政专员公署卫生科成立，县卫生院发展到12所，病床171张，职工156人，其中医技人员116人。1958年建立三原县卫校、咸阳市（原县市）卫校，开始培训医士、护士、公卫医士、检验士等。

从1958年以来，咸阳市的医药科研和成果管理工作日趋完善。1978年卫生局成立了科研办，负责整理、鉴定地区卫生局成立至1978年以来的科研成果；组织开展新的科研项目；协调解决科研中存在的具体问题。新中国成立后经过30多年的发展，已初步形成了遍布城乡的医疗卫生保健网。1989年，全市有各类医疗单位550个，从业职工15553人，其中医技人员13092人、主任副主任医师419人、主管主治医师1950人、医师3977人、医士20041人。总床位达到8484张，有200张床位的综合医院7所；100张床位的综合医院17所，县中医医院7所，妇幼保健院（所）15个；卫生防疫站15个；地方病防治所3个；药品检验所15个。全市工矿企业附属医疗单位有27个，乡镇地段医院（或卫生院）143个，个体从业人员达1144人，共有科研成果37项，获部、省级以上奖的有11项，市级奖的有26项。

截至2011年年底，全市医药生产企业35户，骨干企业有步长制药公司、白鹿制药公司、金裕礼泉制药厂等。药品销售企业720多家，医药科研机构24家，咸阳市依托中医药研发生产基础，重点发展新型中药、生物制剂、保健品以及医疗器械等产品，形成了集研发、生产、销售与物流于一体的医药产业链。

# 第一章

# 基础与临床医学

## 第一节　中医

中国医学在咸阳的历史上有着极其光辉的一页。从西周时期，就结束了巫卜主宰一切的时代，医学开始走上了独立发展的道路。春秋战国时期，中医药已相当发达，名医常跨国行医。公元前581年秦桓公派医缓为晋景公治病，他指出晋侯的病“在肓之上，膏之下。攻之不可，达之不及，药不至焉，不可为也”（见《十三经注疏·春秋左传正义》）。后秦武公有病，请赵国名医扁鹊诊治，扁鹊从邯郸出发，来咸阳为武公治好了病。据载当时秦国中药材品种达242种，方剂达280个（见郭沫若著《中国史稿》）。

陈藏器，唐四明（今浙江宁波市）人，生活于公元8世纪，曾任京兆府三原县尉。陈氏一生勤学苦读，博览群书，精核物类，兼通医药方术。自唐苏敬等人的《新修草本》问世以后，作为第一部政府颁布的药典，流传甚广，应用也很普遍，但随着医家的临床应用，也发现了不少问题，这就需要对其修正补充。陈氏深入实践，调查研究，以拾遗补正《新修本草》为主，广博收罗于唐开元年间（公元713—741年），撰成《本草拾遗》一书，计序录1卷，拾遗6卷，解纷3卷，共10卷。唐慎微《经史证类备急本草》中，取自该书即有488种，明李时珍《本草纲目》中，引用该书内容有368条，比采自《新修本草》的114种多了3倍多。

该书记载了不少本草书未载之药，如人的胞衣入药。书中还记载了白米“久仓令人身软，缓人筋也。小猫犬仓之，亦脚屈不能行，马仓之足肿”。说明当时对食物中维生素B缺乏引起的脚气病已有明确认识，并且在动物身上还做了验证。李时珍曾对此做了这样的评价：“其所著述，博极群书，精核物类，订绳谬误，搜罗幽隐，本草以来，一人而已。”但李时珍误认为十剂的发明者是北齐徐之才。据日本丹波元坚考证，宣、通、补、泻、轻、重、滑、涩、湿、燥剂，乃陈藏器所创。

王方庆，唐代咸阳人，为朝官，曾任广州都督，兼精医药，著述甚富，计有《新本草》41卷、《药性要诀》5卷、《袖中备急方》3卷、《岭南急要方》2卷、《针灸服药禁忌》5卷和《随身左右百发百中备急方》10卷等。王方庆认为，“风有一百二十四种，气有八十种，大体医药虽同，人性各异，庸医不达药之性，使冬夏失节，因此杀人，但有风气之人，春末夏初，及秋暮，要得通泄，即不困剧，于是撰四时常服”。

李靖，唐初的政治家和军事家，三原人，号药师，著有《候气秘法》3卷。

明末清初，咸阳境内涌现了一批名医。张征曾任太医院医生，由于治病有经验，升为御医院院判。泾阳张碧山精通“八法神针”。王春阳人称“学医有解悟，诊脉用药，皆世医所不及”。刘文恒医术高明，被人称为“刘一帖”，意为治病只需一剂药。三原的名医还有张昶、陈光道、李仲元、董凤翀等。李仲元医术超群，被当地人称“李半仙”。董凤翀擅长疹科（天花），著有《痘疹经验良方》6卷，他治病善于研究，凡医书所不载，寻常不多见的病，他总要弄清病因，精研病理，认真辨证，所以治病疗效颇高。

清医刘企向（号梧林闲叟），咸阳县人，先儒后医，著有《月婴宝笺》，简明详切，便于据症验方，对诊治新生儿之疾病颇有裨益。咸阳人李绪嬴，因母病，遂致力于医，著有《医学临症举隅》。礼泉的名医有韩福恒、高珍、梁玉树等。高珍精于脉理，善治疑难病症。梁玉树是外科名医，善治痈疽，并能炮制外用药物。兴平名医张炯，穷究医术，对医书有一定的研究，他认为：“神农《本草》长沙经方，医之规矩准绳也。时珍《本草》夸多矜瞻，尤安国之说，《春秋》失经旨矣，景岳辈模棱两可，医中之苏味道也。”因此他用药必以《神农本草经》为据，立方必按仲景规范，治病多见奇效。杨双山撰有《医论专门》《医学回刍》《医学称赞》等，其所著《经验备忘碑录》残碑现存陕西中医学院医史博物馆内。

明清咸阳的名医还有侯干城，著有《颐生集》；李绍绩，人称他“素习岐黄，常施药饵以活人”。

1929年3月27日，汪精卫之流曾提出“废除中医，锢禁中药”。武功县人焦易堂据理力争，将此摧残民族优秀文化，有害民族保健议案予以否决。后来焦易堂被委任为中央国医馆馆长，提出要以现代科学研究中医，力主中西医结合。他还创办了中医药杂志，编辑出版了部分中医药教材，办起了国医学校。此外，境内名医还有兴平县的冯幼清（1904—1979年），在三原行医的房温如（1903—1981年），著有《脏腑用药所主》《十代名医赞》《王润元医案类评》《简易方药实验法》等。

兴平名医张炯，新中国成立后，党和政府十分重视中医药事业的发展。50

年代中期境内各县综合医院均增设了中医药科室，聘请中医药人才，诊治疾病，自愿带徒。在社会主义改造运动中，城乡各地中医药人员自愿结合办起了一批中医联合诊所或联合医院。咸阳市城区解放初就成立了第一、第二、第三中医个体联合诊所。第一联合诊所是1951年在“宝和堂”的基础上成立的。第二联合诊所是1953年在“仁寿堂”的基础上成立的。第三联合诊所是1954年由一些外地来咸的中医人员自愿结合成立的。1956年这三家中医联合诊所及城内一家西医诊所合并，成立了咸阳市联合医院，以中医为主。1955年，永寿县成立了县中医院。60年代，境内3900多个生产大队相继办起了农村合作医疗站，地段医院、公社卫生院多数附设有中草药专柜，配备有中医中药人员，缓解了农村看病难的矛盾。70年代到80年代末，各县区陆续都成立了中医医院。

与中医医疗机构迅速发展相适应，本市中医药专业队伍也逐年壮大起来。据1950年统计，咸阳专区8县（咸阳、泾阳、三原、兴平、高陵、周至、富平、礼泉）共有中医师544人。到1960年全区总计有中医人员1146人，其中国家卫生部门100人，企业及其他部门28人，农村人民公社206人，农村乡镇的个体联合诊所812人。

到1990年，全市共有中医药人员2378人，占全市卫生技术人员总数的17.2%，其中中医师1404人，中西医结合高级医师32人，中药师134人，中医士426人，中药士254人，中药药剂员128人。在中医药人员中，主治（管）职称以上的有606人，占中医药人员总数的25.4%。同时，全市共有中医病床730张（不含市、县、区医院的中医科病床）。三原、泾阳、武功、乾县、永寿、彬县、礼泉、旬邑、长武、兴平10县中医医院共设置病床465张，职工622人，其中中医师125人，中西医结合高级医师3人，中药师6人，中医士33人，中药士35人，中药药剂员19人。是年，全市中医医院共计门诊人数650142人次，住院12644人次。

随着中医事业的发展，中医药理论的研究，中医诊疗疾病的水平不断提高。陕西中医学院张登本主编的《内经词典》《黄帝内经灵枢经析义》获国家重大科技成果奖。杜雨茂主编的《伤寒辨证表解》《奇难病治疗指南》，张子述主编的《中医眼科简诀》，郭城杰的《针灸医籍选》，韩天佑的《妇科产前产后自疗法》，郭谦亨的《中医诊断法》等著述相继问世。张学文研制的“通脉舒络液”治疗脑血栓获卫生部1986年重大科研成果奖，“小中风片”获省中医药管理局科技成果一等奖。张振亚的“骨痨敌注射液的临床研究和实验研究”获全国医药卫生科技奖。省二纺职工医院李去病所写《逐瘀抗痛法缓解癌性疼痛观察》论文，曾在第四届国际缓解疼痛学术会上宣读。朝阳医院张朝堂研制的“双止灵”，具有止疼、止血、消炎、生肌的作用，可做手术麻醉，术中无痛、无血、抗菌，可促进术后伤口愈合。

中医大师张学文1935年生于陕西汉中一个中医世家。1953年，进入原南郑县武乡镇“致和堂”诊所应诊，后师从孟澍江教授。1963—1987年，先后担任陕西中医学院附属医院内科主任，陕西中医学院医疗系主任、副院长、院长等职。1990年，成为首批全国名老中医学术经验继承指导老师。2008年，被评为陕西省首届名老中医。2009年，被评为首届国医大师。作为一位国家级名老中医，张学文教授所接治过的疾病遍及内外妇儿各科，治愈的疑难病症成千上万。据初步统计，其中有案可稽、值得总结整理的病种就多达十二大类百余种，尤其是脑病、高热、中毒等急症和痹症等慢性病，其在50余年的临床诊疗中积累和总结出了一整套疗效卓著、方案成熟的治病策略和方法。

傅贞亮1959年在陕西中医学院师资班毕业后，留校从事中医基础理论的教学和研究。他从多层次多角度整理、研究《黄帝内经》，在全国较早地筹建了中医基础理论研究室，开办了全国内经高级师资研究班，使陕西中医学院的中医基础理论和内经的研究水平在全国处于领先地位；主编全国高等医药院校教材《脾胃论纂要》（获省二等奖）、《内经讲义》（获省三等奖）、《内经选读》《内经词典》《黄帝内经析义》等；是全国著名的内经专家，在中医理论方面有较高的威望。

1978年以来，咸阳地区卫生局和兴平制药厂把本地中草药苦胆木中含有的苦木生物碱和苦味素两种有效成分，进行分离制成片剂，可分别产生降压和升压效果。经药理研究和在原铁道部建厂工程部医院、咸阳地区医院、三原县医院327例临床观察（以降压药片的临床观察为主）证明，有明显的降压作用，且维持时间长，能改善心肌功能，毒副作用小，已达到国内先进水平。1980年获省卫生厅科技成果二等奖、省人民政府科技成果三等奖、卫生部1981年度二等乙级科技成果奖。

1983年，长武县制药厂研究从麻黄中提取麻素，从槐米中提取芦丁粉，经省鉴定符合国家标准。麻素年产500万支，产值30多万元，产品畅销全国18个省（市），并销向东南亚、西欧等国家。芦丁粉年产30多吨，创外汇150多万元。兴平人李社伦研制成驱滴栓、宫颈平软膏、化精散、三星168雾化洁阴灵。其中，三星168雾化洁阴灵填补了中药雾化史上的一项空白。

1985年，开始了咸阳市中药资源普查工作，1987年完成，这次普查是新中国成立以来第一次对咸阳市中药资源进行全面系统的调查研究，基本摸清了全市中药资源的种类、分布及优势，并发现了新资源品种。普查成果为咸阳开发利用野生变家种家养、扩大新药源、中药购销、栽培鉴定、科研和教学等方面提供了依据。

从1985年8月到1987年4月，由咸阳市医药公司袁廷甲等人历时三年，开展咸阳中药资源普查，基本摸清了全市中药资源的种类、分布及优势，并发现了新资源品种，为咸阳加强中药工作提供了理论依据。

1989 年，核工业部二一五医院赵步长医师发明的“药气针”“药气帽”治疗脑血栓引起的偏瘫有奇效，被患者誉为“神针”。

三原县人殷克敬，陕西中医学院附属医院教授，主编出版了《中国磁极针》《急症针灸治疗学》《360 首方剂速成趣记》等十余部著作；主编了全国医药院校教材《针灸学》、中国中医药出版社规划教材《针灸学指导》及全国高等自学教材等近十部教材。1998 年，“中国磁极针”获陕西省中医药科技成果二等奖；1999 年“磁极针对癫痫抑制作用及机理的实验研究”获陕西省中医药科技成果二等奖；1990 年《急症针灸治疗学》获陕西省中医药科技成果三等奖；1994 年“针刺治疗中风急性期临床疗效观察与机理研究”获陕西省中医药科技成果三等奖；1992 年“针刺治疗高脂血症临床与机理研究”获陕西省中医药科技二等奖；1991 年“DW - B 型多功能无痛进针器”获陕西省中医药科技成果三等奖。

## 第二节　西医

清朝末年至民国时期，西医逐渐传入境内，打破了传统的医药格局。公共卫生和妇幼卫生开始受到重视，医院、诊所及西医、中医都有所发展，但因受社会因素限制，医疗卫生事业整体上仍然十分落后。民国十八年（1929 年）、二十一年（1932 年）两次霍乱大流行，造成了惨痛的历史悲剧。

1949 年新中国成立前夕，本地仅有十余家卫生院和几十家私人诊所，每万人平均医护人员 0. 58 人，病床每万人平均 0. 85 张。新中国成立以后，咸阳的医疗卫生事业发展很快，至 1990 年，全市有各类医疗卫生机构 550 余个，其中综合医院 24 个，县区中医医院 12 个，乡镇卫生院 211 家，职工医院 27 家，企事业单位卫生所（卫生室）200 多家，病床 8000 多张，卫生系统职工 1. 5 万人，其中医务科技人员 1. 3 万人，每万人拥有医务人员 30 余个、病床 20 余张。

60 年代以来，随着医疗事业的发展，医疗设备不断更新，医疗技术大大提高。西医内科对心脑肝肾等疑难重症的诊断准确率和治愈率显著提高；外科开展了断指（趾）再植、腹腔三脏器切除及脑外手术、心内直视手术、人工心内临时起搏术。

截至 2009 年年底，全市有各类卫生机构 420 个，其中医院、卫生院 319 所，形成了比较完整的卫生防疫网，在传染病防治、食品卫生、环境卫生、劳动卫生、地方病防治等方面都取得了显著成效。与此同时，预防保健事业有了突破性进展。全市有疾病预防控制中心 14 个，妇幼卫生保健中心 14 个。拥有医院、卫生院床位 16857 张，各类卫生技术人员 24041 人。其中执业医师、执业助理医师

14767人，注册护士7885人，在推广和普及新法接生、孕产妇围产期保健、妇女病防治、优生优育、儿童保健等工作中，也都硕果累累。

流行性出血热是一种自然疫源性疾病，是危害咸阳人民生命健康的一种传染病。1978年以来，咸阳市卫生防疫站开展植物血球凝集素在治疗流行性出血热的预防、诊断、治疗中的应用项目研究。该研究应用植物血球凝集素预防、诊断、治疗流行性出血热获得明显效果。

80年代，三原县人民医院完成的显微外科临床应用研究，应用于创伤骨科（断趾、指的再造）、泌尿科、整复外科等，成功率达92%。该院还从先天心动脉导管未闭手术治疗入手，成功地为患者完成了闭动脉导管缝扎手术，为陕西省基层医院全麻低温体外循环心内直视手术的开展提供了良好开端。

从1986年起，铁道部第二十工程局职工医院张翠华副主任医师，率领医务人员先后攻克当时属于医学界禁区的脑梗塞、心肌梗塞和左房附壁血栓三大顽症，并摸索出一套治疗糖尿病和冠心病的有效方法。其研制的“消糖舒”“心通宝”等药品，被广泛应用于临床，疗效甚佳。

大脑前动脉瘤开颅直视下结扎手术，是难度大、风险高的颅脑手术，因位置深、解剖复杂，手术死亡率和病残率都较高。咸阳市第二人民医院开展的这项手术，采用在气管插管全麻下行左额顶瓣状开颅直视瘤蒂夹关闭手术。该手术的成功，对本市神经外科的发展作出了贡献，填补了本市一项空白，达到省内先进水平。

角膜病是致盲的主要病变之一，一旦角膜发生各种疾病，要彻底治疗，效果有一定的限度，有些根本无法治疗，必须借助角膜移植，才得以修复。角膜移植难度较大。1986年，咸阳市医院眼科在设备较简陋的情况下，成功地进行了全板层角膜移植。术前将角膜新生血管采用角膜缘切断，大头针烧灼及角巩缘2毫米巩膜瓣剥离法，阻断了病变区的新生血管，从而降低了免疫排斥反应，使移植片得以百分之百的愈合。

白内障手术后由于眼球缺少晶体，视力最好者仅达0.02，术后戴用角膜接触镜，易发生角膜感染、发炎，使患者术后的工作和生活受到很大限制。咸阳市第一人民医院开展的白内障术后后房人工晶体植入技术的应用，可使白内障术后患者的屈光力接近正常，异象差甚小，周边视野接近正常。该技术采用CNY515攀状硅凝胶，能保持瞳孔的正常对光反应，强光下视物无炫目感，无晶体震颤和由此产生的物象跳动感。平均视力0.5，镜片矫正视力可达到1.0，大大改善了白内障术后的屈光学缺陷，使患者视力有效恢复。

# 第二章

# 卫生防疫科技

在古代，随着陶器的出现，人类在实践中利用陶器煮食物，使人体能充分吸收营养，这就大大地促进了卫生保健的进步。在环卫方面，秦代比较严厉，相传如有人把灰撒在道路上，就要处以砍手的刑罚，并且有主管洒扫的官吏。在今咸阳市窑店乡牛羊村的北原上，发掘了秦朝的一号宫殿遗址。此建筑不只反映了秦代劳动人民高度的建筑技巧，而且对建筑物卫生条件的考虑和卫生设备的配置等方面都体现了很高的科学水平。汉代，在都市设有公厕以防秽物污染，影响市容。在秦汉的都市中宫殿地底有排泄污水的管道，水管上已利用虹吸原理，这是一大发明和创造。

一号宫殿遗址选在背依高原，面对渭川。这里气候适宜，土质洁净，地势高亢，便于取水挑水，可以有效地防止有机物质的繁殖与生存。地面处理也很讲究，是在夯土的基础上垫 0.33 米厚的纯黄土，上抹 0.09 米的粗草泥，再抹 0.03 米的细泥，而后上敷 0.03 米厚的细沙泥和 0.05 米厚的粗沙泥，表面施以红色，这种地面可以防止潮湿，保持室内干燥。一号建筑还巧妙地把地基处理成不同高度的台阶，采用分层建筑的方法，使采光问题得到了很好的解决。整个基础上下分为三层，最下的一层是回廊基地，设标高为 0 米，第二层是 6—12 室基地，地面标高为 +0.96 米，这一层的层面与第三层的露台接平。第三层的地基标高为 +4.9 米，这上面是以第一室为中心的 1—5 室，这样高低错落，灵活多样地利用空间，可以使每个房间都受到阳光的照射，不仅可以使这些宫室不致阴森昏暗，还可以杀灭室内细菌。

一号建筑遗址共有四个排水系统，每个排水系统都有水池、漏斗、下接圆筒状排水管几个部分组成，设备已较过去完善，尤其是向北面的一个水池的漏斗下面，水管装成弓形，最高点与落水口平行，从而形成虹吸，加速了水的流速，防止了沉淀的停滞。这在中国地下管道的安装技术上应该说是一个极大的发展，表明当时地下卫生设施已经具备了较高水平。

冷藏可以使食物不致很快变质腐败，是因为低温可以抑制细菌的繁殖。中国很早就知道低温保存食物的办法，在周代就有专门储冰的“凌阴”设置“凌人”管理，每年三月以后，把冬天藏在“凌阴”里的冰拿出来，放在冰鉴上面，再把冰鉴置于食物中间，用以冷藏食物。但是秦代宫廷每天消耗的肉食太多，用冰鉴冷藏必大量储存，所以采用地窖储存。一号建筑的这种冷藏窖的设备在当时是很先进的。这些地窖有的就设在房子内部，窖壁有陶圈，深约 13 米，窖底装有上大下小的椭圆形的陶盆，装着木盖和升降用的辘轳。这种冷藏窖由于深度在 10 米以上，窖下可以长期保持稳定的低温。窖的周壁有陶圈，窖底有陶盆和窖口加盖可以防止食物污染。

秦汉时期，对于时疫的预防，以及水土与健康的关系都很注重，认识到“奥则冬温，春夏不和，伤病民人故疾也”。（《汉书·五行志》）“水行地上，凑润上沏，民则病湿气。”（《汉书·沟洫志》），秦汉时期，卫生知识日益丰富，初步形成了卫生学体系。

民国时期，在妇产学科上开始采用新法接生，开展产前检查，产后访亲等妇婴保健工作。新中国成立后，咸阳开展了大规模的爱国卫生运动，贯彻“预防为主”方针，开展除害灭病工作，形成了遍布城乡的医疗卫生保健网。各地建立并加强了市、县（区）卫生防疫机构，实行了计划免疫制度，属于甲种传染病的天花、鼠疫，在本市已消灭，霍乱基本控制，人畜共患的炭疽病近于绝迹，白喉、脊髓灰质炎等传染病的发病率与病死率逐年下降；境内原属地方性甲状腺肿病多发区，由于普遍开展了供应加碘食盐的工作，彻底控制了地甲病的发生，于 1979 年摘掉地甲病帽子。从 1979 年起，在全市范围内开展子宫脱垂和尿瘘防治工作，60% 的患者得到合理治疗。

## 第一节 传染病防治

历代医家都很重视预防疾病，但受主客观条件制约，民间预防手段还比较落后。在许多情况下，一遇瘟疫，普通百姓往往束手无策。《重修泾阳县志》载：唐德宗“兴元元年（公元 784 年）春，大旱，无麦苗，井泉竭，疫死者众”。《重修咸阳县志》载：明神宗“万历十一年（1583 年）三至七月，不雨，疫行，死者甚众，知县宋国相舍饭施药救之。十五、十六年，民病疫多死，四十年复大疫”。《乾县新志》载：清“同治元年（1862 年），飞蝗蔽天，食禾苗殆尽。二年十二月大雪，人多冻死。三年，鼠兔食田苗几尽。秋，城内霍乱大作，死者数千人。”特别是 1932 年夏秋，陕西霍乱大流行，仅据淳化、三原、兴平、户县、乾县 5 县统计共发病 16908 例，死亡 10189 例。《乾县新志》记载“四境死者以万计”。

新中国成立后，党和政府十分重视卫生防疫工作，地、县（市）先后成立了卫生防疫站。各乡（镇）卫生院逐步健全了防疫保健机构，各村有防疫保健人员，城市街道及工矿企业亦建立了初级卫生保健组织。至1969年，市境已有比较完整的卫生防疫网，能够集中力量预防和控制各种急慢性传染病。从1949年到1985年急性传染病的发病率已由20%下降到0.8%。同时，由于城乡卫生状况的改善，境内人口总死亡率由50年代初的20%以上降到7%以下，人均寿命由35岁上升到69岁。

90年代初，受市场经济负面效应的影响，全省传染病报告与疫情管理工作出现了滑坡现象，咸阳疫情报告工作也处于下降状态，有个别县区疫情报告工作处于半停滞状态，县区旬报的零报和缺报现象极为严重。针对这种情况，市上加强疫情报告工作，废止不合理的疫情达标的指标，坚决杜绝行政领导片面制定传染病的控制指标。坚持提升疾病防控能力、降低传染病发病率，通过实施预防接种、计划免疫和药物治疗等综合防治措施，各种传染病的发病率和死亡率明显下降，连续21年无白喉病例发生，无麻疹暴发，连续14年未发生脊髓灰质炎野病毒病例，实现了无脊灰目标，结核病治愈率达到85%以上，有效防止了非典型性肺炎、人畜流感、口蹄疫、手足口病等重大传染病的暴发流行。针对突发公共卫生事件加强了预警机制建设，有效应对了2003年的“非典”危机。

2000年后，加强了疫情管理和网络人员的培训工作，提高了计算机的操作水平。坚持“一事一（软）件一培训”，针对突发公共卫生事件开展专门培训，举办人禽流感防治技术培训、全市疫情报告年报及培训会。2003年“非典”期间，疫情网络发挥了巨大的作用。近年来，市疫情报告工作的重点是提高传染病报告质量，提高数据的有效性和准确性，保证突发事件的预见性，防止疫情的发生。

市上传染病管理工作每年规范装订档案、每十年汇编疫情资料，各县市资料管理进一步规范。截至2007年年底，咸阳市报告病种为甲、乙、丙三类37种（见表7-2-1）。

**表7-2-1　　咸阳市主要传染病发病情况统计表（1991—2007年）**

| 年份 | 发病人数（人） | 发病率/10万 | 死亡人数（人） | 死亡率（%） |
|---|---|---|---|---|
| 1991 | 16065 | 367.59 | 53 | 1.21 |
| 1992 | 10022 | 226.04 | 5 | 0.11 |
| 1993 | 5693 | 126.44 | 21 | 0.47 |
| 1994 | 8100 | 176.37 | 11 | 0.24 |
| 1995 | 9903 | 215.05 | 2 | 0.04 |

续表

| 年份 | 发病人数（人） | 发病率/10万 | 死亡人数（人） | 死亡率（%） |
|---|---|---|---|---|
| 1996 | 6266 | 135.08 | 1 | 0.02 |
| 1997 | 6200 | 130.97 | 7 | 0.15 |
| 1998 | 6369 | 134.26 | 11 | 0.23 |
| 1999 | 8404 | 176.05 | 7 | 0.15 |
| 2000 | 6567 | 139.11 | 7 | 0.15 |
| 2001 | 9103 | 190.87 | 19 | 0.40 |
| 2002 | 13066 | 274.11 | 9 | 0.19 |
| 2003 | 16227 | 338.02 | 14 | 0.29 |
| 2004 | 20530 | 425.83 | 8 | 0.17 |
| 2005 | 19921 | 398.29 | 12 | 0.24 |
| 2006 | 17349 | 345.40 | 18 | 0.36 |
| 2007 | 19323 | 382.70 | 18 | 0.36 |

1991—2007年，咸阳地区霍乱、鼠疫未见发病。为加强防范，咸阳市每年都把以霍乱为主的肠道传染病防治工作作为传染病防治工作的重点。1964年成立了霍乱防治领导小组，制订了霍乱防治方案，每年都储备足够的消杀药品和消杀器械。各县市区也都成立了相应的防治组织，设立了监测哨点医院。1991年，在全省率先制定并实施了《咸阳市县、区级传染病管理工作规范》，从而使咸阳市的传染病管理工作系统化和规范化。

流行性出血热是一种自然疫源性疾病，是咸阳境内危害人民群众生命安全最严重的一种传染病，全市13个县市区均有发病。1982年组建了出血热监测实验室，有计划地对疫区进行监测。彬县、武功是咸阳市的鼠密度监测点，定期进行鼠密度监测。1986年市卫生防疫站季蔚文、赵海彦等运用植物血球凝集素（PHA）预防、诊断、治疗流行性出血热获得明显效果。通过在重疫区连续三年近五万人次的现场试验观察，证明PHA皮试阴性者发病率较高，阳性者发病率较低。通过筛选阴性反应易感者注射PHA，有一定预防效果；在疫病区发病高峰季节对发热患者进行PHA皮试诊断与临床诊断符合率达79.2%，可作为早期诊断的参考指标之一；可明显提高患者机体细胞免疫功能，增强机体抗病毒能力，从而使出血热患者病情较快缓解，提高了治愈率，降低了病死率。

20世纪90年代，随着出血热病原基本查清，以及出血热疫苗的推广应用，使咸阳市的出血热发病率有了大幅下降，病死率也逐年下降。由1991年的发病数和死亡数分别为1909人和41人，下降到2007年发病数、死亡数为224人和1人。

伤寒与副伤寒是一种古老传染病，1991年后通过爱国卫生运动开展“三管一灭”，切断传播途径，及《食品卫生法》的实施都取得较大进展，有效降低了伤寒的发病。(见表7-2-2)

表7-2-2　　1991—2007年咸阳市伤寒与副伤寒发病、死亡统计表

| 年份 | 发病人数（人） | 死亡人数（人） | 发病率/10万 | 病死率（%） |
|---|---|---|---|---|
| 1991 | 144 | 1 | 3.30 | 0.69 |
| 1992 | 101 | 0 | 2.28 | |
| 1993 | 65 | 0 | 1.44 | |
| 1994 | 47 | 0 | 1.02 | |
| 1995 | 45 | 0 | 1.02 | |
| 1996 | 23 | 0 | 0.50 | |
| 1997 | 30 | 0 | 0.63 | |
| 1998 | 32 | 0 | 0.67 | |
| 1999 | 47 | 0 | 0.98 | |
| 2000 | 30 | 0 | 0.64 | |
| 2001 | 39 | 0 | 0.82 | |
| 2002 | 29 | 0 | 0.61 | |
| 2003 | 18 | 0 | 0.37 | |
| 2004 | 15 | 0 | 0.31 | |
| 2005 | 6 | 0 | 0.12 | |
| 2006 | 11 | 0 | 0.22 | |
| 2007 | 5 | 0 | 0.10 | |

咸阳地区是炭疽自然疫源地，经多年控制，发病率逐年下降，疫区缩小。1991—2007年，几乎每年都有发病。1991年报告4例，1992年1例，1993年3例，1994年1例，1996年4例，1997年1例，1998年2例，1999年5例，2000年1例（死亡1例），2001年3例，2002年5例，2003年7例，2004年3例，2005年1例，2006年6例（死亡1例），2007年1例。

性病从1990年开始有报告，淋病发病率从1991年的1.07/10万上升到2007年的2.91/10万，梅毒发病率从1991年的0.02/10万上升到2007年的2.41/10万。

艾滋病（英文缩写为AIDS），又名获得性免疫缺陷综合征。咸阳市1999年首例报告，是一名艾滋病病毒携带者，2001年报告一例艾滋病病人，2003年共报告6例艾滋病病人和病毒携带者，2004年报告14例艾滋病病人和病毒携带者，

2005年全市共报告26例，2006年全市报告29例，2007年全市报告15例。艾滋病例累计列陕西省报告发病数的第二位，累计死亡25例，涉及咸阳市10个县市区，经血液、性、母婴垂直三种传播途径均有发现。

1991年，为了方便群众，专门成立了结核病门诊部，全年做结素实验500余人，咨询者300余人，涂片40余人。当年全市共报告新发结核病418例。1995年是结核病防治十年规划的中期，重点加强了对项目县的检查和督导工作。1996年，结核病确定为乙类传染病后，加强了病人发现登记和报告工作，尤其是加强了对涂阳病人的发现和治疗管理。1999年主要开展了结核病防治咨询及技术指导工作。参加了西北、西南十省区结防协作区第十届学术研讨会。2000年主要开展了结核病防治咨询及技术指导工作，协助礼泉、武功两个项目县开展结核病防工作，重点加强了结核病人的发现工作。

2002年以来，认真贯彻落实《咸阳市结核病防治规划（2002—2010年）》（以下简称《规划》），全面扩展现代结核病控制策略，使病人发现、治疗、管理、培训、督导、监测等工作顺利实施；特别是2004年、2006年全国结核病防治工作电视电话会议以来，进一步加大了工作力度，扎扎实实开展防治工作，取得了明显成效。

## 第二节 地方病防治

地方病是在特定的区域和地理环境中出现的一种特殊疾病，其分布有明显的地理界线。咸阳地处北部沟壑地带和南部平川地带，为特有的地理地貌，是全国地方病重发病区之一。全市13个县市（区）均有地方病，北部以大骨节病、克山病为主，南部平川以地方性氟中毒、碘缺乏病为主，麻风病、布鲁氏菌病均有散在不同程度发生。

1953—1975年7月，咸阳市地方病防治研究所与咸阳地区卫生防疫站地病科合署办公。1975年8月经中共咸阳地委批准成立，分设单列，是陕西省地市级唯一的县级（地方病专业）卫生事业单位。

1978年咸阳地区地方病防治所，对地方性甲状腺肿的防治研究，通过碘化钾、消瘿注射液以及群众性的服用碘盐的方法，使15．7万多群众解除痛苦，特别是对一些结节型甲状腺肿的治疗，地区手术队攻克了手术后容易引起窒息死亡的难关，受到全国科学大会的赞誉。兴平县医院皮肤科100%地龙注射液治疗慢性荨麻疹等13个科研项目，获咸阳地区1978年科学大会奖。

1978—1982年，咸阳市地方病防治研究所从大骨节病流行病学、生态环境放射学、病理学、生物化学、临床防治方面，完成了对咸阳市永寿大骨节病一次全面、系统的科学考察。经过20多个单位180多位科技工作者的艰苦努力，拍成X片25000人次，采集水、土、粮、发、血、尿等样品6400多份，取得15万个数据和大量其他科学资料，为大骨节病防治研究提供了必不可少的科学文献，获得1982年卫生部甲级科学技术成果奖。1984年推广应用了《永寿县大骨节病医学科学考察》的科研成果。对乾县、礼泉、永寿、长武、旬邑等6县病区117万人口，实施服用硒盐进行防治，使易发病儿童病情大幅度下降，全部患者X线阳性率由68.1%下降为14.9%，干骺端阳性率由45.9%下降为3.4%。各项监测指标证明，病情已得到控制，再无新发病例。免除了病区人民的后顾之忧，保证了预备劳动力的健康。

1991—2008年，全市地方病防治工作取得显著成绩：病区饮水，移民搬迁超额完成任务，大骨节病手术治疗成效显著，布病疫情基本得到控制，克山病再无新发，防氟改水工作进展顺利，麻风病、碘缺乏病基本得到控制。

碘缺乏病是由于外环境缺碘而导致机体碘摄入不足，造成以甲状腺激素合成不足为主要发病机制的综合征。它包括地方性甲状腺肿、地方性克汀病、亚临床克汀病、新生儿先天性甲状腺功能低下症、新生儿先天畸形、单纯聋哑、孕妇早产、流产、死产等。

咸阳13县市区均属于缺碘地区，通过各级防治人员的不懈努力，碘盐覆盖率、合格率逐年提高，8—10岁学生甲状腺肿大率逐年下降，人群碘营养水平明显改善，2004年，咸阳市13县市区均已实现消除碘缺乏病目标。

地方性氟中毒是在自然条件下，长期生活在高氟环境中，主要通过饮水、空气或食物等介质摄入过量的氟，导致全身慢性、蓄积性中毒，称之为地方性氟中毒。该病是一种全身性疾病，但主要损害牙齿和骨骼。前者表现为氟斑牙，后者表现为氟骨症。氟斑牙表现为牙釉质变黄、变黑、缺损，甚至易磨损、碎裂、脱落等。氟骨症主要表现为四肢大关节疼痛、变形、弯腰驼背、丧失劳动能力，甚至瘫痪在床，生活不能自理。

咸阳市属于饮水型氟中毒，主要分布在秦都、渭城、兴平、三原、泾阳、乾县、礼泉、武功、旬邑九个县市区。1991—2008年间，对氟中毒病区进行了病情调查，氟斑牙调查人数为181079人，患病人数为62640人，患病率为34.59%；氟骨症调查人数为75966人，患病人数为1880人，患病率为2.47%。对氟骨症患者进行了氟骨康、骨芩通痹丸和抗氟胶囊等药物治疗，1997—2005年共治疗氟骨症患者1407人，总有效人数为1338人，总有效率为95.1%。治愈人数79人，治愈率为5.6%，无效人数为68人，无效率为4.8%。

大骨节病至今是一种病因不明，无特效治疗方法，严重危害病区人民身体健康的地方性、高发性、变形性骨关节病。主要侵犯生长发育期的儿童和青少年的骨关节系统。轻者关节疼痛，增粗变形，腿弯肢短，肌肉萎缩。重者造成终身残疾。咸阳市大骨节病主要分布在永寿、旬邑、淳化、彬县、乾县、礼泉、三原、泾阳等县市区。1991—2008年，在大骨节病防治工作中，主要采取手术治疗、硒盐监测、大骨节病区改水等方法，对大骨节患者实施了免费手术治疗，在旬邑、永寿、彬县、礼泉、长武5个重病县大骨节病区改水，原计划受益人口为45550人，计划投资1214万元，其中省上补助402.42万元，市县配套260.34万元，群众自筹551.62万元。已完成病区的改水受益人口为74550人，为原计划的163.7%。

克山病是一种至今病因不明的以心肌病变为主，在特定地区、时间和人群中发生的地方病。临床分为急型、亚急型、慢型及潜在型4种类型，每年冬春季为高发季节。克山病在咸阳分布呈明显的地方性，主要分布在渭河以北黄土高原的旬邑、长武、彬县、淳化、永寿县及关中平原交界的乾县、礼泉县北部的山区丘陵地带。

1991—2008年，在坚持硒盐防治和“三防四改”（防寒、防烟、防湿，改善营养、改善环境、改善饮水、改善居住条件）等综合性防治措施基础上，克山病防治取得较好疗效。

布鲁氏菌病（简称布病），是由布鲁氏菌引起的一种以发热、出汗、关节疼痛、肌肉疼痛、全身乏力、睾丸肿大为主要症状的人畜共患传染病。严重影响人民健康和畜牧业发展。咸阳除旬邑县外，其他各县市区均有人畜发病流行。1991年至今共发现病人16例，在布病防治中，主要采取：经常调查，发现病患后，对3公里范围以内的村庄进行调查。1991—2008年共调查38534人，做皮变试验和血清试验1859人，确诊16例。自2002年以后省上对布病患者实行免费药物治疗，药物为强力霉素和利福平，目前咸阳市患者均已治愈。

麻风病又叫“癞子”或“大麻风”，是由麻风杆菌引起的一种慢性接触性传染性皮肤病，在中国流行已2000多年。麻风杆菌主要侵犯皮肤黏膜和周围神经。麻风杆菌侵犯皮肤黏膜，在临床上表现为斑疹、丘疹、浸润、溃疡等，麻风杆菌侵犯周围神经，使周围神经发生形态和功能的改变，表现为皮肤损害处感觉丧失、失汗、干燥、毛发脱落，局部组织吸收、萎缩，甚至产生严重的畸残。

咸阳市于1986年11月采用联合化疗方案免费治疗麻风病患者，效果非常显著。近5年（1986—1990年）平均发病率为0.025/10万，达到了国家基本消灭麻风病的标准，通过了省级考核。1991年后，咸阳市通过加强领导、广泛宣传、培养骨干、早期发现、防治结合等方式，麻风病防治工作取得了一定成效。1991—2008年，咸阳市累计发现麻风病人15例，通过联合化疗治愈12例，还有3例病人已完成联合化疗疗程，正在固效监测中。2008年患病率为0.06/10万，近5年（2004—2008年）平均发病率为0.02/10万，巩固了基本消灭麻风病的防治成果。

截至2007年，咸阳共报告甲、乙、丙三类地方病种37种。地方病防治工作取得重大成果，全市实现了消除碘缺乏病目标，完成地方病氟中毒病区改水460多处，受益人口达到86万人，大骨病区180万人坚持食用硒碘盐，病区搬迁61308人，克山病稳中有降，近10年没有发现急性和亚急性病人。

# 第三章

# 制药及保健品

## 第一节　中药制剂

20世纪80年代，咸阳的医药产业仅限于县办企业。据1988年统计资料表明，全市从事医药的企业只有11家，全民所有制9家，集体所有制2家，固定资产3900万元，职工总数3669人，工业总产值5364.8万元，销售收入5891.7万元，上缴利税656.18万元，在当时并不具有产业优势。

1992年，赵步长创办咸阳步长脑心血管病研究所，现已发展为步长制药有限公司，提出了供血不足乃万病之源及脑心同治两个医学理论，并以此为基础研制成名牌产品步长脑心通。步长脑心通精选上等的黄芪、丹参、桃仁等十六味名贵中药材，其药材精选于GAP药源基地，保证药材地道，自1993年上市以来，步长脑心通解除了国内外8000万心脑血管病患者的病痛，累计销售额已突破40亿元。该公司研发的“龙生蛭胶囊”，是治疗中风病恢复期气虚血瘀症及中风病预防的药物。该药物制剂工艺较为先进，已取得国家新药证书。该药主要用于补气活血，逐淤通络。用于动脉硬化性脑梗塞恢复期中医辨证为气虚血瘀型中风中经络者，症见半身不遂，偏身麻木，口角㖞斜，语言不利等。

子宫肌瘤，被人们称为“妇科第一瘤”，从古到今都被列为妇科疑难杂症。有关资料显示，子宫肌瘤妇女终身发病率在20%—25%，而30—50岁的妇女发病率为30%—50%。近年来，由于受环境污染、饮食结构改变等因素影响，子宫肌瘤的发病率有进一步增高的趋势。由它引起的月经不调、腹部肿块、压迫症状、疼痛、白带增多、不育、循环系统症状等，对广大女性造成了很大的身心损害。临床实践还证实，子宫肌瘤常并发输卵管、卵巢病变，也极易和子宫体腺癌和宫颈癌同时存在，是影响现代妇女健康的重要原因。宫瘤消胶囊是步长制药有限公司用于治疗子宫肌瘤的独家产品，属国家六类新药，功能活血化淤，软坚散结。

505药业有限公司于1997年建成投产，现有国家药品监督管理局批准的新药、仿制药品八种，包括主导产品参芪降糖胶囊、六味地黄胶囊、杞菊地黄胶囊，同时还生产通脉卫剂、荆防卫剂、蒲地蓝消炎片、滋补生发片和噙化上清片等。公司具备先进的生产设备体系，现有中药材前处理、水提取及醇提取生产线三条，年处理加工中药材850吨。制剂生产线三条，年产片剂5亿片，胶囊3亿粒，颗粒50吨。公司建成十万级洁净生产区5000平方米，仓储面积1542平方米，配备有火灾自动报警系统、自动消防喷淋系统及红外线安全防盗系统。公司完全拥有自主知识产权的络淤通胶囊是国家级三类新药，其特有的祛风通络、逐淤化淤、益气活血功效，对于风痰淤血痹阻型缺血性中风病中经络急性期或恢复期，症见半身不遂、偏身麻木、口舌㖞斜、语言謇涩等，脑梗塞属于上述表现者都有良好的疗效。

陕西健民制药有限公司创建于1996年，是集生产、科研、销售于一体的科技型非公有制企业。公司现有固定资产1.8亿元，现有员工320人、专业技术人员108人。拥有一个药源基地、一个药物研所、两大生产基地、三大营销网络。该公司的小蓟GAP药源基地位于陕西省咸阳市乾县，那里气候温润，水质优良，空气达到国家一级标准，是天然的中药开发宝库。该公司生产5个剂型，110个品种，主导产品有参龙宁心胶囊、参芎胶囊、参茯胶囊、益宫颗粒、女金片、蛭蛇通络胶囊、血立止冻干粉针剂等。拥有“久正”“益贞”“亦芝堂”三大国内知名品牌。据国家权威机构调查数据显示，“久正”已成为消费者信得过十大品牌之一，品牌价值超过5亿元。2006年建立了以泰中健民为先导，带动东南亚，全面拓展国际市场的开发攻略。同年，久正品牌获得泰国政府认可的永久性古式药方认证并成功上市。

参龙宁心胶囊是该公司利用现代技术生产的获国家三类新药证书的一种中药，是临床治疗“气阴两虚”型心悸的有效药物，其组方经系统药学，药理及420例临床试验，证明其功能主治与临床效果相符合，疗效可靠。2010年，该产品获得第十九届全国发明展览会金奖。

参芎胶囊是该公司根据祖国中医学理论，结合现代药理研究的最新成果，能显著增强已减退的神经原能量代谢、改善脑部血液循环、激活突触的神经传导功能、抑制血小板凝聚并防止血栓形成，临床上广泛用于治疗老年性痴呆、急性缺血性脑血管病、卒中后状态和大脑外伤后遗症，取得了很好的疗效。

近年来由于各种原因导致的出血病发病率升高，但止血药国内研究相对滞后，常用药仍然为70年代问世的安络血、止血敏、维生素K等，疗效较差。血立止冻干粉针剂，为国家二类新药，填补植物止血药干粉剂的空白，属国内领先水平。血立止冻干粉针剂具有良好的凉血止血、祛淤消肿作用，可广泛用于传染病引起的出血、白血病、外伤出血及手术前后出血、血友病等各种内外出血症，并有止血不留淤的特点。

陕西海天制药有限公司是专门从事药品开发、生产、销售的高科技制药企业，现有片剂、胶囊剂、颗粒剂、栓剂、洗剂、合剂（口服液）、中药提取七条生产线，已全面通过国家GMP认证。公司依托西安交大药学院，走产、学、研相结合的道路，主要有复方沙棘籽油栓、沙棘干乳剂、黄豆苷元胶囊、四季抗病毒合剂等十多个产品，已获得国家发明专利4项，拥有注册商标3个，其中“沙利舒”商标被陕西省工商管理局评为“陕西省著名商标”。

公司主导产品复方沙棘籽油栓是由西安交通大学药学院多名专家教授经十余年潜心研制的国内首例以沙棘籽油作为治疗妇科疾病的国家三类（中药）新药，对宫颈糜烂及各种阴道炎疗效显著，特别是在治疗老年性阴道炎、宫颈鳞状上皮细胞增生方面处于国际领先水平，并荣获陕西省科学技术二等奖、咸阳市科技进步一等奖，被列为陕西省火炬计划项目和陕西省重大科技创新项目，入选国家基本用药目录，列为国家中药保护品种、陕西省名牌产品，2004年获得发明专利。

黄豆苷元是大豆异黄酮的主要成分，是治疗心脑血管疾病、妇女更年期综合征、高血压、眼耳科疾病及改善微循环的有效药物，具有起效迅速、疗效显著、无毒副作用、安全可靠等特点，目前在保健食品、化妆品中也被广泛应用。海天制药公司“两步法合成黄豆苷元新工艺”项目，通过第一步环合反应制备缩合产物，第二步环化反应以第一步反应制备的缩合产物和N，N－二甲基甲酰胺二甲缩醛为原料制备黄豆苷元。

陕西冯武臣大药堂制药厂有限公司是以药品研制、开发、生产、销售为主的股份制高科技现代化制药企业。公司先后研制、开发、生产出胶囊剂、片剂、丸剂、颗粒剂、软膏剂、喷雾剂、滴丸剂、糖浆剂等九个剂型十多个品种。主导产品脑得生丸、抗骨增生丸、参茸温肾丸属国家级新药。生产规模可达年处理中药材500吨，年生产胶囊剂1.8亿粒，片剂2.8亿片，颗粒剂5000万袋。

陕西康惠制药有限公司是以药品研制、开发、生产、销售为主的民营高科技现代化制药企业。2001年12月通过国家GMP认证。公司先后研制、开发、生产出胶囊剂、片剂、颗粒剂、口服液、酒剂五大剂型二十多个品种。其主导产品复方双花片、附桂骨痛胶囊、消银颗粒属国家级新药，生产规模可达年处理中药材500吨，年生产胶囊剂1.5亿粒，片剂1.8亿片，颗粒剂5000万袋，口服液8000万支，酒剂200吨。复方双花片是纯中药制剂，该药具有清热解毒、利咽消肿的功能，已取得了国家药品监督管理局颁发的新药生产证书。

陕西白鹿制药股份有限公司创建于1978年，2000年经过股份制改造，是陕西省第一家非公有制制药企业，现以制药为主业，有机电分公司、白鹿农化等三家生产性企业。

2001 年，公司通过国家药品生产 GMP 认证，2006 年 8 月再次顺利通过国家药品生产 GMP 认证。生产的产品有片剂、胶囊剂、颗粒剂、合剂、口服液、口服溶液剂六个剂型，主要是心血管类、解热镇痛类、妇科类产品，拥有 85 个药品批准文号，其中中药品种 30 个，化学药品 55 个；有省级名牌产品“阿司匹林肠溶片”1 个，国家中药保护品种“双黄连片”1 个，具有独立知识产权的专利产品“乳癖散结胶囊”“宫炎康颗粒”“谅解感冒合剂”3 个，现已形成以“复方氨酚脘片、阿司匹林肠溶片、银黄口服液、颗粒”批发为特色的广普药，以“乳癖散结胶囊”临床推广为特色的新特药。近年来，开发了治疗复发性口疮的中药五类新药口疮宁含片。口疮宁含片是用现代科学方法从天然中药中提取有效部位“显齿蛇葡萄总黄酮”制成的含片，是中药二类新药（药品注册办法归为五类新药）属国家支持领域中的中药、天然药物类创新药物。

陕西摩美得制药公司成立于 1995 年，是咸阳大型制药企业。企业拥有九个药用剂型的生产线，已经通过了国家的 GMP 认证。被誉为国内妇科领域主导品牌的“气血和胶囊”，连续十多年畅销于国内的广大市场，并以其疗效的可靠性和广泛性，在亿万患者及业界赢得了普遍的赞誉。国家级三类新药《复方芙蓉泡腾栓》拥有二十年专利保护，是国内唯一的妇科用泡腾栓剂。公司还拥有“宫月舒胶囊” “小儿清热宣肺贴膏”“双金胃肠胶囊”“心速宁胶囊”“双藤筋骨片”“双石通淋胶囊”等七个国家级六类新药；“止血祛瘀明目片”“除翳明目片”“乳癖康胶囊”“阳参益肾胶囊”“香鹿益阳胶囊”“参阳胶囊”等十五个企业独家品种，获得了国家的二十年专利保护；“冠心丹参胶囊”“消银胶囊”两个四类新药，不但被国家列为医保产品，而且还是国家的中药保护品种。

陕西天禄堂制药有限责任公司自主开发研制的国家三类新药“喘泰颗粒”，于 2002 年 8 月 7 日取得新药证书，是临床中药治疗“哮证”发作期及“喘息型哮喘”的有效药物，该产品 2004 年获陕西省科学技术三等奖。

阴道炎属于中医学带下与阴痒范畴，带下病多因温热下焦，损伤冲任之脉，任脉不固。带脉失调所致的带下量多，色黄或赤白，连绵不绝，治则以清热解毒，燥湿杀虫，祛腐生肌为中医的治疗原则。陕西思壮药业有限公司研发的“复方清带灌注液”，就是根据上述医理精心设计研发的国家级四类新药，是国内目前唯一批准的灌注液型治疗妇科炎症的现代中药制剂。

陕西三正药业有限公司是一家集药品研究、开发、生产、销售于一体的医药企业，研究开发了具有自主知识产权的盆炎宁片、柴芍乳增胶囊、柏仙妇炎栓等独家新药。

由于目前对慢性盆腔炎的发病机理仍缺乏足够的了解，每年有成千上万的患者因得不到及时彻底的治疗而留下一系列后遗症。盆炎宁片是中药复方制剂，它通过活血化淤，清热利湿，对慢性盆腔炎进行标本兼治。

乳腺增生病是中青年妇女的常见病、多发病，目前全国统计发病率为50%，部分地区已达60%—70%。柴芍乳增胶囊是一种治疗乳腺增生的中药复方制剂，通过舒肝理气、调冲活血、化痰散结治疗乳腺增生，对乳腺增生的乳痛和乳房肿块的两大主症，着眼于消除肿块。

陕西中医学院制药厂是集生产、经营、科研、教学于一体的现代化制药企业，拥有技术先进的注射剂、口服液、丸剂、胶囊剂、片剂、颗粒剂六大剂型生产线。已全面通过了国家级GMP认证。严格按GMP要求规范生产，建成了合理高效的质量保证体系，对生产全过程进行监控。以陕西中医学院为依托，拥有科技、人才双重优势，企业现有员工400余人，中、高级技术人员占员工总数的40%以上。目前，主导产品有“固肠止泻丸”“八正合剂”“维血宁”“参术止带糖浆”“消炎退热合剂”“金砂五淋丸”等16个品种。其中八正合剂是国家中药保护品种、国家医保品种、OTC甲类产品。固肠止泻丸是国家中药保护品种、国家医保目录品种、国家发改委指定临床代表品种。

“固肠止泻丸”是陕西中医学院专家教授根据多年的临床经验，精心研制的治疗急、慢性非特异性溃疡结肠炎的特效药物。本品主要原料有乌梅或乌梅肉、黄连、干姜、木香、罂粟壳、延胡索。取乌梅洗净，用水煎煮2次（1.5小时、1小时），过滤，合并滤液，浓缩至相对密度为1.1（60摄氏度），备用；其余黄连等五味粉碎成细粉，用上述浓缩液和适量水泛丸，烘干，包炭衣，打光，即得。或将乌梅肉与其余黄连等五味，粉碎成细粉，用水泛丸，干燥，即得。主要用于治疗溃疡性结肠炎、急慢性肠炎、痢疾、结肠易激综合征、久泻等。

颈椎病的治疗需要较长的时间，且各种治疗方法均需服药。颈复康胶囊是陕西东泰制药有限公司自主研发的国家级中药新药，属全国独家生产品种。该产品活血通络，散风止痛。适用于颈椎病引起的脑供血不足，头晕，颈项僵硬，肩背酸痛，手臂麻木等症。其组方科学合理，内外兼治，促进自身免疫功能恢复，经现代药理学、药物动力学研究及临床研究证实其功能主治与临床效果相符，疗效确切。

陕西利威尔制药生产的复方康立舒胶囊所含的有效成分为植物胰岛素，是利用现代医药生物技术从纯天然药用植物苦瓜中提取的一种具有生物活性并能与胰岛素抗体特异性结合的蛋白质。每0.5克所含的植物胰岛素活性不低于180μIU（国际单位）。根据急性毒性分级标准，该产品属无毒级产品，过量服用不会引起低血糖昏迷。卫生部食品卫生监督检验所对其调节血糖作用和功能的评价结论也同样证明：该产品在安全无毒的基础上有显著的降血糖作用。

陕西功达制药有限公司有“黄豆苷元胶囊”“复方莪术油栓”“前列泰胶囊”等12个产品。该公司研发的鼻康胶囊，处方是由鹅不食草、鱼腥草、羊耳菊、绣线菊、漆姑草、大蓟根、路路通七味中药制成的中药复方制剂，经过药理学研究证实具有明显清热解毒，疏风消肿、利咽通窍的功效。对于鼻炎、鼻窦炎等疾病有较强的防治作用。

陕西华龙制药有限公司成立于1999年，拥有中药前处理、提取、片剂、胶囊、颗粒剂和口服液4个剂型5条生产线。2002年该公司的颗粒剂、胶囊剂、片剂和口服液4种剂型通过国家GMP认证，主要产品有20多个，主打品种“正心泰颗粒”已成为独家生产的国家中药保护品种，治疗心脑血管的乐脉胶囊也已投放市场。

目前中国心脑血管疾病患者人数近3000万人，患者人数居世界之首。乐脉胶囊采用了先进的超微粉碎技术，同时采用微波真空浓缩干燥技术，使治疗的有效成分丹参酚酸类成分不被破坏，且含量大大提高，具有行气活血，化瘀通脉的功效，可用于气滞血淤所致的头痛、眩晕、胸痛、心悸。冠心病心绞痛、多发性脑梗塞见上述证候者，为临床证实安全有效的药物。

## 第二节 中药现代化

为了贯彻落实国家《中药现代化科技行动计划》和省政府《陕西省中药现代化科技行动计划》，在市委、市政府的领导及省科技厅的支持指导下，咸阳市先后组织了“咸阳市中药现代化实施途径与对策”“咸阳市北部五县中药材生产状况”“咸阳市中药制药企业生产、经营、研究基本情况”等专题调研，召开了“咸阳市中药现代化研讨会”“技术推介会”，组织专家编写完成了《咸阳适生中药材规范化栽培技术新编》，起草了《咸阳市中药现代化科技行动方案》，举办了“中药制药企业技术创新培训班”等。

咸阳市中药产业由三大部分组成，中药种植、中药加工和中药科研。

2002年旬邑县被确定为“陕西省中药材种植基地”县后，2003年永寿、武功两县又被列为“陕西省中药现代化科技示范园”。为吸引更多的企业参加基地建设，在旬邑县召开了陕西省中药种植基地县挂牌暨招商引资新闻发布会，吸引了西安春晖药业公司、咸阳步长制药公司、康惠制药公司分别在该县建立GAP科研示范基地，与咸阳绿世纪公司、西安麦迪森公司及山东等地企业签订46份大额种植订单，引进资金2160多万元。春辉制药公司、步长制药公司的黄芪规范化科研示范基地分别投入了400万—500万元。经过三年的试验，已基本具备了申请国家认证的条件。步长公司不但建立了50亩示范园，还与农户签订了5000亩种植合同，制定了黄芪SOP规范。永寿、武功两示范县的科研示范基地已启动建设，并建立了中药材协会和两个示范种植技术推广站，两个示范基地与一个种苗繁育基地，引进了安徽亳州药业总商会、西安地道中药材公司等企业到该县种植中药材。到2007年，中药种植业产值约10亿元，约占全市农业总产值的4.7%。

中药制药业是咸阳市中药现代化的主战场。全市通过国家GMP认证的制药企业34户，其中中药制药企业26户。2007年医药工业总产值25亿元，其中中药产值达22亿元。中药企业投入中药研发的费用年达1.2亿元，占销售总额的5.5%，近几年开发了沙棘油栓、喘泰颗粒、参龙宁心胶囊等十几种具有自主知识产权的中药新药，并成功投放市场，医药产业的技术水平和产品档次不断提高。

咸阳市拥有陕西省中药研究所和陕西中医学院等科研机构。为了充分利用这种优势，在陕西中医学院成立了“咸阳市中药现代化技术服务中心”，与中医学院和陕西中药研究所联合建设“咸阳市中小企业科技公共服务信息平台项目——生物、医药行业子信息平台”，并签订了合作协议，邀请中医学院专家教授编写了《咸阳适生中药材规范化种植技术新编》，供制药企业建立种植基地时参考和用作基础干部和药农的培训教材，近两年，先后举办了5期中药材规范化种植技术培训班，培训400人次。

为了充分发挥政府科技计划的引导作用，在市级科技计划中设置了“新医药研究及产业化”和“中药现代化”两个中药现代化专项，政府科技经费累计投入600多万元，引导企业新药研发投入近亿元。两个专项各有重点，新医药研究及产业化的重点是支持获得国家新药临床试验批件的新药研究及产业化开发，中药现代化专项的重点是中药新药基础研究及中药制药新技术研究。

中药现代化信息服务平台建设有三个内容：一是利用“咸阳科技信息网”，开设中药现代化平台，栏目有新药研发、新技术、专家论坛、企业交流等；二是利用省中药研究所和陕西中医学院在咸阳市的有利条件，联合建设“咸阳市中小企业公共信息平台项目中的生物、医药行业子信息平台”；三是利用“咸阳市中药现代化技术服务中心”，为中药现代化提供全方位技术服务，包括信息化服务。

2004—2007年，科研院所、大专院校申报地方中药科研项目的数量翻了三番，从年不足50项到60多项，地方科技计划对科研院所的支持力度成倍增长。科研院所、大专院校的科技人才，通过兼职、培训和科研项目到企业寻求合作开发，资金支持等方式参与企业的技术创新等行动，据不完全统计，仅陕西中医学院就有200多名专家、教授参与中药研发、中药基础研究等中药现代化行动。

针灸调节荷瘤机体IL2 - IFN - NK免疫网与其相关网MΦ - IL1Th - 及抑瘤效应，由陕西中医学院马振亚主持研究，以大椎、足三里为主穴，针灸（含电针艾灸）荷瘤（HAC、H37、S37、S180）或H22淋巴道转移造型小鼠后，取样，以较先进的MTT、LDN等方法，同步测定IL2－IFN－NK免疫网或相关网MΦ－IL1－Th各指标值、抑瘤与抗H22淋巴道转移有关指标，经多批次系列实验研究表明，以统计学显示（与荷瘤对照组比较）针灸（含电针艾灸）具有正向调节荷瘤机体IL2－IFN－NK免疫网与其相关网MΦ－IL1－Th作用，并有明显抑瘤和抗H22淋巴道转移效应，前者与后者呈现正相关联。据此，提出了“针灸正向调节免疫网与相关网及抑瘤效应”的新论点，创绘出“针灸调节荷瘤机体免疫网与相关网及抑瘤示意图”。

陕政发［2006］14号文件决定，授予马振亚、胥冰、张登峰在《世界针灸》杂志2003年第13期发表的《针灸》《IL2－IFN－NK调节网与其相关网MΦ－ILI－Th的影响及抑瘤效应——针灸对相关网MΦ－ILI－Th与抗癌（H22）淋巴道转移效应》研究论文获陕西省第九届自然科学优秀学术论文二等奖。该文对进一步观察针灸和针刺对相关网MΦ－ILI－Th与抗癌（H22）淋巴道转移的效应研究结果进行了报道，研究证明针灸具有正向调节机体主要免疫调节网与相关网的作用，以抗御和减轻治病因子的危害。这是针灸免疫机理研究中的新概念。

陕西中医学院赵宗辽论文《浅谈针刺过程中押手操作的作用》，获2006年陕西省第九届自然科学优秀学术论文三等奖。该论文较系统、深入地研究了针刺治病过程中押手操作的作用，认为：针刺前，有探明穴位、分散病人注意、减少针刺疼痛、分散卫气和固定腧穴局部的作用。针刺中，有配合刺手进针、行气、引导进针和改变经气运行方向的作用。针刺出针后，有实施补泻操作、防止经气外泄、预防针穴局部气滞血淤和解除滞针现象的作用。为押手在针刺临床应用理论上提出了新的见解，并强调针刺治病时，不仅要重视刺手操作手法的作用，还要注重押手操作的作用，左右手操作密切配合，更大地发挥针刺疗效。对针灸临床工作具有指导意义和实用价值。

由西安阿房宫药业有限公司、陕西中医学院唐志书主持的“区域性特色资源新药——粒欣胶囊的开发研究”课题，被科技部批准为“十一五国家科技支撑计划中药产业区域发展及特色产品开发项目”类别的“区域性特色资源中药新品种研究与开发”的子课题。该项目是针对陕南中药资源山茱萸的开发利用，从山茱萸中提取出山茱萸总皂苷，开发成一种用于治疗冠心病、心绞痛的中药五类新药。

由咸阳步长制药有限公司南景一主持的“中药区域特色中药材炮制及储藏技术标准研究”课题，被科技部批准为“十一五”国家科技支撑计划：中药产业区域发展及特色产品开发课题。该课题主要围绕陕西省地道中药材炮制、储藏技术及质量标准研究，内容涉及“陕西中药材产地加工炮制一体化技术研究及其质量评价体系、质量标准研究”“中药炮制工艺与现有国产设备适应性研究”“中药炮制品质量评价体系及质量标准研究”“陕西地道中药储藏技术及包装材料研究”等四个方面。该课题的完成将有效推进陕西中药饮片炮制产业快速发展。参与该课题研究的还有陕西中医学院和陕西省中医研究院两家单位。

## 第三节　保健品

1998 年，随着改革开放的深入，市内相继出现了一些从事医药保健产业的民营科技企业，开始打破原来单一的国有医药企业的所有制模式，全市的医药保健产业开始迅速发展。在短短的数年中，咸阳新兴的医药保健产业形成 3.4 亿元的生产经营规模，占到全省的 40% 以上。中国咸阳保健品厂率先进入了亿元企业的行列。

咸阳市医药保健产业的发展大致经历了三个阶段。第一阶段从 1988 年到 1993 年，处于起步阶段。在这个时期，大多数医药保健企业刚刚开始兴办，多以“内病外治”型的保健品为主，一少部分企业形成了原始积累，并开始向新兴保健产业领域发展，出现了以“505”为代表的企业翘楚。第二阶段从 1994 年到 1998 年为发展壮大阶段。部分企业在市场竞争中站稳了脚跟，重视高科技含量的产品开发，开始向医药产业进军，全市医药保健产业从量的扩张到质的提高都有了明显的进展，出现了以步长制药有限公司为代表的企业典型。从 1999 年开始，咸阳医药保健产业进入新的发展阶段，即产业化发展阶段。

1985 年 9 月，董学武创办咸阳最早的民办科技实体——秦都区实用科技服务站，任站长。1987 年研制成功“直接快速提取胆红素新工艺”，1988 年 4 月通过陕西省科委鉴定，取得国家专利。1990 年研制神灵儿童安康袋，1991 年 5 月通过陕西省卫生厅组织的专家评审，认定这种安康袋具有“健脾益肾、祛邪固本，芳香化浊，调节机体免疫功能，适应于小儿消化不良、腹泻、腹痛、腹胀及咳喘等症的辅助治疗，亦可用于感冒的预防”，并获得国家专利。同年 9 月，经咸阳市科委批准，将秦都区实用科技服务站更名为咸阳儿童保健研究所，下设咸阳儿童保健品厂，由董学武担任所长和厂长。神灵儿童安康袋被全国七运会指定为首家保健纪念品，被誉为“儿童保健魔力袋”。他相继开发上市的还有东方女神、长寿袋、药枕、护肩、护膝以及专治化脓性中耳炎新药神灵耳宝等神灵系列产品。1994 年，咸阳儿童保健研究所、儿童保健品厂发展为科研、生产、销售一条龙的咸阳神灵医药保健品总公司。

1988 年 10 月，来辉武创办咸阳抗衰老研究所和咸阳保健品厂，发明研制出了 505 神功元气袋及系列医药保健品，并获得国家专利。目前主要产品有：505 神功元气袋（成人型、妇女型、儿童型）、

505神功药枕、505神功护膝、505神功护肩、505神功健脑帽、505健乳罩、505神功护腰、505洗乐、505柏龄玉液、505清心药茶、505五味清茶、505锂锶泉水等，在80年代505系列产品在大陆几乎家喻户晓。505系列产品自问世以来，为数千万患者解除或减轻了痛苦，畅销全国并进入世界100多个国家和地区，荣获国际国内100多项大奖，开创了“内病外治”“外病外治”新纪元，被海内外各界人士誉为“医学史上的奇迹”“祛病强身之瑰宝，馈赠亲友之珍品”。来辉武被誉为“中国当代著名的内病外治实践家”。

三原人梁养纯根据中医“三焦”学说和内病外治理论，全面总结了自己多年的临床经验。经过反复试验，研制出益元健力宝衣。1993年，该成果通过陕西省科委鉴定，由中国发明协会陕西三原益元健力宝保健品厂生产，投放市场。1994年2月，又由国家中医管理局组织在京知名专家进行了评议，一致认为该产品对心悸、胸痛、胸闷、咳嗽、气喘、胃痛、泄泻、浮肿、腰痛等诸种病症有良好的防治作用。1994年在第六届国际针灸及东方医学会议上，获中医药保健学术研究个人金奖，益元健力宝衣获产品金奖。1994年获中国金榜技术与产品博览会金奖。

咸阳仙香医药保健品厂是集研制、开发、生产、销售于一体的高科技型企业。该企业自1992年成立以来，研制开发出三大系列（医药保健品、保健食品、化妆品）40多种产品，并已通过GMP认证。该系列产品开辟了药的新途径，达到了同类产品的先进水平。产品自投放市场以来，深受广大消费者的青睐，已荣获“全国亿万民众所喜爱的产品”“全国医药保健品博览会金奖”等10多项奖项，被咸阳市消协授予“明明白白消费诚信单位”。在研制开发的白带灵、除忧灵、消净剂、欣源口服液、世纪嘉人口服液、颜肤宝美白霜等20多种具有新、奇、特、验、便特点的新产品的基础上，采用国内外先进技术，进一步开发研制出仙香面贴膜、眼贴膜、新妇康栓系列，改善视力方面的维视营养素片、减肥及补肾等多种具有较强生命力的新特产品。

## 第四节 化学制药

陕西礼泉化工有限实业公司是国家环糊精及衍生物的重点生产厂家，拥有年产β－环糊精1000吨，α－环糊精100吨，2－羟丙基－β－环糊精100吨的规模。公司从日本引进生产环糊精及衍生物的主要设备和检测仪器，技术力量雄厚。公司环糊精生产工艺处于国内领先地位，填补国家空白，广泛应用于制药和食品工业，产品出口美国、欧洲、日本、印度、新加坡等国家和地区。

麦芽糖基－β－环糊精属于环糊精衍生物，通过化学合成工艺生产，主要作为药用辅料用于医药制造行业，另可提高药物溶解度和药物生物利用率，在靶向制剂等方面有独到的作用。另外，可以构筑手性固定相，利用色谱拆分手性药物，是符合国家产业政策的功能性材料。采用化学合成工艺，以自制的麦芽糖基等为主要原料，通过控制反应条件，缩短工艺路线，提高产品纯度。其主要指标取代度为1，溶解度为125%，纯度为98.3%，生产技术为国内首创。主要应用于医药产品中作为药物载体，可调节或控制药物的释放速度，提高药物的合成效益和稳定性，降低药物的毒副作用，同时在食品、化妆品、农药、新材料、电子、环保等领域具有推广应用价值。

羟丙基-β-环糊精在制药工业中可提高药物溶解度，作用于非肠道用药。克服药物配伍中的禁忌，增强药物稳定性，是世界上目前公认性能最好的环状糊精药物赋型剂。在β-CD的一部分羟基上引入取代基羟丙基制成羟丙基醚，反应途径有β-CD与氧化丙烯、1，2-环氧丙烷进行加成反应，取代度为7的产物收率为81%。该产品在提高药物稳定性，增加水不溶解性，减少对人的刺激性，提高药物的生物利用度等方面将会发挥重要的作用。因此，羟丙基-β-环糊精在新药开发，基因工程产品、酶、蛋白质、多肽、激素生物制品中，以及中草药有效成分的开发方面均有广泛前景。

陕西永寿制药有限责任公司的前身是始建于1969年的国营陕西省永寿制药厂。该公司是一家集药品科研、开发、生产、销售于一体的综合型现代制药企业，隶属陕西永康企业集团公司，于2003年通过了国家GMP认证验收。公司拥有原料药生产线三条，小容量注射剂、片剂、胶囊剂、颗粒剂、口服液等制剂药生产线五条；主要生产品种为三类中药新药妇必舒胶囊、妇科止带片、止血宝颗粒、乳核内液、一清颗粒、益康胶囊、妇炎净片、四神片、50%葡萄糖注射液、维霉素片、头孢氨苄胶囊等11大类193个规格的产品；年产小容量注射剂20000万支、片剂300000万片、胶囊剂40000万粒、颗粒剂5000万袋、口服液5000万支。硫酸庆大霉素粉、50%葡萄糖注射液获“陕西省优质产品”称号；维生素C注射液、硫酸庆大霉素注射液获“咸阳市优质产品”称号；硫酸庆大霉素被咸阳市消协评为“九九消费者满意产品”。

陕西春晖药业有限公司是于2002年由原旬邑制药厂改制而成的高科技制药企业。公司占地总面积2万平方米，生产区占地面积10800平方米，公司由综合制剂车间、动力车间、质检办公楼等组成，总投资2000万元，2005年年底通过了国家GMP认证。主要从事化学药品和中药制剂的生产与销售，公司拥有36个国药准字号产品。四个剂型的年生产能力为：小容量注射剂15000万支；颗粒剂300吨；胶囊剂35000万粒；片剂30000万片。

## 第五节　生物制药

陕西咸阳益铭生物科技有限公司，

是咸阳科技局下属科技开发中心与美国PRO TANNICAL. INC 公司，于 2000 年共同成立的一家中美合资公司，主要从事中医药植物类抗病毒健康产品的研发、生产和销售。公司的目标是充分挖掘中医药文化深刻内涵，开创病毒免疫新概念，利用现代科技手段，针对艾滋病、癌症、糖尿病、肺结核、肝炎、肾衰等重大疾病，开发出适合市场需求，疗效确切的国家级新药，走向国际市场。

2001 年，该公司开发出生安葆力荣冲剂，被香港 Sasa 总公司（上市公司）独家代理海外市场总经销。2004 年 12 月公司团队费时十年研制的增强免疫力的功能食品“博大牌·康力必通冲剂”，获国家食品药品监督管理局批准注册。2001 年 3 月开始在河南开封、新蔡等艾滋病高发区临床试用300 余例，已经首创中医药保健品单一品种抗艾效用期最长的世界纪录。2005 年 6 月，康力必通颗粒经南非常青天然药品公司——EVER GREEN HEALTH CARE 申报，被南非卫生部注册为Ⅳ类辅助用药“KBTMGranules”（康力必通拼音缩写），具有强力提升免疫力细胞 CD4 的特点，用于艾滋病患者的治疗，在一至两个月左右使艾滋病患者相关症状完全消除，恢复正常的生活能力，有效延长患者寿命。被当地人称为来自中国的“神药”。2006 年 8 月，因为该产品没有任何毒副作用（正常使用剂量的 600 倍，没有任何不良反应），又被南非卫生部批准为可用于儿童艾滋病患者使用的儿童用药。公司产品的中医药理论和组方，主要依托清末御医朱穆林关门弟子，陕西生安中医药研究所所长吴生安，清初皇室御医第 23 代传人周明博两位中医药大师。2006 年“KB 颗粒”已经开始批量出口南非，实现良好的经济效益和广泛的社会效益。

1997 年，咸阳红华生物科技有限公司建成投产，生产甾体激素类原料薯蓣皂素。该公司“环保无污染全酶法生产薯蓣皂素的方法”，针对黄姜成分的特点，采用多种酶酶解黄姜原料，一方面可利用黄姜中淀粉的酶解产物发酵生产酒精，同时使水溶性皂甙转化为水不溶的次皂甙，以利于皂素的提取，提高皂素收率；另一方面通过酸液回用及污水处理、中段水回用等工艺，减少工艺过程中的污水排放，同时将生产所产生的废渣和浓缩废渣因富含氨基酸等营养物质，通过发酵技术处理后，用于生产有机肥料，也可以挤压成型后用于生产木炭，或者作为建筑用吸音板材，保温材料辅料。该方法最大限度提取皂素，最大限度利用黄姜中的淀粉等物质，以达到综合利用清洁生产之目的。

# 第四章

# 医用器械

## 第一节　医疗器械

随着医疗事业的发展，20 世纪 70 年代咸阳无线电厂试制成功电子喉头闪光镜，通过鉴定，成批生产，填补了中国医疗仪器生产的空白。超声波治疗机也进行了鉴定，质量高、效果好，属于国内先进水平。

牙科综合治疗机是口腔治疗中主要的牙科医疗设备，广泛用于口腔治疗中牙体的钻磨、切削，牙体及牙周袋洁治，修复体的修整、抛光，以及牙周、牙槽手术等。牙科综合治疗机主要由牙科治疗机和牙科椅两部分组成，是现代化口腔医院诊断和治疗口腔疾病的必备设备。20 世纪 80 年代，西北医疗器械厂根据现代化口腔治疗工作需要，吸收了日本、美国、意大利、西德、瑞士等国各种牙科治疗机的优点，开发出 S2301 型牙科综合治疗机。该机为机椅联动，设计先进，治疗效果好。它具有理想的照明系统，精良地高速汽涡轮手机、低速气动马达手机及三用喷枪，调整灵便的器械盘和水盂装置及强力吸引装置。1982 年该机经陕西省医药管理局组织通过鉴定，确认该机主要性能指标具有先进水平，1983 年分别获国家经委优秀新产品金龙奖和陕西省经委优秀新产品奖。

1983 年由西北医疗器械一厂研制的 S2301 型牙科椅，是参照国内外先进水平设计的新品种，与国内外产品比较，它的能耗指标低，为全机械结构，所有润滑采用干润滑脂，没有漏油之隐患；在较小功率电动驱动下，有较大的承载能力（可达 200 千克），该成果获陕西省人民政府 1984 年度科技成果三等奖。

进入新世纪，该公司自主开发研制的 S2318 智能化牙科综合治疗机，实现微电脑智能化数字控制，性能先进、品质优良、风格独特，技术特点突出，设计水平超前，产品居国内领先，接近国际先进水平。国内首创的新型整体式全瓷流线型痰盂，隐藏式内部排污管路设计；

器械盘与枪架体复式转动结构设计；低电压运行的全方位的安全装置；可拆卸搭扣式椅垫；超低位的牙科椅设计等技术均填补了国内空白，居国内领先水平。该产品先后获得咸阳市科学技术奖和陕西省科学技术奖。

吸尘式口腔技工台是供各级医院口腔科技工做口腔科修型和制作口腔科模型，做工艺雕刻的主要设备。长期以来，国内绝大多数口腔医院的技工室所使用的技工台均为简单的桌子，其功能远远不能满足工作需要，磨轮产生的大量粉末，对人体造成极大危害。由西北医疗器械一厂研制的 KJS 型吸尘式口腔技工台，减少了粉尘的污染，能有效保障操作人员的身心健康。该技工台具有自吸尘功能，表面为不锈钢，抽斗有轴承滑道，推拉灵活，同时还配有先进的低速气功手机，造型新颖、坚固耐用。该产品系国内首次研制成功，主要性能指标接近国外同类产品水平。

1989 年由三原县空心针针灸医院完成的空心针灸针，系根据传统的中医基础理论的经络学说，在传统毫针的基础上结合穴位注射和激光针的特点，研制的一种新型针具。该针具具有传统毫针操作得气的优点，又可根据病情把药物直接注入穴位；避免组织损伤之弊，发挥了经络穴位与药物治疗的协同作用。该针的应用开拓了针灸医学的新疗法、新技术，为常见病、多发病和疑难杂症寻找出一种新的治疗途径，使针灸和现代医学有机结合，达到国际先进水平。

兴平人张建武，自幼喜爱医药，立志从医。1980 年考入陕西中医学院中药系，1984 年毕业后在中医学院附属医院工作，现任咸阳东方医药研究所所长。研制成新型的集多种理疗仪的电疗、热疗、磁疗、远红外线疗、针灸、按摩功能，和中医辨证施治、中药渗透、内病外治功能于一身的 858 家用治疗仪，专家一致认为达到国内先进水平，尤其在止痛和解除症状方面疗效更加显著。858 系列产品销往全国各地及欧洲、美国、韩国等。858 家用治疗仪 1992 年获全国星火计划成果金奖、中国旅游购物节旅游商品天马银奖、全国科技成果交易会银奖，1993 年获陕西省第三届科技成果交易会银奖，1994 年被选为庆祝建国 45 周年陕西赴京专选产品。

腰疼病是一种常见的严重影响人们生产劳动的疾病。兴平县医院研制的“手提式腰椎牵抖机”治疗腰椎间盘突出症，能在牵引、按压、抖动的同时，对整复腰椎滑脱，校正后关节错缝等腰椎内外平衡失调现象有一定疗效，在国内外治疗腰病的方法上有一定的独创性。

咸阳三晋医疗器械有限公司是西北地区一家专业生产 BLUEAIR 系列高速涡轮手机的厂家，集生产、销售、服务于一体的台湾独资企业，拥有 500 平方米标准化厂房和专业的加工、装配人员；同时拥有数台数控机床和仪表加工设备，以及高精密的调试设备和检测仪器，目前具备月产 300—500 支（把）的能力。

咸阳方圆牙科器械有限公司是西北

地区牙科设备专业生产企业，拥有行业中优秀的技术人才和先进的生产工艺，引用国内先进的齿科配套产品。目前，生产的主要产品有：FY 系列联体式牙科综合治疗机、分体式综合治疗机、电动牙科椅和液动牙科椅等。牙科椅是公司在多年经验的基础上，同时参照国内外同行业设备的优点设计开发的实用型牙科椅。它采用 24 伏低噪声进口直流电机驱动，实现牙科椅椅面升降、靠背俯仰的调节，自动恢复到便于患者上下的初始位置等功能。

咸阳荷立医疗器材有限公司是生产经营口腔科器材的专业公司，具有进出口自营权。产品有：荷兰 CAVEX 公司生产的 CA38 高精密藻酸盐印模材，具有弹性好、韧性好、取模精确、不变形等特点，性能接近硅橡胶；美国 TIMKEN－MPB 生产的各种牙科手机用轴承、筒夹、手机维修工具及牙科手机清洗润滑油；台湾 MONITEX 公司生产的光固化机，自带测光表，光亮度可调；LED 无线光固化机，采用高性能的 5 瓦单颗蓝色发光二极管，光亮度可达每平方厘米 900 瓦以上。公司生产的印模粉搅拌机、齿科真空成型机现已通过欧盟的 CE 认证。美国 MPB 公司的牙科手机中国维修中心设在该公司。可为广大用户维修各种进口及国产牙科手机。

咸阳威美计生医疗器械有限公司是一家专业从事医疗电子产品研发和制造的高新技术企业。公司具有多年研制、开发臭氧医疗产品的丰富经验，与西安交通大学多位专家、教授共同研制、开发出在国内居于领先地位的医学影像工作站、臭氧治疗仪产品及其相关软件，现已获得国家专利。主要产品有：臭氧妇科治疗仪——WMO3－D 型、医用臭氧妇科治疗仪——WMO3－E 型、医用臭氧妇科治疗仪——WMO3－B 型。

西北医疗器械（集团）有限公司是中国历史最为悠久的专业口腔设备制造及销售服务商，始建于 1966 年。公司致力于推进以口腔医疗设备的研发制造为核心业务的专业化发展战略，在口腔医疗设备领域取得了极其卓著的成就，形成了以“西诺（Sinol）”为核心品牌，以牙科综合治疗机和牙科手机为主导，涵盖牙科技工产品、口腔模拟教学系统、清洗消毒系统、电动抽吸及空气压缩机系统在内的六大系列数十余种产品。同时还代理多家国际知名厂家的产品，如曲面断层全景 X 光机，牙科影像设备，电动、气动牙科手机，洁牙机，光固化机等口腔配套产品。

1974 年，公司成功研制出国内第一台机椅联动牙科综合治疗机；1980 年，成功研制出国内第一支牙科手机。2000 年，公司通过了 ISO9001 国际质量体系认证；2003 年，公司主要产品均通过德国 TUV 的 CE 认证。公司是目前国内唯一同时具备牙科综合治疗机和牙科手机制造技术能力的企业。牙科综合治疗机年生产能力超过 8000 台套，牙科手机年生产能力超过 60000 支。现有各类生产设备 480 台套，其中来自德国、瑞士、美国等发达国家的进口加工设备及检测设备30余台套。2004年“西诺”牌牙科综合治疗机和“西诺”牌牙科手机双双荣获陕西省名牌产品称号；2007年通过测量管理体系认证、通过采用国际标准产品标志证书、通过AA级企业标准化良好行为认证；2008年4月通过美国FDA认证；2007年9月西诺生产的“西诺”牌牙科综合治疗机被国家质检总局和中国名牌战略推进委员会评定为“中国名牌产品”。同时，“西诺”牌牙科手机也已经被列入2009年中国名牌的培育目录。

西诺产品在开发研制上十分关注产品使用的人性化。积极汲取欧美发达国家先进的设计理念和工艺，将国外一流产品的技术标准和技术参数有机地融入新品开发，大力推动技术创新。西诺建有省级的技术开发中心，拥有三十余名专业技术开发及工艺人员，并且与北京大学前沿交叉学科研究院建立了联合实验室；西诺每年将销售收入的6%用于科研开发，研发能力和工艺处理能力均居国内同行业之首。近年来，在不断加大自主研发力度的基础上，先后与有关国际知名企业进行技术交流和合作研发，在技术研发领域不断取得新的突破并形成产业化。生产的新型数字化影像智能机，其整机性能、技术水平、生产规模，在国内乃至亚洲均有重要地位。

三原县医疗器械厂始建于1972年。经过三十多年艰苦创业，企业已有良好的行业优势和品牌优势，并且根据市场需求不断研制新产品以满足顾客的要求，使企业在不断的持续改进中成长起来。主要产品有：油泵牙科椅，油泵五官椅，轻便牙科椅，单摇、双摇护理床、产床，五官椅，输液椅，带洁具双摇护理床（专为瘫痪和不能下床大小便病人而设计），移动式诊治手术台（也叫骨科手术床，也是专为C型臂X光机配用床），器械台，治疗车，叉式餐桌以及各种床垫。

## 第二节　制药器械

三原美乐坤兴食品工业有限责任公司是一家以蒸发干燥、医药化工、食品饮料、生物工程、中草药提取等为领域，集成套设备的设计、制造、安装、技术咨询及调试工程于一体的企业。主要产品有三效降膜式蒸发器，压力喷雾干燥机组，SJN系列三效浓缩器，结晶罐/反应罐，浓、稀配罐，圆形、方形真空干燥器，CIP清洗系统，全不锈钢夹层锅，V型系列混合机，真空脱气机组，四效降膜式蒸发器，发酵罐等。

咸阳秦星胶囊有限公司，主要从事胶囊设备、药用胶囊壳（药品除外）的开发。

## 第三节　医用材料

西北橡胶工业制品研究所高级工程师陈铭湘以研制医用硅橡胶制品为专长，先后研制和定型硅橡胶与金属热硫化黏着的表面处理剂、硫化硅橡胶制品之间的热硫化黏着胶料自粘25、氟橡胶与金属热硫化黏着的表面处理剂 XSJ－1、自然性硅橡胶带用的硅硼树脂增黏剂，被广泛应用；研制的 T 形硅胶气管插管系列产品，1981 年获陕西省科技成果三等奖；研制的皮肤扩张器系列与美国的同类产品相媲美，深受各大医院欢迎，1989 年第四届全国发明展览会上获铜奖，1992 年起享受政府特殊津贴。

咸阳兴鑫贸易有限公司创建于 1998 年 10 月，是外科植入物用钛及钛合金的专业化生产厂家。2004 年 9 月 1 日，公司获得 ISO9001：2000 标准证书，覆盖的产品名称“外科植入物用钛及钛合金加工材”和“钛及钛合金棒材的加工”。2005 年 12 月 9 日，公司获得全国工业产品生产许可证，覆盖的产品名称“钛及钛合金棒材”。公司按 GB/T13810－1997、GB/T2965－1996、ASTMB348－2000、ASTMF136－98 等标准组织生产。主要产品钛及钛合金棒材规格∮ 8－200 毫米，磨光棒材规格∮ 6－20 毫米，弧型板厚度 3—5 毫米，还经营管材、板材、带箔材、丝材和深加工制品。公司拥有无心磨床、无心车床、两辊精密矫直机、拉制机、拉拔矫直机、六辊矫直机、车床、锯床、箱式电炉、管式电炉等主体生产设备，确保生产过程正常运行，还拥有洛克分析仪、CTS－22A/B 超声波探伤仪和 WDW－100 电子万能材料实验机，保证了组批投料和半成品的质量。主要产品有医疗用钛及钛合金、海绵钛、钛锭、医用钛棒、医用钛板、钛合金棒、钛丝、钛管。

陕西海达医疗器械科技有限公司是国家定点生产三类医疗器械的企业，集研发、生产、销售于一体，主要生产经营一次性使用无菌注射器，一次性使用输液器等。公司于 1995 年建成，经过多年的发展，公司的经济效益稳步提高，产品竞争力和企业核心竞争力不断提升，品牌的知名度不断扩大，综合优势日益凸显，现已成为西北五省同行业中规模最大装备最好的现代化环保型企业。现年产量可达一次性使用无菌注射器 1 亿支，一次性使用输液器 5000 万套。

咸阳爱克斯稀有金属有限公司是 2005 年注册成立的专业生产医用 X 射线管用旋转阳极的单位，是国内唯一一家规模化采用粉末冶金技术生产制造旋转阳极的单位。“医用 X 射线管用 WRe－TZM 粉末冶金复合旋转阳极的开发”，针对高性能 X 射线管所要求的微焦点、大功率、长寿命等展开研究，国内首次将钨铼合金化粉末用作旋转阳极的靶面材料，由于制备的钨铼合金层成分均匀，合金化程度高，固溶强化后的钨铼合金性能得到很大的提高，轰击点更小，功率更大。同时，由于旋转阳极的使用温度在 1200 摄氏度以上，采用 TZM 合金相对于纯钼具有更高的再结晶温度、强度更高等特点，使旋转阳极的旋转可靠性更高。

# 第五章

# 计划生育

## 第一节　节育技术

### 一　开展节育技术

1952年8月，按照卫生部指示，各县市医院妇产科开始提供避孕和人工流产服务。咸阳市的节育技术服务，在80年代中期以前，由卫生部门承担。1983年年底，市、县建立计划生育服务站，开始承担部分节育手术任务，作为卫生部门技术力量的补充。

节育技术服务，围绕着根据不同时期计划生育政策和任务而采取不同的节育方式进行。60年代前期，除了为多子女育龄妇女做结扎手术外，大多数采用外用避孕药具。60年代中期，主要推广输精管结扎手术，也采用上节育环和口服避孕药。70年代，卫生部将节育手术列为卫生部门三大任务之一，除大力培训节育手术人员外，还根据需要统一调配节育技术人员，完成了大量节育手术。多胎生育的育龄夫妇，施行绝育手术的大量增加，而以输卵管结扎为多数。80年代，推行“三为主”，试行避孕为主，要求由孕后管理转为孕前服务，定期查环查孕，提高节育有效率。

1962年，陕西省卫生厅转发了《中华人民共和国卫生部关于进一步开展计划生育避孕知识的宣传和技术指导工作的通知》。境内共培训计划生育宣传员，技术指导员及避孕药械代销员6957人，售出避孕药具75700个。

1965年，陕西省计划生育委员会提出了三项节制生育措施，即普遍提倡晚婚晚育；以“环、套、帽”为主，积极提倡结扎，适当配合刮宫；改进手术技术。境内节制生育工作普遍展开。

1966年，“文化大革命”开始后，各级计划生育机构瘫痪，工作停滞。

自70年代始，节制生育再度开展。对避孕药具实行免费供给，送药上门；已有一个孩子的提倡女方放环；对多子女育龄夫妇，由一方做结扎手术；对避孕失败的采取人流、引产的补救措施；

组织医疗技术队伍，深入工厂、农村，施行节育手术。

1977年后，全市各县区大搞计划生育群众运动，受术者大量增加。

1978年，市、县分别建立了计划生育技术指导组，由富有经验的医生组成，对基层技术人员进行培训、考核和指导，并对手术并发症进行鉴定、会诊和治疗，从数量和质量上加强了技术力量。

1987年，“输精管穿线圈卡可逆性节育术”由乾县妇幼保健院完成。这是一种设卡控制的可放可取的可逆性手术。手术不开口、不流血、无痛苦，省人、省时、省事、省手术设备及手术费用，是一种经济方便的理想节育方法，属创新的可逆性节育术。手术安全可靠、有效、可逆。其再通手术较其他节育术简单易行。经过1000多例的临床观察和随访512例，其节育率达98.6%，优于其他节育办法。

## 二 节育技术管理

为了保护受术者的健康和安全，卫生、计划生育部门加强了节育技术管理，要求医护人员严格遵守国家卫生部颁发的《节育手术常规》，把好手术“三关”，即术前检查关，掌握手术适应征；术中操作关，做到稳、准、轻、细；术后随访观察关，发现问题及时处理。对于推广应用节育新技术，要求既要积极又要稳妥，市、县（区）、乡层层举办节育规范化操作学习班，经过培训、考核合格者，方能上岗操作。

（1）人工流产。人工流产是指妊娠28周以前用人工方法终止妊娠。其中，在12周前施行者，称为早期妊娠人工流产，即通常所说的人工流产（简称人流）。妊娠13—28周间施行者，称为中期妊娠人工流产（简称中期引产）。这两种人工流产为避孕失败的一种补救措施。人工流产手术包括刮宫人流术及负压吸引人流术。后者是利用负压抽吸原理，吸出宫腔内胚胎组织，达到终止妊娠的目的。负压可通过电动流产吸引器、脚踏式流产吸引器或制作负压瓶等产生。负压吸引人流术，因其安全有效，方法简便，手术时间短，受术者痛苦小等优点，近20年来一直在计划生育手术中普遍应用。

（2）中期引产。通过手术方法及药物方法或机械刺激，引起子宫节律性收缩，而达到终止妊娠的目的。

（3）放置宫内节育器。宫内节育器是一种放置在子宫腔内的避孕工具，具有安全、可靠、方便、经济、避孕时间长、取出后不影响生育等优点，是近代世界上广泛应用的一种避孕方法，尤其在中国普遍采用。使用宫内节育器的约占节育人数的50%。宫内节育器种类较多，大约有20余种。在全市已婚育龄妇女使用的宫内节育器中，主要有O型、V型、T型等。

（4）女性绝育术。女性绝育术是阻断双侧输卵管，使精子永远不能与卵子相遇，从而断绝女子生育能力的一种手术。在节育手术中，对凡是生育两个孩子以上的育龄妇女基本上施行绝育术，特别是农村妇女。除输卵管结扎术以外，还有输卵管药的粘堵节育术，输卵管夹和输卵管栓节育术。

## 第二节 优生优育

为全面提高咸阳市出生人口素质，自2001年起，根据咸阳市出生缺陷率发生较高的实际，先后制定了一系列以宣传教育为先导，积极开展以TORCH（即巨细胞病毒、单纯疱疹病毒、单纯疱疹病毒、风疹病毒、弓形虫病）孕前筛查为主，广泛推广“福施福”孕妇营养胶囊及叶酸增补剂为基础的一系列干预措施。主要做法有：

1. 推广应用福施福孕妇营养胶囊剂叶酸制剂

国家计生委于1999年4月正式启动出生缺陷干预工程——福施福神经管畸形引入性试验项目，陕西省在两个市实施。2000年咸阳市作为项目县之一，在旬邑、淳化县开展了福施福神经管畸形引入性试验，旬邑县1000名代孕妇女为实验组，淳化县1000名妇女为对照组，项目时间长达2年。为了做好这项工作，市人口委成立了福施福干预神经管引入性试验项目领导小组、执行小组及技术指导小组，通过宣传教育，认真实施，定期随访，使该项目顺利完成。通过对资料的汇总分析显示，“福施福”用于孕妇可以明显降低出生缺陷，尤其是神经管畸形，还在促使胎儿发育、预防孕妇早产、孕期贫血、减轻早孕反应等方面有一定疗效。2004年市人口委组织的福施福干预神经管畸形引入性试验项目被市科委评为科技进步三等奖。目前，福施福孕妇营养胶囊在咸阳市已经得到了全面推广使用。

2. 积极探索唐氏综合征（先天愚型）筛查

针对唐氏综合征发病率居高不下，给家庭和社会带来沉重负担，长武县服务站率先开展了唐氏综合征的筛查，效果显著。同时积极推广长武经验，还指导适宜人群服用“福施福”孕妇营养素及叶酸制剂。

除此之外，还做好孕期跟踪服务，定期进行孕期检查，开展优生咨询、遗传咨询、孕前检测和围产期保健、出生缺陷筛查工作，使群众认识到优生优育和优生筛查的重要性。通过实施孕前和出生前干预措施，降低了咸阳市出生缺陷的发生率。

3. 积极开展婚前检查试点工作

2009年10月份优生促进工作在咸阳市启动，围绕“宣传倡导、健康促进、优生咨询、高危人群指导、孕前试验筛查和营养补充”六大工作任务，全市积极开展出生缺陷以及预防工作。

为提高出生人口素质，降低出生缺陷的发生率，以永寿县为试点，从2009年开始在全县农村开展出生缺陷一级干预工程。永寿县计划生育服务站通过与相关职能部门合作，引导农村青年男女参加婚前教育和体检，体检对农村未婚青年实行免费，费用由县财政按照每人40元标准负担。未婚青年在县计划生育服务站接受婚前教育和心理咨询、询问既往病史、体格检查等服务后，持《体格检查合格证》在县民政局领取结婚证。从2009年开始，在逐步开展的试点县市区，对婚前男女双方在知情同意的基础上，进行风疹病毒抗体、巨细胞病毒抗体、弓形虫抗体、单纯疱疹病毒抗体和梅毒螺旋体抗体筛查以及乙型肝炎两对半六项优生筛查，同时根据结果进行科学指导，对患有影响婚育疾病的服务对象提出了较好的医学建议，建立随访档案，并针对检查结果采取必要的干预措施。

截至2010年年底，已有8个县市区先后开展了优生促进工程。除兴平市为国家试点县，永寿、旬邑和兴平3个县为省级试点县外，咸阳市还安排泾阳县、长武县及淳化县为市级优生促进工作试点县。

## 第三节　科技服务

计划生育服务主要是围绕着计划生育手术和与计划生育有关的一些服务内容展开的。随着计划生育技术指导站的不断发展，开展的服务项目主要有：计划生育手术、妇科常见病的治疗、推广新技术、婚前检查、指导乡镇技术服务和生殖保健等。

咸阳市县计划生育服务机构多数在20世纪80—90年代期间建立，最初以宣传教育、药具供应为主要任务，而且基本上是因陋就简，在其他用房的基础上改造而成的。1983年9月，陕西省人民政府下发《关于建立地、市、县计划生育宣传指导站的批复》，各地、县建立了指导站，后改为计划生育服务站。截至2009年年底，全市服务站总面积为60775平方米。

随着计划生育工作的深入开展，服务的内容和方式也发生了重大改变。1994年，咸阳市下发文件对市、县（区）和万人以上乡建站提出了新的要求。市、县、乡三级积极采取各种办法，多渠道筹措资金，逐步提升软硬件环境。进入“十五”时期，特别是2001年《计划生育技术服务管理条例》的颁布，计划生育服务机构的功能、作用进一步明确，技术服务在人口和计划生育事业中的地位愈显突出。咸阳市随之对服务站进行了大规模的改、扩建，进一步满足群众的需求。2005年，国家和省上开始实施农村计划生育基础建设国债项目和省投项目，每年安排专项资金，促进县服务站和中心乡（镇）服务站标准化建设进程。市县二级共筹措资金216万元，为县、乡、村三级配备A、B、C型臭氧治疗仪3393台。服务项目延伸到群众的生产、生活、生育和生殖健康的需求上，把服务效果锁定在对人口计生工作的整体评价上，使全市人口计生工作步入经常化、制度化、法制化的轨道。为了充分发挥县、乡服务阵地作用，广泛开展“三查两清一服务”（在规定的时间内对已婚育龄人口人群进行环情、孕情、病情的检查，对发现的计划外怀孕、未落实避孕措施的育龄妇女及时落实节育避孕措施，对查出的妇女病给予治疗）工作。咸阳市一年内对三查对象进行四次三查，具体为3月、5月、9月、12月。

为进一步加强对县乡计划生育服务站的规范化管理，2003年咸阳市印发了《计划生育县乡服务站星级动态管理试行办法》，按照机构合理、人员合格、技术合规的原则，制定县乡计划生育服务站星级评分细则，市级人口和计划生育部门对13个县级服务站进行具体考核，实行星级动态挂牌管理，各县区市计生局对乡镇服务站实行星级动态挂牌管理。2004年在原有服务站星级动态管理实行办法基础上进行了重新修订和完善，以开展“一二三四五”（一个目标，群众满意；两个理念，以人为本，按需服务；三个合格，机构合格、人员合格、操作合格；四个优秀，环境优美、技术优良、服务优质、管理科学；五项任务，温馨随访服务、性别比治理、避孕节育知情选择、生殖道感染干预、出生缺陷干预）为主要内容的县乡服务站星级动态管理活动。2002年国家人口计生委开展创建国家级计划生育优质服务先进县活动，2003年渭城区荣获首批国家级计划生育优质服务先进县称号，旬邑县和三原县分别于2007年和2008年被评为国家级计划生育优质服务先进县。永寿县于2009年被评为国家级计划生育优质服务先进县。继国家人口委开展创建国家级计划生育优质服务先进县活动后，陕西省也在全省范围开展创建省级计划生育优质服务先进县活动。2007年旬邑县荣获省级计划生育优质服务先进县称号，泾阳县、三原县、武功和长武等县于2008年荣获省级计划生育优质服务先进县称号。永寿县于2009年被评为省级计划生育优质服务先进县。截至2009年年底，全市规范化县乡计划生育服务站达189个，县、乡技术服务站承担的节育手术量由原来的80%左右提高到90%以上。

# 第八编

# 公用服务科学技术

# 第一章

# 交通运输

## 第一节 公路

20世纪50年代，市区修建的主要街道均为泥结碎石路面和碎石一级配路面，架子车为主要运输工具。60年代初期开始尝试对碎石级配路面喷洒沥青，进行沥青表面化处治。

1972年，本市自行研制成功沥青炒料拌合机并投入使用，每台每天可生产沥青碎石100吨左右，减轻了工作强度，提高了工作效率。1981年对沥青炒料拌合机进行了技术改造，实现了电气自动化，工作效率比原机械化操作提高30%。机动小翻斗车、解放牌自卸汽车、推土机、装载机、挖掘机、沥青混凝土摊铺机相继投入使用，施工机械化程度提高。

1979年，开始采用混凝土筑路机械，用水泥混凝土材料修筑道路。1980年，一条长3165米、面积为5.06万平方米的高等级路面——渭阳西路水泥混凝土路面建成。这是本市第一条高等级水泥混凝土路面。城市道路的养护维修，每年年底组织工程技术人员对全市道路病害情况进行调查摸底，建立每条道路的技术档案，根据病害类型，确定养护维修方案。

从1996年开始，咸阳市公路管理局先后投资37.59亿元，对国道312、211线，省道208、209线和关中公路环线等近480公里干线公路实施升级改造，极大地改善了咸阳地区的公路通行条件，促进了区域经济的发展；同时以文明样板路、养护管理示范路建设为抓手，全面加强公路养护管理，全局列养公路路况和路网服务水平明显提升，连续多年获省公路局“优良化管理局（总段）”称号，两次荣获全省公路系统养护“好路杯”竞赛“金杯”奖，共建成部级、厅级文明样板路280多公里。其中，有咸阳—永寿—陕甘界公路、关中环线、县际公路改造项目以及通村、通乡公路。2002年6月，咸阳公路管理局桥桩防护质量管理小组被陕西省交通厅评为陕西省交通系统2002年度优秀质量管理小组，小组成果“应用新型桥梁伸缩缝装置修复改造桥梁伸缩缝”“修石渡大桥基础防护与加固”双双荣获二等奖。2003年，“公路桥面铺装破损修复”项目荣获省交通厅一等奖。2005年3月，“科宁冷补沥青混合料的试验与应用”项目荣获陕西省职工经济技术创新工程优秀成果三等奖。2007年3月份，“ATB30型大粒径沥青碎石柔性基层技术应用”项目被评为2006年陕西省职工经济技术创新工程优秀成果三等奖。

咸阳—永寿—陕甘界公路全长164公里，总投资60亿元。南接西安绕城高速机场专用线，北至陕甘交界凤翔路口，该工程咸阳—永寿段2005年开工建设，2007年建成通车。坐落在古丝绸之路上的咸阳至永寿高速公路，是国家高速公路网福州至银川线陕西境内的重要一段，也是陕西省“三纵四横五辐射”高速公路网主骨架的重要组成部分。咸阳至永寿高速公路的建成通车，标志着陕西省高速公路通车里程突破2000公里，居西部第一，全国前列。

冷补材料是一种新型道路修补材料，该材料通过在沥青中加入柴油和冷补添加剂对沥青进行改性，改善了沥青的抗冻性、黏聚性和抗剥离性，将改性沥青与矿料进行拌和形成具有常温的冷补材料，能在各种气候下及时地对路面进行修补。2002年，咸阳市公路局与北京安通科宁建筑材料有限公司合作，引进美国高科技产品科宁冷补添加剂，在312国道礼泉养护基地建厂生产科宁冷补混合料，已在陕北、陕南及关中地区多条国省道主干线上应用，通过试验和路面监测，科宁冷补混合料路用效果良好，填补了陕西省在冬季低温和雨雪天气等不利气候条件下道路修补的一项空白。

长期以来，半刚性基层沥青混凝土路面结构在公路建设中发挥了很大作用，但由于其早期强度低、成型慢、龄期长，不能及时开放交通，抗变形能力低等缺点，在大修工程施工中给交通畅通工作带来了很大的困难。咸阳市引进了大粒径碎石柔性基层新技术，对保证在大交通量、重载交通条件下大修工程半幅通车半幅施工的交通畅通具有重要意义。

312国道永寿、彬县、长武段旧路改建于1999年，二级公路标准，路基宽12米，路面宽10—11米。经过调查路况，旧路危害主要表现为龟裂、沉陷、坑槽等。通过路面弯沉分析，认为该路面破损严重，强度大幅度下降，通行能力降低，需要采取大修工程措施，以改善路况。在经过仔细论证后，应用ATB30型大粒径沥青碎石柔性基层技术，配套采用70号沥青，抗车辙性能优越，对解决路面渗水、防治沥青路面早期水损坏，提高沥青路面高温稳定性具有重要意义。

同步碎石封层作为一种预防性手段，近年来在咸阳道路养护中得到充分应用。同步碎石封层是指用专用设备即同步碎石封层车将单一粒径的碎石和黏结材料（改性沥青或改性乳化沥青）同步喷洒在路面上，通过压路机碾压形成的沥青碎石磨耗层。同步碎石封层实质是靠一定厚度沥青膜（1毫米）黏结的超薄沥青碎石表面处治层，其整体力学特征是柔性的，能增加路面抗裂性能、治愈路面龟裂病害、减少路面反射裂缝、提高路面防渗水性能、延长路面使用寿命，若使用聚合物改性黏结材料效果更佳。同时，同步碎石封层还可以大大提高原路面的摩擦系数，即增加路面防滑性能，并能使路面平整度得到一定程度的恢复。

高危边坡时常危及公路安全，是公路灾害之一。211国道泾阳至淳化段是连接泾阳、淳化、旬邑、三原的主要干线公路，其中K614－616段路基断面主要以深路堑型式为主，公路两侧边坡高陡，坡面风化破损严重，局部存在崩塌、落石现象，威胁国道安全。五处高危边坡下部岩性均为二迭系砂泥岩，其节理、裂隙发育，局部破碎、风化强烈，坡度较陡，上部岩性以全新统风积黄土层及黄土状为主。根据现场调查及工程测绘工作，确定按照基层开挖，浆砌工程，锚杆框架施工，然后对坡面防护区域内的危石进行清除或局部整平，安装纵横向支撑绳，由上向下铺设钢丝网并缝合，缝合绳为Φ8钢绳，每张钢绳网均用一根长约31米的缝合绳与四周支撑绳进行缝合并预张拉（≥3千牛），缝合绳两端各用2个绳卡与网绳进行固定联结。通过以上整治措施，G211线K614—616段五处高危边坡得到有效防护，保障了过往车辆的安全通行。

截至2011年年底，在全省率先建成了关中公路环线咸阳段，机场专用高速、福银高速咸阳段建成通车，咸旬高速全线开工。彬旬公路旬邑段、208省道机场改线等一批二级公路相继建成，西铜、西宝高速改扩建和104省道兴平至扶风界公路改建项目正在实施。对兴平、淳化、永寿、长武等一批县城的过境路段进行了升等改造，改善了过境不畅的现状。同时，新上了一批城市道路项目，总投资7亿多元的阳光大道、钓台路、兰池大道建成投入使用，对文林路和312国道吴家堡出口路进行了改造，渭河横桥、城西快速干道、咸兴大道等一批重大项目正在建设之中。全市境内干支线公路通车总里程达到4646公里（不含村道），其中二级以上公路总里程达到1074公里，占总里程的23.1%，公路密度达到45.6公里/百平方公里。与“十一五”初期比较，二级以上公路里程增长349公里，国省干线公路里程净增长278公里。

全市新建、改建农村公路10489公里（其中改建县乡油路66条1951公里，新建通村油路、水泥路7062条8538公里），是“十五”期间的13倍。累计完成投资36.4亿元，相当于“十五”期间（6.93亿元）的6倍，农村公路总里程达到1.35万公里（其中通村公路1.06万公里），实现了乡乡通油路、行政村村村通油路（水泥路）的目标。通村公路建设工作连续三年名列全省前茅，被评为全省通村公路建设先进市。

全市公路技术等级大幅度提高，城乡路网日益完善，公路路况明显改善，通行能力显著增强。“十一五”末，全市境内国省干线公路总里程达到1200公里，其中高速公路总里程达到303公里，一级公路145公里，二级公路435公里，三级公路318公里，分别占干线公路总里程的25.3%、12.1%、36.2%、26.4%。全市13个县区市中全部实现用二级以上公路相连接，11个通高速公路，初步形成了以“四纵四横”为骨架，以农村公路为分支，多方辐射、相互贯通，高速、便捷的“扇形”区域性公路交通网络。

## 第二节　公共交通

城市公交事业，始于民国时期。民国十五年（1926年），咸阳开通长途客车，1936年开通了火车。

城市公交是城市基础设施的重要组成部分，是服务城市建设和普通老百姓的特殊行业，代表着城市的形象，影响着城市的现代化进程。1956年，市区内有5辆公共汽车，1条营运线路，由西安运输公司运营。1963年，咸阳市公共交通总公司成立，开辟了两条营运线路，投放两辆运营车。80年代，公共汽车数量快速增加，市区开展了出租汽车业务。90年代初期，公交线路仅有13条，长度只有240公里，形成了以电影院广场为中心，东至渭河电厂、南通西安、西到兴平、北达泾阳的线路网络。营运客运车辆达238辆，其中公共汽车公司营运车115辆，个体营运车123辆。出租车105辆，其中出租公司25辆，个体车80辆。

近年来，咸阳市城市建设迅速发展，城市道路不断拓宽、延伸，路网结构日益完善。实施“公交优先”发展战略，城区公交线网密度和通达深度大幅提高，建成了GPS－3G公交智能化管理中心，形成了市区五横四纵的公交线网格局，年客运周转量超1亿人次，年行驶里程近4000万公里，各项经济技术服务指标均高出国家相关标准4—7个百分点。西咸公交一体化进程明显加快，在原59路的基础上，西安K630公交延伸至咸阳市。

### 一　咸阳市公交客运量

咸阳市市区历年客运量、运营总里程和运营车辆数等统计数据如表8－1－1所示。

**表8－1－1　咸阳市历年公交客运量统计表**

| 年份 | 客运量（万人） | 客运量年增长率（%） | 车辆数（辆） |
|---|---|---|---|
| 1997 | 2543.62 | — | 146 |
| 1998 | 2608.59 | 2.55 | 168 |
| 1999 | 2659.46 | 1.95 | 159 |
| 2000 | 2661.48 | 0.08 | 171 |

续表

| 年份 | 客运量（万人） | 客运量年增长率（%） | 车辆数（辆） |
|---|---|---|---|
| 2001 | 3022.33 | 13.56 | 209 |
| 2002 | 3719.55 | 23.07 | 234 |
| 2003 | 4473.89 | 20.28 | 268 |
| 2004 | 5819.12 | 30.07 | 308 |
| 2005 | 6806.20 | 16.96 | 387 |

注：数据由咸阳市公共交通总公司提供，未包括5、6、8、10这4条城镇线路。

从表8-1-1可以看出，咸阳市公交客运量在1997—2000年增长较为缓慢。从2001年以后，咸阳市公交客运量快速增长，年平均增长率高达20.79%。这说明随着经济的发展，咸阳市市民的公交出行需求大大增加。

## 二　咸阳市公交运营情况

咸阳市内目前运营的公共交通线路共有25条，其中包括15条城区线路，9条城镇线路和1条城际线路。15条城区线路包括1路、7路、11路、13路、14路、15路、16路、18路、19路、20路、21路、22路、23路、24路，其中24路处于停运状态。9条城镇线路包括2路、3路、4路、5路、6路、8路、9路、10路、12路。城际线路即为从咸阳火车站开往西安的59路。

截至2006年9月，咸阳市区机动车保有量为5.42万辆，其中客车3.07万辆，货车1.56万辆。咸阳市区历年机动车保有量如表8-1-2所示，并统计出各类客车、货车、摩托车及车辆合计量的变化情况。

表8-1-2　　咸阳市区历年机动车保有量

| 年份 | 汽车 | | | | | | | | | 摩托车 | | 其他 | 总计 |
|---|---|---|---|---|---|---|---|---|---|---|---|---|---|
| | 客车 | | | | 货车 | | | | 其他 | | | | |
| | 大型 | 中型 | 小型 | 微型 | 重型 | 中型 | 轻型 | 微型 | | 普通 | 轻型 | | |
| 1995 | 483 | 1619 | 5268 | 401 | 210 | 2931 | 1665 | 315 | 496 | 1 | 0 | 53 | 13442 |
| 1996 | 570 | 1940 | 6308 | 574 | 321 | 3457 | 1942 | 594 | 555 | 5 | 0 | 56 | 16322 |
| 1997 | 679 | 2141 | 7263 | 775 | 433 | 3970 | 2178 | 938 | 607 | 67 | 0 | 60 | 19111 |
| 1998 | 825 | 2315 | 8199 | 1079 | 463 | 4224 | 2393 | 1122 | 650 | 68 | 1 | 82 | 21421 |
| 1999 | 1000 | 2420 | 9180 | 1697 | 495 | 4546 | 2674 | 1389 | 701 | 72 | 2 | 145 | 24321 |
| 2000 | 1176 | 2525 | 10179 | 2467 | 535 | 4774 | 2981 | 1575 | 763 | 92 | 2 | 199 | 27268 |
| 2001 | 1361 | 2665 | 11435 | 3852 | 751 | 5046 | 3305 | 1675 | 890 | 92 | 4 | 447 | 31523 |

续表

| 年份 | 汽车 | | | | | | | | | 摩托车 | | 其他 | 总计 |
|---|---|---|---|---|---|---|---|---|---|---|---|---|---|
| | 客车 | | | | 货车 | | | | 其他 | | | | |
| | 大型 | 中型 | 小型 | 微型 | 重型 | 中型 | 轻型 | 微型 | | 普通 | 轻型 | | |
| 2002 | 1553 | 2803 | 12886 | 5368 | 1210 | 5286 | 3645 | 1788 | 1156 | 95 | 4 | 718 | 36512 |
| 2003 | 1679 | 2936 | 15043 | 6116 | 1740 | 5405 | 3955 | 1823 | 1539 | 117 | 5 | 990 | 41348 |
| 2004 | 1852 | 3059 | 17437 | 6536 | 2544 | 5629 | 4299 | 1839 | 1950 | 768 | 11 | 1599 | 47523 |
| 2005 | 1976 | 3166 | 18037 | 6597 | 2959 | 5795 | 4374 | 1839 | 2482 | 1815 | 22 | 2388 | 51450 |
| 2006 * | 2111 | 3296 | 18693 | 6633 | 3251 | 6063 | 4486 | 1839 | 2637 | 2610 | 30 | 2517 | 54166 |

* 注：此行是截至2006年9月统计的数据，表中数据由咸阳市公用事业总公司提供。

2003年以来，咸阳市采取各种方式自筹资金3500余万元，购置新型公交车辆159辆，延长线路13条，开通新线路6条，是新中国成立以来公交车辆更新速度之最，实现了“城市发展到哪里，公交车就通到哪里”的发展目标，形成了“五纵六横”的公交线路网络。

近些年来，咸阳市区机动车保有量一直保持增长趋势，年平均增长率14.41%。经济的发展、收入水平的提高，加快了城市机动化的进程，未来机动车保有量将进一步增长。2005年年底，咸阳市市区万人拥有标台数是5.78标台。到2006年年底，咸阳市公交运营车辆有530辆，折合标台数为540辆，市区万人拥有标台数是6.21标台。

2005年1月1日，10辆双层公交巴士首次亮相咸阳街头，在市区主要干道1路上营运。同年，在西安与咸阳之间开通了“西咸公交一号线”，并在国内率先选用安装了GPS全球定位系统。现在新更换的车辆都是液压助力转向，车内电子监控、电子滚动双语音报站系统，还有车载电视，一切都实现了现代化。

2009年6月2日，中国电信陕西咸阳分公司与市公共交通总公司签署了“城市公交智能化管理系统”合作协议，对全市数百辆公交车辆进行数据和视频图像的实时传输。这是全国第一例基于3G技术应用，实现实时、无线视频传输的智能化管理系统。该系统通过中国电信天翼3G网络和GPS等技术，实现公交车和调度中心大数据量的交互，把乘客、车辆和调度中心紧密联系在一起，具备车辆GPS定位、语音自动报站、车辆实时无线视频监控等多项应用功能。系统建成后，公交公司调度管理人员可以同时掌握数百辆公交车的运行状况。该系统的建立，标志着咸阳市公交智能化管理水平及信息化应用水平步入一个全新时代，标志着“数字咸阳”建设迈上了新台阶。

公交营运市场，油价持续上涨是最大的压力，而燃油改燃气就是最有效、最直接降低成本的手段。2003年11月，第一台油改气车上线营运，紧接着所有具备改造条件的车辆，全部实施燃气改造。

2010年11月24日，咸阳公交系统更新的72辆公交车正式进入咸阳，投入运营。这72辆新车，其发动机引擎系统全部采用国Ⅲ标准设计，相比之前公交车，这种系统更节能，更环保。

# 第二章

# 邮政、电信

## 第一节　邮政

邮政通信是国民经济的基础，是社会生产的重要组成部分，具有十分重要的地位。新中国成立前，咸阳邮政事业发展缓慢，全区仅有自办局所26处，而且通信设施十分落后，邮件运输极为困难，没有邮运机动车辆，全部是靠步行或使用自行车运投，农村邮路有4条，全长331.2公里。县政府以下的区、乡政权机构和人民群众的信件均无法直接投递而靠捎转或自取。

新中国成立后，咸阳邮政事业获得大发展。首先进行邮电体制的合并，“人民邮电”取代了“中华邮政和电信”，统一邮电管理，普及服务网点，开始进行有计划的通信建设，经过三年恢复期，使邮电管理趋于正常化，邮电业务得以全面恢复。到1956年，基本实现“区区设局所，队队通邮路”。“文化大革命”期间，邮政建设遭到破坏，邮电业发展受限。其中，1969年邮电分设，1973年邮电又进行合并，隶属体制反复变化。1978年后，邮政事业进入了一个新的发展阶段。

1951年9月13日，咸阳邮政局和咸阳电信局合并为邮电部咸阳邮电局，实行以陕西省邮电管理局为主和咸阳县人民政府的双重领导。1955年，更名为咸阳市邮电局。1965年，开始行使对原专区督察处管辖的乾县、兴平、长武、永寿、淳化、泾阳、三原等13个县局的监督检查职权。1969年11月5日，邮电分设，两局于12月1日正式分营办公。1983年11月，咸阳地区邮电局更名为咸阳市邮电局，负责管理兴平、长武、永寿、淳化、泾阳、三原等12个县（区）局邮电局。1984年1月1日起，将原管辖的周至、户县、高陵邮电局随行政区划的调整归西安市邮电局领导。1998年，邮电分营，11月12日，咸阳市邮政局正式成立。

1949年后，邮政运输有了较快的发

展，由过去的靠人力、畜力发展到使用自行车、摩托车、汽车、火车等运输工具，传递速度加快，提高了邮件的传递效率。1989 年，咸阳至西安开办汽车邮路 1 条，全长 35 公里；西安至长武、麟游、旬邑自办汽车邮路 3 条，省内邮路的调整，进一步加快了区内邮件的传递时限。到 1998 年，邮路里程达到 1041 公里，城市段道由 18 条增加到 62 条，农村邮路由 1626.7 公里增加到 12370 公里（单程），基本实现了村村通邮路，另因新业务的开发，新增区内速递邮路 4 条，适应了城乡群众使用邮政的需要。2000 年 6 月，咸阳邮件处理中心正式投产，这是咸阳市政府十大兴咸工程之一。

“八五”以后，咸阳邮政加大通信建设力度，初步实现了邮件处理机械化、营业柜台电子化和监控微机化，降低了劳动强度，提高了工作效率。收寄邮件从台秤发展到电子秤，进而到计算机管理。全市 28 处支局、所实现了电子化作业，建成全市邮储微机联网和通存通兑，绿卡工程一、二期均竣工投产。1991 年起，先后还建成商函处理作业系统 1 套，邮资机 1 台，过戳机 10 台，给据函件登单机 1 套，信函自动封装机 1 套。“四网两机两化”建设进程的加快，使邮政通信能力明显增强，实现了邮件自动分拣，提高了邮件处理时限。

1999 年，是邮电分营后咸阳邮政独立运营的第一年。咸阳市邮政局承担着社会普遍服务的通信义务，负责全市邮政网建设、运行管理和经营服务工作，主要经营实物传递、集邮、金融、发行、运输等 9 类 40 余种业务，下辖 11 个县局，实行垂直管理，共有职工 1305 人。全市邮政工作坚持以转变观念为先导，深化改革，加速发展，狠抓经营，强化管理，增收节支，减员增效，改善服务，提高素质，开创了各项工作持续健康发展的良好局面，基本上实现了年初提出的“一年扭亏”的总体目标。年年底，全市邮政总资产达到 24425.3 万元，邮政业务收入完成 8104.5 万元，占年计划的 100.1%，增幅 54.5%。全市邮政业务收入绝对值在全省地市局中排名第一，邮政业务总量完成 4180.7 万元，占年计划的 102%，增幅 11.6%；全员劳动生产率达到 6.96 万元/人，增幅 55.7%；人均用邮量达到 2.8 件/人，增幅 7.7%。在通信能力方面，全市邮政通信已初步实现了邮件处理机械化、营业柜台电子化和监控微机化，全市共有邮电局、所 200 处（其中代办点 20 处，电子化支局 25 处），县以上邮电营业窗口全部实现电子化作业；43 处邮储电子化窗口并联网可通存通兑；通信生产用房面积 58330 平方米；邮路 60 条，总长 2467 公里；邮运汽车 53 辆。全市邮政服务已从传统化向多元化、高层次拓展，为社会各界提供了快捷方便的服务，被评为全省邮政系统的创佳单位。

“绿卡”工程是全省邮政系统第一个“绿卡”工程，共投资 1015.8 万元，经过 1997 年一、二期工程建设，1998 年和 1995 年两年的试运行，于 1999 年 11 月

30日顺利通过了陕西省邮政局组织的终验，首创了全国利用远程终端技术解决邮储区域联网通存通兑的成功先例。

2003年10月—2004年2月，邮政局开发了“中间业务处理系统”，于2004年2月，正式投入使用。它能够方便地进行数据录入，快速地完成数据查询、筛选、统计、报表打印等一系列工作，使得以前手工操作无法实现的功能现在只需短短的几分钟，缩短了工作时间，提高了工作效率。

2004年2月，完成了“商函名址库系统”的编码工作，投入运行后使得商函信息的采集、整理、统计、分析、筛选、查找、投递等工作更加方便快捷。5月份完成“商函信封、商函明信片打印系统”开发与完善，该系统的投入使用使得商函信封、明信片的打印格式更加正规化，更加美观，操作更加简单、便捷，节省了不少的人力、物力，为后续商业信函业务的飞速发展起到了重要的作用。

2004年7月，完成了“营销积分考核系统”的开发，为营销工作搭建了良好的操作平台，促进了业务的发展，得到了业务部门的好评。所有这些系统的实际使用使业务部门和技术部门之间的联系更为密切，充分体现了技术促进业务，技术服务于业务的理念。

2004年度，以优化实物网、加快建设和完善信息网、提升网点竞争力为目标，全市克服资金紧张等压力，积极筹措资金，加快“两网”建设和网点改造步伐，较好地完成了通信能力建设任务。一是实物网建设完成了邮路调整优化提速、开通“全夜航”等，全年共投入120万元，新增19辆邮政生产用车。二是信息网建设完成了绿卡统一版本升级、信息网电路扩容提速、客服中心11185升位、基础接入点工程建设、电视电话会议系统建设、卡哈拉速递系统改造、报刊发行系统升级改造、电子汇兑网点新增等建设项目。全市新建邮政营业电子化网点30处，建成电子汇兑联网网点43处，完成12处邮储网点的联网，全市电子化邮政营业网点达到59处，电子汇兑联网网点达到91处，邮储联网网点达到74处。三是按照标准化要求，改造和建设了一批精品骨干网点。全市投入170多万元改造营业网点28处，配备储蓄网点监控设备8套，更换新型信箱（筒）19个，更新门头7处，提升了网点对外形象和市场竞争能力。全市实现邮政业务总量15874.9万元，同比增长2.5%，完成邮政业务收入15452.72万元，完成省局计划的100.02%，完成市局计划99.99%，同比增长11%，完成实绩居地（市）局首位。

2006年度，邮政服务信息化建设进一步加强，完成了第二批储蓄联网改造工程，新增联网网点8处，全市储蓄联网网点达到133个；完成了电子化支局三期工程，增加电子化支局65个，全市电子化支局联网网点达到137个；配置了46台邮资机，新装ATM11台，全市ATM达到24台，新建自助银行1处；增添监控设备6套、票据打印机14台、点钞机40台、存折打印机33台，网点终端能力不断增强。邮政信息网建设和应用步伐加快。按照国家局、省局安排，相继完成了量收系统、报刊统版系统、集邮预订系统、速递系统、智能令牌系统、营业系统与网运系统互联互通等建设任务，为业务发展提供了强有力的技术支撑。10月完成“EMS、物流票单批量打印”软件的编写工作，不用操作人员重复简单枯燥的输入信息，再放单打印，再输入下条信息，再取单、放单、打印的工作，极大地减轻了劳动量，提高了工作效率。邮政实物网不断优化。进一步对实物网进行优化调整，开通了关中“次晨达”业务，提升了速递邮件传递和报刊面市时限。

2008年完成“报刊系统”的升级改造工作，较以前的系统更稳定，操作更简单，适应性更强。

## 第二节 电信

中国电信咸阳分公司的前身，可以追溯到清朝末年。早在清光绪十六年(1890年)，一条悠长的话话传杆路，由长安，经咸阳，入甘肃，使咸阳这个古老的名字第一次与电信联系在一起。但在此后长达半个世纪的漫长岁月里，电信并没有多大变化，直到新中国成立前夕，咸阳境内才有电报电路7条，长话电路31条，电话82部。

中华人民共和国成立后，咸阳电信事业取得了很大的发展。在改革开放的前30年里，电报电路增加到60条，长途电路增加到166条，电话增加到4500多部。但由于长期计划经济体制的束缚，通信设施陈旧，通信设备落后的问题比较突出，那时城市、农村的电话制式各种各样，准电子式、纵横制、步进制、共电式和磁石电话五代同堂，无论在技术上还是电话普及率上，与其他地方还有不小差距。

1989年后，从中央到地方，各级政府制定了一系列扶持通信发展的优惠政策，咸阳电信也进入发展的快车道。1991年5月19日，咸阳市引进加拿大万门程控电话交换机胜利开通，这标志着咸阳电信发展翻开了崭新的一页。由于程控电话的实用功能，深受消费者的喜爱，装机热持续十年之久。1993年11月1日，长武县1000门程控电话开通，标志全市电话实现了自动化，永远地终结了“摇把子”的历史。

1992年4月1日，咸阳第一家无线寻呼台（126台）建成投入运营并于1994年5月28日在全省率先实现全市联网。在那段时间里，BP机发出的声音响遍了全市每一个角落。

1994年6月，西—兰—乌光缆咸—杨段开通；同年12月，西—兰—乌光缆咸阳段及咸—泾—三、咸—彬—长光缆开通；1996年2月彬—旬、三—淳光缆开通，全市长途传输实现光缆数字化，不仅大大改善了传输速度和性能，而且使长途电路增加到2202条，从根本上解决了过去长途传输的“瓶颈”问题。

1995 年 12 月 26 日，咸阳开通 GSM 数字移动电话。这种小巧、便捷的通信工具很快受到广大用户的青睐而风靡一时。

1996 年 5 月 10 日，咸阳开通公用数据交换网，标志本市跨入信息化时代。同年 12 月 25 日，中国公用计算机互联网在咸阳开通，从此互联网进入寻常百姓家。截至 2007 年年底，全市发展宽带用户 9.98 万户。

随着加入世贸组织以及电信业自身发展的客观需要，国家加快了对电信改革和重组的步伐。1998 年 3 月 31 日，将无线寻呼业务从电信网络剥离出去，划归 1994 年成立的中国联通咸阳分公司。

1998 年 11 月 12 日实现邮电分离，撤销咸阳市邮电局，成立咸阳市邮政局和咸阳市电信局。咸阳市电信局更名为中国电信股份有限公司咸阳分公司（简称中国电信咸阳分公司）。

1999 年全市电信部门固定资产投资 1.24 亿元。基础传输网建设方面，完成了三原—礼泉、乾县—武功 2 条本地网光缆工程，建成南部 6 县区市 SDH 光同步系统，全市光缆总长度达到 1500 公里，成为陕西第二大电信基础电信网。全市 11 个县市局的 56 项农村电话线路工程，新架电缆 1205 公里，新增主干线 20000 线，新增配线 37000 线，基本上缓解了农村电话线路不到位的问题。在全市无线电话接入网一期工程中，建成 10 个基站 156 个信道，增加电话 5000 门。1999 年，全市新增局用电话交换机 29400 门，公用通信网电话交换机总容量达到 292000 门。数据通信网建设方面，完成了全市 DDN 网四期扩容工程、分组交换网五期扩容工程及公众多媒体网（169）二期扩容工程，共新增节点 2 个，新增用户端口头 100 个，新增多媒体拨号接入端口 300 个，基本用户端口总数达到 400 个。DDN 网和分组交换网已覆盖全市所有县区市和部分乡镇，具备了在全市范围内支撑金融、税务、教育、政府等部门计算机联网应用条件。土建方面，投资 1500 万元，对部分农村电信局、所进行了建设、改造，通信能力明显增强。

经过重组的中国电信咸阳分公司，克服困难，通过巩固固定电话等传统业务，大力发展宽带等新型业务，经营服务水平得到了稳步提高，于 2004 年 7 月 1 日随陕西省电信有限公司在香港、纽约两地同时公开上市。2006 年 9 月 16 日，咸阳顺利实现与西安的两地电话并网和电话升位，从而在通向西咸经济一体化的道路上迈出了关键性的一步，对咸阳城市经济建设和社会发展具有重要意义。同时，通信模式和通信技术也在全省乃至全国开创了先例。

近年来，咸阳电信分公司紧紧把握客户消费观念和需求的变化，通过多网络、多终端、多业务的融合及价值链的延伸，不断推出能为用户带来利益、为企业带来发展后劲的多项新业务，如互联星空、商务领航、我的 E 家、号码百事通、新视通、全球眼、彩铃等，已在全市各个领域得到广泛应用。公司还致力于与本市各级党政部门、企事业单位、部队、学校等大型客户建立良好的合作关系，根据客户需要提供满意的通信和信息一揽子综合解决方案，以实现相互间的互助互利、共生共赢。

为顺利推进新农村建设，咸阳市分公司积极配合有关部门，搞好对广大农村用户的通信和信息服务，于2006年完成了“村村通电话”的巨大工程。经过5年的努力，2007年4月实现了宽带网络全市的全覆盖。

经过多年不懈地努力，建成了技术先进、覆盖面广、容量大、速率高、安全可靠、功能齐全、易于管理、适应各种电信业务发展需要的电信网络；建成了覆盖全市的多功能、多层次、高效先进、完整统一的公用数字数据通信网络平台，其中包括能够提供综合智能化业务的、信息资源更为丰富的公用数字数据网、公用分组交换数据网、公用计算机互联网、公用帧中继宽带业务网、电信IP电话网，满足咸阳经济和社会发展的信息化需要，实现了电信网向宽带化、智能化、个人化信息网的过渡。

1. 传输技术

1990年，全市长途电路仅有393条，采用模拟明线载波方式。1994年，全市建成西—兰—乌（咸阳段）、咸—泾—三、咸—彬—长三条光缆工程。彬县—旬邑、三原—淳化段光缆也于1996年2月建成。至此光缆贯通咸阳全区11个市县区。1995—1996年间建成市区中心局至轻院、毛条、西郊、华星、东郊、渭河电厂、陕广光缆线路，为咸阳通信事业发展奠定了基础。

1994年建成西兰乌PDH传输系统，咸阳长途电路实现数字化，解决了长途电路严重短缺的瓶颈。1995年建成咸阳至西郊PDH数字传输系统，标志着咸阳传输网开始了数字化进程。随后相继建成轻院、毛条、陕广、华星、东郊、机场、南郊PDH数字传输系统，为咸阳电信业的超常规发展奠定了网络基础。

1995年12月建成咸阳至全区11市县PDH数字传输系统。全市实现传输系统数字化，长途电路增加到2386条。

1998年建成西安—咸阳—铜川—渭南陕西省关中环SDH2.5G系统咸阳段。该系统采用西门子设备，是首套安装于咸阳的2.5G速率SDH设备。这标志着咸阳市传输网实现大容量、高速数字通信，同时咸阳长途电路的安全性得到了很大的提升。以此为契机，随着SDH技术的成熟以及商用，咸阳市电信公司也开始了SDH传输网络的建设工作。1999年咸阳电信公司建成咸阳市南环（咸阳—兴平—武功—乾县—礼泉—三原—泾阳）；咸阳市话SDH2.5G西环（中心局—西郊—华星）。2002年建成咸阳SDH2.5G北环。至此全区市县传输系统已全面采用SDH系统。

2002年建成西兰32×2.5G波分系统咸阳站。这是在咸阳安装的第一个波分系统。该系统采用国产中兴公司产品。2004年建成西安、咸阳32×2.5G波分系统。2008年12月，咸阳建成覆盖全区的OTN网络，该网络采用国产华为公司产品，OTN技术是波分技术的进一步发展，是当前国际领先技术。

2. 交换技术

到1992年5月，全省已有70个县市全部实现了电话程控化、传输光缆化。从城市到农村，电话迅速走入千家万户，把信息沟通的快乐带给了更多人。电话已成为日常生活的一部分，不再引起人们的特别关注，电话的这一变化正是通信发达、社会进步的表现。

1994年1月，咸阳—武功开通无线寻呼；1994年3月28日，咸阳开通第二个万门程控交换机即331局；1994年11月1日，长武县邮电局1000门程控电话开通并入全国直播网。至此，咸阳全市实现了电话自动化，使“摇把子”电话历史宣告结束。

1995年4月23日，咸阳泾阳局DMS交换机割接入网。1995年7月16日，咸阳市轻院分局即357局割接入网。这是与外单位联合建设的第一个市话分局。1995年8月20日，咸阳市及所辖县、市、区电话正式并网升7位，长途区号统一使用“0910”，基本完成了咸阳电话本地网的建设。

1995年8月20日，咸阳—旬邑1000门程控电话割接开通，至此，咸阳市市话交换全部实现了程控化。1995年10月27日，咸阳开始安装使用磁卡电话；1996年3月23日，咸阳市长途局5000路程控交换机割接入网，使咸阳有了独立的长途局。

2000年，咸阳完成七号信令网LSTP的调测及入网。2001年，咸阳华为328局割接入网。2002年5月17日，全省开通小灵通业务。2003年，咸阳华星371局、西郊361局割接入网。

继2002年5月17日小灵通网络在咸阳市区建成后，用户发展迅速，市场需求旺盛。2003年1月23日，北部五县小灵通网络建成开通。3月20日，南部6县小灵通网络建成开通。至年底，全市小灵通网络大基站达到1130个，小基站达到208个。网络覆盖市区及11个县市城区，覆盖面积达到108平方公里。

2003年，中国网通集团西北通信公司咸阳市分公司（以下简称咸阳通信），先后投资7600多万元，新建管道52管程公里，布放光缆680皮长公里，建成ONU点52处，RSUD86处，SCDMA基站14处。至年底通信线路已普及城区各个主要街道，覆盖市区面积达80%以上。同时，咸阳通信已基本完成对各县的二干建设，初步具备了向各县提供通信能力的条件。

2003年“数字咸阳”建设以宽带网为骨干的信息网基本形成。以中国电信网络和广电网络为主建立了宽带网络，全市固定电话交换容量达到84.4万门，用户59.6万户，电话村村通达到85%—90%，移动通信网络已经形成GSM900和DCS/1800基站双网运行，无线网总容量89万门，GSM、CDMA在网用户41万户。有线电视用户16.9万户，计算机网络总带宽达到 2.655G。信息传输光缆总长度达到 7900 公里，形成了容量为 264 芯的骨干光纤环网。咸阳信息互换平台通过资源整合，形成了对外技术服务窗口，成为连接社会经济信息的纽带。

2005 年，全省进行固网软交换改造，语音由 PSTN 向 IP 化进行转变。2005 年年底，中国电信陕西公司又在全国率先完成了固网智能化改造，大大提升了对新业务的支持能力，为广大用户带来更加丰富多样的综合信息服务应用，商务领航、固话彩铃、商务彩铃、号码百事通、一呼双响、电话精灵、移机不改号……多样化、综合化、娱乐化、个性化的信息服务正缔造着一种全新的信息生活。

2006 年 9 月 16 日，咸阳电信利用软交换成功实现了西安和咸阳区号合并和咸阳固定电话升 8 位，统一使用 029，咸阳告别 0910 时代。

2007 年，咸阳进行了 FTTX（光进铜退）的测试，同年咸阳 FTTX 进入商用，从而使语音通过 IP 网进行传输和交换。

2008 年，中国电信收购了联通的 C 网，正式开始运营，并于 2009 年 1 月完成电信新 C 网建设及割接工作。

随着人们对互联网络的需求，ADSL 迅速颠覆了人们旧有的生活观念和方式，把狭小的生活空间拓展延伸到世界每个角落。QQ、视频、电子邮件、网购、动漫等各种新的元素和概念接踵而至。经过 4 期工程的建设，目前中国电信陕西公司宽带网络已覆盖全省，出口带宽达到 50G，全省各市、县乡及主要行政村实现光纤到大楼、光纤到路边、光纤到小区，并逐步向农村乡镇进军。固定电话与小灵通组合的 e6 套餐，固定电话与宽带组合的 e8 套餐，让家庭用户享受到了家庭信息化带来的便捷。

截至 2011 年年底，全市电话用户达 417.6 万户。其中，固定电话用户 58.08 万户，移动电话用户 317.57 万户，3G 用户 41.52 万户。电话普及率达到 84.9/100 人。国际互联网用户 35.38 万户。

# 第三章

# 广播电视

陕西境内的广播宣传始于1936年8月1日开播的中国国民党西安广播电台。中国共产党领导下的延安新华广播电台创建于1940年12月30日。新中国成立后，咸阳市广播电视事业与国内、省内其他地区相比，起步晚，基础薄弱，但发展较快。

1950年4月，中央人民政府新闻总署发布《关于建立广播收音网的决定》。根据这一决定，1951年1月中央广播事业局通过西北人民广播电台给咸阳专员公署和三原、兴平、武功、淳化、长武、彬县7个县政府各配发直流收音机一台，建立了广播收音站。1952年年底，咸阳专员公署所属署县全部建立了广播收音站，泾阳、淳化、旬邑、兴平等县由陕西省政府文教委员会配发收音机，建立了一批区收音站。各县收音站都不同规模地在城乡建立了一批收音点，并组织起一批广播宣传员，基本形成了一个以专区、县、区三级广播收音站为骨干，包括各学校、厂矿、农业社、收音点为网络的城乡广播收音网。

1956年1月，咸阳市（今秦都区）广播站建成播音。这是咸阳地区第一个县级有线广播站。1958年11月，永寿县广播站建成播音，此后咸阳（地区）所辖各县全部建起了县广播站。

1957年，陕西人民广播电台在咸阳渭河南岸建成一座广播发射台，播发陕西人民广播电台第一套节目，1958年该台增加转播中央人民广播电台第一套节目。1959年中央国际广播电台发射台在咸阳市北郊建成播音。

1958年冬，各县开始建立公社广播站或公社广播中转站（以后统称公社广播放大站）。1959年，兴平、武功二县率先利用低电压线发展居民入户小喇叭，从此有线广播在咸阳地区进入平常百姓家庭。1965年年底，咸阳市各县及全部人民公社都通上了有线广播，农村76.5%的生产大队通上了有线广播，城乡各高、中、低音广播喇叭总数发展到76577只（而收音机在全咸阳的拥有量仅

6500多台）。以县广播站为中心，以放大为基础的农村有线广播网基本形成。

“文化大革命”时期，咸阳市广播事业遭到挫折，各县广播站先后受到冲击。

1968年以后，各县广播站逐渐恢复自办节目。同时，随着革委会的成立，所有革命群众组织的广播站、广播室自动消失，原有的广播设备基本归各单位革命委员会或革命领导小组所有。

1968年，由于省电视台的建立，咸阳纺织机械厂购置一台黑白电视机，这是咸阳市有记载的第一台电视机。到1970年，咸阳地区共有电视机103台，全部是黑白电视机，多为12、14、16英寸的小屏幕电视机，且均为国家政府机关、大型国营企事业单位所有。

1972年，乾县广播站利用现有设备自己改装制成广播自动开关机。后来各县学习乾县经验进行技术革新活动，相继改造制成广播电源自动调压机、电源自动倒换、广播信号回测等装置。同年12月，咸阳地区事业广播管理站组织技术人员，自己动手试制出一台QL-I型黑白投影电视机。

1975年，武功县建成县至公社的全部广播专线。彬县广播站自己组装一台晶体管电视差转机，并于1976年9月建成咸阳地区第一个电视差转台。

截至1978年年底，咸阳地区25%的农村生产队广播网经过整修，达到了国家广播事业局的入级标准，一些厂矿企业为解决职工收看电视的问题，自筹资金，办起了小型电视差转台。

1980年，咸阳地区已有9个县建成广播站到公社放大站的广播专线，农村有线广播专线长达9100多杆公里，建起公社广播放大站255座，城乡广播喇叭数发展到597112只。收音机的社会拥有量猛增到237969台，与1975年相比数量增长了一倍，发展速度超过过去25年的总和。电视机的社会拥有量也猛增到15300台，与1975年相比数量增长了10倍。各种小功率电视差转台建成13座。

1984年，为适应广播电视事业的发展，咸阳市广播事业局改为咸阳市广播电视局。

1985年年底，咸阳市13个县（区）已建成县级广播站13个，建成乡镇放大站216个，建成广播专线总计9715杆公里。所有到县（区）到乡镇的广播信号传输基本实现专线化。有线广播通到59.5%的村，51%的农户，城乡各种喇叭共有346910只，其中农村入户喇叭339000多只。建成各种小功率差转台36座，发射总功率0.7千瓦。城乡居民拥有电视机596000多台。平均每16户居民，每77人拥有电视机1台。城乡居民共拥有收音机总计579000台，平均每7人，每1.5户就有1台。

咸阳市广播电视局成立后，驻地咸阳水厂路1号，编制18人，内设秘书、宣传、事业、社会管理4个科室。局下属有咸阳人民广播电台、咸阳电视台、咸阳有线广播电视台等9个单位，共有干部职工214人。

咸阳人民广播电台于1989年10月1

日正式开播，呼号为“咸阳人民广播电台”，中波1296千赫，发射功率10千瓦，塔高76米；调频立体声100.7兆赫，天线高152米。咸阳电视台经过2年多筹建，于1989年10月1日开始试播，呼号为“咸阳电视台”，频道DS-40和DS-28，两套信号同时播出，发射功率3千瓦，天线高142米。咸阳有线电视台，于1994年9月筹建，1995年1月投入使用，现已建成同轴光缆主支干线30多公里，采用550兆赫系统，入网用户5万多户，播出节目35套。1996年7月，实行咸阳人民广播电台、咸阳电视台、咸阳有线广播电视台“三台合一”管理体制。初步形成了广播电视同步发展，有线、无线纵横交错，宣传、事业相互促进，全面建设协调发展的广播电视格局。

1998年启动“村村通”广播电视工程，截至2007年已安装“村村通”设备413套。2004年咸阳市在全省率先开通了数字电视，观众可看到108套高清晰、高质量的电视节目。到2007年，全市有市级广播电台1座、频率2个；市级电视台2座，共开办了4套节目；县级广播电视台11座；有事业台站50个，地面卫星接收设施10100多个。市县两级现有网络传输机构12个，有线电视传输光缆9424.5公里，通达乡镇169个，通达行政村1020个，有线电视用户33.2万户，入户率为24.17%。全市广播综合覆盖率为99%，电视综合覆盖率为99.01%。其中，咸阳人民广播电台覆盖率为87.40%，咸阳电视台为88.17%。

2001年7月18日，以原咸阳有线电视台、咸阳市广播电视传输管理中心网络资产为基础，组建陕西省广电网络传媒咸阳分公司。咸阳分公司属事业单位性质，实行企业化管理，承担咸阳辖区有线电视信号传输、网络建设及综合数据信息业务开发等任务，负责管理全市11县（市）支公司，经营网络资产1.9亿元。市县两级共有员工340名，内设办公室、人力资源部、财务经营部、有线电视业务部、数据业务部、工程技术部、客户服务部和物流部等9个（部）室。公司现有广电网络干支线光缆5000余公里，光节点2500多个，覆盖全市176个乡镇，通达行政村1020个，乡镇覆盖率和村组通达率分别达到99.4%和30.98%。

截至2010年，咸阳市、县广播电视从业人员共1000多人，各类广播电视专业人才800多人，其中高级职称30人，中级职称200多人，初级职称600多人，有20多人被评为咸阳市“三五人才”。截至2011年年底，广播节目综合人口覆盖率99.35%，电视节目综合人口覆盖率99.56%，有线电视入户率31.09%。

## 第一节　节目采集、制作

收集情况反映即信息反馈，是记者在进行公开报道之外的另一项重要工作。这方面工作大体有三项内容：听众对广播和电视的意见、要求；群众对时局的看法和对政策的反映；对境内有关团体和个人违反政策、法令的事件的调查。1981年陕西电台驻咸阳记者赵学文写的《寇县长盖房记》，揭发三原县县长寇某人利用职权侵占国家和集体资财为自己营建私房的情况。1982年，该台驻咸阳记者陈征写了咸阳市破坏文物现象严重的情况。1985年该台驻咸阳记者陈征、朱述成写的一些国家干部和新闻记者向诈骗犯刘智生索贿受贿的情况，当时都受到中央、陕西省委和省人民政府领导干部的重视。

为了弥补专业记者少，难以及时采访全省各地发生的重大事件这一缺陷，陕西电台先后几次在各地区设立记者站，进行区域性采访活动。常驻地（市）记者由当地配备，使记者可以长期稳定在一个地区，有利于深入实际、系统地熟悉当地情况，密切联系群众，1982—1984年，连续3年开展的全国优秀广播稿件评选中，驻站记者的稿件在编辑部都居于领先地位。1983年，咸阳站记者陈征采写的独家新闻《农民谢振华致富后主动给国家返回女儿四年的助学金》，被评为获奖作品，这条新闻比新华社发稿时间早一个月。

新中国成立前没有录音设备，解放初期录音技术尚未广泛应用，广播电台节目只能或主要在直播过程中完成制作。1949年年底，西北台搞到一台陈旧的美国SOUND MIRROR BK－401型纸带录音机，是陕西省广播系统有录音机之始。因该机质量很差、纸带又少，很少使用。1950年年初西北台又从上海购回4台美国“韦伯斯特”钢丝录音机，开始在广播大会、座谈会、晚会、联欢会上用它录制演讲和文艺节目演出实况。同年，西北台又购回4台“韦伯斯特”钢丝录音机，接着又购回2台苏联德涅泊尔－2型落地式磁带录音机。录音机增多，节目制作任务增多，制作与播出开始分工，分出一部分技术人员专门从事节目录音和加工制作，于是西北台工务科成立录音组。

20世纪50年代初，录音工艺非常简单，室内或室外录音均只用一个传声器，1—2台录音机。传声器总是放在被录对象前面的某个固定位置上（由试验决定），传声器把被录对象的声音转换为音频信号送入1台录音机或通过1个钮开关切换、选送2台录音机中的1台进行录音。实况录音，往往与实况转播同时进行，录音信号来源依赖实况转播，1957年转播增音机，加分路输出提供1路信号送入录音机。

玛格－8型录音机当时是录制系统的主要设备，外形尺寸612×435×383毫米，重58千克。机器笨重，外出录音非常不便。为减轻重量、解决散热不良和电源干扰问题，机器拆除铁外壳，拆下电源部分另装小盒，用多芯线与主机连接。

1955年陕西台进口4台民主德国BRAUSE－D型磁带录音机，主机和电源分两个机箱（分别为25千克和14千克），比玛格－8型录音机轻便，带速为38.1/76.2厘米/秒，音质也较好，但没有停机刹车装置，操作需要有一定的经验。

外出新闻采访灵活机动性强，记者背着自带电池的轻便录音机、手持传声器录音采访是新闻采访手段的重大进步。1966年年初从广州购入5台荷兰飞利浦记者之声录音机，所用的磁带较薄，速度随绕带满度而变，非常不均匀，使用时间不长。1968年和1975年5月先后进口日本索尼EM－2型录音机2台，EM－3型录音机5台，耗电较省，质量较好。

中共十一届三中全会以后，县广播站的录音设备普遍得到充实和更新，添置国产或日本进口的磁带录音机和收录两用机，还有供采访用的电容传声器和无线传声器，由于收录两用机轻便，操作简单，多用于外出采访录音，并且开始学习广播电台对录音节目素材进行后期加工的技术，给录制的节目配以音响效果，制作“带音响的节目”。

1980年，少数县广播站开始购置专用的国产落地式LY－635型和LY－653型录音机，但数量较少，县有线广播站拥有的录音机主要还是L601型和L602型录音机。录音机最多的县广播站一般不超过20台。节目录制工艺也没多大进展，只做简单的录音，不剪辑。

咸阳市台1988年1月1日正式试播，录音设备甚少，仅录制少量的新闻和专题性节目（单声道），立体声节目主要是转播。

经过多年的建设，咸阳市县广播电视节目制作和播出基本实现了数字化。非线性编辑系统、全自动播出系统等数字技术得到广泛应用。

## 第二节　节目播报

咸阳电视台1988年4月15日开播，5月1日播出台标，因设备短缺，条件不完备，仅转播中央电视台第二套节目。平均每天转播4个多小时。1989年7月20日投资40万元充实摄录和播出设备并迁入新落成的广播技术楼，10月1日播出自办节目，举行试播典礼。1100平方米的广播技术楼有电视演播室1个。广播电台有《咸阳新闻》《新闻聚焦》《社会大舞台》《天天八点半热线》《文学七色花》《学习与生活》《简明新闻》《县区要闻》《阳光地带》《调色板》等19个栏目。电视台有《咸阳新闻》《经济纵横》《泾渭涛声》《每周话题》《综艺时空》《好歌点播》《影视桥》《百姓生活》《假日剧场》9个栏目。播出时间比较长。广播电台每天播出14个小时，电视台自办节目每天播出5.5个小时，有线电视台综合频道每天播出9个小时，图文频道每天播出17个小时，证券一、证券二频道每天分别播出24个小时和6个小时。

在此基础上，咸阳人民广播电台对《咸阳新闻》的内容和播出时间进行了大幅度的调整，实现了滚动播出。同时还新设了《经济15分钟》《供求热线》《时尚生活》《交通信息音乐网》等栏目。咸阳电视台从1999年5月中旬起，将《咸阳新闻》分为《时政新闻》《社会新闻》

《标题新闻》和《都市快讯》4个板块，实现了周三新闻向周五新闻的过渡。此外，在播出时间上，无线有线相互交替，保证整点都有新闻。市电视台新开设了《女性世界》《法制天地》《秦声秦韵》3个栏目。

2006年7月，咸阳人民广播电台增设《都市音乐频道》，2007年6月，咸阳电视台增设《市民频道》，并将电视塔从市电视塔院内迁至国家594台，塔体增高100米，扩大了咸阳广播电视的覆盖率。2005年开始有线电视数字化整体转化工作，到2007年年底，转化用户9万户，市区零散用户基本转化完成。

## 第三节　节目发射

1936年开播的国民党西安广播电台是陕西省第一座中波广播电台，其发射系统和播控系统一起设在西安南院门。发射间安装一部经河北广播电台改装为500瓦的中波发射机。该机原系北平天坛长波报务台报废的报话两用发射机。发射机的高频信号由调屏调栅高频振荡器产生，经两级放大在高频末级受调幅器末级的音频信号调幅后送上发射天线。传声器的音频信号进入调幅器经与唱机的音频信号混合，放大后调幅高频末级，调幅器末极与高频末级均用两只204A型三极电子管推挽输出。频率1290千赫，波长232.6米。

抗战胜利后，陕西广播电台于1946年迁回西安南院门旧址，呼号、频率未变。工作状况一如既往。同年接收日伪河南广播电台设备，从开封运回西安。据1948年12月31日统计，陕西广播电台的主要设备和仪表有500瓦中波发射机一部（已拆待修），中短波段收音机4部，四级增音机1部，天线绞车（卷扬机）1部，兆欧表1个。

1985年7月中央广播电视部批准咸阳市台建台，指配1296千赫频率，功率1千瓦，1987年2月26日调机结束开始试播，1988年1月1日正式试播，1989年10月1日正式播出。

咸阳市台的立体声调广播，1985年7月30日经广播电视部批准建台，指配频率100.8兆赫，功率1千瓦。1986年购入调频立体声发射机1部。12月15日广播电视部594台支援65米高的简易广播电视塔安装完毕，发射机临时安装在改装的机房内，30日调试结束开始试播。这是陕西省第一座地（市）级调频立体声广播电台。

90年代初期，陕西广播电视通信设备厂已经开发出10千瓦、25千瓦、50千瓦、100千瓦等多种规格数字调幅中波广播发射机，采用当时世界上最先进的数字幅度调制技术（DAM），近乎完美地解决了发射机的性能、可靠性、高效率和低成本的问题。同传统的广播机相比较，数字调幅广播发射机整机的可靠性、稳定性、抗干扰能力有大大提高，其音色、音质可与调频机相媲美。除此之外，它是一种高效率的设备，比目前国内广泛使用的同功率中波机效率高出

20%—30%。

陕西广播电视设备厂声像设计所所长李中南，主持和领导开发如意电视机厂的几十种电视机型。其中SGC－3702型彩色电视接收机、SGC－4703型彩色电视接收机，均获省优奖、部优奖和国家银质奖。SGC－4703F遥控彩色电视机获省优奖。SGC－5602型彩色电视机接收机获省优奖和电子工业部优秀新产品奖。SGH－4402型黑白电视接收机获省优产品奖。

咸阳城区有线电视覆盖网是1994年10月筹建的，当时采用550兆赫兹 HFC光、电缆混合传输技术建设。系统为星树形网络结构，单向传输、预留双向升级功能，主要设备均选用性能优良的美国科学亚特兰大SA产品。全市共建有线电视前端1个，敷设干线光缆35公里，设有15个光节点，每个光节点布6芯光纤，光节点至用户则采用同轴电缆接入，一般延长放大不超过4级，建成后基本实现了对城区用户的覆盖，网内下传18套模拟电视节目和6套调频广播节目，是当时全省技术水准较高的有线电视传输网。

随着时间推移和技术发展，受城市建设及线缆老化等因素影响，1998年起逐步开始对网络进行分片升级改造，主要是采用1550纳米光传输设备，增设光节点，将光缆延伸至小区和企事业单位，传输带宽扩展至750兆赫兹，部分光、电缆由架空改为地埋敷设，增加安全、可靠性。在1999年市、县及乡镇联网工程中，咸阳市采用1550纳米模拟光传输设备，将市有线电视前端信号传送到所辖11个县市及两区15个乡镇。网络下传节目也增至36套，入网用户达到8万多户，同时，还在网上开展了数据广播业务，提高了网络利用率。

咸阳市广播局下属有全省骨干发射台之一的兴平广播转播台和1997年“七一”建立的咸阳槐山广播电视转播台。咸阳槐山广播电视转播台，海拔1430米，建有60米的广播电视发射台一座，配置5千瓦分米波电视发射机一台，发射频道为28频道，1千瓦调频发射机一台，工作频率107.6兆赫，有卫星电视单收站两座，同时还为市属的11个县市分别配置了一架分米波接收天线，使广播电视覆盖面积由原来的70%提高到100%。1997年咸阳市确定，建设光同步系列SDH传输系统，架设3条光缆支干线，全长418公里。

2007年，咸阳广通电子科技有限公司研发的“锥面顶负荷中波小型发射天线”是在传统广电小天线理论基础上，利用曲面顶缓变原理，折叠振子天线原理及垂直天线分布参数和集总参数加载原理有机的、合理的融合产生的一种新型天线。该天线首创性地突破了国内国外同行没有解决的技术难题，设计的新型中波天线结构优化调配网络，实现了中波天线的小型化，构思新颖、设计合理、便于生产和维护。该项目与传统的中波发射天线相比，具有占地面积小(仅为原来的1/80—1/40)、高度低、发射功率高，频带宽，抗雷击、抗风荷能力强，重量轻，受环境影响小，便于维护等特点，为国家相关标准的制定提供了重要依据。该成果获2008年陕西省科学技术三等奖。

# 第四章

# 文物

新中国成立前，咸阳没有专门的文物管理机构。1954 年，咸阳市文物管理委员会成立，从此咸阳有了专门的文物行政管理机构。1957 年开始筹建咸阳博物馆和茂林、乾陵文管所。1962 年，咸阳博物馆正式建成并对外开放，成为当时第一个县（市）博物馆。其中咸阳博物馆编制工作人员 8 人；茂林、乾陵文管所编制工作人员各 2 人；咸阳市文物管理委员会无专职人员。其他各县文物工作均有文管代管，无专门编制。

20 世纪 50 年代发现的尹家村遗址，是与西安半坡同类型的新石器时代遗址，面积约 131 万平方米。1961 年在秦咸阳遗址范围内出土了秦诏版等珍贵文物，是研究秦统一六国及相关问题的重要实物资料。1965 年在渭城区杨家湾出土了震惊中外的“西汉三千彩绘兵马俑群”。这批文物数量之多、步伐之严整，实属汉代出土文物所罕见，它对研究西汉的军制、战阵、战车的衰落和骑兵的发展及雕塑艺术、埋葬制度具有十分重要的意义。1966 年和 1972 年在汉元帝渭陵附近出土了汉玉奔马、玉熊、玉辟邪、玉鹰、玉俑头等一批玉雕珍品。1975 年在秦咸阳三号建筑遗址出土了建筑壁画“车马出巡图”，是迄今为止发现的时代最早的建筑壁画。1979 年在淳化县史家塬出土了兽面纹大鼎，高 122 厘米，重 226 千克，是目前所见最大的西周铜鼎。1981 年在汉武帝茂陵附近出土了鎏金马、鎏金银竹节熏炉等 230 件珍贵文物，其中鎏金马为国家一级文物，多次出国展览引起轰动。1986 年在咸阳国际机场基建工地抢救性发掘中，清理汉、北周、唐代墓葬 156 座，出土文物约 1.1 万件。1989 年在修建机场高速专用线时发现汉景帝阳陵 24 个大型丛葬坑，被评为 1990 年十大考古发现。后对此进一步探测，出土文物 9300 多件，探明丛葬坑为 86 座。1993 年在渭城区陈马村北周武帝宇文邕孝陵，出土墓志铭和金质“天元皇太后玺”等一批珍贵文物，填补了北周帝陵资料的空白。1995 年在塔尔坡发现战国秦墓381座，出土中国最早的战国骑马俑，首次发现纪年商鞅镦并出土大宗陶文。2002年在汉昭帝平陵发现了大型动物丛葬坑，埋葬动物64具。2002年，对昭陵北司马建筑遗址进行了全貌揭示，发现了昭陵六骏基座遗址和部分残块，出土文物2000余件，被评为2003年全国十大考古发现。

据1988年文物普查统计，咸阳市有各类文物点4951处，其中古墓葬1135处，古遗址1037处，古建筑247处，石刻文物2415件（组），革命文物及其他文物117处。截至2008年年底，这些文物点中，含未编号的秦直道遗址在内被列为全国重点文物保护单位的有20处32个点（不包括杨陵区），省级保护单位93处，县区级209处。全市各级文博单位共收藏陶器、瓷器、玉器、青铜器、金银器、石器、壁画等文物藏品5万余件。

## 第一节 勘探与发掘

### 一 文物勘探

20世纪80年代中期以前，咸阳境内尚没有一家从事文物考古勘探的专门机构。当时，考古勘探作为田野考古的重要手段之一，咸阳博物馆和咸阳市文物管理委员会都曾配备有钻探人员。1984年，咸阳市文物管理委员会内部设置了咸阳市文物管理委员会文物钻探队（不久更名为咸阳市文物建筑地质钻探公司，后又更名为咸阳市考古钻探公司），主要承揽咸阳市区内基建建筑中的文物探测和基建场地地质勘探工程。

1987年9月1日，渭城区人民政府发布《关于加强文物保护管理的通告》，其中第五条规定："凡建设单位或砖瓦厂用地，除履行有关规定程序外，须经区文物管理委员会与有关业务单位进行探察或文物勘探，并发给文物管理审核证书，城建部门方可办理施工许可证。如隐匿不报，擅自施工，使古墓葬、古遗址或文物遭受破坏者，要给予经济处罚，直至追究法律责任。"

1988年6月22日，秦都区人民政府发布《关于城市规划建设中加强文物保护管理工作的通知》，规定："凡在我区内征地建设单位，须经区文体局委托文物勘探公司对所建设范围内有可能埋藏文物的区域进行调查、勘探，由文体局发给许可证方可施工。"

1987年渭城区人民政府批准设立了陕西省考古钻探公司咸阳分公司，隶属于渭城区文化体育局，主要承担渭城辖区基本建设中的文物勘探和基建场地勘探工作。这是咸阳境内成立的首家具有法人资格的国有文物勘探专业机构。

1989年，秦都区人民政府批准设立"秦都区考古钻探管理处"，负责清点辖区内基本建设中的文物勘探和文物勘探管理工作。

1990年3月，陕西省考古钻探公司咸阳分公司在对西安咸阳国际机场东线专用公路路基进行考古勘探时，于西汉景帝阳陵东南约400米、王皇后陵正南约100米处，发现大型丛葬坑24个。

1990年9月，陕西省考古钻探公司咸阳分公司在对长庆油田咸阳石油助剂厂征地进行考古勘探时，发现春秋中晚期至西汉时期墓葬280余座。

1992年3月10日，经渭城区人民政府办公会同意，陕西省考古钻探公司咸阳分公司更名为“咸阳考古钻探公司”。5月，咸阳考古钻探公司在西安咸阳国际机场停机坪新征地的考古勘探中，发现汉、唐等古墓葬22座。6月，咸阳市人民政府决定，秦都、渭城、杨陵不再设立文物管理机构，原三区文物管理机构权限统一由咸阳市文物管理局接收。合并渭城、秦都两区的文物勘探机构，成立咸阳市考古钻探公司及咸阳市文物钻探管理处（一套班子，两块牌子），负责辖区内文物勘探管理及基本建设中的文物勘探和基建场地勘探。对外勘探业务使用咸阳市考古钻探公司的名称。12月1日，咸阳市文物钻探管理处发布《关于进一步加强基本建设中文物勘探管理工作的通告》，通告强调，任何建设施工单位在进行基建施工前，必须实施文物勘探，咸阳市考古钻探公司是辖区的唯一合法、具有法人资格和技术力量从事文物勘探工作的单位。

1993年3月25日，咸阳市人民政府办公室印发《咸阳市人民政府办公室关于切实加强文物保护管理的通知》，其中第三条要求“把基本建设中的文物保护工作纳入审批程序，凡在咸阳市文物保护区域内进行基本建设选址、征地时，须经市文物局同意，并有市文物局指定的钻探单位进行钻探后，发给施工许可证，方可施工。未办理施工许可证强行开工，致使文物遭到破坏的，要依法追究当事人责任”。第四条要求加强文物钻探等的管理。凡在咸阳市进行的一切开工钻探等业务必须履行报批手续，市考古钻探公司专门承担全市范围内的开工钻探事项。其他未接受资格审查的单位和个人一律不得从事此类事项。

1994年6月，咸阳市文物钻探管理处开始推进辖区内其他县（区）的工作。先后同兴平县、礼泉县、泾阳县、乾县等文物主管部门达成协议，在各县文物主管部门的协助下，共同管理该县基本建设中的文物（基建场地）勘探。

2006年，咸阳市人民政府办公室印发《咸阳市办公室转发市文物局关于进一步加强基本建设中文物保护工作意见的通知》要求：“一、高度重视文物工作，切实做好基本建设中文物保护工作；二、把基本建设中的文物保护工作纳入基本建设审批程序，确保文物安全；三、加强管理，相互配合，把基本建设中的文物保护工作落到实处。”随后，咸阳市文物局在市政府政务大厅设立对外服务窗口，受理由市发改委、城乡建设规划局审核批准的投资项目和基本建设工程项目的文物保护事宜。

粗略统计，1988—2007年，咸阳市文物钻探机构本着“既有利于保护文物，又有利于基本建设”的方针，共勘探发现古墓、古遗址等古文化遗址2000余处，从这些古文化遗址中出土文物上万件，为建设施工单位查出地下隐患2万余处，杜绝了基本建设中破坏地下文物的现象。

## 二　文物发掘

咸阳境内的考古发掘始于中华民国末期，这一阶段的考古发掘是由中央研究院进行的少量试掘。

1943年2月，中央研究院历史语言研究所石璋如在彬县老虎煞发掘了一个长20米的探沟，在底层发现彩陶堆积。

新中国成立后，于1958年成立了陕西省考古研究所，该所随后在咸阳泾水渭水流域调查、试掘了多处遗址及秦咸阳宫遗址、汉唐陵墓。

1953年4—7月，西北工程地区文物清理队在渭城区底张镇清理15座墓葬。其中一座墓为北周武建德元年（公元572年）谯国公夫人步陆孤氏墓，另一座为北周武建德五年（公元576年）杜欢墓。出土文物有甲骑具装俑、鼓腹扭身武士俑、牛拉车俑等。1954年，文物部门在咸阳、武功对一些建筑工地进行考古发掘。清理了许多战国、汉、唐、明等各代古墓。

1958年陕西省考古研究所渭水考古队对武功、兴平进行了考古调查，发现许多古文化遗址。1959—1963年对武功下孟村新石器时代仰韶文化遗址进行了四次较大规模的发掘。

1959年3—5月，陕西省考古所及西北大学历史系对彬县下孟村进行了发掘，发掘面积600平方米，发现新石器时代至西周晚期遗址。遗址地层为上、中、下三层，其中新石器时代发现了3座方形圆角的房屋基址，4座窑穴，出土石器、陶器、骨器、沣器50多件。

1959年秋至1961年，陕西省社会科学院考古研究所渭水队对秦咸阳遗址进行了试掘，先后在渭河沿岸发掘文化层堆积较好的房屋基址；在滩毛村渭河北岸断崖上清理窑穴1座。1961年11月，在长陵车站北的沙坑内，清理出一千多斤铜渣、铜器、铁器，其中有秦始皇二十六年统一度量衡的铜诏版。

1961年秋，陕西省考古研究所对秦咸阳城做了试掘，发现了城墙、水井、宫室建筑基址及大量陶器、工具、货币等文物。

1960年8月至1962年4月，陕西省文物管理委员会对乾县永泰公主墓进行了发掘。该墓封土呈覆斗形，周围为夯土墙围成的墓园，厥南设神道，有华表1对、翁仲2对、石狮1对。墓内共出土文物878件。1960—1971年先后发掘了乾陵5座陪葬墓，出土文物4000多件。清理出比较完整的文物3427件。

1971年，先后对章怀太子墓、尉迟敬德墓进行了发掘。1972年，对张士贵墓、李承乾墓和懿德太子墓进行了发掘。1974年，秦都咸阳工作站对秦都一号宫殿建筑遗址进行了发掘。该遗址共发现11室，清理窑穴7个，发现排水池4处，出土陶器、铜器、铁器、石器、丝绸等遗物。发掘者认为一号宫殿为咸阳宫主要宫殿之一。1975—1984年，秦都咸阳考古队连续4次对西起渭城区摆旗镇，东至窑店镇毛王沟西侧的嫣王、黄家沟2处墓群进行了发掘，共清理墓葬136座，出土器物623件。1978年10月至1979年1月，昭陵博物馆对位于礼泉张家山的昭陵陪葬墓段简壁墓进行了发掘。发现随葬品有彩绘武士俑，彩绘男立俑，彩绘女立俑，彩绘男、女骑马俑，彩绘镇墓兽以及大量的鞋子模型。1978—1979年，咸阳地区文物管理委员会在长武县冉店乡发掘秦墓28座、车马坑1座，出土器物200多件。1979年3—9月，咸阳地区文物管理委员会、咸阳博物馆联合发掘了秦都咸阳第三号宫殿遗址，遗址出土的筒瓦、铺地砖以及陶文与一号宫殿遗址出土文物相同。

1980年10月至1982年9月，咸阳秦都考古工作站发掘了秦都咸阳二号宫殿遗址。1982年10月，咸阳博物馆在陕西省第一纺织机械厂发掘一座西汉晚期墓葬，出土72件器物。1984年12月至1985年1月，咸阳市文物管理委员会、咸阳博物馆对位于渭城区窑店镇的西魏侯义墓进行了发掘，出土文物160余件。侯义墓是首次发掘的有明确纪年的西魏墓。1986—1992年，陕西省考古研究所对秦都区钓台镇的古桥遗址进行了考古发掘。这是中国发现最早、规模最大的古桥遗址。1986年8—11月，据1980年陕西省第二次文物普查统计，咸阳地区共有文博管理机构26个，其中文物管理委员会7个，博物馆4个文管所8个，兼管文物的文化馆7个。1988年陕西省第三次文物普查后，博物馆增至9个，文管所14个，兼管文物的文化馆6个，文物管理委员会5个，其中6个博物馆、文管所对外开放。1990年先后成立咸阳市文物事业管理局、咸阳市文物考古研究所和咸阳市文物保护中心。

## 第二节　修复与保护利用技术

有效地保护文物，包括科技考古一直都是文物科技工作的重点。科技保护，就是通过科学方法分析文物的质地、成分，研究其制作年代、工艺、用途、保存环境、主要病害特征检测及损害机理研究，借助各种物理、化学、生物，及工程、机械等技术措施，消除文物本身及其保存环境对文物寿命的不利影响因素，提供简便的使用工艺，提高文物抵御自然因素损害的能力，最大限度地延长文物的寿命。

为配合第一个五年计划，1956年国务院颁布了《关于在基本建设工程中保护历史文物及革命文物的指示》和《关于在农业生产建设中保护文物的通知》。1961年，国务院颁布了《文物保护管理暂行条例》，这是新中国成立后第一部具有法律性质的文物保护法规。

“文化大革命”期间，陕西省文化局颁布了《关于认真保护出土文物的通知》，要求各地加强文物保护工作，严谨私自盗挖古墓。《关于加强文物安全的通知》《关于在农田水利建设中加强文物保护工作的通知》要求各地在农田基建建设中加强领导，保护好文物。在1970年全省文物工作会议上，推广了茂林文馆所组织群众性文物保护小组的经验，提出“挖出文物不回家，不要报酬给国家”的口号。在此期间，咸阳增加了昭陵、三原两个博物馆。70 年代初，发现了西汉刑徒墓地，发掘清理郑仁寿等四座昭陵陪葬墓。1976 年在秦都咸阳城遗址，出土了建筑壁画，曾引起了国内外学者的关注。

1983 年，对全市馆藏文物实行“四防”。“四防”即防火、防盗、防破坏、防霉烂。

1987 年，在全市各文博单位健全了保卫组织，层层落实责任。各博物馆都成立了保卫科或保卫组，共配备了 26 名专职保卫人员，并配有枪械、摩托车、灭火器、红外线报警器及警犬等。

1989 年，全面清理馆藏文物。对全市的 33 个文博单位的藏品登记造册，对鉴定为一、二、三级的文物建档建卡。同年，在咸阳市恢复、建立健全了群众业余文保组织，形成了一张有 594 名文保员的市、县（区）、乡、村四级群众业余文物保护网。

2008 年 9 月，陶质彩绘文物保护国家文物局重点科研基地（秦俑博物馆）咸阳工作站在咸阳市文物保护中心正式挂牌成立。该工作站是国家文物局保护基地中所建立的第一个工作站。

汉阳陵丛葬坑出土有大量的彩绘陶俑、木马木车、铜铁质兵器等文物，还有大面积的土遗址。自发掘以来，文物的风化、彩绘退色、土遗址风化问题明显，缺少有效的保护方法，旅游观光的形式单调。斯洛文尼亚的 Kovac 先生研究出一种封闭系统，通过在考古现场，以钢结构和特殊玻璃搭设建造原址博物馆，将考古现场、出土文物与观众隔离，既可给文物创造较为理想的保存环境，也可提供适宜的参观环境，通过玻璃通道，使游人能更直接地感受考古现场，欣赏文物。该技术较适合陕西出土遗址/文物现场保护需求。1997 年，该馆即与 Kovac 先生合作，在汉阳陵丛葬坑建了一处地下封闭式玻璃试验段，研究该封闭技术用于汉阳陵丛葬坑建造地下博物馆的可行性。经过 7 年多的观察、监测，发现该技术提供的封闭环境能提供比较稳定的类似地下埋藏的小环境条件，而且文物的状况比较稳定。从 2005 年引进、消化该技术，并依此自主设计、建造了全世界规模最大的封闭式地下博物馆——汉阳陵丛葬坑地下博物馆，并于 2006 年 3 月正式对外开放，获得国内外文物界好评，示范了出土遗址类文物保护的新思路，展示了陕西省文物科技工作的成就。

市文物保护中心开展了永寿县白坊村新出土陶质彩绘文物科技保护项目和库藏陶质文物修复保护科技保护工作，严格按照陶质文物修复的规范化程序，保质保量地完成了永寿县白坊村 48 件新出土文物的保护修复任务，绘制了 31 件文物的现状图，其中，线描图 238 幅，病变图 238 幅，共计 476 幅，制作文物修复档案 48 份，照相 2000 余张；同时，修复了中心库藏的 100 件陶质文物，涉及先秦、周文物16件，秦汉文物40件，唐代文物28件，年代未定的16件，绘制了19件文物的现状图，其中线描图101幅，病害图101幅，共计202幅，制作文物修复档案100份，照相1500余张。

秦直道遗址为中国古代少有的沿山脊和高地选线的国家级交通大道。自陕西淳化（古云阳）北部的秦林光宫（汉甘泉宫）北门始，沿旬邑、黄陵向北，经富县、甘泉、志丹、安塞、榆林等地入内蒙境内至包头，全长约900公里，为第五批全国重点文物保护单位。该项目通过重点调查和勘探，研究秦直道走向、路面结构、修筑方法、沿途附属建筑（兵站、行宫、驿站、烽火台、墓葬），进行秦直道的考古资料与历史研究。

地理信息系统在乾陵遗址保护中的应用研究课题组与乾陵博物馆合作，共同规划测绘了乾陵中心部分大比例尺的电子地形图，使研究有了1:2000、1:1000、1:500三种基础地图，设计出“乾陵地理信息系统结构图”。图中设系统界面，下设地理背景、文物与考古、管理与保护、旅游、参考文献五个子系统，每个子系统下设若干分支，为乾陵的研究和保护，建设数字乾陵奠定了科学基础。现已完成系统设计，制作电子地图，测绘主要区域大比例尺地形图，系统平台建设及部分资料的分类，将进入系统调试，资料搜集、分类、制作与装配阶段。

2010年1月21日，由秦俑博物馆总工程师周铁、副研究员容波、陕西考古博物院总工程师杨军昌、副研究员赵西晨、陕西历史博物馆研究员张群喜组成的专家组，对咸阳市文物保护中心承担的永寿县白坊村新出土陶质彩绘文物科技保护修复项目进行了评审，一致认为市文物保护中心的文物科技保护修复技术已经实现了由传统的工匠模式向科学化、规范化、标准化的转化，文物科技保护修复技术得到了显著的增强。

# 第五章

# 商　贸

## 第一节　商品质量检测、检验检疫

新中国成立初期，食品卫生管理主要采取查、帮、管方式进行，例如举办各类服务从业人员学习班，学习卫生常识，提倡不喝生水，不吃腐败变质食物等。20世纪50年代后期开始加强了对食品加工厂、酿造、屠宰厂的监督管理，先后对市区内5449名炊事员、630名伙管员进行了培训，对483名饮食消毒员和从业人员进行了全面的健康检查。

20世纪六七十年代，咸阳地区食品卫生监测管理逐步走向规范化、制度化、科学化轨道。80年代初，食品卫生检验设备不断完善，监测任务显著增加。1986年市卫生防疫站食品卫生科共作食品卫生监测219件，合格件数145件，合格率为66.2%。1988年全市作食品卫生监测1217件，合格907件，合格率为72.2%。与此同时，咸阳市食品卫生管理工作也逐步开展起来。据统计，1980年全市共有食品生产经营单位212个，从业人员28465名。食品生产企业67个，这些企业单位全部接受了卫生管理。

1981—1983年间，地区卫生防疫站先后在各县区进行了7项有关食品卫生与营养卫生学调查。1981年8月根据国家卫生标准，地区防疫站对境内11家县市酿酒厂（车间）生产的酒类进行了质量调查，27份样品甲醇氰化物含量全部合格，杂醇油含量合格者25份，铅含量合格者23份，总合格率为85.2%。1982年3月开始对兴平、乾县、泾阳、高陵、三原、礼泉、周至等县的棉油质量进行调查。经检验，全区各类棉油酚含量程度不同地存在问题，其中机榨油23份，合格12份，合格率为53%；螺旋榨油18份，均不合格；带壳冷榨19份，合格10份，合格率为52.6%；浸出法油17份，全部合格。1982年6月地区防疫站对红卫、实验饭店食具消毒效果进行检验，检验结果：煮沸消毒5分钟，碗、盘、筷子细菌总数平均为7个/毫升，蒸气消毒为118个/毫升，均未检出致病菌，消毒10分钟后，煮沸消毒细菌总数平均为2个/毫升，蒸气消毒总数平均为20个/毫升，均未检出致病菌，可以清楚地看出煮沸消毒较蒸气消毒效果好。同年7月，通过对咸阳市韩家湾、窑店、石桥及市区10个冷饮门市部13种冷饮进行卫生学调查，结果发现有10个品种的细菌总数超过国家规定的标准，有4个品种分离出副大肠杆菌，铅、砷、铜、糖精的含量基本合格。

1982年11月19日《中华人民共和国食品卫生法（试行）》颁布后，咸阳地区食品卫生监测管理走上了法制化管理阶段。到1987年，全市共处理食品违法案件1195起，其中警告并限期改进888起；责令停业改进58起；责令追回售出的违法食品18起；罚款210户，计33425元；没收或销毁伪劣、腐败食品704605.5千克。从1987年市卫生防疫站开始对直属32个食品生产经营单位进行卫生检验，依法处理了咸阳市和兴平县粮油议价公司从国外进口不符合国家标准的2200吨毛菜油案，分别罚款5000元和10000元，并责令对已售出的毛菜油全部收回，与未销完的一并加工脱溶，经检验合格后方允许销售。

2009年，西安咸阳机场检验检疫局旅检工作人员在对来自台湾航班的旅客携带物进行查验时，发现了数只活体蜗牛，经有关专家鉴定为非洲大蜗牛，这是该局首次从旅客携带物中截获非洲大蜗牛。非洲大蜗牛是中国禁止入境的二类植物检疫性有害生物，被列入中国首批公布的16种外来入侵物种，有“田园杀手”之称。

2010年以来，咸阳动物检疫创造了“咸阳经验”，坚持推动动物卫生监管工作由运动式突击监管向规范化全程化监管转变、由事后处理向源头防范转变。咸阳市动物卫生监督体系，尤其是遍布十几个县市区、上百个乡镇的基层动物卫生监督体系的健全和完善，在动物产品安全管理中发挥了不可替代的作用。“咸阳经验”实质就是充分发挥动物卫生监督工作在建设现代畜牧业、有效防控重大动物疫病、保证动物产品安全等工作中的职责定位和作用，以及作为政府应该给予动物卫生监督工作什么样的政策支持和条件。咸阳动物卫生监督所按照市级所20名、县级所10—15名、乡镇分所3—5名的名额给予编制。在行政村或大型养殖场设立助检员2628名，也给予一定经费补贴，形成了以专业队伍为主体、协防助检员为补充的市、县、镇（办）、村四级动物卫生监督体系。在屠宰检疫方面，严把入场关、待宰关、同步检疫关、宰后处理关“四个关口”。在流通监管方面，在省际公路加强对动物及动物产品运输、交易的监督管理，实行24小时值勤等。2004年以来，先后投入1.5亿元，对市、县、镇动物卫生监督所及分所检疫检测速测室面积、设备配备，进行分层次规范，统一标准建设，全市13个县级所配备动物检疫设备2504台，在130个动物检疫申报点和22个屠宰场配备检疫设备2020台，使市、县、镇检测水平有了明显提升。

## 第二节　电子商务

咸阳市自20世纪末，开始在商业领域引进或使用电子商务，现在绝大多数商业企业已经建立了较为成熟的电子商务支撑体系。

咸阳市营造有利于电子商务发展的信用环境，成立市信息化办公室，统筹信息化发展事务；健全电子商务安全认证体系，重点推动数字证书在税务、社保、工商、政府采购、网上交易、网上购物等领域的广泛应用，要求企业使用数字证书；大力推进物流信息服务体系建设和应用，广泛延伸物流信息网络，使电子标签（RFID）、GPS技术在物流通关各个环节广泛应用；积极建设物流信息平台，推动专业物流服务平台建设，提升物流和供应链管理水平；金融信息化水平较高，构建POS直联网络和跨行ATM网络；完善城市银联等第三方在线支付服务平台，使电子商务统一支付网络联通所有银行，推广使用银行卡、网上银行等在线支付工具，逐步推开网上支付。

咸阳市大力开展骨干企业电子商务培训，使骨干龙头企业电子商务应用迅速发展。2006年咸阳市政府下发《关于加快推动我省电子商务的发展的意见》，强调要充分发挥企业的主体作用。积极支持中小企业和面向消费者的电子商务应用，为中小企业参与电子商务提供更多的选择。争取通过3—5年的努力，使全市80%规模以上工业企业和商贸流通企业完成内部信息化建设，50%以上的企业设立自己的网站。同时也指出，要大力发展电子商务相关技术装备和软件。市发改委、市信息办、市科技局等部门要组织、引导和支持企业引进和开发电子商务应用技术，进行具有自主知识产权的电子商务硬件和软件产品的研发，提高电子商务平台软件、应用软件、终端设备等关键产品的自主开发能力和装备能力，为电子商务的发展提供技术支持和保障，促进和带动产业的发展。

2010年后，咸阳市信息化建设紧紧围绕建设现代都市的目标，坚持以智慧城市建设为抓手，以电子政务建设为重点，全市信息化建设取得重要成效。2011年，咸阳市和西安市被确定为国家级信息化、工业化“两化融合”试验区。全市信息化综合指数0.712，位列陕西省各地市信息化发展水平第二名。先后荣获中国电子政务政府上网工程综合服务奖、中国电子政务政府上网工程应用示范奖、首届和第二届中国城市信息化50强、中国信息化建设杰出贡献单位、中国政府网站优秀奖、中国信息化最受关注城市、全省信息化工作先进市等荣誉。

武功县是传统农业大县，特色农产品资源丰富，文化内涵深厚。为了拓宽渠道，打响生态品牌，更好地把当地特色产品推广出去，该县实施农业电子商务项目，全力打造“陕西电子商务第一县”。武功县通过不断挖掘，已经形成了手工布艺、锅盔麻花、镇东香醋、草编制刷、竹藤编制、特色蔬菜、清水莲菜、优质杂果、有机猕猴桃、有机粮食等多个特色产业和特色产品，由于营销手段滞后，依然存在品牌少、规模小、销路不宽等问题。

武功县组建电子商务专业运营公司，建设电子商务孵化营销中心，成立特色产品生产经营者协会、电子网络营销协会，搭建网上宣传展示平台、网上交易平台、实物展示及物流配送平台。运营模式是：依托协会，规范产品生产营销；依托网上宣传展示平台，宣传推介产品；依托网上交易平台，进行产品交易；依托实物展示及物流配送平台，展销产品和集散物资。对电子商务公司进行营销整合，使武功县成为电子商务创业者的聚居地，特色产品物流配送的集散地。

武功信息网、武功特产电子商务交易平台、武功特产总店等网上交易平台已经开通，电子商务公司已全面运营。武功在线建设的武功特产信息网、地方特产网联盟武功站网上交易平台已开通上线。“武功特色产品生产经营者协会”已经成立，发布了首批上线产品并与9家专业社签订了产品网上销售协议。

# 第 九 编

## 环境科学技术

# 第一章

# 气　象

咸阳市地处暖温带，属大陆性季风气候，四季冷热干湿分明。气候温和，光、热、水资源丰富，利于农、林、牧、副、渔各业发展。年平均降水量 537—650 毫米，年平均温度 9—13.2 摄氏度，全年太阳辐射 4.61 ×109—4.99 ×109 焦耳/平方米。年累计光照时数平均为 2017.2—2346.9 小时，6—8 月三个月的日照时数约占全年的 32%，对夏季作物的成熟和秋季作物的生长发育很有利。

咸阳地区在 50 年代初期开始建站，直接归陕西省气象局领导。1961 年 11 月 17 日咸阳专署（1961）001 号文件通知，“咸阳专区中心气象站”成立。

咸阳专区中心气象站成立后，开始只能用简单的方法（收听预报加看天）制作和发布长、中、短期天气预报。1966 年，成立咸阳地区气象台，在原来基础上，增加了人员、设备，调整了机构，改进了预报手段（增设莫尔斯根手绘天气图），加强了县站气象工作的管理、指导，便利了经济社会发展。

中共十一届三中全会后，气象事业也得到发展。1978 年成立了咸阳地区气象局，1984 年更名为咸阳市气象局。进入 21 世纪后，气象工作稳步推进，取得了较大的成就。

## 第一节　天气预报

天气预报方式实现了重大变革，建立了以高科技为支撑的天气预报预测系统。近年来，咸阳气象局初步建成天气预报会商系统，地市级预报业务系统，气象资料收集系统，气候影响评价系统等。市台按 6 小时间隔制作 24 小时，按 12 小时间隔制作 48—72 小时分县预报，按 24 小时间隔制作 96—120 小时分县预报。中短期重大灾害性、关键性和转折性天气过程的预报准确率明显提高，暴雨预报准确率达到了国内地市级同等水平。

成立了防雷中心，在全市范围内开展雷电检测、监测、预报、预警和评估服务工作，配合上级业务部门开展植被生态遥感本地调查和动态监测业务；开展森林火险等级预报服务、城市环境气象服务以及地质灾害等级预报服务，还开展流域面雨量计洪水灾害等级预报服务和土壤墒情综合监测业务及干旱预警服务。

建立了覆盖面广、传播速度快的公众天气预报预警服务体系。目前，电视天气预报节目已遍布市、县的大部分电视频道，全市每天接受气象服务的公众超过400万人次；手机气象短信发展迅速，截至2007年年底，已发展到20万用户；主要平面媒体（报纸）开设了气象专版或专栏；政府门户网站和综合性网站大部分开设有气象专栏；电话气象咨询逐渐开设了专家连线，气象信息显示屏正在全面推广，气象服务的深度和广度进一步拓展。

建立健全了重大灾害性天气的应急服务体系。市气象局和各县区气象局均制订了突发公共事件应急预案，成立了突发公共应急事件领导机构，建立了统一高效的气象应急服务信息平台，开展森林火险、污染物及有毒气体扩散等应急气象服务。

2000年以来，围绕“两高一优”农业的科技服务，全市气象部门共争取地方和省局开发项目10项，自主项目35项，先后获各种科技进步和科研推广奖20项，有8项气象科研成果获厅局级以上奖励，其中获陕西省政府科技进步与科研推广奖5项。

## 第二节 生态与农业气象

咸阳市农业遥感信息中心与咸阳市气象局生态与农业气象中心是一个机构，两块牌子。其中咸阳市农业遥感信息中心属地方气象事业编制，由咸阳市编办批准，成立于1999年，受咸阳市气象局和咸阳市发改委双重领导。生态与农业气象中心成立于2006年，属咸阳市气象局下设的事业单位。

咸阳市气象局生态与农业气象中心（咸阳市农业遥感信息中心）包括一个国家一级农业气象试验站、三个国家一级农业气象观测站和六个土壤水分监测点，主要对两种农作物（小麦、玉米）、三种经济作物和四种经济林果品进行自然物候、土壤水分等项目的监测以及有关的农业气象服务，是所辖区生态与农业气象业务工作的质量监控机构。

主要工作重点有：重大农业开发项目的可行性气候论证；建立新一代农业气象业务服务系统；开展农业生态环境评价；当地农业特色经济和主导产业全程化气象服务等。近年来，气象中心引进气象卫星接收设备，建立了卫星信息地面接收系统以及市、县两级地面监测服务网，使得咸阳具备了卫星信息的处理能力，填补了国内地、县级无遥感信息应用的空白，整体能力达到国内先进水平；开发了“卫星遥感综合应用系统”，系统以市、县级应用为目标，在产品开发中注重地面信息与遥感信息的综合分析，建立空、地对应关系模式，具有遥感信息的统计功能，可生成最终应用产品，具有一定特色。目前可以进行绿度指数分析与粮食产量预报，农业干旱监测与分析，火情、大雾、洪水监测，卫星信息与人工影响天气分析，灾害天气监测与分析，城市热岛效应分析，春季冷害监测与分析。

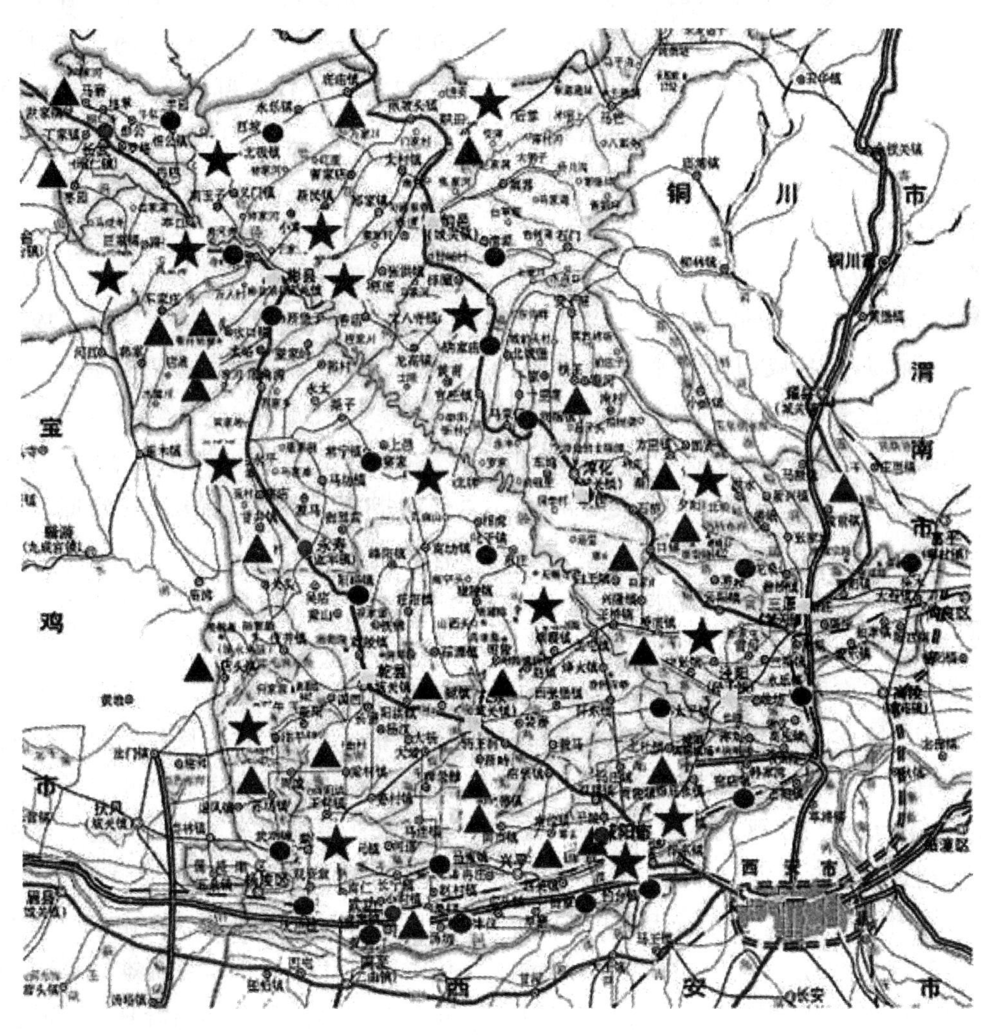


图例

● 已建两要素区域站

★ 2007 年多要素区域站任务

▲ 2007 年两要素区域站任务

国家一级观测站

国家二级观测站

图 9－1－1 咸阳市气象观测站网分布图

## 第三节　人工影响天气

咸阳市辖区地势由东南向西北呈梯形上升状，最高海拔1885.3米（高门山），最低海拔362米（源大程清河）。咸阳市的气象灾害主要有干旱、冰雹、暴雨、连阴雨、大风、干热风、龙卷风、寒潮、霜冻等，其主要灾害为干旱、冰雹，其中干旱的天数最多，平均每年106天，冰雹灾害每年都有发生，最多1971年达25次，最少1960年仅2次。

冰雹灾害是咸阳市主要气象灾害，随着高效农业的扩大，冰雹危害更加突显出来，已引起了各级政府和群众的重视。冰雹天气在本市4—10月均有出现，1959年4月10日永寿就出现冰雹，淳化县1990年10月23日仍有冰雹发生。年内以7月出现次数最多，8月次之。近年来冰雹灾害有所加重，如2005年5月30日雷雨、冰雹、大风天气几乎席卷全市，全市有7个县同时遭受冰雹袭击，冰雹最大直径60毫米，风力9级，直径60公分大树连根拔起，灾情之重，范围之广，为几十年未有之奇。冰雹天气的产生，主要是冷空气侵入本市，夏季地面增热迅速，产生的地方性大气对流。冰雹天气大都是在大气中有强对流云团作用下产生。强冰雹天气可造成严重灾害，毁田、毁林、砸伤、砸落果实，影响产量，降低果品商品率，严重时叶落折枝，砸破枝干影响当年花芽发育，使农作物叶片破损脱落，影响后期生长和光合作用，甚至砸成光杆，或植株无存。成熟期农作物遭受冰雹袭击，籽粒脱落，甚至颗粒不收，冰雹天气还可使设施农业受损，其他设施、物品被砸受损，使来不及躲避的人畜受到伤害。据普查，各县自建气象站以来，有数字记录的冰雹砸死人员22人，大牲畜和羊共144头只，直接经济损失约95732万元。

据记载，在70年代民间就有土炮进行防雹，在早期主要以防雹为主，作业范围主要在北部长武、旬邑、淳化、彬县四县，由县气象局直接管理。1983年以后，代归各县的农业局管理，预报仍由气象部门提供，这一阶段全市拥有防雹高炮不足10门，防御能力很低，而且作业指挥主要由人的主观判断，盲目性大。

1995年开始成立“咸阳市人工影响天气领导小组”（简称“人影”），由主管市长任组长，政府秘书长、气象局长任副组长，市上各主要相关单位组成成员，领导小组办公室设在市气象局，办公室主任由气象局副局长兼任。经过多方努力，“人影”的管理权限逐步向气象部门移交，由于人员、体制、经费等原因影响，移交过程非常困难，截至1999年才全部移交气象部门管理。这时拥有38个炮点，50门双、单管“三七”高炮，25部高频电台，12部气象警报接收机。“人影”工作归气象局管理以后，发展迅速，在防雹增雨作业点的布局规划、通信指挥系统的建设、催化作业技术方法研究、业务人员培训等方面做了大量创造性工作。

2000年全市有11个县市（区）有“人影”组织机构，有9个县开展“人影”作业，县“人影”机构设立与市上相仿，下设防雹站，防雹站站长的任命情况各县不大相同。旬邑、长武、淳化三县由政府直接任命，人员经费由政府承担，管理归气象局。2000年全市从事“人影”工作人员近180名，拥有高炮62门，火箭发射架14架，并建成了以高频电话、对讲机为主要通信工具，以电话和手机、呼机为辅助通信工具的“人影”指挥系统。截至2006年，全市有长武、旬邑、淳化、彬县、永寿、乾县、礼泉、三原、秦都、泾阳、武功、兴平12个县（市）全部成立了人工影响天气领导小组。截至2008年年底，全市“人影”人员达240名，拥有高炮68门，27台火箭发射架，711天气雷达构成一部，组成由平凉、庆阳、旬邑、西安天气雷达构成的防灾增雨联网，完成标准化炮点建设25个，基本上实行军事化作业管理。全市每年维持经费150万元左右，主要集中在北五县，旬邑、淳化30万元左右，年作业1万发以上，设计面积3600平方公里，平均创造经济效益1.5亿元以上，市“人影”工作多次受到市级主管部门的好评。

在1995年咸阳市人工影响天气领导小组成立后，领导小组根据工作需要，不定期召开会议，政府领导每年都要来视察气象局，了解“人影”工作情况，针对“人影”工作存在的经费不足、火力有限、空域申请、安全管理等问题，通过开会强调、现场办公等方式研究解决。市“人影”办和省、县“人影办”主要通过电话通报信息，市到省以及市到部分县通过专线作为辅助通信网通报信息，这种联系方式常因线路故障等问题影响信息通报的及时性，不能满足“人影”工作需要，近年来利用宽带国际互联网，将会提高信息传递的质量。

人工增雨是对具有潜力的云在适当的部位和时机用科学方法进行催化，激发或加速降水形成过程，提高云的降水效率，达到增雨的目的。咸阳市境内水资源主要由河川径流和地下水所组成。全市多年平均自产地表径流5.43亿立方米，地下水不重复3.66亿立方米，另外还有入境客水量60.79亿立方米，过境客水量较多，但利用难度较大。地表水与地下水分部极不平衡。大气降水量是地表径流及地下水补给的主要来源之一，年平均降水量567.9毫米，年降水总量58.60亿立方米，只占空中水资源的20%，大部分没有有效利用。境内年降水量的分布呈南少北多之势。现有自产水资源11.5亿立方米，年缺水4.2亿立方米，全市水资源人均占有量和耕地平均占有量较低，分别为全省的20.5%和18.53%，水资源量位居全省倒数第二位，属严重缺水地区，水资源短缺已经成为制约咸阳市工农业生产和经济可持续发展的主要障碍和瓶颈。在目前咸阳市地下水开采潜力小、水库径流不足、客水引入困难的情况下，加大人力、物力和财力投入，应用气象科技，进行人工局部影响天气，实施人工增雨，开发利用空中水资源，增加降雨量，增加水库蓄水，是当前解决咸阳市严重缺水治标又治本有效措施之一。

1995 年，“咸阳市人工防雹增雨试验推广”项目获得陕西省农业技术推广三等奖，1997 年完成的“咸阳市干旱冰雹灾害防治推广”，获陕西省农业技术推广二等奖。2005 年咸阳市人影办在总结过去经验的基础上研究完成了“咸阳市人影指挥决策系统”的市级课题项目。它集成多种实用模块组合，采用快捷明了的网页超链接技术，形成独具风格的实用系统。

# 第二章

# 地震

咸阳市地处陕西关中中部，地质构造复杂，活动断裂发育，新构造运动强烈，具有发生中强以上破坏性地震的构造背景。市辖 13 个县（市、区）中，10 个县（市、区）地震峰值加速度在 0.1g 以上。咸阳市历史上曾多次发生破坏性地震或受周边地区中强以上破坏性地震波及影响，给人民生命财产造成重大损失。20 世纪 70 年代建立地震区域台网以来，本地区已记录到中小地震上百余次。1998 年 1 月 5 日泾阳 4.8 级地震对本区造成一定程度破坏，社会影响较大。

关中地区历史上强震频发，是陕西省地震活动的主要地区。1704 年陇县 6 级地震以来，已有 300 多年未发生 6 级以上地震。1959 年韩城 5.4 级地震以来，也已有 46 年未发生过 5 级以上地震。1998 年泾阳 4.8 级地震后，关中及周邻地区相继在山西临猗、宝鸡、石泉、山西洪洞和宁夏固原等地发生 5 级左右地震。2010 年 6 月 24 日，咸阳市三原县、渭南市富平县交界发生 3.0 级地震。

## 第一节　地震监测

咸阳市地震局是市人民政府管理全市防震减灾工作的直属单位，承担《中华人民共和国防震减灾法》和《陕西省防震减灾条例》赋予的行政执法职责。依据《中华人民共和国防震减灾法》《陕西省防震减灾条例》及国务院颁布的《破坏性地震应急条例》《地震监测管理条例》《地震预报管理条例》等法律、法规，咸阳防震减灾工作主要是建立健全地震监测预报、震灾预防及应急救援三大工作体系，有效减轻地震灾害，保护人民的生命财产安全，维护社会稳定。

始建于 1976 年的咸阳市地震局，先后在名称、归属、职能以及内设机构等方面经历多次变化。1995 年机构改革后，咸阳市地震局定为市政府的直属机构，正处级，赋予防震减灾有关行政职能，全额拨款。目前，内设秘书科、震害防御科、监测预报科，下设市地震中心监测站。咸阳市防震减灾工作领导小组办公室设在市地震局。

地震监测是对地震过程的监视和观测，包括测震和地震前兆异常监测，归纳为10大类。每一类前兆都有多种监测手段和异常分析项目，如地形变形和断层位移测量就是地震监测的重要手段之一，震前地球物理场变化则通过测震、地电、地磁、地温等相应监测方法进行监视，为地震预报提供综合信息。

由西北国棉二厂刘明文、范忠勤研制的地声自动测录仪，是一种自动检测和记录地震前兆地声的仪器。该仪器根据震前微破裂时产生声波、声压原理设计，采用时间程序控制，自动检测，每小时四次，测录时间范围20秒—20分钟，设有监听、报警、示波分析等结构。频率相应特性平直，灵敏度、保真度较高，探头封闭性能好，抗地面干扰能力强，有利于在工业区进行地声的观察。无故障在200—250公里以内前兆信息明显，能反映近震特点。

“九五”以来，市、县两级加大投入，针对咸阳地震监测仪器设备陈旧和短临监测项目薄弱的状况，对全市19个站点逐步进行优化改造。全市共设立各种宏观点54个，使监测预报工作在获取前兆信息能力方面有了一定程度的提高。“十五”期间，市政府进一步加大投入，加快“地下流体地震前兆监测网”的建设和部分地震台站的改造工作。市地震局遥测台网中心、市地震中心站水化中心、三原鲁桥井、泾阳口镇井、兴平安家井等骨干站点相继建成并投入使用，全市形成了以地下水、深层地温、超低频电磁波为主导手段的地震前兆观测网络，使咸阳市地震监测预报体系建设取得了长足的发展。

同时，《中华人民共和国防震减灾法》《陕西省防震减灾条例》等法律、法规得到了较好的贯彻执行，市上先后制定颁发了《咸阳市破坏性地震应急预案》《咸阳市防震减灾规划》及《关于加强当前防震减灾工作的通知》等与之配套的规范性文件，将地震监测预报、震灾预防、紧急救援及恢复与重建纳入了法制化的管理轨道；组织开展了地震规范性文件和地震行政审批事项的清理工作；依法建立了地震行政执法工作队伍，卓有成效地开展了地震行政执法工作；加强了防震减灾法律、法规知识的普及宣传，加大了防震减灾宣传科普基地建设，有力地推进了防震减灾的法制化进程。

咸阳市地震中心监测站主要担负着地震监测任务，重点从事模拟地震监测工作，为了有效提高监测的及时性和准确率，于2010年年初建成了数字化虚拟台网中心，并完成了运行调试。

2008年汶川地震发生，咸阳市受波及影响，造成12人死亡，225人受伤，直接经济损失近20亿元。

2010年6月24日，在陕西省咸阳市三原县、渭南市富平县交界（北纬34.8度，东经109.0度）地带发生3.0级地震，影响不大。

2010年3月25日—4月15日，咸阳

市开展第十八届“科技之春”防震减灾宣传月活动。

目前，咸阳各县市区地震办、监测站共有14个，其中独立机构8个，内设机构4个，合署办公1个；共有地震工作人员151人，其中行政人员38人，业务人员113人。已建成虚拟测震台网，前兆监测主要以宏观监测为主，微观监测手段共有11套，其中测震1套、地磁1套、地电1套、地下流体6套，地温1套、电磁波1套。

## 第二节　工程抗震

地震安全性评价是工程地震的一个重要内容，《中华人民共和国防震减灾法》第三十五条规定：新建、扩建、改建建设工程，应当达到抗震设防要求。重大建设工程和可能发生严重的次生灾害的建设工程，应当按照国务院有关规定进行地震安全性评价，并按照经审定的地震安全性评价报告所确定的抗震设防要求进行抗震设防。

咸阳工程地震研究起步较晚，20世纪70年代科技局设立地震组，开始地震相关工作。

1986—1987年，省地震局丁韫玉等完成了“咸阳市地震小区划”研究项目，认为咸阳市地震威胁主要来自东部的临潼—长安等潜在震源区；提供了咸阳市区地震基本烈度及最大加速度，提出咸阳城市地震小区划；划分了有利、不利地段，指出了场地震灾害的主要类型及震害程度。1989年10月咸阳市政府组织专家评审，认为该研究提出的地震基本烈度和地震小区划，可以满足编制抗震防灾规划的要求。

近年来，咸阳市加强对重大建设工程抗震设防要求的管理，先后制定颁发了《咸阳市工程建设场地地震安全性评价管理办法》《咸阳市建设工程抗震设防管理暂行规定》《咸阳市基本建设项目管理程序暂行规定》，进一步加强工程建设抗震设防质量监督检查，认真查处违反工程强制性标准的设计、施工质量问题，抓好抗震加固和危房拆除，规范了建设工程开展地震安全性评价工作。市地震局加强对地震安全性评价工作的管理，积极开展执法检查，督促相关企业按照法律、法规对需要开展地震安全性评价的重大建设工程开展地震安全性评价工作。近几年先后有咸阳市引石过渭供水管线工程、陕西彬长煤电化项目、大唐渭河电厂热电技改工程、咸阳天然气储配站、东区集中供热工程、咸阳渭河3号桥、咸阳超凡大厦、新华大厦等100多项重大建设工程开展了地震安全性评价工作，确保重大建设工程按照建设工程抗震设防要求进行设防。

2005年10月，省建设厅召开了全省勘察设计工作会议，市抗震办被评为全省抗震普查先进单位。2009年市抗震办公室发布《关于开展在建工程抗震设防质量集中检查的通知》。2011年8月，咸阳市地震局将建设工程抗震设防要求备案纳入工作程序。

# 第三章

# 环境保护技术

咸阳市保护自然环境的历史可追溯到3000多年以前。公元前11世纪，这里系西周京畿，当时颁布的《伐崇令》载：“毋坏屋，毋填井，毋毁树木，毋动六畜。有不如令者，死无赦。”据《周礼》记载，先秦曾设“川衡”“林衡”机构分掌水产和森林保护事宜。秦始皇统一六国后，在咸阳颁布《秦律·田律》，规定：“春二月，毋敢伐材木山林及雍堤水。”近代至民国时期，战乱频仍，生产凋敝，民不聊生，环境保护处于自发境地。

20世纪50年代初期，从植树造林、兴修水利、治理水土流失、开展爱国卫生运动等方面进行环境保护，收到一定效果。后来，由于对经济建设的发展和人口的增加而出现的环境问题缺乏应有的认识，使城乡生态失调，环境恶化严重。1973年，咸阳市政府以治理环境污染为核心，开展了工业污染源调查与监测，确定重点治理单位，集中治理“三废”（废气、废水、废渣），开展“三废”综合利用。在抓紧治理老污染源的同时，坚持对新、改、扩建项目执行环保工程与主体工程同时设计，同时施工，同时投产，使环境污染治理有了良好开端。

自20世纪80年代以来，在加快经济发展的同时，坚持经济发展与环境保护并重，市政府坚持每年召开环保专题会议，研究部署环境保护工作。尤其是2005年提出创建国家卫生城市、国家环保模范城市目标以来，市委、市政府连续4年召开动员大会，先后出台《关于加强环境保护工作的决定》《关于实施蓝天工程的决定》《关于实施碧水工程的决定》《关于贯彻〈国务院落实科学发展观加强环境保护的决定〉的实施意见》等一系列重要文件，有力推动了环保工作健康发展。

2011年，市区空气质量二级和好于二级天数达到318天，渭河出现断水面污染综合指数同比下降1.9%。全市二氧化硫排放总量90982吨，比2010年削减

4.5%。氮氧化物排放量104194吨，增长11.1%。化学需氧量排放总量64887吨，削减4%。其中工业和生活化学需氧量排放量30135吨，削减11.7%；农业源排放量34752吨，增长3.7%。氨氮排放总量6355吨，削减5.2%。其中工业和生活氨氮排放量4706吨，削减6.3%；农业源排放量1649吨，增长0.7%。

## 第一节　环境监测

1955年，地区卫生防疫站首次对渭河咸阳段的水质进行细菌卫生学检验，结果表明，渭河水质不符合饮用水标准，随即在取水河段专门设立“禁止饮用河水”4块告示牌。为解决群众饮水问题，市政府在12眼机井的基础上，新打井11眼。

1956年，卫生防疫部门对城郊农村浅水井水质进行监测，共采水样59份，15份符合饮用水标准，合格率25.5%。

1962年，为制定饮用水标准，对咸阳市、兴平、彬县、乾县、三原县等部分生活饮用水源进行理化、卫生学检验分析，并对市区三个总排污口的污水及污灌区机井水质定期进行监测。监测结果显示，污灌区机井已遭受“三氮”（硝酸盐氮、亚硝酸盐氮、氨氮）污染。

1964年，对咸阳市、兴平县自来水公司的水质进行化验分析，对永寿县监军公社、市车辆厂、49号信箱及彬县、三原县等9个单位的自备井、浅水井水质进行了监测。

1972—1974年，地区卫生防疫站调查了工业“三废”对渭河水质的污染情况。调查表明，汞、砷、铬、酚、氰化物均有检出。其中，砷、酚在部分断面超过地面水质国家标准，渭河水质已遭到污染。

1973年6—11月，地区卫生防疫站首次对市区的大气环境进行定点观测，在市区设广场服务楼、西北国棉二厂、西北国棉七厂、市卫生防疫站4个点，郊区设大王公社卫生院、周陵公社卫生所2个点，分重污染区、轻污染区和清洁对照区进行监测，项目为二氧化硫和自然降尘。监测结果显示：二氧化硫年均日浓度为每立方米0.06毫克，符合国家二级标准；自然降尘平均值每月每平方公里21.3吨，是清洁对照区的2.4倍，市区大气已受污染。渭河发电厂的粉煤灰、炉渣直接排入渭河；工业废渣绝大部分没有综合利用。

1974年后，各级环境监测部门开始成立。环境监测部门按照统一规范的要求逐步开展了工业污染源、地面水、地下水、大气、噪声等监测工作。

1981年，地区、咸阳市根据环保局规定，分别编制了环境质量报告书，有重点、有系统地对工业污染源、地面水、地下水、大气、噪声等环境质量状况进行了监测分析。第一次较全面、系统地运用图表、曲线、数据定性定量地描述了环境质量状况。

1983年，采取常规监测与重点调查相结合的方法，注重寻找污染规律，为环境监测管理提供防治对策依据。全年完成常规监测数据38750个，完成9个有关专题报告。到1990年，市、县、企业的环境监测机构相继成立，初步形成了三级监测网络，建立了一整套制度。

咸阳市环境监测站属国家二级监测站，于2007年10月在原咸阳市环境监测站、咸阳市环境科学研究所的基础上合并成立，隶属于咸阳市环保局。现有各类大中型仪器42套，固定资产480多万元，具有国家颁发的计量认证资质和环评乙级证书，可从事8大类102个项目的监测分析。主要担负着全市环境要素的常规监测任务，对全市环境质量例行监测数据进行综合统计分析，并承担污染源监督性监测；新、扩、改建项目竣工验收的监测；生物、降水、土壤监测；参与环境污染事故应急监测调查，并承担环境污染案件的仲裁监测；负责全市的环境影响评价和清洁生产的审核工作；负责全市范围内环境监测质量保证管理工作，建立质量控制技术体系；和咸阳电视台、咸阳气象台联合发布环境空气质量日报和预报；对全市三级环境监测站进行技术指导和业务培训。

2011年咸阳市环保局联合市发改委、市工信委，督促相关县区政府拆除了彬县秦能电力公司3号机组、三原秦威水泥窑炉、淳化化工公司和三原飞鹏氧化锌有限公司。在工程减排方面，大力实施“双提升四建设”工程：对全市现有污水处理厂进行除磷脱氮提升改造；对现有火电机组脱硫设施进行提升改造，提高脱硫效率；启动镇级污水处理厂建设；对20万千瓦以上火电机组，全部启动脱硝工程建设；实施非电燃煤锅炉脱硫工程建设，对包括集中供热在内35蒸吨以上燃煤锅炉全部配备脱硫设施；积极实施新型干法水泥生产线低氮燃烧技术烟气脱硝工程建设。兴化集团、武功东方纸业集团污水处理设施改造工程全面建成；海螺、冀东、声威、菊花4家水泥企业完成了低氮燃烧器改造工作；陕西渭河发电公司三台机组、大唐渭河热电厂一台机组的脱硫旁路已经完全封堵；大唐渭河热电厂克服资金困难，每天投入5万元保证脱硝设施正常运行，脱硝率为70%；陕西渭电和大唐彬长脱硝工程可研报告已通过专家评审；全市共投资1500万元完成了8家污水处理厂除磷脱氮工程。在管理减排方面，严把新建项目准入关，否决了1个铅酸电池生产项目和1个彩色沥青项目；在规划环评方面，督促完成了彬长工业矿区、旬邑太村新区、咸阳汽车产业城、咸阳绿源地热开发项目规划环评。全市8个重点乡镇和电力、城建行业等专项规划编制了环境影响篇章，从决策源头上防范了环境污染，达到了控制总量，限制增量的目标。抽调专人，专职负责污染源在线监控平台的正常运转，重点监控全市污水处理设施和火电厂脱硫设施全天候正常运行，确保烟气连续监测系统和集散型控制系统按国家要求正常工作。全市32家国控、省控重点排污企业和13座城市污水处理厂83个排污口运行正常。

## 第二节 环境污染防治

废气污染治理的重点是锅炉和个炉窑消烟除尘。截至1974年10月，全市共安装和修复了88台锅炉消烟除尘装置，占全部锅炉数的48.2%。西北医疗器械一厂、陕西纺织器材厂研制成功扩散式除尘器和双级蜗壳除尘器，除尘效率分别达到73.5%和94%。陕西第二印染厂一次建成6座麻石水膜除尘器，除尘效率达到85%以上。

1982年，地区环保部门经与计委、经委协商，对污染严重的24个单位提出了关、停、并、转的要求。咸阳钢厂因废气污染严重，改建成印染厂；咸阳地区畜产品加工厂因臭气熏天，责令搬迁；西北第一棉纺织长、陕西第八棉纺织厂和陕西纺织器材厂取消生活区锅炉，集中供热。采取这些措施后，大气污染减轻。

1986年完成的“咸阳市工业污染源调查及防治对策”的研究课题，从宏观与微观两个方面分析了咸阳大气污染的原因，指出燃煤产生的污染物约占全市大气污染物的85%。全市大气污染属于煤烟型污染。防治大气污染的当务之急是控制中小型工业锅炉、炉窑对地面空气的污染。解决全市大气污染的现实措施是减少煤耗和改变能源结构，实行集中供热，普及煤气化。在治理技术方面，市建委与市燃料公司研制成功的“202”型煤及配套炉具，具有热效率高、节约能源、不污染环境和经济效益显著等特点，在饮食行业推广后，比旧式散煤炉节煤约40%，热效率可达48%—50%。

治理水污染是环境治理的重点。1974年前，全区工矿企业每天排放工业和生活废水18万吨，含有大量酸、碱、汞、砷、氰化物、铬等有害物质，未经处理直接排放到河流或污灌区。治理电镀废水是防治水污染的一项重要工作。1974年起，先后在咸阳纺织机械厂、国营七九五厂、陕西柴油机厂推广无氰电镀新工艺；同时对含氰废水进行化学法处理，使六价铬和氰化物排放量明显减少。1977年，全区有电镀点28个，已有9个实现无氰电镀、铬酐回收和低铬钝化。

1979年，市深井泵厂试验成功“活性炭吸附法处理含铬废水”工艺，并投入生产，使原含铬废水浓度由5.4毫克/升，下降到0.5毫克/升，回收铬酐450千克。国营四零八厂采用“离子交换法”处理含铬废水，使原来含铬浓度525毫克/升和六价铬浓度213毫克/升的废水达到国家排放标准。1982年，咸阳纺织机械厂研究成功以四氯乙烯为干洗剂与水混合漂洗的无废液排放电镀漂洗新工艺，操作方便，适用于各种规模、种类的镀铬生产。

1976年，三五三零厂决定对产品的氧化工艺（用红矾氧化剂）改用双氧水或过硼酸钠工艺，才从根本上消除了铬污染。1978年，建设污水处理工程，日处理污水3000吨，是咸阳地区第一个规模较大的污水处理工程。

1978—1979年，陕西第一毛纺厂采用放射性同位素消除羊毛中的布氏杆菌，大大降低了细菌废水污染，同时建成“沉淀萃取池”日处理洗毛废水1500吨。1984年开始采用“电解浮生法”处理毛纺染色污水，各类污染指标均低于国家排放标准。

红原锻铸厂对有机废水治理较早。1977年，该厂投资23万余元，采用“生物转盘法”治理方案，处理后含酚废水达到国家排放标准，去除率达到99.5%。

1998年，咸阳市政府率先在全省建立医疗垃圾处理中心，既减少了各医疗机构在该项目的重复投资和医疗成本，也解决了小型处理中心设备排放不达标、易造成大气污染，同时减轻了环保部门对此项工作的监管难度。项目前期总投资585万元，日处理规模5吨。现对市区内一级以上的医疗机构、市疾控中心、市中心血站、民办医疗机构、部分个体诊所等所产生的医疗废物集中收集无害化处理，实际日处理量3.5吨左右。

80年代，工业废水治理进度加快。全市13家污染大户结合技术改造，治理废水量占工业废水总量70%以上。如渭河发电厂新建第二储灰场，粉煤灰水不再直接排入渭河；陕西省第二针织厂修建专用排放管道，不再向农田排放印染污水；咸阳肉联厂建成清污工程；市第二人民医院、陕西纺织职工医院、铁一局职工医院、二一五医院等六家完成了治理工程。

永寿县在城镇污水治理方面先行一步。1990年，永寿县氧化塘及排灌系统工程投入运行，日处理废水1000吨，浇灌农田、菜地1800亩。乾县箱板纸厂1988年以前，用烧碱法制造纸浆，废液排入农田，大片农作物受害。在环保部门的指导下，完成了中性亚硫酸铵制浆造纸工艺改造，把废水变成了肥水，日排放3000吨废水用于农田灌溉，为小造纸厂废水治理闯出一条新路。

礼泉县以BOT模式，投资2800万元建成了全省首家县级污水处理厂。此后，兴平、乾县、旬邑、泾阳、三原、武功、淳化、永寿、彬县、长武十县市污水处理厂全部建成投运，实现了县县投运污水处理厂的目标。

全市确定的62家国控、省控、市控重点排污企业，47家企业安装了污染源在线监控装置，旬邑率先建成了县级污染源可视自动监控平台，实现了对重点污染企业的适时监控和科学监管。市政府出台了《关于实施碧水工程的决定》，在全省首家对1.7万吨以下化学制浆造纸企业和1万吨以下利用废纸及浆板制浆造纸企业进行淘汰关闭后，又提出了“淘汰关闭3.4万吨以下化学制浆造纸企业和2万吨以下利用废纸制浆造纸企业”的产业政策规定。先后关闭了咸阳造纸厂、周陵造纸厂、兴平造纸厂、淳化县白玉造纸厂等一批重点污染企业，全市累计淘汰关闭造纸企业182家。目前，仅存4家造纸企业基本实现了稳定达标排放。

90年代，全市医疗含菌废水治理成

效显著。50张病床以上的医院，含菌废水消毒处理率达到70%以上。2009年，积极实施渭河生物治污试点工程，在渭河滩地栽种芦苇500亩，对城市污水处理厂出水进行深度处理，效果显著，实现了污染治理与城市生态景观建设的有机结合。

近年来，咸阳市通过集中整治造纸、果汁、印染等重点污染企业和加快城市污水处理工程建设，有力地推动了污染减排工作，三水河、冶峪河、漆水河、沣河水质变清，改善了渭河流域的水环境质量，水环境污染得到有效控制。

咸阳市鼓励支持节能、节水和资源综合利用项目，严格限制高耗能、高耗水、高污染和浪费资源的项目。截至2009年，全市已有20余家企业完成了清洁生产审核工作，15家企业通过了ISO14000环境管理体系认证。截至2010年，全市160多个市级重点项目全部通过了环境影响评价审批，均属于低排放、低污染、高效益的项目。推行清洁生产，循环利用资源，减少了企业的废弃物排放。

咸阳市开展了以“拆烟筒、割尾巴、治油烟、防扬尘”为内容的四项环保“扫黑”行动，先后关闭小火电机组12.4万千瓦，淘汰落后水泥产能157万吨、落后焦化产能23万吨。全市20万千瓦以上的火电机组全部建成了脱硫设施；加大城市煤烟污染治理，在市区划定了8个城市无煤区、7个烟尘控制区，对燃煤锅炉、餐饮业油烟、露天烧烤黑烟污染进行综合治理，累计拆除燃煤锅炉800多台，完成餐饮业油烟治理200多家，取缔关闭白灰窑150多家；加大机动车尾气污染治理，检测机动车尾气2.3万辆，治理尾气不合格车辆4600辆，建成天然气汽车加汽站4座，完成双燃料车改造906辆；加强扬尘污染防治。建设规划、环保、城管、公安、房产等部门，坚持对建筑施工现场、储煤场、煤灰场进行专项执法检查，督促落实扬尘污染防治措施；实行空气质量预警制度，在空气污染指数预报值高于100时，及时采取应急对策，启动大气环境红色预警机制，有效控制和降低污染。

咸阳市加强机动车尾气污染防治工作，建成了咸阳中联、彬县鹏通、兴平天洋等5家机动车尾气环保检测线，其中，咸阳飞达和礼泉生荣正在接受省上相关厅局委托。目前，全市共形成机动车尾气“工况法”检测线14条，年检测能力14万台。自2010年5月以来，共检测机动车56493台，治理机动车尾气8000台，发放绿色环保标志47675个，黄色标志10198个，同时，设立绿标发放点，累计发放环保标志22392个。

在整治扬尘污染方面，组织执法人员累计拆除燃煤锅炉810台，完成餐饮业油烟治理436家，规范整治储煤场63家，建设规范化建施工地18处，使扬尘污染难题得到了有效控制。截至2011年12月11日，市区空气质量二级和好于二级天数达到309天。

咸阳市实施碧水工程，推进“七河

一渠”，水环境质量大好转。一是在渭河流域重点工业企业废水治理方面，近年来，累计投入治理资金10.16亿元，建设污染防治设施项目185个，治理重点涉水企业50家，4家造纸企业、2家印染企业，规范整治排污口22个。二是坚持把加强城镇污水处理厂规范化运营管理，作为发挥减排效益、提升环保工作水平、改善人居环境的基础性工作来抓。市政府常务会议专题听取了城镇污水处理厂运行情况的汇报，协调清欠污水处理运行费1000万元，修订完善了《咸阳市城区污水处理费征收管理办法》，为污水处理厂正常运行提供了资金保障。市政府还专题召开了城镇污水处理厂运营管理现场会，进一步落实了县级政府的投资、监管、运行主体责任，制定了《城镇污水处理厂规范化运营监督管理办法》和《污染源自动监控设施运营管理办法》，建立了城镇污水处理厂规范化运营管理的长效机制。三是修订完善了《渭河咸阳段水污染补偿实施方案》（试行），并责成市财政局对武功、兴平、秦都、渭城、高新5个沿渭县市区扣缴2011年水污染补偿资金620万元，进一步强化沿渭各县市区政府河流治理责任，促进了河流水质的进一步好转。截至2011年年底，三水河、冶峪河、漆水河、沣河水质变清，已经达到或接近地表水功能要求。根据2011年前三季度监测结果显示，渭河兴平、南营、铁路桥、中隆四个断面以及泾河桥、沣河两个断面水质污染综合指数分别较上年下降3.87%、4.64%、9.87%、4.7%、22.97%和13.64%。

咸阳市实施环保执法专项行动，开展了“春季五项执法”（水源地、联防联控、北部矿山、排污收费、污水处理厂）、“秋季四项执法”（危险化学品和危险废物、重金属、挂牌督办企业、减排项目）和“整治违法排污企业，保障群众健康”环保专项行动，解决了影响群众生产生活的突出环境问题。特别是在解决群众反映小木炭窑死灰复燃方面，咸阳市环保局积极协调相关部门和县区政府采取依法取缔、坚决关停、彻底拆除等强硬措施，共取缔白灰窑176孔，木炭窑439孔；针对全市2005年以来审批的420个建设项目进行了拉网式大检查，责令补办环评审批手续15件，对36个“带病”项目进行了限期整改和行政处罚，尤其是对违反环评法律法规的文家坡煤矿、大佛寺煤矿二期、孟村煤矿等9个项目处罚107.53万元，彻底查处和解决了一批群众反映强烈的环境热点难点问题。2011年，全市累计出动执法人员1400余人次，检查企业900余家，省级、市级分别挂牌督办1家和7家企业，责令停产治理企业3家，限期整改40家，实施行政处罚50家，收缴罚款280万元，承办国家、省级批转投诉案件65件，办结率100%。在加强环境应急管理方面，由市政府组织，市环保局和相关单位会同企业分别组织了课目为地震引发的液化气泄漏着火和课目为硝酸生产管道爆裂着火的2次应急演练，集中演练了应急人员在不同情况下演习灭火、疏散、撤离、水气监测、新闻发布等内容，提升了应急队伍处置环境突发事件水平。在辐射环境监管方面，全市共有取得辐射安全许可证单位 76 家，持证率达 100%；组织辐射环境安全隐患排查 400 余人次，检查涉源单位 76 家，并收储全市 4 家单位的 63 枚放射源，收储率达 100%。

## 第三节 废物综合利用

1975 年，兴平化肥厂回收废水中的炭黑用于生产，每小时可节约重油 0.34 吨，回收化学软化水每小时 15 吨以上，解决了该厂用水紧张的状况和废水污染问题。同时，每年回收油炭浆用作燃料，节约重油 1300 吨。

市砖瓦厂和兴平县砖瓦厂从 1981 年开始将炉渣、烟道灰、煤矸石粉碎后掺入土坯中，在轮窑内烧制成半内燃砖。十多年间，两厂平均每年产砖 6000 万块，利用炉渣 3.3 万吨，节约煤 0.34 万吨，节省良田 8 亩。

1977 年，兴平县联碱厂利用化肥厂合成氨车间的废气，制造纯碱和氯化氨 5000 多吨；修建氨气站，回收硝氨车间的废氨气灌溉良田，减少了废气污染。兴平县肉联厂每年在废水中回收浮油 800 多千克，制造肥皂 6 万多条。

1978 年，国营陕西柴油机厂从废水中回收各种工业油 40 多吨，兴平县化肥厂在治理二氧化硫污染中回收硫黄 20 多吨。同年 9 月，陕西第一毛纺厂开始采用沉淀富集萃取法回收洗毛水中的羊脂，回收率可达 80%—90%，同时使废水得到净化处理。

陕西玻璃纤维厂每年产生废玻璃丝约 600 吨，1978 年成立综合车间，利用废丝制造玻璃球、玻璃块和保温玻璃棉，到 80 年代生产能力达到每天处理废丝 2 吨。

1980 年，渭河发电厂建成粉煤灰储存库，年储存 6 万—7 万吨，运至耀县水泥厂做水泥拌合料，年增产值 560 万元。三原体温计厂安装了汞回收装置，每月回收汞 170 千克。咸阳陶瓷厂为使倒掉的耐火材料资源化，每年用废耐火材料烧制铺地砖 12 万块。

咸阳市辖区内的国有大中型企业从 1970 年就开始陆续设立环保机构，设置环境监测站的大中型企业数达到 90% 以上。每年从工业“三废”中回收白银、芒硝、橡胶、铬酐、塑料以及废渣利用等创造的价值达 200 多万元。

2006 年，咸阳市科技局从社会发展列出专项资金开展苹果渣综合利用、农作物秸秆利用等项目研究，解决困扰多年的秸秆焚烧污染问题，为切实改变建筑灰黑面貌提供科技支撑。全年共安排相关科技攻关项目三项：利用渭河淤泥沙生产环保型渗水砖工艺、掺杂强化 $AL_2O_3$/TLA 基复合材料研究、云母钛珠颜料的制备。

咸阳市在一些大型国有企事业单位积极推行清洁生产，督促企业改进生产工艺，采取污染物“零排放”技术，加强废水、废气、废渣的综合循环利用，取得了明显的经济和环境效益。在果业主产县区，大力发展生态农业和有机农业，推广建设“果、畜、沼、窖、草”配套生态果园，果园种草养畜，畜肥入窖产沼，沼渣培肥，沼液喷肥，沼气照明做饭，实现了果畜良性互动，协调发展。在粮食主产县区，大力推行秸秆综合利用，采取秸秆青储、气化、还田等方式，形成了农业循环经济的产业链。

# 第十编

# 自然科学技术

# 第一章

# 农　学

农家，是先秦在经济生活中注重农业生产的学派。吕思勉先生在其《先秦学术概论》中，把农家分为两派：一是言种树之事；二是关涉政治。《汉书·艺文志·诸子略》将农家列为九流之一，并称："农家者流，盖出于农稷之官。播百谷，劝耕桑，以足衣食，故八政一曰食，二曰货。孔子曰'所重民食'，此其所长也。及鄙者为之，以为无所事圣王，欲使君臣并耕，悖上下之序。""所重民食"也正是农家的特点，尊神农氏。

农家学派主张推行耕战政策，奖励发展农业生产，研究农业生产问题。农家对农业生产技术经验之总结与其朴素的辩证法思想，可见于《管子·地员》《吕氏春秋》《荀子》。

战国时，农家代表人物有许行。许行，楚国人，无著作留传，生平事迹可见于《孟子》一书。生卒年不可考，约与孟子同时代。当时随行学生几十人，颇有影响，儒家门徒陈相、陈辛兄弟二人弃儒学农，投入许行门下。

《新唐书·艺文志》著录《尹都尉书》3 卷，是一部讲述园艺蔬菜作物的专著。《艺文类聚》《太平御览》并引刘向《别录》云："尹都尉书有种瓜篇，种芥、葵、蓼、薤、葱诸篇。"原书已佚。清马国翰从《齐民要术》中辑得《尹都尉书》1 卷，收入《玉函山房辑佚书》。今人陈国庆《中国农学书录》，认为尹是作者的姓，都尉为其官号。

赵过在汉武帝末年任搜粟都尉，教民耕植。《赵氏》5 篇西汉赵氏撰，清姚振宗认为作者是汉人赵过。书中记述了代田之法，内容精彩丰富，且多与关中有关。惜原书佚于东汉末年。

《汜胜之书》18 篇，汉汜胜之撰。刘向《别录》云："使教田三辅，有好田者师之，徙为御史。"《晋书·食货志》称，汉遣轻车使者汜胜之督三辅种麦，而关中遂穰。原书约成于公元前 1 世纪后期，总结了关中一带农作经验，着重叙述了区田法、溲种法等先进的耕种方法，反映了当时农业生产技术的水平，已佚。

《齐民要术》《太平御览》等书都曾引用该书。清马国翰有《氾胜之书》辑佚3卷，洪颐煊辑本为2卷。

《铜马相法》东汉马援撰。《后汉书》本转载马援《上铜马式表》云："近世有西河子舆，亦明相法。子舆传西河仪长儒，长孺传茂陵丁君都，君都传成纪杨子阿。臣援尝师事子阿，受相马骨法，考之于行事，辄有验效。"铜马式即良马模型。马援铸好铜马献给光武帝。《铜马相法》是对铜马式的说明。

《度田条式》东汉秦彭撰。《后汉书·循吏传》记载，秦彭任山阳太守期间，常亲临农田，将土地按肥瘠分为三等，各立文簿，藏之乡县，又上书建议全国采用这种办法。

《四时纂要》12卷，唐韩鄂撰。此书有698个条目，逐月列举农家应做事宜。以农业生产为主，兼及农业技术法、占卜法、衣食制作法、居住出行注意事项及药剂配制等内容。今有日本书店影印本，另有1981年农业出版社出版的缪启愉《四时纂要校释》本。

《考工记注》2卷，唐杜牧撰。《考工记》为先秦重要的科技文献，唐杜牧为之注释。此书广采诸家之说，参以个人见解，对《考工记》逐条进行注释，文字简明、易懂，对《考工记》的阅读与研究有一定参考价值。此书《琳琅秘室丛书》《关中丛书》收录。

《植品》明赵崡撰。赵晒生平极好花木，广搜奇种，亲自栽培，积累渐多，终于成书。全书以花木为主，述其栽植方法、品种和管理等，后附果品、蔬品等类，其中以关中所产及日本人所种为重点。书中所记明万历年间西方传教士引入"向日葵"和"西番柿"，是关于这两种植物引进的最早记载。该书为研究植物学，尤其是在关中地区栽培植物的重要资料。此书有明万历四十五年（1617年）刻本，今藏北京图书馆。

杨屾，字双山，主张推广教育，兴办实业，一生致力于农事实验。所著《豳风广义》3卷，评述植桑、养蚕、织丝诸法，并绘图说明。秦人以风土不宜，不事蚕桑。作者据豳风一诗，以为既宜于古，亦必宜于今，因博访种桑养蚕的方法，织工织丝的器具，积十余年的努力，撰成此书。内容以养蚕、植桑、织经为主，记养蚕方法与工具，并配附图，以求实用。此书所述都以亲身实践为根据，切实有据，语言浅显易懂。另著有《经国王政纲目》8卷，《知本提纲》和《论蚕桑要法》各10卷。清末刘古愚有注解阐说。在《知本提纲》中则依据不同的肥料及其酿造方法，将肥料分为十大类：即人粪、牲畜、草粪、火粪、泥粪、骨蛤灰粪、苗粪、渣粪、黑豆粪、皮毛粪等。《知本提纲》10卷，是作者讲论道学的著作，其中第5卷专论农事，先是总论，其下分述耕稼（园圃法）、桑蚕、树艺、畜牧的方法，后是结论。作者自称，此书原为训蒙而作，希望能易知易行，所以词多俚俗。为便于诵记，正文只是提纲，详切细目，全在注解。注解出于作者学生郑世铎之手。书前有作者自序，作于清乾隆十二年（1747年），即书初刊年份。清光绪三十年（1904年）、民国十二年（1923年）又将原刻板补印重刊。作者又以此书篇幅过大，恐童蒙难以诵记，因复撮其纲要，别成简编，名曰《修齐直指》。书中一部分论及耕、桑、畜事，而特详于耕作施细之法，可与原书（《知本提纲》）所述的内容互为补充。清末咸阳刘光蕡为书做了评语，刊入《刘古愚先生全书》之中。

《农言著实》1卷，清杨秀元撰。《清史稿·艺文志补续》《中国农学书录》著录。此书为家训性质，体裁袭用《月令篇》。内容分两大部分，一为半半山庄主人示儿辈，是作者归乡亲耕切身经验。二为杂记10条，是作者列出的注意事项，所谈精耕细作方法、小麦压土保墒、谷子深种抗旱等项，至今尚有借鉴意义，是典型的地方性农书。此书约成于清道光年间，清咸丰六年（1856年）才由儿子士果刊刻，书后附有贺瑞麟所作《杨一臣先生传》。此刊本流传不广，西北农林科技大学藏有1部。另外，尚有清光绪十九年（1893年）刊本、《清麓丛书》本、翟允提注释本，收入1957年中华书局出版的《秦晋农言》中。

# 第二章

# 天文、历法

周幽王六年（公元前776年）十月初一（公历9月6日），辛卯（日出时），“日有食之”（《诗经·小雅·十月之交》）。这是中国最早的日蚀记载。

汉成帝建始元年（公元前32年）九月二十八日（公历10月24日），“有流星……光烛地，长可四丈，大一围，动摇如龙蛇行，……贯紫宫（星名，在北斗星北）西，……后诎（屈）如环，北方不合，留一刻所（许）”（《汉书·天文志》）。这是中国最早关于极光的记载。

《九章算术》是中国传统数学最重要的著作，也是世界上最早记载分数运算法的文献。《九章算经序》云，周公制礼，有九数，因而称九章。汉代张苍、魏晋时刘徽、唐李淳风等有注释。其中，以刘徽的《九章算术注》最为著名。

《周髀算经》，《隋书·经籍志》天文类首列《周髀》1卷，赵婴注；《周髀》1卷，甄鸾重述。陈振孙《直斋书录解题》：“周髀者，盖天文书也。称周公受之商高，而以勾股为术，故曰《周髀》。”该书阐述了盖天说和四分历法。

《续汉历志·贾逵论历》：“甘露二年（公元前52年），大司农中丞耿寿昌奏，以图仪度日月行，考验天运状。”明帝时，贾逵利用朝廷尊信谶纬，上书说《左传》与谶纬相合，可立博士。他与治今文经学的李育相辩难，又精通天文学，首先提出在历法计算中应按黄道来计量日、月的运动，并发现月球的运动为不等速，并计算出其运行周期为“九岁九道一复”，即九年一周期（现代科学计算为8.85年），比西方同类发现早1500年。

《天文大象赋》隋李播撰。《新唐书·艺文志》《通志·艺文略》有著录。是书以韵文的形式对天空各大星座加以描写，对认识星空和记忆星座有一定帮助。由于偏重文学辞藻，有些描写不确切，故流传不广。

东汉著名史学家班固死时，所撰《汉书》尚未完稿。班昭和马续奉和帝之命，分别续补了8表及天文志。

# 第三章

# 数学、化学

《周髀算经》，首次应用勾股定理，并使用复杂的分数算法和开平方法。据今人考证，《周髀算经》大概产生于两汉或更早时期。

咸阳师范学院教授舒世昌在子流形的内蕴刚性问题的研究上取得了重要成果，改进了若干重要的经典内蕴刚性定理，在类空子流形的研究方面也取得了较大进展，在国内外产生了一定的影响。他证明了 De Sitter 空间的 2－调和类空子流形，若其平均曲率向量是平行的，则必为极大类空子流形，得到了 2－调和空子流形的一个 Simons J·型积分公式，并研究了其 Pinching 现象。

近年来，他先后在美国、俄罗斯、日本、澳大利亚、英国、罗马尼亚及国内重要学术期刊上公开发表学术论文 60 多篇，出版专著 1 部。

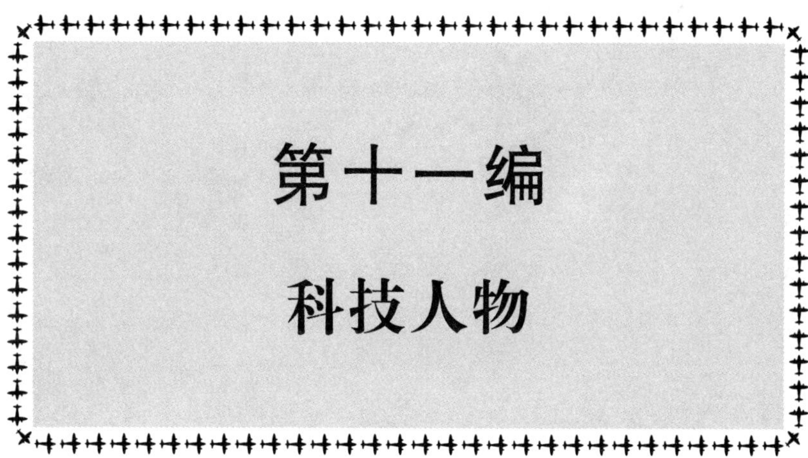

# 第十一编

# 科技人物

# 第一章

# 人物传略

弃，有邰氏首领。古代周族的始祖。《周本纪》记载："周后稷，名弃。其母有邰氏女，曰姜原。"幼有"巨人之志"，玩要时总是喜好种植树木和麦黍菽麻，成人后，好耕农，相地之宜，善种谷物稼穑，民皆效法。尧听说，举为农师，天下得其利，有功。舜曰："弃，黎民始饥，尔后稷播时百谷。"封弃于邰，号曰后稷，别姓姬氏。后稷教民稼穑，推动了农业发展，促进中国社会由原始游牧部落向定居农业部落过渡，成为受后世敬仰的伟大人物。

郑国，战国时期鲁国人，水利专家，后任韩国水工。秦始皇元年（公元前246年），受命入秦游说，建议引泾水东注北洛水为渠，企图疲劳秦人，勿使伐韩。秦王采纳其议，命他主持开凿工程。工程进程中被秦察觉此意图欲杀之，他说渠凿成亦秦利，得以继续施工，终于完成。是渠从仲山（今陕西泾阳西北）引泾水向西到瓠口作为渠口，利用西北微高、东南略低地形，沿北山南麓引水向东伸展，注入北洛水，全长三百多里。利用泾水含沙而有肥效的特点，用以灌溉，并冲压、降低耕土层中的盐咸含量，收到改良土壤的效用。灌溉土地四万余顷，使每亩增产到一钟（六石四斗）。"于是关中为沃野，无凶年，秦以富强，卒并诸侯，因命曰郑国渠。"（《史记·河渠书》）该渠被命名为郑国渠，以纪念郑国的功绩。这是中国水利史上的重大创举。

贾逵（公元30—101年），东汉经学家、天文学家。字景伯，扶风平陵（今陕西咸阳秦都区）人。曾任侍中。汉明帝时，利用朝廷尊信谶纬，上书说《左传》与谶纬相合，可立博士。与治今文经学的李育相辩难。又精通天文学，首先提出在历法计算中应按黄道来计量日、月的运动，并发现月球的运动为不等速，并计算出其运行周期为"九岁九道一复"，即九年一周期（现代科学计算为8.85年），比西方同类发现早1500年。修订《四分历》，所测黄道与赤道交角数值精度极高，增加了24节气昏旦中星、昼夜刻漏和晷影长度等新内容，为后世历法所依循。

马均，字德衡，兴平人。曾为给事中，为三国时期魏国著名科学家。曾再次发明已失传的指南车，这种指南车上有一个小木人，无论如何向前、向后、还是转弯，小木人的手一直指向南方。这种装置好像现代的自动定向仪。他曾改进前人所造织绫机。旧式的织绫机，50综的用50个蹑，60综的用60个蹑，他认为有费力费时的缺点，于是他改进机械，全都改用12个蹑。改进以后，可以随心所欲织出各种奇妙的花纹，织成后看上去像是天然形成的一样，又可以像阴阳二气反复变化无穷。他在看过诸葛亮的连环弩后，制作出比之效率高达5倍的连弩，同时还创造了灌溉用的提水工具——翻车，可以连续提水。因他发明甚多，被时人誉为“天下之名巧”。

陈藏器（约公元687—757年），四明（今浙江宁波）人，唐开元年间（公元713—741年）为京兆府三原（今属陕西省）县尉，著有《本草拾遗》。此书就药物功用，分为解毒、破气、疗温、理风、主脾等数类，为后世中药按功用分类之起源。李时珍说，藏器著述“博极群书，精核物类，订绳谬误，搜罗幽隐，自本草以来，一人而已！肤谫（浅薄之意）之士，不察其详核，惟诮其僻怪，宋人亦多删削。届知天地品物无穷，古今隐显亦异，用舍有时，名称或变，届可以一隅之见，而遽讥多闻哉！”

王征（1571—1644年），明泾阳人，字良甫，号葵心，晚年自称了一道人，古代杰出的机械工程学家。少年时深受关中求实学风影响，入仕之后，政绩卓著，同时对西方科学技术产生了浓厚兴趣，在中国古代科学技术史和中外文化交流史上具有一定地位。天启壬戌年（1622年）进士。授职直隶广平府（治所在今河北省永年县）推官，后任直隶扬州府（今江苏省扬州市）推官。王征在扬州期间，毁祠开坝，裁减盐课，严禁盐商虚报、贿买，改修天长石桥和高邮湖堤，另建泰州水闸，兴利除弊，颇多惠政。后遇父丧，归乡守制。崇祯辛未年（1631年），经都察院右佥都御史孙元化奏举，被任山东巡察司佥事、辽海监军道。明末万历、天启、崇祯三朝，西洋传教士在中国传教者渐多，当时一部分思想敏锐、比较开明的士大夫开始接受西方科学文化知识，徐光启、王征等就是其中代表人物，后世称之“南徐北王”。王征在多次赴京应试期间，接触寓居北京的传教士庞迪我等，对天主教教义产生兴趣，受洗入教，圣名（教名）斐理伯（Philippe），并撰《畏天爱人极论》以阐发教义。后来与西班牙传教士金尼阁合作撰写《西儒耳目资》一书。该书开创以西方音韵学研究中国语言的先河，是中国采用拉丁字母为汉字注音的第一部音韵学著作，对现代汉语拼音方案的产生和发展都起到了很大启发作用，书中部分观点至今还有现实价值。王征56岁时，将自己早年探究机械制造的成果编成《新制诸器图说》一书。书中载有虹吸、鹤饮、转硙、代耕等八类器物，均为关系民生日用的实用器械。后又与龙华民（意大利传教士）、汤望道（德意志传教士）、邓玉函（瑞士传教士，系著名科学家伽利略挚友）等交游，向邓玉函学习测量、算指、比例诸术。由邓口授，王征选择整理，编著《远西奇器图说录最》（简称《奇器图说》）一书。该书收录了起重、引重、取水、转磨、解木、解石、转碓、转书轮、水转日晷、代耕、水镜、取力水、书架、人飞等十五类精妙奇器，建立了重心、地心引力、三角形、椭圆、体积、容积、水平面等数学、物理学基本概念，对求取三角形重心等一类几何命题还阐述详细解法，对伽利略发明的杠杆、滑轮、螺旋及其用法都有描述。书中定名的点、线、面、形、杠杆等为数甚多的数学、物理学名词和术语，至今仍在沿用。"自行车"一词，也是较早在该书中出现的。《奇器图说》论说力学原理及应用，同时讲述各种器具制法，并附图加以说明，应是"我国第一部机械工程学（著作）"，作者也被后世誉为"我国三百多年前的第一位机械工程学家"（刘仙洲教授评语）。后来徐光启作《农政全书》就引用了王征译著的《泰西水法》部分。

刘企向（生卒不详），清代名医。字若政，咸阳人。致力研究医学，医术驰名。康熙六十年（1721年）著《月婴宝筏》，言简意赅，便于据证检方，对矫正产婆妄治，正确处理婴儿之症颇有裨益。雍正十年（1732年），又据自己治疹经验，撰写《痘疹一得》，增入《活幼疹书》中。

杨屾（1687—1785年），字双山，西乡（今兴平）人，清代著名的农学家，教育家。杨屾一生绝大部分时间是在家乡设馆教学，致力农桑，从事著述度过的。刘芳《豳风广义序》说："双山杨子……赋资聪慧，才略性成，自髫年即抛时文，矢志经济，博学好问，凡天文、音律、医、政治，靡不备览。"杨屾生活的时代，正当清王朝康熙、雍正和乾隆的所谓"盛世"年间。杨屾与当时很多知识分子所走的道路不同，矢志于"经世致用"之学。他一生大部分时间都在探索自然与人生，研究伦理和实业。杨屾的学术成就，在当世评价很高。一代关中名士刘古愚（刘光蕡）说他的学问可与北宋著名理学家、"关学"的创始人张载媲美；说他注重实际，不拘泥成法，博览群书，而"不为书所愚"。张元际在《补印知本提纲》中说他做学问"别有心契"，"创造词义多与前圣未合"，然而"其书俱从造化定理靠实推求，并非无本之谈"。

杨屾设馆教学，先后从学弟子达数百人，撰著讲学用的讲义《知本提纲》，向学生演说儒家修身、齐家、治国、平天下"四业"的道理时，强调"夫欲修四业之全，宜先知农务之要"；在《豳风广义·弁言》中则说"农书为治平四者之首"。因此，他一生致力于农桑的研究。清初，关中地区既不种棉、麻，也不种桑养蚕，只种粮食作物。因而这里的老百姓有食无衣，每年都要卖掉一半以上的口粮到外省去换布，结果是衣食皆缺，生活艰难。杨屾见此情景，思索着要为家乡人民解决衣著问题，寻找一条新途径。他曾试种棉和苎麻，但“弹思竭虑，未得其善”。试种虽未成功，但他却是第一个把棉花引种到陕西西部的人。其后，读《诗经·豳风·七月》，受到启发。他认为，《豳风》中所指“豳地”，即邠州（今陕西邠庆）、长武（今陕西三水）等处。古代陕西能够种桑养蚕，现代也应该能种养。于是决心要重兴“邠风”，恢复陕西的蚕桑事业。他根据历史和事实，强调农桑并重和南北各地都宜栽桑养蚕，并博考各种蚕书，博采众长，又访问各地栽桑养蚕的经验，亲自试验，寻找出了在陕西行之有效的方法，并将积累了13年的经验，写出了蚕桑专书——《豳风广义》。兴平、周至、户县一带的乡民，互相仿效传习，都大获其利，但省县当局对此事置若罔闻。为了在更大范围内较快地推广发展蚕桑，乾隆六年（1741年），他上条陈给当时陕西布政使帅念祖，请求由省府出面倡导，又把《豳风广义》一并附上。杨屾在条陈中，不仅从历史到现实陈述了推广桑蚕的利益，可以“广开财源，以佐积贮，裕国辅治，以厚民生”等，而且提出了切实可行的推广蚕桑“八策”，建议用“规劝”和“课税”的办法巩固发展蚕桑业；要有赏有罚，凡栽桑百棵以上者可以得不同等级奖励。至于桑籽、树苗、灌溉等重要措施，官府也要有统一筹划，与民方便。杨屾的条陈得到帅念祖的支持。下令各府、州、县大力推广蚕桑。不到10年，陕西关中、陕南，甚至陕北很多地方蚕业很快发展起来。为加强蚕桑业，在省城和凤翔、三原等地区还设立了蚕局和蚕馆，负责推广和作具体的技术指导。雍正三年（1725年）的春天，有一次他出游终南山，“见槲橡满坡，知其有用，特买沂水（今山东境内）茧种，令布其间”，也取得了成功。柞蚕首次开始在关中地区大量放养。“农非一端，耕桑树畜四者备，而农道全也”。这是杨屾对“农”的理解，包含着大农业的宝贵思想。除蚕桑外，他对耕作、树艺、畜牧等也有很深的研究与实践。他“更思秦中园圃久废。树艺失法，追仿素封之意”，建立“养素园”，作为树艺、园圃和畜牧的研究和实践基地。养素园大约在雍正六至八年间（1728—1730年）建立。园周围栽种桑树和用材树木，园内间套种各种果树、蔬菜和药材；园中央凿一口大井，安装有水车，供抗旱浇园之用。园内盖有房舍，设学馆，藏图书，“储学育才”。同时，养素园又是杨屾从事农事研究试验和学术著述的场所，他“身亲其事，验证成说，弃虚华之词，求落实之处，获得实效，即笔文于书”。杨屾生平著作有《知本提纲》《论蚕桑要法》各10卷，《经国五政纲目》8卷，《豳风广义》4卷，《修齐直指》1卷。《经国五政纲目》和《论蚕桑要法》两书未见。现存只有《知本提纲》《豳风广义》和《修齐直指》。张元际《补印知本提纲序》说，《知本提纲·农则》为杨屾“一生之最得力，又恐未详也，作《修齐直指》申言农，《豳风广义》专言桑”。

杨光昭，咸阳人，道光年间的著名兽医，医治牛马疾病有奇效，行医不避风雨，不分昼夜，从不索取报酬。道光二十八年（1848 年），被道光皇帝赐予“义行纯固”的匾额。

杨秀元（18 世纪末—19 世纪中叶），字一臣，自号半半山庄主人，陕西三原人，半耕半读，对农业生产非常熟悉。晚年著有《农言著实》。该书有“家训”性质，写成于道光年间，咸丰六年（1856 年）由其子杨士果刻板印行。《农言著实》中许多地方谈到抗旱的措施，如小麦修田、打堰，保持水土的方法；谷子干种等雨的办法；荞麦调节稀稠的办法等。该书记述的有些农业经验相当具体细致。如“礴麦”（即堆科垛）一节中，就用了不少笔墨：“礴麦秸收顶时，只是一人在上，凡往来脚窝，必须用杈挑起，然后收之。总以小心为主；不然，嗣后铡草，定有水浸，日久一日，伤秸不知多少矣。”

刘古愚（1843—1903 年），陕西咸阳人，名光蕡，字焕堂，号古愚，著名爱国教育家。著有《五经臆解》《大学古义》《史记货殖列传注》《前汉书食货注》等。后人辑为《烟霞草堂文集》等。清光绪十一年（1885 年），刘被聘为泾阳泾干书院主讲，同时任味经书院（亦设泾阳县城姚家巷）讲习。同年，刘还与柏景伟倡议，在西安设立官书局，推介西方科学与技术方面的书籍。十六年（1890 年），刘又创办复耕机馆，研究发展农业生产的技术与经验。为了倡导种桑养蚕，他一面派学生去外地学习技术，一面在自己家里做试验，总结了从栽桑、养蚕到取丝、织绸的一整套经验，编写出《蚕桑备要》和《养蚕歌括》两书。在此基础上，他又说服泾阳知县，在县城南北广植桑园，以作示范。

牛振鹅（1868—1940 年），字剑秋，泾阳县桥底镇牛家台村人，著名中医。启蒙后即受家庭熏陶，在父兄指导下钻研中医典籍。清光绪十年（1884 年）入味经书院就读，受业于刘古愚。后考入西安高等师范学堂。光绪二十四年（1898 年）回县，就任劝学所学监，协助杨蕙兴办地方教育事业。光绪三十四年（1908 年）后，与同学于右任一起，积极参与反清革命活动。1915 年，在同州师范学校任秘书兼校医，在大荔驻军营长杨虎城支持下，组织“中医研究会”，并担任主讲。1917 年于右任等人组建陕西靖国军，被任为参谋兼军医。1919 年，任靖国军第一军军医处处长。后又在冯玉祥部南路军第三师任军医兼财政统计处处长。1926 年返回故乡。1929 年，创建“泾阳县中医研究社”，与姚文山同任主讲，为渭北地区培养了大批有建树的医师，其中孙岳秀、曹仲芳、白紫辉、韩云程等都是享誉一时的名医。同时，在柏惠民资助下，与人刊印了《济阴纲目》《济阳纲目》《医方集成》《简易良方》等一批医书。他对伤寒温病有独到见解，著有《伤寒温病臆说》。尤其对骨蒸痨热、肺津大伤等，能对症下药，辨证施治，疗效甚佳。他医德高尚，对家境贫困的病人尤其同情。

李仪祉（1882—1938 年），原名李协，字宜之，后以仪祉行。陕西蒲城人，著名水利学家和教育家，中国现代水利建设的先驱。他主张治理黄河要上中下游并重，防洪、航运、灌溉和水电兼顾，改变了几千年来单纯着眼于黄河下游的治水思想，把中国治理黄河的理论和方略向前推进了一大步。1898 年在同州府秀才考试中获第一名，后入崇实书院和关中学堂就读。1908 年毕业于京师大学堂，随即赴德国留学，先后入柏林大学工学院、但泽大学学习铁路土木工程和水利。1915 年春回国，参与创办中国第一所高等水利学府——南京河海工程专门学校（今河海大学前身），任教务长，一度主持校务。后相继担任西北大学校长，北京大学、同济大学、中山大学、上海交通大学教授，西北农林专科学校水利组主任，陕西省水利局局长，教育厅、建设厅厅长，上海港务局局长，华北水利委员会主席，导淮委员会总工程师，黄河水利委员会委员长兼总工程师，扬子江水利委员会顾问，全国经济委员会常委兼总工程师，中国水利工程学会会长等职。在担任陕西省水利局局长期间，对陕西省自 1136—1912 年发生的灾害做了一次详尽调查，发现陕西每隔十年必遇一次严重旱灾。他下决心修建关中地区的灌溉工程，首当其冲要为渭河北岸平原这个全省棉麦主产地修渠引水。时任陕西省政府主席的杨虎城首先拨款予以支持，于右任也积极协助筹款，美国檀香山华侨和华洋义赈会也都踊跃捐款资助，终使泾惠渠工程于 1930 年动工兴建。施工过程中，他经常深入工地，具体指导工程技术人员和民工施工。经过 5 年努力，泾惠渠终于在 1935 年冬全部完工，渠道全长 270 公里，能够灌溉泾阳、三原、高陵、临潼、礼泉 5 县 60 余万亩农田。后半生主要奔波于省内各地，对各主要河流进行全面勘察、规划。先后亲自设计或指导建设洛惠渠、渭惠渠、黑惠渠、沣惠渠、漆惠渠、灞惠渠等，同泾惠渠合称“关中八惠渠”。这些渠道在设计、修建中继承了中国古代水利建设的优良传统，而且更广泛地应用了近代西方的水利科学技术，从而奠定了陕西具有现代水平的灌溉工程基础。“关中八惠渠”成为中国北方水利工程之冠而闻名海内外，促进了关中地区农业生产的发展。灌区受益群众亲切地称他为“活龙王”。平生著述极多，学术论著计 270 余篇（部），1956 年台湾出版了《李仪祉全集》。为了纪念他的功绩，故乡蒲城县设立了“仪祉纪念小学校”，后期主要工作地方泾阳县设立了“仪祉农业学园”，新中国成立后更名为“陕西省仪祉农业学校”。

徐静欣（1883—1943 年），泾阳县王桥镇社树村人，民间女中医，人称“五阿婆”。曾受聘为社树“仁在堂”家庭教师。后行医，是一名享誉乡间的儿科医师。行医中，特别强调小儿肌体特点，认为小儿本属稚阴稚阳之体，易虚易实，易寒易热，宜针对具体情况用药。她运用青蒿虫治疗小儿疾病，屡有奇效。

姚志章（1885—1947 年），字文山，泾阳县王桥镇社树村人，著名中医。幼年体弱多病，曾患耳疾，因未得医治几近失聪，于是发愤学医。受业于清末名医孙志华和牛飞卿，学习医道。后入味经书院，师从刘古愚学习新知识。再入陕西省高等师范学堂博物科学习，接受民主思想熏陶，投身辛亥革命。返乡后，担任教职，并行医救人。医学知识渊博，用药精妙，遇奇难病症，往往投药一二味即获奇效。同时眼界开阔，不囿成见，是首倡中西医结合的中医师，遇有疑难重症，必然邀约西医会诊，在当时是难能可贵的。敢于同无端菲薄祖国传统医学的民族虚无主义者作斗争。1922 年，国民党中央政府通过“余（大岫）江（燮）提案”，意在取缔中医，激起全国中医界强烈反对，他亦义愤填膺，同牛振鹅联名发出抗议书。1932 年 6 月霍乱大流行，他与牛振鹅联合研制防疫验方，印发传单广为宣导，后又在社树姚文卿资助下，制成防疫丹散发，挽救了很多人的生命。1929 年担任泾阳中医研究会主讲，悉心教育后学，为该县培育了众多中医人才。

霍席卿（1893—1986 年），河北平乡人。民国十四年（1925 年）毕业于南京金陵大学农学院。早年在山西省铭贤学校农科、太原实验学校农科任教。民国二十三年（1934 年）受金陵大学农学院委派来陕，在泾阳县梁宋村创办西北农事试验场，任金陵大学教授兼场长。在任职期间，积极从事农业科学研究工作，在陕西较早地开展了小麦、棉花的育种试验和肥料、灌溉栽培试验。在他的主持和参与下，先后育成了小麦优良品种蓝芒麦、西北 60 号、302 号及棉花良种 517。这些作物品种，为陕西粮、棉增产起过重要作用。民国二十九年（1940 年）任陕西省农业改进所副所长，任职期间，组织科技人员，在关中棉区大面积推广 4 号斯字棉，为以后陕西普及棉花良种奠定了基础。民国三十年（1941 年）以后，任四川郫县烟草试验场场长、陕西农业推广繁殖站主任等职。1949 年 5 月，西北农事试验场改为泾惠农场，霍席卿任场长。1958 年中国农业科学院陕西分院成立，霍席卿调该院主持烤烟增产技术的研究。著有《论谷类作物黑穗病问题的研究》《西北 60 号、302 号改良小麦之育成和推广》《西北 517 改良棉花的育成及栽培方法》。

辛树帜（1894—1977 年），字先济，湖南省临澧县人。曾两度担任西北农学院校长。第一次是 1936 年 7 月，国立西北农专筹备处完成使命撤销，被任命为校长；第二次是 1950 年 4 月，全国新中国成立后经中央政府任命重回西北农学院任院长。在中山大学任生物系主任时进行了两次大瑶山考察。大瑶山考察，开国内大规模科学考察和生物采集之先河，共采集标本6万余号，发掘许多新属新种，其中最突出的是辛氏鳄蜥、辛氏美丽鸟、辛氏铠兰等20多种以辛氏命名的动植物新属新种。他参与筹办西北农专和兰州大学，延揽人才，开设专业，潜心教务，付出了巨大精力。顾颉刚曾评价辛树帜："高瞻远瞩，知树人大计，必以师资及图书仪器为先，既慎选师资，广罗仪器，更竭其余力，购置图书。"他在生物学、古农学、水土保持学等方面的造诣颇深，贡献巨大。他的研究著作中最有代表性的是《中国果树历史研究》《齐民要术今释》《农政全书校注》《禹贡新解》《易传分析》《中国水土保持历史的研究》等，在国际国内产生了深远影响，初步奠定了中国果树史研究、古农史研究、水土保持学研究的基础。此外，他还对他的学生和战友石声汉教授留下的遗稿《辑校徐衷南方草物状》《中国农业遗产要略》等约70万字4本书稿进行加工整理出版。

常新华（1934—2013年），甘肃民勤人。1960年毕业于成都科技大学，任西北轻工业学院教授、皮革工程系主任、科研处处长，兼任陕西省科协轻工协会副理事长、中国皮革学会副理事长、陕西省皮革学会理事长等。承担的科研项目"华北路山羊服装革研制""骆驼皮修饰面革的研制""山羊苯胺鞋面革及山羊苯胺革的研制""猪皮箱包革的研制"，获省高教一等奖1项，二等奖2项，三等奖1项。研制6种加脂剂，全部获得省轻工一等奖；"铁盐鞣革"获轻工业部科技进步三等奖；国家"七五"攻关项目"光面绵羊毛革生产新技术的研究"，1990年通过国家验收，获轻工业部科技进步二等奖、全国首届轻工博览会金奖、国家科委全国科技展览会金奖；"浙江小湖羊皮光面毛的研制"，获国家经贸部科技进步二等奖。主编《制革化学与工艺学》，参编《软革制造工艺学》《毛皮化学及工艺学》，编译《毛皮加脂新方法》等书。1993年开始享受政府特殊津贴。

李国桢（1901—1967年），字干卿，陕西渭南人。民国十九年（1930年）毕业于南京中央大学农学院，毕业后一直在陕西从事农业工作。民国二十一年（1932年）冬，实业部召开冬季作物讨论会，李国桢由陕西省建设厅派往参加，并加入中国科学社。民国二十三年（1934年）陕西省棉产改进所成立后，李国桢任副所长。民国二十五至二十八年（1936—1939年）赴美国留学，在得克萨斯大学研究和考察棉花及旱作农业。回国后，从事高等农业教学工作，任西北农学院教授。民国三十年（1941年）任陕西省建设厅技正、陕西省农业改进所所长。他熟悉棉花生产技术，热爱植棉事业。在陕西省农业改进所任职期间，在他主持下，先后充实和新建了农业、畜牧、林业和农业试验研究、技术推广机构，建立了棉花纯种区。经他倡导，在关中棉区推广了棉花条播机、喷雾器、改良耘锄等新式农具。他支持陕西省农业改进所与西北农学院合作建立了陕西省最早的兽医血清厂，制造疫苗，防治牲畜疫病。民国三十五年（1946 年）农林部棉产改进处西安分处成立后，任西安分处主任，筹备建立了泾阳和大荔两个植棉指导区及两个棉场。1949 年全国新中国成立后，历任西北财政经济委员会计划局委员，农林水牧处副处长，西北农业科学研究所作物系、土壤肥料系主任。他多次带领工作人员，深入陕、甘、宁、青各省的农业科研基层，进行调查研究和技术指导。他曾主编并出版了《陕西棉业》《陕西小麦》《陕西棉产》，编著了《草木樨》《西北荒地利用问题》《陕西旱灾成因及其补救办法》。

董玉璋（1921—2006 年），河南林县人，高级工程师。1947 年毕业于国立西北工学院水利工程系。曾在陕西省水电厅、陕西省水电勘测设计院、渭南工程局等单位工作。1961 年调咸阳曾任省水利经济研究会咸阳分会理事会理事长，咸阳市水利学会副理事长，水利水保局总工程师。曾被选为咸阳市第一届人大代表。多年来一直从事水利事业的勘测、设计施工、灌溉管理、技术行政工作。在咸阳羊毛湾水库灌溉工程的设计、施工和管理中做出了突出贡献，曾参与指导了水库初期漏水处理、淤泥加坝的设计和施工，使淤泥加坝的施工工艺得以推广。1982 年获得陕西省农业科技推广二等奖。他还与许多专家递交咸阳“引石过渭”建议报告，最终促成该工程于 2006 年开工建设。

傅坤俊（1912—2010 年），山东烟台人，全国劳动模范、九三学社社员。1934 年参加工作，曾先后在国立北平研究院植物研究所、国立北平研究院西北植物调查所、中科院西北水土保持生物土壤研究所从事科研工作。1965 年 8 月至 1987 年 12 月在中科院西北植物研究所工作。曾任西安植物园副主任、学术委员会副主任，《西北植物学报》副主编，政协咸阳市杨陵区委员会常委，中国植物学会理事，陕西省植物学会副理事长，陕西省职称评定委员会委员，中国科学院西安分院、陕西省科学院学术委员会委员，高级职称评定委员会委员。曾获全国先进科技工作者和陕西科技精英称号，享受国务院特殊津贴。1979 年晋升研究员。为摸清植物资源的种类与分布，长期在野外从事实地考察，50 年来共采集标本 6 万余份。主持和参加编写专著 17 部，20 余册，主要有《中国植物志》《秦岭植物志》《黄土高原植物志》《中国珍稀濒危植物》《横断山区维管束植物》《中国植物图鉴》*Flora of China*《中国大百科全书》等。撰写和发表学术论文 20 余篇，主要有《中国景天属山景天组的修订》《中国景天属楚雄亚属》《中国景天科一新属孔岩草属》《中国植物志黄耆属预报》《秦岭岩风属的研究》《中国横断山景天属新分类群》《秦岭光头山植物区系概述》《西藏山景天组植物的地理分布》等。《秦岭植物志》获全国科学大会奖，其中第 3 册获陕西省科技成果二等奖，第 4、第 5 册获陕西省科学院一等奖；《中国植物图鉴》获国家自然科学一等奖；《中国植物志》参编集体获香港求是奖，个人获吴征镒求是奖；《中国黄芪属五亚属的研究》获陕西省科学院科技进步三等奖。1994 年完成《中国植物志》景天科部分 20 多万字的英译工作，1998 年完成《中国高等植物》景天科部分约 10 万字的编辑和编写工作。

高鸿（1918—2013 年），陕西泾阳人。1943 年毕业于中央大学化学系。1947 年获美国伊利诺伊大学博士学位。南京大学与西北大学终身教授。新中国成立后，历任南京大学教授、环境科学研究所所长，中国科学院化学部委员、常委，国务院学位委员会第一、第二届学科评议组成员，中国化学会第二十一届常务理事，中国环境学会第一届常务理事，中国分析仪器学会第一届副理事长，国际纯粹与应用化学联合会电分析化学委员会委员，中国民主同盟盟员。长期从事电分析化学基础理论、新方法、新技术的研究，特别是极谱分析基础理论研究。在悬汞电极研究方面，提出了汞齐扩散电流理论，金属在汞中扩散系数测定方法与金属在汞中的扩散公式等。对极谱学各分支的各种电极过程导出电流方程式进行了实验验证，澄清了一些争论的问题。系统地研究和发展了示波分析方法，开辟了分析化学的新领域。1980 年当选为中国科学院院士（学部委员）。他擅长仪器分析，特别致力于电化学分析的研究，在近代极谱分析基础理论和新技术、新方法的研究方面成绩卓著，先后发表论文近 300 篇，出版学术专著 4 部，曾多次荣获全国科学大会奖、国家自然科学奖、全国优秀图书奖等国家级奖励。

康迪（1913—1983 年），原名金光祖，江苏淮安人。民国二十四年（1935 年）毕业于浙江大学农学院。民国二十九年（1940 年）赴延安参加革命后，改名康迪。曾任延安自然科学院教务主任、陕甘宁边区政府建设厅农业科长。1949 年春在延安参加准备南下的接管工作。5 月，西安解放后，奉命接管西北农学院，此后，历任西北农学院教授、教务长、副院长、院长、陕西省革命委员会农林局副局长、陕西省农林科学院院长、陕西省科委副主任、陕西省农学会理事长、中国植保学会副理事长、陕西省第四届政协常委等职。在陕甘宁边区时期，曾在陕北深入农村，推广技术，总结经验，提出用“掏谷茬”方法，消灭谷子蛀谷虫，并大面积推广，取得良好成效。1949 年 5 月他在参加西北农学院的接管工作中，团结全院的师生员工，积极贯彻执行党的各项方针政策，夜以继日，辛勤工作，迅速完成了西北农学院的恢复和整顿工作。1972 年 7 月康迪任陕西省革命委员会农林局领导小组成员、副局长后，为发展陕西农业科学和农业教育事业，不辞劳苦，忘我工作。1979 年 3 月重返西北农学院任院长，开创教学科研的新局面。晚年为充分发挥杨陵区科技力量雄厚的优势，他积极倡议并多方奔走，协调各方面力量，在上级支持下，筹划建立了武功农业科学研究协调中心。

李振岐（1922—2007年），河北遵化市人。1949年在西北农学院植物保护系毕业，先后任教授、博士研究生导师、植物病理教研组主任、植保系主任、院研究生部主任、植物病理研究所所长、西北农大学位评定委员会副主任、国务院学位委员会学科评议组成员、国家教委科技委员会农林牧渔组成员、中国植物病理学会副理事长和西北区分会理事长。最早发现了中国条锈病菌越夏规律和越夏地区，为确立中国小麦条锈病大区域流行模式和小麦条锈病防治策略奠定了基础。对小麦品种抗锈性丧失问题，小麦品种和抗锈性变异规律，条锈菌毒性变异途径（特别是适应性变异与异核现象）和积累机制等的研究，均有重要贡献。由他主持完成的"陕西、甘肃、青海小麦条锈病发生规律的初步研究"，1978年获全国科学大会奖。1983—1985年承担国家"六五"攻关项目"小麦条锈病综合防治技术的研究"。1986年获陕西省高教系统科研成果二等奖，1987年获陕西省科技进步二等奖，1988年获国家自然科学二等奖。编写出版《植物保护学》病理部分、《植物免疫学》，合编《植物病理学》《小麦条锈病及其防治》等教材和专著，翻译《植物病害的流行：数学分析和模式建立》，发表学术论文20多篇。主持的"利用防空洞改装成植物低温生长室"项目，改进了杜宁氏微温室，研究成人工接种塔，这些都具有首创性。1991年被批准享受国务院特殊津贴。

林季周（1928—1997年），四川南充市人。研究员，玉米育种家，原陕西省副省长。1951年西南农学院毕业，留学苏联。历任陕西省农林科学院副院长、院长、副研究员，中国农学会理事、常务理事，陕西省农业作物学会理事长，陕西省副省长。《中国农业百科全书·作物卷》常务编委、《中国玉米栽培学》编委。1956—1960年，入莫斯科季米里亚捷夫农学院农学系深造，获副博士学位。回国后在陕西省农科院粮食作物研究所，先主持水稻研究课题，继任玉米研究室主任兼杂粮研究室主任、副所长，1979年起任副院长、院长，1983年任陕西省副省长。1989年任陕西省人民政府特邀顾问，专家顾问委员会主任、"科技兴陕"协调领导小组组长、农村科技协调领导小组组长。主持选育了玉米自交系"武105"、杂交种"陕单1号"等10多个玉米新品种，较早地直接利用玉米单交种子生产，并成功地解决了制种产量低、成本高等问题。这些品种推广面积占全省杂交种玉米面积的70%以上，对增产粮食作出了重大贡献。曾先后获得1978年全国和省科学大会奖，先进科技工作者称号、农业部成果奖一等奖，陕西省科技成果一、二等奖。先后发表论文30多篇，主要编写《玉米遗传育种学》《陕西玉米品种志》。

刘荫武（1916—1990年），河南尉氏县人，教授。1935年留学日本北海道帝国大学，1940年毕业于西北农学院畜牧兽医系。后留校任畜牧教学试验站主任。

研究奶山羊的选育，兼授家畜饲料和饲养学课程。新中国成立后，历任西北农学院副教授、教授，全国奶山羊生产领导小组成员，中国民主同盟盟员，第六届全国人大代表。曾主持选育成西农萨能奶山羊高产品种，其体形外貌及生产性能均达到国际先进水平，已在全国推广。著有《西农萨能奶山羊的纯种选育》等。

卢得仁（1919—1999年），内蒙古自治区托县人。中国民主同盟盟员。1943年西北农学院畜牧兽医系毕业，留校任教。任讲师、副教授、教授、畜牧兽医系副主任，兼任中国草原学会理事、全国饲料生产研究会副会长、陕西省草地饲料学会理事长等。主要从事牧草学、草原学和饲料学的教学和科研工作，1976—1979年，参加全国聚合草研究和推广，1982年获国家农委、科委聚合草推广成果奖。进行的“多变小冠花栽培利用”协作研究，1983年获农牧渔业部科技进步二等奖。1984—1988年开展“旬邑平场万亩人工草地建设示范”研究，1988年获陕西省科技进步二等奖。1985—1988年参加全国“多年生草种区划”研究，1989年获农牧渔业部科技进步二等奖。主要著作有《饲料生产学》《牧草学》《草地经营学》《饲料生产与草地经营》《饲料生产与调制》《中国苜蓿》等。1991年起享受国务院特殊津贴。

沈良骥（1932—），浙江省慈溪县人。1956年北京大学化学系毕业，留校任教。1973年起在西北轻工业学院任物化教研室主任、教务长、副院长，兼任陕西省化学学会常务理事和物化专业委员会主任、咸阳市化学化工学会副理事长。主要从事化学热力学、胶体化学、表面化学的教学和科研工作。主持并参加的“六五”攻关项目“造纸化学助剂”，获轻工业部科技进步三等奖；“长安麦饭石酒的研究”，1992年通过部级鉴定，评价甚高；“菜子饼粕脱毒及其在工业中的应用”“麦饭石在食品中的应用”，1994年通过省级鉴定，均属国内首创。发表学术论文15篇。1992年被国务院批准享受国务院特殊津贴。

石声汉（1907—1971年），又名荔尾，湖南省湘潭市人。1933年考入英国伦敦帝国理学院，1936年获得博士学位。回国后，谢绝许多名牌大学聘请，应辛树帜之聘来西北农林专科学校任教授。先后编著《植物生理学讲义》《有机化学讲义》《生物化学讲义》《实验讲义》等，出版《有机化学入门》《微生物和食物》《生命和水》《食物制造原理》等，均有较高学术价值。还翻译出版了《比较生物化学引论》《动态生物化学》等，把国外先进学术成果介绍到国内。1952年在辛树帜倡导下，开始对中国古代农业文献进行整理和研究。编著古农书专著15种400多万字。重点研究了后魏贾思勰著《齐民要术》和明代徐光启著《农政全书》的古农学著作，特别是《齐民要术今释》在国内外有巨大影响。

王明斋（1903—1970年），陕西省咸阳人，知名中医。1956年进入咸阳市第二人民医院工作。行医40余年，内科、妇科、儿科皆通，尤精于治疗精神病、女性不育症。在咸阳享有“王一服”的美誉。

吴祖垲（1914—2014年），浙江省嘉兴县人，真空电子技术专家，中国工程院院士，中国日光灯、电子束管产业的开拓者。早年的专著《日光灯制造基础》被视为发展中国日光灯工业的奠基之作。1945年留学美国，1946年获电机硕士学位，继续进行开发光电器件的研究。1948年春学成回国。归国后被南京国民政府资源委员会任命为中央电工厂器材总公司辖下的南京电照厂的正工程师兼副厂长。新中国成立后曾任南京七四一厂、成都七七三厂、咸阳四四〇〇厂三个厂的第一副厂长及总工程师，在这三家工厂都建立了研究开发基地，不断开发新品、不断提高产品质量，使这三家工厂都曾列入电子工业百强企业和全国500强之内。在这三个厂先后研究开发的新品有日光灯、光电倍增管、特种光源、电子束管十大类250多个品种，他直接领导和参与的产品有①1952年在七四一厂的中国的第一只日光灯；②1958年在七四一厂的中国第一只黑白显像管；③1965年成都七七三厂的中国第一只5英寸直观式储存管；④1965年成都七七三厂的中国第一只超正析像管；⑤1970年成都七七三厂的中国第一只19英寸彩色显像管；⑥1976年成都七七三厂的中国第一只43厘米电压穿透式多色显示管。咸阳四四〇〇厂引进日本4个工厂的技术，1982年建厂成功，震动全球同行，1995年美国SID授予他“国际公认奖”，系中国大陆科技工作者首次获此殊荣。1996年又获中国工程院首次中国工程科技奖。1995年5月被遴选为中国工程院院士。

姚玉清（1913—1985年），山东省泰安县人。民国三十年（1941年）西北农学院园艺系毕业后，任中国银行雍兴公司农艺技师，从事果树技术开发工作，曾负责设计并实施建成西安东郊果园和成都橘园。西安解放后，先后任陕西省农业厅生产处，特产处副处长，陕西省蔬菜研究所所长、副研究员，陕西省园艺学会理事长等职。20世纪50年代，参加彬县梨区不结实问题的调查研究，主持并参与了秦岭北麓50万亩果树带的勘察设计和制订发展规划。60年代，潜心致力于陕西蔬菜生产技术和科学研究工作，先后主持番茄早熟、茄子杂交优势利用、马铃薯芽栽试验等研究课题。晚年又主持组建食用菌研究所，育成了平菇新品种。他在陕西省蔬菜研究所任职期间，对培养科技人才，建立农村基点，组织科技下乡，设立实验室及改善研究手段等方面都很重视。他参与《中国蔬菜栽培学》的编写并任编辑委员会委员。

俞启葆（1910—1975年），字遂初，江苏省昆山市人。民国二十三年（1934年）毕业于南京中央大学农学院，先后任该校助教及中央农业实验所技正。在大学期间，就开始棉花的遗传研究，并写了颇有见地的科学论文。毕业后留校任教，继续研究棉花遗传，多次在英国、美国学术刊物上发表研究论文，并与国外学者交换研究材料，通信探讨学术。民国二十九年（1940年）在棉花专家冯泽芳教授的举荐下，进入中央农业实验所从事棉花研究工作。不久即以棉花督导身份被派来陕，驻陕西省泾阳农事试验场，进行棉花育种研究，育成了鸡脚德字棉。并在他指导下，育成了棉花新品种泾斯棉。在此期间，先后到陕西及陇东棉区进行考察，提出了发展棉花生产的建议。民国三十四年（1945年），俞启葆被派赴美国学习。到美国后，考察了美国各大棉区，访问从事棉花工作的学者、教授，写了有关考察的重要论文。回国后，由于所学得不到重用，无法施展才能。在无奈中，他写了《改进棉产的苦闷》，发表于《中国棉讯》。中华人民共和国成立后，俞启葆被调至华北农业部工作。1952年受命组建西北农业科学研究所，1954年正式成立，俞启葆任所长。1958年在西北农业科学研究所的基础上，成立了中国农业科学院陕西分院，俞启葆任副院长，主持科学研究工作。他十分重视综合研究、协作攻关、科学技术为生产服务。曾多次组织科技人员，深入生产实际，基本解决了控制小麦条锈病、棉花黄、枯萎病等重大技术问题。他还亲自带领科研人员在院内进行海陆棉杂交研究。

赵洪璋（1918—1994年），河南省淇县人，小麦育种专家。中国科学院生物学部委员、全国劳动模范。他重视性状形成与生态环境和栽培条件的相互关系，在育种实践中，形成了独特的以精取胜的选择技术，先后育成以“碧蚂1号”“丰产3号”和“矮丰3号”为代表的几批优良小麦品种，其中“碧蚂1号”年最大种植面积达9000万亩，“矮丰3号”的育成推动了矮化育种的发展，为中国小麦生产做出了重大贡献。赵洪璋不仅为人民奉献出一批又一批小麦品种，还在长期育种实践中悉心钻研、锐意改革，形成了别具一格、精湛实用的小麦育种技术体系。主编了全国农业院校统编教材《作物育种学》。著有《陕西小麦》《作物育种学理论》。1978年获全国科学大会和陕西省科学大会奖，1980年获陕西省人民政府科技成果一等奖。

张志道（1901—1947年），字伯修，陕西省泾阳县人，医务工作者。1921年考入江苏省南通医学院。1924年毕业后，在南京贫儿教养院（由黄兴夫人主办）任教。后返陕西，任陕西省卫生处处长，主管科研工作，并创办《陕西医政月刊》。其后，又调任西安卫生事务所所长。1934年返乡，筹建泾阳县卫生院（今县医院前身）。1937年，县卫生院建成开业，于右任先生为医院亲笔题名，驻军将领孔从洲、李振西也赠送了贺礼。该院设置内、外、妇产等科，在当时条件下属于较为先进的县级医院，由于他和其他医护人员具有良好的医德和高度的敬业精神，赢得全县群众的信赖，医院在渭北地区乃至西安一带都有一定影响。1940年，奉调陕西省传染病院院长。

主持该院期间，经他建议，在西安、泾阳等重疫区增设黑热病防治门诊部，免费收治患者，基本上消灭了黑热病的流行。1947 年 4 月 15 日，因脑血管病发作逝世，终年 46 岁。在他故去的次年，泾阳县各界人士共同捐资，在县卫生院建成具有当时领先水平的“伯修手术室”，作为对他的纪念。

周尧（1911—2008 年），浙江省宁波市人，昆虫分类学家。1939—2008 年在西北农林科技大学先后任教授、昆虫所所长、昆虫博物馆馆长，兼任中国昆虫学会理事、陕西省昆虫学会名誉会长、第 9 届国际昆虫学大会组委会委员、九三学社中央参议委员会委员、政协第六届、第七届委员会委员，圣马利诺共和国国际科学院院士。他创办的昆虫博物馆、《昆虫分类学报》、昆虫研究所、周尧昆虫分类研究奖励基金会、中国昆虫学会蝴蝶分会等，为学校在全国赢得了荣誉。1978 年获全国科学大会奖。“金翅夜蛾亚科研究”，1979 年获农业部技术改进一等奖。1980 年被授予全国劳动模范称号。编著有全国高等农业院校《普通昆虫学》《昆虫学通论》（上册）教材及《中国昆虫学史》《昆虫分类》等专著 20 部。

# 第二章

# 人物简介

艾庆发（1936— ），黑龙江省双城县人。1960年东北大学机械设计与制造专业毕业，曾在兰州科学院、三机部一三五厂、兵器工业部五二〇三厂工作，陕西科技大学教授，兼任中国兵工学会应用力学研究会委员。长期从事固体力学教学和机械工程与断裂研究工作。负责完成的科研项目“重载高速过速试验机设计”，1965年获三机部关键设计奖；“火箭发动机生产建设”，1973年获兵器工业部生产定型奖；“新四〇火箭弹发动机钢管安全韧性及裂纹容限分析”，1986年获国家机械委科技进步二等奖；“两种电视显示玻璃断裂韧性及其产品安全性研究”，1992年通过轻工业部鉴定，为国际领先水平，1993年获当代专利成果转让博览会金奖；“22寸彩色显像管在排气过程中炸裂的研究”，1993年通过轻工业部鉴定，居国内领先水平。著有《工业断裂力学》《工程断裂研究专辑》等，发表论文40余篇。1993年被国务院批准享受国务院特殊津贴。

白登海（1957— ），陕西省泾阳县人。现任中国科学院地质与地球物理研究所研究员，理学博士、研究生导师。1987年毕业于北京大学地球物理系，获硕士学位，1991年毕业于北京大学地质系，获博士学位，1990—1991年，赴苏联远东科学院学习，1992—1994年，为中国科学院地球物理研究所博士后，1994—1998年，为中国地震局地质研究所副研究员，1999—2000年，在英国莱斯特大学地质系学习；2000年至今，为中国地震局地质研究所研究员。研究方向为频率域和时间域电磁方法，包括大地电磁测深法（MT）、瞬变电磁法（TEM）和直流电法（DC）；地震活动性、火山岩浆囊、浅层活断层的电磁探测研究，环境与自然资源的电磁探测研究等。

鲍效祖（1933— ），浙江省杭州市人。1952年参加工作，1964年西安交通大学毕业，历任四〇八厂组长、副科长、副所长、副总工程师，兼任中国内燃机协会大功率柴油机专业委员会委员。长期从事柴油机技术工作和管理工作，组织参与IZ39型柴油机的研制，经耐久试验与实艇试用考核，其性能达到当时国际先进水平，获中船总公司科技进步一等奖、国防专用国家科技进步一等奖。参与引进了PC2－5及PA6柴油机的各项工作，组织领导了6PC2－5EL柴油机的方案制订、调试等；主持了12PA6V柴油机为动力的3200千瓦柴油发动机组开发，完成成套试验，获陕西省引进技术消化吸收、消化创新成果一等奖。发表的主要论文有《6PC2－5EL柴油机油耗降低工作》《IZ39型柴油机研制》等。

毕志英（1942—　），女，山东省荣城市人。1966年山东化工学院橡胶工艺专业毕业，分配到西北橡胶工业制品研究所工作，为高级工程师。20多年来，在从事军工配套用橡胶制品的研究中，先后参加和主持了航空薄膜活门，风冷发动机及直升机发动机用减振器、鱼雷用橡胶密封件等课题的研究。主持研制的特种橡胶、硅胶、氟硅橡胶等航空膜片及活门，1986年获化工部科技进步三等奖；109鱼雷用橡胶密封件，1991年获化工部科技进步三等奖。1990年、1991年相继被评为陕西省石化系统“三八红旗手”和“技术女能手”、1994年获全国化工科技先进工作者称号。

长孙振鹏（1942—　），陕西省永寿县人。1958年西安航专毕业，曾在宝鸡二一二厂、西安航专、西安三四五厂、永寿制药厂工作。1987年调任永寿县农业机械厂厂长后，狠抓科技兴厂，与中国农科院、陕西省农机研究所共同研制开发的2BFG－6（5）谷物施肥沟播机，可一次完成沟播、施肥、镇压等多道工序，属国内首创，河北、山西、内蒙等地用户称其为“神机”，成为北方小麦生产区的理想农机具。随后主持研制生产了2BFG－6I（5）可调试、2BFG－9I（5）可调双压、2BFG－6I（5）三密一稀间套、2BFG－6I（5）B半精量、2BFGX－3畜力沟播机等15种型号的系列产品，销往陕西、山西、河北、河南、甘肃、青海、宁夏等18个省区的350多个县。1989年和1990年，该厂连续被评为陕西省农机系统先进单位和科技进步企业。2BFG－6I（5）谷物施肥播种机，1991年获全国“七五”星火计划成果银奖，1992年获中国实用技术墨西哥展览会金奖，并获陕西省优质产品称号，是国家“八五”科技成果重点推广项目。

曹斌云（1955—　），陕西省周至县人。1979年西北农学院畜牧兽医系毕业，任中美山羊合作中方第一负责人。主要参加的“农牧业科学技术研究”，2000年获国家科技成果三等奖；“秦川牛早熟性及肉用性能研究”，获农牧渔业部科技进步二等奖；“陕西省奶山羊综合配套技术推广”，获农牧渔业部丰收一等奖。主编和参编《奶山羊生产学》等教材、专著4部，国内发表论文48篇，国外发表论文3篇。

曹洪义（1938—　），浙江省宁波市人。九三学社社员。1963年大学毕业，

1965年调到西北橡胶总厂工作，高级工程师、《特种橡胶制品》杂志编委、全国胶粘技术标准审查委员会委员。在研制歼七－E、轰七、运七飞机用软油箱中，采取喷涂法成型的新工艺，尤其是20、60、100、200、2000立升空投软贮存油罐的研制成功，为飞机应急供油找到了突破口。变压器隔膜的研制成功，为防止油类老化劣化起到了很好保护作用。“三无氯醇橡胶薄膜的研究”，1986年获化工部科技进步二等奖。化铣可剥胶液，直接采用波音标准，获陕西省优秀新产品奖。发表科研论文多篇。

曹建科（1948— ），陕西省宝鸡市人。陕西省地矿局区域地质矿产研究院高级工程师。1969年毕业于西安地质学校，同年于陕西地质矿产研究院从事科研工作至今。曾历任陕西省地质古生物学会委员、陕西区域地质研究院科研项目技术负责人。主要从事区域地质调查生产与科研工作，曾参加过地质勘探、矿产普查、化探、1:20万与1:50万区调填图及部、局级科研项目的设计编写与实施、成果报告的编写。独立完成“陕西省镇安西口地区二叠纪地层格架与地层模型研究”专题研究项目的实施与报告的编写；主持完成“1:5《万南星、营盘》幅区调联测”项目的设计与工作实施及成果报告的编写，《南星》幅获第二届全国1:5万幅图展评优秀图幅奖（第一编写人）；主持完成“1:50《万鄂尔多斯盆地及周缘地区地质图》”编制及成果报告的编写；完成的1:5万《石嘴子、凤凰咀》幅区调测报告获国家科技进步二等奖（第二编写人）；完成的地矿部“七五”重点科技攻关项目“陕西省柞水地区1:5万填图方法研究”报告，获部科技进步三等奖（第三编写人）；参加完成的地矿部“七五”重点科技攻关项目“中国《沉积岩区1:5万填图方法指南》”的编写（第五编写人）；主持完成“1:5万《神木县、瑶镇》等四幅区调联测”项目的设计与工作实施及成果报告的编写；主持完成“西藏聂尔错硼砂矿床的勘探”工作的实施与成果报告编写。

曹万有（1940— ），山西省临猗县人，高级工程师。1965年8月太原机械学校兵器设计与制造专业毕业。1965—1969年任太原机械学校教师。1970年以后，在二〇二研究所从事技术工作和技术管理工作，历任技术员、工程师、高级工程师、副处长、研究室主任等职。1970—1978年，担任某项产品提高散布密集度研究课题的负责人，提出激振试验法和功率谱在随机振动研究中的应用的基本思想。曾参加某项产品的研究试验工作，该产品获1986年国家科技进步一等奖。1978—1984年参加国家某重点项目的研制工作，任身管热护套研究的课题负责人，该课题1984年年初经部级鉴定，达到国际先进水平，获部和国防科工委重大科技成果二等奖，1986年又获国家发明四等奖。论著有《身管热护套研究》等4部。

曹效民（1940— ），陕西省咸阳人。一直从事农业综合技术研究推广和农业机械研制。1982 年编写的《秦都区农业机械化综合区划报告》，获咸阳区划优秀成果一等奖和陕西省优秀区划成果二等奖。主持的“SG180、SG120 型秸秆还田机”和“农村半机械化养鸡技术引进试验示范推广”等的研制和推广，分别获省政府科技进步三等奖、省农机局科技进步一等奖、农业部科技进步三等奖、省农村科技进步大会二等奖。主持实施的“百机万亩吨粮田工程”，1992 年获农牧渔业部丰收三等奖。主要参加的“农业综合技术推广”课题，1992 年获省农村科技协调领导小组三等奖。1991 年被评为咸阳市有突出贡献的科技拔尖人才。1992 年被市委、市政府评为科技兴咸先进个人，同年经国务院批准享受政府特殊津贴。

陈昌藩（1938—　），湖北省武汉市汉阳区人。1964 年武汉工学院毕业，1966 年调到西北橡胶工业制品研究所工作，现为高级工程师。进行的氟硅橡胶、硅橡胶与涤纶纤维、金属黏合研究，制造了耐煤油、耐高温橡胶膜片和活门，满足了新型机种的需要。研制的航空橡胶膜片和活门，1986 年获化工部科技进步三等奖；歼击机用高温密封的硅橡胶型材和高温胶板，1986 年获化工部科技进步二等奖。为引进德国 80 年代先进技术的风冷柴油发动机，研制了橡胶密封件。他使 O 型圈、异型垫内外骨架密封件通过了 1000 小时台架试验和 500 小时变工况热冲击试验，1993 年获化工部科技进步三等奖。1989 年负责研制的运八货桥和后大门密封带，是目前国产飞机上使用的密封型材中尺寸最大、外形最复杂的产品，解决了中国大中型飞机大开口区的密封问题，填补了国内空白。1992 年起享受国务院特殊津贴。

陈发勤（1937—　），女，湖南省平江县人。1962 年参与“关中灌区绿肥栽培技术推广研究”课题，并提出绿肥栽培品种及栽培措施，推广面积 180 万亩，获北京农业会议奖励，其事迹拍成电影，并在报刊上做了报道。主持咸阳市土壤普查的农化样、剖面样的化验、监测、验收工作，合格率达 98% 以上，数据可靠，精确度高，获陕西省省级先进奖。参加“咸阳市土壤普查（汇总）”，为项目提供分析化验数据，阐明了咸阳市农业的主要土壤、肥料及改良措施，对指导农业生产和科学种田作出贡献，获陕西省优秀科技成果一等奖。

陈根度（1933—　），江苏省江阴市人。1965 年到西北橡胶工业制品研究所，长期从事丁腈橡胶、氟橡胶密封件的研究。其成果 1978 年获全国科学大会奖。承担的“东风导弹特种密封件制品”项目达到国内先进水平，获化工部科技进步一等奖和国家科技进步三等奖。先后参加和执笔编写化工部关于国家橡胶制品、橡胶密封件制品“四五”至“七五”的科技发展规划。翻译出版《橡胶工艺学》《弹性体制造、加工应用物理化学基础》等著作和大量国外技术资料，发表学术论文 30 余篇，他在全国橡胶行业知名度很大。1992 年起享受国务院特殊津贴。

陈锦屏（1937— ），女，湖南益阳市人。1959年西北农学院园艺系毕业，留校任教，兼任陕西省科协常委、省农业工程学会常务理事兼农副产品贮藏加工专业委员会主任、省园艺学会理事等。主持的“红枣人工干制研究”，1978年获陕西省科学大会奖；“轨道式烘房研究”，1980年获陕西省科技成果二等奖、商业部三等奖；“辣椒、红枣、黄花菜人工干制研究与推广”，1986年获农牧渔业部科技进步三等奖、省农村科技进步一等奖；“果品蔬菜人工干制技术与推广”，1987年获陕西省科技进步二等奖；“沙棘果汁”，1987年获全国沙棘办、林业部、水电部的银质奖；“去核樱桃罐头加工工艺研究”，1988年获陕西省优秀新产品奖。出版《红枣人工干制》《果品蔬菜干制》《果品蔬菜加工学》《蔬菜贮藏加工学》《中国蔬菜》《果树科学技术手册》《农业简明辞典》等专著。发表《果品蔬菜干制设施及应用的研究》等论文多篇。1992年起享受国务院特殊津贴。

陈铭湘（1938— ），广东省湘州人。1964年华南工学院橡胶工艺专业毕业，为西北橡胶工业制品研究所高级工程师，以研制医用硅橡胶制品为专长，先后研制和定型硅橡胶与金属热硫化黏着的表面处理剂、硫化硅橡胶制品之间的热硫化黏着胶料自黏25、氟橡胶与金属热硫化黏着的表面处理剂XSJ-1、自黏性硅橡胶带用的硅硼树脂增黏剂，被广泛应用。研制的T形硅胶气管插管系列产品，1981年获陕西省科技成果三等奖。研制的皮肤扩张器系列与美国的同类产品相媲美，深受各大医院欢迎，1989年第四届全国发明展览会上获铜奖。1992年起享受国务院特殊津贴。

陈寿卿（1941— ），福建省长乐县人。1958—1964年在北京清华大学工程化学系高分子化合物工学专业学习，毕业后被分配到七〇四厂从事覆铜层压板生产及科研工作。历任产品设计所副所长、副厂长、总工程师（高级工程师）。20世纪80年代初开始，主持该厂产品设计、技术改进、技术引进、科研工作，负责完成“八五”技术改造和三线调迁工作（任总指挥）。主持研制“THAB-67型玻璃布基覆铜板”，1978年获全国科学大会奖；“TE-7型低基覆铜板”，1985年获电子工业部科技成果二等奖。组织完成国家“六五”重点技术改造工程“覆铜板技术及关键设备”项目，1987年获国家十年技术改造优秀成果奖。1992年开始享受国务院特殊津贴。

陈志敏（1937— ），江苏省靖江市人。中国兵器工业部二〇二研究所教授级高级工程师。1962年北京理工大学自动控制系毕业后，先后在五机部第一研究所、兵器工业部二〇二研究所等单位就职，从事国防工业开发研究工作近40年，发表科研论文10余篇。研究项目包括地空导弹发射架伺服系统、火炮随动系统以及自行高炮和数字化技术等。1988年负责研发的某防空火炮武器系统，属国家重点武器装备研发工程项目，经过十余年的努力，项目产品被国家批准定型正式装备部队，同时参加了国庆50周年阅兵，并荣获金奖。1983年获国防科工委重大科技成果三等奖，1998年获国防科工委“9910”工程个人三等奖，2001年获国防科技一等奖，2001年获国防科工委武器装备项目研制个人一等奖，2002年获国家科技进步二等奖。

陈子茂（1937—　），河南省禹县人。1964年兰州大学毕业，分配到七九八厂工作，1970年调到陕西金山电气总厂，从事磁性材料和器件的研究和生产。历任技术员、技术组长、车间副主任、主任、设计所副所长、代所长、副总工程师、总工程师（高级工程师），兼任陕西省测试学会电磁专业委员、省电子学会应用磁学会委员、中国电子合金行业协会理事、全国磁性元件及铁氧体材料标准化技术委员会委员，是原机械委咨询专家之一。柱状AIM：COS产品（BH）max：7.0—11.0MGOX达到国内领先水平。组织完成各类REPM产品定型10余项。特别对可加工FeGCO永磁进行了大量试验研究，其性能指标达到国内先进水平，获四机部科技进步二等奖。组织完成新产品80余项，其中获得国家级成果奖1项、部省级成果奖20余项、优质产品奖6项。于1990年被评为省电子系统技术管理先进个人。出版《永磁合金工艺》著作和发表《当代REPM的发展》等论文。

程㮚（1922—　），江苏昆山市人。1943年重庆中央大学机械系毕业，中华人民共和国成立后在哈尔滨、南昌、西安做航空教学工作，1957年调到兴平五一四厂，任总冶金师、副总工程师（教授级高级工程师）、陕西省机械工程学会铸造分会副理事长。参与并组织了大型导弹壳体顺序结晶铸造新工艺和专用设备设计及工艺试验。组织领导“斯贝”发动机镁铸件，试制过程中采用了冷硬砂新材料和新工艺的试验研究。1982年参与航空工业部引进的美国某铸造公司壳体薄铝合金石膏型精密铸造先进工艺项目。主要论著有《有色合金铸造工艺学》《航空冶金工艺发展史》《提高我国铸造技术和管理水平的探讨》《铝合金铸件针孔的发生原因和防止方法》等。

程乾生（1932—　），陕西省眉县人。1956年西北农学院毕业，留校任教，除教学外，科研成绩显著，1986年被评为陕西省农牧业先进科技工作者。主持的“棉花高产栽培综合技术研究”，1987年获陕西省科技进步三等奖。“棉花高产优质栽培技术推广”，1988年获农牧渔业部丰收二等奖。发表学术论文10余篇、科普文章30余篇。1992年起享受国务院特殊津贴。

崔开居（1938—　），陕西省佳县人。1962年西北农学院畜牧兽医系毕业，留校后一直从事畜牧生产技术工作，为高级畜牧师。参加的“高产优质牧草——聚合草”科研项目，获国家农委、科委技术推广奖。“专业户养鸡综合技术研究”，1984年获陕西省科技成果二等奖。“关中黑猪育种”，1987年获陕西省科技进步一等奖。发表《聚合草与苜蓿草喂猪比较试验》《对不孕奶牛诱导泌乳的效果验证》《丹麦红牛的生产性能和适应性的观察》等多篇论文。

曾星伍（1929—　），陕西省西安市人，高级农艺师。1950年西北农学院毕业。曾任陕西省农业局副局长、陕西省农牧厅厅长、陕西省人民政府农业办公室主任、陕西省农村经济发展研究中心主任等职。长期从事农业技术和农业行政领导工作。曾指导并主持渭北旱原建设工作，组建农技、种子、植保、畜牧系统，指导引进杂交水稻，策划全省棉花布局及耕作改制等，均获显著成效。

戴文晗（1948—　），江苏省丰县人。1968年南京地质学校毕业。曾任核工业部二〇三研究所遥感研究中心主任（高级工程师），兼任陕西遥感中心常务理事、中国核学会铀矿遥感专业组成员、西北大学地质系研究生指导教师。他在地质科研和遥感技术应用方面，主持或作为骨干完成科研项目16项，其中8项优秀，8项良好。主持完成的国家“七五”重点项目“综合遥感技术在北山1:5万区调和找金、铀中的应用研究”，实现了中国快速、优秀、大面积1:5万地质遥感成图的技术突破，为国家找到20多处金矿产地和铀矿远景区，达到国际先进和国内领先水平，中央电视台以“我国遥感技术应用的重大成果”，在“新闻联播”中做了报道。作为技术负责人之一完成的“陕西省1:20万国土资源遥感研究”（国家重点项目），也达到国际先进水平，获省科技进步一等奖。主持完成的多项铀金矿遥感预测、油气遥感研究及工程地质遥感调查等项目，在指导找矿工作中发挥重要作用，取得显著经济效益。先后发表学术论文20余篇，其中3篇在国际会议上发表，多篇获奖。他在遥感技术方面所获成果，使其在国内外有一定的知名度，多次被邀请参加了国际国内的学术会议。1993年，被聘为国际IGCP－319项目（全球地质对比计划）中国工作组成员。1994年，又被北京国土资源遥感公司聘为京九踏勘项目顾问。1992年被国务院批准享受国务院特殊津贴，并获陕西省劳动模范、核工业部有突出贡献的中青年专家称号。

邓熙时（1930—　），湖南省邵阳市人。1954年华中农学院毕业后，分配到陕西省农科院果树研究所工作，历任副研究员、研究员、研究室主任、所长、果品研究中心国家项目主任、陕西省园艺学会理事等。长期从事果树栽培生理和果树资源的研究，主要成果有：主持“苹果幼树越冬问题的研究”，查明了越冬伤害的确切原因，提出了系列防治措施。在“柑橘高产技术研究”“柑橘育苗技术研究”中，选育出升仙蜜桔良种，并提出了防止朱红橘落花和高产技术措施，改进了嫁接技术，使成活率由3%提高到9%以上。主持“外销优质苹果生产基地建设研究”和“苹果矮化砧在陕西省适应性研究”，1983年、1984年获陕西省科技成果二等奖；“苹果大面积技术承包”，1986年获陕西省农村科技进步大会二等奖；“陕西省种植业资源与区划”中的果树区划部分，1986年获农牧渔业部区划成果一等奖。主编《苹果基地技术手册》，参编《西北的梨》《果树资源调查手册》，发表论文20篇。

丁宁（1923—　），教授级高级工程师，广播发射机调试专家。1948年毕业于浙江大学，1984年被选为咸阳市政协委员。50年代曾去越南主持越南邮电系统通信电台发射中心的调试，先后参加中央人民广播电台对外、对内广播大功率中、短波广播发射机工地的调试工作，如50千瓦、120千瓦、200千瓦、500千瓦、1000千瓦等大功率系列广播设备等。

丁文宾（1941—　），山东省蓬莱市人。1964年山东化工学院橡胶工艺专业毕业，1965年到西北橡胶工业制品研究所，从事科研试制和生产管理工作。现任国家橡胶密封制品质检监督中心和化工部密封制品检测中心副主任。1984年以前从事科研试制，主要为水下发射导弹的发动机、变轨返回地面卫星、科学实验卫星、潜艇发射系统及战术导弹等密封进行研制。这些项目的研制成功，填补了中国在航天飞行器和武器装备系统使用特种橡胶密封技术的空白，获得部级科技进步二等奖和三等奖。1990年，被授予全国国防化工先进工作者称号。

董光明（1917—　），陕西省长安县人。中国民主同盟盟员。1943年西北农学院畜牧兽医系毕业。从1946年起，坚持进行马的育种研究，精心培育成骏马新品种——关中马，1982年通过鉴定，认为此马“重现了汉唐马的雄姿”，是国内五大马种中的第一流骏马，被列入国家新品种，1983年获陕西省科技成果一等奖和农牧渔业部技术改进二等奖。负责制定了关中马、关中驴企业标准，由陕西省发布实施。主编和参编高校教材、专著7部，其中《养马学》《全国畜禽品种志》，1985年获农牧渔业部科技进步一等奖，并被评为部属高等院校优秀教师。1992年起享受国务院特殊津贴。

董继先（1957—　），博士，教授，博士生导师。现任陕西科技大学机电工程学院动力工程及工程热物理学科带头人，兼任研究生院院长。任陕西省高校知识产权协会副理事长，咸阳市政府科技顾问，陕西省教育厅主办刊物《技术与创新管理》杂志编委，《轻工机械》《中国造纸》《中国造纸学报》《中华纸业》等核心期刊特约审稿。主讲现代流体传动与控制、轻化工过程装备等课程，先后指导毕业硕士研究生50多名，指导在读硕士、博士、博士后16名。主要研究方向是轻化工装备的设计理论及应用，机械设备的流体传动与控制。先后主编了由国防工业出版社出版的《流体传动与控制》国家规划教材，参加了国家级重点教材《轻工机械设计学》等国家及省级出版社出版的教材和专著近80万字的编写工作。先后在《轻工机械》《中国造纸》《中华纸业》等国内外核心期刊上发表论文200余篇，其中被三大索引收录20余篇。主持承担科技部国际科技合作重大专项项目1项，主持国家自然科学基金项目2项。主持陕西省重大专项项目1项，主持并完成了陕西省工业攻关、陕西省自然科学基金、陕西省国际科技合作等多项项目。主持完成的“真空快速置换蒸煮工艺与设备的研究与开发”项目成果，获陕西省高校2009年度科学技术一等奖，2011年陕西省科学技术二等奖。先后获国家发明、实用新型、外观专利授权共30余项。

董琪（1944— ），女，高级工程师。1967年毕业于北京工业学院自动控制专业，曾任陕西省广播电视设备厂电视设计室主任，高级工程师。从70年代起，董琪担任了流星途迹散射通信7千瓦超高频发射机整机负责人，获1978年全国科学大会奖。她担任18寸彩色电视机（SGC-4703型）设计工作，获电子工业部和陕西省优秀产品奖，国家银质奖。1988年被评为全国“三八”红旗手。

董学武（1946— ），陕西省咸阳市人。1985年9月辞去教师职务，创办咸阳最早的民办科技实体——秦都区实用科技服务站，任站长。1987年研制成功“直接快速提取胆红素新工艺”，1988年4月通过陕西省科委鉴定，取得国家专利。此项发明处于国内先进水平。1990年研制“神灵儿童安康袋”，1991年5月通过陕西省卫生厅组织的专家评审，认定这种安康袋具有“健脾益肾、祛邪固本，芳香化浊，调节机体免疫功能，适应于小儿消化不良、腹泻、腹痛、腹胀及咳喘等症的辅助治疗，亦可用于感冒的预防”，并获得国家专利。同年9月，经咸阳市科委批准，将秦都区实用科技服务站更名为咸阳儿童保健研究所，下设咸阳儿童保健品厂，由他担任所长和厂长。“神灵儿童安康袋”被全国七运会指定为首家保健纪念品，被誉为“儿童保健魔力袋”。他还相继开发上市东方女神、长寿袋、药枕、护肩、护膝以及专治化脓性中耳炎新药神灵耳宝等神灵系列产品。1994年春，咸阳儿童保健研究所、儿童保健品厂发展为科研、生产、销售一条龙的咸阳神灵医药保健品总公司，董学武任总经理。

窦忠英（1939— ），陕西省兴平市人。1963年西北农学院毕业，留校任教。进行了“家畜不孕症的防治”“新生仔畜溶血性黄疸”“异种动物输血试验”“驴马妊娠毒血症”“牛羊胚胎工程”等多项科研工作。 “奶山羊胚胎移植试验”，1982年获陕西省科技进步三等奖。“奶牛胚胎移植试验”，1986年获陕西省农村科技成果一等奖。主持和参加了省、部、国家“863”科技攻关项目，1987年被评为农牧渔业部有突出贡献的优秀中青年科技工作者。在他的指导下，通过胚胎细胞核移植技术，使一头关中土种黑猪于1995年10月2日产下6头仔猪，这是加快高产良种家畜繁殖的又一项新技术。1981—1984年，在西德基森李比锡大学进修动物胚胎移植，1987年赴日本参加了农业生物技术学术会，1989年先后参加在奥地利举行的第二十五届国际动物繁殖生理和病理学术报告会、在西德举行的国际卵母细胞成熟培养和体外受精学术报告会。1990年被聘为农牧渔业部农业生产技术专家顾问组成员和高等农业院校教材指导委员会兽医学科组成员，被选为全国畜牧兽医生物技术研究会委员。主要著作和论文有《大家畜不孕症的防治》《家畜胚胎移植资料汇编》（编译）、《奶山羊胚胎移植试验》《小鼠胚胎冷冻保存试验》《奶牛胚胎切割移植试验》《奶牛胚胎移植和胚胎工程》《哺乳动物胚胎生物工程》（全国统编参考教材）。1992年起享受国务院特殊津贴。

杜雨茂（1934— ），陕西省城固县人，教授。出身中医世家，从事中医教学、科研及内科临床四十余年，桃李满天下，医术传四海。历任陕西中医学院院长、全国中医成人教育学会名誉理事长、中国中医药学会仲景学说委员会委员、中国中医药学会陕西分会副会长及肾病研究组组长、美国亚拉巴马东方医学院哲学博士及名誉院长、意大利巴莱姆针灸学院名誉院长及客座教授、日本汉方交流会顾问、日本日中医药研究会名誉会员。国务院授予全国首批有突出贡献的专家、享受国务院特殊津贴，卫生部认定为首批国家级老中医疑难病专家。英国剑桥大学世界名人传记中心主编的《世界名人录》载入其学术成就，美国柯尔比科学与文化信息中心授予杜教授“国际著名替代医学肾病专家”称号，其事迹载入世界电脑信息中心。出版的代表作有《奇难病临证指南》（中、日文版）、《杜雨茂肾脏病临床经验及实验研究》《伤寒论辩证表解》《金匮要略阐释》《伤寒论研究文献摘要》五部著作。参加编著《简明中医辞典》《中医学大辞典》《中医医学百科全书·中医外科学》等国家级大型专著，还参加中医高等院校统编教材《中医名家学说讲义》《伤寒论选读》等的编著工作。主持的“芪鹿肾康片治疗慢性肾小球肾炎”“柔脉冲剂治疗高脂血病”“舒胆化石丹治疗胆”“肝胆管及泌尿系结石”，均获部省级奖励；奇效咳喘保、静电药物降压器、针灸取穴尺、辛蒉平安罩等发明获国家专利。

范崇辉（1956— ），咸阳礼泉县人。1981年毕业于西北农学院，同年留校从事果树教学及科研工作至今。长期从事果树生理及栽培技术的研究和推广，先后主持和参加国家及省部级科研课题10余项。其中“山茱萸丰产栽培技术研究与推广”“猕猴桃系列化育苗”“陕西省丹凤县综合科技开发”分别获陕西省科技进步三等奖。编著出版有《水果套袋技术》《家庭苹果园高效益栽培》和《苹果花果管理技术》等书，发表学术论文30余篇。

冯武臣（1951— ），原籍河南省许昌，中医名家。1988年6月，创办人体抗衰老增生中医研究所，并设门诊营业。1991年5—6月间，他被派往美国参加第十届世界发明家博览会。经过评审，他的神速诊断技术获得这次博览会“中医诊断技术铜奖”，是中国中医诊断技术首次获得的国际大奖，他带去自己研制参展的乾坤延寿丹、妇科洗剂、合欢洗剂，经过化验评审，全部获得“国际成果奖”。近年来，在应诊的同时，积极研制乾坤系列保健药品，筹建药厂，办起冯武臣大药堂和国营医馆（主要为外宾就诊）。1994年被选为咸阳市人大代表。

冯永海（1944— ），江苏省南京市人。1966年上海复旦大学毕业，在西北橡胶工业制品研究所任研究室副主任、副所长等职。在从事科研试制工作中，先后为航空工业开发XS－1聚硫胶膜、硅胶夹布胶条及耐高温密封泥子、综合采煤设备用印刷密封件、新型进口纺织机器用聚氯酯产品等一系列新产品、新工艺和新技术。其中不少产品填补了国内空白，有的属于国内领先水平，满足了国家需要，节省不少外汇，先后获得化工部国防化工重大科技成果三等奖、化工部重大科技成果二等奖、省重大科技成果二等奖。有关论文在全国高分子学术会议交流和刊物上发表，为《橡胶参考资料》译编5万余字的浇注型聚氨酯弹性体的专辑出版。1992年起享受国务院特殊津贴。

冯铃（1923— ），陕西省泾阳县人。1944年陕西省立医专附设药剂班毕业，先后在泾阳县卫生院、咸阳人民医院工作，1960年转陕西中医学院附属医院，1979年任药剂科主任、副主任药师。在长期的实践中，对中药剂型进行了深入的研究，先后研制出中药新型针剂、冲剂、片剂、合剂、糖浆剂等120余种。这些药剂被大量应用于临床，取得很好疗效。仅2007年就生产和应用数百万支。他的制剂受到上级主管部门和广大患者的重视和欢迎，收入《陕西省制药规范》一书中的就有20余种。1978年，受到陕西省卫生厅科技工作者表彰大会的奖励，并发给了奖励册。研制的通脉舒络液1987年荣获卫生部科技成果一等奖，所撰《通脉舒络液的研制及其临床应用》一文，1984年获陕西省高教局和省中医学会优秀论文奖。

付贞亮（1934— ），山东省青岛市人，教授，内经专家。1959年调陕西中医学院工作。曾任中医基础教研室副主任、基础部主任，医疗系主任、中医基础教研室主任、中国中医学会理事、中华中医学基础研究委员会常务理事、中国中医学会陕西分会常务理事。早年从事中医临床工作，后致力于中医基础理论的研究。多角度研究《黄帝内经》，在全国较早地筹建了中医基础理论研究室，并开办了全国内经高级师资研究班，使陕西中医学院的中医基础理论和内经的研究水平在全国处于领先地位。曾主编全国高等医药院校教材《脾胃论纂要》（获省二等奖）、《内经讲义》（获省三等奖）、《内经选读》《内经词典》《黄帝内经析义》等，在中医理论方面有较高威望。

傅建熙（1938— ），湖北省房县人，教授。1961年西北大学毕业，被分配到西北农学院任教。1982—1984年赴西德多特蒙德大学进修时，对有机锡化合物的合成研究取得显著成绩，撰写四篇论文，两篇在国外发表，两篇在国内发表。先后主持完成10余项科研课题。“蜂花粉提取分离技术及综合利用”，1986年获陕西省农村科技进步一等奖，1987年获农牧渔业部科技进步二等奖。“PGE生发灵的研制”，对各种脱发有显著疗效，1992年获武功农科中心科技进步二等奖。研制的“中国花粉精”“峰宝花粉精”等花粉系列产品，1992年获香港国际健康食品博览会金奖。1986年获国家级有突出贡献的中青年专家称号，被陕西省农村科技大会评为先进科技工作者，1987年获“全国五一劳动奖章”、全国总工会授予优秀科技工作者称号，1991年被国务院批准享受政府特殊津贴。

高培钧（1935—　），陕西省西安市人。1957年西北农学院林学系毕业，任西北林学院教授、硕士研究生导师、木材工业系主任。一直从事木材学的教学和研究工作。除教学成绩突出、多次获奖外，主持和参加多项科研课题，1988年获陕西省农村科技进步一等奖，1992年获林业部科技进步二等奖。著有《中国重要树种木材的物理力学性质》，发表论文12篇。1993年10月起享受国务院特殊津贴。

耿志训（1928—　），陕西省武功县人。1951年西北农学院毕业，留校任教。1956—1960年在苏联莫斯科农学院攻读研究生，获生物学副博士学位。回国后仍在西北农学院搞教学和科研，1987年升为教授。历任育种教研组主任、农学系副主任、陕西省作物学会理事长。1982年起，主持旱地小麦育种研究“渭北旱原小麦育种”课题，1986年获陕西省科技进步一等奖。所领导的课题组，1984年获全国农业技术推广先进集体称号，1986年在陕西省科技进步大会上获特等奖。发表小麦品种改进、旱地小麦育种等方面的论文30余篇。1991年起享受国务院特殊津贴。

龚协亨（1936—　），上海市人。1962年南京工学院毕业，历任陕西广播电视设备厂仪表科科长、总工程师办公室主任、总工程师（教授级高级工程师）。长期从事无线电仪器仪表研究，主持设计了大功率金属陶瓷器极管的排气台、测试台等大型专用设备。在广播电视部组织的国家重大工程项目，如援越工程（越南之声电台）、736甲工程（两部1000千瓦中波发射机、对台湾广播）、8201工程（四部200千瓦中波发射机并机，对越南广播）中，多次担任主调，解决了诸多关键技术问题。发表学术论文多篇。著有《大功率中波广播发射机的原理和调试》一书。

古抗衡（1943—　），陕西省华县人。核工业总公司西北地勘局二〇三研究所研究员。1966年北京地质学院地质系毕业后，分配至原二机部西北一八二大队一一分队工作；1972年调回西北一八二大队科研所（咸阳）工作（现二〇三研究所）。先后任第一〇三所第二地质室、遥感地质室副主任、主任、党支部书记、高级工程师等职。从事铀矿、金矿地质研究工作，主持或参与完成了20多项铀、金矿产地质研究项目，发表科研论文 20 余篇，译文 8 篇。1987—1988 年，主持编制了西北五省区及内蒙、山西金矿分布图（1∶200 万），并完成了西北五省区及内蒙、山西金矿分布规律及找矿方向研究报告，获部级科技进步三等奖，其相关论文获中国黄金学会首届年会优秀论文奖。1989—1991 年完成国家计委“综合遥感技术在甘肃北山南带 1∶5 万地质调查和找金、铀中应用”研究项目（第二负责人），获部级科技进步一等奖。1992 年，主持完成了“甘肃安西小宛南山金矿成矿地质条件及找矿方向研究”科研报告，获部级科技进步三等奖。

1992—1995 年，主持完成国防科工委“新疆伊犁盆地层间氧化带型铀矿床找矿模式及扩大方向研究”项目，被评审为部级优秀成果。

郭诚杰（1920—　），陕西省富平县人，教授、主任医师。1959 年到陕西中医学院工作，曾任针灸教研室主任、针灸系主任，兼任中国中医学会针灸专业委员会委员、陕西分会理事、针灸专业委员会主任委员、全国高等医药院校针灸专业教材编审委员会委员。多年来精心研究中医典籍，长于针灸，尤其在针刺乳腺增生的研究中，开创了治疗乳癌前期病变的新途径。获陕西省科技成果二等奖。主要著作有《针刺麻醉》《经络研究文献综述》《1956 年以来我国对经络实质的研究》，参与《针灸医籍选》《针灸研究进展》《中国针灸荟萃》的编写。

郭谦亨（1920—　），陕西省榆林市人，教授。中华人民共和国成立后，先后任省卫协常委、榆林联合诊所主任，1955 年调陕西中医进修学校任教，任中医学科委员会主任，省中医研究所特约研究员。1959 年随校迁至咸阳，先后任教务处、附属医院内科负责人，温病教研室主任，医疗系副主任、中医基础理论研究室副主任，中国中医学会陕西分会理事，内科学会委员。参加主持了“流行性出血热预防片”的研制工作，提出了预防出血热的新理论。主要著作有《温病学》《中医诊断学》《温病述评》。

郭士英（1925—　），咸阳武功县人。九三学社社员。1948 年西北农学院毕业后留校任教，教授。1954 年与周尧等合作翻译苏联谢戈列夫的《农业昆虫学》，1957 年又与周尧等编著《普通昆虫学》，1958 年自编《农业昆虫学》，1963 年与人合编《农业昆虫学实验指导》，1979 年参与全国农业高校教材《农业昆虫学》的审查定稿，1983 年自编《昆虫生态与综合防治》。长期研究地下虫害，发表学术论文 10 多篇。主持“咸阳地下虫害发生规律及防治”，1981 年获陕西省科技成果二等奖；“降低 1605 拌种量防治小麦地下虫害”，1983 年获省农牧厅科技成果三等奖；“武功地区细胸金针虫发生规律与防治”，1986 年获省农牧厅科技成果三等奖。1992 年起享受国务院特殊津贴。

郭玉生（1940—　），山西省晋城市人。曾任核工业部二〇三研究所分析测试室副主任（高级工程师）、中国核学会铀矿地质学会分析试验专业组成员。长期从事光谱分析工作，取得20多项科研成果。主持完成“等离子体光谱分析岩石中15个微量稀土元素”和“高频等离子光源开展光谱定量分析”，均获得国防科工委重大科技成果奖。先后完成30多篇论文，其中8篇在全国性刊物发表，《等离子水平式光源研究和应用》一文获陕西省科技优秀论文奖。

韩淑玉（1935—　），女，山东省即墨市人。曾在苏联留学6年，罗蒙诺索夫精细化工学院元素有机硅专业毕业。1966年调西北橡胶工业制品研究所，任研究员级高级工程师、专业组组长、中国氟硅有机材料工业协会理事。长期从事室温热化硅橡胶合成等科研工作。负责研制的表面处理剂-1，是中国硅橡胶黏着用较早的表面处理剂，至今仍在生产使用。进行的硅橡胶与金属黏合、笨硒掌硅橡胶、硅橡胶胶料及制品、出口用咖啡炉橡胶系列密封件、彩色显像管阻燃橡胶楔子、彩色电视机配套橡胶制品等研究项目，多属国内首创，有的达到国际先进水平，先后获得全国科学大会奖、国家优秀新产品金龙奖、化工部科技进步二等奖和三等奖。彩电橡胶配套件，在国内多家工厂生产，为彩电橡胶配件国产化作出了贡献。被陕西省授予先进科技工作者和“三八”红旗手称号。先后发表《聚有机硼硅氧烷》等20余篇学术论文，参加译著《橡胶工艺学》等。

韩天佑（1904—　），河北省安平市人，教授，主任医师。1930年，先后在河北安平，河南洛阳，陕西西安、富平等地行医。新中国成立后，先后在富平县医院、陕西中医研究所从事教学、科研及临床工作，曾任主治医师。1959年调陕西中医学院，任妇科教研室主任，对中医妇科学有很深的造诣，旁通内科杂病及儿科等。熟谙《医宗全鉴》，有“活全鉴”之称。曾创制“归兰丸”等药方，临床疗效显著。主要著作有《新医学之研究》《麻疹专论》《妇科胎前产后自疗法》等。

韩瀛观（1916—　），陕西省泾阳人，高级工程师。1939年毕业于西北农学院水利系，后留校任教。1950—1952年在西北水工实验所任代所长。1957年后任副所长，总工程师。曾任中国水利学会第三届理事、中国水力发电工程学会第一届理事、陕西省科协委员、陕西省科委顾问、陕西省第二、第三届人大代表。1954年开始设计和推广大口径浅井，在陕西省和三北地区大规模推广，在农田灌溉和工业用水方面起到良好的作用。1956年创造具有世界先进水平的低水头灌溉渠首饮水防沙效果的“导沙坝”在全国推广。1956年被评为全国农业先进工作者。

何福望（1935—　），河北省蠡县人。1961年天津大学化工系毕业。由其主要参加的“硝化纤维纸的研制”，1993年获轻工业部科技进步四等奖。负责完成的“用白夹竹和麦草试制牛皮纸箱板的研究”，1984年获陕西省高教科技成果一等奖，1986年获轻工业部科技进步三等奖。主持实施的“大型综合实验”，1991年获陕西省优秀教学成果二等奖。并主编和参编《制浆造纸分析》《低污染制浆》《造纸工业辞典》《英汉造纸工业词汇》《制浆造纸实验》等专著和教材。1993年起享受国务院特殊津贴。

贺国德（1954— ），陕西省大荔县人。1977年西安冶金建筑学院毕业，1991年调任咸阳市冶金建材厂厂长兼党委书记。他在泾阳县水泥厂任副厂长时，分管生产和技术。以独眼慧识和大胆果断的魄力，选定了天津水泥机械设计院首创的Φ2.5×40米两级旋风三钵偏立筒预回转新窑型。这个新窑型被命名为“泾阳型”窑型，在全国同行中引起很大反响。“泾阳型”水泥小窑型，1988年获国家优秀工程设计奖，在全国很快推广200余座。1991年任咸阳市冶金建材厂厂长，采用冶院的XL型散料器对立筒体进行改造，利用提高窑速技术，使台时产量增加1吨、煤耗下降15%、电耗下降10%。1993年又采用立筒预热器分散技术，对窑系统进行改造，不仅节约资金近百万元，而且净增产量3.55万吨。后又选用国际辊压磨终粉技术对粉磨系统进行改造，粉磨能力提高50%多，金属消耗量减少60%多。同时，两次对炼铁小高炉进行技术改造，日产由35吨提高到50多吨。还相继开发了水泥纸袋，拒水防渗粉新产品，特别是后者解决了长期令人头痛的屋顶渗漏问题。

贺普超（1926— ），陕西省渭南市人。1951年西北农学院毕业后留校任教，1957—1962年在苏联留学，获博士学位，回国后在西北农学院任教授、博士研究生导师，兼任中国园艺学会理事、陕西省园艺学会副理事长及省食品工业协会葡萄、葡萄酒专业委员会会长。20世纪60年代以来，主要从事葡萄育种科学的教学及其野生种质的研究，培育出早玫瑰和早金香两个极早熟鲜食葡萄新品种，予以推广。积极倡导并筹建了中国高校唯一的“葡萄栽培和酿酒”专业。通过“葡萄酿酒品种引种试验”，筛选出关中地区的优良酿酒葡萄品种6个，对葡萄酿酒工业作出了贡献。编著《果树育种学》《我国葡萄野生种霜雾病抗性的调查研究》等著作、论文40余篇部。1991年起享受国务院特殊津贴。

胡从恢（1935— ），江西省太和县人。1957年北京地质学院地球物理探矿系毕业，现任核工业部二〇三研究所油气物化探室主任（研究员级高级工程师）。多年从事核辐射和地球物理测量工作，完成多项科研项目，其中“液体闪烁计数测氢技术的应用研究”和“油气物化探在鄂尔多斯盆地黄土复盖区的应用研究”两项成果，均获部级科技进步三等奖。近年改进了有机烃类、氦、汞、氩等的测量方法，进而开发石油、天然气、地球化学等地球物理勘探技术。1992年被国务院批准享受国务院特殊津贴。

胡光莹（1916— ），陕西省咸阳市人，高级农艺师。1945年毕业于南京金陵大学农学院农经系，新中国成立前任旧陕西省农田改进所推广处技术股长，旧咸阳专区农业辅导班主任，陕西省农牧厅农业技术推广处处长，科技处处长。1961年调任咸阳专署农林局局长，后任咸阳地区科委副主任，科协副主席，曾被选为陕西省农学会首届理事兼秘书长、第二届理事，咸阳地区农学会副理事长，咸阳市农学会名誉理事长。从事农业科学技术普及工作40年。20世纪50年代在兴平豆马村创办了陕西省第一个良种繁殖村。在负责咸阳科委、科协工作期间，广泛地组织农、工、医等方面的科技人员大力发展科学普及活动，离休后，仍继续从事力所能及的科学普及工作。

胡家仑（1924—　），研究员级高级工程师。1952年毕业于北京大学电机工程系。一直从事电机生产技术，对改进电机生产工艺，降低电机生产损耗，提高生产效率做出了成绩。曾负责组建了工厂电磁实验室，指导筹建原二机部四局六院第十三研究室，对电学、力学、热学、磁学颇有研究，研制过的多种试验设备和电磁设备，解决了生产技术关键问题。编著有《单向串激电动机》《软磁零件的磁性测定》。发表过《化铝炉设计原理及设计程序》《实验数据的整理分析》《关于较高数量级绝缘电阻测量的电容充电法》等多篇论文。

胡俊祯（1941—　），河北省张家口市人。1964年北京地质学院毕业，曾任核工业部二〇三研究所地质研究室主任（研究员级高级工程师）、中国核学会铀矿地质学会矿床专业组成员。30年来坚持野外从事铀矿地质普查找矿、揭露评价、地质科研及金矿地质科研工作。主持和参加完成20项科研课题，提交研究报告20多份，发表论文10余篇，有6项成果获奖。完成的“904地区成矿控制因素和130地区成矿远景分析”，获陕西省科学大会奖；“牧护关岩体的基本特征及其控制因素”，获国防科工委重大科技成果四等奖；“龙首山铀成矿带成矿规律及远景评价”“秦岭泥盆系北带微细浸染型金矿研究”两项成果，均获核工业部科技进步二等奖。1992年被国务院批准享受国务院特殊津贴。

华德钊（1937—　），咸阳淳化县人，高级农艺师，研究员，省、市有突出贡献专家，享受国务院特殊津贴专家，曾任省政协第四至第七届委员，省第十届人大代表，市农科所总农艺师，陕西省科技进步奖评审委员。毕业于原西北农学院，在咸阳市农科所主要从事油菜和棉花育种研究工作，成果斐然。被称为著名油菜育种专家，油菜育种界的常青树。主持育成关油3号、秦油3号、单杂1号、秦优8、秦优9、秦优10、秦优11、秦优13、秦优17号9个油菜新品种和咸棉3号、秦棉1号两个棉花新品种，其中秦优8、秦优9、秦优10、秦优11号通过国家审定。秦优10号创造了中国双低油菜杂交种亩产339千克的最高纪录，被农业部推介为国家油菜主导品种。秦优8、秦优9、秦优10号取得农业部植物新品种权证书。获得省重大科技成果奖1项，省科技进步奖3项，市科技进步奖7项，发表论文19篇。

黄庆元（1934—　），四川省都江堰市人。九三学社社员，教授。曾任陕西省高校专业评审委员会委员，九三学社咸阳市教育工作委员会副主任，兼任中国高等师范电子学会理事长，中国电子学会教育学会委员。曾执教于陕西科技大学，主要从事高等师范电子教材的研究、编写和教学工作。主编的《电子技术基础》《广播与电视》分别获陕西省科技进步一等奖和二等奖。1991年起享受国务院国务院特殊津贴。

黄小平（1959—　），陕西省长武县人。长武县乳品厂厂长。1987年，在企业亏损的情况下，他承包了奶粉车间，同西北轻工业学院食品系教授欧阳琨，共同研制乳酸菌保健全脂牛奶粉。经过一年多时间多次试制，并最终研制出90Y牌乳酸菌牛奶粉。该产品1990年通过鉴定，专家一致认为“该产品填补了国内空白”。连续获得全国“七五”星火计划博览会金奖、中国食品工业十年新成就展览会优秀新产品奖、首届中国青年技术成果博览会金奖、陕西省优质产品奖、陕西省技术成果交易洽谈会金奖、陕西省优秀新产品奖、全国发明展览会优秀新产品奖等。

霍志琴（1941—　），女，山东省黄县人。1965年哈尔滨工业大学毕业，在兵器工业第二〇二研究所历任工程师、项目组长、科技委员、高级工程师。参加了师属无后坐力炮、83式122榴弹炮研制，加农炮分析，步兵战车炮受力分析和小高炮自动机的研究。从事计算机辅助设计技术的研究，主持“液压自紧身管设计规范”“火炮主要零部件应力分析”“自紧身管疲劳寿命试验方法研究”3个课题，其成果分别于1988年、1990年、1992年获部科技进步三等奖（均为第一完成人）。著有《有限元法解决火炮身管固有频率及固有振型》《在运行载荷作用下火炮身管的受力分析》《自紧身管设计程序》等。1993年起享受国务院特殊津贴。

江左（1946—　），1970年毕业于西北电信工程学院，陕西省广播电视设备厂高级工程师。1989年当选为陕西省有突出贡献专家，多次担任广播机和其他电子产品的设计负责人，主持设计150千瓦扩大机，主持设计国家“六五”攻关项目“1千瓦调频立体声广播发射机”达到20世纪80年代初国际先进水平，获1987年省优秀新产品奖。

蒋树堂（1938—　），浙江省杭州市人。1964年北京建工学院玻璃陶瓷专业毕业，1972年来咸阳陶瓷设计研究院，任高级工程师。承担的“陶瓷劈裂墙地砖及生产线”的研究项目，属国内首创，达到国外同类产品先进水平，获部级科技进步三等奖，并推广到6个企业，已新增利税950万元。完成“挤压成型耐酸砖及生产线”的研制，填补了国内空白，获省级科技进步三等奖。1992年经国务院批准享受国务院特殊津贴。

蒋克明（1930—　），女，云南省昭

通县人，研究员。1951年云南农学院毕业。长期在陕西省棉花研究所致力棉花育种研究。参加和主持选育陕棉4号、陕棉401及陕棉1155抗黄、枯萎病新品种，在陕西大面积推广应用，获显著增产效益。

焦应龙（1927—　），河南省延津县人。1955年从兰州通用机械厂调到咸阳机器制造学校任施工员，对铸造工艺、铸造铁熔炼现场施工，尤对铸铁缺陷的研究造诣很深。1975年华罗庚来咸阳推广优选法，他被任命为咸阳推广优选法分队副队长，得到华罗庚赏识。1978年秋，随华罗庚在内蒙古、四川推广优选法。他研制成功停水自动关闭水龙头，经省级鉴定，一致认为该产品填补了国内空白，是处于国内领先水平的换代产品，1993年获当代专利科技成果转让博览会金奖。研制的双锁头防盗井盖，1993年获当代专利技术科技成果博览会银奖；家用保健水发生器，1993年获长春火炬杯高新科技成果洽谈拍卖大会金奖；脚踏启闭阀门等也获得国家专利。

介万奇（1959—　），陕西省彬县人，教授，博士生导师，西北工业大学长江学者。1978年考入西北工业大学，1981年12月毕业，并同时被录取为研究生，1984年获工学硕士学位，1988年3月获工学博士学位，后留校任教。1990年破格晋升副教授，1993年破格晋升教授。1991年3月至1992年9月获联邦德国洪堡研究基金及洪堡基金会欧洲研究基金，在德国柏林工业大学与英国设菲尔德大学进行科研合作，并赴英国曼彻斯特大学、牛津大学访问。1993年12月至1994年3月获德国马一普学会研究基金，赴德国马一普铁研究所进行科研合作。1995年2月起担任西北工业大学凝固技术国家重点实验室常务副主任，1995年12月被任命为西北工业大学材料科学与工程学院首任院长。1990年获国家教委科技进步一等奖。1990年获航空航天工业部科技进步二等奖和国家发明四等奖。自1989年在国内率先开展了ACRT法晶体生长技术的研究，研制出国内首台ACRT晶体生长设备。2013年获国家发明二等奖。

巨粉娥（1950—2004年），女，于长武植保站工作。巨粉娥与同事一起多方争取资金，先后建起了标本室、药械室、微机室、资料室，添置了解剖镜、干燥箱、电冰箱等设备，还争取到了全国农作物重大病虫区域站投资项目，实现了办公自动化，使长武站的测报结果可以联网上报，直达全国农技推广中心测报处。她在锈病高发区大力推广长武131抗病新品种。在发病初期，组织全民喷药防治，有效地遏制了病菌的传播危害。在渭北及甘肃陇东地区推广长武131抗病新品种100多万亩，抗病增产效益显著。1977年以来，巨粉娥多次参与国家省市农技推广及研究项目，先后48次获国家、省、市科技进步成果奖励。由她负责的县植保站1998—2002年连续5年被评为全省十佳植保站，2000年被国家农技中心评为全国农作物病虫测报先进集体。

是省第十次党代会代表、省第十次妇代会代表。荣获咸阳市十佳文明巾帼称号。1988年被长武县委、县政府命名为有突出贡献的拔尖人才。

康绍忠（1962—　），湖南省桃源县人。1982年武汉水利电力学院毕业，获学士学位，1993年晋升为教授，先后主持和参加完成15项课题，9次获奖。其中主要参加完成“土壤—植物—大气连续体中水分运移力能关系的理论分析”，1990年获陕西省科技进步二等奖；主持完成的“陕西省作物需水量及灌溉分区研究”，1992年获省水利科技进步一等奖；国家自然科学基金项目“SPAC水分运移理论及其应用的研究”，填补了国内空白，修正并完善了国外有关SPAC水分传输力能关系的认识，提出了迄今为止较完善的SPAC水分传输及其水热耦合运移的动力学模式，居国际先进水平。主编和参编出版《陕西省作物需水量及分区灌溉模式》《中国主要作物的需水量和灌溉》及《土壤与水》等专著、教材7部。发表学术论文60余篇，有10篇获各级优秀论文奖。其中20多篇被国外刊物摘登，10次被邀请参加国际学术会议。《作物缺水状况的判别方法与灌水指标的研究》，在国际灌排委员会第四十二届执行理事会上交流并收入会议论文集；《作物水分生产函数与灌溉水的优化分配》，1992年由欧洲水资源管理委员会和比利时鲁文大学灌溉工程中心召开的国际学术会议录用并收入论文集；《以节水高产为目标的田间水量最优调控理论问题》，被选入中国科协首届青年学术年会论文集。1989年被中国水利学会评为优秀中青年科技工作者，1990年被陕西省科协评为优秀青年科技工作者，并获中国科协青年科技奖。1993年获霍英东教育基金奖。1994年获中共中央组织部、人事部和中国科协联合颁发的中国青年科技奖。1993年10月开始享受国务院特殊津贴。

柯福堂（1938—　），浙江省定海县人。1960年华东纺织工学院毕业后，在陕西纺织工业学校任教研室主任、副校长（高级讲师），陕西第一纺织机械厂任技术科长、总工程师（高级工程师）。在陕一纺机厂，注重新产品开发，瞄准国际先进水平，主持了大型印染设备“低张力绳状炼漂联合机”的研制工作，该机的研制成功，提高了企业经济效益。1992年企业总产值达2600多万元，创历史最高水平，并为国家节约外汇1000多万美元，该机获纺织部科技进步二等奖，成为印染设备更新进口替代产品。他于1992年被评为国家有突出贡献的专家，享受国务院特殊津贴。

孔庆穆（1940—　），山东省兖州市人。1964年中国科技大学高分子化学专业毕业，被分配到七〇四厂工作，历任新产品研究所副所长、副总工程师、副厂长、总工程师（高级工程师），兼任中国电子材料行业协会副理事长、全国覆铜板行业协会理事长等。曾数次出国，到德国、意大利、瑞士、波兰、日本、韩国学习和考察。参加研制的HTBY-67

覆铜板，为国家创造了上千万元的利润，1978年获全国科学大会奖。参加了覆铜板、浸胶工艺的研究工作，开发研制了新产品高温覆铜板，解决了石油工业超深井钻探测仪表的耐温问题，在国内最早研制成功IHXB-68自然性环氧玻璃布覆铜板，为中国电子工业提供了新型阻燃材料。

寇用经（1927—　），主任医师，1954年毕业于北京医学院，曾任中华医学会咸阳分会理事。30多年来，一直在门诊和住院部工作，积累了丰富的临床经验，对内科各系统疾病包括心血管、血液病、呼吸系统传染病等有较深的造诣。对内科少见病，疑难病有较高的确诊率和治愈率，特别是对糖尿病更有较深的研究。写出的论文有《小剂量胰岛素治疗糖尿病酮症的体会》《应用复方羊红羶治疗冠心病25例临床验证》，（协助中研所科研项目获省科技成果二等奖），《糖尿病酮症酸中毒昏迷和高修性糖尿病昏迷》《心电图分析，窦房传导阻滞齿博—夺获双联律》《马凡氏综合征一例报道》等近10篇。

来辉武（1949—　），陕西省周至县人。连续三届任陕西省政协委员、第九届常委。1988年任中国咸阳保健品厂名誉厂长，陕西咸阳抗衰老研究所所长，中国医科院西安分院医药保健研究所所长，中国联合国协会人类健康研究所所长，陕西咸阳五〇五集团公司总裁兼党委书记。他发明研制出了五〇五神功元气袋及系列医药保健品，并获得国家专利。编著了《中医内病外治方论大全》《长寿与科学》《保健必读》等著作。1994年，五〇五企业已经国家经贸委、外经贸部正式批准为具有自营进出口权的企业，并注册成立了陕西五〇五医药保健品进出口公司。

雷居宽（1938—　），陕西省渭南市人。长期从事油菜栽培、育种研究和科研管理工作。主要参加选育的白菜型油菜品种“关油三号”，1978年获陕西省科学大会重大科技成果奖，至今仍为本省旱地油菜主栽品种。主持选育的咸油七一一，为本区甘蓝型油菜主栽品种，曾获陕西省农业科技推广成果奖。参加选育的甘蓝型油菜七八二〇，累计在关中种植面积达115万亩。组织完成20多项成果，培养出多名在省内有一定影响的专家。主编《咸阳农业科技》《科学种田》等刊物80余期，发表学术论文4篇。

李昂（1934—　），河南省太康县人。1963年北京大学化学系毕业，一直在西北橡胶工业制品研究所从事橡胶塑料工业分析研究工作，现为高级工程师，兼任中国化学学会裂解色谱学科组成员、分析与应用裂解联合会理事、陕西省色谱学会理事。配合09工程、烧蚀材料、火箭推进剂、排囊等国家下达的重点科研项目，做了大量基础实验工作。负责橡胶原料分析方法研究，建立和完善了原料分析方法，制定了两项国家军用标准。负责橡胶、塑料、黏合剂组成测定方法的研究，建立系统的测定方法，可以剖析全部成分，推算原始配方。负责同上海有机所等单位研制成 $CO_2$ 激光裂解器，组成裂解色谱仪，为研究高分子材料增加了一种先进的手段，1983 年获机械工业部科技成果三等奖。开设裂解色谱应用研究 11 个项目，均取得良好效果。对高分子材料的鉴定（单一或并用）、组成测定等，均为国内先进水平。发表学术论文 51 篇、译文 60 余篇，编写《裂解色谱在橡胶、塑料工业分析上的应用》一书，译俄文《弹性体组成的研究方法》一书。

李崇智（1919—　），陕西省武功县人，高级工程师。1944 年毕业于西北农学院水利系。曾在陕西省农业改进所、西北农学院附设高职学校工作。1950 年以后在水利部西北水力科学研究所工作，曾任所科技情报室副主任、副总工程师，中国水利学会理事、陕西省水利学会理事、陕西省水利学会水工专业委员会主任。从事水利工程建筑物的实验研究以来，解决了许多大中型水利工程的技术问题，在水流鼻坎挑射、平台扩散以及渠系水工建筑物下游消能等方面颇有创见。1958 年被派往捷克代表中国参加国际灌排会议，并提交了学术报告，1984 年任中国灌排工程管理技术与农田水利科研工作考察团团长赴美国考察。主编出版的编著有《跌水陡坡》《陡坡跌水的水力计算与设计》。

李存钧（1936—　），陕西省户县人。1961 年西北农学院畜牧系毕业，留校任教。1962 年 8 月调咸阳市畜牧站工作，曾任站长（高级畜牧师）、市畜牧兽医学会理事长、省畜牧兽医学会理事。多年从事畜牧兽医技术研究和推广，获部、省、市科技成果奖 20 多项。主持的“牛冷冻精液技术推广”“提高母牛受胎技术研究”“提高处女牛受胎技术研究与推广”“利用母牛巩膜血管变化诊断发情与怀孕方法”“提高种公牛精液品质的研究”，曾获省农牧厅、市政府科技成果一、二、三等奖。主持“山地牛改良”，使全市 10 万余头山地牛改良达秦川牛国标三级。所编“陕西省黄牛改良技术方案”，1991 年获陕西省农村科技进步二等奖；“秦川牛提高配套技术推广”，1991 年获农牧渔业部丰收二等奖。主持的“牛冷冻精液配套技术研究与推广”，在全省率先实现了牛配种人工授精化，为省内外做出示范，并普及了咸阳市马、驴人工授精配种技术。1992 年被农牧渔业部评为全国黄牛改良先进工作者。出版《大家畜人工授精》一书，被列为农业高校主要参考教材。又编《种草三字经》等科技书，出版发行。先后发表论文 20 余篇，均被省畜牧兽医学会评为优秀论文。1993 年经国务院批准享受国务院特殊津贴。

李旦平（1929—　），湖南省临湖县人。1958 年军事工程学院火炮工程系毕业，先后在四九七厂、华东工程学院、二〇二研究所工作。历任研究室主任、所科技委员、研究员级高级工程师。参加“76 式双 37 舰炮自动机”设计研究，1976 年设计定型并装备了部队。负责

“72 式 85 高炮供弹机”的设计研制，1972 年设计定型，1978 年获全国科学大会奖。组织领导了新型自动机、供弹自动机、模拟试验台的研制。参加主持国家重点项目“551 轮式步兵战车”研制，1993 年获国家科技进步三等奖（为第一完成人）。合编了《自动机设计》等专著。1991 年 10 月荣立中国兵器工业总公司一等功。1992 年起享受国务院特殊津贴。

李得环（1936—　），河北省丰南区人。九三学社成员，教授。1963 年 7 月毕业于南开大学数学力学系力学专业。曾任陕西科技大学教学委员会委员、机电学院学术委员会委员、硕士研究生导师、西安地区力学学会理事等。从事数学和力学教学近 40 年。在国内外发表学术论文 30 余篇，参加编写大型工具书《工程应用力学手册》，任总编委，《断裂力学》主编，编著《弹性力学》。1991 年完成“汉字系统有限元分析软件”的项目研制；1993 年主持完成“四粒式油压机板状构件的力学分析”项目。

李东成（1925—　），陕西省白水县人，教授。1950 年西北农学院毕业，任教该院。从事畜、禽疫病的防治研究。曾主持猪水肿病、猪瘟等研究，获科技成果奖。

李桂生（1940—　），高级工程师，1959 年毕业于湘潭电机制造学校电瓷制造专业，任省硅酸盐协会专业委员会委员，咸阳市硅酸盐学会理事长。长期从事陶瓷制造技术工作。参加筹建了陶瓷电嘴生产线，研制成功了 MGO 型无机电线，主持和参加设计制造碳硅四棒隧道炉及 7174 二氧化钛等 4 种新材料。组织研制了中国 IGE 气冷式半导体电嘴和第一个火炬电嘴。参加研制的“催化点火器”获部科技成果三等奖；主持研制的“催化点火器用催化剂和分流盘的制造工艺”获国家发明三等奖。参加编著过《法汉航空词典》，发表过《半导体陶瓷及工业地位》《页蜡石在工业上的应用》《渗贵金属陶瓷》等多篇论文，曾获陕西省自学成才三等奖。

李建波（1965—　），陕西省三原县人。1987 年 7 月毕业于西安电子科技大学，同年 7 月分配至咸阳偏转线圈厂工作。他长期从事技术开发及其管理工作，曾参加 45.72 厘米、53.34 厘米、63.5 厘米、35.56 厘米 CTD 偏转线圈生产线的建设工作。1996—1999 年在咸阳偏转线圈厂技术开发公司作为项目负责人先后成功开发出 63.5 厘米、86.36 厘米普平偏转线圈。2000—2005 年，作为项目负责人成功开发出 86.36 厘米超平管用偏转线圈。2006 年成功开发了 51.34 厘米、73.66 厘米短管用偏转线圈及多种规格线圈小型化开发工作。2003 年被评为陕西省“三五人才”。

李建文（1940—　），陕西省兴平市人。1963 年西北农学院畜牧系毕业，在陕西省仪祉农校任教。1973 年调到西北农学院畜牧系，从事奶山羊的教学和研究。先后被聘为三原、泾阳、富平、扶风、宝鸡市、陕西省白山羊选育协作组的技术顾问、农牧渔业部畜牧业顾问。还任中国和欧洲共同体合作项目“中国奶业发展战略研究”的中方专家、陕西省百万只改良羊承包集团技术组副组长。20 世纪 70 年代主要参加“西农莎能奶山羊的选育及陕西土种羊的改良”“莎能羊的生产与推广”等研究课题，1978 年获全国科学大会奖和陕西省科学大会奖、农业部技术改进一等奖和陕西省技术改进一等奖。1984 年被农牧渔业部、轻工业部、商业部评为全国奶山羊基地县建设先进工作者。1985 年以来，承担“建设我国奶山羊良种繁殖基地及奶酪加工业试验”研究课题，1988 年获陕西省科技进步一等奖和国家科技进步二等奖；“奶山羊综合技术推广”课题，1988 年获陕西省农牧渔业科研成果一等奖和全国农牧渔业丰收一等奖。主编和参编《奶山羊饲养法》《奶山羊疾病防治》等 5 本书。1992 年起享受国务院特殊津贴。

李立科（1935—　），陕西省武功人，高级农艺师。陕西省武功农业学校毕业。曾任陕西省农林科学院副院长。长期坚持农村蹲点，在合阳县甘井乡综合科学示范基点进行了大量旱作农业技术推广，取得显著成就，为渭北旱原农业增产提供了重要经验。多次受到中共陕西省委、陕西省人民政府的表彰奖励。两次被评为陕西省劳动模范。

李景梅（1940—　），女，河南省遂平人。1964 年北京轻工业学院皮革专业毕业，西北轻工业学院教授。主编《软革制造工艺学》，编译《钠帕革工艺制造学》，完成多项科研课题。“黄牛皮革酶脱毛的研究”，1978 年获全国科学大会奖；“用铁盐代替铬盐鞣制鞋面革的研究”，1981 年获陕西省科技成果三等奖和轻工业部科技成果四等奖；“猪皮箱包革的研究”，1985 年获陕西省高教科技进步三等奖，“华山西路山羊皮服装革的研究”“山羊苯胺鞋面革的研究”，皆获省高教科技成果二等奖；承担国家“七五”攻关项目“光面绵羊革生产新技术的研究”，1990 年获轻工业部科技进步二等奖；“浙江小湖羊皮毛两用新产品”，获经贸部二等奖。1993 年起享受国务院特殊津贴。

李奎顺（1903—1980 年），河北省黄骅市人，水利设计一级工程师。1927 年毕业于唐山交通大学土木系，新中国成立后历任陕西省水利局局长、西北水利部总工程师，北京勘测设计院西安分院副总工程师，西北水利科学研究所总工程师。1950 年当选为全国劳动模范，1978 年当选为第五届全国政协委员。早在 20 世纪 30 年代，李奎顺就领导设计和施工兴建了泾惠渠工程，尤其是五号隧洞，地质地形十分复杂，流沙挡道，在当时技术、设备都十分落后的情况下，困难极大。他亲驻工地，艰苦奋战，采取多种方案，终于战胜流沙，使隧道开通，全线放水。新中国成立后，他参加了黄河盐锅峡、八盘峡、青铜峡、陕西的汉江、甘肃的白龙江、新疆额尔齐斯河、青海北川河等河流枢纽工程的设计工作。

李民栋（1939— ），陕西省扶风县人。1962年甘肃农业大学农学系毕业。曾在甘肃平凉地区工作，1983年以来在咸阳市农科所主持小麦栽培研究课题（副研究员）。主持育成平凉－22，推广面积800万亩，曾获全国科学大会奖和省级科技成果奖；完成的“灌区冬小麦高稳低优栽培技术”居国内同类研究的先进水平，把小麦亩产由300千克提高到400千克；完成作物种植区划、土壤肥力普查、玉米宽行密植等栽培技术成果7项，获得陕西省农牧厅、省科委科技进步一、二等奖。发表学术论文11篇和科普文章40余篇，1993年经国务院批准享受国务院特殊津贴。

李培源（1923— ），河南省原阳县人，研究员级高级工程师。1948年武汉大学机械系毕业。1948年7月至1949年12月在武汉长江航政局、重庆长江航政局任技术员。新中国成立后，先后在国营四五六厂、四九七厂工作，负责研发产品。负责领导了372E平面磨床和32M万能磨床的研制与生产，该产品后出口多国。1979年9月至1984年5月，担任兵器工业部二〇二研究所所长，中国兵工学会专业学会主任委员，在专业情报网会议上发表了《苏联战略防御研究规划》，在专业学会上发表了《探索2000年美国的技术与防务》。

李佩成（1934— ），陕西省乾县人，中国工程院院士，西北农林科技大学兼职教授，长安大学教授、博士生导师、国际干旱半干旱地区水资源与环境研究培训中心（中德合作）主任。1956年毕业于西北农学院水利系并留校任教；1963—1966年在苏联莫斯科地质勘探学院水文地质工程地质系攻读副博士学位毕业。曾先后在原陕西工业大学、西安交通大学工作和任教，并曾在北京外语学院、中国农业科学院和苏联加里宁工学院学习进修开展合作研究。1992年由西北农大调入西安地质学院，后并入长安大学工作至今，在此期间创建了国际干旱半干旱地区水资源与环境研究培训中心（中德合作）（国土部批准）、西安地院地质工程勘察研究院（建设部批准）等，并担任首任主任和院长。还兼任陕西省委省政府决策咨询委员会特邀咨询委员、水利部地下水专家组专家、国土资源部中国地质调查局顾问等职。1964年，他提出了潜水井群非稳定渗流计算的割离井法理论及相应公式，后经深化研究使其成为能满足不同水文地质条件和水井不同运行方式的13种求解模型，为解决排灌井群工程设计中的重大难题作出贡献。20世纪70年代初，与人合作，研制了适合于黄土渗流机理的黄土辐射井，推广到十多个省区，打破了黄土不能成为含水层的传统认识，于1978年获全国科学大会奖；他还发明了排灌两用轻型井，获国家发明四等奖；由他主持的国家“七五”攻关项目“黄土高原综合治理定位试验——枣子沟试区建设”1993年获国家科技进步一等奖；1995年，主持完成了“群峪协井、两水并用、西安市中近期最佳供水方略”项目研究，其成果的应用使西安水荒得到缓解；1999年，由他主持与西安理工大学、西北农林科技大学有关专家教授合作，完成了“西安市供水水资源系统优化调查研究”，对西安市的供水水源及其优化调度进行了系统深入的理论和实践研究，被鉴定为国际先进水平，出版专著和全国统编教材10部，公开发表论文80余篇；先后获国家级奖项4项，省部级6项；1991年，获有突出贡献的中青年专家称号，同年开始享受国务院特殊津贴。1996年被评为西安市劳动模范，1997年、1998年分别被评为陕西省师德标兵、优秀博士生导师，2001年被评为全国优秀科技工作者，2003年当选中国工程院院士，2004年被评为全国师德先进个人。

李去病（1952—　），陕西省三原县人。现为国际临床肿瘤协会会员、中国抗癌协会会员、中国老年保健协会常务理事、陕西省抗癌协会理事、咸阳市抗癌协会会员、陕西咸阳肿瘤防治研究所所长暨咸阳市肿瘤医院院长。1969年起独立行医，1970年研制茵陈注射液、黄芩注射液、板蓝根注射液。撰写的《针刺麻醉原理及思索》论文，引起中国科学院院长郭沫若和医学泰斗吴阶平的重视。1980年参加了全国第七届肿瘤学习班，把防治肿瘤选定为努力的方向，把主要精力倾注于研究癌症。依据家传秘方，相继研制抗癌系列新药“复活列素”13种。1990年，创建了陕西咸阳肿瘤防治研究所暨附属咸阳市肿瘤医院。在他的主持下，研究所先后开发了防癌保健茶“将军健”和治疗骨关节病的外用药“御骨散”等20多种科技含量高、附加值大、疗效显著的医药产品。其中大多数已通过省级鉴定，取得国家专利、生产许可证书。仅保健茶已获各类奖8项。先后在《中华肿瘤杂志》、日本《康复医学》《汉方与临床》和《国际青年传统医学》等国内外影响较大的学术刊物上，发表论文20多篇。创立了综合治疗癌症的“EBAP疗法”（缓解癌症疼痛的逐淤抗痛法），引起了国际抗癌界的广泛关注和高度评价。

李如南（1938—　），甘肃省陇南县人。1970年随迁咸阳陶瓷研究设计院，高级工程师。长期从事电测技术及其仪器的研究，制作过多种物化检测设备及仪器。20世纪70年代独立构思研制的动圈放大式精密控温仪，控温度1000℃≤0.1℃/16小时，达到国际先进水平，仪器结构是国际独创，1980年获陕西省重大科技成果三等奖。1986年研制陶瓷坯粉水分快速测定仪，首创“校正体”技术提高测量精度的系统，填补了国内空白，达到国际先进水平。1988年取得国家专利，国家科委公告为重大科技成果，北京首届国际发明展览会上评选为优秀发明成果，1991年被列为国家级高新技术。

李社伦（1957—　），陕西省兴平市人。1983年毕业于中国人民解放军第四军医大学。现任解放军空军第十六飞行学院中校军医，咸阳三星医药保健品有限责任公司总经理，《中国当代医药名人》副主编，《中国妇科秘方全书》主编，香港新闻出版社技术顾问。编写《中国妇科秘方全书》，收集整理验证秘方万余首，著有《中西妇科汇通》《中医妇科起源与发展》，发表《中西医结合治疗子宫发育不良性不育症140例》等论文、译文、科普文章近百篇。研制成驱滴栓、宫颈平软膏、化精散、三星168雾化洁阴灵。其中三星168雾化洁阴灵填补了中药雾化史上的一项空白。

李太倡（1933—　），辽宁省海城市人。中国民主同盟盟员。1954年西北畜牧兽医学院兽医系毕业，在西安市农委、畜牧局和咸阳市畜牧兽医站、饲料工业办公室从事畜牧兽医科学研究，畜疫防治技术推广工作，被评为高级兽医师。任咸阳市畜牧兽医学会副理事长、市饲料工业协会副秘书长和市科协委员。在咸阳市工作期间，主要负责畜疫病防治，组织了牛口蹄疫、马鼻疽、猪瘟和羊布氏杆菌等疫病的防治。编写《咸阳市畜禽生蠕虫区系名录》，填补了咸阳市这方面长期无系统资料的空白。撰写《咸阳市畜禽寄生蠕虫调查研究》论文，获陕西省畜牧兽医学会优秀论文奖。结合实践进行了畜牧兽医科学研究和试验，取得研制蠕虫净片等多项成果。1974年以来，先后获得陕西省科研成果三等奖3次，咸阳市科技进步二等奖2次。

李元林（1927—　），河北省邯郸市人，高级农艺师。1952年毕业于西北农学院病虫害系，曾任市农科所植保研究室主任。长期从事专业技术工作，先后参加编写了《农作物病虫害的生物防治》《棉花害虫与天敌》（均由陕西出版社出版）和《作物病虫害防治学》3本专著。50年代中期发表的《油菜害虫研究》论文，关于油菜茎象甲虫和兰跳甲虫都是在中国首次作为油菜害虫记载。

李经纬（1929—　），陕西省咸阳市人。中国医史文献研究所研究员、医学史博士、博士研究生导师。1955年毕业于西北医学院（现西安交通大学），后入卫生部第一届全国西医学习研究中医班攻读中医。1958年毕业后，分配到中国中医研究院医史研究室，从事中国医史研究。曾任中国中医研究院中国医史文献研究所所长，兼任国家科委预防医学专业组组员，卫生部医学科学委员会委员，卫生事业、管理与医学史专题组副组长。先后多次应邀赴泰国、日本、美国、德国、英国进行学术交流、演讲。编有《简明中医辞典》《中医大辞典》《中医名词术语选译》《中国医学百科全书医学史》《中医人物辞典》等。在国内外期刊及学术会议上发表医学史论文百余篇。多次获全国科学大会奖，卫生部科研成果奖。

李璋（1938—　），陕西省高陵县人。1963年西北农学院农学系毕业。曾任西北植物研究所所长、研究员，兼任《西北植物学报》副主编、省委和省政府决策咨询委员、省遗传学会理事等，长期致力于小麦远缘杂交育种工作，是小偃四号、小偃五号、小偃六号新品种选育的主要参加者。主持选育了小偃一〇七、小偃一六八、小偃二四六等优良品种，其中小偃一〇七已成为省内仅次于小偃六号的第二个主栽品种，1992 年获陕西省科技进步一等奖和省农业推广二等奖。为提供优良小麦新品种，近年又拓宽新的研究领域，开展大麦、小麦杂交的研究，取得成功。1992 年经国务院批准享受国务院特殊津贴，1993 年被省政府命名为有突出贡献的专家。

李振声（1931—　），山东省淄博市人，著名小麦遗传育种学家，中国小麦远缘杂交育种奠基人，有“当代后稷”和“中国小麦远缘杂交之父”之称。1951 年毕业于山东农学院农学系。现为中国科学院遗传与发育生物学研究所植物细胞与染色体工程国家重点实验室学术委员会名誉主任、研究员，当选过全国政协常委、中国科学技术协会副主席。系中国科学院院士、第三世界科学院院士。1980 年国务院授予他全国劳动模范称号，并当选为中国共产党第十二、第十三届代表大会代表。他从 1956 年开始主持小麦与长穗偃麦草远缘杂交育种及遗传规律研究，经过 20 年的努力，他带领课题组克服了小麦远缘杂交不亲和、杂种后代不育、疯狂分离等困难，将偃麦草的抗病和抗逆基因转移到小麦当中，育成小偃麦八倍体，异附加系，异代换系，易位系和小偃四号、小偃五号、小偃六号、小偃五四号、小偃八一号等小偃系列小麦新品种，其中仅小偃六号就累计推广 1.5 亿亩，增产粮食 40 亿千克。小偃系列衍生良种 70 多个，累计推广面积大概在 3 亿亩以上，增产小麦超过了 75 亿千克。1985 年获国家科学发明一等奖，1988 年再获陈嘉庚农业科学奖。2006 年获国家最高科学技术奖。

李中南（1940—　），四川人。1966 年成都电讯工程学院毕业，任陕西广播电视设备厂声像设计所所长、副总工程师、如意电视机厂总工程师、高级工程师。多次担任广播发射机和其他电子产品设计负责人和技术负责人，主持和领导开发如意电视机厂的几十种电视机型。其中 SGC－3702 型彩色电视接收机、SGC－4703 型彩色电视接收机，均获省优奖、部优奖和国家银质奖。SGC－4703F 遥控彩色电视机获省优奖。SGC－5602 型彩色电视接收机获省优奖和电子工业部优秀新产品奖。SGH－4402 型黑白电视接收机获省优产品奖。

李宗富（1941—　），四川省潼南县人。1965 年北京航空学院电机专业毕业，长期在航空航天部一一五厂工作，任中国航空工业总公司秦岭电气公司总工程师（研究员级高工职称）。1969—1972 年，主持运七飞机交流发电机的设计工作，在中国首次研制成功无刷交流电源系统。1976—1983 年，参加交流发电机的设计研制工作，负责完成的“YJF－40A 喷油冷却无刷交流发电机”，1983 年获航空航天工业部科技成果三等奖。先后赴美国、英国考察航空电源机载设备状况，研究编写了《2000 年的中国航空电源》。发表《航空三相交流同步发电机电压不平衡度的计算分析》等学术论文多篇。1992年起享受国务院特殊津贴。

廉登极（1938—　），陕西省礼泉县人。1963年西北农学院毕业，留校任教。长期主讲农业机械学、农业机械基础等课程。参加“提高收获机械切割器齿刃动刀片切割性能和使用寿命的研究”，获机械工业部技术大会奖和陕西省科技成果一等奖。“悬挂式旋松深耕机及深松部件的试验”，1986年获陕西省科技进步三等奖；“提高旋耕双翼生产使用寿命”的研究，通过了省级技术鉴定。发表《渭北旱原地区深耕措施的初步探讨》《悬挂式旋松深耕机的试验研究》《旋耕双翼产生耕耘阻力的试验研究》等9篇论文。

梁挺（1953—　），陕西省户县人。1986年被秦都区外协委聘任为咸阳智能仪表厂厂长，先后负责研制开发4大类16种新、特产品。1989年，用半年时间完善了低压成套电器工艺、工装设备技术资料，试制的PGL－2型低压成套电器，经天水电器测试研究所进行型式试验，各项技术指标达到国家标准，通过能源部、机电部验收，取得合格证书。设计的机床微机控制柜，出口伊拉克、中国香港等地，为国家创汇10余万美元。1991年5月试制成功电子节能镇流器，同年6月经陕西省机械研究院、省质检所、国家电光源中心等30个单位的专家学者考察、测试，认为该产品的可靠性和节能效果均达到国内先进水平，符合“八五”期间节能产品发展方向。投产以来，已生产3万多只，成为该厂支柱产品之一，先后获得陕西省第二届科技洽谈会铜奖、首届中国青年科技发明博览会金奖、中国中小企业科技新产品展览会“最受欢迎奖”。研制开发的料封计量控制仪，采用全集成电路，为建材行业现代化管理提供了高新设备，1992年4月取得国家专利，1993年获全国星火计划成果金奖，产品畅销陕西、甘肃、宁夏、青海、广东、浙江等十几个省区。

梁广洲（1943—　），陕西省三原县人。1967年西北农学院毕业，1978年调回三原工作。20世纪70年代开始从事奶山羊品种改良、科学饲养的研究，设计制定山羊生产方面的卡片、表格、条例、公约、手册30余种，对“杂交改良及关中奶山羊选育”“玉米秆青贮饲料添加尿素喂养奶山羊”等课题进行了深入的研究。编写《怎样饲养奶山羊》《养奶山羊三字经》等科普资料，传播养奶山羊的知识和技术。在他主持下，办起奶山羊改良配种站20个，设配种网点96个，建立350个科研试验户，引进纯种莎能羊379只，改良羊19万只，使全县的奶山羊生产得到大发展。7年中，向全国25个省市提供良种羊4万只。1982年，咸阳地区行署给他记功一次。1984年1月国家经委、科委、农牧渔业部、林业部命名他为“全国农村科技推广先进工作者”，9月又被农牧渔业部、轻工业部、商业部授予“全国奶山羊基地县建设先进工作者”称号。1994年主要参加的“关中奶山羊新品种培育”，获陕西省科技成果一等奖。

梁汉基（1927—　），广东省广州市人，研究员级高级工程师。1958 年毕业于军事工程学院兵器专业，历任炮兵研究院一所技术员、研究室副主任，五机部第一研究所技术员、研究室主任，二〇二研究所技术员，研究室主任、工程师，科技委副主任等。一直从事兵器技术研究和新产品的开发工作，所负责的“3CY-23-4”项目分析，1985 年 5 月获国防科工委重大科技成果三等奖。负责国家重点某项目的前期论证工作，1986 年 11 月获国家科技进步一等奖。著有论文《关于 D-23-1 装药高温标准的商榷》《美 M-102式 105 毫米炮的分析》等。

梁养纯（1946—　），陕西省三原县人。他根据中医“三焦”学说和内病外治理论，全面总结了自己多年的临床经验。经过反复试验，研制出益无健力宝衣。1993 年，这些成果通过陕西省科委鉴定，由中国发明协会陕西三原益元健力宝保健品厂生产，投放市场。1994 年 2 月，又由国家中医管理局组织在京知名专家进行了评议，一致认为“该产品对心悸、胸痛、胸闷、咳嗽、气喘、胃痛、泄泻、浮肿、腰痛等诸种病症有良好的防治作用，建议推广使用”。1994 年在第六届国际针灸及东方医学会议上，获中医药保健学术研究个人金奖，益元健力宝衣获产品金奖。1994 年获中国金榜技术与产品博览会金奖，同年获当代优秀技术金奖。

梁增基（1933—　），广东省茂名市人，小麦育种专家，研究员。1961 年西北农大毕业后分配长武县农技站（现农技中心），从事农业技术研究和推广。在基层一线，他从零起步，自创条件，独立自主搞旱作小麦育种，突破小麦品种高强抗锈、抗旱高产、多抗优质、用调节播期避开病毒病并提高抗冻性四大难题，用 50 年时间，把长武县小麦亩产由 50.1 千克的多灾低产作物提高到千斤水平。育成的品种国审的有“秦麦四号”“长武 134”“长旱 58”3 个，省审品种有“7125”　“702”“长武 131”3 个，重点在陕甘旱区推广，长武种植比例连年在 80%—95%，“长旱 58”还推广到河南、山东部分旱区；目前又有两个新品种分别参加国、省区试。1982 年、1989 年、1997 年、2010 年长武县小麦单产在渭北旱区四次创最高纪录，2008—2011 年“长旱 58”连年有亩产过千斤田块。累计推广过亿亩，增产 20 亿千克，增加社会经济效益 30 亿元以上。这些品种对当时旱区小麦育种起着领军作用，陕、甘、北京 6 个育种单位就用它作亲本育成 21 个品种扩大推广；入编中国农科院经典巨著《中国小麦品种及其系谱分析》和《中国小麦品种志》，他本人也是该书的撰稿人之一；10 多篇论文在国省级刊物刊登。获省部科技进步一等奖 1 个，二等奖 3 个，三等奖 1 个，成果奖 2 个；先后获陕西省劳模、国务院特殊津贴、陕西省有突出贡献专家称号，2010 年获中国发明协会“发明创业奖”特等奖和“当代发明家”称号，2011 年获咸阳市委、市政府授予第一届“特别贡献人才”奖。

林生义（1940—　），广东省揭西县人。1965年分配到西北橡胶工业制品研究所工作。长期从事国防工业橡胶密封制品及专用材料的研究工作，相继参加和主持了橡胶密封型材、航空膜片、密封制品、固体火箭发动机用人工自由脱粘材料、包复材料，以及战略武器发射系统用大型密环等研究课题。其中主持的“JL－1两级发动机用D202人工脱粘材料”和“YJ－8主发动机装药用包复材料”，于1984年、1986年分别获化工部科技进步二等奖。D202人工脱粘材料，还应用于FJ－1号助推器前封头、弹体和JB－1号卫星发动机的外绝热。“DF－21轻型适配器密封环的研制”，1991年获化工部科技进步三等奖，被收入《中国实用科技成果大辞典》。《聚硫包复材料研制》《大型橡塑复合的密封制品》论文，在中国兵工学会非金属学会研究会上发表。《国外包复材料发展及其应用》《大型橡胶、F4复合密封件制造工艺研究》论文，在《特种橡胶制品》上发表。1990年被授予全国国防化工先进工作者称号。1994年经化工部批准享受国务院特殊津贴。

刘昌祺（1938—　），四川省富顺县人，九三学社社员。1963年重庆大学机械制造专业毕业，曾在北京电力学院、北京轻工业学院任教，在西北轻工业学院历任教授、机械制造教研室副主任、机械工程系CAD/CAM技术开发中心主任、轻工机械设计教研室主任、凸轮研究所所长，兼任中国轻工模具协会常务理事、日本SUNCALL公司顾问等。长期从事机械设计、精密加工、数控技术、模具及凸轮CAD/CAM的教学和研究，特别在模具及凸轮CAD/CAM和精密数控加工技术方面有较高水平，是CAD/CAM的学术带头人之一。研制“凸轮转位分度机构”（主要负责人之一），1990年获全国首届轻工业博览会银奖；“NT－XK5001专用数控立式铣床”（第一发明人），填补了国内空白，主要技术指标和精度达到同类机床的国际先进水平，1993年获国家实用型专利，并获当代专利科技成果转让博览会金奖；“高速高精度间歇转位凸轮分度机构传动装置CAD/CAM及其加工设备”（主要负责人之一），1993年通过国家级鉴定，获陕西省第三届技术成果交易会金奖；“全自动模切机分度凸轮送纸装置”（主要负责人之一），1993年获陕西省第三届技术成果交易会银奖。从1981年以来，先后8次赴日本，到新泻大学、津田驹公司、东京机械技术研究所、名古屋大学、SUNCALL株式会社、山崎技术研究所进行技术合作、讲学与交流。出版《12CAD/CAE基础》《31CAD/CAM基础》等4部专著和《12加工中心实用技术》《微型计算机控制入门》等6部译著，在国内外发表论文20多篇，其中《电流监视的适应控制》，被载入日本精机学会论文集。1993年被国务院批准为中国发展自然科学作出突出贡献的专家，并享受国务院特殊津贴。

刘存福（1937—　），四川省简阳市

人。1962年重庆大学机械制造专业毕业，被分配到建材部北京建材研究院工作，1970年随迁咸阳陶瓷研究设计院，现任副总工程师（高级工程师）。在生产预应力钢筋混凝土压力管项目中，承担骨架缠丝机设计，1978年获全国科学大会奖。在离心式喷雾干燥工艺及设备项目中，承担离心式喷雾机设计，获全国科学大会奖。在压力式喷雾干燥工艺及设备项目中，承担泥浆输送及雾化系统设计，获省级科技进步二等奖；YB85油压柱塞泥浆泵，获建材部科技进步三等奖；YB110、YB120、YB140油压柱塞泥浆泵及YB110B变量泥浆泵（获建材部科技进步二等奖），均在国内同类产品中处于领先地位。主持设计的YP600全液压自动压砖机已有30多台用于生产，达到20世纪80年代国际先进水平，在国内同类产品中处于领先地位，获建材部科技进步二等奖。主持“陶瓷劈裂砖生产线研制”项目中机械部分设计，获建材部科技成果三等奖。主持“墙地砖输送线的研制”，1993年通过部级鉴定。1985年获陕西省技术革新能手称号，1986年获全国建筑行业劳动模范称号，1989年获陕西优秀科技工作者称号，1992年国务院批准享受国务院特殊津贴。

刘汉文（1923—　），山东省寿光县人，陕西省植物保护研究所研究员，植物保护专家。曾任陕西省植物保护研究所小麦病虫害研究室主任，中国植物病理学会理事、西北分会副理事长，陕西省科学技术协会理事，陕西省植物病理学会副理事等职。杨陵区人大代表，中国人民政治协商会议陕西省委员会委员。九三学社陕西省委员会科学技术部委员，陕西省农业科学院支社支委。他先后主持水稻白叶枯病和小麦条锈病、赤霉病、吸浆虫等主要病虫害的综合防治研究工作，取得重要成就。在水稻白叶枯病研究中总结出“一个基础，两个早，秧亩田管好”的综合防治措施。通过小麦条锈病流行规律研究，提出控制陇东地区越夏菌源，保护广大麦区的防治策略；国内首次成功地解决了小麦红矮病防治问题，并对小麦赤霉病、雪腐叶枯病菌的人工分离培养和抗病性鉴定技术进行研究，这些成果分获国家科学大会奖，国家自然科学二等奖，陕西省科学大会奖和省科技进步奖等多种奖励；同时还选出多抗一号、多抗二号两个具有能抗多种病害的小麦品种，为植物保护科学和农业生产作出了重要贡献。主要论著有《陕、甘、宁、青小麦条锈病发生规律研究》《我国西北地区小麦红矮病的研究》《陕西省水稻白叶枯病综合防治研究》《小麦雪腐叶枯病》《条锈病防治策略商榷》等30余篇。

刘江（1958—　），山东省曹县人。1982年广州华南工学院毕业，被分配到咸阳陶瓷研究设计院工作。负责完成联合国开发署资助项目“中国低温快烧陶瓷原料的研究及陶瓷原料性能综合评价方法”，属国内领先，综合评价方法接近当时国际水平；国家“七五”攻关项目“卫生陶瓷组合浇注式型新工艺的研究”，属国内领先，达到国外20世纪80年代水准，全国推广百余条生产线，直接经济收益上千万元，节省外汇300多万美元，1990年通过部级鉴定和国家验收，1991年被国家科委列为重点推广项目，1992年获国家建材局科技进步二等奖，1993年获国家科技进步三等奖。负责承包“170万平米内墙砖生产线”工程（引进希腊工厂意大利制二手生产设备），装备技术水平达到国外20世纪80年代中期水准，节省投资4000万元，节约外汇250万美元。提出并负责完成的“泥浆性能与泥浆外加剂相关性能研究”，1993年通过部级鉴定，属国内领先。提出的“八五”攻关项目“卫生陶瓷低温快烧坯釉配方的研究”，1994年通过部级鉴定，属国内领先。

刘静堂（1939— ），河北省涞水县人。1964年西北农学院园艺系毕业后任礼泉县园艺站站长、高级农艺师。多年致力于果树研究和技术推广，向果农传授栽培、管理技术，培养了农艺师、助理农艺师、技术员近千人。主持的“苹果、梨密植丰产试验”，1981年获陕西省推广成果二等奖；“礼泉县苹果综合技术开发”研究，1986年获陕西省科技大会农村科技进步一等奖；“苹果优质丰产技术推广”，1992年获省科技进步一等奖。他积极投身于礼泉县10万亩苹果基地建设，从基地的规划、育苗到技术推广，做了大量工作，并向广大果农提供产前、产中、产后系列服务，对礼泉县苹果发展做出重大贡献。

刘庆祯（1938— ），山东省潍坊市人。1959年毕业，分配到西北橡胶总厂工作。参与研制的水平带式真空洗浆机纸浆过滤带，填补国内空白，为造纸行业废碱液净化处理开辟了广阔道路，取得良好社会效益，1985年获陕西省科技成果二等奖。主持研制的“三无氯醇胶薄膜”用于航空发动机，提高了产品的性能、可靠性，延长了寿命，1986年获化工部科技进步二等奖。“H6飞机软油箱的研制”，受到化工部的奖励。“渔船用Y-QJF-10型、Y-QJF15型气胀式救生筏的研制”，1987年获陕西省科技进步三等奖。参加研制的环形印花胶带，1988年获陕西省引进技术消化吸收、消化创新成果三等奖。近年研制的宽幅环形印花胶带，打破了国外个别生产商独霸市场的格局，经专家鉴定，可满足各类筛网印花机的配套需要，质量接近国际先进水平。

刘素文（1940— ），女，河北省丰润区人。1964年北京建工学院玻璃陶瓷专业毕业，先在西北建筑科学研究所工作，1972年来咸阳陶瓷研究设计院，现任陶瓷工艺室副主任，高级工程师。承担的透闪石釉石砖的研制，属国内首创，获省级科技成果三等奖。在黄石市瓷器厂投入生产后，降低烧成温度100℃以上，节约了能源，取得较好经济效益。参加“陶瓷劈裂墙地砖及生产线的研制”项目，完成了中试生产线的设计，填补国内空白，达到国外同类产品先进水平，获部级科技进步三等奖。参加“挤压成型耐酸砖的研制”，完成产品及生产线，属国内首创，获省级科技进步三等奖。1993 年起享受国务院特殊津贴。

刘天峰（1949— ），陕西省淳化县人。中国国民党革命委员会成员。从事中药治肾病研究科研项目 30 年，著有《古龙丹替代激素治疗难治性肾炎研究》《盖气清华汤治疗糖尿病、肾炎、红斑狼疮报告》《中西医结合的难点与突破口》《清热泻下治水肿》等，载入《中国科学技术成果大全》，列入中国“八五”重点成果，获 1992 中国科技之光金奖和银奖、1994 年中国国际新成果双金奖，1995 年在美国获世界传统医学金奖，联合国大会授予科学和平金奖。1997 年出访法国、德国等 7 个国家和地区，获德国名医勋章。

刘桐荣（1945— ），广东省梅县人。1968 年广州华南工学院毕业，1970 年到咸阳陶瓷厂从事科研技术工作。先后参加和主持完成 10 多项科研课题，研制的“刚玉质多孔陶瓷制品”获建材部科技进步奖，“绢英岩质釉面砖”获陕西省科技进步奖，耐酸砖 C－23 系列产品 1985 年被评为陕西省优质产品，大型饰面板 1986 年获省优秀新产品奖。釉面砖 1987 年获省优质产品奖，1989 年又与卫生瓷双双获得全国同行业质量评比 A 级产品称号。

刘心和（1937— ），河北省武清县人。1960 年北京工业学院火炮专业毕业，在兵器工业二〇二研究所任技术员、工程师、项目负责人，现为研究员级高级工程师。在新 122 榴弹炮论证中，承担输弹机方案的设计、试验，该项目 1985 年获国家科技进步一等奖。负责主持的“新型炮闩研究”，1989 年获部科技进步一等奖，1990 年获国家发明三等奖。发表和交流论文 10 余篇。1992 年起享受国务院特殊津贴。

刘兴和（1936— ），山西省原平县人，高级工程师，1961 年 9 月太原机械学院专科机械专业毕业。中国兵工学会会员，1978 年获全国劳动模范称号。毕业后一直在二〇二所从事特种机械技术和新产品的开发研究工作，历任技术员、业务组长、工程师、高级工程师等。1962—1965 年在某特种机械项目研制中，承担自动测合机组件的设计，该项目获国家科技进步二等奖。1966—1972 年，又在某特种机械项目中，任“上部”组副组长，负责制订系统总体方案和各组件选型以及测合机的研制，该项目 1978 年 4 月获全国科学大会奖，作为该项目个人代表参加了全国首届科学大会。1986 年 6 月其负责研制的测合机获国家发明四等奖。1973—1986 年又先后参加了 4 个新产品的设计和一个老产品的改进工作，并任负责人。

刘兴运（1944— ），陕西省旬邑县人。1958 年参加工作，1991 年起任咸阳造纸厂厂长、咸阳纸业集团董事长兼总经理。1993 年，他组织技术人员同西北轻工业学院造纸系联合，研制出国产热压垫板纸，填补了一项国内空白。1994 年同中国制浆造纸科学研究所合作，试制出高光泽铸涂纸，成为国产高档包装印刷纸，经多家印刷厂试印，质量、效果达到国际同等水平。1994—1995 年，又研制出造纸专用助留剂，经试用后引起轰动。

刘耀武（1939— ），山西省平陆县人，教授级高级工程师。先后主持和参与国家级、省级科研课题 29 项，获科技进步和成果奖励 25 项，其中省（部）级以上科技成果奖 12 项；在省级以上刊物发表论文、译文 50 余篇。尤其在烤烟气象研究、土壤水分资源开发利用、气象科技扶贫与兴农、气象灾害研究和防灾减灾体系建设及组织开展抗旱服务和飞机、高炮人工增雨、防雹作业等方面，成绩显著。1999 年享受国务院特殊津贴。

刘玉树（1935— ），辽宁省沈阳市人。1960 年北京航空学院毕业，1970 年调入西北医疗器械一厂，历任技术科长、研究所长、总工程师、厂长，获高级工程师职称。1980 年 5 月 1 日研制出中国第一台 S301 型电动机械牙科椅，在当年全国医疗器械展览会上引起轰动，并在广交会上受到美国同行的重视，1981 年获陕西省科技成果二等奖。接着又研制出 S2301 型牙科综合治疗机、技工桌、技工打磨机等新产品，1982 年与北京医科大学口腔系一次签订 120 万元的订单，创企业历史最高订货纪录，一跃居于国内领先地位。牙科设备在国际上几乎每年都有更新，为保持国内领先，他们紧紧盯住国际先进水平，不断拿出新产品，1984 年又推出了 S2301－Ⅱ型牙科综合治疗机，获省医药管理局科技成果三等奖。1984 年到国外考察，1985 年引进意大利欧洲齿科公司牙科设备散件，吸收其先进技术，研制出 S2302 型牙科综合治疗机、306 型牙科椅、牙科无影手术灯，又参照美国爱迪公司牙科控制系统，把正控系统改为反控系统，使成本降低一半，质量又有新的提高，操作、维修更为方便。1987 年，主持引进奥地利年产 5000 只牙科高速手机生产线，经过技术消化，生产的牙科手机每分钟可达 30 万转以上的切削速度，使用非常方便可靠，填补了国内空白，1988 年获陕西省优秀新产品奖。从而使中国牙科手机的生产跃居世界第八位、亚洲第二位（仅次于日本），为开拓国际市场，把企业变成中国牙科设备器械生产基地，打下了良好基础。企业效益连年大幅度提高，获陕西省六好企业，省级先进企业称号。

柳祖德（1938— ），广东省中山县人。1961 年大连工学院毕业，任四〇八厂厂长、总工程师（高级工程师）、中国造船工程学会理事、陕西内燃机学会副理事长。长期从事船用柴油机技术工程管理工作，参加和主持了 IZ39 型柴油机的设计研制、技术整顿与设计定型工作，1985 年获中船总公司科技进步一等奖和国防专用国家科技进步一等奖。同年 12 月参加铁道部和中船总公司联合成立的 6PA6 柴油机试装内燃机车领导小组工作，负责柴油机部分，主持了对 6PA6 柴油机的 16 个部套的改进设计和 7 个部套的新增设计，并对调速反传动机构、装车联动机构、增压器的进气排气系统、前后端输出、双循环冷却器系统等技术难题提出了解决方案，保证了6PA6柴油机顺利装入内燃机车运行。

卢博友（1950— ），咸阳礼泉县人。1976年于西北农业大学农业机械系机械设计与制造专业毕业。毕业后留校执教。1994年任西北农业大学副教授、机械设计与制造专业硕士生导师，2000年任西北农林科技大学教授。主要从事工程力学、机械自动化类课程教学工作及机械设计、自动检测方面的科学研究工作。自1977年起，主持、参加完成了“农机土壤工作部件外载荷测量研究”“悬挂式旋松深耕机及深松耕作部件的试验研究”“小型自走式小麦联合收割机研制”“行走式节水灌溉技术与机具开发试验示范研究”“旱区自然降水高效利用粮食增产技术配套机具的研究”“U型防渗渠道施工成套机械产业化开发”“8PJ50－100型绞盘卷管式喷灌机推广”等8项省部级科研及科技成果推广项目。独立完成了“8PJ50－100型绞盘卷管式喷灌机”“1M－100型残膜回收机”“U型渠U型防渗砌块成型机”“食用菌种接种机”等5部机具的设计。获陕西省科技进步三等奖1次，陕西省专利技术一等奖2次，陕西省高等学校科技进步二等奖1次，国家实用新型专利8项。

卢增兰（1922— ），河北省栾城县人。1948年西北农学院农艺系毕业，1951年起在西北农学院附设高职和陕西省农业学校任教，是陕西省作物学会栽培耕作研究会常务理事、陕西省第六届人大代表、全国劳动模范。长期从事土壤肥料学的教学和科研工作，主编全国中等农校《普通农作物土壤学》《土壤肥料学》《田间试验与统计分析》等教材。1980年获陕西省科技成果三等奖。主持的“改变黄土搬家习惯，推广粪草堆肥”研究项目，1982年获陕西省农业科技成果三等奖。“关中灌区农林牧综合发展”课题，取得显著经济效益。

陆帼一（1922— ），女，江苏省武进县人。中国民主同盟盟员。1947年西北农学院毕业，留校任教。担任园艺系中心实验室主任、校学位评定委员会委员和职称评定委员会委员、第五届民盟中央候补委员、民盟中央参议委员会委员、陕西省政协第一至第六届委员。由她主编或参编的全国高校统编教材和专著有《蔬菜栽培学各论》（北方本）、《中国蔬菜栽培学》《蔬菜花牙形态分化图谱》《中国大百科全书》蔬菜卷等。1985年被评为陕西省优秀教师。科研方面的成绩，也很显著。由她主持选育的“西农72－4”番茄新品种，经过多年培育选优，被列为农牧渔业部1985—1987年重点开发项目，在全国24个省市区推广种植，面积累计达10万多亩，获得了很大的经济效益；“蔬菜花芽形态分化图谱”研究项目，包括13个科31种蔬菜的花芽形态分化，填补了国内外的研究空白。完成了“莴笋生长发育规律”“番茄壮苗指标”“番茄苗期灌溉指标”“大蒜二次生长生态生理”等研究项目。从

1982年以来发表科普文章30多篇，翻译发表英、日两国论文百余篇。1991年起享受国务院特殊津贴。

路端谊（1915—　），山东省诸城市人。陕西省植物保护研究所研究员，植物病理学专家。1943年毕业于西北农学院植保系。全国第三、第五、第六届人大代表，中国植保学会第二届全国理事，农牧渔业部技术委员会委员。长期从事小麦病害研究工作，在小麦秆黑粉病防治研究中取得显著成效，特别是主持“小麦条锈病生理小种和品种抗病性鉴定研究”，先后发现鉴定出7个条锈菌生理小种，并对2万多份小麦品种资源进行了抗性鉴定，阐明了陕西省“碧蚂一号”小麦品种，大面积丧失抗锈性的原因，为抗病育种和条锈病防治提供了依据，对控制西北、华北地区小麦条锈病流行危害做出较大贡献。1978年荣获“全国科学大会”和“陕西省科学大会”先进个人奖励。由她倡导创建的太白山条锈病高温室，现已成为全国第一个条锈病夏季研究中心，保证了研究工作周年进行。她先后主持申报6项科研成果，其中获农牧渔业部成果二等奖2项，省政府科技成果奖2项，1988年获国家自然科学奖二等奖。主要论著有《小麦秆黑粉病研究》《小麦品种资源抗条锈病的研究》等10多篇。

吕仓（1939—　），河南省宝丰县人。1988年组建了咸阳秦都新型纺织机械配件厂和新型纺织机械研究所，担任厂长兼所长。为了开发研制具有高技术含量、高难度的新型纺织机械配件，他们把纺织部“八五”科技攻关项目作为自己的研究课题，于1990年研制成功PU型片梭（当时世界上仅瑞士可以生产）。这一成果不仅填补了国内空白，而且在技术上打破了国际封锁。1992年研制电脑（电子）绣花机剑杆织机上的关键部件——导轨，不仅填补了国内空白，替代了进口，而且被国家科委、国家技术监督局、国务院引进国外智力领导小组、劳动部、中国工商银行联合议定为国家级新产品，进入全国八强行列。“新型轻金属综框”，于1994年6月研制成功，其性能超过日本产品。企业被省科委、省体改委认定为高新技术企业，授予“科技示范企业”称号。

吕存祥（1940—　），陕西省西安市人。1963年陕西师范大学物理系毕业，先后在陕西师范大学、咸阳地区地震办工作，1984年起任咸阳市科委副主任、主任，1987年评为高级工程师，主持研制“XKY－6×12MN超硬材料六面顶液压机”，达到国内先进水平，1993年获咸阳市科技进步一等奖，获陕西省科技进步三等奖。

吕新民（1952—　），陕西省旬邑县人。现任西北农林科技大学教授，兼任全国种植机械情报成果评审委员会副主任委员、陕西省农业机械学会理事、学术委员会副主任、《干旱地区农业研究》杂志编委。1993—2000年，先后3次赴德国留学或从事研究工作，1998年获西北农林科技大学机械设计及理论专业工学硕士学位。长期从事农业机械等教学和研究工作。两次获得院校教学成果奖。主持、参加各类科研项目18项，获省、部等各类奖13项，获国家专利7项。开发研制小型谷物联合收割机获陕西省政府、农业部科技进步奖，并被联合国技术信息系统中国分部授予发明创新科技之星称号，被批准为“九五”国家级科技成果重点推广项目。主编、参编专著4部，发表学术论文20余篇。

罗宏杰（1956—　），教授、博士生导师，国家杰出青年基金获得者。先后任陕西科技大学副校长、校长，上海硅酸盐研究所所长，现任上海大学校长。曾主持国家自然科学基金重点项目、国家自然科学基金项目、陕西省自然科学基金项目，并参与多项国家自然科学基金项目与国家攻关项目。率先将多元统计分析方法应用于中国古陶瓷的研究中，并结合陶瓷物理化学与工艺理论对统计分析结果进行了解释。建立了中国古陶瓷化学成分数据库应用软件包以及中国古陶瓷器型采集与器型结构数据库应用软件包，将判别分析方法应用于古陶瓷的断源与断代研究中，并提出建立综合断源与断代的基本思想。研究了1000多个胎、700多个釉的化学组成并进行了科学分类，已为国外学术机构认可。首次将化学成分数据库、最优化技术、配方综合调试技术等集合在一起，设计了一套适合古陶瓷复仿制以及配方计算的最优化软件包，具有广泛的推广应用价值。研究成果先后获中国科学院自然科学奖三等奖1项、陕西省科技进步三等奖1项，并多次被“中国科学技术史（陶瓷卷）”引用。出版专著1部，在国内外期刊发表论文40余篇，被SCI收录1篇、引用1次，被EI收录2篇。应用软件包已被英国牛津大学李约瑟东方文化研究所与美国国家博物馆所购买。

罗洪溪（1935—　），广东省陆丰县人，高级农艺师，研究员，省有突出贡献专家，享受国务院特殊津贴专家，曾任第八届全国人大代表，中共陕西省第六次、第七次、第十次党代会代表，陕西省第九届人大代表，咸阳市农业科学研究所所长、名誉所长。毕业于原西北农学院，长期从事小麦育种工作，先后育成“咸农39号”“咸农4号”“咸农68”“咸农683”及“咸农151”等小麦新品种。其中“咸农39号”作为小麦矮秆的种质资源，受到小麦育种界的广泛重视。20世纪90年代，他主持育成的小麦育种史上有重大影响的小麦超大穗材料，其麦穗最长的可达到38厘米，这为今后小麦超高产育种带来了希望和期待。撰写的“小麦超高产材料的选育”“超大穗小麦籽粒灌浆特性研究”等论文分别发表在《国外农学》《麦类作物学报》等刊物上。先后获得部、省、市科技成果奖10项。

罗文祥（1946—　），天津市人。1970年西北电讯工程学院毕业，历任陕西广播电视设备厂设计所所长、科技办主任，广播通信设备厂总经理，如意电气总公司总工程师（高级工程师）。多次担任广播发射机等电子产品设计的负责人，主持开发了广播发射机系列产品。其中10KWPDM机获陕西省电子工业科技成果二等奖，IKWPD机获陕西省电子工业科技成果三等奖，10KFM机获陕西省科技进步二等奖，IK全固化机获陕西省电子工业科技进步一等奖，300FM机获陕西省电子工业科技进步二等奖，FM激动器获陕西省电子工业科技进步二等奖。

罗兴中（1935—　），陕西省乾县人。1954年乾县师范毕业，多年自学电子技术。在乾县广播站、乾县科委工作。1960年研制自控高速风力发动机，参加全国科技展览，拍成科教影片在南方推广。1970年研制便携式军用调频机，参加陕西军区和兰州军区举办的科技展览。1980年研制JQ－80型全自动电子测试仪，获陕西省科技成果三等奖。编写的《JSS－6脉冲数字式播音程序控制》《有线广播自动控制》两书，由中央人民广播电台发行全国。还参加过全国广播技术政策制定和编写工作，发表论文多篇。

鲁德林（1893—1969年）陕西省咸阳市人。家贫无师，遂自习木匠、铁匠，试制木犁、锄头，比原来灵巧、省力，得到人们好评。21岁开始当匠工，半农半工。在自己村里办起小型手工农具厂。1950—1951年，先后制造出棉花条播机、冲沟机、拉锄机、辘轳水车（解放式水车的前身）等。制造拉锄机270架，一人一畜操作，工效提高3－5倍，推广到咸阳、兴平、长安的部分地区。辘轳水车推广到咸阳、泾阳、兴平、长安、礼泉、周至、户县、高陵、富平等地，深受农民欢迎。1951年被评为陕西省劳动模范，《群众日报》报道了他的事迹。

马福球（1937—　），广东省顺德市人。研究员级高级工程师，特种机械设计专家。1958年毕业于北京工业学院，曾任山西机床厂设计所副所长、技术质量部副部长、副总工程师、总工程师，二〇二研究所所长，陕西省兵工学会常务理事和中国兵工学会常务理事。长期从事特种机械的研究与设计，主持设计的项目曾获国家科技进步一等奖。1986年被国家科委评为有突出贡献的专家。1988年10月17日，又作为国防科技战线上卓有成绩的科学家，应邀参加了国防科工委暨所属部队组建30周年纪念大会。会上中央军委和国防科工委领导向他颁发了荣誉状。主要论著有《武器试验的电测法》等。

马建中（1960—　），山西省沁水县人，博士、教授，博士生导师。1983年7月获学士学位；1989年5月获硕士学位；1998年9月获理学博士学位；1999年5月至2000年5月在美国农业部东部地区研究中心进行一年多博士后合作研究。现任陕西科技大学副校长，兼任国务院学位委员会轻工技术与工程学科评议组专家、教育部科技委员会化学化工学部委员、教育部轻工与食品学科教学指导委员会委员、中国工程院产业工程科技委员会轻工绿色化学品研究开发促进会副理事长、中国轻工业联合会轻工表面活性剂应用研究分会副理事长、全国工业表面活性剂协会副理事长、西安纳米科技学会副理事长，《皮革科学与工程》杂志副主编，《中国皮革》杂志编审，《日用化学工业》《中国皮革》《皮革化工》等杂志社编委。2001 年获得陕西省优秀留学回国人员奖，2005 年获教育部新世纪优秀人才支持计划，2007 年获陕西省先进工作者荣誉称号，2008 年获陕西省教学名师称号，享受国务院特殊津贴。主要从事高分子助剂（皮革化学品）的合成理论与作用机理，无机—有机杂化纳米材料及其与动植物纤维作用机理的研究。作为项目负责人或主要研究者正在承担或已完成的纵向科研项目 30 余项，其中“973 计划前期研究专项”项目 1 项、国家高技术发展计划（863 计划）项目 1 项、国家自然科学基金项目 6 项、教育部新世纪优秀人才支持计划项目 1 项、教育部高等学校博士学科点专项科研基金项目 2 项、陕西省“13115”科技创新工程重大科技专项项目 1 项、陕西省重大科技创新项 1 项等，横向科研项目 20 余项。近年来，以第一完成人获国家技术发明二等奖 1 项、国家科学技术进步二等奖 1 项，陕西省科学技术一等奖 1 项、二等奖 1 项、三等奖 1 项，中国轻工业联合会科技进步一等奖 1 项、中国轻工业联合会技术发明一等奖 1 项，教育部技术发明二等奖 1 项，陕西省轻工业局科技进步一等奖 2 项，陕西省高等学校科技进步一等奖 1 项，陕西省教学成果二等奖 1 项；国家级精品课程 1 项；国家级教学团队 1 项。获准国家发明专利 8 项、实用新型专利 1 项。共发表学术论文 300 余篇，其中被国际权威检索期刊 SCI 收录 38 篇、EI 收录 55 篇、ISTP 收录 12 篇。

马振亚（1923—　），陕西省长武县人。中国民主同盟盟员。1951 年在西北医学院毕业，曾在西北医学院、陕西中医研究所等单位工作。1975 年被调来陕西中医学院，历任讲师、副教授、教授、硕士研究生导师、微生物教研室主任、中医基础理论研究室主任、院学术委员和学位评定委员、国家自然科学基金委员会中医学科评议专家、中国微生物学会陕西分会理事、中华医学会陕西分会微生物免疫学专业委员会副主任、《国外医学·医学分子生物学分册》编委。从事中西医结合免疫学、微生物学和现代免疫学、微生物寄生虫等方面的教学和科研工作，尤其是在中草药对病原微生物的作用方面，进行了多项研究，硕果累累。先后获得省部级成果奖 10 项。“骨痨敌注射液的临床研究和实验研究”，获全国医药卫生科技大会奖和陕西省科技大会奖。他是非典型抗酸杆菌的最早发现者，是中草药免疫研究和中草药与复方抗甲型流感病毒研究的开拓者之一，在陕西最早发现了色若型钩端螺旋体和新型痢疾杆菌。编著出版《中药方剂免疫药理研究》一书，有较高的学术价值，在中医界有一定影响。发表学术论文 60 余篇，其中有 10 篇获得各种优秀论文奖。

马宗申（1917—　），山东省微山县人。1945 年西北农学院毕业，留校任教。

1971 年开始专门研究中国古农学，为研究员。著有《营田辑要注释》《商君书论农政四篇注释》《中国水土保持概论》《中国农业科技史》。发表《齐民要术农谚注释》并序、《略论菑、新、畬和它代表的农作制》《关于中国古代洪水和大禹治水的探讨》《我国历史上的水土保持》《西周农业税法考》等论文 20 篇，《徐衷南方草物状稽舍（南方草木状)》被收入国际学术讨论会论文集。特别是多年致力校注的清代官修农书《授时通考》，全书共 200 万字（农业出版社出版)，继辛树帜、石声汉后，在研究古农学中，又作出了重要贡献。1992 年起享受国务院特殊津贴。

孟宪陶（1913— ），河北省武邑县人，研究员。民国二十六年（1937 年）南京金陵大学农专毕业。曾任陕西省特种作物研究所所长。长期在陕西从事油菜栽培技术及油菜科学研究工作，主持“油菜改混种为单种研究”并选育跃进油菜，在关中灌区推广，增产显著。

孟宪麒（1926— ），北京市人，教授级高级工程师。1944 年毕业于兰州国立西北技艺专科学校水利系。2009 年获水利部“长期奉献水利优秀人员”荣誉称号。曾任原西北水科所副总工程师。在黄土的工程性质、水工建筑物的渗流问题、高土石坝的工程技术等方面，均有不少研究成果，曾设计制成国内最大的2m×2m×1m 直剪仪，对水利建设起了一定的作用，曾主编《西北黄土性质》一书。

孟昭武（1947— ），陕西省西安市人。长期负责 J7 - Ⅰ、J7 - Ⅱ飞机改质软油箱、喷涂法薄壁软油箱的科研攻关项目。主持完成了为国防重点装备工程配套的 H7 飞机薄壁软油箱、H6 - R 空中加油飞机转输油箱、JTE 耐高温软油箱、y7H、y7Ⅱ飞机软油箱、无人驾驶飞机薄壁软油箱、耐高温超簿型软油箱等多项新型飞机软油箱的研制工作。完成了总后下达的科研攻关项目 12 项（其中 9 项已通过部级鉴定）。完成的项目中，“喷涂法薄壁软油箱”获全国科学大会奖、“J7Ⅱ5、6 号软油箱高温渗油质量问题”获第三机械工业部质量攻关成果一等奖；“军用空投油料容器研究”获陕西省科技进步二等奖。由他带领的容器胶布研制组，1992 年获科技兴陕先进集体称号。1992 年 10 月起享受国务院特殊津贴。

宁锟（1931— ），湖南省邵东县人。1956 年湖南农学院毕业后，一直在西北农科所、陕西省农科院工作。历任小麦育种室主任、副所长，院学术委员会常委，陕西省小麦育种攻关组组长，省自然科学研究系列（农业）高级职称评委会委员，国家重点攻关项目小麦专家组成员，1988 年晋升为研究员。长期从事小麦育种工作，先后育成陕旱一号、秦麦一号、陕农七八五九、陕农七八五三、陕农三一二四、陕农一六七一六、陕农二一三、陕农二二九等小麦新品种，其中陕旱一号 1981 年获陕西省科技成果二等奖，秦麦一号 1987 年获省科技进步三等奖，陕农二二九号 1995 年获省科技成果一等奖。于1982年育成矮秆、大穗、大粒的小麦新品种，经过上百名专家观摩评审，得到一致称赞，被命名为陕农七八五九。到1990年已成为黄淮产麦区的主栽品种，累计种植4800多万亩，1990年获得国家科技进步一等奖。1991年被评为陕西省优秀共产党员专家、“七五”国家科技攻关先进个人、有突出贡献专家，1992年被评为陕西省劳动模范。

欧阳琨（1935—　），湖南省平江县人，享受国务院特殊津贴专家，主持研究完成乳酸菌奶粉（Ⅰ、Ⅱ型），属国内首创，其生产菌株抗高温性能、保健效果及成品中有效存活时间属国内外领先水平。“乳酸菌奶粉Ⅰ型”1993年获陕西省科技进步三等奖，并被收入《中国技术成果大全》中。其技术先后被长武县乳品厂、泾阳县云阳奶粉厂采用后，产品畅销，效益很高。“稠酒研究”1992年通过省级鉴定，属国内先进水平。

潘津生（1910—　），女，江苏省无锡市人。1932年北平学院毕业，留校任教5年。后调北京轻工业学院任教授，1970年随校迁来咸阳，任西北轻工业学院皮革分析试验室主任，兼任中国皮革学会顾问、陕西省轻工协会顾问、省皮革学会名誉主席。多年从事皮革方面的教学和试验，对油鞣革及皮毛两用革进行深入研究，成为著名专家。主持的“戊二醛的合成、分析及鞣革研究”，获轻工业部科技成果三等奖。完成“六五”攻关项目“提高汉口路山羊皮质量之研究”，获轻工业部科技成果一等奖和国家科技成果一等奖。所著《皮革分析检验》一书，获全国科技成果二等奖。撰写《改性酪素CAS系列作为皮革涂饰剂接合剂的研究》等多篇学术论文，在国外发表。1992年被国务院批准享受国务院特殊津贴。

潘君琪（1944—　），山东省青岛市人，高级工程师。1985年起任西北轻工业学院科技开发实业公司经理。曾亲自组织转让科技成果和开展技术服务125项，为200多家企业开展咨询服务。组织学院科技人员扶持云阳造纸厂、沣东造纸厂等15家乡镇企业、设计开发新产品，其中两项获省优、两项获部优称号。他与省乡镇企业局、云阳造纸厂协作，在云阳造纸厂办起技术培训中心，为陕西省乡镇企业造纸厂培训技术骨干400余名。为了推动陕西省高校科技与社会结合，与经济建设相结合，参与组织陕西省高校联合科技开发集团的工作，并担任该集团副理事长。1986年被评为陕西省农村科技进步大会先进工作者。1984年在“科教兴陕”会上被陕西省政府评为劳动模范。

邱功绩（1936—　），四川省内江市人。1965年由沈阳调来西北橡胶厂，任副厂长、总工程师、教授级高级工程师，兼任化工部胶布胶管制品专家组成员、中国胶管胶带工业协会顾问、国防科工委国家橡胶技术委员、中国化工物流学会委员等。20世纪60年代，在苏联停供飞机油箱专用海绵，拒绝提供生产技术的情况下，他独立开发了这种材料的生产技术，1964年获国家科委、计委、经委联合颁发的一等奖。组织完成了“歼五飞机发动机非金属材料延寿攻关”，受化工部委派指导海军潜艇蓄电池生产技术攻关，在中国第一架战略轰炸机配套关键橡胶制品研制投产过程中，发挥了主导和关键作用，获国防科工委三等奖。20世纪70年代，研究成功“软芯冷冻法高压胶管生产技术”，并在全国推广，使中国高压胶管生产技术进入国际先进行列，1978年获全国科学大会奖。20世纪80年代，研究成功“钢丝纺织空气轮膨胀制冷技术”，属国际首创，对“厚壁制品硫化效应计算”“钢丝合股悬差理论”等的研究，均曾处于当时国内外同类研究的前沿。

邱怀（1915—　），福建省上杭县人。1939年西北农学院毕业，1947年来西北农学院任教，历任畜牧系教授、养牛教研室主任、黄牛研究室主任、动物遗传育种专业博士研究生导师，中国良种黄牛育种委员会副主任兼秘书长，中国养牛研究会副会长，《中国黄牛》杂志主编。先后主持国家级、部级、省级重点科研课题15项。“畜牧兽医科技国内外水平对比和赶超设想”的研究，1980年获农业部技术改进三等奖；“秦川牛早熟性和肉用性能”的研究，1981年获农牧渔业部科技进步二等奖；“2000年我国农牧业科技发展预测”的研究，1984年获农牧渔业部技术改进三等奖，1986年又获国家科委科技情报成果三等奖；“中国黑白花奶牛育种研究”，1987年获农牧渔业部技术进步一等奖，1988年又获国家科委技术进步一等奖；“秦川牛国际”研究，1988年获国家技术监督局科技进步四等奖。所撰《中国牛品种志》，1985年获农牧渔业部科技进步一等奖。担任全国统编教材《养牛学》副主编，1987年被评为二等优秀教材。主编高等农业院校教材《实用奶牛学》和《养牛生产学》，《中国大百科全书》农业卷畜牧科的养牛分支，是全国著名的养牛学家。1982年被中国奶牛协会和中国良种黄牛育种委员会评为中国黑白花奶牛育种先进工作者，1985年被农牧渔业部和陕西省政府评为优秀教师，1988年授予陕西省劳动模范称号。1991年起享受国务院特殊津贴。

邱永政（1935—　），江苏省灌云县人。教授级高级工程师。从事火炮设计与研究。曾担任过中国兵器工业部第二〇二研究所侨联分会主席、陕西省国防科工办系统侨联副主席、陕西省侨联委员、政协咸阳市第三届委员会委员。1986—1995年担任国家某重点装备研制项目副总设计师，完成国家设计定型，1997年获部级科技进步特等奖，1998年获国家级科技进步一等奖。主要论文有《前冲原理在中大口径火炮上的应用研究和我们的看法》《小口径自行高炮的发展和总体设计》等。

任维羡（1941—　），四川省盐亭县人。从事植物纤维化学、包装材料学、制浆化学的教学和研究，承担完成“硝化纤维素纸”“白夹竹麦草研制牛皮箱纸板”“三用毛竹与废纸生产特号牛皮箱纸板”“全麦草亚铵法生产高强瓦楞原纸”“竹子、稻草生产牛皮箱纸”等项目，均获部、省级奖。组织并参与完成了国家“七五”重大科技攻关项目两项，均达到世界先进水平。负责进行的国家“八五”重大科技攻关项目“红麻皮制高白度化学浆”，已取得小试成果，“GL 特种纸”项目已完成小试。承担和参与了《造纸工业词典》《包装材料学》《植物纤维学》《纸的科学》等书的编译工作。先后在国内外学术刊物和学术会议上发表论文 10 多篇。1992 年前往俄罗斯、芬兰进行科技学术交流。1992 年起享受国务院特殊津贴。

山仑（1933—　），山东省龙口县人。旱地农业与作物抗旱生理学家，中国工程院院士。1954 年毕业于山东农学院农学系，1962 年获苏联科学院植物生理研究所副博士学位，曾任中国科学院西北水土保持研究所副所长。现为水土保持研究所研究员，学术委员会主任，黄土高原土壤侵蚀与旱地农业国家重点实验室学术委员会主任，西北农林科技大学学位委员会副主席，陕西省决策咨询委员会顾问，水利部科技委员会顾问，国家节水灌溉杨陵工程中心顾问，中国水利学会名誉理事，中国植物生理学会荣誉会员，陕西省水土保持学会名誉理事长，《Pedosphere》《干旱地区农业研究》杂志名誉主编，《应用生态学报》《水土保持学报》《中国水土保持》《沙棘》等杂志顾问，《生态学报》《中国农业科学》《西北植物学报》《灾害学》《地理科学与环境学报》《中国生态农业学报》《应用与环境生物学报》等杂志编委，以及中国工程院农业、轻纺、环境学部常委。同时任河南大学、山东农业大学、中国科学院研究生院等高校兼职教授。曾任第九届全国人大代表。1995 年当选为中国工程院院士。长期从事植物抗旱生理及旱地农业与节水农业研究，曾主持国家，省（部）及国际合作课题多项，在旱地农业生理生态基础，提高半干旱地区农田降水利用效率的综合途径，有限灌溉水高效利用的理论与技术等方面做了系统的工作。他从植物需水与半干旱地区农业水环境之间的关系出发，提出了作物对多变低水环境适应性的科学概念，证实多种作物一定生育阶段适度水分亏缺可产生生长、生理和产量形成上的补偿效应，节水与增产目标可以同时实现，为推行节水农业提供了有力根据。现致力于植物整体抗旱性、节水农业生物学和中国以黄土高原为中心的半干旱地区农业发展战略方面的研究。曾获国家科技进步奖 2 项，省（部）科技进步奖 9 项，主编专著 4 部，发表学术论文 240 余篇，培养硕士、博士研究生 20 余名，1988 年获中国科学院竺可桢野外科学工作奖，1991 年被授予陕西省有突出贡献专家称号，2001 年获何梁何利科学与技术进步奖。

沈朝洪（1940—　），江苏省江阴市人。1965 年北京建工学院毕业，1970 年随迁咸阳陶瓷研究设计院，现任国家建筑卫生陶瓷质检中心副主任（高级工程师）。1972 年起从事氮化硅工程陶瓷材料的研究，任项目负责人。1980 年起从事建筑卫生陶瓷标准化技术归口管理和技术标准的制定与修订，制定GB/T12956－91《卫生间配套设备》、GB6452－86《卫生陶瓷》等国家标准 11 项，获国家建材局、国家技术监督局科技成果奖 5 项。1985 年起任国家建筑卫生陶瓷质检中心副主任，并承担高、中档配套卫生间技术开发项目研究负责人，获国家经委颁发的国家技术开发优秀成果奖。1994 年起享受国务院特殊津贴。

沈国铮（1937—　），江苏省苏州市人。九三学社成员，教授。1961 年毕业于西安交通大学工业企业电子化专业。系陕西科技大学教授、陕西省电子学会会员，陕西省计算机学会会员。1982—1983 年以访问学者身份到美国 STAFF ORO 工业大学访问考察。成功研制据矩传感器。协同研制成功自行车轻便度测试仪。1982 年获轻工业部科技进步三等奖。

沈庭石（1938—　），陕西省户县人。西北农学院农学系毕业，长期在永寿县从事油菜栽培技术的研究和推广，协助孟宪陶总结推广了永安大队旱地油菜丰产经验，曾获陕西省政府油菜大面积丰产栽培技术推广一等奖。参与“渭北旱原小麦、油菜综合栽培技术研究”，获陕西省科技进步一等奖。主持永寿县农业区划和土壤普查，获陕西省农业区划三等奖。1989—1993 年负责秦都区农业科技承包工作，获陕西省农业综合技术推广二等奖。

沈毛平（1955—　），陕西省富平县人。1971 年参加工作，中央党校函授大学学历。1989 年起任咸阳科委副主任、1998 年 9 月任科委副主任、主持工作，1999 年 7 月任市科委主任，2001 年 12 月至今任市科技局局长、党组书记。主抓科技工作期间，咸阳科技发展迅速，在争取项目数、资金额、申报专利数、技术合同登记额等方面均处省内第二或第三。曾获咸阳市科学技术奖多项，公开发表论文多篇。

沈一丁（1957—　），甘肃省酒泉市人。教授，博士生导师，国家有突出贡献中青年专家，享受国务院特殊津贴。1982 兰州大学毕业，同年在原西北轻工业学院基础课部有机教研室任教师；1984—1987 年在中国科技大学高分子物理专业攻读硕士学位；1997—2000 年在大连理工大学精细化工专业攻读博士学位；1992 年起先后担任原西北轻工业学院基础课部副主任、主任、化学工程系主任，党委委员，曾荣获陕西省第二届优秀青年科技工作者、第三届中国青年科技奖、咸阳市首届优秀青年科技人才奖、咸阳市新长征突击手、咸阳市跨世纪青年带头人，1997 年入选陕西省三五人才。2000 年任学校党委委员，副校长，2005 年 3 月任陕西科技大学校长、党委副书记。还兼任陕西省化学学会常务理事长、教育部轻工与食品教学指导委员会委员。主要从事精细高分子助剂及高分子表面活性剂的制备及应用工作。

石克礼（1937— ），河北省丰润区人。1962年武昌炮兵工程学院毕业，在兵器工业部第二〇二研究所历任技术员、工程师、项目组长，高级工程师。长期从事火炮技术的研究工作，参加了72式85高炮的研制，承担炮车部件、新材料的应用试验研究，为铝合金在火炮主要受力件上的应用，进行了有益的探索。1987—1990年主持新型自动机研究，其成果达到世界先进水平，1992年获部科技进步一等奖（为第一完成人）。

石忠孝（1936— ），陕西省华阴市人。1963年兰州大学化学系毕业，西北橡胶工业制品研究所质检中心高级工程师。主要从事橡胶助剂的研究工作，在塑介剂、防焦剂、可剥性涂料等方面尤有深入研究。所研制的“12－1塑介剂”1979年获陕西省科技大会重大成果奖，“防焦剂CTP”1980年获化工部科技成果三等奖。上述两项产品，在中国尚属首创，经多方应用鉴定效果良好。仅“防焦剂CTP”年产量就达100吨左右，产值千万元。“可剥性涂料”，1992年获咸阳市首届科技成果产品展销会优秀科技奖。

史春连（1943— ），天津市人。1964年天津工学院高分子材料专业毕业，1965年调西北橡胶总厂工作至今。历任车间主任、技术科长、党委副书记，高级工程师，兼任中国橡胶工业协会特制品协会副理事长、陕西省化工协会理事。长期负责该厂的技术管理工作和主持重大科研项目，为技术进步付出辛勤劳动。负责开发的“宽幅环形印花胶带”，填补了国内空白，产品质量接近国际先进水平，不仅替代进口，而且在价格上有很强的竞争力。组织“用氯醇胶生产变压器隔膜的试制”工作，使产品质量大大提高，1982年获陕西省科技进步三等奖。组织完成“钢丝缠绕胶管研究及试制”，1994年获陕西省科技进步三等奖。

史联社（1936— ），陕西省西安市临潼区人。1956年武功农校毕业，任陕西省农科院果树研究所栽培室主任、副研究员。多年从事苹果、梨的栽培技术研究，主要成果有“苹果矮化砧木在陕西省适应性研究”，1982年获陕西省科技成果二等奖；“秦岭北麓苹果滴灌技术的研究”，1986年被评为陕西省水利科技成果三等奖；“渭北苹果大面积丰产技术承包”，1987年获陕西省科技进步二等奖；“眉县万亩矮化苹果园建议”，1988年获陕西省科技进步二等奖；“洛川县好音沟小流域综合治理研究”，1990年获陕西省科技进步三等奖。

史允和（1917— ），陕西省兴平市人。1941年西北农学院附设高职毕业，50年代初期在陕西省农林厅工作，后任陕西省农科院兽医研究所养蜂室主任、高级农艺师，兼任中国养蜂学会常务理事、陕西省畜牧学会常务理事、省养蜂学会第一副理事长等。几十年致力于蜜蜂饲养管理、良种选育、病虫害防治、蜂产品加工的研究，在长期的实践中积累了丰富的理论知识和技术经验，总结出“养蜂三要素——王好、群强、蜜足”

“低温越冬，高温繁殖”“蜂群四季管理要点”“蜂群快速发展的措施”“生产季节近距离搬迁蜂群”“白关子病因的探讨”“盗蜂的防治方法”等。这些经验在推广应用后，解决了中蜂饲养方面的许多重要技术问题。编写《农业科技手册》一书的养蜂部分，发表学术论文10余篇。

司月炜（1957— ），陕西省乾县人。经过几年努力，写出《地扩旋漂说》一书。1995年8月9日，《陕西日报》用万余字详细报道了他创立“地扩旋漂说”的事迹。“地扩旋漂说”是探索大地构造、地壳运动规律的新学说。它的理论核心是“扩张力使地壳升降，旋漂力使其螺旋漂移（旋升或旋缩），形成波浪式前进的循环运动形态。扩张力和旋漂力又统一为地球自转，地球旋转的力源来自星系演化”。

舒世昌（1963— ），陕西省周至县人，理学博士、咸阳师范学院教授、西北大学兼职教授，中国数学会会员、陕西省数学会高师数学教育学会理事、陕西省教育学会理事、陕西省高校科研管理研究会理事、咸阳市数学会荣誉理事长，《美国数学评论》（*Mathematics Review*）评论员。现任咸阳师范学院党委委员、副院长、院学术委员会副主任。1995年被评为陕西省优秀教师并被授予省优秀教师奖章，1997年5月获得陕西省新长征突击手荣誉称号，1997年12月获得全国高等师范院校曾宪梓教师奖三等奖，获得陕西省高等学校科学技术奖和咸阳市科学技术二等奖2项、三等奖4项、陕西省科学技术三等奖1项，2000年被确定为咸阳市科学技术拔尖人才，2008年被确定为咸阳市有突出贡献专家。一直从事数学与应用数学专业的教学与研究工作。在整体微分几何等研究领域成果显著，先后在 *Journal of Mathematics Society Japan*，*Pacific Journal of Mathematics* ，*Mathematical Notes*，*ANZIAM Journal*，*Proc. Royal Soc. Edinburgh*，*Bulletin of Australian Mathematics Society*，*Bull. Math. Soc. Sci. Math. Roumanie*，*Tsukusa Journal of Mathematics*，*Tokyo Journal of Mathematics*，*Balkan Journal of Geometry and Application*，《数学学报》等国内外重要学术期刊上公开发表学术论文60多篇，出版专著1部，发表的论文中有20多篇被SCI、EI收录，多篇被《美国数学评论》《德国数学文摘》和《中国数学文摘》收录。主持陕西省自然科学基金项目2项、陕西省教育厅自然科学基金项目4项，参加国家自然科学基金项目1项、陕西省自然科学基金项目2项。

苏旅明（1956— ），陕西省扶风县人，1982年毕业于西安医科大学临床医学专业，学士学位。1982—1988年在长武县医院工作，同年调入咸阳市第二人民医院，1999年任咸阳市中心医院院长至今。现任外科主任医师，泰山医学院教授、硕士研究生导师，担任中华医学会陕西分会委员、陕西省医学会普通外科分会常委、陕西省医学会胸心血管外科学会委员、陕西省医学会统计学会常委、咸阳市卫生系统高级职称评审委员会委员、咸阳市医疗事故鉴定委员会委员、咸阳市人身伤害医学鉴定小组组长等职务，连续13年担任咸阳市渭城区人大代表及咨询委员会委员，为区域建设建言献策，共提案6项。先后获得咸阳市首批“三五人才”、咸阳市优秀跨世纪学术技术带头人、陕西省“215”人才、咸阳市有突出贡献专家等荣誉称号。两次被咸阳市卫生局评为咸阳市“十佳院长”。2008年被人事部、卫生部、国家中医药管理局授予“全国卫生系统先进工作者”称号。主持并成功开展了全国地市级医院首例肝移植；咸阳市首例肾移植；医院首例全麻低温体外循环心脏手术，率先在胸外科开展了胸腔镜手术，成功开展了食管癌、贲门癌根治术；肺叶切除术、全肺切除术、支气管袖状肺叶切除术、胸膜肺切除术；纵隔肿瘤切除术；胸腔镜微创手术；心脏手术；复杂纵隔肿瘤切除术、隆突成形术、高位食管癌颈部吻合术、颈胸腹三切口食管癌根治术等项目。荣获市科技成果进步奖11项，其中“电视腹腔镜胆囊切除术中的复合性手术研究”“电视腹腔镜在妇科手术中的应用”以及“背驮式原位肝移植治疗肝硬化门脉高压症”三项科技成果荣获咸阳市科技进步一等奖。在《中国医院管理杂志》《医师进修杂志》等核心期刊上发表教学、科研论文20余篇。其中《临床药物手册》荣获2008年咸阳市科学技术二等奖。

宋扬辉（1940— ），湖南省湘潭县人，高级工程师。1964年7月毕业于中国人民解放军军事工程学院空军工程系海空军械专业。毕业后一直从事技术工作，先后担任技术员、工程师、项目主管、总体副组长、设计所所长、技术科长等职务。1964—1966年在国防科工委第六研究所参加了项目设计。在八四七厂参加了105项目的试验分析工作。1966年12月调一七七厂后，先后主管某特种机械技术问题的处理，6501仪器车图纸的整编，某特种机械的改进、WZ501项目某主要部件的测绘仿制，某特种机械的研制等工作。其中一项获江西省科技大会奖。在另一项研制任务中，任副总设计师，于产品设计定型和生产定型后批量生产外贸，为国家创汇1亿多美元，获国家科技进步二等奖。

孙华（1908— ），江苏省吴江县人，又名孙云蔚，教授。留学日本，任教西北农学院。长期从事高等农业教育和果树研究工作。对陕西地区果树资源、品种分布进行了大量的调查研究。曾指导礼泉县改进梨树生产技术，获得丰产。

孙敖大（1936— ），江苏省宜兴市人，教授级高级工程师。1956年毕业于武汉水利学院，先后在陕西省水电勘测设计院、陕西省渭河工程局工作。1961年调到咸阳专员公署水电局，完成或主要参与的工程项目主要有“羊毛湾水库灌溉工程的设计施工”“黑河亭口水库规划设计”“渭河和泾河治理规划”“羊毛湾‘引冯济羊’输水工程”和“三原西郊水库的规划设计”。其研究的“咸阳市立体地形图”经技术鉴定正式投入生产。先后发表的论文有《土工织物在渭河堤防工程中的应用》《浅谈咸阳市水资源危机及其对策》等。1991年获咸阳市农村科技工作先进个人奖，1994年获陕西省水利科技工作先进个人奖。

孙钦航（1937—　），河南省孟津市人。1962年榆林农学院毕业，到长武县林业站工作。1978年调到咸阳地区林业技术推广站，任站长（高级工程师）。30年来从事林业科研和技术推广工作，先后获得科技进步奖、技术推广奖、星火计划奖13项。其中“红枣丰产技术推广”，1988年获全国星火计划展览会铜奖；“油松人工幼林蛀干害虫及其防治研究”，获省政府科技进步三等奖；“幼林枣树旱作密植丰产试验”，填补了西北地区空白，居国内领先地位。发表论文47篇，出版《陕西枣树优良品种》一书。1984年获中国林学会劲松奖。

孙经支（1921—　），陕西省三原县人，高级农艺师。民国三十五（1946年）西北农学院毕业。长期任职陕西省农业科学院，从事农业技术应用和推广工作，主持并参与“黄土高原丘陵沟壑土地利用模式研究”，获科技成果奖。

孙之兰（1942—　），女，北京市人。1965年北京化工学院毕业，先在北京化工研制院从事火箭推进剂的合成，1969年到兴平化肥厂从事羰基铁粉的合成，1972年调入西北橡胶工业制品研究所，为高级工程师。1980年参与研制的“柔性耐烧蚀材料”，获国防科委重大成果三等奖。1986年主持研制的“D301氯丙胶柔性耐烧蚀材料”，获化工部科技进步二等奖。

唐俊琪（1955—　），陕西省礼泉县人。现任西安医学院院长。曾发表科研论文多篇，与人合著《痿证》一书1997年由中国中医药出版社出版。参与了多项新药课题研究，其中有二类新药“鱼金注射液”，三类新药“致康胶囊”“洁肤净”，保健药品“洁身素”“隆尔康”等。在他的倡导下，成立了“陕西中医学院药物研究所”，并担任第一任所长。

唐克丽（1932—　），上海市人。1954年毕业于山东农业大学，1959—1962年在苏联科学院道库恰耶夫土壤研究所取得博士学位，1986年12月晋升为中国科学院西北水土保持所研究员。1990年被批准为博士研究生导师。后被中国科学院任命为黄土高原土壤侵蚀与旱地农业国家重点实验室主任。自20世纪50年代起，主要从事黄土高原土壤侵蚀的研究，探讨土壤侵蚀规律及治理途径。1980年负责组建中国第一个土壤侵蚀研究室，并任主任，是中国土壤侵蚀学科的主要带头人之一。近年来，她把土壤侵蚀的研究又扩展到“全球变化”和“自然灾害”领域，在国内外学术刊物上发表论文50多篇，曾多次去苏联、美国、委内瑞拉、德国、泰国、日本、澳大利亚进行考察和学术交流，参加国际科技会晤及国际土壤会议，先后被聘为陕西省国际科技会议中心顾问、国际泥沙研究培训中心顾问、全国《自然科学名词》审定委员会委员、《中国农业百科全书·土壤卷》主编等。曾获中国科学院“竺可桢野外科学工作奖”，被评为陕西省科技精英，为发展中国土壤侵蚀和水土保持学科并走向世界作出了重要贡献。

田家乐（1920—　），湖南省凤凰县人，教授。1948年毕业于中央大学化学系，历任中国应用化学会委员、陕西省香料学会理事长、省计量学会常务理事、省食品学会理事、省轻工业协会理事，西安市电化学研究会副理事长、咸阳市人大常委、西北轻工业学院应用化学研究所所长。长期从事教学、科研和指导研究生工作。主编《电化学分析在环保中的应用》《汉英化学化工字典》等书。主要科研成果有“穿刺复合PH电极”“铁盐代替铬盐鞣质鞋面革”“远红外控温快速水分测定仪”“硫离子测定仪”“PHQ－1型PH型计”等。曾获陕西省人民政府颁发的优秀教师奖，获轻工业部科技先进工作者称号。

田景丰（1945—　），陕西省兴平市人。咸阳中医肿瘤医院主任医师、院长，陕西中医肿瘤研究所所长，陕西景丰制药有限公司董事长。他从小就在诊病开方熬药升炼中熏陶，博览群书，精研经典，细心揣摩医药原理。经过几十年博览广采，精读精思，终于使他成为名噪国内外的中医肿瘤专家，他的名字已载入《中外名人字典》《世纪专家》。他所创办的咸阳中医肿瘤医院为市级涉外专科医院。主持“研制开发复方仙术口服液治疗中晚期癌症临床和实验研究”项目，1993年列为国家科技专项、国家新药基金项目，1994年列为国家科技发展项目。此项目系列制剂曾3次荣获咸阳市科技进步奖，2002年获陕西省科技奖。1997年被授予陕西省有突出贡献专家、陕西省劳动模范、科技部全国十大杰出医学跨世纪人才等称号。

田景民（1929—　），陕西省咸阳市人。1954年大连理工大学土木系水力发电专业毕业，先后在水电部北京勘测设计院、西北勘测设计研究院工作。历任设计专业组长、设计总工程师、施工工程局副总工程师（高级工程师）。1954年起，先后在浙江、云南、江西、北京、新疆、甘肃等地，参加10多座大中型水电站的规划设计工作。1958年主持设计的盐锅峡水电站，装机45万千瓦，是黄河上第一座大型发电工程。采用混凝土蜗壳，是当时国内外水头最高、容量最大的工程，获得先进设计奖。该电站1958年9月动工，1961年11月发电，成为多快好省的典型，震动中外。翻译苏联水工建设《测定隧洞衬砌上的地下水压仪器》，发表《盐锅峡混凝土蜗壳的设计》等论文，参加编写了中国第一部《水力发电年鉴》。

田兴禾（1915—　），陕西省富平县人。1939年西北农学院水利系毕业，1940—1952年，在水利部农水局、洛惠渠、黑惠渠、梅惠渠工作。1954年起任渭惠渠管理局副局长、副总工程师，渭惠渠、宝鸡峡两个管理局合并后，仍任副局长、副总工程师，是教授级高级工程师。他在渭惠渠、宝鸡峡工程局主持技术工作长达30年之久。解决了许多技术难题，做出重大贡献，1954年汛期，渭河暴涨，魏家堡渠首南土坝受到严重威胁，他提出合理的处理方案，既保住了坝体，又节约了资金，避免了大的事故，受到省上表扬。在渭高抽工程修建和改造中，建议用“水夯”处理过沟填方和窑洞隐患，收到极好效果。参与主持研制了汽力泵挖泥船，U型渠道衬砌机、开沟机。进行技术推广，获得国家农业科技推广奖和陕西省农业科技推广一等奖。主编出版《灌溉工程管理》一书，发表《柴动斗分渠U型衬砌机》等论文，撰写《宝鸡峡引渭灌溉工程志》上篇，与他人合写中篇。由于对陕西水利事业做出重要贡献，1988年获陕西省政府老有所为精英奖，1993年经国务院批准享受国务院特殊津贴。

田臻（1904— ），陕西省绥德县人，陕西彩色显像管总厂高级工程师。1966年西北大学毕业后，曾在南京七四七厂、宝鸡四五〇三厂工作。1978年开始参加咸阳彩色显像管总厂的筹建工作，为原材料国产化做出了重大贡献。他研制的设备生产出质量达到日本发光纯精准标准的硫黄粉，填补了国内空白，该产品获国家星火计划金奖。1991年享受国务院特殊津贴。

万建中（1917—1991年）湖北省大冶市人，教授。民国二十九年（1940年）西北农学院毕业，留学美国。1950年获美国威斯康星大学农业经济学博士学位。回国后，历任西北农学院教授、院长、教务长、副院长、中国农业经济学会第二届副理事长，陕西省武功农业科学研究中心协调委员会主任，民盟陕西省委第五届副主任委员。长期从事高等农业教育和农业经济研究工作，主持“渭北旱原农业资源综合利用研究”及“乾陵地区综合发展试验研究”，取得显著成果。

王丙午（1949— ），河南省巩县人。1975年山东化工学院橡胶系毕业后，先后开发研制新产品10余项，并解决了多项生产技术的关键问题。1981年独自研究、设计、制成的渔船用10人气胀式救生筏和15人气胀式救生筏，填补国内空白，获陕西省科技进步三等奖。1983—1985年研制的QJF－20型气胀式救生筏，在国内首先达到了“国际海上人命安全公约”修正案的要求，获化工部科技进步二等奖和陕西省优秀新产品奖。1985年化学工业部授予劳动模范称号，1986年被授予陕西省优秀共产党员称号，1987年陕西省人民政府授予劳动模范称号。

王朝宏（1921— ），山西省高平市人。教授，主任医师。1949年毕业于上海国防医学院。新中国成立后，先后在四川川南军分区医院、中国人民解放军第10后勤医院任军医、主治军医。1959年到陕西中医学院工作。曾任内科教研室主任、附属医院内科副主任、陕西省医药科技顾问、中国中西医结合研究会陕西分会副理事长、咸阳市政协委员。多年来致力于中西医结合防治内科心血管疾病的临床研究工作，治愈过很多疑难杂症。参加编写了全国高等医药院校统编教材《内科学》《诊断学基础》，发表过多篇有价值的学术论文和临床报告。

王孟效（1941—　），江苏省太仓县人。教授。1966年华东师范大学物理系毕业，1981—1983年赴日本山黎大学进修微机应用，现任陕西科技大学微机应用研究所所长，兼陕西西微测控工程有限公司董事长。1999—2002年被聘为上海交通大学副博士生导师，2003年至今被聘为陕西科技大学博士生导师。兼任中国造纸学会自动化专业委员会副主任委员，宁夏美利纸业技术委员会委员，山东临清银河纸业高级顾问，《化工自动化及仪表》编委，《中国造纸》《中国造纸学报》等杂志特约审稿人。承担的“ZWK－1型纸机总车速微机控制系统”，获陕西省高教科技成果二等奖和轻工业部科技成果三等奖。“R－T式微机测控温技术”，获全国第二届发明展览会银奖和轻工业部、陕西省科技进步三等奖。“薄页纸水分定量微机自动控制系统”获省级科技进步三等奖。综合性项目“中小型纸厂微机综合控制系统”，被国家科委列入国家科技成果重点推广计划，被国务院生产办列入“八五”国家新技术重点推广计划，已在全国7个省市得到推广，取得显著社会效益和经济效益。著《制浆造纸过程测控系统及工程》一书，在《中国造纸》《控制理论及应用》*Industrial and Engineering Chemistry Research* 等国内外学术期刊及IEEE、IFAC等国内外学术会议上发表论文近50篇。1986年获国家科委授予的国家级有突出贡献的中青年专家称号，1991年起享受国务院特殊津贴，1995年被评为陕西省优秀留学回归人员。

王和中（1936—　），陕西省咸阳市人。1962年西北工业大学航空材料专业毕业，被分配到国防部某院从事航空材料研究工作，是新中国第一批自己培养的航空材料专业人才。现为高级工程师。30多年来，先后参加了“轰六飞机的研制”，主持了“歼六飞机模拟机的研制成型”，获国家科技进步一等奖，并同其他同志一起承担了十几项国家绝密航空项目的研究，取得多项成果。

王华民（1938—　），河北省唐山市人。1964年兰州大学毕业后到上海科学院生物化学研究所工作，1970年调入咸阳铸字机械厂，先后任副总工程师、总工程师。一直从事电器设计工作，1988年授予高级工程师职称。1992年咸阳铸字机械厂同美国成立中外合资陕西省景欧爱快速印刷设备有限公司时，他任总工程师，继续开发激光照排机。出版《机电一体化技术应用实例》等著作。主持设计了“用电机推进的7701型照排机”，改老式机械推送为步进电机推送，自动化程度有了较大提高，属国内首创，获全国科学大会奖。1978—1980年，他改进的“301型电脑照排机”，其设计获咸阳市科技成果一等奖，1982年增设数字显示器，1983年在此基础上重新设计了用计算机软件编制的全新 ZXP－3 型电脑照排机，有 20 种功能，在同行反响很大。1985 年，增加微机软件，研制出 4 型多镜头电脑照排机。1987 年利用印刷电路版技术，开发 3A 型，被推荐为国家替代进口产品，在日本展销会上，受到好评。1987 年，设计出了 PXZ－5 型辉光扫描照排机，集机、光、电于一体，深受用户欢迎。1992 年，根据北京等地的技术资料，他吸收消化了国外先进机型，使用了半导体作为光源的技术，制造出 F91 型激光照排机，其国产化程度一次就达到 80% 以上，而特性仍保持了国外结构简单、体积小、重量轻、操作方便的性能。1993 年中外合资后，他同其他技术人员一起，把不可见激光器改为可见光的红光激光，可使用国产软片，为用户节约了大量外汇，成本降低 60% 多。F91B、F95 型激光照排机增加的液晶汉字显示，使人机对话更加简便、直观，如和统一输出系统连通，会增加更多性能，操作更为简便，在技术上又大大前进了一步。

王家芳（1934—　），辽宁省辽阳县人。1956 年沈阳轻工业高等职业学校橡胶工艺专业毕业，1966 年调来西北橡胶总厂工作，现为高级工程师。20 世纪 50 年代，为中国飞机发动机首次研制配套橡胶膜片，在航空工业中一直沿用到现在。20 世纪 60 年代完成中国第一枚导弹配套的 178 种橡胶制品及 1061 导弹“八大橡胶件”的攻关，受到国防科委的表扬。完成 MF－21 导弹保护套的设计、施工及试产的全过程，成功地试制出大型胶布气球，并投入批量生产。解决了东风 3#导弹橡胶配套件的关键技术问题，东风 5#导弹橡胶件配套也取得满意效果。20 世纪 70 年代试制成功“歼七Ⅱ型飞机密封胶带”，获国防科委协作一等奖，化工部也予以表彰。推广“飞机座舱口针织密封胶带的生产应用”，1978 年获全国科学大会奖，1986 年又获化工部科技进步三等奖。20 世纪 80 年代以来，研制的“东风 5#导弹 YF－80 发动机橡胶膜片”，1986 年获化工部科技进步二等奖。同时在尖端产品材料国产化，产品延寿合成胶的使用方面，也做了大量工作，为橡胶工业的发展作出了贡献，1994 年国家计委、科委、经贸委和国防科工委给他颁发了荣誉证书，并被评为全国国防军工协作配套先进工作者。

王建辰（1921—　），陕西省兴平市人。1946 年西北农学院毕业后到兰州工作，1948 年回西北农学院任教。历任教授、博士研究生导师、家畜解剖及动物教研组主任、外产科教研组主任、家畜普通病教研组主任、畜牧兽医系主任、家畜生殖内分泌研究室主任，兼任全国家畜繁殖研究会理事、全国兽医产科学研究会副理事长、全国生殖生物学会理事、陕西省畜牧兽医学会副理事长、《畜牧兽医》杂志副主编、《中国农业百科全书》兽医产科学分支副主编。编著《羊病防治》《产科丛书》《家畜胚胎移植资料汇编》《前列腺素在家畜繁殖方面的应用》等。合编《家畜产科学》（高等农业院校教材)、《常见役畜不孕病的防治》《家畜手术图解》《家畜的生殖激素》等。翻译出版了大量俄文、英文著作。在国内外发表学术论文50余篇，综述和译校发表文章250余篇。在国内最早把前列腺素用于改进家畜繁殖，创建中国第一个家畜生殖内分泌研究室，为推动放射免疫测定技术在畜牧兽医领域的应用和发展做出重大贡献。主持完成了联合国粮农组织和国际原子能机构联合开发的“应用核技术改进山羊繁殖力”的合作研究项目，承担了“家畜胚胎移植”“奶山羊胚胎工程”“家畜生殖生理和生殖激素”“前列腺素的合成及其应用”等国家和省级重大科研课题10余项。“驴马妊娠毒血症的防治”，获陕西省科学大会奖；“家畜类固醇生殖激素放射免疫测定方法的建立及其推广”，获陕西省科技进步三等奖；“山羊胚胎切割及同卵双生”，获陕西省科技进步二等奖，还有多项研究成果获奖。1991年被国务院批准享受国务院特殊津贴。1989年12月，在他主持下将超排奶山羊输卵管与体外获能精子同时移入假孕兔输卵管中培养30小时，把冲检出的3枚分裂为二细胞的胚胎移植给受体山羊体，经过正常妊娠后，于1990年5月1日降生一胎3羔的精子体外获能、异体受精的山羊。这项研究成果使中国山羊胚胎生物工程的研究达到新的高度。

王连星（1938—　），女，河北省香河县人。1962年北京轻工业学院硅酸盐专业毕业，任西北轻工业学院硅酸盐工程系高级工程师，兼任中国造纸学会脱水器材专业委员会委员。完成“陶瓷刮水板的研制”，1984年获陕西省高教科技成果一等奖；“3150低机陶瓷脱水板”，1989年获轻工业部科技进步二等奖，1990年获首届全国轻工博览会金奖，被国家计委列入1991年新产品推广项目。发表《陶瓷脱水板的研制》《半导体材料湿敏特性与机理的研究》等学术论文6篇。1992年起享受国务院特殊津贴。

王明鉴（1906—　），陕西省铜川市耀州区人，高级工程师。1937年毕业于西北农林专科学校水利系。新中国成立前曾任陕西省涝惠渠工程处主任工程师。新中国成立后担任陕西省渭惠渠管理局局长期间，一年内将浇灌面积由25万亩扩大到30万亩。在新疆工作期间参加勘测、设计、施工修建了解放第二渠，灌溉面积达100万亩。1951—1953年任新疆水利局主任工程师兼第一水利工作队队长。在西北水力局工作时编写了《小型水利工程设计手册》《小型水库设计提纲》等。1961年以来一直在咸阳地区水利局主持水利勘测、设计、工程审批等技术工作，在周至小水电站、长武、彬县城区自来水以及水利工程改建等方面，做出了显著成绩。1981年任陕西省水利学会常务理事，1982年任咸阳地区水利学会理事长，1984年当选为咸阳第一届人大代表，1985年当选为咸阳市政协常委。

王鸣（1933—　），山东省淄博市人。1956年西北农学院园艺系果树蔬菜专业毕业，留校任教。兼任农业部蔬菜顾问、中国园艺学会常务理事兼西瓜甜瓜专业委员会副主任、陕西省园艺学会常务理事兼秘书长、全国西瓜甜瓜协会理事和陕西省西瓜甜瓜协会副理事长、陕西省农学会理事、陕西省农科院蔬菜研究所学术委员、《园艺学报》编委、《中国西瓜甜瓜》杂志副主编。长期主讲遗传学、果树遗传育种学、高级蔬菜育种学等。编撰教材有《果树蔬菜育种学》《蔬菜良种繁育学》《人工引变育种》《番茄育种各论》《大白菜育种各论》《蔬菜育种学》（全国统编教材）。出版著作有《遗传与变体》《染色体与瓜类育种》等10本。1982年，在美国进修期间独立完成“辣椒花粉母细胞减数分裂的细胞学”研究课题。参加的“中国秋冬萝卜核——胞质雄性不育系的选育及应用”协作研究项目，1989年获国家发明二等奖。在国内外刊物和全国性、国际性学术会议上发表的学术论文有30余篇。《中国西北干旱、半干旱地区某些抗旱果树及特种蔬菜》，1984年在英国召开的国际干旱地区经济植物会议上宣读后，被收入该会论文集。《γ—射线诱发染色体“易位”选育少子西瓜》一文，1986年在第一届国际植物染色体学术讨论会上宣读和发表。1988年参加了国际园艺植物种质资源学术讨论会，一个人发表5篇论文，为学术界罕见。1992年起享受国务院特殊津贴。

王乃信（1936—　），陕西省礼泉县人。中国国民党革命委员会成员。1961年西安交通大学机械制造工艺、金属切削机床及刀具专业毕业，曾任西北轻工业学院教授、机械学教研室主任、机械传功研究室主任。长期从事复杂齿轮机构、机械原理、机械设计、机械传动方面的教学和科研工作。除教学外，负责完成的科研项目“JZS2型电动封闭式传动装置试验台”，1985年获陕西省科技成果三等奖，1986年获轻工业部科技进步三等奖。“KWZBR－0/90型造纸机自动稳速变速器”，1990年获全国首届轻工业博览会银奖。在传动机械、食品加工机械、工厂设计等方面已取得技术鉴定和产品鉴定成果6项，其中3项为国际先进水平、3项为国内先进水平。1993年被国务院批准享受国务院特殊津贴。

王谦（1928—　），陕西省武功县人。1952年西北农学院毕业，留校任教。1953—1954年在南京气象教师训练班学习，1958—1959年在北京农业大学苏联农业气象专家讲习班进修。历任教研组主任，基础课部主任等。长期从事农业气象学的教学和研究，担负全院各系、各培训班和研究生的农业气象学讲授。参加全国农业院校统编教材《气象学与农业气象学》的编写，主编《农业气象》，负责完成了高校教材《农业气象学》的审查定稿工作。完成多项科研项目，发表大量学术论文。1962年写的《武功旱原地区冬小麦干旱问题的初步探讨》，在陕西气象学术会上宣读，收入论文选集。1980年写的《西北地区农业气候资源分析》，在全国农业气候资源分析与利用学术会议、全国农业气象研究会上宣读发表。1981年写的《中国干旱半干旱地区的农业分析及其主要气候特征》，在全国干旱半干旱地区农业学术讨论会宣读发表。1980年出版《陕西气候》一书，获陕西省科技成果一等奖。1993年起享受国务院特殊津贴。

王升晨（1942—　），河北省涿县人。1966年北京大学数学力学系毕业，现为兵器工业第二〇二研究所研究员级高级工程师。一直从事两相流内弹道及与其相关课题的研究工作。把经典的以热力为基础的内弹道理论，发展成以多相流体力学、计算流体力学、燃烧学、计算机科学等相关科学为基础的两相流内弹道学，即现代内弹道学，把中国内弹道理论和应用研究提高到了一个新的高度，达到或接近20世纪80年代世界先进水平。其中火炮两相流内弹道应用软件系统超过了美国编码水平，该项目1992年获部科技进步一等奖。与他人合作出版了《实用两相流内弹道学》《膛内多相燃烧理论及应用》等专著。发表论文30余篇，其中4篇在国际会议上交流，3篇获优秀论文奖，发表译文数篇。

王士华（1937—　），江苏省南京市人，高级工程师。曾任二〇二研究所副总工程师。1963年毕业于解放军炮兵工程学院自动控制专业。1963年10月至1965年9月在炮兵科学技术研究院工作。1965年10月起先后在二〇二研究所担任过专业组副组长、组长、研究室副主任、科研办公室副主任、科研处长和副总工程师等职务。1967年1月至1974年12月，参加国家某重点项目研制工作，担任随动系统研制组组长，该项目1978年4月获全国科学大会奖。1977—1987年参加海军某重点项目研制任务时，被国务院国防办某工程领导小组聘为该项目电气随动系统技术负责人。该随动系统1983年获国务院国防办重大科技成果二等奖，1985年又获国家科技进步三等奖。

王伟平（1957—　），陕西省彬县人。1977年西北农学院林学系毕业，在咸阳地区从事森林病虫害防治检疫技术研究和推广工作，现任咸阳市森林病虫害防治检疫站副站长、林业高级工程师。从事森防工作以来，对咸阳森林病虫害组织了普查，收集整理病虫、天敌20754号次，达843种，建立起全市第一个森林病虫标本室，为咸阳市综合评价森林资源，确定森防重点提供了重要依据。先后完成科技成果12项，其中3项获省、部级科技进步奖，9项获市厅局科技进步奖。“国际检疫害虫美国白蛾的防治”（第一主持人），处于国内领先水平。发表《美国白蛾防治模式的推广应用》等学术论文18篇，著有《美国白蛾及其防治》《科技研究与推广》（上、下集，25万字）等书。多次被评为“科技兴咸”等先进工作者，1988年被咸阳市委、市政府授予首批“有突出贡献的专业技术拔尖人才”，1993年经国务院批准享受国务院特殊津贴，1996年被陕西省委、省政府命名为有突出贡献的中青年专家。

王新民（1927—　），河北省安次县

人。1949 年北平大学毕业，同年 7 月参加革命工作。历任航空航天工业部一一五厂总工程师、副厂长，秦岭电气公司科技委主任、研究员级高工，兼任航空航天工业部科技委委员、中国航空学会理事、陕西省航空学会常务理事。长期主管该厂技术工作，是科研工作的带头人之一。亲自设计小型交流发电机的系列产品，组织研制航空电机电器 400 余种，满足国内各种飞机、导弹配套需要，有些产品为国内首创，为国防建设和经济建设做出重大贡献。主编和合编的论著有《航空电器专业史》《微电机系列型谱》《航空工业科技词典》《企业技术管理概论》《论航空电气行业的发展》等。

王秀华（1934—　），黑龙江省呼兰县人，高级工程师。1960 年 5 月毕业于苏联罗蒙诺索夫精细化工学院。曾在北京橡胶工业研究设计院工作。曾任西北橡胶工业制品研究所橡胶密封制品研究室主任工程师。1978 年任陕西省政协常委，曾获国家科委、全国科学大会奖。在研制的“901”工程，东－1 导弹舵机上的橡胶件时，首次用国产胶料制出了国防尖端急需产品，并用这种胶料零件装配的舵机发射了中国第一颗人造卫星。为煤炭液压支架配套密封研制了八个方面的胶料。系统地研究了丁腈胶的使用寿命，扩大了应用范围。

王益权（1957—　），陕西省旬邑县人，教授。1977 年考入西北农学院土壤农化系学习，1982 年毕业留校任教。先后任助教、讲师。1992—1996 年被国家教委选派到莫斯科大学土壤科学系土壤物理与土壤改良教研室留学，获生物学博士。1996 年回国，当年 10 月任副教授。1998 年 12 月破格晋升教授。现任西北农林科技大学资源环境学院教授、博士生导师，曾任常务副院长（主持工作）。兼任中国土壤学会常务理事，中国土壤学会教育工作委员会委员，陕西省土壤学会副理事长，西北农林科技大学学位委员会、学术委员会和职称评审委员会委员。主要从事土壤科学的教学和科研工作，指导培养研究生 6 名。独立完成或参编专著、教材多部，参加翻译出版专著 1 部，发表论文数十篇。其博士论文被列宁图书馆、莫斯科大学图书馆、俄罗斯国家文献中心收藏。是西北农林科技大学土壤科学的主要带头人之一。获省、部、院校科研成果奖多项。

王永安（1957—　），陕西省大荔县人。1982 年山东大学物理系磁学专业毕业。被分配到陕西金山电气总厂（四三九〇厂），从事黑白电视机和彩色电视机偏转磁芯的研究、设计及制造。历任车间副主任、分厂副厂长、副总工程师（高级工程师）。他的辛勤工作，促进了中国电子工业、彩电国产化，填补了国内彩偏磁芯生产空白，使该厂成为全国最早、最大批量生产彩偏磁芯的生产基地，做出重大贡献。1984 年负责研制成 R450R 新材料及 PH2919C 型黑白电视接收机高阻管用偏转磁芯，各项技术指标均达国际先进水平，获电子工业部科技成果二等奖。参加该厂彩偏磁芯制造技术，获电子工业部科技成果一等奖，国家科技进步三等奖。1986 年参加研制成“PV4845 型彩偏磁芯”，1988 年负责研制的“PV5136 偏转磁芯”，均填补了国内空白，被评为省、部优质产品和优秀新产品，其技术获省电子工业科技成果一等奖。1991 年负责研制成的“PV4033 型偏转磁芯”，被评为省优质产品和省优秀新产品，技术获省科技成果二等奖。1991—1992 年主持该厂“引进关键设备彩偏磁芯生产线工艺技术的研究”及全线的试生产，创造高难度、高标准彩偏磁芯的新工艺、新技术，为国家节约大量外汇。1992 年研制的“PV4034 型彩偏磁芯”，各项指标均达到国际先进水平，获电子工业科技成果一等奖。1993 年被授予陕西省有突出贡献的优秀中青年专家称号。

王友芳（1938— ），山东省即墨县人。1959 年青岛化工学院中部橡胶工艺专业毕业，先在北京橡胶研究设计院工作，1965 年到西北橡胶工业制品研究所，从事国防橡胶制品配套研制工作。为国家军工项目研制的产品，其技术要求、产品质量类同苏联产品，经化工部批准转让上海所投入生产。承担的“导弹密封件研制”项目，1978 年获全国科学大会奖；国家重点项目“09 工程 JC－1#导弹发射装置适配研制”，从配方设计到产品制造做了大量工作，解决了三大技术关键，产品经有关所模拟试验、导弹基地发射及潜水艇水下发射试验，均满足发射技术要求，1980 年获国防科委科技成果三等奖；“红箭－8 号反坦克导弹密封件”，1983 年获化工部科技进步三等奖；“EFE01 型潜水导弹发射装置适配器和筒口水击装置”，1990 年获中船总公司科技进步二等奖。

王玉成（1916—1994 年）陕西省澄城县人。九三学社社员。1940 年西北农学院农艺系毕业，同年任泾阳农场场长，1948 年任大荔农场场长，1953 年任西北农科所作物系主任，1959 年后任陕西省农科院粮食作物研究所副所长、所长等，兼任陕西省作物学会理事、省遗传学会理事、省农作物品种审定委员会委员。早在 20 世纪 40 年代，对关中地区农家小麦品种就做了大量调查研究，根据各地小麦品种的分布和特性做了生态分类，提出了不同地区对小麦品种的要求，对以后小麦育种和推广起了一定的作用。选育的小麦品种泾惠 26、泾惠 30，泾惠 30 目前在蒲城、白水、澄城等县仍有种植。主持“陕西农作物品种资源征集”研究，获国家科技进步二等奖。“陕西小麦品种征集研究和编目”“陕西省小麦品种资源目录”，1985 年均获陕西省政府科技成果二等奖。参与主持“阿勃小麦单体系统的培育”，获陕西省科技进步三等奖、农业部科技进步三等奖。发表《陕西关中旱原复种问题》《关中地区小麦品种组合》等学术论文数 10 篇。主编《陕西省小麦品种志》，参编《陕西小麦》和《中国小麦栽培学》两本书。

王远（1922— ），河南省获嘉县人。1947 年于西北农学院毕业，历任陕甘宁边区光华农场试验组组长，陕北行署农场场长，陕西省农科院棉花研究所所长、副院长（研究员），陕西省农牧厅总农艺师。兼任全国农作物品种审定委员会委员和陕西省农作物品种审定委员会主任，农牧渔业部、陕西省农办、国家科委攻关局科技攻关专家顾问组成员，省农学会常务理事，省农业环保协会副理事长，省农业高级职称评定委员会副主任，省政协委员，全国人大代表。长期致力于棉花育种研究，主持培育出陕棉一号、陕棉四号、陕棉 65－141、陕 3765、陕 401、陕 3563、陕 3215、陕 416、陕 1155 等抗枯萎、抗黄萎的丰产、优质棉花新品种，在陕西、河北、四川、河南、山东、江苏、湖北、湖南、山西等地推广种植。其中陕 401 于 1978 年获全国科学大会奖和陕西省科学大会奖，陕 1155 于 1984 年获国家科技发明三等奖。著有《棉花栽培技术》《植棉手册》《早熟棉区植棉技术》《棉花虫害与天敌》等。发表《棉花兼抗枯黄萎病品种选育中若干问题探讨》等论文 10 余篇。

王云（1964— ），女，陕西省乾县人。1981 年起，任乾县邮电局报务员。她创造了“四面开花”“纵横结合”为内容的“电码记忆法”和“电传打字训练法”。运用这两项技术操作法，使她 10 多年来处理来去电报 60 多万份，做到质量全红，无一差错，并使 11000 多份疑难“死报”变为活报。1986 年获陕西省邮电系统业务技术比赛电传打译第一名。1989 年获全国妇联“三八红旗手”称号。1990 年获陕西省邮电系统高级工技术比赛第二名。

王肇恭（1934— ），山东省陵县人，研究员级高级工程师。1958 年毕业于北京工业学院兵器设计与制造专业，毕业后一直从事兵器系统研究、设计工作。1958—1962 年，参加某防空武器技术资料的翻译工作，并在该武器设计中任设计组副组长，1962—1966 年，参加某海防武器的制造，任主管设计师和设计单位驻厂工程组副组长。该武器 1966 年装备部队，1986 年 12 月获部科技进步一等奖，1987 年又获国家科技进步二等奖。1972—1977 年参加国家某重点项目的前期论证、试验、研究设计工作，任项目组组长，总体组长，该项目 1986 年 11 月获国家科技进步一等奖。1982 年后在某项外贸兵器系统研制中任总设计师，先后在二〇二研究所任研究室副主任，主任，科技委副主任，兵器部科学技术委员会委员，中国兵工学会主办的《兵工学报》编辑等。

王忠信（1940— ），陕西省兴平市人。九三学社社员。1964 年西北农学院林学系毕业，先在陕西省林科所工作，1986 年调到陕西省林业学校任林学科科长、陕西省林业厅良种审定委员会委员。长期从事杨树良种、泡桐育种研究和技术推广工作，先后主持或与他人合作培育 5 个新品种，获 4 项省部级科研成果奖和 1 项成果命名权。合作主持育成具有国内先进水平的陕桐 1 号和陕桐 2 号优良品种，均获省科技进步二等奖。参加“截叶毛白杨”的选择研究，是命名人之一，截叶毛白杨现已成为陕西省主栽杨树良种，全国栽植区均有引种。还参加“杨树良种推广”，获省农业科技推广一等奖；参加“泡桐丛枝病综合防治技术推广”，获省科技进步三等奖。编写《陕西森林》一书中“泡桐林”部分，获省科技进步三等奖。主编和参编《泡桐育苗造林技术》等书。发表《毛泡桐种内有性杂交试验》《我国泡桐育种的成就及发展方向》等论文和科普文章20篇。

王仲华（1941—　），江苏省武进人。1960年石家庄邮电师范学院毕业，1962年调到永寿邮电局从事技术工作。先后研制“广播载波发送机”“广播载波信号传输设备”“革新会议电话机”“三路载波机”“磁石交换机自动振铃”等10多个项目。1976年，以他为主的技术小组，同有关专家一起，采用晶体管、分离元件等研制出“YS－240门准电子自动电话交换机”，使永寿成为全省第一个自动电话县，是陕西邮电史上的一件大事，1978年获陕西省科学大会奖。1994年调任武功县邮电局副局长，使县局电话和全县5个城镇电话实现了传输数字化、交换程控化、升位为7位号，进入咸阳市本地区电话号网。

王子龙（1904—1972年）原名云从，陕西省西安市临潼区人。1933年起，一直担任泾惠渠第三段“水老”，管理三原陂西和临潼徐阳、栎阳地区的灌溉。工作负责，公正兼明，限制大户霸水，对亲属违犯水规，秉公处理，受到当地群众的信任和称赞。1952年倡议“五成用水法”，节约用水，扩大灌溉面积，在全灌区推行后，经济效益显著。1953年春，负责重修新五支渠工程，高质量地完成了任务。1955年，被任命为泾惠渠管理局副局长。在分管灌溉工作中，积极研究和推行先进灌溉技术。在“五成用水法”的基础上，又创行棉花“细流沟灌法”，提高了灌溉效率，节约了用水，又有利于棉花生长，在全国各灌区得到推行。

汪玉礼（1944—　），陕西省米脂县人。1967年太原机械学院火炮测试内弹道专科毕业，任兵器工业第二〇二研究所研究室副主任，高级工程师。1970年以来从事火炮测试理论和测试技术的研究，先后参加了线圈靶、声靶、测速仪、弹底压力、微波干涉仪等的试验研究。在天幕靶研究中，任总体技术负责人，其成果性能达到国际先进水平，1980年获部技术改进一等奖。参加主持“压力测试技术研究”，1989年获国家发明二等奖。

魏世林（1939—　），四川省合江县人。1961年成都工学院毕业，西北轻工业学院教授。参加《制革化学及工艺学》（全国统编教材）和《现代汉英化学化工词典》的编写，合译《制革技术基础》，编纂《英汉皮革工业词汇》等。合著《中国山羊皮革组织学图谱》，获第六届全国优秀科技图书二等奖。撰写《助复鞣革纤维结构的研究》等学术论文20余篇。完成科研课题8项，其中国家“六五”科技攻关项目“提高汉口路山羊皮质研究”，1986年获轻工业部科技进步一等奖，1987年获国家科技进步一等奖；国家“七五”科技攻关项目“华山路山羊皮制革技术开发”，1990年获轻工业部科技进步二等奖，1991年获国家科技进步三等奖；“北方面粗质次猪皮制革新技术”，1990年获轻工业部科技进步一等奖，1991年获国家科技进步一等奖，并被载入国家“七五”科技攻关授奖成果光荣册。1991年获国家级有突出贡献的中青年专家称号，并享受国务院特殊津贴。

魏孝达（1942—　），浙江省嵊县人。1966年北京大学毕业，在兵器工业第二〇二研究所任项目组长、副主任、高级工程师。1970年以来，先后参加了火箭发射架、火箭炮、加农炮的研究试验工作和新型火炮的研究。主持“高炮振动对射击精度的影响”课题，1990年获部科技进步一等奖（第一完成人）。发表有关火炮运动受力分析方面的论文多篇。1993年起享受国务院特殊津贴。

闻洪汉（1912—　），天津市静海区人。九三学社社员。1950年回到西北农学院任教授。曾兼任陕西省植物学会理事长、九三学社陕西省委委员、陕西省政协委员等。在植物生态群落学上有比较高深的建树。出版的专著有《植物学》《植物学简明教程》等。发表《渭河滩地植物社会构造之研究》《植物在水土保持中的作用》《关于植物生活史的类型及其演进规律的初步探讨》等学术论文10余篇。1991年起享受国务院特殊津贴。

吴碧荷（1933—　），女，安徽省怀宁县人。1955年于华南工学院毕业。

1966—1986年在西北橡胶总厂（以下简称“西橡”）任副厂长、总工程师（高级工程师）、厂党委常委。兼任中国橡胶学会和中国橡胶协会理事、橡胶制品协会副理事长、橡胶制品专业专家组组长。1986年4月调西安交通大学工作，任聚合物复合材料研究所研究员。在西橡20年中，主持全厂技术工作，除解决日常的大量技术问题外，组织技术人员为国防军工配套完成科技项目65项。负责组织完成的“冷冻法纺织胶管新工艺和油箱喷涂新工艺”，1978年获全国科学大会奖。担任“钢丝高压纺织胶管引进技术改造和轮胎个体硫化机引进”任务的负责人，这两项重大技术改造于1985年完成，为提高西橡胶压胶管和轮胎的技术水平，起了重要作用。1993年被国务院批准享受国务院特殊津贴。

吴起秀（1938—　），辽宁省抚顺市人。1963年吉林大学毕业，曾在七九八厂、八九九厂从事磁性材料与微波器件技术研究和管理。1976年调入陕西金山电气总厂（四三九〇厂），历任设计所长、副总工程师、总工程师。他是中国最早在企业从事研究和生产微波器件的科技人员之一。1977年率先提出在边导模传输过程中抑制高次模的理论和方法，充实了边导模理论。研制的“BGIT－1型多倍频程边导模隔离器”，获国防重大科技进步三等奖。研制的“XGTT－2型三公分T型同轴隔离器”，获机电部科技成果二等奖和国防科委重大技术改进三等奖。“六五”和“七五”期间，负责主持采偏磁芯生产线的引进、建设和投产，成为中国最大的彩偏磁芯科研及生产基地。享受国务院特殊津贴。

吴守仁（1916—　），陕西省咸阳市人，教授。1942年西北农专（现西北农林科技大学）毕业，留校任教。曾留学苏联。从事高等农业教学和土壤化学与干旱地区土壤水分研究，参与并指导陕西土壤普查工作。有多种研究著述。

吴云龙（1944—　），浙江省兰溪县人，陕西机械研究所研究员级高级工程师。1965年9月北京工业学院自动控制系指挥仪专业毕业，一直从事测试技术的研究开发工作，历任所技术员、工程师、业务组长，研究室主任。参加过72式85高炮、122榴弹炮、加农炮、反坦克炮等的测试工作，在压力测试技术项目中任组长。1983年，运用微波干涉原理研制成功能承受20千克的弹底压力测试系统，为国内首创。1986年12月获国防科工委重大科技成果二等奖，1989年12月获国家发明二等奖，该项成果填补了国内空白，接近国际水平。他所负责的某测试技术研究课题成果著有论文《压力测试技术》在中国兵工学会测试学会年会和《兵工学报》（武器分册）上发表。1990年被授予国家级有突出贡献的专家称号，1991年起享受国务院特殊津贴。

吴占玉（1939—　），蒙古族，内蒙古自治区哲盟旗人，工程师。1961年包头工业专科学校特种机械制造中专毕业，中国兵工学会会员，中国发明家协会陕西分会会员，中国现代设计法研究会会员，机械创造发明学会理事，1988年获陕西省国防科技工业系统先进工作者称号。1961—1967年在四四七厂设计所任技术员，1967—1988年在二〇二研究所先后任技术员、工程师。参与研制的“自动机模拟试验台”，1988年1月获部科技进步三等奖。1976—1985年研制的“钢丝测速仪”，1986年获国家发明四等奖，1988年在北京国际发明展览会上又授予该项目国际发明铜牌奖。著有论文《钢丝测速仪》《机电组合式变射速控制装置》《钢丝测速仪在兵器测速仪中的应用》等。

习耀国（1928—　），陕西省澄城县人。1954年西北农学院农学系毕业，先后任陕西省农科院粮食作物研究所农业气象研究室主任、研究员，兼任中国农学会气象研究会理事、陕西省气象学会理事等。主持的“小麦干热风发生规律及区划的研究”，1978年获全国科学大会奖。参加的“小麦条锈病流行规律的研究”，1978年获全国科学大会奖。主持的“渭北旱原西部小麦增产技术综合研究”，1987年获陕西省科技进步一等奖。发表《陕西的自然灾害与粮食生产》等学术论文20余篇，参与编写《北方抗旱技术》《农业科学技术手册》《陕西省农业气象概况》等书。

夏国栋（1933—　），江苏省吴江县

人，高级工程师。1952 年毕业于苏州高级工业职业学校电机专业。1956—1957 年在苏联伏罗希洛夫军工厂学习随动系统设计与制造。毕业后曾在四九七厂、四四七厂、一七七厂及江西宜春基地指挥部工作，历任技术员、技术组长、室主任、工艺所长、设计所长、副总工程师、副总指挥等职务。曾任二〇二所副所长。先后承担过 7 个特种机械产品的生产、设计、测绘及改进工作，提出并设计建立了中国第一套传信—授信标准，填补了国内空白。参与并组织某项产品的改进，为进入国际市场做出了成绩。在某项特种机械的测绘设计及仿制工作中，任项目副总设计师和该项目某主要部件的总设计师。该产品获国家科技进步二等奖。

夏同庆（1939—　），江苏省淮阴市人。1964 年北京大学毕业，曾任核工业二〇三研究所科技情报室主任（研究员级高级工程师），兼任陕西省矿物岩石地球化学学会理事、《西北铀矿地质》杂志副主编。从事核工业科学研究，岩、矿鉴定和科技情报工作，成绩显著。主持完成的“中国西北部地区伟晶岩、伟晶状花岗岩分布、产出地质背景及铀成矿远景研究”，1993 年获核工业部科技进步三等奖；“稀土资源及开发应用”，1991 年获陕西省国防科技成果二等奖。独立或合作发表论文数 10 篇，其中《某区钠交代型铀矿矿液来源探讨》《621 热液钠交代型铀矿近矿围岩蚀变中铁的性状》，均获省级自然科学优秀学术论文三等奖。发表了俄、英、日文译文百余篇。为配合核工业系统引进国外地浸找矿和采矿新技术，主译和主审出版了《地浸铀矿床勘探》《溶浸采矿法的地质工艺研究》《地质工艺钻孔的钻探和设备》《中亚自流盆地成矿作用》《铀成矿作用》5 本专著及大量有关文献资料。

夏同书（1929—　），安徽人。曾在七七二厂、七七六厂工作。曾任陕西彩色显像管总厂分厂厂长、总工程师（高级工程师），兼任中国电子学会真空电子学术委员会委员、陕西省电子学会理事。负责研制成功 688、872、6A 电子管，试制成功及组织生产炮瞄雷达用快速频磁控管 CKM - 30。主持“375 × 10ly22 - DCOI 彩色显像管引进生产线的技术改造”项目，获电子工业部科技成果特等奖，又获国家科技进步一等奖。参加编写了《微波管设计手册》。

相建业（1962—　），陕西省礼泉县人。1984 年大学毕业，被分配到陕西省农科院植物保护研究所工作。从事植保研究 20 余年，先后参加了农业部“六五”“七五”和“八五”重点项目“小麦病毒病发生及防治技术研究”，科技部“七五”攻关项目“小麦病虫害综合防治技术体系组建”及陕西省攻关项目“小麦兰矮病新病鉴定”等课题研究工作。主持了陕西农科院青年基金项目“小麦兰矮病发生规律及防治技术研究”、陕西省攻关项目“玉米病毒病研究”“苹果、梨黑星病发生规律及防治技术研究”及陕西省农办项目“小麦病毒病测报及防治技术应用与推广”等课题研究工作。在小麦黄矮病、小麦兰矮病、小麦土传花叶病、玉米粗缩病、玉米矮花叶病、玉米红叶病及其介体麦蚜、叶蝉、飞虱和果树病虫害的研究工作中作出了重要贡献。共获取奖励成果5项，其中作为主要参加人员的“小麦黄矮病发生与防治技术研究”1987年获农业部科技进步二等奖，“小麦蚜虫种群数量动态与防治决策研究”获1994陕西省科技进步二等奖。在《植物保护学报》《西北农业学报》等刊物上发表科技论文30余篇。1996年被评为杨陵科技新星和陕西省农科院跨世纪学科带头人，2000年荣获第三届陕西青年科技奖。

信文瑞（1946—　），河北省玉田县人。曾任核工业部二〇三研究所副所长（高级工程师）、分析测试中心主任，兼任中国化学学会陕西省原子吸收光谱协作组副组长。长期从事分析化学测试及研究工作，取得三乙醇胺分离铀试剂Ⅲ测钍、原子吸法测定铜、铝、银等十几项科研成果。完成的“无火焰原子吸收钽丹法测定银和镱”，获全国科学大会奖；“原子吸收火焰测定镱”，获国防科工委重大科技成果三等奖。1992年被国务院批准享受政府特殊津贴。

徐光远（1933—　），研究员。1960年于西北大学毕业，1981年调到中科院西北植物研究所，开始泡桐良种选育研究，在泡桐快速繁殖方面有所突破。“泡桐纸钵育苗技术”，1984年获陕西省科技成果二等奖。这种育苗技术，具有成本低、成活率高、生长快、取材容易等特点，因而在中国北方地区得到大面积推广，取得巨大经济效益。主持选育出桐杂一号、桐杂二号两个泡桐良种，1987年获陕西省科技进步二等奖。在西北、华北、华中部分省区得到大面积推广，为“三北”防护林建设提供了科学依据，1992年又获国家科技进步二等奖。承担“泡桐属良种选育”国家攻关项目，选育出无性系新优良品种桐选二号，在速生性及抗丛技病能力方面有新的重大进展，成为中国目前生长最快的品种。被林业部1990年列为科技兴林100项重点推广项目之一，并推荐为国家级科技成果重点推广项目，成为黄河中下游农桐间作和速生丰产林的接班品种。已在陕、甘、晋、皖、豫等省大面积推广，到1992年年底已推广2.8万公顷，397万株，新增效益2600万元，1992年获省级科技进步奖。1991年陕西省政府授予他有突出贡献的专家称号。

徐树基（1910—）浙江省嘉兴县人，教授。民国二十五年（1936年）南通农学院毕业，留学美国。民国二十六年（1937年）来陕，长期从事农业技术及高等农业教学工作。曾任西北农学院教授、西北农学院民盟副主委等职。

薛德自（1935—　），陕西省大荔县人。1958年西北农学院毕业，留校工作。一直从事造林学的教学和干旱地区育苗造林技术的研究，参加和主持完成了“六五”“七五”国家科技攻关课题，在林业科学研究和技术推广中取得多项成果。同王佑民主持完成的国家攻关项目“淳化黄土高原沟壑区水土流失综合治理及其效益的研究”，达到国际先进水平，受到上级表彰。主持的“淳化黄土高原沟壑区抗旱造林技术体系研究”，达到国内领先水平。同王佑民主持的“河北杨扦插育苗技术的研究”，1987年获林业部科技进步三等奖。同张康健主持的“淳化县造林规划设计及中间试验”，1989年获陕西省和林业部科技进步三等奖。主持的“黄土高原综合治理研究”，1992年获陕西省科技进步一等奖。著有《旱地育苗造林技术》一书，发表的《华山松、白皮松种粒大小对种子活力幼苗生长影响的研究》论文，在理论上和生产上均具有重要价值。

薛仰宣（1935— ），陕西省西安市人，教授级高级工程师。1956年毕业于西北工学院土木工程系。自参加工作以来，先后在水利部武汉长江水利委员会，甘肃省甘南自治州水利局，咸阳市水利部门工作，历任咸阳市水利勘测设计院副院长，市水利局科技科科长、工程科科长、局副总工程师等职。长期从事水利水电设计及工程管理，曾参与并负责亭口水库、羊毛湾水库、埝里水库、西郊水库等和泾河石桥、茨坪、和平水电站的勘测规划及设计审查工作，并主持编写科技成果和论文20余篇，其中《咸阳市水资源评个人电脑主水利区划》获咸阳市农业区划优秀成果一等奖，陕西省农业区划优秀成果二等奖；《咸阳市水资源及其合理利用》获咸阳市水利学会优秀论文一等奖。

阎迺猷（1916— ），河南省温县人。1942年西北农学院毕业，留校任教，主要承担果树栽培的课堂讲授和实习实验。选育了“西农冬苹果”品种，写出《西农冬苹果的培育及其生物学特性》的论文。这种苹果，曾被苏联、朝鲜、波兰、匈牙利等国引种。在猕猴桃的研究中，编著《新兴果树——中华猕猴桃》《果树栽培学》《苹果砧木试验》等著作，获1987年陕西省科技进步三等奖。“西农二号猕猴桃”，1988年获全国猕猴桃品种评选希望奖。1992年起享受国务院特殊津贴。

杨必仁（1938— ），重庆市人，工程师。1985年5月参加中国共产党，1966年6月任武功县气象站站长。在武功县工作的20余年里，擅长气象观测与天气预报分析，农业气象服务。除完成日常的业务工作任务外，他致力于天气预报方法，尤其是灾害性天气预报方法的研究和如何把气象科技成果应用于农业生产的研究。仅在1977年以来的10余年里，他共发表了20篇技术总结和论文，被全国级刊物上登载的有5篇，省级刊物上登载的有15篇。其中《麦收期的大风预报》被中央气象局收集在科学出版社的《县气象站预报论文集》中；《武功小麦干热风预报方法》在参加了全国干热风科研成果答辩与鉴定后，已被收入全国干热风科研论文集和陕西省气象学会科技成果论文集，并与课题组分别获得陕西省气象局和国家气象局科技成果二等奖。《武功夏玉米的热量条件及其应用》被陕西省气象学会评选为1985年优秀学术论文。在1999年省气象局组织的全省地面气测报技术比赛中，他连续夺得了宝鸡市和全省的第一名。1982年，他与7位同行共同完成的《武功气候专题报告》获国家气象局科研成果二等奖，随后又于1982—1985年先后获咸阳市和陕西省农业区划规划成果一等奖。1984年7月，他被陕西省科学大会授予“陕西省先进科学技术先进工作者”称号。1987年被陕西省气象局授予“双文明先进个人”称号。1988年3月，被选为陕西省第七届人大代表。

杨天章（1936—　），陕西省渭南人。1959年西北农学院农学系毕业，留校任教。1981年12月至1984年4月在美国北达科他州立大学进修细胞遗传学，合作研究小麦核质杂种及杂种优势利用。任西北农林科技大学教授、中国遗传学会理事、陕西省遗传学会常务理事。长期从事细胞遗传、作物遗传育种的教学和科研工作，成绩显著。先后主持并参加国家、部和省级专项研究课题7项，其中“小麦VK和A型不育系的研究”，1988年经省级鉴定为已达国内领先、国际先进水平，1990年获陕西省科技进步一等奖。发表学术论文30余篇，其中数篇在国际学术会议宣读和在国外发表。1991年起享受国务院特殊津贴。

杨正中（1955—　），上海人。1982年东北工业学院毕业，被分配到陕西省咸阳粮油机械厂工作。负责研制的YZCL210×5型蒸炒锅，1990年获陕西省粮食系统科技成果二等奖；ZML叶片过滤机，1992年获陕西省科技成果三等奖和陕西省优秀新产品奖，同年又获商业部科技进步三等奖和部优秀新产品奖，并被国家科委列为星火计划推荐采用的技术装备。同时采取一系列技术改进措施，使产品质量大大提高。发表《立式蒸炒锅的噪音控制》《刍议影响油脂浸出的主要因素》等论文20多篇。

杨忠岐（1952—　），陕西省岐山县人。农工民主党党员。西北农林科技大学教授、硕士生导师，并任中国昆虫学会森林昆虫专业委员、中国林学会森林昆虫学会理事、国家自然科学基金会学科评审组成员、林业部科技进步奖评审委员等。从1977年开始，致力于森林昆虫寄生蜂的分类及利用寄生蜂防治森林害虫的研究，取得令人瞩目的成就。1983年起从5万多号寄生蜂标本中，鉴定出寄生蜂5科45属141种2亚种。其中包括新属5个，新种112个；中国新纪录属21个，中国新纪录种17种。在此基础上撰写出版52万字的《中国小蠹虫寄生蜂》，填补了中国对小蠹虫天敌研究的空白，为开展小蠹虫生物学防治提供了依据。1984年起系统调查研究了美国白蛾寄生性天敌昆虫。从50多种天敌中筛选出寄生率高的白蛾周氏啮小蜂，在世界上首次将其确定为一个新属新种，并命名发表，在国内首先研究出完整的繁蜂防虫技术，成功地在陕西防治区控制了美国白蛾，为防治美国白蛾提供了新蜂种，开辟了新途径。1993年被中国林学会森林昆虫学会评价为近年来中国昆虫学领域八项重大成果之一。在分类研究上，他首先在中国发现并记述了四节金小蜂科，首次发现了寄生于蛀干害虫树蜂的枝瘿蜂科，系统地总结了中国光翅瘿蜂科的种类，填补了这些害虫天敌昆虫在中国研究领域的空白。1995年8月，在芬兰召开的第二十届国际林联世界大会上，荣获“世界最佳青年林业科学家”称号。他是国际林联成立103年间表彰的45名青年林业科学家中唯一的中国人，同时获得国际林联颁发的“科学成就奖”金质奖章和证书，是中国林业科技工作者获得世界大奖零的突破。

杨宗邃（1938—　），女，四川省乐山县人。1960年成都工学院皮革专业毕业，西北轻工业学院教授，兼任中国化工学会精细化工专业委员会委员及其会刊《精细化工》编委、陕西省皮革学会理事，被聘为国家“七五”科技攻关项目验收委员会专家。长期从事皮革业的教学和科研工作，主持“恶唑烷类合成鞣剂的研究”，通过了国家级技术鉴定及验收；“北方面粗质次猪皮制革新技术”，1990年获轻工业部科技进步一等奖；“六偏磷酸钠蒙囿铬鞣法的研究”，获陕西省高教科研成果二等奖；“改性酪素GL－I的研制”“PAAS复鞣剂的研制”“制革助剂NPS系列的研制”，均通过技术鉴定，大部分已推广应用于生产。所编《皮革分析检验》1982年获全国优秀图书二等奖。在国际学术会议和国内外刊物上发表论文40余篇，其中14篇被选入美国化学文摘（CA）中，《用国产离子交换树脂分离铬鞣中的阳性、阴性铬络合物》，获陕西省科协优秀学术论文二等奖。1992年被人事部授予有突出贡献的中青年专家称号，并享受国务院特殊津贴。

姚治才（1940—　），北京市人。1965年北京建工学院硅酸盐工学系毕业，先在北京建筑材料研究院工作，1970年来咸阳陶瓷研究设计院，曾任院副总工程师兼陶瓷工艺研究室主任（高级工程师）、全国《陶瓷》杂志主编、中国硅酸盐学会特种陶瓷专业委员会委员、陕西省耐火材料专业委员会副主任、陕西省特种陶瓷专业委员会副主任。承担过10余项科研项目，其中5项通过省部级技术鉴定。“硅线石—碳化硅窑具”项目属国内领先水平，获部级科技进步三等奖，推广后年新增产值200万元以上。发表论文译文50余篇，出版《陶瓷坯釉结合》译著一部。1992年起享受国务院特殊津贴。

叶遇春（1911—2009年）陕西省榆林市人。1938年在河北工学院水利系毕业，1948年到渭惠渠管理局任主任工程师、局长，1954年调泾惠渠管理局任主任工程师、总工程师。先后在四川省水利局、三原工业职业学校、泾惠渠管理局测量队、西安黄河水利委员会、城固湑惠渠、原渭惠渠管理局以及陕西省水利局计划科工作。多年来负责灌区工程建设和灌溉管理技术，对改善咸阳市两个灌区面貌，扩大灌溉面积，提高粮棉产量，做出一定贡献。著有《灌溉管理用水》《灌溉管理学》《灌溉用水》《泾惠灌区沼泽化和盐渍的防治问题》。1982年12月加入中国共产党。1990年8月退休，享受副地厅级待遇。2009年12月29日去世，享年99岁。

殷克敬（1941—　），陕西省三原县人。主任医师，教授。中国针灸学会临床研究会副主任，中国针灸器材研究会委员，中国医疗康复医学会理事，中国孙思邈学术研究会研究员，中国针灸讲师团教授，全国针灸临床研究中心陕西中心主任，陕西省针灸学会副会长，中国咸阳国际医药保健研究中心理事，西安东方传统医学研究会副会长，全国统编高等中医药院校《针灸学》教材编委，《针灸临床杂志》《现代中医药》杂志编委，日本国群马中医研究协会顾问，香港中华医药学院客座教授，加拿大传统医学会国际医事顾问。先后在国内外医学学术刊物发表有一定影响的学术论文98篇，有10余篇获优秀论文奖；出版专著有《急症针灸治疗学》《针灸治疗急症验案》《中华针灸指南》《中国针灸歌诀》《针灸治瘫集要》《中国磁极针》《内、难针灸阐释》《实用颈背腰痛中医治疗》《实验针灸学》《中国灸疗学》《中国传统保健疗法荟萃》《360首方剂速成趣记》等。先后主持的“针刺治疗高脂血症的临床观察与机理研究”“针刺治疗中风血淤型的临床与机理研究”“针刺治疗中风急性期临床观察与机理”“中国磁极针”“多功能无痛进针器”等获陕西省中医药科技成果奖。主持“开设针灸治疗急性病研究增设针灸治疗急症课”获陕西中医学院优秀教学成果奖，“针灸实验课的教学研究”获陕西省高等院校优秀教学成果一等奖。在国内外学术刊物发表《针灸治疗急症的施治原则》《针灸治疗急症常用配穴方法》《脏腑经络诊治在急症中的应用》《中医八法在针灸治疗急症中的应用》《针灸治疗急症发展概况》《针刺治疗中风急性期的机理研究》《针灸治疗急性缺血性脑血管病150例临床疗效观察》等论文。

于兴学陕西旬邑人。1957年7月毕业于第一机械工业部咸阳机器制造学校金属切削加工专业。1963年调入陕西省机械研究院工作，历任研究室主任，科研办主任，副总经济师，副总工程师等职，是陕西省机械研究院数控数显技术的主要开发人之一。1984年起负责承担省科委、省经委下达的陕西省微电子技改“机床技术开发、推广、应用”，1990年通过省科委组织鉴定，1991年获陕西省科学进步一等奖。共同完成数控数显可编程控制器等改造机床200余台，年社会总经济效益数千万元，该项技术至今在省内外大量推广应用，有关机床改造论文获省机械厅二等奖，曾开发“XMS轴环式容栅数显”，获国家实用新型专利。1992年享受国务院特殊津贴。

袁仁学（1937—　），陕西省西安市人，教授级高级工程师。1963年毕业于陕西工业大学水利系，历任咸阳市水利水电设计院设计组组长、主任工程师、副院长，咸阳市水利局副局长等职。曾兼任咸阳市工程系列职称评审委员会主任，老年科协水利分会会长，市水保学会理事长等职。先后负责户县泔峪、彬县马家河、李家川、旬邑马栏、三原冯村、小道口等水库的勘测设计，乾县羊毛湾水库灌区、礼泉泔河水库灌区的规划论证，彬县李家川水库黏性土水坠法筑坝试验研究等工作。组织并领导编写了《咸阳水利志》（一编）、《咸阳市水资源评价及开发利用现状分析》《咸阳市城市供水规划》《咸阳市水资源开发中应考虑的几个问题》等基础性成果和论文，整理编写了《李家川水库大坝水坠法筑坝试验研究总结报告》。在担任咸阳市行业科技成果评委期间，先后9次参加全市科技成果评审。《水坠坝施工试验研究成果报告》获国家科技进步二等奖，《黑松林水库泥沙处理技术的研究与应用》获陕西省人民政府科技进步一等奖。

袁晓峰（1968— ），陕西省泾阳县人。1992年3月办起陕西卫生报社咸阳保健品厂，任厂长。同年12月批量生产“三八妇乐”，产品很快行销全国20多个省市区，同80多家医药药材公司建立业务联系，并远销日本、美国、法国、意大利、新加坡等国际市场。先后被选送参加了全国首届优生优育优教展览会、中国国际保健品展览会，被命名为国际科学与和平周标志产品。获1993年咸阳医药保健品展示会金奖、首届中国咸阳国际医药保健节金奖、首届中国保健品博览会金奖、第二届中国青年科技博览会金奖等多项奖。被指定为“中华人民共和国首届女子举重锦标赛暨第十二届日本广岛亚运会选拔赛指定产品”。1994年获共青团中央、全国青联、中国青年科技工作者协会的“中国青年科技创业奖”。

袁义诚（1938— ），四川省成都市人。1961年昆明工学院选矿专业毕业，曾任核工业部二〇三研究所所长、陕西省环境科学学会委员。对中国西北地区主要铀矿石类型的选冶工艺做了大量的试验研究，丰富了铀矿石工艺试验手段和方法。同有关同志共同完成了15个试验报告，主持的“含铀复合矿石（低品位）的综合利用前景”研究，1978年获省科学大会奖；“南秦岭地区低铀钒钼矿石的综合利用”研究、“采用选择性磨矿与磁选分离流程选别某些铀矿石”的研究，在第一届核学会铀矿选冶学术会上交流。翻译发表《细粒矿石在螺旋水流中的分选》等论文。

查养良（1972— ），陕西省乾县人，中共党员，硕士学位，高级农艺师职称。1994年7月毕业于西北农林科技大学，一直从事果菜技术推广工作。现任咸阳市园艺站站长、国家苹果体系咸阳综合试验站站长、全国苹果矮砧协作组成员、陕西省科技110专家、咸阳市园艺学会秘书长。2010年经国务院批准“享受国务院特殊津贴”，2010年被陕西省委、省政府评为“陕西省有突出贡献的专家”。先后主持参加完成了“绿色苹果全程标准化生产技术推广”“黄土高原苹果套袋关键技术研究及千万亩大面积推广”“果树优质综合农艺节水技术体系研究”“红富士苹果果台副梢结果枝组培养与更新技术”“一膜两用三熟高效栽培技术推广”“有机苹果生产技术示范推广”“咸阳市优质苹果生产‘四项’关键技术推广”等多个项目，获省部级、市级一、二、三等奖14项，在所承担的课题和项目中都充当了主要角色，特别在果菜产业的技术管理方面做出了重大贡献，为提高全市的果菜生产管理找出了新方法，优化了生产管理，提高了果菜产业的整体效益。

翟允禔（1923— ），河北省获鹿县人。中国民主同盟盟员，教授。1946年西北农学院农艺系毕业留校。先后任院实验农场主任、黄土试验区主任、作物栽培教研组组长、校学术委员、学衔委员、校务委员，兼任陕西省作物学会理事、全国北方农业高校小麦栽培研究会副理事长、陕西省政协常委、陕西省政府科技进步奖评审委员。主编《作物栽培学》《小麦栽培》《小麦》《小麦、谷子》等教材和专著，出版了《小麦栽培科学论文集》（第一集）。从1952年起在辛树帜、石声汉领导下，积极进行中国古农学的研究。1957年注释出版了清代三原杨秀沅的《农言著实》，并发表《从〈农言著实〉看关中旱原苜蓿、豌豆、小麦和谷子的栽培技术》论文。参加了石声汉《农政全书校注》的工作；该书出版后，获得陕西省政府科技成果一等奖和农业部技术改进二等奖。先后发表学术论文20余篇。他主攻小麦栽培的基本理论和技术，协助赵洪璋进行“碧蚂一号”和六〇二八小麦的育种工作。筹建了小麦栽培陈列室，整理、绘制图表及实物标本，使小麦栽培过程系统化、典型化、直观化。主持并参加“小麦分蘖类型的研究”“渭北旱原小麦高产优质配套技术研究”“中农－12号小麦高产规律的研究”等10多个科研项目，其中“不同类型冬小麦栽培品种的子粒发育形态与灌浆”，获陕西省科技成果二等奖；“渭北旱原小麦增产技术综合研究”，获全国农村科技工作会议先进集体、陕西省农村科技进步大会集体特等奖、陕西省科技进步一等奖。除教学、科研外，还做了大量科学技术培训、普及科技知识工作。1959年参加陕西省农业厅组织的小麦、棉花、玉米讲师团，传授技术两个月。1964年在陕西人民广播电台进行了小麦栽培技术的广播教学。1991年起享受国务院特殊津贴。

詹启贤（1920— ），广东省东莞市人。九三学社社员。1946年广州中山大学机械工程系毕业，1970年起任西北轻工业学院教授、机械研究室主任，兼任陕西省缝纫机学会副理事长、省机械原理研究会副会长和省轻工机械专业教材编审委员会主任。除教学外，主要科研成果“单针双梭缝纫机的设计与研究”，获陕西省高校科研成果一等奖，被列入国家首批专利；“XQ－100谐波减速器”，1978年获陕西省科委重要成果二等奖；

“JES2 型交流电动封闭式传动装置试验台”，1984 年获陕西省优秀科技成果三等奖；“塑料磨盘的圆磨打浆机”，1993 年获轻工业部科技成果三等奖。主编《轻工机械概论》《自动机械设计》等书。发表学术论文多篇。

詹铁生（1941— ），陕西省三原县人。1963 年西北农学院毕业，留校任教。1983—1985 年，在美国得克萨斯州立大学医学肿瘤研究所进修细胞遗传学，在白拉医学院进修分子遗传学，水平大有提高。承担本科生和研究生教学任务，年教课量达 1200 学时以上。所编《动物遗传学》《动物遗传学实验指导》《细胞遗传学》《细胞遗传实验指导》《专业外语》，深受学生喜爱。主持“汉白猪毛色遗传研究”“蝗虫染色体 GJ 带诱导”“玉米染色体 GT 带诱导”“细胞内分裂及细胞内复制研究”“黑猪染色体鉴定标准研究”“西农莎能奶山羊性畸形遗传研究”等课题。其中 3 项为国外课题，1 项为国家自然科学基金会课题。无脊椎动物领域导出染色体 GT 带，植物染色体 GT 带诱导和细胞内分裂及细胞内复制诱导的研究成果，达世界先进水平。在家畜细胞遗传学领域，也有新的突破。在国内外发表 5 篇学术论文。1993 年起享受国务院特殊津贴。

张安静（1963— ），研究员，国家小麦产业技术体系咸阳综合试验站站长，陕西省、咸阳市有突出贡献专家，陕西省新世纪学科技术带头人。从事小麦遗传育种及推广工作近 30 年，组织实施了优质高产小麦新品种的引进与推广、国外名优蔬菜新品种的引进与推广等项目，先后获部、省、市科技成果奖励 10 多项，撰写的《超大穗小麦穗长和小穗数的配合力及遗传模型分析》《应用极大似然法分析长穗小麦穗长的遗传》等论文分别发表在《麦类作物学报》《西北农业学报》《中国农学通报》等刊物上。曾获咸阳市第一届杰出贡献人才、咸阳市优秀科技人才、咸阳市十佳科普明星等荣誉称号。陕西省农作物品种审定委员会委员、陕西省遗传学会副理事长、《农业科技通讯》杂志编委、陕西省农学会理事、咸阳市农学会副会长。

张朝堂（1948— ），河南省博爱县人。咸阳朝阳医院院长、主任医师。兼任咸阳市工商联副会长、中华中医学会咸阳分会常务理事、咸阳中医药开发研究院院长。1966 年 6 月后，曾在河南省博爱县医院、咸阳市秦都区痔瘘医院工作，1992 年 3 月至今在咸阳朝阳医院工作。主要医治多发性骨质增生、淋巴结核、鼻炎、咽炎等方面，研制“双止灵”药剂，使患者在手术过程中伤口不流血、无疼痛、不感染。1993 年被陕西省政府评为有突出贡献的专家，1994 年被国务院评为有突出贡献的中青年专家，2000 年被评为全国劳模，2001 年被评为享受国务院特殊津贴专家。

张翠华（1943— ），女，天津市人。1964 年张家口医学院毕业。任铁道部第二十工程局职工医院内科主任（副主任医师）。1986 年以来，率领医务人员先后攻克当时属于医学界禁区的脑梗塞、心肌梗塞和左房附壁血栓三大顽病，并摸索出一套治疗糖尿病和冠心病的有效方法。研制的“消糖舒”“心通宝”等药品，被广泛应用于临床，疗效甚佳。取得科研成果12项，如从预防医学角度提出“五大血症”（高黏、高凝、高聚、高脂、高浓），设计了一整套检查方法和诊断指标治疗方案，减少了心脑血管病的发生。发表医学论文、报告、笔记300余篇，共150余万字。发表《关于利用蛇毒抗栓酶为主治疗震颤麻痹》《大剂量冲击及持续滴注溶栓剂治疗急性心肌梗塞》论文。被邀参加在美国举行的著名医学专家、学者、教授国际学术交流会和在越南举行的国际血流变微循环学术会议。事迹被编入《全国血液流变学专家名录》，并被国务院批准为享受国务院特殊津贴的有突出贡献的专家。

张德翱（1939—　），四川省成都人。1995年加入中国民主促进会。西北轻工业学院教授，真空技术研究所所长，全国轻工系统劳动模范，民进咸阳市委员会第一届主任委员，民进陕西省第八届委员会常委，陕西省第八届政协委员。1962年毕业于重庆大学，先后在西安重型机械研究所、陕西省机械研究院和陕西科技大学工作，从事机械真空方面的教学和研究，先后获得8项专利。主编有《轻工机械》《真空设备的热工程及其控制》等多部著作。1997年，被授予全国轻工系统劳动模范称号，并享受国务院特殊津贴。

张福详（1925—　），河南省嵩县人，外科主治医师，曾任咸阳市人民医院副院长，中华医学会骨科、普外理事，咸阳医学会副理事长，陕西省政协委员，咸阳市政协常委。历任外科住院医师、主治医师、副主任医师、主任等。20世纪60年代后，著有《甲状腺结核外科治疗》《明矾液注射治疗直肠脱垂症》《颅脑损伤200例临床分析》《胃柿石临床治疗》《中西医结合治疗胫腓骨折临床体会》《断肢再植12例临床报告》《甲状旁腺机能亢进译文》等10余篇论文，分别刊于《中华外科杂志》《陕西省医学会年会论文集》。1982年编著《脊髓疾病定位诊断与处理》，由陕西省科技出版社出版。

张桂林（1940—　），甘肃省永登县人。1964年兰州大学毕业，在北京石油科学研究院和宝鸡石油机械厂工作，1984年调任咸阳石油钢管钢绳厂厂长，教授级高级工程师。1987年12月10日引进的设计能力为5000吨钢丝绳的生产线成功投产，到1989年达到设计能力，生产出5014吨符合美国API－9A标准的钢丝绳，在国内同类引进生产线中率先达标。1994年10月引进德国先进设备和技术的三期改造工程试产成功，满足了国内全部钻井用绳的需求，并为跻身国外钢丝绳市场奠定了基础。自制的“活套式干式拉丝机”，填补了国内空白，具有世界先进水平；“联制的合股机”，在国内具有领先水平。他主持研制的“6×19S系列石油钢丝绳”，1990年获陕西省优秀产品奖，1992年享受国务院特殊津贴。

张浩（1918—　），河北省曲阳县人，高级工程师。1944年毕业于西北工学院水利工程系，1948年毕业于西北农学院水利系研究生部。曾在水电部西北水力科学研究所工作，历任水工泥沙研究室主任、河渠室主任、副总工程师，陕西省水利学会泥沙专业委员会主任，陕西省力学会常务理事等职。长期从事水工泥沙研究，在枢纽防沙结构、黄土隐性渠道设计、中小型水库排沙减淤明渠和管道高含沙水流特性等方面的研究有创见，并对泥沙河流水库排沙减淤和高含沙水的利用做了大量工作，撰写的《中国多沙河流中小型水库泥沙处理》论文，在第十二届国际大坝会议上交流。《高含沙水流泥沙沉降和阻力特性》论文，在河流泥沙国际学术讨论会上交流。

张积耀（1953—　），陕西省永寿县人。1977年西北大学毕业后，在西北橡胶工业制品研究所工作，任研究管理室主任、副所长，现任陕西延长石油集团总经理。负责的“9240球齿竖井刀具”攻关项目，获国家科技进步二等奖。参加的“综合机械化采煤设备橡胶密封制品研究”项目，获化工部和原煤炭部奖励。1984—1990年组织领导的J2－1、DF－5、DF－21、XY－8、109工程橡胶制品研制和特种橡胶密封制品研制等10多项国家重点攻关项目，分别获得国防科工委、航天部、化工部的奖励。先后将120多项科研成果推向市场，在全国建立了40多个科研生产联合体，创产值1亿多元。

张建武（1959—　），陕西省咸阳市人。1980年考入陕西中医学院中药系，1984年毕业后在中医学院附属医院工作，现任咸阳东方医药研究所所长。研制成新型的集多种理疗仪的电疗、热疗、磁疗、远红外线疗、针灸、按摩功能和中医辨证施治、中药渗透、内病外治功能于一身的858家用治疗仪，专家一致认为达到国内先进水平，尤其在止痛和解除症状方面疗效更加显著。858系列产品销往全国各地及欧州、美国、韩国等。858家用治疗仪1992年获全国星火计划成果金奖、中国旅游购物节旅游商品天马银奖、全国科技成果交易会银奖，1993年获陕西省第三届科技成果交易会银奖，1994年被选为庆祝新中国成立45周年陕西赴京专选产品。此外，他还为省内外多家药厂研制10余种新药，其中“抗疲增精宝口服液”1986年出口新加坡，“壮元春口服液”获陕西省医药管理局科技进步三等奖，“阳春玉液”被收入卫生部部颁药品标准。

张美云（1957—　），女，山西省临猗县人，博士、教授，博士生导师。2002年至今任陕西科技大学副校长。担任教育部高等学校轻化工程专业教学指导分委员会副主任委员、中国造纸学会常务理事、中国造纸学会学术委员会委员、陕西省造纸学会理事长、《中国造纸》编委等学术兼职。制浆造纸学科带头人，主要研究方向是高性能纸基材料和无污染制浆造纸技术。近年来获国家优秀教学成果二等奖1项；陕西省科学技术二等奖3项、三等奖1项；国家发明和实用新型专利9项；出版教材和专著4部。1997年被评为陕西省跨世纪“三五人才”，享受政府津贴，2001年被授予陕西省“三八红旗手”称号，被教育部授予全国优秀教师，2003年被评为陕西省有突出贡献的专家，2008年被评为陕西省教学名师，2002年、2007年分别当选陕西省第十次、第十一次党代会代表。

张南法（1940—　），江苏省武进县人。1958年南京无线电工业学校毕业，长期在华星无线电器厂（七九五厂）从事无线电技术工作，任工程师、高级工程师、技术副厂长。参加、主持和组织领导研制的电子设备有精密电阻分选仪、交直流高压试验台、交直流电流试验台、接触电阻测试仪、开关电阻测试仪、多联电位器同步参数测试仪、磁敏电阻测试仪和高、中、低三种电压的压敏电阻直流参数测试仪。这些专用设备和仪器，有的填补了国内空白，有的达到了国际标准。他被选为陕西省劳动模范。发表《压敏电阻器的性能和应用》《积分比较模拟除法器》等6篇论文。参加编写《国外电阻器发展概况》《国外电子工业概况》等书。翻译出版《电子设计员手册》，发行70余万册。还翻译国外技术资料50余万字。

张璞波（1963—　），陕西省兴平市人。1983年参加工作，郑州航空工业管理学院大专毕业。中央党校函授本科毕业。2002年起任咸阳科技局党组成员、总工程师，2012年10月至今任咸阳市科技局党组书记、局长。主抓科技工作期间，全市科技创新工作发展迅速，国家级创新型城市创建工作全面展开，在争取科技计划立项数、支助经费、专利申请量与授权量、技术合同交易额等处全省第二或第三名。曾获全国科技型中小企业技术创新基金管理先进个人、全省科技成果管理先进工作者称号。撰写和发表调研文章多篇。

张学文（1935—　），陕西省汉中人，教授，国医大师，陕西中医学院主任医师，中医急症高手。在中医“活血化淤”的理论研究和临床研究方面，形成比较系统的看法，尤以“颅脑水淤论”最为著名，在脑血栓的研究中得到运用。这一学说的形成，既突破了传统的淤血学说，又将淤、水、热、毒四大病因有机地结合为一个整体，开辟了中医治疗各种脑病的新途径。同时，对“毒”在温病中的意义从多方面进行了探讨，与郭谦亨副教授共同提出了用中草药预防“流行性出血热”病的观点，并共同研制了“流行性出血热”，在防治“流行性出血热预防片”方面取得了显著的疗效。主持完成了“‘通脉舒络液’治疗脑血栓”课题。主编、合编有《瘀血证治》《舌诊图鉴》《中医内科急症学简编》等。发表学术论文60余篇。

张喜文（1954—　），河南省遂平县人，炼油高级工程师。1979年毕业于华东石油学院炼油专业，现为中国石油长庆石化公司总经理兼总工程师，兼任西安石油学院客座教授、研究生导师，陕西省石化科技开发协会常务理事，咸阳市渭城区第四、第五两届人民代表大会代表，陕西省第十届人民代表大会代表。历任长庆石油勘探局马家滩炼油厂厂长、马岭炼油厂厂长、咸阳长庆石油助剂厂（现长庆石化公司）厂长。曾先后主持了马家滩炼厂3万吨/年催化裂化装置建设、马岭炼厂3万吨/年重柴油降凝装置建设，以及咸阳长庆石油助剂厂20万吨/年常压装置和7万吨/年催化裂化装置的开工投运技术工作。1995年年底，组织了咸阳长庆石油助剂厂150万吨/年技术改造工程。仅用6个月零8天就建成并投产了年加工280万吨原油的常压装置，用13个半月建成投产了80万吨/年重油催化裂化装置，创造了当时国内同类型装置建设速度的新纪录，工程实际投资比概算节约3.82亿元。2004年10月启动的500万吨/年炼油配套完善技术改造工程，两套主要装置（常减压装置和催化装置）从动工到投产仅用了10个月时间。1982年，获长庆石油勘探局优秀中青年技术干部称号；1998年，获长庆石油勘探局劳动模范称号、中国石油天然气集团公司劳动模范称号；1999年，获陕西省优秀青年实业家称号；2000年，获长庆油田分公司优秀管理者称号；2003年，获全国五一劳动奖章等。

张一玲（1937—　），女，河北省故城县人。1962年西北农学院毕业，1966年留院任教。主持撰写的《奶山羊非繁殖季节性诱发、发情研究》一文，参加了1988年在英国举行的第十一届国际动物繁殖及人工授精学术会，论文被选入该会论文集。参加的“奶山羊综合配套技术推广”研究课题，1988年获全国农牧渔业丰收一等奖。1993年起享受国务院特殊津贴。

张隐西（1937—　），江苏省宜兴县人，全国著名的橡胶密封件专家。1961年在苏联罗蒙诺索夫精细化工学院橡胶工艺专业毕业，回国后曾在沈阳橡胶工业制品研究所工作。1965年调来西北橡胶制品研究所，任副总工程师、所长（研究员级高级工程师），兼任中国橡胶学会副理事长、国家科委发明评选委员会特邀审查员、国家科委新型化工材料专业组组长。20世纪60年代领导研制的硅橡胶胶料及制品，其性能达到国外同类产品的先进水平，填补了国内空白，被纳入部级标准。组织领导、亲自参加研制固体火箭发动机用烧蚀材料“〇九工程”适配器、航空歼八、综合机械化采煤设备密封件、彩色电视机胶件等多种军用、民用产品，有的达到国际先进水平，有的填补了国内空白，获得陕西省先进工作者和国家级有突出贡献的青年专家称号。先后赴英国、意大利等国家考察橡胶工业，监选进口设备，为发展中国橡胶密封件制品提出多项具体建议。发表学术论文20余篇。

张永利（1958—　），陕西省淳化县人。1982年毕业于西安医科大学医疗系，获医学学士学位，历任咸阳市中心医院内科副主任、主任、业务副院长，中华医学会会员，陕西省医学会内科学会委员，咸阳市医学会呼吸专业委员会主任，咸阳市人身伤害医学鉴定小组成员，咸阳市卫生系统高级职称评审委员会委员，咸阳市医疗事故鉴定委员会委员，1999年被评为省卫生系统215人才。2003年省政府授予陕西省“三五人才”，咸阳市管专家。一直从事内科工作，擅长呼吸内科系统疾病的研究和诊断治疗。先后在省级和国家级医学会杂志发表医学论文30余篇，参与编著医学书籍3部。1998年主持的“自体静脉血胸腔注射治疗自发性气胸的临床研究”课题获咸阳市科技进步一等奖。

张涌（1956—　），内蒙古自治区和林格尔县人，教授。主持的“山羊胚胎分割及同卵双生试验”，1988年获陕西省科技进步二等奖；“小鼠山羊半胚冷冻和冻胚分割试验”，1991年获陕西省科技进步一等奖。这两项研究成果，开创了中国哺乳动物胚胎分割成功的先例，被同行专家鉴定为具有国际先进水平。完成的“山羊卵核移植研究”，1992年获陕西省科技进步二等奖，具有国际先进水平。“山羊无性繁殖的研究”，1992年获中国科协第三届青年科技奖。承担的国家“八五”攻关子专题“安哥拉山羊胚胎核科学研究”，其胚胎克隆的总体成功率达25%以上，世界首批第三、第四代山羊胚胎克隆羔羊于1991年诞生，此项成果达到国际领先水平，在国内外发表论文40余篇。1991年被国家教委和国务院学位委员会授予“作出突出贡献的中国博士学位获得者”，1992年分别获得农牧渔业部和国家“有突出贡献的中青年专家”称号，1993年获“陕西青年十杰”称号。1992年起享受国务院特殊津贴。

张岳（1930—　），陕西省户县人，西北农林科技大学教授。参加完成的“猪冷冻精液研究”和“奶山羊冷冻精液研究”获陕西省科学大会奖，主持完成的“建立我国奶山羊良种繁殖基地及奶酪加工技术的工业性试验”，获陕西省科技进步一等奖。主要著作有《家畜繁殖学》《大家畜人工授精》等。发表《西农莎能奶山羊精液冷冻试验》《奶山羊冷冻精液受胎试验》等学术论文6篇。1992年起享受国务院特殊津贴。

张兆祥（1931—　），江苏省泰兴县人。1956年上海复旦大学化学系毕业，在核工业部二〇三研究所历任化学分析技术员、工程师、分析组长、分析室副主任、主任（研究员级高级工程师），兼任陕西省地质学会分析测试专业委员会副主任。曾当选为陕西省第六届人大代表和中共陕西省第七届代表大会代表。在从事岩矿化学分析和合成氨工艺工作中，积累了丰富的经验，除完成了大量岩矿试样分析，解决一系列技术难题外，主持“岩石中微量铀钍和硅酸盐分析标准样”研制项目，获核工业部科研成果三等奖。发表《铀试剂Ⅰ测定钍》《碘酸钍沉淀组成研究》《醋酸纤维a经迹蚀刻研究》《试论岩石试样分析》等学术论文10余篇，其中有3篇被国外刊物摘登，在分析化学领域有一定影响。

张肇铭（1932— ），北京市人。1953年东北农学院俄文班毕业，先在二四七厂工作，后到兵器工业二〇二研究所，历任专家翻译、技术员、设计组长、室副主任、高级工程师。参加了85加农炮、85坦克炮、100坦克炮、122榴弹炮等的试制工作。参与并负责组织了72式85高炮的总体方案论证、结构选型和弹道炮的设计与试验，1972年设计定型，1978年获全国科学大会奖。主持了提高初速、高炮新结构、大口径供弹系统等多项预研课题研究。主持了加农炮的分析工作。参与并负责组织了“高炮新结构研究”，获部技术改进一等奖（第一完成人）。1991年任大口径火炮系统总设计师，研制出牵引式和自动式两种摸底试验火炮。发表《论发展大口径压制火炮》《火炮总体技术研究》《自由后座试验台及应用》《供输弹系统》等多篇学术论文。1992年起享受国务院特殊津贴。

张振华（1956— ），陕西省淳化县人。独创葡萄二层楼修剪法，提高产量30%。此方法被西北农学院编入教科书。先后被省上评为绿化祖国突击手，被共青团中央和农牧渔业部命名为全国学科学用科学青年标兵。

张重远（1946— ），陕西省泾阳县人。曾任泾阳县雪河机械厂厂长。针对市场上的空气压缩机体积大、噪音大、寿命短的问题，主动挑起攻克国家“八五”科技攻关项目之一的“涡旋式微型空气压缩机生产制造技术”的重担，1992年开始，经过3年，终于完成了这一高精尖科技攻关项目，填补了国内空白。所试制样机，1993年获全国星火计划成果展示会金奖和陕西省第三届经贸洽谈会金奖。产品问世后，销往陕西、北京、上海、四川、台湾及法国等地。

张子述（1904— ），陕西省勉县人，教授。1947年毕业于中国国医专科学校，同年考入贵州光明眼科函授学校。1964年调陕西中医学院工作。曾任陕西省人大代表、陕西中医学院中医基础教研室主任、陕西省政协委员、中国中医学会陕西分会理事。多年来从事中医眼科学、中医诊断学的教学、临床、科研工作，在中医眼科学方面有很深的造诣。从1978年开始招收研究生，是全国唯一的中医眼科学硕士学位授权人。主要著作有《辩舌识症歌》《中医眼科简诀》《中医入门要诀》。

赵伯善（1933— ），湖南省澧县人，教授。1957年西北农学院毕业。参加完成“小麦合理施用磷肥的研究”和“玉米锌肥肥效、施肥方法研究与示范推广”，分别于1978年和1984年获陕西省科技成果三等奖。他用10余年时间，经过上万次的分析和试验，研究出新型植物生长调节剂，于1987年8月通过省级鉴定。1988年7月，他研究的玉米浸种剂被联合国选中，列为“南南合作”的项目之一，同年10月，植物生长调节剂系列，被陕西省列入“丰收计划”。1991年，西北农业大学办起生物化学制剂厂（任厂长），生产玉米浸种剂、小麦种衣剂等。1992 年起享受国务院特殊津贴。

赵步长（1942— ），陕西省西安市人。1963 年毕业于西安医科大学。现为步长集团公司董事长，陕西国际商贸专修学院院长，国务院有突出贡献专家，当选陕西省人大代表、中国中西医结合学会常务理事。1992 年，创办咸阳步长脑心血管病研究所。提出了供血不足乃万病之源及脑心同治两个医学理论，并以此为基础研制成名牌产品“步长脑心通”。撰写《针刺加中药健脑帽治疗中风偏瘫 170 例》《蝮蛇抗栓酶治疗脑血栓后遗症 105 例疗效观察》等 12 篇学术论文。

赵通善（1934— ），满族，北京市人，研究员级高级工程师。1954 年 9 月北京工业学院兵器设计与制造专业毕业，1954—1961 年在北京工业学院任助教，1961—1967 年任太原机械学院讲师，1967 年起先后在二〇二研究所任业务组长，研究室主任。1955 年在北京工业学院讲授某种特种机械设计课程，为国内首创。1958—1964 年在某特种机械的研制中为负责人，该产品为国内先进水平。1967—1972 年又在某种机械中作为主要参加者，该产品 1978 年 4 月获全国科学大会奖。1972—1980 年为某项新结构负责人之一，该产品国内先进，1980 年 8 月获部科技成果一等奖。著有《设计稳定性问题》等论文和著作。

赵文荣（1935— ），河北省容城县人。1958 年天津大学毕业，任西北轻工业学院教授、机械工程系副主任、服装设备研究所所长，兼任全国缝纫机标准化技术委员会委员。从事机械制造工艺、设备、缝纫机方面的教学和科研工作，承担轻工业部重大科研项目“单针双梭芯双线缝纫机研制”，1984 年通过部级鉴定，填补了国内空白，在国际上也是独创。1985 年获陕西省高教科研一等奖，1986 年获全国第二届发明展览会铜奖，1987 年获得国家发明专利。承担国家经委、轻工业部“七五”攻关项目“服装一条龙”的“工业缝纫机机构图谱”的“工业包缝机系列机构图谱”，1988 年通过部级鉴定，填补了国内空白，达到国际先进水平，1992 年获轻工业部科技进步三等奖，被中国标准缝纫机公司等应用在包缝机设计上。承担轻工业学院建院以来最大科研项目“高速平缝纫机装配自动输线研制”，是西北轻工业学院建院以来最大的科研工程项目，1992 年通过部级鉴定，1993 年获陕西省经委、教委、中国科学院西安分院联合颁发的陕西省技术开发成果一等奖。出版《工业包缝机系列机构图谱》专著，发表论文 30 篇，其中《GN2－I 型三线包缝机运动分析》一文，1989 年在罗马尼亚举行的国际机构学与计算机会议上发表。1989 年获陕西省优秀教学成果奖。1992 年被国务院批准享受国务院特殊津贴。

赵元泽（1935— ），高级工程师。1957 年毕业于西北工业大学。曾任二一〇厂总工程师。组织生产了 300 米钻机，JU－1000 米型钻机、HQJ 和 HXY－500 米型钻机，实现了钻机生产系列化。

1982年，在没有军品生产任务的情况下，试生产民用丝光机铗拉幅部分，克服了重重困难，终于使设备达到了要求的精度。1985年被评为核工业部劳动模范。

郑贤根（1936—　），浙江省宁波人，研究员级高级工程师。1961年8月北京工业学院武器随动系统专业毕业，一直从事随动系统技术研究与开发工作，曾任二〇二研究所研究室主任。1961—1963年在国家某项目中为电气系统的主要参加者，该项目1986年12月被评为部科技进步一等奖，于1987年7月又获国家科技进步二等奖。1968—1974年又在国家重点某项目中为电气系统的主要参加者之一，该项目1978年4月获全国科学大会奖。著有论文《对复合控制系统补偿通道设计的几点意见》《频谱特性测试》《双输入作用下随动系统分析》等，分别在中国兵工学会自动控制年会和《陕西兵工》上发表。

郑忠祺（1938—　），江苏省苏州市人。在秦岭电气公司历任工长、车间计调室主任、车间主任、分厂厂长、研究所副所长，1983年担任了公司总经理。除满足国防建设需要的军品外，先后开发能源、交通运输、轻纺机械、机电、家用电器、专用件六大系列民用产品290多项。通过技术改选，采用国内购买、国外引进和自制非标准设备等方法，相继建成纺织用金属槽筒、铝合金压铸、仪表变压器、漆包线、车用火花塞、超精超硬模具等生产线。从日本引进电机制造技术和部分关键设备，年产50万台冰箱压缩机电机、洗衣机电机生产线于1986年落成。这是中国首批军民结合型企业技术改造的127项中，第一个国家验收的优质工程项目。1987年接受研制纺织机械自动络筒机任务，他亲自担任总指挥，同干部、技术人员、工人现场研究方案，经过两年多的拼搏，于1990年6月研制出20米长，10吨重，14.98万个零部件组成的CAOO4H自动络筒机，并一次试车成功。经有关专家鉴定，其主要工艺技术指标，达到或优于部颁指标和20世纪80年代国际同类产品先进水平，被列入国家“八五”技术改造重点工程项目。

周福安（1938—　），四川省巴县人。1963年毕业于成都电讯工程学院。毕业后，先后在炮兵科学研究院、国营七八厂、兵器部第二〇七所担任技术员、工程师。1980年调入二〇二所，1990年评定为研究员级高级工程师，任所总体研究室主任。他长期从事火控系统研制工作，先后参加过多种指挥仪的研制，参与了意大利P56系统的引进、分析、测绘，负责JM83驱动装置的研制工作。部技术改进一等奖项目“精密脉冲乘除器”第一完成人。上海市重大科技成果“红卫5号指挥仪”的主要完成人。国防科工委科技成果三等奖项目“C335样机试验测绘研究”的主要完成者，科工委科技进步二等奖“JM831驱动装置”的第一完成人。

周廉（1940—　），吉林省舒兰县人，超导和稀有金属材料专家。1963年毕业于东北工学院，同年分配到北京有色金属研究院工作；1969年响应国家支援三线号召，调到宝鸡有色金属研究所工作；1979年，由教育部派往法国国家科学院进修，1982年回国；1984年起，任西北有色金属研究院常务副院长；1994年遴选为中国工程院首批院士；1998年，当选为第九届全国人大代表，现任西北有色金属研究院院长、党委书记和西研稀有金属新材料股份分公司董事长，兼任中国材料研究学会理事长，国家超导技术专家委员会首席专家，稀有金属材料加工国家工程研究中心主任，国际低温工程材料委员会委员，国际钛会执委会委员和国际生物工程材料委员会委员等职。

周仲明（1941—　），江苏省无锡市人。1966年江苏工学院毕业，任陕西省农机研究所高级工程师。在长期科研工作中，主持并完成了两个国家基础件攻关项目、三项省级科研项目，取得多项重大成果。“亚胺型耐水电磁线”，达到世界先进水平，1978年获全国科学大会奖和陕西省科学大会奖；“潜水电泵防锈”，按其所生产的防锈电泵，超过了德国K. S. B公司和日本日立公司来华展览的防锈电泵样机的防锈性能，1981年获陕西省科技成果三等奖，其成果在国内13个省（市）的电泵厂推广应用，“S×8410化锈防锈剂”填补了国内空白，1988年获省机械科技进步二等奖；“钢铁电沉积铝新工艺”，获省教委科技进步二等奖；“SK高效安全除油锈酸洗印化液”，1994年通过省级鉴定，主要性能达到国内同类产品先进水平。发表学术论文12篇。

周仲义（1927—　），1952年毕业于上海大同大学，是中国早期广播发射机工业主要技术骨干之一。1989年晋升为教授级高级工程师，曾担任国营陕西广播电视设备厂总工程师。20世纪50年代主持设计“500千瓦大功率中波发射机”，20世纪60年代主持设计“1000千瓦大型大功率广播发射机”（国家6895工程），均为当时国内功率最大，技术先进的广播设备。担任总工程师期间重视开发新的技术领域，开拓脉宽调制广播发射机系列，调频广播发射机系列，并为引进彩色电视机生产线、技术先进的彩电机型作出贡献。

朱爱华（1960—　），女，陕西省眉县人。陕西中药研究所副所长、研究员、药理研究室主任，陕西省药理学会、陕西省药学会理事，陕西省药理学会药理专业委员会常务委员。国家中医药管理局科技评审专家库成员，陕西省科技评审专家库成员。曾担任咸阳市人民政府专家顾问团成员。1982年毕业于陕西中医学院中药系；1985年曾在中国药科大学药理教研室进修药理1年；1993年作为公派访问学者，赴日本广岛大学医学部进行中枢神经系统药理学研究1年。研究领域为药理学研究、新药及保健品开发研究。曾主持或参与过“倒卵叶五加茎开发利用研究”“小儿炎喘平口服液”“益康乐颗粒剂”“葱皮忍冬速效感冒胶囊”“带净片等8项省部级科研课题的药理学研究工作及鱼金注射液”“香莲祛痛霜”“葆春素胶囊”“仙竹降糖胶囊”等10余项地方协作单位项目的药理学研究工作；主持“小儿止泻透皮贴膏”“五加茎参颗粒”“倒卵叶五加茎药理活性成分研究”“脑心疏通滴丸”等项目的研究工作。发表学术论文20余篇，其中在国外期刊及会议发表论文6篇。

朱凤书（1929—　），辽宁省海城人。1952年西北农学院水利系毕业。1956—1961年在苏联莫斯科水利工程学院攻读学位，获副博士。回国后，在西北农学院任教授。除从事教学外，先后主持“自压喷灌技术”（获陕西省科技成果二等奖）、“多泥河渠道量水技术”和“U型渠道量水技术”（均被评为国内先进水平，在全国推广应用）、“大比降渠道量水技术”“低压管道灌水技术”“灌溉渠道流量调配技术”6项科研课题。编著《渠道工程》《农田水利》《灌溉渠道量水建筑物》《农田水利学》《闸前短管量水建筑物使用手册》《平房抛物线形无喉段量水槽使用手册》《田间工程》《农业百科全书·水利卷》《中国水利百科全书·灌溉与排水》等书。1987年被聘为陕西省政府农业办公室技术顾问组副组长。1992年起享受国务院特殊津贴。

朱树熙（1942—　），浙江省桐芗县人。1963年武汉工学院化工机械专业毕业，1965年到西北橡胶总厂工作至今。历任设备科长、副总工程师，教授级高级工程师、陕西省政协委员。长期负责科研和技术管理工作，受到上级领导的好评。主持研制的“Φ700×1500环形导带、纸浆带鼓式硫化机”，1984年获化工部科技成果二等奖；“胶管钢丝缠绕机”采用多个差动轮系分别驱动第二及其以后的锭子盘，每个锭子盘上还装有一个由钢丝支承环、分线环、预变形环套和压环组成的钢丝预变形机构，设计新颖、实用，1992年获国家发明专利。

朱显谟（1915—　），江苏省崇明县人，中国科学院院士，土壤和土地整治专家，国际土壤学会会员。先后任陕西省土壤学会理事长，全国土壤学会常务理事，生态学会和自然资源研究会理事，中科院农业研究委员会委员，中科院地学部地理学组成员，黄河中游水土保持委员会委员，陕西省第五、第六届人大常委会委员。从事土壤、土壤侵蚀、水土保持和国土整治方面的科学考察和科学研究工作60余年，足迹遍及江西、东北、黄土高原、长江流域、新疆托木尔峰和周口店北京猿人遗址等地区。在华南红壤成因、黄土区土壤、原始土壤形成过程、黄土中古土壤、土壤侵蚀、黄土和黄土高原形成及国土整治等方面的研究中提出了新见解。早年提出华南红壤主要是古土壤和红色风化壳的残留以及红色冲积物的堆积而不是现代生物地带性土壤的观点，后又从土壤侵蚀和沉积学以及华南的不同时期玄武岩上红色风化壳性征的对比中获得证明。对国内外土壤剖面进行对比研究后认为，风化作用是脱硅过程，而成壤作用又是生物的聚硅过程，由此有力地明确了灰化土中的$A_2$层不是$R_2O_3$的淋溶层而是硅的淀积层。系统地阐明了黄土中土壤和古土壤黏化层的生物起源问题。对黄土和黄土高原的形成提出了风成沉积的新内容和风成黄土是黄尘自重、凝聚、雨淋三种降落方式的融合体，为整治黄土高原国土和根治黄河河害的有关措施提供了理论依据。他提出的以迅速恢复植被为中心的黄土高原国土整治“28字方略”具有很强的指导意义和实践效益，已被国家科技攻关试区广泛采用并在流域治理中得到验证。他撰写了40余篇学术论文，编写了《土娄土》《陕西土地资源及其合理利用》《陕西土壤》《水土保持手册》《中国黄土高原土地资源图片集》等专著。他参加编写和审定了中国土壤科学界的重要著作《中国土壤》，获1978年全国科学大会奖和陕西省1978年科技成果奖；“对黄土区土壤侵蚀分类系统的研究”，获陕西省1978年科学大会奖；“对陕西省土地类型及其发生演变的研究”，获陕西省1987年科技成果三等奖；以他为主的“对新疆托木尔峰综合考察研究”，获1979年中国科学院科技成果二等奖；参与《中国土壤图集》的编著，被评为中国科学院1988年十大成果之一；《中国黄土高原土地资源图片集》，获1989年中国科学院科技进步三等奖。以他为首的水保所科技人员撰写的《中国黄土区土壤》专文在国际土壤学会主办的刊物*Geoderma*上发表。获国家级、省（部）级科技成果奖和科技进步奖5项。为国家级有突出贡献专家，曾先后被评为中国科学院研究生优秀导师，陕西省劳动模范，先进工作者，中国科学院首届竺可桢野外工作奖获得者，全国水土保持先进工作者等。

朱象三（1922—　），河南省温县人，农学家、昆虫学家。历任西北农学院病虫害研究室主任，中国农业科学院陕西分院植物保护研究所所长，陕西省农业科学院副院长、研究员，陕西省昆虫学会第二、第四届理事长，陕西省植物保护学会第一届理事长，中国植物保护学会第四届副理事长。1950年探明了小麦吸浆虫的特性和发生、分布规律，并提出利用小麦品种抗性和天敌来防治害虫。1954年研究确定了糜疯麦是小麦条点花叶病毒病。1960起，先后发现小麦兰矮、丛矮和黄矮等虫传病毒病的发生规律，提出改变作物布局，培育抗病品种和消灭媒虫等措施，填补了中国麦类病毒研究的空白。著有《小麦吸浆虫的研究与防治》《小麦兰矮病的研究》。他对中国粮食作物害虫的综合防治研究做了突出贡献。在小麦吸浆虫、豌豆象、粟灰螟、麦蚜和麦秆蝇以及地下害虫等重要害虫的防治技术方面，进行了许多开拓性的研究。早在20世纪50年代，朱象三认为，对一种农作物害虫的综合防治的认识和研究，是害虫防治学的基础；在综合防治的基础上，掌握其中关键环节，便能做到重点突出而效果显著。他曾在水土流失最严重的米脂县建立了陕西省黄土高原综合治理试验站，后又扩建成为研究所，先后任站长和所长。他根据生态与经济要求，从长远与近期治理目标相结合的观点出发，运用农业生物学、生态学、经济综合评价的方法和技术，从合理高效地利用土地和生物资源入手，建立了泉家沟治理实验区。在实验区内，以小流域为治理单元，以土地合理利用为基础，以农牧业和经济保土植物的发展为中心，进行多方面的试验和研究。经过10年的努力，这个面积4.2平方公里的实验区，水土流失程度减降了64.5%，人均粮食产量达到632千克，人均年收入542.5元，为陕北水土流失地区树立了科学治理的样板，先后有12个国家的农业科学家到陕北考察或学习。曾获陕西省科技进步一等奖2个，以及农业部科技进步二等奖、国家科技进步三等奖。

朱心恪（1926— ），研究员级高级工程师。1949年毕业于南京中央大学工学院电机系。曾任航空工业部一一五厂主任设计师。长期从事航空电源的科研、设计、改型及新产品研制工作，有坚实的基础理论及专业知识，特别是在航空交流电源上具有很深的造诣。发表《电磁恒速传动装置发展刍议》《航空电源结构的探讨——电磁恒装方面》《恒速恒频交流电源系统的现状和发展》《2000年前航空电源系统发展方向的设想》等10多篇论文。曾参加美国1984年电磁兼容学术年会，担任访英工程师小组组长。在某型号飞机研制过程中，成绩卓著，荣立航空航天工业部一等功，获荣誉证书和金质奖章1枚。

# 附　　录

## 一　科技文献

**咸阳市科学技术奖励办法（2012年5月16日）**

第一条　为了奖励在科学技术进步活动中作出突出贡献的公民和组织，调动科技工作者的积极性和创造性，提升自主创新能力，促进经济和社会发展，根据《陕西省科学技术奖励办法》，结合我市实际，制定本办法。

第二条　本办法适用于我市科学技术奖的推荐、评审、授予等活动。

第三条　市人民政府设立咸阳市科学技术奖（以下简称市科学技术奖）。市科学技术奖分为最高成就奖和一等奖、二等奖、三等奖。

市科学技术奖每年评审、奖励一次。

第四条　市科学技术奖的推荐、评审和授予，贯彻尊重劳动、尊重知识、尊重人才、尊重创造的方针，遵循公开、公平、公正的原则，实行科学的评审制度，不受任何组织或者个人的非法干涉。

第五条　市科学技术行政部门负责市科学技术奖评审的组织和管理工作。

第六条　市科学技术最高成就奖授予下列科学技术工作者：

（一）在科学技术创新、科学技术成果转化和高新技术产业化中作出突出贡献，为本市创造巨大经济效益、社会效益的；

（二）在科学技术前沿取得重大突破，对科学技术发展做出卓越贡献，在国内甚至国际产生重大影响的。

市科学技术最高成就奖每年授予人数不超过2名，可以空缺。

第七条　市科学技术一等奖、二等奖、三等奖，授予下列公民和组织：

（一）在实施技术发明中，运用科学技术知识做出产品、工艺、材料及其系统，取得技术发明创造，并拥有专利等知识产权，创造显著经济效益或者社会效益的；

（二）在实施技术开发项目中，完成重大科学技术创新、科学技术成果转化和高新技术产业化，创造显著经济效益或者社会效益的；

（三）在实施技术推广项目中，将先进成熟的科学技术成果大规模地推广应用，并有所创新，创造显著经济效益或者社会效益的；

（四）在实施社会公益项目中，长期从事科学技术基础性工作和社会公益性科学技术事业，经过实践检验，创造显著社会效益的；

（五）在基础研究或者应用基础研究中，阐明自然现象、特征和规律，取得重大科学发现的。

市科学技术一等奖、二等奖、三等奖每年奖励项目 70 项左右。

第八条　在国际科学技术合作中，为本市科学技术事业发展作出突出贡献的外国人或者外国组织，授予市国际科学技术合作荣誉奖。

第九条　市科学技术奖候选人、候选项目由下列单位或者个人推荐：

（一）县市区人民政府；

（二）市人民政府有关组成部门、直属机构；

（三）国家、省驻咸单位；

（四）省最高科学技术奖获得者、中国科学院院士、中国工程院院士、市科学技术最高成就奖获得者；

（五）经市科学技术行政部门认定的符合所规定资格条件的其他单位。

第十条　推荐单位或者个人应按规定的限额推荐市科学技术奖候选人和项目，填写统一格式的推荐书，提供真实可靠的评价与证明材料，并提出奖励等级的建议。

第十一条　同一技术内容已经获得国家、省科学技术奖或区域外其他市级科学技术奖的，不得推荐为市科学技术奖。

第十二条　市人民政府设立咸阳市科学技术奖励委员会（以下简称市科技奖励委员会）。市科技奖励委员会由有关专家学者和市政府有关部门负责人组成。市科技奖励委员会主任委员由市科学技术行政部门主要负责人担任。

市科技奖励委员会的主要职责：

（一）聘请有关专家、学者组织评审；

（二）审定专业评审结果；

（三）为完善科学技术奖励工作提供政策性意见和建议；

（四）研究解决市科学技术奖评审工作中的其他重大问题。

市科技奖励委员会下设市科技奖励工作办公室，负责日常工作。市科技奖励办公室设在市科学技术局。

第十三条　评审工作根据需要设立若干个专业评审组，各专业评审组负责本专业范围内的市科学技术奖评审工作。

被推荐为市科学技术奖的候选人及利害关系人，不得作为评审人员。

第十四条　参与推荐、评审活动的单位和个人，应当对所涉及的技术内容及评审情况保密，不得以任何方式泄露技术内容和评审情况、剽窃其技术成果。

第十五条　专业评审结束后，由市科技奖励工作办公室将建议拟奖项目在“咸阳科技信息网”上公告，征求异议，接受社会监督。

任何单位或者个人对所公告的项目、完成单位、完成人持有异议的，应当在公告之日起 20 日内向市科技奖励工作办公室提出异议，并填写异议登记表，提交必要的证明材料。

第十六条　市科技奖励工作办公室应当在异议受理截至日起10日内完成异议处理工作。有特殊情况，经市科技奖励委员会批准可以适当延长，延长期不得超过15日。

奖励等级不在异议范围之内。

第十七条　市科技奖励工作办公室根据专业评审结果和异议处理结果，向市科技奖励委员会提出年度市科学技术奖拟奖人选、项目以及奖励等级的建议。

第十八条　市科技奖励委员会对提交的拟奖人选、项目以及奖励等级的建议进行审定，作出拟奖决议。由市科学技术行政部门报市人民政府批准。

第十九条　市科学技术最高成就奖请市长签署并颁发证书和奖金。奖金金额为10万元，其中2万元属获奖者个人所得，8万元作为获奖者的科研补助经费。

市科学技术一等奖、二等奖、三等奖由市人民政府颁发证书和奖金。一等奖奖金3万元，二等奖奖金2万元，三等奖奖金1万元。

第二十条　市科学技术奖的奖励经费由市财政列支。

第二十一条　市科学技术奖的奖励证书不作为确定科学技术成果权属的直接依据。

第二十二条　剽窃、侵夺他人的发现、发明和其他科学技术成果，或者以其他不正当手段骗取市科学技术奖的，由市科学技术行政部门报市人民政府批准后撤销奖励，追回证书和奖金。

第二十三条　市科学技术奖推荐单位和个人提供虚假数据、材料，协助他人骗取市科学技术奖的，由市科学技术行政部门通报批评；情节严重的，暂停或者取消其推荐资格；对负有直接责任的主管人员和其他直接责任人员，依法给予行政处分。

第二十四条　参与市科学技术奖评审活动和有关工作的人员在评审活动中弄虚作假、徇私舞弊的，依法给予行政处分。

第二十五条　社会力量在我市设立面向社会的科学技术奖，按中华人民共和国科学技术部《社会力量设立科学技术奖管理办法》执行。

第二十六条　本办法自2012年5月16日起施行，有效期5年，至2017年5月15日废止。2005年4月1日市人民政府发布的《咸阳市科学技术奖励办法》自本办法施行之日起废止。

**中共咸阳市委咸阳市人民政府《关于坚持科技进步与创新建设创新型咸阳的决定》（2007年7月9日）**

为深入贯彻党的十六届五中全会和全国、全省科技大会精神，全面落实科学发展观，推动科技进步与创新，建设创新型咸阳，特做如下决定。

一、指导思想和总体目标

（一）指导思想。以邓小平理论和“三个代表”重要思想为指导，坚持“自主创新、重点跨越、支撑发展、引领未来”的指导方针，深入实施科教兴市和人才强市战略，以增强自主创新能力为核心，深化科技体制改革，整合优化科技资源，积极构建创新平台，促进科技成果转化，把科技优势转变为现实生产力，走出一条以企业为主体，以市场为导向，以科技进步与创新为主线，以产学研相结合为主要内容，以支柱产业和特色优势产业为重点的有咸阳特色的科技创新发展道路，努力建设创新型咸阳。

（二）总体目标。到2010年，基本建成与创新型咸阳相适应的区域创新体系。自主创新能力、科技进步水平显著提高，科技创新能力达到全省先进水平。科技创新环境和基础条件明显改善，创新人才队伍不断壮大，全社会科技投入大幅增加，在重点产业掌握一批核心技术及其知识产权，造就一批科技水平高、在国内外具有知名度的优势企业和自主品牌，自主创新在全市经济社会发展中的支撑和引领作用明显增强，实现由“咸阳制造”向“咸阳创造”的跨越。高新技术产业增加值占全市工业增加值的比重达到40%；规模以上企业高新技术产品产值占规模以上工业总产值的比重高于40%，全市科技进步对经济增长的贡献率达到50%以上，发明专利申请量稳定在全省前两名。全社会研究开发投入占当年生产总值的比重力争达到2%以上。到2015年，成为全国重要的先进制造业基地、高新技术产业化基地和高素质人才集聚基地，进入创新型城市行列。

二、以企业创新为主体，提升自主创新能力

（三）鼓励企业建立研发机构。鼓励科技型企业、高新技术企业积极创建市级以上工程技术研究中心、企业技术中心、行业技术开发中心等研发机构，不断提升企业自主创新能力。支持有条件的大中型企业独立或联合高校及科研院所组建研究开发机构，使之成为产业核心技术和共性技术研发的重要平台。鼓励企业工程（技术）中心、行业技术开发中心自愿有偿向其他企业开放，增强创新技术的外溢效应。对经认定的国家级、省级和市级工程技术研究中心、企业技术中心、行业技术开发中心予以重点支持，优先安排科技立项。

（四）引导企业加大创新投入。发挥科技计划对企业自主创新的导向作用，加大对企业研发活动、优秀专利产业化项目的支持力度。对进入国家科技型中小企业技术创新基金和省级重大科技创新计划的科技创新项目，同级财政分别给予项目总额10%和8%的配套专用资金。鼓励引导企业加大研发投入，规模企业技术开发经费占销售收入的比例达到2%以上，高新技术企业技术开发经费占销售收入的比例达到5%以上。企业研究开发新产品、新技术、新工艺所发生的各项费用或购置的仪器设备，按国家有关规定享受相关财税优惠政策。

（五）实施知识产权战略。加强对知识产权保护工作的组织和协调，支持企业创造、实施、保护知识产权，提高企业核心竞争力。采取各种措施，引导、鼓励、支持企业积极开展自主品牌经营，打造更多具有自主知识产权和国内外竞争力的知名品牌。

（六）大力扶持科技型中小企业。进一步放宽科技型企业注册条件，允许以人力资本、知识产权、高新技术成果等无形资产作价出资，由全体股东签订作价入股协议并作出担保承诺，经评估机构评估和会计师事务所验资后，工商部门予以登记，其作价出资的金额原则上不超过注册资本的40%。鼓励科技人员和留学回国人员来咸阳创办科技型企业。加快培育中小型科技企业，对成长快、效益好的科技型企业，优先推荐申报科技部科技型中小企业创新基金等中型科技计划。积极扶持现有省级高新技术企业发展为国家级重点高新技术企业，开发高新技术产品。加大公共财政对科技型中小企业的支持力度，设立市级科技型中小企业创新基金，建立面向科技企业的创新、融资服务体系，努力为科技型中小企业科技创新和科技成果转化建立绿色通道。

（七）加快信息技术的推广应用。积极发展电子商务，加快电子政务建设，推进公共服务领域信息化，着力提高公共管理水平和城市综合服务能力。坚持走新型工业化道路，积极实施制造业信息化科技工程，以建立信息技术服务体系，甩图纸、甩图板、甩账本为重点，加快产品设计创新和企业管理创新，提高企业信息化水平。积极推动信息技术在广大农村的运用，加快特色农业信息化营销平台、技术服务平台建设，促进现代化农业发展。

（八）实现重点领域和关键技术突破。继续组织实施一批重大科技创新项目，切实解决咸阳市经济社会发展的技术瓶颈；积极研发拉动优势产业发展的关键技术，支持引进先进技术的消化、吸收与再创新，鼓励开发成套装备中的关键配套件技术，促进装备制造业发展；积极研究开发清洁生产新设备、新技术、新工艺，加快建立循环经济的绿色技术支撑体系。积极研究开发军民两用技术，推动军工技术向民用的转化和地方企业军工产品的配套发展。

（九）做大做强创新产业。紧跟国内外科技创新和产业转移的趋势，加快咸阳市的高新技术产业发展。壮大新型电子元器件、显示器件、光机电一体化、新能源、新材料、生物医药等领域的产业集群，不断培植新的经济增长点。以做大做强船用柴油机、航空电源与制动部件、汽车零配件、优势专用机械、高分子材料、显示器件、液晶玻璃基板、锂离子动力电池、能源化工、食品、医药等创新产品为重点，加强关键技术研发。通过骨干企业、重点产品、主导产业的发展延伸，完善产业链与协作配套生产，培育壮大装备制造产业集群。

三、加强产学研相结合，整合优化科技资源

（十）鼓励多种形式的产学研合作。鼓励企事业单位与高校、科研机构开展合作，建立产学研联合体，提高企业的技术开发能力。整合咸阳市境内外的科技资源，与高校及科研院所建立长效合作机制，与科技专家建立信息互通机制，开展项目对接，推动技术创新。促进学科融合和产业融合，开展知识创新、集成创新和引进消化吸收再创新。鼓励高校、科研机构以人才、智力和技术为要素，企业以资金、设备为要素，通过多种合作形式整合资源，组建产学研联合体。鼓励有条件的高校、科研机构与企业联合建立科技研发中心，解决企业生产中的技术难题。加快咸阳市的产学研信息服务平台建设步伐，为高校、科研院所、企业提供从科技立项、中间试验到成果转化的需求信息，做好科技成果产业化的共性技术服务。

（十一）发挥高校和科研院所技术创新的源头作用。继续鼓励和支持高校发展优势学科，建立重点实验室。继续鼓励和支持科研单位进行企业化改制和深化内部改革，创办科技型企业。充分依靠和发挥咸阳周边特别是驻咸高校、科研院所和大型企业的学科、技术、设备及人才优势，围绕咸阳市区域产业和重点领域开展多学科交叉研究，与企业联合建立实验室或研发机构，开展与产业技术创新密切相关的应用技术研究与集成，开发市场急需的新产品和新技术工艺，使产学研直接面向企业，面向市场，真正成为企业自主创新的技术依托、技术源头和人才培养基地。

（十二）推进重大科技成果产业化。重点扶持100个对全市经济社会发展具有重大影响的科技产业化项目，促进其尽快转化为现实生产力，形成咸阳市一批新的经济增长点。对具备产业化条件的科技项目，促进其尽快实现产业化；对发展前景良好但尚未完成的科技项目，要加快工业化中试和工程化研发速度，积极推荐争取中省各类科技计划的支持，吸引风险投资机构参与，使其早日实现转化。

四、推广先进适用技术，推动区域科技进步

（十三）大力推广农业先进适用技术。围绕粮食、畜牧、水果、蔬菜、油料等区域特色产业，引进示范适合咸阳市发展的新品种、新技术和新成果。推广农业安全生产技术、综合配套技术、绿色生态技术、生物技术、高效设施农业技术、节水节肥技术和农村适用技术，扩大技术应用覆盖面，提高农业生产水平和农产品质量。充分发挥咸阳农业产业一体化科技示范带动作用，抓点带面，做好技术组装配套，开展应用示范和大面积推广，发挥科技示范园区和示范基地的辐射带动作用。

（十四）为建设社会主义新农村提供有力的科技支撑。以粮、果、畜、菜四大支柱产业为重点，抓好关键技术攻关和农业高新技术的研究开发。围绕提高农产品的市场竞争力和培育形成地方优势产业，坚持抓好优质高效高产新品种选育、农产品的深加工、农业信息技术等新成果的转化应用。不断完善新型农业科技推广体系建设，支持发展龙头企业创新中心、农村专业技术协会、农村科技特派员、农村科技信息网络和农村科技“110”等农村科技服务中介组织。加快农村信息基础设施建设，加大农村技术骨干的培训力度，促进咸阳市新农村建设。

（十五）推进创新引领的文化旅游产业蓬勃发展。加强古文物、古遗址、古城风貌的保护技术研究，有效保护历史文化。积极发展以新一代互联网为核心的现代服务业体系。培育壮大具有咸阳特色的文化产业体系，建设魅力咸阳。

（十六）实施全民科学素质行动计划。认真贯彻落实《全民科学素质行动计划纲要》，在全社会大力弘扬科学精神，宣传科学思想，推广科学方法，普及科学知识，牢固树立和全面落实科学发展观。支持发展科普事业，完善科普投入机制。实施全民学习计划，健全企业家和员工科技素质培训制度，创建学习型城市。

五、加强创新服务体系建设，提高科技创新服务水平

（十七）积极搭建公共科技信息服务平台。坚持政府主导、市场运作、信息互动、利益共享的运作模式，整合利用高校、科研院所及大型企业的有效科技资源，建设开放的公共技术创新服务平台。建设研究实验基地与大型科学仪器设备共享平台、中小企业信息化应用与服务平台、行业共性技术平台、科技创业服务平台、知识产权服务平台、技术标准与文献信息服务平台等区域科技创新基础条件平台，为创新创业提供社会化、专业化技术服务。依托国家级和省级重点实验室、工程技术研究中心及企业技术中心建立以科技创新与工业科技成果转化为主的服务子平台；以科技成果、人才信息为主的科技成果转化服务子平台；以生产力促进中心、创业服务中心、各类专业技术服务机构为主的科技创新服务子平台，以农技推广机构、专业技术协会为主的农业科技推广服务子平台，为科技创新提供全过程的技术支撑与服务。

（十八）推动科技园区和科技企业孵化器建设。继续加强完善咸阳高新技术产业园区建设，加快国家显示器件产业园建设步伐，大力发展软件产业，吸引海内外知名高校、科研院所和自主创新型企业入驻设立研究开发机构，孵化科技项目，培育新兴产业。利用现有的设施、设备、技术、成果、人才等要素，积极创办各类科技企业孵化器，转化科技成果，培育科技创新项目，催生中小企业健康快速发展，形成聚集效应。

（十九）积极培育创新服务机构。深化事业单位改革，建立现代创新服务体系。加强科技服务机构能力建设，大力发展专业性技术服务机构，推动行业科技进步，提升产业水平。加快培育科技中介服务机构或行业协会，提高其承接从政府转移出来的职能和服务的能力。

六、创新人才激励机制，为自主创新提供智力支持

（二十）完善人才激励机制，充分发挥科技人才的积极性和创造性。进一步改善科技人才创新创业的政策环境，积

极培育各类创新人才，建立和完善多元化人才培养和使用机制，造就一批科技创新人才、农村实用技术人才、高技能人才和自主创新领军人物。探索体现科技人才价值的年薪制、项目收益分配制等多种形式的薪酬制度。加大科技人员职务成果的转化力度，成果完成人可享有不低于该项目成果所占股份20%的股权，或享有不低于转让所得税后净收入20%的收益。

（二十一）优化创新人才发展环境。加快引进国内外创新人才，支持和吸引优秀留学人员或高端科技人才来咸创新创业。建立自主创新人才评价指标体系，鼓励各类创新人才以知识、技术、成果、专利及管理等要素投资创业，推动建立人才资本产权制度。完善收入分配制度，促进技术要素参与收益分配。允许科技人员以智力支出作为技术开发费用投入，充分调动投资者和投智者的创新积极性。充分发挥创业型人才特别是企业家在自主创新中的引领作用，加快实现人才资源向人才资本的转化。

（二十二）建立知识产权考核评价和激励机制。将知识产权申请量、拥有量和实施效益作为相关单位科技进步和管理水平的考核评价依据，经济、科技等相关部门在重大项目立项、验收、高新技术企业（项目、产品）认定等管理工作中，增加知识产权评价指标。

七、营造自主创新的社会环境，为建设创新型城市提供保障

（二十三）制定和落实有关财税激励政策。根据国家相关财税政策的调整，制定具体实施办法，发挥税收对自主创新的激励作用。允许企业按当年实际发生的技术开发费用的150%抵扣当年应纳税所得额。实际发生的技术开发费用当年抵扣不足部分，可按税法规定在5年内结转抵扣。认真落实高新技术企业的所得税优惠政策，鼓励投资和开发高新技术产品；认真落实加速折旧、技改国产设备投资抵扣等优惠政策，鼓励技术设备更新改造；认真落实“四技服务”等方面的优惠政策，建立财政性资金采购自主创新产品制度，鼓励科技服务业发展，促进科技成果转化和技术转移。

（二十四）发挥金融创新对增强自主创新能力的作用。制定符合企业自主创新的信贷管理和服务政策，建立自主创新贷款激励与风险补偿机制，完善与自主创新贷款相适应的组织形式、管理模式和运行机制，降低信贷门槛，增加信贷品种，简化信贷手续，为企业创新提供宽松、便利的融资环境。对国家鼓励的高新技术产品出口，银行可采用出口卖方信贷方式，也可在向进口方提供保函，且办理出口信用险的情况下，开办出口买方信贷业务。对资信好的高新技术产品出口企业可核定一定的授信额度，在授信额度内开具履约保函、预付款保函等，并可适当降低资金抵押或保证金比例。大力推进金融工具创新，积极促进开展知识产权专利质押业务试点。

（二十五）大力发展扶持创新型企业发展的信用担保机构和创业风险资金。

鼓励各类担保机构支持创新型企业的发展，政府利用基金、贴息等形式，引导金融机构支持自主创新，建立健全科技型中小企业信用担保体系，加大对企业自主创新活动的贷款担保支持。建立科技创新风险投资的进入和退出机制。积极引导社会资金或引进境外风险资本投向高新技术创业企业，支持高新技术企业上市融资或发行企业债券。

（二十六）鼓励高新技术项目招商引资和高新技术企业迁入咸阳市。对高新技术产业化招商项目实行前期工作经费补助，由招商项目落地建设所在地方政府财政根据首期投资额予以一定补助。

（二十七）充分发挥行业协会在建设创新型城市中的作用。要充分发挥行业协会的作用，积极开展沟通对话、业务指导及政策调研，及时了解自主创新型企业的意见或建议，协调解决自主创新型企业生产经营中的困难和问题，加大对自主创新型企业合法权益的保护力度。

（二十八）大力培育创新文化。大力倡导“崇尚创新、勇于探索、敢冒风险、宽容失败”的创新理念和价值观。积极开展科技人员学术交流、青少年发明创造、技术工人与农民技能竞赛等创新实践活动，提高全社会的创新能力。

（二十九）切实加强组织领导。各级各部门要切实加强组织领导，主要领导要亲自抓，全面协调整合各类创新资源，调整完善各项科技奖励政策，不断加强科技管理队伍建设，及时研究解决科技创新中的重大问题。科技管理部门要加强对科技创新的宏观管理和综合协调，推进各项工作落实到位。充分发挥各民主党派、人民团体及群团组织的职能优势，积极开展增强自主创新能力的相关动员和组织工作；宣传部门和新闻单位要围绕增强自主创新能力，加大科普宣传和实用技术推广力度，营造全社会共同关注、共同参与自主创新的良好氛围。

（三十）加大政府财政性科技投入。强化政府科技资金的导向作用，切实落实中省有关增加科技投入的各项规定，建立财政性科技投入稳定增长机制，调整财政支出结构，大幅度增加财政科技投入。财政每年安排的科技支出（含科技三项费用、科技事业费）增长幅度要高于财政收入的增长幅度。改革完善科技计划管理体制，整合统筹科技资源，建立科学公正的科技评估制度，完善绩效考核制度，提高科技投入与产出比，探索建立科技持续创新发展的新机制。

（三十一）建立健全科技进步目标考核制度。建立对县市区科技进步目标责任制考核工作制度，把推进科技进步、加强自主创新能力建设的主要任务列入县市区考核目标，与经济、社会发展的目标任务一同部署、一同检查、一同考核，确保推进科技进步、加强自主创新能力建设各项工作落到实处。

**咸阳市“十一五”科技发展规划和中长期科技发展规划纲要（2007 年 4 月 17 日）**

为了推动我市科技进步与创新，加

快建设创新型咸阳和科技强市，根据国家、省科学技术“十一五”规划、中长期规划纲要和《咸阳市国民经济与社会发展“十一五”计划和2020年远景目标》对科技工作的总体要求，特制定本纲要。

一、“十五”期间我市科技发展的基本情况

（一）“十五”期间科技工作所取得的成就

“十五”期间，全市积极实施“科教兴市”战略，坚持“创新、产业化”的科技工作方针，围绕经济建设这个中心，大力发展科技事业，科技工作取得了明显的成就。

1. 科学技术研究与开发取得了一批重大成果。“十五”期间，全市共组织实施各类科技项目8000多项；列入国家级计划的50多项，省级计划160多项，市级计划700多项；全市共取得科技成果5000多项。培育了8个农作物新品种、98个国家级重点新产品等重要科技成果。还有一批成果具有国内甚至国际先进水平，为我市科技的更大发展奠定了良好基础。共有515项各类科技成果获得奖励，其中国家级22项，省部级175项，全市专利申请量超过1200件。

2. 科技体制改革进展顺利。“十五”期间，多数应用型科研院所成功地进行了企业化转制，大专院校、科研院所和企业之间的联系得到了进一步加强，以生产力促进中心为主体的科技创新服务体系逐步建立，高新区、科技园和聚集区进一步发展，搭建了科技与经济相结合的平台，有效地促进了科技与经济的紧密结合。全市已建立15个企业研发中心、13个重点实验室、16个科技中介服务组织以及多个产学研结合的技术服务平台，提升了我市科技进步、创新和服务能力。

3. 科技人才队伍进一步壮大。“十五”期间，我市努力培育和完善各级各类人才市场，通过市场机制有效地促进了人才资源的合理配置。据统计，全市科技人才总数已达到21.7万人，其中专业技术人员18.2万人，国家级有突出贡献的专家和享受国务院特殊津贴的专家50多人，市政府出台了《充分发挥中省驻咸单位人才优势，服务地方经济建设的决定》及其他吸引和充分发挥人才作用的措施，为我市经济社会发展提供了人才保证。

4. 信息技术应用程度不断提高。“十五”期间，信息技术发展的标志性设施——数字化咸阳建设工程正式起步，并进入国家级示范工程行列，宽带城域网、信息交换平台等基础设施建设已基本形成，与此相关的26个信息化项目建设进展顺利，一些已初见成效，为信息技术在我市各行各业的应用与发展打下坚实的基础。启动实施了制造业信息化“12345”工程，以机械、电子两个行业为示范，辐射带动食品、纺织、医药、果业等行业信息化，建立了市区和工业基础较强的四个示范县（市、区），陕西柴油机厂等66户企业进入省级示范企业，初步形成了信息技术应用、示范推广和人才培训三大体系，有力地促进了传统产业的改造与升级，加速了经济结构的优化。我市被确定为国家制造业信息化工程重点城市。

5. 科技成果转化取得明显效果。全市共实施重大科技产业化项目142个，其中一些已成为我市经济增长的新亮点。民营科技企业已发展到1700户，年技工贸收入达54.3亿元。建立了5个星火计划密集区，4个省级中药材种植基地示范县，一大批农业科技示范基地（点），科技对经济增长的贡献率超过50%。

（二）制约我市科技发展的主要因素

1. 科技体制改革不到位。科技体制改革虽不断深入，但仍存在部门分割、条块分割的现象，致使科技力量分散，科技资源利用率低，尚未真正形成有利于创新、竞争、激励新机制。

2. 科技投入不足。投入总量低、投入方式单一，科技风险投资机制没有形成，造成科技成果少、质量不高、转化率低，科技资源集合和整合不够，科技工作与地方经济结合不紧密，科技成果转化慢，科技对经济社会发展的支撑引领作用不够。

3. 科技创新服务平台建设滞后。全市性科研实验基地和大型科学仪器设备共享平台、科技图书文献资源共享平台、科学数据共享平台、自然科技资源共享平台、科技成果转化公共服务平台等科技基础服务平台尚未真正建立，制约着科技资源的高效利用。科技成果推广信息服务系统、科技中介服务体系、科技转移和技术支撑服务基地、企业孵化服务体系、农村科技服务体系等发展不充分，科技和经济缺乏有机的结合，制约着科技成果向现实生产力的转化。

二、指导思想和奋斗目标

（一）指导思想

以邓小平理论和“三个代表”重要思想为指导，全面落实科学发展观，坚持“自主创新、重点跨越、支撑发展、引领未来”的科技工作方针，深入实施“科教兴市”和“人才强市”战略，以增强自主创新能力为核心，深化科技体制改革，整合优化科技资源，积极构建创新平台，促进科技成果转化，走出一条以企业为主体，以市场为导向，以科技进步与创新为主线，以产学研相结合为主要内容，以支柱产业和优势特色产业为重点的有咸阳特色的科技创新发展道路，努力建设创新型咸阳。

（二）总体目标

“十一五”末，基本建立符合我市经济社会发展特点的区域创新体系，科技综合实力明显增强。2020年，建立起科技信息畅通，科技服务体系完善，知识经济先导作用和高新技术产业主导作用显著增强的科技创新体系，实现科技经济一体化，进入创新型城市行列。具体目标如下：

1. 科技进步对经济发展的贡献率达到新水平。“十一五”末，科技进步对经济的增长贡献率达到52%以上；到2020年达到60%以上。

2. 科技经费的投入逐年增加。“十一五”末，全社会研究开发经费占全市国内生产总值的比例达到3%，市、县（区）科技三项费达到同级财政预算支出的1.5%和1%以上，企业研究与开发经费占销售收入的比例，一般企业达2%，大中型企业达3%，高新技术企业达5%以上。到2020年达到国内先进水平。

3. 建立起一支具有足够数量、结构合理的专业技术人才队伍。到“十一五”末，全市科技人才的总人数争取达到25万人，2020年达到30万人。科技队伍的专业及年龄结构趋于合理，基本形成一个专业技术、生产技术和管理技术相结合，科研、开发和推广相配套的科技人才体系。

4. 基本建立起具有我市特色的技术创新体系。“十一五”末，建成以企业为主体，产学研相结合的开放型研发与产业化体系。以科技中介服务网络、企业孵化平台为主的社会化科技服务支撑体系。“十一五”期间，每年应完成产学研合作项目50个、专利申请数达到500项；到2020年比“十一五”末翻一番。

5. 科研开发力量进一步增强。到“十一五”末，科研机构总数增加20%，扶持或建设重点实验室、工程技术中心和企业研发中心15家以上，人均装备水平达到10万元/人，国家和省级科技基础服务平台争取达到10项。到2020年，主要行业的科研装备要达到当时的国内先进水平。

6. 大力发展高新技术产业。到“十一五”末，在全市范围内认定高新技术企业200家。累计开发新产品400项，实现产值300亿元，高新技术产值占全市工业总产值的比重达40%以上，高新技术产品出口额占全市总出口额的40%以上。到2020年，高新技术企业数量、产值、出口额比重达到50%以上。

7. 用先进实用技术武装、发展农业。“十一五”期间，向农业和农村推广农业高新技术、先进实用技术成果和农牧优良品种100项，促进区域优势特色农业产业的发展，形成100个特色明显的农业产业集群。主要农作物良种覆盖率提高到90%。到2020年基本建成现代农业体系，农业各项技术指标达到国内先进水平。

8. 全面启动实施“6个1”科技创新工程。在10个重点领域，攻关一批关键技术，培育100个科技创新项目，实施100个重大科技产业化项目，重点培育100个重点科技创新企业，重点支持10个企业研发中心，建好10个科技园区。到“十一五”末，高新技术产业产值达到100亿元，万元生产总值综合能耗降低25%，工业废水基本全部达标排放，中水利用率达30%以上。

三、工作重点

（一）工业

坚持以“信息化带动工业化，工业化促进信息化”的新型工业化发展战略，促进企业成为技术创新的主体。以提高工业科技创新能力为核心，以技术创新和产业化为目标，坚持自主创新、引进创新和集成创新相结合，工业化发展与信息化发展相结合，力争在关键行业的重点领域实现工业技术的跨越式发展，促进工业技术水平的整体提高，为加快产业结构调整和优化升级提供技术支持。

1. 电子信息技术产业：进一步加强传统电子工业企业的技术创新，发挥大企业龙头带动作用，建立产业集群，依托国家级显示器件产业园建设，配套加快新型元器件生产基地、IT 产业链生产基地建设。

加大电子与信息技术的开发研究和应用研究力度，加快液晶、等离子关键技术的攻关，使其达到国际先进标准。

积极开发新型显示器、荧光粉、低玻粉、新型偏转磁芯、偏转线圈、覆铜箔层压板、广播电视通信设备、表面贴装元器件、平板显示材料、半导体发光材料与器件、片式元器件、晶体元器件、电阻器、电容器、红外探测器、功能陶瓷、钛酸钡陶瓷材料、广播发射机、机顶盒、无线编码遥控器、隔离式安全栅、稳压电源、电子热熔胶、高档包封材料等新产品，扩大生产规模，提高产品竞争力。

努力开展集成电路、光电集成、新型电子元器件、电子零部件、显示器专用配件、传感器、各类软件和专用控制装置等技术产品的研发和推广应用。

支持信息技术服务业特别是网络业以及信息咨询服务业的发展，以 ASP 平台等关键技术为突破口，形成多层次信息服务企业群体，从而使电子信息产业成为我市的先导产业，为制造业信息化提供强大后盾。

2. 装备制造业：以技术创新为先导，采用光机电一体化、数字化、网络化技术及其他高新技术，加大信息技术向装备制造业的渗透、扩散和改造力度。促进信息技术、产品与装备制造业在设计、制造和经营管理等方面的进一步集成，形成具有专业特色的产品设计和制造技术，从而提高产品的技术含量和设备成套能力。开展关键共性技术研发，强化对现代先进制造技术的消化吸收与推广应用。

依托我市的优势和特色，重点打造纺织机械、包装印刷机械、石油机械、食品医药机械、航空机械、建筑机械、陶瓷机械、农业机械、汽车及汽车零部件等产业集群，促进我市装备制造业的全面振兴。

发挥我市在铸造、锻压、热处理、机加工、铆焊、电镀等方面的技术优势，加大技术创新力度，提高和改变我市机电产品的性能、质量和品种结构，促进产业升级换代，增强综合竞争能力。

重点抓好船（陆）用柴油机、GA710 系列喷气织机、喷水织机、丝织机、柔版印刷机、自动称量包装机、节能风机、空压机、数控工具磨床、特种钢丝绳、钢管、VE 泵、工业窑炉、石油钻头、抽油泵、大覆面真空覆铜板层压设备、数字化牙科综合分析治疗仪器、陶瓷柱塞泥浆泵、混凝土泵站及自动化系统、热力流量计、新型电力器件设备、稀土永磁、无刷直流电机等产品以及离合器、高速选纬器、直线导轨等零部件以及各种电子、造纸、陶瓷、炼焦、粉体材料、人造板、食品等成套设备的研发与产业化，扩大生产规模。

3. 生物工程与新医药技术产业：加强中药现代化提取、分离、纯化、精制过程中新工艺、新技术研发和新设备技术的推广应用，提高行业技术水平。加大中药新处方、新品种、新剂型、制剂新辅料和透皮、缓释、控释、靶向、定位、微囊等新型给药系统与制剂的研究开发力度。

重点支持中药新药、生物制剂、医药辅助材料、保健品、兽用药等产业的发展。抓好 α/β 环状糊精衍生物、淀粉及变性淀粉、异麦芽低聚糖、蚓激酶、枯激酶、薯蓣皂素、大豆苷元胶囊、苦瓜素、血立止冻干粉针剂、参龙宁心胶囊、妇必舒胶囊、脂康胶囊、复方仙术胶囊、果葡糖浆、氨基酸、蛋白质粉、膳食纤维素、多肽等产品研发和产业化。

充分利用科技新成果，积极开展国家二类新药或确有独特疗效的三类新药研制、天然药物萃取工艺、新型药用辅助材料、新型给药方式、药物新剂型、新型医疗器械等方面的研发。以企业技术创新为主体，积极开发高技术含量、高性能、高附加值的医药产品，延长生物医药产业链。

实施中药现代化。建立中药农业、中药研发、中药工业、中药商业与生物医药相结合的专业技术服务平台，完善服务体系，推动现代制药技术和信息技术的应用，带动业内一大批中小企业的发展。

4. 新材料及应用技术研究：以电子信息与光电材料、纳米材料、高性能陶瓷材料、精细化工材料、高分子材料、无机非金属材料、新型金属材料等新材料及制品的研发为重点，围绕材料的先进制备技术、成型加工技术以及高性能化、多功能化、科学评价、失效机理与寿命预测研究等，开展技术攻关。

以现有产业技术为基础，不断应用新技术新工艺，提高资源的综合利用率，发展高性能产品，培育优势产业和支柱产品，形成产业链。在多晶硅、功能陶瓷、结构陶瓷、电子陶瓷、稀土永磁、烧结磁、软磁体、碳/碳复合材料、电磁线、铜材、脂肪酸、人工晶体、环氧树脂、脲醛树脂、玻璃纤维、特种橡胶、超细粉体、纳米碳酸钙、石墨制品、改性聚丙烯等领域加大新产品开发力度，培育新兴产业。

5. 能源化工产业：依靠科技进步和创新，集中力量，攻克产业发展中的共性技术、关键技术和消化吸收引进技术中的问题。为我市调整能源产业结构，实现产业升级和能源化工产业基地提供科技支撑。

依托我市丰富的煤炭资源，开展煤化工、煤、气、电转换和煤矸石、粉煤灰等综合利用研究，推广应用综合放顶采煤技术、矛杆支护技术、煤层瓦斯整治技术、煤矿安全生产技术，提高自动化水平。根据我市原油加工、甲醇等石化建设的需要，重点开发甲醇、乙烯等石化产业链相关技术和产品。加快可再生能源利用技术开发，开展地热能、水力发电、煤气层资源的开发利用等应用技术研究。开展可充锂离子电池组及相关产品、燃料电池和热电转换相关技术研究。

化工产业围绕基本化学原料、化肥、化学农药、油田化学品、专用精细化学品、橡胶等领域，在甲醇、二甲醚、碳酸氢铵、硝酸铵、野燕枯、噻苯隆、炸药、皮革助剂、纺织助剂等方面形成优势产业。

6. 纺织服装产业：充分发挥我市纺织服装科技和产业优势，围绕高支精梳纱、高档纺织面料、重要产业用纺织材料、功能多元化纺织材料，开展新型纤维复合、纺织工艺、服装工艺和纺织工业装备制造等方面的技术创新。重点利用生物工程、化工技术对非纺织原料的纤维进行处理，开发高性能人造纤维，提高染整加工技术水平，开发棉、毛、麻等天然纤维防缩抗皱免烫等功能性整理技术及产品。

积极发展服装产业。在生产工艺上加大计算机、微电子技术应用力度，推广变频调整技术在服装机械设备中的应用，推广电脑分色制版、数字喷墨印花、激光剪裁等，提高行业装备技术水平。

7. 建材产业：充分发挥我市建材资源和科研的优势，以节能、降耗、环保为核心，推广应用计算机控制技术，推动行业技术创新和新产品开发。

开发高标号水泥、彩色水泥、特种用途水泥、特种玻璃、玻璃纤维、钢构材料等新产品。以高标号水泥、无碱玻璃纤维、浮法玻璃为龙头，推广应用新型包装技术、散装技术和添加粉煤灰技术。加快发展空心砖、沙石矿渣、粉煤灰墙体材料及新型墙体材料、化学建材以及陶瓷空心砖、广场地面砖、陶瓷切片等新产品，增加产品的附加值和市场占有率，提高全行业的技术水平和科技含量。

8. 食品产业：利用生物工程技术开展食品工业原料品质改造、绿色食品、功能食品及成分快速、精确检测方法的应用研究，推广应用食品工业节能新技术。

重点发展新型功能食品、保健食品以及方便食品，提高畜、禽、肉、蛋、果、蔬制品和粮油食品的科技含量。

开展微生物发酵技术和专用酶技术产品，加大天然产物有效成分分离提取技术及生物技术在食品安全领域的应用研究，加快我市食品工业发展。

（二）农业

以提高农业科技创新能力、农产品科技含量和科技成果转化率为核心，重点围绕解决农业生产重大关键技术，加强农业高新技术和适用技术的引进、开发和推广，开展农产品加工增值技术、农产品安全以及农业信息技术应用研究，着力推动农业和农村经济结构调整，提高农业经济效益。

1. 种植业：继续加大优质、抗病、

高产粮油新品种选育、优良农作物新品种的引进推广和主要农作物的规范化标准化生产技术研究。

充分发挥我市在遗传育种方面的技术优势，在水地小麦、旱地小麦、强筋小麦、杂交小麦、优质专用小麦、双低油菜、优质高产玉米、粮饲兼用玉米、专用型玉米、脱毒红薯等方面取得新的科技成果。

加强现代农业技术的研究与开发，提高主要农作物生产技术水平。围绕农业产业结构调整，研究开发烟草、薯类、杂粮类和其他经济作物的生产技术。加大对良种统繁统供、种子包衣、精量播种、规范栽培、地膜栽培、间作套种、测土施肥、节水灌溉、病虫测报防治等适用技术的研究与示范推广。

2. 果业：以发展优质苹果、梨、桃、杏、李、葡萄、石榴等鲜食水果和核桃、枣、柿子等干杂果为重点。加强对红富士苹果、酥梨、红地球葡萄等现有主栽品种的优化，加强对澳洲青苹、日韩新品系梨等新品种、特色品种的引进示范推广，提高果品技术水平。

重视做好果品的采摘、精选、分级、包装、储藏、保鲜、加工、运输等新技术研究，延长货架期，提高经济效益。加强规范化科学化栽培技术、无毒苗木培育及栽培技术、生物防治技术、无公害生产技术和果树早期落叶病、腐烂病、介壳虫防治等重大关键技术研究开发，不断提升果园科学管理水平。

3. 蔬菜：继续加大对蔬菜、花卉、食用菌、瓜果等作物新品种的选育和引进，提升产品的科技含量和生产技术水平。加大对保护地栽培技术、反季节栽培技术、测土施肥技术、无土栽培技术、工厂化生产技术、病虫测报防治、储藏运输和精深加工等技术的研发和先进实用技术的推广应用。加强规范化管理，完善无公害栽培检测技术研究，为发展绿色蔬菜和无公害蔬菜，提供科技支撑。

4. 畜牧：加强畜禽优良品种的选育、引进和推广。加强对秦川牛、关中驴、关中黑猪等品种的保护、开发和利用研究。加大对荷斯坦奶牛、黑白花奶牛、布尔山羊、莎能羊、苏门达尔牛、英国短角红牛、长白猪、大约克猪、洛克猪、新罗曼鸡、哈伯德鸡、哈白兔等优良品种的推广。

加强畜禽规模化养殖技术、瘦肉型猪多元杂交育肥技术、笼养鸡综合配套技术、肉牛快速育肥技术、肉羊杂交改良育肥技术、冷冻精液配种技术、胚胎移植技术、优质高产饲养技术、饲料配合技术、疾病防治技术、草业以及畜禽现代化屠宰加工技术等的研发和利用。

5. 农业生态环境建设：开展林业、水利、水土保持、小流域综合治理等方面重大关键技术攻关，筛选和集成有利于生态保护与环境治理的先进适用技术，坚持生物措施、工程措施并举，生态效益和经济效益结合，推进退耕还林还草、天然林保护、方田林网和沟坡水保综合开发。

6. 农业机械：在农业机械化耕作、

播种、喷药、施肥、排灌、收获、秸秆利用等方面以及在果业、畜牧业、农副产品烘干、存储、加工等领域，加大各种先进适用农业机械的推广应用。

7. 农业气象：继续开展暴雨、冰雹、大风、寒潮、连阴雨、沙尘暴等灾害性天气预报方法及应用研究，规范预报预警业务，扩展预报服务的范围。继续开展人工防雹、增雨等人工干预天气及火情、旱情、农作物产量、生态环境等动态监测和天气预报数据的科学应用等方面的研发。

8. 社会主义新农村建设：围绕发展新产业、建立新机制、建设新村镇、树立新风尚、培育新农民、建设好班子的总体要求，开展因地制宜的基础建设、产业发展、乡村文明建设、公共事业发展、民主管理等模式的研究，建设示范点，为全面推进新农村建设提供科技支撑。

（三）社会发展

重点抓好医疗卫生、计划生育、城乡建设、交通运输、环境保护和社会服务等各行各业科技进步与创新，促进全市科技与经济的协调发展。

1. 医疗卫生：以安全可靠、疗效显著、降低费用为目标，积极引进先进医疗设备，推广、研究、应用新的医疗卫生技术，不断提高诊断、治疗水平。

加大对严重危害人民健康的常见病、突发病、疑难病、多发病、罕见病等的诊治技术攻关。开展对艾滋病、结核病、病毒性肝炎等传染病预防知识宣传普及和诊治技术的研究与推广应用。加大对公共卫生突发事件预警和防治技术的研究。加大老年病防治及老年健康保健技术、中医诊疗技术整理、挖掘与再开发研究，为提高人民群众的健康水平和生存质量提供技术支撑。实施中药现代化科技行动，加大适合我市种植道地中药材品种筛选和规范化种植技术研究。

2. 计划生育：以控制人口数量，提高人口素质为重点，研究推广适合广大农村计划生育的节育技术、优生优育技术，开展出生缺陷预防技术及生殖道感染干预技术研究，提高出生缺陷的产前筛查和诊断水平。

3. 城乡建设：开展对城市长期规划布局、城市不同功能区规划设计、城市交通和道路系统发展、老城区改造、历史文化设施保护、城市基础设施建设配套和综合环境治理、城市生态系统建设、县域城镇体系规划布局和小城镇规划设计等方面的技术研究。加快城市管理智能化、建筑设计、建筑质量监测、建筑施工、新型建筑材料、建筑节能、新型墙体材料等方面的技术研发与推广应用。

4. 交通运输：开展公路交通网规划、勘测、设计，道路施工、监测、维护、管理及提高沥青混凝土使用性能等关键技术研究。合理交通布局，建设方便快捷、四通八达的现代立体交通。

5. 资源开发：以节约资源、提高资源的科学管理和综合利用水平、实现可持续发展为目标，以矿产、土地、野生动植物等为重点，开展资源调查、科学规划、合理开发、有效利用等方面的研究。

6. 环境保护：开展城乡大气、水、土地、生态环境污染的监测和控制，加大对各种环境污染综合防治技术研究和应用。开展煤矸石、发电粉煤灰、工业废弃物、农作物秸秆、工业废气、各类污水、城市垃圾等资源利用技术研究，发展环保技术产业。

7. 现代服务业：加快服务业科技进步，不断采用新技术、新设备，提高服务业的科技含量和技术水平。加快信息宽带网络、城域网、局域网等信息基础设施建设，加快建设 UGIS/GPS/RS 信息系统和基本数据库，为数字化咸阳和各个方面的信息化打下坚实的基础，为发展“3S”产业和建立高新技术服务业提供有力的支撑。

8. 科技创新平台建设：积极参与省级科研实验基地和大型科学仪器设备共享平台、自然科学资源共享平台、科学数据共享平台、科技文献共享平台、科技成果转化公共服务平台和网络科技环境平台建设。整合我市现有科技创新资源，建立具有咸阳特色的社会化公共服务平台，充分发挥政府资金的引导作用，调动有关科研院所、企业、社会组织积极参与平台建设，形成多元化投资、市场化运作的机制，为全社会科技进步与自主创新提供有效的公共服务。

9. 社会公共安全保障：开展高新技术产品在公共安全领域的应用研究和示范推广，探索建立科学预防应对突发公共事件的机制和措施，保障社会公众安全。

四、保障措施

1. 进一步深化科技体制改革。积极探索市场优化配置科技资源的机制和路子，努力推进学科融合、产业融合和产学研结合，推动区域性科技创新体系的建立。继续深化科研院所体制改革，使其真正成为面向市场、面向经济、按市场化运作的创新主力。切实整合优化科技资源，按照现代科技发展呈综合化、整体化，学科专业、研究领域相互交叉、渗透、集成的特点，打破科技资源分割、力量分散、资源利用效率低的局面，集成整合、化零为整，建立物尽其用、人尽其力的运行机制和平台，整体提升全市科技创新能力。加强与西安、杨陵的科技交流合作。

2. 优化科技发展的政策环境。制定完善支持自主创新、促进科技成果转化与产业化、推进高新技术产业发展和科技发展的规定措施，不断优化促进科技创新的政策环境。加大科技政策法宣传和执法力度，依法推进科技工作。适时制定和修订贯彻实施科技成果转化条例、科普条例、民营科技企业条例、科技奖励办法，强化科技改革，鼓励创新人才成长，促进科技中小企业成长和发展高新技术产业，建设创新型咸阳等的市级配套规定措施。认真落实专利保护条例，积极引导和支持专利申请，加强知识产权的宣传，提高知识产权意识和自我保护能力，为建设创新咸阳提供优良的政策环境。

3. 培养一支宏大的、结构合理的科技人才队伍。加大技术创新人才队伍的建设力度，促进有利于人才成长、集聚和发挥作用的良性机制形成，特别是加强青年科技人才的培养和技术人员的继续教育，使科技人才队伍实现年轻化、专业化、科学化。不断开发现有人力资源，深入挖掘个人潜能，鼓励科技人员不断开拓创新，以多种方式投入到经济建设中去。

4. 建立多元化科技投入体系。市、县财政科技投入增幅要明显高于财政经常性收入的增幅。运用经济杠杆和政策手段，激励企业增加科技投入，推动企业成为创新的主体。支持、鼓励企业对共性、关键性和前沿重大科技问题的研发和产业化投入。推动高新技术企业、科技型中小企业和民营科技企业在证券市场直接融资。逐步建立行业技术发展基金，用于行业共性、关键技术的科技攻关，增强行业发展后劲。积极探索多种行之有效扩大商业科技贷款的途径，增加科技贷款的规模。逐步形成以政府投入为引导，企业投入为主体，金融、社会广泛参与的科技投入良性循环体系。

5. 加大科技公共服务体系建设，促进科技成果转化。构建科技信息服务网、建立相关数据库，提供科技成果和技术需求、技术产权交易、科技企业孵化、工程化中试、科技风险投资、人才中介等相关信息资源，促进科技成果信息服务深入中小企业和农村，促进科技成果转化。完善科技中介服务体系，以生产力促进中心为纽带，联合科技评估、技术交易、科技风险投资、技术市场、专利事务所等科技中介服务机构，加强信息共享，构建技术交流、转移综合服务体系。提高服务人员素质和服务质量，营造良好的技术转移服务环境，培养专业化服务人才，为企业提供政策、法律、投资金融、知识产权保护、市场预测、经营与财务管理等各方面的咨询服务。整合社会、高校、科研院所各种工程技术研究中心、科研成果中试、技术推广研究中心等，建立开放型技术中试基地，形成具有带动性和辐射能力的共性技术开发、推广的技术支撑体系。强化企业孵化服务体系，按科技园区和产业园区功能、产业区划，建设系统完善的孵化器服务体系，提高孵化能力，促进孵化功能向系统化、网络化和市场化方向发展，为科技型创业企业提供公共技术支撑和专业服务。加大农业科技成果转化、科技培训、科技示范、推广一体化的农业农村科技协会等农村新型科技服务机构建设，提高农民科技素质，形成爱科技、学科技、用科技的新风气，为建设社会主义新农村提供科技支撑。加强科技合作与交流，采取多种方式，加强同国内外科技机构的联系和协作，进一步实施西咸、咸杨科技同兴，吸引两地研发机构、高等院校在我市建立研发、科研教学、地方人才培养、科技成果转化等基地。

6. 大力提高公民科学素质。认真贯

彻实施国务院《全面科学素质行动计划纲要》实施方案，按照“政府推动，全民参与，提升素质，促进和谐”的方针，统筹规划，科学组织，建立多渠道、多层次、多形式的公民培训教育体系。充分利用新闻媒体、互联网等形式，开展广泛深入、经常性的科普知识、科技知识传播，努力形成尊重科学、尊重人才、破除迷信、崇尚科学的社会新风尚。

7. 加强县区科技工作。进一步重视县区科技工作，加大对县区科技工作的协调、支持的力度。开展县区党政领导履行科技进步目标责任制考核工作。积极组织实施科技富民强县专项行动计划，发挥科技在县域经济发展中的支撑、引领作用。充分发挥科技管理、指导、协调和服务职能，支持县区结合当地经济社会实际，促进优势资源和主导产业的技术开发，积极组织先进适用技术推广和各类人才培训。

8. 切实加强对科技工作的领导。要进一步牢固树立“科学技术是第一生产力”的观念，从战略高度充分认识加速科技进步，提高科技创新能力，实现跨越式发展的重要性和紧迫性。把加速科技进步，依靠科技创新、科技创业作为提高执政能力，加快地方经济发展的大事来抓。建立健全领导科技进步目标责任制考核制度，把科技工作纳入领导干部考核的主要内容。进一步健全决策民主化、科学化的工作制度，强化政府宏观调控作用，加强对科技活动的规划、协调、监督和服务。

## 咸阳市科技型中小企业技术创新基金管理办法（试行）

### 第一章　总　则

第一条　为贯彻落实党和国家关于加快自主创新的精神，鼓励与支持咸阳市科技型中小企业（以下简称“中小企业”）技术创新活动，根据中省有关《科技型中小企业创新基金相关管理办法》的要求，结合咸阳市实际，规范“咸阳市科技型中小企业技术创新基金”（以下简称“创新基金”）的使用与管理，特制定本办法。

第二条　创新基金是政府财政引导性资金，不以营利为目的，旨在鼓励引导企业增加科技创新投入，开发新产品、新工艺、新技术，增强企业创新能力和发展后劲，孵化一批重大科技创新项目或催生一批具有活力的科技型中小企业，为咸阳市优化产业结构，发展新兴产业，不断培育新的财源和税源项目。

第三条　创新基金设立在市科技局、市财政局，市政府每年根据财政状况确定并不断增加资金额度。创新基金的使用和管理遵守国家有关法律法规和财务管理制度，遵循诚实申请、公正受理、科学管理、择优支持、公开透明、专款专用的原则。

### 第二章　支持范围与方式

第四条　创新基金主要支持电子信息、先进制造、新材料、生物医药、能源化工、节能与环保、现代农业等重点领域的重大科技产业化项目。优先支持下列项目：

（一）产、学、研联合创新的项目；

（二）具有自主知识产权，在研技术、工艺方面有所创新的、高附加值、产业关联度大、市场前景好的项目；

（三）能大量吸纳就业、节能降耗、有利于环境保护以及出口创汇的项目；

（四）对申报国家科技型中小企业技术创新基金或省“13115”重大创新专项的企业项目，市创新基金给予相应的项目配套经费；

（五）对科技创新平台建设和工业服务载体（如：工程技术中心、企业技术中心、重点实验室、科技服务平台等）开发的有望形成新兴产业的高新技术成果转化项目。

第五条　创新基金对下列项目和企业不予支持：

（一）低水平的重复建设项目；

（二）单纯的基本建设项目；

（三）一般的加工工业项目；

（四）对社会环境有不良影响的项目；

（五）资产、财务状况不良的企业；

（六）纯贸易性质的企业。

第六条　创新基金主要以无偿资助或贷款贴息方式支持科技型中小企业开展原始创新、集成创新和消化吸收再创新等技术创新活动，提高中小企业自主创新能力，加快科技成果产业化进程。

第七条　无偿资助：主要用于承担国家、省科技型中小企业技术创新基金项目的配套和承担市科技型中小企业技术创新工程项目的资助。项目实施周期不超过两年，资助总额一般不超过 30 万元。

第八条　贷款贴息：对已具有一定水平，规模和效益，银行已落实贷款的新产品开发项目，原则上采取贴息方式支持其使用银行贷款。一般按贷款额年利息的 50%—100% 给予补贴，贴息期不超过两年，贴息总额一般不超过 50 万元。

## 第三章　申报条件

第九条　创新基金支持的科技型中小企业应具备下列条件：

（一）已在咸阳市登记注册，具有独立企业法人资格的各类中小企业，其产权清晰，财务管理机构健全，制度完善；职工人数原则上不超过 500 人，其中具有大专以上学历的科技人员占职工总数的比例不低于 30%，经省上认定为高新技术企业的技术创新项目的规模化生产，其企业人数和技术人员所占比例条件可适当放宽；

（二）企业应当主要从事高新技术产品的研发、生产和服务且具有一定的创新意识，较高的市场开拓能力和经营管理水平；

（三）企业应有良好的经营业绩，资产负债率不超过 60%；每年用于高新技术产品研究开发的经费不低于销售额的 5%，直接从事研究开发的科技人员应占职工总数的 10% 以上；

（四）企业已承担过国家、省或市科技计划并顺利通过项目验收；

（五）创新基金支持的项目应符合国家和省、市产业技术政策，有较高创新水平和较强市场竞争力，有较好的经济效益和社会效益，具有自主知识产权，且产权明晰。

## 第四章　审批程序

第十条　创新基金实行申报制，市科技局每年提出支持的重点领域及申报要求，公开向社会征集。凡符合上述条件的企业、单位均可在规定的时间内进行申报。

第十一条　科技型中小企业申报“创新基金”提交下列申报材料：

（一）咸阳市科技型中小企业技术创新基金项目申请书、建议表、可行性研究报告；

（二）企业基本信息表；

（三）企业营业执照复印件；

（四）企业章程复印件；

（五）企业财务审计报告；

（六）项目技术评价材料；

（七）其他有关附件材料。

第十二条　市级以上企业申报材料可直接申报。区县企业申报材料由区县科技局（含高新区），财政局（含高新区）审核汇总后上报。

第十三条　市科技局，市财政局按照相关规定和办法组织专家对申报项目进行经济和技术评审，评审参照中省有关体系办法，对各个申报项目分别定性与得出分值，作为立项与否的重要依据。

第十四条　市科技局会同市财政局根据评审通过的项目情况，联合确定予以资助的项目，下达创新基金项目计划。

## 第五章　管理与监督

第十五条　市科技局负责一年一度的编制、审议和发布创新基金年度支持重点和项目指南，负责与市计划确定的项目承担单位签订项目合同，实施支持项目的全过程监管。

第十六条　市财政局依据确定下达的创新基金年度计划和项目合同拨付经费，先拨付总经费额度的70%，其余30%在项目结题时，经验收合格后拨付。

第十七条　企业提供虚假材料恶意骗取创新基金资助的，永久性取消其申报资格，并追回已资助的资金，对因审核不严导致本地区企业骗取资助资金的同级财政，科技部门及相关责任人员，按照国务院相关违反财经纪律的规定处理。

第十八条　本办法由市科学技术局、财政局负责解释。

## 咸阳市“十二五”科技发展规划和中长期科技发展规划纲要（2011年2月22日）

“十二五”时期，是我市抢抓关中—天水经济区发展大好机遇，按照市上“一主导三带动六突破”发展思路，加快实现创新型咸阳建设目标的关键时期。为了全面提高我市自主创新能力，加速产业结构调整，转变经济发展方式，推动经济社会可持续发展。根据《陕西省2006—2020年科学和技术中长期发展规划纲要》《陕西省“十二五”科学技术发展规划》和《咸阳市国民经济和社会发展“十二五”规划纲要》，结合咸阳科学和技术发展的实际，特制订本规划。

一、发展现状和面临形势

（一）发展现状

“十一五”以来，按照“自主创新、重点跨越、支撑发展、引领未来”的科技方针，围绕市委、市政府确立的“科技创新、项目带动、招商引资”三大战略，积极开展科技创新活动，大力发展社会科技事业，推动经济建设又好又快发展，全市科技工作取得了明显的成就。

1. 初步形成良好的科技创新环境氛围。我市科技实力较强，又毗邻西安和杨陵两个科技资源聚集地区。境内有陕西科技大学、陕西中医学院等14所高等学校，有西北橡胶塑料研究设计院、陕西省机械研究院等16所省属科研院所，有彩虹集团、陕柴重工、秦岭电器、西航制动、宏远锻造等一大批国家计划经济时期布局在我市的大型骨干企业，加上改革开放以来迅速崛起的一大批科技型中小企业，形成了我市科技创新的诸多要素。丰富的科技资源与门类齐全的学科，加上深厚的文化积淀和良好的区位优势，为我市科技创新奠定了良好的基础并形成有利的条件。近年来，我市开展的诸多科技创新实践活动，在引领经济社会发展和推动区域科技创新中起到了示范带动作用。一是宣传力度大，营造了创新创业社会环境氛围。每年都利用科技宣传月、宣传周等多种形式，加大进行创新宣传，科技培训，提高了全社会对科学技术是第一生产力，科技创新是企业的核心竞争力的认识。二是为科技创新工作出台了一系列政策文件，区域科技创新平台功能初显。“十一五”以来，市委、市政府先后出台了《关于加快建设西部科技强市的实施意见》《加快科技园区建设，实现经济跨越式发展》《数字化咸阳建设实施方案》等政策文件，颁布了《咸阳市科学技术奖励办法》，为全市科技创新提供了政策保障。三是建立了一批科技创新支撑平台。陕西新型显示器件材料工程技术研究中心、陕西省新型电子陶瓷材料与器件工程技术研究中心、陕西省陶瓷技术工程中心、陕西省橡胶制品工程技术研究中心及陕西省粉末冶金工程技术研究中心等一批创新平台成为陕西省“13115”科技创新工程计划支持项目。另外，我市境内有国家级重点实验室3个、国家级工程技术中心1个、国家级或省级技术检测认证机构14个、省级企业技术中心22个，这些力量成为我市工业科技创新和行业科技进步的技术支撑，是我市工业企业技术创新活动的基础条件。

2. 科技创新投入力度不断加大，初步建立了多元化科技投融资体系，为科技创新提供资金保障。我市加大了政府资金投入力度，市政府设立了额度1亿元的中小企业信用担保基金，成立了咸阳市中小企业信用担保公司。优先支持列入国家、省和市计划的高新技术产业化项目，优先支持科技型中小企业的科技成果转化项目；增设了咸阳市科技型中小企业技术创新基金，资金额度200万元，同科技部科技型中小企业技术创新基金，省科技厅、财政厅科技专项资金匹配，增加对我市高新技术产业领域的投资，强力扶持科技型中小企业发展；加强对科技企业孵化机构、成果转化、技术转移、科技信息网络平台等科技创新载体建设投入，充分发挥其在企业技术创新中的服务支撑作用。

3. 推进了技术、体制、机制及管理创新，增强了区域科技持续创新后劲。定期召开高校、科研院（校）所长联席会议、科技成果推介会、对接会及行业科技沙龙。积极为企业牵线搭桥，加强产学研合作。鼓励企业与大专院校、科研院所建立双边、多边技术协作机制，强化技术引进和消化吸收的有效衔接，提高加工配套和自主开发能力，使企业成为技术创新主体。深化科技体制改革，推动科研机构转制，加速高新技术成果产业化。我市境内的7家应用型研究机构已成功改制成新型的科研生产经营实体，实现了企业化管理，积极开发高新技术产品和推广行业共性技术。大力发展以生产力促进中心为主体的综合性、专业性的科技中介服务机构，为技术创新和成果转化提供专业技术服务支持。根据区域经济特色和行业技术进步状况，面向中小企业，积极开展技术咨询、政策咨询、信息技术、文献查询、难题诊断、工业设计、项目推介、科技融资、信用担保、技术交易、技术培训、创业孵化、知识产权等专项服务。继市生产力促进中心成为国家级示范中心之后，陕西省机械行业生产力促进中心进入国家级示范中心行列，清华（启迪）科技企业孵化器被科技部认定为国家级孵化器，市技术转移服务平台建设项目列入国家财政支持专项，为我市社会化科技创新服务体系发展奠定良好基础。

4. 启动实施了多项科技创新工程，重大科技产业化项目进展顺利。五年来，我市围绕“一线两带”建设，启动实施“西咸经济一体化”和“咸杨农业一体化”科技合作。实施市重大科技产业化工程、市制造业信息化“12345”工程和中药现代化科技行动等引导创新活动，把增强自主创新能力、加速科技成果转化、实现科技产业化及推动社会科技进步等作为全市科技工作的主线。按照技术工艺成熟、实施基础好、市场前景广阔的原则要求，组织实施了磷酸铁锂动力电池、新型果蔬保鲜剂、液晶玻璃基板、五轴联动数控工具磨床、复方沙棘籽油栓等96项重大科技产业化项目。运用科技立项、政策扶持、品牌培育、技术对接、成果推介、招商引资等多种手段，促进其尽快转化为现实生产力，为地方经济发展不断培育新的财源和税源。其中，一部分项目已分别列入国家科技型中小企业技术创新基金或陕西省“13115”科技创新工程等中省科技计划，已成为支撑经济发展和实现科技产业化的成功典范。据统计，高新技术企业研发投入占销售收入的4%以上，科技项目年均增长20%，专利年申请量达700多项，科技成果年均增加410多项。

5. 加快科技型企业发展，培育了一大批科技创新载体。放手放胆发展民营科技企业，特别是科技型中小企业。积极营造有利于创新创业的环境氛围，鼓励民营科技企业建立现代企业制度，引导科技企业产业升级，发展高新技术产业。在企业数量上扩张的同时，追求企业规模与创新能力的提升。在科技立项、融资担保、招商引资、职称评定和科技奖励等方面让民营科技企业平等参与，扩大科技创新政策的普惠性。积极牵线搭桥，开展多种形式的产学研合作，建立科技成果转化基地，提高其研究开发能力、成果转化能力和技术发展后劲，形成支撑经济发展的重要载体。2008年以来，按照科技部、财政部新的高新技术企业认定办法，全市通过省科技厅、省财政厅、省国税局、省地税局认定的高新技术企业共有53家。

（二）存在问题与面临形势

我市科技资源丰富，科研潜力显著，学科覆盖面广，科技项目与经费稳步增加，成果转化率逐年提高。“十一五”以来，我市企业技术创新取得了长足进步，形成了一些拥有自主知识产权的核心技术，但多数企业的科技创新动力不足，缺乏能够支撑其持续发展的关键核心技术与工艺。企业技术创新在自制、机制、创新动力、创新能力等方面存在着不容忽视的问题，严重制约着全市工业企业持续快速发展。主要表现为：企业规模效益不大、高端产品较少、产业协作配套水平低、产品结构单一，归根结底是产学研合作不紧密，自主创新能力较弱。大型科学仪器设备、科技文献资源、科学数据资源、自然科技资源、重点实验室、工程技术研究中心等社会科技创新资源由于受到条块分割与行政隶属的关系影响，没有很好的服务于地方经济，在推动区域科技创新方面的服务作用不够充分，社会开放利用程度不高；技术有效供给不足，先进适用技术推广覆盖面不大。究其原因：一是高新技术产业和产品发展速度较慢、规模效益不大，特色产业基地大部分处于发展初级阶段，企业缺乏具有形成核心技术的创新。二是缺乏一批优秀的自主创新团队和训练有素的职工队伍。三是中小企业生产工艺相对落后，技术装备水平较低，基础创新能力建设滞后，难有支持自主创新的基础条件。四是技术创新投入不足，科技引导投入经费较少，企业尚未真正成为技术创新的主体，投融资体系渠道不畅，银行贷款困难，风险投资机制尚未形成，科技创新项目规模小，企业赢利水平微薄，企业持续创新能力不足。五是面向中小企业技术创新的社会化的技术创新服务平台专业服务能力不强，高校、科研院所合作服务意识不强，技术溢出效应不明显，科技服务“对接机制”缺失，各类科技中介机构服务品种少，服务面太窄。六是科技创新的政策落实及相应配套措施不力，地方承接科技成果转化的能力较弱，知识产权意识淡薄。

“十二五”是我市加快发展、跨越发展和科学发展的关键时期。国家实施新一轮西部大开发战略，全面启动“关中—天水经济区建设规划”，这对于我市来说是千载难逢的历史发展机遇。我们应以统筹科技资源改革示范、发展先进制造业和现代农业高新技术产业为重要抓手，以科技创新为先导，调整优化经济结构，着力转变发展方式，提高区域综合竞争能力，全力推进西咸经济一体化，迈入国家创新型城市行列，在建设西咸国际化大都市过程中不断提升产业水平，彰显古城魅力。

二、指导思想与发展目标

（一）指导思想

以邓小平理论、“三个代表”重要思想为指导，全面贯彻落实科学发展观，紧紧抓住新一轮西部大开发历史机遇，按照“自主创新、重点跨越、支撑发展、引领未来”的科技方针，坚持“一主导三带动六突破”工作思路，以实施“关中—天水经济区建设规划”为引领，以建设创新型咸阳为发展目标，以提升自主创新能力为目的，以体制机制创新为动力，以加快发展高新技术产业、培育特色产业集群、提升传统产业水平及推动科技型企业发展为重点，加速科技成果转化，推动技术转移，着力突破制约经济社会发展的关键技术，提高公共科技服务能力，促进经济发展方式转变和产业结构优化升级，实现创新驱动发展，提升区域综合竞争力。

（二）发展目标

围绕建设创新型咸阳的总目标，到“十二五”末，形成良好的社会科技创新创业环境氛围，科技综合实力明显增强，高新技术产业显著增长。发挥科技资源优势，推动行业技术进步，促进技术转移，增强承接科技成果转化的能力。实施一批重大科技产业化项目，基本建立以企业为主体、市场为导向、科研院所为依托、产学研用相结合、符合我市经济社会发展特点的区域科技创新体系。实现科技经济一体化，进入创新型城市行列。具体目标如下：

1. 科技进步对经济发展的贡献率达55%以上；科技创新能力和综合科技实力达到全国地级城市领先地位，使咸阳进入国家创新型城市行列。

2. 科技在社会经济中的地位进一步增强。全社会研究开发经费（R&D）占全市国内生产总值（GDP）的比例达到3%；市本级和县（区）科技支出分别达到同级财政收入1.5%和1%以上；企业研究与开发经费占销售收入的比例，中小企业达1%以上，大型企业达3%以上，高新技术企业达5%以上。到2020年达到国内先进水平。

3. 基本建立起具有我市特色的科技创新体系。“十二五”末，建成以工程技术研究中心、企业技术中心及重点实验室等创新载体为核心，产学研用相结合的开放型研发与产业化体系；建成以科技中介服务网络、科技企业孵化器及中小企业公共科技服务平台为主的社会化科技服务支撑体系。“十二五”期间，每年应完成产学研合作项目80个、开发科技新产品50个、专利申请数达到600项以上、实现技术交易额2亿元以上。

4. 科研开发力量进一步增强。到“十二五”末，扶持或建设一批重点实验室和工程技术研究中心，企业技术中心发展60家以上，人均装备水平达到15万元，国家和省级科技创新平台达到15个。

5. 科技服务平台服务能力进一步显现。在“十二五”末，形成资源共享、行业公共、综合业务、专业技术四大平台；大型仪器设备、科技文献、科学数据、自然资源、重点实验室、工程技术研究中心共享等服务子平台；机械、电子、能化、医药等10个行业性公共服务平台；技术检测、技术转移、工业辅助设计等8个专业技术服务平台；在此基础上组建咸阳市科技资源中心，集成区域科技创新资源，为区域科技创新和中小企业技术创新提供专业技术服务。

6. 高新技术产业得到迅速发展。到“十二五”末，在全市范围内认定高新技术企业由“十一五”末的53家发展到150家；累计开发科技成果1000项，高新技术占全市工业总产值的比重达35%左右。

7. 先进适用技术服务农业得到加强。“十二五”期间，向农业和农村推广农业高新技术、先进适用技术和农牧优良品种150项，促进区域优势特色农业产业的发展，形成20个特色明显的农业产业集群。主要农作物、畜禽良种覆盖率提高到95%。

8. 科技人才队伍进一步壮大，结构进一步合理。到“十二五”末，全市科技人才的总人数争取达到30万人。科技队伍的专业及年龄结构趋于合理，基本形成一个专业技术、生产技术和管理技术相结合，科研、开发和推广相配套的科技人才体系。

9. “科技创新工程”全面启动实施。在10个重点领域，攻关一批关键技术，培育200个科技创新项目，实施100个重大科技产业化项目，重点培育100户科技创新企业，重点支持20个企业技术中心或工程技术研究中心，建好10个科技园区和特色产业基地。到“十二五”末，高新技术产业产值达到700亿元，生产总值综合能耗降低20%，工业废水基本达到零排放，中水利用率达40%以上。

三、重点领域及技术要求

（一）工业领域

以培育战略性新兴产业、促进企业转型、推动产业升级及提高工业科技创新能力为核心，以技术创新和产业化为目标，坚持自主创新与引进技术相结合，工业化发展与信息化发展相结合，力争在关键行业的重点领域实现工业技术和工业经济的跨越式发展，促进工业技术水平的全面提高，为发展高新技术产业、加快产业结构调整优化升级和转变经济发展方式提供技术支持。

1. 电子信息

进一步加强传统电子工业企业的技术创新，用先进成熟技术工艺改造提升产业水平和用先进装备提高加工制造能力。发挥我市在显示技术产业的传统优势，做大做强平板显示器件技术产业，发展相关的工艺技术、材料技术及装备技术，完善产业链建设，积极发展第三代有机电致发光显示产业。

全面提高自主创新能力建设，建设平板显示公共服务平台，支持、推进陕西省平板显示技术工程研究中心和陕西省显示器件工程中心的建设，发挥技术创新源的作用，加大区域科技资源整合的力度，重视专业技术服务平台建设，实现资源共享。支持企业、高等学校和研究所进行产学研合作，努力在 TFT - LCD、PDP、OLED、PLED 领域形成一大批拥有自主知识产权的核心技术，以关键技术带动产业链延伸发展。

依托国家显示器件产业园，发挥大企业的示范带动作用，鼓励、支持彩虹集团、咸阳偏转集团、陕西康佳等企业实现由 CRT 产业到第二代或第三代显示技术产业的战略转型，支持境外平板显示技术企业到我市投资建厂，研制、生产液晶电视、手机、电脑等下游产品及 LED 背光源、PDP、TFT - LCD 模组等中游产品，形成 2—3 家在国内外具有重要影响力、广泛辐射力和持续竞争力的平板显示龙头企业。鼓励我市企业围绕龙头企业进行产品配套，积极研制、生产基板玻璃、液晶材料、荧光粉、PDP 屏老炼装备、全自动 LED 芯片分选机、复合型覆铜板、高频微波基覆铜板、铝基覆铜板、表面贴装元器件、片式元器件、晶体元器件、大功率电阻器、电容器、薄膜电感器、红外探测器、功能陶瓷、钛酸钡陶瓷材料、广播发射机技术、数字调频激励器、中波小型广播发射天线、数字图像测量技术、无线传感器网络技术、隔离式安全栅、稳压电源、电子包封料等高新技术产品，扩大规模，提高产品竞争优势。在本区域形成具备一定规模的平板显示产业链，确保我市显示技术产业的健康发展。

大力支持 OLED、PLED 显示技术产品及关机键原材料的开发，鼓励企业在制造工艺、驱动与控制等关键技术领域进行科技攻关，推广低温共烧技术等电子行业共性技术，开展节能减排的应用，积极推进第三代显示器件的产业化进程，占领未来显示技术产业的制高点。

积极鼓励信息技术服务业特别是网络业一级信息咨询服务业的发展，以 ASP 平台等关键技术为突破口，形成多层次信息服务业群体。使电子信息产业成为我市经济的战略性支柱产业和先导产业，为制造业信息化提供强大后盾。

2. 装备制造及光机电一体化

大力发展先进制造技术，实现制造过程的优化。采用光机电一体化、数字化、网络化技术及其他高新技术，加强信息技术、材料技术、新能源技术和现代管理技术对传统装备制造业的渗透、扩散和改造力度。促进信息技术与产品设计、制造和经营管理的有效集成，形成具有专业知识特色的产品设计和制造技术，构成自动化、柔性化、精密化和智能化的装置、设备、单元与系统，按照实现优质、高效、低耗、清洁和敏捷的目标，提高产品的技术含量和性能质量，提高设备成套能力。积极发展和应用精密零部件成套加工技术，近净成形加工技术，自动化成形装备及集成系统，相关工艺过程分析、模拟和优化软件，模具加工技术及设备。加强高精数控机床及加工中心，高精度数控磨床，中高档数控系统和数字伺服控制器，大功率、高刚度电主轴及其伺服单元，直线电机、力矩电机及伺服控制器，高速滚珠丝杠副和导轨副，高速防护装置，数控刀库及机械手，全功能数控刀架、数控回转工作台等新产品的研发力度。

鼓励发展性能好、技术先进、功能齐全的位移、力敏、磁敏、光敏、热敏、气敏、湿敏、离子敏和生物敏型传感器以及红外传感器、光纤传感器，生物、医学研究急需的新型传感器，工业过程控制传感器，汽车传感器，多传感器的集成与融合技术，大型复杂生产过程和连续生产过程所需综合自动化系统，多种现场总线标准和工业以太网并能利用互联网的综合自动化控制系统，应用现场总线技术的检测与控制仪表，高性能智能化控制器，大型传动装置用高效、节能调速系统，数字化、智能化传感器，现场总线集成的各种软件及硬件产品，智能化工业控制部件和执行机构。大力推广工业生产过程控制系统、高性能仪器仪表技术、数控加工技术、机器人开发及应用、激光加工技术、电力电子技术、医疗仪器技术等关键共性技术，推动行业技术进步水平；开展纺织及轻工行业专用设备、汽车行业相关技术产品、机械基础件及模具、通用机械产品的前端研究。结合我市的优势和特色，围绕航空、纺织、造纸、包装、印刷、食品、医药、地勘、化工、建筑、陶瓷、粮油、汽车及汽车零部件、石油钻采设备、非标设备、医疗器械等装备制造产业优势，开展关键共性技术研发，强化对现代先进制造技术的消化吸收与推广应用。发挥我市在铸造、锻压、模具、铆焊、热处理、机加工、真空镀膜等方面的技术及产能优势，提高和改变我市传统机电产品的性能、质量、品种结构和配套产品，促进产品的升级换代，增强市场竞争能力。促进我市装备制造业的全面振兴。重点抓好船（陆）用柴油机、核电站应急发电机组、捣固焦成套设备、喷气织机、柔版印刷机、自动称量包装机、节能风机、高端交直流焊机、单螺杆压缩机、数控工具磨床、同步环、助力转向泵、特种钢丝绳、高强度高韧性石油钻采钢管、全密封气氛保护烧结炉、丝绳固定绞盘两用器、石油钻头、抽油机用泥浆泵缸套、弯梁式抽油泵及造纸、陶瓷、炼焦、粉体材料、覆铜板、食品等成套设备的开发生产。认真做好电力器材、超高压电瓷设备用铝法兰、低压配电器材、真空智能开关、动车组用安全连锁装置、电抗器绝缘端圈成型设备、水轮机叶片、盾构机刀盘、港口疏浚装备用泥浆泵、粉末冶金制品、汽车紧固件、风电和核电紧固件、机器人、机械手、数字化牙科综合治疗设备、陶瓷柱塞泥浆泵、全自动液压钻机、锻打钢丝绳、数控加工试样设备、数控机床自动换刀装置、混凝土泵站及自动化系统、石油采油井辐射清蜡装置、热力流量计、新型电力器件设备、稀土永磁无刷直流电机、超越离合器、电磁离合器、高速选纬器、直线导轨等零部件的中试与数控工具磨床、自动钻铆机、风机专用数控旋压机、专用数控铣床、高温真空压合机、自动环保清扫设备等科技创新产品的产业化，扩大生产规模，促进以高新技术为基础的零部件制造和加工，为把我市建成现代装备制造业基地提供技术支撑。

3. 生物医药

重点开发用于防治肿瘤、肝病、心脑血管疾病、免疫功能性疾病、病毒性疾病、糖尿病、老年性疾病和妇科疾病等的中药新药。积极开展地道中药材、濒危稀缺中药材优质种源的繁育及规范化种植、养殖，重要野生中药材人工栽培，中药活性成分资源库，中药饮片炮制技术，中药饮片质量标准的应用性技术研究。加大中药新处方、新品种、新剂型、制剂新辅料和透皮、缓释、控释、靶向、定位、微囊等新型给药系统制剂的研究开发力度。加强中药制药工艺及设备技术研究，以提取、分离、纯化及深加工技术，中药制药工艺参数在线检测和自动化控制系统，中药制药过程质量监控技术等为重点。积极采用新技术新工艺提高现有产业技术水平。紧密跟踪现代生物技术的发展，加快高新技术成果的应用和开发。支持中成药、化学药、生物制剂、医药辅助材料、保健品、兽用药等已有产业的发展。重点抓好α/β环状糊精衍生物、淀粉及变性淀粉、异麦芽低聚糖、蚓激酶、枯激酶、血立止冻干粉、参龙宁心胶囊、大豆苷元胶囊、盆炎宁片、柴芍乳增胶囊、醒脑解郁胶囊、附桂骨痛胶囊、双石通淋胶囊、聪耳胶囊、妇必舒胶囊、坤复康胶囊、脂康胶囊、乐康胶囊、消菔玉容通结丸、口疮宁含片、复方仙术胶囊、益宫颗粒、消银颗粒、正心泰颗粒、复方青黛灌注液、抗艾滋病药物免疫力素、果葡糖浆、氨基酸、蛋白质粉、膳食纤维素、多肽等产品研发和产业化。加速科技成果转化，积极开展国家二类新药或确有独特疗效的三类新药研制，同时，引导做好现有药品剂型的二次开发和改进，扩大疗效；积极做好天然药物萃取工艺、资源的有效利用、规模化生产技术、现代生物技术产品、新型药用材料辅助材料、新型给药方式剂型、新型医疗器械等方面的研发，以技术创新为主体，完善生物医药产业链，积极开发高技术含量、高性能、高附加值的医药及保健产品，占据国内制药领域科研和生产的制高点。继续实施中药现代化科技行动，加大适合我市种植道地中药材品种筛选和规范化种植技术研究。建立生物医药专业技术服务平台，完善服务体系，带动业内一大批中小企业的发展，产生聚集与辐射带动作用效应。

4. 新材料

做好电子信息与光电材料、电子功能材料、功能陶瓷材料、功能薄膜与涂层材料、纳米材料与纳米技术、高性能复合材料、新型节能环保建筑材料、高档装饰材料、精细化工材料、功能高分子材料、长寿命高分子材料、可生物降解高分子材料、聚醚型、聚酯型聚氨酯、功能玻璃、尼龙复合材料、金属应用材料等新材料及制品的研究与开发；重点围绕材料的先进制备技术、材料的成型加工技术以及材料的高性能化与多功能化改性与组装技术、材料的评价、失效机理与寿命预测研究等，开展重点攻关。积极发展注射成形、温压成形、喷射成形等先进粉末冶金技术，系列化高性能粉末冶金产品，高强高导铜基纳米陶瓷弥散增强复合材料，低成本触点材料。积极发展轿车及中高档轻型车动力传动、减振、制动系统用密封材料，大型成套设备高压、液压、气动系统用密封件，电力设备高温、高压机械用密封件。积极发展环境友好型光学玻璃材料，环保型可降解塑料，电子电器产品限用物质替代材料，材料的可循环回收技术，高分子材料环境友好技术，建筑材料环境友好技术，环境友好材料的分析检测技术和方法等。大力发展高性能碳纤维、无碱玻璃纤维、氨纶纤维、芳纶纤维、超高分子量聚乙烯纤维、聚四氟乙烯纤维，高性能、高感性、高功能和环保型纤维，低成本、高性能、特种用途的玻璃纤维及其制品，绿色玻璃钢—热塑性复合材料制品，玻璃钢输气管道、汽车覆盖件等新产品。积极发展环保型防腐涂料，环保型高性能工业涂料，高温陶瓷涂敷材料，高档汽车用金属颜料，水性重防腐涂料，耐高温抗强碱涂料，防火阻燃涂料，先进高能束表面改性技术，复合表面技术，锡系无铅可焊性电沉积环保工艺材料，超低表面能含氟表面保护材料与技术等。在现有产业基础上，不断应用新技术新工艺，提升原材料的产品档次，提高资源的综合利用率，发展高性能产品，培育优势产业和支柱产品，形成产业链。

重点扶持盛大纳米碳酸钙、蓝星玻璃、科隆橡胶、黄河轮胎、海龙密封、奉航橡胶密封、彩虹玻璃基板、华夏粉末冶金、天宏多晶硅、天成钛材、华特玻璃纤维、咸阳陶瓷研究设计院、陕西华星电子工业公司等数十家骨干企业，提高行业认知度，争创国家或省级名牌产品。在功能陶瓷、结构陶瓷、电子陶瓷、烧结磁、软磁体、炭复合材料、电磁线、铜材、特种涂料、人工晶体、环氧树脂、尿荃树脂、玻璃纤维、特种橡胶、超细粉体、纳米碳酸钙、改性聚丙烯、新型助剂和纳米材料等领域加大新产品开发力度，积极培育新兴产业。在已经建成粉末冶金等3个省级工程技术中心的基础上，围绕功能陶瓷材料、磁性材料、新型橡胶密封材料、精细化工材料、光伏材料、显示材料、新材料成套技术及装备、新型发光材料及器件、新型电池材料技术、节能建筑材料、绿色建筑材料及新型墙体材料等技术优势与产业基础，推动现有产业升级，向社会开放科技资源和提供专业技术服务，不断开展产学研联合攻关、形成转化优势、着力发展特色产业基地。

充分利用我市自然资源和科研优势，以节能、降耗、环保、节约耕地、增效为核心，推广应用计算机控制技术，改造传统工艺与设备，发展建筑卫生陶瓷、结构陶瓷与功能陶瓷。开发高标号水泥、彩色水泥、特种用途水泥、特种玻璃、光伏玻璃、玻璃纤维、化学建材、钢构材料等新产品。拓展煤建材产业，鼓励发展节能、节地、利废、保温、隔热的新型墙体材料、填充材料和筑路材料，重点开发利用煤矸石、粉煤灰、衍生石膏等废弃物，以粉煤灰添加水泥、粉煤灰砌块、煤矸石空心砖、墙壁板、棚板、建筑石膏和筑路材料为主，开展新型综合利用技术与产品的研究与开发。以高标号水泥、无碱玻璃纤维、浮法玻璃为龙头，推广应用新型包装技术和散装技术，添加粉煤灰技术，发展粉煤灰烧结砖、煤矸石空心砖、沙石矿渣及新型墙体材料、化学建材以及陶瓷空心砖、广场地面砖、陶瓷切片等科技新产品，增加产品的附加值和市场占有率。改善大气环境，提高城市生活质量，提高全行业的技术水平和科技含量。

5. 能源化工

围绕我市丰富的煤炭资源，开展煤化工、煤、气、电等综合利用研究，转变经济发展方式，淘汰落后生产工艺，大力发展煤矿地质与资源条件适用型的成套生产装备，大型矿井支护、采掘设备，短壁采煤技术，高效洗选、配煤装备，水煤浆专用设备及高性能添加剂，大型微泡浮选柱、煤泥水高效澄清及控制技术，型煤加工及利用设备，煤矿瓦斯高效抽放设备，煤矿用高性能抢险救灾装备，煤矿全矿井安全监控与预警系统，煤矿地质灾害勘探技术装备，高效益、低成本的煤层气勘探技术，采掘机头地层可视化系统，煤层气规模开发与采煤一体化技术，中、小型低污染节能型煤气锅炉，大型煤炭气化及煤、化、电多联产装置，煤炭（直接、间接）液化技术。以解决共性技术、关键技术，消化吸收引进技术为突破，提升行业科技进步水平，用高新技术带动能源重化工产业的可持续发展。重点推广应用壁式综合放顶采煤技术、矛杆支护技术、煤层瓦斯抽采综合利用、洁净煤生产、水煤浆、煤层气、超临界发电、空冷发电、煤气化发电、甲醇制烯氢、煤矿安全生产等先进成熟技术。按照“减量化、再利用、资源化”原则，开展以中煤、煤泥、煤矸石、煤层瓦斯为燃料的资源综合利用技术攻关，积极探索弃矿残煤气化利用技术，提高资源利用率，减少废物生产和排放，积极研究有效提高水资源利用技术、改进选洗工艺，开展资源综合利用技术及循环经济技术研究与先进成熟工艺技术的引进推广，提高采掘自动化水平、质量标准化和资源综合利用率。以发展有机化工最终产品为方向，以能源载体和基础化工原料为突破，利用先进的煤炭气化液化技术和工艺，向制药、饲料、化肥、合成材料、建材和塑料发展。延长产业链，重点打造煤电载能、洁净煤、煤化工产业链，把我市北部建成现代化的能源重化工产业基地。围绕30万吨合成氨、50万吨尿素、长庆500万吨原油加工扩建和精细化工等重大项目做好上下游产品及相关技术工艺攻关。重点发展二甲醚、乙烯、改性甲醇汽油、甲醛、醋酐、乙醇、乙二醇等石化产业链，积极做好综合配套技术服务。加快可再生能源利用技术开发，开展地热能、水力发电、煤层气资源的开发利用等应用技术研究，开展太阳能、风能、生物质能等新能源成套技术装备及各类节能技术产品的研究开发。开展可充锂离子电池组及相关产品、燃料电池和热电转换相关技术研究。化工产业围绕基本化学原料、化肥、化学农药、有机化学、无机化学产品、油田化学品、洗煤废水处理剂、无油泥分离剂、油脚料分离脂肪酸、专用精细化学品、橡胶、塑料等领域，在甲醇、二甲醚、碳酸氢铵、硝酸铵、噻苯隆、树脂、涂料、颜料、炸药、橡胶助剂、造纸助剂、皮革助剂、纺织助剂、焊接助剂、煤化工助剂、水泥外加剂、羰基铁粉、磷酸铁锂材料、乳化油、碳纤维、橡胶密封件、子午轮胎、防石击汽车用涂料、改型聚乙烯复合钡基镀氟剂、LCD密封专用光固化超强树脂、双酚A线性酚醛树脂、聚氨酯、塑料制品等方面形成优势产业。

6. 纺织服装

充分发挥我市纺织服装科技和产业优势，推广无卷、无梭、无接头、精梳纱；高速、高支、高密，新纤维材料等先进成熟技术，围绕高支精梳纱、高档纺织面料、重要产业用纺织材料、功能多元化纺织材料，开展新型纤维复合、纺织工艺、服装工艺和纺织工业装备制造等方面的技术创新，推广科技成果，开发绿色纤维生产技术，发展绿色纤维和新型纤维材料。利用生物工程、化工技术对非纺织原料的纤维进行处理，开发高性能人造纤维，并加强差别化、功能化纤维的开发研究。提高染整加工技术水平，开发棉、毛、麻等天然纤维防缩抗皱免烫等功能型整理技术及产品，增强化纤仿真、多种纤维复合物的染整加工技术水平。大力推广微悬浮体染色技术、数字喷射印花技术和自动制网技术、四原色印花技术、激光处理技术、等离子体处理技术等清洁生产技术，积极开发和应用高效短流程染色技术及配套的活性染料和助剂，生物酶加工技术及环保型、功能型助染剂，提高工业用纺织品开发和生产技术水平。积极发展服装产业，大力引进服装品牌，开发或使用高档服装生产设备与应用先进生产工艺，提高服装产品的附加值。在生产工艺上加大计算机、微电子技术应用力度，推广变频调速技术在纺织机械设备中的应用。推广电脑分色制版、数字喷墨印花、激光剪裁等关键共性技术，依靠科技进步与创新推动产业转型升级。

7. 食品加工

面对本区域食品加工大宗及特色原料资源，以深加工为突破口，以技术集成为手段，以高效利用为目标，开展具有安全性、营养功能性食品清洁生产关键技术产学研联合攻关及技术集成，延伸产业链，提高食品原料资源的附加值。应用生物工程技术、低温加工技术、无菌包装技术、现代分析检测技术等高新技术手段开展益生元乳品的研究，开展方便、休闲果蔬食品及复合果汁饮品的研究，开展牛、羊肉，如冷鲜肉、系列化熟肉制品加工技术及设备研究，开展具有地方特色的谷物食品的开发，加快传统食品工业化的进程，开展食品安全与检测平台体系建设，开展绿色食品、功能食品及成分快速、精确检测方法的应用研究以及食品加工副产物综合利用、节能减排技术等技术的集成研究。重点发展功能食品、乳制品、豆制品、肉制品、方便食品、无色果汁，各种酒类，加强畜、禽、肉、蛋，果蔬制品、粮油食品、调味品等研发工作，增加新品种，加快传统食品工业的技术升级，使食品原料资源优势转化为产业优势及经济优势。

“十二五”期间，培育2—3个在全国知名的自主食品品牌，如名牌果汁饮料。针对本区域粮油、果蔬、畜禽等食品资源及农业结构战略性调整，研发具有自主知识产权和产业化前景好的农产品深加工及综合利用技术，示范推广一批先进性强、成熟度高、实用性好的食品加工高新技术，引进消化吸收国际先进可行的农产品深加工技术及装备，提升食品加工关键工序的技术水平，实现农产品加工业由数量增长型向质量效益型转变。

8. 太阳能光伏和半导体照明

充分发挥我市在电子、机械制造等方面优势，坚持自主创新与对外合作相结合，将我市建成太阳能光伏和半导体照明产业聚集基地、技术研究中心、应用示范基地、人才培养基地。

太阳能光伏领域：开展多晶硅提纯、单晶硅提纯、燃气发电、薄膜太阳能电池及电源逆变器等关键技术攻关、磁悬浮高速飞轮储能系统、多晶硅铸锭用烧结炉、多晶硅线束切割机导丝辊、高效能量转换与控制装置及成套设备研发。积极开发高效率、低成本的太阳能光伏电池，新型太阳能电池及制造装备，中、高温太阳能发电技术与设备，数兆瓦或数十兆瓦级大规模太阳能高温热发电系统，兆瓦级光伏太阳能并网发电系统，太阳能采暖系统与设备，太阳能空调制冷系统与设备；风力发电中的逆变系统的数字化实时控制技术，数字控制策略，保护检测技术，风能探测与应用技术及装备，风电机组基础及安装技术和风电场运行技术；地源热泵与采暖、空调、热水联供系统，水源热泵技术与设备。以彩虹光伏玻璃、天宏多晶硅、秦航电器、华光窑炉、咸阳陶瓷研究设计院等企业为基础发展太阳能光伏技术产品与装备，延伸技术链、产业链，形成加工配套企业群；以陕柴重工、丰润新能源、科达电器、兰德机械等企业为基础发展风能核电技术产品，形成特色产业基地。积极发展太阳能光伏应用工程；积极争取和利用国家在光电建筑一体化方面的补贴政策，重点推进大型公共建筑和既有居住建筑节能改造，通过示范工程带动我市光伏应用市场的启动。

半导体照明领域：利用我市在铝基板、荧光粉制造等领域的优势，依托陕西科技大学 LED 实验中心，整合区域科技资源，鼓励企业进行科技创新，建成具有国内先进水平的 LED 技术创新平台。加大高亮度外延片、蓝宝石衬底片制造及发光新技术，芯片及 LED 检测新技术，大功率 LED 封装及散热新技术，高效节能、长寿命的半导体照明材料与产品及其制备技术与设备，LED 照明标准的研发力度。积极发展技术先进、性能优越的绿色低碳光源，加大大功率半导体照明光源、芯片与封装技术及产品的攻关力度，重点开展高强度气体放电灯（HID）和大功率半导体照明（LED）的技术研发，并着力做好新技术新工艺的引进推广应用，发展相关上下游产品。支持企业、高等学校和研究所进行产学研合作，努力形成一大批拥有自主知识产权的核心技术。以彩虹荧光粉、光伏玻璃、彩虹照明、秦光照明、文林机电、宇迪电子等企业为载体，发展新兴照明产业。积极发展从外延、芯片到封装及灯具制造，形成完整的产业链，在 LED 白光照明、背光源等领域实现产业化，实现年销售额突破 50 亿元。

9. 节能与环保

在产业聚集行业，重点推广高效燃烧工业节能炉窑，高温空气燃烧技术，纯氧或富氧燃烧节能技术，脉冲电解节能新技术，新型清洁环保制浆技术、工业余热回收利用技术等高能耗工业生产节能技术，建筑节能新技术，中央空调系统风机水泵变频调速技术等共性技术。开展洗煤废水处理技术，高效水处理药剂的研制与开发，工业废水处理中污泥的处理、处置和资源化技术，高浓度工业有机废水处理工艺与技术，难生物降解有机物的工业废水高效处理工艺与技术，工业废水深度处理技术，再生水回用技术以及配套水处理化学品，高效生物填料，薄膜负载型光催化材料，高效厌氧生物反应器等研究。实现高效低耗、短流程污水处理与再生利用，形成分散式污水再利用新模式。针对高耗水的轻纺印染行业和造纸行业等开展废水深度处理和全封闭式回用技术开发，实现 90% 以上的中水回用。围绕城市生活垃圾和污水处理产生的非危险性固体废弃物开展资源化综合利用，通过建立好氧、厌氧消化技术、污泥新型脱水干化技术、垃圾或污泥焚烧发电技术，有机肥综合利用等，实现生物质固体废弃物最大限度地资源化利用。同时针对电子工业、能源化工业所产生的危险性固体废弃物通过有效分离进行重金属回收和有机物高效热解技术开发，实现工业废弃物处理及资源化，促进循环经济建设和环境保护产业的发展。开展城市和建设中垃圾处理利用技术及工程示范，实现垃圾分类、焚烧、生物发酵处理、沼气发电、生产、有机肥综合利用。推广利用工业废弃物开发新型节能保温建材，促进循环经济建设和环境保护产业的发展。推广利用工业固体废弃物生产复合材料、尾矿微晶玻璃、轻质建材、地膜、水泥替代物、工程结构制品等技术及设备，电厂粉煤灰及煤矸石、冶金废渣等废弃物的资源回收与综合利用技术，废旧家电、汽车等废弃物资源化处理成套设备，废旧轮胎综合利用技术及设备，复合墙体技术，纳米孔超级绝热材料生产利用技术，利用农作物秸秆等废弃植物纤维生产复合板材及其他建材制品的技术及装备。推广可炉内脱硫的高效循环、流化床工业炉窑的技术和装备，特殊行业工业排放的有毒有害废气、二噁英、恶臭气体的控制技术与设备，工业排放温室气体的减排技术与设备，碳减排及碳转化利用技术，燃煤电厂烟气脱硫技术及副产品综合利用技术，烟气脱硫关键设备，选择性催化还原法（SCR）烟气脱硝技术，室内空气污染物控制与削减技术，挥发性有机化合物（VOC）的控制技术。推广产业规模大、资源能耗高及环境污染较为严重的建材、化工、造纸、酿造、纺织、煤炭等行业的清洁生产技术和设备，资源能源节约和替代技术，能量梯级利用技术，零排放技术等。

10. 现代物流

围绕重点区域和支柱产业，运用现代物流和信息技术，改造提升传统物流业。以西安咸阳空港物流园为依托，发展以电子等高附加值产品为主的航空物流体系。围绕果品、蔬菜、畜禽产品（肉、蛋、奶）等农副产品的批发市场和大规模的农产品配送中心建设，推广企业物流管理信息化共性技术，加快物流电子数据交换（EDI）的普及和应用。打破行业、地区分割和体制、机制的制约，积极引进国内外资本和企业参与我市物流企业改制重组、兼并联合，整合商业、运输、货代、联运、物资、仓储等行业的现有物流资源，形成功能完善、协调高效的综合物流服务体系。鼓励和扶持多种经济成分的物流企业，特别是民营物流企业发展，促进我市物流业的快速发展。积极引进、培育和发展一批以仓储分拨、零担快运服务、特定客户服务、综合物流服务和快速运输服务等为主的大型物流龙头企业，带动县区物流配送中心迅速发展，利用区位优势和交通条件打造陆空立体物流产业。把咸阳中储、咸阳邮政、咸阳烟草物流配送中心、天地华宇等物流企业做大做强，推动传统物流向现代物流转变。以航空物流、农产品流通、煤炭物流、城市统一配送为重点，加快电子商务平台、物流信息服务平台等服务体系建设，促进空港、家居、商贸、能源四大物流区域协调发展。积极争取咸阳空港物流园区和市农产品物流配送中心进入全省重点建设的“三大物流园区、十大物流配送中心”规划之中，把我市建成全省重要的物流节点城市。加快构建商务、金融、海关、检验检疫、交通运输和工商管理等政府部门的公共信息平台，实现公共信息网络与企业物流网络的有效结合。做好电子商务关键技术开发和共性技术推广应用，催生一大批电子商务企业。紧紧围绕工业生产、加工、装配所开展的服务活动来构造我市生产性服务业的业态，鼓励中小企业充分利用互联网，开展电子商务，形成高效、开放、低碳的商务运作模式，提高企业管理的现代化水平。大力发展国际贸易、信息服务、证券、金融、保险、现代会展及中介服务等生产性服务业，推动全市工业体系从价值链的低端逐渐走向高端，从而实现工业转型和升级。发展专业分工、协作配套的产业链和产品链、现代物流、信息服务等新业态。继续做好知识产权保护、专利申报和技术交易等方面的工作。在关中—天水经济区建设过程当中，发挥承接产业服务流通的作用，不断形成新兴业态。

（二）农业领域

以提高农业科技创新能力、农产品科技含量和科技成果转化率为核心，率先接受杨陵农业示范区科技资源的辐射，重点围绕解决农业生产重大关键技术，加强农业高新技术和适用技术的引进、开发和推广，开展提升农产品加工增值技术、农产品安全以及农业信息技术应用研究，着力推动农业和农村经济结构调整，提高农业经济效益。推广设施农业标准化建棚技术，环境控制技术和装备，设施专用农林作物新品种及其配套栽培技术，包括设施农业模式化、低能耗、低成本、无公害、对环境安全的无土栽培技术、配方施肥技术、病虫害综合防治技术、节水灌溉技术与设备等。

1. 粮油

继续加大优质、多抗、高产粮油新品种的选育、引进和推广，充分发挥我市在遗传育种方面的技术优势，在双低油菜、旱地小麦、水地小麦、优质专用小麦、优质高产玉米、优质专用型玉米、脱毒红薯马铃薯等方面取得新的科技成果。

大力发展和推广现代农业技术，加快推进农业产业化进程，加强现代农业技术和主要农作物标准化生产技术的研究开发，提高主要农作物高产优质技术水平。围绕农业产业结构调整，加强对优质专用小麦、玉米标准化生产技术的示范推广，加强渭北旱塬优质玉米、薯类高产高效栽培技术和南部灌区优质小麦夏玉米标准化生产技术研究与示范推广，研究开发杂粮类和其他经济作物的标准化生产技术。加大对良种推广、高产栽培、间作套种、测土施肥、节水灌溉、病虫测报防治等适用技术的研究与示范推广。

2. 果业

发展绿色苹果，建设优质苹果基地，优化品种结构，不断加大早中熟品种比例，加强对红富士苹果，葡萄、梨、桃、杏、李子、石榴、樱桃等鲜食水果现有主栽品种的优化，加大对水果新品种、特色品种的引进示范推广，加大苹果矮砧及集约化高效栽培模式技术研究和示范推广，提高果品技术水平。

重视做好果品的采摘、精选、分级、包装、储藏、保鲜、加工、运输等新技术研究，加强果品深加工技术研发，重点在果酚、果胶等高技术含量产品开发研究，延长果品产业链，提升果业产值和附加值。加强肥水一体化栽培技术、脱毒苗木繁育及栽培技术、IFP 生产技术、绿色生产技术和果树早期落叶病、腐烂病、轮纹病防治等重大关键技术研究，不断提升果园科学管理水平。

3. 蔬菜

继续加大对蔬菜、花卉、食用菌、西甜瓜等作物新品种的选育和引进，提升产品的科技含量和生产技术水平。加大对保护地栽培技术、反季节栽培技术、测土施肥技术、无土栽培技术、工厂化育苗生产技术、病虫测报防治、储藏运输和精深加工等技术的研发和先进实用技术的推广应用。加强规范化管理，完善绿色检测技术研究，为发展有机蔬菜提供科技支撑。

4. 畜牧

加强畜禽规模化养殖技术、瘦肉型猪三元杂交育肥技术、微生态床养猪养鸡技术，温棚养殖技术，笼养鸡综合配套技术、奶牛规范化养殖技术、肉牛快速育肥技术、肉羊杂交改良育肥技术、冷冻精液配种技术、胚胎移植技术、疫病防治技术、草业及畜禽现代化屠宰加工技术等的研发和示范推广。开展规模化清洁养殖所需的现代化养殖设备与环境净化设施，粪污无害处理与资源化利用技术与装备，畜禽精准饲养技术，草食家畜高效舍饲及轮牧技术，水禽及特种畜禽高效养殖技术，环境融合型畜禽疫病综合防治技术，新型饲草产品生产技术及其设备的技术研究与应用推广。

加强畜禽优良品种的选育、引进和推广。加强对秦川牛、关中驴、关中黑猪等品种的保护、开发和利用研究。加大对荷斯坦奶牛、莎能奶山羊、西门达尔肉牛、英国短角红牛、长白猪、大约克猪、杜洛克猪、新罗曼鸡、哈伯德鸡、地产土乌鸡、哈白兔等优良品种的引进和推广，到“十二五”末全市畜禽实现良种化，其中奶牛和禽类养殖达到90%以上，养猪达到80%以上，着力培育适合我市实际的新的畜禽品种。

5. 林业及生态环境建设

开展天然林保护工程、三北防护林工程、退耕还林工程、水土保持工程、小流域综合治理等重大工程关键技术攻关，加强林业基础工程种子园、母树林建设和苗木繁育基地建设，筛选和集成推广有利于生态保护与环境治理的先进适用技术、加强森林保护和经营，积极开展林下资源开发利用，加强流畅地建设和保护，推广林业标准化技术，加大干杂果深加工、包装、销售一体化技术推广力度。

6. 农业生态环境

大力开展多种类型的多功能（集水、保温、抗虫、防病、抑草）、可生物降解农用塑料及地膜的研发、推广及应用，达到增产增收的目的，并实现农业生产的无污染化，大力缓解因农用塑料的“白色污染”所带来的生态及环境压力。

7. 水利水土保持

积极开展低成本、智能型高效节水灌溉关键技术及设备，地面、地下固定式滴灌、移动式滴灌、自压软管灌溉及配套技术；多功能、中小型抗旱节水系统与机具，小型低水头大流量水泵；高效环保节水生化制剂；新型环保覆盖材料；雨养农区雨水与径流集汇技术与装备的技术研究与推广应用。加大推广渠道衬砌、低压暗管、喷灌和微灌等节水新技术，在城市生活和工业用水中推广节水器具、节水工艺，加大中水回用，提高水的重复利用率；进行水土保持措施配置研究；推广建设项目水土流失防治技术，提高人为水土流失防治水平。力争至“十二五”末期，使科技推广率达到80%以上。

渔业方面重点发展兴平、武功商品鱼养殖基地，加快渔业品种结构调整，积极引进鲂鱼、罗非鱼、河蟹、加州鲈、革胡子鲇、大银鱼等名优水产品种，推广健康养殖技术和生态养殖模式，发展绿色水产品养殖和大水面积资源潜力开发利用，提高水产品区域竞争实力。

8. 农业机械

在农业机械化耕作、播种、喷药、施肥、排灌、秸秆利用等方面以及在果业、畜牧业、农副产品加工、存储等领域，加大各种先进适用农业机械的推广应用。

9. 社会主义新农村建设

围绕发展农村新型产业、集约化产业、树立新风尚、培育新农民的总体目标，开展因地制宜的基础建设、产业培育、乡村文明建设、公共事业发展、民主管理等模式的研究，建设示范点，为全面推进新农村建设提供科技支撑。

（三）社会发展

重点抓好医疗卫生、计划生育、城乡建设、交通运输、资源与环境和社会服务等方面科技进步与创新，促进全市科技与经济的协调发展。

1. 医疗卫生

以安全可靠、疗效显著、降低费用为目标，积极引进先进医疗设备，推广、研究应用新的医疗卫生技术，不断提高诊断、治疗水平。加大对严重危害人民健康的常见病、突发病、疑难病、多发病、罕见病等的诊治技术攻关。开展对艾滋病、结核病、病毒性肝炎等传染病预防知识宣传普及和诊治技术的研究与推广应用。加大对公共卫生突发事件预警和防治技术的研究。加大对老年病防治及老年健康保健技术、中医诊疗技术整理、挖掘与再开发研究，为提高人民群众的健康水平和生存质量提供技术支撑。

2. 计划生育

开发生育调节药具、中药口服避孕药、新型医用高分子材料避孕套具和避孕制剂等科技新产品。推广具有避孕和预防生殖道感染双重功能的避孕节育新技术、妊娠和生殖检测技术、新型终止妊娠技术等先进成熟技术。以控制人口数量，提高人口素质为重点，研究推广适合广大农村计划生育的节育技术、优生优育技术，开展出生缺陷一级预防技术及生殖道感染干预技术研究，提高出生缺陷的孕前筛查和诊断水平。

3. 城乡建设

开展对城市长期规划布局、城市不同功能区规划、城市交通和道路系统发展、老城区改造、历史文化设施保护、城市基础设施建设配套和综合环境治理、城市生态系统建设、县域城镇体系规划布局和小城镇规划等方面的先进技术研究。加快城市管理智能化以及对建筑设计、建筑质量监测、建筑施工、新型建筑材料、建筑节能、新型墙体材料等方面的技术研发与推广应用。围绕城乡统筹开展科技创新与先进成熟技术成果的示范应用。加快 UGIS、GPS、RS 信息系统和基本数据库的开发完善和综合利用，为数字化咸阳建设和城市信息化管理打下坚实的基础，为发展“3S”产业和建立高新技术服务业提供有力的支撑。

4. 交通运输

以交通基础设施（道路运输网络）、交通管理和交通环境三个领域技术创新为重点，集中攻克一批对交通建设和发展有重大影响的关键共性技术，引进一批先进运输装备，加大 GPS 系统、航测遥感技术、CAD 集成技术及 GIS 系统等共性技术的推行应用。建立智能运输系统（ITS）、水上安全管理系统（VTS）、电子商务系统、综合物流智能管理系统。逐步开发应用智能运输系统，特别是道路通信系统、监控检测系统、电子收费系统等，提高车辆运行效率。持续进行高等级公路的安全评价系统和安全运营系统、水上交通的安全监督和保障系统；高等级公路的生态工程、景观设计和路域生态环境的监测技术；陆路交通和水上交通的环境保护技术等交通领域安全运营环境和可持续发展项目的研究，推广安全运营、环境保护等先进技术。初步形成智能运输系统和智能综合物流系统。

5. 资源与环境

以节约资源、提高资源的科学管理和综合利用水平、实现可持续发展为目标，以矿产、土地、野生动植物等为重点，开展资源调查、科学规划、合理开发、有效利用等方面的研究。开展城乡大气、水、土地、生态环境污染的监测和控制，加大对各种环境污染综合防治技术研究和应用。开展煤矸石、发电粉煤灰、工业废弃物、农作物秸秆、工业废气、各类污水、城市垃圾等资源利用技术研究，推广余热利用技术、节水节电技术、水煤浆燃烧技术、煤粉燃烧技术、秸秆资源化利用技术、污泥处理技术、湿法冶金技术、清洁柴油技术等关键共性技术。重点做好微量重金属吸附材料资源化利用、清洁麦草纸浆、沼气及果渣综合利用、氨法脱硫技术、工业废水处理共性技术推广等重点示范项目及水煤浆清洁燃烧技术与产品的产业化发展，充分利用农作物秸秆资源，对秸秆进行无污染分解，进行生物质转化，并进行进一步的高值化利用，充分利用陕西科技大学现有的环保技术及产业基础，创造条件积极培育形成新的环保技术产业。

6. 气象防灾减灾

加强对气象灾害孕育、发生、发展、演变等规律和致灾机理的研究。加强防灾减灾关键技术研发，提高气象灾害风险综合评估水平。加强人工影响天气技术研究，提高防雹、增雨作业水平。高度重视气候变化影响评估和适应措施的研究，为提高农业、生态、环境、水资源以及城镇化、工业化等领域适应气候变化能力提供支持；继续开展暴雨、冰雹、大风、寒潮、连阴雨、沙尘暴等灾害性天气预报方法及针对我市农业主导产业专业气象服务研究开发应用研究，加强预报预警业务，扩展预报服务的范围。继续开展人工防雹、降雨等人工干预天气及森林火情、旱情、生态环境等动态监测和专业气象预报数据的科学应用等方面的研发。加强气候变化对农业气候资源影响的监测评估，组织开展精细化农业气候区划，科学应对农业生产的长期气候风险。

7. 社会公共安全保障

加快服务业科技进步，不断采用新技术、新设备，加快信息宽带网络、城域网、局域网等信息基础设施建设与升级改造。开展高新技术产品在公共安全领域的应用研究和示范推广，探索建立科学预防应对突发公共事件的机制和措施，保障社会公众安全。

（四）统筹科技资源领域

利用现代网络信息技术，整合集成区域内的社会科技资源，搭建面向区域科技创新的综合性、专业性服务平台，有效解决中小企业技术创新能力不足问题，实现资源共享，为区域创新创业营造良好的社会环境氛围，为中小企业技术创新和行业科技进步提供技术服务支持。以咸阳市生产力促进中心为牵头单位，积极联合各专业技术服务单位，搭建区域公共服务平台和行业性公共服务平台建设。在“十二五”末，形成以公共服务平台、行业性服务平台、专业性平台、科技条件平台等为主要服务载体的区域科技创新社会化公共服务体系，为区域科技创新和中小企业创新能力提升开展专业技术服务。

1. 行业性服务平台发展规划

机械行业服务平台主要依托陕西省机械研究院、陕西科技大学机电工程学院、西北机电工程研究所、中国船舶重工集团公司第十二研究所，开展数控数显、粉末冶金、模具加工、热加工热处理、自动化控制等专业技术服务和机械性能检测服务；依托陕西工业职业技术学院开展先进制造专业技能人才培养服务。

医药行业服务平台主要依托陕西中医学院、陕西科技大学生命科学与工程学院、陕西中药研究所，开展中药材种植、中药合成及保健功能食品、保健用品等专业技术服务，解决制药企业在生产加工及研发过程中的技术难题。

化工行业服务平台主要依托陕西科技大学化工学院、核工业二〇三研究所，围绕区域轻工业及煤化工的持续发展和高新技术改造传统轻工业，在高分子助剂、精细有机化学品合成、新型功能材料合成、新型分离技术、精细有机化学合成、天然有机物改性、精细高分子助剂的制备及应用等方面的技术服务。联合陕西能源职业技术学院开展化工行业专业技能人才培养。

橡胶行业服务平台联合西北橡胶塑料研究设计院、凯迪西北橡胶公司，围绕橡胶塑料制品新技术工艺推广、技术升级改造、新产品研发、产品协作生产、设备仪器共享利用、技术文献标准编制、市场营销等产前、产中、产后需求，提供橡胶密封件性能检测、橡塑助剂技术开发、测试分析、技术咨询、难题诊断、标准服务及仪器共享等共性技术服务。

电子行业服务平台主要依托陕西科技大学、陕西电子工业技术研究院及彩虹集团的人才优势和研究设备，在电子信息工程、平板显示器件、新型光电子、自动化控制、模式识别与智能系统等方面开展技术服务。并围绕陕西省平板显示技术工程研究中心为电子行业技术研究提供平板显示技术工程研究相关技术支持。

现代农业服务平台主要依托陕西省农产品加工技术研究院、咸阳职业技术学院开展农产品加工的新工艺、新技术、新产品的研究和推广、资源综合利用、质量控制、生物技术及关键装备等共性关键进行推广应用和专业技术服务。并积极推广新型高效植物生长调节剂噻苯隆及新型果蔬保鲜剂（1 – MCP）两项科技成果。

建材行业服务平台主要联合陕西省建筑材料工业设计研究院和咸阳陶瓷研究设计院等，开展以水泥、陶瓷为主的建材行业的设计、开发、检测、咨询、工程监理及建筑工程材料和制品的研究和开发技术服务。

食品行业服务平台主要联合陕西科技大学生命科学与工程学院，开展食品加工、食品化学、食品营养学和食品安全与质量控制技术，功能性食品研究、生物反应器，现代农产品加工、储运、保鲜与新食品资源开发，生物发酵工程技术等研究领域关键技术及共用技术集成研究等专业技术服务。

纺织行业服务平台主要依托陕西纺织器材研究所、陕西工业职业技术学院、陕西服装艺术学院等，面向全国纺织器材行业，开发生产新型纺织器材等专业技术服务。联合咸阳市纺织服装协会，开展新品开发与行业共性技术推广应用，培育纺织服装专业技术与技能人才。

印刷包装行业服务平台主要依托西安理工大学，联合咸阳市印刷包装协会完善其市场体系，组织行业技术研究机构进行新工艺研究和开发、新技术导入、难题诊断等专业技术服务，为将印刷包装行业做大做强发挥积极作用。

2. 综合性服务平台建设规划

科技创新服务平台：整合市内现有的生产力促进中心、技术市场、专利事务所等科技中介机构，提供涉及技术、工艺、专利、标准、产品、市场等方面的竞争信息服务、知识产权服务、科技成果服务等公共科技服务。重点建设涵盖科技情报、科技咨询、成果转化等内容，形成较为完整的科技中介服务链，培育和发展以市场为导向的品牌业务，强化科技中介机构的综合服务能力。

研发与公共检测平台：协同在咸的重点实验室、工程技术研究中心、工业技术研究院以及其他研发基地，组建产学研战略联盟，围绕咸阳市经济社会发展，特别是有利于形成优势特色产业的重大关键技术，面向大中型骨干企业的技术需求，进行完整的工程化和集成化研究开发，为产业化规模生产提供成套成熟的先进工艺、技术和装备。吸纳涉及电子信息、装备制造、生物医药、橡胶、新材料、食品安全、建材、非金属等领域的测试机构，构建一站式检测检验协同服务网，开展共性检测、行业专业检测、综合检测等检测检验协作服务。

技术转移平台：由市技术市场联合区域高校、科研机构等，建设三大网络系统，以技术交易、技术投融资、技术检索、技术转移联盟、在线技术申请等业务为核心，以产业化项目、科技成果、专利技术、技术需求、投融资、科技人才六大数据库建设为重点，构建全市技术成果转化和推动技术转移的专业性网上技术服务平台，为区域的技术交易、技术投融资等提供技术转移服务。

工业设计服务平台：依托西安工业大学、陕西科技大学及陕西工业职业技术学院的工业设计科技资源优势，围绕我市中小企业在产品设计制造过程中的技术需求，提供产品设计、制造及管理过程中所需的通用资源信息，检索查询各类标准数据、图册等基础信息，为区域中小企业产品开发提供工业设计专业服务，提升产品档次和市场竞争力。

3. 科技条件资源平台建设规划

积极对市内重点领域和区域的大型科学仪器资源进行整合，进一步巩固和拓宽咸阳市中小企业公共科技服务平台的大型仪器数据库、大型科学仪器设备共享平台。依托咸阳市科技信息研究所，发挥陕西科技文献资源共享服务系统咸阳服务站的作用，搭建科技文献共享平台。重点选择咸阳市优势学科以及与经济建设密切相关的科学数据，逐步整合集成各类离散的科学研究、科学测试、科学监测、科技统计、科学普查等基础数据资源搭建科学数据共享平台，实现跨部门、跨学科，多层次、分布式的市级科学数据网络共享服务体系。通过创新运营与服务模式，实现科技资源整体向全社会开放，与市场需求有机结合，搭建重点实验室共享平台。对咸阳区域内产学研结合的工程技术研究中心，加强资源共享、设施先进的技术开发支撑条件建设，发挥行业带动与辐射作用，搭建工程技术研究中心服务平台。围绕战略型新兴产业和特色产业基地，建设一批以企业为主体、产学研相结合的市级工程技术研究中心和企业技术中心，解决经济发展的关键性技术，推动特色资源深化转化。积极推进工程技术研究中心的开放共享。

4. 技术服务中心建设规划

以陕西中医学院为核心联合其他中医药科研单位组建咸阳中药现代化技术服务中心。以陕西科技大学生命科学与工程学院为核心联合其他中医药科研单位组建生物制药工程技术服务中心。以陕西中药研究所为核心联合其他中医药科研单位共同组建新品研发及中药材种植技术服务中心。以西北橡胶塑料研究设计院为核心组建橡胶行业技术服务中心。以西安工业大学为核心组建工业辅助设计服务中心。依托陕西职业工业技术学院、陕西省机械研究院等共同为机械行业中小企业提供机械等技术实训和技能型人才培训服务。

产业技术创新战略联盟。围绕我市的新型显示器件、覆铜板新材料、新型橡胶制品、风电设备、数控机床、太阳能、新材料、新型中药、单螺杆压缩机、粉末冶金、半导体照明、清洁制浆、工业窑炉、功能陶瓷、石油钻探设备及数字医疗设备等现有技术优势与产业基础，集成区域社会科技创新资源，根据现有产业发展，行业科技动态及区域优势特点，围绕优势学科和支柱产业，建立若干个产业技术创新战略联盟。凝练我市未来经济科技发展的制高点，支柱产业的关键技术需求及新兴产业发展路径。统筹我市境内的科技资源，与高校及科研院所建立长效合作机制，与科技专家建立信息互通机制，开展项目对接，解决中小企业的技术难题，推动技术转移，加速成果转化，促进产业升级；高校、科研机构以人才、智力和技术为要素，企业以资金、设备为要素，组建多种合作形式的产学研联合体。让行业协会及其细分行业协会牵头组建产业技术创新战略联盟。有条件的高校、科研机构与企业联合建立科技研发中心或博士后流动工作站，解决企业生产中的技术难题，推广应用先进技术工艺，提高产品市场竞争力。积极搭建产学研信息服务平台，为高校、科研院所、企业提供从科技立项、中间试验到成果转化的需求信息，开展科技成果产业化后期的共性技术服务。鼓励建立具有法人资格的产业技术创新服务联盟或服务机构，消除科技资源和产业资源之间的信息不对称矛盾，促进科技成果转化，引导产业技术升级。解决制约行业发展的共性技术和关键技术问题。

产业集群与特色产业基地发展规划。依托我市技术优势，有效延伸产业链和配套加工链，大力发展产业集群和特色产业基地。在现有产业发展基础上，集中优势，整合资源，突出重点，发展特色产业集群。形成以主导产业为主、上下游产业配套，集群式发展的产业格局。提高集约化和资源综合利用水平，发展循环经济，提升产品档次，向“精、专、特、新”发展，形成我市经济跨越发展的增长极。继续加大培育、引导和扶持领军企业、龙头企业工作力度，确定50户具有成长性的科技型中小企业作为科技创新的培育对象，重点扶持，推进企业技术改造和产品升级换代，示范带动和引领科技企业创新发展。发挥龙头企业的辐射、示范、信息扩散和销售网络的产业带动作用，推动产业集群产业链及技术链全面发展。在产业集群招商引资过程中，注重引进科技含量、附加值和产业关联度高的高新技术和新兴产业，有利于产业升级；注重引进牵动力强、地方税收高、吸纳就业人数多的大项目及产业集群配套项目，拉长产业链条，增加财政收入，提高就业率。注重市内现有企业向特色产业基地转移，嫁接生成新的企业，扩大生产规模，提高产业聚集度。在我市有比较优势的装备制造业、能源化工、新材料、电子信息、生物医药等重点领域，集中人力、物力、财力，重点培育和组织实施一批可实现产业化的高新技术项目或产品，促进其转化为现实生产力。充分发挥大企业人才、技术、资本等资源聚集的优势，建立起富有特色的高新技术产业集群或配套加工产业基地。在装备制造业、能源化工、纺织服装等传统支柱产业中，优化工艺流程，提升产业水平，提高产品档次。依靠技术创新使产业结构更趋合理和优化，企业技术创新能力不断增强，实现发展方式的根本转变。重点在新型显示器件技术材料、太阳能光伏硅材料、生物医药、橡胶密封制品等产业基础上发展特色产业基地，带动相关上下游产业及产品发展。依靠国家产业技术政策加快申报LED照明和新型显示器件材料、能源化工、汽车零配件、医药保健食品、橡胶密封制品、新型钻探设备及配件、新型陶瓷材料等特色产业基地。依托产业特色鲜明、技术关联度大、产业链完整、创新能力强的骨干企业，发展与之密切相关的加工配套中小企业集群，推动现有的工程技术中心加快技术转移步伐。

针对区域产业发展现状与需求，组织专家和学者围绕产业振兴和战略性新兴产业发展，对产业发展领域、技术发展趋势和创新方向等进行系统研究，提出既有前瞻性、指导性，又有实用性和可操作性的发展规划。建立特色产业基地的评估指标体系，制定产业、税收、土地、投资、就业、人才等优惠政策，不断吸纳社会优质资源的融入。

科技企业孵化器发展规划。以培育科技型中小企业和创新企业为目标，努力提高企业技术创新能力，提高孵化器质量与水平，推动建立投资主体多元化、运行机制多样化、组织体系网络化、创业服务专业化、服务平台标准化、服务内容国际化，形成孵化器可持续发展机制。积极吸引社会投资，鼓励孵化器资金投入多元化，鼓励多种形式的专业孵化器建设。积极引导各类非政府组织、企业和自然人利用社会资金和闲置房屋等，参与孵化器建设，特别是专业性孵化器建设。支持高等院校、科研院所和企业联合共建专业孵化器，探索符合咸阳实际的科研院所及大型国有企业利用闲置资产转制建设科技企业孵化器发展模式。

发挥协会与科技中介服务机构的作用，推进孵化器之间的合作交流、资源共享和行业规范。建立有效的激励机制和考核制度，完善孵化服务模式，有效解决孵化服务和企业需求的矛盾，促进科技成果转换，培育高新技术企业和企业家，加强孵化器的企业化，产业化和专业化，平衡社会效益和经济效益，培养具有企业家素质的孵化器管理团队。促进科技与经济紧密结合，成为培训高新技术企业及企业家的重要阵地。

四、保障措施

（一）深化科技体制和科技计划管理体制改革，提高科技管理水平

深化科技体制改革，为加快科技发展提供有力的体制保障。建立符合社会主义市场经济规律和科技自身发展规律的科技体制，促进全社会科技资源高效配置和综合集成，要加快构建以企业为主体、市场为导向、产学研相结合的技术创新体系，使企业真正成为研究开发投入的主体、技术创新活动的主体、创新成果应用的主体，全面提高企业自主创新能力，支持引进吸收新技术与新工艺，加快科技成果向现实生产力转化。鼓励转制科研机构加快产权制度改革，建立产权多元化的法人治理结构，形成完善的管理体制和合理、有效的激励机制；推动境内的科研院所成为我市企业技术创新的排头兵；深化社会公益及农业类科研机构分类改革；完善开发类科研机构的现代企业制度，增强持续创新能力；强化重点实验室、工程技术研究中心、分析测试中心、企业技术中心等创新载体的能力建设，建立开放、流动、竞争、协作的产学研合作新模式和促进人才、技术、经济良性循环的产业技术创新战略联盟运行机制；建立科研人员、外聘人员合理流动和竞争上岗相结合的用人制度，健全有利于加快创新和鼓励人才成长的科技奖励机制。

深化科技计划管理体制改革。加强统筹协调，分类指导，充分发挥政府科技计划与科技经费的导向作用和倍增效应。按照公平、公开、竞争、择优、实效的原则，推行和完善科技项目的主动设计、公开征集、招投标制、课题制、合同制，提高科技项目立项的科学化和规范化。加强对科技项目的中期检查、结题验收和绩效评估，完善科技项目追踪问题效制。

（二）加强组织领导，为加快科技事业发展提供坚强保证

市、县两级政府应高度重视科技工

作，切实加强对科技工作的领导。要紧紧抓住国家实施关中—天水经济区发展规划和建设西安（咸阳）国际化大都市的历史机遇，以转变经济发展方式、产业结构优化升级和增强自主创新能力为抓手，以推动区域科技创新、提高行业科技进步水平、培育科技创新项目及发展科技型企业为重点，积极营造支持科技事业发展的法律政策环境、市场环境、社会文化环境。不断强化科技是第一生产力的意识，充分发挥科技对经济社会发展的引领支撑作用，坚持科学决策、民主决策、依法决策，认真听取科技专家意见，制定和采取有效措施，推动解决经济社会发展涉及的重大科技问题。要把“十二五”科技发展规划所提出的发展目标、关键技术、共性技术和重大项目等纳入各级各部门的岗位目标责任制，认真落实，严格考核，确保规划目标任务的顺利完成。要切实加强县级科技工作的领导，在县域经济发展、科技成果转化及先进实用技术推广应用上发挥更大的作用。

加强宏观指导和条件支撑，健全市、县科技管理体系，把市、县科技工作放到更加突出的位置，依靠市、县科技力量，调动和发挥市、县科技工作的积极性；加强新农村建设，实施科技入户工程，强力推进农业科技入户，完善科技指导直接到户；加强市、县科技工作目标考核，深入开展科技进步和科教兴市（县）等活动。在营造政策法规环境、构建创新体系、加大科技投入、推动人才队伍建设、开展国际合作与交流、推动科技园区建设、加快科技成果推广和科学技术普及等项目工作中实现联动，要按照“统筹规划，因地制宜，分类指导，分步实施”的原则，加快市、县科技工作步伐，大力推动科技富民强县，全面提高我市经济和科技竞争力。

（三）完善科技政策体系，加强政策扶持力度

科技政策的着眼点，就是要让创新火花竞相迸发、创新思想不断涌流、创新成果有效转化。为此，要创造良好的环境，让科技工作者更加自由地讨论、更加专心地研究、更加自主地探索。在贯彻落实国家、省的科技法律法规和我市现有科技政策措施的基础上，结合实际，制定完善保护企业技术秘密、鼓励风险投资、发展高新技术产业、促进中小企业技术创新等方面的政策办法，努力把科技进步与创新纳入法制化轨道。各级政府及其科技行政管理部门要依法行政、依法办事，各有关部门要积极配合，形成合力，做好科技创新的各项工作。

（四）加强科技人才队伍建设，为科技发展提供强大人才支持

要坚持尊重知识、尊重人才、尊重劳动、尊重创造的重大方针，深入实施“人才强市”战略，确立人才优先发展战略布局，以高层次人才、高技能人才为重点，统筹推进各类人才队伍建设，培养造就规模宏大、结构优化、布局合理、素质优良的人才队伍。

充分发挥拔尖人才在实施“科技强

市”战略中的领军作用，为他们的发展创造优越、特殊的环境。加大对两院院士、国家级有突出贡献专家、享受国务院特殊津贴专家、市级有突出贡献专家、“三五人才”及科技新星等人才资源利用的政策配套和专项投入，为其充分发挥作用提供有力的保障。同时为拔尖人才营造和谐的人际关系环境、宽松自由的学术氛围和健康保障环境，使其能最大限度地施展才华。

实施专业人才培养工程。结合我市人才特点、项目需要和使用目标，通过实施重大专项和科技产业化项目，对人才分层次、有重点地进行培训和提高，培养和造就一批创新型人才和复合型创业人才。有计划、有组织地输送各类人才到发达国家或地区接受高层次的专业培训。着力调整人才结构，根据全市经济布局和专业构成，加强和稳定第一产业人才队伍，改善第二产业人才结构，增加第三产业的人才数量，积极发挥乡土人才的作用，传播普及先进实用技术，形成可持续发展的优秀人才梯队。

营造尊重知识、尊重人才的良好环境，吸引优秀人才。切实落实省市已经颁布的关于吸引、培养人才的有关政策，积极引进国内外优秀人才来我市创业。建立科学的人才评价体系和公平竞争的用人机制。打破阻碍人才流动的体制性障碍，促进区域人才资源共享，把咸阳建设成为各类优秀人才的集聚高地。

（五）建立多元化科技投入体系，为科技发展提供资金保障

充分利用科技政策、财政资金引导和市场机制，引导企业加大科技投入，调动各方面的积极因素，建立和完善以政府投入为引导、企业投入为主体、社会投入为支撑，多层次、多元化、多渠道的全社会科技投入体系。

进一步增加财政科技投入。落实法律、法规有关增加财政科技投入的各项规定，确保地方财政科技投入的增长速度高于财政经常性收入增长速度。财政科技投入要切实保证农业、社会公益性技术和产业共性技术、关键技术的投入，确保创新体系建设和实施一批重大科技基础设施工程和重大科研项目，进一步增强我市科技综合实力。启动我市的“科技资源统筹创新工程计划”，设立财政投入 3000 万元的专项经费，确立电子信息、先进制造、新材料、生物医药等若干个重大科技专项，实施产学研合作工程，开展科技特派员企业创新行动，着力培育科技创新项目和发展特色产业基地。

运用经济杠杆和政策手段，激励企业增加科技投入，推动企业成为科技投入的主体。支持和鼓励大中型企业集团提取一定数量的资金，集中用于共性、关键性和前沿性重大科技问题的研究开发和产业化的投入。鼓励有条件的大型企业集团，采取多种形式设立高新技术成果转化基金、创业基金（风险基金）或贷款担保基金。鼓励国内外风险投资机构及各类投资主体在我市设立风险投资机构。利用多层次资本市场发展直接

融资。推动高新技术企业、科技型中小企业通过发行股票和债券在境内外上市直接融资；充分利用市中小企业信用担保公司已经形成的融资业务，为科技企业提供创业投资、融资担保、投资策划等专业服务。有条件的行业可以根据各自发展的需要，建立行业技术发展基金，用于行业共性技术的科技攻关和增强行业发展的后劲。扩大商业科技贷款规模，积极探索多种行之有效的途径，依据企业的不同特点建立相应的授权授信制度，完善资金管理办法，增加信贷品种，拓展担保方式，扩大科技信贷投入。建立科技风险投资机制、保险机制、科技信贷机制和信用评估机制，鼓励以企业为主体，吸引民间资金，大力发展科技风险创业投资，吸引民间资金和境外风险资金在我市开展风险投资，使资本市场成为科技发展的强有力支撑。

（六）培育科技创新项目，促进全域科技进步

按照市“十二五”科技发展规划要求，启动实施科技创新“八大”工程。围绕我市重点发展的优势特色产业和支柱产业，确定电子信息、先进制造、新材料、生物医药、能源化工、节能与环保、新能源、现代农业等重点领域，向全社会广泛征集科技创新项目，丰富和完善科技创新项目库信息内容，动员更多的社会力量参与科技创新活动。重点抓好磷酸铁锂材料制备与生产工艺、太阳能多晶硅材料制备与生产技术、LED芯片测试机与背光源生产技术、薄膜电感器、新型果蔬保鲜剂等科技创新项目的产学研合作及中试工作，形成更多的创新项目源。同时紧紧抓住国家拉动内需和十大产业振兴规划，科技投入大幅度增加的大好机遇，积极推荐重大科技创新项目申报国家和省级科技计划，认真做好立项前的技术可行性分析论证服务，提高申报项目的立项率。

（七）开展创新型企业试点，培育高新技术企业和科技型中小企业，为科技发展提供重要载体

开展创新型企业试点，培育科技创新主体。在全市开展创建技术创新企业试点活动，发挥科技计划对企业自主创新的导向作用，引导企业加大科技创新投入，积极筛选争取并培育有条件的创新型企业进入国家或省技术创新企业行列，在新型橡胶制品、电子材料等行业建立产业技术创新战略联盟强化原始创新、集成创新和引进消化吸收再创新，促进技术链与产业链延伸。把加强自主创新产品培育、知识产权保护摆在推动科技创新突出位置，开发新的市场需求，形成新的经济增长点。鼓励科技企业积极运用国家技术创新的财税优惠政策，增加科技投入，推动企业应用先进技术工艺。在企业中推广应用创新方法，创造自主创新品牌，加强知识产权管理，开展职工技术创新活动，营造企业创新文化。认真做好科技成果推介与项目对接。加强同财政、金融、税收等部门的联系，完善财政、金融、税收等科技型企业的优惠政策，构建良好的创新创业

环境，激励各类创新主体，迸发创新创业活力。

把发展高新技术企业和培育科技型中小企业作为技术创新的重要载体，进一步强化企业的技术创新主体地位，增强自主创新能力，以此作为建立区域科技创新体系的突破口。对现有的科技企业积极引导，鼓励企业建立研发机构，开展产学研究合作，不断提升自主创新能力。积极引导企业，建立和发展各具特色的工程技术中心。针对我市产业特点和行业优势，把发展泾渭新区、沣渭新区、咸阳高新区及特色产业基地作为孵化中小企业的重要基地，积极营造有利于创新创业的环境氛围，催生更多的科技型中小企业快速成长。对咸阳步长制药公司、咸阳威迪机电科技有限公司、陕西海天制药有限公司、咸阳海龙复合材料有限公司、咸阳超越离合器有限公司、咸阳移山压缩机公司、陕西宝塔山油漆股份有限公司、陕西伟华电子封装材料有限公司等50户在行业有一定认知度的高成长性科技型企业，积极运用国家技术创新的财税政策，促使其做大做强，实现规模化经营。

（八）健全科技创新服务体系，提高科技资源利用率和全社会创新效率

围绕我市统筹科技资源改革示范基地建设工作方案，按照“政府引导、市场配置、重点突破、分段实施”的原则，坚持“创新联盟引领、重大项目支撑、产业园区承载、技术服务搭台”的方式，以战略性新兴产业发展和传统产业提升为切入点，整合利用现有社会科技资源搭建社会化公共科技服务平台，建设我市的科技资源中心，整合利用区域科技资源，实现科技资源供需一站式服务，促进装备、技术等科技要素开放流动共享，加快构建社会化、网络化的科技中介服务体系，提高全社会创新效率，促进知识成果传播、转化、应用。

加快我市科技创新服务体系建设步伐。在全市范围内大规模开展科技资源状况调查，进一步了解和掌握全市的科技产业和科技企业发展动态、大型科研仪器与设备、科技企业技术需求、新产品研发、科技成果推广、技术难题及技术创新设想等。有针对性地开展产学研合作、科技成果推介、专题研讨、科技项目对接等活动。积极发挥政府对技术创新的引导推动作用和市场配置资源的基础性作用，充分利用和发挥境内高校、科研院所与大型企业的技术、设备、人才及成果资源优势，依托市生产力促进中心，利用国家财政重点支持的中小企业公共服务平台与体系建设专项，重点围绕电子、机械、纺织、医药、化工、食品等我市的支柱产业和中小企业聚集行业，运用社会科技资源，通过互联网环境，以灵活互动的方式，为中小企业技术创新提供公共技术服务，并在此基础上，形成若干个专业服务平台，开展专业性技术服务，形成良性互动模式，提升中小企业科技创新能力。同时，积极支持我市境内的高校、科研院所及技术服务机构开展技术服务，利用重点实

验室、工程技术研究中心、企业技术中心及检测分析中心等科技创新平台开展对外技术服务。大力发展综合性、专业性、机制灵活的新型科技中介服务组织，在我市确立的园区产业经济发展战略中，积极开展和探索公共科技服务模式与机制，引导企业向园区聚集，集成创新要素，加强关联产业链接，培育发展专业分工、协作配套的产业链和产品链等社会化科技服务组织，发展新兴业态，增强服务能力。

（九）加强知识产权工作，为科技发展提供良好环境

以激励自主创新、保护创新成果、优化创新环境为重点，推动以专利为主的知识产权管理与保护工作。加强知识产权宣传普及，提高全社会知识产权保护意识。实施知识产权战略，完善有利于自主知识产权产出、转化的政策法规体系，建立健全知识产权激励机制，鼓励企业成为技术创新和知识产权工作的主体，引导广大发明人创新创业。加强知识产权人才队伍建设，培养适应国际市场竞争需要的知识产权人才，培育一批能够运用知识产权战略、依靠自主知识产权增强核心竞争力的知识产权优势企业和优势区域，全面提升产业和区域竞争力。健全知识产权中介服务和投、融资体系，完善知识产权转化机制，推动专利技术转化和产业化。

## 二 科技法规

改革开放以来，咸阳市科技工作稳步推进，科技改革不断深化，先后出台了《咸阳市科学技术奖励办法》《坚持科教兴市战略，加快科技产业化的实施意见》《中共咸阳市委、市政府关于进一步加快民营科技企业发展的实施意见》《关于进一步加快民营科技企业发展的实施意见》等一系列科技政策文件，整理汇编了中省关于科技创新、产业化方面的改革文件以及有关的科技法规文件。

1980 年，为鼓励科技工作人员积极进行科学研究和技术推广工作，地区常委会研究通过《咸阳地区科学技术成果试行奖励办法》。

1986 年 12 月，市政府又颁布了《咸阳市科学技术奖励办法》，奖励在推动咸阳市科学技术进步中做出重要贡献的集体和个人。

1987 年 8 月，市政府出台了《关于促进专业技术人员合理流动的通知》，规定了专业技术人员合理流动的去向、待遇。

1993 年 1 月 7 日，中共咸阳市委、咸阳市人民政府做出关于重奖优秀科技实业家来辉武的决定，奖给来辉武人民币 100 万元。来辉武将此款全部捐赠给咸阳市，以发展社会公益事业。9 月 14 日至 15 日，咸阳市召开民营科技型企业会议，总结交流民营科技型企业工作经验，安排部署进一步发展民营科技型企业新举措。市长司南从经营机制和质量效益上对民营科技型企业提出了具体要求。随后，咸阳市民营科技（试验）园区成

立，园区设在陈杨寨，以市高新技术开发区为中心，实行综合开发。28 日，国家科委副主任惠永正、省科委副主任杨玉攒视察了咸阳保健品厂、咸阳肿瘤防治研究所等民营科技型企业，对咸阳民营科技型企业的发展给予高度评价。

1997 年 12 月 15 日，咸阳市人民政府印发《咸阳市优势产业“九五”发展计划实施方案》，提出集中力量发展电子、能源、医药化工、建材、食品、果品、旅游等 7 个具有市场潜力的优势产业。

1999 年 8 月，召开了全市科技工作会议，出台了《坚持科教兴市战略，加快科技产业化的实施意见》。

随着经济和科技体制改革的不断深化，民营科技企业发展迅速。为促进民营科技企业迅速、健康发展，市政府先后出台了《咸阳市民办科技机构管理暂行规定》《关于依靠科技进步，推动咸阳经济发展的决定》《关于民营科技型企业中作出突出贡献的科技人员奖励的若干规定》等一系列扶持民营科技机构和企业的优惠政策，为民营企业健康发展提供了保障。

2002 年 5 月，市政府召开了全市民营科技企业工作会议，会议要求全市各级政府及市直有关部门要把思想和认识统一到“创新、产业化”上来，切实做好观念的转变，通过抓技术创新，加快科技成果转化，发展科技企业孵化器。创新人才引进和产业化工作，营造经济发展新形势，搞好科技和经济发展资源的优化组合，培养优势支柱产业，发展科技型企业，进一步推动区域经济的快速发展。会上印发了《中共咸阳市委、市政府关于进一步加快民营科技企业发展的实施意见》，安排部署了咸阳市民营科技企业工作。10 月，科技部认定西安市、宝鸡市、咸阳市为全国制造业信息化工程重点城市，予以重点支持。

2006 年 3 月 25 日，市委、市政府印发《咸阳市振兴工业经济发展纲要》。12 月 19 日，市委、市政府印发《中共咸阳市委咸阳市人民政府关于加快全市信息化发展的决定》。

2007 年 4 月 12 日，市委、市政府印发《关于加快发展现代农业的实施意见》。5 月，市政府印发《咸阳市“十一五”科技发展规划和中长期科技发展规划纲要》。7 月，市委、市政府印发《关于坚持科技进步与创新建设创新型咸阳的决定》。

2008 年 9 月，咸阳市召开科技表彰大会，市委、市政府决定授予李树生等 49 位同志“咸阳市有突出贡献专家”荣誉称号，印发《关于命名表彰咸阳市第七批有突出贡献专家的决定》。

2010 年 5 月，咸阳市人民政府印发《关于进一步加强全民科学素质工作的意见》。7 月，市委、市政府印发《关于创建学习型城市推进国际化大都市建设工作的意见》。

# 三　省部级科研成果奖励

附表1　咸阳市（地区）获国家、省、部级工业科技成果奖励一览表

| 序号 | 成果名称 | 完成单位 | 获奖时间（年） | 获奖名称或等级 |
|---|---|---|---|---|
| 1 | 细纱机吸棉箱及单头蜗杆 | 国营西北第一棉纺织厂<br>王慕曾、王雪良、薛惠玲 | 1954 | 全国模范纺纱工厂 |
| 2 | 自制DZ－15－2航空电嘴 | 秦岭公司　张林玉、戈厚慎 | 1962 | 航天工业部重大科技成果奖 |
| 3 | 改装德国MPS冷冻机 | 秦岭公司　王财生 | 1962 | 航天工业部重大科技成果奖 |
| 4 | 改进AP－4塑性材料 | 秦岭公司 | 1962 | 航天工业部重大科技成果奖 |
| 5 | 42101、42201纯毛细毗机 | 陕西第一毛纺织厂　许光顺 | 1962 | 国家新产品奖 |
| 6 | 玻璃钢层压端头研制 | 陕西玻璃厂　昝桂壁 | 1960—1964 | 国家计委、经委、科委工业新产品一等奖 |
| 7 | 玻璃钢点火器的研制 | 陕西玻璃厂　昝桂壁 | 1960—1966 | 全国建材科技贡献奖 |
| 8 | 玻璃钢压力容器及其成型设备的研制 | 陕西玻璃厂　昝桂壁 | 1964—1969 | 全国科学大会重大贡献奖 |
| 9 | 大型玻璃钢发动机壳体研制的前期 | 陕西玻璃厂 | 1964—1969 | 国家建材局全国建材科技进步二等奖 |
| 10 | 高硅氧玻璃纤维 | 陕西玻璃纤维总厂　陈树华、梁吕鸿、苏彦水等 | 1969 | 中共中央、中央军委、国务院火箭模型纪念奖 |

续表

| 序号 | 成果名称 | 完成单位 | 获奖时间（年） | 获奖名称或等级 |
| --- | --- | --- | --- | --- |
| 11 | 刚玉质微孔过滤制品 | 陕西省咸阳陶瓷厂　王程广、刘桐荣 | 1971 | 建材部科技大会奖 |
| 12 | 配制改良养育种分群标记涂料的试验 | 陕西第一毛纺织厂标记涂料试制小组 | 1973 | 纺织部科技成果先进集体及先进个人奖 |
| 13 | 玻璃纤维涂塑窗纱工艺 | 陕西玻璃纤维总厂　陈树华、陈庆善、刘泽黎 | 1973 | 陕西省优质产品奖 |
| 14 | MZBF－7901 酚醛塑料 | 陕西玻璃纤维总厂　陈树华、刘泽黎 | 1974 | 航空部科技三等奖 |
| 15 | 7904 薄壁玻璃钢管 | 陕西玻璃纤维总厂　陈树华、刘泽黎 | 1974 | 国防科技成果四等奖 |
| 16 | 光电式纱管振幅检验机 | 陕西纺织器材研究所 陆校权、荆汉清 | 1975 | 纺织部重要科研成果奖 |
| 17 | 100KW/100Hz 中频感应真空烧结炉 | 陕西省机械研究所　张仲辉、姚克信、张铣、张挺生、侯经铭等 | 1973—1975 | 全国科学大会奖 |
| 18 | 流星余迹与散射通信设备 | 陕西广播电视设备厂　武得天、郭孝如、董琪 | 1975 | 全国科技大会奖 |
| 19 | 喷雾干燥塔 | 咸阳陶瓷厂　路毓瑞 | 1975 | 全国科学大会奖 |
| 20 | 离心式喷雾干燥法制造陶瓷坯粉工艺 | 陶瓷研究设计院 杨洪儒 | 1976 | 全国科学大会奖 |

续表

| 序号 | 成果名称 | 完成单位 | 获奖时间（年） | 获奖名称或等级 |
| --- | --- | --- | --- | --- |
| 21 | 50KW 板调中波发射机 | 陕西广播电视设备厂　黄伟新、黄光荣 | 1977 | 陕西省优秀产品奖 |
| 22 | 钴 60 辐射羊毛消毒 | 陕西第一毛纺织厂 赵志贤、于春荣、汤怀安等 | 1978 | 纺织部科技二等奖、省科技成果二等奖、全国科学大会奖 |
| 23 | 制革用酶制剂新菌种——166 蛋白酶的筛选和应用 | 西北轻工业学院 章川波、张淑娟等 | 1978 | 全国科学大会奖 |
| 24 | 产品设计手册 | 二〇二研究所　刘利航 | 1978 | 全国科学大会奖 |
| 25 | 黄牛皮革酶脱毛的研究 | 西北轻工业学院　李景梅、李文美、陈再兰 | 1978 | 全国科学大会奖 |
| 26 | NGQ－20 转矩传感器 | 秦岭公司　朱松林 | 1978 | 航天工业部重大科技成果三等奖 |
| 27 | 压敏电阻器 | 第七九五厂十二车间 | 1978 | 机电部科技进步三等奖 |
| 28 | GGXS－206 滚动光栅数显装置 | 陕西省机械研究所　齐务本 | 1977—1978 | 省级三等奖 |
| 29 | CSKJ620－II 简易数控机床 | 陕西省机械研究所　杨姜秦、谢再润 | 1977—1978 | 省级三等奖 |
| 30 | 棉纺牵伸胶圈部标准 | 陕西纺织器材研究所　何万瑛 | 1978 | 纺织部科技进步四等奖 |
| 31 | RG001、RG004 红外探测器 | 第七九五厂五车间 | 1978 | 国家科委科技大会先进奖 |

续表

| 序号 | 成果名称 | 完成单位 | 获奖时间（年） | 获奖名称或等级 |
|---|---|---|---|---|
| 32 | RM炭化硅压敏电阻器 | 第七九五厂十二车间 | 1978 | 国家科委科技大会先进奖 |
| 33 | 硫化铅红外探测器 | 第七九五厂五车间 | 1978 | 陕西省革委会优秀成果奖 |
| 34 | 24路海底同轴载波设备用线阻 | 第七九五厂七车间 | 1978 | 陕西省革委会优秀成果奖 |
| 35 | DQ－3中小型电枢半自动滴漆设备 | 秦岭公司　毕兆友、毕鉴德等 | 1979 | 航天工业部重大科技成果三等奖 |
| 36 | 柔性耐烧融绝热材料p107、p110 | 西北橡胶研究所　苏贵荣、孙芝兰 | 1979 | 全国科学大会奖、化工部三等奖 |
| 37 | 氟橡胶246G | 西北橡胶研究所　王广前、刘吉昌等 | 1979 | 部级三等奖 |
| 38 | 橡胶适配器 | 西北橡胶研究所　张隐西、王友芳 | 1979 | 部级三等奖 |
| 39 | XS－1胶膜及JLG－111聚硫橡胶 | 西北橡胶研究所　冯永海等 | 1979 | 部级三等奖 |
| 40 | YF－80推进剂丁基橡胶储囊 | 西北橡胶研究所　范守敏　李惠琴 | 1979 | 部级四等奖 |
| 41 | 苯醚撑硅胶及苯醚撑硅泥子胶 | 西北橡胶研究所　韩淑玉 | 1979 | 部级四等奖 |
| 42 | 包盖板机自动控制 | 国营西北第一棉纺织厂　管宁、白予生 | 1979 | 中纺部科技成果四等奖 |
| 43 | GT33碳化钛基钢结硬质合金 | 陕西省机械研究所　侯经铭、洪浩粮 | 1979 | 省级三等奖 |

续表

| 序号 | 成果名称 | 完成单位 | 获奖时间（年） | 获奖名称或等级 |
| --- | --- | --- | --- | --- |
| 44 | TIC 基硬质合金 TN12 刀具材料 | 陕西省机械研究所　张挺生、黄绍琪 | 1979 | 省级二等奖 |
| 45 | CPX-01 农机齿坯加工自动线 | 陕西省机械研究所　崔数蔚、范增佑、阎自忠、王荣惠 | 1979 | 省级三等奖 |
| 46 | 洛南生铁生产 490 球铁曲轴 | 陕西省机械研究所　赵国栋、卜明权、李军令 | 1979 | 省级三等奖 |
| 47 | 戊二醛鞣剂的研究应用 | 西北轻工业学院　潘津生、李临生、章川波、廖兴兰、张淑娟 | 1981 | 轻工业部科学技术进步三等奖 |
| 48 | 皮革 PH 快速测定仪 | 西北轻工业学院　田家乐、于树明、张培福等 7 人 | 1983 | 轻工业部科学技术进步三等奖 |
| 49 | 偏差指示型动圈式温度精控仪 | 咸阳陶瓷研究设计院　李如楠 | 1980 | 陕西省科技成果三等奖 |
| 50 | TWN80-I 型电子式织针牢度测定仪 | 陕西纺织器材研究所　郭启达、孙重久 | 1980 | 纺织工业部二等奖 |
| 51 | FQY-I 型梭管木坯水分微波测定仪 | 陕西纺织器材研究所　荆汉清 | 1980、1981 | 纺织工业部四等奖、省级三等奖 |
| 52 | 高速同步频闪观测仪 | 陕西纺织器材研究所　姜铭壁、蔡贵、胡德平、刘复汉 | 1980 | 纺织工业部四等奖 |

续表

| 序号 | 成果名称 | 完成单位 | 获奖时间（年） | 获奖名称或等级 |
|---|---|---|---|---|
| 53 | 蠕墨铸铁的研究 | 船舶十二研究所　邢俊德、赵玉芝、张志善等 | 1980 | 国务院国防工办重要科技成果三等奖 |
| 54 | T－77天幕靶 | 二〇二研究所　王玉孔 | 1980 | 机械电子工业部技术改进一等奖 |
| 55 | 设计模拟试验台 | 二〇二研究所　龚永贵 | 1980 | 机械电子工业部技术改进二等奖 |
| 56 | 量具修理多用研磨机 | 二〇二研究所　杨国栋 | 1980 | 机械电子工业部技术改进二等奖 |
| 57 | 带楔块、滑块自铰日滚珠丝杠式高低机 | 二〇二研究所　孔庆堂 | 1980 | 机械电子工业部技术改进二等奖 |
| 58 | 抗雷击保护压敏电阻器 | 国营第七九五厂十二车间 | 1980 | 国防工业科技研究成果评委会重大技术改进成果四等奖 |
| 59 | 红外探测器 | 国营第七九五厂五车间 | 1980 | 国防工业科技研究成果评委会技术改进成果三等奖 |
| 60 | 有线广播自动控制 | 乾县　罗兴忠 | 1980 | 陕西省科学大会优秀奖 |
| 61 | JQ－80型全自动电子测记仪 | 乾县　罗兴忠、李英 | 1980 | 陕西省科技成果三等奖 |
| 62 | YS811型针布机上测量仪 | 陕西纺织器材研究所　李成基 | 1983 | 陕西省政府三等奖 |

续表

| 序号 | 成果名称 | 完成单位 | 获奖时间（年） | 获奖名称或等级 |
| --- | --- | --- | --- | --- |
| 63 | EDM－I型电子数字胶卷测量仪 | 陕西纺织器材研究所　邱华、李生民 | 1983 | 国家经委金龙奖、陕西省政府科技成果二等奖 |
| 64 | F70型呋喃树脂砂研究 | 船舶十二研究所　黄嘉龙、郝敬禄、梁金茹 | 1980 | 国务院国防工办重要科技成果二等奖 |
| 65 | 用铁盐代替铬盐鞣制鞋面革的研究 | 西北轻工业学院　李景梅、韩玉香 | 1981 | 陕西科技成果三等奖、轻工部科学技术进步四等奖 |
| 66 | 音叉石英协振器 | 七九五厂　崔健中 | 1981 | 电子工业部科技成果二等奖 |
| 67 | FBMZ－7901酚醛玻璃纤维增强注射塑料 | 秦岭公司　刘文忠、樊炳辰 | 1981 | 航天工业部重大科技成果三等奖 |
| 68 | 飞机直流发电机控制装置 | 秦岭公司　郭永厚、杨步森 | 1981 | 航天工业部重大科技成果三等奖 |
| 69 | 体温计三角管垂直拉管新工艺 | 西北轻工业学院　陆洪炳、朱正华、李盛湛、李文华、潘世恭 | 1982、1986 | 轻工部科学技术进步四等奖、陕西省科学技术进步三等奖 |
| 70 | 高强度铸造铝合金的研究 | 船舶十二研究所　叶鑫、焦斌、朱志超 | 1984 | 中船总公司技术进步三等奖 |
| 71 | 戊二醛鞣剂的研制及应用 | 西北轻工业学院 | 1981 | 中国轻工业会科技进步三等奖 |

续表

| 序号 | 成果名称 | 完成单位 | 获奖时间（年） | 获奖名称或等级 |
| --- | --- | --- | --- | --- |
| 72 | 皮革 PH 快速测定仪 | 西北轻工业学院 | 1981 | 中国轻工业会科技进步三等奖 |
| 73 | XQ－100 谐波减速器 | 西北轻工业学院 | 1981 | 中国轻工业科技进步四等奖 |
| 74 | 铁盐代替铬盐鞣质鞋面革研究 | 西北轻工业学院 | 1981 | 中国轻工业科技进步四等奖 |
| 75 | 硝化纤维纸 | 西北轻工业学院 | 1981 | 中国轻工业科技进步四等奖 |
| 76 | 远红外线快速控温皮革水分测定仪 | 西北轻工业学院 | 1981 | 中国轻工业科技进步四等奖 |
| 77 | KL－1 型按摩椅 | 西北轻工业学院 | 1981 | 中国轻工业科技进步四等奖 |
| 78 | 航路仪 | 二〇二研究所　张根宝 | 1981 | 机械电子工业部技术改进二等奖 |
| 79 | ZQJ1－A 型纸样抄取器 | 西北轻工业学院　苏步田 | 1981 | 陕西省科技成果三等奖 |
| 80 | 电位器动噪声机理分析及其测试仪表 | 七九五厂　张汉昭、陈培坤、何光星　交大　许恒生、樊志容 | 1981 | 陕西省科技成果三等奖 |
| 81 | XB424 越野救护车 | 西北医疗设备厂　郭淮 | 1981 | 省部级优秀成果三等奖 |
| 82 | 温石棉纤维长度湿式分级方法 | 咸阳非金属矿研究所　刘瑞伟、赵桂荣 | 1982 | 国家技术监督局科技进步二等奖 |

续表

| 序号 | 成果名称 | 完成单位 | 获奖时间（年） | 获奖名称或等级 |
|---|---|---|---|---|
| 83 | 温石棉纤维长度快速湿式分级方法 | 咸阳非金属矿研究所　刘瑞伟、叶于训等 | 1982 | 国家技术监督局科技进步二等奖 |
| 84 | 温石棉比表面积测定 | 咸阳非金属矿研究所　赵桂荣 | 1982 | 国家技术监督局科技进步二等奖 |
| 85 | 温石棉中沙粒子未解离石棉含量测定 | 咸阳非金属矿研究所　刘安仁、尚兴春 | 1982 | 国家技术监督局科技进步二等奖 |
| 86 | 温石棉纤维长度平式分级方法 | 咸阳非金属矿研究所　尚兴春、刘安仁 | 1982 | 国家技术监督局科技进步二等奖 |
| 87 | YGF－40A 喷油冷却交流发电机 | 秦岭公司　李宗富　刘士敏、唐金友 | 1982 | 航天工业部重大科技成果三等奖 |
| 88 | 涡扇九发动机用 CDQ－1 催化点火器 | 秦岭公司　王爱生、李桂生 | 1982 | 航天工业部重大科技成果三等奖 |
| 89 | PTY－1 频率调制测试仪 | 秦岭公司　高明臣、杨海林、严杰 | 1982 | 国家发明三等奖 |
| 90 | 红箭－8 号反坦克导弹密封件 | 西北橡胶研究所　赵翠竹、王友芳等 | 1982 | 部级三等奖 |
| 91 | 2279 增塑剂 | 西北橡胶研究所　刘树仁、厉勇 | 1982 | 部级三等奖 |
| 92 | DY150 采煤机内喷雾系统用橡胶密封件 | 西北橡胶研究所　董成杰、王瑞芝 | 1982 | 部级特等奖 |

续表

| 序号 | 成果名称 | 完成单位 | 获奖时间（年） | 获奖名称或等级 |
|---|---|---|---|---|
| 93 | 硫化促进剂 $T_E$ | 西北橡胶研究所　何龙伯、刘志风等 | 1982 | 部级三等奖 |
| 94 | 激光裂解色谱仪的研制 | 西北橡胶研究所　李昂等 | 1982 | 部级三等奖 |
| 95 | X－222 型高速丝光机布铁拉幅部分单元机 | 二一〇厂　罗本廉、贾信义、赵源泽、秘华年、李万新、孙培民 | 1982 | 国家经委优秀新产品金龙奖 |
| 96 | 皮革防水剂烯基琥珀酸的合成 | 西北轻工业学院　王亨权、武学云 | 1982 | 轻工部科技成果三等奖 |
| 97 | 离心铸造缸套"白斑"组织形态和控制的研究 | 船舶十二研究所　修宾生、范仲嘉、朱磊、刘恒广、王桂森、张妍 | 1983 | 中船总公司重大科技成果四等奖 |
| 98 | 17532 粗纺花呢 | 陕西第一毛纺织厂　张淑芹、吴家良 | 1983 | 国家经委优秀新产品金龙奖 |
| 99 | 39003 精纺纱味呢 | 陕西第一毛纺织厂　李莲芳、肖华岗 | 1983 | 陕西省优秀新产品奖 |
| 100 | 离心铸造大中型厚气缸套"云斑"偏析机理及其控制的研究 | 船舶十二研究所　修宾生、范仲嘉、朱磊、刘恒广、王桂森、张妍 | 1983 | 中船总公司重大科技成果二等奖 |
| 101 | 彩色显像管低熔点封接玻璃的研究 | 西北轻工业学院　袁怡松、周中慎、许淑慧、陈国新 | 1983 | 轻工部科学技术进步四等奖、陕西省高教局科技成果二等奖 |
| 102 | 非接触式纸机烘缸测温仪 | 西北轻工业学院　吴瀚文、王伯雄、马秉林 | 1983 | 轻工部科技成果四等奖 |

续表

| 序号 | 成果名称 | 完成单位 | 获奖时间（年） | 获奖名称或等级 |
|---|---|---|---|---|
| 103 | 聚四氟乙烯基滑动导轨软带（I、II、III） | 陕西省塑料厂　陈泽沛 | 1982 | 陕西省科技进步二等奖、轻工部科技进步四等奖、机械工业部三等奖、国家经委优秀新产品金龙奖 |
| 104 | 双层涂胶锭带 | 陕西纺织器材研究所　周长春、陈金连 | 1983 | 国家经委金龙奖、陕西省优秀新产品奖 |
| 105 | 蠕墨铸铁在增压器燃气进气壳体上的应用研究 | 船舶十二研究所　刑俊德、赵玉芝 | 1983 | 中船总公司重大科技成果三等奖 |
| 106 | 6500K（色温）电视白场仪 | 陕西彩色显像管总厂 | — | 电子工业部科技进步二等奖 |
| 107 | 18 寸彩色显像管生产定型 | 陕西彩色显像管总厂 | — | 电子工业部科技进步二等奖 |
| 108 | 14 寸全无枕形失真偏转线圈设计定型 | 陕西彩色显像管总厂 | — | 电子工业部科技进步二等奖 |
| 109 | 彩色显像管玻壳模具——14 寸屏凸模、14 寸锥凹模的计算机辅助制造（CAM）系统 | 陕西彩色显像管总厂 | — | 电子工业部科技进步二等奖 |
| 110 | 四极质谱仪对各种气体动态定量分析 | 陕西彩色显像管总厂 | — | 电子工业部科技进步二等奖 |
| 111 | 彩色显像管玻璃窑炉计算机控制系统 | 陕西彩色显像管总厂 | 1988 | 电子工业部科技进步一等奖 |

续表

| 序号 | 成果名称 | 完成单位 | 获奖时间（年） | 获奖名称或等级 |
| --- | --- | --- | --- | --- |
| 112 | 37SG101Y30 型、37SG102Y30 型中分辨率彩色显示管设计定型 | 陕西彩色显像管总厂 | 1988 | 机电部科技进步一等奖 |
| 113 | 37S×104Y22－DC06 型彩色显示管设计定型 | 陕西彩色显像管总厂 | 1988 | 机电部科技进步二等奖 |
| 114 | 47S×102Y22－DC07 型彩色显示管设计定型 | 陕西彩色显像管总厂 | 1988 | 机电部科技进步二等奖 |
| 115 | 37S×102Y22－DC01 型彩色显示管引进生产线改造 | 陕西彩色显像管总厂 | 1987 | 国家级科技进步一等奖 |
| 116 | 彩色显像管用荧光粉国标 | 陕西彩色显像管总厂 | 1987 | 电子工业部科技进步三等奖 |
| 117 | 37SY101Y22－DC01、56SX101Y22－DC03 型彩色显像管详细规范 | 陕西彩色显像管总厂 | 1987 | 电子工业部科技进步二等奖 |
| 118 | 彩色显像管玻壳成型用剪刀片 | 陕西彩色显像管总厂 | 1987 | 电子工业部科技进步二等奖 |
| 119 | CPT 屏用锆英石粉（14ü）研制成功 | 陕西彩色显像管总厂 | — | 电子工业部科技进步二等奖 |
| 120 | CATV 电子组件开发 | 泾阳秦元电子组件所　李明生 | 1988 | 省科技进步三等奖 |
| 121 | BF651 呋喃树脂砂工艺研究 | 船舶十二研究所　郝敬禄、秦泽龙、蔡兴明、梁金茹 | 1983 | 中船总公司重大科技成果四等奖 |
| 122 | M9120A 多用磨床 | 咸阳机器制造学校　任孝义、赵革 | 1983 | 机械部二等奖 |

续表

| 序号 | 成果名称 | 完成单位 | 获奖时间（年） | 获奖名称或等级 |
|---|---|---|---|---|
| 123 | 中投梭固定式塑料皮结 | 陕西纺织器材研究所　阮国苹、焦天璇 | 1983 | 国家经委金龙奖 |
| 124 | 耐高温塑料染色筒管 | 陕西纺织器材研究所　许仙文、李爱琴 | 1983 | 国家经委金龙奖 |
| 125 | 催化点火器用催化剂和分流盘的制造工艺 | 秦岭公司　李桂生等 | 1983 | 国家发明三等奖 |
| 126 | HQJ－50 浅孔钻机 | 二一〇厂　罗本廉、孙启民、张曙光、卢胜利 | 1983 | 核工业部科技进步三等奖 |
| 127 | 棉短毛混纺色织花呢 | 国营陕西第八棉纺织厂　岑永荣、董爱仙 | 1983 | 中纺部三等奖 |
| 128 | 印刷密封垫件 | 西北橡胶研究所　冯云海、白长安等 | 1983 | 部级三等奖 |
| 129 | 双向沟槽流体动力油封 | 西北橡胶研究所　谭鹏云、赵志荣 | 1983 | 部级三等奖 |
| 130 | 用甲基丙烯酸镁制造耐热丁腈胶配合技术 | 西北橡胶研究所　王秀华、林明远 | 1983 | 部级三等奖 |
| 131 | 单针双梭芯双线缝纫机 | 西北轻工业学院　赵文荣、张美莲、范洪云、胡柏、詹启贤、吴瑞起、李桂林 | 1986 | 全国第二届发明展览会铜奖 |
| 132 | XQ－100 谐波减速器 | 西北轻工业学院　詹启贤、刘仓鑫 | 1987 | 陕西省科技成果二等奖 |
| 133 | JZX2 型交流电动封闭式传动装置试验台 | 西北轻工业学院　王迺信、詹启贤 | 1985、1986 | 陕西省科技成果三等奖、轻工部科技进步三等奖 |

续表

| 序号 | 成果名称 | 完成单位 | 获奖时间（年） | 获奖名称或等级 |
|---|---|---|---|---|
| 134 | 硝化纤维素纸的研制 | 西北轻工业学院　李明辉、何福望、陈忠豪、聂勋载等10人 | 1983 | 轻工部科技成果四等奖 |
| 135 | 远红外快速控温水分测定仪 | 西北轻工业学院周凤文　李昌廷、田家乐 | 1983 | 轻工部科技成果四等奖 |
| 136 | 釉面砖抽样方法及抽样方案（国标） | 咸阳陶瓷研究设计院　沈朝宏 | 1986 | 国家标准化科技成果四等奖 |
| 137 | 白色陶制釉面砖国家标准 | 咸阳陶瓷研究设计院　沈朝宏 | 1986 | 国家标准化科技成果四等奖 |
| 138 | 5KVA组合式电磁恒频发电机及控制器 | 秦岭公司　张士超、苏兆玲等 | 1983 | 航天工业部科技成果四等奖 |
| 139 | 2CZ－40旋转硅整流二极管 | 秦岭公司　李秀明、吕玉振等 | 1983 | 航天工业部科技成果四等奖 |
| 140 | 半导体电嘴火花能量的测量与计算 | 秦岭公司　王景山、林志刚等 | 1983 | 航天工业部科技成果四等奖 |
| 141 | 6PS－26H大发柴油机气缸盖研制 | 船舶十二研究所　范向东、王炳华、许永春、武炳焕 | 1983 | 中船总公司重大科技成果四等奖 |
| 142 | 蠕墨铸铁金相检验 | 船舶十二研究所　王桂森、邢俊德、赵玉芝 | 1985 | 中船总公司重大科技成果四等奖 |
| 143 | 铜基粉末冶金含油轴承 | 陕西省机械研究所　张运生、李选、杜方平 | 1984 | 省级三等奖 |

续表

| 序号 | 成果名称 | 完成单位 | 获奖时间（年） | 获奖名称或等级 |
|---|---|---|---|---|
| 144 | 纺机用刺环边撑部标准（FJ1037－85） | 陕西纺织器材研究所　冯玉田、何万瑛 | 1988 | 纺织部科技进步二等奖 |
| 145 | 陕西省机械工业机电产品和六类基础工艺现状调查及水平分析 | 陕西省机械研究所　王克毅、范院民、王森民、任惠民、左文清 | 1986 | 国家科委科技情报成果二等奖 |
| 146 | YB110 陶瓷柱塞泵 | 咸阳陶瓷研究设计院　刘存福 | 1986 | 国家建材局科技成果二等奖 |
| 147 | 洗面器立式浇注成型工艺 | 咸阳陶瓷研究设计院　刘云兆 | 1985 | 国家科技进步二等奖 |
| 148 | YF－80 无水肼橡胶储囊 | 西北橡胶研究所　范守敏、殷国华等 | 1984 | 国家级特等奖 |
| 149 | 巨浪一号导弹橡胶密封制品 | 西北橡胶研究所　丁文宾、王友芳等 | 1984 | 部级二等奖 |
| 150 | TL－1 号两级发动机用 D202 人工自由脱粘材料 | 西北橡胶研究所　林生义、苏贵荣 | 1984 | 部级二等奖 |
| 151 | 924002 刀具密封件 | 西北橡胶研究所　康万朗、张积耀 | 1984 | 国家级二等奖 |
| 152 | MBJ－1 型无线电遥控红外报警器 | 国营第七九五厂设计所 | 1984 | 电子工业部科技成果二等奖 |
| 153 | HXY－500 型岩芯钻机 | 二一〇厂　罗本廉、贾信义、王振堂、秘华年等 | 1984 | 核工业部科技进步二等奖 |
| 154 | 泡沫石棉保温材料生产过程工艺研究 | 咸阳非金属矿研究所　张湛、曹列卿、刘开平 | 1986 | 建材部科技进步二等奖 |

续表

| 序号 | 成果名称 | 完成单位 | 获奖时间（年） | 获奖名称或等级 |
|---|---|---|---|---|
| 155 | 高精度 CK 热电偶冷端补偿器 | 西北轻工业学院　金光太 | 1985、1986 | 省高教局科技成果一等奖、轻工业部科学技术进步三等奖 |
| 156 | 用白类竹和麦草试制牛皮箱纸板的研究 | 西北轻工业学院　何福望、李清远、安郁琴、任维羡 | 1986 | 轻工部科学技术进步三等奖 |
| 157 | 无水冷棒状电极玻璃料道电加热 | 西北轻工业学院　朱正华、王核、温炳台等 5 人 | 1986 | 轻工部科学技术进步三等奖、陕西省科学技术进步三等奖 |
| 158 | 华北西路山羊皮服装革的研制 | 西北轻工业学院　常新华、李景梅 | 1986 | 轻工部科学技术进步三等奖 |
| 159 | RSO－I 型毛皮光亮剂 | 西北轻工业学院　徐学成、杨敏、王建国 | 1986 | 轻工部科学技术进步三等奖 |
| 160 | ZWK－I 型纸机总车速控制系统 | 西北轻工业学院　王孟效、郭爱民、郭子君等 | 1986 | 轻工部科学技术进步三等奖 |
| 161 | 纺机用刺环边撑部标准（FJ1047－85） | 陕西纺织器材研究所　何万瑛 | 1988 | 纺织部科技进步三等奖 |
| 162 | 航空交流电源系统动态参数检测研究和数据处理系统 | 秦岭公司　刘耀理、申如今等 | 1984 | 航天工业部科技进步三等奖 |
| 163 | 粉末喷涂工艺应用研究 | 秦岭公司　李国芳、许志恩 | 1984 | 航天工业部科技进步三等奖 |
| 164 | VTR201 导风轮等温模锻工艺研究 | 船舶十二研究所　鄢明皋、于铭铭 | 1985 | 中船总公司技术进步二等奖 |

续表

| 序号 | 成果名称 | 完成单位 | 获奖时间（年） | 获奖名称或等级 |
|---|---|---|---|---|
| 165 | 残余奥氏体岩层深分布精确测定新方法的研究 | 船舶十二研究所　鲍永夫、唐主明、何崇斌 | 1984 | 中船总公司重大科技成果三等奖 |
| 166 | 船用材料金相图谱 | 船舶十二研究所　王桂森等 | 1985 | 中船总公司技术进步三等奖 |
| 167 | 单项多速电容运转电机主、副绕组抽头应用理论的研究 | 秦岭公司　谷宪民、寇百万 | 1984 | 陕西省科技成果二等奖 |
| 168 | 10KW 脉宽调制中波发射机 | 陕西广播电视设备厂　郑樟茂、蔡凯、杜天斌 | 1987 | 陕西省科技成果二等奖 |
| 169 | 200 KW 板调中波发射机 | 陕西广播电视设备厂　蔡凯、王华章 | 1984 | 陕西省优秀产品奖 |
| 170 | 10KW 板调中波发射机 | 陕西广播电视设备厂　郭孝如、王华章 | 1985 | 陕西省科技成果奖、省优秀产品奖、部优秀产品奖 |
| 171 | 1KW 板调中波发射机 | 陕西广播电视设备厂　黄维新、王光荣 | 1986 | 陕西省电子工业科技成果奖、陕西省优秀产品奖、部优秀产品奖 |
| 172 | 10 吨锅炉燃烧自控 | 国营西北第一棉纺织厂　王洪堡 | 1985 | 陕西省团委五小发明奖 |
| 173 | 温石棉水分测定方法 | 咸阳非金属矿研究所　王凤琴 | 1985 | 国家技术监督局科技进步二等奖 |
| 174 | 喷水织机 | 国营五一四厂 | 1988 | 国家经委技术开发优秀成果奖 |
| 175 | 汽车电子防抢制动系统 | 国营五一四厂 | 1987 | 陕西省优秀新产品奖 |

续表

| 序号 | 成果名称 | 完成单位 | 获奖时间（年） | 获奖名称或等级 |
|---|---|---|---|---|
| 176 | 微型汽车前后制动装置制动总泵 | 国营五一四厂 | 1987 | 陕西省优秀产品奖、部优秀产品奖 |
| 177 | 某产品系统 | 机械电子工业部第二〇二研究所 | — | 国防科委科技进步特等奖 |
| 178 | 国家液压支架密封件 | 西北橡胶研究所　徐秉介、王秀华等 | 1985 | 国家级二等奖 |
| 179 | 氯丙胶 P117 柔性耐烧蚀材料 | 西北橡胶研究所　赵本洁、孙芝兰 | 1985 | 部级三等奖 |
| 180 | B101 液态聚硫包复材料 | 西北橡胶研究所　林生义、苏贵荣 | 1985 | 部级二等奖 |
| 181 | R－T 式玻璃料道电加热测温控温技术 | 西北轻工业学院　王孟效、朱正华、温炳台等 | 1986 | 陕西省科学技术进步三等奖、轻工部科学技术进步三等奖 |
| 182 | 双中间体库仑法测铬仪 | 西北轻工业学院　田家乐、杨希庆、谭惠元等 | 1986 | 国家“六五”科技攻关奖 |
| 184 | 电化学分析法测定毛皮制革鞣液硫酸根的研究 | 西北轻工业学院　田家乐、高永勤、周凤文 | 1986 | 国家“六五”科技攻关奖 |
| 185 | T－813 纺纱用胶辊涂料中试 | 陕西纺织器材研究所　吴永奎 | 1987 | 陕西省科技进步二等奖 |
| 186 | 2000 型压力式喷雾干燥成本设备设计 | 咸阳陶瓷研究设计院　杨洪儒 | 1986 | 轻工部科技进步三等奖 |
| 187 | 《卫生陶瓷》国标 | 咸阳陶瓷研究设计院　沈朝宏 | 1989 | 国家建材局科技成果三等奖 |
| 188 | 计算瞄准具原理样机 | 二〇二研究所杨美成 | 1985 | 国防科委重大成果三等奖 |

续表

| 序号 | 成果名称 | 完成单位 | 获奖时间（年） | 获奖名称或等级 |
|---|---|---|---|---|
| 189 | 两相流研究 | 二〇二研究所 周彦煌 | 1985 | 国防科委重大成果三等奖 |
| 190 | C－335样机试验测绘分析 | 二〇二研究所 杨美成 | 1985 | 国防科委重大成果三等奖 |
| 191 | 航空用硅胶氟佳胶片和活门 | 西北橡胶研究所 毕志英、高学成等 | 1985 | 部级三等奖 |
| 192 | 涡桨－6发动机用橡胶件及胶料 | 西北橡胶研究所 毕志英、陈昌藩等 | 1985 | 部级三等奖 |
| 193 | VTR251增压器压气叶轮模锻工艺 | 船舶十二研究所 周天西、赵恒义 | 1983 | 中船总公司重大科技成果四等奖 |
| 194 | 铝合金冒口发热剂及应用 | 船舶十二研究所 朱志超、吴正新 | 1985 | 中船总公司技术进步三等奖 |
| 195 | 双肘杆镦装置的研制 | 船舶十二研究所 吴从考、徐东、赵勐舟 | 1985 | 中船总公司技术进步三等奖 |
| 196 | 激光显微光谱标样的研制 | 船舶十二研究所 李兆智、邓惠琴、张心红、叶鑫、修宾生、焦斌 | 1985 | 中船总公司技术进步二等奖 |
| 197 | LHR－30－30－9型离子化学热处理炉 | 船舶十二研究所 毛肇庆、李金荣等 | 1985 | 中船总公司技术进步三等奖 |
| 198 | HP560混凝土自动配料机 | 陕西省建筑工程机械厂 宋仲文、姬宇飞、刘陕宁 | 1989 | 陕西省科技进步三等奖 |
| 199 | SGC－3702彩电接收机 | 陕西广播电视设备厂 陈洪水 | 1988 | 国家银质奖 |
| 200 | 远程大功率电动有线广播系统 | 陕西广播电视设备厂 江左、周艳英 | 1985 | 电子部一等奖 |

续表

| 序号 | 成果名称 | 完成单位 | 获奖时间（年） | 获奖名称或等级 |
|---|---|---|---|---|
| 201 | 熔化低熔点玻璃的全铂坩埚加工工艺 | 陕西玻璃纤维总厂　王永红、刘中兴 | 1985 | 陕西省科技进步三等奖 |
| 202 | 喷射成型玻璃钢技术 | 陕西玻璃纤维总厂　刘起祥、陈树华 | 1985 | 陕西省优质产品奖、部级优质产品奖 |
| 203 | 磷化羰基铁粉 | 陕西省兴平化肥厂　陈云峰 | 1985 | 国家优秀新产品奖 |
| 204 | JZS2 交流电动封闭式传动装置试验台 | 西北轻工业学院 | 1985 | 陕西省科技研究成果三等奖 |
| 205 | 用毛竹与废纸试制特号牛皮箱纸板 | 西北轻工业学院　陈中豪、任维羡、邱淑泰、刘书钗、李清远 | 1987 | 轻工部科技进步三等奖 |
| 206 | 热护套 | 二〇二研究所　曹万有 | 1986 | 国家发明四等奖 |
| 207 | 钢丝测速仪 | 二〇二研究所　吴占玉 | 1986 | 国家发明四等奖 |
| 208 | M5151 型转速/转速加速度数字测量仪 | 秦岭公司 王敏等 | 1986 | 航天工业部科技进步三等奖 |
| 209 | 航空电源系统动态数学模型辨识的研究 | 秦岭公司　黄荷珍 | 1986 | 航天工业部科技进步三等奖 |
| 210 | 彩色显像管用阻燃橡胶楔子的研制 | 西北橡胶研究所　张隐西、韩淑玉等 | 1986 | 部级三等奖 |
| 211 | 特种橡胶密封件的研制 | 西北橡胶研究所 | 1986 | 国家三等奖 |
| 212 | 荧光屏研磨盘 | 咸阳市化工研究所　奚大力 | 1986 | 陕西省科技奖 |

续表

| 序号 | 成果名称 | 完成单位 | 获奖时间（年） | 获奖名称或等级 |
|---|---|---|---|---|
| 213 | 棉纺牵伸胶圈 | 陕西纺织器材研究所　何万瑛 | — | 纺织部四等奖 |
| 214 | 棉质机用丁腈投梭结 | 陕西纺织器材研究所　冯雨田、何万瑛 | — | 纺织部四等奖 |
| 215 | 织机用刺环边撑 | 陕西纺织器材研究所　何万瑛 | — | 纺织部三等奖 |
| 216 | 辉光离子氮化强化035潜艇主机排气阀解决发面压坑及烧穿 | 船舶十二研究所　毛肇庆等 | 1987 | 中船总公司技术进步三等奖 |
| 217 | 磁化低温电解渗硫钢领 | 国营西北第二棉纺织厂　马彦馥、李华英、王秦等 | 1986 | 陕西省科技进步三等奖 |
| 218 | 500W 被釉线阻 | 国营第七九五厂　刘瑞英、苏布霄、郑根录 | — | 国家经委优秀新产品金龙奖 |
| 219 | 棒状玻璃釉电阻 | 国营第七九五厂　李秀英、黄孙秀、王新盛 | 1986 | 电子工业部科技进步二等奖 |
| 220 | 塑封金属膜电阻 | 国营第七九五厂　金双宣、李谦、石永杰 | 1986 | 电子工业部科技进步二等奖 |
| 221 | RG004 型红外探测器 | 国营第七九五厂　郭登选、宁锋、范鸿斌等 | 1986 | 电子工业部科技进步二等奖 |
| 222 | SGC－4703 彩电接收机 | 陕西广播电视设备厂　董汉琪、王丙川 | 1987—1988 | 陕西省优质产品奖、部级优质产品奖，国家银质奖 |
| 223 | XB425 越野救护车 | 西北医疗设备厂　宋秋琴 | 1987 | 陕西省优秀新产品奖 |
| 224 | 提高汉口路山羊皮革质量的研究 | 西北轻工业学院 | 1986 | 轻工部科技进步一等奖 |
| 225 | 中华人民共和国国家标准日用陶瓷名词术语 GB5000－85 | 西北轻工业学院 | 1986 | 江西省科技进步二等奖 |

续表

| 序号 | 成果名称 | 完成单位 | 获奖时间（年） | 获奖名称或等级 |
| --- | --- | --- | --- | --- |
| 226 | 毛皮光亮剂（RSO－Ⅰ、RSO－Ⅱ） | 西北轻工业学院 | 1986 | 中国轻工业会科技进步三等奖 |
| 227 | 华北西路山羊皮服装革的研制 | 西北轻工业学院 | 1986 | 中国轻工业会科技进步三等奖 |
| 228 | ZWK－1纸机总车速控制系统 | 西北轻工业学院 | 1986 | 中国轻工业会科技进步三等奖 |
| 229 | 用白夹竹与麦草试制牛皮箱纸板的研究 | 西北轻工业学院 | 1986 | 中国轻工业会科技进步三等奖 |
| 230 | R－T控温式玻璃料道电加热技术 | 西北轻工业学院 | 1986 | 中国轻工业会科技进步三等奖 |
| 231 | 高精度CK热电偶冷端补偿器 | 西北轻工业学院 | 1986 | 中国轻工业会科技进步三等奖 |
| 232 | JZS2交流电动封闭式传动装置试验台 | 西北轻工业学院 | 1986 | 中国轻工业会科技进步三等奖 |
| 233 | 单针双梭芯双线缝纫机 | 西北轻工业学院　赵文荣、张英莲、范洪云、胡柏、詹启贤等 | 1986 | 第二届全国发明展览会铜奖 |
| 234 | 皮革品种加工工艺及制品开发 | 西北轻工业学院 | 1986 | 国家“六五”攻关重大成果奖 |
| 235 | 棉秆原料特性的分析研究 | 西北轻工业学院　李友森、杨淑惠、高扬 | 1987 | 轻工部科技进步三等奖 |

续表

| 序号 | 成果名称 | 完成单位 | 获奖时间（年） | 获奖名称或等级 |
|---|---|---|---|---|
| 236 | 车床改造机械配套件 | 陕西省机械研究所 王广安、武生茂、王铸等 | 1987 | 国家经委、科委优秀机械—电子产品奖 |
| 237 | WZD4 系列自动回转刀架（设计后改进设计） | 陕西省机械研究所 季秀漪、陈冰雪、王智民、陈宏等 | 1987 | 国家经委、科委优秀机械—电子产品 |
| 238 | ND－82 稳定剂碱氧铬法 | 国营陕西第二印染厂 富梦光、张宏起等 | 1987 | 陕西省科技进步三等奖 |
| 239 | DQSS 电子清纱器 | 国营西北七棉 毕仁廉等 | 1987 | 陕西省科技成果三等奖 |
| 240 | 红箭－8 号红外探测器 | 国营第七九五厂 邓农民、李景贤、薛三旺 | 1987 | 国家科委特等奖、国家经委优秀新产品金龙奖 |
| 241 | SGH－4404 黑白电视机 | 陕西广播电视设备厂 李重阳 | 1987 | 陕西省优质产品奖 |
| 242 | 数字式频率合成器 | 陕西广播电视设备厂 罗文祥、崔世均 | 1987 | 陕西省优秀新产品奖 |
| 243 | 1kW 脉宽调制中波发射机 | 陕西广播电视设备厂 黄莜 | 1987—1989 | 陕西省优秀新产品奖、部级优秀产品奖 |
| 244 | 1kW 调频立体声广播发射机 | 陕西广播电视设备厂 江左 | 1987 | 陕西省优秀新产品奖 |
| 245 | 耐高温、铸造过滤网技术 | 陕西玻璃纤维总厂 王佩霞、马芳逵、刘子香 | 1987 | 部优新产品奖 |
| 246 | “射流曝气活性污泥法”处理污水 | 国营陕西第八棉纺织厂 乔林、周金胜等 | 1987 | 陕西省科技进步三等奖 |

续表

| 序号 | 成果名称 | 完成单位 | 获奖时间（年） | 获奖名称或等级 |
|---|---|---|---|---|
| 247 | 氧化铁彩色版 | 陕西省兴平化肥厂　高景厚 | 1987 | 陕西省科学技术进步三等奖 |
| 248 | 提高汉口路山羊皮革质量的研究 | 西北轻工业学院 | 1987 | 国家科学技术进步一等奖 |
| 249 | 硅线石—碳化硅质窑具的研究 | 咸阳陶瓷研究院 姚治才 | 1987 | 建材行业部级科技三等奖 |
| 250 | R－T控温式玻璃料道加热技术 | 西北轻工业学院 | 1987 | 陕西省科技进步三等奖 |
| 251 | 体温计三角管垂直接管新工艺 | 西北轻工业学院 | 1987 | 陕西省科技进步三等奖 |
| 252 | 自动抗坏血酸（VC）测定仪 | 西北轻工业学院　田家乐、魏子栋、谭惠元、李昌廷 | 1988 | 全国轻工科技进步金龙腾飞奖 |
| 253 | 用毛竹和废纸试制特号牛皮箱纸板 | 西北轻工业学院 | 1988 | 国家技术开发优秀成果奖 |
| 254 | JM－831装置 | 二〇二研究所　周福安 | 1988 | 国防科委科技进步二等奖 |
| 255 | 某产电气液压随动系统 | 二〇二研究所　冼鉴英 | 1988 | 国防科委科技进步三等奖 |
| 256 | 液压自紧身管设计规范 | 二〇二研究所 | 1988 | 国防科委科技进步三等奖 |
| 257 | 自动机模拟实验台 | 二〇二研究所　徐作玉 | 1988 | 国防科委科技进步三等奖 |
| 258 | 常规密闭爆发器测试系统 | 二〇二研究所 | 1988 | 国防科委科技进步三等奖 |
| 259 | 《美国陆军实验操作规程》编译出版 | 二〇二研究所 | 1988 | 国防科委科技进步三等奖 |

续表

| 序号 | 成果名称 | 完成单位 | 获奖时间（年） | 获奖名称或等级 |
|---|---|---|---|---|
| 260 | 铝合金导风轮等温锻模应用研究 | 船舶十二研究所 鄢明皋、贾环铭 | 1989 | 中船总公司技术进步三等奖 |
| 261 | SGC-5602 彩电接收机 | 陕西广播电视设备厂 李重阳 | 1988 | 陕西省优质产品奖、部级优质产品奖、全国彩电质评一等奖 |
| 262 | 超纯氢氦中杂质分析技术及分析仪的研制 | 陕西省兴平化肥厂 彭斯容 | 1988 | 国防科委、国防专用国家级科技进步三等奖 |
| 263 | 利用透光年石试制陶瓷釉面砖 | 咸阳陶瓷研究院 应启宏 | 1988 | 陕西省科技星火二等奖 |
| 264 | 聚芳纤维纸提高性能研究 | 西北轻工业学院 | 1988 | 机械电子工业部科技进步三等奖 |
| 265 | 3150 纸机陶瓷脱水板 | 西北轻工业学院 王连星、吴先高、万国光、吴修和、张智亮 | 1989 | 中国轻工业科技进步三等奖 |
| 266 | XX 压力测试技术 | 二〇二研究所 吴玉龙 | 1989 | 国家发明二等奖 |
| 267 | 嘉川牌 45-48 涤棉漂布 | 国营陕西第二印染厂 周毅、张肖岗、赵振武 | 1989 | 纺织工业部奖 |
| 268 | 嘉川牌 21-18 什色布 | 国营陕西第二印染厂 周毅、刘朋、赵振斌 | 1989 | 纺织工业部奖 |
| 269 | MG95 红外探测器 | 七九五厂 范喻凤、王春贵 | 1989 | 机电部科技进步三等奖 |
| 270 | 红外器件自动测试系统 | 七九五厂工艺所 | 1989 | 机电部科技进步三等奖 |
| 271 | 棉秆原料的分析研究 | 西北轻工业学院 | 1989 | 中国轻工业会科技进步三等奖 |
| 272 | 37 厘米高分辨率彩色显示管 | 西安交通大学、陕西彩色显像管总厂 | 1989 | 陕西省科学技术进步一等奖 |

续表

| 序号 | 成果名称 | 完成单位 | 获奖时间（年） | 获奖名称或等级 |
|---|---|---|---|---|
| 273 | 水轮机抗气蚀磨损研究 | 陕西机械学院、陕西省水利厅、彬县水电站 | 1989 | 陕西省科技进步二等奖 |
| 274 | 铂制品——低熔点玻璃铂坩埚加工技术 | 陕西玻璃纤维总厂 | 1989 | 陕西省科技进步三等奖 |
| 275 | 棉和涤棉织物碱氧——浴法高效前处理工艺及其稳定剂的研究 | 西北纺织学院、陕西第二印染厂 | 1989 | 陕西省科技进步三等奖 |
| 276 | 便携式技工电动手机 | 西北医疗器械一厂、航空部六一八研究所 | 1989 | 陕西省科技进步三等奖 |
| 277 | 光面绵羊羊毛皮生产技术的研究 | 西北轻工业学院 | 1990 | 国家“七五”攻关重大成果奖、中国轻工业会科技进步二等奖 |
| 278 | 北方面粗质次猪皮制革新技术的研究 | 西北轻工业学院 | 1990 | 中国轻工业科技进步一等奖 |
| 279 | 用白夹竹与稻草亚胺法制浆生产牛皮箱纸板 | 西北轻工业学院 | 1990 | 四川省科技进步三等奖 |
| 280 | 薄页纸定量、水分危机自动控制系统 | 西北轻工业学院 | 1990 | 山东省计算机应用优秀成果三等奖 |
| 281 | 高硅氧玻璃纤维网布及其深加工产品——铸造过滤网 | 陕西玻璃纤维总厂 | 1990 | 陕西省科技进步二等奖 |
| 282 | 系列多维奶片开发 | 三原县轻工业公司、三原县防疫站 | 1990 | 陕西省科技进步二等奖 |
| 283 | 高浓度复（混）合肥料品种应用技术和二次加工技术的研究 | 陕西省土肥所、化工部化肥所、临潼县农业局、陕西黄土高原农测中心 | 1990 | 陕西省科技进步三等奖 |

续表

| 序号 | 成果名称 | 完成单位 | 获奖时间（年） | 获奖名称或等级 |
|---|---|---|---|---|
| 284 | 昭陵、建陵古墓葬遗址遥感解译和定位研究 | 煤田航测遥感公司、昭陵博物馆 | 1990 | 陕西省科技进步三等奖 |
| 285 | GD602 型纺织机 | 咸阳纺织机械厂 | 1990 | 陕西省科技进步三等奖 |
| 286 | SZW－I 光电整纬机 | 陕西省第二纺织机械厂、航空航天部六一八研究所、西北第一印染厂 | 1990 | 陕西省科技进步三等奖 |
| 287 | 利用亚铵法生产高强度瓦楞纸原纸 | 陕西省咸阳沣东造纸厂　西北轻工业学院 | 1990 | 陕西省科技进步三等奖 |
| 288 | 华北路山羊皮制革技术开发 | 西北轻工业学院 | 1991 | 国家“七五”攻关重大成果奖、国家科技进步三等奖 |
| 289 | 面粗质次猪皮制革新技术的研究 | 西北轻工业学院 | 1991 | 国家“七五”攻关重大成果奖、国家科技进步一等奖 |
| 290 | 羟丙基季铵盐 | 西北轻工业学院 | 1991 | 中国轻工业会科技进步三等奖、河北省科技进步三等奖 |
| 291 | 陕西省微电子技术改造普通机床技术开发推广应用 | 陕西省机械研究院、陕西省新技术开发推广站、陕西省数显数控协会 | 1991 | 陕西省科技进步一等奖 |
| 292 | 大口辐射井施工机具 80CZH－255 型冲抓钻机 | 水利部西北水利科学研究所、陕西省水利科学研究所、西北农业大学 | 1991 | 陕西省科技进步二等奖 |
| 293 | 空投油料容器研究 | 西北橡胶厂、空军油料研究所 | 1991 | 陕西省科技进步二等奖 |

续表

| 序号 | 成果名称 | 完成单位 | 获奖时间（年） | 获奖名称或等级 |
|---|---|---|---|---|
| 294 | 泾惠渠灌溉系统水集中控制与调度系统 | 陕西省泾惠渠管理局　西安交通大学计算机厂 | 1991 | 陕西省科技进步三等奖 |
| 295 | 2V－3/7 型空气压缩机 | 咸阳压缩机厂　西安交通大学 | 1991 | 陕西省科技进步三等奖 |
| 296 | 提花织物纹制自动化系统 | 陕西第二棉织厂 | 1991 | 陕西省科技进步三等奖 |
| 297 | YMRL4 型长菱叶片过滤机 | 咸阳市粮油机械厂 | 1991 | 陕西省科技进步三等奖 |
| 298 | 稀土耐高压铸铁暖气片 | 兴平县暖气片厂、中航总公司十二研究所 | 1991 | 陕西省科技进步三等奖 |
| 299 | 浙江小湖羊皮毛革两用新产品 | 西北轻工业学院 | 1992 | 中国经贸部科技进步二等奖 |
| 300 | 竹子、稻草碱法制浆生产牛皮箱纸板 | 西北轻工业学院 | 1992 | 中国轻工业会科技进步三等奖 |
| 301 | 工业包缝机系列机构图谱 | 西北轻工业学院 | 1992 | 中国轻工业会科技进步三等奖 |
| 302 | ZDSP 型高效节能 ¢360 工程塑料双盘磨浆机的研制 | 西北轻工业学院 | 1992 | 中国轻工业会科技进步三等奖 |
| 303 | 皮革白色乳化蜡 | 西北轻工业学院 | 1992 | 中国轻工业会科技进步三等奖 |
| 304 | 高速平缝机装配自动输送线研制 | 西北轻工业学院 | 1992 | 中国轻工业会科技进步三等奖 |
| 305 | 陕西省国土资源遥感应用研究 | 核工业西北地勘局二〇三所等 12 个单位 | 1992 | 陕西省科技进步一等奖 |
| 306 | 氯化法合成野燕枯扩大试验研究及生产应用 | 西北大学农药研究室、化工部第六设计院、武功县化工厂 | 1992 | 陕西省科技进步二等奖 |

续表

| 序号 | 成果名称 | 完成单位 | 获奖时间（年） | 获奖名称或等级 |
|---|---|---|---|---|
| 307 | 双室床一级除盐制水新工艺 | 陕西省兴平化肥厂 | 1992 | 陕西省科技进步三等奖 |
| 308 | 练漂新助剂 AN－890 的研究与应用 | 咸阳市绒布印染厂、陕西省纺织工业总公司、中国人民解放军五七〇二厂 | 1992 | 陕西省科技进步三等奖 |
| 309 | JN－1 型高效节能燃油烧嘴 | 中国建筑西北设计院 陕西省玻璃纤维机械厂、陕西省咸阳陶瓷厂 | 1992 | 陕西省科技进步三等奖 |
| 310 | 提高剪绒羊皮质量及新品种的开发 | 西北轻工业学院 | 1993 | 中国轻工业科技进步二等奖 |
| 311 | 综合法生产高强度多孔粒状硝酸铵 | 陕西省兴平化肥厂 | 1993 | 陕西省科技进步一等奖 |
| 312 | 烟叶真空回潮机的技术改造 | 西北轻工业学院 | 1993 | 陕西省科技进步二等奖 |
| 313 | NC 型 1020 二轴一径合成塔内件技术 | 陕西省兴平化肥厂 | 1993 | 陕西省科技进步二等奖 |
| 314 | 彩色电视接收机红外遥控系统 | 咸阳市电子技术应用研究所、咸阳市无线电二厂 | 1993 | 陕西省科技进步三等奖 |
| 315 | YZ 系列便携式导线套管打号机 | 咸阳崇光电子技术研究所 | 1993 | 陕西省科技进步三等奖 |
| 316 | WH5 型低动率电位器 | 国营七九五厂 | 1993 | 陕西省科技进步三等奖 |
| 317 | XJ101 型微电脑原棉水分测定仪 | 陕西省机械研究院 | 1993 | 陕西省科技进步三等奖 |
| 318 | 高速平缝机装配自动输送线研制 | 西北轻工业学院 | 1993 | 陕西省科技进步三等奖 |

续表

| 序号 | 成果名称 | 完成单位 | 获奖时间（年） | 获奖名称或等级 |
|---|---|---|---|---|
| 319 | 乳酸菌奶粉（Ⅰ型）的开发研究 | 西北轻工业学院、陕西长武乳品厂 | 1993 | 陕西省科技进步三等奖 |
| 320 | PU 型片梭开发 | 咸阳秦都新型纺织机械配件厂 | 1993 | 陕西省科技进步三等奖 |
| 321 | 塔尔油、石油树脂、涤纶废丝在油漆生产中的应用 | 兴平县油漆厂 | 1993 | 陕西省科技进步三等奖 |
| 322 | 中国古陶瓷化学成分数据库及其工艺基础多元统计分析 | 西北轻工业学院 | 1994 | 中科院自然科学优秀成果三等奖 |
| 323 | 烟叶真空回潮机的技术改造 | 西北轻工业学院 | 1994 | 陕西省科技进步二等奖 |
| 324 | 高速平缝机装配自动输送线研制 | 西北轻工业学院 | 1994 | 陕西省科技进步三等奖 |
| 325 | 乳酸菌奶粉（Ⅰ型）的开发研究 | 西北轻工业学院 | 1994 | 陕西省科技进步三等奖 |
| 326 | 咸阳市技术进步与产业结构分析 | 西北轻工业学院 | 1994 | 陕西省科技进步三等奖 |
| 327 | CHF2500 型柴油发动机组研制 | 国营陕西柴油机厂 | 1994 | 陕西省科技进步一等奖 |
| 328 | 秦代机械工程的研究与考证 | 西北农业大学、陕西省技术监督局、陕西省考古研究所 | 1994 | 陕西省科学技术进步二等奖 |
| 329 | 船用 QJF－A－16 型、QJF－B－18 型气胀式救生筏 | 西北橡胶厂 | 1994 | 陕西省科技进步二等奖 |
| 330 | XKY－612MW（7200 吨）铰链式六面顶液压机 | 咸阳超硬材料研究所、兵器部第二〇二研究所试制工厂 | 1994 | 陕西省科技进步三等奖 |

续表

| 序号 | 成果名称 | 完成单位 | 获奖时间（年） | 获奖名称或等级 |
| --- | --- | --- | --- | --- |
| 331 | 中马力拖拉机配套机具研制 | 陕西省农机研究所、陕西省富平联合收割机厂 | 1994 | 陕西省科技进步三等奖 |
| 332 | 高压钢丝缠绕胶管装备与技术 | 西北橡胶总厂 | 1994 | 陕西省科技进步三等奖 |
| 333 | 漂白木浆覆铜薄板纸 | 陕西省咸阳造纸厂 | 1994 | 陕西省科技进步三等奖 |
| 334 | RCF 改性结合型加脂剂 | 西北轻工业学院 | 1994 | 陕西省科技进步三等奖 |
| 335 | U 型混凝土防渗渠道在膨胀土地基上的应用研究 | 安康市水电水土保持局、陕西省水利科学研究所 | 1994 | 陕西省科技进步三等奖 |
| 336 | 沥青路面抗滑技术推广应用 | 陕西省公路局、咸阳公路局、宝鸡公路总段、商洛公路总段、汉中公路总段 | 1994 | 陕西省科技进步三等奖 |
| 337 | 彩管用阳极帽国产化开发研制（JI－21DZ 型） | 咸阳彩秦电子器件厂 | 1994 | 陕西省科技进步二等奖 |
| 338 | 高速高精度间歇转位凸轮分度机构 CAD/CAM | 西北轻工业学院、国营第一钟表机械厂 | 1994 | 陕西省科技进步二等奖 |
| 339 | 白肋烟真空综合处理技术和设备 | 西北轻工业学院 | 1995 | 中国轻工业优秀新产品一等奖 |
| 340 | 高速、高精度凸轮分度传动装置 | 西北轻工业学院 | 1995 | 中国轻工业优秀新产品一等奖 |
| 341 | 小湖羊皮毛革两用新产品 | 西北轻工业学院 | 1995 | 中国轻工业优秀新产品一等奖 |

续表

| 序号 | 成果名称 | 完成单位 | 获奖时间（年） | 获奖名称或等级 |
| --- | --- | --- | --- | --- |
| 342 | 可铸生物活性玻璃陶瓷的研制及临床应用研究 | 西北轻工业学院 | 1995 | 解放军总后科技进步二等奖 |
| 343 | 高速、高精度间歇转位凸轮分度机构 CAD/CAM | 西北轻工业学院 | 1995 | 陕西省科技进步二等奖 |
| 344 | RYD－93 热压垫板纸 | 西北轻工业学院、陕西省咸阳造纸厂 | 1995 | 陕西省科技进步二等奖 |
| 345 | 全自动冰箱电子灭菌除臭器 | 西北轻工业学院 | 1995 | 中国轻工业优秀新产品二等奖 |
| 346 | 皮革防水性手感剂 HF－SW | 西北轻工业学院 | 1995 | 中国轻工业优秀新产品二等奖 |
| 347 | 真空低温脱水干燥设备 | 西北轻工业学院 | 1995 | 中国轻工业优秀新产品二等奖 |
| 348 | 营养保健麦斯系列产品—— 香醋、蛋糕、白酒 | 西北轻工业学院 | 1995 | 中国轻工业优秀新产品二等奖 |
| 349 | 黑米稠酒的生产技术 | 西北轻工业学院 | 1995 | 中国轻工业优秀新产品二等奖 |
| 350 | 高湿强度复合纸 | 西北轻工业学院 | 1995 | 中国轻工业新产品三等奖 |
| 351 | 提高圆网纸机效率改善纸张质量的研究 | 西北轻工业学院 | 1995 | 陕西省科技进步三等奖 |
| 352 | RCF 改性结合型加脂剂 | 西北轻工业学院 | 1995 | 陕西省科技进步三等奖 |
| 353 | 漂白浸渍绝缘纸（覆铜层压板原纸） | 西北轻工业学院 | 1995 | 中国轻工业新产品三等奖 |

续表

| 序号 | 成果名称 | 完成单位 | 获奖时间（年） | 获奖名称或等级 |
| --- | --- | --- | --- | --- |
| 354 | 乳酸菌奶粉的生产技术 | 西北轻工业学院 | 1995 | 中国轻工业新产品三等奖 |
| 355 | 中小纸厂微机控制系统 | 西北轻工业学院 | 1995 | 中国轻工业新产品三等奖 |
| 356 | 双摆线钢球行星传动减速器 | 西北轻工业学院 | 1995 | 中国轻工业新产品三等奖 |
| 357 | BZG－A－100 型白烟真空干燥机 | 西北轻工业学院 | 1995 | 陕西省科技研究成果三等奖 |
| 358 | 30%胺西菊酯乳油的研制与中试 | 西北农业大学 | 1995 | 陕西省科技进步二等奖 |
| 359 | 陕西省中低产田改造模式研究 | 陕西省农业区划办公室、陕西省农业区划研究所 | 1995 | 陕西省科技进步二等奖 |
| 360 | 地质与电探相结合在探测地下水中的应用 | 咸阳市水利机械施工队、陕西省水工程勘察规划研究院 | 1995 | 陕西省科技进步二等奖 |
| 361 | 110kV 总降压站控制保护系统技术 | 陕西省兴平化肥厂 | 1995 | 陕西省科技进步三等奖 |
| 362 | 冲击式超细粉碎与分级设备研制 | 国家建材局咸阳非金属矿研究设计院 | 1995 | 陕西省科技进步三等奖 |
| 363 | 膜分离回收合成氨弛放气中氢气技术 | 陕西省兴平化肥厂 | 1995 | 陕西省科技进步三等奖 |
| 364 | 合成氨生产中空分子筛常温吸附技术 | 陕西省兴平化肥厂 | 1995 | 陕西省科技进步三等奖 |
| 365 | 汽车动力转向泵粉末冶金配流盘的研制 | 陕西省机械研究院 | 1995 | 陕西省科技进步三等奖 |

续表

| 序号 | 成果名称 | 完成单位 | 获奖时间（年） | 获奖名称或等级 |
|---|---|---|---|---|
| 366 | 引进真空加湿设备和技术改造 | 西北轻工业学院 | 1996 | 陕西省产学研联合开发成果一等奖 |
| 367 | 高速平缝机自动装配生产线 | 西北轻工业学院 | 1996 | 陕西省产学研联合开发成果一等奖 |
| 368 | 陕西省长武县烟叶复烤厂设计 | 西北轻工业学院 | 1996 | 陕西省产学研联合开发成果三等奖 |
| 369 | MSF－2A 高性能交流变频调速装置 | 西北轻工业学院 | 1996 | 中国轻工业会科技进步三等奖 |
| 370 | 特效酸洗缓冲剂 F901010 | 西北轻工业学院 | 1996 | 中国轻工业会科技进步三等奖 |
| 371 | 54 厘米彩色显像管用 PV4846 型偏转磁芯 | 陕西金山电气总厂 | 1996 | 陕西省科技进步一等奖 |
| 372 | 25 英寸高清晰度彩色电视显像管的研制 | 西安交通大学、彩虹集团公司 | 1996 | 陕西省科技进步一等奖 |
| 373 | 1000 吨/年苹果浓缩汁生产线成套设备 | 陕西省三原美乐公司食品机械厂 | 1996 | 陕西省科技进步三等奖 |
| 374 | YQ 系列双色印刷模切机 | 咸阳造纸包装设备公司 | 1996 | 陕西省科技进步三等奖 |
| 375 | 空分装置提取氩气技术 | 陕西省兴平化肥厂 | 1996 | 陕西省科技进步三等奖 |
| 376 | 7000$m^2$/年、10000$m^2$/年、15000$m^2$/年中密度纤维板生产线成套设备研制开发 | 西北人造板机器厂 | 1997 | 陕西省科技进步二等奖 |
| 377 | 提高 37 厘米彩色屏生产能力的技术改进与工艺开发 | 彩虹彩色显像管总厂 | 1997 | 陕西省科技进步三等奖 |

续表

| 序号 | 成果名称 | 完成单位 | 获奖时间（年） | 获奖名称或等级 |
| --- | --- | --- | --- | --- |
| 378 | 荫罩工作板半钢化玻璃 | 中科院西安光学精密机械研究所、彩虹彩色显像管总厂电子网板厂 | 1997 | 陕西省科技进步三等奖 |
| 379 | PCS 精密会聚校正线圈 | 陕西金山电气总厂 | 1997 | 陕西省科技进步三等奖 |
| 380 | 9PSJ－1000 型饲料加工机组及 SJ－2500 型饲料加工成套设备 | 陕西省农机研究所、咸阳农机修理制造厂、陕西省科技开发交流中心 | 1997 | 陕西省科技进步三等奖 |
| 381 | YBJ 金属压标机 | 咸阳崇光实业有限责任公司 | 1997 | 陕西省科技进步三等奖 |
| 382 | 机械无极调速系统 | 西安理工大学、国营陕西柴油机厂 | 1997 | 陕西省科技进步三等奖 |
| 383 | FSC 防结块剂 | 西安近代化学研究所、陕西省兴平化肥厂 | 1997 | 陕西省科技进步三等奖 |
| 384 | 年产 2000 吨酶法糊精生产线成套设备 | 陕西省三原美乐公司食品机械总厂 | 1997 | 陕西省科技进步三等奖 |
| 385 | KLWB－2/6T 型控制式链条炉排无级变速器 | 西北轻工业学院 | 1998 | 中国轻工业会科技进步三等奖 |
| 386 | 宽幅环形印花胶带 | 西北橡胶总厂 | 1998 | 陕西省科技进步二等奖 |
| 387 | WBZ21（23）型自行式全液压稳定土拌和机 | 陕西建筑机械（集团）有限责任公司 | 1998 | 陕西省科技进步三等奖 |
| 388 | Φ28mm 腔体人造金刚石合成工艺研究 | 咸阳超硬材料研究所、咸阳超硬材料设备（集团）股份有限公司 | 1998 | 陕西省科技进步三等奖 |

续表

| 序号 | 成果名称 | 完成单位 | 获奖时间（年） | 获奖名称或等级 |
|---|---|---|---|---|
| 389 | 克服建筑琉璃制品釉面剥落及 S 型琉璃瓦的研制 | 咸阳市古建筑艺术公司琉璃建材厂 | 1998 | 陕西省科技进步三等奖 |
| 390 | 系列丙烯酸类聚合物鞣剂 PAAS 的研制及应用 | 西北轻工业学院 | 1998 | 陕西省科技进步三等奖 |
| 391 | GD762 型喷水织机研制 | 陕西华兴航空机轮公司、陕西第十棉纺织厂 | 1998 | 陕西省科技进步三等奖 |
| 392 | U 型渠道测流设施的研究 | 西安理工大学、三原县清惠渠管理局、陕西省水利厅 | 1998 | 陕西省科技进步三等奖 |
| 393 | 伊利莎褐壳蛋鸡父母代生产性能及适应性的研究 | 陕西省动物研究所、兰州军区北关农场、上海市新杨种畜场、西安联营祖代种鸡场、武功县武功友民种鸡场 | 1998 | 陕西省科技进步三等奖 |
| 394 | 系列丙烯酸类聚合物鞣剂 PAAS 的研制及应用 | 西北轻工业学院 | 1999 | 陕西省科技进步三等奖 |
| 395 | 耀瓷精品复仿制 | 铜川耀州窑文物复制厂、西北轻工业学院 | 1999 | 陕西省科技进步三等奖 |
| 396 | 一种真空脱水干燥设备 | 西北轻工业学院 | 2000 | 陕西省专利一等奖 |
| 397 | 汇率波动非线性机制分析 | 西北轻工业学院 | 2000 | 陕西省哲学社会科学优秀成果二等奖 |
| 398 | 耀瓷精品复仿制 | 西北轻工业学院 | 2000 | 陕西省科学技术三等奖 |
| 399 | 110KVGIS 投切主变陡波前过电压的研究 | 西北电力试验研究院、西安高压供电局、咸阳供电局 | 2000 | 陕西省科技进步三等奖 |

续表

| 序号 | 成果名称 | 完成单位 | 获奖时间（年） | 获奖名称或等级 |
|---|---|---|---|---|
| 400 | 基岩深管井结构与成井新工艺 | 咸阳市水利机械施工队 | 2000 | 陕西省科技进步三等奖 |
| 401 | 中国细毛羊皮组织学图谱 | 西北轻工业学院 | 2000 | 陕西省科技进步二等奖 |
| 402 | 纸机分部传动变频调速微机控制系统 | 西北轻工业学院 | 2001 | 宁夏回族自治区科技进步二等奖 |
| 403 | 纯大豆发酵饮料 | 西北轻工业学院 | 2001 | 陕西省科技进步三等奖 |
| 404 | 从活性染料到反应性染色理论与实践 | 西北轻工业学院 | 2001 | 国家科技进步二等奖 |
| 405 | 新型高档育果袋纸的研制 | 陕西科技大学 | 2002 | 陕西省科学技术二等奖 |
| 406 | SLF 系列新型高档多功能皮革加脂剂开发研究 | 陕西科技大学 | 2002 | 陕西省科学技术二等奖 |
| 407 | KL－2000 型陶瓷材料快速烧成微型智能窑 | 陕西科技大学、咸阳科力陶瓷研究所 | 2002 | 陕西省科学技术三等奖 |
| 408 | BCS96B 啤酒发酵测控网络 | 陕西科技大学、宝鸡啤酒股份有限公司 | 2002 | 陕西省科学技术三等奖 |
| 409 | 真空低温干燥设备 | 陕西科技大学 | 2002 | 陕西省科学技术三等奖 |
| 410 | 抄纸过程优化控制系统 | 陕西科技大学 | 2002 | 陕西省科学技术三等奖 |
| 411 | 造纸用高效中性施胶剂、增干强剂、助留助滤剂的研究开发及应用 | 陕西科技大学 | 2002 | 陕西省科学技术三等奖 |

续表

| 序号 | 成果名称 | 完成单位 | 获奖时间（年） | 获奖名称或等级 |
| --- | --- | --- | --- | --- |
| 412 | CPT 校正透镜修正技术 | 彩虹彩色显像管总厂 | 2002 | 陕西省科技进步二等奖 |
| 413 | 基于 IC－CIMS 的虚拟制造结构及关键技术 | 西安电子科技大学、陕西环宇易信软件股份有限公司 | 2002 | 陕西省科技进步三等奖 |
| 414 | QACC、QZYNCS 特种漆包圆铜线 | 陕西吉元电工股份有限公司 | 2002 | 陕西省科技进步三等奖 |
| 415 | GD772 型喷水织机研制 | 陕西华兴航空机轮刹车系统有限责任公司 | 2002 | 陕西省科技进步三等奖 |
| 416 | DXDC200 自动称量包装机 | 陕西省农业机械研究所 | 2002 | 陕西省科技进步三等奖 |
| 417 | 强力分散乳化机暨乳化油系列产品工艺技术 | 陕西省泾阳县泾河化工建材厂 | 2002 | 陕西省科技进步三等奖 |
| 418 | 克老铁路双线隧道快速施工技术研究 | 中铁一局集团第四工程有限公司 | 2002 | 陕西省科技进步三等奖 |
| 419 | 非木材纤维自催化乙醇法制浆技术的研究 | 陕西科技大学 | 2003 | 陕西省科学技术二等奖 |
| 420 | 高活性乳酸菌奶粉 | 陕西科技大学 | 2003 | 陕西省科学技术二等奖 |
| 421 | 64 厘米 CPT 电子枪零件制造工艺技术开发及应用 | 彩虹彩色显像管厂 | 2003 | 陕西省科学技术二等奖 |
| 422 | 钛锶系统电子陶瓷材料 | 国营第七九五厂 | 2003 | 陕西省科学技术三等奖 |

续表

| 序号 | 成果名称 | 完成单位 | 获奖时间（年） | 获奖名称或等级 |
| --- | --- | --- | --- | --- |
| 423 | 氧化锌避雷器及阀片 | 国营第七九五厂 | 2003 | 陕西省科学技术三等奖 |
| 424 | FT081 型空气加湿器 | 陕西省纺织科学研究所、陕西元丰纺织技术研究有限公司 | 2003 | 陕西省科学技术三等奖 |
| 425 | 特高支高密织物面料 | 陕西风轮纺织股份有限公司 | 2003 | 陕西省科学技术三等奖 |
| 426 | （改性）氨基硅油织物柔软剂 | 陕西科技大学 | 2004 | 陕西省科学技术三等奖 |
| 427 | 40 厘米纯屏彩色显像管技术 | 彩虹彩色显像管厂 | 2004 | 陕西省科学技术一等奖 |
| 428 | CRT 波屏生产线技术 | 彩虹彩色显像管厂 | 2004 | 陕西省科学技术二等奖 |
| 429 | 乙烯基聚合物鞣剂组成机构与性能相关性的研究 | 陕西科技大学 | 2004 | 陕西省科学技术二等奖 |
| 430 | 机械制造工艺数据库及工艺设计系统——机械加工工艺手册（软件版） | 陕西科技大学、西安交通大学 | 2004 | 陕西省科学技术三等奖 |
| 431 | 无梭高速织机用高速电子选色系列装置 | 兴平市长兴纺织机电有限责任公司、中国纺织科学研究院热辊技术开发中心 | 2004 | 陕西省科学技术三等奖 |
| 432 | RXS 型水冷电阻器 | 咸阳亚华电子电器 | 2004 | 陕西省科学技术三等奖 |
| 433 | 五轴联动数控工具磨床 | 咸阳数控机床厂 | 2004 | 陕西省科学技术三等奖 |
| 434 | 膦酸酯类轻纺助剂缓释法绿色合成及其应用研究 | 陕西科技大学 | 2005 | 陕西省科学技术二等奖 |

续表

| 序号 | 成果名称 | 完成单位 | 获奖时间（年） | 获奖名称或等级 |
|---|---|---|---|---|
| 435 | 随机介质中目标的散射特性研究 | 咸阳师范学院 | 2005 | 陕西省科学技术三等奖 |
| 436 | 风化退色的古代壁画、文物彩绘和建筑彩画的显现加固与修复 | 陕西省档案保护科学研究所、陕西乾陵博物馆、咸阳博物馆、咸阳市文物保护中心等 | 2005 | 陕西省科学技术一等奖 |
| 437 | 8DKM－28柴油机国产化研制 | 陕西柴油机重工有限公司 | 2005 | 陕西省科学技术三等奖 |
| 438 | 复相自生多功能微晶釉的研究 | 陕西科技大学 | 2006 | 陕西省科学技术三等奖 |
| 439 | 声化学合成纳米羟基磷灰石新技术研究 | 陕西科技大学 | 2006 | 陕西省科学技术三等奖 |
| 440 | 乙烯基聚合物鞣剂组成结构与性能相关性的研究 | 陕西科技大学 | 2006 | 国家科技进步二等奖 |
| 441 | 多功能橡胶助剂HA－8洁净生产工艺 | 咸阳三精科工贸有限公司 | 2006 | 陕西省科学技术三等奖 |
| 442 | 彩色显像管（CPT）结构仿真设计系统 | 彩虹集团公司、西安交通大学 | 2006 | 陕西省科学技术三等奖 |
| 443 | 55Ah磷酸铁锂动力电池 | 威力克能源有限公司 | 2007 | 陕西省科技进步二等奖 |
| 444 | 聚氨酯/PAE复合体的制备及在证券纸生产中的应用 | 陕西科技大学 | 2007 | 陕西省科技进步二等奖 |
| 445 | 54厘米PF薄型彩色显像管研制及量产 | 彩虹集团公司 | 2007 | 陕西省科技进步二等奖 |

续表

| 序号 | 成果名称 | 完成单位 | 获奖时间（年） | 获奖名称或等级 |
| --- | --- | --- | --- | --- |
| 446 | 采用工业现场总线的碱回收优化控制系统 | 陕西西微测控工程有限公司 | 2007 | 陕西省科学技术三等奖 |
| 447 | 鲜奶掺假快速检测试剂盒研制与应用 | 陕西科技大学 | 2007 | 陕西省科学技术三等奖 |
| 448 | 高电荷态离子与固体表面相互作用研究 | 西安交通大学、咸阳师范学院、中国科学院近代物理所 | 2007 | 陕西省科学技术三等奖 |
| 449 | 节能灯用稀土三基色荧光粉开发与量产 | 彩虹集团公司 | 2007 | 陕西省科学技术三等奖 |
| 450 | 新型喷气引纬方式与装置 | 西安工程大学、义乌市正兴纺织器材有限公司、咸阳升跃机械有限公司等、西安滨田特机械有限公司、陕西长岭纺织机电科技有限公司 | 2008 | 陕西省科学技术一等奖 |
| 451 | 高性能芳纶绝缘纸技术的研究与应用 | 陕西科技大学 | 2008 | 陕西省科学技术二等奖 |
| 452 | 1－甲基环丙烯果蔬保鲜剂的研制 | 礼泉县化工有限实业公司、西安交通大学、中国农科院果树研究所 | 2008 | 陕西省科学技术二等奖 |
| 453 | 10kW 锥面顶负荷中波发射小天线 | 咸阳广通电子科技有限公司 | 2008 | 陕西省科学技术三等奖 |
| 454 | 双压力平衡系统浮动轴瓦式牙轮钻头 | 三原石油钻头厂 | 2008 | 陕西省科学技术三等奖 |
| 455 | $Al_2O_3$/TiAl 复合材料的合成方法 | 陕西科技大学 | 2008 | 陕西省科学技术三等奖 |
| 456 | 改性淀粉鞣剂的制备及应用研究 | 陕西科技大学、咸阳丰瑞轻化材料有限公司 | 2008 | 陕西省科学技术三等奖 |

续表

| 序号 | 成果名称 | 完成单位 | 获奖时间（年） | 获奖名称或等级 |
|---|---|---|---|---|
| 457 | 子流形的拓扑与共形微分几何研究 | 咸阳师范学院、西安电子科技大学 | 2008 | 陕西省科学技术三等奖 |
| 458 | 聚合物基层状黏土纳米复合材料与胶原纤维作用机理的研究 | 陕西科技大学 | 2009 | 陕西省科学技术一等奖 |
| 459 | 煤矿井下千米瓦斯抽放钻孔施工装备及工艺技术开发 | 煤炭科学研究总院西安研究院、陕西长武亭南煤业有限责任公司、陕西彬长大佛寺矿业有限公司 | 2009 | 陕西省科学技术一等奖 |
| 460 | SmS、Sm2O3 功能薄膜及粉体的制备新技术研究 | 陕西科技大学 | 2009 | 陕西省科学技术二等奖 |
| 461 | 黄土路基三维固结变形及应用技术研究 | 咸阳市交通局 | 2009 | 陕西省科学技术二等奖 |
| 462 | BQCS－I 型板纸生产线质量控制系统 | 陕西西微测控工程有限公司、陕西科技大学 | 2009 | 陕西省科学技术二等奖 |
| 463 | 鸡卵黄特性抗体分离纯化及鸡蛋综合利用 | 陕西科技大学 | 2009 | 陕西省科学技术三等奖 |
| 464 | 全封闭连续式回转炉 | 咸阳蓝光热工科技有限公司 | 2009 | 陕西省科学技术三等奖 |
| 465 | 造气天然气转化扩能改造 | 陕西兴化集团有限责任公司 | 2009 | 陕西省科学技术三等奖 |
| 466 | 加工纸高性能防水增强助剂的制备关键技术及其系列产品开发 | 陕西科技大学、陕西邦希化工有限公司　沈一丁、费贵强、李刚辉、李小瑞、王海花、李培枝、张永欣 | 2010 | 陕西省科学技术一等奖 |

续表

| 序号 | 成果名称 | 完成单位 | 获奖时间（年） | 获奖名称或等级 |
|---|---|---|---|---|
| 467 | 超细纤维合成革功能性深加工技术 | 陕西科技大学、咸阳际华新三零印染有限公司　罗晓民、曲建波、冯见艳、强涛涛、陈安康、周永香、张晓镭、金鑫、解星 | 2010 | 陕西省科学技术二等奖 |
| 468 | QFYM－100A1 型号烟草四位一体机改进研发和推广应用 | 咸阳市烟草专卖局　李振海、洪炜、王英杰、姚刚、杜焕勤 | 2010 | 陕西省科学技术三等奖 |
| 469 | 油井井口自动投球装置研发与应用 | 中国石油长庆油田分公司　徐勇、朱天寿、付钢旦、徐梅赞等 | 2010 | 陕西省科学技术三等奖 |
| 470 | 神木—米脂 5000 亿万大气区勘探及综合技术研究 | 中国石油长庆油田分公司　席胜利、姚泾利、赵会涛、闫小雄、王涛等 | 2010 | 陕西省科学技术三等奖 |
| 471 | 陶瓷膜凝结水除油除铁装置 | 中国石油天然气股份有限公司长庆石化分公司　张喜文、殷卫江、刘永干、杨军、唐志虎、刘国华、李兵 | 2010 | 陕西省科学技术三等奖 |
| 472 | 超低渗透致密油藏伤害醇基压裂液体系研发与应用 | 中国石油长庆油田分公司、陕西科技大学　丁里、李宪文、薛小佳、李建山、吕海燕、张存旺、吕宝强 | 2010 | 陕西省科学技术三等奖 |
| 473 | 数字式皮革收缩温度测量技术及装置的研究 | 陕西科技大学　宁铎、马建中、黄建兵、吕斌、王素娥、曹西京、宋党胜 | 2010 | 陕西省科学技术三等奖 |
| 474 | S2600E 复合基覆铜箔层压板 | 陕西生益科技有限公司　张记明、曾耀德、杨炜涛、王凤生、周舒啸、王焕宝、赵光社 | 2010 | 陕西省科学技术三等奖 |

续表

| 序号 | 成果名称 | 完成单位 | 获奖时间（年） | 获奖名称或等级 |
|---|---|---|---|---|
| 475 | 负复杂目标光电散射特征建模及其在实际探测中的应用研究 | 咸阳师范学院、西安电子科技大学、西北工业大学　王明军、李应乐、白璐、郑奎松、张小安、谢东辉 | 2010 | 陕西省科学技术三等奖 |
| 476 | 高性能长寿命波峰波谷骨架式复合材料球磨机衬套 | 陕西科力特种橡塑有限公司　翟国宏、翟波霞、巨增奖、赵翠萍、王峰涛、刘苏强、程文忠 | 2010 | 陕西省科学技术三等奖 |
| 477 | 水热合成无机功能材料及陶瓷涂层的理论与应用基础研究 | 陕西科技大学　黄剑锋、谈国强、苗鸿雁、曹丽云、熊信柏、吴建鹏、邓飞 | 2010 | 陕西省科学技术三等奖 |
| 478 | 造纸法生产高强密封板材的关键技术研究与产业化 | 陕西科技大学　张美云、夏新兴、韩卿、李佩燚、修慧娟、王建、吴养育、张俊苗、陆赵情 | 2011 | 陕西省科学技术一等奖 |
| 479 | 皮革中Cr（III）转变Cr（VI）的机理及Cr（VI）的防治技术 | 陕西科技大学　俞从正、马兴元、孙根行、王映俊、马小鹏、王瑞 | 2011 | 陕西省科学技术二等奖 |
| 480 | 真空快速置换加热蒸煮工艺及设备的研究与开发 | 陕西科技大学　董继先、张安龙、吴养育、高新勤、李鸿魁、徐永建、杜煜 | 2011 | 陕西省科学技术二等奖 |
| 481 | 复杂类型油气藏动态反演与检测技术研究及其工业化应用 | 中国石油长庆油田分公司、中国石油大学（北京）　廖新维、冉新权、何顺利、李安琪、程时清 | 2011 | 陕西省科学技术二等奖 |
| 482 | 鄂尔多斯盆地南部奥陶系风化壳天然气成藏新区带研究与勘探成效 | 中国石油长庆油田分公司、低渗透油气田勘探开发国家工程实验室　包红平、杨华、杜玉斌、王大兴、魏新善、孙六一、任军峰、王少飞、张道峰 | 2011 | 陕西省科学技术二等奖 |

续表

| 序号 | 成果名称 | 完成单位 | 获奖时间（年） | 获奖名称或等级 |
|---|---|---|---|---|
| 483 | 复相强韧化陶瓷/TiAl基系列复合材料的制备技术及应用 | 陕西科技大学　王芬、朱建锋、杨立军、杨海波、党新安、林营、吴建鹏、向六一 | 2011 | 陕西省科学技术二等奖 |
| 484 | 鄂尔多斯盆地大型低渗透岩性油藏产能快速评价技术 | 中国石油长庆油田分公司、低渗透油气田勘探开发国家工程实验室　程启贵、杨克文、彭惠群、石玉江、牛小兵、王成玉、梁晓伟、淡卫东等 | 2011 | 陕西省科学技术二等奖 |
| 485 | 阳光输送机 | 陕西科技大学、西安龙栖电气有限公司　宁铎、黄建兵、辛登科、王颐龙、马令坤、刘靖、郝鹏飞、李英春、王素娥 | 2011 | 陕西省科学技术二等奖 |
| 486 | 靖边气田碳酸盐岩储层提高单井产量技术研究 | 中国石油天然气股份有限公司、长庆油田分公司、低渗透油气田勘探开发国家工程实验室　李宪文、张明禄、卢涛、张矿生、冯强汉、马旭、王勇 | 2011 | 陕西省科学技术三等奖 |
| 487 | 高瓦斯极易自燃特厚煤层综合防灭火关键技术及应用 | 陕西彬长矿业集团有限公司、中国矿业大学、中国煤炭工业劳动保护科学技术学会　严广劳、任万兴、王蓬、段王拴、王联合、原德胜、李文俊 | 2011 | 陕西省科学技术三等奖 |
| 488 | 高活性低伤害压裂技术在长庆三叠系油藏中的应用推广 | 中国石油天然气股份有限公司、长庆油田分公司、陕西科技大学、低渗透油气田勘探开发国家工程实验室　薛小佳、沈一丁、慕立俊、丁里、李刚辉、吴江、王磊 | 2011 | 陕西省科学技术三等奖 |

续表

| 序号 | 成果名称 | 完成单位 | 获奖时间（年） | 获奖名称或等级 |
|---|---|---|---|---|
| 489 | 黄土塬区油田井场废水处理与生态回用 | 西安建筑科技大学、中国石油天然气股份有限公司长庆油田分公司　金鹏康、周立辉、王晓昌、毛怀新、朱国君、曾亚勤、任建科 | 2011 | 陕西省科学技术三等奖 |
| 490 | 阶梯螺旋刀翼式 PDC 钻头 | 陕西金刚石油机械有限公司　刘新军、王玲侠、肖文彬、张建民、王微、质药红、王淑芹 | 2011 | 陕西省科学技术三等奖 |
| 491 | 基于抗车辙功能的沥青混凝土高模量化研究 | 咸阳市交通运输局、长安大学　郑木莲、景宏君、刘洪、李晓明、陈拴发、金宏忠、王崇涛 | 2011 | 陕西省科学技术三等奖 |

**附表 2　　咸阳市（地区）获国家、省、部级农业科技成果奖励一览表**

| 序号 | 成果名称 | 完成单位、个人 | 获奖时间（年） | 获奖名称或等级 |
|---|---|---|---|---|
| 1 | 小麦优良品种“碧蚂一号”“碧蚂四号” | 西北农学院　赵洪璋、翟允禔、许志鲁、岳文兴 | 1978 | 全国科技大会奖、陕西省科学大会奖 |
| 2 | 小麦优良新品种——6208 | 西北农学院　赵洪璋、翟允禔、许志鲁、岳文兴 | 1978 | 全国科技大会奖、陕西省科学大会奖 |
| 3 | 玉米自交系武 105 | 西北农学院 宋玉墀、王鸿钧、罗淑平、郭述贤 | 1978 | 全国科学大会奖 |
| 4 | 泥沙运动基本规律及水流挟沙能力公式 | 西北农学院水利所、南京水利科学研究所、西北水利科学研究所 | 1978 | 全国科学大会奖、陕西省科学大会奖 |
| 5 | 小麦优良新品种——“丰产三号” | 西北农学院　赵洪璋、宋哲民、张海峰、何金江 | 1978 | 全国科技大会奖、陕西省科学大会奖 |

续表

| 序号 | 成果名称 | 完成单位、个人 | 获奖时间（年） | 获奖名称或等级 |
| --- | --- | --- | --- | --- |
| 6 | 玉米自交系105及杂交种陕单1号 | 陕西省粮食作物研究所 林季周、胡必德、苑贵花 | 1978 | 全国科学大会奖 |
| 7 | 小麦品种“矮丰三号”的选育与推广 | 西北农学院 赵洪璋、宋哲民、张海峰、何金江 | 1980 | 陕西省科技成果二等奖 |
| 8 | 秦丰4G-2·5（DT）收割机的研制 | 西北农学院 饶女必、邵维民、张仁山、祝永昌、蔡蓬水、薛七存 | 1978 | 陕西省科学大会奖 |
| 9 | 砌石坝建坝技术 | 西北农学院 杨全民、丁朴荣、范亚铨、张彦法、董风礼、郭嗣显 | 1978 | 全国科学大会奖、陕西省科学大会奖 |
| 10 | 驴马妊娠毒血症的研究 | 西北林学院 王建长、刘智喜、窦忠英、李宏斌、刘安典、薛登民、张琼瑶、房胜利、孔培真 | 1978 | 陕西省科学大会奖 |
| 11 | 陕油110的选育 | 陕西省特种作物研究所 宋文光、赵中宁、袁恒忠 | 1975 | 陕西省政府二等奖 |
| 12 | 生物工程护岸综合治理渭河 | 陕西省林业科学研究所 黎寿鹏、边成先 | 1978 | 全国科学大会奖、陕西省科学大会奖 |
| 13 | 猪的冷冻精液研究 | 西北农学院 李震钟、张岳、张一铃、渊锡藩 | 1978 | 陕西省科学大会奖 |
| 14 | 奶牛冷冻精液研究 | 西北农学院 渊锡藩、李震钟、张岳、张一铃 | 1978 | 陕西省科学大会奖 |

续表

| 序号 | 成果名称 | 完成单位、个人 | 获奖时间（年） | 获奖名称或等级 |
| --- | --- | --- | --- | --- |
| 15 | 毒瘾研究 | 西北农学院　刘安典、林秉诚、薛登民、张琼瑶<br>陕西省公安局　党志忠、李加才、王哲、王撑虎、张德荣 | 1980 | 陕西省科技成果三等奖 |
| 16 | 不同整地方法造林试验 | 陕西省林业科学研究所　续建国、刘玉媛、黎寿鹏 | 1978 | 全国科学大会奖、陕西省科学大会奖 |
| 17 | 黄土地区辐射井研究 | 西北农学院　李佩成、张延毅 | 1978 | 全国科学大会奖、陕西省科学大会奖 |
| 18 | 高含沙引水淤灌 | 西北农学院　迟耀瑜<br>陕西省高含沙组　杨延瑞、徐义安、王在扬等 | 1978 | 全国科学大会奖、陕西省科学大会奖 |
| 19 | 线辣椒高产栽培与人工干制技术研究 | 陕西省蔬菜研究所　赵稚雅、卜崇周 | 1976 | 全国科学大会奖 |
| 20 | 蔬菜控温快速育苗及配套设施技术 | 陕西省蔬菜研究所　苏崇森、姜风梅、刘顺锁 | — | 农牧渔业部科技进步一等奖 |
| 21 | 漆树的综合研究 | 西北林学院　王性炎、刘康烈、杨桐春、温玉敏 | 1980 | 陕西省科技成果一等奖 |
| 22 | 陕西木材 | 西北林学院　汪秉全 | 1980 | 陕西省科技成果三等奖 |
| 23 | 亚硒酸钠预防动物白肌病 | 陕西省畜牧兽医研究所　程静毅、祁周约、张碧侠 | 1977 | 陕西省科学大会奖 |

续表

| 序号 | 成果名称 | 完成单位、个人 | 获奖时间（年） | 获奖名称或等级 |
| --- | --- | --- | --- | --- |
| 24 | 汉中地区猪尿血病病源诊断研究 | 陕西省畜牧兽医研究所 秦晟、陈仁义，汉中 王广智、阳平 柏军盛、刘武斌 | 1975—1977 | 陕西省政府二等奖 |
| 25 | 马驴线虫——新种及对短杯亚属的修订 | 陕西省畜牧兽医研究所 张宝祥、李贵 | 1976—1977 | 陕西省政府三等奖 |
| 26 | 棉花枯黄萎病综合防治研究 | 西北农学院 吕居娴、赵宜谦、李君彦、杨之为、王冰莲 | 1978 | 全国科学大会奖、陕西省科学大会奖 |
| 27 | 小麦吸浆虫的研究 | 西北农学院 周尧、薛绍瑄、路进生、郭士英 | 1978 | 全国科学大会奖、陕西省科学大会奖 |
| 28 | 陕、甘、青小麦条锈病发生发展规律的初步研究 | 西北农学院 李振岐<br>陕西农科院 李汉文 | 1978 | 全国科学大会奖、陕西省科学大会奖 |
| 29 | 管尾角蝉属的讨论及一种新的记载 | 西北农学院 周尧、袁锋 | 1980 | 陕西省科技成果二等奖 |
| 30 | 武农 732 小麦 | 陕西省农业学校 赵瑜 | 1967—1978 | 陕西省科技进步奖 |
| 31 | 口服亚硒酸钠预防克山病效果及硒与克山病关系的研究 | 陕西省畜牧兽医研究所 程静毅、钱信达 | 1978 | 全国科学大会奖 |
| 32 | 耕牛蹄腿肿烂病病源的研究 | 陕西省畜牧兽医研究所 秦晟、张柏祥、张士贤、王昭贤等 汉中兽医站 王广智、聂秀兰 | 1975—1978 | 农牧渔业部一等奖 |

续表

| 序号 | 成果名称 | 完成单位、个人 | 获奖时间（年） | 获奖名称或等级 |
| --- | --- | --- | --- | --- |
| 33 | 猪囊肛和阳囊疝的遗传规律及排除方法 | 陕西省畜牧兽医研究所　张永平、张美琳 | 1976—1978 | 陕西省政府二等奖 |
| 34 | 棉花抗枯萎病性之提高与改造的研究 | 西北农学院　高家成、杨之为 | 1980 | 陕西省科技成果二等奖 |
| 35 | 中国昆虫学史 | 西北农学院 周尧 | 1980 | 陕西省科技成果一等奖 |
| 36 | 棉铃虫田间分布型及在实践中的应用 | 西北农学院　袁锋、汪世泽、魏建华 | 1980 | 陕西省科技成果三等奖 |
| 37 | 麦长腿红蜘蛛新发现 | 西北农学院　卢筝 | 1980 | 陕西省科技成果三等奖 |
| 38 | 提高收获机械切割器刀动刀片切割性能与使用寿命的研究 | 西北农学院　陆启鹏、童国华、廉登极、房武、吴希绣、张自恺、王乃信、王钧 | 1978 | 农业机械工业部科技大会奖 |
| 39 | 水坠法筑坝技术 | 西北农学院　刘祖典、倪琨、谢定义、黄自瑾、巫志辉、李起详、陕西省水土保持局、西北大学地理系、省水利学校 | 1978 | 全国科学大会奖、陕西省科学大会奖 |
| 40 | 自压喷灌技术研究 | 西北农学院　朱凤书、王云涛、熊运璋、林兴粹、张君常、邓新民、王力波等 | 1983 | 陕西省科技成果二等奖 |
| 41 | 关于黄土和黄土状土湿性陷性评价问题 | 西北农学院 刘祖典、张伯平 | 1980 | 陕西省科技成果三等奖 |

续表

| 序号 | 成果名称 | 完成单位、个人 | 获奖时间（年） | 获奖名称或等级 |
| --- | --- | --- | --- | --- |
| 42 | 沥青防渗墙的鼓包问题及红外线接缝加热技术研究 | 西北农学院　蒋长元、叶淑君、杨全民、丁朴荣、吴利言 | 1980 | 陕西省科技成果三等奖 |
| 43 | 渠道高含沙浑水输送问题 | 西北农学院 迟耀瑜 | 1980 | 陕西省科技成果三等奖 |
| 44 | 漆树嫁接和刺激生漆增产的研究 | 西北农学院　王性炎、吴中禄、陕西省土产公司、安康土产公司、平利县土产公司、岚皋县生漆研究所 | 1978 | 陕西省科学大会奖 |
| 45 | 整理祖国农业遗产 | 西北农学院古农学研究所 | 1978 | 全国科学大会奖、陕西省科学大会奖 |
| 46 | 农政全书校注 | 西北农学院古农学研究所 | 1978 | 陕西省科技成果一等奖、农业部技术改进二等奖 |
| 47 | 同位素测试技术改进 | 西北农学院　董家伦、罗高礼、郭洪飞、翟延路 | 1983 | 陕西省科技成果三等奖 |
| 48 | 科研与B型谷物电子数粒机 | 陕西省粮食作物研究所　何正明 | 1976—1978 | 陕西省政府三等奖 |
| 49 | 罗布麻资源调查及应用 | 西北植物研究所　董正均 | 1978 | 陕西省科学大会奖 |
| 50 | 土壤干旱条件下小麦植株中糖的变化与小麦抗旱关系 | 西北植物研究所　何俊彦 | 1978 | 陕西省科学大会奖 |

续表

| 序号 | 成果名称 | 完成单位、个人 | 获奖时间（年） | 获奖名称或等级 |
| --- | --- | --- | --- | --- |
| 51 | 普通小麦与长穗偃麦的杂交与育种及其遗传分析 | 西北植物研究所 李振声 | 1978 | 全国科学大会奖 |
| 52 | 秦岭植物志（第一卷1—2册、第二卷） | 西北植物研究所　付坤俊 | 1978 | 全国科学大会奖 |
| 53 | 薯芋皂素生产工艺研究 | 西北植物研究所　周振起 | 1978 | 全国科学大会奖 |
| 54 | 《陕西农业土壤》（土壤形成、分布及主要土壤类型） | 西北水土保持研究所　张淑光<br>陕西省农业勘察设计院 | 1978 | 陕西省科技成果三等奖 |
| 55 | 陕西省土地类型及其发生演变 | 西北水土保持研究所　朱显谟 | 1978 | 陕西省科技成果三等奖 |
| 56 | 土壤中铜、锌、锰、铁、铬、镍、钙、镁的原子吸收分光光度法 | 西北水土保持研究所　任尚学、陈代中、李继云 | 1978 | 陕西省科技成果三等奖 |
| 57 | 陕西主要农作物辐射引变适宜剂量和选育方法的研究 | 西北水土保持研究所　汪夕斌、侯虎英、鱼红斌、彭富荣 | 1978 | 陕西省科技成果三等奖 |
| 58 | 渭北低流量深井灌区低定额灌溉原理和技术 | 西北水土保持研究所　李玉山、韩士蜂、史竹叶，洛川县水电局 | 1978 | 陕西省科技成果三等奖 |
| 59 | 石砭峪水库隧道轴线测量 | 西北水土保持研究所 徐国礼 | 1978 | 陕西省科技成果三等奖 |

续表

| 序号 | 成果名称 | 完成单位、个人 | 获奖时间（年） | 获奖名称或等级 |
| --- | --- | --- | --- | --- |
| 60 | 小麦新品种——西育 7 号的选育推广 | 西北水土保持研究所 王德轩、刘冠军、唐馥泉、郭礼坤、吴枚君、卢宗凡、吕克己等 | 1979 | 陕西省科技成果二等奖 |
| 61 | 冲土水枪推广应用 | 西北水土保持研究所 张方、省水保局 | 1979 | 陕西省科技成果二等奖 |
| 62 | 水土保持林草措施 | 西北水土保持研究所 孙林夫、曹淑定、刘向东、李代琼 省水保局 | 1979 | 陕西省科技成果三等奖 |
| 63 | 小麦高产栽培技术 | 西北水土保持研究所 王德轩 | 1979 | 陕西省科技成果三等奖 |
| 64 | 关中地区地下肥水资源分布评价 | 西北水土保持研究所 彭祥麟、彭琳、白志坚、刘要红 | 1979 | 陕西省科技成果三等奖 |
| 65 | 黄土高原半干旱地区飞机播种沙打旺试验 | 西北水土保持研究所 吕尚贤、曹淑定、梁一民、从心海、李代琼、王教才 | 1978 | 陕西省科技成果二等奖 |
| 66 | 应用同位素示踪法研究氮肥增效剂的肥效和残留 | 西北水土保持研究所 张钟先、张卫、李永潮、刘宏斌 | 1982 | 农业部技术改进二等奖 |
| 67－68 | 黄土高原飞机播种造林种草试验 | 西北水土保持研究所 孙林夫、周泽生、梁一民等 | 1985 | 国家科技进步二等奖 |
| 69 | 综合应用现代科学技术加速发展黄土丘陵区农业发展研究 | 西北水土保持研究所 山仑、陈国良、居仁、辛业全、吴钦孝 | 1986 | 中国科学院科技进步二等奖 |
| 70 | 我国低硒带的发现与克山病大骨节病病因 | 西北水土保持研究所、地理所、林业土壤所 | 1986 | 中国科学院科技进步一等奖 |

续表

| 序号 | 成果名称 | 完成单位、个人 | 获奖时间（年） | 获奖名称或等级 |
| --- | --- | --- | --- | --- |
| 71 | 2000 年农牧业科学技术发展预测研究 | 西北水土保持研究所、中国农业科学院 | 1986 | 中国农业科学院农业技术改进三等奖 |
| 72 | 螺旋鱼腥藻促进鲢鳙鱼种生长试验 | 西北水土保持研究所　方志中、方德奎、张卫、陈段祺 | 1986 | 农牧渔业部科技进步三等奖 |
| 73 | 黄土高原杏子河流域自然资源与水土保持 | 西北水土保持研究所　杨文治、唐克丽、邹侯远、武毓藻等 | 1987 | 中科院科技进步三等奖 |
| 74 | 黄土丘陵区农林牧合理结构与增产技术综合研究 | 西北水土保持研究所　山仑、陈国良、居仁、辛业余、吴钦孝 | 1988 | 国家科技进步三等奖 |
| 75 | 土一根系连统中的水分动力学 | 西北水土保持研究所 邹明安 | 1988 | 全国科协首届青年科技奖 |
| 76 | 陕西环境中硒与大骨节病病因的研究 | 西北水土保持研究所　李继云、陈代中、任尚学、王治伦、梁树棠 | 1989 | 陕西省科技进步二等奖 |
| 77 | 中国黄土高原土地资源图片集 | 西北水土保持研究所　朱显谟、彭祥麟、唐克丽、蒋定生 | 1989 | 中科院科技进步三等奖 |
| 78 | 黄土高原微肥使用的有效条件与施肥技术 | 西北水土保持研究所　彭琳、余存祖、戴鸣钧、刘耀宏、彭祥麟、杨平 | 1989 | 中科院科技进步二等奖 |

续表

| 序号 | 成果名称 | 完成单位、个人 | 获奖时间（年） | 获奖名称或等级 |
| --- | --- | --- | --- | --- |
| 79 | 中国土壤 | 西北水土保持研究所　朱显谟、李玉山、田积莹<br>中科院南京土壤所 | 1978 | 全国科学大会奖、陕西省科技成果奖 |
| 80 | 甘蓝一代杂种优势利用的研究 | 陕西省蔬菜研究所　赵稚雅、干正荣 |  | 农牧渔业部科技进步三等奖 |
| 81 | 油菜新品种关油三号 | 咸阳农业科学研究所　华德钊等 | 1978 | 陕西省科学大会重大科技成果奖 |
| 82 | 尤金杨等九种杨树连生性的评定 | 西北林学院　邱明光、张懿藻、穆可培、李玉明 | 1980 | 陕西省科技成果三等奖 |
| 83 | 农政全书校注 | 西北林学院　方立峰、赵师抃 | 1979 | 农业部农牧业技术改进奖 |
| 84 | 高陵县养鸡良种化的实践 | 陕西省畜牧兽医研究所　史学武、胡柏年、李广模、周正平、文采贵、樊悦吉、孙炳文等 | 1979 | 陕西省政府一等奖 |
| 85 | 雏鸡链球菌病的研究 | 陕西省畜牧兽医研究所　何维明、翟俊英、刘慧珍 | 1979 | 陕西省政府三等奖 |
| 86 | 耕牛林氏放线菌病诊断 | 陕西省畜牧兽医研究所　庄俊器、张龙友 | 1979 | 陕西省政府三等奖 |
| 87 | 对春翦舌豌豆种子中氢氰酸的研究 | 陕西省畜牧兽医研究所　王吉祥<br>陕西省土壤肥料研究所　张雪上等6人 | 1975—1979 | 陕西省政府三等奖 |

续表

| 序号 | 成果名称 | 完成单位、个人 | 获奖时间（年） | 获奖名称或等级 |
|---|---|---|---|---|
| 88 | 硼肥肥效的研究 | 陕西省土壤肥料研究所　王学贵等 | 1979 | 陕西省政府三等奖 |
| 89 | 不同类型小麦栽培品种籽粒发育形状与灌浆 | 西北农学院　翟允禔、蒋纪芸、阎世理、潘世禄 | 1980 | 全国科学大会奖、陕西省科学大会奖 |
| 90 | 金翅夜蛾亚科的研究 | 西北农学院　周尧、卢筝 | 1962—1979 | 农业部科技成果一等奖 |
| 91 | 土壤普查方法及成果应用的研究 | 西北农学院　吴守仁、肖俊璋、冯立孝、张志谦 | 1978 | 陕西省科学大会奖 |
| 92 | 因地定产、计划用肥土壤营养诊断结果的应用 | 西北农学院　吴守仁、肖俊璋等 | 1980 | 陕西省科技成果三等奖 |
| 93 | 红枣人工干制 | 西北农学院 陈锦屏 | 1978 | 陕西省科学大会奖 |
| 94 | 苹果矮砧预先鉴定的研究 | 西北农学院　李嘉瑞、张继樹、樊孝义、杨兴虎 | 1980 | 陕西省科技成果三等奖 |
| 95 | 抗病高产玉米单交种陕单9号 | 陕西省粮食作物研究所　林季周、宋茂山、胡必德 | 1980 | 陕西省政府二等奖 |
| 96 | 杂交水稻应用技术的研究 | 陕西省粮食作物研究所　朱志明、张传乃 | 1980 | 陕西省推广一等奖 |
| 97 | 大豆新品种陕豆701选育 | 陕西省粮食作物研究所　代勇民、刘星照 | 1979 | 陕西省政府三等奖 |
| 98 | 陕西省野生大豆资源类型考察 | 陕西省粮食作物研究所　李立科、希恩虎 | 1979 | 陕西省政府二等奖 |

续表

| 序号 | 成果名称 | 完成单位、个人 | 获奖时间（年） | 获奖名称或等级 |
|---|---|---|---|---|
| 99 | 陕西省农作物品种资源征集及考察 | 陕西省粮食作物研究所　王玉成、林季周 | 1979 | 陕西省政府二等奖 |
| 100 | KYT4C型科研用谷物单株脱粒机 | 陕西省粮食作物研究所　何正明 | 1979 | 陕西省政府三等奖 |
| 101 | 抗污染植物筛选的研究 | 西北植物研究所　栗德永 | 1979 | 陕西省科技二等奖 |
| 102 | 烟草小麦试管受精研究初报 | 西北植物研究所　叶树茂 | 1979 | 陕西省科技二等奖 |
| 103 | 防止当归早期抽薹的研究 | 西北植物研究所　李明世 | 1979 | 陕西省科技二等奖 |
| 104 | 小麦花粉胚的产生及其某些诱导因素的研究 | 西北植物研究所　潘希丽 | 1979 | 陕西省科技二等奖 |
| 105 | 玉米雄性不育系和恢复系的研究 | 西北植物研究所　叶绍文 | 1979 | 陕西省科技三等奖 |
| 106 | 紫花、百花水飞蓟种子化学成分比较研究 | 西北植物研究所　魏明山 | 1979 | 陕西省科技三等奖 |
| 107 | 甘薯原生质体的分离培养与愈伤组织的形成 | 西北植物研究所　吴耀武 | 1979 | 陕西省科技三等奖 |
| 108 | VE型小麦雄性不育的研究 | 西北植物研究所　叶绍文 | 1979 | 陕西省科技三等奖 |
| 109 | 汉中地区油橄榄生态区划 | 西北植物研究所　肖正春 | 1979 | 陕西省科技三等奖 |
| 110 | 玉米丝黑穗病发生规律与防治技术的研究应用 | 咸阳农业科学研究所　贤贵等<br>咸阳地区玉米丝黑穗病防治研究协作组 | 1979 | 陕西省科技成果一等奖 |
| 111 | 硬茬播种机 | 武功县　张卫国、任思富 | 1979 | 陕西省科研成果三等奖 |

续表

| 序号 | 成果名称 | 完成单位、个人 | 获奖时间（年） | 获奖名称或等级 |
|---|---|---|---|---|
| 112 | 陕西杨树 | 西北林学院　牛春山、邱明光、曲式曾、张懿藻、马多士 | 1981 | 陕西省科技成果二等奖 |
| 113 | 黄斑星天牛的防治研究 | 西北林学院　周嘉熹、刘铭汤、逑玉中、杨兴国 | 1981 | 陕西省科技成果三等奖 |
| 114 | 柯氏伪裸类绦虫生活史及其分类问题 | 陕西省畜牧兽医研究所　李贵、张友三、魏海秋 | 1981 | 农牧渔业部一等奖 |
| 115 | 陕西省家畜硒反应病调查研究 | 陕西省畜牧兽医研究所　程静毅等 11 人 | 1981 | 农牧渔业部二等奖 |
| 116 | 陕北绵羊改良和陕西细毛羊新品种群的建立 | 陕西省畜牧兽医研究所　尚克勤等 | 1981 | 陕西省政府一等奖 |
| 117 | 赤眼蜂防治油松球果小卷蛾的研究 | 陕西省林业科学研究所　李宽胜、唐国恒、金布先 | 1981 | 陕西省政府三等奖 |
| 118 | 油橄榄炭疽病防治研究 | 陕西省林业科学研究所　时王昌、郑文锋 | 1981 | 陕西省政府三等奖 |
| 119 | 西农 58 号黄瓜的选育与推广 | 西北农学院　林兴、崔鸿文、范秀玲 | 1981 | 农业部技术改进一等奖 |
| 120 | 猪瘟和猪丹毒荧光抗体的制造及其快速诊断应用 | 西北农学院　肖俊杰、李东成、赵余放、刘玉年、张国祥、寇改侠、张桂莲 | 1980 | 陕西省科技成果三等奖 |
| 121 | 大家畜四肢骨折治疗的研究 | 西北农学院　郝刚峰、黄德基、高太康、宋明德、杨必须 | 1980 | 陕西省科技成果三等奖 |

续表

| 序号 | 成果名称 | 完成单位、个人 | 获奖时间（年） | 获奖名称或等级 |
| --- | --- | --- | --- | --- |
| 122 | 西农莎能奶山羊的选育及推广 | 西北农学院 刘荫武、席保贤、李建文、张家谋、冯彦杰、袁志刚、郭太楹 | 1978—1981 | 全国科学大会奖、陕西省科学大会奖、陕西省科技成果一等奖 |
| 123 | 小麦新品种陕旱 1 号选育 | 陕西省粮食作物研究所 许志鲁等 | 1980 | 陕西省政府二等奖 |
| 124 | 《秦岭植物志》（一卷三册） | 西北植物研究所 张振万 | 1980 | 陕西省科技成果二等奖 |
| 125 | 《秦岭植物志》（三卷一册） | 西北植物研究所 张满祥 | 1980 | 陕西省科技成果二等奖 |
| 126 | 小麦新品种——小偃 5 号 | 西北植物研究所 李振声 | 1980 | 陕西省科技二等奖 |
| 127 | 黄连低海拔（600—1100 米）栽培技术研究 | 西北植物研究所 蒋德勋 | 1980 | 陕西省科技三等奖 |
| 128 | 芸苔叶虫甲生活习性及防治的研究 | 淳化县 胡作栋、张桂英 | 1980 | 陕西省科技成果三等奖 |
| 129 | 专业户养鸡综合研究 | 陕西省畜牧兽医研究所 吴化芳、李万祥、张志希<br>乾县王明新、杨建国 | 1981 | 陕西省政府三等奖 |
| 130 | 高抗枯黄萎病棉花新品种陕 1155 | 陕西省棉花研究所 王远、何文冀、蒋克明、王庭佐、校百才、刘智民等 | 1981 | 陕西省政府三等奖 |
| 131 | 陕林Ⅰ号和陕林Ⅱ号杨树无性系的选育 | 陕西省林业科学研究所 符毓秦、吴妙峰、王忠信等 | 1983 | 陕西省科技成果二等奖 |

续表

| 序号 | 成果名称 | 完成单位、个人 | 获奖时间（年） | 获奖名称或等级 |
| --- | --- | --- | --- | --- |
| 132 | 塑料大棚容器育苗中间试验 | 陕西省林业科学研究所　薛崇伯、王思恭、王亚峰等 | 1983 | 陕西省科技成果三等奖 |
| 133 | 秦川牛早熟性和肉用性能的研究 | 西北农学院　邱怀、蒿买道、毛玉胜、苏慧珊、李建中、张英汉、曹斌云 | 1982 | 农牧渔业部技术改进二等奖 |
| 134 | 牛栎树叶中毒发病机理的研究 | 西北农学院　史志诚、段得贤 | 1983 | 农牧渔业部技术改进二等奖 |
| 135 | 渭北旱原油菜高密度综合技术 | 陕西省特种作物研究所　庄顺琪、董振生、阎秀玲 | 1982 | 陕西省三等奖 |
| 136 | 渭北旱原油菜高密度综合技术研究 | 永寿县农科所 | 1981 | 陕西省政府科研三等奖 |
| 137 | 油菜大面积丰产技术 | 永寿县农牧局 | 1981 | 国家农委推广三等奖 |
| 138 | 油菜大面积丰产栽培技术 | 永寿县农科所 | 1981 | 陕西省科技进步一等奖 |
| 139 | 酪蝇发生规律和防治的研究 | 陕西省畜牧兽医研究所　张友三、张宪祥<br>西安肉联厂　魏培德<br>西安市食品公司　李长明 | 1982 | 农牧渔业部二等奖 |
| 140 | 酶联免疫吸附试验检测猪囊虫抗体诊断生猪囊虫病研究 | 陕西省畜牧兽医研究所　张永才、任治斌、权忠会<br>第四军医大吴灿理、王润长 | 1982 | 陕西省政府三等奖 |
| 141 | 县级综合农业区划理论与方法的研究 | 陕西省农业经济研究所　刘广熔、高居谦、包竟成、赵智贤、刘会娥 | 1982 | 全国农业区划委员会成果二等奖 |

续表

| 序号 | 成果名称 | 完成单位、个人 | 获奖时间（年） | 获奖名称或等级 |
| --- | --- | --- | --- | --- |
| 142 | 小麦新品种——植联一号 | 西北植物研究所 张楷 | 1982 | 陕西省科技三等奖 |
| 143 | 小麦新品种——小偃6号 | 西北植物研究所 李振声 | 1982 | 陕西省科技一等奖 |
| 144 | 小麦新品种咸农151选育研究 | 咸阳市农业科学研究所 罗洪溪等 | 1982 | 陕西省科技成果一等奖 |
| 145 | 地下害虫研究 | 咸阳市农业科学研究所 张范强等 | 1982 | 陕西省科技成果二等奖 |
| 146 | 咸阳地区地下害虫发生规律及防治的研究 | 淳化县 张范强、薛淑珍、郭士英、胡兴存、纪勇、裴敬献等 | 1982 | 陕西省科技成果三等奖 |
| 147 | 塑料大棚容器育苗技术 | 淳化县 刘明杰等 | 1982 | 陕西省科技成果三等奖 |
| 148 | 地下害虫综合防治 | 永寿县农科所 | 1982 | 陕西省科技三等奖 |
| 149 | 提高核桃苗砧嫁接成活率的试验研究 | 西北林学院 高绍棠 | 1984 | 林业部科技成果三等奖 |
| 150 | 抗枯黄萎病棉花新品种陕1155的选育与推广 | 陕西省棉花研究所 王远、何文冀、蒋克明、王庭佐、校百才、刘智民等 | 1983 | 农牧渔业部二等奖 |
| 151 | 多变小冠花栽培利用技术的研究 | 陕西省土壤肥料研究所 于精忠等6人 | 1983 | 农牧渔业部二等奖 |
| 152 | 陕西省棉花区划与布局 | 陕西省农业经济研究所 李基昌、宁明杨、孙武学、刘志华、崔玲英、包竟成、王公民、冯宝荣 | 1983 | 全国农业区划委员会成果三等奖 |

续表

| 序号 | 成果名称 | 完成单位、个人 | 获奖时间（年） | 获奖名称或等级 |
| --- | --- | --- | --- | --- |
| 153 | 陕西黄土高原造林立地条件类型划分及适地适树研究 | 陕西省林业科学研究所　罗伟祥、邹年根、韩恩贤 | 1985 | 陕西省科技成果二等奖 |
| 154 | 关中马培育研究 | 西北农学院　董光明 | 1983 | 农牧渔业部技术改进奖、陕西省科技进步一等奖 |
| 155 | 玉米锌肥肥效与施肥方法的研究 | 西北农学院　李昌纬 | 1983 | 陕西省科技进步三等奖 |
| 156 | 陕西省豆类品种资源目录 | 陕西省粮食作物研究所　代勇民、张传乃 | 1983 | 陕西省政府三等奖 |
| 157 | 泡桐纸钵育苗技术 | 西北植物研究所　徐光远 | 1983 | 陕西省科技二等奖 |
| 158 | 攸县油茶良种引进和油茶繁育研究 | 西北植物研究所　李玉善 | 1983 | 陕西省科技二等奖 |
| 159 | 关中灌区耕作制度改革的研究——玉米、大豆宽窄带种植的养地作用、生态条件及增产效果 | 西北植物研究所 苏陕民 | 1983 | 陕西省科技三等奖 |
| 160 | 陕棉抗枯黄萎病品种资源的选育与应用 | 陕西省棉花研究所　蒋克明、王庭佐、校百才、杨炫煜 | 1984 | 陕西省科技进步三等奖 |
| 161 | 陕西土壤有效钾含量分布及钾肥肥效的研究 | 陕西省土壤肥料研究所　杨鉴昉等 | 1984 | 农牧渔业部三等奖 |
| 162 | 沙柳木蠹蛾及灰翅筒天牛防治研究 | 陕西省林业科学研究所　胡忠朗、陈孝达、杨鹏辉 | 1986—1988 | 林业部科技进步三等奖、陕西省科技进步三等奖 |

续表

| 序号 | 成果名称 | 完成单位、个人 | 获奖时间（年） | 获奖名称或等级 |
| --- | --- | --- | --- | --- |
| 163 | 专业户养鸡综合技术研究 | 西北农学院　刘景星 | 1984 | 陕西省科技进步二等奖 |
| 164 | GB4268·1－84 农用机械图形符号的研究 | 西北农学院　陆启鹏 | 1984 | 机械工业部科技成果三等奖 |
| 165 | 电厂粉煤灰农业利用 | 西北农学院　刘鹏生 | 1984 | 水电部科技成果二等奖 |
| 166 | 小麦新品种秦麦 1 号选育 | 陕西省粮食作物研究所　宁辊、许志鲁、张绍南 | 1984 | 陕西省政府三等奖 |
| 167 | 阿勃小麦单体系统的培育 | 陕西省粮食作物研究所　薛秀庄、王玉成 | 1984 | 农业部三等奖 |
| 168 | 陕西省小麦品种资源目录 | 陕西省粮食作物研究所　王玉成、包显琛、朱蕴秀 | 1984 | 陕西省政府二等奖 |
| 169 | 陕西省玉米品种资源目录 | 陕西省粮食作物研究所　林季周、段永利、宋茂山 | 1984 | 陕西省政府二等奖 |
| 170 | 塑料大棚容器育苗中试 | 淳化县　刘明杰等 | 1984 | 林业部科技三等奖 |
| 171 | 油松人工幼林蛀干害虫及防治研究 | 西北林学院　周嘉熹、孙钦航、李后魂、王伟平、姚文斌 | 1985 | 陕西省科技进步三等奖 |
| 172 | 刺槐林水土保持效益研究 | 西北林学院　王幼民、刘秉亚、司玉冰、李凯荣 | 1988 | 林业部科技进步三等奖 |

续表

| 序号 | 成果名称 | 完成单位、个人 | 获奖时间（年） | 获奖名称或等级 |
|---|---|---|---|---|
| 173 | 河北杨扦插育苗技术的研究 | 西北林学院　王幼民、薛德自、高宝山 | 1987 | 林业部科技进步三等奖 |
| 174 | 油松天然优良林分选标准方法和研究 | 西北林学院　张懿藻、富裕华、刘康烈、王同立、郗宏钧 | 1988 | 陕西省科技进步三等奖 |
| 175 | 竹类介壳虫防治技术肚倍丰产研究 | 西北林学院　曲帮选 | 1985 | 陕西省科技成果三等奖 |
| 176 | 文冠果良种选育 | 陕西省林业学校　缪礼科、雷开寿 | 1985 | 陕西省科技成果三等奖 |
| 177 | 陕北细毛羊的培育 | 陕西省畜牧兽医研究所　尚克勤、朱江涛、彭生显等 | 1985 | 陕西省政府一等奖 |
| 178 | 汉白猪新品种培育 | 陕西省畜牧兽医研究所 | 1985 | 陕西省政府一等奖 |
| 179 | 重盐渍土麦糠覆盖保苗增质技术研究与示范推广 | 陕西省土壤肥料研究所　龚家柯等 | 1985 | 陕西省政府三等奖 |
| 180 | 关中灌区夏玉米高产配套技术 | 陕西省粮食作物研究所　鲍巨松、杨成书、郝引川 | 1985 | 农业部科技进步三等奖 |
| 181 | 高浓度管道输沙及其基本特性的研究 | 西北水利科学研究所　蒋素崎等 | — | 水利部科技成果二等奖 |
| 182 | 水坠坝的研究与推广 | 西北水利科学研究所土工室 | — | 国家农委、科委科技推广奖 |

续表

| 序号 | 成果名称 | 完成单位、个人 | 获奖时间（年） | 获奖名称或等级 |
|---|---|---|---|---|
| 183 | 渭北旱原小麦增产技术综合研究 | 陕西省粮食作物研究所　张冀涛、习耀国 | 1983—1985 | 陕西省政府一等奖 |
| 184 | 小麦新品种——小偃6号 | 西北植物研究所 李振声 | 1985 | 国家发明一等奖 |
| 185 | 同位素辐射羊毛消毒 | 西北水土保持研究所　张钟先、汤怀安<br>省防疫站、陕西省第一毛纺厂 | 1978—1979 | 全国科学大会奖、陕西省科技成果二等奖 |
| 186 | 喷灌技术 | 西北水土保持研究所　蒋定生、金兆森、黄国俊、张学栋 | 1978 | 全国科学大会奖 |
| 187 | 黄土区土壤侵蚀的分类系统 | 西北水土保持研究所 朱显谟 | 1978 | 全国科学大会奖 |
| 188 | 高粱蔗 7418 的选育、制糖 | 西北水土保持研究所　程宝成、刘忠民、辛业余、徐锦章、王红章、曹俊峰 | 1978 | 陕西省科学大会奖 |
| 189 | 白鲢鱼种对螺旋鱼腥藻摄食和利用率的研究 | 西北水土保持研究所　张卫<br>省水产研究所、渭南水产工作站 | 1978—1985 | 陕西省科学大会奖、农牧渔业部技术进步三等奖 |
| 190 | 冲土水枪 | 西北水土保持研究所　张方<br>陕西省水保局、清涧县农机修造厂 | 1978 | 陕西省科学大会奖 |
| 191 | 沥青混凝土在土石坝防渗上的应用 | 西北水土保持研究所　方正三 | 1978 | 陕西省科学大会奖 |
| 192 | 地下肥水和开发利用 | 西北水土保持研究所　彭祥林、白志坚、彭琳、刘要红、邓邦权、白偲 | 1978 | 陕西省科学大会奖 |

续表

| 序号 | 成果名称 | 完成单位、个人 | 获奖时间（年） | 获奖名称或等级 |
| --- | --- | --- | --- | --- |
| 193 | 大寨海绵土微型态特征的研究 | 西北水土保持研究所　唐克丽 | 1978 | 陕西省科技成果二等奖 |
| 194 | 花生种植区划研究 | 陕西省特种作物研究所　张启华、高翔 | 1985 | 国家区划委三等奖 |
| 195 | 陕西省烟草种植区划 | 陕西省特种作物研究所　饶梓云、董登峰、朱卫科 | 1985 | 国家区划委三等奖 |
| 196 | 秦麦四号 | 长武县　梁增基 | 1985 | 省级奖 |
| 197 | 农村能源调查方法及应用该方法在陕西省所取得的成果 | 西北林学院　王国礼、赵忠、姚应谋 | 1987 | 林业部科学技术进步三等奖 |
| 198 | 汉中地区经济林昆虫区系调查及几种害虫防治研究 | 西北林学院　周嘉熹、樊美珍、郭超、李农昌、淡克德、张文玉 | 1986 | 陕西省科技进步三等奖 |
| 199 | 淳化县造林规划设计及中间试验的研究 | 西北林学院　薛德自、张康健、孙长忠、张月峰 | 1988 | 陕西省科技进步三等奖 |
| 200 | 洛南核桃扶风隔年桃优树选择的研究 | 西北林学院　高绍棠、刘晓愚、杨吉安 | 1988 | 陕西省科技进步三等奖 |
| 201 | 陕西畜牧业资源与区划 | 陕西仪祉农业学校　王晋杰 | 1986 | 农牧渔业部优秀成果三等奖 |
| 202 | 彬县农林牧综合示范基地 | 陕西省农业学校　安中铭、卢增兰 | 1986 | 陕西省科技进步一等奖 |

续表

| 序号 | 成果名称 | 完成单位、个人 | 获奖时间（年） | 获奖名称或等级 |
| --- | --- | --- | --- | --- |
| 203 | 北方旱地农业类型分区及其评价 | 陕西省农业经济研究所　黄德基 | 1986 | 农牧渔业部二等奖 |
| 204 | 黄土高原数目资源收集和引种试验 | 陕西省林业科学研究所　邹年根、杨鹏庄、徐朋程 | 1987 | 国家科技进步三等奖 |
| 205 | 陕西省白榆种源遗传变异和种源选择的研究 | 陕西省林业科学研究所　王思恭、杜长坪 | 1988 | 陕西省科技进步三等奖 |
| 206 | 泡桐丛枝病综合防治技术推广 | 陕西省林业科学研究所　郑文锋、武红理、时全昌 | 1988 | 陕西省科技进步三等奖 |
| 207 | 塑料大棚容器育苗造林技术推广 | 陕西省林业科学研究所　薛崇伯、王亚峰、希宏钧等 | 1986 | 陕西省科技进步三等奖 |
| 208 | 渭北旱原防护营造技术开发研究 | 陕西省林业科学研究所　徐德禄、查振道、曹锋等 | 1988 | 陕西省科技进步三等奖 |
| 209 | 陕西省油桐品种资源调查及优良品种选择 | 陕西省林业科学研究所　李龙山　谢复明、吴万兴 | 1988 | 陕西省科技进步三等奖 |
| 210 | 棉花高产栽培综合技术试验研究 | 西北农学院　程乾生 | 1986 | 陕西省科技进步三等奖 |
| 211 | ILZS-200型悬挂式旋松深耕机及深松部件的实验研究 | 西北农学院　廉登极 | 1986 | 陕西省科技进步三等奖 |
| 212 | 关中灌区间作套种研究 | 西北农学院　杨春峰 | 1986 | 陕西省科技进步三等奖、陕西省农牧厅科技成果三等奖 |

续表

| 序号 | 成果名称 | 完成单位、个人 | 获奖时间（年） | 获奖名称或等级 |
| --- | --- | --- | --- | --- |
| 213 | 秦菜一号萝卜新品种的选育 | 西北农学院　张和义 | 1986 | 陕西省科技进步三等奖、陕西省农牧厅科技成果三等奖 |
| 214 | 陕西省主要农业土壤中十种元素背景值研究 | 西北农学院　薛澄泽 | 1986 | 陕西省科技进步三等奖、陕西省农牧厅科技成果三等奖 |
| 215 | 中国农业发展若干战略问题研究 | 西北农学院　沈煜清 | 1986 | 全国农业区划委员会科技成果一等奖 |
| 216 | 渭北旱原小麦增产技术综合研究 | 西北农学院　翟允禔 | 1986 | 陕西省科技进步一等奖、陕西省农牧厅科技成果一等奖 |
| 217 | 关中黑猪育种 | 西北农学院　路兴中 | 1986 | 陕西省科技进步一等奖、陕西省农牧厅科技成果一等奖 |
| 218 | 果品蔬菜人工干制技术研究及推广 | 西北农学院　陈锦屏 | 1986 | 农牧渔业部科技进步三等奖、陕西省科技进步二等奖 |
| 219 | 甘薯新品种秦薯二号的选育和推广 | 西北农学院　朱俊光 | 1986 | 陕西省科技进步三等奖、陕西省农牧厅科技成果三等奖 |
| 220 | 高产优质小麦新品种陕农7859选育 | 陕西省粮食作物研究所　宁锟、马冀、陈福会 | 1978—1986 | 农业部一等奖 |
| 221 | 水库清淤新方法——高渠泄水拉沙 | 西北水利科学研究所　夏买定 | — | 水电部四等奖 |

续表

| 序号 | 成果名称 | 完成单位、个人 | 获奖时间（年） | 获奖名称或等级 |
| --- | --- | --- | --- | --- |
| 222 | 新型消能工在安康电站的应用 | 西北水利科学研究所 张志恒 | — | 水电部二等奖 |
| 223 | 冯家山溢洪洞原型观测 | 西北水利科学研究所 李隆瑞 | 1986 | 陕西省科技进步二等奖 |
| 224 | 正岔水库试验坝碾压式沥青混凝土斜墙研究与应用 | 西北水利科学研究所 陈治政 | 1985 | 国家科技进步三等奖、 |
| 225 | 三门峡水利枢纽及泥沙处理 | 西北水利科学研究所河渠室 | 1978 | 全国科学大会奖 |
| 226 | 中小型水库泥沙处理与浑水淤灌 | 西北水利科学研究所河渠室 | 1978 | 全国科学大会奖 |
| 227 | 引水防沙渠首 | 西北水利科学研究所河渠室 | 1978 | 全国科学大会奖 |
| 228 | 喷灌技术 | 西北水利科学研究所灌溉室 | 1978 | 全国科学大会奖 |
| 229 | 水坠法筑坝及水力冲填技术 | 西北水利科学研究所土工室、西北植物研究所 王正垣、张方 | 1978 | 全国科学大会奖 |
| 230 | 高含沙引水灌溉 | 西北水利科学研究所河渠室 | 1978 | 全国科学大会奖 |
| 232 | 黄土地区辐射井研究 | 西北水利科学研究所灌溉室 | 1978 | 全国科学大会奖 |
| 233 | 水工队隧道及大跨度地下洞室的光爆喷锚支护和衬砌技术 | 西北水利科学研究所材料室 | 1978 | 全国科学大会奖 |
| 234 | 三门峡水利枢纽改建及泥沙处理 | 西北水利科学研究所河渠室 | 1978 | 全国科学大会奖 |

续表

| 序号 | 成果名称 | 完成单位、个人 | 获奖时间（年） | 获奖名称或等级 |
| --- | --- | --- | --- | --- |
| 235 | 中小型水库溢洪道的水力设计 | 西北水利科学研究所 韩立 | 1978 | 全国科学大会奖 |
| 236 | 2×2×1米大型双合直剪仪 | 西北水利科学研究所土工室 | 1978 | 全国科学大会奖 |
| 237 | 冲填土一维非线性固结计算 | 西北水利科学研究所　方开泽、高新科 | 1980 | 陕西省科技进步二等奖 |
| 238 | 高含沙水流泥沙沉降规律和阻力特性 | 西北水利科学研究所　张浩 | 1980 | 陕西省科技进步二等奖 |
| 239 | 水库高含沙水流冲淤计算问题 | 西北水利科学研究所　曹如轩、陈景梁 | 1980 | 陕西省科技进步二等奖 |
| 240 | 高含沙混水利用问题研究 | 西北水利科学研究所　王廷瑞等 | 1980 | 陕西省科技进步三等奖 |
| 241 | 压力式流变仪设计原理及应用 | 西北水利科学研究所　任增海 | 1980 | 陕西省科技进步三等奖 |
| 242 | 黄土地区辐射井及成井技术推广 | 西北水利科学研究所土工室 | 1982 | 国家农委、科委科技推广奖 |
| 243 | 高含沙引水淤灌 | 西北水利科学研究所河渠室 | 1982 | 国家农委、科委科技推广奖 |
| 244 | U型渠道衬砌及衬砌机械的推广 | 西北水利科学研究所材料室 | 1982 | 国家农委、科委科技推广奖 |
| 245 | 小道口水库死库复合的试验研究 | 西北水利科学研究所 陈诗基 | 1982 | 陕西省科技成果三等奖 |

续表

| 序号 | 成果名称 | 完成单位、个人 | 获奖时间（年） | 获奖名称或等级 |
| --- | --- | --- | --- | --- |
| 246 | 关中西部主要农作物喷灌灌溉制度的研究 | 西北水利科学研究所 董文基 | 1982 | 陕西省科技成果三等奖 |
| 247 | 沥青混凝土和沥青玻璃纤维油毡衬砌渠道防渗的试验研究和应用 | 西北水利科学研究所 陈治政 | 1983 | 水电部科技成果三等奖 |
| 248 | 确定特大粒径沙卵漂石最大密度的模型系列延伸法及应用 | 西北水利科学研究所 史彦文 | 1983 | 水电部科技成果三等奖 |
| 249 | 水稻白叶枯病综合防治研究 | 陕西省植物保护研究所 刘汉文、常雨龙、马秉龙、王满生 | 1976—1978 | 陕西省农科院成果奖、陕西省科学大会奖 |
| 250 | 小麦条锈病防治 | 陕西省植物保护研究所 刘汉文、路端谊 | 1978 | 全国科学大会奖 |
| 251 | 陕西省小麦条锈菌生理小种的调查研究 | 陕西省植物保护研究所 路端谊 | 1978 | 全国科学大会奖 |
| 252 | 玉米品种资源对大斑病、小斑病和丝黑穗病的抗性鉴定 | 陕西省植物保护研究所 马秉元等 | 1985 | 国家科技进步三等奖 |
| 253 | 全国小麦品种资源抗赤霉病性鉴定研究 | 陕西省植物保护研究所 刘汉文、何锟、张秀文、刘顺良 | 1985 | 国家科技进步三等奖 |
| 254 | 玉米自交系黄早四发生“黄斑病”原因的研究和种质选育及推广应用 | 陕西省植物保护研究所 马秉元、段双科、李发民、胡必德、李亚玲 | 1989 | 陕西省科技进步三等奖 |

续表

| 序号 | 成果名称 | 完成单位、个人 | 获奖时间（年） | 获奖名称或等级 |
| --- | --- | --- | --- | --- |
| 255 | 美国白蛾综合防治 | 陕西省植物保护研究所　李小峰等 | 1988 | 陕西省科技进步三等奖 |
| 256 | 中国棉花枯黄萎病菌“种”及生理型鉴定抗菌性区试及其在抗病品种选育上的作用 | 陕西省植物保护研究所 吕金殿等 | 1986 | 农牧渔业部科技改进二等奖 |
| 257 | 我国西部地区粘虫越冬迁飞规律及预测报技术研究 | 陕西省植物保护研究所　吕坚、张宽 | 1982 | 农牧渔业部科技改进一奖 |
| 258 | 麦蚜远距离迁飞和传毒规律研究 | 陕西省植物保护研究所　朱象三、关温瑞 | 1984 | 农牧渔业部科技改进一奖获 |
| 259 | 棉花黄萎病发生机理与防治技术研究 | 陕西省植物保护研究所　吕金殿、王正芬等 | 1989 | 陕西省科技进步二等奖 |
| 260 | 陕西省小麦昆虫区系研究书稿 | 陕西省植物保护研究所　齐国俊、吴光元、张建令 | 1986 | 陕西省科技进步三等奖 |
| 261 | 小麦抗吸浆虫性能的研究 | 陕西省植物保护研究所　朱象三、翟振海、董飞霞等 | 1964—1978 | 陕西省农科院成果奖、陕西省科学大会奖 |
| 262 | 中国小麦条锈病流行体系 | 陕西省植物保护研究所　刘汉文、路端谊、袁文焕 | 1989 | 国家自然科学二等奖 |
| 263 | 陕西省黏土发生规律及防治研究 | 陕西省植物保护研究所　吕坚、张宽、李东鸿 | 1984 | 陕西省政府三等奖 |

续表

| 序号 | 成果名称 | 完成单位、个人 | 获奖时间（年） | 获奖名称或等级 |
|---|---|---|---|---|
| 264 | 小麦条锈病菌生理小种的研究及小麦品种资源抗锈性鉴定 | 陕西省植物保护研究所 袁文焕、路端谊、李剑雁、于孝如、常雨龙、蒋平均 | 1981 | 陕西省政府二等奖 |
| 265 | 黄河中下游农家小麦品种资源抗条锈病的研究 | 陕西省植物保护研究所 路端谊、于孝如、袁文焕等 | 1986 | 陕西省科技进步二等奖 |
| 266 | 陕西省小麦品种资源抗条锈病的研究 | 陕西省植物保护研究所 路端谊、袁文焕、李剑雁、于孝如、李登科 | 1980 | 陕西省政府二等奖 |
| 267 | 棉花品种资源抗枯萎病苗期鉴定 | 陕西省植物保护研究所 罗家龙、夏武顺、吕金殿等 | 1979 | 陕西省政府二等奖 |
| 268 | 玉米丝黑穗病发生规律与防治研究 | 陕西省植物保护研究所 马秉元、段双科、李亚玲 | 1979 | 陕西省政府一等奖 |
| 269 | 棉花主要害虫危害损失和防治指标的研究 | 陕西省植物保护研究所 李小峰、李修炼、杜德寿等 | 1986 | 陕西省科技进步三等奖 |
| 270 | 小麦黄矮病发生和防治技术研究 | 陕西省植物保护研究所 朱象三、李经略、冯崇川等 | 1987 | 农牧渔业部科技进步二等奖 |
| 271 | 北方冬小麦区小麦条锈病中长期预测预报技术 | 陕西省植物保护研究所 刘汉文、栾敖武、常雨龙等 | 1988 | 陕西省科技进步二等奖 |

续表

| 序号 | 成果名称 | 完成单位、个人 | 获奖时间（年） | 获奖名称或等级 |
| --- | --- | --- | --- | --- |
| 272 | 草莓加工、原种生产和基地建设综合技术的研究 | 陕西省植物保护研究所　李经略等 | 1988 | 陕西省科技进步三等奖 |
| 273 | 陕西省小麦条锈病菌生理小种的调查研究 | 陕西省植物保护研究所　路端谊、李剑雁、袁文焕 | 1978 | 陕西省科学大会奖 |
| 274 | 陕北丘陵区小麦下川问题的调查研究 | 陕西省植物保护研究所　朱象三、张鹏麟、魏学义 | 1978 | 陕西省科学大会奖 |
| 275 | 秦岭商洛地区生物资源开发利用与保护研究 | 西北植物研究所　于兆英 | 1986 | 陕西省农村进步一等奖 |
| 276 | 西藏苔藓植物志 | 西北植物研究所　张满祥 | 1986 | 中科院科技特等奖 |
| 277 | 渭北旱原烤烟优质适产研究 | 陕西省特种作物研究所　饶梓云、董登峰、朱卫科等 | 1986 | 陕西省政府一等奖 |
| 278 | 陕西省泡桐丛枝病防治技术推广 | 咸阳市林业科学研究所　高峰 | 1986 | 陕西省农村科技进步三等奖 |
| 279 | 黄土高原农田防护林综合效益观测研究 | 咸阳市林业科学研究所、淳化县　王维岳、安毅、李修性等 | 1986 | 陕西省农村科技进步三等奖 |
| 280 | 渭北旱原小麦增产综合技术研究 | 永寿县人民政府 | 1986 | 陕西省科技推广一等奖 |
| 281 | 燕麦枯 | 武功县 董纪文 | 1989 | 国家级优秀新产品奖、全国星火计划成果会银奖 |

续表

| 序号 | 成果名称 | 完成单位、个人 | 获奖时间（年） | 获奖名称或等级 |
|---|---|---|---|---|
| 282 | 生漆掺物的简易检验方法 | 西北林学院　李瑛、樊世民、刘志莲 | 1986 | 林业部科学技术进步三等奖、陕西省科学技术进步三等奖 |
| 283 | 木材学 | 西北林学院 吴中禄等 | 1987 | 中国林学会首届梁希奖 |
| 284 | 陆地棉枯黄萎病抗性遗传的研究 | 陕西省棉花研究所　蒋克明、校百才、邢宏谊、曹成斌 | 1987 | 陕西省科技进步二等奖 |
| 285 | 蜂花粉精提取分离技术 | 西北农学院　符建熙 | 1987 | 农牧渔业部科技进步二等奖 |
| 286 | 陕西省旬邑县羊场万亩人工草场建设示范研究 | 西北农学院　卢德仁 | 1987 | 陕西省科技进步二等奖 |
| 287 | XND－A 型奶检仪及检测方法研究 | 西北农学院　鲁安太 | 1987 | 陕西省科技进步三等奖 |
| 288 | 泡桐良种“桐杂一号”“桐选一号” | 西北植物研究所　徐光远 | 1987 | 陕西省科技二等奖 |
| 289 | 黄连新法育苗的研究 | 西北植物研究所　蒋德勋 | 1987 | 陕西省科技三等奖 |
| 290 | 陕西省主要农业土壤中十种元素背景值的研究 | 西北植物研究所 栗德永 | 1987 | 陕西省科技三等奖 |
| 291 | 秦岭商洛地区生物资源开发利用——商县（含山阳）科学示范基地 | 西北植物研究所 于兆英 | 1987 | 陕西省农村进步一等奖 |

续表

| 序号 | 成果名称 | 完成单位、个人 | 获奖时间（年） | 获奖名称或等级 |
|---|---|---|---|---|
| 292 | 芝麻品种五撮连的选育 | 陕西省特种作物研究所　赵中宁、刘丽梅、张保留 | 1987 | 陕西省政府三等奖 |
| 293 | 两组三胞胎综合研究 | 旬邑县　杨汉民等 | 1987 | 陕西省科技进步三等奖 |
| 294 | 龙屋牌沙棘果酱 | 淳化县　郑成恩 | 1987 | 水利电力部、林业部优质银奖 |
| 295 | 陕西省土壤水分资源开发利用 | 咸阳市气象局　刘耀武等 | 1987 | 陕西省科技进步三等奖 |
| 296 | 玉米规范化栽培技术推广 | 兴平县　周文潇、何正清 | 1987 | 全国农牧渔业丰收一等奖 |
| 297 | 关中黑猪新品种的育成 | 咸阳市农牧局　路兴中、张鼎文等 | 1987 | 陕西省科技进步一等奖 |
| 298 | 柑橘害虫防治技术推广 | 西北林学院　樊美珍、李农昌、向庆德、韩崇祥、胡凯庆、王正文 | 1988 | 陕西省科技进步三等奖 |
| 299 | 沙棘油提炼新工艺 | 西北林学院　张付舜、王国礼、王蓝、赵恩启、郭玉孝、常君成 | 1988 | 国际专利及新技术设备展览会金牌奖 |
| 300 | 榆林流动沙区飞机播种造林种草试验 | 西北林学院　张广军、刘正光 | 1988 | 国家科委国家科学技术进步二等奖 |

续表

| 序号 | 成果名称 | 完成单位、个人 | 获奖时间（年） | 获奖名称或等级 |
| --- | --- | --- | --- | --- |
| 301 | 美国白蛾发生规律及防治 | 西北林学院 曲帮选、李后魂 | 1988 | 陕西省科技进步二等奖 |
| 302 | 彬县农林牧综合示范基地 | 陕西省农业学校 雷宗中 | 1988 | 陕西省科技进步二等奖 |
| 303 | 陕西省综合农业区划 | 陕西省农业经济研究所 曾星伍、高居谦、刘广熔、白志礼 | 1988 | 陕西省科技进步一等奖 |
| 304 | 陕桐一号和陕桐二号泡桐优良无性的选育 | 陕西省林业科学研究所 符毓秦、王忠信、樊军锋 | 1989 | 陕西省科技进步三等奖 |
| 305 | 大麦“西引二号”引种研究与推广 | 西北农学院 高如嵩 | 1988 | 陕西省科技进步三等奖、陕西省农牧厅科技成果二等奖 |
| 306 | 家畜类固醇生殖激素放射免疫测定方法（RIA）的建立及推广 | 西北农学院 王建辰 | 1988 | 陕西省科技进步三等奖 |
| 307 | 陕西省关中地区鸡传染性发氏囊病调查 | 西北农学院 肖俊杰 | 1988 | 陕西省科技进步三等奖 |
| 308 | 葡萄—葡萄酒系列产品技术开发 | 西北农学院 贺普超 | 1988 | 陕西省科技进步三等奖 |
| 309 | 葡萄—葡萄酒优质高产技术开发 | 西北农学院 李华 | 1988 | 国家级星火优秀青年奖 |

续表

| 序号 | 成果名称 | 完成单位、个人 | 获奖时间（年） | 获奖名称或等级 |
| --- | --- | --- | --- | --- |
| 310 | 陕宁黄土高原农业结构调整及效益研究 | 西北农学院　王立祥 | 1988 | 农业部科技进步三等奖 |
| 311 | 我国奶山羊基地建设 | 西北农学院 | 1988 | 陕西省科技进步一等奖、陕西省农牧厅科技成果一等奖 |
| 312 | 山羊胚胎分割及同卵双生试验 | 西北农学院 | 1988 | 陕西省科技进步二等奖、陕西省农牧厅科技成果一等奖 |
| 313 | 野生刺梨资源的开发利用及加工技术研究 | 西北植物研究所　王光陆 | 1988 | 陕西省科技三等奖 |
| 314 | 淳化县造林规划设计中间试验 | 淳化县　薛德自、张康健、孙长忠、张月峰等 | 1988 | 林业部科技进步三等奖、陕西省科技进步三等奖 |
| 315 | 武功农业气候专题报告及推广应用 | 市气象局　范毓聪、杨必仁等 | 1988 | 中央气象局区进步二等奖、陕西省气象局科技进步二等奖 |
| 316 | 奶山羊基地建设——奶山羊配套工程 | 泾阳县农业局　王怀育、杨澎博 | 1988 | 陕西省科技进步一等奖 |
| 317 | 兴平县土地资源调查报告 | 兴平县　蔡志昭、赵亮轩 | 1988 | 国家土地局成果三等奖 |
| 318 | 农机修理调研课题 | 咸阳市农牧局 | 1988 | 农牧渔业部调研成果二等奖 |

续表

| 序号 | 成果名称 | 完成单位、个人 | 获奖时间（年） | 获奖名称或等级 |
| --- | --- | --- | --- | --- |
| 319 | 杂交玉米综合丰产技术 | 咸阳市农牧局　马应斌、刘平社、张德华 | 1988 | 农牧渔业部一等奖 |
| 320 | 秦油二号的示范推广 | 咸阳市农牧局　马应斌、卫大杉、刘平社、范建长、史素侠 | 1988 | 陕西省农村科技进步二等奖 |
| 321 | 小麦丰产方 | 咸阳市农牧局　郭树建、尚德文、余心诚、陈天佑、陈振兴、于建湖、白辅汉 | 1988 | 农牧渔业部三等奖 |
| 322 | 中国葡萄属野生种抗病性的研究 | 西北农学院　贺普超、王国英、王跃进、任治邦等 | 1989 | 陕西省科技进步三等奖、陕西省农牧厅科技成果二等奖 |
| 323 | 不孕奶牛催乳注射液 | 西北农学院　王建光、鲁安太，西安草滩兽药厂，陕西省兽医监察所，陕西省畜牧局 | 1989 | 陕西省科技进步三等奖、陕西省农牧厅科技成果二等奖 |
| 324 | 陕西省经济昆虫图表鞘翅目：瓢虫 | 西北农学院　魏建华、冉瑞碧陕西省动物研究所 | 1989 | 陕西省科技进步三等奖、陕西省农牧厅科技成果二等奖 |
| 325 | 沙棘果实开发与利用 | 西北农学院　陈锦屏、赵振东、刘兴华、王清莲、刘顺德 | 1989 | 陕西省科技进步三等奖、陕西省农牧厅科技成果二等奖 |
| 326 | 西农早蜜鲜食早熟桃品种选育 | 西北农学院　胡霓云、路广明 | 1989 | 陕西省科技进步三等奖、陕西省农牧厅科技成果二等奖 |
| 327 | 轻型井 | 西北农学院　李佩成、王纪科 | 1989 | 国家发明四等奖 |
| 328 | 秦川牛 GB5797－86（国家标准） | 西北农学院　邱怀、张英汉、毛玉盛 | 1989 | 国家技术监督局标准化科技进步四等奖 |

续表

| 序号 | 成果名称 | 完成单位、个人 | 获奖时间（年） | 获奖名称或等级 |
| --- | --- | --- | --- | --- |
| 329 | “西引二号”大麦的引种与推广 | 西北农学院　高如蒿、沈煜清、李文瑞、张宝军 | 1989 | 农业部科技进步三等奖 |
| 330 | 小麦 Ven 型 K 型和 A 型雄性不育系研究 | 西北农学院　杨天章、张改生、李正德、刘庆法 | 1989 | 陕西省科技进步一等奖、陕西省农牧厅科技成果一等奖 |
| 331 | 咸阳市渭北黄土高原造林立地条件类型划分及适地适树中间试验推广 | 咸阳市林业科学研究所　刘天毅、刘西宝、李修性、张平彦、王民生 | 1989 | 陕西省农村科技进步三等奖 |
| 332 | 油菜病毒病测根模式研究 | 永寿县　董毅 | 1989 | 农牧渔业部推广三等奖 |
| 333 | 水地小麦综合丰产技术 | 咸阳市农牧局　马应斌、刘平社 | 1989 | 农牧渔业部二等奖 |
| 334 | 棉花黄萎病发生机理与防治技术研究 | 陕西省植物保护研究所 | 1989 | 陕西省科技进步二等奖 |
| 335 | 关中灌区玉米高产综合配套技术研究 | 陕西省粮食作物研究所、宝鸡市农牧局、陕西省农业技术推广总站 | 1989 | 陕西省科技进步二等奖 |
| 336 | 陕西省小麦综合服务系统 | 陕西省气象科学研究所、陕西省气象局、咸阳市农业气象研究所、宝鸡市气象局 | 1989 | 陕西省科技进步二等奖 |
| 337 | 眉县万亩矮化苹果园建设 | 陕西省果树研究所、眉县园艺工作站 | 1989 | 陕西省科技进步二等奖 |

续表

| 序号 | 成果名称 | 完成单位、个人 | 获奖时间（年） | 获奖名称或等级 |
|---|---|---|---|---|
| 338 | 烤烟品种“NC89”的引种及推广 | 陕西省烟草公司、陕西省特种作物研究所 | 1989 | 陕西省科技进步三等奖 |
| 339 | 玉米自交系黄早四发生“黄斑病”原因的研究和抗病种质选育及推广应用 | 陕西省植物保护研究所、陕西省种子公司、陕西省粮食作物研究所 | 1989 | 陕西省科技进步三等奖 |
| 340 | 玉米雄性不育的表现、遗传与鉴定分类方法的研究 | 陕西省粮食作物研究所 | 1989 | 陕西省科技进步三等奖 |
| 341 | “矮早三”大麦品种的引进和推广 | 陕西省农科院粮食作物研究所、陕西省轻工业厅供销处 | 1989 | 陕西省科技进步三等奖 |
| 342 | 蔬菜种子质量分级方法研究 | 陕西省农业科学院蔬菜研究所、陕西省种子公司 | 1989 | 陕西省科技进步三等奖 |
| 343 | 陕西省土壤水分资源开发应用研究 | 陕西省咸阳农业气象科研所、陕西省旬邑县气象局、陕西省旬邑县烟草局 | 1989 | 陕西省科技进步三等奖 |
| 344 | 陕桐一号和陕桐二号泡桐优良无性系的选育 | 陕西省林业科研所 | 1989 | 陕西省科技进步三等奖 |
| 345 | 陕西省沙棘资源普查研究 | 陕西省农勘院　陕西省林业科学研究所 | 1989 | 陕西省科技进步三等奖 |
| 346 | 陕西渭北百万亩优质苹果基地建设 | 陕西省农业厅，陕西果树研究所，陕西省多种经营办公室，宝鸡县、铜川市、礼泉县园艺站，洛川县果树中心，淳化县、白水县园艺站 | 1990 | 陕西省科技进步一等奖 |

续表

| 序号 | 成果名称 | 完成单位、个人 | 获奖时间（年） | 获奖名称或等级 |
| --- | --- | --- | --- | --- |
| 347 | 外贸辣椒新品种“8212”（选育） | 陕西省农科院蔬菜所、岐山县外贸公司、岐山县农技中心、陕西省种子公司、宝鸡市经济作物研究所、岐山县马江村 | 1990 | 陕西省科技进步二等奖 |
| 348 | 土壤—植物—大气连续系统水运行力能关系的理论分析 | 西北农业大学 | 1990 | 陕西省科技进步二等奖 |
| 349 | 丰产低芥酸油菜新品种秦油3号选育 | 陕西省农科院特作所、咸阳市农科所、宝鸡市农科所 | 1990 | 陕西省科技进步二等奖 |
| 350 | 小麦吸浆虫、赤霉病综合防治研究与推广雪叶腐枯病和小麦吸浆虫 | 陕西省农业科学院、西北农业大学、陕西省质保检疫站 | 1990 | 陕西省科技进步二等奖 |
| 351 | 陕西长武鸦儿沟流域综合治理试验示范 | 咸阳市水土保持工作站、长武县水土保持工作站 | 1990 | 陕西省科技进步二等奖 |
| 352 | 陕西省消灭牲畜5号病综合防治技术推广 | 陕西省防治牲畜5号病指挥办，陕西省畜牧局，陕西省畜牧兽医总站，陕西省商业厅副食局，十地市防五办，西安、咸阳、宝鸡市肉联厂，陕西省冷冻厂 | 1990 | 陕西省科技进步二等奖 |
| 353 | 渭北旱原农业经济开发研究 | 陕西省农业经济研究所、陕西省农业区域研究所 | 1990 | 陕西省科技进步二等奖 |
| 354 | 梨新品种——秦丰 | 陕西省果树研究所 | 1990 | 陕西省科技进步三等奖 |
| 355 | 秦豆一号大豆新品种选育 | 宝鸡市农科所、陕西省粮作所 | 1990 | 陕西省科技进步三等奖 |

续表

| 序号 | 成果名称 | 完成单位、个人 | 获奖时间（年） | 获奖名称或等级 |
|---|---|---|---|---|
| 356 | 桃新品种早黄冠的选育 | 陕西省果树研究所 | 1990 | 陕西省科技进步三等奖 |
| 357 | 陕西省黄土高原造林立地条件类型划分及适地适树研究中间试验推广 | 陕西省林科所、咸阳市林科所、宝鸡市林业站、延安地区林科所、榆林地区林科所、渭南地区林科所 | 1990 | 陕西省科技进步三等奖 |
| 358 | 计算机工程造林施工设计系统 | 西北林学院 | 1990 | 陕西省科技进步三等奖 |
| 359 | 陕西栎林资源及其现状和未来预测 | 西北林学院 | 1990 | 陕西省科技进步三等奖 |
| 360 | 洛川县好音沟小流域综合治理研究 | 陕西省农科院土肥所、果树所、特作所、畜牧兽医所，洛川县人民政府 | 1990 | 陕西省科技进步三等奖 |
| 361 | 杨树树皮中化学成分与溃疡病关系的初步研究 | 西北林学院 | 1990 | 陕西省科技进步三等奖 |
| 362 | 杨树优良品种及丰产栽培技术推广 | 陕西省林科所、蒲城林科所、户县林业站、乾县林业站、西安市林业站 | 1990 | 陕西省科技进步三等奖 |
| 363 | 黄土高原综合治理研究 | 中国科学院水利部西北水土保持研究所、西北农业大学、西北林学院、陕西农业科学院 | 1991 | 陕西省科技进步一等奖 |
| 364 | 小鼠山羊半胚冷冻和冻胚分割试验 | 西北农业大学 | 1991 | 陕西省科技进步一等奖 |

续表

| 序号 | 成果名称 | 完成单位、个人 | 获奖时间（年） | 获奖名称或等级 |
| --- | --- | --- | --- | --- |
| 365 | 刺吸式口器昆虫分类研究 | 西北农业大学 | 1991 | 陕西省科技进步二等奖 |
| 366 | 陕西省渭北旱塬试验区75—04—04—03合阳甘井试验分区旱地农业增产技术体系研究 | 陕西省农科院旱农研究室、陕西省农业经济研究所、陕西省畜牧兽医研究所 | 1991 | 陕西省科技进步二等奖 |
| 367 | 旱地农业增产技术——渭北旱塬试验区杨家陇分区 | 西北农业大学、澄城县人民政府 | 1991 | 陕西省科技进步二等奖 |
| 368 | 小麦种质资源主要品质鉴定 | 陕西省农科院黄土高原农业测试中心、中国农业科学分析测试中心、河北农业大学作物种质研究中心 | 1991 | 陕西省科技进步二等奖 |
| 369 | 秦岭山区生物资源开发利用与保护综合研究——商州市科学示范基地 | 陕西省科学院、中国科学院西安分院、西北植物研究所、陕西省微生物研究所、陕西省动物研究所、西安植物园、西北水土保持研究所、商州市人民政府 | 1991 | 陕西省科技进步二等奖 |
| 370 | 美洲黑杨杂种无性系——陕林3号和陕林4号杨的选育 | 陕西省林业科学研究所、西北林学院、乾县林业站、蒲城县林科所、西安市林业站、旬邑县小寺子苗圃 | 1991 | 陕西省科技进步二等奖 |
| 371 | 家兔精子体外获能与体外受精试验 | 西北农业大学 | 1991 | 陕西省科技进步二等奖 |
| 372 | 商品瘦肉猪生产配套技术的研究 | 西北农业大学、汉中畜牧兽医研究所、陕西省南郑县种猪场 | 1991 | 陕西省科技进步二等奖 |

续表

| 序号 | 成果名称 | 完成单位、个人 | 获奖时间（年） | 获奖名称或等级 |
|---|---|---|---|---|
| 373 | 猪伪狂犬病病毒单克隆抗体的研究和初步应用 | 西北农业大学 | 1991 | 陕西省科技进步二等奖 |
| 374 | 岚皋综合科学实验基地 | 西北林学院 | 1991 | 陕西省科技进步二等奖 |
| 375 | 关中灌区主要农作物高产稳产低成本灌溉方案综合研究 | 陕西省水利科学研究所、陕西省水利厅农水处、陕西省宝鸡峡灌溉试验站、陕西省泾惠渠灌溉试验站、陕西省交口抽渭灌溉试验站、渭南地区洛惠渠盐改试验站 | 1991 | 陕西省科技进步二等奖 |
| 376 | 陕西省丹凤县科技开发综合研究所推广 | 西北农业大学、丹凤县人民政府 | 1991 | 陕西省科技进步三等奖 |
| 377 | 陕西省玉米茎腐病发生与防治研究 | 陕西省植物保护研究所 | 1991 | 陕西省科技进步三等奖 |
| 378 | 日本苹果品种引进及优质丰产栽培试验研究 | 旬邑县园艺站 | 1991 | 陕西省科技进步三等奖 |
| 379 | 陕西省土壤环境背景值研究 | 陕西省环境监测中心站、汉中地区环境监测站 、安康地区环境监测站、西北农业大学 | 1991 | 陕西省科技进步三等奖 |
| 380 | 林麝人工授精技术的研究 | 陕西省药材公司、陕西省中药研究所、陕西镇坪养麝实验场 | 1991 | 陕西省科技进步三等奖 |
| 381 | 银染核仁组成区（Ag-NOR）与家猪品种的起源进化 | 西北农业大学 | 1991 | 陕西省科技进步三等奖 |
| 382 | 沙棘产地加工工艺及设备研究 | 延安地区农机研究所、西北农业大学 | 1991 | 陕西省科技进步三等奖 |

续表

| 序号 | 成果名称 | 完成单位、个人 | 获奖时间（年） | 获奖名称或等级 |
| --- | --- | --- | --- | --- |
| 383 | 洛南县山地牛改良技术推广 | 洛南县畜牧站、洛南县畜牧局、洛南县多种经营办 | 1991 | 陕西省科技进步三等奖 |
| 384 | 渭北、关中三县（区）葡萄基地建设及引种研究 | 陕西省果树研究所、陇县园艺站、蒲城县园艺站、西安市灞桥区葡萄站 | 1991 | 陕西省科技进步三等奖 |
| 385 | 普通小麦稳定自交结实缺体系统的创制 | 陕西省农业科学院、陕西黄土高原农业测试中心 | 1992 | 陕西省科技进步一等奖 |
| 386 | 小麦新品种——小堰107 | 西北植物研究所 | 1992 | 陕西省科技进步一等奖 |
| 387 | 优质多抗丰产的秦白一号、秦白二号大白菜新品种 | 陕西省蔬菜研究所 | 1992 | 陕西省科技进步二等奖 |
| 388 | 旱原矮秆高产抗旱小麦品种“长武131”的选育 | 长武县农机中心、陕西省种子管理站、咸阳市种子站、铜川市种子站 | 1992 | 陕西省科技进步二等奖 |
| 389 | 油松种实害虫及防治技术研究 | 陕西省林科所、陇县林业局陇县八渡林场、中国科学院上海有机化学研究所、陕西省乔山林业局双龙林场 | 1992 | 陕西省科技进步二等奖 |
| 390 | 毛乌素沙地榆林沙区立地分类评价和适地适树研究 | 榆林地区治沙研究所、中国林科院林业研究所、西北林学院、天津大学、中国科学院兰州沙漠研究所 | 1992 | 陕西省科技进步二等奖 |
| 391 | 山羊卵核移植的研究 | 西北农业大学 | 1992 | 陕西省科技进步二等奖 |

续表

| 序号 | 成果名称 | 完成单位、个人 | 获奖时间（年） | 获奖名称或等级 |
|---|---|---|---|---|
| 392 | 同羊种质特性及开发研究 | 西北农业大学、白水县农牧局暨县种羊场、澄城县农牧局、渭南农业学校 | 1992 | 陕西省科技进步二等奖 |
| 393 | 黄土高原不同林型与土壤腐殖质及肥力关系的研究 | 西北水土保持研究所 | 1992 | 陕西省科技进步三等奖 |
| 394 | 麦草栽培平菇的研究与推广 | 西北农业大学、扶风农技中心 | 1992 | 陕西省科技进步三等奖 |
| 395 | 陕西省推荐施肥技术研究 | 陕西省土壤肥料研究所、扶风县农业技术推广中心站、宝鸡市土壤肥料工作站 | 1992 | 陕西省科技进步三等奖 |
| 396 | 秦岭山区薯芋生家种及规范化丰产栽培技术研究 | 西北植物研究所、西北水土保持研究所、西安植物园、山阳县人民政府、南郑县人民政府 | 1992 | 陕西省科技进步三等奖 |
| 397 | 魔芋训化及加工利用技术研究 | 陕西省林业科学研究所、平利县魔芋制品厂、安康地区林科所、西安市林业局、旬阳县酒厂、长青林业局食品厂 | 1992 | 陕西省科技进步三等奖 |
| 398 | 陕西省农田杂草区系的调查研究与化学除草技术的开发应用 | 陕西省植物保护工作总站、陕西省农垦科教中心、陕西省植物保护研究所 | 1992 | 陕西省科技进步三等奖 |
| 399 | 渭北旱原（省东）小麦高产优质配套技术研究 | 西北农业大学、澄城县科委 | 1992 | 陕西省科技进步三等奖 |

续表

| 序号 | 成果名称 | 完成单位、个人 | 获奖时间（年） | 获奖名称或等级 |
| --- | --- | --- | --- | --- |
| 400 | 西北黄土高原农田降水生产潜力及开发途径 | 西北农业大学 | 1992 | 陕西省科技进步三等奖 |
| 401 | 黄土旱塬优质烟配方施肥技术的研究 | 陕西省烟草公司、陕西省特种作物研究所 | 1992 | 陕西省科技进步三等奖 |
| 402 | 水杉速生丰产林栽培技术推广及基地建设 | 陕西省林业学校、汉中地区林业工作中心、汉中地区多经办、勉县林业局、南郑县林业局、城固县林业局、洋县林业站、汉中市园林站、西乡县林业站 | 1992 | 陕西省科技进步三等奖 |
| 403 | 绿僵菌及其防治应用研究 | 西北林学院、延安地区农科所、蒲城县生物制品厂 | 1992 | 陕西省科技进步三等奖 |
| 404 | 油松无性系种子园建立和经营管理技术研究 | 陕西省林业科学研究所、陇县八渡林场、眉县营头林场、洛南县古城林场、乔山林业局双龙林场 | 1992 | 陕西省科技进步三等奖 |
| 405 | 三北防护林主要林木害虫防治研究 | 陕西省林科所、陕西省动物研究所、定边县林木病虫防治检疫站 | 1992 | 陕西省科技进步三等奖 |
| 406 | 杨树抗蛀干害虫及抗虫速生林的经营技术研究 | 西北林学院、咸阳市林业技术推广站 | 1992 | 陕西省科技进步三等奖 |
| 407 | 山地柑橘早实早丰技术推广 | 陕西省林科所、安康地区林特局、安康市林特局、安康市流水区林特局 | 1992 | 陕西省科技进步三等奖 |

续表

| 序号 | 成果名称 | 完成单位、个人 | 获奖时间（年） | 获奖名称或等级 |
| --- | --- | --- | --- | --- |
| 408 | 陕西省延安、渭北丘陵区及晋西北河北杨基因资源调查及利用 | 西北林学院 | 1992 | 陕西省科技进步三等奖 |
| 409 | 计算机在灌区用水管理中的应用技术研究 | 西北农业大学、陕西省水利水保厅、渭南地区洛惠渠管理局 | 1992 | 陕西省科技进步三等奖 |
| 410 | 铜一酵母粉猪饲料添加剂研制及示范 | 陕西省畜牧兽医研究所、西北水保所、陕西省生物药品厂 | 1992 | 陕西省科技进步三等奖 |
| 411 | 蛋用鸡浓缩配合饲料系列配方开发研究 | 陕西省畜牧兽医研究所 | 1992 | 陕西省科技进步三等奖 |
| 412 | 渭北羊毛资源开发及初加工 | 陕西省咸阳羊毛资源开发公司、咸阳市渭城区科学技术委员会 | 1992 | 陕西省科技进步三等奖 |
| 413 | 食用菌生产技术培训 | 泾阳县科学技术委员会、泾阳县真菌研究所 | 1992 | 陕西省科技进步三等奖 |
| 414 | 大白菜异源胞质雄性不育系的选育 | 陕西省蔬菜研究所 | 1993 | 陕西省科技进步一等奖 |
| 415 | 旱地矮化苹果栽培技术研究与推广 | 陕西省果树研究所、延安地区农业局、渭南地区技术推广中心、洛川县苹果管理局、淳化县果树生产办公室、蒲城县蔡邓果树研究会 | 1993 | 陕西省科技进步一等奖 |
| 416 | 秦川牛本品种选育及导入外血效果研究 | 西北农业大学、眉县大家畜繁育改良工作站、陇县畜牧站、富平县畜牧兽医工作站、周至县楼观台种牛场、麟游县畜牧站、千阳县畜牧站、岐山县独山村兽医站、永寿县畜牧站 | 1993 | 陕西省科技进步一等奖 |

续表

| 序号 | 成果名称 | 完成单位、个人 | 获奖时间（年） | 获奖名称或等级 |
|---|---|---|---|---|
| 417 | 小麦蚜虫种群数量动态与防治决策研究 | 陕西省植物保护研究所、西北农业大学植保系 | 1993 | 陕西省科技进步二等奖 |
| 418 | 陕西省烟草浸染性病害调查研究 | 陕西省烟草公司、陕西省特种作物研究所 | 1993 | 陕西省科技进步二等奖 |
| 419 | 渭北烟草病虫害防治技术研究 | 咸阳烟草分公司、西北农业大学 | 1993 | 陕西省科技进步二等奖 |
| 420 | “大白菜黑斑病种群组成”及人工接种抗性鉴定技术研究 | 陕西省蔬菜研究所 | 1993 | 陕西省科技进步二等奖 |
| 421 | 油松（含巴山松）生长及干型的研究与应用 | 西北林学院 | 1993 | 陕西省科技进步二等奖 |
| 422 | 杨树溃疡病综合防治技术 | 西北林学院、陕西省林业科学研究所 | 1993 | 陕西省科技进步二等奖 |
| 423 | 土壤—植物—大气连续体水分运移理论及其应用的研究 | 西北农业大学 | 1993 | 陕西省科技进步二等奖 |
| 424 | 山茱萸丰产技术开发 | 丹凤林果站、西北农业大学 | 1993 | 陕西省科技进步三等奖 |
| 425 | 关中棉区棉虫测报资料统计标准和历史资料整理利用研究 | 陕西省植保工作总站、渭南地区植保植检站、大荔县植保植检站、渭南市农技推广中心、华县植保植检站、泾阳县植保植检站、西安市斗门测报站、渭城区植保植检站 | 1993 | 陕西省科技进步三等奖 |

续表

| 序号 | 成果名称 | 完成单位、个人 | 获奖时间（年） | 获奖名称或等级 |
| --- | --- | --- | --- | --- |
| 426 | 渭北旱原土壤耕作法研究 | 西北农业大学 | 1993 | 陕西省科技进步三等奖 |
| 427 | 高产、优质啤酒大麦“苏秦一号”的引种推广及开发利用 | 西安市农科所、陕西省粮作所、江苏沿海地区农科所、陕西省种子管理站、陕西省轻工业厅、西安市农业局、西安市种子公司、临潼县农机中心、西安草滩农场、蓝田县农技中心 | 1993 | 陕西省科技进步三等奖 |
| 428 | 蜗牛发生规律及综合防治技术的研究 | 陕西省植物保护工作总站、陕西省植物保护研究所、泾阳县植保植检站 | 1993 | 陕西省科技进步三等奖 |
| 429 | “引芝一号”新品种引种及推广 | 陕西省农科院特种作物研究所 | 1993 | 陕西省科技进步三等奖 |
| 430 | 渭北旱原（西部）小麦高产优质配套技术研究 | 陕西省农科院粮作所 | 1993 | 陕西省科技进步三等奖 |
| 431 | 杨树蝉害防治技术研究 | 陕西省林业科学研究所、陕西省森林病虫防治检疫总站、蒲城县森林病虫防治检疫站 | 1993 | 陕西省科技进步三等奖 |
| 432 | PP333对果树化学控制效应的研究 | 西北农业大学 | 1993 | 陕西省科技进步三等奖 |
| 433 | 2BFG－6（S）谷物施肥沟播机系列产品 | 永寿县农技修造厂 | 1993 | 陕西省科技进步三等奖 |
| 434 | 中国葡萄属野生种抗寒性研究 | 西北农业大学 | 1993 | 陕西省科技进步三等奖 |

续表

| 序号 | 成果名称 | 完成单位、个人 | 获奖时间（年） | 获奖名称或等级 |
| --- | --- | --- | --- | --- |
| 435 | 中国花椒病目植物比较形态及分类问题研究 | 西北植物研究所 | 1993 | 陕西省科技进步三等奖 |
| 436 | 花椒病害研究 | 西北林学院 | 1993 | 陕西省科技进步三等奖 |
| 437 | 红枣丰产栽培及病虫害防治研究 | 陕西省林业科学研究所　陕西省森林病虫防治检疫站 | 1993 | 陕西省科技进步三等奖 |
| 438 | 陕南秦巴山区经济植物综合发展及其种植区划的研究 | 陕西省农业经济研究所、陕西省农业区划研究所 | 1993 | 陕西省科技进步三等奖 |
| 439 | 渭北同羊选育技术研究 | 西北农业大学、合阳县科委、合阳县畜牧兽医站、孟庄乡人民政府、白水县科委、县农牧局暨县种羊场、咸阳羊毛资源开发公司 | 1993 | 陕西省科技进步三等奖 |
| 440 | 紧凑型玉米高产规律配套技术研究 | 陕西省粮食作物研究所、陕西省农业技术推广总站 | 1994 | 陕西省科技进步一等奖 |
| 441 | 陕西树木志 | 西北林学院 | 1994 | 陕西省科技进步一等奖 |
| 442 | 关中奶山羊品种的培育 | 陕西省农业厅畜牧局、西北农业大学、陕西省畜牧兽医总站、富平县奶山羊生产办公室、三原县奶山羊生产办公室、扶风县农牧局 | 1994 | 陕西省科技进步一等奖 |
| 443 | 杨陵农业科学实验示范基地建设综合技术研究 | 武功农业科研中心协委会、西北农业大学、陕西省农业科学院、西北植物研究所、杨陵区人民政府 | 1994 | 陕西省科技进步二等奖 |

续表

| 序号 | 成果名称 | 完成单位、个人 | 获奖时间（年） | 获奖名称或等级 |
| --- | --- | --- | --- | --- |
| 444 | 杨树天牛综合管理系统的研究 | 咸阳市林业局、西北林学院 | 1994 | 陕西省科技进步二等奖 |
| 445 | 畜禽天然富硒饲料中毒实验研究 | 陕西省畜牧兽医研究所、紫阳县科学技术委员会 | 1994 | 陕西省科技进步二等奖 |
| 446 | 0.5%楝素杀虫乳油（蔬果净）的研制及中试生产 | 西北农业大学 | 1994 | 陕西省科技进步三等奖 |
| 447 | 环境生态因素对棉铃发育的影响——温度、水分与棉铃发育的关系 | 西北农业大学 | 1994 | 陕西省科技进步三等奖 |
| 448 | 干旱地区主要作物的超弱发光及抗旱性关系的研究 | 西北农业大学 | 1994 | 陕西省科技进步三等奖 |
| 449 | 掺和肥料肥效与使用技术研究 | 陕西省土壤肥料研究所 | 1994 | 陕西省科技进步三等奖 |
| 450 | 蔬菜保护地高产高效益栽培模式研究 | 秦都区园艺站、西北农业大学园艺系、沣西乡政府、秦都区农机研究所 | 1994 | 陕西省科技进步三等奖 |
| 451 | 麦田吸浆虫的类似种研究 | 咸阳市植物检疫站、陕西省仪祉农校、南开大学生物系、泾阳县植保植检站、乾县植保植检站、杨陵区植保植检站、长武县植保植检站 | 1994 | 陕西省科技进步三等奖 |
| 452 | 渭北旱原高留茬少耕全程覆盖小麦高产栽培技术研究 | 陕西省农科院土壤肥料研究所 | 1994 | 陕西省科技进步三等奖 |

续表

| 序号 | 成果名称 | 完成单位、个人 | 获奖时间（年） | 获奖名称或等级 |
| --- | --- | --- | --- | --- |
| 453 | 脱毒马铃薯丰产技术试验推广 | 陕西省种子管理站、宝鸡市种子管理站、太白县种子管理站、陕西省农科院植保所 | 1994 | 陕西省科技进步三等奖 |
| 454 | 黄土高原林业文献数据库的研建 | 陕西省林业科学研究所 | 1994 | 陕西省科技进步三等奖 |
| 455 | 巴山松木材解剖特性、种的确立及其材性的研究 | 西北林学院 | 1994 | 陕西省科技进步三等奖 |
| 456 | 苹果新品种——秋香 | 陕西省果树研究所 | 1994 | 陕西省科技进步三等奖 |
| 457 | 山楂灾害性病虫综合防治技术研究 | 陕西省林业科学研究所、礼泉县林业工作站等 | 1994 | 陕西省科技进步三等奖 |
| 458 | 陕西省灌溉节水区划 | 陕西省水利水土保持局、中科院水利部西北水土保持研究所、水利部陕西省西北水利科学研究所、陕西省水利厅泾惠渠管理局 | 1994 | 陕西省科技进步三等奖 |
| 459 | 益禽散、温里散作蛋鸡饲料添加剂研究 | 陕西省畜牧兽医研究所、咸阳市渭城区畜牧兽医站 | 1994 | 陕西省科技进步三等奖 |
| 460 | 落叶松叶蜂综合防治技术 | 西北林学院、林业厅森防总站、安康林业中心、宁陕林特局 | 1994 | 陕西省科技进步三等奖 |
| 461 | 小麦新品种陕229 | 陕西省粮食作物研究所、陕西省种子管理站 | 1995 | 陕西省科技进步一等奖 |

续表

| 序号 | 成果名称 | 完成单位、个人 | 获奖时间（年） | 获奖名称或等级 |
| --- | --- | --- | --- | --- |
| 462 | 棉花黄萎病菌萎毒素研究 | 陕西省植物保护研究所、西北农业大学 | 1995 | 陕西省科技进步一等奖 |
| 463 | 陕北苹果优质丰（高）产技术开发 | 延安地区农业局、榆林地区园艺工作站、陕西省果树研究所、延安地区园艺站、延安农校、洛川县苹果局、绥德县园艺蚕桑工作站、宜川县果业局、米脂县园艺蚕桑工作站、延安市果业局、横山县园艺蚕桑工作站、安塞县果业局、榆林地区果树开发办公室 | 1995 | 陕西省科技进步一等奖 |
| 464 | 家蚕新品种“陕蚕三号”的选育 | 陕西省蚕桑研究所 | 1995 | 陕西省科技进步一等奖 |
| 465 | 小麦条锈病综合防治关键技术研究与应用 | 陕西省植物保护研究所、陕西省植物保护工作总站、宝鸡市植保植检站 | 1995 | 陕西省科技进步二等奖 |
| 466 | 西农84G6小麦品种选育 | 西北农业大学 | 1995 | 陕西省科技进步二等奖 |
| 467 | 陕北红枣优质丰产示范基地建设 | 陕西省果树研究所、清涧县红枣技术推广站、延川县红枣技术推广站、佳县林业局、佳县红枣工作站、佳县科学技术委员会 | 1995 | 陕西省科技进步二等奖 |
| 468 | 《中国地衣植物图鉴》 | 中科院西北植物研究所 | 1995 | 陕西省科技进步二等奖 |

续表

| 序号 | 成果名称 | 完成单位、个人 | 获奖时间（年） | 获奖名称或等级 |
| --- | --- | --- | --- | --- |
| 469 | 猪的染色体研究 | 西北农业大学 | 1995 | 陕西省科技进步二等奖 |
| 470 | 牛隐孢子虫病的研究 | 陕西省畜牧兽医总站、西安市草滩农场、西北农业大学 | 1995 | 陕西省科技进步二等奖 |
| 471 | 黄土丘陵区农业资源合理利用机制研究 | 中科院西北水土保持研究所 | 1995 | 陕西省科技进步三等奖 |
| 472 | 棉田病虫害系统控制与计算机管理 | 陕西省植物保护研究所、陕西省黄土高原测试中心 | 1995 | 陕西省科技进步三等奖 |
| 473 | 陕西关中小麦品种品质性状的研究与利用 | 西北农业大学、武功县面粉厂、陕西省种子公司 | 1995 | 陕西省科技进步三等奖 |
| 474 | 优质、抗病、早熟棉花品种陕旱 2786 | 陕西省棉花研究所 | 1995 | 陕西省科技进步三等奖 |
| 475 | 优质、抗冻、丰产油菜新品种甘白油菜的选育 | 陕西省特种作物研究所 | 1995 | 陕西省科技进步三等奖 |
| 476 | “3A 袋加吸收剂”贮藏苹果技术研究 | 陕西省多种经营办公室、长武县果业管理局 | 1995 | 陕西省科技进步三等奖 |
| 477 | 陕西秦岭林区森林主伐更新调查研究 | 陕西省森林工业管理局、西北林学院、陕西省宁东林业局、陕西省宁西林业局、陕西省太白林业局、陕西省长青林业局、陕西省汉西林业局、陕西省龙草坪林业局 | 1995 | 陕西省科技进步三等奖 |

续表

| 序号 | 成果名称 | 完成单位、个人 | 获奖时间（年） | 获奖名称或等级 |
| --- | --- | --- | --- | --- |
| 478 | 陕北红枣食心虫发生规律及综合防治技术研究 | 西北农业大学、陕西省植物保护工作总站 | 1995 | 陕西省科技进步三等奖 |
| 479 | 桃新品种——秦蜜的选育 | 陕西省果树研究所 | 1995 | 陕西省科技进步三等奖 |
| 480 | 陕北葡萄抗寒栽培技术研究 | 陕西省果树研究所、榆林地区园艺工作站、靖边县园艺蚕桑工作站、横山县园艺蚕桑工作站 | 1995 | 陕西省科技进步三等奖 |
| 481 | 多泥沙河流灌区低压管道输水灌溉技术试验研究及补充试验研究 | 陕西省水利科学研究所、陕西省水利厅科教处、渭南地区东雷抽黄灌溉工程管理局 | 1995 | 陕西省科技进步三等奖 |
| 482 | 山茱萸良种选育及丰产栽培技术研究 | 陕西省林业学校、陕西省龙草坪林业局、太白县桃川乡人民政府 | 1995 | 陕西省科技进步三等奖 |
| 483 | 黄牛奶、肉改良综合配套技术研究 | 西北农业大学、陇县畜牧站、富平县畜牧站、眉县畜牧站、麟游畜牧站、神木畜牧站、千阳县畜牧场、永寿畜牧站、楼观台牛场 | 1995 | 陕西省科技进步三等奖 |
| 484 | 涌流灌溉技术试验研究 | 西安理工大学、陕西省水利厅农水处、陕西省泾惠渠管理局 | 1995 | 陕西省科技进步三等奖 |
| 485 | 油松三水平遗传变异、配合选择和第二代无性系种子园建立技术研究 | 陕西省林业科学研究所、陕西省森林工业总公司、陕西省长青林业局、西安市林业局、陕西省宁东林业局、永寿县槐坪林场 | 1996 | 陕西省科技进步一等奖 |

续表

| 序号 | 成果名称 | 完成单位、个人 | 获奖时间（年） | 获奖名称或等级 |
|---|---|---|---|---|
| 486 | 渭北旱原小麦生产综合管理专家系统 | 中国科学院水利部水土保持研究所、西安交通大学、长武县农业技术推广中心 | 1996 | 陕西省科技进步二等奖 |
| 487 | 旱地提高水分生产率途径之研究 | 西北农业大学 | 1996 | 陕西省科技进步二等奖 |
| 488 | 山羊体外受精研究 | 西北农业大学 | 1996 | 陕西省科技进步二等奖 |
| 489 | 黄土性土壤氨素内循环的铵固定释放及固定态铵的生物有效性 | 西北农业大学 | 1996 | 陕西省科技进步二等奖 |
| 490 | 油菜子加工及油茶皂素乳化剂制作研究 | 中国科学院西北植物研究所、陕西省粮油科学研究所、南郑县科学技术委员会、南郑县塘口茶油厂 | 1996 | 陕西省科技进步三等奖 |
| 491 | 油茶蚜虫种群动态与测报治理决策的研究 | 陕西省植物保护工作总站、西北大学生态经济研究中心 | 1996 | 陕西省科技进步三等奖 |
| 492 | 陕西省小麦白粉病发生规律、抗性鉴定及防治技术推广研究 | 陕西省植物保护研究所、陕西省植物保护工作总站、西安市植保植检站 | 1996 | 陕西省科技进步三等奖 |
| 493 | 陕桐 3 号、陕桐 4 号泡桐优良无性系选育研究 | 陕西省林业科学研究所 | 1996 | 陕西省科技进步三等奖 |
| 494 | 黄土高原沟坡道路勘测设计与防蚀技术体系 | 中国科学院水土保持研究所 | 1996 | 陕西省科技进步三等奖 |

续表

| 序号 | 成果名称 | 完成单位、个人 | 获奖时间（年） | 获奖名称或等级 |
| --- | --- | --- | --- | --- |
| 495 | 陕西省主要农作物地面灌溉用水标准的研究 | 西北陕西省水利科学研究所 | 1996 | 陕西省科技进步三等奖 |
| 496 | 农户储粮害虫及霉菌发生危害规律和防治技术研究与推广 | 陕西省植物保护工作总站、西北农业大学植物保护系 | 1996 | 陕西省科技进步三等奖 |
| 497 | 冬暖式大棚菜综合配套技术研究 | 陕西省泾云实业开发总公司、陕西省泾阳县科技局、陕西省蔬菜研究所 | 1996 | 陕西省科技进步三等奖 |
| 498 | 高扬程灌区节水灌溉农业综合技术开发研究 | 西北农业大学澄城县科技局 | 1996 | 陕西省科技进步三等奖 |
| 499 | 杏树丰产栽培试验示范与推广 | 宝鸡市桑果站、西北农业大学、宝鸡市渭滨区林业管理局、宝鸡县桑果站、眉县园艺站 | 1996 | 陕西省科技进步三等奖 |
| 500 | 鸡减蛋综合征地方毒株的分离鉴定及其开发应用 | 西北农业大学 | 1996 | 陕西省科技进步三等奖 |
| 501 | 微生态制剂——XA1503菌粉的研制和应用 | 西北农业大学 | 1996 | 陕西省科技进步三等奖 |
| 502 | 陕西省黑松林水库泥沙处理技术的研究与应用 | 水利部西北水利科学研究所、陕西省江河水库管理处、陕西省泾阳县冶峪河管理局、咸阳市水利局、陕西省泾阳县水利局 | 1997 | 陕西省科技进步一等奖 |

续表

| 序号 | 成果名称 | 完成单位、个人 | 获奖时间（年） | 获奖名称或等级 |
| --- | --- | --- | --- | --- |
| 503 | 陕西省农村主导产业开发研究 | 陕西省农业经济研究所 | 1997 | 陕西省科技进步二等奖 |
| 504 | 小麦吸浆虫天敌及其保护利用研究 | 陕西省植物保护研究所、陕西省植物保护工作总站 | 1997 | 陕西省科技进步二等奖 |
| 505 | 大蒜二次生长分类及生态生理研究 | 西北农业大学 | 1997 | 陕西省科技进步二等奖 |
| 506 | 甘蓝抗病新品种——秋抗 | 陕西省蔬菜花卉研究所 | 1997 | 陕西省科技进步二等奖 |
| 507 | 小麦新品种陕213 | 陕西省小麦研究中心 | 1997 | 陕西省科技进步二等奖 |
| 508 | 元宝枫开发利用研究 | 西北林学院、西安医科大学、西北轻工业学院 | 1997 | 陕西省科技进步二等奖 |
| 509 | 陕西省长江流域防护林体系建设技术研究 | 陕西省林业科学研究所、陕西省防护林建设工程站 | 1997 | 陕西省科技进步二等奖 |
| 510 | 珍稀特有植物——马蹄香属地理分布及系统与进化研究 | 中科院西北植物研究所 | 1997 | 陕西省科技进步二等奖 |
| 511 | 7、14、25、30、85号毛白杨优良无性系选育 | 陕西省林业科学研究所、蒲城县林业科技推广中心、扶风县林业站、户县林业科技中心、潼关县林业局 | 1997 | 陕西省科技进步二等奖 |

续表

| 序号 | 成果名称 | 完成单位、个人 | 获奖时间（年） | 获奖名称或等级 |
|---|---|---|---|---|
| 512 | 水飞蓟药理作用及其应用研究 | 陕西省畜牧兽医总站、咸阳市渭城区畜牧兽医站 | 1997 | 陕西省科技进步二等奖 |
| 513 | 家蚕高茧层率基础品种选育 | 陕西省蚕桑丝绸研究所 | 1997 | 陕西省科技进步二等奖 |
| 514 | 南瓜功能食品研究 | 西北农业大学 | 1997 | 陕西省科技进步三等奖 |
| 515 | 低芥酸油菜“三系”杂交种“单杂一号”选育 | 咸阳市农业科学研究所、陕西省咸阳市种子管理站、三原县种子公司 | 1997 | 陕西省科技进步三等奖 |
| 516 | 优质专用小麦新品种陕优225的选育推广及利用 | 陕西省小麦研究中心 | 1997 | 陕西省科技进步三等奖 |
| 517 | 灌区棉花优质丰产栽培综合技术研究 | 陕西省棉花研究所 | 1997 | 陕西省科技进步三等奖 |
| 518 | 哑特猕猴桃良种离体快繁技术研究 | 中科院西北植物研究所 | 1997 | 陕西省科技进步三等奖 |
| 519 | 日本落叶松、华北落叶松多层次遗传变异和选择研究 | 陕西省林业科学研究所、陕西省森林工业总公司、陕西省长青林业局、陕西省宁东林业局、汉中地区林业局 | 1997 | 陕西省科技进步三等奖 |
| 520 | 幼龄枣树旱作密植早实丰产栽培试验 | 咸阳市林业技术推广站、咸阳市科学技术委员会、彬县林业站、长武县林业站 | 1997 | 陕西省科技进步三等奖 |

续表

| 序号 | 成果名称 | 完成单位、个人 | 获奖时间（年） | 获奖名称或等级 |
| --- | --- | --- | --- | --- |
| 521 | 秦岭种子植物数据库信息系统 | 中科院西北植物研究所 | 1997 | 陕西省科技进步三等奖 |
| 522 | 锐齿栎林地力衰退机理的研究 | 西北林学院 | 1997 | 陕西省科技进步三等奖 |
| 523 | 宝鸡市大粒鲜食葡萄引种繁育及丰产栽培技术推广 | 宝鸡市桑蚕果树工作站、西北农业大学、宝鸡县桑果站 | 1997 | 陕西省科技进步三等奖 |
| 524 | 主要造林树种害虫——松黄叶蜂防治技术研究 | 陕西省林业科学研究所 | 1997 | 陕西省科技进步三等奖 |
| 525 | 净化白痢病鸡群措施的研究 | 铜川市科学技术委员会、陕西省畜牧兽医研究所、陕西省畜牧兽医总站、铜川市郊区畜牧兽医站、陕西省铜川市祖代鸡场 | 1998 | 陕西省科技进步二等奖 |
| 526 | 淳化黄土残塬沟壑区开发治理与农业持续发展研究 | 西北林学院、陕西省粮食作物研究所、淳化县人民政府 | 1998 | 陕西省科技进步二等奖 |
| 527 | 旱作苹果稳产优质高效配套技术研究与推广 | 旬邑县园艺站 | 1998 | 陕西省科技进步三等奖 |
| 528 | 平底抛物线形无喉段量水槽实验研究 | 西北农业大学、陕西省泾惠渠管理局、陕西省水利厅农村水利处 | 1998 | 陕西省科技进步三等奖 |
| 529 | 黄土高原渭北生态经济型防护林体系优化模式建设技术 | 陕西省林业科学院、西北农业大学、永寿县林业局 | 1999 | 陕西省科技进步二等奖 |

续表

| 序号 | 成果名称 | 完成单位、个人 | 获奖时间（年） | 获奖名称或等级 |
|---|---|---|---|---|
| 530 | 长武黄土高原沟壑区治理模式及建立高效农业生态经济系统研究 | 中科院水利部水土保持研究所、中科院西北植物研究所、长武县黄土高原综合治理工作站 | 1999 | 陕西省科技进步二等奖 |
| 531 | 渭北苹果病虫害综合防治技术研究 | 西北农业大学、乾县果业局、白水县园艺站、澄城县苹果生产管理局 | 1999 | 陕西省科技进步二等奖 |
| 532 | 微生物饲料添加剂工业化应用技术研究 | 陕西省畜牧兽医研究所、陕西省饲料工业办公室、宝鸡市食品总公司生物工程技术开发公司、西安汉堡生物技术发展有限公司 | 1999 | 陕西省科技进步二等奖 |
| 533 | 苹果品种礼泉短富的选育 | 礼泉县园艺工作站、礼泉县果农协会、礼泉县林业站 | 1999 | 陕西省科技进步三等奖 |
| 534 | 柯氏伪裸头绦虫的研究——流行病学和综合防治的研究 | 陕西省畜牧兽医研究所 | 1999 | 陕西省科技进步三等奖 |
| 535 | 纯大豆发酵饮料 | 西北轻工业学院、陕西宴友思股份有限公司 | 2000 | 陕西省科技进步三等奖 |
| 536 | 棉花优质、高产、高效综合配套技术研究与推广 | 西北农林科技大学、渭南市农业局、大荔县农业局、泾阳县农业局 | 2000 | 陕西省科技进步三等奖 |
| 537 | 梨属矮化砧木研究及利用 | 西北农林科技大学、渭南市园艺蚕桑工作站、宝鸡市蚕桑果树工作站、咸阳市园艺蚕桑站、陕西省果业服务中心 | 2000 | 陕西省科技进步三等奖 |

续表

| 序号 | 成果名称 | 完成单位、个人 | 获奖时间（年） | 获奖名称或等级 |
| --- | --- | --- | --- | --- |
| 538 | 聚合优良多基因育成的多抗、优质、高产小麦良种长武134 | 长武县农业技术推广中心、陕西省种子站、咸阳市种子站 | 2002 | 陕西省科学技术三等奖 |
| 539 | 复方沙棘籽油栓 | 西安交通大学、陕西海天制药有限公司 | 2002 | 陕西省科学技术三等奖 |
| 540 | 长武高原沟壑区高产高效农业综合持续发展研究 | 西北农林科技大学水土保持研究所、长武县黄土高原综合治理工作站 | 2002 | 陕西省科学技术三等奖 |
| 541 | 关中黑猪杂交利用效果的研究 | 咸阳市农业局、兴平市种猪示范场、咸阳市秦都区家畜繁育改良工作站 | 2003 | 陕西省科技进步三等奖 |
| 542 | 卫星数字化信息在农业生态环境监测中的应用研究 | 咸阳市气象局 | 2003 | 陕西省科技进步三等奖 |
| 543 | 新型高效植物生长调节剂噻苯隆及制剂开发应用研究 | 咸阳德丰有限责任公司 | 2004 | 陕西省科技进步三等奖 |
| 544 | 奶业重大关键技术研究集成与产业化示范 | 西北农林科技大学、西安银桥生物科技有限责任公司、陕西科技大学、西安现代农业综合开发总公司、宝鸡得力康乳业有限公司 | 2007 | 陕西省科技进步一等奖 |
| 545 | 黄河中游黄土高原高效植被构建配置技术 | 西北农林科技大学、咸阳市永寿县林业局、水利部沙棘开发管理中心 | 2007 | 陕西省科技进步二等奖 |

续表

| 序号 | 成果名称 | 完成单位、个人 | 获奖时间（年） | 获奖名称或等级 |
| --- | --- | --- | --- | --- |
| 546 | 优质丰产旱作小麦常旱58新品种选育与推广 | 长武县农业技术推广中心、西北农林科技大学 | 2008 | 陕西省科学技术二等奖 |
| 547 | 创汇型苹果GAP－HACCP质量控制体系研究与示范 | 西北农林科技大学、陕西省农业厅农产品质量安全办公室、陕西省旬邑县果业局、咸阳北山果业有限公司 | 2009 | 陕西省科学技术三等奖 |
| 548 | 高产双低杂交油菜新品种秦优8号选育 | 咸阳市农业科学研究所、三原县种子管理站　华德钊、邢福升、贾战通、张春香、余新弟、俱苏耀、华哲、李建科、张宏刚、寇立新、杨茂胜 | 2011 | 陕西省科学技术一等奖 |
| 549 | 农用防冰雹网 | 陕西省纺织科学研究所、陕西元丰纺织技术研究有限公司、洛川县苹果产业管理局　傅恩福、王瑄、樊争科、李世雄、张普选、张栓林、安金海、雷延明 | 2011 | 陕西省科学技术二等奖 |

**附表3　　咸阳市（地区）获国家、省、部级医疗卫生科技成果奖励一览表**

| 序号 | 成果名称 | 完成单位、个人 | 获奖时间（年） | 获奖名称或等级 |
| --- | --- | --- | --- | --- |
| 1 | 硫和某些微量元素与大骨节病的研究 | 西北水土保持研究所　袁焕祥、孙汉中、陈代中、王秀英、任尚学、李继云 | 1978 | 陕西省医药卫生大会奖 |
| 2 | 口服亚硒酸钠预防克山病效果以及硒与克山病关系的研究 | 西北水土保持研究所　李永元、杜宝珍、袁焕祥 | 1978 | 全国科学大会奖、陕西省科学大会奖 |
| 3 | 野萝卜根防治慢性气管炎的研究 | 咸阳市卫生局　李江峰、梁希仁、杜志德 | 1976 | 国家奖 |

续表

| 序号 | 成果名称 | 完成单位、个人 | 获奖时间（年） | 获奖名称或等级 |
|---|---|---|---|---|
| 4 | 地方性甲状腺合并气管软化手术治疗 | 咸阳市卫生局地方病所 | 1978 | 全国科学大会奖 |
| 5 | 虫草药消瘿注射液治疗甲状腺肿 | 咸阳市地方病防治研究所 | 1978 | 陕西省科学大会奖 |
| 6 | 克山病非生物病因研究 | 西北水土保持研究所　杨咏元、杜宝珍、袁焕祥 | 1978 | 全国科学大会奖 |
| 7 | 同位素辐射羊毛消毒 | 咸阳市卫生局、地区防疫站 | 1978 | 国家奖 |
| 8 | 全国黄河水系污染调查 | 咸阳市卫生局、地区防疫站 | 1978 | 国家奖 |
| 9 | 骨劳敌虫的临床和实验研究 | 陕西中医学院　王树梓、马振亚 | 1978 | 全国医药科学大会奖 |
| 10 | 针刺治疗乳腺增生临床疗效研究 | 陕西中医学院　郭城杰、马振亚 | 1978 | 陕西省科委一等奖 |
| 11 | 针刺对细胞免疫功能影响的实验研究 | 陕西中医学院　马振亚、崇红 | 1978 | 陕西省科委一等奖 |
| 12 | 528例急性胆道感染临床分析 | 陕西中医学院　李新民 | 1979 | 陕西省科委奖 |
| 13 | 地方病的防治研究 | 咸阳市卫生局、地方病研究所 | 1980 | 国家奖 |
| 14 | 大骨节病的科学考察 | 咸阳市卫生局、地方病研究所 | 1980 | 国家奖 |
| 15 | 苦木总生物碱研究 | 咸阳市卫生局、市药检所 | 1980 | 省级奖 |

续表

| 序号 | 成果名称 | 完成单位、个人 | 获奖时间（年） | 获奖名称或等级 |
| --- | --- | --- | --- | --- |
| 16 | 全国“铅、苯、汞、锰、TNT、有机磷”六种毒物及职业病调查 | 咸阳市卫生局 地区防疫站 | 1981 | 卫生部二等奖 |
| 17 | 1979—1982年永寿县大骨节病科学考察 | 永寿县地方病所 | 1982 | 卫生部甲级科技成果奖 |
| 18 | 苦木总生物碱药物的研究 | 西北植物研究所 张振杰 | 1982 | 卫生部二等奖 |
| 19 | 永寿县大骨节病科学考察 | 西北水土保持研究所 李继云、陈代中、王修善、任尚学、张淑光、王恒俊 | 1982 | 卫生部甲级科技成果奖 |
| 20 | 中药治痢丸研究 | 陕西中医学院 马振亚 | 1982 | 陕西省政府三等奖 |
| 21 | 陕西省饮用水源水质的研究 | 咸阳市卫生局、地区防疫站 | 1985 | 卫生部二等奖 |
| 22 | 柔脉冲剂治疗高脂血症的研究 | 陕西中医学院 杜雨茂 | 1987 | 陕西省政府三等奖 |
| 23 | 应用单克隆抗体直接免疫荧光技术进行HFKS小高峰出血热宿主动物调查 | 咸阳市卫生局、市防疫站 季蔚文、赵海彦、刘生安、刘军礼 | 1985 | 陕西省科委三等奖 |
| 24 | 通脉舒络液合汤剂辩证治疗脑血栓形成 | 陕西中医学院 张学文 | 1986 | 卫生部乙级奖 |
| 25 | 陕西地产金银花同名异物研究 | 陕西中药研究所 | 1987 | 国家科技进步二等奖 |

续表

| 序号 | 成果名称 | 完成单位、个人 | 获奖时间（年） | 获奖名称或等级 |
|---|---|---|---|---|
| 26 | 陕西中药资源普查 | 陕西中药研究所　潘成全、梁国城、刘淑芬 | 1987 | 陕西省科技进步二等奖 |
| 27 | 针刺治疗乳腺增生临床及机理探讨 | 陕西中医学院　郭城杰 | 1987 | 卫生部乙级奖 |
| 28 | 控制磁迹丢失修补一法 | 陕西中医学院　刘君民 | 1988 | 卫生部二等奖 |
| 29 | 浅谈趣味性在电视教材中的应用 | 陕西中医学院　刘君民 | 1988 | 卫生部二等奖 |
| 30 | 如何塑造直观、生动的中医科学屏幕形象 | 陕西中医学院　杨亚明 | 1988 | 卫生部二等奖 |
| 31 | 编写电视教材文字校本应注意的几个问题 | 陕西中医学院　张涛 | 1988 | 卫生部三等奖 |
| 32 | 境中的硒与大骨节病关系与硒防治大骨节病效果的研究 | 中科院西北水保所、陕西省地方病防治所 | 1989 | 陕西省科技进步二等奖 |
| 33 | 牛羊奶粉中掺入物检验方法的研究 | 陕西省三原县卫生防疫站、陕西省卫生防疫站 | 1992 | 陕西省科技进步二等奖 |
| 34 | 中风先兆症及小中风片治疗中风先兆症的临床与实验研究 | 陕西中医学院 | 1992 | 陕西省科技进步二等奖 |
| 35 | 柴胡生产新技术的研究 | 咸阳市医药公司 | 1992 | 陕西省科技进步二等奖 |

续表

| 序号 | 成果名称 | 完成单位、个人 | 获奖时间（年） | 获奖名称或等级 |
| --- | --- | --- | --- | --- |
| 36 | 便携式系列牵引整复治疗机设计及临床应用 | 陕西省兴平县人民医院 | 1992 | 陕西省科技进步二等奖 |
| 37 | 乙转灵治疗慢性乙型肝炎临床和实验研究 | 陕西省中医药研究所 | 1992 | 陕西省科技进步二等奖 |
| 38 | 新城疫病毒单克隆抗体的研究与应用 | 陕西省畜牧兽医研究所 | 1992 | 陕西省科技进步二等奖 |
| 39 | 505 神功元气袋 | 陕西省咸阳抗衰老研究所、中国老年报社咸阳保健品厂 | 1992 | 陕西省星火专项一等奖 |
| 40 | 脑心通胶囊的新药研究及推广应用 | 咸阳步长制药有限公司 | 1999 | 陕西省科技进步二等奖 |
| 41 | 子宫肌瘤介入治疗的临床研究 | 核工业咸阳二一五医院 | 1999 | 陕西省科技进步三等奖 |
| 42 | “散毒扶正法”治疗癌症专科技术临床和实验研究 | 咸阳中医肿瘤医院、咸阳中医肿瘤研究院、陕西中医肿瘤研究所 | 2002 | 陕西省科技进步三等奖 |
| 43 | 喘泰颗粒 | 陕西天禄堂制药有限责任公司 | 2004 | 陕西省科学技术三等奖 |
| 44 | 参茸温肾丸 | 陕西冯武臣大药堂制药厂有限公司 | 2005 | 陕西省科学技术三等奖 |
| 45 | 龙生蛭胶囊的新药研究及推广应用 | 咸阳步长制药有限公司 | 2006 | 陕西省科学技术三等奖 |

续表

| 序号 | 成果名称 | 完成单位、个人 | 获奖时间（年） | 获奖名称或等级 |
| --- | --- | --- | --- | --- |
| 46 | 针灸调节荷瘤机体 IL2 - IFN - NK免疫网与其相关网 MΦ - IL1 - Th 及抑瘤效应 | 陕西中医学院 | 2006 | 陕西省科学技术三等奖 |
| 47 | 参龙宁心胶囊的产业化 | 陕西健民制药有限公司 | 2007 | 陕西省科技进步三等奖 |
| 48 | 微创内镜新技术治疗肝外胆管结石的临床研究 | 咸阳市第二人民医院 | 2008 | 陕西省科学技术二等奖 |
| 49 | 乳癖散结胶囊研发与应用 | 陕西白鹿制药股份有限公司 | 2008 | 陕西省科学技术二等奖 |
| 50 | 头皮发际区微针系统 | 陕西中医学院附属医院 | 2008 | 陕西省科学技术二等奖 |
| 51 | 中药抗病毒抗菌作用研究 | 陕西中医学院、陕西省中医药研究院 | 2008 | 陕西省科学技术三等奖 |
| 52 | 颈后路内固定技术的临床应用 | 陕西省核工业 215 医院 | 2008 | 陕西省科学技术三等奖 |
| 53 | 养正合剂的产业化及推广应用 | 咸阳步长制药有限公司 | 2008 | 陕西省科学技术三等奖 |
| 54 | 量化定位角度牵引治疗颈椎病的基础及临床研究 | 陕西中医学院附属医院 | 2009 | 陕西省科学技术二等奖 |
| 55 | 固肠止泻丸高新制备技术推广应用研究 | 陕西中医学院、陕西中医学院制药厂 | 2009 | 陕西省科学技术二等奖 |
| 56 | 颈动脉内膜剥脱术 | 陕西中医学院第二附属医院 | 2009 | 陕西省科学技术三等奖 |
| 57 | 神经内镜经后颞底锁孔的解剖学及其临床应用研究 | 陕西省核工业 215 医院 | 2009 | 陕西省科学技术三等奖 |

续表

| 序号 | 成果名称 | 完成单位、个人 | 获奖时间（年） | 获奖名称或等级 |
| --- | --- | --- | --- | --- |
| 58 | 基于痰淤论治应用健脑益智胶囊治疗颅脑损伤的临床与实验研究 | 陕西中医学院附属医院 | 2009 | 陕西省科学技术三等奖 |
| 59 | 咳露口服液的产业化研究及推广应用 | 陕西步长制药有限公司 刘峰、王益民、林玉红、马久太、张伟、何娟、王娟 | 2010 | 陕西省科学技术三等奖 |
| 60 | 胃癌前病变虚实关联证候特征及金果胃康证治效应研究 | 陕西中医学院、西安交通大学 沈舒文、刘力、刘俊田、宇文亚、惠建萍、杜晓泉、白吉庆、董盛、王捷虹 | 2011 | 陕西省科学技术二等奖 |
| 61 | 内镜治疗重症急性胆源性胰腺炎的临床研究 | 咸阳市中心医院 张成、安东均、马富平、门定坤、周党军、董浩、晁延军 | 2011 | 陕西省科学技术三等奖 |
| 62 | “四动”“五步法”治疗四肢闭合性骨折的临床研究及技术推广 | 陕西中医学院附属医院 刘德玉、袁普卫、昝强、郝阳泉、张根印、窦群立、袁海光 | 2011 | 陕西省科学技术三等奖 |
| 63 | 颈动脉内膜剥脱术结合丹黄通脉方治疗颈动脉粥样硬化性狭窄的研究 | 陕西中医学院第二附属医院 郑刚、王永刚、杜菊梅、安县朝、郑斌鹏、张学文、闫咏梅 | 2011 | 陕西省科学技术三等奖 |
| 64 | 益宫颗粒 | 陕西健民制药有限公司 郭俊京、乔东虎、郭冰洲、乔萍、周军、赵小莹、魏黎黎 | 2011 | 陕西省科学技术三等奖 |

附表4　　咸阳市（地区）获国家、省、部级（社会发展）科技成果奖励一览表

| 序号 | 成果名称 | 完成单位、个人 | 获奖时间（年） | 获奖名称或等级 |
|---|---|---|---|---|
| 1 | 陕西省区域地质志 | 陕西省地矿局区域地质调查队 | 1991 | 陕西省科技进步二等奖 |
| 2 | 咸阳市“星火计划”管理 | 咸阳市星火办、咸阳科委、咸阳财政局、咸阳市农行、咸阳乡企局 | 1991 | 陕西省科技进步三等奖 |
| 3 | 咸阳市国民经济和社会发展主要经济指标管理信息系统 | 咸阳市计委、咸阳市科委、咸阳市综合信息中心 | 1991 | 陕西省科技进步三等奖 |
| 4 | 安塞县1988—2000年经济社会发展战略规划 | 西北水土保持研究所、西安交大管理学院、武功农业科研中心协调委员会、西北农业大学 | 1991 | 陕西省科技进步三等奖 |
| 5 | 咸阳市技术进步与产业结构研究 | 咸阳市科学技术委员会、咸阳市科技情报研究所、西安武警技术学院、西北轻工业学院 | 1991 | 陕西省科技进步三等奖 |
| 6 | 咸阳工业企业技术进步指标体系与可操作方案的研究 | 咸阳市科技兴咸协调领导小组办公室、西北大学经济管理学院 | 1991 | 陕西省科技进步三等奖 |
| 7 | 彬县百子沟滑坡预报研究 | 彬县滑坡防治管理领导小组办公室、咸阳市滑坡工作办公室、西北大学、陕西彬县百子沟煤矿、陕西省滑坡耕作办公室 | 1998 | 陕西省科技进步三等奖 |
| 8 | 县级气象预报服务系统 | 咸阳市气象局、陕西省气象局、咸阳农业气象科学研究所 | 2000 | 陕西省科技进步三等奖 |

续表

| 序号 | 成果名称 | 完成单位、个人 | 获奖时间（年） | 获奖名称或等级 |
|---|---|---|---|---|
| 9 | 高校在和谐西安建设中的作用和模式研究 | 陕西科技大学　姚书志、贾钢涛等 | 2010 | 西安市科学技术二等奖 |
| 10 | 长庆油田“四化”管理模式研究 | 中国石油天然气股份有限公司长庆油田分公司　冉新权、曲广学、杨再生、张兴良、陈述治、孙永鹏、雷均安 | 2011 | 陕西省科学技术三等奖 |

# 后 记

本志书编纂始于2007年，正式启动于2009年，完成于2012年年底，定稿于2014年底。此间，数易其稿，历时七载。

科技志是一部带有综合性的地方性专业志书。陕西省第二轮修志开始后，咸阳市科技局立即启动相应工作，结合咸阳科技发展情况，拟定科技志编修大纲，并向咸阳市方志办报备。《咸阳市科学技术志》的编纂及出版，是科技局领导高度正式和大力支持的结果，是各单位、各部门和咸阳市地方志办公室悉心指导的结果。咸阳市科技局沈毛平和张璞波两任局长，对编修科技志相当重视，亲自协调、解决编志过程中的困难和问题，林胜利副局长主抓编写工作，为科技志编写提供尽可能的便利。为进一步推动科技志编写工作，同时也力争编出一本可资借鉴的信志，2009年初，聘请陕西科技大学贾钢涛教授承担科技志编写工作。

总体而言，2009年年初至2010年12月，科技志编纂基本处在资料收集阶段；2011年开始进入撰写及资料继续补充阶段，2012年年底初稿基本完成。在志稿编纂过程中，采取先易后难的方法，资料收集与编纂同步进行。编辑人员充分发挥主观能动性，通过评稿查找不足、取长补短，志书质量不断提高。

本志书初稿完成后，咸阳市科技局组织有关专家进行了审阅，编纂组在听取专家修改意见的基础上进行了认真修改并形成送审稿。随后，咸阳市方志办组织专家进行了终审，终审通过后又进行了补充、完善。

咸阳由于其独特的区位优势和特殊的历史地位，从古到今，科技成就斐然，科技人才群星闪耀，其中有些在全省乃至全国，都有一定影响。志书对其中取得重要科技成果的人物专门列有附表。科技人物以收录咸阳籍著名人物为主，兼收在咸阳境内有重要活动并产生过较大影响的外籍人物。

本志书主要来源于各种历史文献、文书档案以及地方志书、政府报告、权威新闻媒体，其中近现代部分参考了市属各县（区）的新编县（区）志及文史、党史资料。本志书由贾钢涛负责编写，王雪梅、童晓梅、霍运动三位同志搜集、整理资料，并进行文字、信息核校工作，其中文敏负责第十一编，王贞茹负责编写第十二编，最后由贾钢涛、童晓梅负责统稿。志书凝结了集体的智慧和心血，最终成稿离不开各级领导的关心、支持，离不开各相关单位的大力协助。首先感谢市志办的张德科、郭莉等同志的悉心指导，由于他们精湛的业务素质以及认真的审阅把关，使志书质量不断提高；感谢市科技局相关科室及下属单位工作人员的配合，没有他们汇总信息及提供资料，科技志的编纂进度将会受到很大影响；感谢市发展改革委员会、市工信委、市教育局、市环保局、市住建局、市城建局、市农业局、市林业局、市水利局、市交通运输局、市文广局、市商务局、市文物旅游局、市卫生局、市药监局等部门提供的帮助；感谢陕西科技大学、咸阳职业技术学院等高校科研工作人员提供的帮助；尤其要感谢编纂组的同志们以崇高的使命感以及严肃认真的求实态度，全力以赴、殚精竭虑、通力合作，经过艰苦的努力，终于完成了这部志书。最后感谢中国社会科学出版社赵丽编辑以及其他工作人员为志书编辑、出版所付出的巨大劳动。

本志书力求能充分反映咸阳科技发展成就，尤其是改革开放以来咸阳科技发展的整体概貌，为今后咸阳科技发展提供历史借鉴。但由于本志书的编纂人员主要来自于高校，且为兼职编修，存在编修经验不足等问题。源于此，志书的粗疏遗漏之处，在所难免，恳请各界人士惠予指正。

《咸阳市科学技术志》编纂委员会

二〇一五年四月十五日